韩式毛衣
全集

郑　红　主编　　朴智贤　审编

辽宁科学技术出版社
沈阳

图书在版编目（CIP）数据

韩式毛衣全集 / 郑红主编 .—沈阳：辽宁科学
技术出版社，2010.11 （2012.4 重印）
ISBN 978-7-5381-6639-2

Ⅰ .①韩… Ⅱ .①郑… Ⅲ .①绒线—服装—编织—图集 Ⅳ .
TS941.763-64

中国版本图书馆 CIP 数据核字（2010）第 166681 号

出版发行：辽宁科学技术出版社
　　　　　（地址：沈阳市和平区十一纬路 29 号　邮编：110003）
印 刷 者：深圳市建融印刷包装有限公司
经 销 者：各地新华书店
幅面尺寸：210mm×285mm
印　　张：22
字　　数：560 千字
印　　数：17001~23000
出版时间：2010 年 11 月第 1 版
印刷时间：2012 年 4 月第 3 次印刷
责任编辑：赵敏超
封面设计：幸琦琪
版式设计：幸琦琪
责任校对：刘　庶

书　　号：ISBN 978-7-5381-6639-2
定　　价：49.80 元

联系电话：024-23284367　赵敏超
邮购热线：024-23284502
E-mail:473074036@qq.com
http://www.lnkj.com.cn
本书网址：www.lnkj.cn/uri.sh/6639

Author profile

作者简介

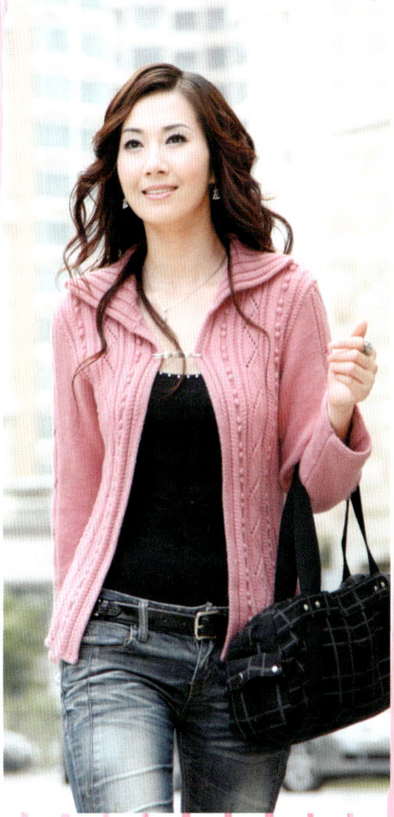

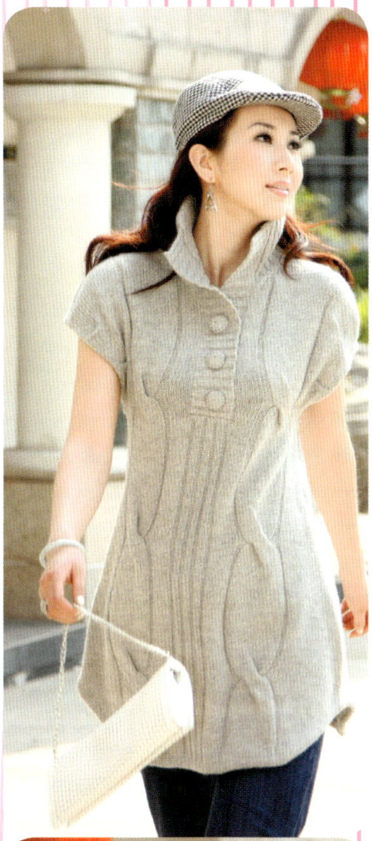

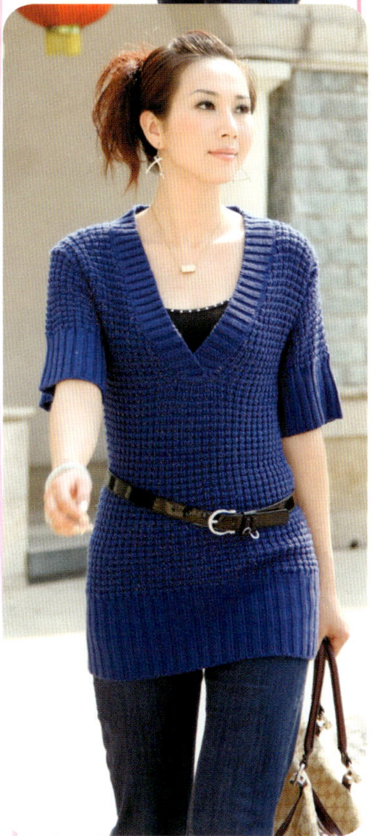

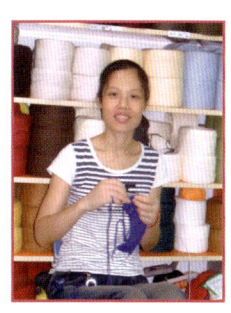

郑红

浙江人，现居深圳。她的母亲喜欢手工，郑红自幼在母亲的熏陶下开始学习编织，至今已有几十年。她从骨子里热爱编织。

郑红于2003年开始经营“时尚巧手”毛线吧。该毛线吧的经营特色是：给每一位顾客提供免费的教织服务；该毛线吧的经营理念是：帮助广大的编织爱好者编织出漂亮的、时尚的、现代版的毛衣，改变年轻人对手编毛衣的看法（一般人认为手编毛衣比较俗气，没有时代感）。

本书中所有的毛衣款式都是郑红及朴智贤老师亲自设计、亲自编织。现在将这些毛衣样式收集成一本全集，让广大爱好者一起分享、一起学习。

“时尚巧手”毛线吧诚邀加盟
传真：0755–28285107
地址：深圳市永兴大厦一楼25号铺

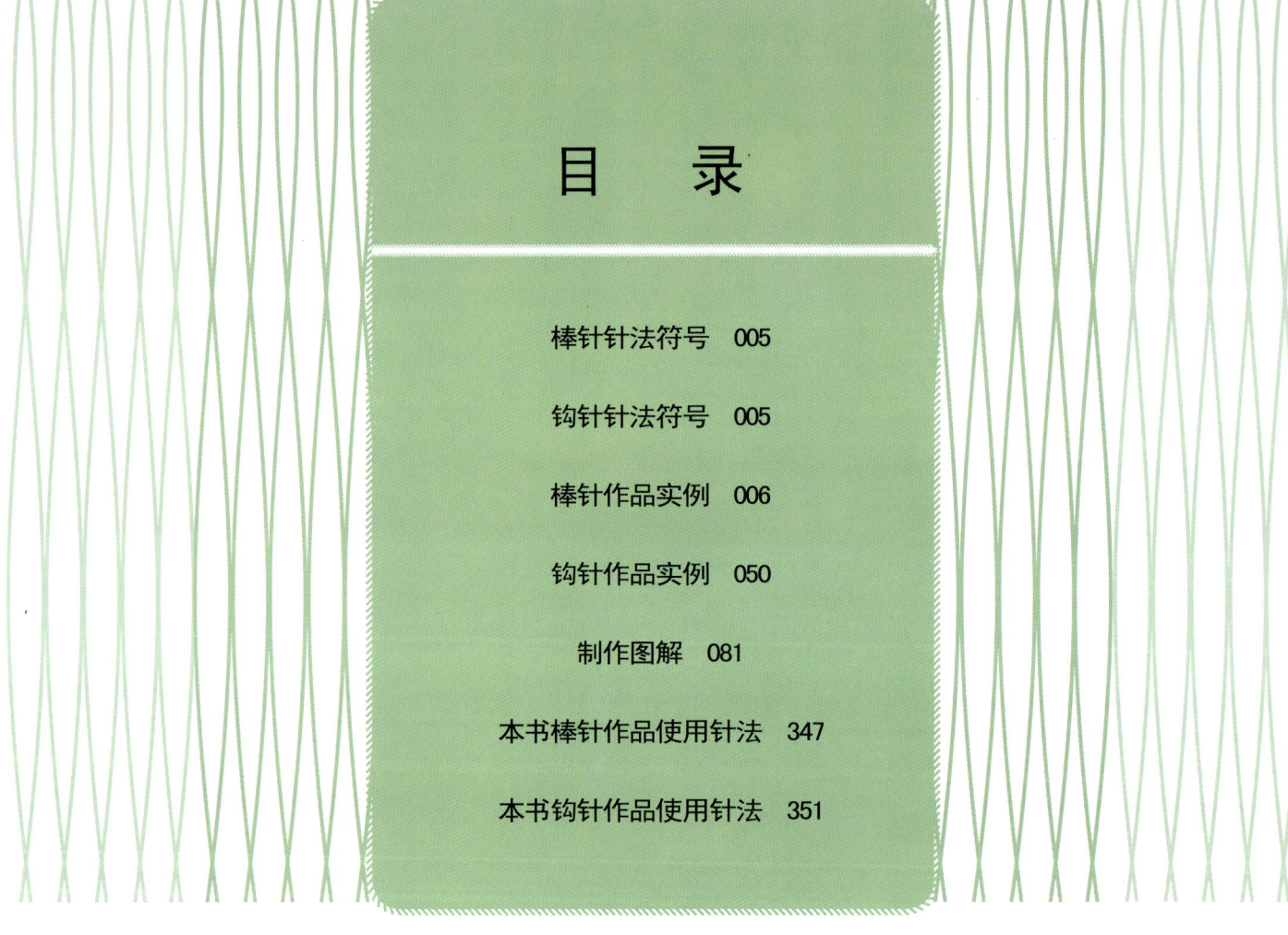

目 录

棒针针法符号　　　钩针针法符号

棒针针法符号

下针	左上2针并1针
上针	上针左上2针并1针
镂空针	中上3针并1针
扭针	上针中上3针并1针
上针的扭针	右上3针并1针
右上2针并1针（又称拨收1针）	上针右上3针并1针
上针右上2针并1针	左上3针并1针
上针左上3针并1针	左加针
右上4针并1针	上针左加针
左上4针并1针	1针编出3针的加针（下挂下）
右上5针并1针	1针编出3针的加针（上挂上）
左上5针并1针	1针编出3针的加针（上挂上）
右加针	左上3针并1针再编出3针的加针
上针右加针	3针，2行的节编织

钩针针法符号

锁针（辫子针）	中长针3针的枣形针	长针4针并1针
短针	中长针3针的集成束的枣形针	长针5针并1针
引针	变化的中长针3针枣形针	长针2针的枣形针2针并1针
长针	集成束的中长针3针枣形针	长针3针的枣形针2针并1针
中长针	拉出的立针处钩织中长针3针枣形针	1针加成2针短针
长长针	长针2针的枣形针	1针加成3针短针
长针行	长针3针的枣形针	中长针1针加成2针
长长针行	长针4针的枣形针	中长针1针加成3针
中长针行	长长针3针的枣形针	长针1针加成2针
3个卷曲长针行	长长针5针的枣形针	长针1针加成3针
4个卷曲长针行	长针5针的枣形针	1束中分3针长长针
狗牙针	中长针5针的圆锥针	1针分2针长针（辫子针1针在内）
狗牙拉针	长针5针的圆锥针	1针分2针长针（辫子针3针在内）
七宝针	长长针5针的圆锥针	长针1针加成4针
短针2针并1针	短针3针并1针	长针1针加成3针
扭转短针（逆短针）	中长针2针并1针	1针分5针长针（松钩）
短针的条纹针	中长针3针并1针	
中长针的条纹针	长针2针并1针	
长针的条纹针	长针3针并1针	
长长针行	长针2针并1针	

棒针作品实例

010

011

012

013

022

023

024

025

033

034

035

039

040

041

042

043

044

045

046

047

048

049

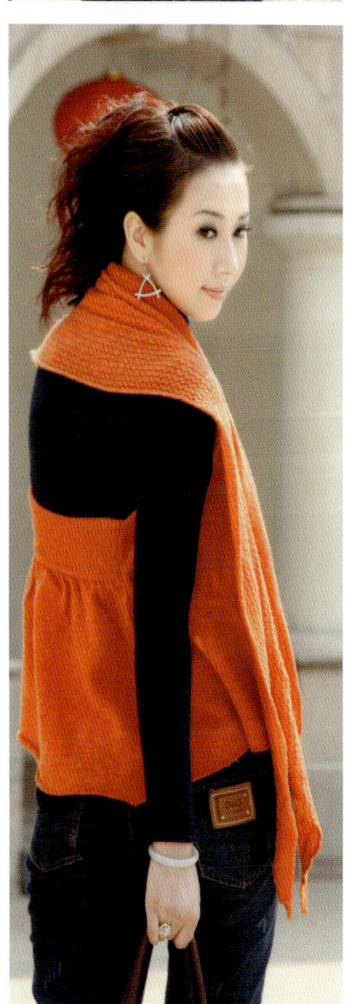

054

055

056

057

062

063

064

065

066

067

068

069

073

074

075

080

081

082

083

088

089

090

091

096

097

098

099

104

105

106

107

111

112

113

114

119

120

121

122

123

124

125

126

127

128

129

130

137

138

139

140

141

142

149

150

151

043

152

153

154

155

152

153

154

156

157

158

159

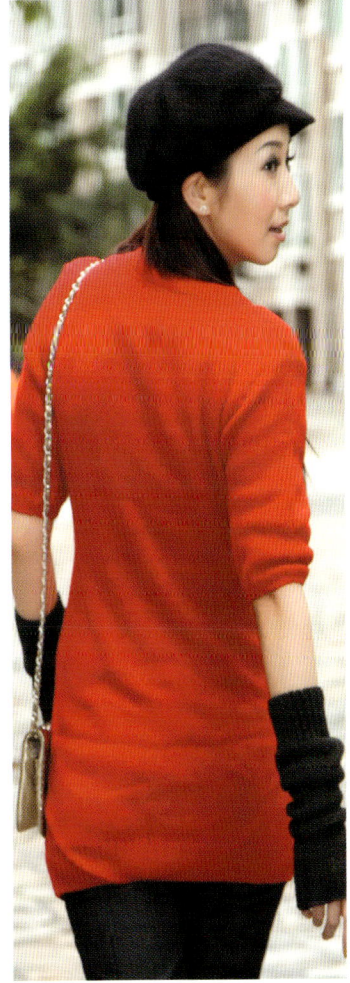

178

179

180

181

182

183

190

191

192

193

194

195

196

197

198

199

200

201

202

203

220

221

222

223

224

225

232

233

234

235

236

237

238

239

240

241

242

243

256

257

258

259

260

261

268

269

270

271

278

279

280

281

282

283

290

291

292

293

300

301

302

303

304

305

320

321

322

323

324

325

326

327

334

335

336

337

338

339

340

341

342

343

311

345

346

347

制作图解

001

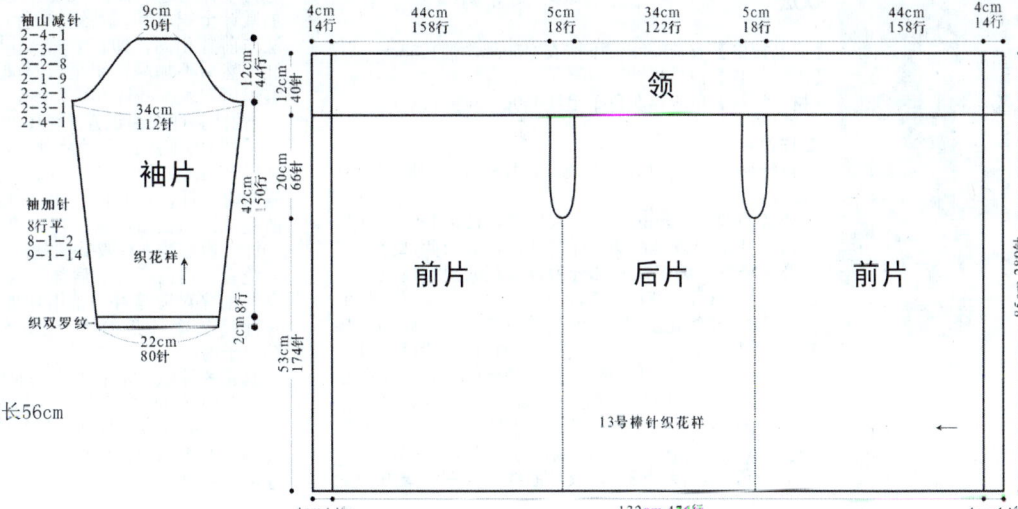

袖片

袖山减针
2-4-1
2-3-1
2-2-8
2-1-9
2-2-1
2-3-1
2-4-1

9cm 30针

34cm 112针

12cm 44行

12cm 40行

42cm 150行

20cm 66行

袖加针
8行平
8-1-2
9-1-14

织花样

织双罗纹

2cm 8行

22cm 80针

4cm 14行　44cm 158行　5cm 18行　34cm 122行　5cm 18行　44cm 158行　4cm 14行

领

前片　　后片　　前片

85cm 280针

53cm 174针

13号棒针织花样

4cm 14行　　132cm 476行　　4cm 14行

【成品规格】衣长85cm，胸围88cm，袖长56cm
【工　　具】13号棒针
【材　　料】灰色毛线1250g
【编织密度】33针×36行=10cm²

制作说明：
1. 衣身为1片编织，另织袖子缝合。
2. 衣身横织，起280针，织14行双罗纹，开始织花样，在衣服的两端各织6针单罗纹，织44cm后开始收袖窿。这时衣领的针数停织，平收57针，每1行收2针，收3次；每2行收1针，收1次，平织6行；

再每2行加1针，加1次；每1行加2针，加3次，卷加57针。把领子的针数平织18行，与衣身同织，平织122行后开另1个袖窿，方法同前。织好另一个前片后，衣身完成。
3. 另起针织袖，织完后将其与衣身缝合。

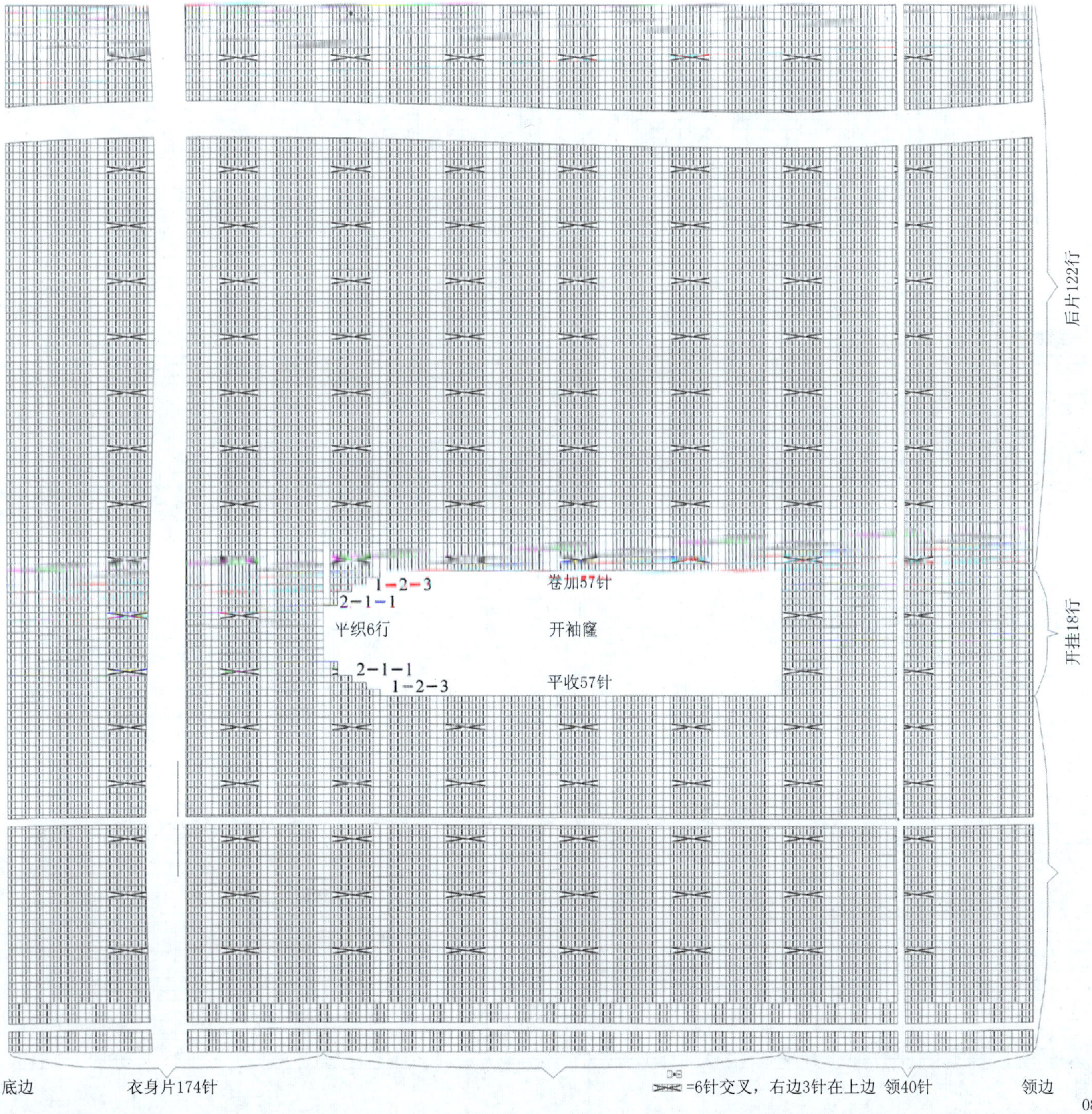

后片122行

开挂18行

1-2-3
2-1-1
平织6行

卷加57针

开袖窿

2-1-1
1-2-3
平收57针

底边　　衣身片174针　　〓=6针交叉，右边3针在上边　领40针　　领边

002

【成品规格】衣长85cm，下摆衣宽59cm，袖长55cm
【工　具】12号棒针
【材　料】单股白灰色羊毛线600g，拉链1条

制作说明：

1.棒针编织法。分为前片2片，后片1片，衣袖2片，口袋2片。

2.前片的编织。起56针，织双罗纹花样，共织10行。从11行开始，编织衣身花样主体，可分为两部分：一部分为全下针编织，一部分为棒绞花编织。棒绞花共16针，每24行1个花样，中间每6针与6针相交叉。整个前片共6层棒绞花，最后1个花样不交叉。整个前片右针部分共40针，织至140行时，开始减针织袖窿，按照1-4-1，2-3-1，2-2-2，2-1-3的方法，将衣身减少14针，然后不加减针织至192行。而另一侧，棒绞花织至144行时，将棒绞花的针数全部以下针收针法，将14针全收起。然后减针往上编织，减针方法为2-1-23，减至192行，最后余下2针，收针断线。详细编织方法见图1。

3.后片的编织。后片织法简单，衣身主体花样全为下针。起90针，织双罗纹花样，共织10行，从第11行开始，不加减针全织下针，共织140行。然后两侧同时减针织袖窿，减针方法与前片相同，即1-4-1，2-3-1，2-2-2，2-1-3，将衣身减少14针。然后不加减针织至172行，从中间留20针不织，往两侧减针编织后衣领，减针方法为1-6-3，2-4-2，2-2-2，2-1-4，减至最后余下2针。详细编织方法见图2。

4.见图4的编织。衣袖从袖口起织，以双罗纹起针法起48针编织，按图4编织双罗纹针，共织40行；从41行开始，袖身全织下针，两侧同时加针，按6-1-8，8-1-4的顺序加针编织，共加至72针；再从两侧减针织袖山，按1-4-1，2-3-2，2-1-16的方法顺序减针；余下20针，最后按下针收针法收针断线。

5.缝合，将前后片的肩部与侧缝对应缝合，将两衣袖片的袖山与衣身的袖窿对应缝合，袖山顶折起2个皱褶再缝合。沿着前片的衣襟挑针起织8行双罗纹针，以用作缝合拉链遮挡用。收针后，将拉链缝合于内。

6.衣领的编织。沿着衣身的衣领边挑针起织双罗纹针，共织30行，往返编织，在前片两侧，一边织一边与已收起针的棒绞花样边并针编织见图4。

7.最后单独编织两个口袋。起34针，编织下针，共织40行，再编织10行双罗纹针，最后直接收针断线。将口袋缝合于两前片下端，高度为20cm。口袋图解见图3。

图2 后片花样图解

192

留20针

152

140

192

10

1

90

1

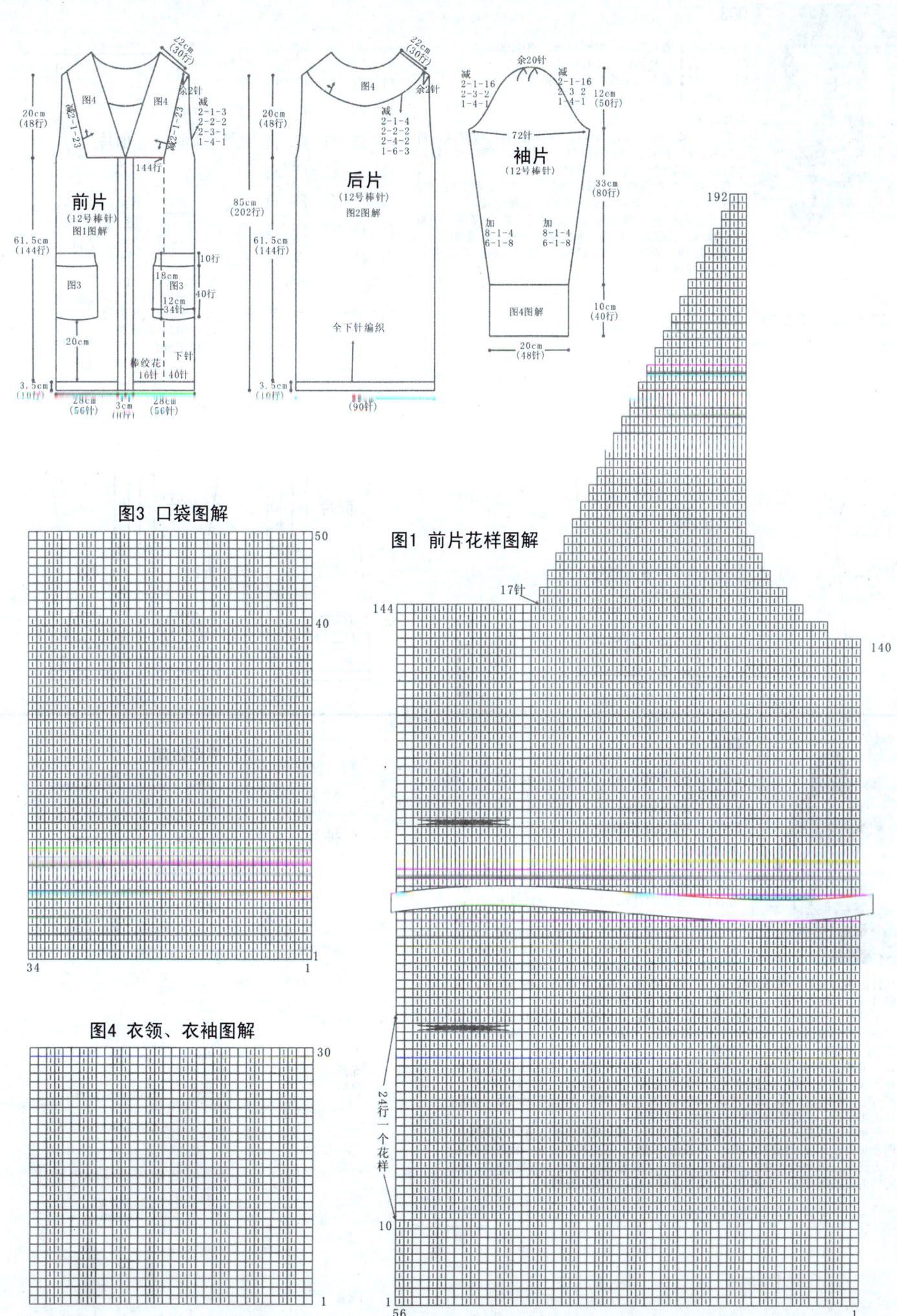

图3 口袋图解

图1 前片花样图解

图4 衣领、衣袖图解

前片
(12号棒针)
图1图解

后片
(12号棒针)
图2图解

袖片
(12号棒针)

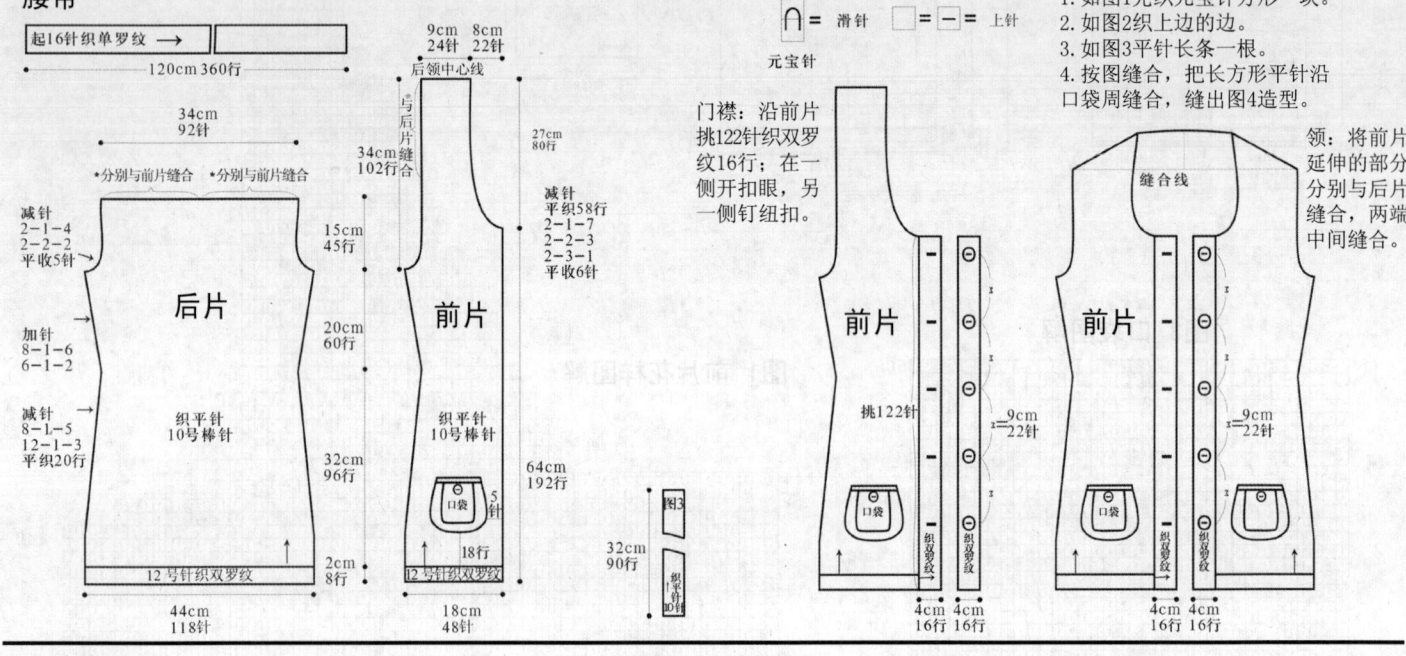

003

【成品规格】衣长73cm，胸围84cm，袖长28cm
【工　　具】10号棒针，12号棒针
【材　　料】银灰色毛线650g，纽扣7颗
【编织密度】27针×30行=10cm²

制作说明：
1. 后片。起118针织8行单罗纹，平织20行。收腰线，每12行收1针，收3次；每8行收1针，收5次；每6行加1针，加2次；8行加1针，加6次，开挂。
2. 开排肩。先在两侧平收5针，每2行收2针，收2次；每2行收1针，收4次。平收至15cm平收。后片完成。
3. 前片。起48针，织法与后片的相同，收领窝后，平直织至34cm，长度为后片的一半；将两片的一边缝合。
4. 袖。起袖子的针数，织双罗纹，平织12cm，缝合时，把双罗纹紧缝出袖山。

腰带

起16针织单罗纹 →

120cm 360行

∩ = 滑针　　□ = − = 上针

元宝针

门襟：沿前片挑122针织双罗纹16行；在一侧开扣眼，另一侧钉纽扣。

18cm 64针
12cm 40行
织双罗纹
10号棒针
16cm 48行
袖片
26cm 48针
袖减针
5行平
5-1-5
6-1-3

图4
10cm 18针
2cm 8行 翻卷过来 图2 织平针翻卷缝合
10cm 36行 图1 口袋 织元宝针
9cm 20针

口袋：分四步走
1. 如图1先织元宝针方形一块。
2. 如图2织上边的边。
3. 如图3平针长条一根。
4. 按图缝合，把长方形平针沿口袋周缝合，缝出图4造型。

领：将前片延伸的部分分别与后片缝合，两端中间缝合。

（后片图示）
减针 2-1-4 2-2-2 平收5针
加针 8-1-6 6-1-2
减针 8-1-5 12-1-3 平收20针
后片 织平针 10号棒针
44cm 118针
2cm 8行 12号针织双罗纹

9cm 24针 8cm 22针
后领中心线 34cm 102行缝合
与后片缝合
15cm 45行
20cm 60行
前片 织平针 10号棒针
64cm 192行
18cm 48针
12号针织双罗纹

27cm 80行
减针 平织58行 2-1-7 2-2-3 2-3-1 平收6针
分别与前片缝合

图3
32cm 90行
织单针 10针

4cm 16行　4cm 16行
挑122针
前片　　**前片**
口袋
9cm 22针

004

【成品规格】胸围104cm，背肩宽34cm，衣长91.5cm，袖长62cm
【工　具】9号环针
【材　料】兔毛线500g

制作说明：
1. 按结构图先圈织下半身。编织方向为从下往上，起286针（13个花样，每个花样22针），按花样图往上织；待织到15cm后，分散减去34针；织35cm后，分散减去18针；织8.5cm后，分散减去24针；这时在前片中心位置要开前领，方法是：先将右侧15针织单针罗纹，左侧在右侧的后面另挑15针，同样织单针罗纹，并要按图示在这15针的旁边减针，按图示收出"V"领的斜形。其他针待织到68.5cm后，在侧缝线上开始收袖隆。这时，前、后片要各自分开米织。
2. 织后片。平收4针，再每2行减1针，减4次；从袖隆线往上织20cm后，开始按图示收后领弧线；织到肩部后将针穿好，织6行单针罗纹，后领处平收。肩上的针穿好，待和前片合并用。
3. 织前片上半部分。编织方向为从下往上，按花样图织，中间的15针仍织单针罗纹，作为领边；在侧缝线上开始收袖隆，先平收4针，再每2行减1针，减4次；继续往上织，最后将肩部的针和后片合并好。织好对应的另一个前片上半部分。注意在前领处的15针织单针罗纹。
4. 织袖子。按图示从上往下织袖子，起38针，采用花样编织，在袖山两旁按图示加针，到袖壮线时是90针，再按图示减针。按结构图换一种花样往袖口方向织，织到袖长度后，袖口为64针，照针法图示织1行上针1行下针。用同样的方法织好另一个袖子。分别合并袖下线，并安装好袖子。

符号说明：

符号	说明
╱3	= 先将3针并为1针，然后在这1针中又放成3针。
◎	= 织下针将线绕三圈，使线圈拉长。
╫	= 将左侧的3针套在右侧3针上，再织下针。
I = 下针　　− = 上针
⋋ = 拨收1针　　人 = 2针并1针
Ω = 扭针　　╳ = 1针下针左上交叉
╳ = 1针下针右上交叉

（袖片图示）
10cm 25行
袖山线（起38针）
2-2-11 1-4-1 行-针-次
18cm 44行
6cm 14行
袖壮线
40cm（90针）
袖片（2片）
减18针=72针
减8针=64针
4-1-3 8-1-4 行-针-次
28cm 64行
编织方向
袖下线
袖口 24cm（64针）

（后片图示）
4cm 8针　24cm 44针　4cm 8针
肩线 后领宽 肩线
22cm 45行
后片 编织方向
2-1-4 1-4-1 行-针-次
侧缝线

（前片图示）
4cm（8针）　24cm（44针）　4cm（8针）
肩线　前领宽　肩线
22cm 45行
2-1-4 6-1-9 4-1-10 2-1-10 行-针-次
前片 编织方向
15针
11cm 24行
8.5cm 18行
收24针=52cm（210针）
收18针=58cm（234针）
35cm 76行
收34针=62cm（252针）
15cm 38行
下摆线
71cm（起286针）
侧缝线

⬭ = （花样图示）

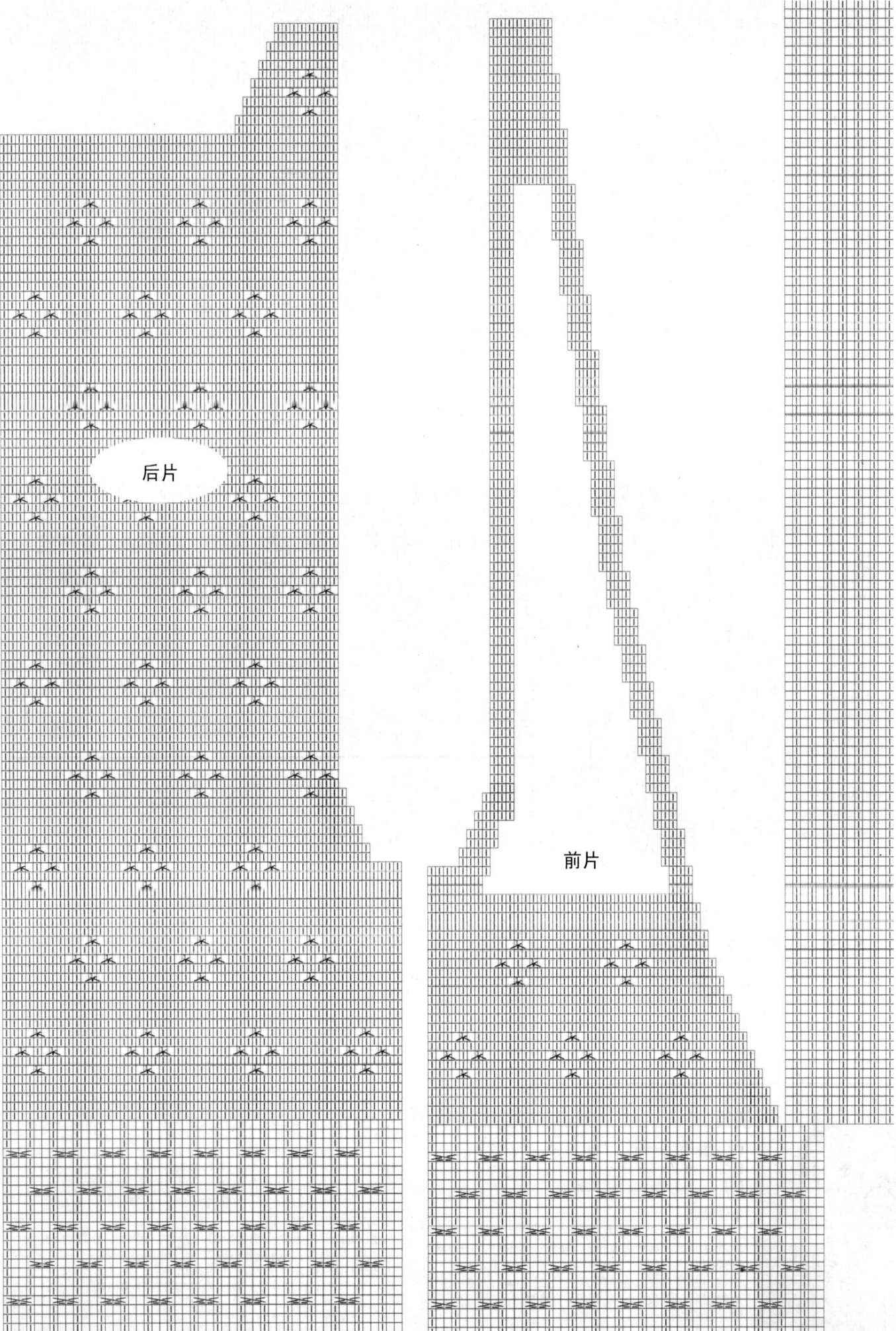

后片

前片

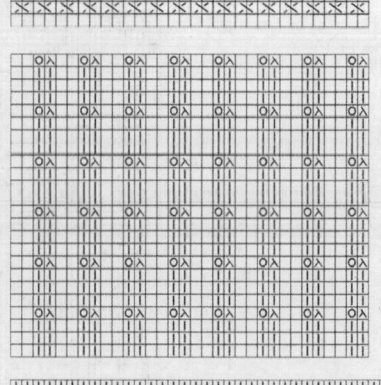

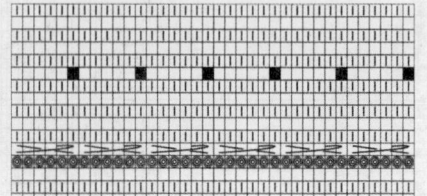

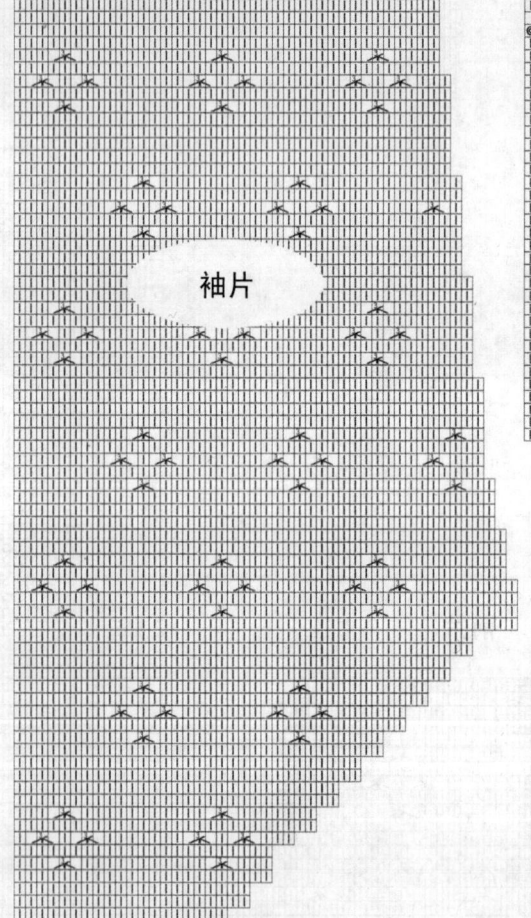

袖片

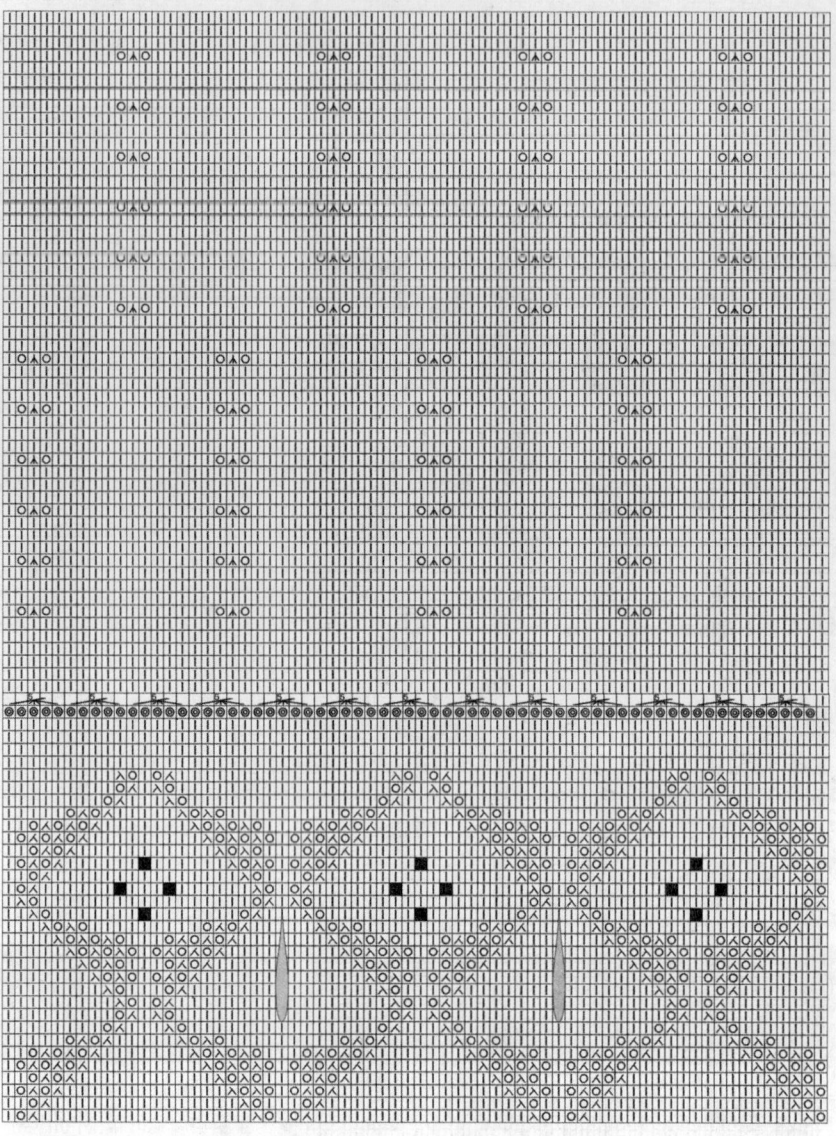

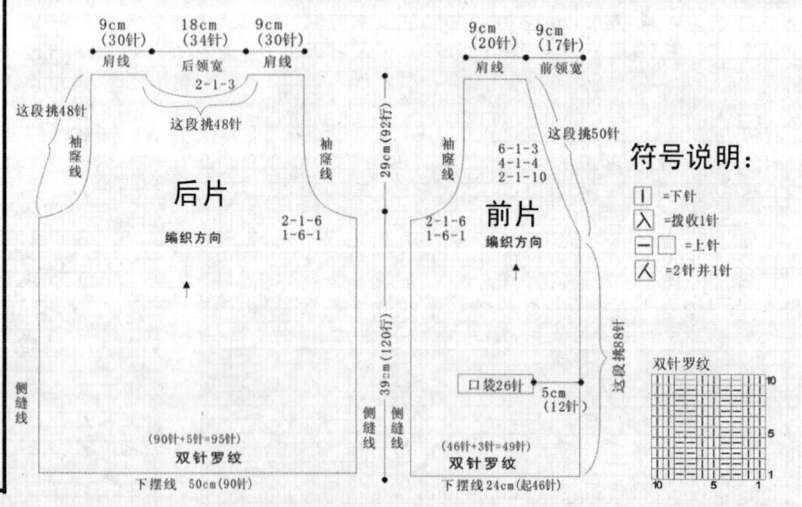

9cm
(30针)
肩线

18cm
(34针)
后领宽
2-1-3

9cm
(30针)
肩线

这段挑48针

这段挑48针

袖窿线

后片

编织方向

2-1-6
1-6-1

侧缝线

(90针+5针=95针)
双针罗纹

下摆线　50cm(90针)

9cm
(20针)
肩线

9cm
(17针)
前领宽

这段挑50针

6-1-3
4-1-4
2-1-10

袖窿线

2-1-6
1-6-1

前片

编织方向

这段挑8针

口袋26针　5cm
(12针)

(46针+3针=49针)
双针罗纹

下摆线 24cm(起46针)

29cm(92行)

39cm(126行)

符号说明：

| = 下针
\ = 挑收1针
一 □ = 上针
人 = 2针并1针

双针罗纹

005

【成品规格】胸围96cm，背肩宽38cm，衣长68cm
【工　　具】9号环针
【材　　料】进口纯羊毛线600g

制作说明：

1. 织后片。编织方向为从下往上，先起90针，采用双针罗纹编织，再分散加5针。换大一号的针，不加减针再采用花样编织到39cm高度后，在侧缝线处按图示开始收出袖窿弯度。从袖窿线往上织27cm后，再在后领处收出后领弧度。将双侧肩上的针穿好，留下，待和前片合并时用。

2. 织前片。编织方向为从下往上，起46针，采用双针罗纹编织，再分散加3针。换大一号的针，再采用花样编织不加减针织到39cm高度后，在侧缝线处按图示开始收出袖窿弯度。在收袖窿的同时，在门襟侧收出前领弧度。将双侧肩上的针和后片合并。

3. 按图示在领圈分段挑出88针、72针、50针、48针、88针，往上织10行，注意在右侧要平均预留5个扣眼。

4. 按图示在前片下方从前往后挑出96针，往上织10行平收。在袋口上的26针织8~10行双针罗纹，作为口袋边。

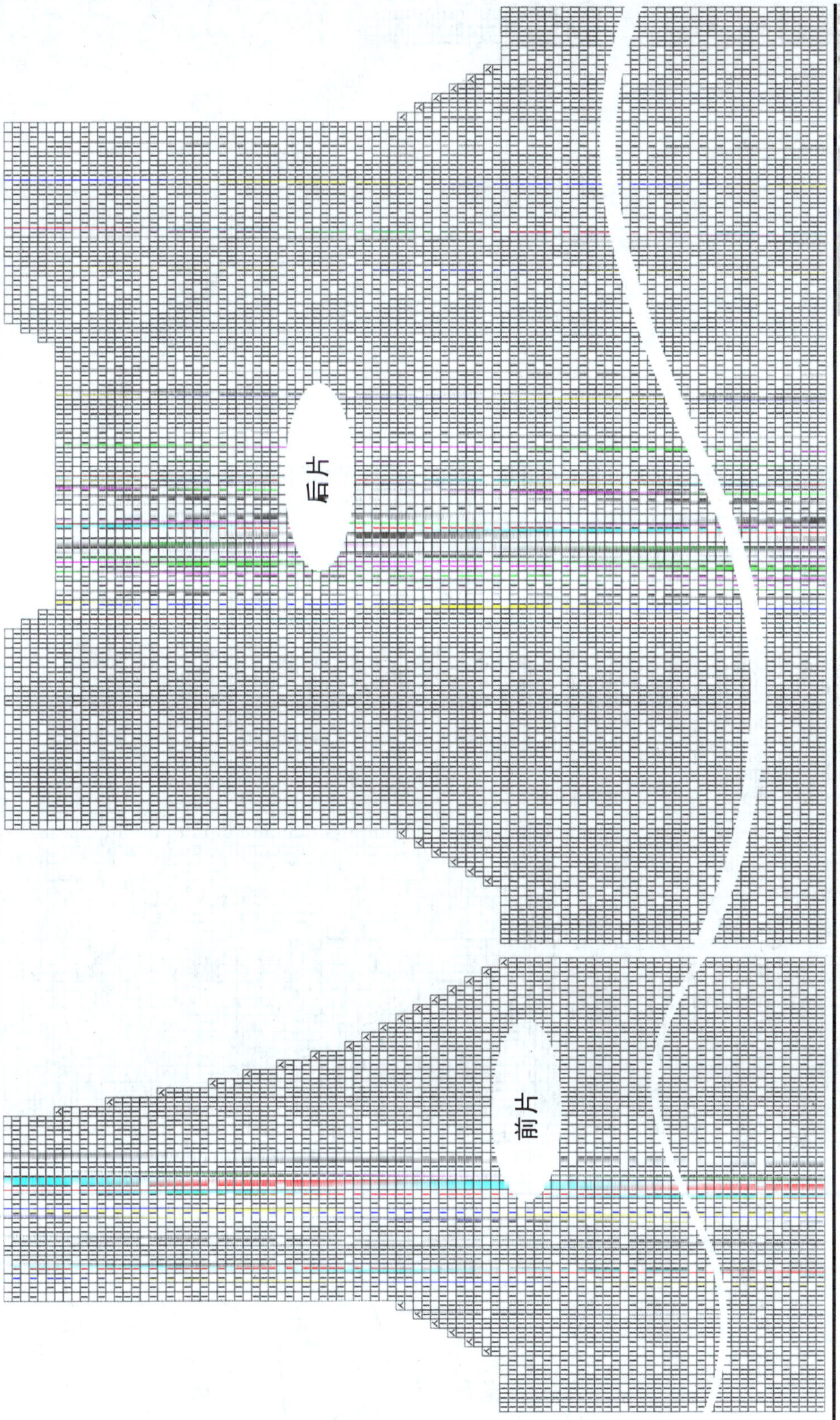

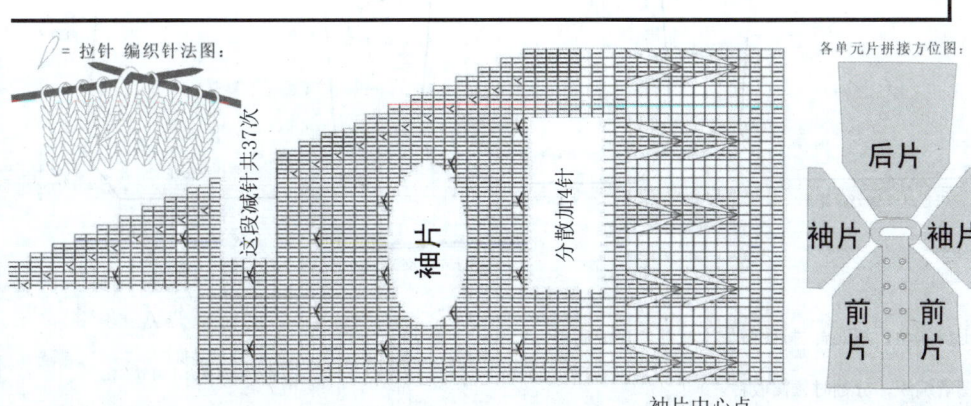

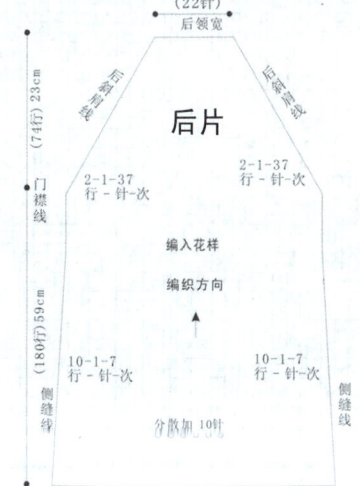

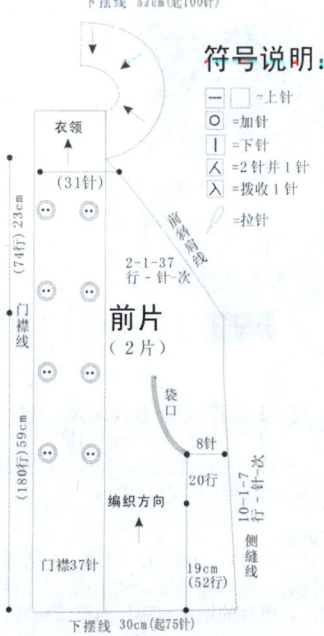

006

【成品规格】胸围105cm，
衣长82cm，袖长30cm
【工　　具】9号环针
【材　　料】高兔绒线
800g，纽扣8颗

制作说明：
前片、袖片均为左右2片，后片为1片。
1. 织后片。编织方向为从下往上，起100针，按针法图往上织花样到19cm后，换另一花样织。同时在侧缝线要按"每10行收1针"的规律，收7次，收出腰围线；当腋下侧缝线织到59cm后，开始收出斜肩线；从袖窿线往上织到23cm后，将后领处的22针穿好，待用。
2. 织前片。编织方向为从下往上，起75针，采用花样针法往上织到19cm后换另一花样织；织20行后，在侧缝线旁开8针的位置上要预留位置编织袋口，门襟的37针按针法图示织另一花样；在侧缝线要按"每10行收1针"的规律，收7次，收出腰围线；当腋下侧缝线织到59cm后，开始按图示收出斜肩线；织到23cm高度后，将31针穿好，待用。并织好另一个对称前片。
3. 织袖子。起70针，按花样针法图不加减针往上织7cm后换另一花样织，同时再按图示减针，收出斜肩线。并用同样的方法织好另一个袖子。然后分别合并侧缝线和袖下线，并安装好袖子。
4. 织衣领。将左右前片、袖片及后片上端的针全部穿起来，往上织衣领，到合适高度后平收针。在门襟处钉好双排装饰扣及暗扣。在门襟及衣领周围用钩针钩1圈枣针。

后片

(22针)
后领宽

(74行)23cm

门襟线

2-1-37
行-针-次

2-1-37
行-针-次

编入花样

编织方向

(180行)59cm

10-1-7
行-针-次

10-1-7
行-针-次

侧缝线

分散加10针

下摆线　52cm(起100针)

符号说明：

□ =上针
○ =加针
│ =下针
人 =2针并1针
人 =拨收1针
∕ =拉针

衣领

(31针)

(74行)23cm

门襟线

2-1-37
行-针-次

前片
（2片）

袋口

8针

20行

编织方向

门襟37针

19cm
(52行)

10-1-7
行-针-次

侧缝线

下摆线　30cm(起75针)

∕ =拉针 编织针法图：

这段减针共37次

这段减针共37次

袖片

分散加4针

袖片中心点

各单元片拼接方位：

后片

袖片　　袖片

前片　　前片

087

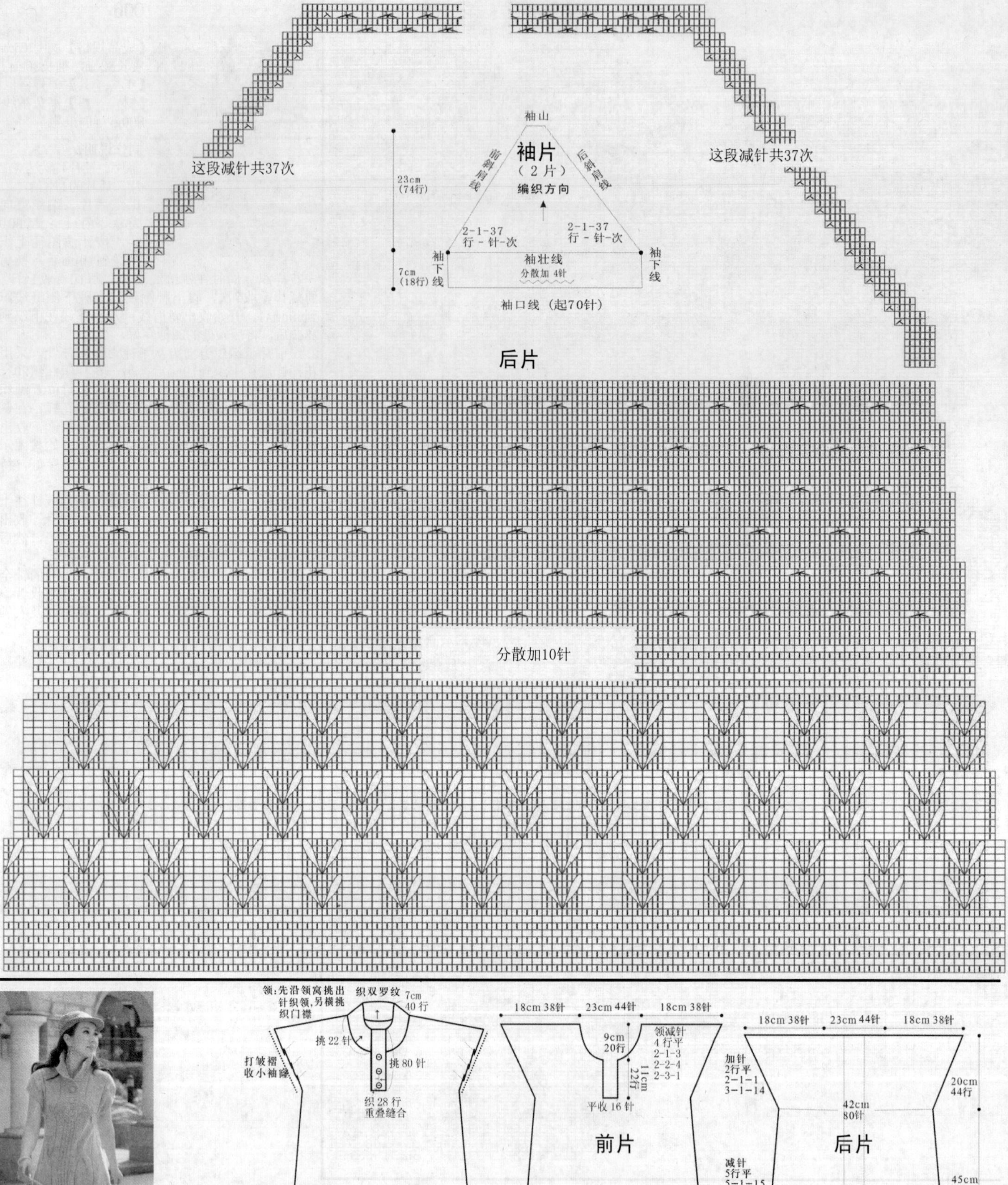

这段减针共37次

这段减针共37次

袖山

袖片
（2片）

编织方向

前袖肩线

后袖肩线

23cm
（74行）

2-1-37
行-针-次

袖壮线
分散加 4针

2-1-37
行-针-次

7cm
（18行）

袖下线

袖下线

袖口线（起70针）

后片

分散加10针

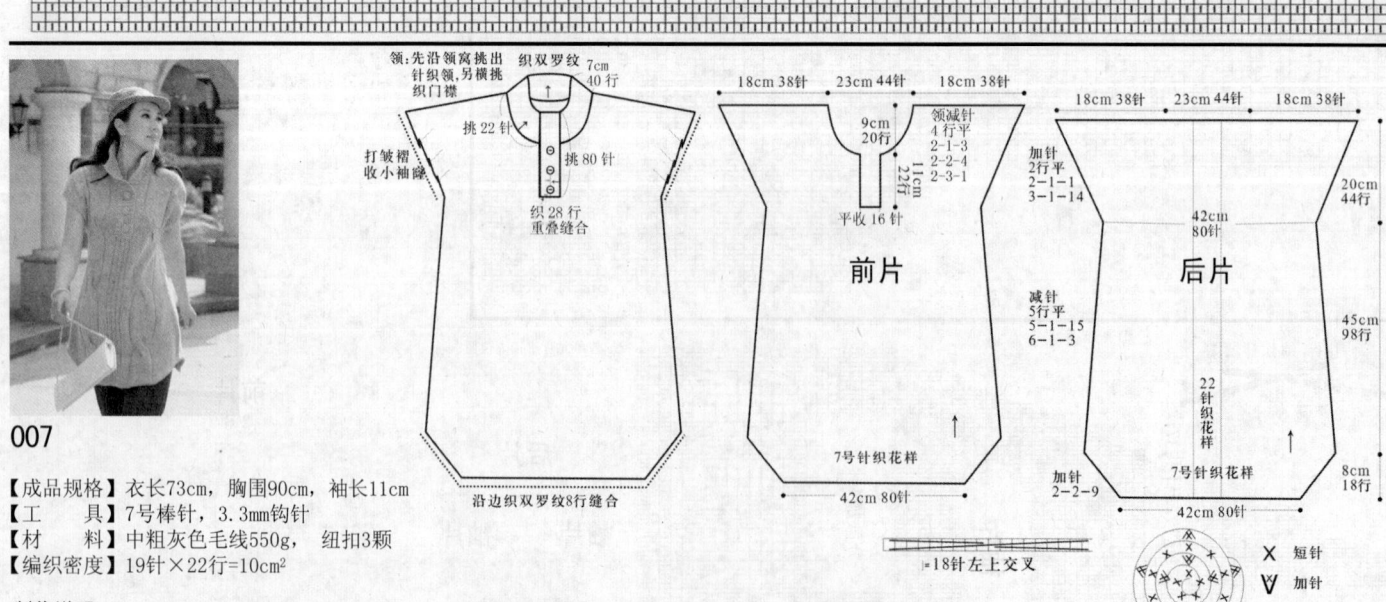

007

领：先沿领窝挑出
针织领，另横挑
织门襟

织双罗纹
7cm
40行

挑22针

挑80针

打皱褶
收小袖瘤

织28行
重叠缝合

沿边织双罗纹8行缝合

18cm 38针   23cm 44针   18cm 38针

9cm
20行

领减针
4行平
2-1-3
2-2-4
2-3-1

11cm
22行

平收16针

前片

7号针织花样

42cm 80针

18cm 38针   23cm 44针   18cm 38针

加针
2行平
2-1-1
3-1-14

42cm
80针

减针平
5行平
5-1-15
6-1-3

22
针织
花样

加针
2-2-9

42cm 80针

后片

7号针织花样

20cm
44行

45cm
98行

8cm
18行

=18针左上交叉

钩包扣
扣子可根据大小调节行数

X 短针
V 加针
A 收针

【成品规格】衣长73cm，胸围90cm，袖长11cm
【工　　具】7号棒针，3.3mm钩针
【材　　料】中粗灰色毛线550g，纽扣3颗
【编织密度】19针×22行=10cm²

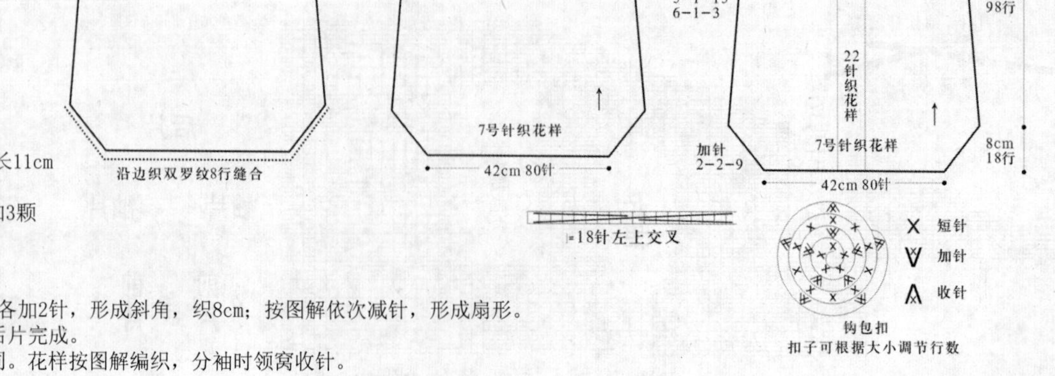

制作说明：
1. 后片。起80针，织花样，每2行两侧各加2针，形成斜角，织8cm；按图解依次减针，形成扇形。
2. 开挂肩。两侧递加针，加出袖山，后片完成。
3. 前片。前片的织法与后片的织法相同。花样按图解编织，分袖时领窝收针。

088

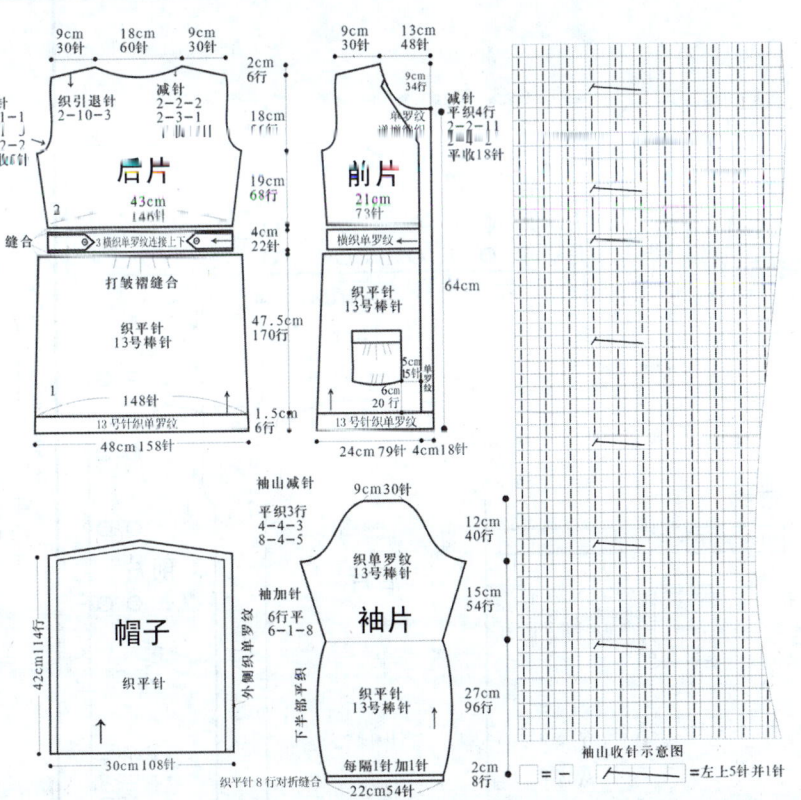

4．领：先沿领窝挑出针织立领，织好后，沿前片侧挑针织出。

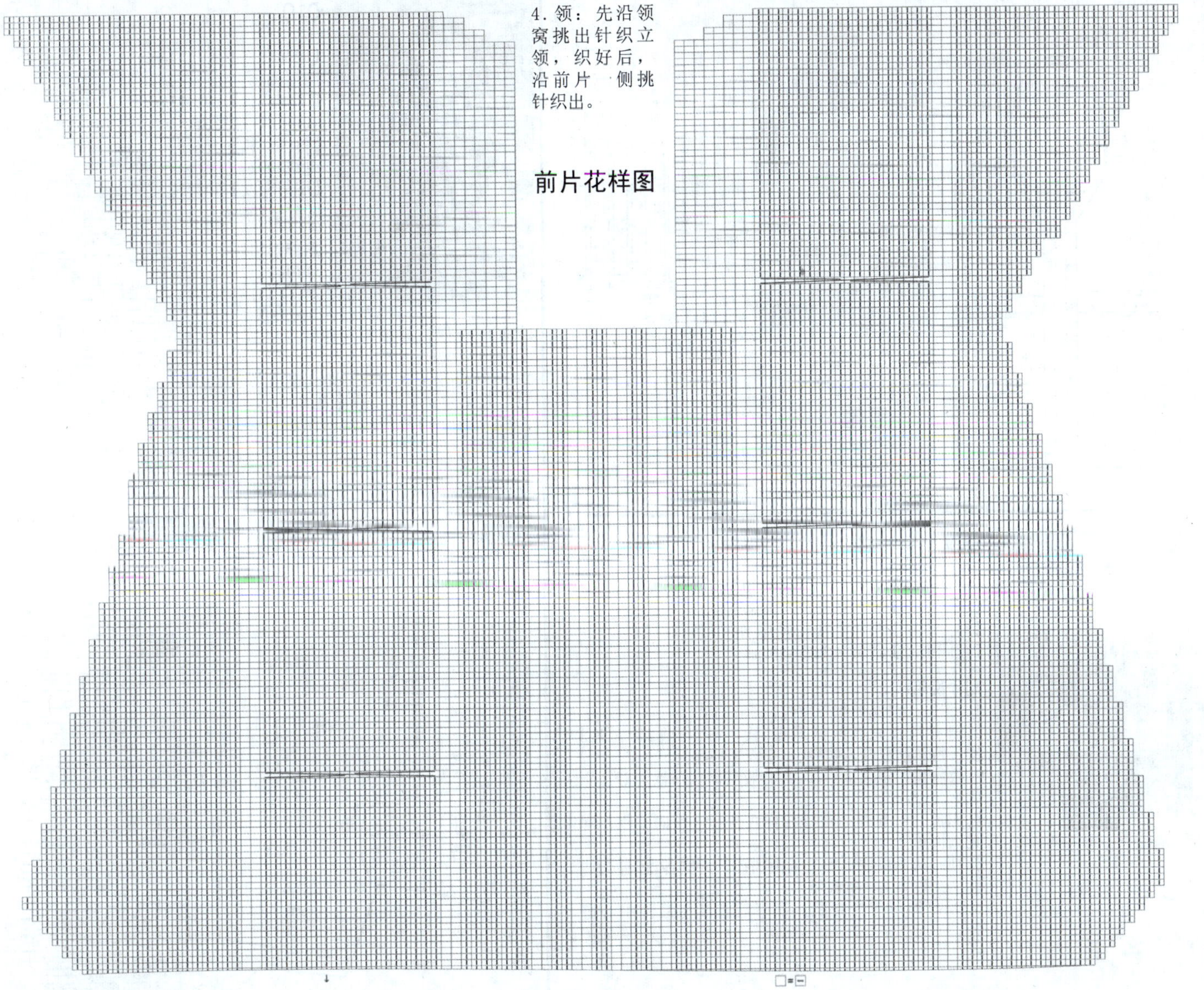

前片花样图

008

【成品规格】衣长73cm，胸围90cm，袖长66cm

【工　　具】13号棒针，3.3mm钩针

【材　　料】中细铁灰色毛线1100g，纽扣9颗

【编织密度】33针×36行=10cm²

制作说明：

1. 后片。起158针，织1.5cm单罗纹，换针织平针，织170行平收；另起146针织平针，织68行；起22针织单罗纹腰带，连接上下2片。

2. 开挂肩。先在两侧平收5针，每2行收2针，收2次；每2行收1针，收3次；每4行收1针，收1次。平织至18cm。

3. 收斜肩。织引退针，每2行收10针，收3次。后片完成。

4. 织前片。前片基本织法与后片相同。门襟跟前片同织。

5. 口袋。另起针织平针，织好后将其缝合。

6. 袖。灯笼袖。上半部织单罗纹针，下半部织平针。织好后将其与衣身缝合。

7. 帽。沿领窝挑针织。

8. 用钩针钩饰扣，缝合所有部分，完成。

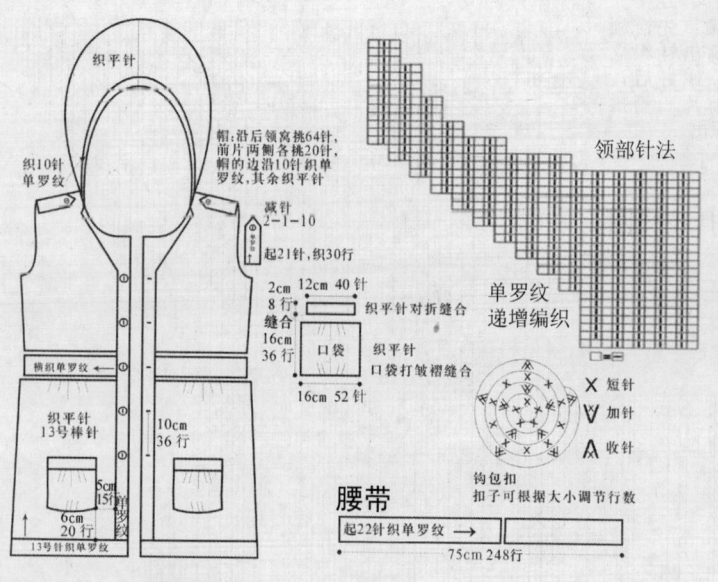

织平针

帽: 沿领后领窝挑64针, 前片两侧各挑20针, 帽的边沿10针织单罗纹, 其余织平针

织10针
单罗纹

减针
2-1-10
起21针, 织30行

横织单罗纹 ←

织平针
13号棒针

10cm
36行

5cm
15针

6cm
20行
13针织单罗纹

领部针法

2cm 12cm 40针
8行
缝合
16cm
36行

口袋

织平针对折缝合

织平针
口袋打裥褶缝合

16cm 52针

单罗纹
递增编织

✕ 短针
V 加针
A 收针

钩包扣
扣子可根据大小调节行数

腰带

起22针织单罗纹 →

75cm 248行

010

【成品规格】衣长44cm, 胸围88cm

【工 具】10, 11, 12, 13, 14号棒针

【材 料】炭灰色毛线300g

【编织密度】30针× 33行=10cm²

制作说明:

1. 织后片。起126针, 织双罗纹, 上面织花样, 如图依次加针, 至加出袖口平针。

2. 袖口部分完成后, 开始递减收针, 收至53针平收, 后片完成。

3. 织前片。前片与后片的织法基本相同。

4. 织衣领与袖。领织盆领, 织25cm高, 每织三分之一换大两号的针。袖口挑针织双罗纹。

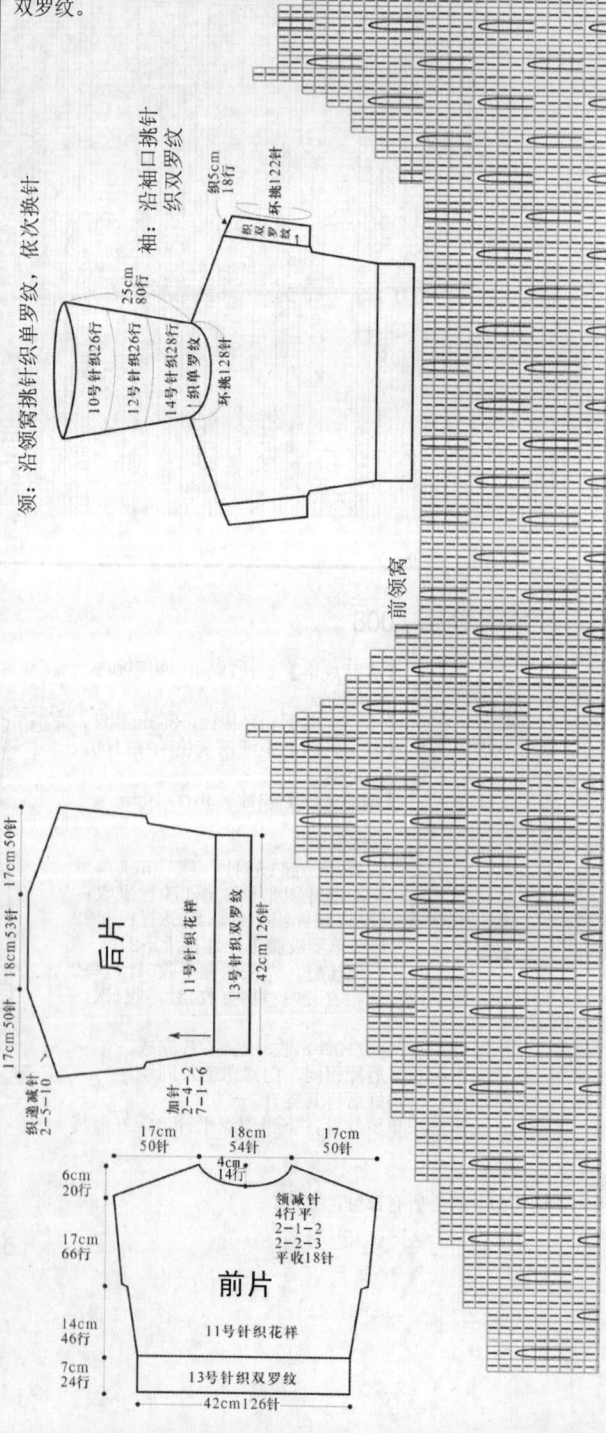

袖: 沿袖口挑针织双罗纹

领: 沿领窝挑针织单罗纹, 依次换针

约5cm 18行 环挑122针

25cm 80行

10号针织26行
12号针织26行
14号针织28行 环挑128针
单罗纹

前领窝

后片

17cm 50针 17cm 50针

18cm 53针

11号针织花样
13号针织双罗纹

42cm 126针

织递减针
2-5-10

加针
2-4-2
7-1-6

17cm 50针 18cm 54针 17cm 50针

6cm 20行

17cm 66行

领减针
4行平
2-1-2
2-2-3
平收18针

4cm 14行

前片

14cm 46行

11号针织花样

7cm 24行

13号针织双罗纹

42cm 126针

009

【成品规格】衣长83cm, 胸围90cm, 袖长56cm

【工 具】12号棒针, 3.3mm钩针

【材 料】中粗毛线1200g, 纽扣8颗

【编织密度】27针×33行=10cm²

制作说明:

1. 后片: 起126针织单罗纹, 织63cm。

2. 开挂肩: 先在两侧平收5针, 每2行收2针, 收3次; 每2行收1针, 收4次。平织至18cm。

3. 收斜肩: 织引退针, 每2行收4针, 收6次。后片完成。

4. 织前片: 前片为双排扣样式开衫, 横向编织, 详见结构图。

5. 袖: 从袖口往上织, 袖山加针, 两侧各留5针为边针, 在边针的一侧收针。

6. 领: 领与前片同织, 织好后将其与后片中心缝合。

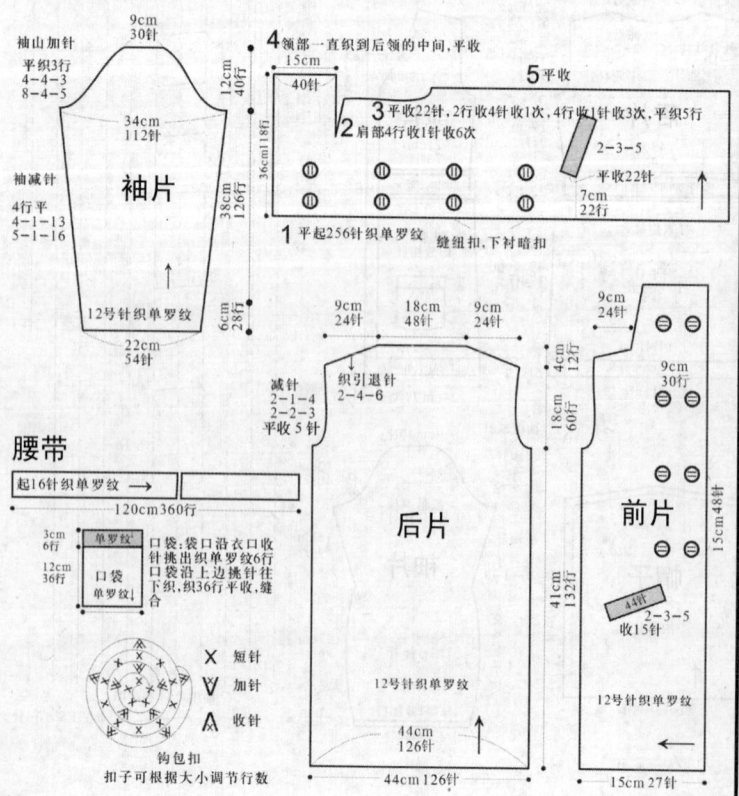

袖山加针
平织3行
4-4-3
8-4-5

9cm 30针

34cm 112针

袖减针
4行平
4-1-13
5-1-16

袖片

38cm 126行

12号针织单罗纹

22cm 54针

6cm 28行

4 领部一直织到后领的中间, 平收

15cm 40针

40针

3 平收22针, 2行收4针收1次, 4行收1针收3次, 平织5行

2 肩部4行收1针收6次

36cm 108行

5 平收

2-3-5
平收22针

7cm 22行

1 平起256针织单罗纹

缝纽扣, 下衬暗扣

腰带

起16针织单罗纹 →

120cm 360行

3cm 6行 单罗纹

12cm 36行 口袋 单罗纹

✕ 短针
V 加针
A 收针

钩包扣
扣子可根据大小调节行数

9cm 24针 18cm 48针 9cm 24针

减针
2-1-4
2-1-4
平收5针

引织退针
2-4-6

后片

41cm 132行

12号针织单罗纹

44cm 126针

44cm 126针

9cm 24针

4cm 12行

18cm 60行

前片

9cm 30行

15cm 48针

口袋: 袋口沿衣口收针挑出织单罗纹6行口袋沿上边挑针往下织, 织36行平收, 缝

4针
收15行

2-3-5

12号针织单罗纹

15cm 27针

图织织图

后片编织图

□= 下针

=滑针

011

【成品规格】衣长56cm，胸围88cm，袖长56cm
【工　具】10号棒针
【材　料】粗夹花毛线600g，纽扣3颗
【编织密度】20针×23行=10cm²

制作说明：
1. 后片。起86针织5cm双罗纹，开始织平针，平织至开挂肩。
2. 开挂肩。先在两侧平收4针，每2行收2针，收1次；每2行收1针，收3次。平织至28行时开后领窝及斜肩，后片完成。
3. 织前片。平针与花样组合，平织56行后，从中间收10针，分两部分织。

4. 袖：起18针，按图示加针织出袖山，织平针，袖口织双罗纹。
5. 门襟：挑织双罗纹针，分别缝纽扣和开扣眼。
6. 领：沿领窝挑针织双罗纹，门襟部分也挑织。

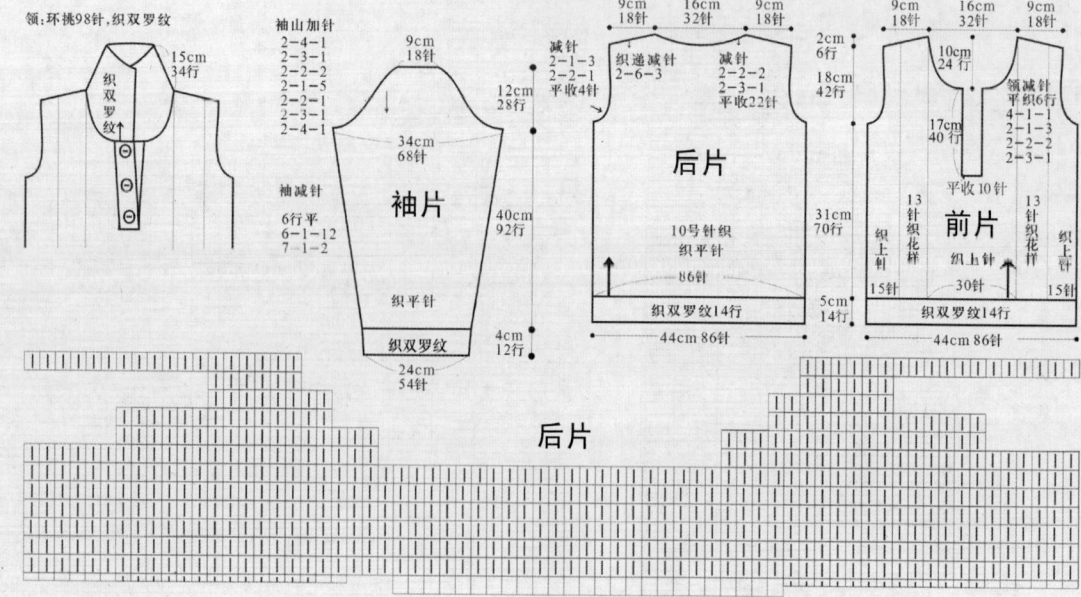

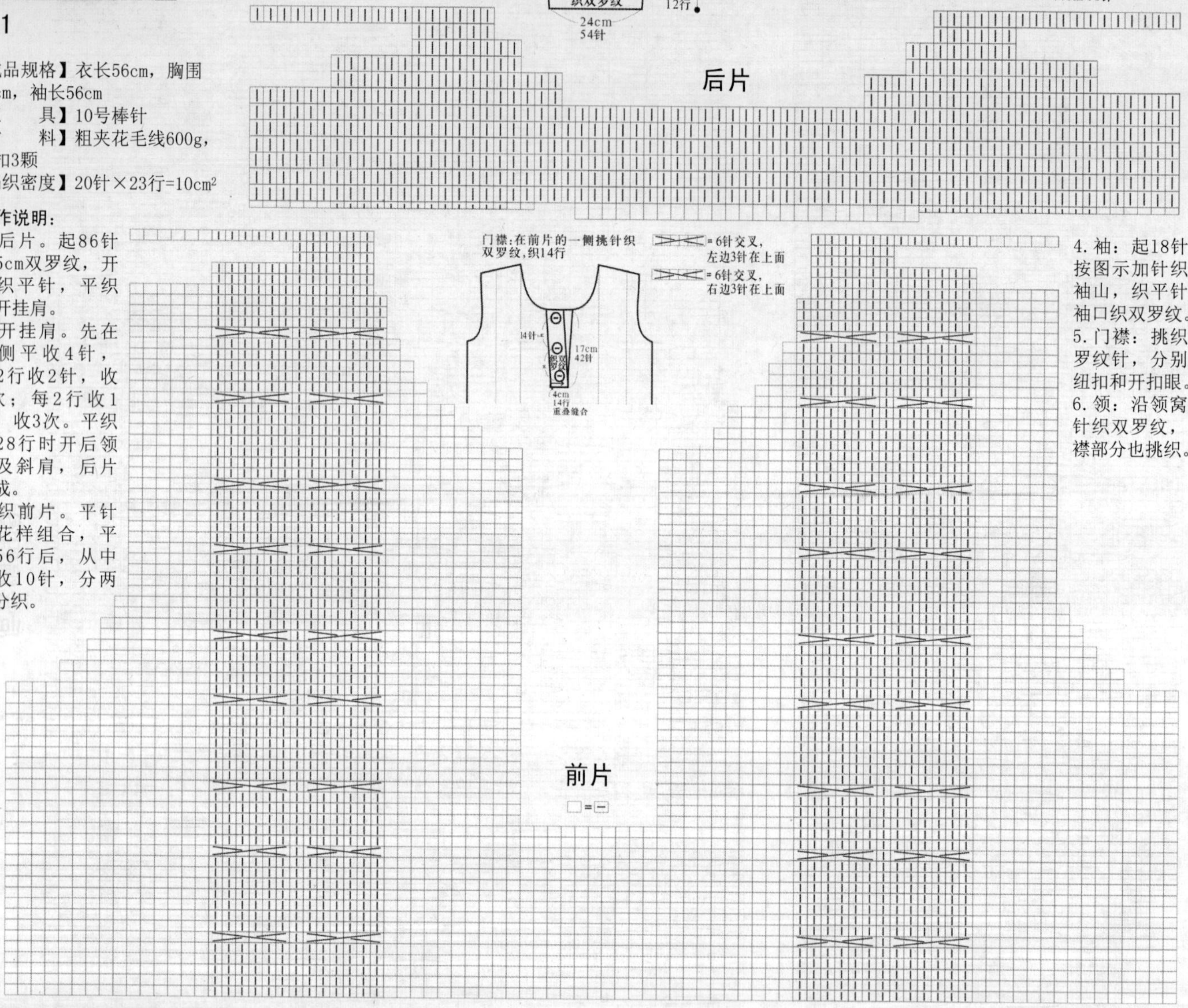

领：环挑98针，织双罗纹
15cm 34行
织双罗纹

袖山加针
2-4-1
2-3-1
2-2-2
2-1-5
2-2-1
2-1-1
2-3-1
2-4-1

9cm 18针
34cm 68针
袖片
10号针织织平针
86针
织平针
织双罗纹
24cm 54针
4cm 12行
40cm 92行

袖减针
6行平
6-1-12
7-1-2

减针
2-1-3
2-2-1
平收4针
12cm 28行

9cm 18针 / 16cm 32针 / 9cm 18针
减针 织通减针 减针
2-1-1 2-6-3 2-2-2
平收4针 平收22针

后片
2cm 6行
18cm 42行
31cm 70行
5cm 14行
织双罗纹14行
44cm 86针

9cm 18针 / 16cm 32针 / 9cm 18针
10cm 24行
领减针 织织6行
4-1-1
2-2-2
2-3-1
平收10针
前片
13针织花样 / 30针织上针 / 13针织花样
15针织上针 / 15针织上针
织双罗纹14行
44cm 86针

后片

门襟：在前片的一侧挑针织双罗纹，织14行
=6针交叉，左边3针在上面
=6针交叉，右边3针在上面

17cm 42行
4cm 14行重叠缝合

前片

□=一

012

【成品规格】衣长40cm，胸围84cm
【工　具】10号棒针，3.6mm钩针
【材　料】咖啡色毛线250g
【编织密度】25针×28行=10cm²

制作说明：
1. 后片。起114针钩花样，至开挂肩。
2. 开挂肩。平收5针，每2行收2针，收2次；每2行收1针，收3次；每4行收1针，收1次。后片完成。
3. 织前片。前片按图解钩圆角。
4. 衣襟与袖。沿边挑针织双罗纹6cm，袖口织双罗纹4cm。

15
减针
4-1-1
2-1-3
2-1-2
平收5针
10
5
5　1

罗卜丝花
□=一上针　V=滑针

6cm 16针 / 22cm 54针 / 6cm 16针
后片
起114针钩花样
42cm

6cm 16针
减针 平收6行
4-1-2
2-1-8
2-1-1
前片
3.6mm钩针钩花样
加针
1-1-4
2-1-4
起7针
20cm

20cm 50行
20cm 54行

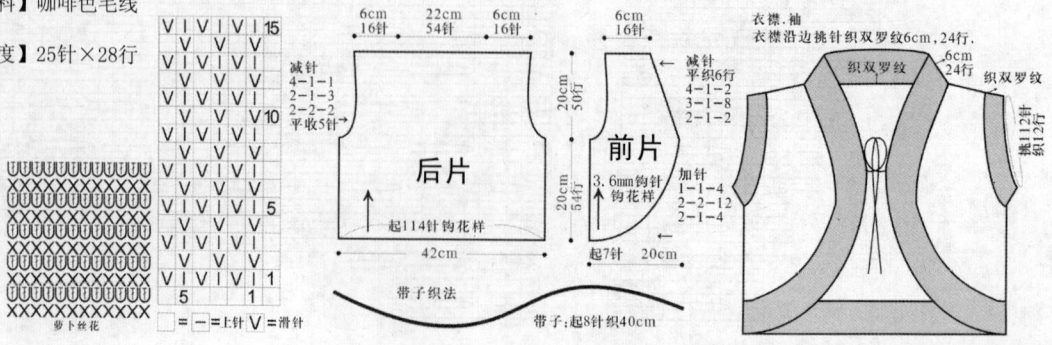

衣襟·袖
衣襟沿边挑针织双罗纹6cm，24行.
织双罗纹
6cm 24行
织双罗纹
挑112针织12行

带子织法
带子：起8针织40cm

092

013

【成品规格】衣长61cm，下摆衣宽55cm，袖肩宽26cm
【工　　具】10号棒针，2.5mm钩针
【材　　料】单股黑灰色羊毛线500g，包扣4颗
【编织密度】18针×22行＝10cm²

制作说明：

1. 棒针编织法与钩针编织法结合。分为前片2片，后片1片，侧缝花边2片。花边用钩针编织法。
2. 前片的编织。起织双罗纹针，共起33针，织12行。从13行开始至终，全织相同的花样主体：先织3针双元宝针，再织9针下针，重复3次。两侧不加减针织至128行。本款衣服的衣袖由衣身向外扩展形成，即从129行开始，袖侧加针编织，每4行加1针，共加19次。衣领侧织至180行时，开始减针织衣领，方法为1-6-1，2-3-1，2-2-2，2-1-4。然后不加减织至216行。最后按下针收针法收针，断线。用同样的方法再编织另一前片。详细编织方法见图1。
3. 后片的编织。后片分为1片编织，织法与前片相同。用双罗纹起针法起81针，织12行；余下两侧的织法与前片的相同；中间织至第207行时，中间留

27针不织，向两侧减针织，形成后衣领，减针方法为1-3-1，2-2-2，2-1-1。共织至216行，最后收针断线。详细编织方法见图2。
4. 侧缝花边的编织。花边用钩针编织法编织，单独钩织2片，共钩织17行，两侧加针钩织，详细钩织方法见图3。
5. 缝合。将前后片的肩部对应缝合，侧缝只留袖口至10cm处缝合，余下部分，将花边的2条边分别与前后片的侧缝对应缝合。
6. 衣领的编织。衣领单独编织，以下针起针法起140针，正面织下针，反面织上针，往返编织200行，共56cm长，这个长度与衣身的前后衣领的合计长度是相等的。最后直接收针断线。将衣领对折缝合，将平均每18cm的高度的织片，用线从左向右收缩，平均4个皱褶。起针处与收针处，也同样均匀地将织片收缩。最后将织片对折边与衣身的衣领对应缝合。
7. 袖口的袖边编织。用双罗纹起针法起80针，圈织，共织16行，最后直接收针断线。将衣身的袖窿均匀地收缩至与袖边相同的宽度，将两者缝合。袖边图解见图4。
8. 前衣襟的编织。前衣襟是在衣领与前后片均缝合的基础上编织的。沿着前衣襟边及衣领边，挑针起织图4双罗纹针，共挑136针，织26行，最后直接收针断线。右侧衣襟要制作3个扣眼，左侧衣襟顶端制作1个扣眼。扣眼的织法：在第12行时，在适当位置收起数针，一般是纽扣的三分之二大小即可，在第13行重起这些针数，再继续编织。最后在扣眼的对应侧钉上纽扣。

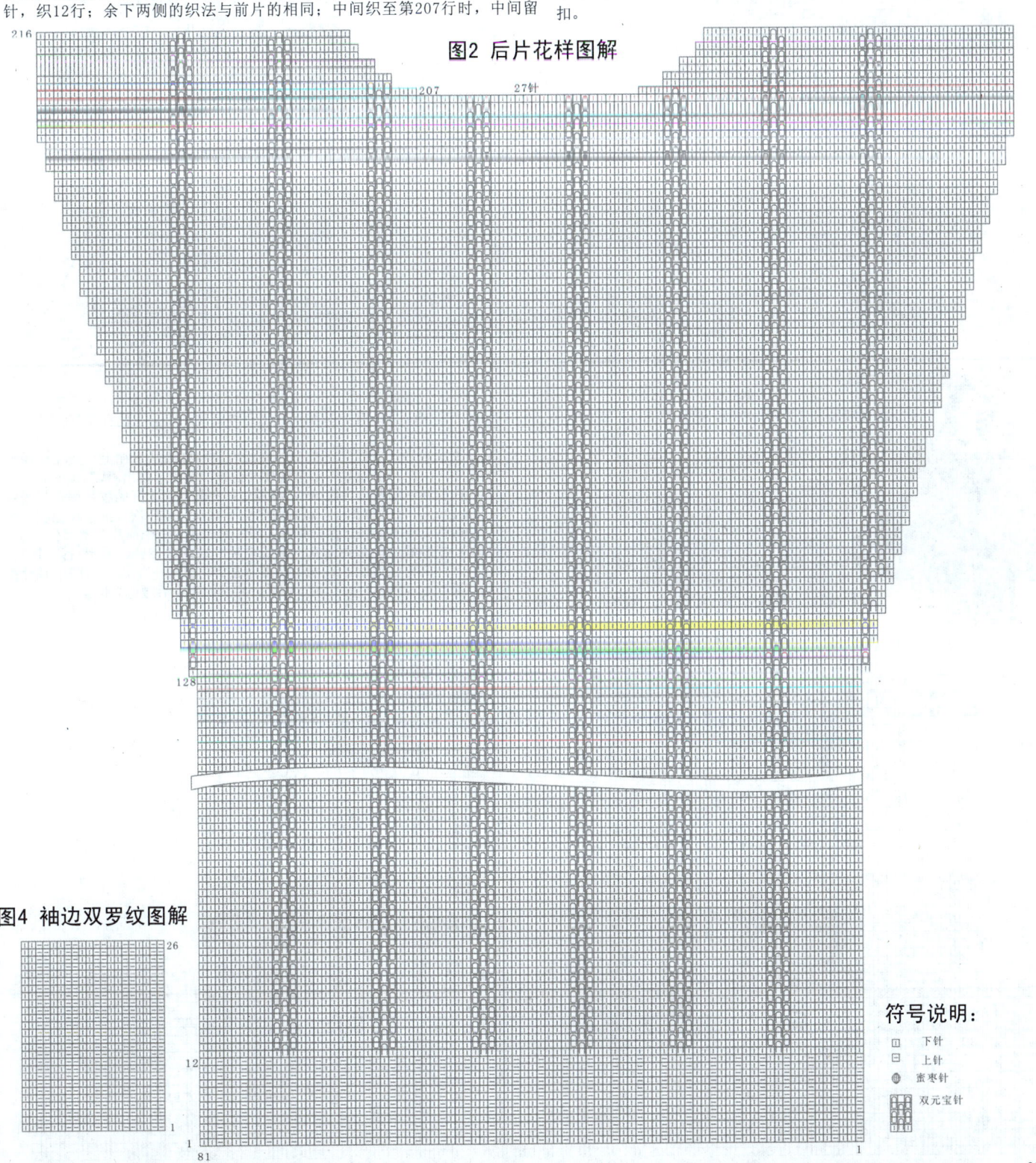

图2　后片花样图解

216

207　　27针

128

图4　袖边双罗纹图解

26

12

1

81　　　　　　　　　　　　　　　　　　1

符号说明：

回　下针
回　上针
●　蜜枣针
回　双元宝针

图1 前片花样图解

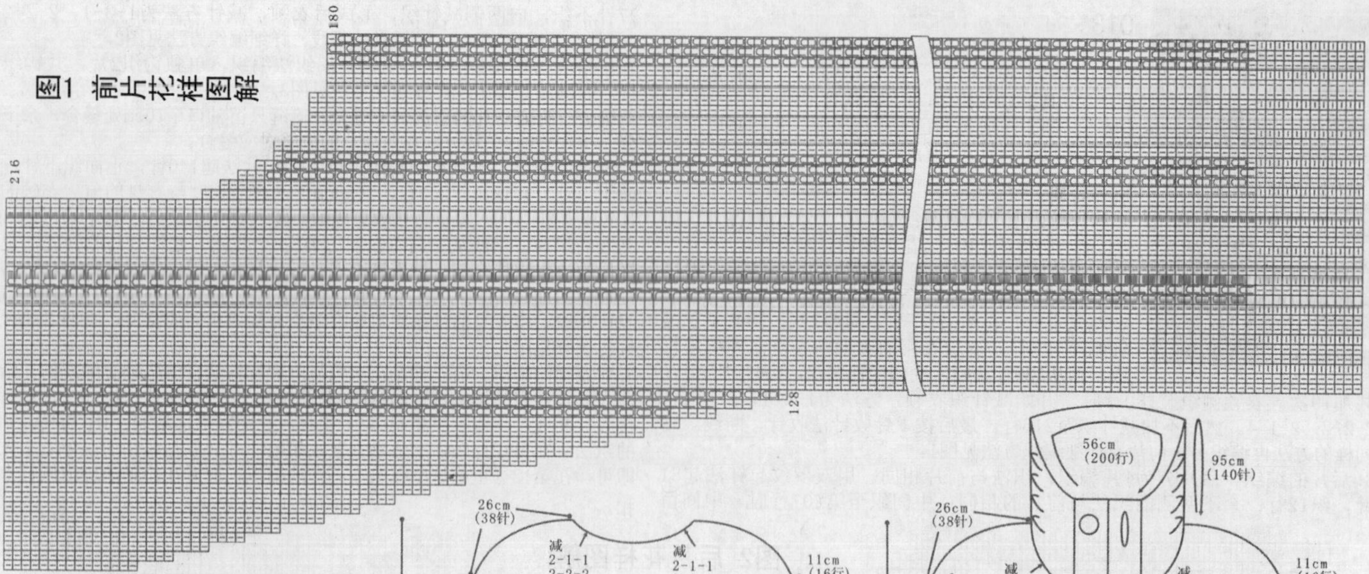

图3 侧缝花边图解

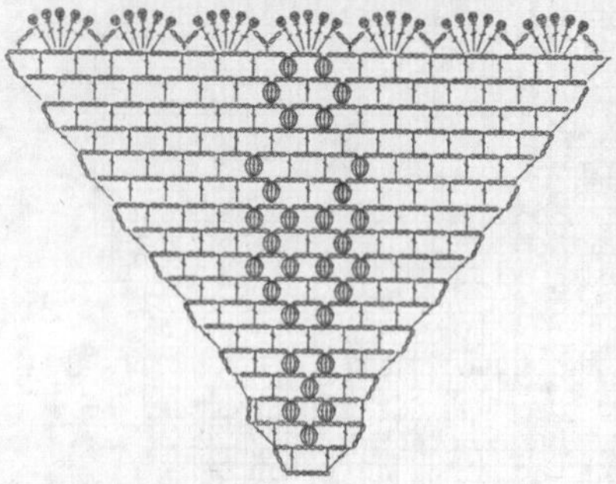

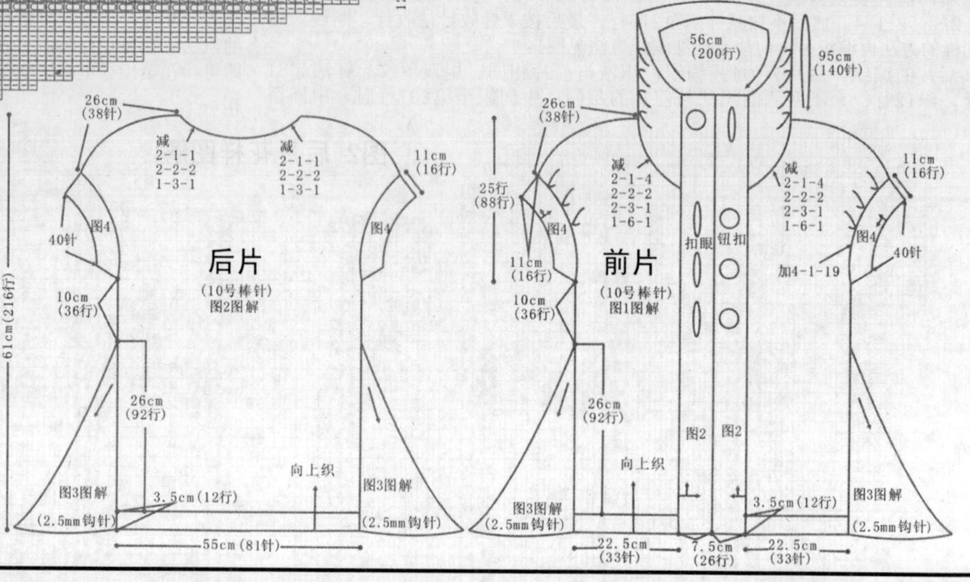

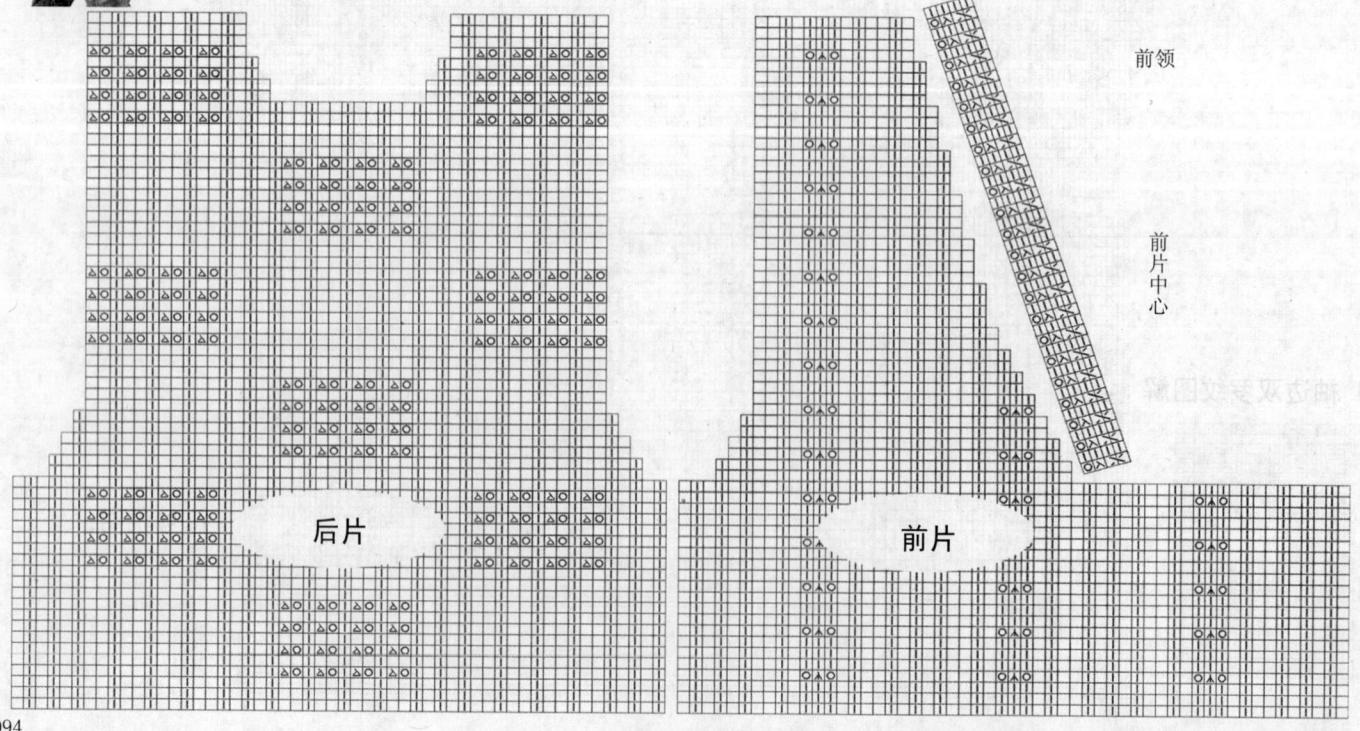

014

【成品规格】胸围84cm，背肩宽36cm，衣长91cm
【工　　具】7号环针
【材　　料】兔毛线400g

制作说明：

1. 按结构图先编织下半身。编织方向为从下往上，起208针（8个花样，每个花样26针），按花样图往上织；待织到48cm后，分散减去78针；再不加减针往上织15cm，这时前、后片要各自分开来织。

2. 织后片。在侧缝线上开始收袖窿，先平收3针，再每1行减3针，减1次；每2行减1针，减3次。从袖窿线往上织26cm后，开始按图示收出后领弧线。将肩上的针穿好，待和前片合并用。

3. 织前片。先织上半部分，编织方向同样为从下往上，按花样图继续往上织；在前片中心位置要开前领，按图示收出"V"领的斜形；在前领中间两边各收4针，织领边；在侧缝线上开始收袖窿，先平收3针，再每1行减3针，减1次；每2行减1针，减3次。继续往上织，最后将肩部的针和后片合并好。织好对应的另一个前片上半部分。

4. 织蝴蝶结。按图示从一端织向另一端，起18针，采用1行上针1行下针的方法编织。在两旁按图示加针，到另一端后再按图示减针；最后用零线将中间扎紧，用手针将其固定在后腰适当位置上。

后片
(10号棒针)
图2图解

前片
(10号棒针)
图1图解

前领

前片中心

后片

前片

蝴蝶结针法图：

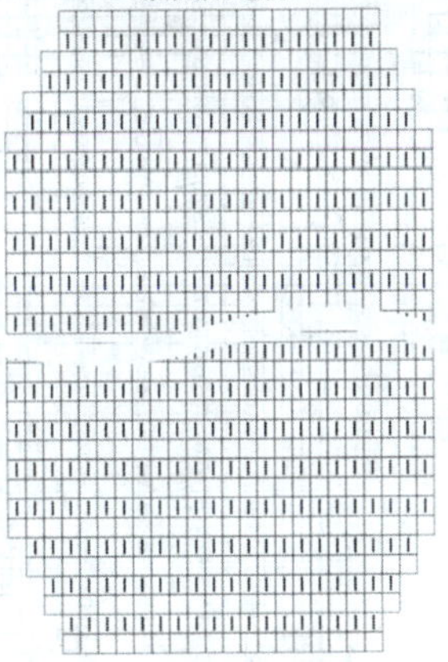

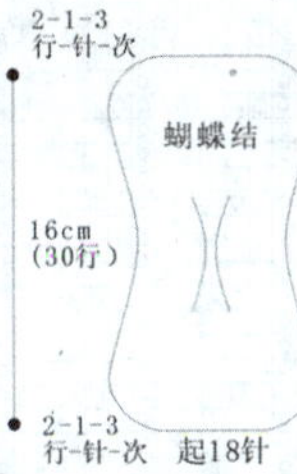

符号说明：

│=下针	□—=上针
入=拨收1针	人=2针并1针
Ｑ=扭针	✕=1针下针左上交叉
	✕=1针下针右上交叉
	人=上针2针并为1针
	⋀=中上3针并1针

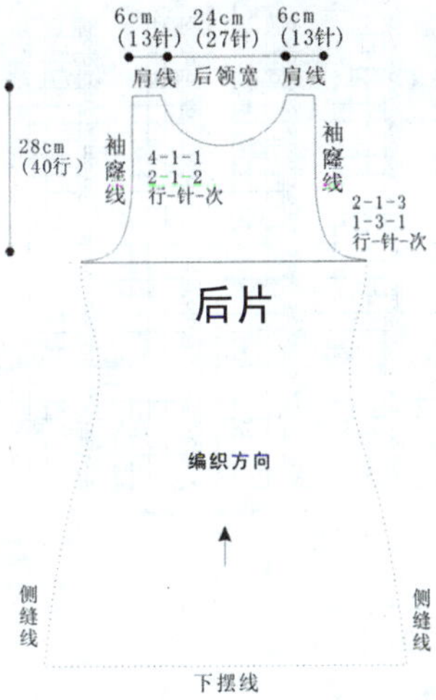

蝴蝶结

2-1-3
行-针-次

16cm
(30行)

2-1-3
行-针-次   起18针

后片

6cm (13针)　24cm (27针)　6cm (13针)
肩线　　后领宽　　肩线

28cm (40行)　袖窿线

4-1-1
2-1-1
2-1-2
行-针-次

2-1-3
1-3-1
行-针-次　袖窿线

编织方向

侧缝线

下摆线

前片

6cm (13针)　24cm (27针)　6cm (13针)
肩线　前领宽　肩线

28cm (40行)

袖窿线　　袖窿线

4-1-6
2-1-7
行-针-次

2-1-3
1-3-1
行-针-次

28cm (43行)

15cm (26行)

腰围线84cm(130针)

分散减去78针

48cm (86行)

编织方向

侧缝线　侧缝线

下摆线 150cm(起208针)

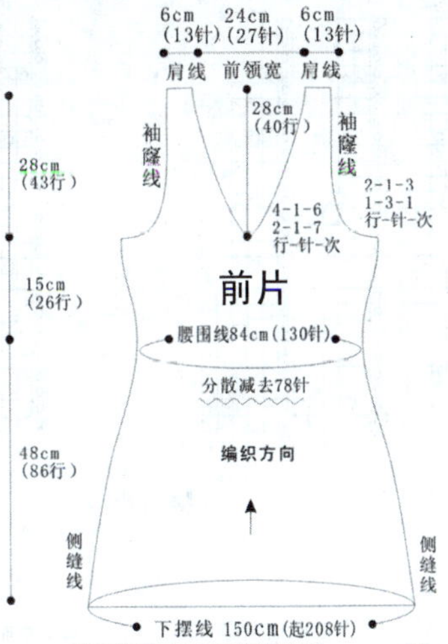

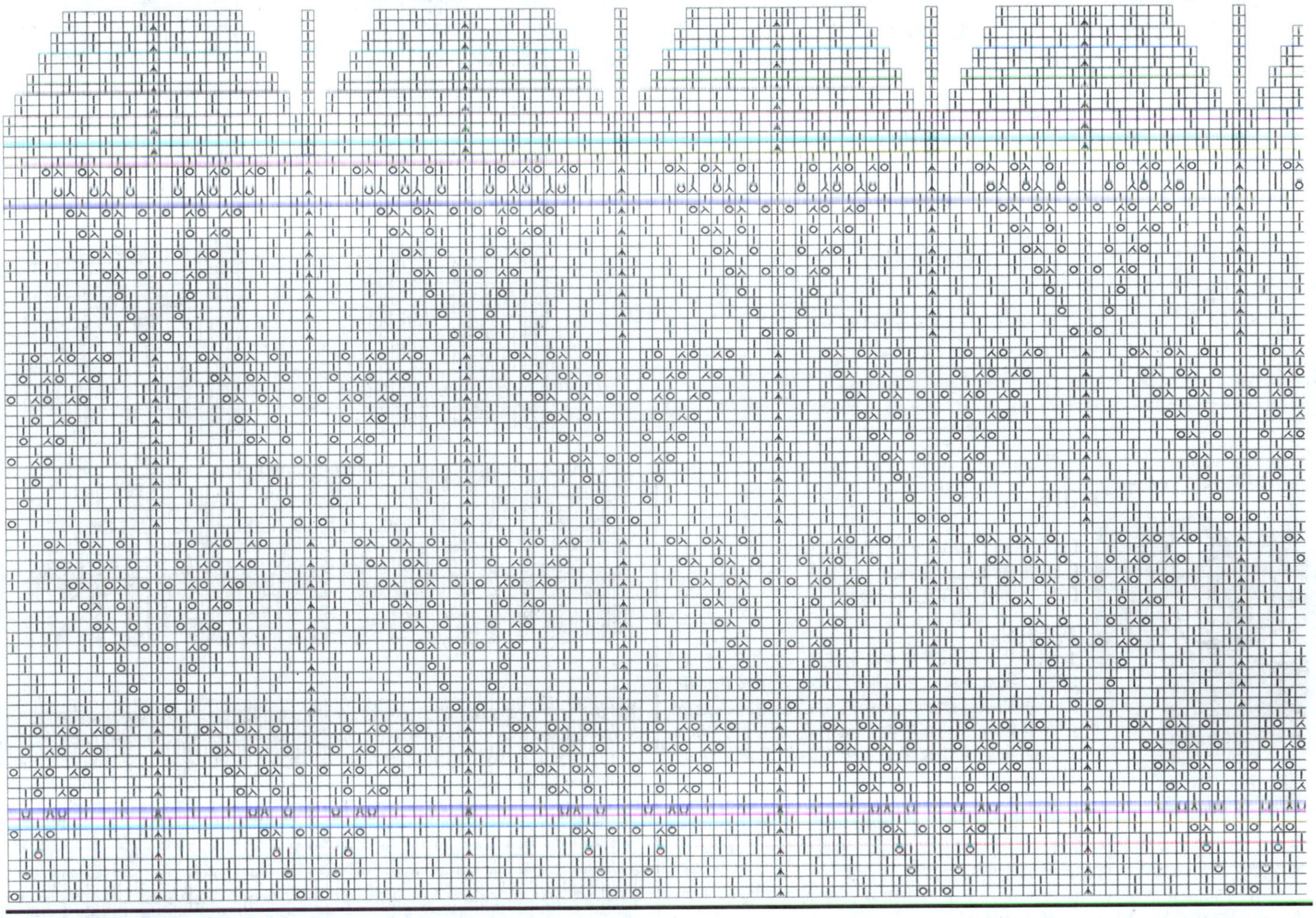

015

【成品规格】胸围98cm，背肩宽36cm，衣长64cm
【工　具】7号环形针
【材　料】单股高兔毛线600g，纽扣9颗

制作说明：

1. 织后片。编织方向为从下往上，起93针，往上织，织到31cm后分散减针，每隔4针减2针，减12次；再按花样往上织20cm，同时在腋下开始收袖窿，每2行减1针，减7次。将针穿好，待用。

2. 织前片。编织方向为从下往上，起57针，另加门襟17针，采用花样编织，织到31cm后分散减针，每隔4针减2针，减6次；再按花样往上织20cm，同时在腋下开始收袖窿，每2行减1针，减7次。将针穿好，待用。然后织好相对应的另一个前片。

3. 将已织好的1个后片和2个前片按"前－后－前"的顺序排列好。在两个肩膀位置各平加41针，继续按相关花样针法图往上织好抵肩。

4. 织好后背蝴蝶结，将其缝在相应位置上。并在门襟一侧钉好扣子，另一侧加装扣袢。

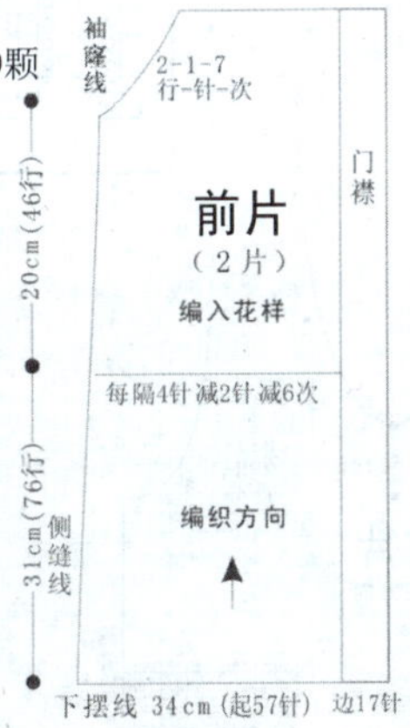

前片（2片）
编入花样

2-1-7
行-针-次　袖窿线

20cm (46行)

31cm (76行)

每隔4针减2针减6次

编织方向

侧缝线

下摆线 34cm(起57针)　边17针

门襟
起20针

符号说明：

│=下针	□—=上针
人=2针并1针	Ｏ=加针
入=拨收1针	Ｑ=扭针
人=3针并为1针	
✕=扭针左上交叉，中间2针上针在下	

蝴蝶结中间用零线抽紧

编织方向

60行

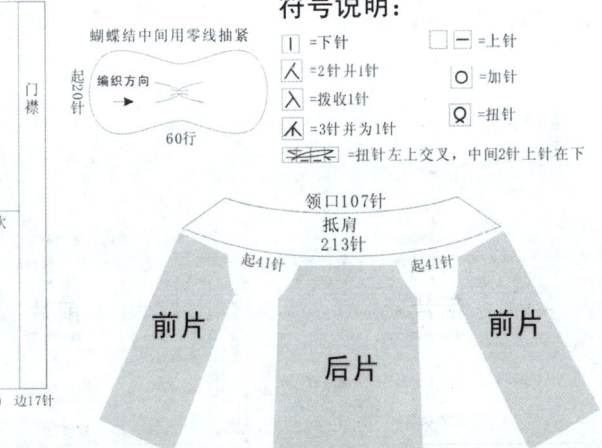

领口107针
抵肩
213针
起41针　　起41针
前片　　后片　　前片

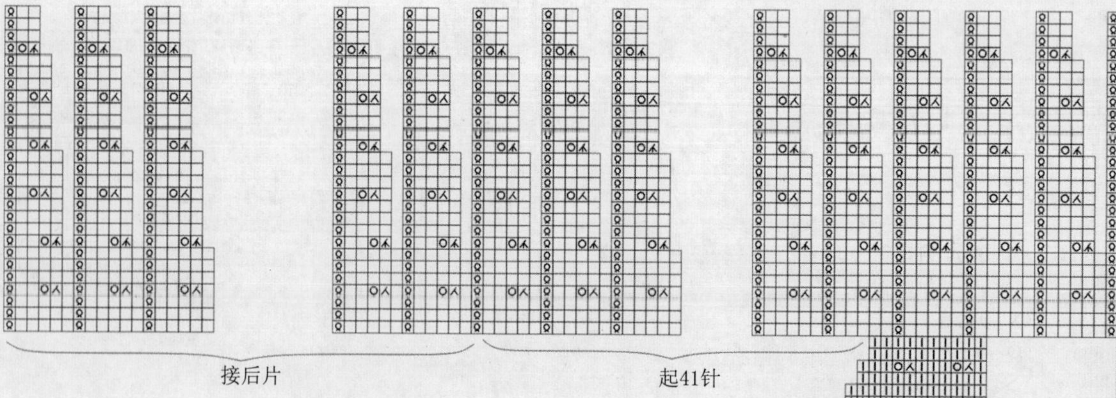

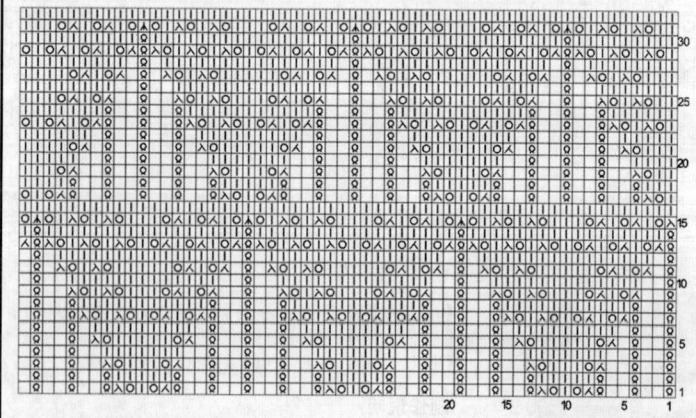

接后片　　　　　　起41针

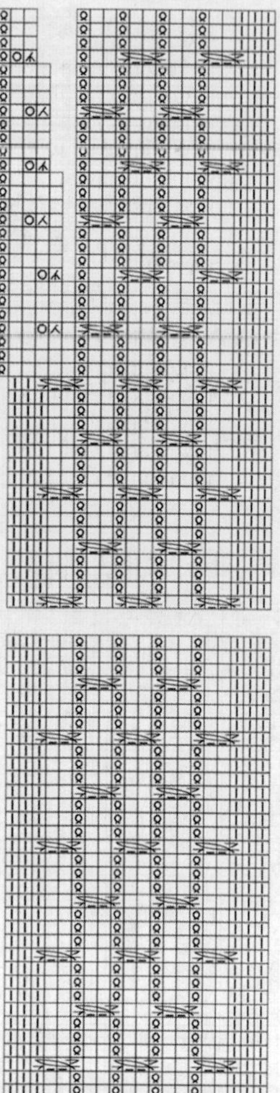

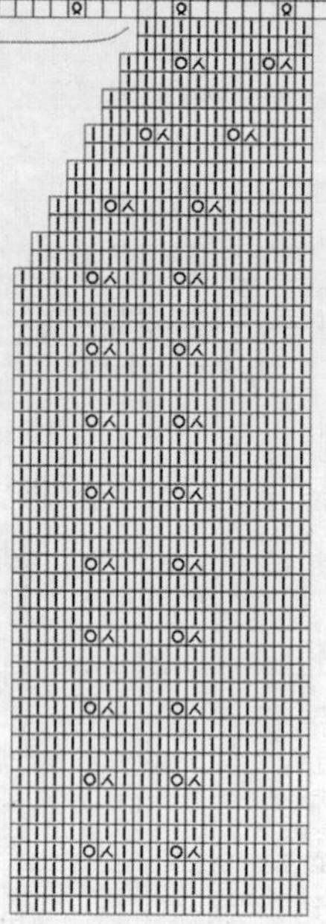

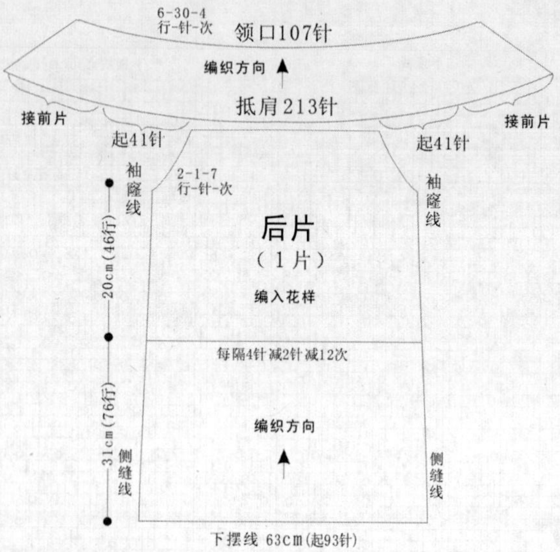

6-30-4
行-针-次　　领口107针

编织方向 ↑

接前片　　　抵肩213针　　　接前片

起41针　　　　　　　　　　起41针

袖窿线　　2-1-7　　　　袖窿线
　　　　　行-针-次

后片
（1片）

编入花样

每隔4针减2针减12次

编织方向 ↑

下摆线 63cm（起93针）

20cm（46行）　31cm（76行）　侧缝线　侧缝线

016

【成品规格】胸围98cm，背肩宽32cm，衣长82cm
【工　　具】6、7号棒针
【材　　料】兔羊毛线450g

制作说明：

1.织后片。编织方向为从下往上，先用7号针起92针，织双罗纹；然后换6号针，采用按花样编织，不加减针织到26cm高度后，在侧缝线处按图示开始收出袖窿弯度；从袖窿线往上织25cm后，再在后领处收出后领弧度。将双侧肩上的针穿好，待和前片合并时用。

2.织前片。编织方向为从下往上，先用7号针起92针，织双罗纹；然后换6号针，采用按花样编织，不加减针织到26cm高度后，在侧缝线处按图示开始收出袖窿弯度；从袖窿线往上织14cm后，再在前领处收出前领弧度。

3.剪4段150cm长的绒线，搓成绳状，呈上下错落状，穿入双罗纹的小孔内。将蝴蝶结系好，固定在后领中心位置。

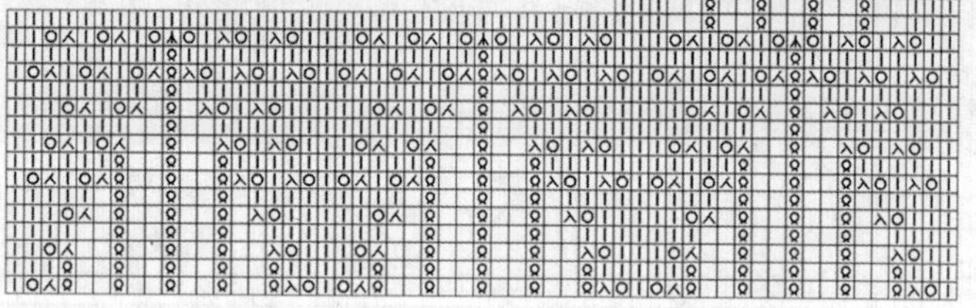

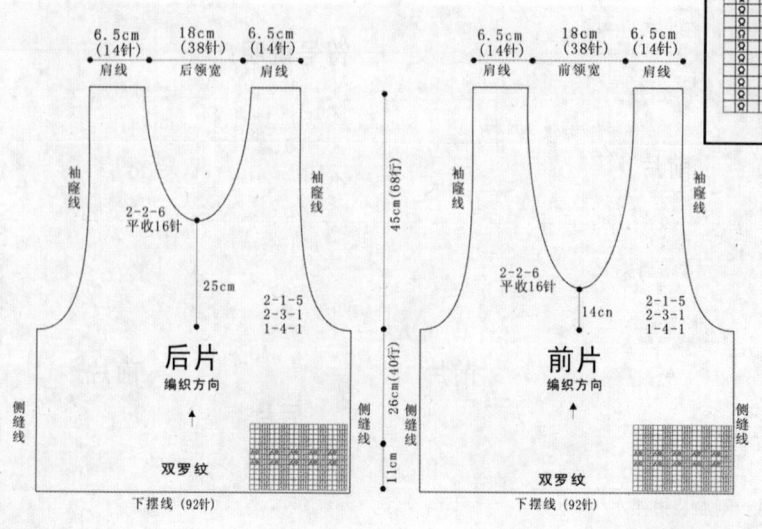

6.5cm（14针）肩线　18cm（38针）后领宽　6.5cm（14针）肩线

袖窿线　　2-2-6　平收16针　　袖窿线

25cm

2-1-5
2-3-1
1-4-1

45cm（68行）

后片
编织方向 ↑

侧缝线　双罗纹　侧缝线

下摆线（92针）

6.5cm（14针）肩线　18cm（38针）前领宽　6.5cm（14针）肩线

袖窿线　　2-2-6　平收16针　　袖窿线

14cm

2-1-5
2-3-1
1-4-1

26cm（40行）　11cm

前片
编织方向 ↑

侧缝线

下摆线（92针）

符号说明：

| ＝下针

3 ＝先将3针并为1针，然后在这1针中又放成3针。

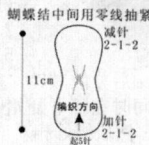

蝴蝶结中间用零线抽紧

减针
2-1-2

11cm

加针
2-1-2
起5针

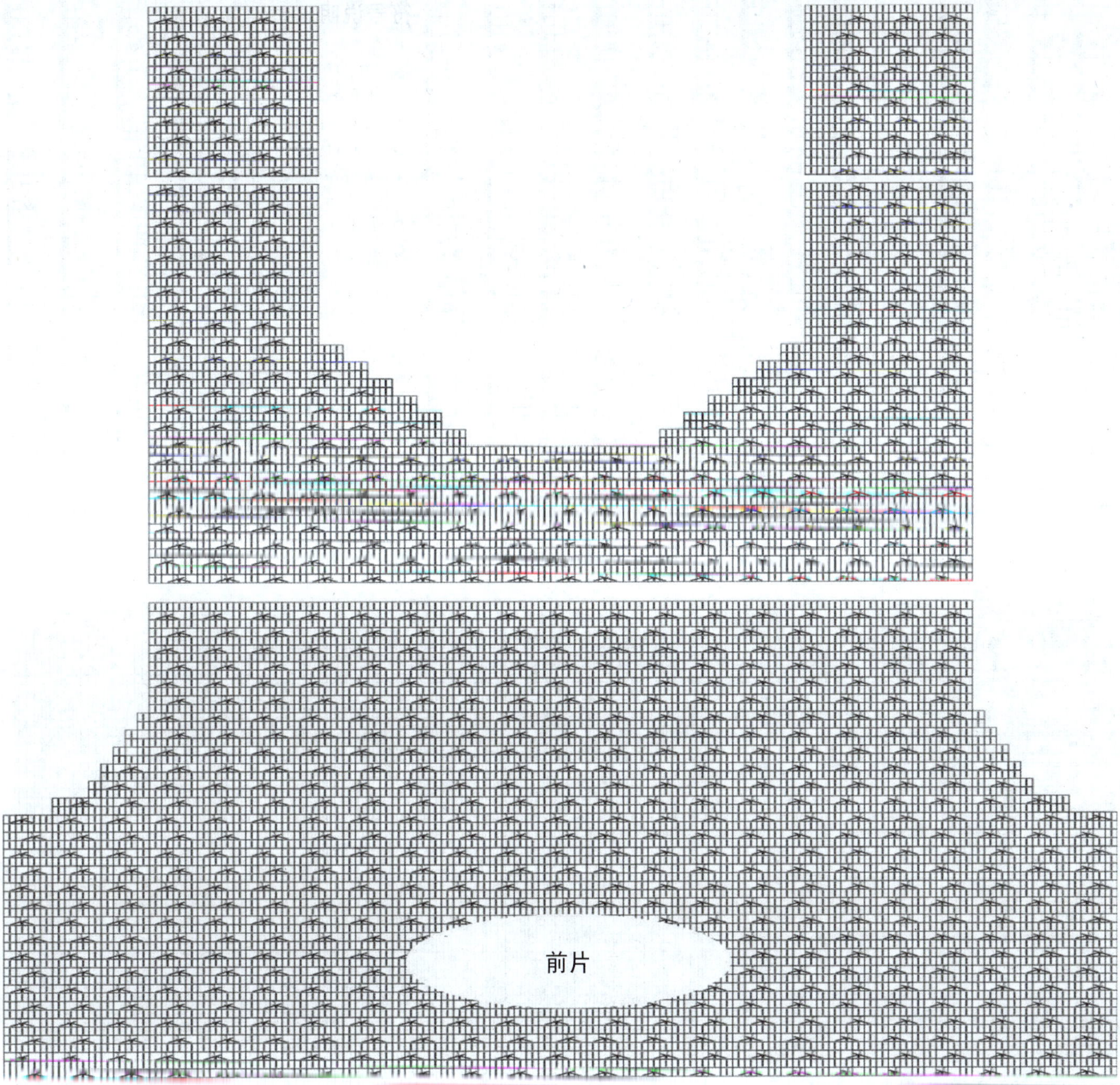

017

【成品规格】胸围92cm，背肩宽36cm，衣长82cm
【工　具】6号环形针
【材　料】纯毛线650g

制作说明：

1. 织后片。编织方向为从下往上，起135针，往上织，待织到28cm后换花样，并同时要分散减23针；再按花样往上织34cm，又要分散减去21针；同时在腋下开始收袖窿：每2行减1针，减5次。将针穿好，待用。

2. 织前片。编织方向为从下往上，起135针，往上织，待织到28cm后换花样，并同时要分散减23针；再按花样往上织34cm，又要分散减去21针；同时在腋下开始收袖窿：每2行减1针，减5次。将针穿好，待用。

3. 织抵肩。已织好的后片和前片全部用环形针穿好。在两个肩膀位置各平加65针，继续按相关花样针法图往上织好抵肩；按"每12行收53针"的规律，收3次，最后领围为156针，再平收针。

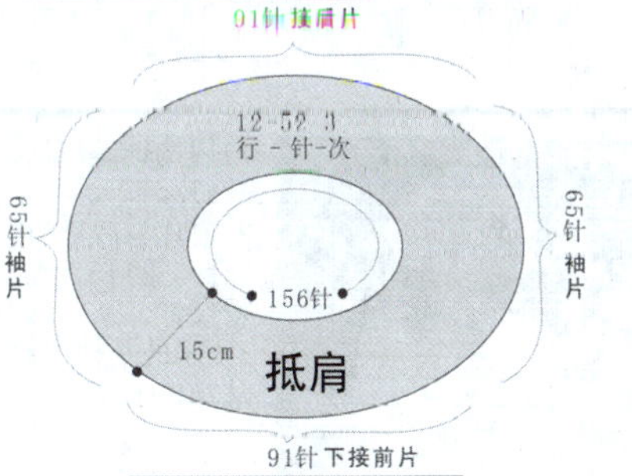

前片

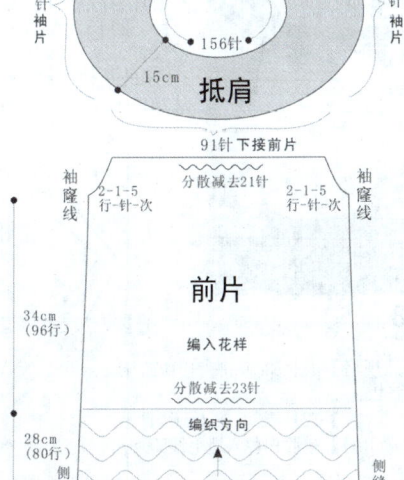

01针接减片

12-52-3
行-针-次

65针袖片　　65针袖片

156针

15cm

抵肩

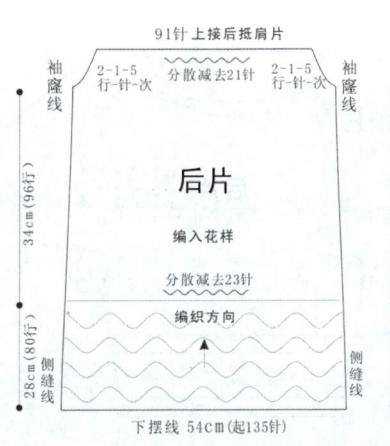

91针上接后抵肩片　　　　91针下接前抵肩片

袖窿线　　2-1-5行-针-次　　分散减去21针　　2-1-5行-针-次　　袖窿线

袖窿线　　2-1-5行-针-次　　分散减去21针　　2-1-5行-针-次　　袖窿线

后片　　　　　　　　**前片**

34cm(96行)　　编入花样　　　　　34cm(96行)　　编入花样

分散减去23针　　　　　　　　分散减去23针

编织方向　　　　　　　　　编织方向

28cm(80行)　　侧缝线　　　　　28cm(80行)　　侧缝线

侧缝线　　　　　　　　　侧缝线

下摆线 54cm(起135针)　　　　下摆线 54cm(起135针)

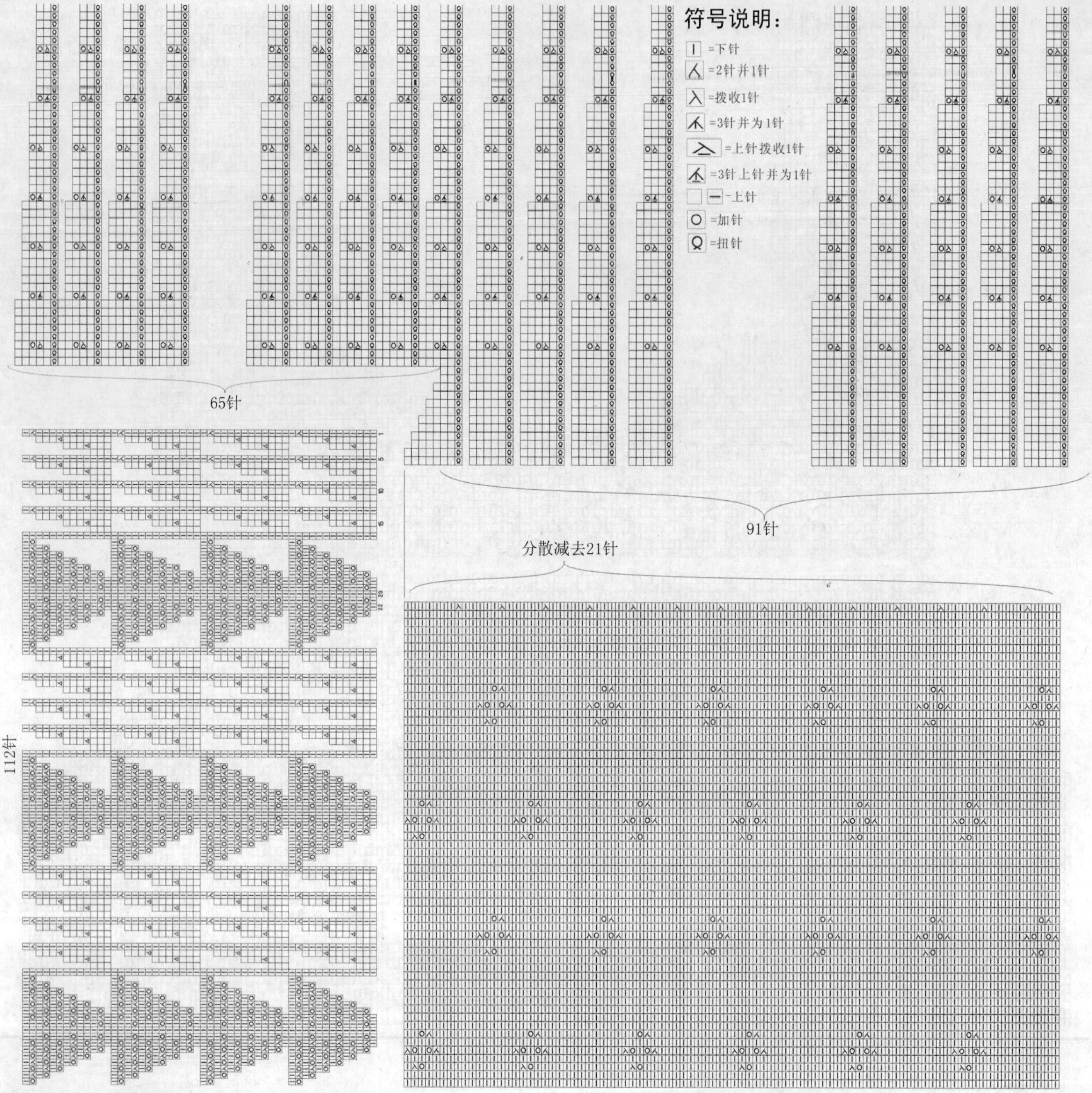

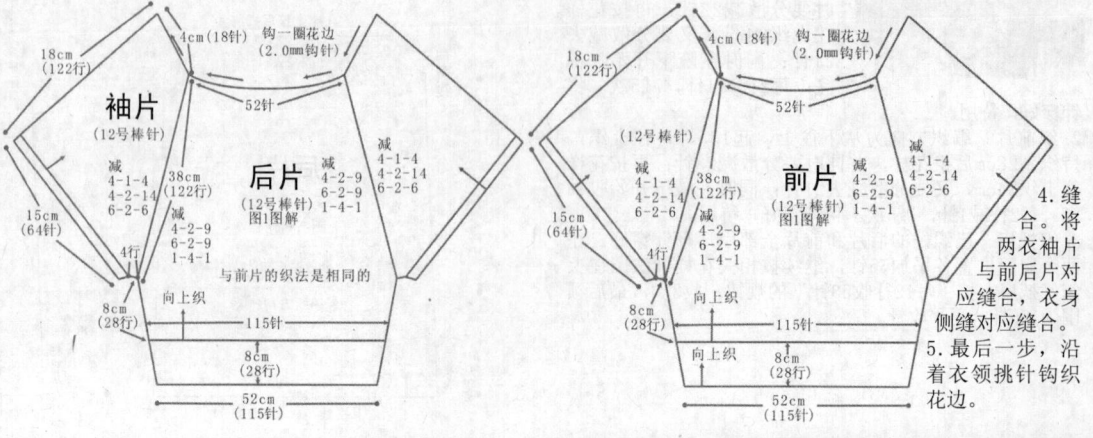

符号说明：
=下针
=2针并1针
=拨收1针
=3针并为1针
=上针拨收1针
=3针上针并为1针
=上针
=加针
=扭针
65针
112针
91针
分散减去21针

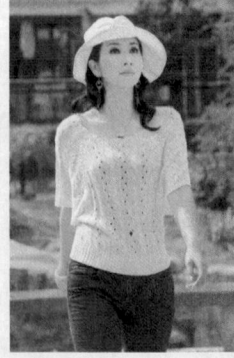

018

【成品规格】衣长53cm，胸围104cm，肩宽52cm

【工　　具】12号棒针，2.0mm钩针

【材　　料】单股白色人造毛线500g

制作说明：

1. 棒针编织法与钩针编织法结合。衣身用棒针编织法，衣领花边用钩针编织法。衣身分为前片1片，后片1片，衣袖片2片。

2. 前片与后片的织法相同。起115针织罗纹针花样，第1针与第115针均织上针，作缝合衣边用。往上织28行罗纹针，从第29行开始，编织衣身花样主体，按照图1所示的花样针数一一编织，两侧不加减针编织28行。从第29行开始，作袖窿减针，按照1-4-1，6-2-9，4-2-9的方法减针，共减19针，最后余下52针。用同样的方法再编织后片，详细编织方法见图1。

3. 衣袖片的编织。起128针，第1针与第128针均织上针，作缝合衣边用。往上织10行罗纹针，从第11行开始，编织衣袖花样主体，不加减针织4行之后，按照6-2-6，4-2-14，4-1-4的顺序，将两侧减针，共织122行，最后余下36针，按照下针收针法直接收针断线。详细编织方法见结构图。

4cm(18针)
钩一圈花边
(2.0mm钩针)
18cm
(122行)
52针
袖片
(12号棒针)
减
4-1-4
4-2-14
6-2-6
38cm
(122行)
后片
(12号棒针)
图1图解
减
4-2-9
6-2-9
1-4-1
减
4-1-4
4-2-14
6-2-6
53cm
15cm
(64行)
减
4-2-9
6-2-9
1-4-1
4行
与前片的织法是相同的
8cm
(28行)
向上织
115针
8cm
(28行)
52cm
(115针)

4cm(18针)
钩一圈花边
(2.0mm钩针)
18cm
(122行)
52针
(12号棒针)
减
4-1-4
4-2-14
6-2-6
38cm
(122行)
前片
(12号棒针)
图1图解
减
4-2-9
6-2-9
1-4-1
减
4-1-4
4-2-14
6-2-6
15cm
(64行)
减
4-2-9
6-2-9
1-4-1
4行
8cm
(28行)
向上织
115针
向上织
8cm
(28行)
52cm
(115针)

4. 缝合。将两衣袖片与前后片对应缝合，衣身侧缝对应缝合。

5. 最后一步，沿着衣领挑针钩织花边。

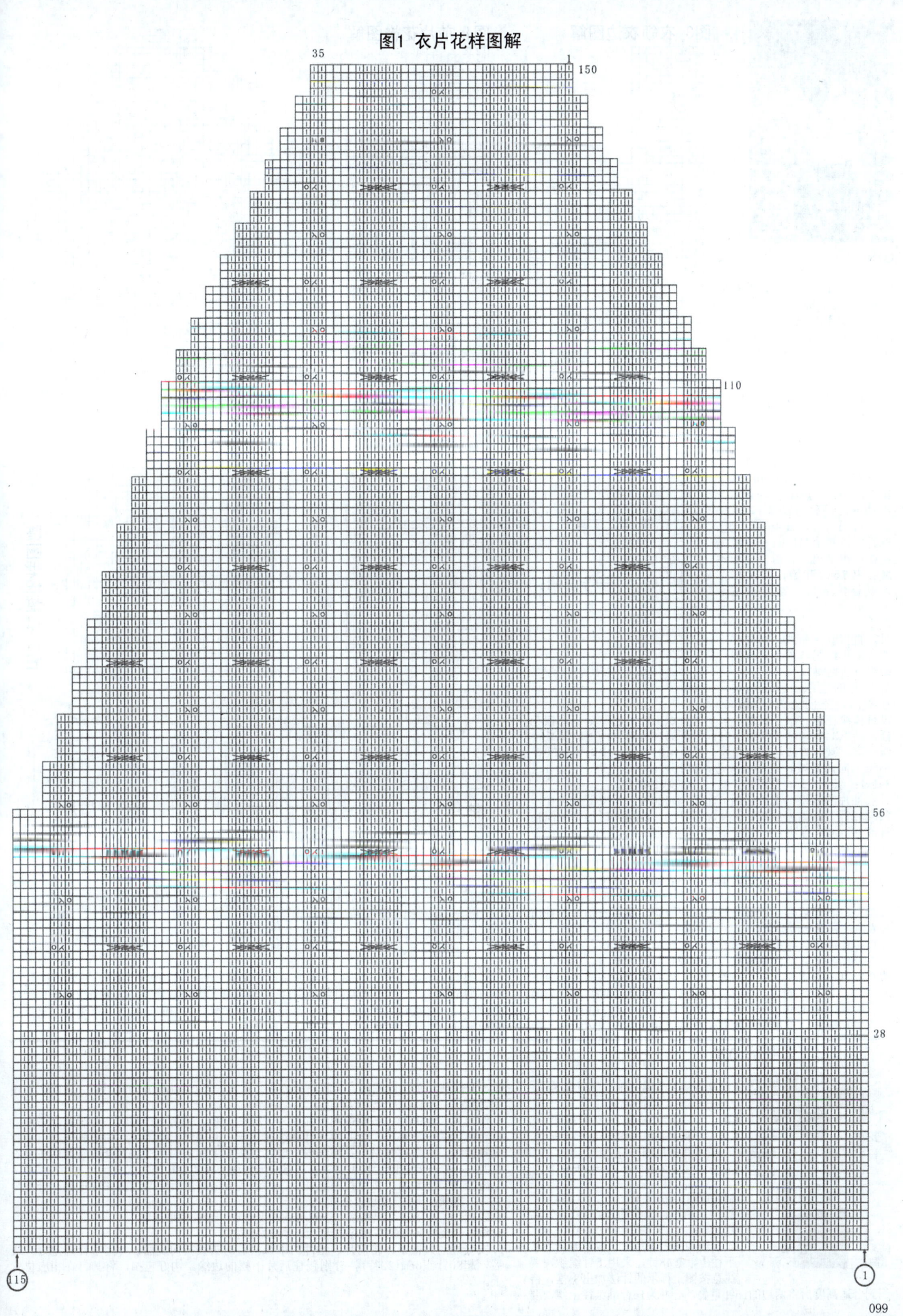

图1 衣片花样图解

019

图3 衣领衣边图解

图1 前片花样图解

图2 衣袖花样图解

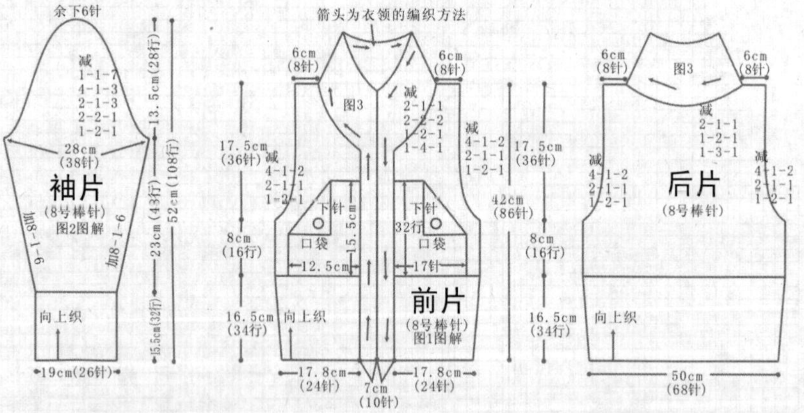

【成品规格】衣长42cm，下摆衣宽50cm，袖长52cm
【工　　具】8号棒针
【材　　料】单股白色兔毛线500g，拉链1条，金属纽扣2颗

制作说明：
1. 棒针编织法。分为前片2片，后片1片，衣袖2片，口袋2片。
2. 前片的编织。前片分为左右2片编织。起24针织花样，见图1，共织34行，余下的全织上针织至第16行。即在衣身的第50行时，开始在一侧减针织袖窿，减针方法为1-2-1，2-1-1，4-1-2，减少5针；织至66行时，每隔4针织1个棒绞花样；织至第74行时，无加减；从75行开始，在另一侧减针织衣领，减针方法为1-4-1，1-2-1，2-2-2，2-1-1；将衣身织至86行时，直接收针断线。用同样的方法再织另一前片，详细编织方法见图1。
3. 后片的编织。织法与前片相同，不同处为：后片没有棒绞花样。除了衣摆，余下的全织上针。起68针织衣摆花样，共织34行，余下全织上针；织至第16行时，两侧同时减针织袖窿，减针方法与前片相同；织至第81行时，中间留取30针不织，向两侧减针织后衣领边，减针方法为1-3-1，1-2-1，2-1-1；织至86行，最后余下8针，直接收针断线。
4. 衣袖片的编织。衣袖从袖口起织，起26针，织双罗纹花样，共织32行，两侧无加减针；从33行开始，两侧同时加针编织袖身部分，加针方法为：每8行两侧同时各加1针，加6次，共织至80行；从81行开始，两侧同时减针织袖山部分，减针方法顺序为1-2-1，2-2-1，2-1-3，4-1-3，1-1-7；最后余下6针，直接收针断线。用同样的方法编织另一衣袖片。详细编织方法见图2。
5. 缝合。将前后片的肩部与侧缝对应缝合，将两衣袖片的袖山与衣身的袖窿对应缝合。
6. 口袋的编织。口袋的织法简单，起17针下针起织，正面织下针，反面织上针，往返编织，共织32行后收针断线。口袋的下边在衣身的衣摆和衣身交接处缝合，近衣襟侧封闭缝合，余下的两边，各取二分之一与衣身缝合，不缝合边翻折至口袋面上，用1颗纽扣钉住固定。用同样的方法制作另一前片的口袋。
7. 衣领的编织。单独编织衣领，再将衣领与各衣领边缝合，起10针起织单罗纹化样，如图3，不加减针织至第50行，右侧加针编织，每2行加2针编织，加至26针，然后不加减针织106行，再以同样的方法减针织，织至最后余下10针织单罗纹针，继续织单罗纹针50行，最后将没有加减针的一侧与衣身的衣领边、衣襟边对应缝合，将一段拉链藏于衣领后，将其缝合。

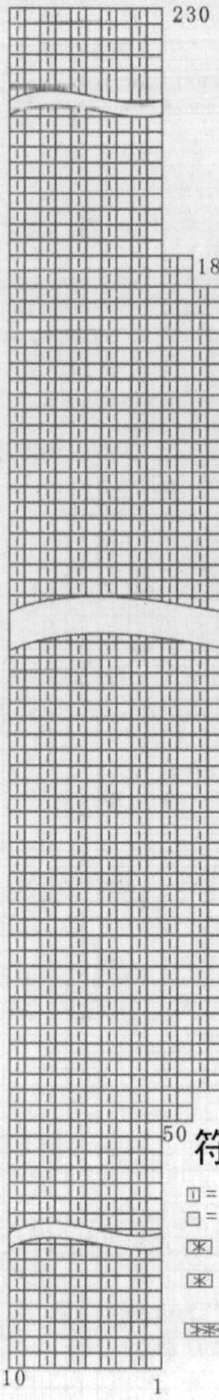

符号说明：
□ = 下针
□ = 上针
⧖ = 左上1针与右下1针交叉
⧖ = 右上1针与左下1针交叉
⧖ = 左上2针与右上2针交叉

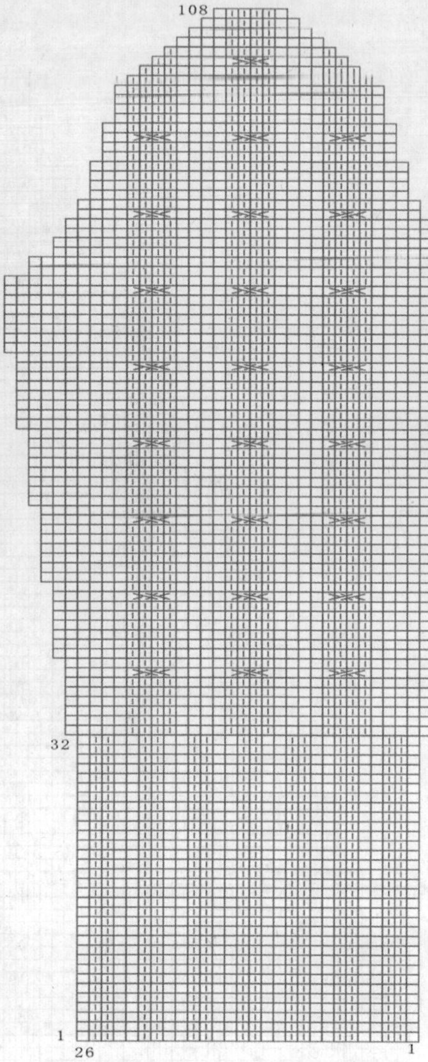

020

【成品规格】胸围96cm，背肩宽38cm，衣长64.5cm，袖长59cm
【工　　具】2.5mm钩针，9号棒针
【材　　料】灰色中粗羊毛线750g，2cm胶木纽扣11颗
【编织密度】24针×30行＝10cm²

制作说明：
前片、袖片、风帽均为左右2片，后片为1片。
1. 按结构图先织后片。编织方向为从下往上，起48针，采用下针编织，要注意按图上标示的针法加出下摆，待织到合适高度后将两边的16针重叠，合并为16针继续往上织，要收出腰围线、加出胸围线，后收出袖窿线。在离衣长1.5cm处开始收后领。将两侧肩线的针穿好，待与前片合并时再用。
2. 织前片。起94针，按相关图示和后片一样往上织，采用下针编织，待织到合适高度后将两边的16针重叠，合并为16针继续往上织，并要收出腰围线、加出胸围线，后收出袖窿线。在门襟侧采用花样编织，要注意按图上标示的针法织到合适高度后在离衣长20.5cm处开始按图示收出前领来。将两侧肩线的针和后片合并。
3. 缝合两侧缝和肩。按结构图起43针，待织到合适高度后将两边的16针重叠，合并为16针，继续由下往上织好2个袖片。
4. 起12针，由下往上织风帽，织到合适高度收针。合并帽后中线。
5. 织好双口袋将其安装在相应位置上，并钉好纽扣。
6. 安装好两只袖子。将前片、袖片的下缘沿着对折线折向反面，并用手针固定好。最后，起80针织6cm(22行)，分别包住后片下摆的边缘。钩好包扣，将其钉在相应位置上。

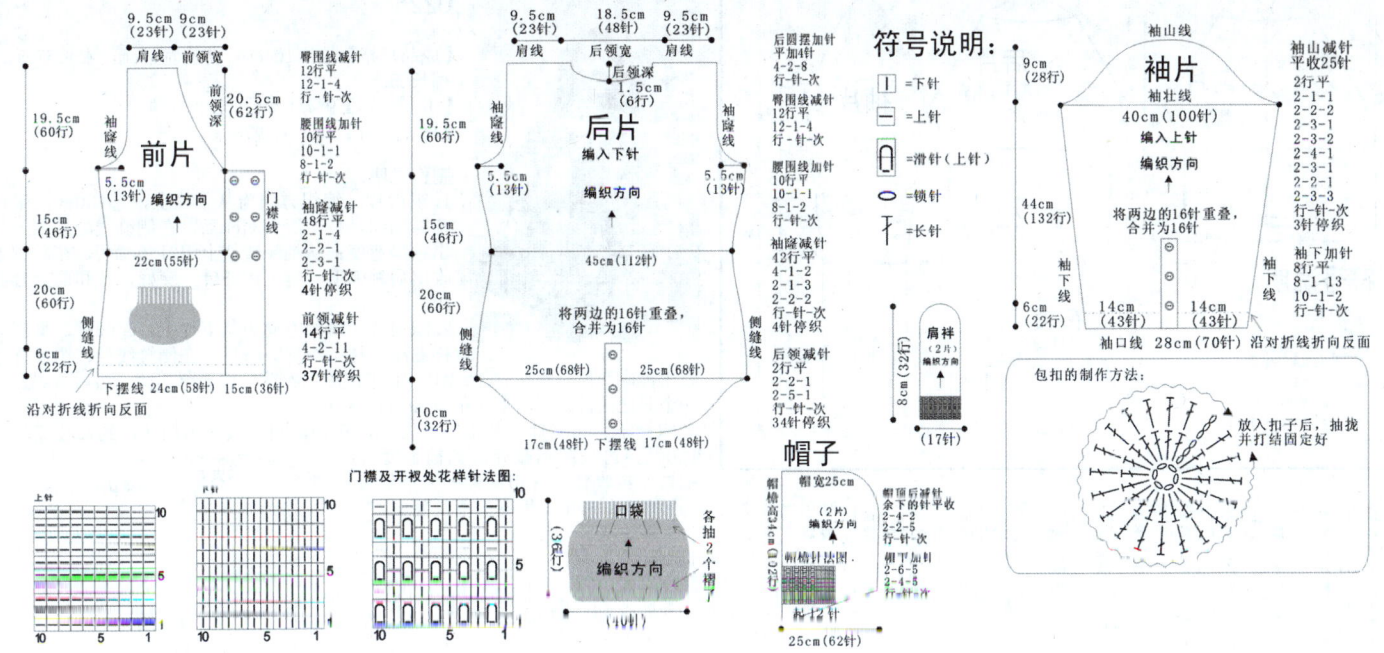

符号说明：

| | =下针
| - | =上针
| (滑针) | =滑针(上针)
| ○ | =锁针
| 干 | =长针

前片

9.5cm 9cm
(23针) (23针)
肩线 前领宽
前领深
20.5cm
(62行)
19.5cm
(60行)
袖窿线
门襟线
5.5cm(13针) 编织方向
臀围线减针
12-1-4
行-针-次
腰围线加针
10行平
10-1-1
8-1-2
行-针-次
袖窿减针
48行平
2-1-4
2-1-1
2-3-1
4针停织
前领减针
14行平
4-2-11
行-针-次
37针停织
15cm
(46行)
22cm(55针)
20cm
(60行)
侧缝线
6cm
(22行)
下摆围 24cm(58针) 15cm(36针)
沿对折线折向反面

后片

9.5cm 18.5cm 9.5cm
(23针) (48针) (23针)
肩线 后领宽 肩线
后领深
1.5cm
(6行)
编入下针
编织方向
后圆摆加针
平加4针
4-2-8
行-针-次
后圆领减针
12行平
4-1-1
行-针-次
腰围线加针
42行平
2-1-3
行-针-次
袖窿减针
48行平
2-1-4
2-1-1
2-3-1
4针停织
后领减针
2行平
2-1-1
2-2-1
2-5-1
行-针-次
34针停织
19.5cm
(60行)
袖窿线
5.5cm
(13针)
5.5cm
(13针)
15cm
(46行)
20cm
(60行)
侧缝线
将两边的16针重叠,
合并为16针
45cm(112针)
25cm(68针) 25cm(68针)
10cm
(32行)
17cm(48针) 下摆线 17cm(48针)

袖片

袖山线
9cm
(28行)
袖壮线
袖山减针
平收25针
2行平
2-1-1
2-1-2
2-3-1
2-3-2
2-4-1
2-3-1
2-3-3
3针停织25针
40cm(100针)
编入上针
编织方向
将两边的16针重叠,
合并为16针
44cm
(132行)
袖下加针
8-1-13
10-1-2
行-针-次
6cm
(22行)
袖口线
14cm 14cm
(43针) (43针)
袖口线 28cm(70针) 沿对折线折向反面

肩样
8cm(32行)
肩样
(2片)
编织方向
2行平
2-1-1
2-2-1
2-5-1
行-针-次
34针停织
(17针)

包扣的制作方法：

放入扣子后, 抽拢
并打结固定好

帽子

帽宽25cm
口袋
编织方向
(3.6行)
(40针)

帽檐高31cm
(102行)
编织方向
帽顶减针
余下的针全收
行-针-次
帽檐针法图
帽(1针)
帽顶加针
2-6-5
2-4-5
行-针-次
25cm(62针)

门襟及开视处花样针法图:

021

【成品规格】衣长48cm, 下摆衣宽
50cm, 袖长95cm
【工　具】10号棒针
【材　料】单股白色中粗羊毛线
500g, 纽扣4颗, 人造皮草1块, 拉
链1条

制作说明:

1.棒针编织法。本款衣服为
插肩款, 分为前片2片, 后
片1片, 衣袖2片。

2.前片的编织。前片分
为左右2片编织, 常规织
法, 从下往上织, 起27针织罗纹花样, 共织36行;
从第37行开始, 侧缝线加针织, 每2行加1针, 共加7
针; 衣身按照图1中的花样针数及顺序编织;织至52
行时, 开始减针织袖窿边, 减针方法顺序为2-1-4,
2-2-9, 4-1-2; 减至最后余下10针, 直接收针断线。
详细编织方法见图1。用同样的方法再编织另一前
片。

3.后片的编织。后片的花样简单, 全为罗纹花样。起
55针起织罗纹针, 共织86行, 从第37行开始, 两侧同
时加针, 每2行加1针, 共加7针; 从第53行开始, 两侧
同时减针织袖窿边, 减针方法与前片的相同; 减至最后
余下20针。

4.衣袖的编织。衣袖从袖口起织, 起36针织双罗纹
针, 共织70行; 从第71行开始织袖片花样, 按照图2中
所示的花样针数编织, 不加减针织16行, 即86行; 然后
每16行加1针, 共加4次, 将袖片加至44针; 织至138行
开始两侧同时减针织袖山, 减针方法为1-2-1, 4-1-3,
2-1-9, 减至最后余下16针, 直接收针断线。详细编织方
法见图2。用同样的方法再编织另1片。

5.缝合。将前后片的侧缝对应缝合, 再将肩部对应缝合,
将两衣袖片的袖片边对应缝合, 再将袖山与衣身的袖窿对
应缝合。

6.衣领的编织。沿缝合好的衣领边挑针起织双罗纹花样,

图2 衣袖花样图解

图1 前片花样图解

挑64针, 往返编织, 共织32行, 最
后直接收针断线, 图解见图3。

7.将拉链藏于衣襟和衣领后边
缝合, 再编织3段扣带。带
子一端要制作1个扣眼,
扣眼的长度相当于4
行。扣眼的织法
为: 将带子分
为两半编

织, 各织4
行, 第5行
将两半连
接起来继
续编织。
带子一端
用1个纽扣
固定在衣
领边和两
袖口表面
上。

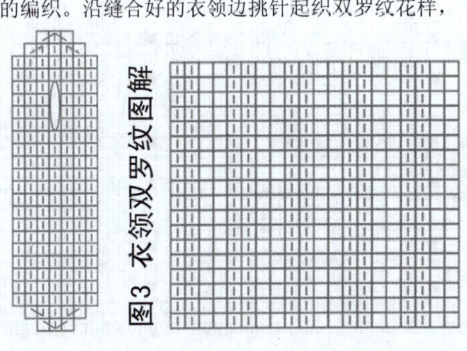

图3 衣领双罗纹图解

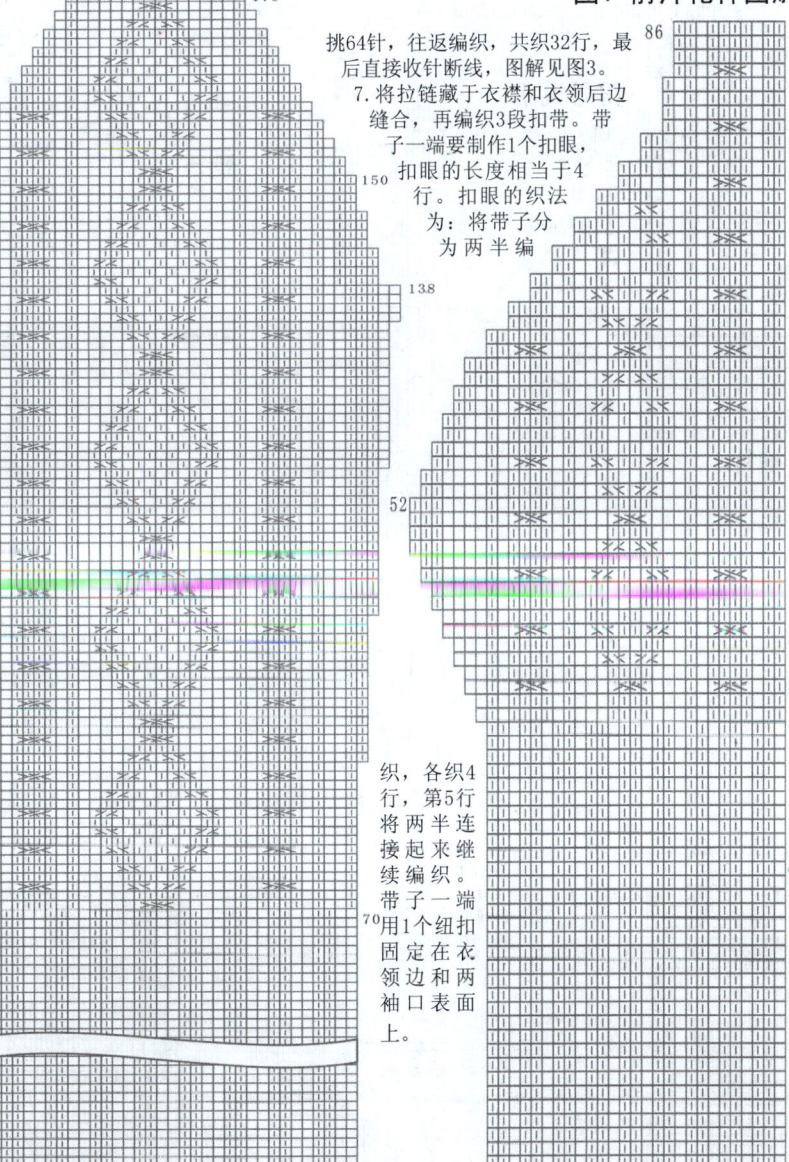

16针

170

86

150

138

52

70

36

27

1

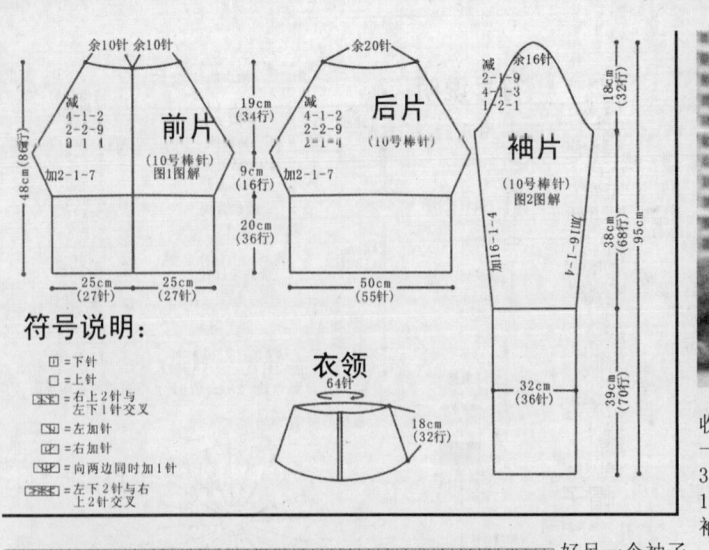

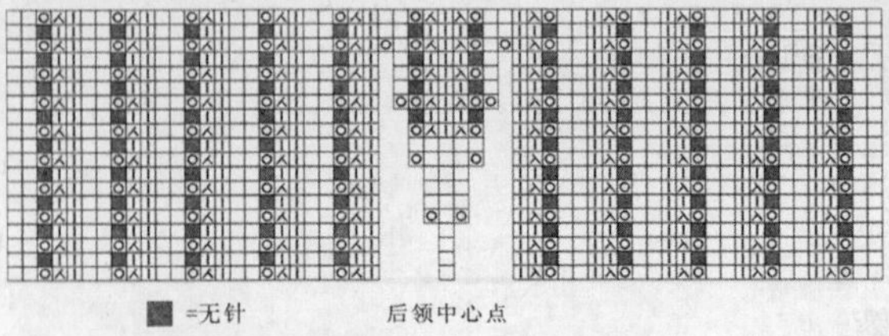

022

【成品规格】胸围104cm，背肩宽40cm，衣长57cm，袖长55cm

【工　具】9号环形针

【材　料】纯羊毛线780g

制作说明：

1. 织后片。编织方向为从下往上，起130针，采用花样编织，往上织到34cm后，在侧缝线处按图示织出袖隆弯度；从袖隆线往上织21.5cm后，在后领处收出后领弧度，肩上留28针，穿好，待和前片合并用。

2. 织前片。编织方向为从下往上，起66针，采用花样编织，往上织到34cm后，在侧缝线处按图示开始收出袖隆弯度；继续往上编织，前领按图示收针，肩上留28针。然后再织好另一个对应的前片。将肩上的针和后片合并。

3. 织袖子。起54针，从上往下编织，在袖山两旁按图示加针，到袖壮线时为100针；再按图示减针，到袖长度后织袖口，再收针。并用同样的方法织好另一个袖子。分别合并侧缝线和袖下线，并安装好袖子。

4. 织衣领。起120针，往上编织，在后领中线上加针，织到12cm后收针。将衣领的中线对准后，安装在领围处。

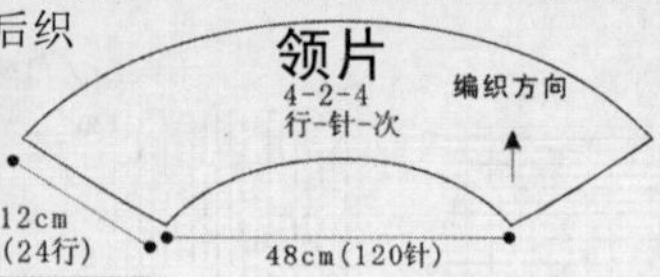

前片
（10号棒针）
图1图解

余10针 余10针
减4-1-2 2-2-9 1 1
加2-1-7
48cm（8行）
19cm（34行）
9cm（16行）
20cm（36行）
25cm（27针） 25cm（27针）

后片
（10号棒针）

余20针
减4-1-2 2-2-9 1 1
加2-1-7
50cm（55针）

袖片
（10号棒针）
图2图解

余16针
减2-1-9 4-1-3 1-2-1
18cm（32行）
38cm（68行）
95cm
39cm（70行）
加16-1-4
32cm（36针）
18cm（32针）

衣领
64针

符号说明：
□ =下针
□ =上针
⧖ =右上2针与左下1针交叉
⧗ =左加针
⧖ =右加针
⧖ =向两边同时加1针
⧖ =左下2针与右上2针交叉

■ =无针
后领中心点

符号说明：
I =下针
O =加针
─ □ =上针
人 =2针并1针
■ =无针
⋋ =拨收1针
⧖ =1针下针左上上交叉
⧖ =1针下针右上上交叉
■ = [图案]

袖片

领片
4-2-4
行-针-次
编织方向
12cm（24行）
48cm（120针）

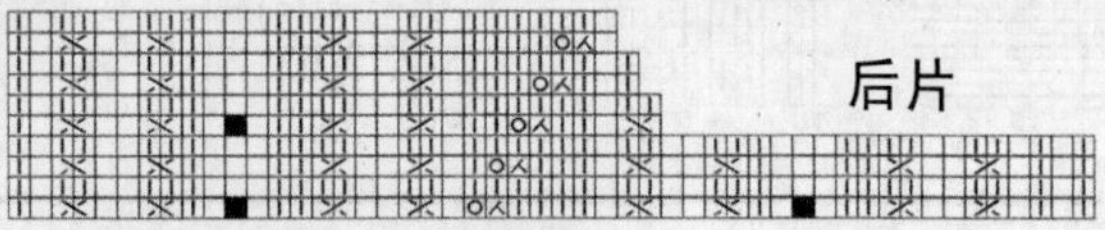

后片

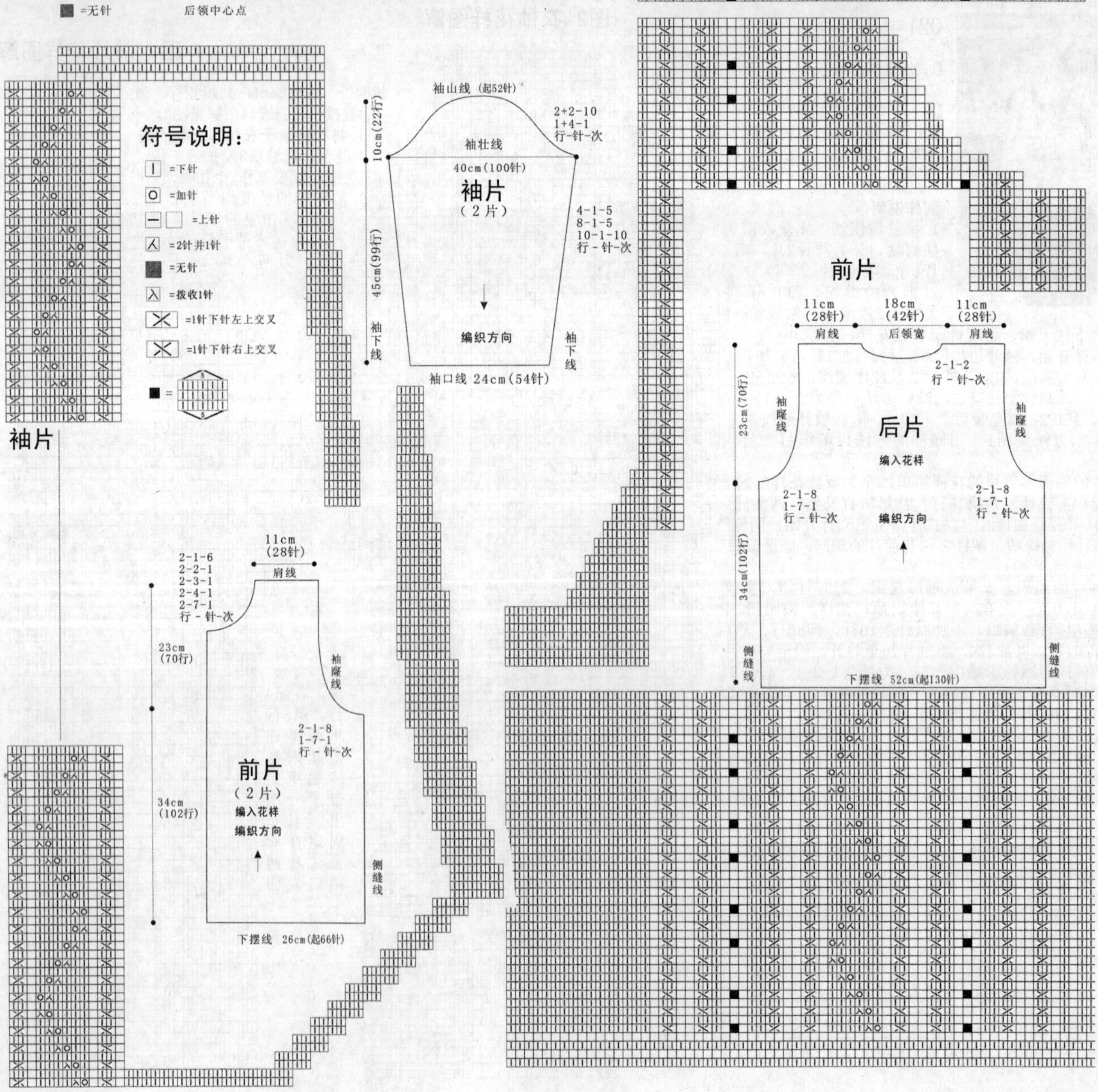

前片

袖片（2片）
袖山线（起52针）
袖壮线
2+2-10 1+4-1 行-针-次
10cm（22行）
40cm（100针）
45cm（99行）
4-1-5 8-1-5 10-1-10 行-针-次
袖下线
编织方向
袖口线 24cm（54针）

后片
11cm（28针） 18cm（42针） 11cm（28针）
肩线 后领宽 肩线
2-1-2 行-针-次
23cm（70行）
袖隆线
编入花样
编织方向
2-1-8 1-7-1 行-针-次
2-1-8 1-7-1 行-针-次
34cm（102行）
侧缝线
下摆线 52cm（起130针）

前片（2片）
11cm（28针）
肩线
2-1-6 2-2-1 2-3-1 2-4-1 2-7-1 行-针-次
23cm（70行）
袖隆线
编入花样
编织方向
2-1-8 1-7-1 行-针-次
34cm（102行）
侧缝线
下摆线 26cm（起66针）

023

【成品规格】胸围110cm，衣长52.5cm，袖长41.5cm
【工　　具】9号环针
【材　　料】高兔绒线900g，纽扣9颗

制作说明：

前片、袖片均为左右2片，后片为1片。

1. 织后片。编织方向为从下往上，起98针，按针法图往上织花样，织到13cm后换另一花样再织17cm，在侧缝线收出后斜肩线；从袖窿线往上织到6.5cm，将后领处的80针穿好，待用。

2. 织前片。编织方向为从下往上，起58针，采用花样针法往上织；门襟13针织另一花样；不加减针往上织花样，织到13cm后换另一花样再织17cm；然后在侧缝线处按图示织收出前斜肩线；在门襟侧不加减针，按图示织到6.5cm高度后将49针穿好，待用。织好另一个对称前片。

3. 织袖子。起58针，按花样针法图往上织，织花样到13cm后换另一花样再织20cm，同时要在袖下线两旁加针；继续往上织到袖扛线，这时是64针；再按图示减针，袖山最后为46针；将针穿好待用。并用同样的方法织好另一个袖子。然后分别合并侧缝线和袖下线，并安装好袖子。

4. 织抵肩。将前片、袖片及后片上端的针全部挑起，共270针。开始织抵肩之前，在两侧门襟处加2针边针，共272针。将272针分成16份，每份17针，每份的减针规律是：2-1-4，4-1-1，2-1-4，10-1-1，5-1-1，按针法图往上织花样，到领围处是96针，平收。最后在左侧门襟平均安置3组纽扣，在右侧门襟对应的地方用毛线做好3组扣袢。

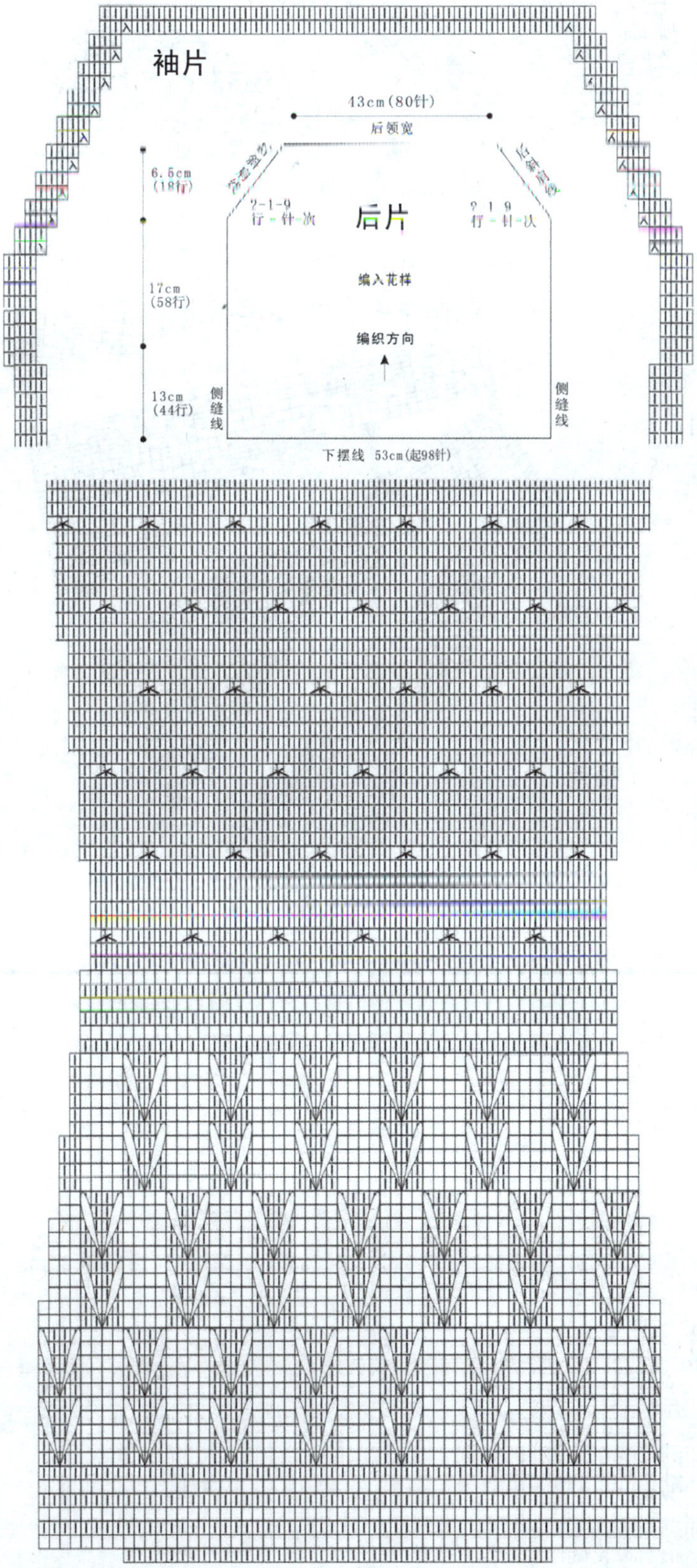

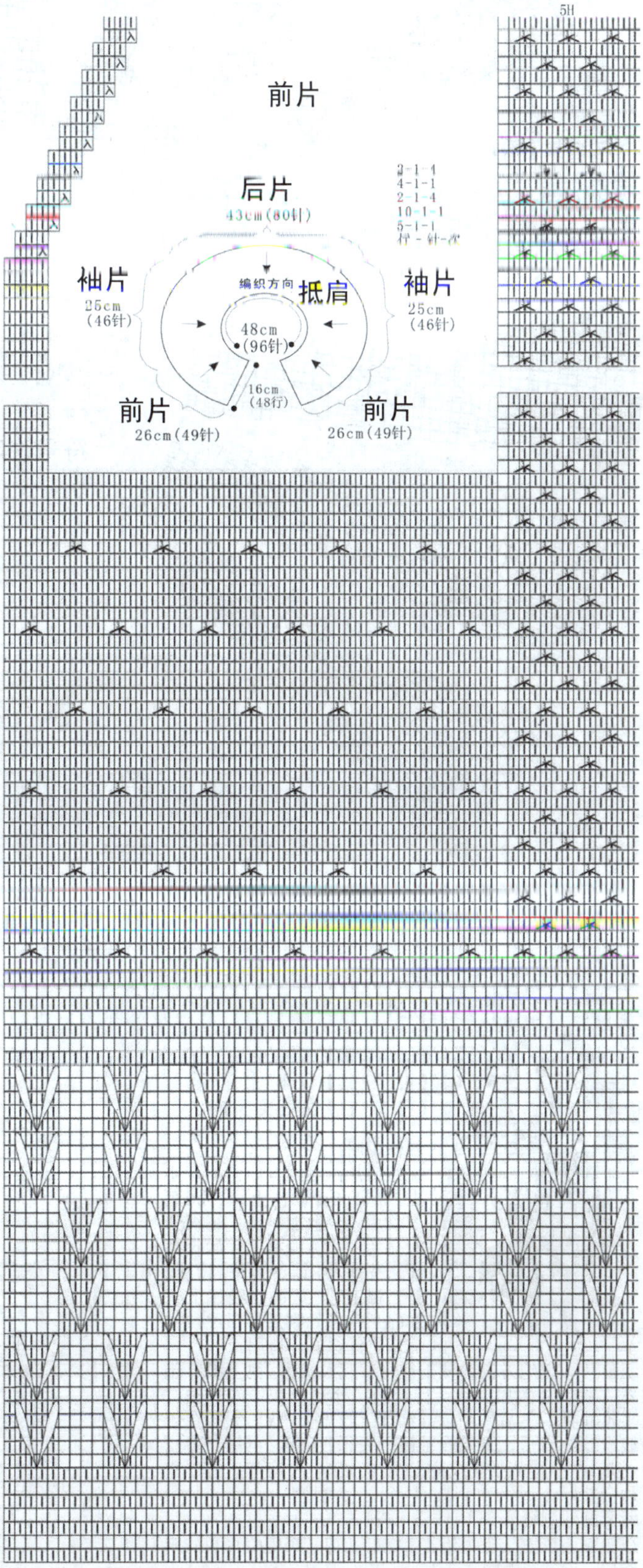

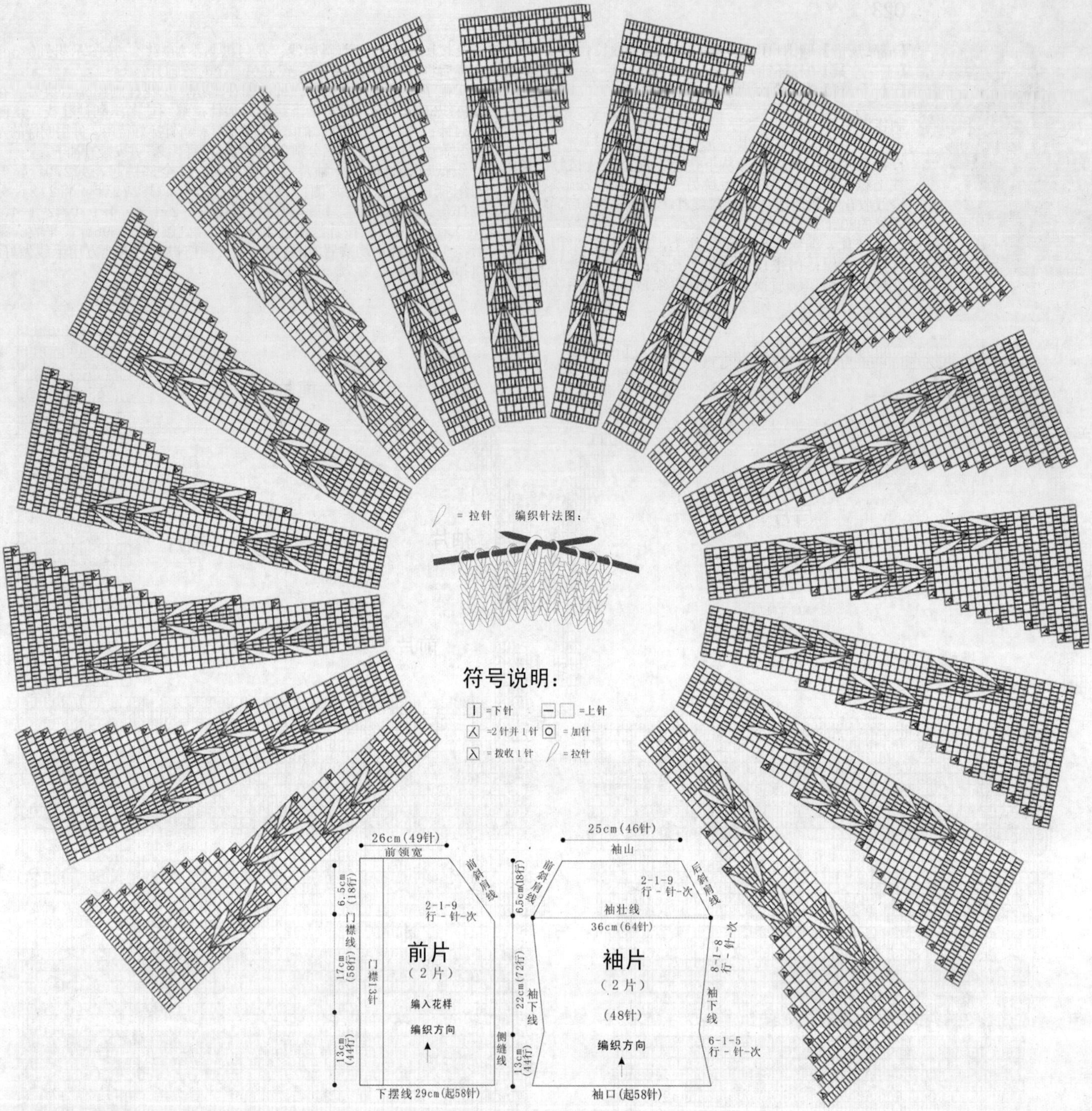

編織針法圖：
ℓ = 拉針

符号说明:
I	=下针	—	=上针
人	=2针并1针	O	=加针
入	=拨收1针	ℓ	=拉针

前片（2片）
26cm（49针）前领宽
6.5cm（18行）2-1-9 行-针-次
前斜肩线
17cm（58行）门襟线
门襟13针
编入花样
编织方向
13cm（44行）
侧缝线
下摆线 29cm（起58针）

袖片（2片）
25cm（46针）袖山
6.5cm（18行）前斜肩线 后斜肩线 2-1-9 行-针-次
袖壮线
36cm（64针）
22cm（72行）8-1-8 行-针-次
袖下线
编织方向
13cm（44行）
6-1-5 行-针-次
袖口（起58针）

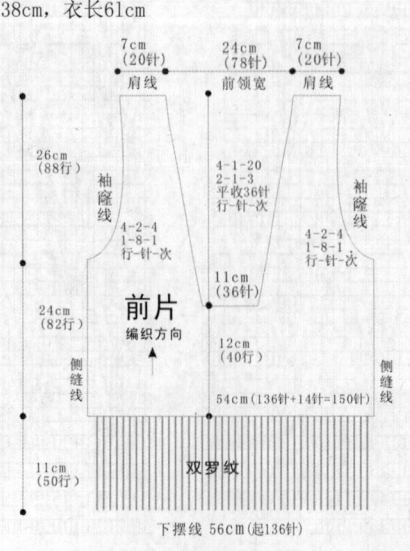

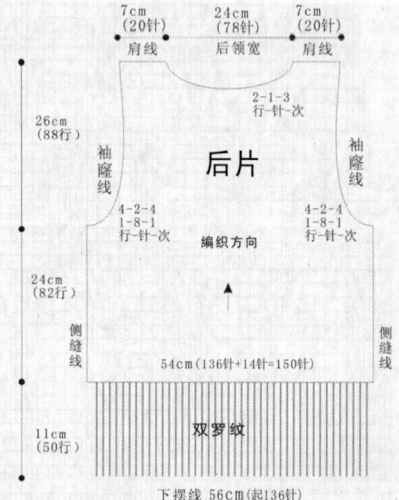

024

【成品规格】胸围108cm，背肩宽38cm，衣长61cm
【工　具】11号棒针
【材　料】兔毛线450g

制作说明：

1. 织后片。编织方向为从下往上，起136针，往上织11cm双罗纹后，分散加14针；待织到24cm后，在侧缝线上开始收袖隆，先平收8针，再每4行减2针，减4次；从袖隆线往上织23cm后，开始收后领弧线。在肩部将针穿好，待用。

2. 织前片。编织方向为从下往上，起136针，往上织11cm双罗纹后，分散加14针；待织到12cm后，在中间开领，先平收36针，然后按图示继续往上收出大"V"领；在侧缝线织到24cm后，开始收袖隆，先平收8针，再每4行减2针，减4次；待从袖隆线往上织26cm后，将肩部后的针和前片合并好。

3. 缝合好两侧缝线。

4. 在领圈，按针法图起36针，织好花边。将中心点和后领对齐后，安装在领圈上。

前片
7cm（20针）肩线　24cm（78针）前领宽　7cm（20针）肩线
26cm（88行）袖隆线
4-1-20 2-1-3 平收36针 行-针-次
4-2-4 1-8-1 行-针-次
11cm（36针）
24cm（82行）编织方向
12cm（40行）
54cm（136针+14针=150针）
侧缝线
11cm（50行）双罗纹
下摆线 56cm（起136针）

后片
7cm（20针）肩线　24cm（78针）后领宽　7cm（20针）肩线
26cm（88行）袖隆线
2-1-3 行-针-次
4-2-4 1-8-1 行-针-次
编织方向
54cm（136针+14针=150针）
侧缝线
11cm（50行）双罗纹
下摆线 56cm（起136针）

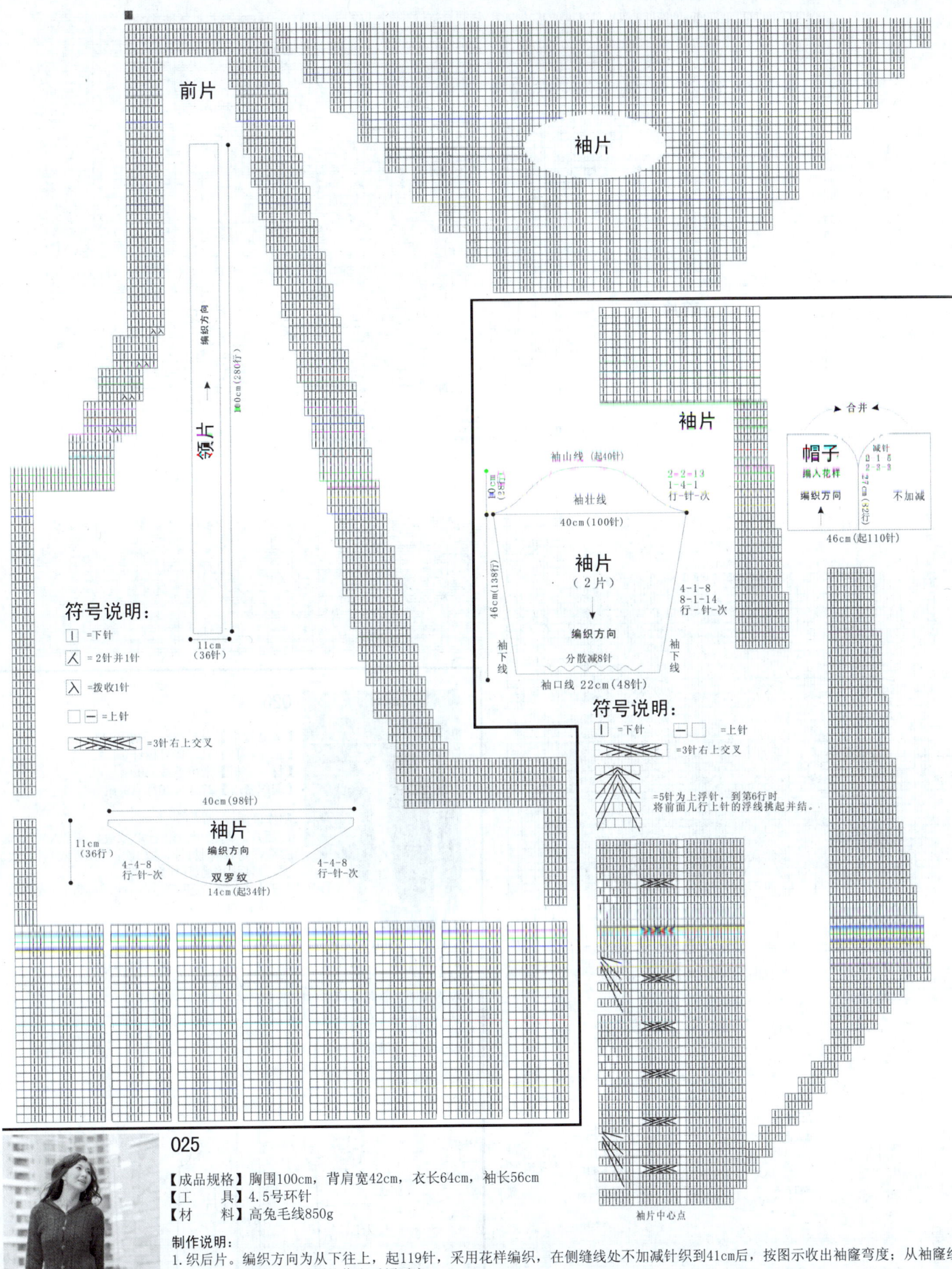

前片

编织方向→

长60cm(280行)

领片

11cm
(36针)

符号说明：

| = 下针

人 = 2针并1针

入 = 拨收1针

□ — = 上针

=3针右上交叉

40cm(98针)

11cm
(36行)

袖片

编织方向
双罗纹

4-4-8
行-针-次

4-4-8
行-针-次

14cm(起34针)

袖片

袖山线（起40针）

袖壮线

2-2-13
1-4-1
行-针-次

40cm(100针)

46cm(138行)

袖片
（2片）
编织方向

4-1-8
8-1-14
行-针-次

袖下线

袖下线

分散减8针

袖口线 22cm(48针)

合并

减针
1-1-6
2-3-3

帽子
编入花样
编织方向

不加减

46cm(起110针)

符号说明：

| =下针   □ — =上针

=3针右上交叉

=5针为上浮针，到第6行时
将前面几行上针的浮线挑起并结。

025

【成品规格】胸围100cm，背肩宽42cm，衣长64cm，袖长56cm
【工　　具】4.5号环针
【材　　料】高兔毛线850g

制作说明：
1.织后片。编织方向为从下往上，起119针，采用花样编织，在侧缝线处不加减针织到41cm后，按图示收出袖窿弯度；从袖窿线往上织21.5cm后，在后领处收出后领弧度。
2.织前片。编织方向为从下往上，起65针，采用花样编织，织11cm后要分开织，预留出13cm用作口袋；在侧缝线处不加减针织到17cm后，按图示开始收出袖窿弯度；继续往上编织，前领不用收针，针数直接上接风帽。然后再织好另一个对应的前片，将肩上的针和后片合并。
3.织袖子。起40针，从上往下编织，在袖山两旁按图示加针，到袖壮线处再按图示减针；到接近袖口时，分散减8针；然后织袖口。用同样的方法织好另一个袖子。分别合并侧缝线和袖下线，并安装好袖子。
4.织风帽。起110针，采用花样往上编织。织到风帽后角处，按图示收针。最后在帽顶片将两侧片合并好。

袖片中心点

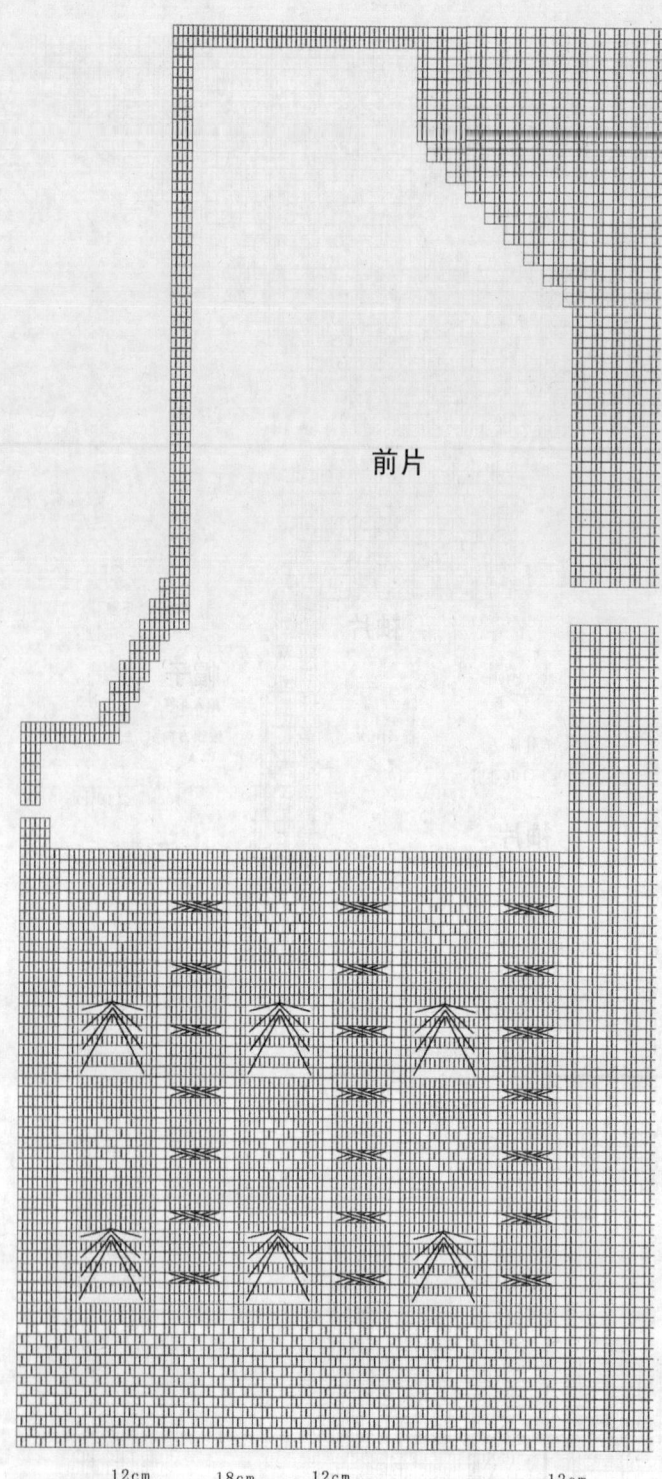

前片

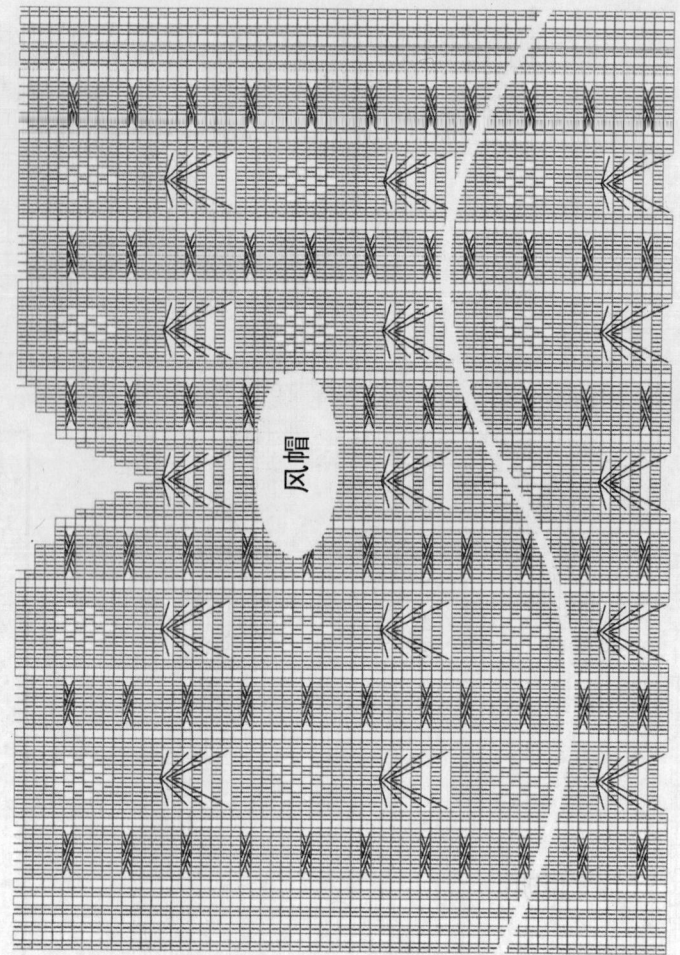

风帽

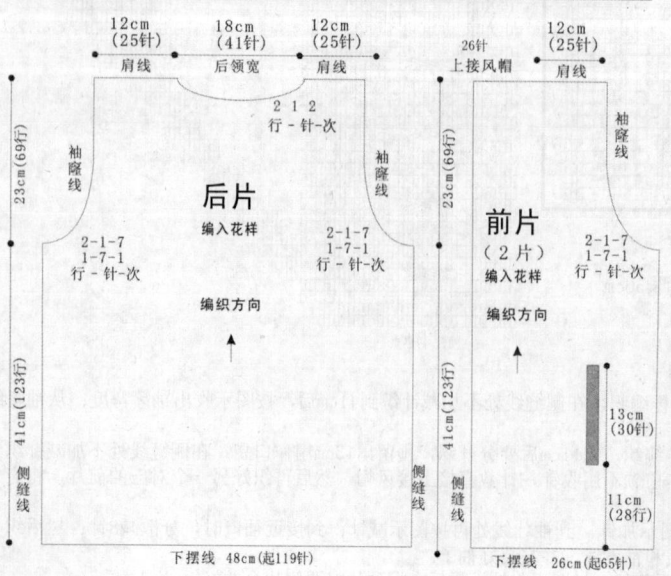

12cm
(25针)
肩线
18cm
(41针)
后领宽
12cm
(25针)
肩线

2 1 2
行-针-次

后片

编入花样

编织方向

2-1-7
1-7-1
行-针-次

2-1-7
1-7-1
行-针-次

袖隆线

23cm
(69行)

袖隆线

41cm
(123行)

侧缝线

侧缝线

下摆线 48cm(起119针)

26针
上接风帽
12cm
(25针)
肩线

前片
(2片)

编入花样

编织方向

2-1-7
1-7-1
行-针-次

袖隆线

23cm
(69行)

41cm
(123行)

侧缝线

13cm
(30针)

11cm
(28行)

下摆线 26cm(起65针)

026

【成品规格】衣长73cm，胸围84cm
【工　　具】11、12号棒针
【材　　料】米色毛线550g
【编织密度】27针×30行=10cm²

制作说明：

1. 后片。起120针织8行单罗纹，平织30行。收
腰线，每12行收1针，收3次；每8行收1针，收5
次。然后平织至开挂肩（图1）。
2. 开挂肩。先在两侧平收4针，再每2行收2针，
收1次；每2行收1针，收4次。平织至16cm平
收。后片完成。
3. 前片。起60针，门
襟边为花样，下边织
4针平针，织法与后
片的相同，领窝不收
针，平直织上去，长
度为后片的一半，侧
过去与后片缝合。
4. 袖。挑出袖口针
数，织4cm单罗纹。

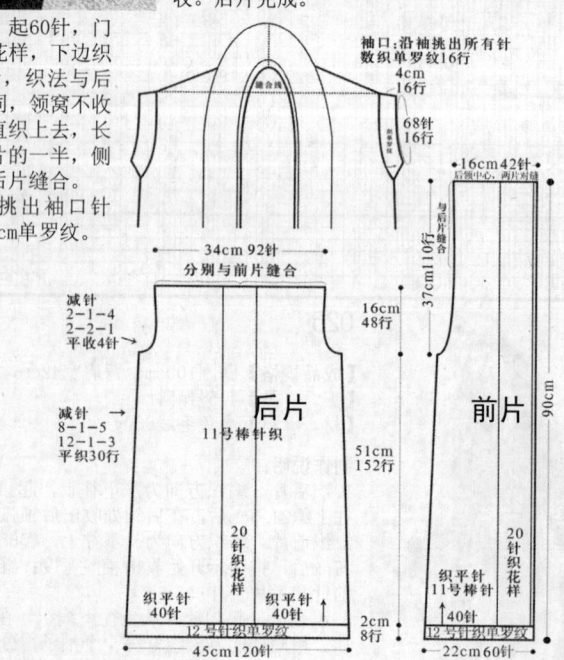

袖口：沿袖挑出所有针
数织单罗纹16行
4cm
16行

缝合线

68针
16行

34cm 92针
分别与前后片缝合

减针
2-1-4
2-2-1
平收4针

16cm
48行

后片

11号棒针织

51cm
152行

减针
8-1-5
12-1-3
平织30行

20
针
织
花
样

织平针
40针

织平针
40针

45cm120针

12号织单罗纹
2cm
8行

16cm 42针
后领中心，两片对缝

37cm 110行

与前片缝合

前片

90cm

20
针
织
花
样

织平针
11号棒针

22cm 60针

12号针织单罗纹

图1 后片花样图解

▭▭▭▭▭▭ = 20针交叉,右边10针在上面　　▣=下针　　▢=上针

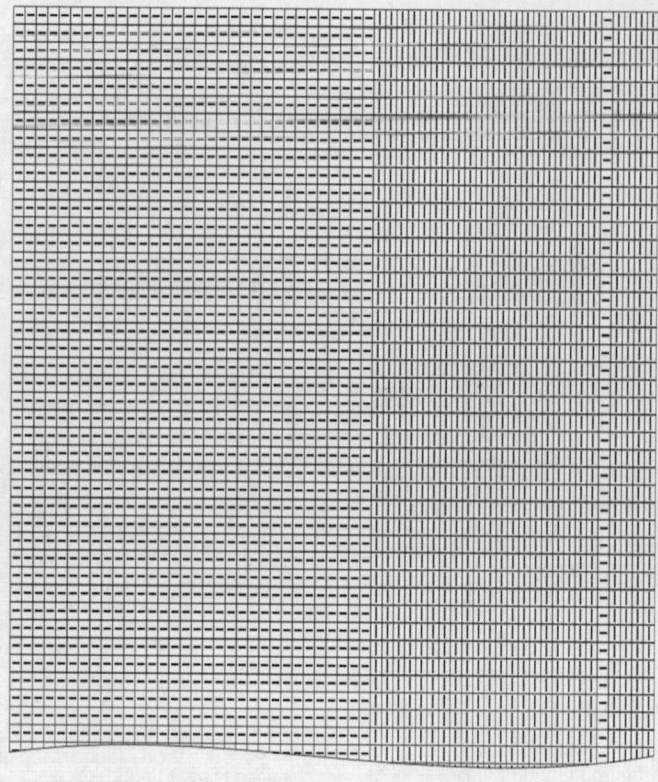

027

【成品规格】胸围96cm，衣长60.5cm
【工　具】11号棒针
【材　料】灰色夹花羊毛线450g，2cm
胶木纽扣1颗
【编织密度】20针×26行＝10cm²

制作说明：
前片为左右2片，后片为1片。
1. 前片。起56针，按结构图从下摆线向上织。
2. 注意按结构图加、减针，收出腰围线及袖窿线，再织至结构图高度，后平收针。用同样方法织好另1个对应的前片。沿对折线往后下摆线处对折，这样就形成肩线，开口处就为袖窿线。
3. 后片。起116针，按结构图从下摆线向上织。注意按结构图加、减针，收出腰围线及袖窿线，再织至结构图高度，后平收针。将后领处灰色部分往内对折，灰色部分为折叠到反面的部分，并注意要把前片的左右片的合并缝包在其中。
4. 合并好两侧的侧缝线。将下摆沿对折线往里对折，并用手针固定。
5. 在门襟相应位置上织2个褡裢，并钉好扣子，注意在一侧要留出扣眼并缝合在门襟的相应位置上。在前胸祥扣位置上用手针在两边各抽4个活褶。将假口袋盖子用手针缝合在相应位置上。

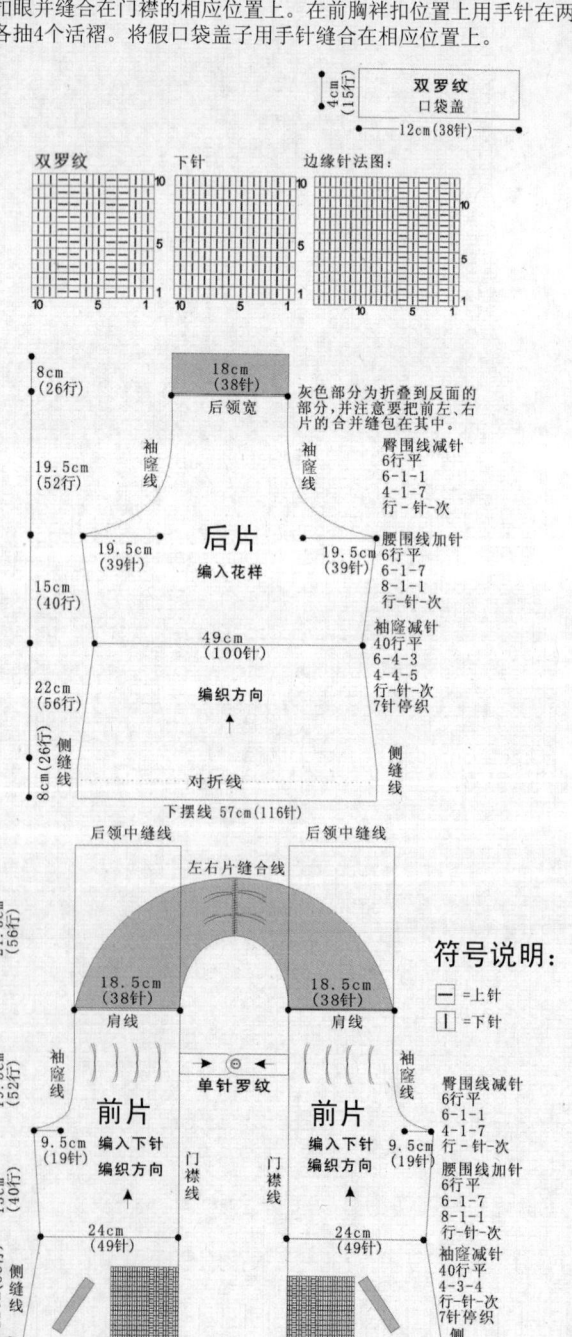

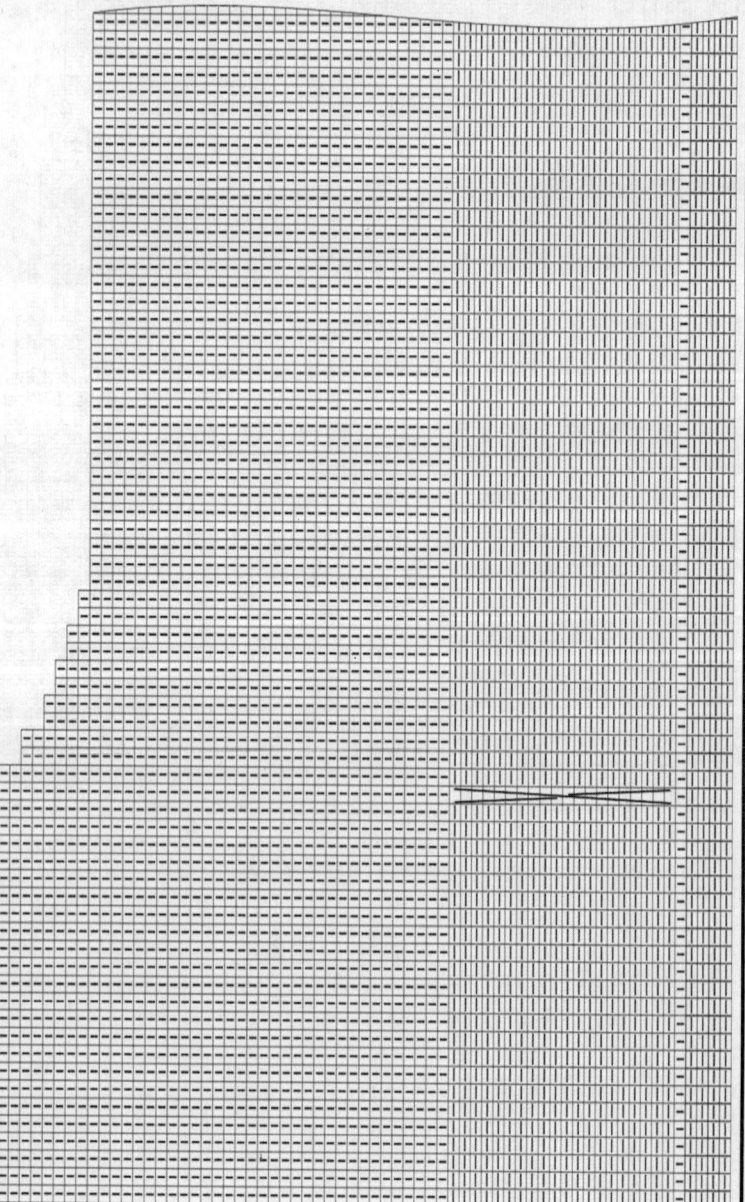

前片局部花样，下边织法同后片　边

028

【成品规格】衣长73cm，胸围74cm
【工　　具】10号棒针，12号棒针
【材　　料】灰色毛线550g，纽扣8颗。
【编织密度】23针×26行＝10cm²

制作说明：
1. 后片。起116针织平针，每3行加1针，加6次。然后递减收针，两侧各收20针，再平针6行，平收。对折缝合使之成边。后片织至腰节线完成。
2. 织前片。前片腰节线以下的织法与后片的相同，上部收针至剩2针后完成。
3. 底边。起34针，织单罗纹，织够整个底边。前右片收成尖角，钉扣。
4. 门襟与背带。门襟与背带相连，起34针织单罗纹，按自己所要的长度调节，后片开扣眼。

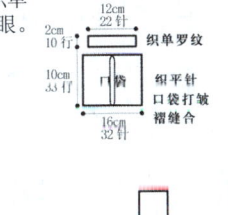

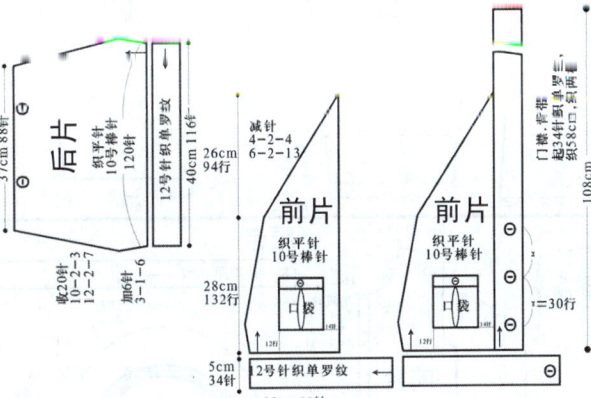

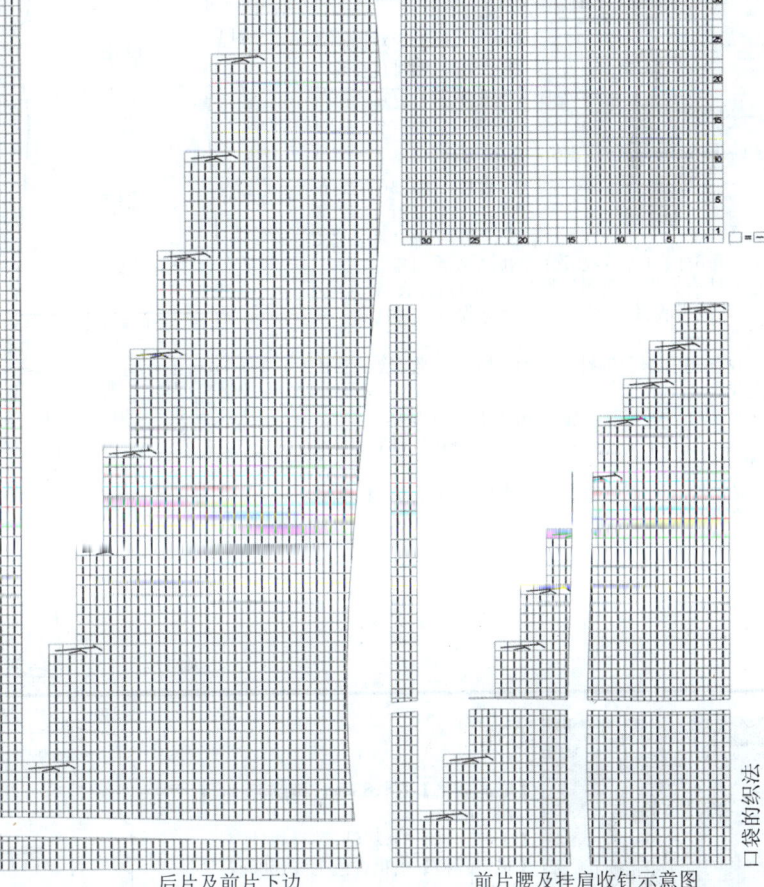

后片及前片下边　　　　前片腰及挂肩收针示意图

口袋的织法

029

【成品规格】胸围96cm，背肩宽38cm，衣长70.5cm
【工　　具】2.5mm钩针，10号棒针
【材　　料】灰色中粗羊毛线650g，2cm胶木纽扣3颗
【编织密度】24针×30行＝10cm²

制作说明：
前片、后片均由上、下两部分组成。风帽为左右2片。

1. 按结构图先织后片下半部分。编织方向为从下向上，起144针，采用下针编织，待织到合适高度后平收针。再织上半部分。起113针，继续往上织，并要在腰围线处按结构图示加针，然后收出袖窿线，在离衣长1.5cm处开始收后领。将两侧肩线的针穿好，待和前片合并时再用。

2. 织前片。按结构图先织前片下半部分。编织方向为从下往上，起72针，采用下针编织，待织到合适高度后平收针。再织上半部分。起55针，继续往上织，并要在腰围线处按结构图示加针，然后收出袖窿线，要注意按图上标示的针法到合适高度后在离衣长14cm处开始按图示收出前领来。将两侧肩线的针和后片合并。

3. 缝合两侧缝和肩。前、后片的上、下部分连接时要抽出碎褶。在前后片的下缘，沿着对折线折向反面，折进3cm，并用手针固定好。

4. 织门襟。起12针，由下往上织，织好2片风帽，到合适高度后收针。合并风帽后中线。

5. 织好口袋，将其安装在相应位置上。

6. 在门襟及风帽边沿挑针横向织3cm单罗纹。注意在右边要预留好3个扣眼。钩好包扣，将其钉在相应位置上。

包扣的制作方法：

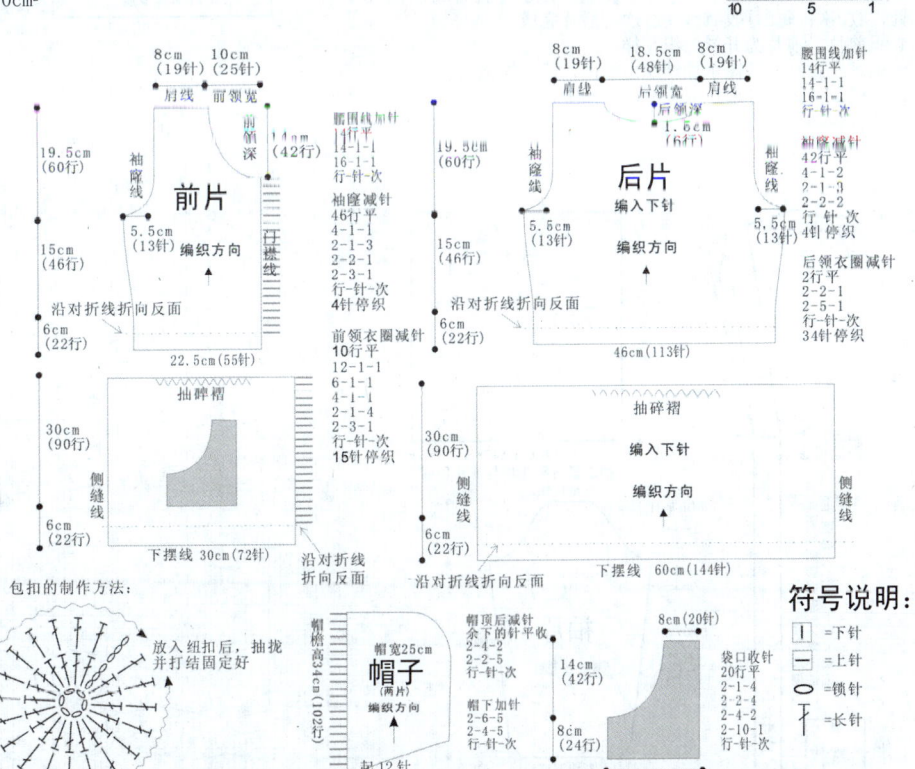

符号说明：
I	下针
─	上针
O	锁针
⊤	长针

109

030

【成品规格】衣长68cm，胸围84cm，袖长56cm
【工　具】10号棒针，3.9mm钩针
【材　料】中粗驼色毛线1250g，咖啡色少许
【编织密度】27针×30行=10cm²

制作说明：
1. 后片。起136针织花样，平织6行。收腰线，每7行收1针，收2次；每6行收1针，收9次；然后平织至开挂。
2. 开挂肩。先在两侧平收5针，再每2行收2针，收4次；每2行收1针，收4次；每4行收1针，收1次。平织至17cm。
3. 收斜肩。织引退针，每2行收6针，收3次。后片完成。
4. 织前片。起16针，加出小圆角、大V领。
5. 袖。起24针，按图示加针织出袖山，然后织袖筒。
6. 边。将所有部分缝合后，钩长针荷叶边，将其缝合在各部位。

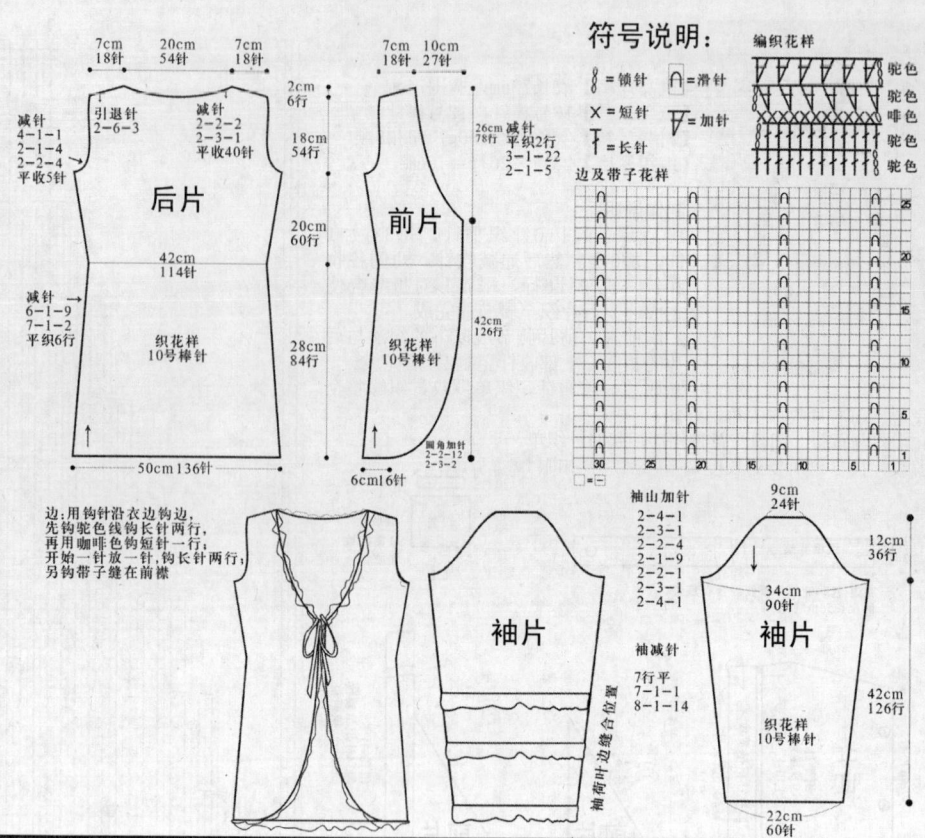

031

【成品规格】衣长83cm，胸围90cm，袖长56cm
【工　具】6号棒针，5号棒针
【材　料】中粗杏色毛线1500g，纽扣6颗
【编织密度】16针×18行=10cm²

制作说明：
1. 后片。起70针织5cm双罗纹，织花样，平织104行。
2. 开挂肩。先在两侧平收3针，每2行收1针，收4次。平织至18cm。
3. 收斜肩。织引退针，每2行收5针，收2次；每2行收4针，收1次。后片完成。
4. 织前片。前片为开衫，织花样。
5. 袖。起12针，按图示加针织出袖山，然后织袖筒。
6. 门襟。门襟挑针横织双罗纹，开扣眼。
7. 缝合各部位，完成。

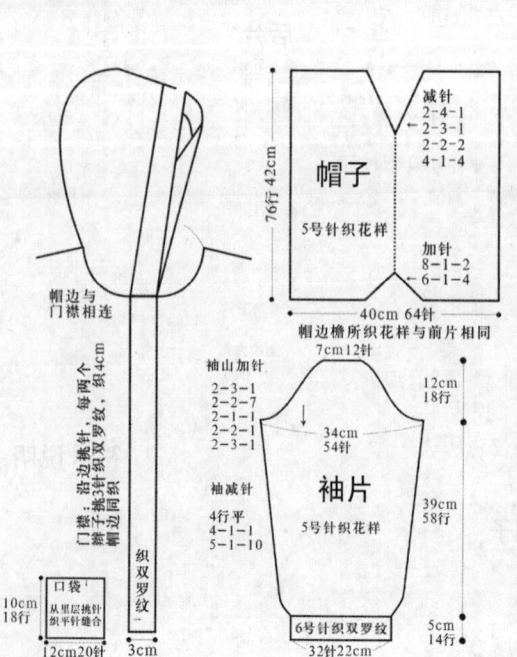

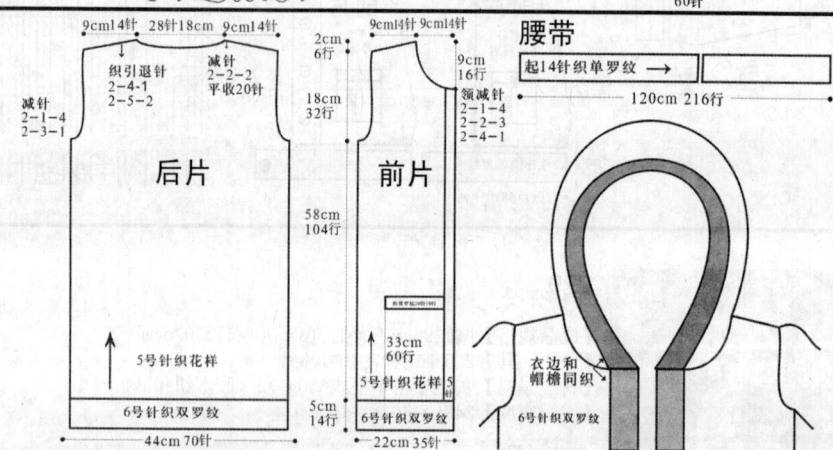

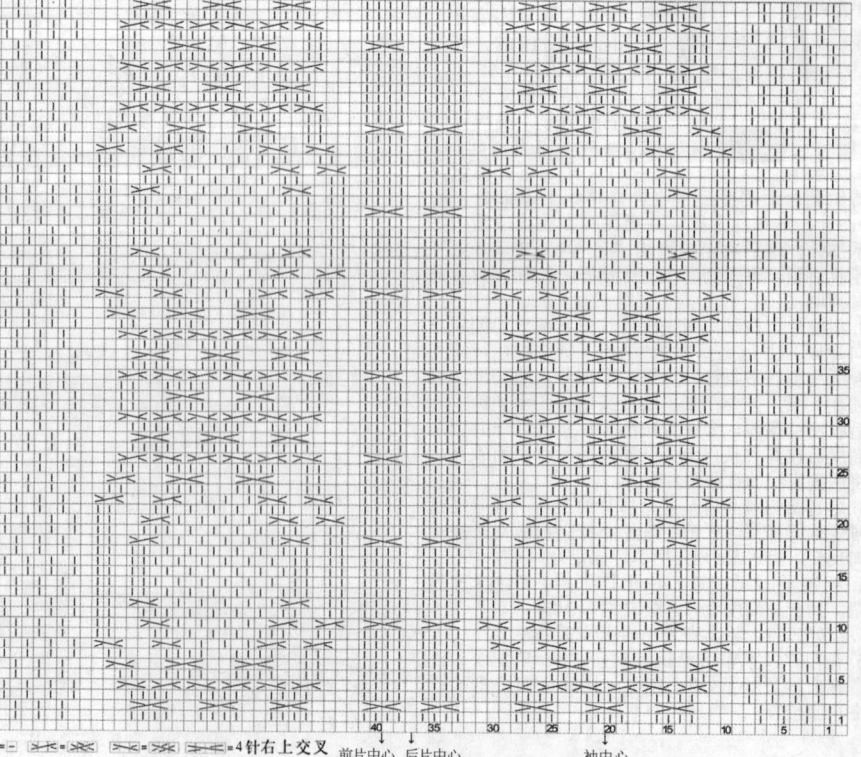

032

【成品规格】衣长83cm，胸围90cm，袖长56cm
【工　具】6号棒针，5号棒针
【材　料】中粗杏色毛线1500g，纽扣8颗
【编织密度】12针×14行=10cm²

制作说明：

1. 后片。起52针织5cm双罗纹，开始织花样，平织80行。
2. 开挂肩。先在两侧平收3针，每2行收1针，收2次，平织至18cm。
3. 收斜肩。织引退针，每2行收4针，收2次；每2行收3针，收1次。后片完成。
4. 织前片。前片为开衫，织花样。
5. 袖。起8针，按图示加针织出袖山，然后织袖筒。
6. 门襟。门襟挑针横织双罗纹，开扣眼。
7. 缝合各部位，完成。

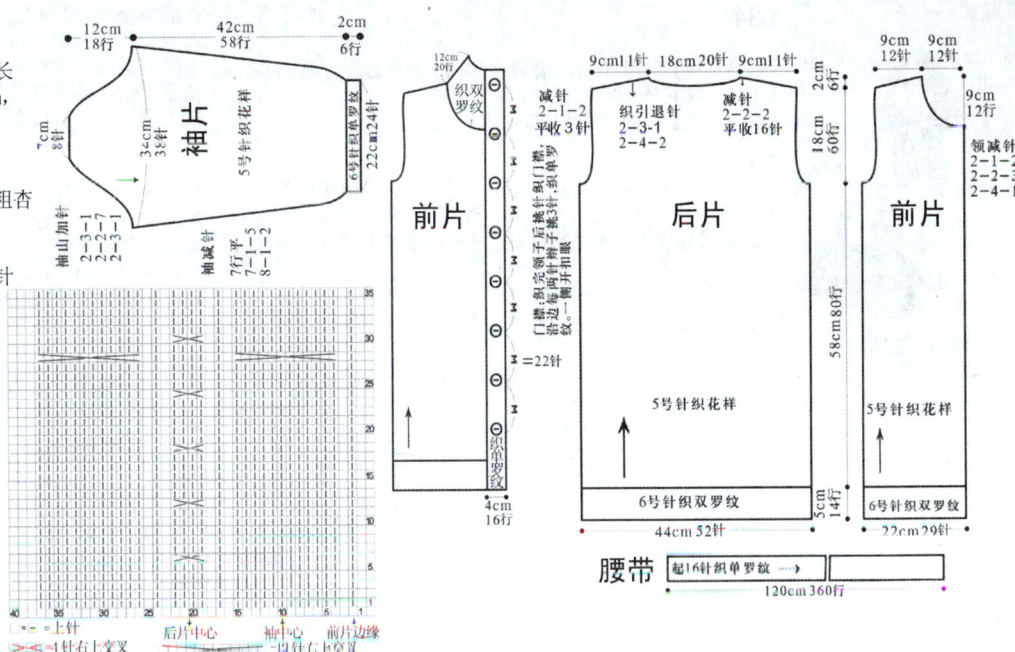

033

【成品规格】胸围104cm，背肩宽40cm，衣长83cm，袖长57cm
【工　具】4.5号环针
【材　料】兔毛线700g

制作说明：

1. 织后片。编织方向为从下往上，起121针，按花样图往上织，在两侧侧缝线处按图示减针；待织到61cm后，在侧缝线上开始收袖隆，每2行减1针，减3次；从袖降线往上织22cm后，开始收后领弧线。将肩部的针穿好，待用。
2. 织前片。前片由上半部分和下半部分组成。按结构图先编织下半部分。方向为横向编织，起103针，按花样图织，每个花样20针，共5个花样，加边针；待织到25cm后，在侧缝线上平收。再织上半部分，按图示挑出41针，往肩上织，开始按图示收出前领弧形，同时要收出前领斜线。将肩上的针和后片合并。
3. 织袖子。按图示从上往下织，起22针，采用花样编织，在袖山两旁按图示加针，到袖壮线时是70针；再按图示减针，按结构图织到袖子的长度，在袖口的44针换织，1针上针1针扭针，每4行上针加1针，使袖口呈现出小喇叭状。用相同的方法织好另一个袖子。合并袖下线，并安装好袖子。
4. 织衣领。起171针（每个花样24针，共7个单元花样，加边针），按针法图往上织到3个单元花样的高度后平收针。按相关图示做好琵琶扣，钉在门襟上。

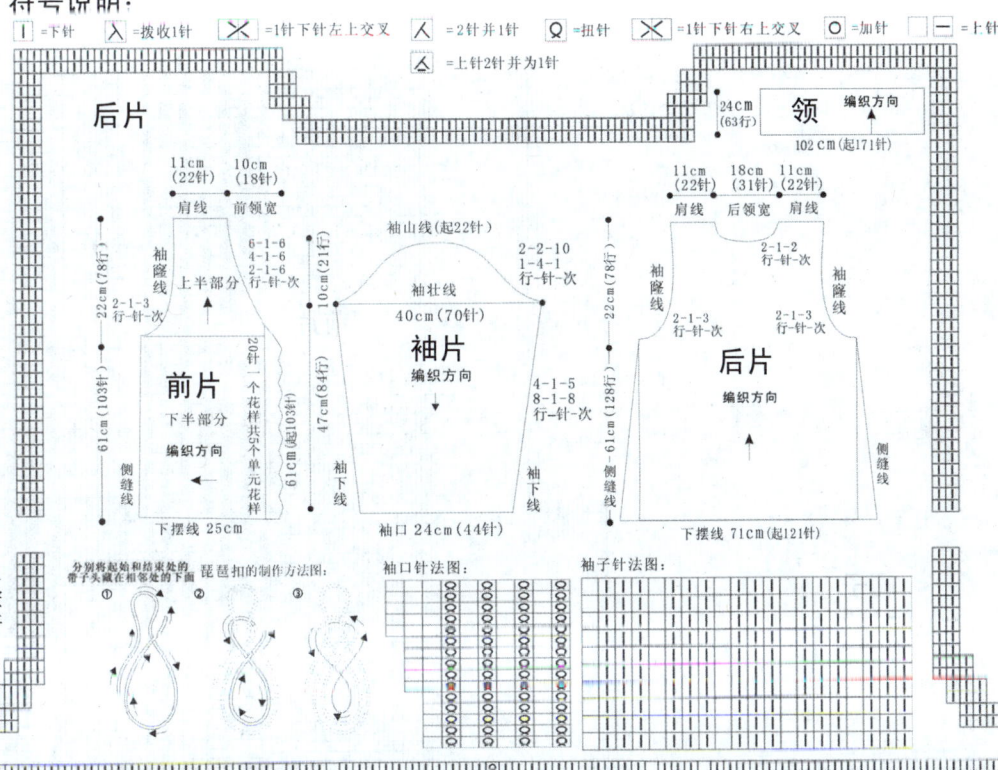

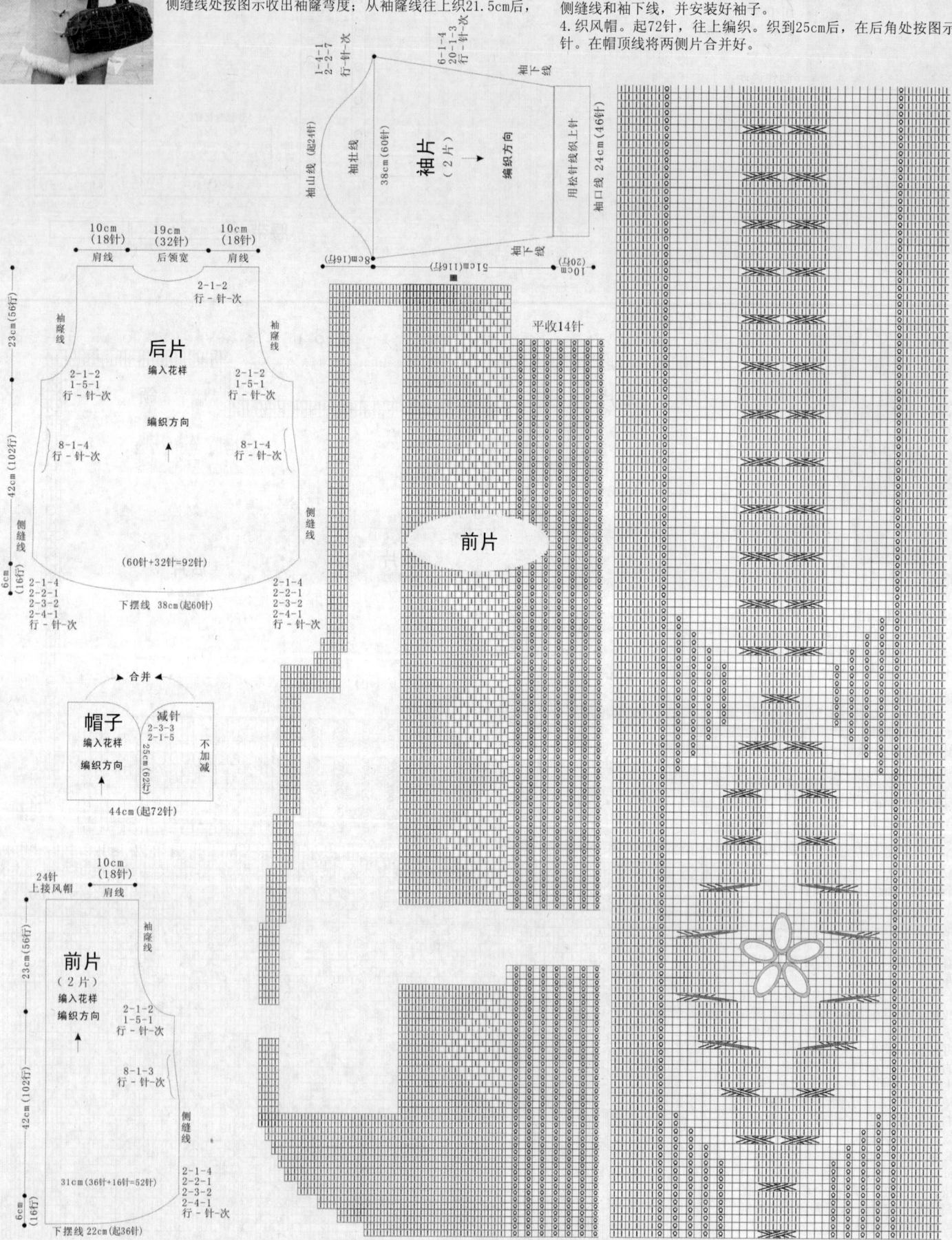

034

【成品规格】胸围110cm，背肩宽39cm，衣长71cm，袖长69cm.
【工　具】7号环针
【材　料】兔毛单股线1250g

制作说明:
1. 织后片。编织方向为从下往上，起60针，在两侧角各加16针，使下摆呈圆弧形；然后往上织到腰线处，再减4针；在侧缝线处按图示收出袖窿弯度；从袖窿线往上织21.5cm后，在后领处收出后领弧度。

2. 织前片。编织方向为从下往上，起36针，在两侧角加16针，使下摆呈圆弧形；然后往上织到腰线处，再减3针；在侧缝线处按图示开始收出袖窿弯度；继续往上编织，前领不用收针，针数直接上接风帽。然后织好另一个对应的前片，将肩上的针和后片合并。

3. 织袖片。起24针，从上往下编织，在袖山两旁按图示加针，到袖壮线时为60针；再按图示减针，到袖长高度，在袖口用松针线织10cm上针后收针。并用同样的方法织另一个袖片。分别合并侧缝线和袖下线，并安装好袖子。

4. 织风帽。起72针，往上编织。织到25cm后，在后角处按图示收针。在帽顶线将两侧片合并好。

袖片（2片）
编织方向
1-4-1
2-2-7
行-针-次
6-1-4
20-1-3
行-针-次
袖山线（起24针）
袖壮线（60针）
38cm（60针）
袖下线
用松针线织10cm上针
袖口线 24cm（46针）
8cm（16行）
51cm（116行）
10cm（20行）

后片
编入花样
编织方向
10cm（18针） 19cm（32针） 10cm（18针）
肩线 后领宽 肩线
2-1-2 行-针-次
23cm（56行）
袖窿线
2-1-2
1-5-1
行-针-次
8-1-4
行-针-次
42cm（102行）
侧缝线
6cm（16行）
2-1-4
2-2-1
2-3-2
2-4-1
行-针-次
(60针+32针=92针)
下摆线 38cm（起60针）

前片
平收14针

帽子
编入花样
编织方向
合并
减针
2-3-3
2-1-5
25cm（62行）
不加减
44cm（起72针）

前片（2片）
编入花样
编织方向
24针 上接风帽
10cm（18针）
肩线
袖窿线
2-1-2
1-5-1
行-针-次
23cm（56行）
8-1-3
行-针-次
42cm（102行）
侧缝线
6cm（16行）
2-1-4
2-2-1
2-3-2
2-4-1
行-针-次
31cm（36针+16针=52针）
下摆线 22cm（起36针）

035

【成品规格】胸围96cm，背肩宽39cm，衣长65cm，袖长59cm
【工　　具】5.5号环针
【材　　料】单股羊毛线800g，纽扣6颗

制作说明：

1. 织后片。编织方向为从下往上，起103针，不加减针织到8cm后，在侧缝线处按图示开始收出腰围线；然后分散减6针，继而再加出胸围线；到43cm高度后，收袖隆弯度；从袖隆线继续往上织21.5cm后，在后领处收出后领弧度。后片双侧肩上的针待和前片肩上的针合并。

2. 织前片。编织方向为从下往上，起65针，不加减针织到8cm后，在侧缝线处按图示开始收出腰围线；然后分散减3针，继而再加出胸围线；到43cm高度后，收袖隆弯度；从袖隆线继续往上织10cm后，在前领处加领驳头的弧度；再织5cm后，不加减针织到38cm，收出前领弧度。双侧肩上的针和后片肩上的针合并。

3. 织袖片。起26针，采用花样编织，编织方向为从上往下，在袖山两旁按图示加针，到袖壮线处再按图示减针，到袖口时为59针，织到袖长后平收针。然后用同样的方法织好另一个袖片。分别合并袖片下线，并安装好袖了。

4. 织衣领。前片领驳头上的针和后领上的针共108针，将这108针采用花样由下往上编织，注意按"每6行加8针"的规律加针，加4次，最后将140针平收。

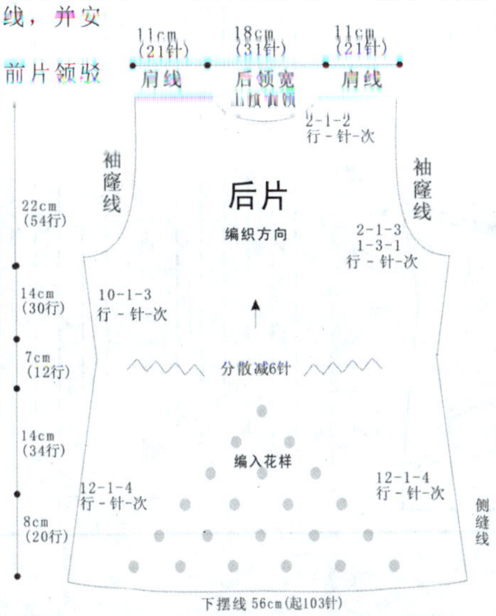

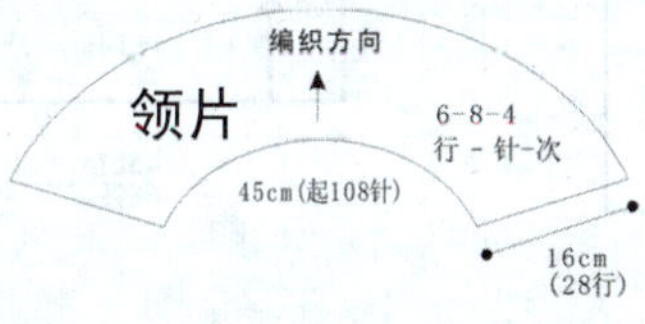

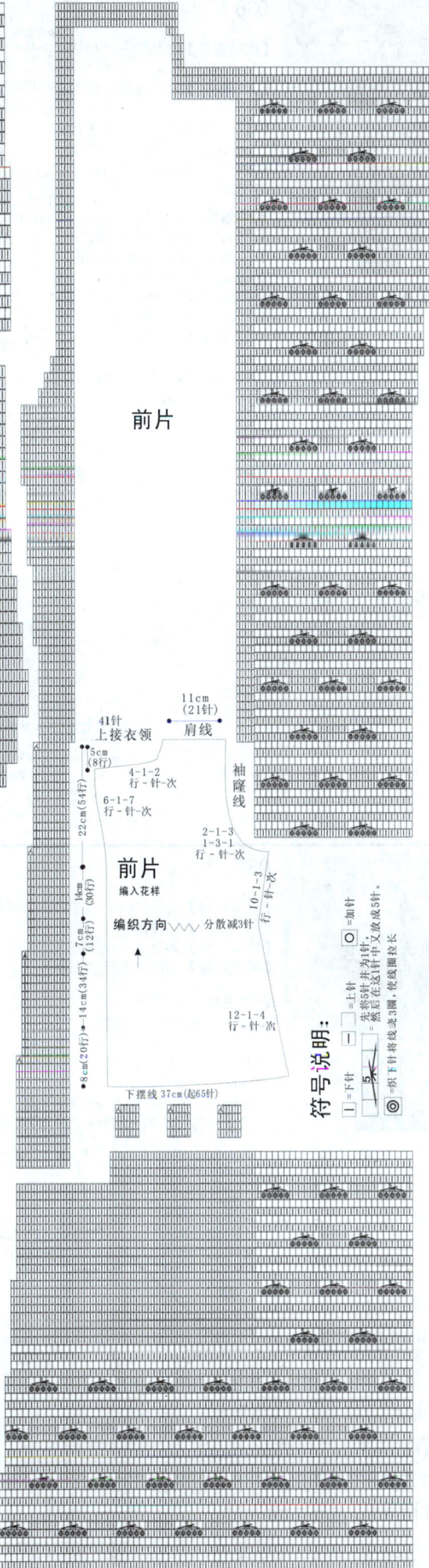

后片

11cm (21针) 18cm (31针) 11cm (21针)
肩线　后领宽　肩线
后领深

2-1-2 行-针-次

袖隆线　**后片**　袖隆线
编织方向

22cm (54行)

2-1-3 1-3-3 行-针-次

14cm (30行)　10-1-3 行-针-次

7cm (12行)　分散减6针

14cm (34行)　编入花样

8cm (20行)　12-1-4 行-针-次　　12-1-4 行-针-次

下摆线 56cm(起103针)

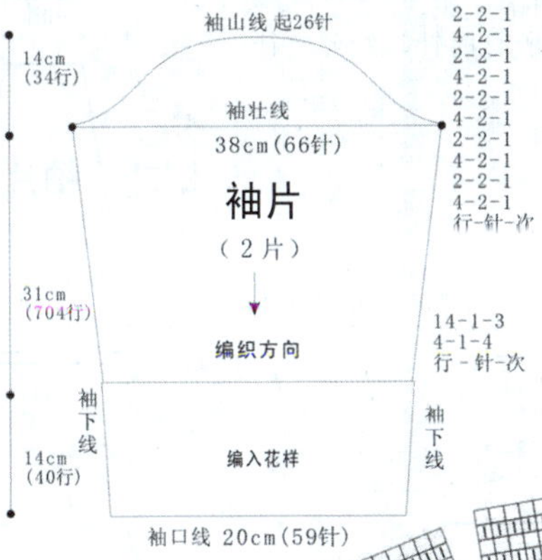

侧缝线

袖片

袖山线 起26针
2-2-1
4-2-1
4-2-1
4-2-1
4-2-1
4-2-1
4-2-1
4-2-1
4-2-1
行-针-次

14cm (34行)

袖壮线 38cm(66针)

袖片 (2片)
编织方向

31cm (704行)

14-1-3 4-1-4 行-针-次

袖下线　　　袖下线

14cm (40行)　编入花样

袖口线 20cm(59针)

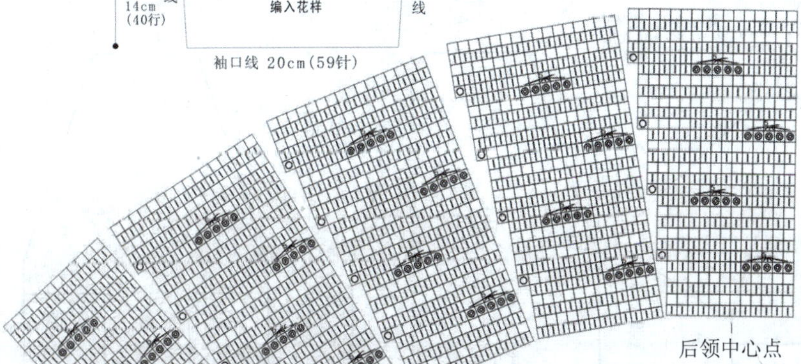

前片

41针
上接衣领　5cm (8行)　肩线
11cm (21针)

4-1-2 行-针-次

22cm (54行)　6-1-7 行-针-次

袖隆线

2-1-3 1-3-1 行-针-次

14cm (30行)　**前片**　编入花样
编织方向

8cm(20行)→14cm(34行)　7cm (12行)　分散减3针

10-1-3 行-针-次

12-1-4 行-针-次

下摆线 37cm(起65针)

后领中心点

领片
编织方向

6-8-4 行-针-次

45cm(起108针)

16cm (28行)

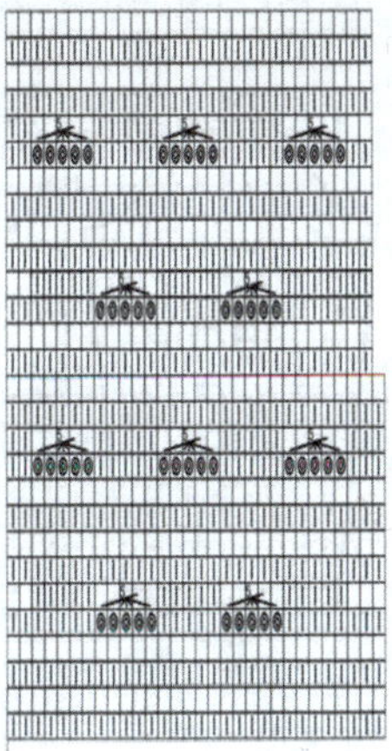

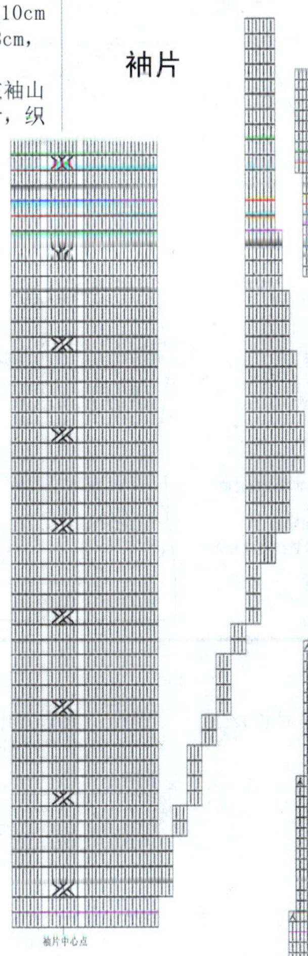

符号说明：
□=下针
■=上针
○=加针
⌇⌇=先将5针并为1针，然后在这3针中文放成5针。
⑤=织下针时将线逆5圈，使线圈拉长

036

【成品规格】衣长73cm，胸围90cm，袖长56cm

【工　具】10号棒针，3.3mm钩针

【材　料】中粗花紫色毛线1250g，纽扣20颗

【编织密度】27针×33行=10cm²

制作说明：

1. 后片。分两部分织。起78针，织4cm平针，将其对折成双边，织12cm；用同样方法再织一片。将2片合在一起，继续织平针，平织30行。收腰线，每12行收1针，收3次；每8行收1针，收5次。然后开始加针，每8行加1针，加6次；每10行加1针，加2次。

2. 开挂肩。先在两侧平收5针，每2行收2针，收4次；每2行收1针，收4次；每4行收1针，收1次，平织至17cm。

3. 收斜肩。织引退针，每2行收10针收3次；后片完成。

4. 织前片。前片分2片织，腰线及挂肩的织法与后片的织法相同，开领窝。

5. 口袋。另起针织口袋，缝合在前片。

6. 袖片。起30针，按图示加针织出袖山，然后织袖筒。

7. 织几个单罗纹针长条，将其缝合在前片及后片腰部，完成。

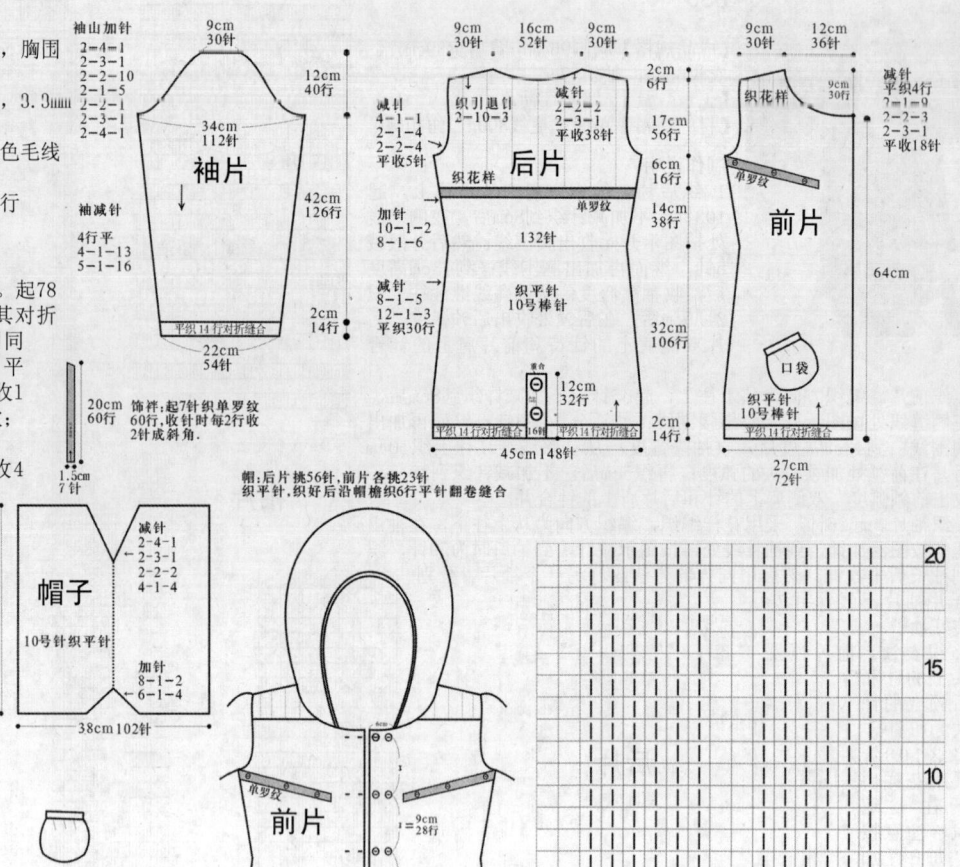

037

【成品规格】衣长70cm，胸围90cm，袖长42cm

【工　具】10号棒针

【材　料】夹金丝毛线350g

【编织密度】15针×20行=10cm²

制作说明：

1. 后片。起68针织元宝针，平织60行。

2. 开挂肩。插肩袖片，每6行收1针，收3次；每4行收1针，收4次；每3行收1针，收7次。后片完成。

3. 织前片。前片的织法与后片的织法相同。

4. 口袋。另起针织元宝针，织好后将其缝合。

5. 袖片。插肩袖片，从下往上织。

6. 领。1针对1针挑出所有的针，织元宝针15cm。

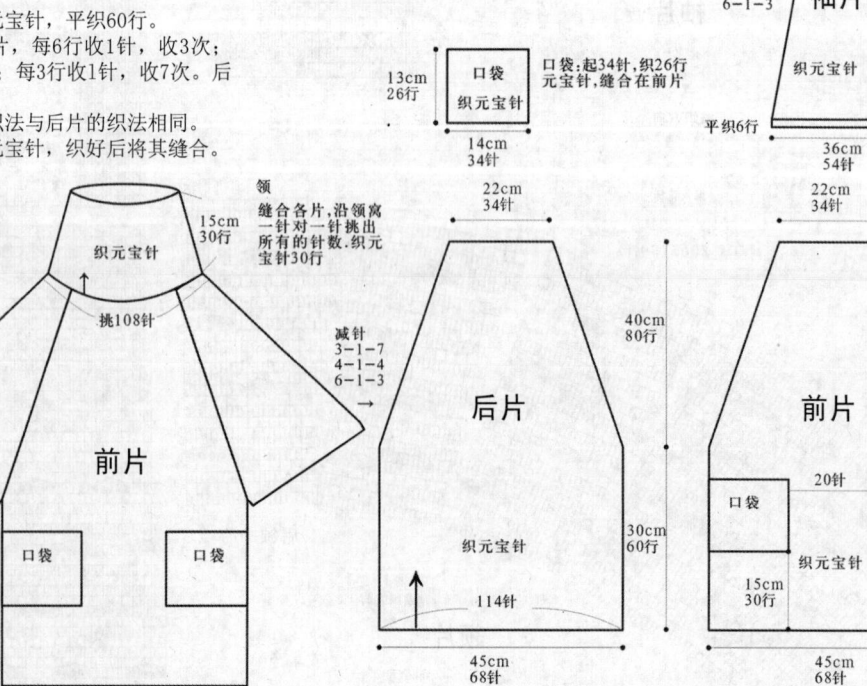

∩=滑针　□=—=上针　元宝针

038

【成品规格】衣长73cm，胸围90cm，袖长56cm
【工　具】10号棒针，12号棒针
【材　料】中粗毛线1100g，纽扣12颗
【编织密度】27针×33行＝10cm²

制作说明：
1. 后片。起120针织9cm单罗纹，换针织平针，织12cm平收；另起针织单罗纹7cm，上织平针12cm；从3处平针与罗纹针交界处挑针往下织平针，每4针挑3针，织7cm，平收。
2. 开挂肩。先在两侧平收5针，每2行收2针，收3次；每2行收1针，收3次。平织至18cm。
3. 收斜肩。织引退针，每2行收8针，收3次。后片织好后，将2片连搭起来，腰部平针依次打好皱褶，后片完成。
4. 织前片。前片为双排扣样式开衫，挂肩与后片相同，每片的宽度各减少4cm。
5. 袖片。起30针，织平针，按图示加针织出袖山，然后织袖筒，袖口另织，缝合。
6. 门襟。另起针织仝平针，门襟的宽度为8cm。织的时候在一侧开扣眼。织好后将其缝合。
7. 领。领边织双边。另起针织全平针，织好后缝合在领窝。缝纽扣，完成。

图表文字：
9cm 24针 / 16cm 44针 / 9cm 24针
9cm 24针 / 5cm 14针
领：领边织双边，先沿领窝挑112针织平针9行对折缝合；另起30针织全平针，织够领子的长度，缝合在领窝。
减针 2-1-3 / 2-8-3 / 平收5行
织引退针 2-8-3
减针 2-2-2 / 平收40针
后片 3 2 / 织单罗纹 / 4
打皱褶缝合 织平针 10号棒针
1 / 120针 / 12号针织单罗纹
45cm120针 / 9cm28针
2cm 6行 / 18cm 56行 / 12cm 40行 / 7cm 24行 / 25cm 82行
减针 平收8行 4-1-3 2-1-4 2-2-3
前片 织平针 10号棒针
口袋 12针织40针 / 9cm28针 / 19cm50针
64cm
前片 织平针 10号棒针
口袋 12针织40针 / 11cm 36针 / 17cm 36针 / 织全平针
口袋：起36针织单罗纹12行，再织36针全平针织34行，织好后缝合在前片，单罗纹翻卷过来。 3cm 12行 / 10cm 34行 / 口袋 织平针 12cm 36针

前片 织平针 10号棒针
门襟：起22针织全平针22cm，一侧开扣眼，织好后缝合在前片。64cm 211行
口袋 12针织40针 / 11cm 36针 / 17cm 56针 / 8cm 22针

袖山加针 2-4-1 / 2-3-1 / 2-2-1 / 2-1-6 / 2-1-5 / 2-1-1
9cm30针 / 34cm 112针 / 12cm 40行
袖片 织平针 10号棒针
袖减针 4行平针 4-1-1 / 5-1-14 / 27cm 123行 / 22cm 60针 / 7cm 23针
12号针织单罗纹 / 减针 2-2-11

15 / 10 / 5 / 1
全平针 □＝1

039

【成品规格】衣长73cm，胸围84cm
【工　具】13号棒针
【材　料】炭灰色毛线550g，纽扣17颗
【编织密度】33针×36行＝10cm²

制作说明：
1. 后片。起190针织双罗纹，平织53cm，分两部分织，每2行收5针，收19次。后片完成。
2. 前片。织2片，起95针，先织18行双罗纹；然后分别在两边织10针单罗纹，以防卷边；中间织平针，织至78cm，收针。
3. 缝合。将2个前片的斜角对缝，再分别与后片缝合。
4. 将口袋及衣扣分别缝上，完成。

图表文字：
后片：缝合好的样子 / 缝合线 / 缝合线隐藏在里面
分别与前片缝合 * * / 减针 2-5-19
10cm38行 / 53cm190行 / 后片 / 9cm 26针 / 5cm 18行 / 42cm190针 / 13号棒针织双罗纹
10cm 38行 / 减针 2-5-19 / 前片 78cm 280行 / 13号棒针织平针 / 3cm 10针 / 口袋 / 22cm95针 / 13号棒针织双罗纹
减针 2-5-19 / 前片 / 8cm 28行 / 口袋 / 12cm 42行 / 口袋 织双罗纹 / 12cm 54针

040

【成品规格】衣长70cm，胸围84cm，肩宽30cm
【工　具】13号棒针
【材　料】羊绒毛线450g
【编织密度】26针×33行＝10cm²

制作说明：
1. 后片。起130针织10行平针，对折成双边，上边织花样，按图示收腰线。织至开挂，收袖隆，后片完成。
2. 前片。前片织法同后片，大V领，窄肩。
3. 领及袖口。织平针，上针向外，缝合成双边。

符号说明：
○＝加针　　人＝右上2针并1针
人＝左上2针并1针　　人＝中上3针并1针

领、袖口：领沿领窝挑164针织平针，织6cm后反向缝合，上针向外，袖口同。
3cm 12行 / 3cm 12行 / 织平针 / 织平针
减针 7-1-8 / 8-1-5
重叠缝合 / 环挑164针

30cm 78针 / 减针 4-1-1 / 2-1-2 / 2-2-2 / 平收5针 / 19cm 62行
后片 / 42cm 104针 / 20cm 66行 / 织花样 / 29cm 96行 / 2cm 8行 / 50cm130针

4cm 10针 / 22cm 58针 / 4cm 10针
23cm 76行 / 领减针 平织26行 2-1-21 / 1-1-8 / 前片 / 织花样 / 50cm130针

115

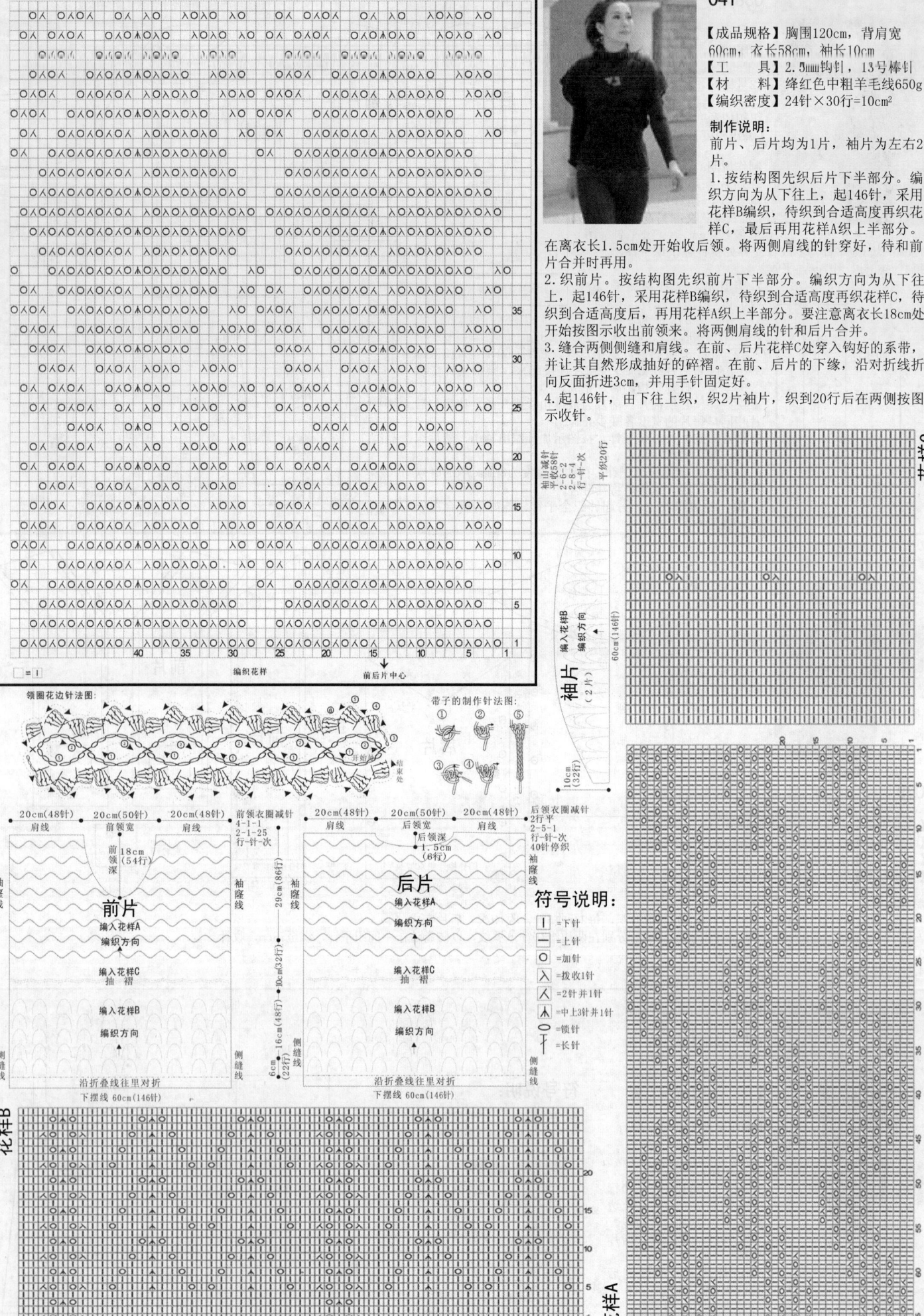

041

【成品规格】胸围120cm，背肩宽60cm，衣长58cm，袖长10cm
【工　　具】2.5mm钩针，13号棒针
【材　　料】绛红色中粗羊毛线650g
【编织密度】24针×30行=10cm²

制作说明：
前片、后片均为1片，袖片为左右2片。
1. 按结构图先织后片下半部分。编织方向为从下往上，起146针，采用花样B编织，待到合适高度再织花样C，最后再用花样A织上半部分。在离衣长1.5cm处开始收后领。将两侧肩线的针穿好，待和前片合并时再用。
2. 织前片。按结构图先织前片下半部分。编织方向为从下往上，起146针，采用花样B编织，待到合适高度再织花样C，待织到合适高度后，再用花样A织上半部分。要注意离衣长18cm处开始按图示收出前领来。将两侧肩线的针和片合并。
3. 缝合两侧侧缝和肩线。在前、后片花样C处穿入钩好的系带，并让其自然形成抽好的碎褶。在前、后片的下缘，沿对折线向反面折进3cm，并用手针固定好。
4. 起146针，由下往上织，织2片袖片，织到20行后在两侧按图示收针。

符号说明：

	= 下针
=	= 上针
O	= 加针
入	= 拔收1针
人	= 2针并1针
木	= 中上3针并1针
Ｔ	= 锁针
干	= 长针

花样C

花样B

花样A

前片
编入花样A
编织方向
编入花样C
抽褶
编入花样B
编织方向
沿折叠线往里对折
下摆线 60cm(146针)

后片
编入花样A
编织方向
编入花样C
编织方向
编入花样B
编织方向
沿折叠线往里对折
下摆线 60cm(146针)

袖片（2片）

领圈花边针法图：

带子的制作针法图：

042

【成品规格】
衣长73cm,
胸围84cm,
袖长20cm
【工 具】
11号棒针,
12号棒针
【材 料】
夹金丝毛线350g
【编织密度】
16针×20行=10cm²

制作说明:
1. 后片。起68针,织双罗纹,织36行后织元宝针,直织至开挂肩。
2. 开挂肩。每4行收1针,收4次,平织24行。后片完成。
3. 织前片。前片的织法与后片的织法相同。

4. 袖片。从袖山开始织起,袖山织好后平织4行元宝针,织双罗纹针至完成。
5. 领。V领,沿领窝挑针织双罗纹,在"V"下面重叠缝合。

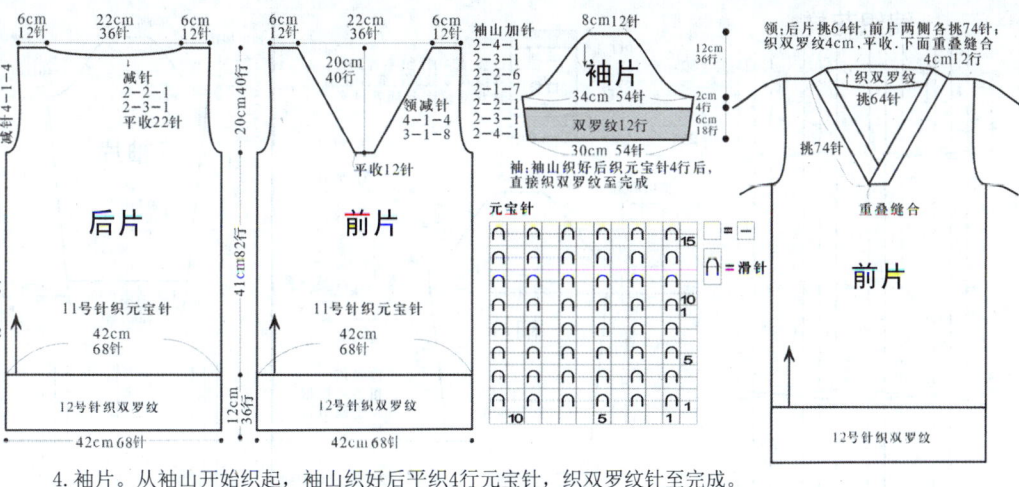

043

【成品规格】衣长92cm,胸围90cm,袖长56cm
【工 具】13号棒针,3.3mm钩针
【材 料】中细铁灰色毛线1200g,纽扣4颗,牛角扣5套
【编织密度】33针×36行=10cm²

制作说明:
1. 后片。1起158针织3cm平针,将其对折成双边,继续织平针,织170行平收;2起146针织平针,织68行;3起22针织单罗纹腰带,连接上下2片。
2. 开挂肩。先在两侧平收5针,每2行收2针,收2次;每2行收1针,收3次;每4行收1针,收1次。平织至18cm。
3. 收斜肩。织引退针,每2行收10针,收3次,后片完成。
4. 织前片。前片比后片的一半少4cm,织收腰样式。
5. 口袋。另起针织平针,织好后将其缝合。
6. 袖片。袖片从上往下织,袖口另织,织好后将其缝合。
7. 帽。沿领窝挑针织帽。
8. 钩饰扣,缝牛角扣,缝合所有部分,完成。

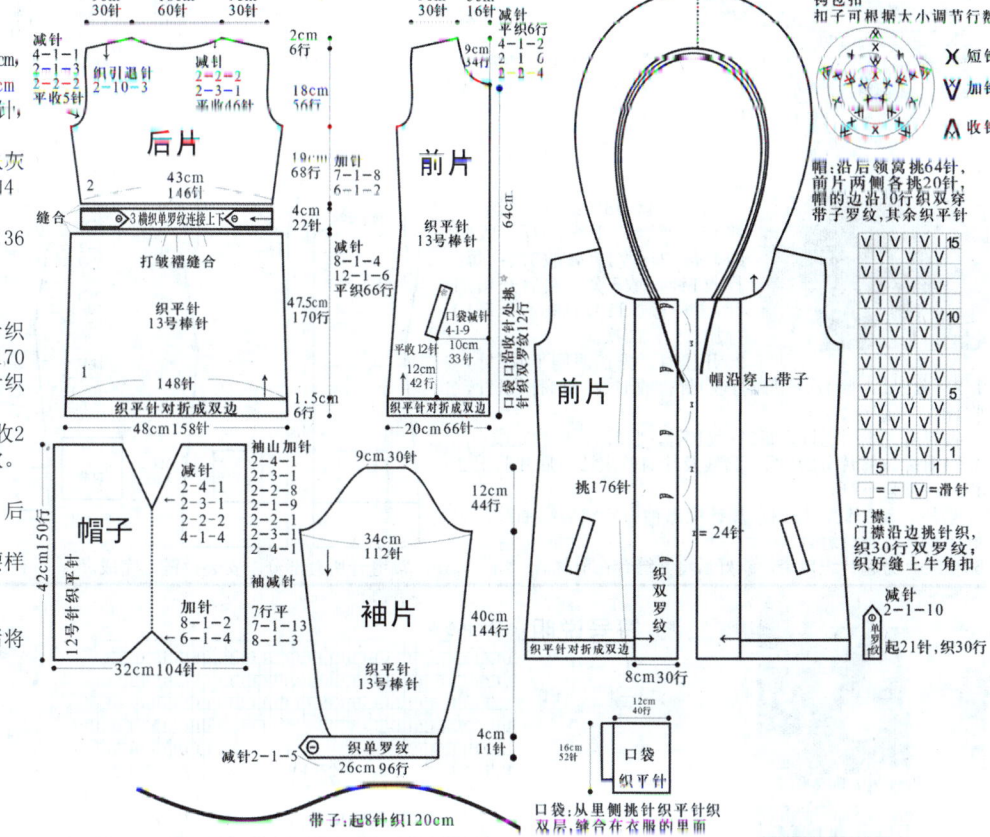

044

【成品规格】衣长83cm,胸围90cm,袖长56cm
【工 具】12号棒针,10号棒针,3.3mm钩针
【材 料】中粗铁灰色毛线1500g,纽扣6颗
【编织密度】27针×33行=10cm²

制作说明:
1. 后片。起118针,织9cm双罗纹,继续织平针,平织30行。收腰线,每12行收1针,收2次;每8行收1针,收4次;每6行收1针,收3次。然后开始加针,每6行加1针,加2次;每8行加1针,加4次。平织22行。
2. 开挂肩。先在两侧平收5针,每2行收2针,收2次;每2行收1针,收4次。平织至18cm。
3. 收斜肩。织引退针,每2行收8针,收3次。后片完成。
4. 织前片。前片比后片的平均宽度少4cm,织花样。
5. 口袋。另起针织口袋的袋筒,缝合在前片。
6. 袖片。起18针,按图示加针织出袖山,然后织袖筒。
7. 门襟。门襟挑针横织双罗纹,门襟为宽门襟、双排扣。
8. 钩扣子,缝合各部位,完成。

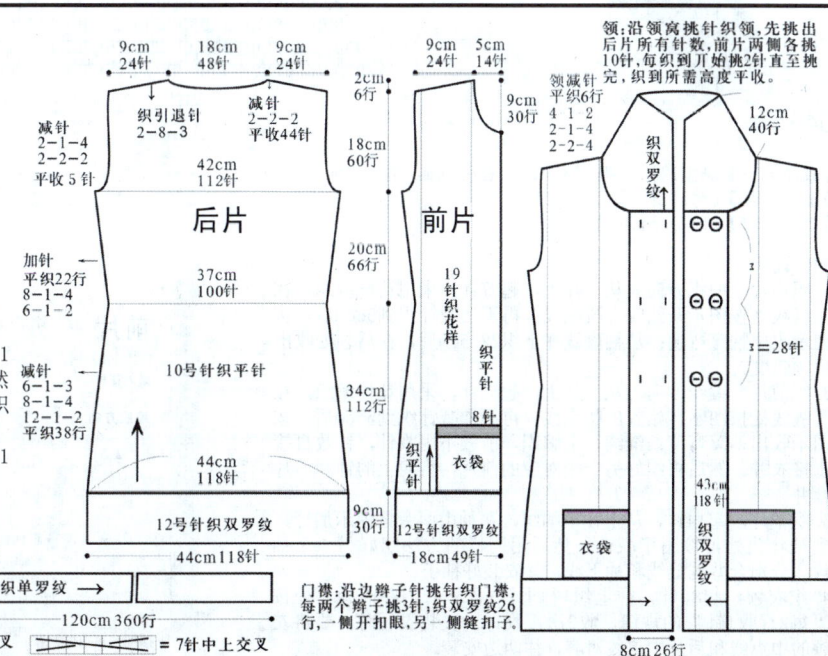

117

编织花样

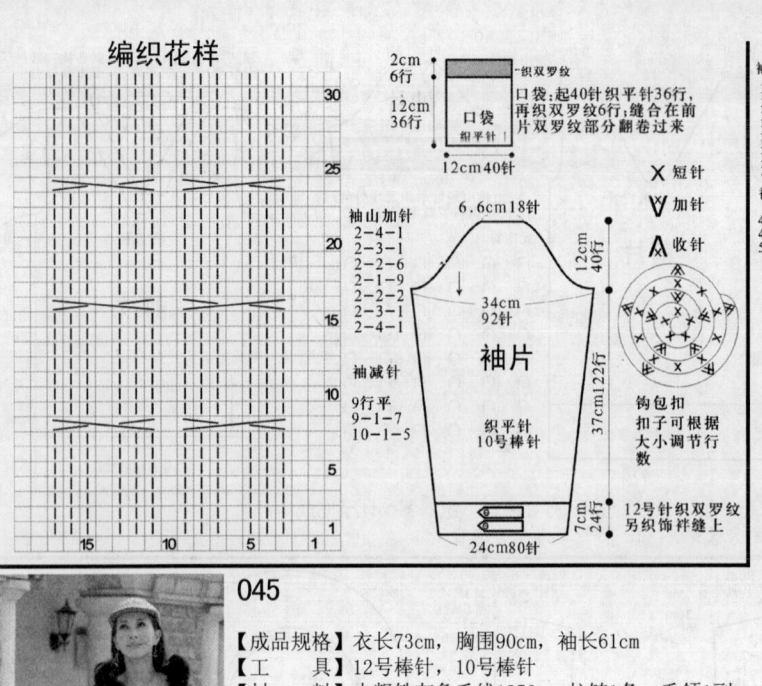

口袋：起40针织平针36行，再织双罗纹6行；缝合在前片双罗纹部分翻卷过来

一织双罗纹

2cm 6行
口袋 短平针
12cm 36行
12cm40针

✕ =短针
Ⅴ =加针
Ⅴ =收针

袖山加针
2-4-1
2-3-1
2-1-9
2-2-2
2-3-1
2-4-1

6.6cm18针

34cm 92针

12cm 40行

袖片

袖减针
9行平
9-1-7
10-1-5

37cm122行

织平针
10号棒针

钩包扣
扣子可根据大小调节行数

12号针织双罗纹另织饰祥缝上

7cm 24行

24cm80针

袖山加针
2-4-1
2-2-8
2-1-6
2-2-2
2-5-1

9cm30针

袖片

34cm 112针

12cm 40行

袖减针
4行平
4-1-13
5-1-16

41cm 136行

织花样A
10号棒针

22cm54针

8cm 28行

12cm 40针

30

25

20

15

10

5

花样A = -

▷✕ ◁✕ =4针左上交叉 □=- 口袋编织图

045

【成品规格】衣长73cm，胸围90cm，袖长61cm
【工　　具】12号棒针，10号棒针
【材　　料】中粗铁灰色毛线1350g，拉链1条，毛领1副
【编织密度】27针×33行=10cm²

制作说明：
1. 后片。起148针织8cm花样A，换针织平针，平织10行。收腰线，每12行收1针，收3次；每8行收1针，收5次。然后开始加针，每8行加1针，加6次；每10行加1针，加2次。
2. 开挂肩。先在两侧平收5针，每2行收2针，收4次；每2行收1针，收4次；每4行收1针，收1次。平织至17cm。
3. 收斜肩。织引退针，每2行收10针，收3次。后片完成。
4. 织前片。前片分2片织，腰线及挂肩的织法与后片的织法相同，领为小V形。
5. 袖片。起30针，按图示加针织出袖山，然后织袖筒，织好后将其与衣身缝合。
6. 口袋。另起针织口袋，织好后将其缝合在前片。

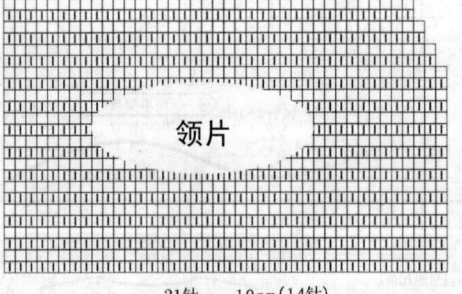

花样A

挑40针

口袋

口袋

12cm 32行

10cm26针

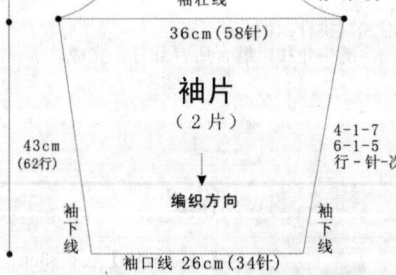

领：从后片挑针56针，前片各挑4针；织花样A，每织到开始时挑2针，直到挑完。平收，缝上毛领装饰。

9cm 30针 16cm 52针 9cm 30针

织引退针
2-10-3

减针
2-2-2
2-3-1
平收38针

减针
4-1-1
2-1-4
2-2-4
平收5针

加针
10-1-1
8-1-6

后片

132针

织平针
10号棒针

减针
8-1-5
12-1-3
平收10行

148针

12号针织花样A

45cm148针

2cm 6行

17cm 56行

20cm 68行

26cm 86行

8cm 28行

9cm 30针 8cm 26针

减针
平收1行
2-1-13
1-1-13

前片

64cm

织平针
10号棒针

口袋
23cm 72针

12号针织花样A

23cm72针

7. 缝合所有部分。安装拉链，完成。

046

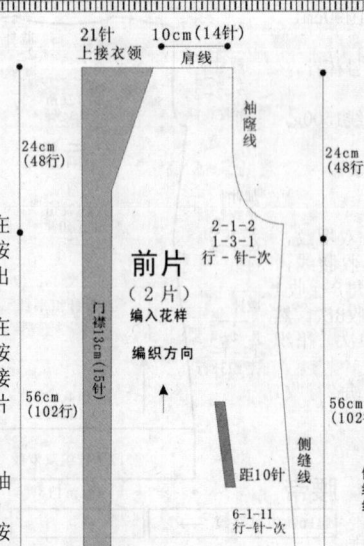

符号说明：后领中心点

Ⅰ =下针
- □ =上针

领片

【成品规格】胸围120cm，背肩宽38cm，衣长80cm，袖长53cm
【工　　具】6号环针
【材　　料】3股兔毛线1400g

制作说明：
1. 织后片。编织方向为从下往上，起87针，采用花样编织，在侧缝线处按图示开始收出腰围线；再不加减针织到56cm后，按图示收出袖隆弯度；从袖隆线往上织22.5cm后，在后领处收出后领弧度。
2. 织前片。编织方向为从下往上，起51针，采用花样编织，在侧缝线处按图示开始收出腰围线；再不加减针织到56cm后，按图示收出袖隆弯度；继续往上编织，前领不用收针，针数直接上接衣领。然后再织好另一个对应的前片，将肩上的针和后片合并。
3. 织袖片。起14针，从上往下编织，在袖山两旁按图示加针，到袖壮线处再按图示减针。然后用同样的方法织好另一个袖片。分别合并侧缝线和袖下线，并安装好袖子。
4. 织衣领。起80针，往上织1行上针1行下针。在前领角处按"每2行收1针"的规律，收3次，收针。安装衣领时，要将衣领的中点线和后片中点线对齐，往两边安装。

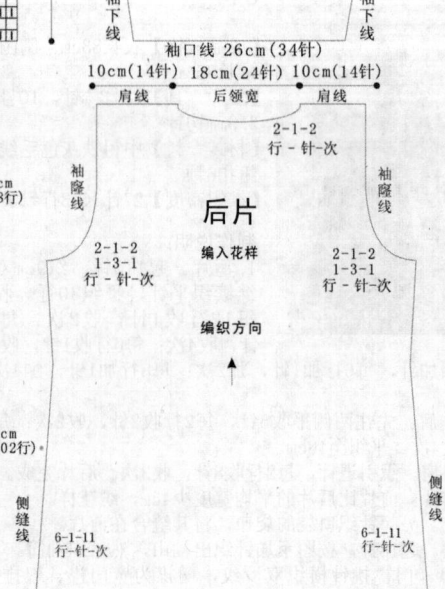

袖山线（起14针）

10cm（30行）

袖壮线

36cm（58针）

袖片（2片）

43cm（62行）

编织方向

袖下线

袖口线 26cm（34针）

2-2-9
1-4-1
行-针-次

4-1-7
6-1-5
行-针-次

21针
上接衣领

10cm（14针）

肩线

前片（2片）

门襟13cm（15行）

编入花样

编织方向

距10cm

24cm（48行）

56cm（102行）

6-1-11
行-针-次

下摆线 46cm（起51针）

10cm（14针） 18cm（24针） 10cm（14针）

肩线 后领宽 肩线

2-1-2
行-针-次

后片

编入花样

编织方向

24cm（48行）

56cm（102行）

2-1-2
1-3-1
行-针-次

2-1-2
1-3-1
行-针-次

6-1-11
行-针-次

6-1-11
行-针-次

下摆线 78cm（起87针）

047

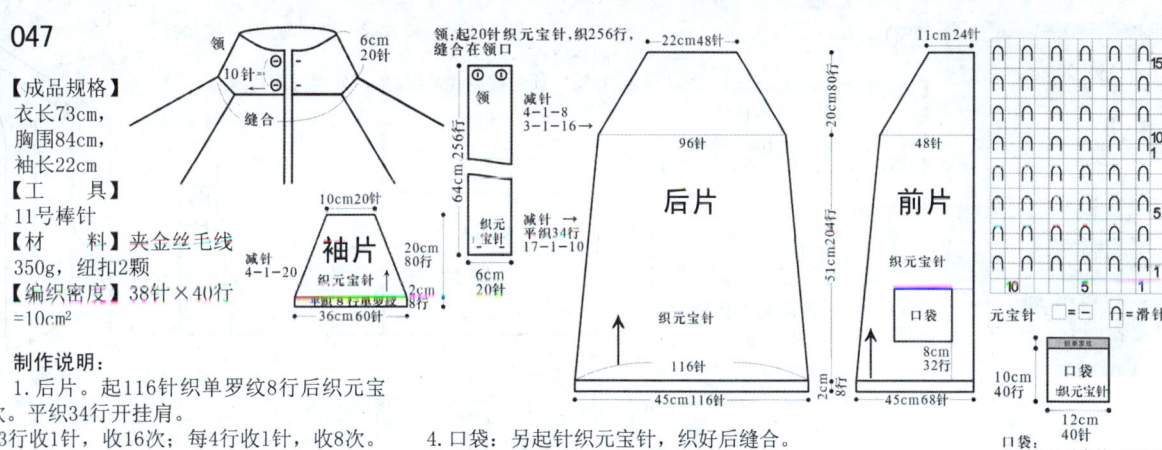

【成品规格】
衣长73cm,
胸围84cm,
袖长22cm
【工具】
11号棒针
【材料】夹金丝毛线
350g,纽扣2颗
【编织密度】38针×40行
=10cm²

制作说明:
1. 后片。起116针织单罗纹8行后织元宝
针,每17行收1针,收10次。平织34行开挂肩。
2. 开挂肩:插肩袖片,每3行收1针,收16次;每4行收1针,收8次。
后片完成。
3. 织前片:前片的织法与后片的织法基本相同。
4. 口袋:另起针织元宝针,织好后缝合。
5. 袖片:插肩袖片,从下往上织。
6. 领:另起20针织元宝针,织好后缝合在领口部位。

元宝针 □=无 ∩=滑针

048

【成品规格】衣长83cm,
胸围88cm,袖长56cm
【工具】12号棒针
【材料】中纯灰色
毛线1500g,纽扣21颗
【编织密度】25针×27
行=10cm²

制作说明:
1. 后片。起100针织双罗
纹,一直织到开挂肩。
2. 开挂肩。先在两侧平收
3针,再每2行收2针,收2
次;每2行收1针,收1次。平织至18cm。
3. 收斜肩。织引退针,每2行收8针,收3次;每2行
收2针,收2次。后片完成。
4. 织前片。前片的织法与后片的织法相同。
5. 袖片。起18针,按图示加针织出袖山,然后织袖筒。
6. 门襟。门襟挑针横织双罗纹,开扣眼。
7. 荷叶边。沿门襟及领后8cm,起针织单罗纹,织3cm改织双元宝,缝合各部位,
完成。

荷叶边:起690针织单罗纹16行,再织双元宝30行;
从门襟及领退开5cm后缝合。缝合上纽扣装饰。

荷叶边针法 □=无 ∩=滑针

049

【成品规格】衣长
75cm,胸围88cm,
袖长63cm
【工具】10号
棒针
【材料】花式毛
线1100g,纽扣14颗
【编织密度】27针×
30行=10cm²

制作说明:
1. 后片。起102针织
双罗纹20行,织平
针至12cm,两侧各卷加5针继续织,按图示收腰围。
2. 开挂肩。插肩袖片,两侧各收2针,每4行收2针,收15次。
3. 织下面的开衩。在两侧平挑针织双罗纹4cm,后片完成。
4. 织前片。前片比后片短2cm,织法与后片的相同。
5. 口袋。另起针织花样,中间穿带子。

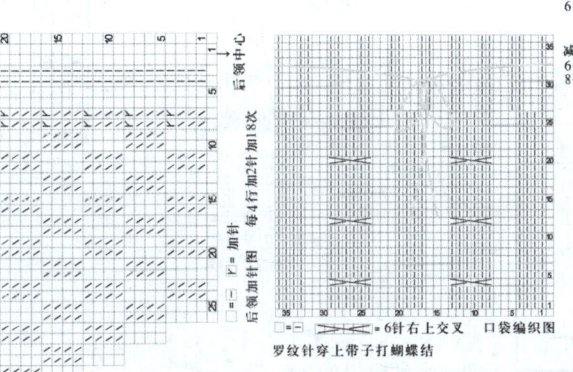

□=上针 ×=6针右上交叉 口袋编织图
罗纹针穿上带子打蝴蝶结

6. 袖片。插肩袖片,灯笼样式。
7. 领。沿领窝挑出针后,织双罗纹,
后片中心沿边依次加针形成大V形。
8. 另织带子,完成。

□=- V=滑针

119

050

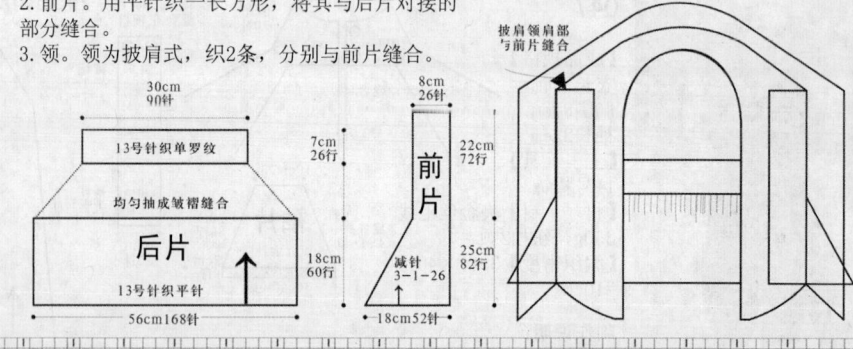

【成品规格】衣长47cm
【工　　具】13号棒针
【材　　料】羊绒毛线350g
【编织密度】30针×33行=10cm²

制作说明：

1. 本款为时装款。后片起的针数多于正常针数的三分之一。织平针18cm，另织单罗纹14cm，将后片均匀抽出皱褶，再将其与单罗纹对缝。

2. 前片。用平针织一长方形，将其与后片对接的部分缝合。

3. 领。领为披肩式，织2条，分别与前片缝合。

披肩领肩部与前片缝合

后片
30cm 90针
13号针织单罗纹
均匀抽缩成皱褶缝合
13号针织平针
7cm 26行
18cm 60行
56cm 168针

前片
8cm 26针
22cm 72行
25cm 82行
减针 3-1-26
18cm 52针

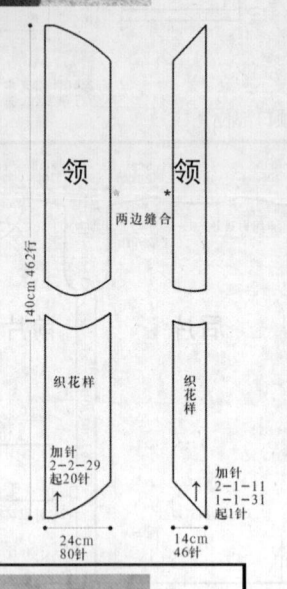

领 **领**
两边缝合
140cm 462行

织花样
织花样

加针 2-2-2-29 起20针
加针 2-1-11 1-1-31 起1针

24cm 80针
14cm 46针

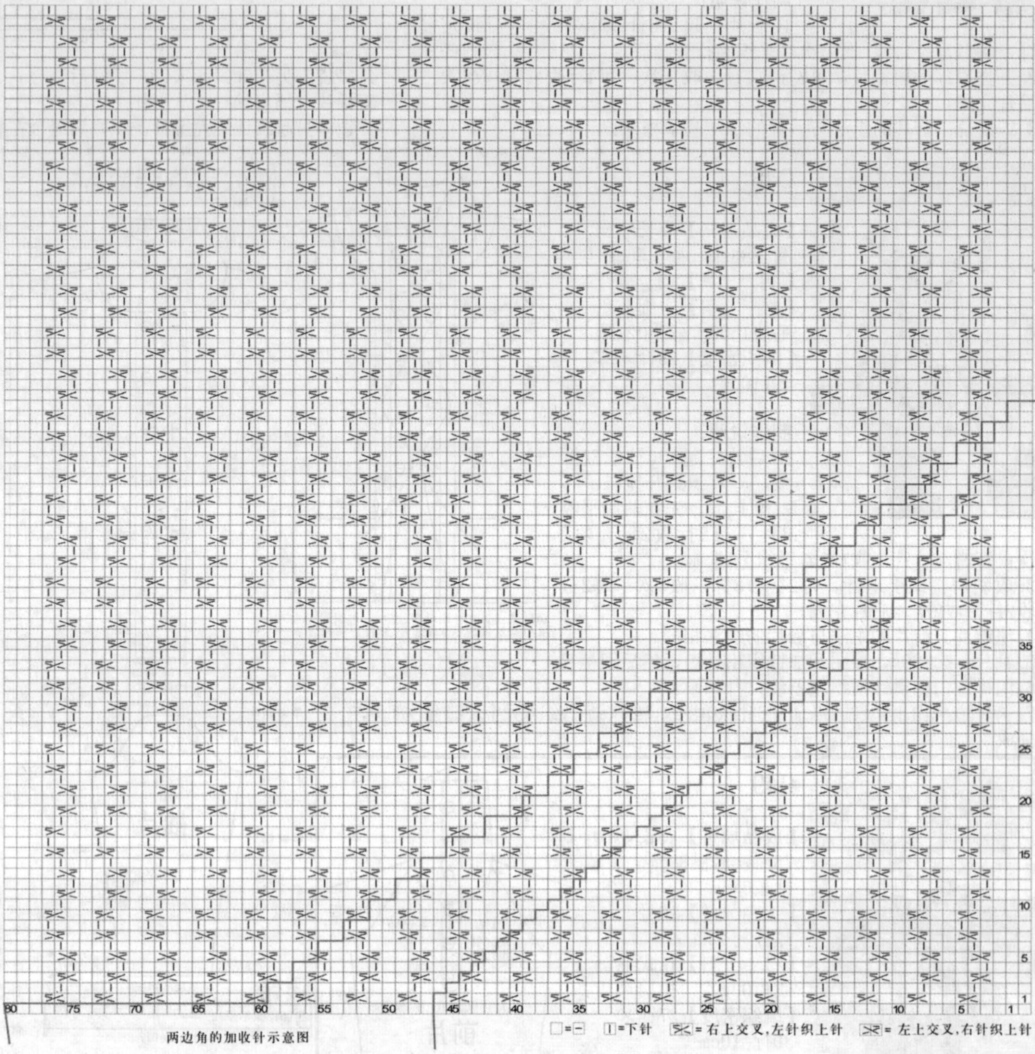

两边角的加收针示意图

□=□ ①=下针 ⟩⟨=右上交叉，左针织上针 ⟨⟩=左上交叉，右针织上针

35
30
25
20
15
10
5
1

80 75 70 65 60 55 50 45 40 35 30 25 20 15 10 5 1

051

【成品规格】衣长56cm，胸围88cm，袖长56cm
【工　　具】10号棒针
【材　　料】中粗夹花毛线600g，纽扣3颗
【编织密度】25针×27行=10cm²

制作说明：

1. 后片。起110针，织5cm双罗纹，织平针72行后开始织花样，平织4cm至开挂肩。

2. 开挂肩。先在两侧平收4针，再每2行收2针，收2次；每2行收1针，收4次。平织至38行时开后领窝。

3. 收肩。最后两边各平收20针，后片完成。

4. 织前片。开衫，平针与花样组合，织法与后片的相同。

5. 袖片。起18针，按图示加针织出袖山，织花样114行，下面织平针，袖口织双罗纹。

6. 门襟。另起针织全平针，缝合在门襟及帽檐处。

7. 帽。沿领窝挑针织平针，帽檐与衣襟相连。

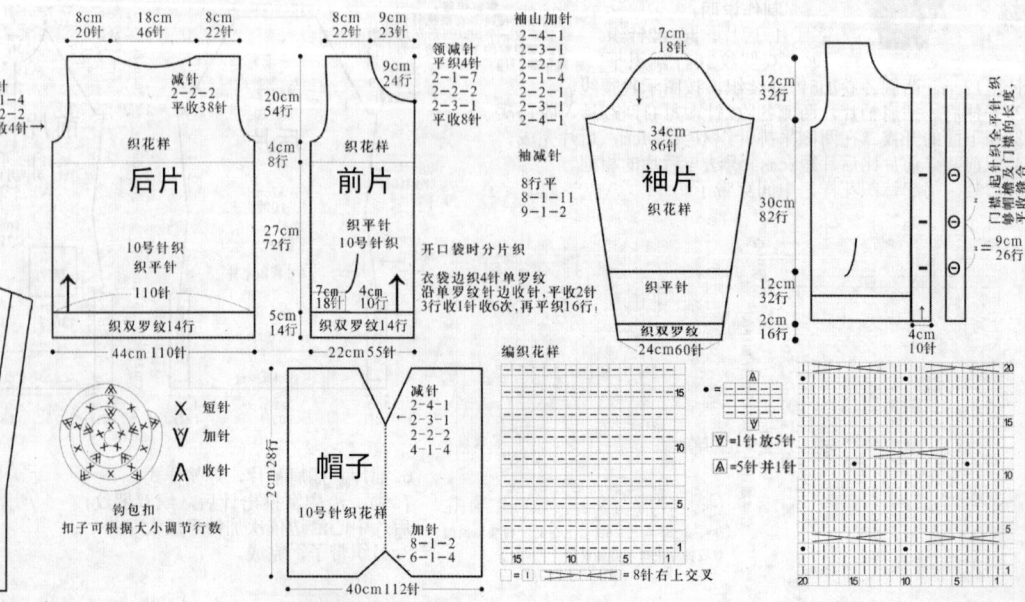

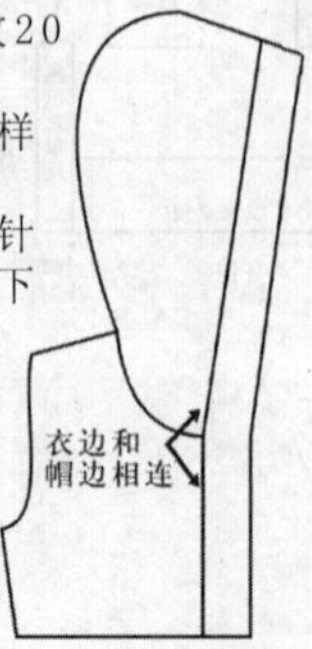

后片
8cm 20针 18cm 46针 8cm 22针
减针 2-1-4 2-2-2 2-2-2 平收4针
减针 2-2-2 平针38针
20cm 54行
织花样 4cm 8行
27cm 72行
10号针织织花样 110针
织双罗纹14行
44cm 110针

前片
8cm 22针 9cm 23针
9cm 24行
领减针 平针4针 2-1-7 2-2-2 2-2-1 平收8针
织花样
10号针织
开口袋时分片织
7cm 18针 4cm 10针
衣袋边织4针单罗纹沿单罗纹边收针，平收2行3行收1针收6次，再平织16行
织双罗纹14行
22cm 55针
5cm 14行

袖片
袖山加针 2-4-1 2-3-1 2-2-7 2-1-4 1-1-4
7cm 18行
袖减针 8行平 8-1-11 9-1-2
34cm 86针
织花样
织平针
织双罗纹
24cm 60针
4cm 10针
12cm 32行
30cm 82行
12cm 32行
2cm 16针

门襟，起针织全平针，缝帽檐棒针及门襟的长度平收收边
9cm 26行

帽子
减针 2-4-1 2-3-1 2-2-2 4-1-4
10号针织花样
加针 8-1-2 6-1-4
40cm 112针
沿领窝挑针往上织，帽顶缝合

衣边和帽边相连

钩包扣
扣子可根据大小调节行数

短针
加针
收针

编织花样

15
10
5
1
15 10 5 1
=8针右上交叉

▽=1针放5针
Ʌ=5针并1针

20 15 10 5 1

052

图2 单罗纹图解

图1 元宝针图解

衣身平展图

52cm
(98针) 收针
图2 19cm(40行) 衣摆
A
5cm
B
15cm
C
袖口
D
图1
(9号棒针)
30cm
140cm 中轴线
图1
102cm
(208行)
E
向上织
袖口
F
15cm
52cm
(98针)
G
图2 19cm(40行) 衣摆
起织
H
5cm
52cm
(98针)

缝合后的示意结构图

袖口 D E 袖口
C B F
图1 (9号棒针) 图1
起织 收针
图3 图2 图2 图3

AB与GH对应缝合
DE与BLFL对应缝合

图3 口袋图解

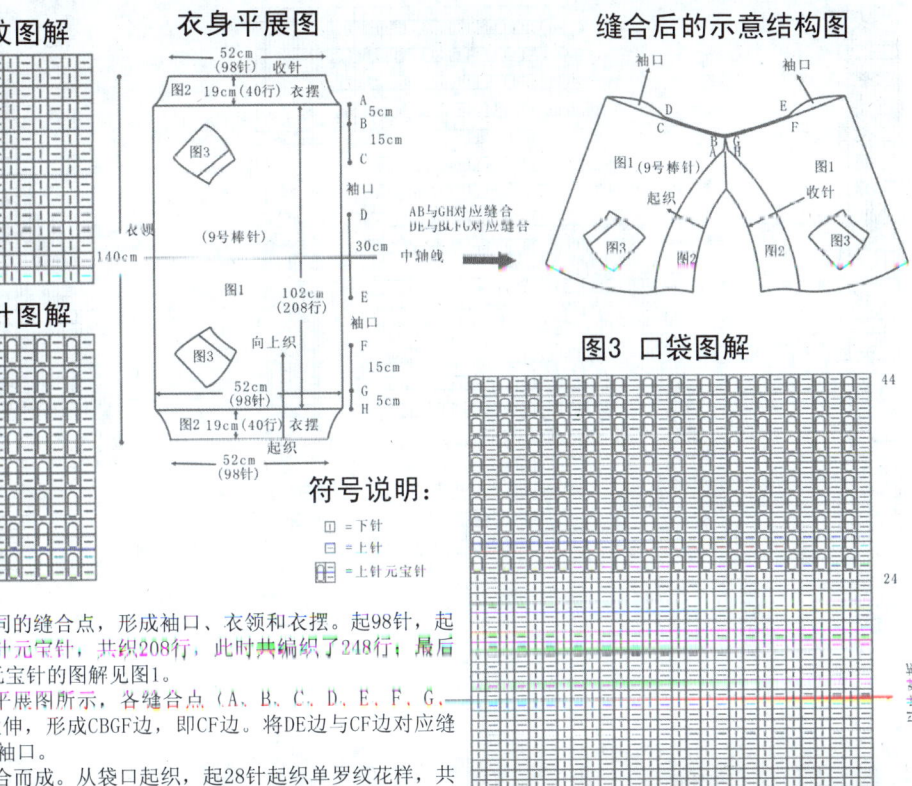

符号说明：
□ = 下针
□ = 上针
□ = 上针元宝针

44
24
28
1

【成品规格】衣长70cm，平展140cm
长，无袖片，平展后衣宽50cm
【工　具】9号棒针
【材　料】单股橘红色中粗羊毛线
550g

制作说明：
1. 棒针编织法。1片编织至底，再单独编织2个口袋。
2. 本款披肩式外套织法简单，1片编织至底，利用不同的缝合点，形成袖口、衣领和衣摆。起98针，起织图2单罗纹花样，共织40行；从41行开始，编织上针元宝针，共织208行，此时共编织了248行；最后再编织40行图2单罗纹针；最后直接收针断线。上针元宝针的图解见图1。
3. 缝合。本款外套利用缝合形成袖口，如结构图中平展图所示，各缝合点（A、B、C、D、E、F、G、H），先将AB边与CH边对应缝合，再将BC、FC两边拉伸，形成CBGF边，即CF边。将DE边与CF边对应缝合。各边所取的长度见结构图所示，未缝合处形成衣袖口。
4. 口袋的编织。口袋编织2个，由单罗纹与元宝针组合而成。从袋口起织，起28针起织单罗纹花样，共织24行；从25行开始，织20行元宝针；最后直接收针断线。如图3所示，沿对折线将袋口单罗纹对折，向外翻，与其余三边同时缝合于衣身上。外套完成。

053

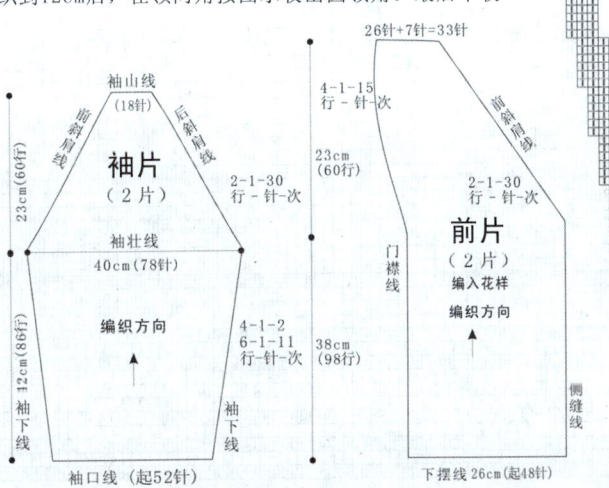

【成品规格】胸围106cm，衣长61cm，袖长65cm
【工　具】7号环针
【材　料】高兔绒线1300g

制作说明：
前片、袖片均为左右2片，后片为1片。
1. 织后片。编织方向为从下往上，起86针，按针法图往上织12行，再往上织另一花样；待织到38cm，收出后斜肩线；从袖隆线往上织到23cm后，将后领处的针穿好，待用。
2. 织前片。编织方向为从下往上，起48针，采用花样针法织12行，门襟的6针继续往上织，针法为1行上针1行下针；按针法图在灰色部位收针，在另一行红色平加针；不加减针上织到38cm，在侧缝线处按图示织出前斜肩线；在门襟侧，按"每4行加1针"的规律，加15次，加出前领斜线；按图织到合适高度后将针穿好，待用。
3. 织袖片。起52针，按花样针法往上织。在袖下线两旁按图示加针，到袖壮线时为78针；再按图示减针，袖山最后为18针。用同样的方法织好另一个袖片。然后分别合并缝缝线和袖下线，并安装好袖子。
4. 织衣领。在前片、袖片及后片挑出76针，按针法图往上织，织到12cm后，在领两角按图示收出圆领角。最后平收针。

符号说明：
I = 下针
人 = 2针并1针
一 □ = 上针
O = 加针
人 = 拨收1针
人 = 中上3针并1针
XX = 2针下针右上交叉
XX = 2针下针左上交叉

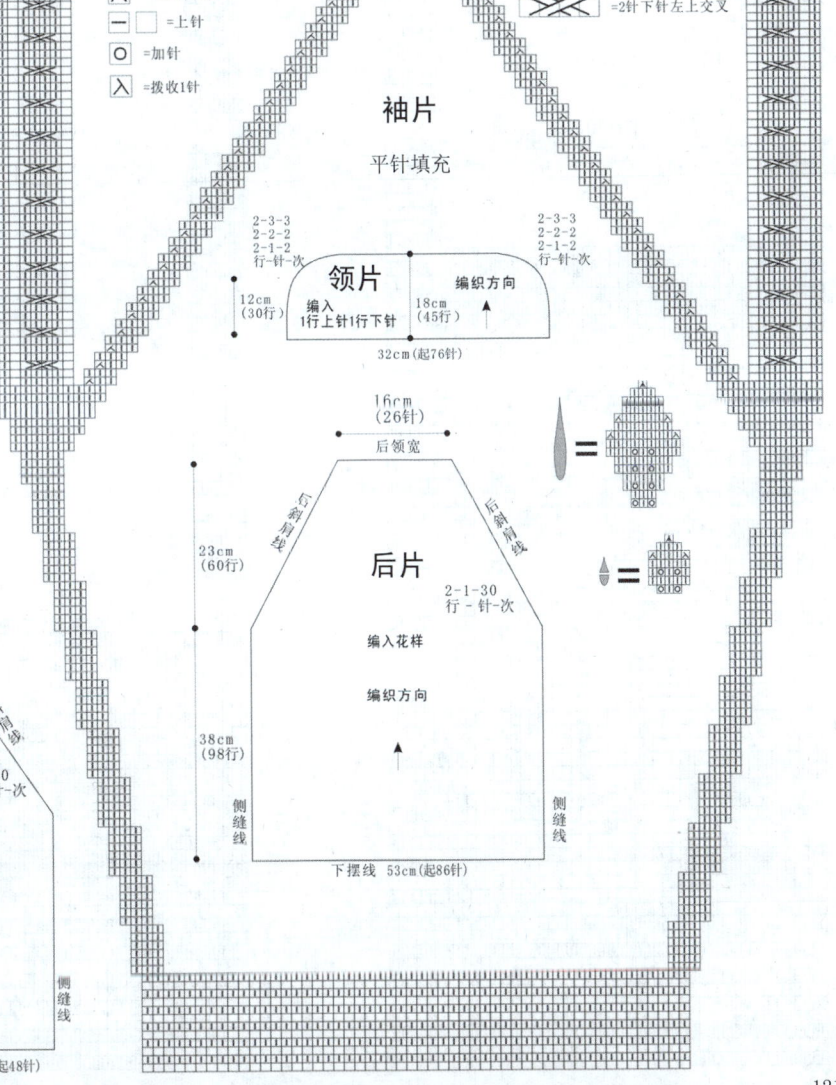

袖片
平针填充

领片
编入
1行上针1行下针
12cm(30行)
18cm(45行) 编织方向
32cm(起76针)

2-3-3
2-2-2
1-2-2
行-针-次

16cm(26针)
后领宽

后片
编入花样
编织方向
2-1-30
行-针-次
23cm(60行)
38cm(98行)
侧缝线
下摆线 53cm(起86针)

=
=

袖片
（2片）
袖山线 (18针)
前斜肩 后斜肩
23cm(60行)
2-1-30
行-针-次
袖壮线
40cm(78针)
12cm(86行)
编织方向
袖下线
4-1-2
6-1-11
行-针-次
袖口线（起52针）

26针+7针=33针
4-1-15
行-针-次
23cm(60行)
前斜肩线
2-1-30
行-针-次
门襟线
前片
（2片）
编入花样
编织方向
38cm(98行)
侧缝线
下摆线 26cm(起48针)

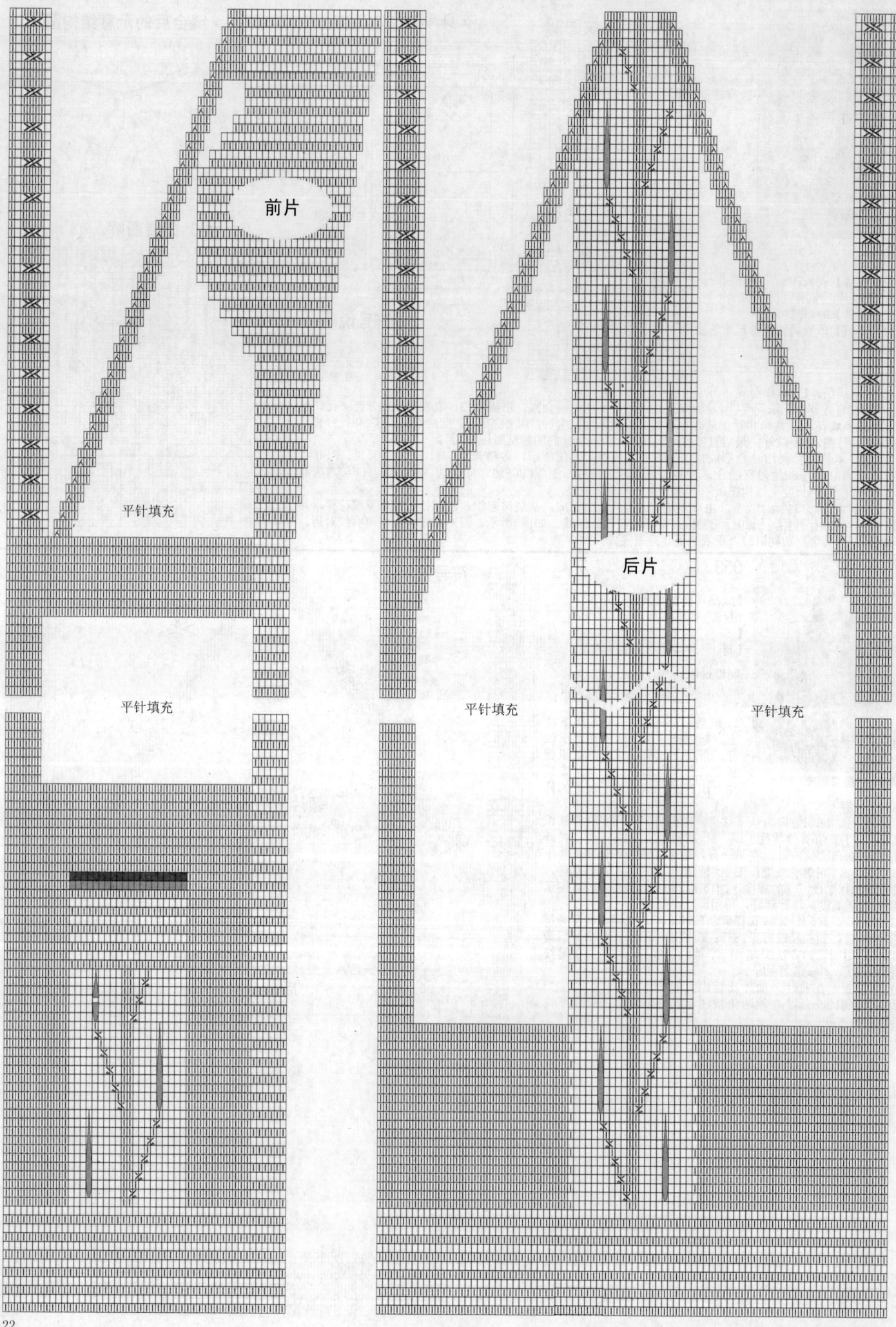

前片

平针填充

平针填充

平针填充

后片

平针填充

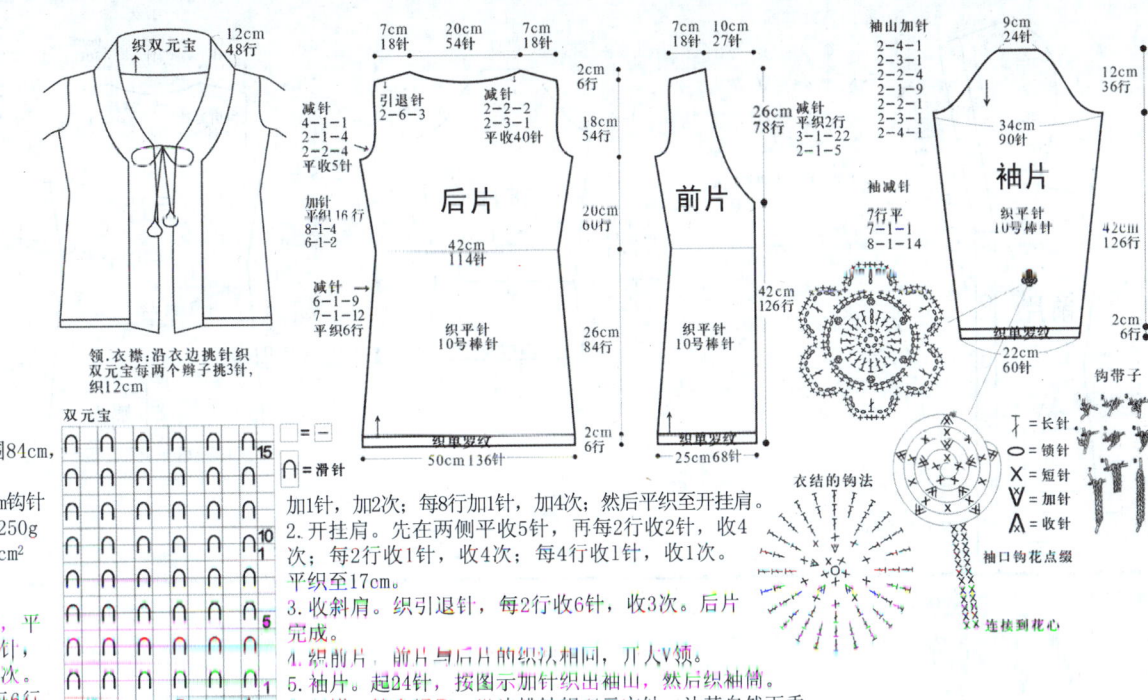

织双元宝
12cm
48针

织双元宝
减针
4-1-1
2-2-4
2-2-4
加针
平织16行
8-1-4
6-1-2
减针
6-1-9
7-1-12
平织6行

领.衣襟:沿衣边挑针织
双元宝每两个辫子挑3针,
织12cm

双元宝

054

【成品规格】衣长68cm,胸围84cm,袖长56cm
【工　具】10号棒针、3.9mm钩针
【材　料】中粗驼色毛线1250g
【编织密度】27针×30行=10cm²

制作说明:
1.后片。起136针织单罗纹,平织11行,收腰线,每7行收1针,收12次;每6行收1针,收9次。从第90行起,开始加针,每6行

7cm 20cm 7cm
18针 54针 18针
2cm
6行
引退针 减针 18cm
2-6-3 2-2-2 54行
2-3-1
平收40针
20cm
60行
后片

42cm
114针

织平针
10号棒针
26cm
84行

织单罗纹 2cm
50cm136针 6行

7cm 10cm
18针 27针
2cm
6行
减针 26cm
平织2行 78行
3-1-22
2-1-5
前片

织平针
10号棒针
42cm
126行

织单罗纹
25cm68针 2cm
6行

加1针,加2次;每8行加1针,加4次;然后平织至开挂肩。
2.开挂肩。先在两侧平收5针,再每2行收2针,收4次;每2行收1针,收4次;每4行收1针,收1次。平织至17cm。
3.收斜肩。织引退针,每2行收6针,收3次。后片完成。
4.织前片。前片与后片的织法相同,开大V领。
5.袖片。起24针,按图示加针织出袖山,然后织袖筒。
6.门襟。缝合好后,沿边挑针织双元宝针,让其自然下垂。

袖山加针
2-4-1
2-3-2
2-2-4
2-1-9
2-1-4
2-4-1
9cm
24针

34cm
90针
袖片

织平针
10号棒针

12cm
36行

42cm
126行

袖减针
7行平
7-1-1
8-1-14

织单罗纹
22cm
60针
钩带子 2cm
6行

衣结的钩法

袖口钩花点缀

连接到花心

T = 长针
○ = 锁针
X = 短针
V = 加针
∧ = 收针

055

【成品规格】衣长73cm,胸围90cm,袖长56cm
【工　具】10号棒针、12号棒针、3.3mm钩针,纽扣6颗
【材　料】炭灰色毛线1250g
【编织密度】27针×33行=10cm²

制作说明:
1.后片。起120针织6cm单罗纹,换织针织平针,织28cm平收;另起针织单罗纹7cm,上织平针12cm;从3处平针与罗纹针交界处挑针往下织平针,每4针挑3针,织7cm平收。
2.开挂肩。先在两侧平收5针,再每2行收2针,收3次;每2行收1针,收3次。平织至18cm。
3.收斜肩。织引退针,每2行收8针,收3次。后片织好后,将2片连接起来,腰部平针依次打好皱褶。后片完成。
4.织前片。前片为开衫,挂肩与后片相同。
5.袖片。起18针,织平针,按图示加针织出袖山,然后织袖筒。袖口另织,织好后将其缝合。
6.门襟。另起针织花样,门襟的宽度为6cm,织的时候在一侧开扣眼。织好后缝合。
7.帽。领边织双边。缝扣子。完成。

9cm 16cm 9cm
24针 44针 24针
减针 织引退针 减针
2-1-3 2-8-3 2-2-2
2-2-3 平收40针
平织5针

3
后片
2
织单罗纹
4
7cm
24针

128行 42cm
帽子
织平针
40cm112针

减针
2-4-1
2-3-1
2-2-2
4-1-4
加针
8-1-2
6-1-4
织单罗纹
9行平

袖山加针
6.6cm
18针
2-4-1
2-2-6
2-1-9
2-2-7
2-1-3
2-1-4
2-4-1
12cm
40行

34cm
92针
袖片
织平针
10号棒针

37cm122行

织单罗纹
24cm
86针
7cm
20针

帽.沿领窝向挑
132针织平针

门襟:起33针织花样,织襟一圈的长度,缝合

=14cm

打皱褶缝合
织平针
10号棒针

120针

12号织单罗纹
45cm120针 6cm
18行

衣边和帽檐一致

2cm 6行
单罗纹
口袋
织平针
10cm
36行
16cm
52针
口袋打皱褶缝合

口袋

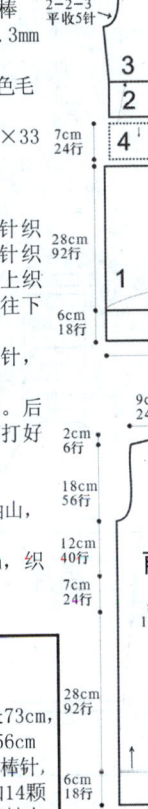

9cm 8cm
24针 22针
2cm
6行 9cm
34针
减针
平收6行
4-1-4
2-1-4
2-2-3
平收8针
18cm
56行
12cm
40行
7cm
24针
前片
织平针
10号棒针
门襟
织花样
64cm
324行
212cm

口袋
织平针
12cm
40行
织单罗纹
23cm60针 6cm
18行
6cm40针

门襟花样

□ = □

056

【成品规格】衣长73cm,胸围90cm,袖长56cm
【工　具】10号棒针,3.3mm钩针,纽扣14颗
【材　料】中粗铁灰色毛线1250g
【编织密度】27针×33行=10cm²

制作说明:
1.后片。分两部分织,起78针织4cm平针,将其对折成双边,织18cm,重复织一次,将2片合在一起,继续织平针,平织30行。收腰线,每12行收1针,收3次;每8行收1针,收5次。然后开始加针,每8行加1针,加6次;每10行加1针,加2次。
2.开挂肩。先在两侧平收5针,每2行收2针,收4次;每2行收1针,收4次;每4行收1针,收1次。平织至17cm。
3.收斜肩。织引退针,每2行收10针,收3次。后片完成。
4.织前片。前片分2片织,腰线及挂肩的织法与后片的织法相同,开领窝。
5.口袋。另起针织袋口,织好后将其缝合在前片。
6.袖片。起30针,按图示加针织出袖山,然后织袖筒,袖口为喇叭式。
7.钩扣子,缝合各部位,完成。

13cm
44行
饰襟:起12针
织单罗纹
2-1-6

12cm
40行
口袋

4cm
26行
12cm32针

袋口翻卷两片缝合
口袋织平针
下面4cm双层虚缝

减针
2-4-1
2-2-1
2-2-2
4-1-4
加针
8-1-2
6-1-4
42cm128行
帽子
织平针
40cm112针

衣边和帽檐同织

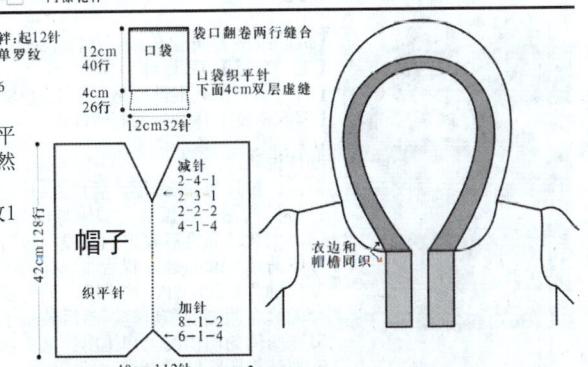

123

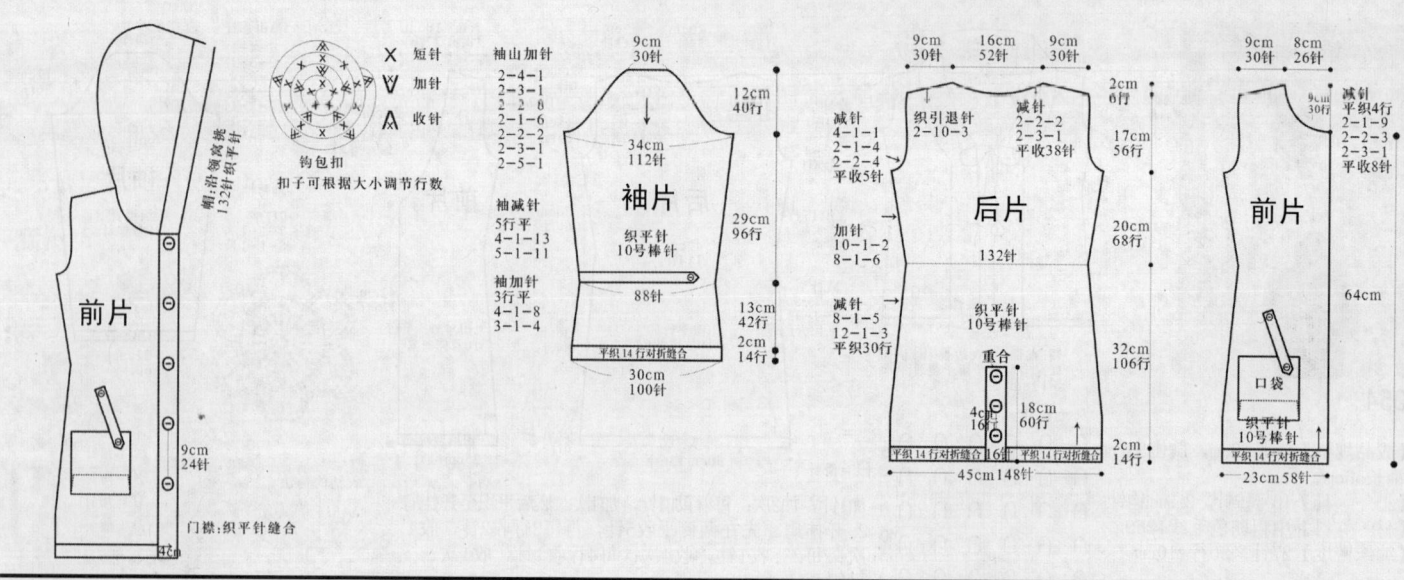

钩包扣
扣子可根据大小调节行数

门襟:织平针缝合

057

【成品规格】衣长73cm，胸围90cm，袖长56cm
【工　具】13号棒针，3.3mm钩针，纽扣6颗
【材　料】中细铁灰色毛线1100g
【编织密度】33针×36行=10cm²

制作说明：

1. 后片。起158针织2cm，将其对折成双层边，换针织平针，织172行平收；另起146针织平针，织10行。
2. 开挂肩。先在两侧平收5针，每2行收2针，收2次；每2行收1针，收3次；每4行收1针，收1次。平织至18cm。
3. 收斜肩。织引退针，每2行收10针，收3次。后片完成。上下2片以中心打皱褶，再将其缝合。
4. 织前片。前片的织法与后片的织法相同。门襟与前片同织。
5. 口袋。另起针织平针，织好后将其缝合。
6. 袖片。袖片分两部分织，上半部织平针，下半部从缝合处挑针织花样。
7. 帽。沿领窝挑针织帽。
8. 用钩针钩饰扣，缝合所有部分，完成。

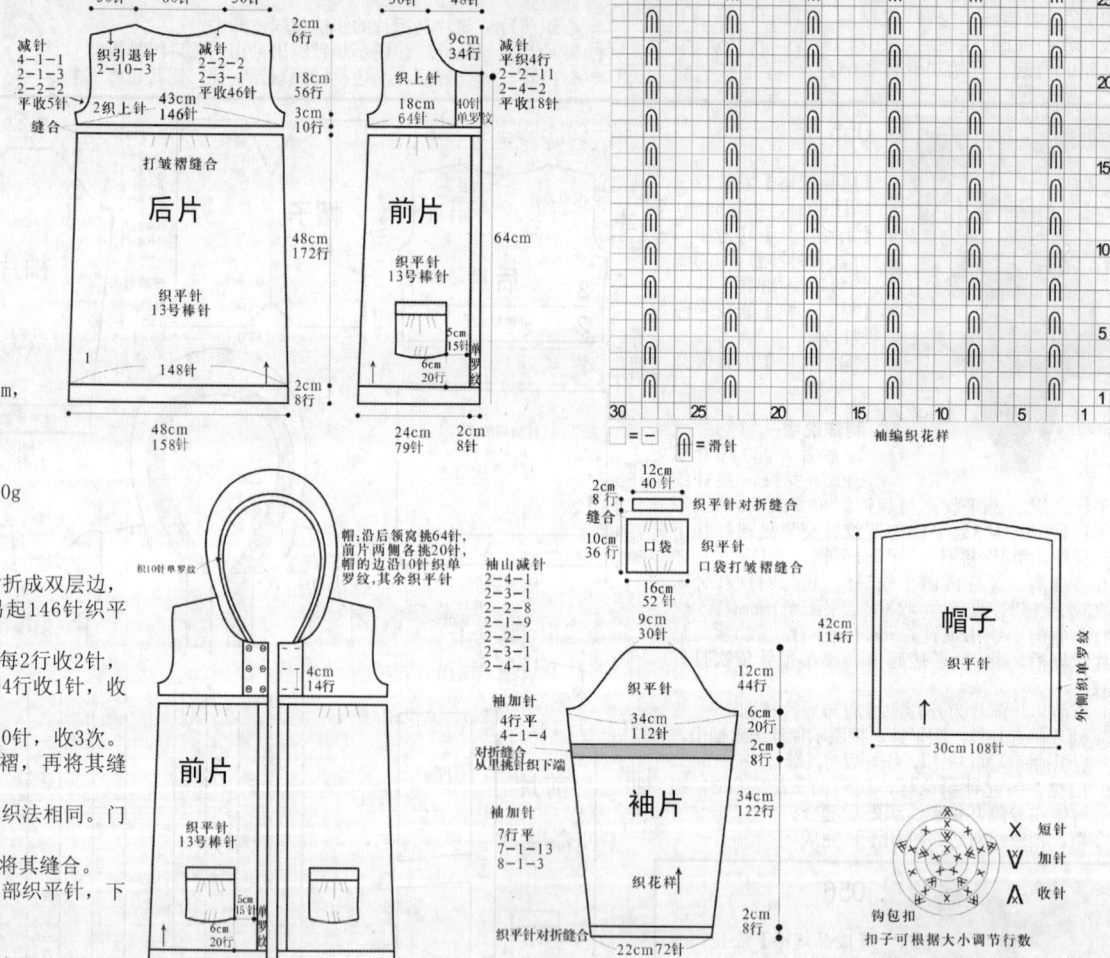

钩包扣
扣子可根据大小调节行数

符号说明：

| ＝下针 | ＝上针 | ＝上针滑一行 |

058

【成品规格】胸围98cm，背肩宽38cm，衣长54.5cm，袖长56cm
【工　具】9号棒针
【材　料】夹银丝安格拉羊毛A色850g，安格拉羊毛B色150g
【编织密度】18针×22行=10cm²

制作说明：

前片、袖片为左右2片，后片为1片。
1. 按结构图先织后片。编织方向为从下往上，起86针，采用花样编织，要注意按图上标示的针法收出腰围线。然后再按图加针，到合适高度后收出袖窿线，最后在离衣长1.5cm处开始收后领。将两侧肩线的针穿好，待和前片合时再用。
2. 织前片。起44针，和后面一样的织法往上织，要注意在离衣长9cm处开始按图示收出前领来。
3. 织袖片。起52针，往上织，同时要注意在两侧袖下线处按图示加针，到袖壮处开始按结构图收出袖山来。
4. 先缝合两侧缝和肩缝，然后装袖子。
5. 在内侧的门襟线上都挑针来横向编织单罗纹，然后在领圈处挑针往上织到合适高度收针。并平均安置5颗暗扣。
6. 按结构图织好围巾。

针法图（灰色部分为一个单元花样）

单罗纹

围巾
250cm（550针）
20cm（36行）
编织方向 → 编织花样
编入单罗纹
编入花样

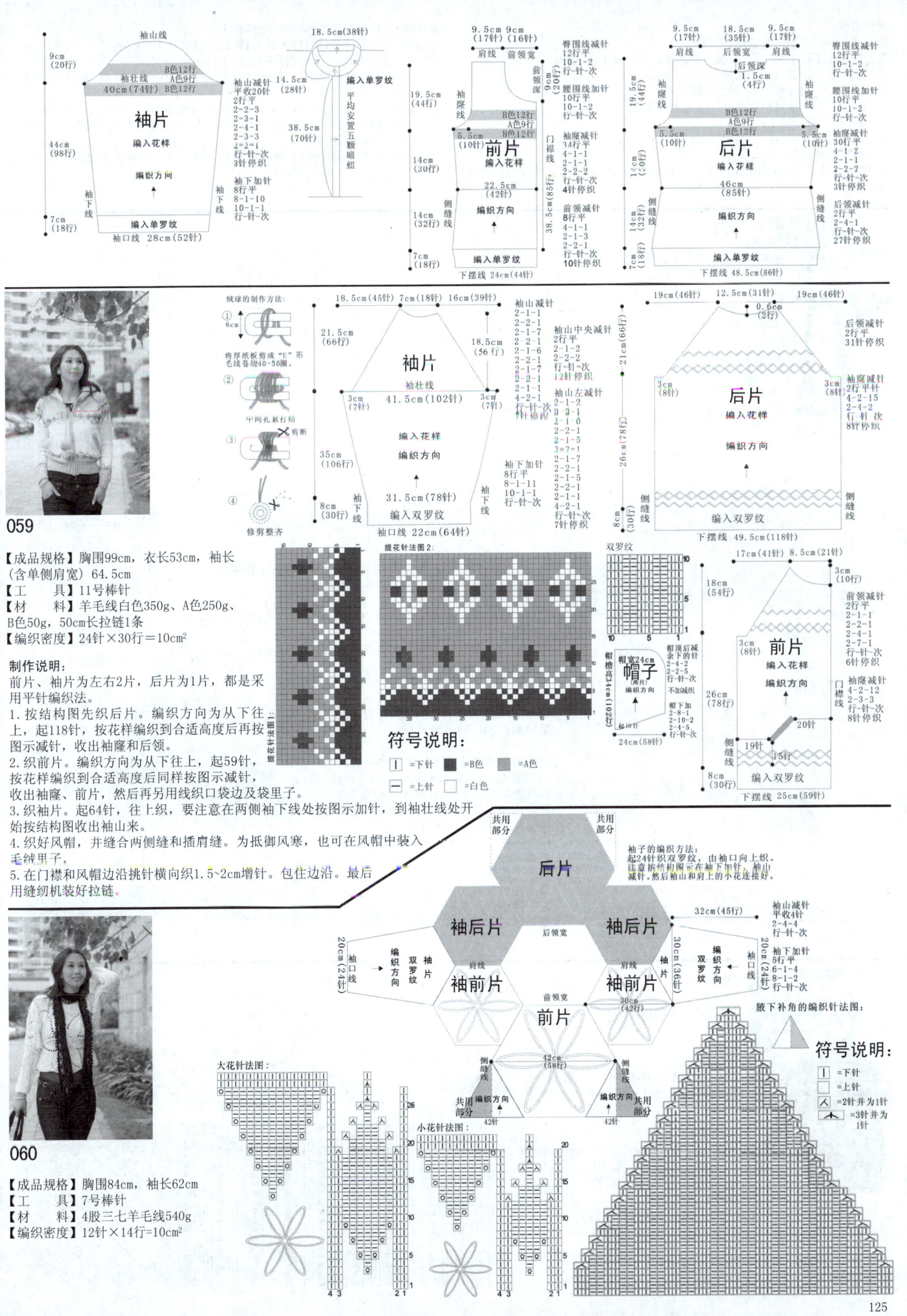

059

【成品规格】 胸围99cm，衣长53cm，袖长（含单侧肩宽）64.5cm
【工　　具】 11号棒针
【材　　料】 羊毛线白色350g，A色250g、B色50g，50cm长拉链1条
【编织密度】 24针×30行=10cm²

制作说明：
前片、袖片为左右2片，后片为1片，都是采用平针编织法。
1. 按结构图先织后片。编织方向为从下往上，起118针，按花样编织到合适高度后再按图示减针，收出袖隆和后领。
2. 织前片。编织方向为从下往上，起59针，按花样编织到合适高度后同样按图示减针，收出袖隆、前片，然后再另用线织口袋边及袋里子。
3. 织袖片。起64针，往上织，要注意在两侧袖下线处按图示加针，到袖壮线处开始按结构图收出袖山来。
4. 织好风帽，并缝合两侧缝和插肩缝。为抵御风寒，也可在风帽中装入毛绒里子。
5. 在门襟和风帽边沿挑针横向织1.5~2cm增针。包住边沿。最后用缝纫机装好拉链。

060

【成品规格】 胸围84cm，袖长62cm
【工　　具】 7号棒针
【材　　料】 4股三七羊毛线540g
【编织密度】 12针×14行=10cm²

制作说明：
注："……"表示重复前面的织法。
首先用线在手指上绕2圈，在圈上起24针，不收放平针织2圈。
第3圈：4针半针放1针（川扭针）……共放6针。
第4圈：4针平针1针上针……（上1圈放的针织上针）。
第5圈：4针平针放1针（用扭针）织1针上针放1针（用扭针）……
第6圈：4针平针3针上针……
第7圈：4针平针放1针（用扭针）织3针上针放1针（用扭针）……
第8圈：4针平针5针上针……
第9圈：2针平针放1针织2针平针放1针（用扭针）织5针上针放1针（用扭针）……

第10圈：2针平针1针上针2针平针7针上针……
第11圈：2针平针放1针1针上针放1针2针平针7针上针……
第12圈：2针平针3针上针2针平针7针上针……
第13圈起全27圈逢单圈：2针平在上针两边各加1针上针（后面7针上针处不加）……
花瓣内侧从第19到第25圈：每逢单圈在两边各减1针……最后织1圈下针。
腋下补角的编织按相关针法图进行，然后将它安置在大花的两侧角，并和后片的大花两侧角相合并。
最后在领圈挑出108针织衣领，每个花上挑18针，在花角上减针，方法是每隔1行各减1针。织20行后收针。

061

【成品规格】胸围84cm，袖长30cm
【工　具】7号棒针
【材　料】4股三七羊毛350g
【编织密度】12针×14行=10cm²

制作说明：
单元花片文字说明：
注："……"表示重复前面的织法。

小花针法图：

大花针法图：

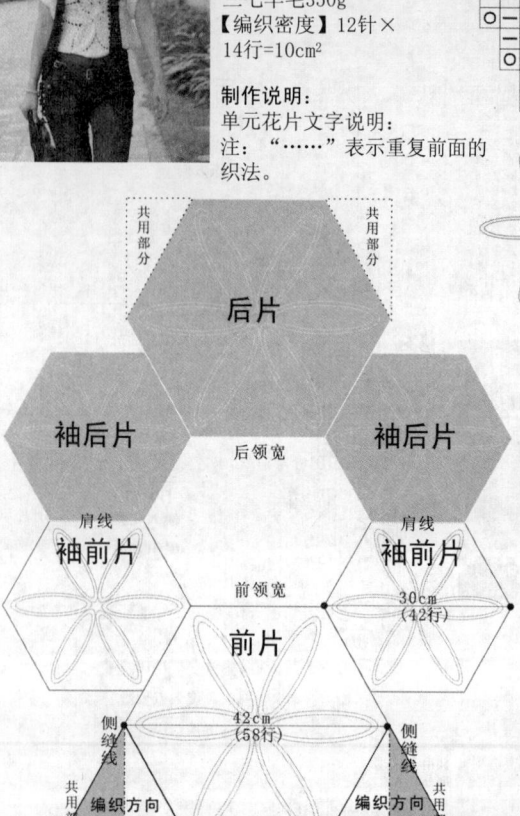

后片
共用部分
共用部分
袖后片　　袖后片
后领宽
肩线　　肩线
袖前片　　袖前片
前领宽
30cm（42行）
前片
42cm（58行）
侧缝线　　侧缝线
共用部分　　共用部分
编织方向　　编织方向
42针　　42针

腋下补角的编织按相关针法图进行，然后将它安置在大花的两侧角，并和后片的大花两侧角相合并。
最后在领圈挑出108针织衣领，每个花上挑18针，在花角上要减针，方法是每隔一行各减一针。织20行后收针。

首先用线在手指上绕2圈，在圈上起24针，不收放平针织2圈。
第3圈：4针平针放1针（用扭针）……共放6针。
第4圈：4针平针1针上针……（上1圈放的针织上针）
第5圈：4针平针放1针（用扭针）织1针上针放1针（用扭针）……
第6圈：4针平针3针上针……
第7圈：4针平针放1针（用扭针）织3针上针放1针（用扭针）……
第8圈：4针平针5针上针……
第9圈：2针平针放1针织2针平针放1针（用扭针），织5针上针放1针（用扭针）……
第10圈：2针平针1针上针2针平针7针上针……
第11圈：2针平针放1针1针上针放1针2针平针7针上针……
第12圈：2针平针3针上针2针平针7针上针……
第13圈起至27圈逢单圈：在2针平针之间的上针两边各加1针上针（后面7针上针处不加）……
花瓣内侧从第19圈到第25圈：每逢单圈在两边减1针……最后织1圈下针。
腋下补角的编织按相关针法图进行，然后将它安置在大花的两侧角，并和后片的大花两侧角相合并。
最后在领圈挑出108针织衣领，每个花上挑18针，在花角上减针，方法是每隔1行各减1针。织20行后收针。

符号说明：
入 =2针并为1针
木 =3针并为1针
I =下针
□ =上针

腋下补角的编织针法图：

062

【成品规格】胸围100cm，衣长60cm
【工　具】9号棒针，2.5mm钩针
【材　料】羊毛线450g
【编织密度】25针×30行=10cm²

制作说明：
前片、后片共为1片。
1.编织方向按结构图，从一侧门襟向另一侧的门襟编织。
2.织到30cm高度后，先平收50针，然后在次行再平加50针，这样就会形成1个袖隆圈；继续织到40cm高度后，再平收50针，然后在次行再平加50针，这样就会形成另1个袖隆圈。继续织30cm后，平收针。
3.按花边针法图在四周钩制好花边。

符号说明：
I =下针
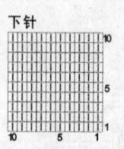 =锁针
× =短针
◎ =线空挂在右针上不织
キ =长针
▽ =狗牙针（先钩3针锁针，回到起点处再钩1针引拔针）。

花边针法图：

针法图A

下针

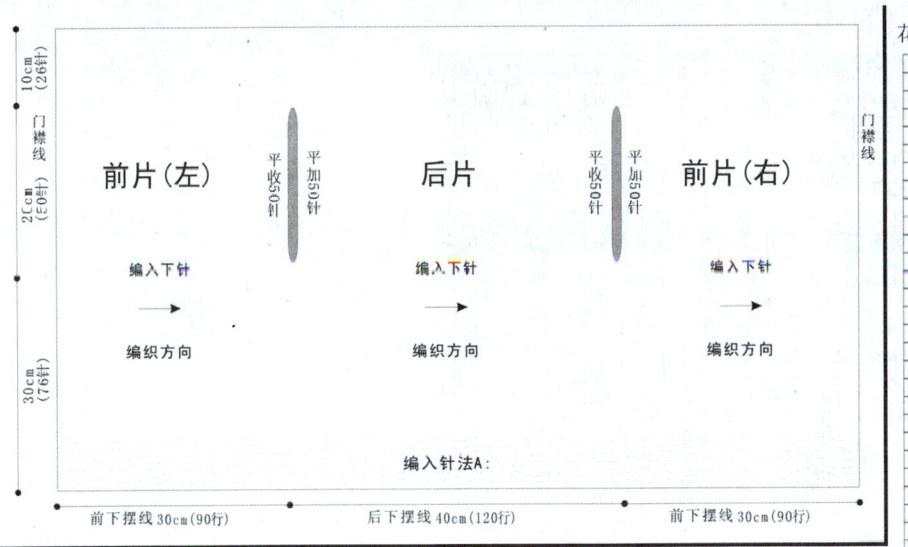

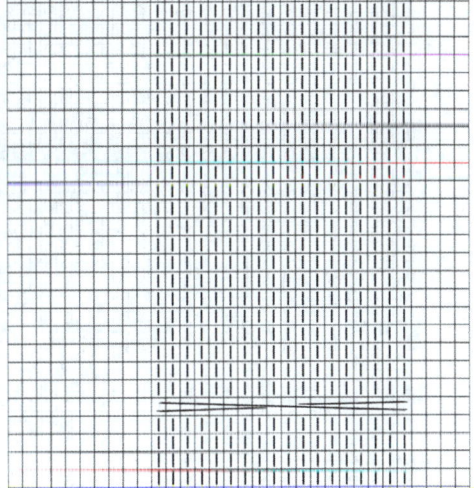

花样针法图：

上针
帽宽25cm
帽子
（两片）
帽檐高3.4cm
编织方向
起13针
10cm(26行)
门襟线
2cm(6行)
30cm(76行)
编入下针
编织方向
编入针法A：
前片（左）　后片　前片（右）
平收50针　平加50针
编入下针
平收50针　平加50针
编入下针
门襟线
前下摆线 30cm（90行）　后下摆线 40cm（120行）　前下摆线 30cm（90针）

003

【成品规格】胸围96cm，背肩宽38cm，衣长51.5cm
【工　具】9号棒针
【材　料】灰色中粗羊毛线550g，2cm胶木纽扣2颗
【编织密度】24针×30行=10cm²

制作说明：
前片、风帽均为左右2片，后片为1片。
1.按结构图先织后片。编织方向为从下往上，起112针，采用上针编织，要注意按图上标示的针法织到合适高度后收出袖隆线，最后在离衣长1.5cm处开始收后领。将两侧肩线的针穿好，待和前片合并时再编。
2.织前片。起30针，按相关图示加出下摆的圆角，再和后片一样往上织，采用花样编织。要注意按图上标示的针法织到合适高度后收出袖隆线，在离衣长9cm处开始按图示收出前领窝。将两侧肩线的针和后片合并。
3.缝合两侧缝和肩缝。
4.在领圈处挑针往上织风帽，织到合适高度后收针，合并帽后中线。在两侧的门襟线和帽檐上挑出来横向编织单罗纹。
5.织好口袋，将其安装在相应位置上，并钉好纽扣。
6.织袖隆。从前向后挑针44cm（128针）织单罗纹2.5cm（8行），最后钩好2根系带，将其安装在门襟的相应位置上。

口袋
编入花样
编织方向
（22针）

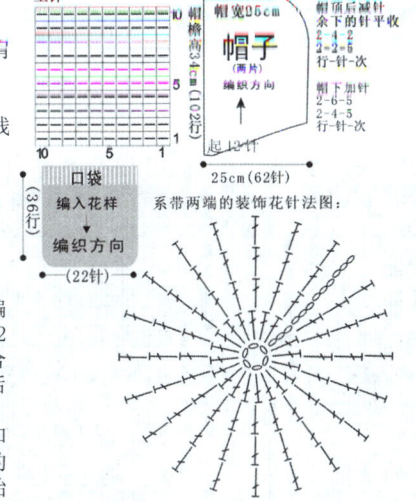

系带两端的装饰花针法图：

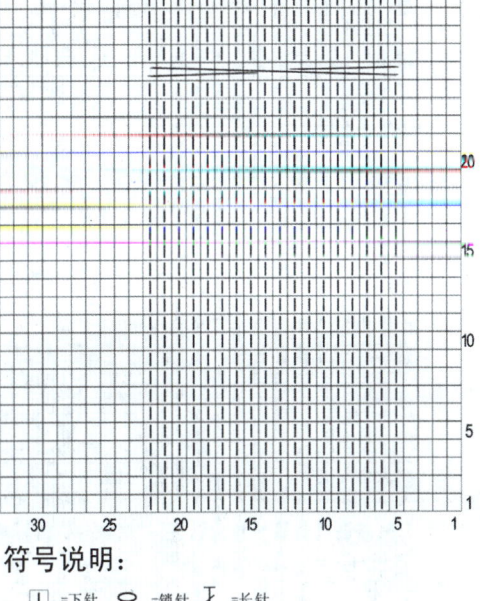

符号说明：

| ＝下针　〇＝锁针　⊤＝长针
□ －＝上针　×＝短针

＝9针右上交叉

前片部分：
7cm(17针)　9cm(22针)
肩线　前领宽
前领深 9cm(28行)
袖隆线
19.5cm(60行)
前片
编入花样
编织方向
门襟线
7.5cm(18针)
28cm(84行)
侧缝线
单罗纹
4cm(14行)
下摆线 24cm（54针）

袖隆减针
46行平
2-1-1
4-1-1
2-2-3
2-4-1
行-针-次
6行编织
前领减针
6行平
4-1-2
2-1-3
2-2-2
2-3-1
9-1-1
行-针-次
10针停织
下摆圆角加针
2-2-2
2-4-2
2-6-2
起30针

后片部分：
7cm(17针)　18cm(45针)　7cm(17针)
肩线　后领宽　肩线
1.5cm(6行)
袖隆线　袖隆线
19.5cm(60行)
从前向后挑针44cm(128针)织单罗纹2.5cm(8针)
7.5cm(18针)
后片
编入上针
编织方向
28cm(84行)
侧缝线
单罗纹
4cm(14行)
下摆线 47cm（112针）
7.5cm(18针)

袖隆减针
40行平
4-1-2
2-1-2
2-2-1
2-3-2
行-针-次
5针停织
肩隆减针
2行平
2-2-1
2-4-1
行-针-次
33针停织

064

【成品规格】腰围96cm，裙长59cm，下摆112cm
【工　具】7号棒针，2mm钩针
【材　料】白色羊毛线300g，黑色羊毛线100g
【编织密度】30针×30行=10cm²

制作说明：
1.起336针，按结构图从下摆线往上织。
2.注意按花样针法图减针，织出上大下小的形状。织到结构图高度后再织单罗纹10cm，然后平收针。沿对折线往里对折，这样就会形成1个用来穿带子的洞。
3.用钩针钩1根150cm长的带子，两端系好绒线球。
4.在裙腰对折部分中夹入钩好的腰带，并用手针固定好。

符号说明：
－＝上针　　黑色上针
Ｏ＝加针　　人＝2针并1针
｜＝下针　　人＝拨收1针

绒球的制作方法：
① ② ③剪断 ④修剪整齐
4cm
将厚纸板剪成"U"形 中间扎紧打结 毛线卷绕40～50圈

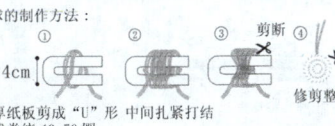

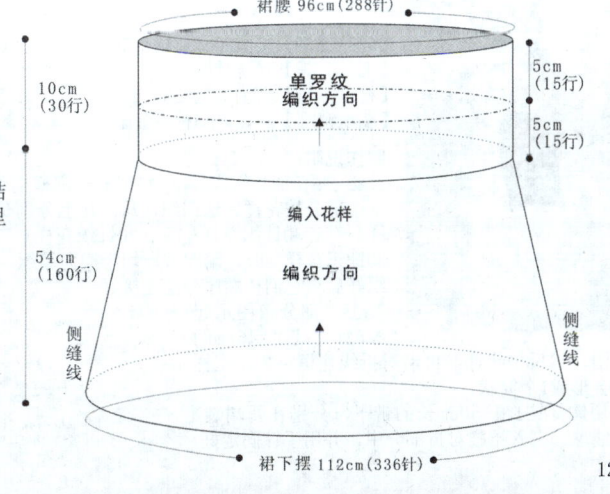

裙腰 96cm（288针）
单罗纹
编织方向
10cm(30行)
5cm(15行)
5cm(15行)
编入花样
编织方向
54cm(160行)
侧缝线
侧缝线
裙下摆 112cm（336针）

针法图:

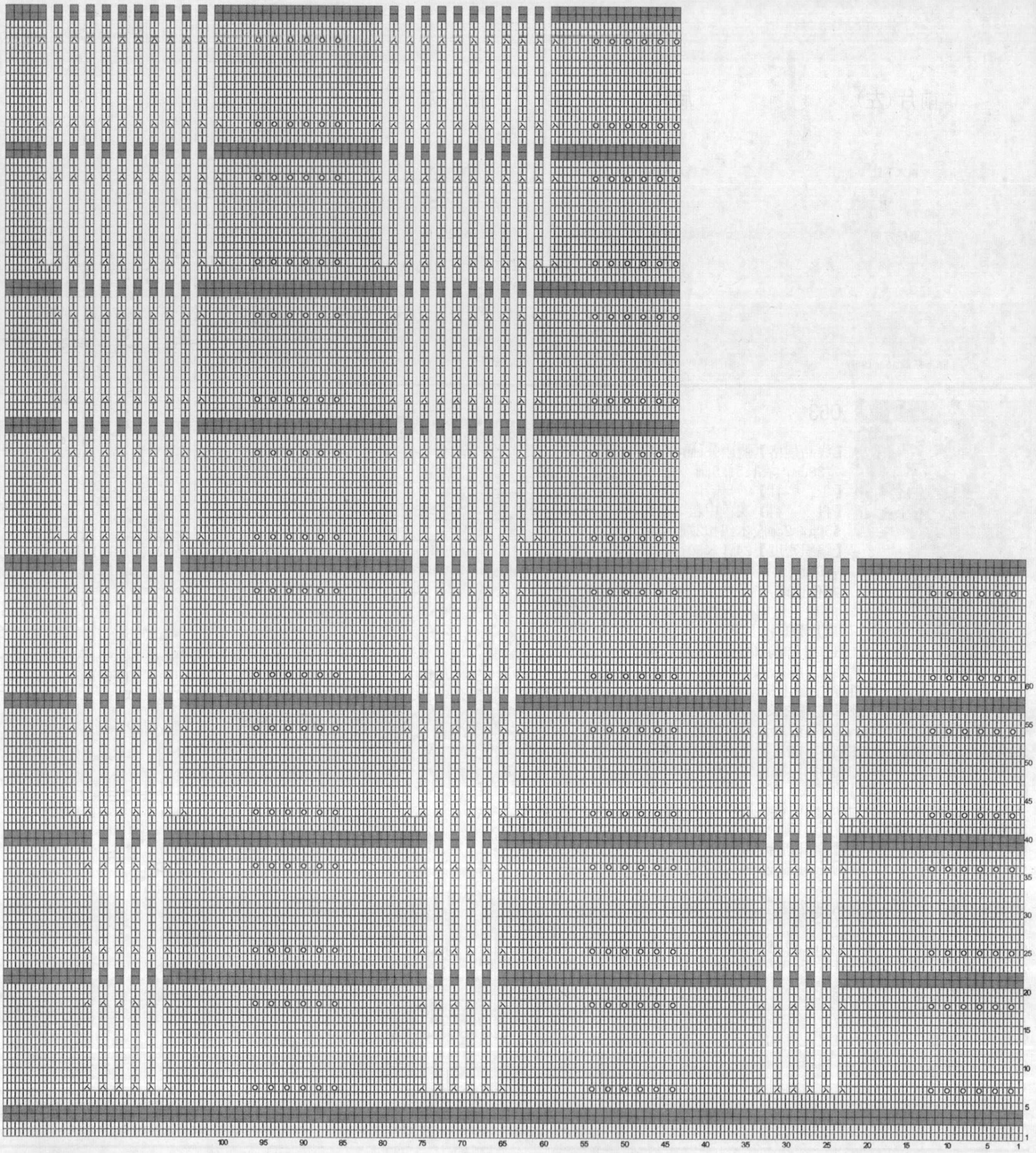

065

【成品规格】腰围90cm，裙长59cm，下摆120cm
【工　　具】7号棒针
【材　　料】白色羊毛线550g
【编织密度】25针×25行=10cm²

制作说明:
1. 裙子由5部分组成。下面4个部分都横向编织。裙腰为纵向编织。
下半部分按花样针法图织，从下往上分别是起51针织花
样（一）、30针织花样（二）、30针织花样（三）、
30针织花样（四），编织方向均为横向编织。
织好后将它们按顺序分别连接好。
2. 上半部分按图示起
225针，往上织6cm的
腰围，然后平收针。再沿对折线往里对折，这样
就会形成1个筒状。
3. 用钩针钩1根150cm长的带子，分别在两端装上
线线球。夹入裙腰对折部分中，并用手针固定好。

符号说明:

符号	说明
□（一）	=上针
Ｉ	=下针
○	=加针
入	=拨收1针

带子的制作针法图:
① ② ③ ④ ⑤

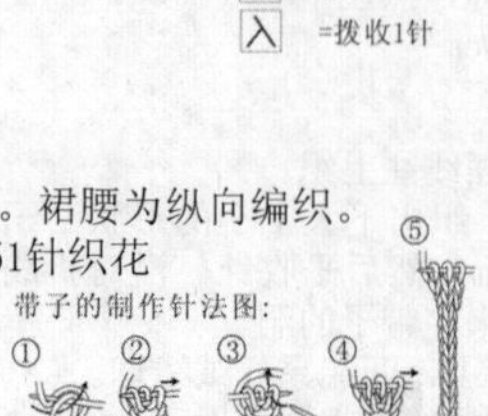

绒球的制作方法:
① ② ③ 剪断 ④
4cm
将厚纸板剪成"U"形 中间扎紧打结 修剪整齐
毛线卷绕40~50圈。

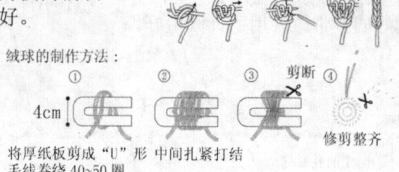

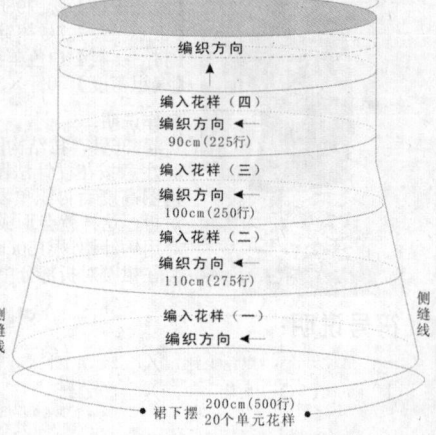

裙腰 90cm（225针）
编织方向
6cm（20行）
编入花样（四）
12cm（30针）
编织方向 ◄
90cm（225行）
编入花样（三）
12cm（30针）
编织方向 ◄
100cm（250行）
编入花样（二）
12cm（30针）
编织方向 ◄
110cm（275行）
编入花样（一）
20cm（51针）侧缝线
编织方向 ◄
侧缝线
裙下摆 200cm（500行）
20个单元花样

花样针法图（一）　　　　　　　花样针法图（二） 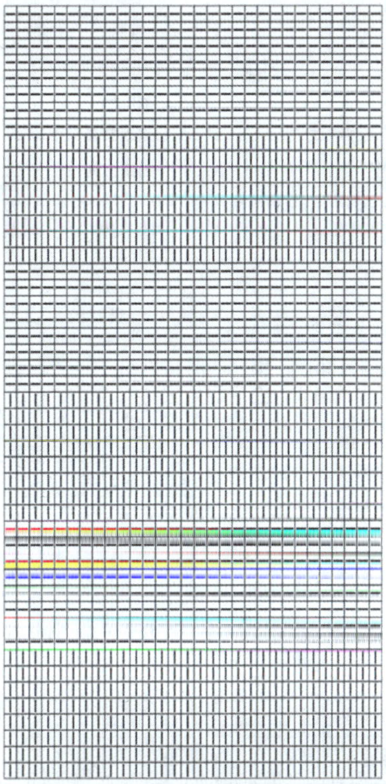　　　　　花样针法图（四）

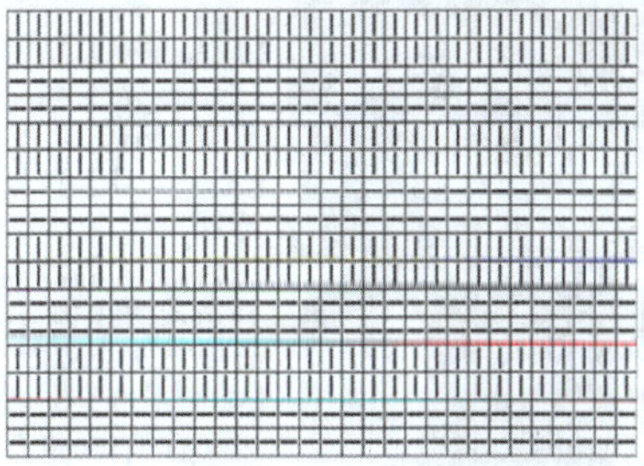

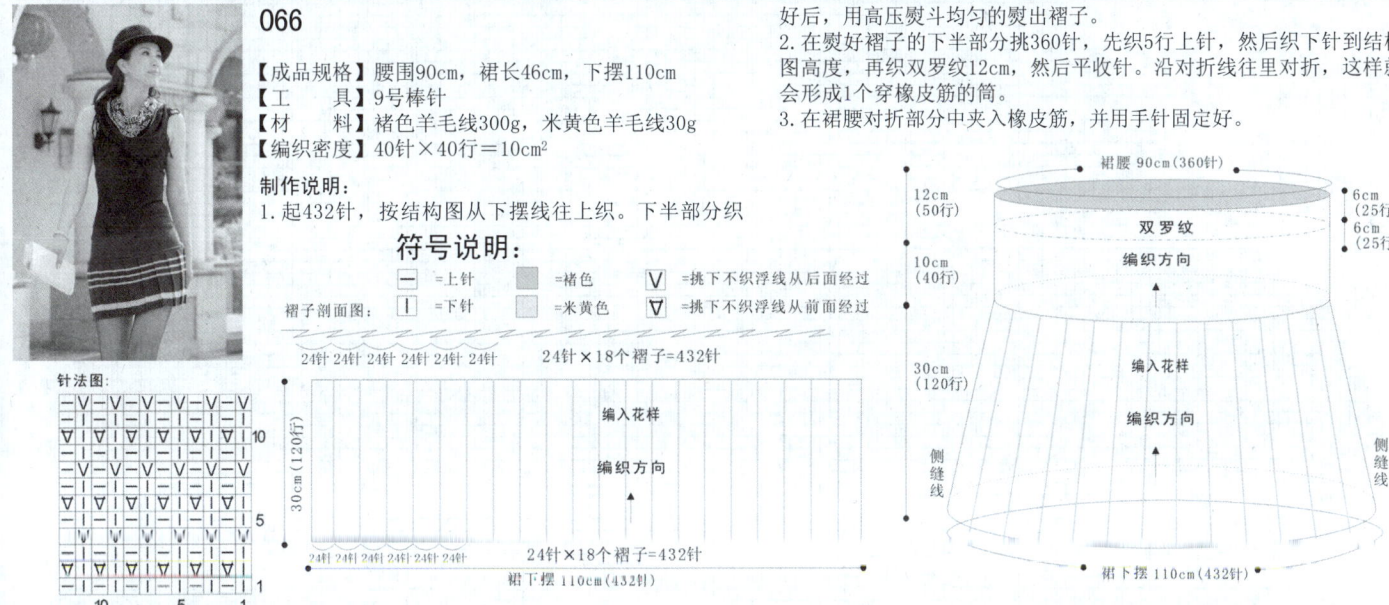

花样针法图（三）

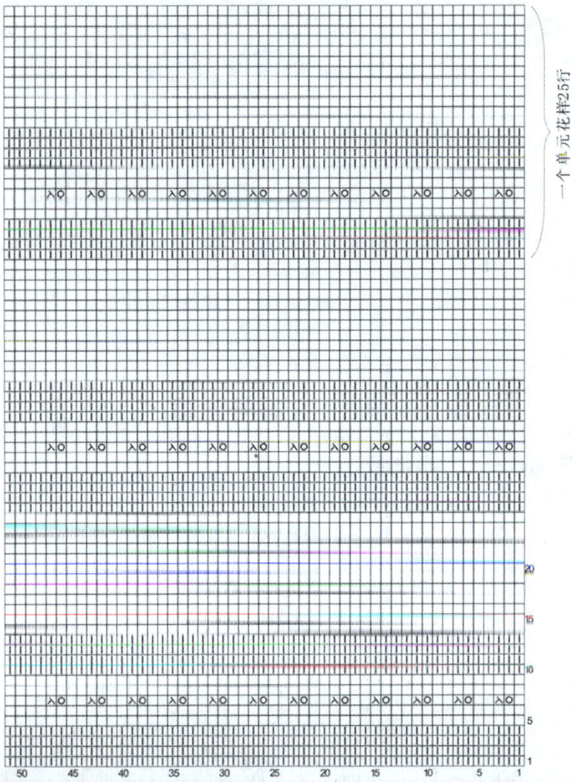

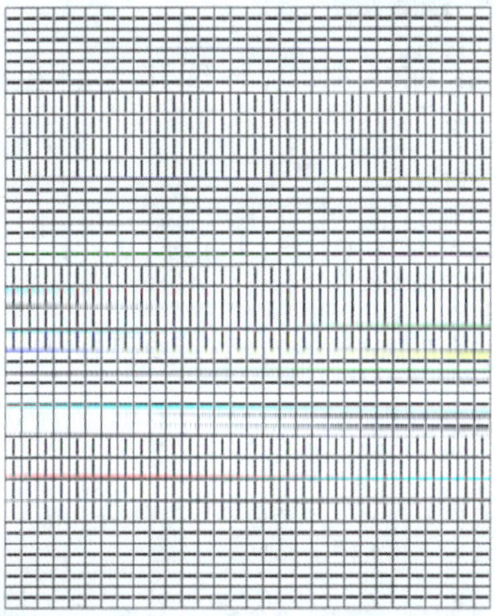

一个单元花样25行

50　45　40　35　30　25　20　15　10　5　1

066

好后，用高压熨斗均匀的熨出裙子。
2. 在熨好裙子的下半部分挑360针，先织5行上针，然后织下针到结构图高度，再织双罗纹12cm，然后平收针。沿对折线往里对折，这样就会形成1个穿橡皮筋的筒。
3. 在裙腰对折部分中夹入橡皮筋，并用手针固定好。

【成品规格】腰围90cm，裙长46cm，下摆110cm
【工　　具】9号棒针
【材　　料】褚色羊毛线300g，米黄色羊毛线30g
【编织密度】40针×40行=10cm²

制作说明：
1. 起432针，按结构图从下摆线往上织。下半部分织

符号说明：

| ＝ | ＝上针 | | ＝褚色 | V | ＝挑下不织浮线从后面经过 |
| I | ＝下针 | | ＝米黄色 | ▽ | ＝挑下不织浮线从前面经过 |

裙子剖面图：

24针 24针 24针 24针 24针 24针　　24针×18个褶子=432针

30cm（120行）

编入花样
编织方向

24针 24针 24针 24针 24针　　24针×18个褶子=432针

裙下摆 110cm（432针）

裙腰 90cm（360针）
12cm（50行）　双罗纹　6cm（25行）6cm（25行）
10cm（40行）　编织方向
30cm（120行）　编入花样　编织方向
侧缝线　　侧缝线
裙下摆 110cm（432针）

针法图：

10　5　1

067

【成品规格】腰围90cm，裙长46cm，下摆110cm
【工　　具】9号棒针，2.5mm钩针
【材　　料】黑色羊毛线300g，白色羊毛线80g
【编织密度】28针×30行=10cm²

制作说明：
1. 起264针，按结构图从下摆线往上织。下半部分织入提花。

2. 上半部分按图示在两边分别减去6针，共减12针，织10cm下针，然后再织3针罗纹，共12cm，然后平收针。沿对折线往里对折，这样就会形成1个筒状。
3. 用钩针钩1根150cm长的带子，分别在两端装上绒线球。夹入裙腰对折部分中，并用手针固定好。

绒球的制作方法：

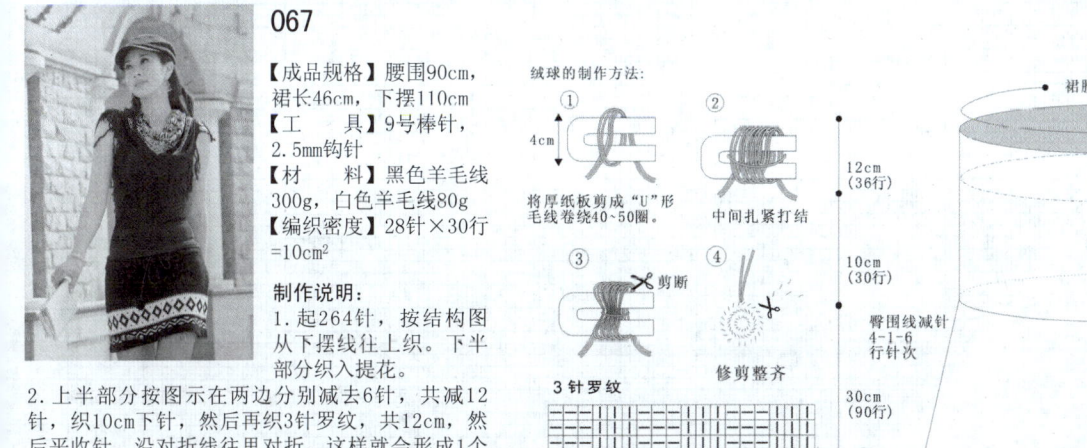

① 4cm 将厚纸板剪成"U"形毛线卷绕40~50圈。
② 中间扎紧打结
③ 剪断
④ 修剪整齐

3针罗纹

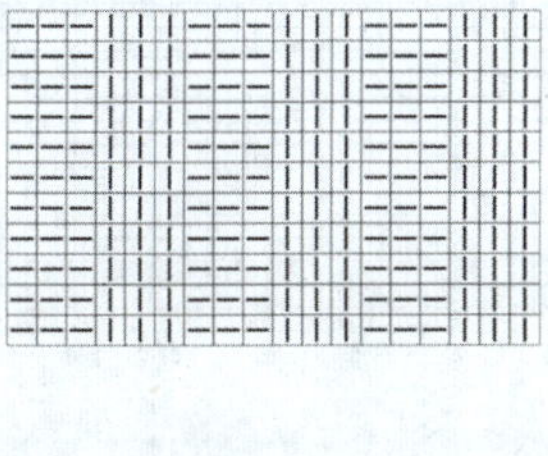

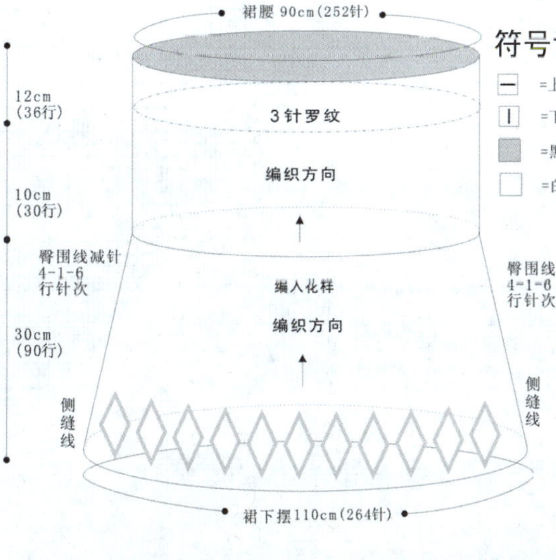

裙腰 90cm（252针）
12cm（36行）　3针罗纹
10cm（30行）　编织方向
臀围线减针 4-1-6 行针次　编入花样　编织方向　臀围线减针 4-1-6 行针次
30cm（90行）
侧缝线　　侧缝线
裙下摆 110cm（264针）

符号说明：

＝	＝上针
I	＝下针
	＝黑色
	＝白色

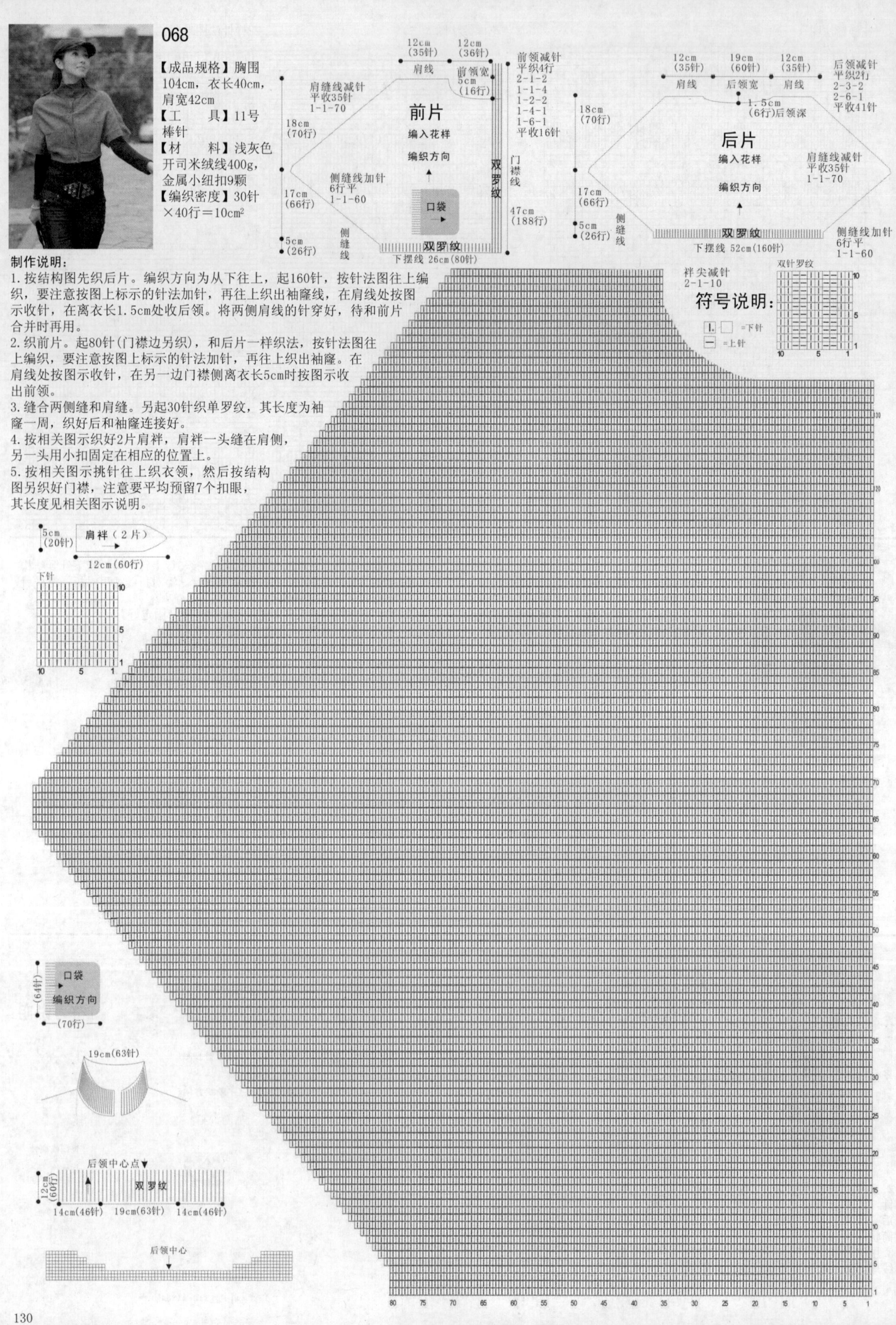

068

【成品规格】胸围104cm，衣长40cm，肩宽42cm

【工　具】11号棒针

【材　料】浅灰色开司米绒线400g，金属小纽扣9颗

【编织密度】30针×40行=10cm²

制作说明：

1. 按结构图先织后片。编织方向为从下往上，起160针，按针法图往上编织，要注意按图上标示的针法加针，再往上织出袖窿线，在肩线处按图示收针，在离衣长1.5cm处收后领。将两侧肩线的针穿好，待和前片合并时再用。

2. 织前片。起80针(门襟边另织)，和后片一样织法，按针法图往上编织，要注意按图上标示的针法加针，再往上织出袖窿。在肩线处按图示收针，在另一边门襟侧离衣长5cm时按图示收出前领。

3. 缝合两侧缝和肩缝。另起30针织单罗纹，其长度为袖窿一周，织好后和袖窿连接好。

4. 按相关图示织好2片肩袢，肩袢一头缝在肩侧，另一头用小扣固定在相应的位置上。

5. 按相关图示挑针往上织衣领，然后按结构图另织好门襟，注意要平均预留7个扣眼，其长度见相关图示说明。

前片

12cm(35针)　12cm(36针)

肩线　前领宽 5cm(16针)

肩缝线减针 平织35针 1-1-70

18cm(70行)

前领减针 平织4行 2-1-2 1-1-4 1-2-2 1-4-1 1-6-1 平收16针

编入花样

编织方向

17cm(66行)

侧缝线加针 6行平 1-1-60

5cm(26行)

侧缝线

口袋

门襟线

双罗纹

下摆线 26cm(80针)

后片

12cm(35针)　19cm(60针)　12cm(35针)

肩线　后领宽　肩线

后领减针 平织2行 2-3-2 2-6-1 平收41针

1.5cm(6行)后领深

18cm(70行)

编入花样

编织方向

肩缝线减针 平织35针 1-1-70

17cm(66行)

侧缝线

5cm(26行)

侧缝线加针 6行平 1-1-60

双罗纹

下摆线 52cm(160针)

47cm(188行)

袢尖减针 2-1-10

双针罗纹

符号说明：

|　□ = 下针
— = 上针

5cm(20针)

肩袢(2片)

12cm(60行)

下针

口袋

(64针)

编织方向

(70行)

19cm(63针)

后领中心点▼

12cm(60行)

双罗纹

14cm(46针)　19cm(63针)　14cm(46针)

后领中心
▼

069

【成品规格】胸围106cm，背肩宽38cm，衣长62cm，袖长55cm

【工　　具】10号环针

【材　　料】单股高兔毛线700g

制作说明：

1.织后片。编织方向为从下往上，起140针，采用双针罗纹编织6cm，然后分散加10针；不加减针往上织34cm后，在侧缝线处按图示收出袖窿弯度；从袖窿线往上织20.5cm后，在后领处收出领弧度。

2.织前片。编织方向为从下往上，起70针，采用双罗纹编织6cm后，分散加5针；再加减针往上织34cm后，在侧缝线处按图示开始收出袖窿弯度；继续往上编织，前领不用收针，针数直接上接风帽。然后再织好另一个对应的前片，将肩上的针和后片合并。

3.织袖子。起50针，从上往下编织，在袖山两旁按图示加针，到袖壮线处按图示减针，到接近袖口时分散减掉10针，然后织袖口。并用同样的方法织好另一个袖子。分别合并侧缝线和袖下线，并安装好袖子。

4.织风

帽。起140针，采用平针往上编织。织到风帽后角处按图示收针。在帽顶线将两侧片合并好。

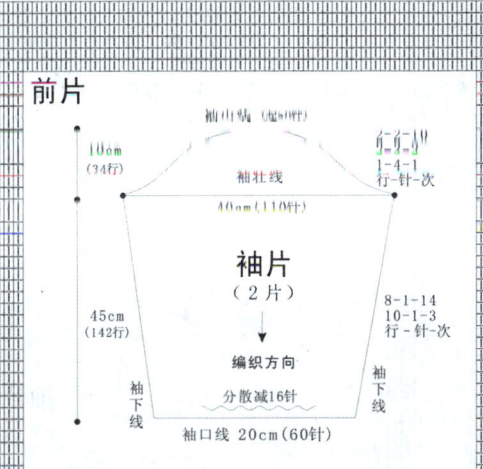

袖片（2片）

袖山端（帽6顶排）
袖壮线
10cm（34行）
40cm（110行）
6-1-2
4-1-1
行-针-次
45cm（142行）
8-1-14
10-1-3
行-针-次
编织方向
分散减16针
袖口线 20cm（60针）
袖下线　袖下线

帽子

合并
减针
2-3-3
2-1-5
编入花样
编织方向
26cm（94行）
不加减
44cm（起140针）

后片

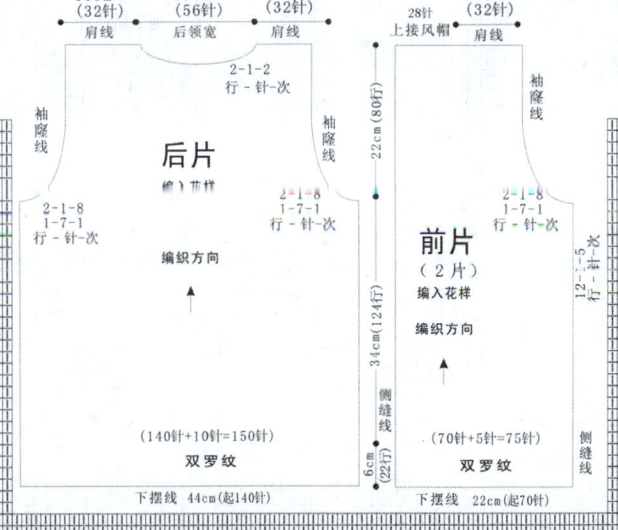

10cm（32针）　18cm（56针）　10cm（32针）
肩线　　后领宽　　肩线
2-1-2
行-针-次
袖窿线　　　　　　　袖窿线
2-1-8
1-7-1
行-针-次
编入花样
编织方向
（140针+10针=150针）
双罗纹
下摆线 44cm（起140针）

前片（2片）

28针 上接风帽
10cm（32针）
肩线
袖窿线
22cm（80行）
2-1-8
1-7-1
行-针-次
编入花样
编织方向
34cm（124行）
侧缝线
6cm（22行）
（70针+5针=75针）
双罗纹
12-1-5
行-针-次
侧缝线
下摆线 22cm（起70针）

070

【成品规格】胸围132cm，衣长78cm，袖长62cm

【工　　具】4.5号环针

【材　　料】高兔绒线1350g

制作说明：

前片、袖片均为左右2片，后片为1片。

1.织后片。编织方向为从下往上，起94针，采用双罗纹编织6cm，然后分散加25针；按花样针法图往上织，在侧缝线处按图示每10行收1针，收9次，收出下摆线；织到53cm时，收后斜肩线；继续往上编织，从袖窿线往上编织25cm后，将后领处的针穿好，待用。

2.织前片。编织方向为从下往上，起44针，采用双罗纹编织6cm，然后分散加16针；按花样针法图往上织，在侧缝线处按图示每10行收1针，收9次，收出下摆线；织到53cm时，在侧缝线处按图示收出前斜肩线。

3.织袖子。起42针，采用双罗纹编织6cm，然后分散加10针；再按针法图织花样，在袖下线两旁按图示加针，到袖壮线时为70针；再按图示减针，袖山最为18针。用同样的方法织好一个袖子。分别合并侧缝线和袖下线，并安装好袖子。

4.织门襟。分别在2个前片的门襟侧挑100针，横向织5cm双罗纹后收针。在右侧门襟要平均预留出5个扣子；左侧门襟钉扣子，然后往上织风帽，在门襟的领端挑10针，在前片、袖片及后片的上端挑出84针，按针法图往上织，织到27cm后，在帽顶角上按图示收出圆角，最后合并帽后缝和帽顶缝。

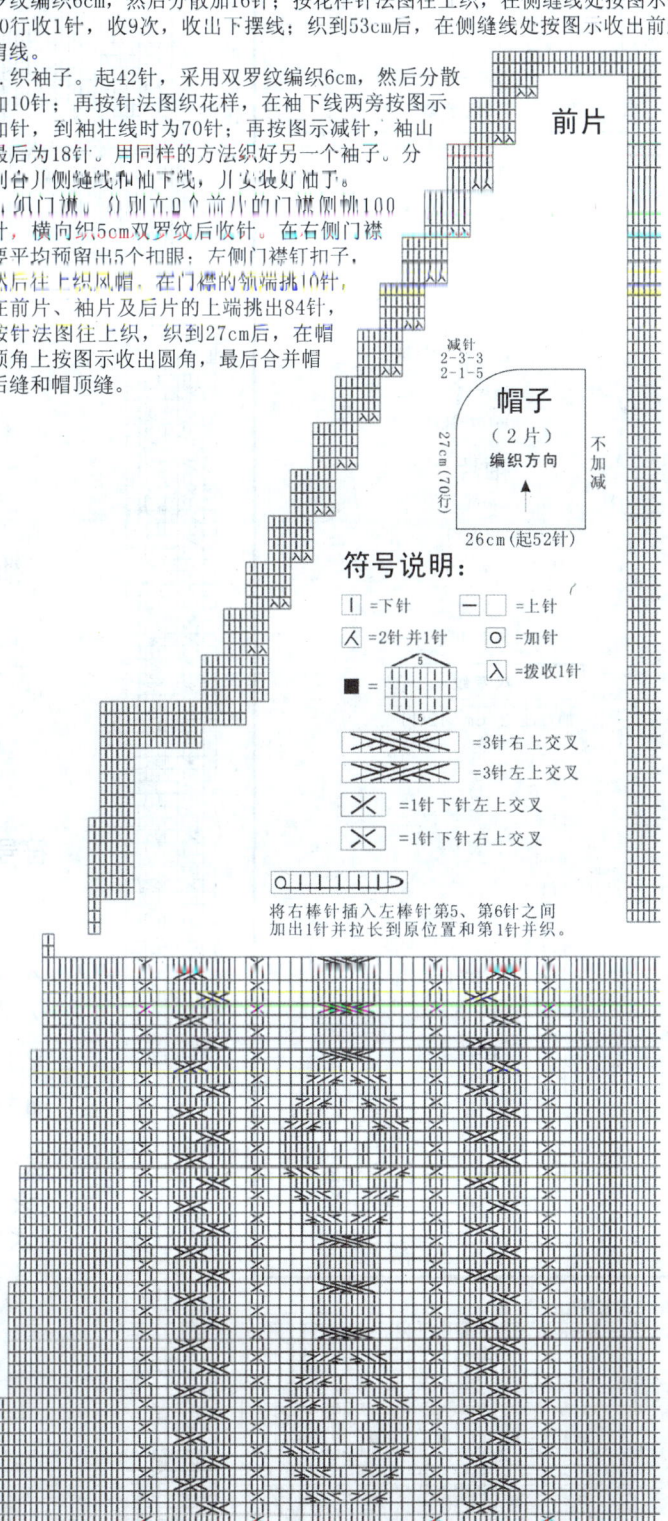

前片

减针
2-3-3
2-1-5

帽子（2片）

27cm（70行）
编织方向
不加减
26cm（起52针）

符号说明：

ꟾ =下针	一 =上针
人 =2针并1针	○ =加针
■ =	λ =拨收1针

⤬ =3针右上交叉

⤬ =3针左上交叉

⤬ =1针下针左上交叉

⤬ =1针下针右上交叉

将右棒针插入左棒针第5、第6针之间加出1针并拉长到原位置和第1针并织。

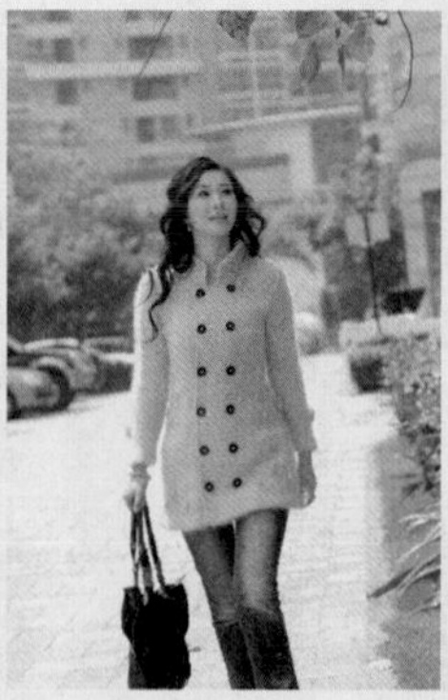

071

【成品规格】胸围92cm，背肩宽38cm，衣长81.5cm，袖长50cm
【工　　具】7号环针
【材　　料】高兔绒线1250g，纽扣14颗

制作说明：

1. 织后片。编织方向为从下往上，起91针，按花样图往上织24cm后，再分散减20针；待织到36cm后，在侧缝线上开始收袖窿，先平收4针，然后每2行减1针，减4次；从袖窿线往上织20cm后，开始收后领弧线。到肩部后，将针穿好，待用。

2. 先织右前片。编织方向为从下往上，起58针，按花样图往上织24cm（门襟侧22针按图示织2行上针2行下针，作为门襟），分散减去10针；在侧缝线旁开3针处，开始预留口袋线；待织到36cm后，在侧缝线上开始收袖窿，先平收4针，然后每2行减1针，减4次；将肩上的针和后片合并。再织好对应的左前片。在左前片要预留出6个扣眼。

3. 织袖子。按图示从上往下织，起20针，采用花样编织，在袖山两旁按图示加针，到袖壮线时为76针；再按图示减针，最后织到袖长时袖口为50针。用相同的方法织好另一个袖子。分别合并袖下线，并安装好袖子。

4. 织衣领。分别将前片、后片的针数挑起，共77针，不加减针往上织到合适高度后再平收针。

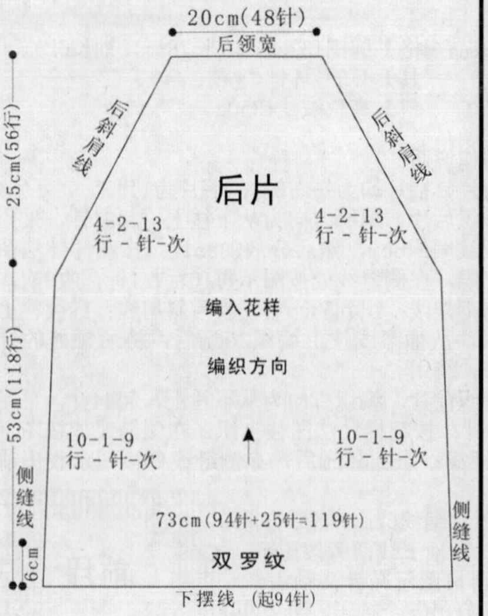

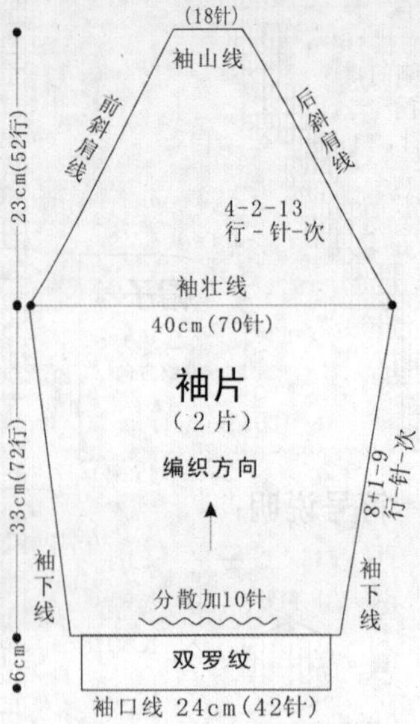

后片

- 20cm(48针) 后领宽
- 25cm(56行) 后斜肩线
- 4-2-13 行-针-次（×2）
- 编入花样
- 编织方向
- 53cm(118行)
- 10-1-9 行-针-次（×2）
- 侧缝线
- 6cm
- 73cm(94针+25针≈119针)
- 双罗纹
- 下摆线（起94针）

袖片（2片）

- (18针)
- 袖山线
- 前斜肩线 后斜肩线
- 23cm(52行)
- 4-2-13 行-针-次
- 袖壮线
- 40cm(70针)
- 33cm(72行)
- 编织方向
- 8+1-9 行-针-次
- 袖下线
- 分散加10针
- 6cm
- 双罗纹
- 袖口线 24cm(42针)

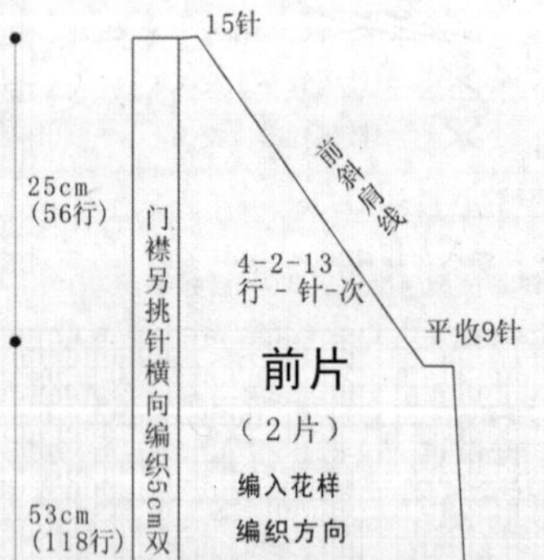

前片（2片）

- 15针
- 25cm(56行)
- 前斜肩线
- 4-2-13 行-针-次
- 平收9针
- 门襟另挑针横向编织5cm双罗纹
- 编入花样
- 编织方向
- 10-1-9 行-针-次
- 53cm(118行)
- 侧缝线
- 6cm
- 34cm(44针+16针=60针)
- 双罗纹
- 下摆线（起44针）

衣领针法图：

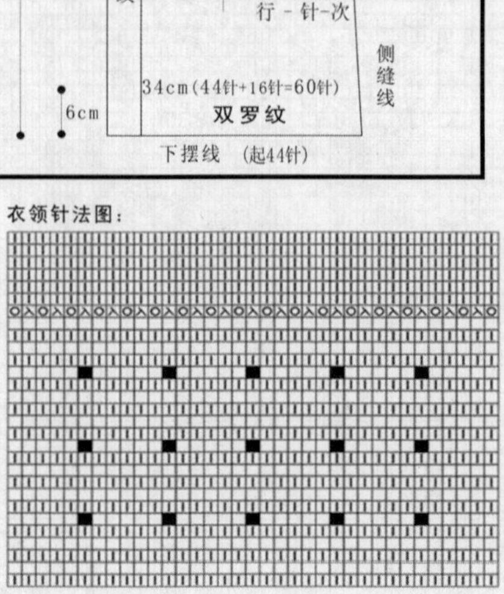

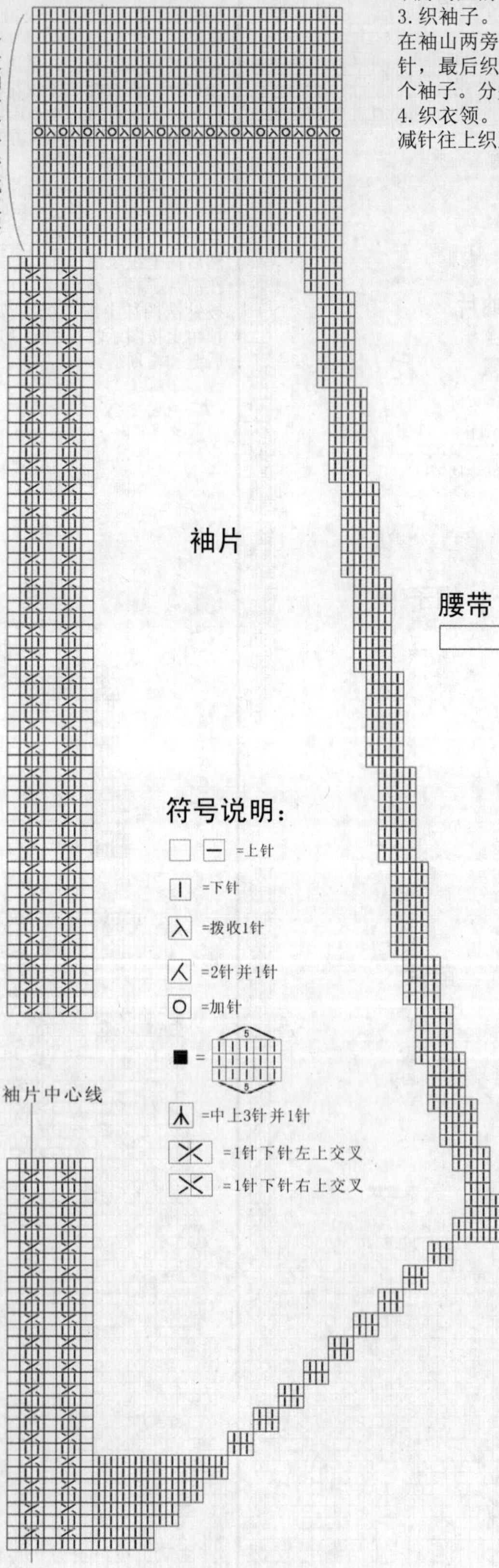

（衣领图解）

袖片

- 沿收加针行对折成双层
- 袖片中心线

符号说明：

- □ — = 上针
- | = 下针
- ⼈ = 拨收1针
- 人 = 2针并1针
- O = 加针
- ■ =
- ⼈ = 中上3针并1针
- ╳ = 1针下针左上交叉
- ╳ = 1针下针右上交叉

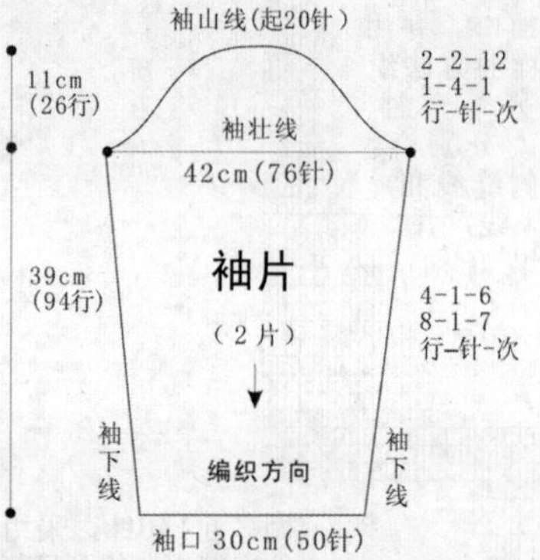

袖片（2片）

- 袖山线（起20针）
- 11cm(26行)
- 2-2-12 / 1-4-1 行-针-次
- 袖壮线
- 42cm(76针)
- 39cm(94行)
- 编织方向
- 4-1-6 / 8-1-7 行-针-次
- 袖下线
- 袖口 30cm(50针)

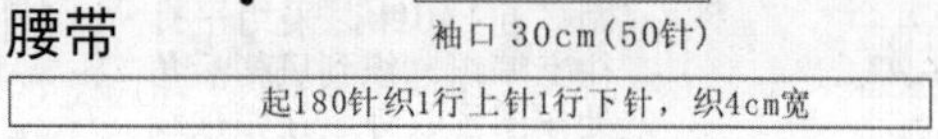

腰带

起180针织1行上针1行下针，织4cm宽

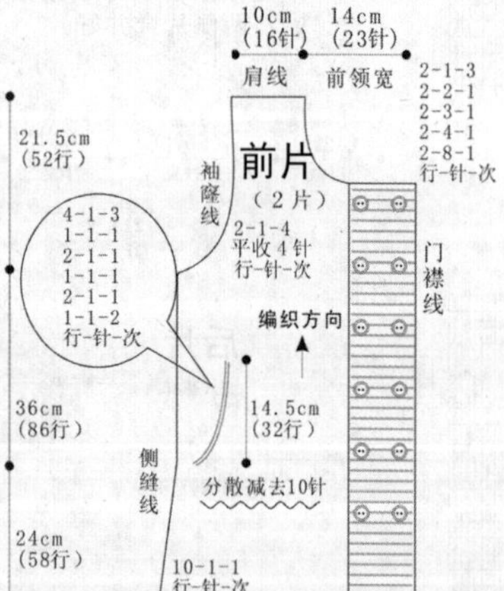

前片（2片）

- 10cm(16针) 14cm(23针)
- 肩线 前领宽
- 2-1-3 / 2-2-1 / 2-3-1 / 2-4-1 / 2-8-1 行-针-次
- 21.5cm(52行)
- 袖窿线
- 4-1-3 / 1-1-1 / 2-1-1 / 1-1-1 / 2-1-1 / 1-1-2 行-针-次
- 平收4针 行-针-次
- 编织方向
- 门襟线
- 36cm(86行)
- 侧缝线
- 14.5cm(32行)
- 分散减去10针
- 24cm(58行)
- 10-1-1 行-针-次
- 下摆线 34cm(起58针)

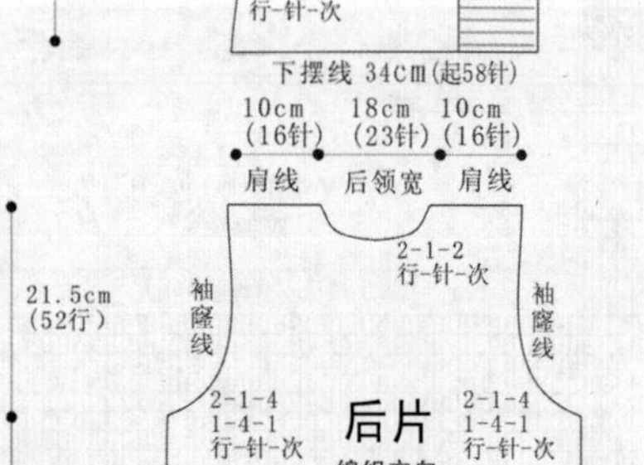

后片

- 10cm(16针) 18cm(23针) 10cm(16针)
- 肩线 后领宽 肩线
- 21.5cm(52行)
- 袖窿线
- 2-1-2 行-针-次
- 2-1-4 / 1-4-1 行-针-次（×2）
- 编织方向
- 36cm(86行)
- 分散减去20针（91针-20针=71针）
- 24cm(58行)
- 侧缝线
- 下摆线 61cm(起91针)

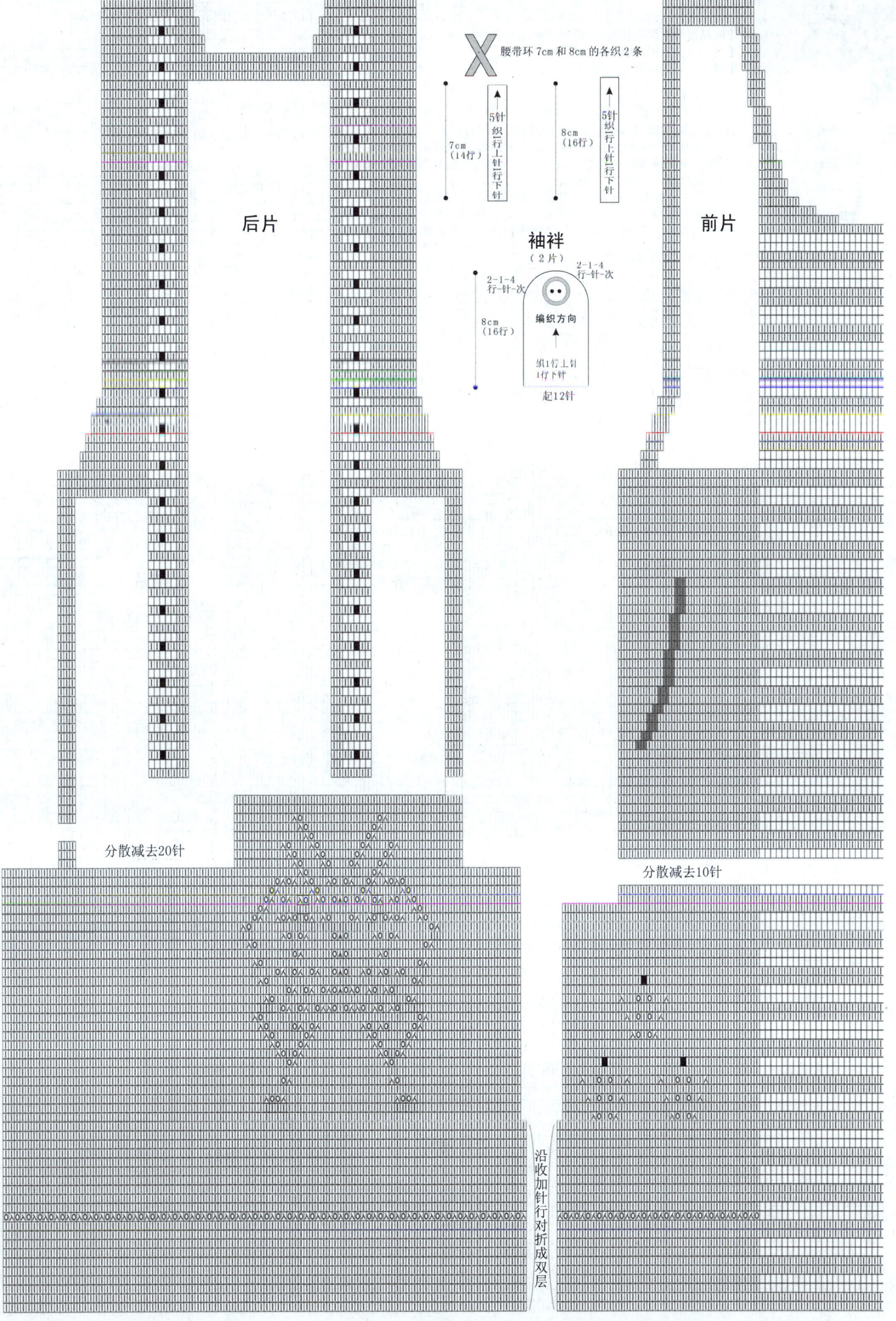

腰带环 7cm 和 8cm 的各织 2 条

7cm

8cm
（16行）

5针
织
一
行
上
针
一
行
下
针

5针
织
一
行
上
针
一
行
下
针

后片

前片

袖袢
（2片）

2-1-4
行-针-次

2-1-4
行-针-次

8cm
（16行）

编织方向

织1行上针
1行下针

起12针

分散减去20针

分散减去10针

沿收加针行对折成双层

沿收加针行对折成双层

133

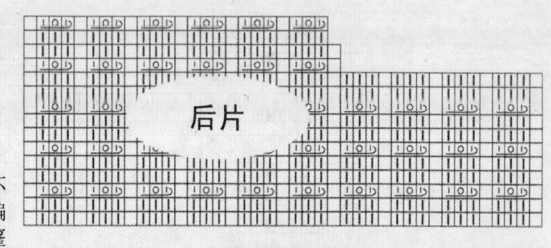

072

【成品规格】胸围108cm，背肩宽38cm，衣长86cm
【工　　具】9号环针
【材　　料】双股兔毛线600g

制作说明：

1. 织后片。编织方向为从下往上，先起168针，采用花样编织，不加减针编织到54cm高度后，再分散减去58针；再采用另一花样编织，不加减针编织到7cm高度后，在侧缝线处按图示开始收出袖窿弯度；从袖窿线往上织24cm后，再在后领处收出后领弧度。将双侧肩上的针穿好，留下，待和前片合并时用。

2. 织前片。编织方向为从下往上，起87针，采用花样编织，不加减针编织到54cm高度后，再分散减去31针；再采用另一花样编织，不加减针编织到7cm高度后，在侧缝线处按图示开始收出袖窿弯度；前领不用收针。将双侧肩上的针和后片合并。

3. 织袖片。按图示起97针，往上编织3.5cm后，在两侧各平收6针；再按"每2行收4针"的规律，共收8次，最后平收21针。

4. 织风帽。起20针，往上织，按"2-4-8"的规律加到52针，织到合适高度后，在帽角处按图示收针，最后平收。

5. 剪150cm长的绒线4股，搓成绳子状，穿入腰际起到收腰的作用。

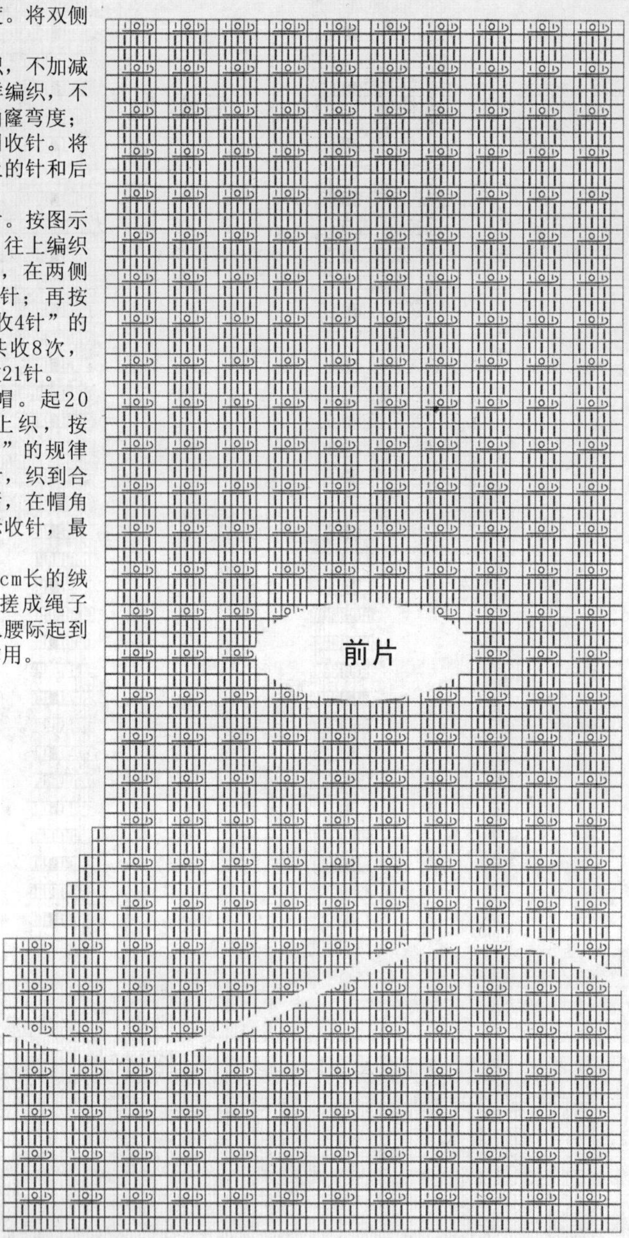

后片

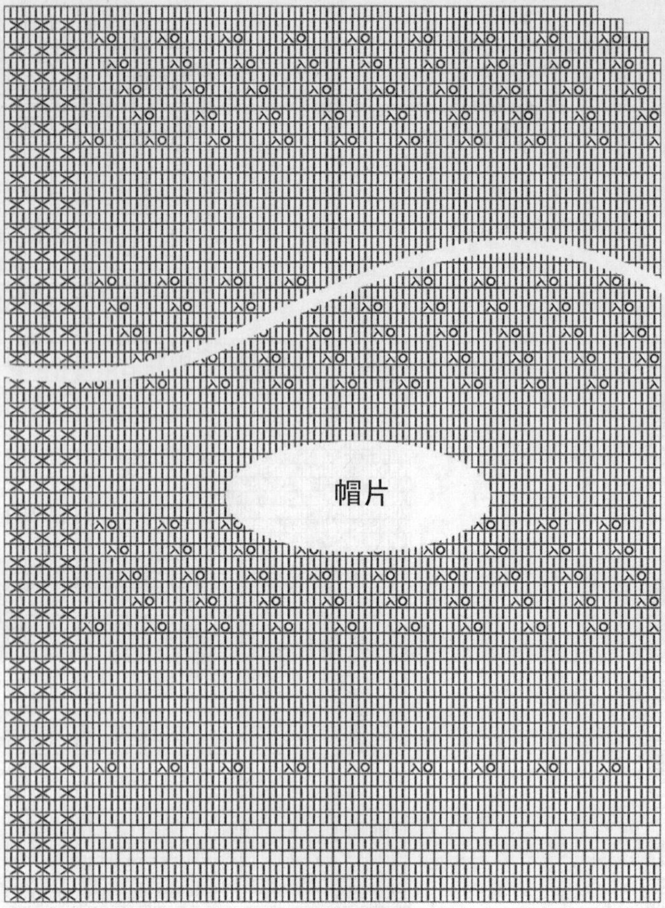

前片

帽片

符号说明：

	=下针		=下针扭针
	=上针		=先将第3针挑过第2和第1针，然后织1针加1针再织1针
O	=加针		=扭针和上针右上交叉扭针在上
人	=2针并1针		
入	=拨收1针		=1针下针右上交叉

帽子
（2片）
编织方向↑

帽顶后减针
余下的针平收
1-2-1
2-2-1
1-1-1
行-针-次

不加减

帽下加针
2-4-8
行-针-次

帽宽26cm

帽檐高36cm（108行）

起20针
26cm（52针）

袖片
编织方向↑

2-4-8　平收21针　2-4-8
平收6针　　　　　平收6针

3.5cm（11行）

39cm（起97针）

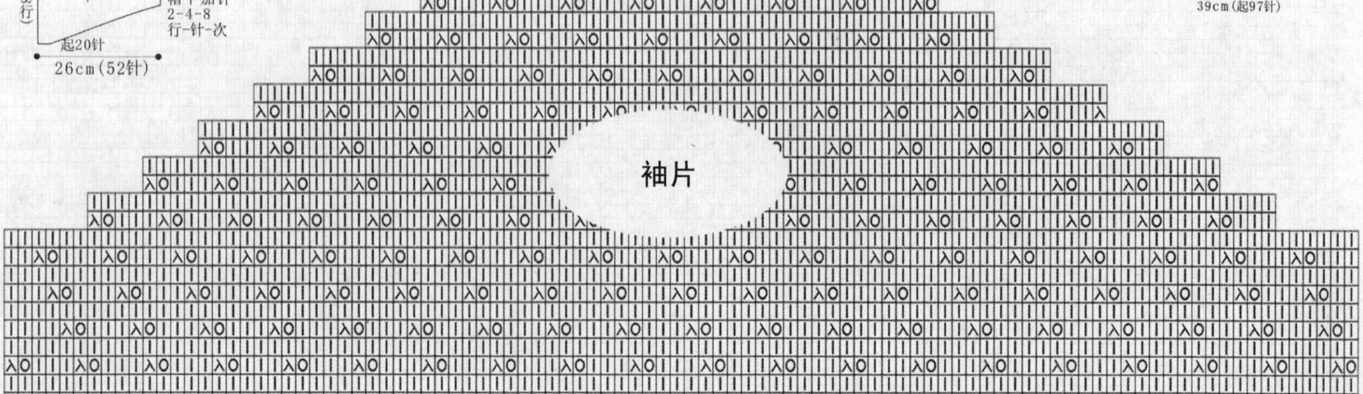

袖片

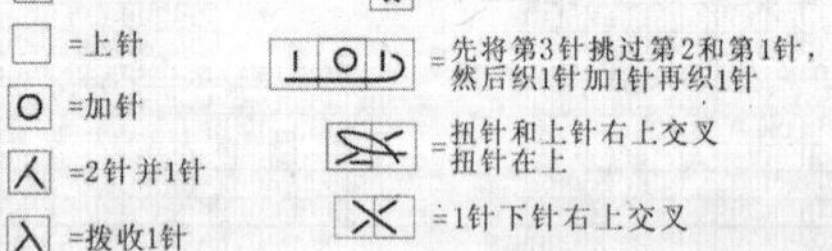

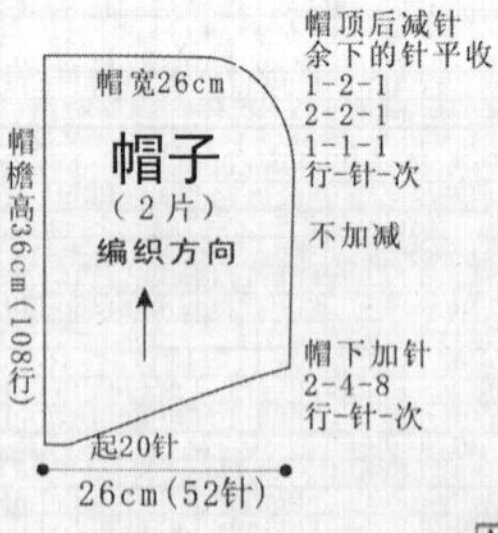

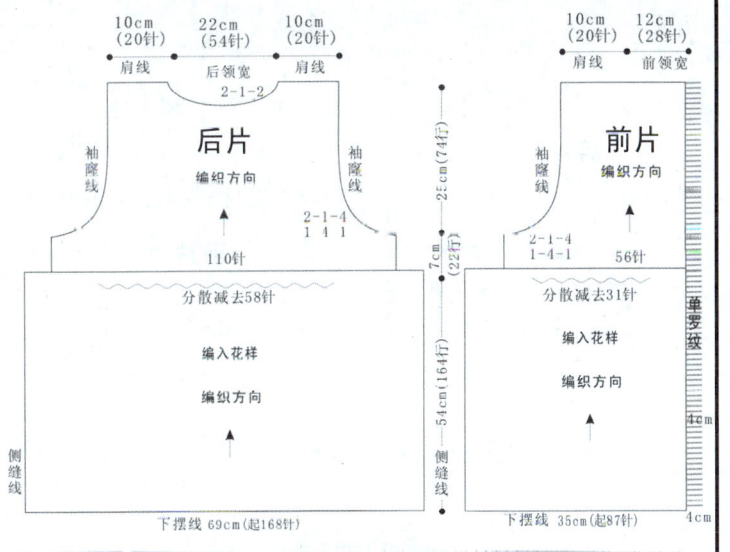

后片
后领宽
2-1-2

10cm（20针）　22cm（54针）　10cm（20针）
肩线　　　后领宽　　　肩线

编织方向

袖隆线　　　　　　　　　袖隆线

110针

分散减去58针

编入花样

编织方向

侧缝线

下摆线 69cm（起168针）

前片
前领宽

10cm（20针）　12cm（28针）
肩线　　　前领宽

编织方向

袖隆线

2-1-4
1-4-1　56针

分散减去31针

编入花样

编织方向

侧缝线

单罗纹

下摆线 35cm（起87针）

27cm（74行）
7cm（22行）
54cm（164行）

2-1-4
1　1　1

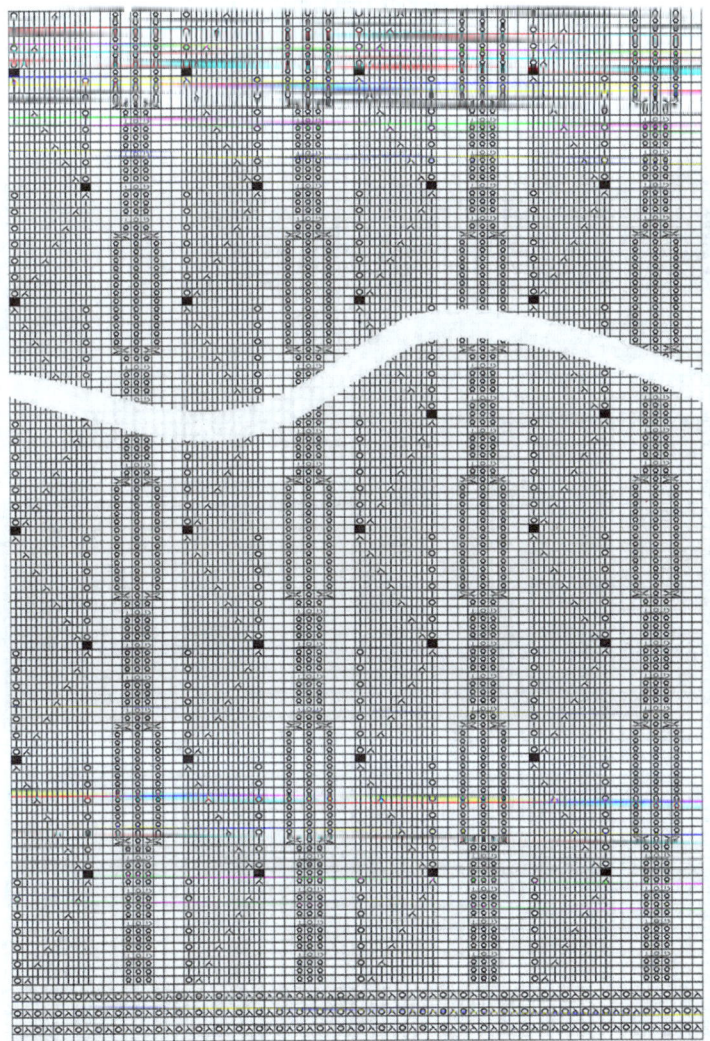

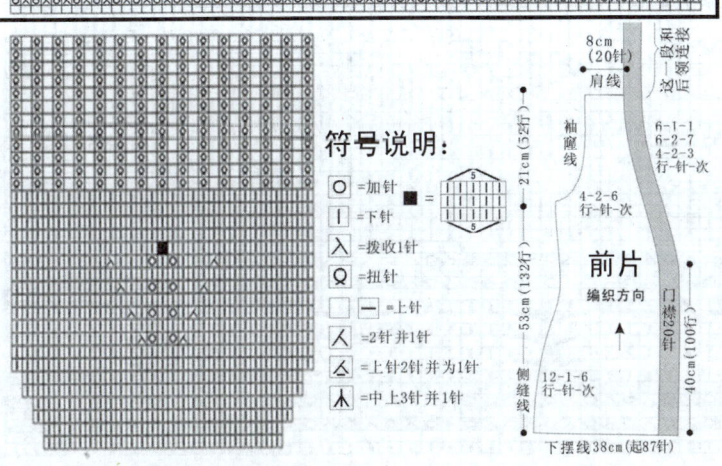

符号说明：

〇 =加针
■ = （扭针图示）
｜ =下针
⋏ =拨收1针
Ｑ =扭针
□ ー =上针
⋏ =2针并1针
人 =上针2针并1针
⋏ =中上3针并1针

前片

8cm（20针）
肩线

编织方向

袖隆线

6-1-1
6-2-7
4-2-3
行-针-次

4-2-6
行-针-次

12-1-6
行-针-次

21cm（32行）

53cm（132行）

40cm（100行）

侧缝线

门襟

下摆线 38cm（起87针）

073

【成品规格】胸围98cm，背肩宽34cm，衣长74cm
【工　　具】9号环针
【材　　料】纯羊毛线500g

制作说明：

1. 织后片。先织下半部分：编织方向为从下往上，起148针，按花样图往上织；在侧缝线上按图示收出腰围线，并要按针法图分散减去22针；待织到39cm后，每8针为1个褶，共抽3个褶了；以中心为基点向两边安排，织6cm扭针单罗纹后半收针。再织后片上半部分。起70针，织扭针单罗纹6cm后，分散加10针；往上织5cm后，在侧缝线上开始收袖隆弧形，每4行减1针，减5次；从袖隆线往上织18.5cm后，开始按图示收出后领弧线。肩上的针留着，待和前片合并用。后片的上下半两部分，在和前片拼接时，上、下相搭3cm。

2. 织前片。编织方向为从下往上，按结构图编织花样，起87针（含门襟16针）往上织；前片要按图

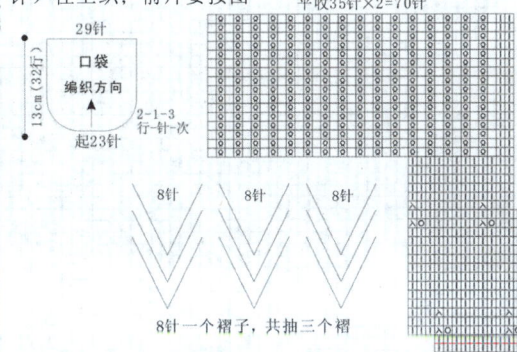

后片
上半部分

8cm（20针）　18cm（30针）　8cm（20针）
肩线　　　后领宽　　　肩线

后片
上半部分

编织方向

袖隆线　　　　　　　　　袖隆线

2-1-4
行-针-次

4-1-5
行-针-次

21cm（52行）
5cm（14行）
6cm（16行）

分散加10针

70针

起70针

平收70针

6cm（16行）

70针

后片
下半部分

8针　8针　8针

分散减去22针

编织方向

12-1-6
行-针-次

12-1-6
行-针-次

侧缝线

下摆线 70cm（起148针）

两边各分散加5针

起35针×2=70针

平收35针×2=70针

29针

口袋
编织方向

13cm（32行）

2-1-3
行-针-次

起23针

8针　　8针　　8针

8针一个褶子，共抽三个褶

示在侧缝线上收出腰围线；在门襟侧，织到40cm后要收出前开领；待织到53cm后，每4行减2针，减6次，在侧缝线上收出袖隆弧形；继续不加减针往上织到21cm后，将肩部的针和后片合并用。织好对应的另一个前片。

3. 织袖子。起69针，从下往上织，在两边减针，织到11cm高度后平收针。织好另一个袖片后，安装好袖子。安装袖子时，要在袖山部位抽6个褶子。

4. 织花边。花边的长度等于从门襟、前片下摆、后片下摆到后领的整个长度。

5. 织好口袋，将其安装在相应位置上。

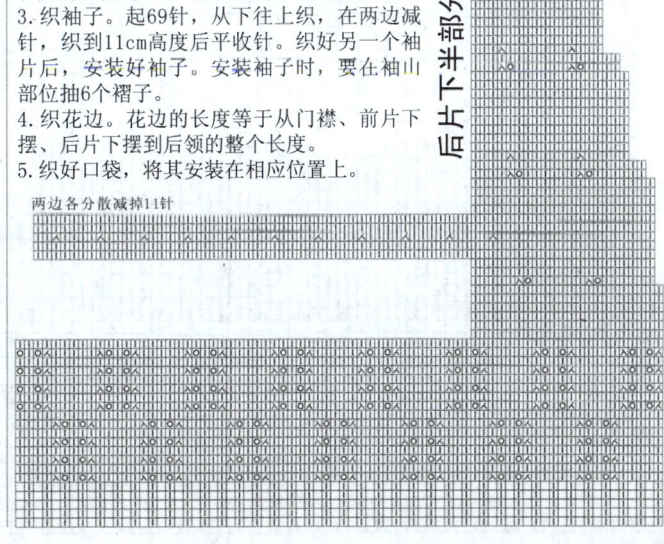

后片下半部分

两边各分散减掉11针

135

074

【成品规格】衣长83cm，肩宽28cm
【工　　具】4.5号环针
【材　　料】高兔绒线500g

制作说明：

1. 织后片。编织方向为从下往上，起101针，采用花样编织；在侧缝线处按图示分散减针；织到57cm高度后，开始照结构图收出袖窿弯度；不加减针往上织到后领处，收出后领弧度。将双侧肩上的针穿好，留下，待和前片合并时用。

2. 织前片。编织方向为从下往上，起101针，采用花样编织，在侧缝线处按图示减针（同后片）；织到57cm高度后，开始收袖窿弯度；每隔13针，在左右各收出2个皱褶；不加减针往上织到前领处，按图示收出前领弧度。将双侧肩上的针和后片合并。

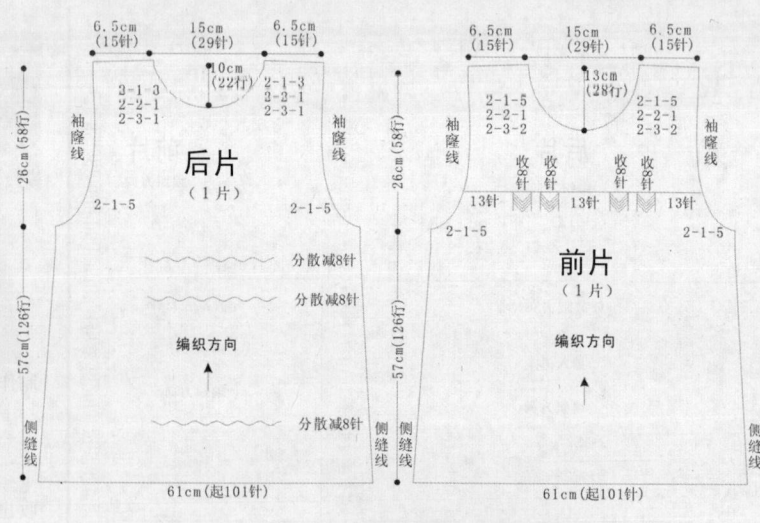

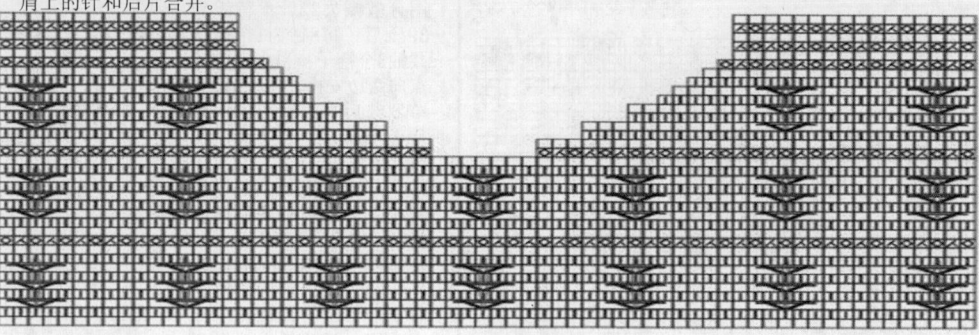

符号说明： $-$ □ =上针　○ =加针　| =下针　人 =2针并1针　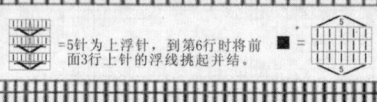 =5针为上浮针，到第6行时将前面3行上针的浮线挑起并结。　■ =

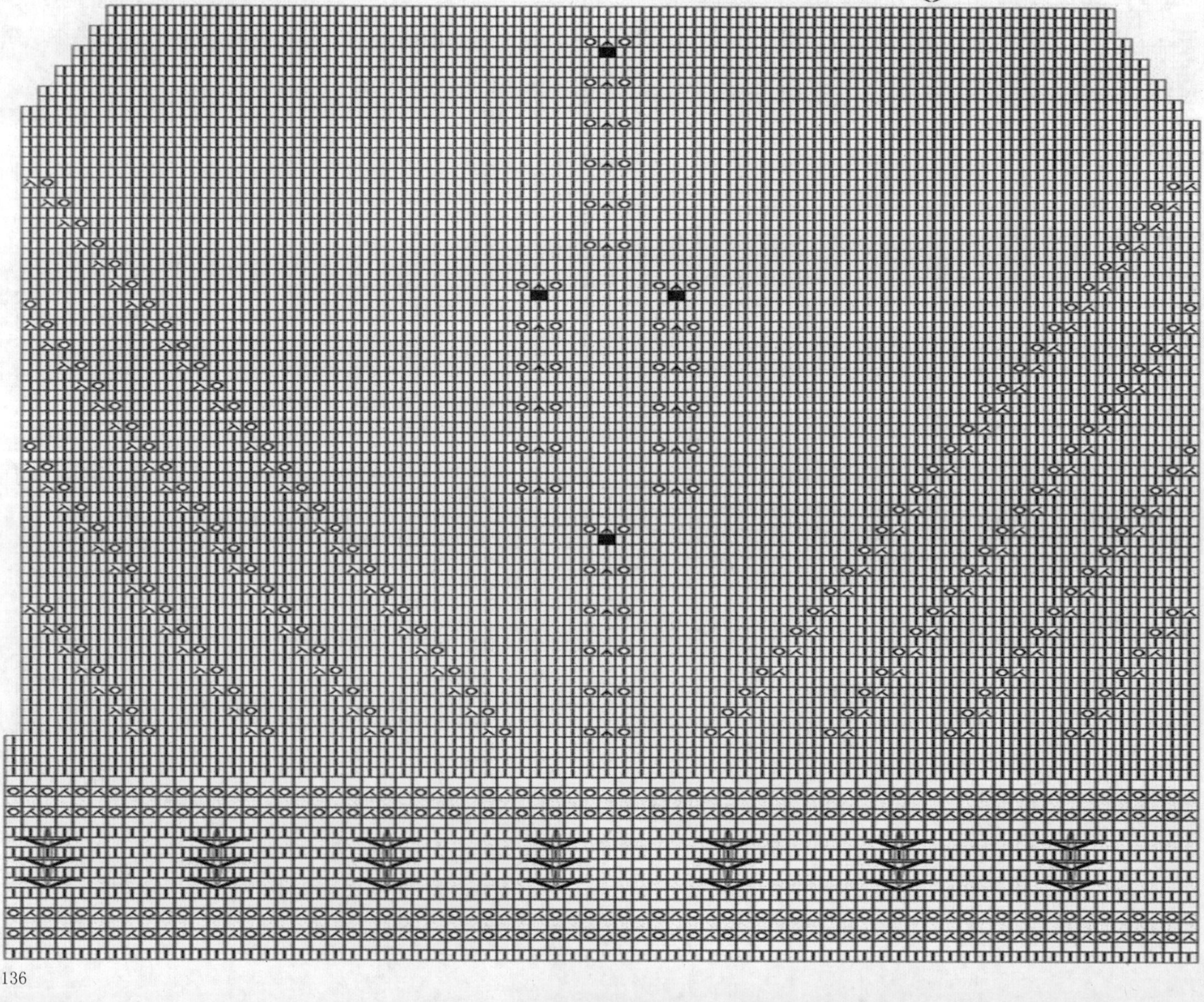

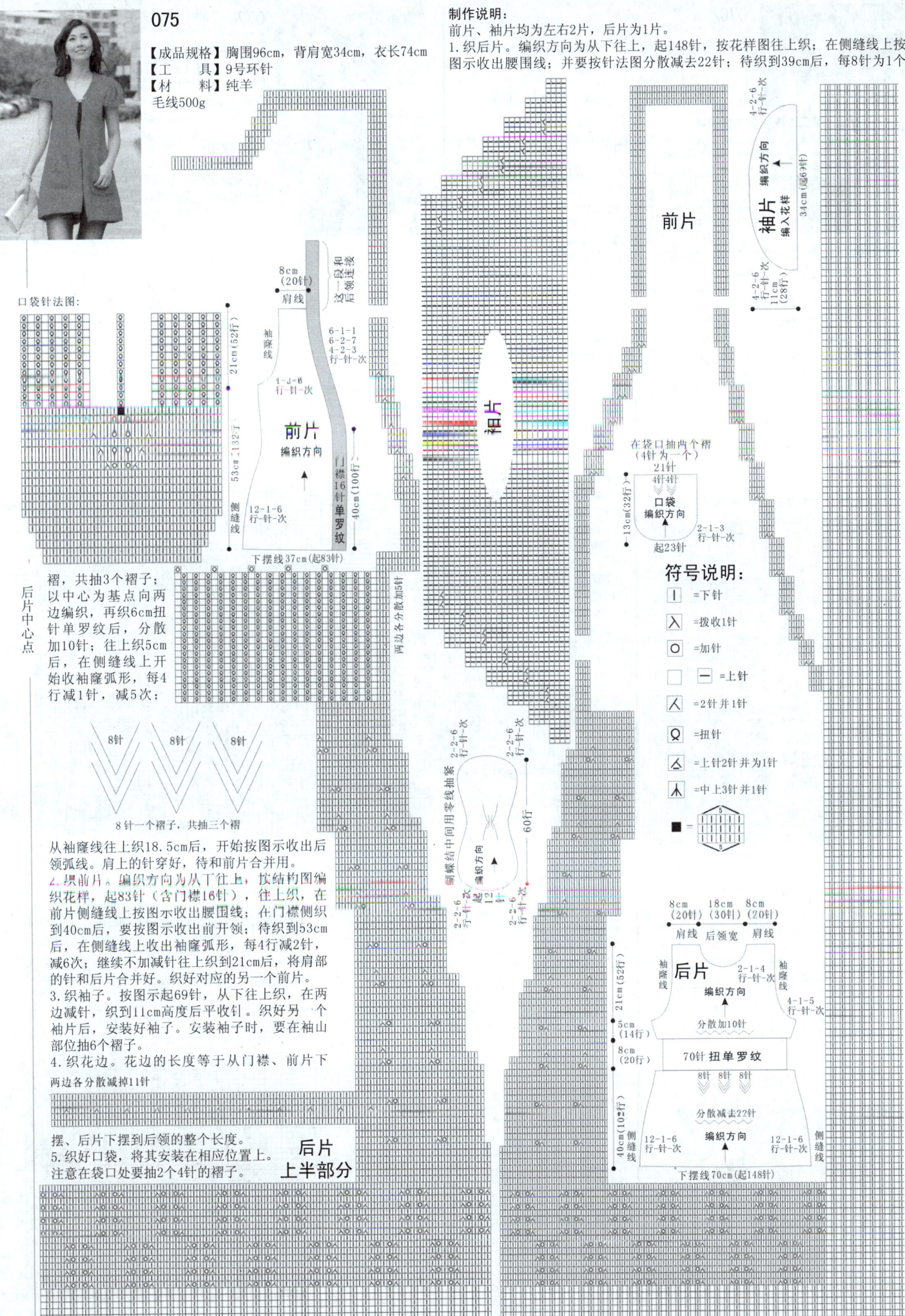

075

【成品规格】胸围96cm，背肩宽34cm，衣长74cm
【工　　具】9号环针
【材　　料】纯羊
毛线500g

制作说明：
前片、袖片均为左右2片，后片为1片。
1.织后片。编织方向为从下往上，起148针，按花样图往上织；在侧缝线上按图示收出腰围线；并要按针法图分散减去22针；待织到39cm后，每8针为1个

口袋针法图：

符号说明：

| | =下针
入 =拨收1针
○ =加针
□ 一 =上针
人 =2针并1针
Q =扭针
ㅅ =上针2针并为1针
人 =中上3针并1针

从袖窿线往上织18.5cm后，开始按图示收出后领弧线。肩上的针穿好，待和前片合并用。
2.织前片。编织方向为从下往上，按结构图编织花样，起83针（含门襟16针），往上织，在前片侧缝线上按图示收出腰围线；在门襟侧织到40cm后，要按图示收出前开领；待织到53cm后，在侧缝线上收出袖窿弧形，每4行减2针，减6次；继续不加减针往上织到21cm后，将肩部的针和后片合并好。织好对应的另一个前片。
3.织袖子。按图示起69针，从下往上织，在两边减针，织到11cm高度后平收针。织好另一个袖片后，安装好袖子。安装袖子时，要在袖山部位抽6个褶子。
4.织花边。花边的长度等于从门襟、前片下
两边各分散减掉11针

摆、后片下摆到后领的整个长度。
5.织好口袋，将其安装在相应位置上。注意在袋口处要抽2个4针的褶子。

褶，共抽3个褶子；以中心为基点向两边编织，再织6cm扭针单罗纹后，分散加10针；往上织5cm后，在侧缝线上开始收袖窿弧形，每4行减1针，减5次；

后片中心点

8针　8针　8针
8针一个褶子，共抽三个褶

前片
编织方向

门襟16针单罗纹

下摆线37cm（起83针）

袖片
编入花样
34cm（起69行）
4-2-6 行-针-次
4-2-6 行-针-次
11cm（28行）
编织方向

在袋口抽两个褶
（4针为一个）
21cm
4针4针
13cm（32行）
口袋
编织方向
2-1-3 行-针-次
起23针

袖片

后片
上半部分

后片
编织方向
分散加10针
70针 扭单罗纹
8针 8针 8针
分散减去22针
编织方向
下摆线70cm（起148针）

8cm（20针）　18cm（30针）　8cm（20针）
肩线　后领宽　肩线
袖窿线
2-1-4 行-针-次
袖窿线
4-1-5 行-针-次
21cm（52行）
5cm（14行）
8cm（20行）
40cm（102行）
侧缝线
12-1-6 行-针-次
12-1-6 行-针-次

137

076

【成品规格】衣长55cm，下摆衣宽52cm，肩至袖口长35cm
【工　　具】10号棒针
【材　　料】单股灰色绒毛线550g，大纽扣4颗

制作说明：

1. 棒针编织法。衣身织法特殊，分为左右各1片编织，附加衣领1片。
2. 本款衣服从袖口往衣领及衣襟方向编织，前片与后片连片编织。织法为：从袖口起织双罗纹针法，起96针，2针下针，1针上针，如此重复，共织38行；从39行开始，两边作侧缝加针，方法顺序是4-1-2，2-1-2，1-1-10，1-2-4，1-5-2，1-12-1；

然后按8-1-8的方法加针，作下摆边，织至128行；从袖肩线分界，分为两半编织，一半编织前衣襟及衣领，一半编织后衣领及后衣襟。前衣襟按1-6-1，1-16-2的方法减针，衣领按1-16-2的方法减针，后衣领按1-1-18的方法减针，后衣襟按1-6-12的方法减针。详细编织方法见结构图。
3. 用同样的方法再编织另一半衣身片。
4. 缝合。将每片的侧缝边对应缝合，将后衣襟边对应缝合。
5. 衣摆的编织。沿着缝合好的衣摆边，挑针编织双罗纹针，图解为图1，共织38行后，收针断线。
6. 衣边的编织。沿着前后衣领及衣襟边挑针起织双罗纹针，图解为图1，共织20行后，收针线断。在一侧的衣襟边编织衣边时，要制作4个扣眼，扣眼的制作方法为：在当行收起数针，在下1行重起这些针数，最后1针作当行扣眼后的第1针。大概收起4针即可形成大扣眼。
7. 本款衣服有个附加衣领，衣领单独编织，再将之与衣边的衣领缝合。编织方法为：往返编织，正面织下针，反面织上针，一侧无加减针，一侧先加针再减针，方法见结构图所示。
8. 最后，在扣眼对应的另一侧衣边钉上纽扣。

符号说明：

□ = 上针　　□ = 下针
□ = 右上4针与左下4针交叉

图1 双罗纹图解

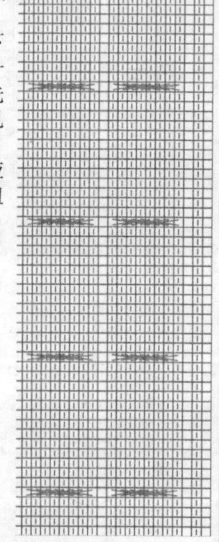

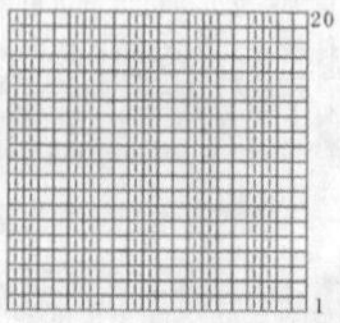

2. 前片。2片，用11号棒针按衣片样编织，收斜肩完成。
3. 袖片。2片，用11号棒针按袖片样编织，两侧按袖片图减针，编织至袖长40cm时变换编织花样，收袖山完成。
4. 门襟。门襟用6号棒针起60针，编织单罗纹，右门襟

花样1 每花2针，2行

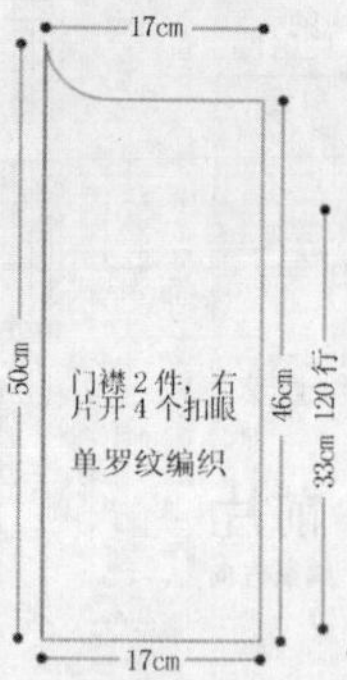

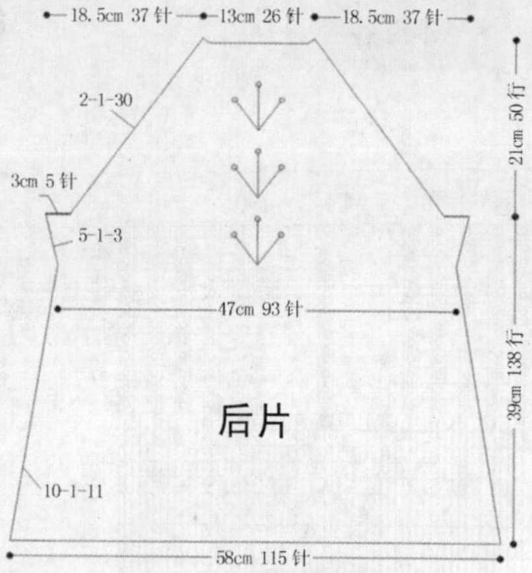

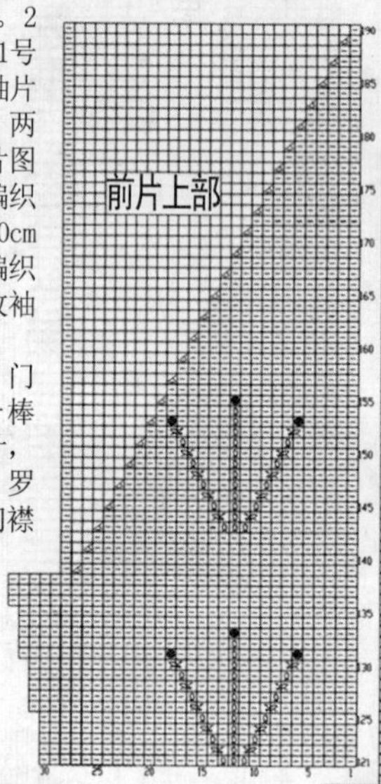

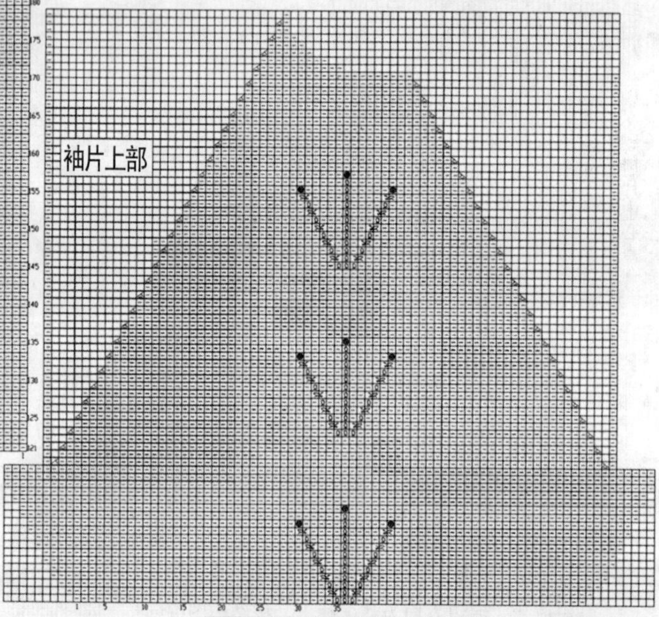

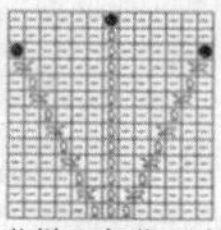

花样2 每花13针，13行

开4个扣眼。
5. 衣领。领子用6号棒针起220针，编织65行单罗纹。
6. 整体缝合。整体缝合时要注意合缝的平整。

符号说明：

■ = 右上交叉�针　　□ = 下针
□ = 左上交叉volume针　　□ = 上针
□ = 下针volume针　　□ = 空
□ = 右上2针并1针　　□ = 2针滑针
□ = 左上2针并1针

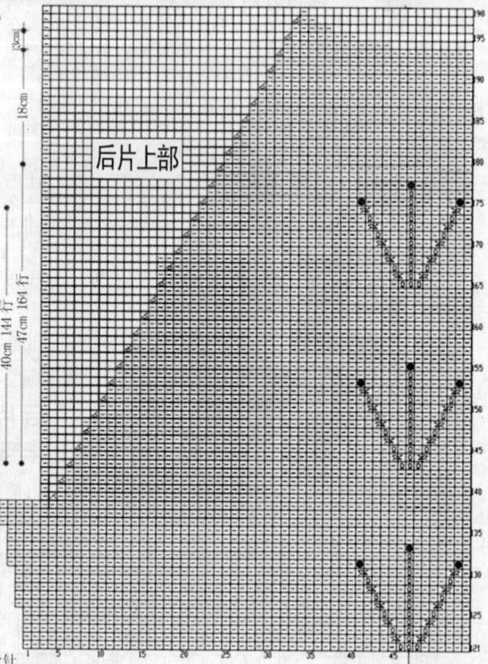

■小圆球

织法为1针放5针，织3行，再5针并1针，并针时第3针放在上面

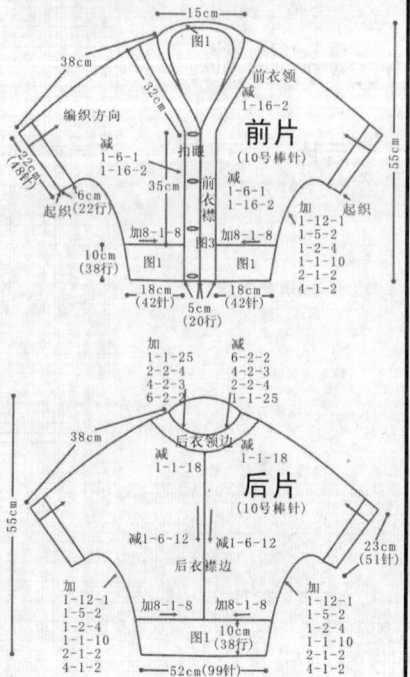

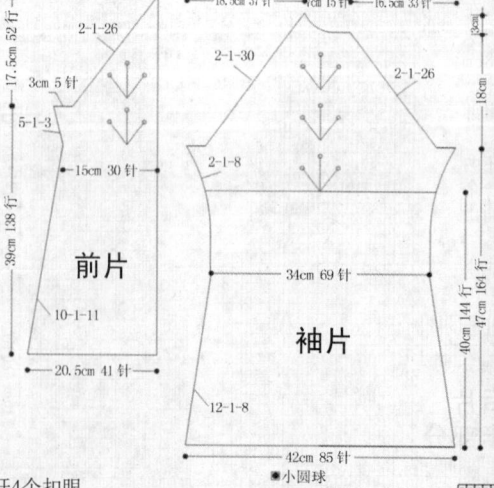

077

【成品规格】胸围100cm，衣长60cm，袖长65cm
【工　　具】11号棒针，6号棒针
【材　　料】中细毛线500g
【编织密度】平针编织　20针×29行＝10cm²
　　　　　　花样1编织　20针×36行＝10cm²

制作说明：

1. 后片。1片，用11号棒针按衣片样编织及变换编织花样。编织至39cm时两侧平收5针，收两侧斜肩，收领圈后完成。

后片

门襟2件，右片并4个扣眼
单罗纹编织

后片上部

中心线，左右对称

138

078

【成品规格】衣长65cm，下摆衣宽58cm，袖至肩长88cm
【工　具】12号棒针
【材　料】单股灰色中粗羊毛线500g，纽扣8颗

制作说明：

1. 棒针编织法。本款衣服针法简单，织法复杂，可分为前片2片，后片2片，衣领1片，两衣袖摆2片，衣身下摆1片。

2. 前片的编织。前片的大体织法为：从下摆起织，一侧不加减针，一侧先大幅度加针，再大幅度减针，形成蝙蝠袖。起24针，正面织下针，反面织上针，往返编织。衣襟不加减针，侧缝大幅度加针，加针方法顺序为2-1-8，1-12-2，将衣片加至54针；再继续作袖口加针，方法顺序为1-6-4，2-2-4，1-1-8，织至66行；从67行开始，一侧大幅度减针织袖肩线，减针方法为2-1-46，2-6-3，共织至180行；最后直接收针断线。图解为图2图解。用同样的方法再编织另一前片。

3. 后片的编织。后片的侧缝、袖肩线的织法与前片的相同，不再重复说明。起针数为34针，内侧加针编织，加针方法为2-1-10，4-1-10，将针数加至118针，多织的针数形成后衣领。用同样的方法再编织另一后片。

4. 衣袖片的编织。衣袖从袖口起织，起26针，织双罗纹花样，共织32行，两侧无加减针，从第33开始，两侧同时加针编织袖身部分，加针方法为：每8行两

侧同时各加1针，加6次，共织至80行；从81行开始两侧同时减针织袖山部分，减针方法为1-2-1，2-2-1，2-1-3，4-1-3，1-1-7；最后余下6针，直接收针断线。用同样的方法再编织另一衣袖片。

5. 缝合。将后片的内侧对应缝合，再将前片的袖肩线与后片的袖肩线对应缝合。

6. 下摆的编织。下摆花样全织下针，由一层对折成两层缝合形成。起126针，正面织下针，反面织上针，往返编织，共织72行后，直接收针断线。将织片的下摆边对应缝合。

7. 衣襟的编织。沿着缝合好的衣身片的衣襟、衣领挑针织单罗纹针，共挑452针起针，织至第10行时，在右前片的衣襟衣领处制作扣眼，织至第12针时，开始制作第1个扣眼，扣眼为竖扣眼，每相隔58针制作1个扣眼，本款衣服为双排扣，共6个扣眼，在两个扣眼之间，往返编织10行，再将扣眼两侧的2针连接编织，注意：不是并针，是织了1针再接着织下1针。完成第1行扣眼时，已是20行花样，继续织至212针时，折返回编织，并减针，按2-2-10的方法减针。而织片织至第44行时，从第122针处，将前衣襟分为2片编织。下面部分不加减针编织，共织46行，收针断线。其间制作2个扣眼。上面部分，按减针方法减少20针后，不加减针继续编织46行，其间也制作1个扣眼。用同样的方法，相反的方向，编织左侧衣襟。左侧衣襟不用制作扣眼，只在扣眼对应的位置钉上纽扣。制作完两衣襟后，最后制作衣领。衣领已经编织至20行，从21行开始，两侧沿着衣襟减针形成的斜边挑针，挑20针，衣领的针数共200针，往返编织86行后，直接收针断线。

8. 袖口衣摆的编织。圈织，起112针，织单罗纹针，见图1，共织86行，最后直接收针断线。将收针处收缩4个皱褶，将其与袖口相对应大小，再缝合。

9. 假口袋的编织。起46针，正面织下针，反面织上针，往返编织，织28行收针断线。织2片，将收针边与前片缝合，位置尽量接近衣身与衣摆的缝合边。再钉上2个纽扣固定织片。

079

【成品规格】胸围91cm，背肩宽39cm，衣长59cm，袖长62cm
【工　具】4.5号环针
【材　料】单股羊毛线800g，纽扣8颗

制作说明：

1. 织后片，起88针，编织方向为从下往上，织双罗纹，不加减针织到38cm后，在侧缝线处按图示开始收出袖窿弯度；从袖窿线继续往上织20.5cm后，在后领处不用收出后领弧度。

2. 织前片，起60针，编织方向为从下往上，织双罗纹，不加减针织到38cm后，在侧缝线处按图示开始收出袖窿弯度；前领处不用收出前领弧度。双侧肩上的针和后片肩上的针合并。

3. 织袖子，起24针，采用花样编织，

编织方向为从上往下织，在袖山两旁按图示加针，到袖壮线处再按图示减针，到袖口时为40针，到袖长后平收针。然后用同样的方法织好另一个袖子。分别合并袖下线，并安装好袖子。

4. 织门襟。起10针，由下往上织1行上针1行下针，到合适高度后按"每4行加1针"的规律加针，加4次；织好领驳头后，平收8针，留下6针和前领围挑出的25针、后领围挑出42针，共104针，再织衣领，往上织17cm后收针。

5. 按相关图示，钩好4个20cm长的扣袢，用手针将扣袢及扣子缝在相应位置上。

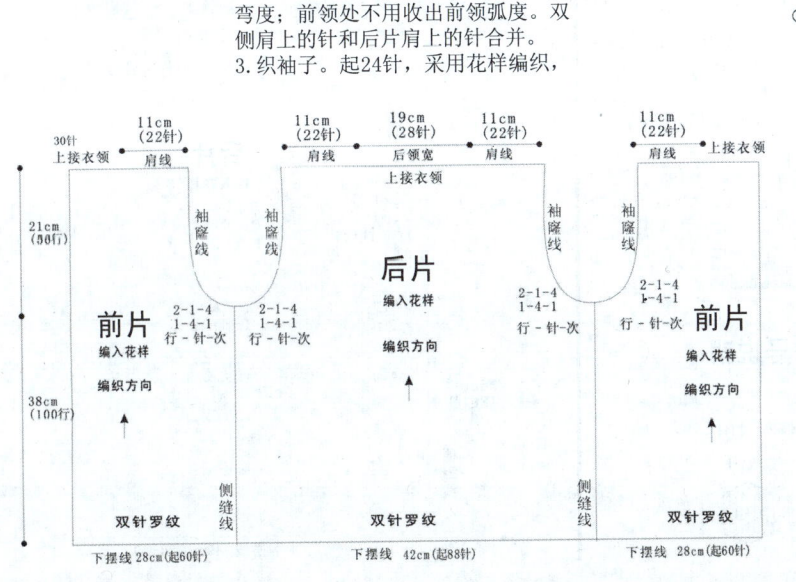

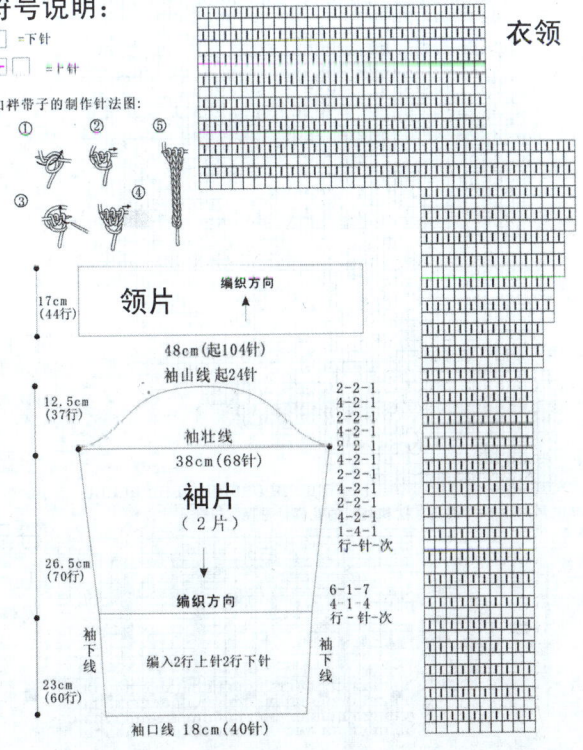

139

080

【成品规格】胸围104cm,衣长69cm,袖长69cm
【工　具】4.5号环针
【材　料】高兔绒线1000g

制作说明:
前片、袖片均为左右2片,后片为1片。

1. 织后片。编织方向为从下往上,起91针,采用花样编织,在侧缝线处,每12行减1针,减5次;往上织到37cm后,在侧缝线处按图示收出袖窿斜线;从袖窿往上织20.5cm后,在后领处收出后领弧度。

2. 织前片。编织方向为从下往上,起40针,采用花样编织,在门襟侧按图示织出圆下摆。方法是:先织16针,然后按图示,每2行多织几针,将40针分多次织完,形成了圆形的小摆。在侧缝线处,每12行减1针,减5次;往上织到37cm后,在侧缝线处按图示收出袖窿斜线;同时,在门襟侧,每10行收1针,共收5次。

3. 织袖子。起40针,从下往上编织,按针法图织花样,在袖下线两旁按图示加针,到袖壮线时为62针;再按图示减针,袖山最后为16针。按同样的方法织好另一个袖子。分别合并侧缝线和袖下线,并安装好袖子。

4. 织风帽。起80针,从下往上织,按花样针法图织,到帽顶角上按图示收出圆角,中间部分继续往上织到13cm后平收针,并和帽侧片合并。袖口、风帽檐和门襟是连续编织的,分别挑针横向编织树叶花样10cm后收针。

后片 编入花样 编织方向

20cm(31针) 后领窝
3-1-4 2-1-2 行-针-次
3-1-4 2-1-2 行-针-次
22cm(52行) 袖窿线
37cm(70行)
12-1-5 行-针-次
12-1-5 行-针-次
侧缝线
下摆线 49cm(起91针)
10cm(22行)

袖片 (2片) 编入花样 编织方向
(16针) 袖山线
22cm(52行)
3-1-3 2-1-20 行-针-次
袖壮线 32cm(62针)
37cm(72行)
4-1-6 8-1-5 行-针-次
袖下线
24cm(40针)
袖口线 24cm(40针)
10cm(22行)

前片 (2片) 编入花样 编织方向
3-1-4 2-1-20 行-针-次
10-1-5 行-针-次
袖窿线
22cm(52行)
37cm(70行)
12-1-5 行-针-次
侧缝线
2-1-7 2-3-3 2-4-2 1-16-1 行-针-次
下摆线 (起40针)
23cm(40针)
10cm(22行)

帽子 编入花样 编织方向
合并
13cm(28行)
13cm(32针)
减针 2-3-3 2-1-3
30cm(68行) 不加减
34cm(起80针)

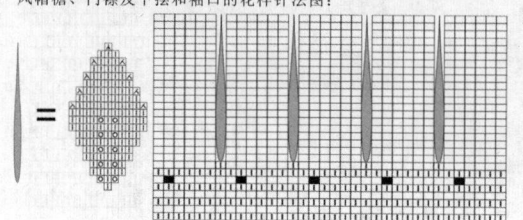

风帽檐、门襟及下摆和袖口的花样针法图:

符号说明:
| = 下针
— = 上针
人 = 2针并1针
○ = 加针
入 = 拨收1针

081

【成品规格】胸围99cm,背肩宽38cm,衣长59cm,袖长56cm
【工　具】4.5号环针
【材　料】兔毛线850g

制作说明:
1. 织后片。编织方向为从下往上,起85针,采用花样编织,在侧缝线处不加减针织到36cm后,按图示收出袖窿弯度;从袖窿线往上织21.5cm后,在后领处收出后领弧度。

2. 织前片。编织方向为从下往上,起43针,采用花样编织,织到合适高度后,旁开门襟线17针,开口袋,口袋平收22针。在下1行再加22针;在侧缝线处,不减针织到36cm后,按图示开始收出袖窿弯度;继续往上编织,前领不用收针,针数直接上接风帽。然后再织好另一个对应的前片,将肩上的针和后片合并。

3. 织袖子。起34针,从上往下编织,在袖山两旁按图示加针,到袖壮线处再按图示减针。然后用同样的方法织好另一个袖子。分别合并侧缝线和袖下线,并安装好袖子。

4. 织风帽。起94针,采用花样往上编织。不加减针织到26cm后,在帽角处按图示收针。最后将帽顶线合并好。

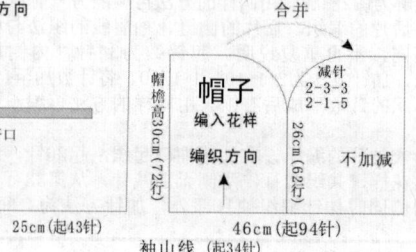

前片 (2片) 编入花样 编织方向
14针 上接风帽
11cm(22针) 肩线
23cm(56行)
袖窿线
2-1-3 1-4-1 行-针-次
36cm(86行)
距17针 留口袋的开口
侧缝线
下摆线 25cm(起43针)

帽子 编入花样 编织方向
合并
减针 2-3-3 2-1-6 行-针-次
帽檐高30cm
26cm(62行) 不加减
46cm(起94针)

袖片 (2片) 编织方向
袖山线 (起34针)
7cm(18行)
袖壮线 34cm(68针)
2+2-7 1+3-1 行-针-次
49cm(118行)
4-1-3 12-1-8 行-针-次
袖下线
袖口线 26cm(44针)

11cm(22针) 18cm(27针) 11cm(22针)
肩线 后领宽 肩线
2-1-2 行-针-次

后片 编入花样
23cm(56行) 袖窿线
2-1-3 1-4-1 行-针-次
2-1-3 1-4-1 行-针-次
36cm(86行)
侧缝线
下摆线 49cm(起85针)

符号说明:
| =下针
— = 上针
5 = 先将5针并为1针,然后将这1针重复中又放成5针。

082

【成品规格】胸围138cm，背肩宽46cm，衣长76cm，袖长49cm

【工　具】8号环针

【材　料】兔毛线1000g

制作说明：

1. 织后片。编织方向为从下往上，起96针，采用花样编织；在侧缝线处不加减针织到49cm后，按图示收出袖窿弯度；从袖窿线往上织25.5cm后，在后领处收出后领弧度。

2. 织前片。编织方向为从下往上，起48针，采用花样编织；在侧缝线处不加减针织到49cm后，按图示开始收出袖窿弯度；继续往上编织，前领不用收针，针数直接上接风帽。然后再织好另一个对应的前片。将肩上的针和后片合并。

3. 织袖子。起30针，从上往下编织，在袖山两旁按图示加针，到袖壮处内按图示减针，到接近袖口时，分散减14针，然后织袖口。并用同样的方法织好另一个袖子。分别合并侧缝线和袖下线，并安装好袖子。

4. 织风帽。起66针，采用花样往上编织。织到风帽后角处按图示收针。将帽顶片和两侧片合并好。

前片
（2片）
编入花样
编织方向

49cm（98行）
27cm（52行）
上接风帽 16针　14cm(18针) 肩线

2-1-1
1-7-1
行-针-次

合并

减针
2-1-4

不加减 26针

帽子
编入花样
编织方向

合并

袖窿线

26针 14针 46cm(起66行)

侧缝线

下摆线 35cm（起48针）

帽顶缝合 30cm（72行）

符号说明：

| = 下针
— = 上针
✕ = 2针下针右上交叉

袖片
（2片）
编织方向

袖山线 （起30针）
10cm（18行）
袖壮线 34cm（66针）
39cm（73行）

2-2-7
1-4-1
行-针-次

4-1-4
10-1-6
行-针-次

分散减14针

袖下线

袖口线 22cm（32针）

14cm
18行
18cm
(27针)
14cm
18行

肩线 后领宽 肩线

后片
编入花样

27cm（52行）
49cm（98行）

袖窿线

2-1-2
行-针-次

2-1-7
1-7-1
行-针-次

2-1-7
1-7-1
行-针-次

侧缝线 侧缝线

下摆线 68cm（起96针）

083

【成品规格】外套长70.5cm，胸围96cm，肩宽50cm

【工　具】4.5号环针

【材　料】双股草绿色兔毛线1000g

制作说明：

1. 棒针编织法。分为前片2片，后片1片，衣帽1片，衣袖2片。

2. 织前片。前片分为2片编织，起51针，起织扭针单罗纹针，共6行；从第7行开始，编织衣身花样；如前片结构图所示，按照图中所示的针数一一编织花样；编织至48行时，开始进行腰身减针，每8行减1针，共减4次；从第97开始，衣襟侧不加减针，另一侧作袖窿减针，按照"1-4-1，2-1-3"的方法减针，共减7行；余下的不加减针编织49行；在最后一行时，从袖口侧算起，共收21针，余下18针不收针，用长毛衣扣针工具扣住不织，留待延续编织衣帽。用同样的方法，不同的编织方向，再编织另一前片，详细编织方法见图1。

3. 织后片。后片的编织花样及方法与前片的大体相同，但在衣身中间，有20针的花样是不相同的，这个花样两侧的花样针数与前片的相同，衣身侧缝的减针方法亦与前片的相同，即"1-4-1，2-1-3"的减针方法。袖窿的减针方法也与前片的相同，但在编织至最后4行时，从两侧算起，留23针继续编织，在中间按"2-1-2"的减针方法，将23针减至21针，最后21针收针断线。

4. 织衣袖。衣袖从肩部起织，起24针，两侧同时加针，按照"1-2-11，1-4-1"的方法加针，共加至12行；从第13行开始，两侧减针，方法为4-1-5，10-1-5；袖片共编织90行，第91行，将袖片分散收起14针，最后余10针编织袖口，共10行。

5. 织帽子。将两身片留下的针数穿至棒针，再沿后片挑针织，共挑32针；再将另一侧的前片针数穿至棒针，加以针，反复编织帽子，不加减针编织全22行；在第23行的后中心线处，两侧各加1针；再不加减针编织40行，余下从后中心线向两侧减针，按照"2-3-3，2-1-5"的方法减；减至最后1行时，将余下的针数收起，对折缝合。

6. 缝合。将前后片的肩部、侧缝对应缝合，再将两衣袖的袖山与衣身的袖窿对应缝合。

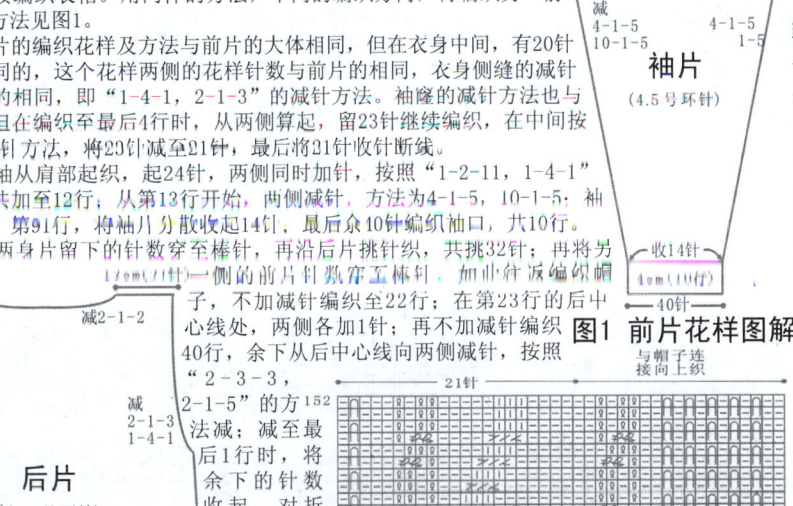

24针
向下织
加
1-2-11
1-4-1
6cm

76针

减
4-1-5
10-1-5

4-1-5
1-5

43cm（78行）

袖片
（4.5号环针）

收14针
4cm（10行）
40针

图1 前片花样图解
与帽子连
接向上织

10cm（11针）

减2-1-2

减
2-1-3
1-4-1

减
2-1-3
1-4-1

后片
（4.5号环针）

16行不加减针

32行减针
减8-1-4

14cm
(48行)
不加减针

40针 20针 40针

56cm（100针）

70.5cm

13cm
(21针)
12cm
(18针)
12cm
(18针)
13cm
(21针)

减
2-1-3
1-4-1

减
2-1-3
1-4-1

27cm（56行）
41cm（96行）

16行不加减针

前片
（4.5号环针）
图1图解

32行减针
减8-1-4

14cm
(48行)
不加减针

向上织

2.5cm（6行）
31cm（51针）

2.5cm（6行）
31cm（51针）

11针 11针 8针 10针 8针 14针

（4.5号环针）
帽顶缝合

减
2-3-3
2-1-5

后中心线

帽子

帽沿

帽沿

27cm

16针

8针 11针

沿衣领
延续衣襟

符号说明：

□ = 下针
□ = 上针
□ = 扭针
□ = 下针元宝针

= 右上3针与左下3针交叉

= 右上3针与左下1针交叉

= 左上3针与右下1针交叉

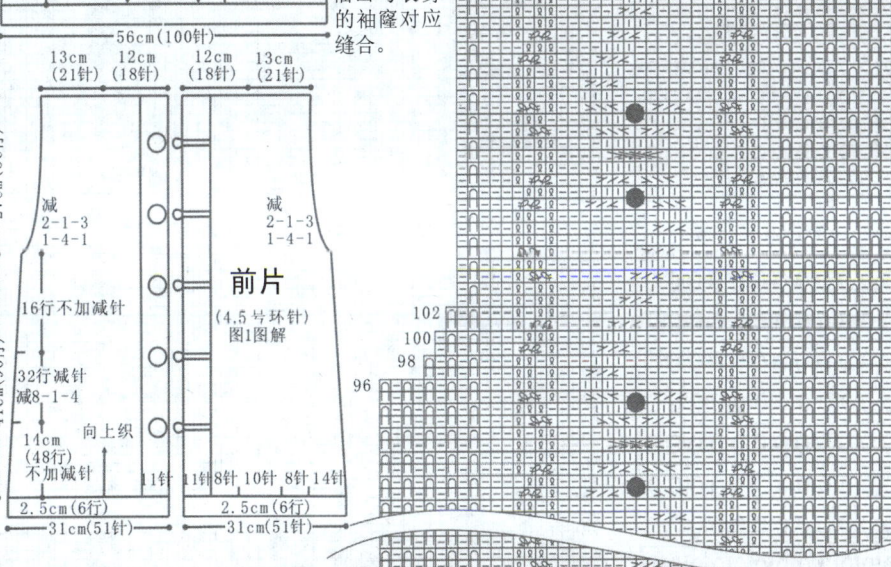

21针

152

102
100
98

96

48行时
开始减针
8-1-4

51

24行

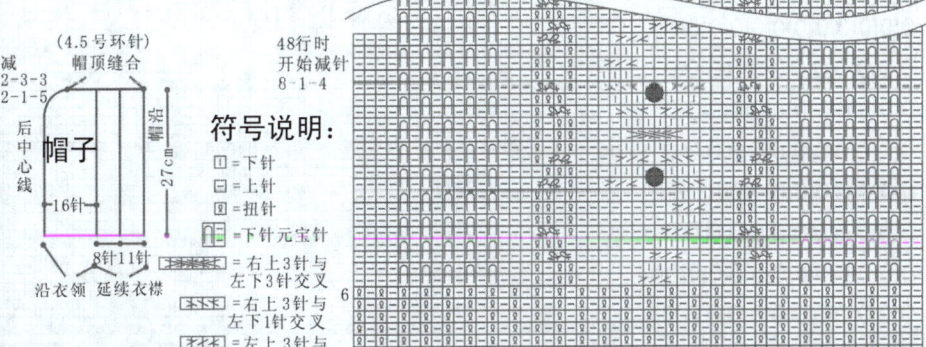

6

084

【成品规格】衣长46cm,
袖长23cm
【工　　具】9号环针
【材　　料】粗毛线450g

制作说明:

1. 按结构图织单元片。编织方向为从下往上,起68针,采用花样编织,不加减针织46cm（120行）,然后平收。

2. 按图示分别在第一步中织好的单元片两端挑68针,每4行减1针,减15次,就成了38针。将这38针平收为袖口,再织另一个袖子。

3. 再在第一步中织好的单元片两侧各挑130针,按针法图织17cm（48行）,然后平收针,再将虚箭头所示的两侧翼部合并。完成。

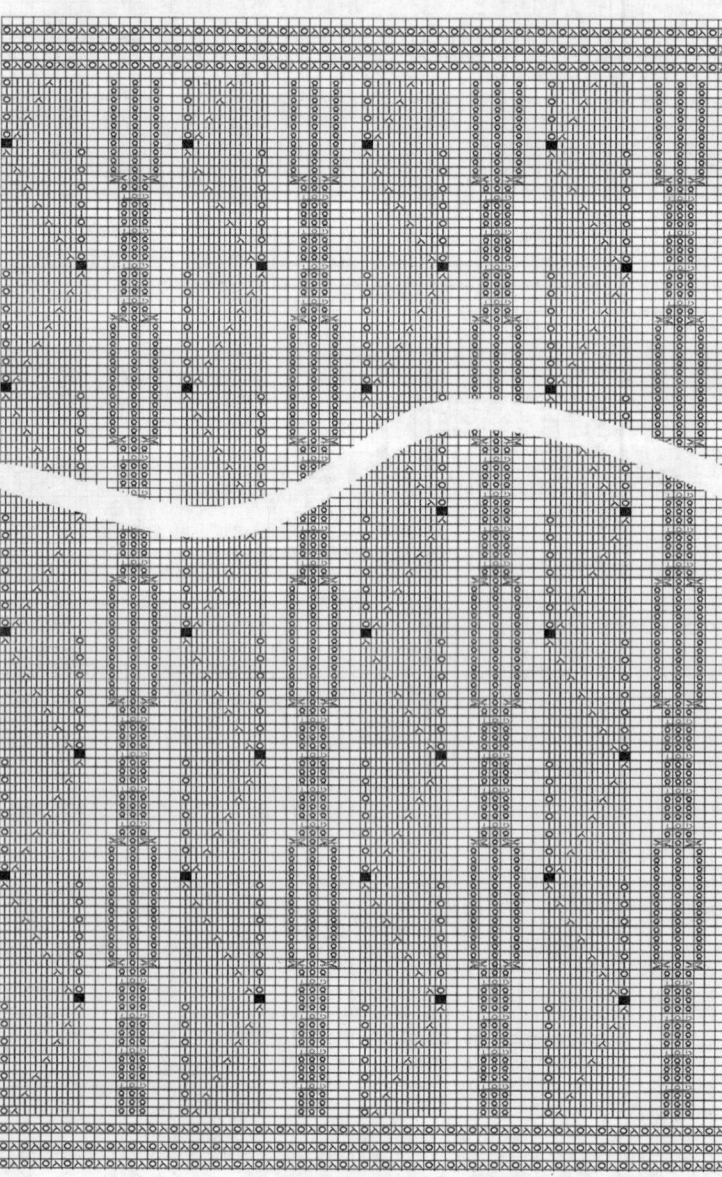

（38针）

23cm
（60行）

↓ 编织方向

袖片

第二步
31cm(68针)

合并

后片

编织方向

46cm
（120行）

第三步
挑130针

编织方向 ←

后下摆片

第一步
31cm(起68针)

第三步
挑130针

编织方向 →

17cm
（48行）

领片

第二步
31cm(68针)

合并

袖片

↓ 编织方向

（38针）

■ =

符号说明:

| =下针　Ω =下针扭针　Ջ =上针扭针

□ =上针

Ο =加针

⟋ =2针并1针

⟍ =拨收1针

⟍ =上针2针并1针

‍I Ο Ӏ =先将第3针挑过第2和第1针,然后织1针加1针再织1针。

⟋⟍ =扭针和上针右上交叉扭针在上,

编织方向 ←

编织方向 →

142

085

【成品规格】胸围104cm,肩宽52cm,衣长60cm
【工　　具】6号环针
【材　　料】高兔绒线400g

制作说明:
1. 按结构图织单元片。编织方向为从下往上,起78针,采用花样编织,织52cm(80行),不加减针,往上织。然后平收。
2. 按图示,分别在第一步中织好的单元片两端横向挑40针,织衣袖8cm(12行)。
3. 在40针中,每1针加1针,40针通过加针就成了80针,织袖口。将相同记号分别合并。

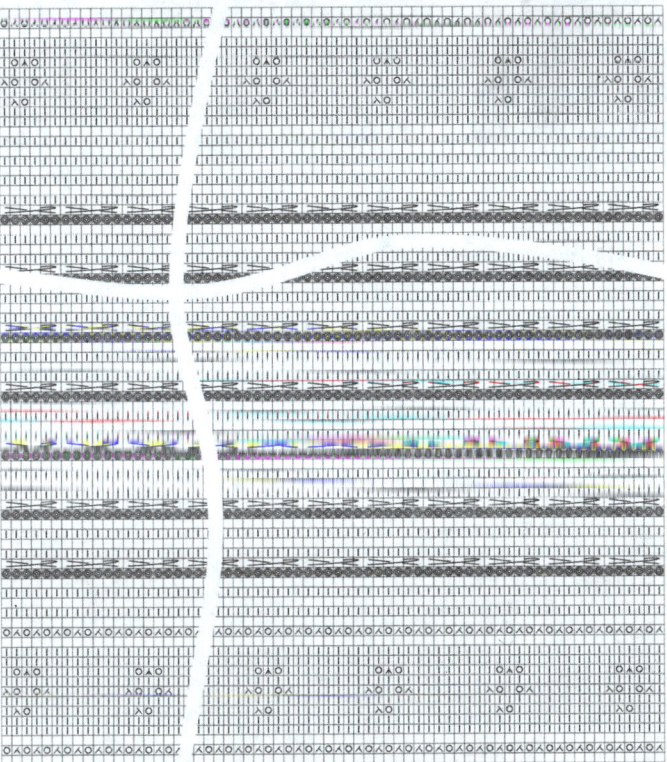

袖口为80针
在每1针中加1针,
40针通过加针就成了80针

符号说明:

Ⅰ	=下针
○	=加针
人	=2针并1针
入	=拨收1针
— □	=上针
Ⅴ	=从1针中再加出1针
◎	=织下针将线绕3圈,使线圈拉长
⨉	=将左侧的3针套在右侧3针上,再织下针

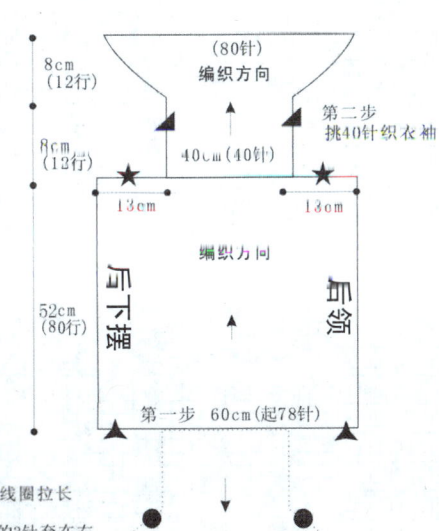

8cm(12行)　(80针)　编织方向
8cm(12行)　40cm(40针)　第二步 挑40针织衣袖
13cm　★　★　13cm
后下摆　编织方向　后领
52cm(80行)
第一步 60cm(起78针)
将相同记号分别合并

086

【成品规格】衣长67cm,下摆宽70cm
【工　　具】4.5号环针
【材　　料】粗毛线300g

制作说明:
1. 按结构图织单元片。编织方向为从下往上,起132针,采用花样编织,不加减针织25cm(72行);然后分散减去60针,成了72针;不加减针继续织34cm(95行);再在两侧各平加52针,织网眼花8cm(24行),形成了两侧翼;再织1行上针1行下针,并按"每2行收5针"的规律,共收0次,收成剑坎状。最后平收96针
2. 按图示分别合并两侧翼部。一款漂亮的无袖短背心就成功了。

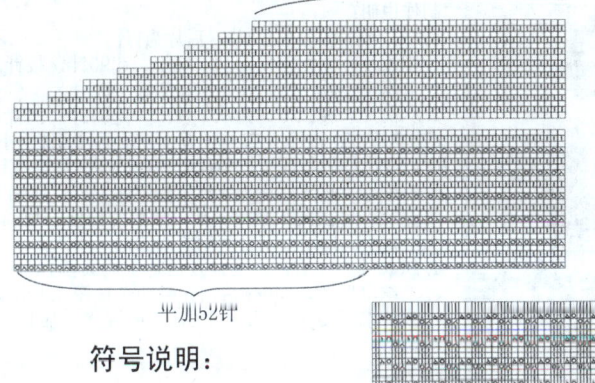

平收96针
平加52针

符号说明:

Ⅰ	=下针	人	=2针并1针
□	=上针	入	=拨收1针
○	=加针	⋏	=上针2针并1针

分散减60针

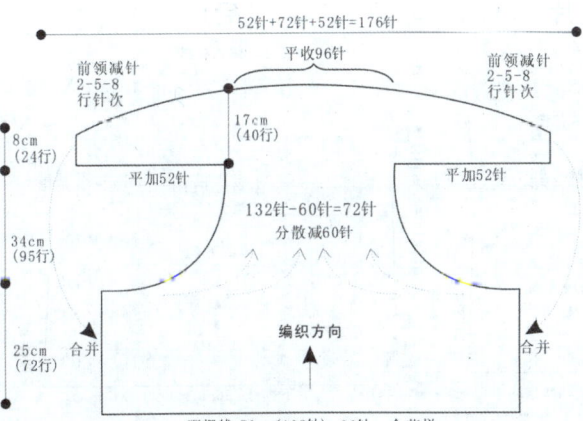

52针+72针+52针=176针
前领减针 2-5-8 行针次　平收96针　前领减针 2-5-8 行针次
8cm(24行)　17cm(40行)
平加52针　平加52针
34cm(95行)　132针-60针=72针 分散减60针
25cm(72行)　合并　编织方向　合并
下摆线 70cm(132针)　22针一个花样

143

087

【成品规格】衣长40cm，宽114cm
【工　　具】7号环针
【材　　料】高兔绒线400g

制作说明：
1. 按结构图织单元片。编织方向为从下往上，起60针，采用花样编织，织114cm（220行），注意在靠下摆这一侧的43针，每8行要多织1个来回。然后平收。
2. 按图示分别在第一步中织好的单元片领端横向挑100针，往上织衣领。织单罗纹17cm，然后平收针。
3. 再在门襟相应位置上钉好3个纽扣，在另一侧门襟相应位置上做3个扣袢。

第二步
横向挑100针
往上织衣领

编织方向

第一步
40cm（起60针）

17cm
（34行）

17针　43针

17针

43针

靠下摆43针 每8行
多织一个来回

114cm（220行）

符号说明：

Ⅰ =下针	入 =2针并1针
□ =上针	⅄ =拨收1针
Ο =加针	

ⅠΟⅠ = 先将第3针挑过第2和第1针，然后织1针加1针再织1针。

✕ = 扭针和上针右上交叉 扭针在上。

088

【成品规格】胸围106cm，衣长46cm，袖长43cm
【工　　具】4.5mm环针
【材　　料】高兔绒500g

制作说明：
前片、袖片均为左右2片，后片为1片。
1. 织后片。编织方向为从下往上，起90针，按针法图往上织到24cm后分散减去14针；再织6cm单罗纹，收出后斜肩线；从袖窿处往上织16cm后，将后肩处的针穿好，待用。
2. 织前片。编织方向为从下往上，起53针（门襟16针），采用花样针法往上编织，不加减针往上织到24cm后分散减去6针；再织6cm单罗纹；注意在前胸位置上左右各要织1个小球装饰花；在侧缝线处按图示织收出前斜肩线；在门襟侧，每8行减1针，减5次，收出前领斜线；按图示织到合适高度后，将针穿好，待用。
3. 织袖子。起61针，按花样针法图往上织，在袖下线两旁不用加减针，织到21cm后分散减去4针；继续往上织6cm到袖壮线，针数是57针；再按图示减针，袖山最后为11针。用同样的方法织好另一个袖子。然后分别合并侧缝线和袖下线，并安装好袖子。
4. 织衣领。在前片、袖片及后片上端共挑140针，按针法图往上织单罗纹，织6cm后，在领两角按图示收出圆领形状。在领片中间要按"每2行加2针"的规律，加4次，最后平收针。

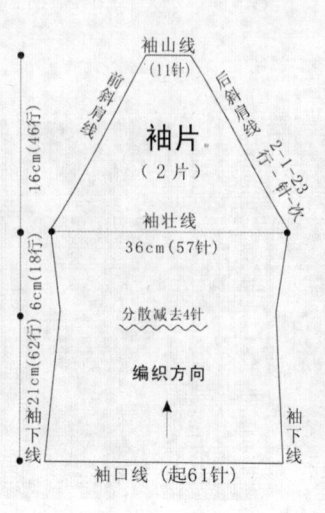

领片
单针罗纹

2-3-3
2-2-3
2-1-3
行-针-次

在领片中间加针 2-2-4
行-针-次

2-3-3
2-2-3
2-1-3
行-针-次

6cm
（18行）

17cm
（28行）

编织方向

84cm（起140针）

符号说明：

Ⅰ =下针	一 □ =上针
入 =2针并1针	Ο =加针
⅄ =拨收1针	
人 =中上3针并1针	

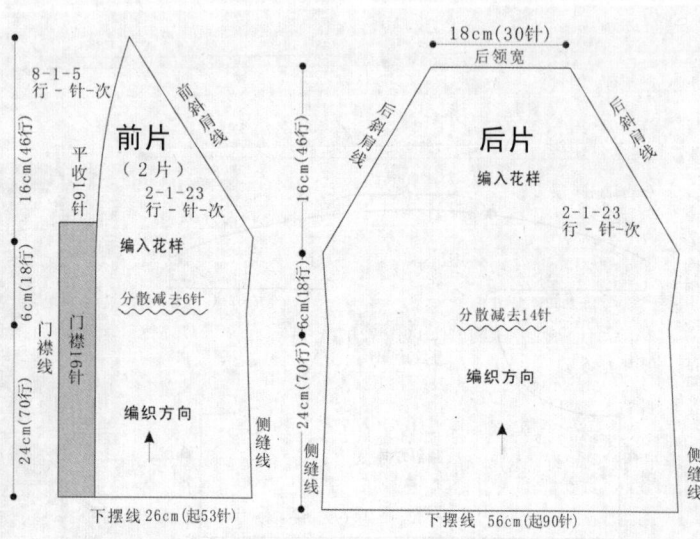

袖片
（2片）

袖山线
（11针）

前斜肩线

后斜肩线

2-1-23
行-针-次

袖壮线
36cm（57针）

分散减去4针

编织方向

16cm（46行）

6cm（18行）

21cm（62行）

前斜肩线

后斜肩线

袖下线

袖口线（起61针）

前片
（2片）

8-1-5
行-针-次

前斜肩线

平收16针

2-1-23
行-针-次

编入花样

分散减去6针

编织方向

16cm（46行）

6cm（18行）

24cm（70行）

门襟16针

门襟线

下摆线 26cm（起53针）

侧缝线

后片

18cm（30针）
后领宽

后斜肩线

后斜肩线

编入花样

2-1-23
行-针-次

分散减去14针

编织方向

16cm（46行）

6cm（18行）

24cm（70行）

下摆线 56cm（起90针）

侧缝线

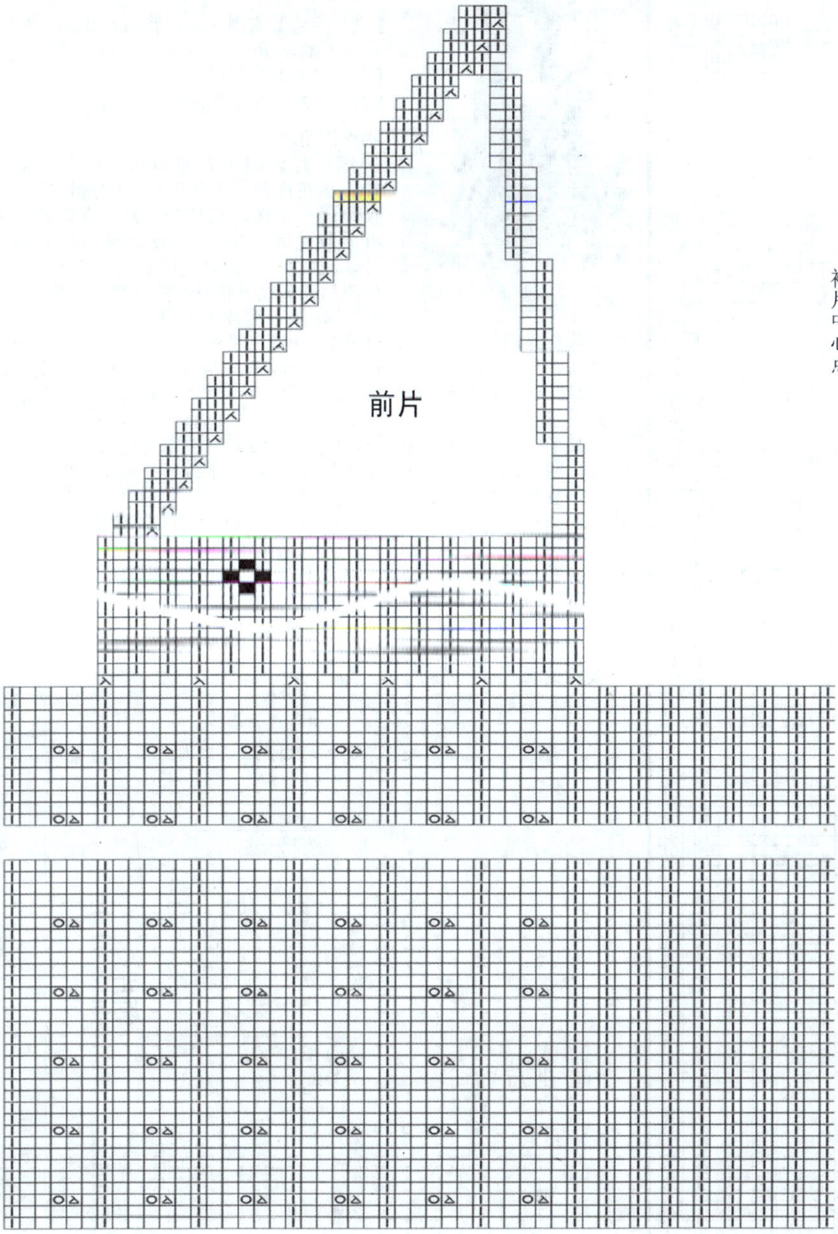

前片

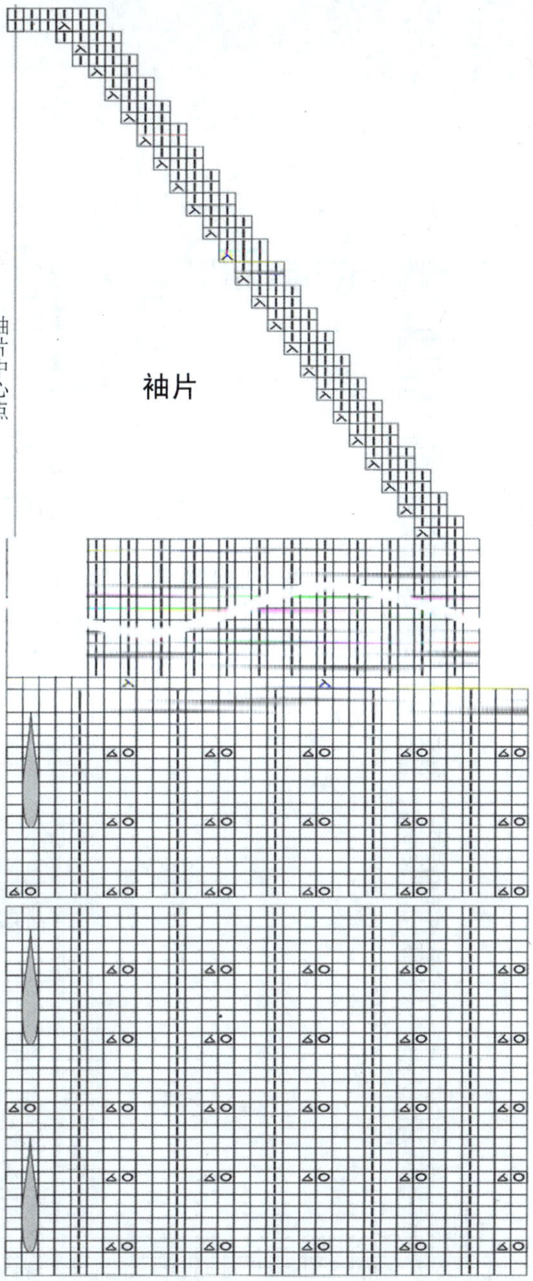

袖片中心点

袖片

089

【成品规格】胸围110cm，背肩宽42cm，衣长63cm，袖长59cm
【工　　具】4.5号环针
【材　　料】兔毛线1000g

制作说明：

1. 织后片。编织方向为从下往上，起100针，按花样图往上织，待织到39cm后，在侧缝线上开始收袖隆，先平收5针再每2行减1针，减5次；从袖隆线往上织22.5cm后，开始收后领弧线。将肩部的针穿好，待用。

2. 织前片。编织方向为从下往上，起63针，按花样图往上织，其中22针为门襟边；待织到39cm后，在侧缝线上开始收袖隆，先平收5针，再每2行减1针，减4次；从袖隆线往上织17cm，将门襟的针穿好，待用，按图示收出前领弧形；将肩部的针和后片合并好。缝合好两侧缝线，门襟上的针穿好，留下，待和前片旁边及后片一起往上织衣领。织好对应的另一个前片。

3. 织袖子。按图示从上往下织，起20针，采用花样编织，在袖山两旁按图示加针，到袖壮线时是70针；再按图示减针，编织到结构图的长度后，在袖口的44针换算为1行上针1行下针。用同样的方法织好另一个袖子。分别合并袖下线，并安装好袖子。

4. 织衣领。将门襟上的针数、前领圈上挑出的16针及后领上挑出的42针，一起往上织花样，其他针织1行上针1行下针。织到领高度后收针。最后在门襟处钉好暗纽。

符号说明：

	=下针			=上针
人	=2针并1针	入	=拨收1针
✕	=1针下针左上交叉	Q	=扭针
✕	=1针下针右上交叉	✕	=扭针和上针右上交叉，扭针在上

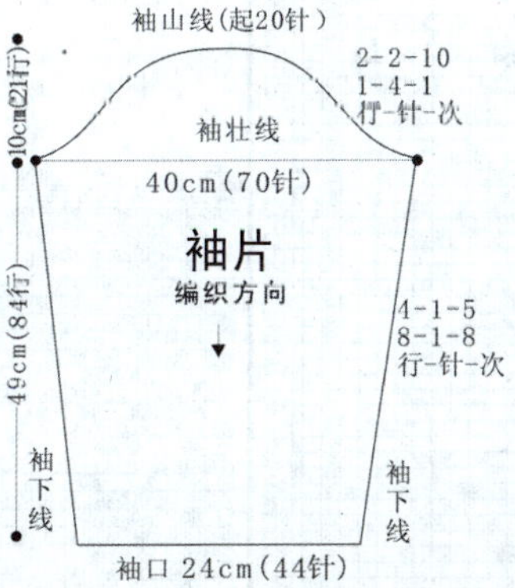

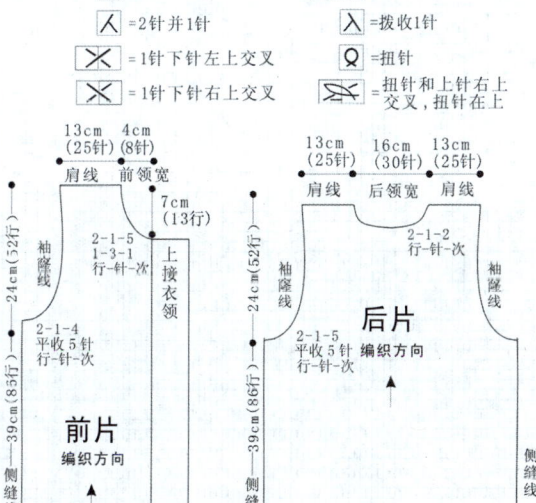

袖山线（起20针）
10cm(21行)
袖壮线
40cm(70针)
2-2-10
1-4-1
行-针-次

13cm(25针)　4cm(8针)
肩线　前领宽
7cm(13行)
袖隆线
上接衣领
2-1-5
1-3-1
行-针-次
2-1-4
平收5针
行-针-次

13cm(25针)　16cm(30针)　13cm(25针)
肩线　后领宽　肩线
2-1-2
行-针-次
袖隆线
2-1-5
平收5针
行-针-次

袖片
编织方向

前片
编织方向

后片
编织方向

49cm(84行)
4-1-5
8-1-8
行-针-次

24cm(52行)
39cm(85行)
侧缝线

24cm(52行)
39cm(86行)
侧缝线

袖下线
袖口 24cm（44针）
袖下线

下摆线
25cm(起41针)
门襟
10cm(起22针)

起100针

145

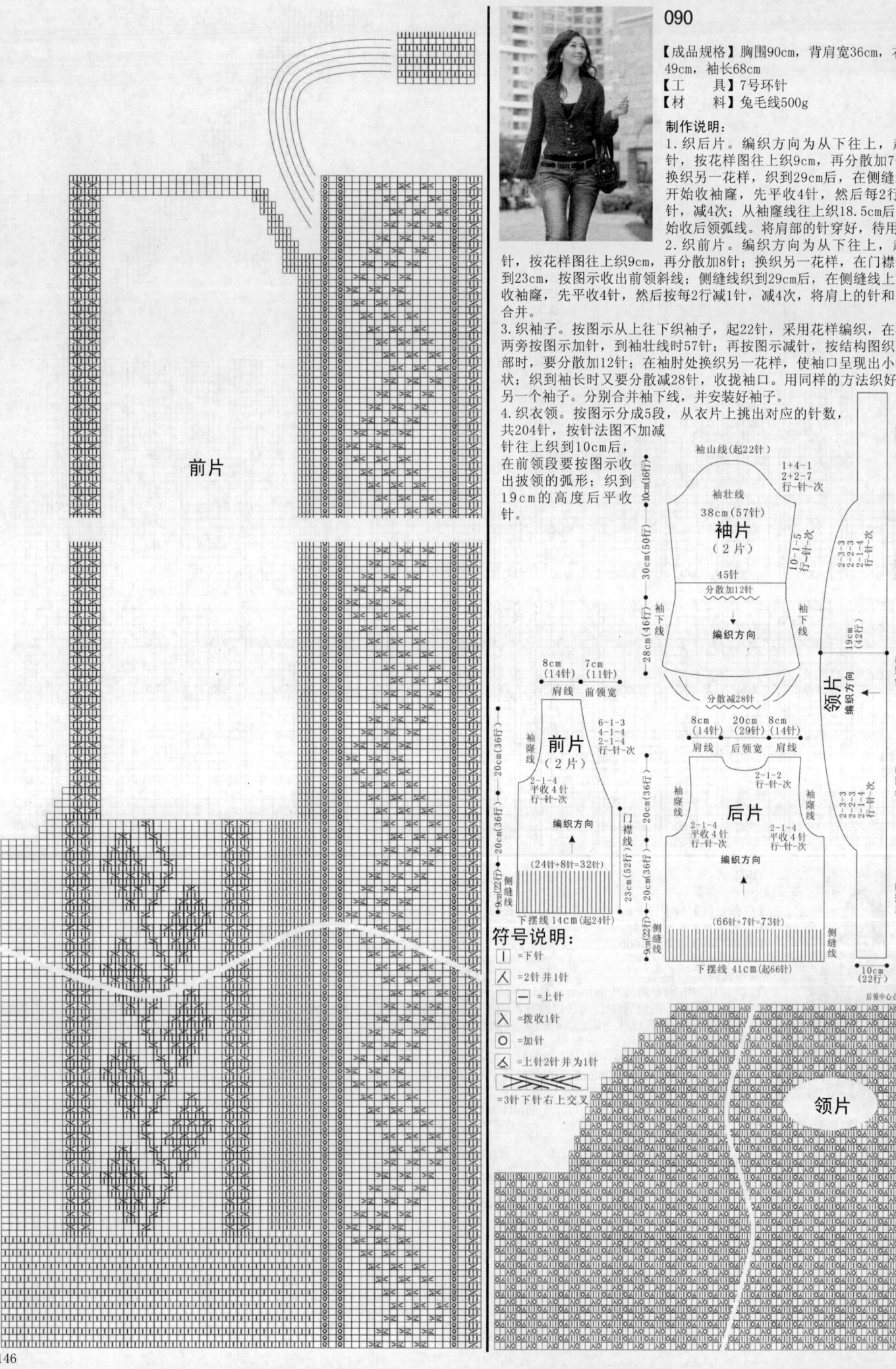

前片

090

【成品规格】胸围90cm，背肩宽36cm，衣长49cm，袖长68cm
【工　具】7号环针
【材　料】兔毛线500g

制作说明：

1. 织后片。编织方向为从下往上，起66针，按花样图往上织9cm，再分散加7针；换织另一花样，织到29cm后，在侧缝线上开始收袖窿，先平收4针，然后每2行减1针，减4次；从袖窿线往上织18.5cm后，开始收后领弧线。将肩部的针穿好，待用。

2. 织前片。编织方向为从下往上，起24针，按花样图往上织9cm，再分散加8针；换织另一花样，在门襟侧织到23cm，按图示收出前领斜线；侧缝线织到29cm后，在侧缝线上开始收袖窿，先平收4针，然后按每2行减1针，减4次，将肩上的针和后片合并。

3. 织袖子。按图示从上往下织袖子，起22针，采用花样编织，在袖山两旁按图示加针，到袖壮线时57针；再按图示减针，按结构图织到肘部时，要分散加12针；在袖肘处换织另一花样，使袖口呈现出小喇叭状；织到袖长时又要分散减28针，收拢袖口。用同样的方法织好另一个袖子。分别合并袖下线，并安装好袖子。

4. 织衣领。按图示分成5段，从衣片上挑出对应的针数，共204针，按针法图不加减针往上织到10cm后，在前领段要按图示收出披领的弧形；织到19cm的高度后平收针。

袖山线（起22针）

1+4-1
2+2-7
行-针-次

袖壮线

袖片
（2片）

38cm（57针）

45针

分散加12针

编织方向

10-1-5
行-针-次

门襟段
23cm（36针）

前领段
32cm（52针）

后领段
20cm（28针）

前领段
32cm（52针）

门襟段
23cm（36针）

30cm（50针）

28cm（46行）

10cm（16行）

袖下线

袖下线

2-3-3
2-2-3
2-1-1
行-针-次

19cm（42行）

领片
编织方向

后领中心点

8cm（14针）　7cm（11针）
肩线　　前领宽

前片
（2片）

6-1-3
4-1-4
2-1-4
行-针-次

2-1-4
平收4针
行-针-次

编织方向

（24针+8针=32针）

下摆线14cm（起24针）

袖窿线

20cm（36行）

20cm（36行）

9cm（22行）

侧缝线

门襟线

8cm（14针）20cm（29针）8cm（14针）
肩线　　后领宽　　肩线

分散减28针

2-1-2
行-针-次

后片

袖窿线　　　　袖窿线
2-1-4　　　　2-1-4
平收4针　　　平收4针
行-针-次　　　行-针-次

编织方向

（66针+7针=73针）

下摆线41cm（起66针）

20cm（36行）

20cm（36行）

9cm（22行）

侧缝线

2-3-3
2-2-3
2-1-1
行-针-次

2-3-3
2-2-3
2-1-1
行-针-次

10cm
（22行）

符号说明：

	下针
人	2针并1针
□ 一	上针
入	拨收1针
O	加针
人	上针2针并为1针

=3针下针右上交叉

领片

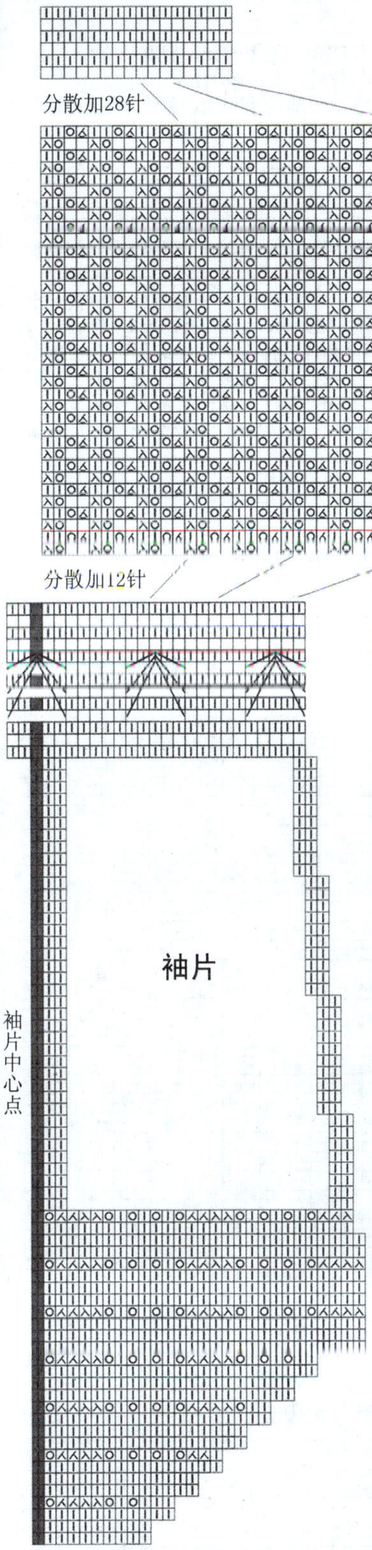

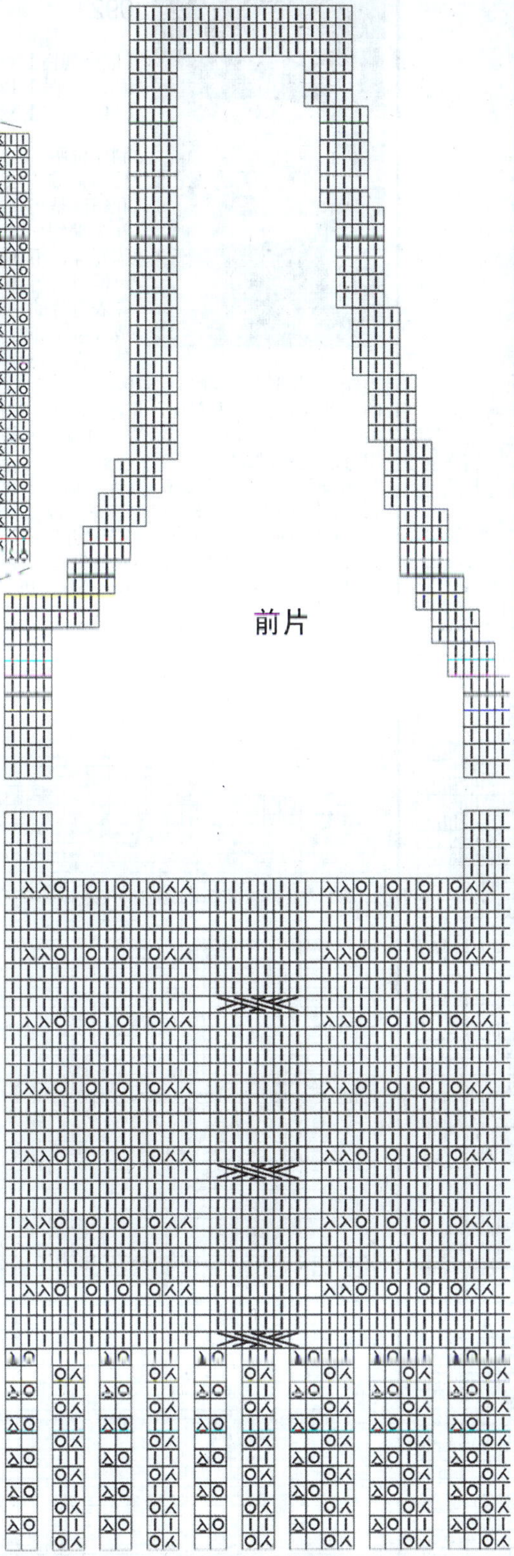

分散加28针

分散加12针

袖片中心点

袖片

前片

袖片

后片

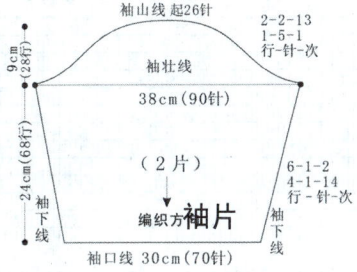

【成品规格】胸围88cm，背肩宽38cm，衣长56cm，袖长33cm
【工　具】9号环针
【材　料】单股羊毛线450g

制作说明：
1.织后片。起102针，编织方向为从下往上，编织到14cm高度后分散加10针；采用不同的花样编织，不加减针织到22cm后，在侧缝线处按图示开始收出袖窿弯度；从袖窿线继续往上织18.5cm后，在后领处收出后领弧度。将后片双侧肩上的针穿好，待和前片合并用。
2.织前片。起52针，编织方向为从下往上，编织到14cm高度后分散加5针；采用不同的花样编织，再不加减针织到22cm后，在侧缝线处按图示开始收出袖窿弯度；继续往上织，从袖窿线往上织11cm后，在前领处按图示收出前领弧度。将后片双侧肩上的针和前片肩上的针合并。
3.织袖子。起26针，采用花样编织，编织方向为从上往下织，在袖山两旁按图示加针，到袖壮线处按图示减针，到袖口剩70针平收。用同样的方法织好另一个袖子。分别合并袖下线，并安装好袖子。
4.织衣领。在前领围挑出40针、后领围挑出56针，按下摆花样横向织一组后收针。

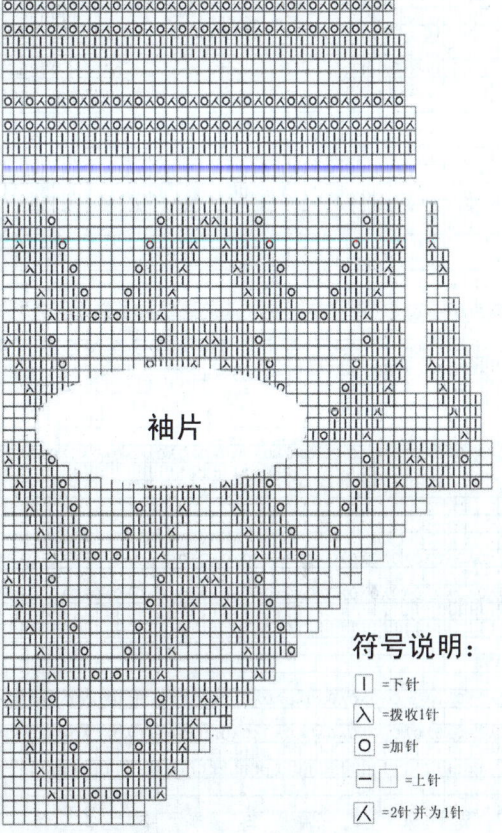

袖山线 起26针
2-2-13
1-5-1
行-针-次

袖壮线

38cm(90针)

9cm(28行)

24cm(68行)

袖下线

（2片）
编织方 袖片

6-1-2
4-1-14
行-针-次

袖下线

袖口线 30cm(70针)

袖片

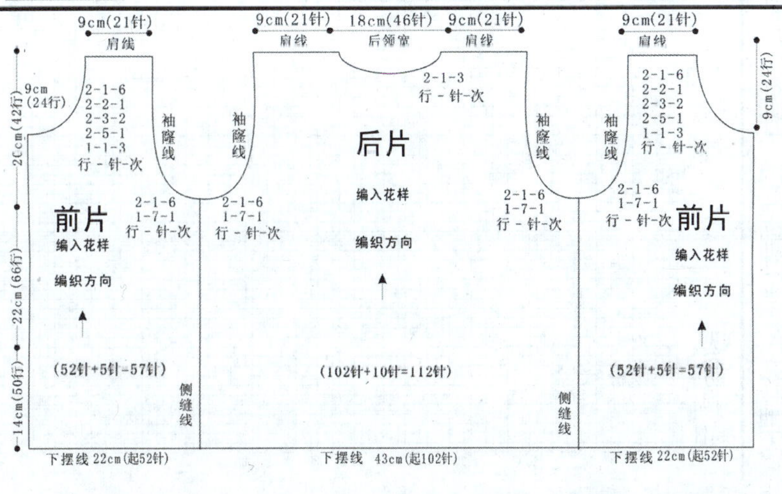

9cm(21针)　9cm(21针)　18cm(46针)　9cm(21针)　9cm(21针)
肩线　肩线　后领窝　肩线　肩线

9cm(24行)
2-1-6
2-2-1
2-3-2
2-5-1
1-1-3
行-针-次

9cm(24行)
2-1-6
2-2-1
2-3-2
2-5-1
1-1-3
行-针-次

2-1-3
行-针-次

袖窿线　袖窿线

2-1-6
2-2-1
2-3-2
2-5-1
1-1-3
行-针-次

2-1-6
2-2-1
2-3-2
2-5-1
1-1-3
行-针-次

袖窿线　袖窿线

前片　后片　前片
编入花样　编入花样　编入花样

2-1-6
1-7-1
行-针-次

2-1-6
1-7-1
行-针-次

2-1-6
1-7-1
行-针-次

编织方向　编织方向　编织方向

(52针+5针=57针)　(102针+10针=112针)　(52针+5针=57针)

侧缝线　侧缝线

2cm(42行)

9cm(24行)

22cm(66行)

14cm(50行)

下摆线 22cm(起52针)　下摆线 43cm(起102针)　下摆线 22cm(起52针)

符号说明：

| 下针
人 拨收1针
O 加针
━ □ 上针
入 2针并为1针

147

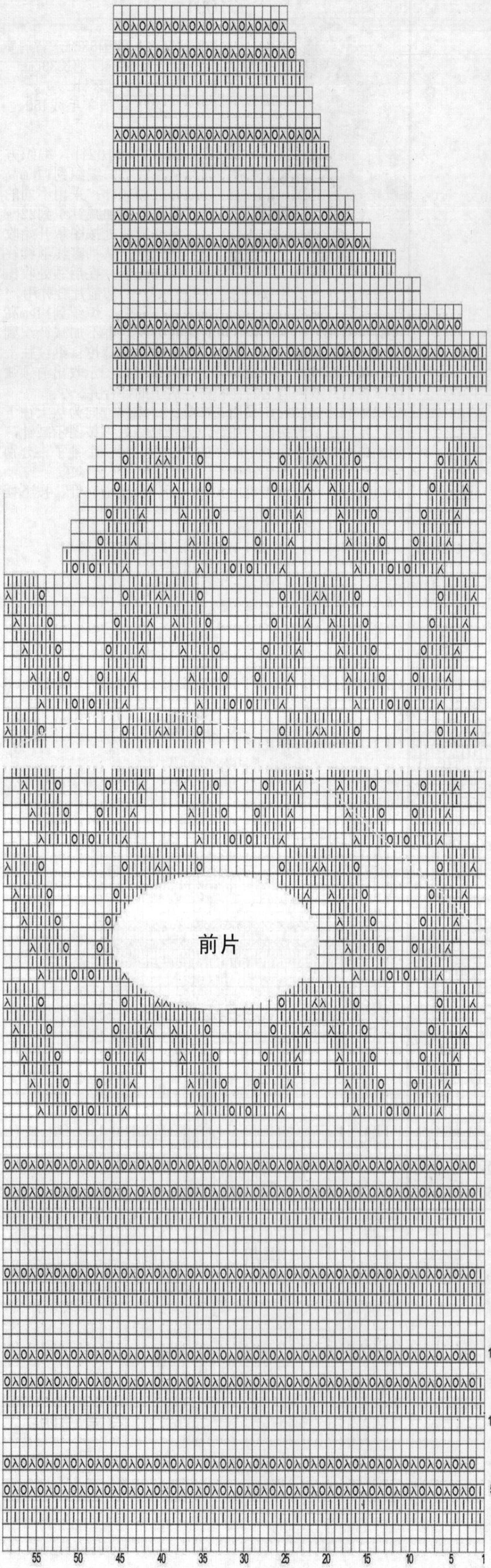

092

【成品规格】衣长58cm，胸围92cm，肩宽52cm
【工　　具】12号棒针，2.0mm钩针
【材　　料】双股白色细纱线300g，黑色木质纽扣6颗

制作说明：

1. 棒针编织法。分为前片1片，后片1片，2片的结构和织法是相同的。
2. 先编织1片。方向是从右向左。起118针，按图1织花样，不加减针织12行；第13行开始，在肩部侧加1针，织5行加1针，加10次；然后不加减针织26行；在衣身片的第93行、第62针处，开始将织片分叉，形成衣领，即织至第62针时，余下的针全作下针收针，然后在下1行，重起这些针数，继续编织。在肩侧不加减针织26行，再按5-1-10，12-1-1的方法减针。完成后收针断线。不用肩部的一侧，挑针起织衣摆，见图3双罗纹花样。挑152针，织60行后收针断线。最后一步即是织两侧的双罗纹，向两侧各挑168针，共织16行双罗纹花样。详细编织方法见图1与图3。
3. 用同样的方法再编织另1片。但这片的下侧要编织3个扣眼。织扣眼的方法为：在当行收起数针，再在下1行重起这些针数，最后1针作扣眼过后的第1针。在前1片扣眼对应的位置上缝上纽扣。
4. 缝合。将两衣身片的肩部对应缝合，衣摆两侧将扣子扣上即可。
5. 最后一步，沿着衣领挑针钩织图2花边。

图1 前片花样图解

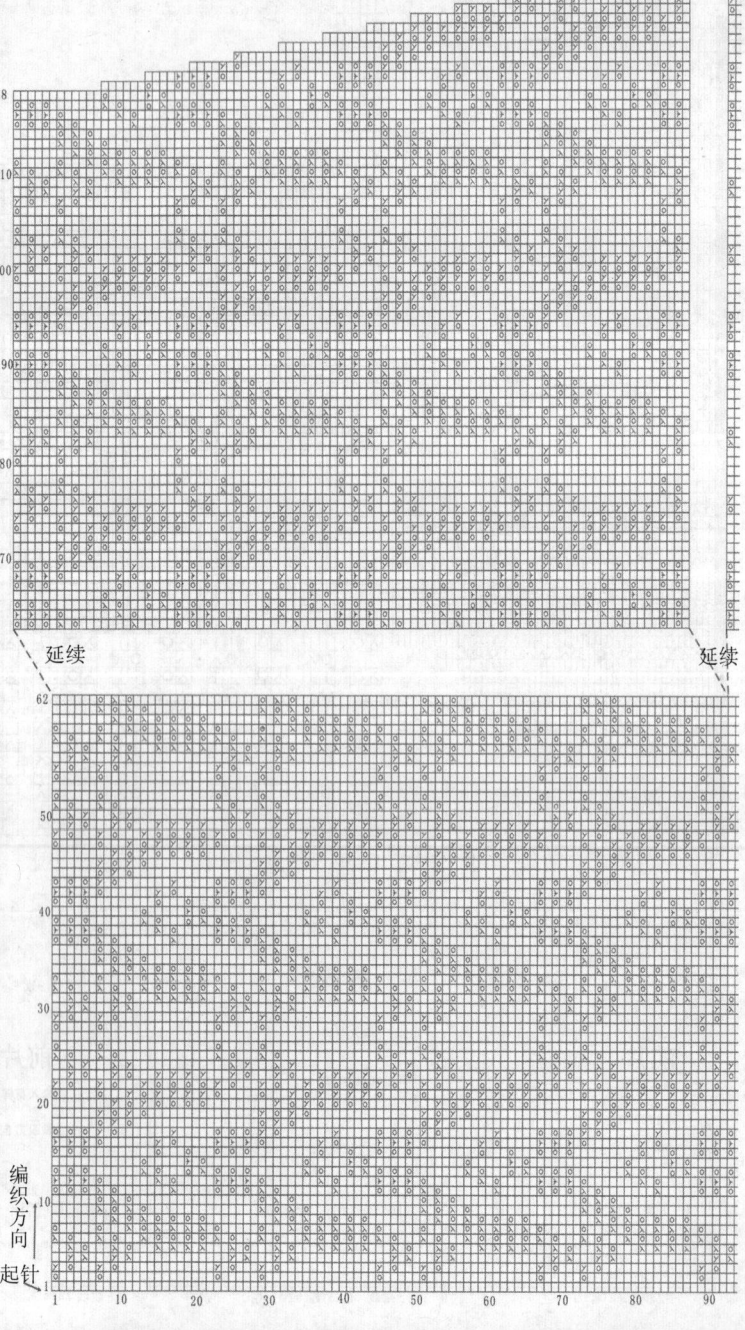

前片

18
110
100
90
80
70
62
50
40
30
20
10

延续　　　　　　　　　延续

编织方向

起针

1　10　20　30　40　50　60　70　80　90

55　50　45　40　35　30　25　20　15　10　5　1

15　10

图3 双罗纹图解

符号说明：
□=下针
□=上针
⊠=加1针，左侧并1针
⊠=右侧并1针，加1针
⊠=加1针，3针并1针，再加1针

图2 花边花样图解

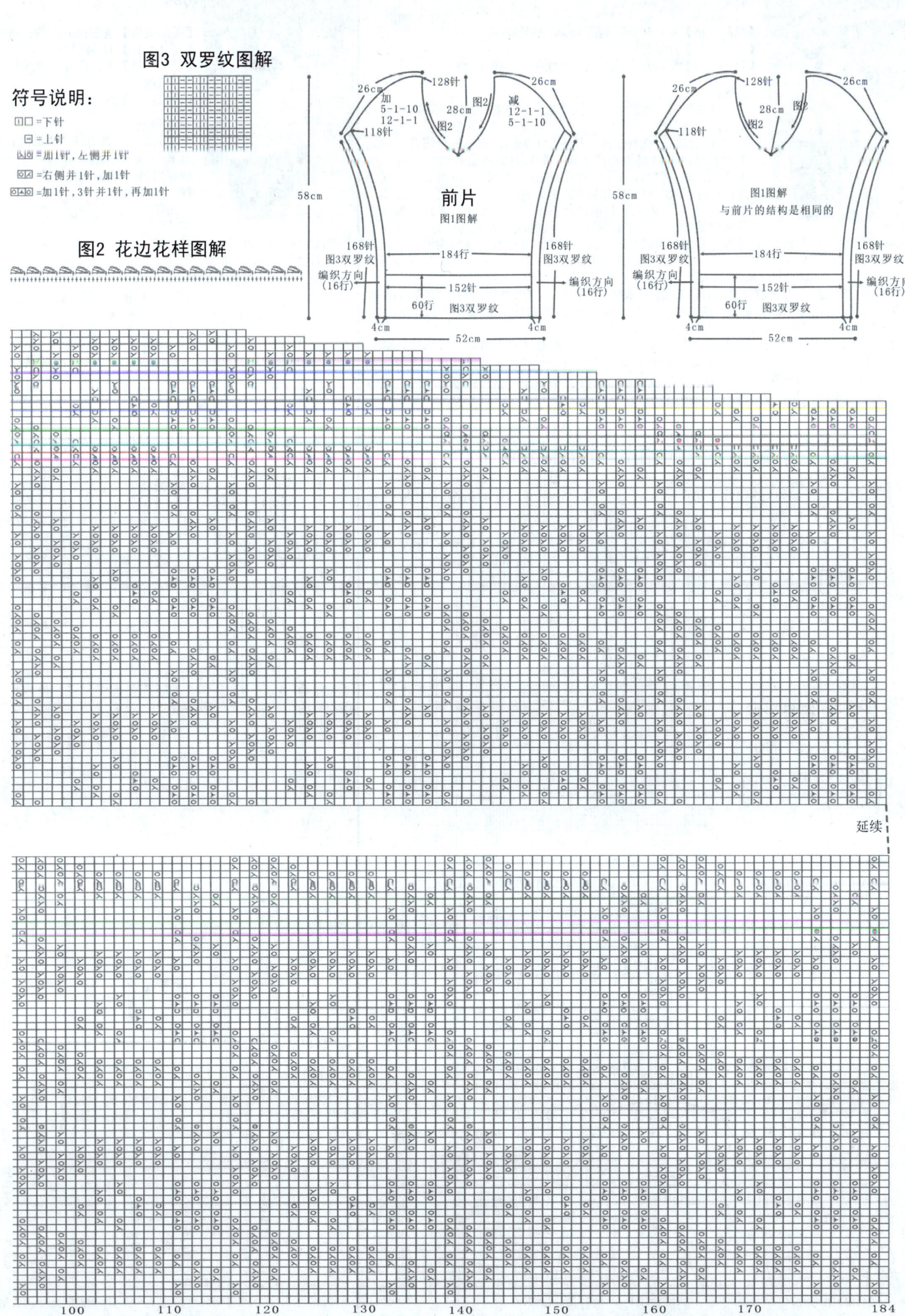

前片
图1图解

26cm　128针　26cm
加
5-1-10　图2
12-1-1　减
118针　图2　12-1-1
28cm　5-1-10

58cm

168针　　184行　　168针
图3双罗纹　　　　　图3双罗纹
编织方向　　152针　　编织方向
（16行）　60行　图3双罗纹　（16行）
4cm　　52cm　　4cm

26cm　128针　26cm
加
118针　图2
28cm　图2

58cm

图1图解
与前片的结构是相同的

168针　　184行　　168针
图3双罗纹　　　　　图3双罗纹
编织方向　　152针　　编织方向
（16行）　60行　图3双罗纹　（16行）
4cm　　52cm　　4cm

延续

100　110　120　130　140　150　160　170　184

149

093

【成品规格】衣长50cm，胸围96cm，袖长50cm
【工　　具】10号棒针
【材　　料】单股灰白色中粗羊毛线500g，纽扣4颗

制作说明：
1. 棒针编织法。本款衣服为插肩款，分为前片2片，后片1片，衣袖2片，衣领1片。
2. 前片的编织。常规织法，从下往上编织，起51针起织花样，无下摆花样，直接编织花样主体。本款衣服有腰身收缩，所以从下摆起时，侧缝减针，每8行减1针，共减4针，然后不加减针织至84行；从85行开始作袖窿减针，减针方法为1-3-1，4-1-9，减至114行时，衣襟一边取13针不织，直接收针。然后一侧继续作袖窿减针，一侧作衣领减针。衣领减针方法为：每行减1针，共减9针，最后余下4针，直接收针断线。用同样的方法再制作另一前片。详细编织方法见图1。右前片要制作3个扣眼，扣眼的织法为：扣眼的高度为4行，织这4行时，将织片分为两半编织，各自往返编织4行，从第5行开始，将两半连接起来继续编织。
3. 后片的编织。后片同样没有衣摆花样，直接编织衣身花样主体。起102针起织花样，两侧缝同样减针编织，减针方法为：每8行减1针，共减8次，织至85行时，两侧同时减针织袖窿边，减针方法顺序为1-6-1，4-1-7，6-1-2；减至最后余下37针，直接收针断线。
4. 衣袖片的编织。衣袖从袖口起织，起63针起织花样，衣袖的织法为圈织。将减针藏于一支棒绞花样中，减针方法为：每12行减1针，共减少3针；减少3针后的棒绞直接改为织下针，共6针，织至袖窿边，共织84行；从85行开始，将6针中间分开，将圈织变为片织，两侧同时减针织袖山，减针方法为1-3-1，4-2-6，6-2-2；减至最后余下22针，直接收针断线。用同样的方法再编织另一衣袖片。
5. 缝合。将前后片的侧缝对应缝合，将肩部对应缝合，将两衣袖片的袖身边对应缝合，再将袖山与衣身的袖窿对应缝合。
6. 衣领的编织。衣领单独编织。起23针起织花样，每8行1个花样重复，共织144行，收针断线。在起始处第3行至第6衣领的一边与缝合。最后为：用针和条衣边及

按图2的花样编织，144行，收针断线。行，制作2个扣眼。将衣身的衣领边对应锁边，锁边的方法线缠绕边缘，将各袖口锁边。

图1 前片花样图解

前片
(10号棒针)
图1图解
(114行)46cm
减8-1-4
向上织
减1-1-9
留13针
减4-1-9
1-3-1
26cm(51针)

符号说明：
□=上针
□=下针
=右上2针与左下1针交叉
=左上2针与右下1针交叉
=左上3针与右下3针交叉

衣领(10号棒针)
图2
144行
23针

袖片(10号棒针)
余22针
减6-2-2
4-2-6
1-3-1
减6-2-2
4-2-6
1-3-1
16cm(44行)
34cm(84行)
减12-1-3
32cm(63针)

后片(10号棒针)
余37针
减4-1-9
1-3-1
留13针
减6-1-2
4-1-7
1-6-1
减6-1-2
4-1-7
1-6-1
减1-1-9
16cm(44行)
34cm(84行)
16cm(44行)
50cm(124行)
减8-1-4
向上织
向上织
26cm(51针)
52cm(102针)

图2 衣领图解
124
13针
84
32
51
8
1
23
1

094

【成品规格】胸围100cm，衣长57cm
【工　　具】9号棒针
【材　　料】米白色兔羊毛线480g，纽扣4颗
【编织密度】26针×32行＝10cm²

制作说明：
1. 前片、后片共为1片。编织方向按结构图从一侧前下摆线织向另一侧前下摆线。
2. 注意按结构图加针。织到50cm高度后，再按结构图减针，然后平收针。沿对折线往后下摆线处对折，这样就会形成肩线，开口处就为袖窿。
3. 按结构图织好前后下摆的单针罗纹，并缝合在下摆的相应位置上。
4. 按结构图织好两侧袖口的单针罗纹，并缝合在下摆的相应位置上。
5. 按结构图织好门襟的单针罗纹，注意在一侧要留出4个扣眼，并将其缝合在门襟的相应位置上。在后领位置注意要平均匀打6个褶子，每个褶子长2cm。

单罗纹
编织方向
后下摆线
8cm 8cm 8cm 8cm
50cm(130针)

单罗纹
编织方向
门襟
43cm(138行)

单罗纹
编织方向
前下摆线
50cm(130针)
8cm 8cm 8cm 8cm
门襟长 43cm(138行)

单罗纹
编织方向
袖窿长 50cm(130针)

单罗纹
下针
袖口(2片)
12cm(60行)
4cm(20针)

前片(右)
编织方向
门襟线 45cm(144行)
120cm(384行)
后领宽 30cm(96行)
后领宽实际为18cm（每个褶子2cm×6个褶）
袖窿减针
2行平
2-2-10
2-2-1-15
1行一针一次
35cm(112行)
沿对折线往下对折
43cm
前下摆线

后片
编织方向
门襟线 45cm(144行)
50cm(160行)

前片(左)
编织方向
门襟线 45cm(144行)
前下摆线
袖窿减针
2-1-45
2-2-10
2行平
35cm(112行)
沿对折线往下对折
43cm
20cm(52针) 25cm(65针)

150

095

【成品规格】衣长45cm，胸围84cm
【工　　具】11号棒针
【材　　料】中粗夹花毛线300g，纽扣3颗
【编织密度】25针×27行＝10cm²

制作说明：
1. 后片。依次织双罗纹及花样。
2. 开挂肩。直接在两侧平收，直收上肩后片完成。
3. 织前片。前片的花样与后片的花样不同，按图示织。

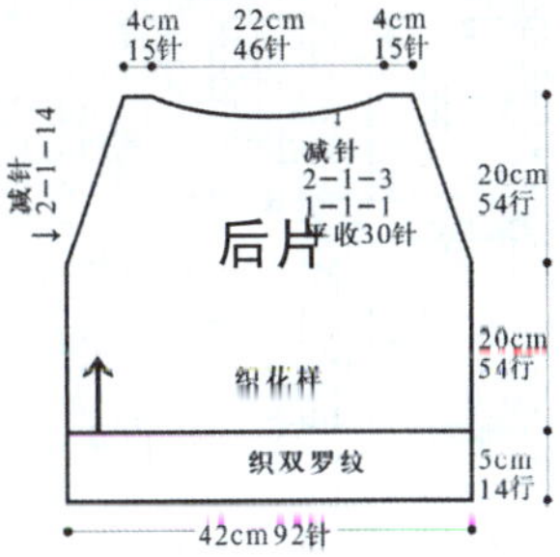

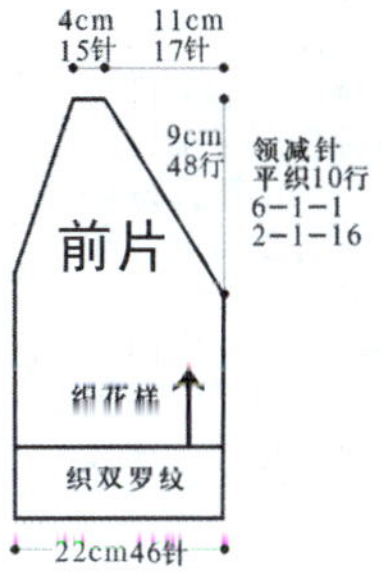

096

【成品规格】胸围90cm，背肩宽38cm，衣长53cm，袖长41cm
【工　　具】9号环针
【材　　料】单股兔毛线350g

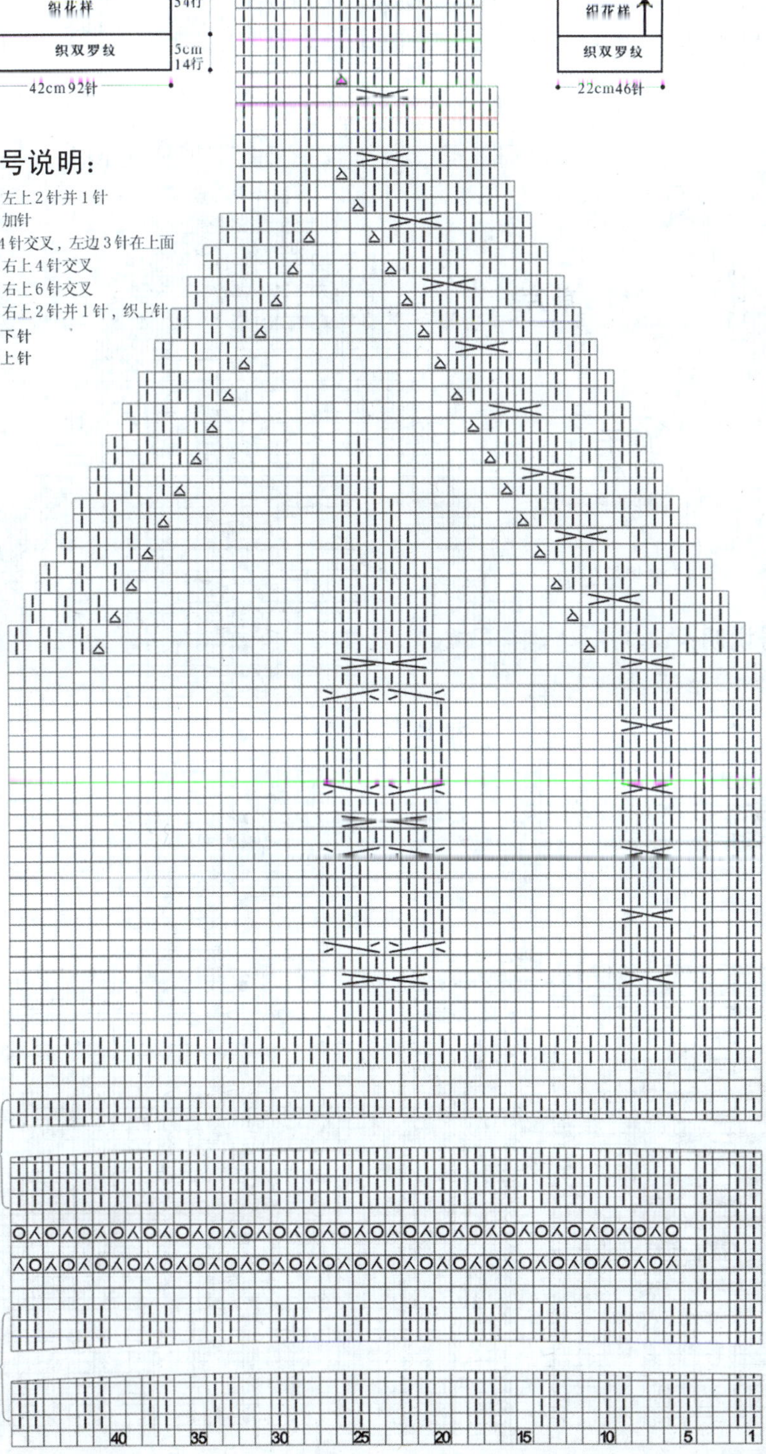

制作说明：
1. 按结构图织前后片。前片的编织方向为从下往上，起201针，采用花样编织，不加减针织到33cm后，在侧缝处按图示开始收出袖窿弯度；继续往上编织8cm，在前片门襟侧前领处，按图示收出前领弧度；后片从袖窿线往上织18.5cm，在后领处收出后领弧度。将后片双侧肩上的针和前片肩上的针合并。
2. 织袖子。起62针，采用花样编织，在两旁袖下线处按图示加针，到袖壮线处再按图示减针。然后用同样的方法织好另一个袖子。分别合并侧缝线和袖下线，并安装好袖子。
3. 织门襟和衣领。在前片门襟处挑78针，横向织1行上针1行下针；在前领围挑出60针、后领围挑出45针，横向织1行上针1行下针，收针。

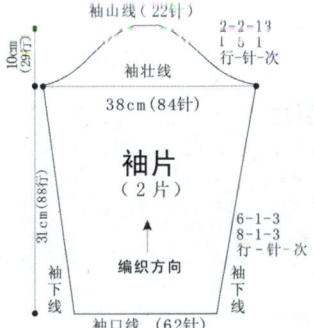

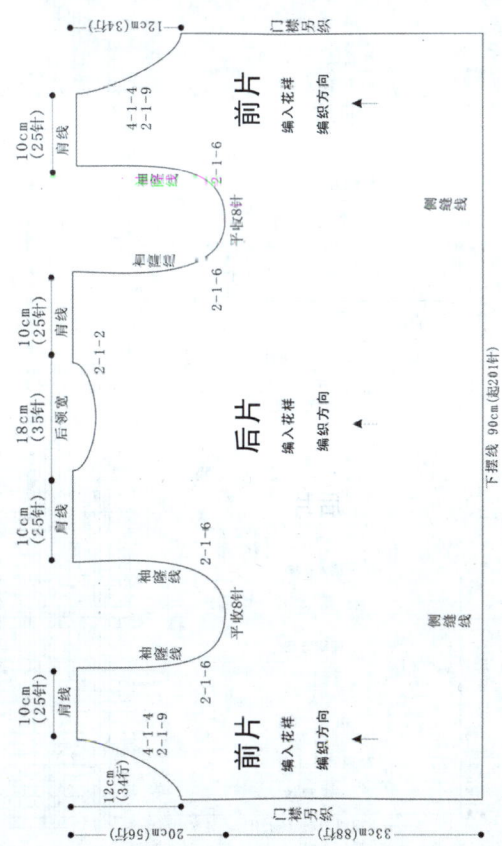

符号说明：（095）

⊠ ＝左上2针并1针
○ ＝加针
＝4针交叉，左边3针在上面
＝右上4针交叉
＝右上6针交叉
＝右上2针并1针，织上针
Ⅰ ＝下针
＝上针

符号说明：（096）

Ⅰ ＝下针　　　＝上针
人 ＝拨收1针　　人 ＝2针并为1针
＝1针下针右上交叉

151

097

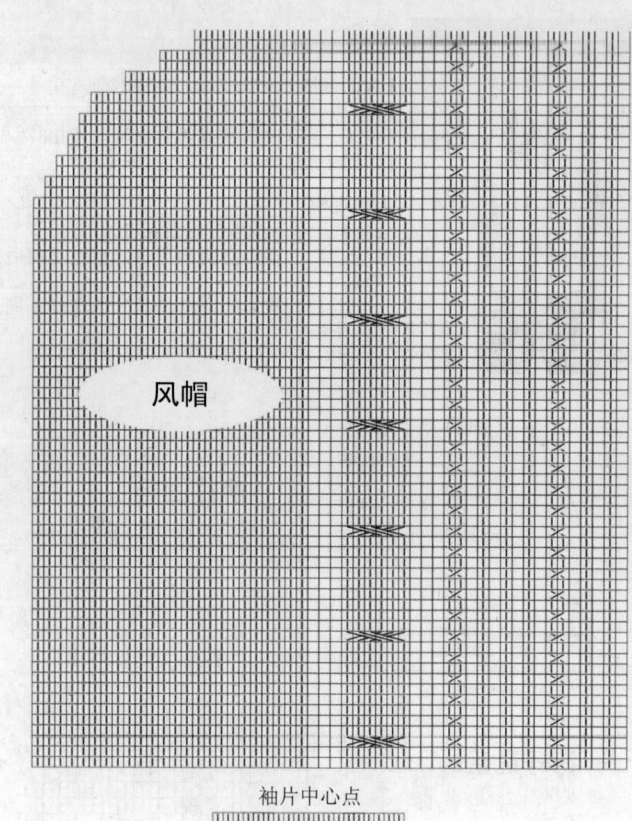

风帽

【成品规格】胸围93cm，衣长51cm，袖长67cm
【工　　具】4.5号环针
【材　　料】高兔绒线800g，纽扣3颗

制作说明：

前片、袖片均为左右2片，后片为1片。

1. 织后片。编织方向为从下往上，起82针，采用双罗纹编织7cm，然后分散加11针；按花样针法图往上织到32cm后，在侧缝线处按图示收出后斜肩线；从袖窿线往上织到19cm后，将后领处的针穿好，待织衣领。

2. 织前片。编织方向为从下往上，起36针，采用双罗纹编织7cm，然后分散加4针；按花样针法图往上织到20行后，留袋口。方法是：将前片在花样与平针交接处分成左右两部分织30行，再合在一起继续往上织到32cm后，在侧缝线处按图示收出前斜肩线。

3. 织袖子。起44针，采用双罗纹编织7cm，然后分散加9针；再按针法图织花样，在袖下线两旁按图示加针，到袖壮线时为63针；再按图示减针，袖山最后为19针。用同样的方法织好另一个袖子。分别合并侧缝线和袖下线，并安装好袖子。

4. 织门襟。分别在2个前片的门襟侧挑96针，横向织12行双罗纹后收针。然后往上织风帽：在门襟的领端挑10针，在前片、袖片及后片的上端挑出84针，按针法图往上织，织到27cm后，在帽顶角上按图示收出圆角，最后合并帽后缝和帽顶缝。

5. 在左侧门襟平均安置4颗纽扣；用零线做4个扣袢，用手针固定在右侧门襟上。

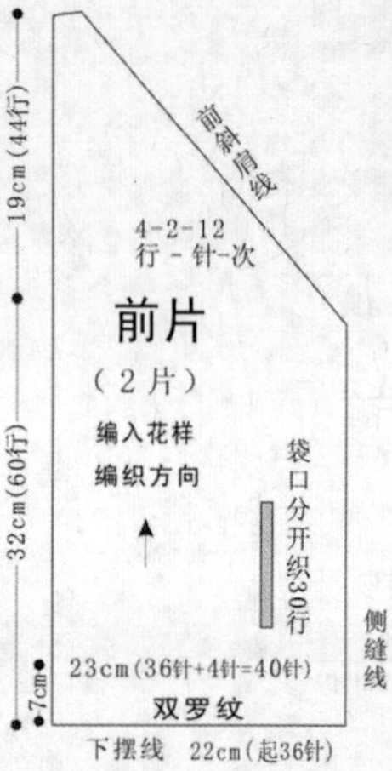

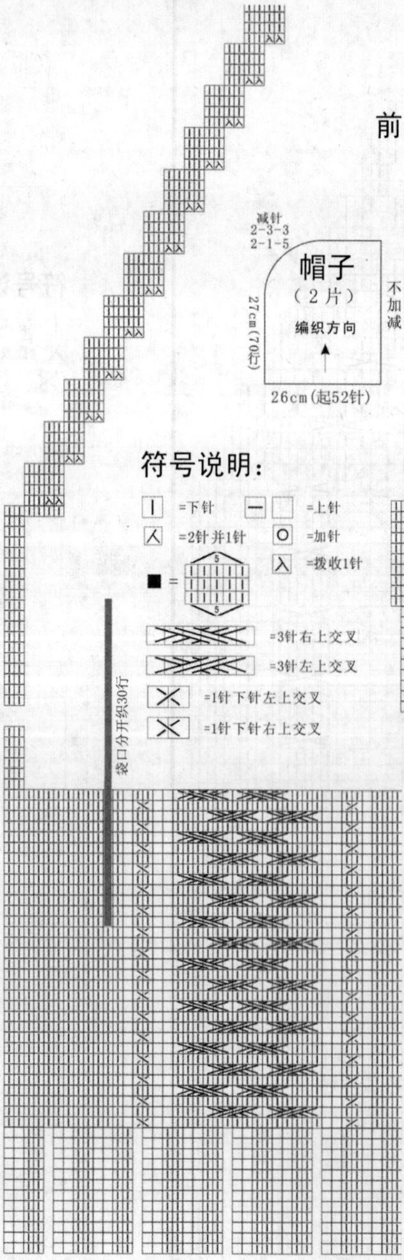

前片

袖片中心点

前片
（2片）

编入花样

编织方向

袋口分开织30行

19cm（44行）
前斜肩袋
4-2-12
行-针-次

32cm（60行）

23cm（36针+4针=40针）
下摆线　22cm（起36针）

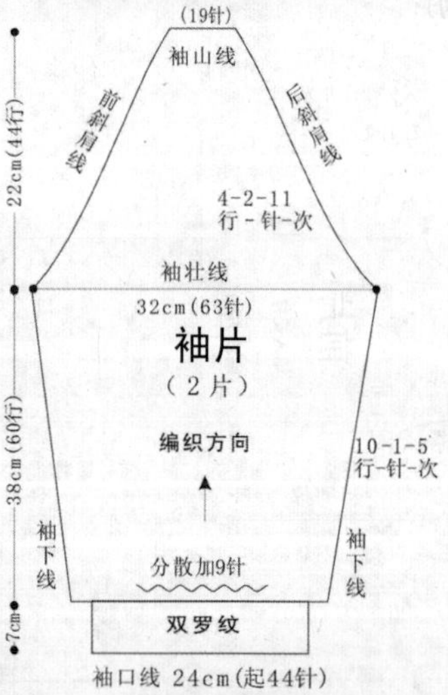

侧缝线

7cm

袖片
（2片）

袖山线
19针

22cm（44行）
前袖壮肩线
后袖壮肩线

4-2-11
行-针-次

袖壮线
32cm（63针）

编织方向

38cm（60行）
10-1-5
行-针-次

袖下线

分散加9针

双罗纹

袖口线 24cm（起44针）

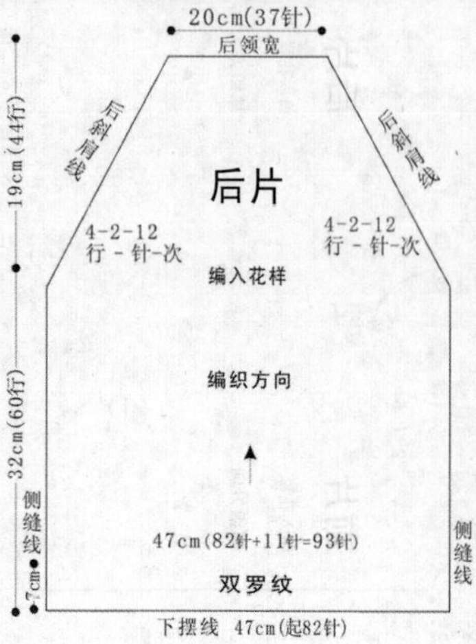

帽子
（2片）

减针
2-3-3
2-1-5

27cm（70行）

不加减

编织方向

26cm（起52针）

符号说明：

| | =下针　　　| | =上针
| | =2针并1针　○ =加针
| | =拨收1针

■ = 9针

= 3针右上交叉
= 3针左上交叉
= 1针下针左上交叉
= 1针下针右上交叉

后片

20cm（37针）
后领宽

19cm（44行）
后斜肩袋

4-2-12
行-针-次　　4-2-12
行-针-次

编入花样

编织方向

32cm（60行）

47cm（82针+11针=93针）
侧缝线　　侧缝线

7cm

双罗纹

下摆线　47cm（起82针）

袖片

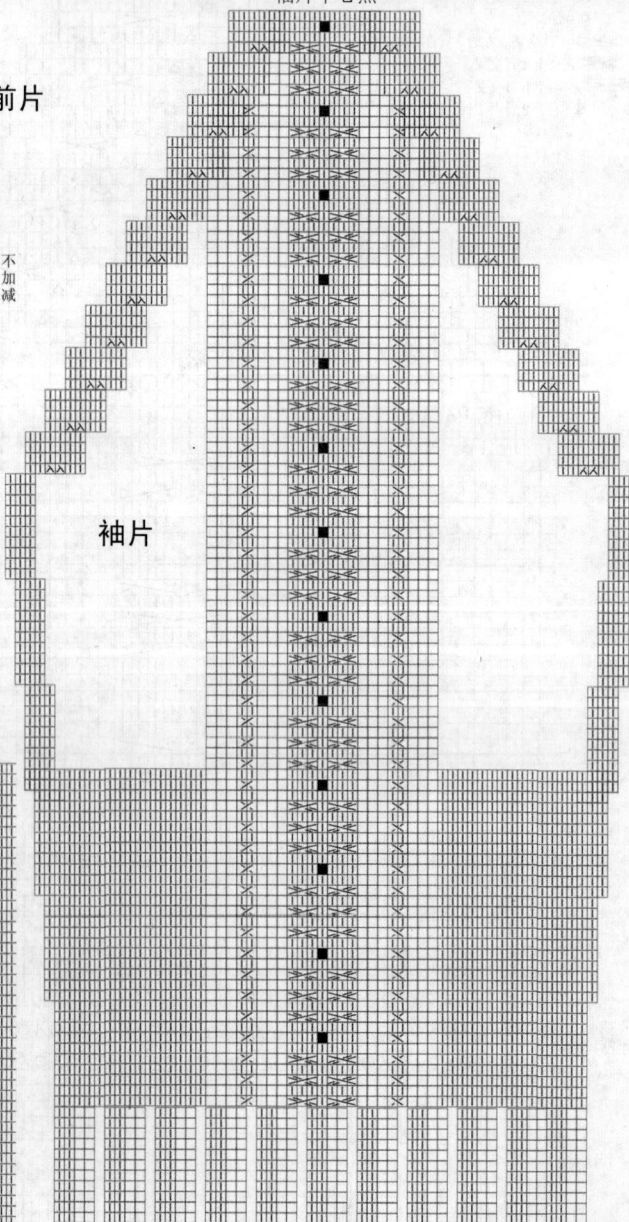

098

【成品规格】胸围80cm，背肩宽36cm，衣
长55cm，袖长54cm
【工　具】10号棒针
【材　料】淡色兔毛单线500g，纽扣5颗

制作说明：
前片、袖片均为左右2片，后片为1片。
1. 织后片。编织方向为从下往上，起118
针，往上织单罗纹，待织到合适高度后
再分散加8针；再按花样往上织，同时在
腋下每10行减1针，减4次；往上织33cm，
开始收袖窿；在离衣长1.5cm处开始收后
领。将两侧肩线的针穿好，待和前片合并
时再用。
2. 织前片。编织方向为从下往上，起58针，采用单罗纹编织，
待织到合适高度后再分散加7针；再按花样往上织，同时在腋下
每10行减1针，减4次；往上织33cm，开始收袖窿；在门襟侧离
衣长11cm处开始收前领。将两侧肩线的针穿好，和后片合并。
然后织好相对应的另一个前片。
3. 缝合两侧侧缝和肩线。在前片门襟及后领处挑针，横向织单
针罗纹12行。在右侧门襟处要平均预留5个扣眼。
4. 织袖子。在袖山处起20针，由上往下织，每1行加2针，加出
袖山；然后在袖下线处减针，在袖口处分散减10针。用同样的
方法织好另一个袖子。装袖子时袖山中点要先和肩缝对齐并固
定好，袖下线则要和前后片的侧缝线对准并固定好。

符号说明：

□ =下针　　人 =2针并1针　　〇 =加针
— =上针　　人 =拨收1针

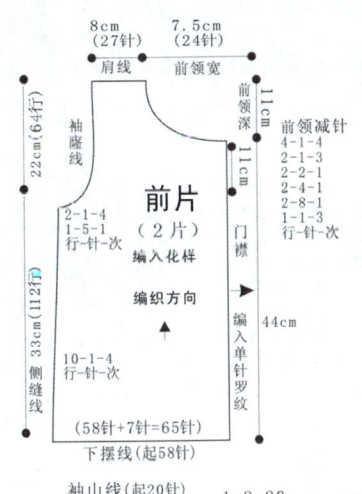

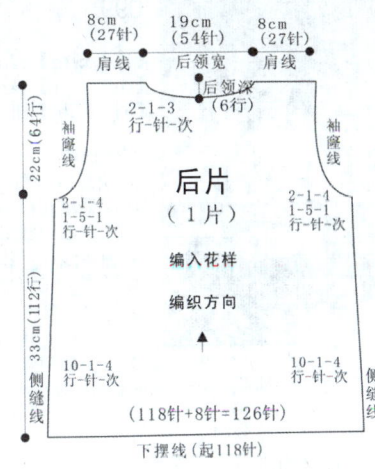

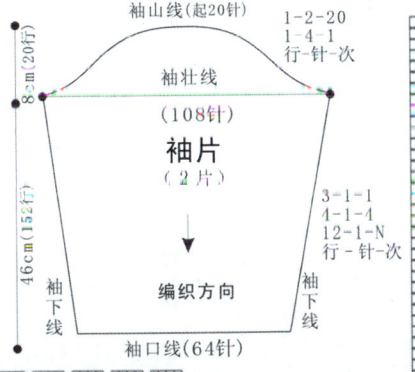

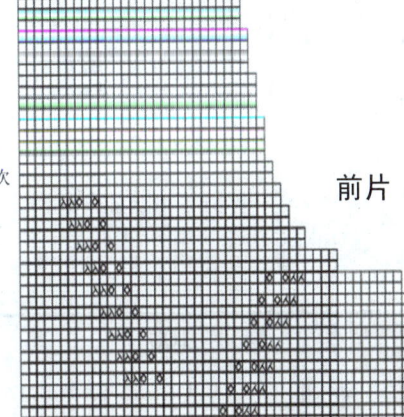

袖片

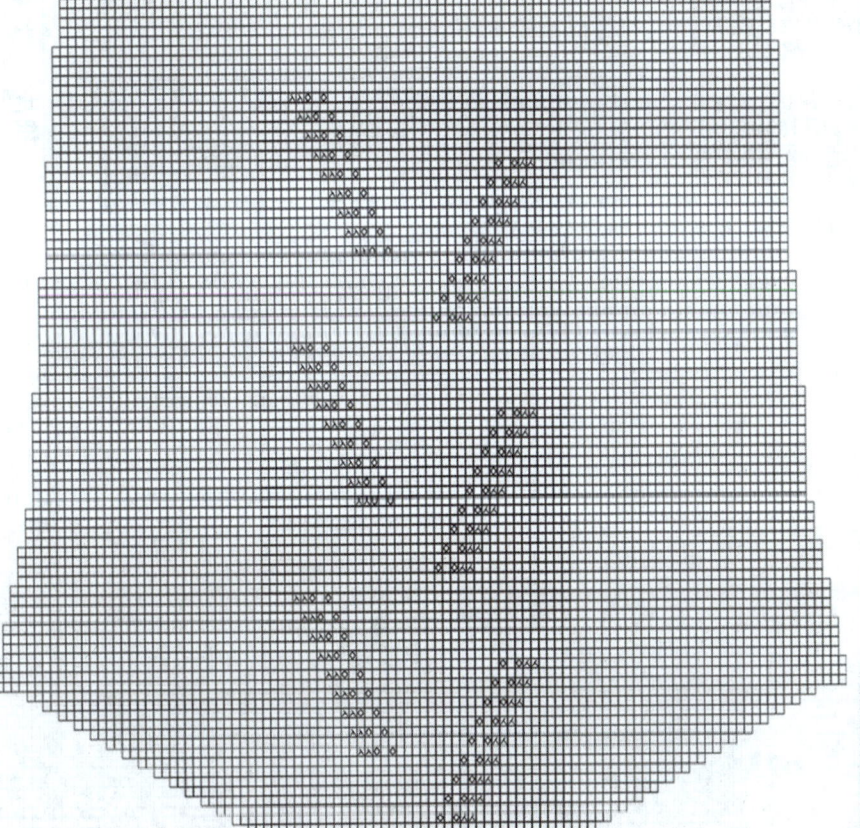

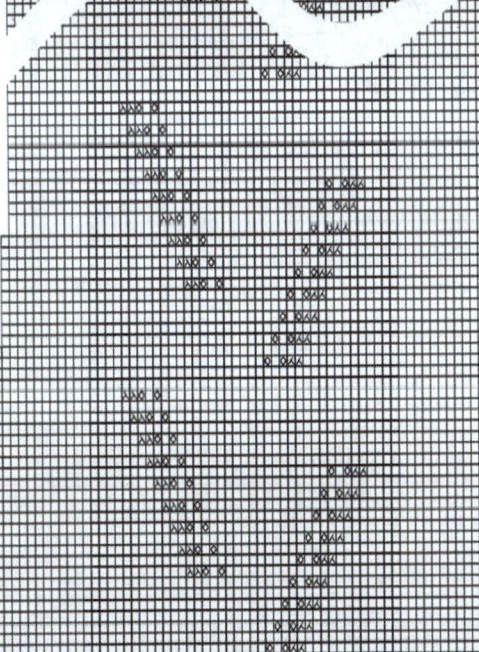

153

099

【成品规格】胸围90cm，背肩宽40cm，衣长58.5cm
【工　　具】8号环针
【材　　料】曲珠线550g

制作说明：

1. 织后片。编织方向为从下往上，先起71针，采用花样编织，不加减针织到37cm高度后，在侧缝线处按图示开始收出袖窿弯度；从袖窿线往上织20cm后，再在后领处收出后领弧度。将双侧肩上的针穿好，留下，待和前片合并时用。

2. 织前片。编织方向为从下往上，用8号针起71针，采用花样编织，不加减针织到37cm高度后，在侧缝线处按图示开始收出袖窿弯度；从袖窿线往上织8cm后，再在前领处收出前领弧度。将双侧将肩上的针和后片合并。

3. 按图示在领圈挑出68针，往上织30行为风帽，并在帽顶对折，在反面将它合并好。

4. 用零线另起20针织8～10行，作为后片装饰，并用手针固定在后片相应位置上。

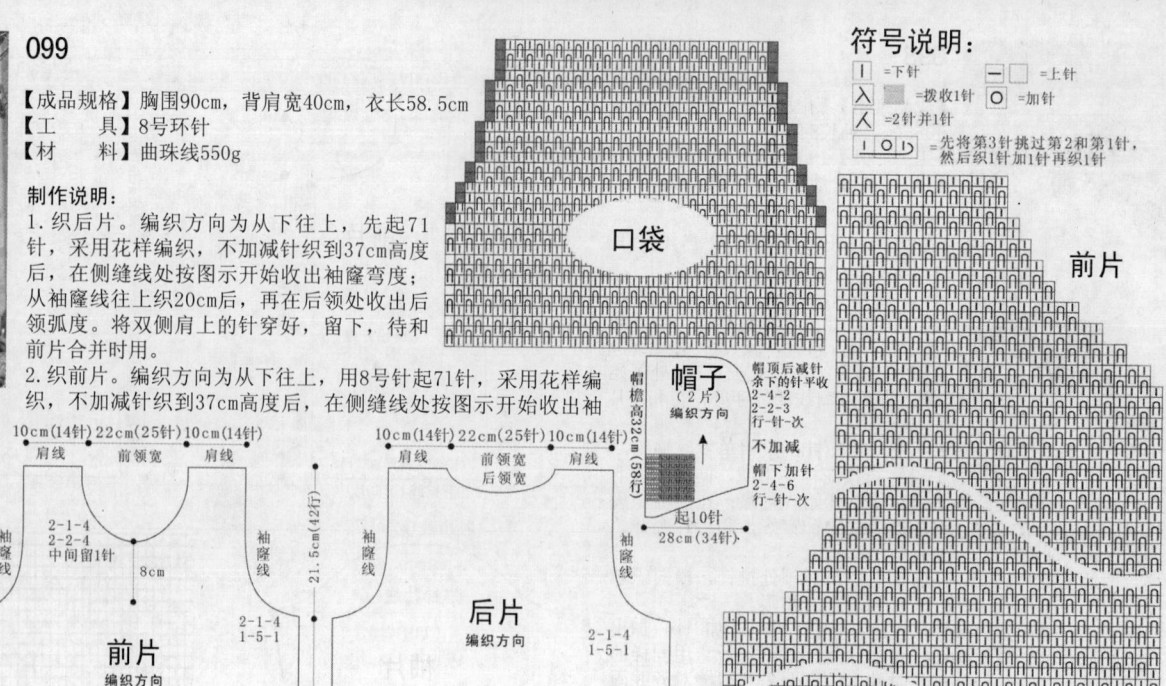

符号说明：
Ⅰ ＝下针　　一＝上针
入＝拨收1针　〇＝加针
人＝2针并1针
＝先将第3针挑过第2和第1针，然后织1针加1针再织1针

口袋

帽子（2片）
帽檐高32cm（58行）
编织方向

帽顶后减针余下的针平收
2-4-2
2-2-3
行-针-一次

不加减
帽下加针
2-4-6
行-针-一次
起10针
28cm（34针）

前片（图）

10cm（14针）　22cm（25针）　10cm（14针）
肩线　　前领宽　　肩线

10cm（14针）　22cm（25针）　10cm（14针）
肩线　前领宽　肩线
　　　后领宽

2-1-4
2-2-4
中间留1针
8cm

前片
编织方向

袖窿线

2-1-4
1-5-1
21.5cm（42行）

14cm
29针
编织方向
4-1-3
2-1-3
口袋起41针
7cm
9.5cm
下摆线　45cm（71针）

后片
编织方向
37cm（74行）

袖窿线

2-1-4
1-5-1

侧缝线

下摆线　45cm（71针）

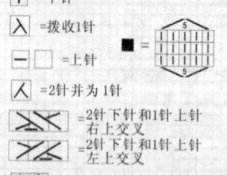

100

【成品规格】胸围112cm，背肩宽42cm，衣长67cm
【工　　具】7号环针
【材　　料】双股兔毛线1000g

制作说明：

1. 织后片。编织方向为从下往上，起94针，先用松毛线织5cm双罗纹，再换线采用花样编织；不加减针织到38cm后，再开始收出袖窿弯度；从袖窿线往上织21.5cm后，再在后领处收出后领弧度。将双侧肩上的针穿好，留下，待和前片合并时用。

2. 织前片。编织方向为从下往上，起43针，先用松毛线织5cm双罗纹，再换线采用花样编织；不加减针织到38cm后，在侧缝线处按图示收出袖窿弯度；前领不用收针。将双侧肩上的针和后片合并。

3. 织风帽。按图示将前领和后领的针穿好，往上

编织风帽，起74针，往上不加减针织27cm，将其分为左右各37针，中间留1针，旁边的按"2-1-5，2-3-3"的规律减针，然后将两侧合并好。

4. 织袖子。起22针，在两旁按图示加针，然后用松毛线再织5cm双罗纹，后平收70针。在口袋处用松毛线织5cm双罗纹，将其安装在相应位置上。

符号说明：
Ⅰ ＝下针
入＝拨收1针
一＝上针
人＝2针并为1针
＝2针下针和1针上针右上交叉
＝2针下针和1针上针左上交叉
＝1针下针右上交叉
＝2针下针右上交叉

合并
帽子
编入花样
编织方向
减针
2-3-3
2-1-5
不加减
46cm（起74针）

11cm（18针）
肩线　上接风帽

11cm（18针）　20cm（30针）　11cm（18针）
肩线　　后领宽　　肩线

前片
编织方向
袖窿线
2-1-7
1-7-1

后片
编织方向
编入花样
袖窿线
2-1-2
23cm（36行）
2-1-7
1-7-1

38cm（62行）
侧缝线
下摆线　27cm（起43针）
5cm

下摆线　27cm（起94针）
5cm

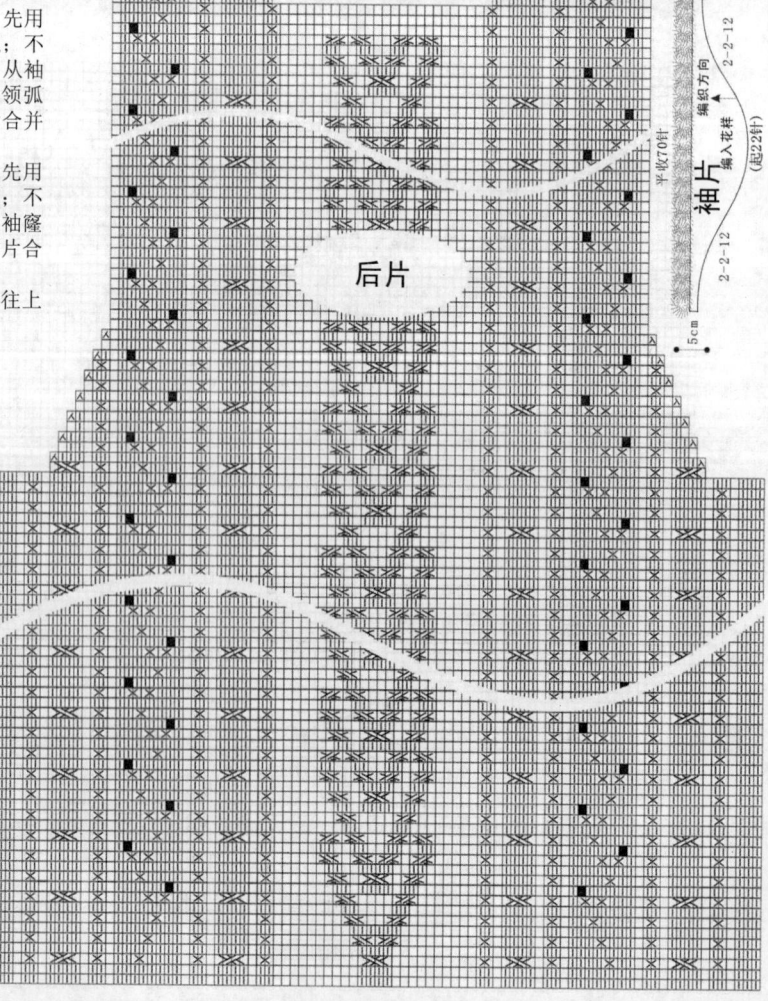

后片

袖片
编入花样
编织方向
平收70针
2-2-12
2-2-12
（起22针）
5cm

前片

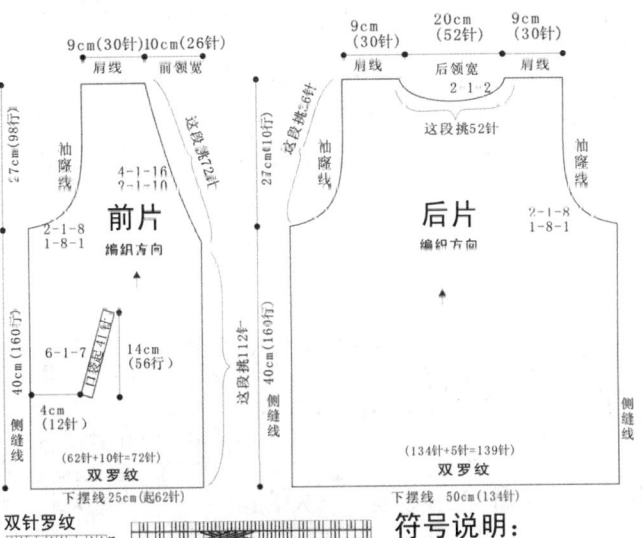

101

【成品规格】胸围100cm，背肩宽38cm，衣长67cm
【工　具】9号、10号环针
【材　料】进口纯羊毛线600g，纽扣4颗

制作说明：
1. 织后片。编织方向为从下往上，先起134针，采用双罗纹编织，再分散加5针；换大一号的针，再采用花样编织，不加减针织到40cm高度后，在侧缝线处按图示开始收出袖隆弯度；从袖隆线往上织25.5cm后，再在后领处收出后领弧度。将双侧肩上的针穿好，留下，待和前片合并时用。
2. 织前片。编织方向为从下往上，用起62

101 制图

9cm(30针)10cm(26针) ｜ 肩线 ｜ 前领宽

这段挑72针

袖隆线　2-1-8　1-8-1　编织方向

4-1-16
7-1-10

6-1-7　14cm(56针)

4cm(12针)

(62针+10针=72针)

双罗纹
下摆线 25cm(起62针)

9cm(30针)　20cm(52针)　9cm(30针)
肩线　后领宽　肩线
2-1-2

这段挑112针
这段挑52针

后片
编织方向

袖隆线　2-1-8　1-8-1

侧缝线
40cm(160行)

(134针+5针=139针)

下摆线 50cm(134针)

双针罗纹

符号说明：

符号	说明
⤬⤬	=4针右上交叉
⤬⤬	=4针左上交叉
｜	=下针
╲	=拨收1针
―	=上针
人	=2针并1针

（右侧花样图）

前片

针，采用双罗纹编织，再分散加10针；换大一号的针，再采用花样编织，不加减针织到40cm高度后，在侧缝线处按图示开始收出袖隆弯度；在收袖隆的同时，在门襟侧收出前领弧度。将双侧肩上的针和后片合并。
3. 织门襟。按图示在领圈分段挑出112针、72针、52针、72针、112针，往上织10行，注意在左侧要平均预留4个扣眼。
4. 织口袋。按图示在袖隆从前往后挑出72针，往上织10行，平收。另起41针，织8~10行，作为口袋边，将其安装在相应位置上。

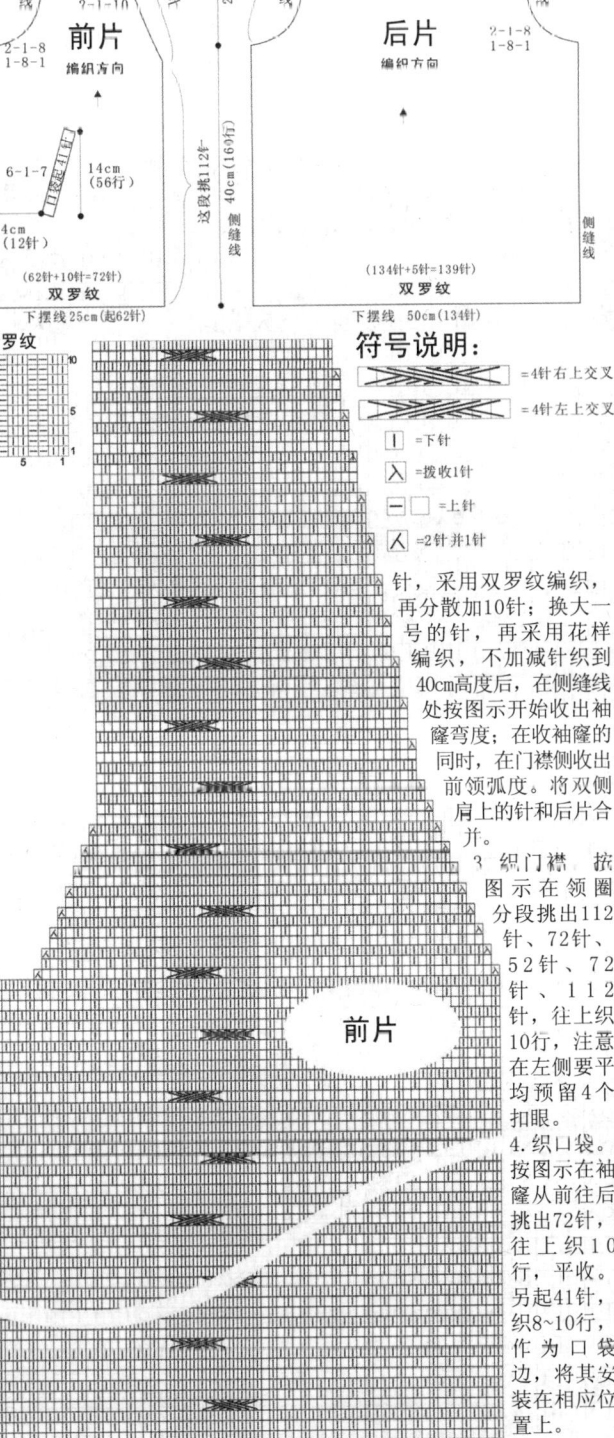

102

【成品规格】胸围88cm，背肩宽37cm，衣长84cm
【工　具】8号环针
【材　料】双股兔毛线400g

制作说明：
前、后片各为1片。
1. 织后片。编织方向为从下往上，起98针，按花样图不加减针织24cm；再在侧缝

102 后片制图

8.5cm 20cm 8.5cm
(14针)(35针)(14针)
肩线　后领宽　肩线

4-1-10
2-1-3
行-针-次

2-1-6
1-6-1
行-针-次　留针

袖隆线　袖隆线

后片
编织方向

3cm(6行)

10-1-5
行-针-次

侧缝线

下摆线 56cm(起98针)

线上按图示收出腰围线，每10行收1针，共收5次；在正中间仍然继续织3下摆的花样；待织31cm后，改变花样并同时开织后领斜线，后领在中间预留1针；再按针法往内边织，织3cm后在侧缝线上开始收袖隆弧形，先平收6针，再每2行减1针，减6次。肩上的针穿好，待和前片合并用。

2. 织前片。起98针，按花样图往上织。不加减针织24cm；在前片的中央要改换花样织，同时再在侧缝线上按图示收出腰围线，每10行收1针，共收5次；待织到34cm后，在侧缝线上开始收袖隆弧形，先平收6针，再每2行减1针，减6次；从袖隆线往上织7cm后，开始按图示收出前领弧线。将肩部的针和后片合并好。合并好侧缝线。

3. 织袖子。起50针，按针法从袖口往上织，在两侧按"每2行减2针"的规律，减4次，最后34针平收。

4. 织口袋。按图示进行。

5. 剪2段100cm长的毛线，搓成绳子状。采用穿鞋带的方法，在后领口将左右两侧衣领穿起来，最后打个结。

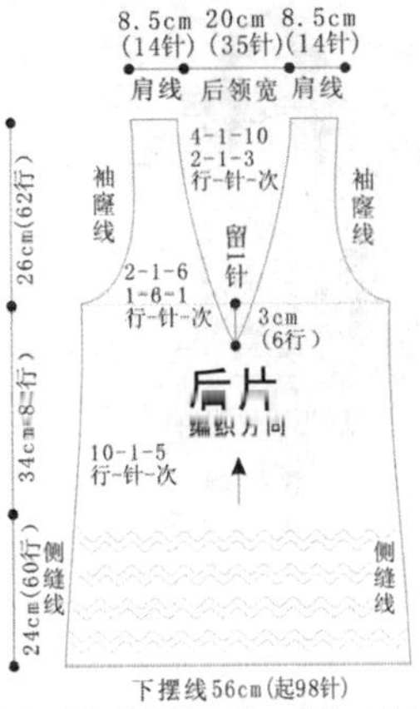

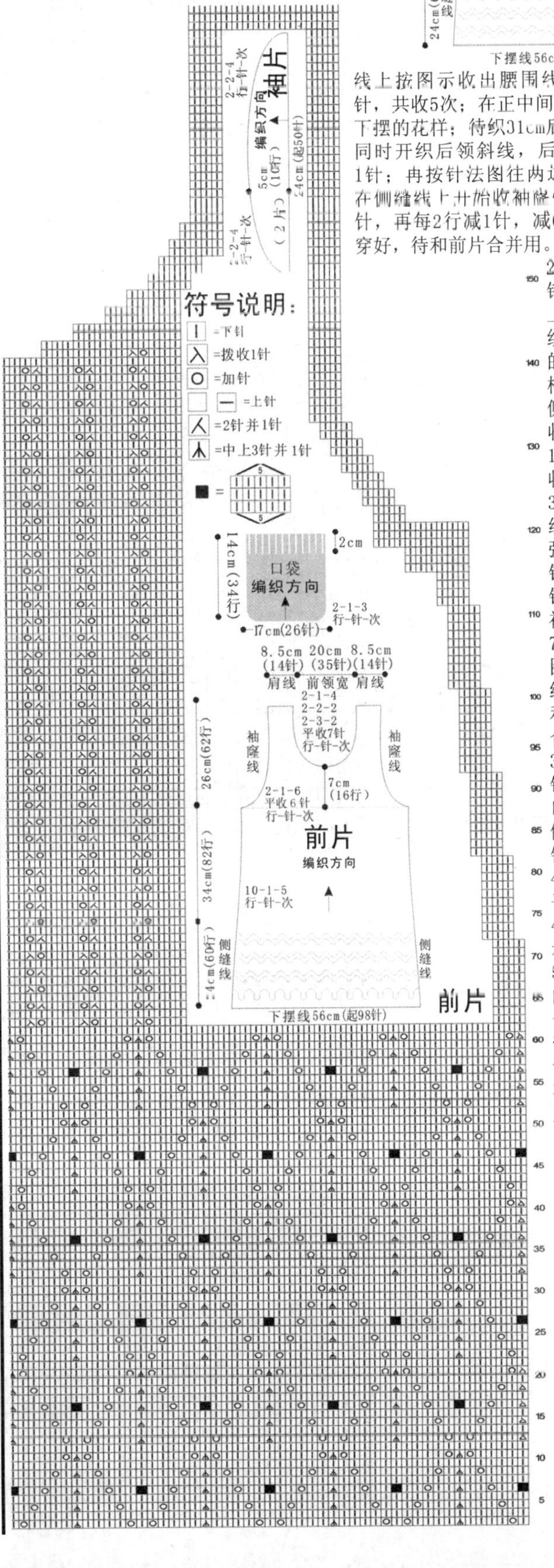

102 袖片/前片制图

2-2-4 行-针-次
袖片
编织方向
(起50针)

5cm(10针)

（2片）

2-2-4
行-针-次

符号说明：

符号	说明
｜	=下针
╲	=拨收1针
○	=加针
―	=上针
人	=2针并1针
木	=中上3针并1针
■	

14cm(34行)

口袋
编织方向
17cm(26针)

2cm

2-1-3
行-针-次

8.5cm 20cm 8.5cm
(14针)(35针)(14针)
肩线　前领宽　肩线

2-1-4
2-2-2
2-3-2
平收7针
行-针-次

袖隆线　袖隆线

26cm(62行)

2-1-6
平收6针
行-针-次

7cm(16针)

前片
编织方向

10-1-5
行-针-次

34cm(82行)

侧缝线

下摆线 56cm(起98针)

前片

（页码刻度：5 10 15 20 25 30 35 40 45 ... 60 65 70 75 80 85 90 95 100 110 120 130 140 150）

103

【成品规格】衣长150cm，胸围112cm
【工　　具】7号棒针
【材　　料】双股咖啡色兔毛线450g，
纽扣5颗

制作说明：

1. 按结构图织单元片。编织方向
为从下往上，起56针，采用花样
编织，不加减针织150cm（483行）
后，平收56针。

2. 按绒球制作方法做好11个绒球，
平均安置在衣服的一侧。

3. 在另一侧，从一端开始，以每
10cm的间距，钉好5颗小纽扣。扣眼
不用考虑，针织花样会自然形成扣
眼。

绒球的制作方法：

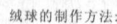

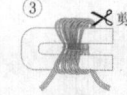

将厚纸板剪成"U"形
毛线卷绕40~50圈。

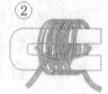

中间扎紧打结　　修剪整齐

符号说明：

Ｉ =下针	□ =上针
人 =2针并1针	
入 =拨收1针	
Ｏ =加针	

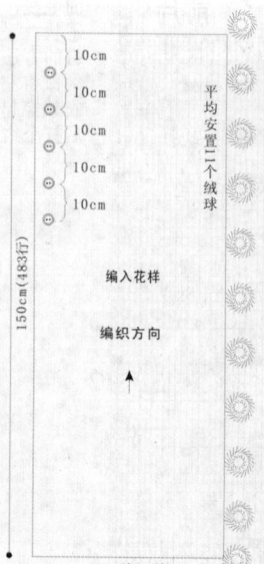

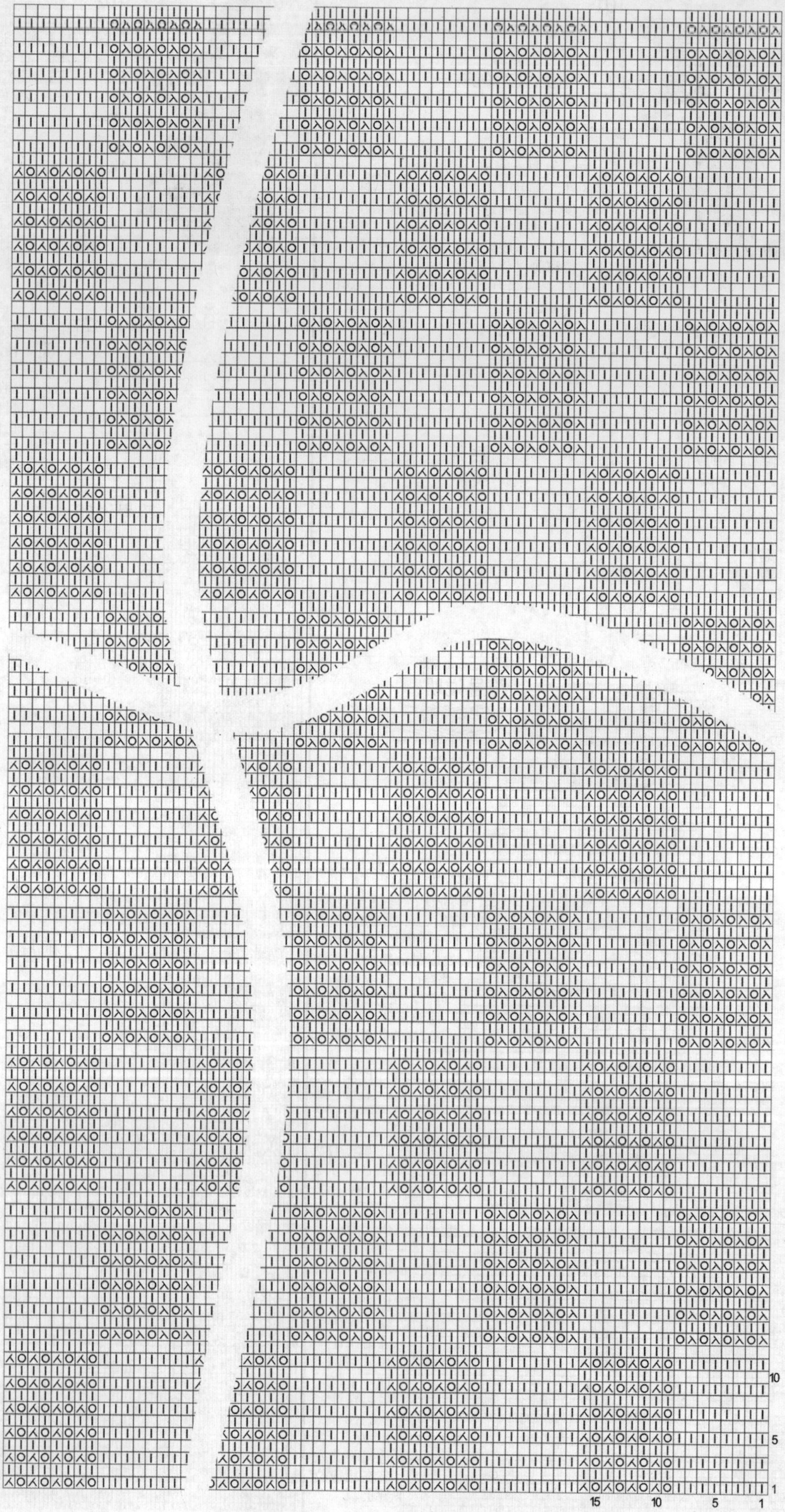

156

104

【成品规格】衣长73cm，胸围90cm，袖长20cm
【工　具】12号棒针，10号棒针，3.3mm钩针
【材　料】中粗铁灰色毛线600g，纽扣7颗
【编织密度】27针×33行=10cm²

制作说明：
1. 起148针织4cm平针，对折成双边，继续织平针，平织30行。收腰线，每12行收1针，收3次；每8行收1针，收5次。然后开始加针，每8行加1针，加6次；每10行加1针，加2次。
2. 开挂肩。先在两侧平收5针，然后每2行收2针，收4次；每2行收1针，收4次；每4行收1针，收1次。平织至17cm。
3. 收斜肩。织引退针，每2行收10针，收3次。后片完成。
4. 织前片。前片为双层，分两部分织，先织里层，再织外层，然后缝合。
5. 口袋。另起针织口袋，织好后将其缝合在前片。
6. 袖。起30针，按图示加针织出袖山，然后换针织双罗纹，不加不减织8cm。
7. 钩扣子，缝合各部位，完成。

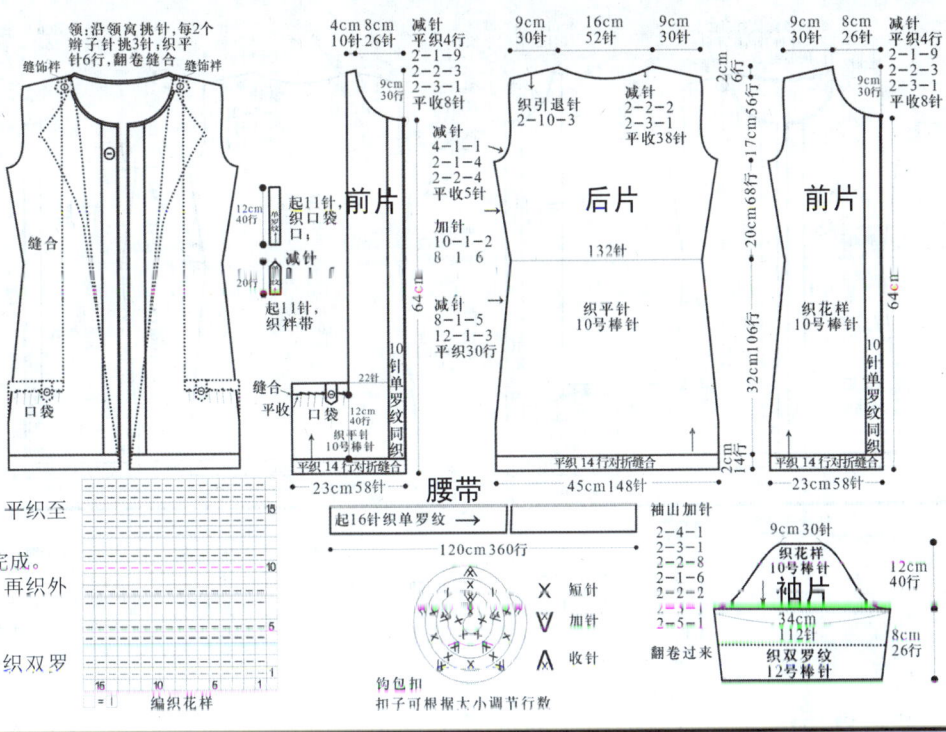

领：沿领窝挑针，每2个辫子针挑3针；织1行后翻卷缝合
缝饰样　缝饰样
缝合
口袋

织11针织口袋口
减针
起11针，织祥带
缝合平织
口袋
织12cm40行织平针10号棒针

4cm 8cm 减针
10针 26针 平收4行
2-1-9
2-3-1
织9cm30行
减针
平收8针
减针
4-1-1
2-2-4
2-2-4
平收5针
加针
10-1-2
8 1 6
减针
8-1-5
12-1-3
平织30行

9cm 16cm 9cm
30针 52针 30针
减针
织引退针
2-2-2
2-3-1
平收38针

后片
132针
织平针
10号棒针

9cm 8cm 减针
30针 26针 平收4行
2-1-9
2-3-1
收针8针
织9cm30行

前片
织花样
10号棒针
10针单罗纹同织

2cm6行 17cm56行
32cm106行
20cm68行 64针
23cm58针 平织14行对折缝合

45cm148针
腰带
起16针织单罗纹→
120cm360行

钩包扣
扣子可根据大小调节行数
X 短针
V 加针
A 收针
=编织花样

袖山加针
2-4-1
2-2-8
2-2-2
2-5-1
9cm30针
织花样
10号棒针
袖片
34cm112针
织双罗纹12号棒针
翻卷过来
12cm40行
8cm26行

105

【成品规格】衣长73cm，胸围90cm，袖长56cm
【工　具】13号棒针，3.3mm钩针
【材　料】中细铁灰色毛线1100g，纽扣9颗
【编织密度】33针×36行=10cm²

制作说明：
1. 后片。起74针织2cm，将其对折成双层边；换针织平针，织12cm停织；再织一块，然后将2片合在一起，织172行平针。另起146针织平针，织10行。

2. 开挂肩。先在两侧平收5针，每2行收2针，收2次；每2行收1针，收3次；每4行收1针，收1次。平织至18cm。
3. 收斜肩。织引退针，每2行收10针，收3次。中间针数暂时留下，后片完成。将上下2片在中心打皱褶缝合。
4. 织前片。前片的织法与后片的织法相同。门襟与前片同织。
5. 口袋。另起针织平针，织好后打皱褶，再将其缝合。
6. 袖。从上往下织，织好后缝合。
7. 帽。前片不开领窝，一直往上织，织到与后片持平时，连着后片的针继续织，织至够长度，两侧平收。后片织出帽顶与两侧缝合。
8. 另织带子，穿在所需部位，完成。

帽顶 13cm46行
缝合同前片两侧缝合
帽 20cm72行

13cm48针
帽 20cm72行

43cm146针
后片
织平针13号棒针
74针 74针
48cm158针

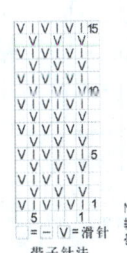

带子：起28针，长度根据需要调整
带子针法
= V =滑针
穿带子

帽：前后片同织平针，然后72行平织，后片移与前片继续往上织，两边织与帽形吻合的宽度，缝合两侧。
衣边和帽檐同织
织平针翻卷缝合穿带子
帽：沿后领窝挑挑64针，前片两侧各挑20针，帽的边沿10针织单罗纹，其余织平针

9cm 18cm 9cm
30针 60针 30针
减针
4-1-1
2-10-3
织引退针
平收5针
缝合

43cm146针
后片
打皱褶缝合
织平针13号棒针

9cm 13cm
30针 48针
织平针
织引退针

18cm56行
3cm10行
48cm172行
前片
织平针13号棒针

24cm79针 2cm8行

2cm6行

袖山加针
2-4-1
2-2-8
2-2-1
2-2-1
2-4-1
袖减针
7行平
1-1-3
8-1-3

9cm30针
袖片
34cm112针
织平针13号棒针
40cm144行
开始织双罗纹时叠加织针成褶皱
22cm72针
织双罗纹
4cm12行

12cm44行

2cm40行
织单罗纹翻卷缝合
10cm36行
口袋织平针
口袋打皱褶缝合
16cm52针 6cm20行

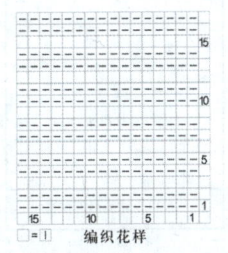
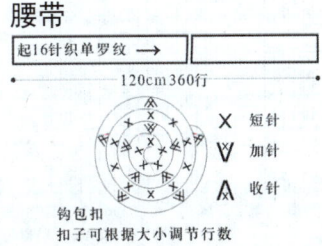

106

【成品规格】衣长73cm，胸围90cm，袖长56cm
【工　具】13号棒针，3.3mm钩针
【材　料】中粗铁灰色毛线1200g，纽扣7颗
【编织密度】27针×33行=10cm²

制作说明：
1. 后片。起148针织2cm平针，对折成双边，继续织平针，平织30行。收腰线，每12行收1针，收3次；每8行收1针，收5次。然后开始加针，每8行加1针，加6次；每10行加1针，加2次。
2. 开挂肩。先在两侧平收5针，然后每2行收2针，收4次；每2行收1针，收4次；每4行收1针，收1次。平织至17cm。

3. 收斜肩。织引退针，每2行收10针，收3次。后片完成。
4. 织前片。前片为双层，分两部分织，先织里层，再织外层，然后缝合。
5. 口袋。另起针织口袋，缝合在前片。
6. 袖。起30针，按图示加针织出袖山，然后织袖筒，袖口为喇叭式。
7. 钩扣子，缝合各部位，完成。

腰带
起16针织单罗纹→
120cm360行

钩包扣
扣子可根据大小调节行数
X 短针
V 加针
A 收针

□=1针 编织花样

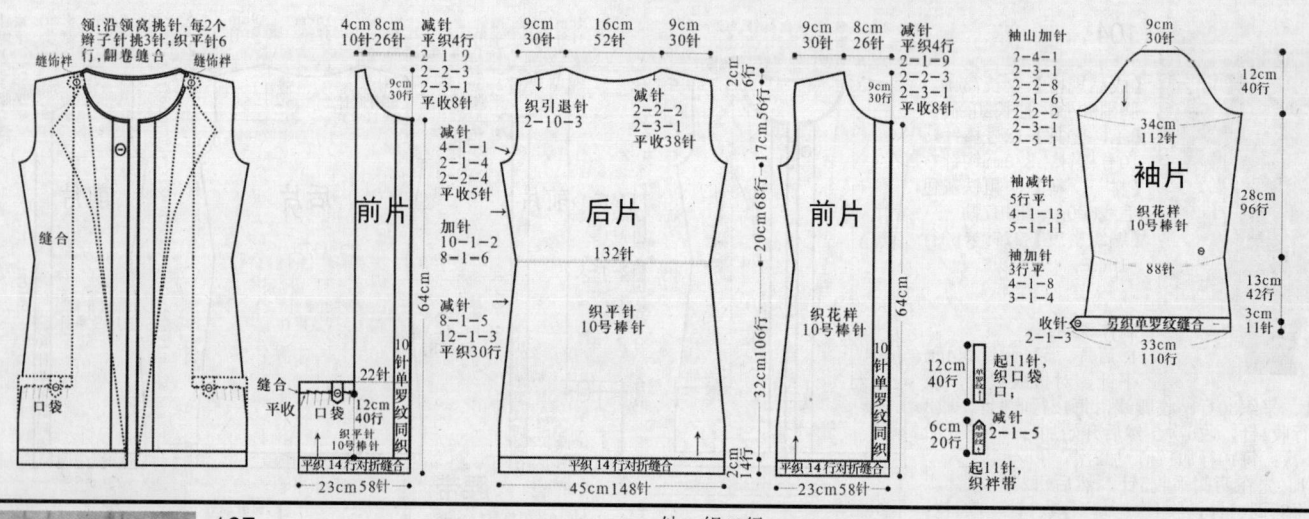

领:沿领窝挑针,每2个
辫子针挑3针;织平针6
行,翻卷缝合

缝饰样　　　缝饰样

缝合

缝合

口袋

平收

前片

4cm 8cm 减针
10针 26针 平收4行
2 1 9
2-2-3
2-3-1
平收5针
加针
10-1-2
8-1-6
减针
8-1-5
12-1-3
平织30行

9cm 30针

9cm 16cm 9cm
30针 52针 30针
织引退针
2-10-3
减针
2-2-2
平收38针
4-1-1
2-1-4
2-2-4
平收5针

后片
132针

织平针
10号棒针

前片

9cm 8cm 减针
30针 26针 平收4行
2-2-1
2-2-3
2-2-1
平收8针

织花样
10号棒针

袖山加针
2-4-1
2-2-8
2-2-1
2-1-6
2-3-1
2-1-4
2-5-1

袖片
34cm 112针

袖减针
5行平
4-1-13
5-1-11

袖加针
3行平
4-1-3
3-1-1

收针
2-1-3

织花样
10号棒针
88针

另织单罗纹缝合

9cm 30针
12cm 40行
28cm 96行
13cm 42行
3cm 11针
33cm 110行

22针 单罗纹同织
10针

口袋
12cm 40行
织平针
10号棒针

平织14行对折缝合
23cm 58针
45cm 148针
23cm 58针

12cm 40行 起11针,织口袋口
6cm 20行 减针 2-1-5
起11针,织袢带

107

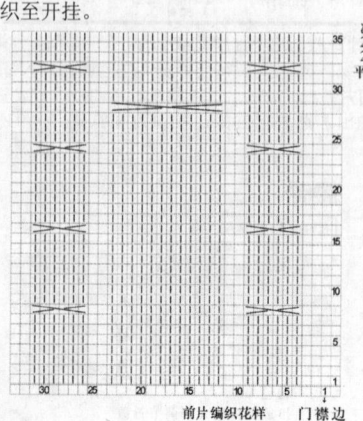

【成品规格】衣长73cm,胸围90cm,袖长56cm
【工　　具】13号棒针,3.3mm钩针
【材　　料】中细铁灰色毛线1100g,纽扣5颗
【编织密度】33针×36行=10cm²

制作说明:
1. 后片。起158针织2cm,将其对折成双层边,换针织花样,织172行平收;再起146针,织平

2. 开挂肩。插肩袖,两侧平收4针,再每4行收2针,收13次。后片完成。后片
上下2片在中心打皱褶,再将其缝合。
3. 织前片。前片织法与后片的相同。门襟与前片同织。
4. 口袋。另起针织平针,织好后将其缝合。
5. 袖。插肩袖为灯笼袖样式,按图示编织。
6. 领。先挑出后片和肩部,每织到前片挑织2针,直至挑完。再平织6行,将这6
行对折缝合成边。
7. 用钩针钩饰扣。缝合所有部分,完成。

领,沿领窝挑针织上针,
先挑出后片的30针,肩
部各挑30针,每行开始
时依次收2针,直至挑
织够所要高度,翻卷过去缝合

9cm 18cm 9cm
30针 60针 30针

9cm 13cm
30针 48针

减针
4-2-13
平织4针
缝合

2织上针

43cm 146针

打皱褶缝合

后片

织平针
13号棒针
148针

8针织花样

20cm 56行
减针
平织4针
2-2-11
2-4-2
平收18针
织上针
18cm 64针

9cm 34针

3cm 10行

48cm 64行

48cm 158针

2cm 8行

9cm 30针

前片

织平针
3号棒针
8针织花样

24cm 79针 2cm 8针

6cm
22行

减针
4-2-13
平织4针
袖加针
4行平
4-1-4

前片

织平针
3号棒针
针织花样

袖加针
6行平
6-1-2
7-1-6

22cm 72针
织平针对折缝合

2cm
8行

边从里面缝合

2cm 缝合
织平针对折缝合
12cm 10cm 口袋
16cm 52针
织平针
口袋口织平针缝合

袖山减针
平织4行
4-2-8
2-4-1

20cm 56行

34cm 112针

织平针
12cm 44行

袖片

织平针
18cm 62行

每3针加1针加24针
22cm 72针
2cm 8行

钩包扣
扣子可根据大小调节行数

X 短针
V 加针
A 收针

编织花样

108

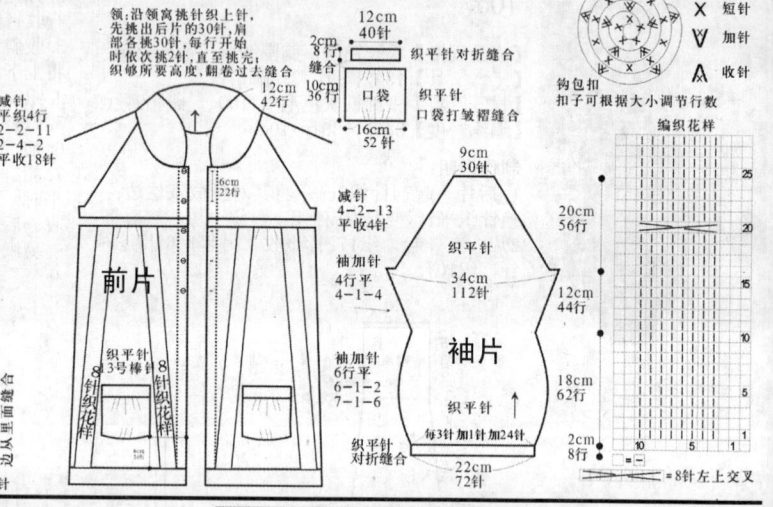

【成品规格】衣长83cm,胸围88cm,袖长56cm
【工　　具】11号棒针
【材　　料】中细橘黄色毛线1500g,纽扣8颗
【编织密度】27针×30行=10cm²

制作说明:
1. 后片。起118针织7cm双罗纹,平织至开挂。

2. 开挂肩。先在两侧平收4针;再每2
行收2针,收3次;每2行收1针,收3次。平织至52行时开后领窝。
3. 收肩。最后两侧各6针平收,后片完成。
4. 织前片。前片以衣袋口为界,上面织花样,下面织平针。
5. 袖。起64针,按图示加针织出袖筒,袖山织机织式袖山。
6. 门襟。门襟挑针织花样,开扣眼。
7. 缝合各部位。完成。

2cm 30cm 2cm
6针 80针 6针

2cm 15cm
6针 40针

减针
2-1-3
2-2-3
平织4针

减针
2-2-2
平收60针

后片

11号针织平针

48cm 158针

领减针
2-2-7
2-2-2
2-8-1

9cm 28针

20cm 60行

前片

结花样

56cm 168行
74cm 222行

3cm 8针
织双罗纹
34针

20cm 60行

11号针织平针

7cm 22行

11号针织双罗纹

44cm 118针
22cm 60针

前片编织花样　门襟边

领,织大圆领,沿领窝挑针,
后领挑织38针,两侧各挑38针
织双罗纹12cm

10cm 21行

后片挑织48针

挑38针

12cm 36行

织双罗纹

85cm 258针

门襟,沿前边及领边挑针织花样,
共挑258针,织16行;在一侧开扣眼。

袖山减针
平织4行
4-2-8
2-4-1

7cm 12针
12cm 36行

袖片
34cm 92针

11号针织平针

袖加针
7行平
7-1-1
8-1-13

39cm 118行

11号针织双罗纹
24cm 64针

5cm 16行

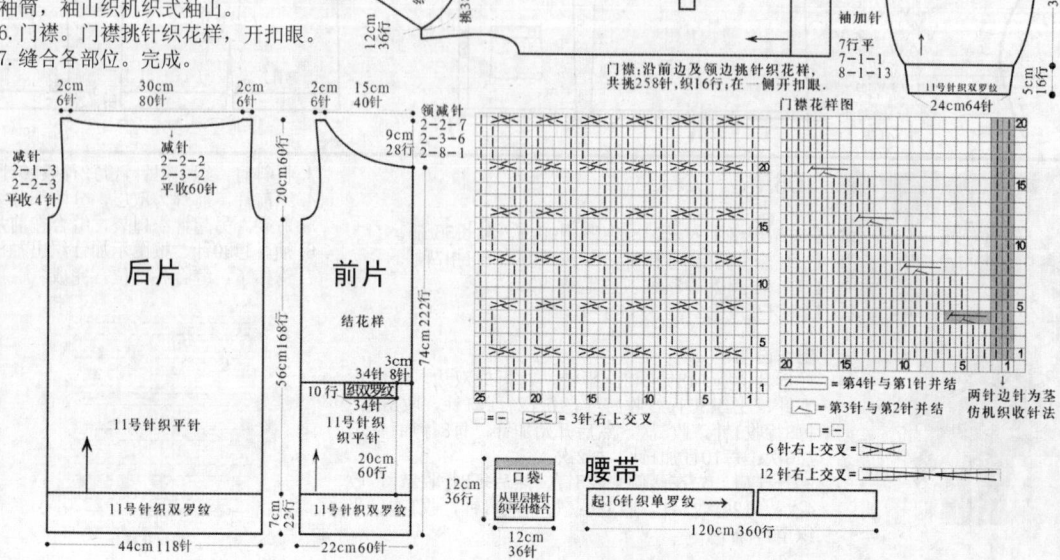

门襟花样图

□=□ ✕✕=3针右上交叉

口袋
从里织针织平针缝合

12cm 36行

腰带
起16针织单罗纹

120cm 360行

= 第4针与第1针并结
= 第3针与第2针并结
两针边针以荃仿机织针收针法

6针右上交叉
12针右上交叉

=8针左上交叉

158

109

【成品规格】衣长83cm，胸围90cm，袖长63cm
【工　　具】6号棒针
【材　　料】中粗毛线1400，纽扣5颗
【编织密度】18针×18行=10cm²

制作说明：
1. 后片。起72针织双罗纹，织至开挂，插肩袖。
2. 开插肩。每0行收2针，收0次，每0行收0针，收0次。平织至18cm，后片完成。
3. 织前片。前片为开衫，织花样。
4. 袖。织插肩袖，从下面起针往上织，收针与前后片对应。
5. 门襟。门襟挑针横织单罗纹，开扣眼。
6. 缝合各部位，完成。

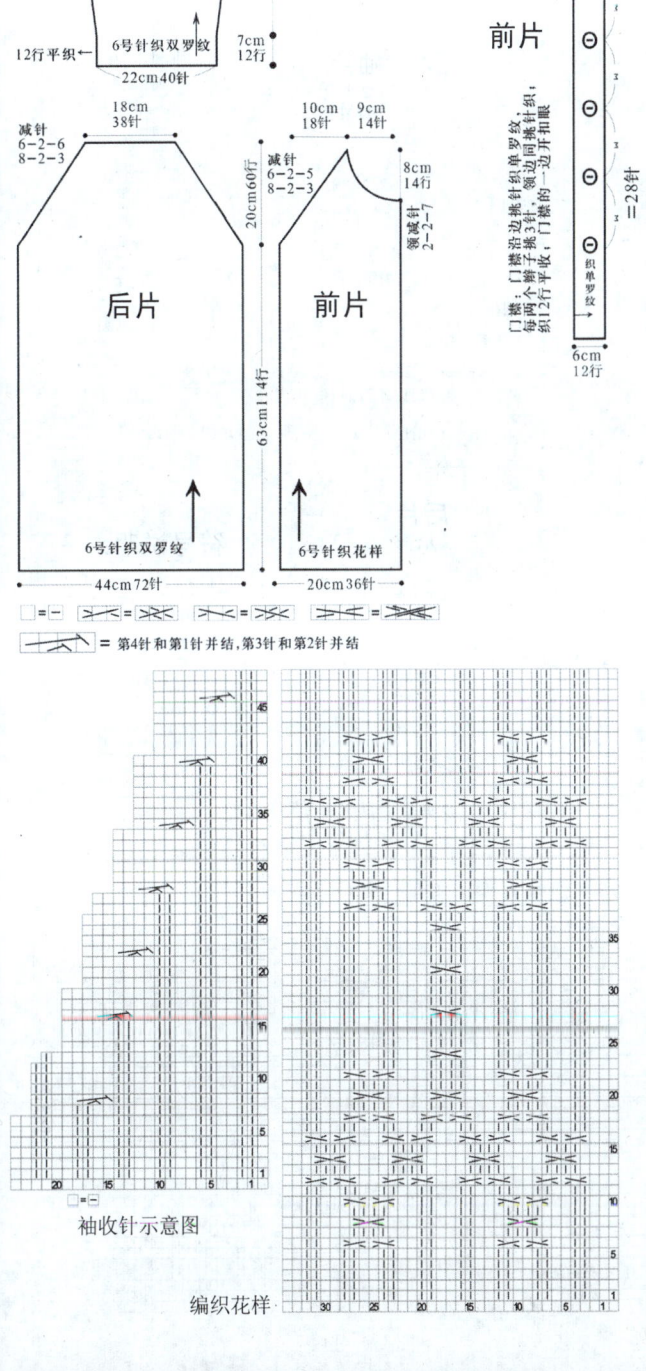

袖收针示意图

编织花样

110

【成品规格】衣长73cm，胸围90cm，袖长56cm
【工　　具】10号棒针，12号棒针
【材　　料】中粗毛线1100g，纽扣10颗
【编织密度】27针×33行=10cm²

制作说明：
1. 后片。起120针织7cm元宝针，换针织花样。收腰线，平织14行，每12行收1针，收3次；每8行收1针，收6次。然后开始加针，每0行加1针，加0次，每10行加1针，加2次。
2. 开挂肩。先在两侧平收5针，每2行收2针，收3次；每2行收1针，收3次。平织至18cm。
3. 收斜肩。织引退针，每2行收8针，收3次。后片完成。
4. 织前片。前片为双排扣样式开衫。腰线及挂肩的织法与后片的相同，每片的宽度各减少4cm。
5. 袖。起30针，织花样，按图示加针织出袖山，然后织袖筒。织好后将其与衣身缝合。
6. 门襟。沿前片边挑针织门襟，门襟的宽度为12cm，织的时候在一侧开双排扣扣眼，门襟织元宝针。
7. 帽子。各片完成后将其缝合。沿领窝挑针织帽子，缝扣子，完成。

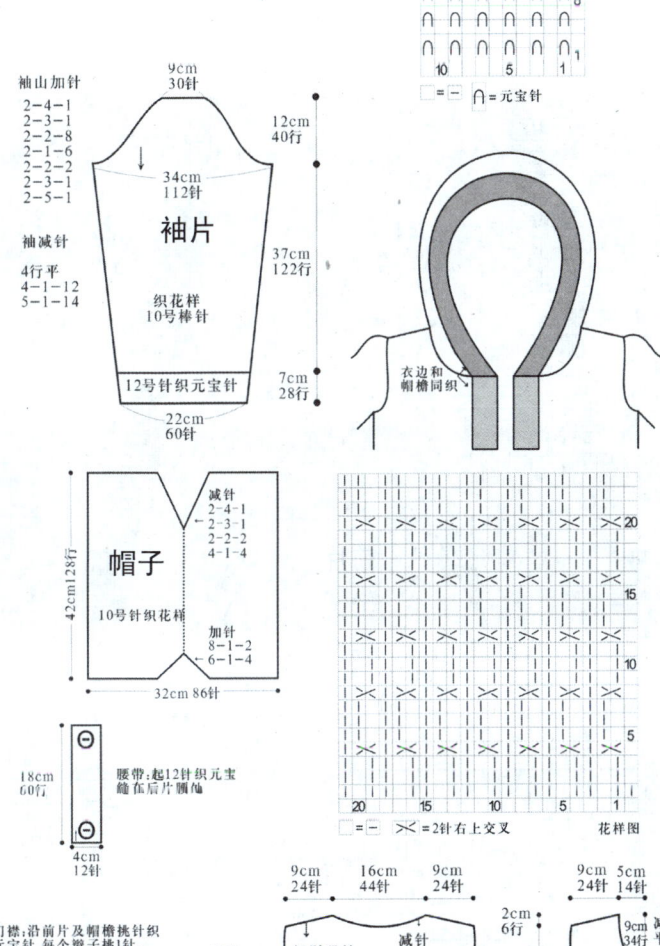

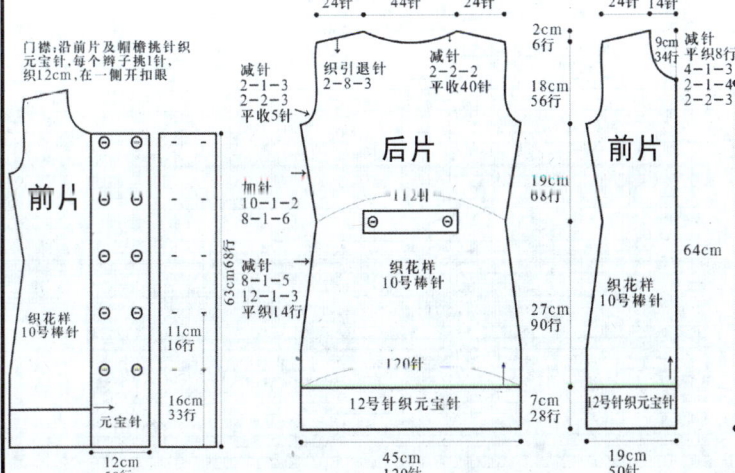

111

【成品规格】胸围100cm，衣长54cm，袖长52cm
【工　　具】4.5号环针
【材　　料】高兔毛线800g

制作说明：

前片、后片均为1片。袖片为左右2片。

1.织后片。编织方向为从下往上，起78针，采用双罗纹往上织，织到11cm后，分散加24针；再换织平针到16cm，开始收出斜肩线；从袖窿线往上织到27cm后，将后领处的36针穿好，待用。

2.织前片。编织方向为从下往上，起78针，采用双罗纹往上织，织到11cm后，分散加24针；再换织平针到16cm，开始收出斜肩线；同时，也要开始织前胸的花样；从袖窿线往上织到27cm后，将前领处的36针穿好，待用。

3.织袖子。起90针，按花样针法图往上织，同时要按图示在袖下线减针，到袖壮线时是82针；然后按图示收出斜肩线，到袖山时为22针。用同样的方法织好另一个袖子。然后分别合并侧缝线和袖下线，并安装好袖子。

4.织衣领。将前片、袖片及后片上端的96针全部穿起来。衣领的编织方法：96针－8针（8针为4条茎）＝88针，再往上织50行双罗纹，最后平收针。

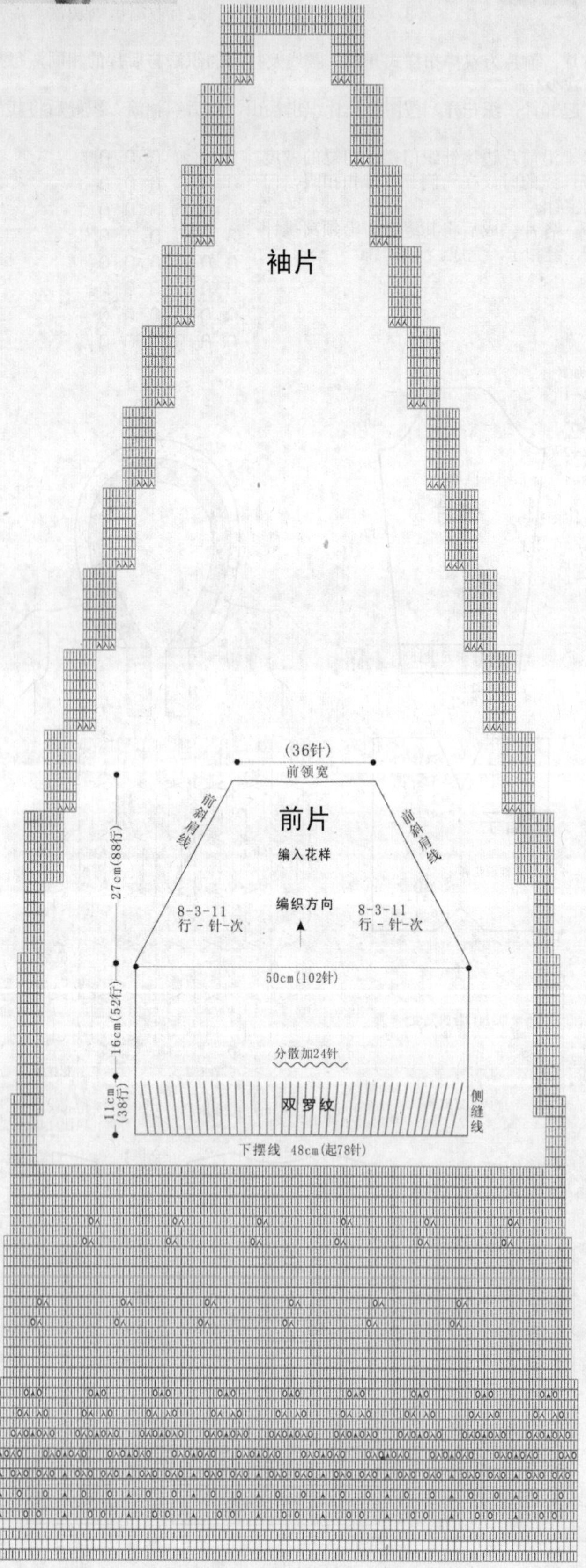

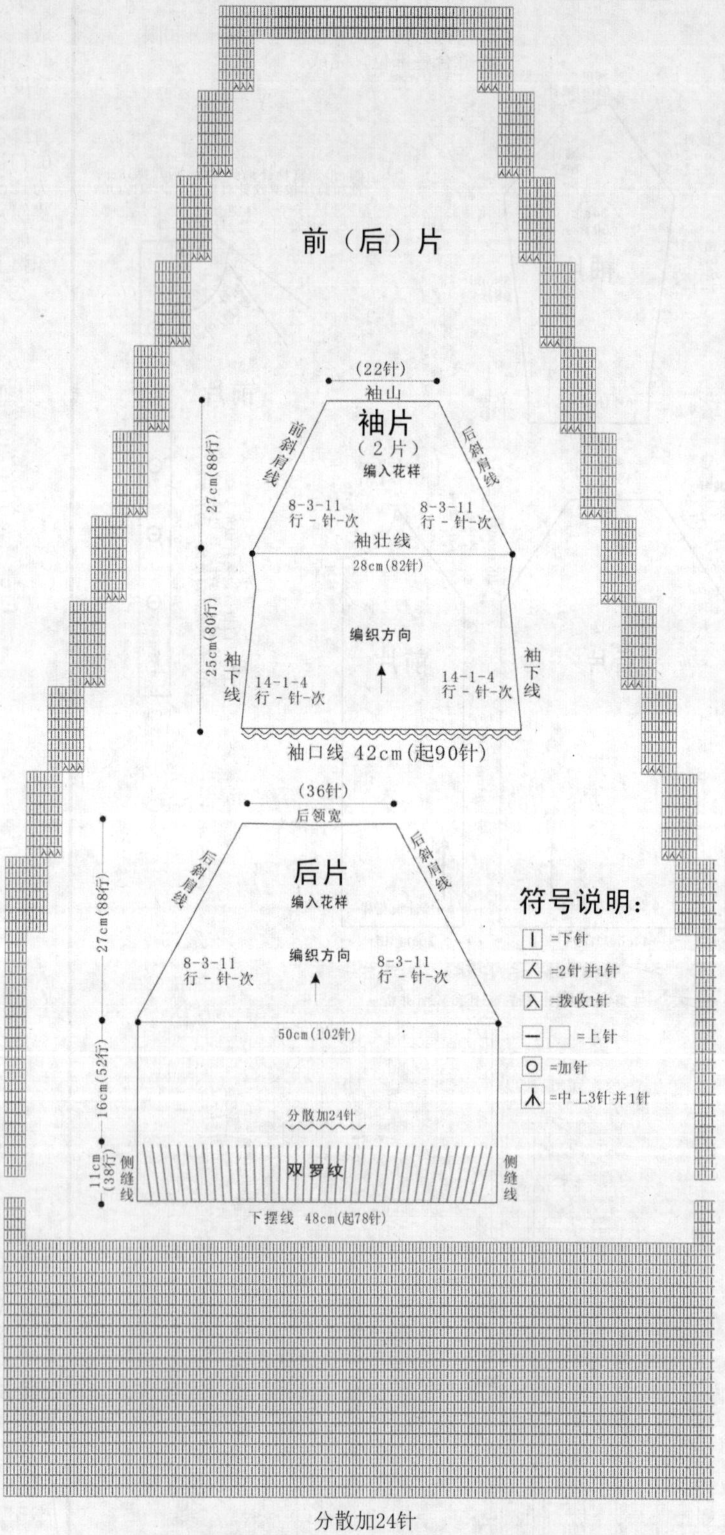

袖片

前（后）片

（22针）
袖山
袖片
（2片）
编入花样

前斜肩线　　后斜肩线

27cm(88行)

8-3-11
行-针-次　　8-3-11
行-针-次
袖壮线
28cm（82针）

23cm(80行)

编织方向

14-1-4
行-针-次　　14-1-4
行-针-次
袖下线　　袖下线

袖口线 42cm（起90针）

（36针）
前领宽
前片
编入花样

前斜肩线　　前斜肩线

27cm(88行)

8-3-11
行-针-次　　8-3-11
行-针-次

编织方向

50cm（102针）

16cm(52行)

分散加24针

11cm
(38行)
双罗纹

侧缝线

下摆线 48cm（起78针）

（36针）
后领宽
后片
编入花样

后斜肩线　　后斜肩线

27cm(88行)

8-3-11
行-针-次　　8-3-11
行-针-次

编织方向

50cm（102针）

16cm(52行)

分散加24针

11cm
(38行)
双罗纹

侧缝线　　侧缝线

下摆线 48cm（起78针）

符号说明：

| ＝下针

人 ＝2针并1针

入 ＝拨收1针

一 □ ＝上针

○ ＝加针

木 ＝中上3针并1针

分散加24针

112

【成品规格】披肩全长112cm
【工　具】6号环针
【材　料】高兔绒线500g

符号说明：

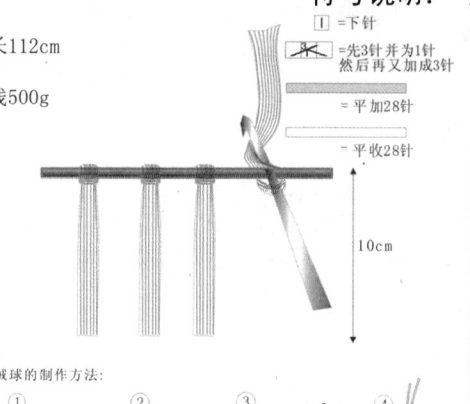

$\boxed{1}$ =下针

=先3针并为1针
然后再又加成3针

=平加28针

=平收28针

制作说明：

1. 按结构图织单元片。编织方向为从下往上，起100针，采用花样编织，织112cm；当织到26cm后，先平收28针，在下1行再平加28针；继续织到41cm后，再一次平收28针，在下1行再平加28针；不加减针，往上织到45cm后平收。

2. 在下摆处装上10cm长流苏，门襟一侧装上绒线球，披肩完成。

绒球的制作方法：

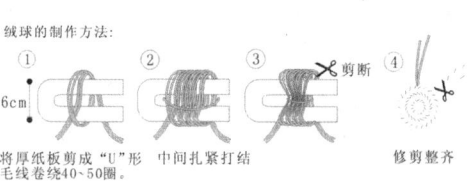

① 将厚纸板剪成"U"形毛线卷绕40~50圈。　② 中间扎紧打结　③ 剪断　④ 修剪整齐

6cm

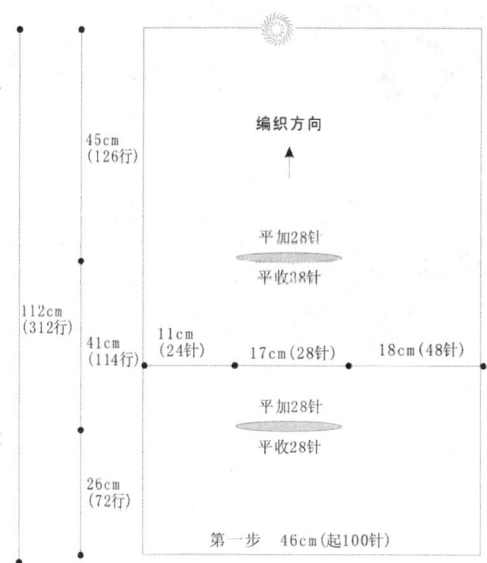

符号说明区域：
45cm（126行）
112cm（312行）
41cm（114行）
26cm（72行）

编织方向

平加28针
平收38针

平加28针
平收28针

11cm（24针）　17cm（28针）　18cm（48针）

第一步　46cm（起100针）

10cm

花针法图：

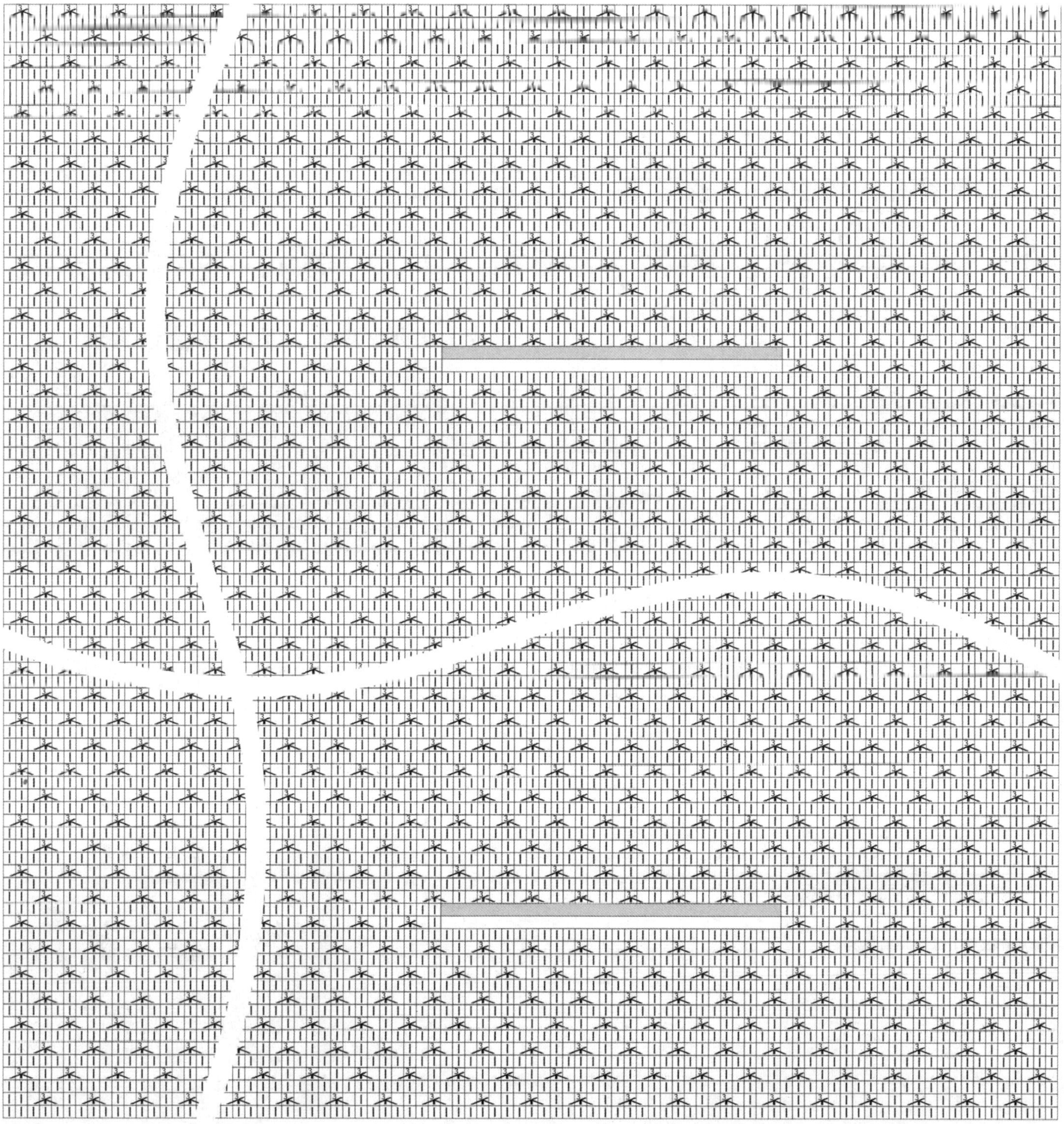

113

【成品规格】袖长34cm, 领口宽33cm

【工　　具】7号棒针

【材　　料】4股三七羊毛线340g

制作说明:

1. 首先用线在手指上绕2圈, 在圈上起15针, 不加减针织1行上针1行下针。

第3圈: 织2针下针, 然后在1针中放出3针, 共放15针。

第4圈: 全织上针。

第5圈: 织4针平针, 在1针中放出3针, 共放15针。

第6圈: 全织上针。

第7圈: 织6针下针, 在1针中放出3针, 共放15针。

第8圈: 织6针下针, 3针上针。

第9圈: 织6针下针, 1针上针, 1针中放出3针, 1针上针。

第10圈: 织6针上针, 6针下针。

第11圈: 织3针下针, 加1针, 3针下针, 6针上针。

第12圈: 织3针下针, 1针上针, 3针下针, 6针上针。

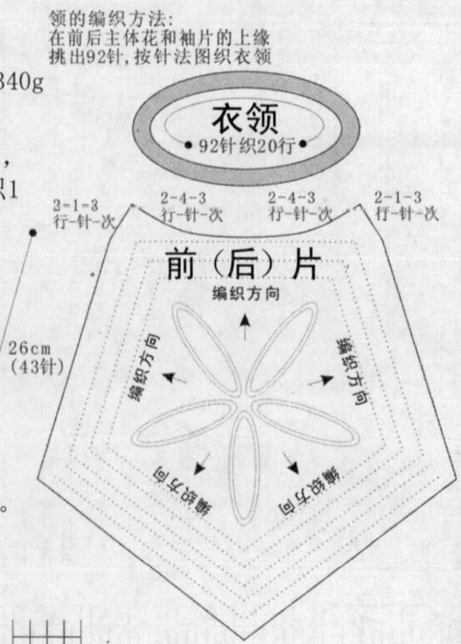

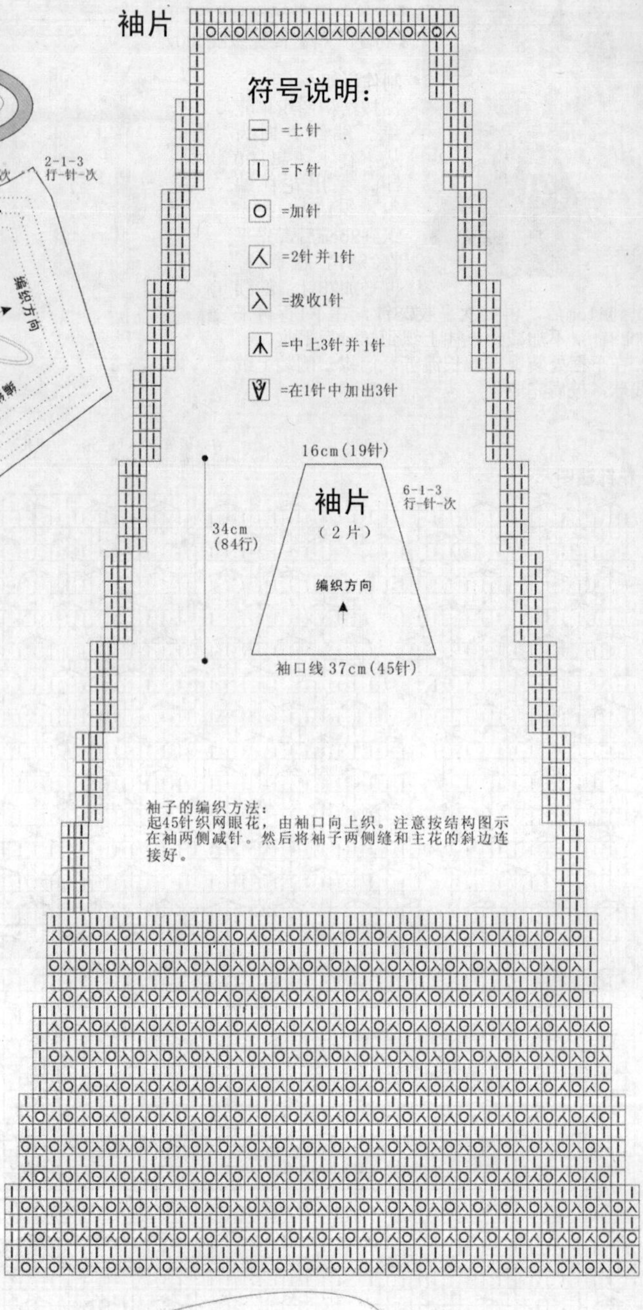

第13圈起至23的单圈: 在3针下针的两边各加1针。

第14圈至24圈的双圈: 对应上圈织上针和下针。

第25圈开始: 将花瓣中的上针部分每隔1行收针, 收到剩1针为止, 花瓣完成。上针部分还是继续前面的加针。

第26圈到44圈: 跟第25圈的编织方法相同。

第45圈: 在上针部分织1行网眼花。

第46圈: 织和上1行对应的针。

2. 主体花部分完成后, 按图示收出领的弧形和肩的斜线。

3. 在主体花部分的下角边, 多织2组网眼花样。

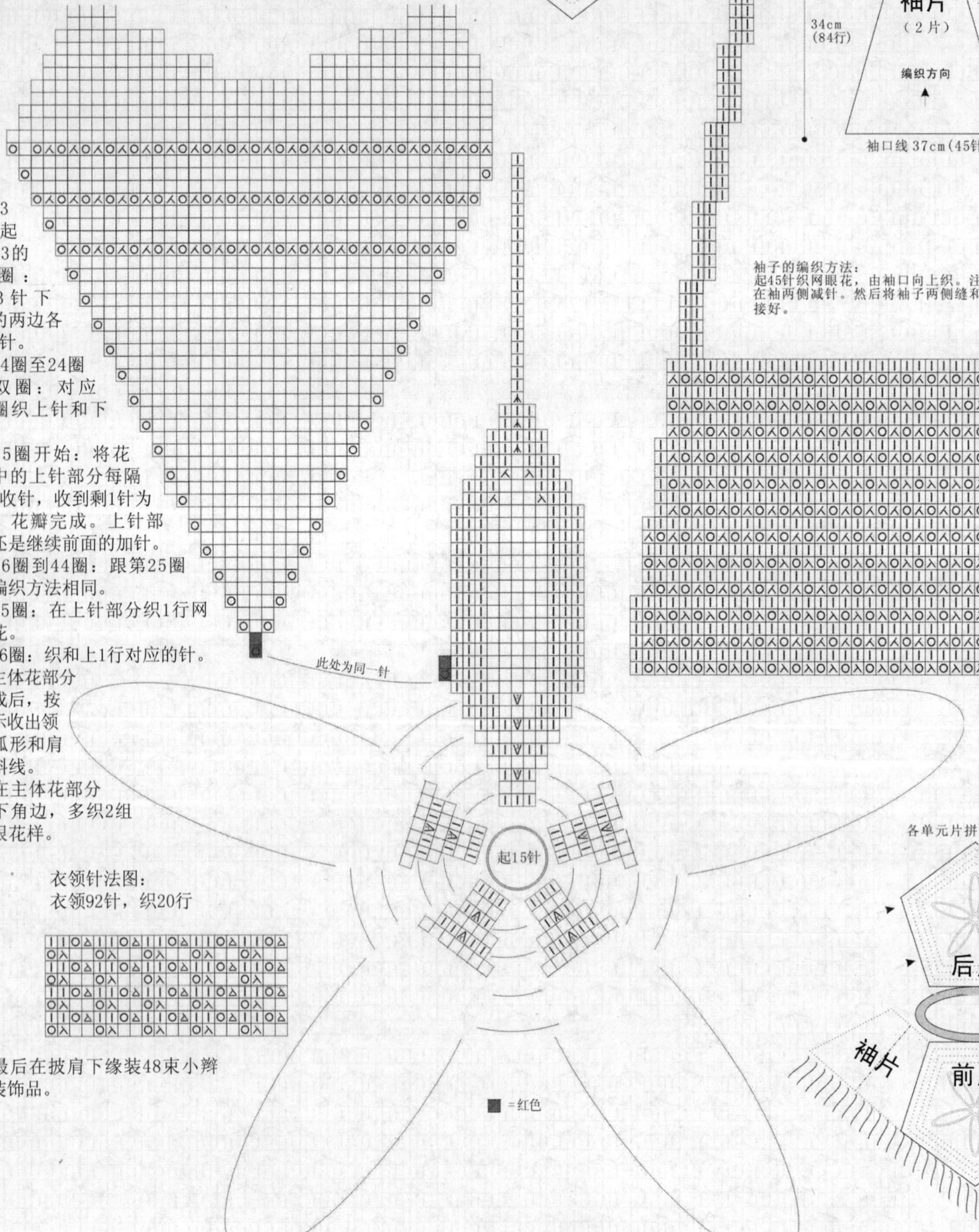

衣领针法图:
衣领92针, 织20行

4. 最后在披肩下缘装48束小辫子装饰品。

领的编织方法:
在前后主体花和袖片的上缘挑出92针, 按针法图织衣领

衣领
● 92针织20行

2-1-3 行一针一次　2-4-3 行一针一次　2-4-3 行一针一次　2-1-3 行一针一次

前(后)片
编织方向

26cm (43针)

袖片

符号说明:

符号	说明
二	上针
I	下针
O	加针
人	2针并1针
⅄	拨收1针
⅄	中上3针并1针
V	在1针中加出3针

16cm (19针)

袖片
(2片)

6-1-3 行一针一次

34cm (84行)

编织方向

袖口线 37cm (45针)

袖子的编织方法:
起45针织网眼花, 由袖口向上织。注意按结构图示在袖两侧减针。然后将袖子两侧缝和主花的斜边连接好。

各单元片拼接方位图:

后片

袖片　前片　袖片

此处为同一针

起15针

■ =红色

114

制作说明：

小外套为2片，在后背中线合并而成。

1. 按结构图织单元片。编织方向为从下往上，起87针，采用花样编织，不加减针织16cm（50行）后，按图示平加20针，在次行平加20针，这样就形成了1个袖窿圈；再继续不加减针织17cm（52行）后，按图示平收针。

2. 同步骤1一样，织好另一个对应的单元片。

3. 缝合后背中心线。

符号说明：

| 下针　　○ =加针　　人 =拨收1针
人 =2针并1针　　人 =中上3针并1针
▨ =平加20针
▭ =平收20针

网眼花样为片织。
按箭头方向进行。
每一行都是按先加1针，然后2针并为1针的规律进行。

编织方向
编入花样
合并缝（后背中线）

编入花样
平加20针
平收20针

26cm（57针）　编织方向　8cm（20针）　4cm

33cm（102行）　17cm（52行）
16cm（50行）

38cm（起87针）

115

制作说明：

1. 按结构图织下摆花样。按图示从后背中心往两边套织好5个叶片状；然后往上挑针，后片挑87针，前片左右两片各挑56针，共199针；前后片编织方向为从下往上，采用花样编织，不加减针织到22cm后，在侧缝线处按图示开始收出袖窿弯度；在前片门襟侧前领处往上编织12cm，按图示收出前领弧度；后片从袖窿线往上织17.5cm，在后领处收出后领弧度；将后片双侧肩上的针和前片肩上的针合并。

2. 织袖子。起26针，采用花样编织，编织方向为从上往下，在袖山两旁按图示加针，到袖壮线处再按图示减针，到袖口74针平收。然后用同样的方法织好另一个袖子。分别合并袖下线，并安装好袖子。

3. 织衣领。在前领围挑出40针、后领围挑出46针，按门襟花样横向织一组后收针。

袖山线
1-4-1
2-2-12
1-3-1
行-针-次

袖壮线
36cm（88针）
袖片（2片）

6行平
8-1-1
6-1-1
4-1-5
行-针-次

10cm（26行）
18cm（40行）

袖口线 30cm（74针）
编织方向

10cm（25针）　10cm（25针）　18cm（35针）　10cm（25针）　10cm（25针）

肩线　后领宽　肩线

7cm（20行）
4-1-3
2-1-3
2-3-1
行-针-次

19cm（58行）

2-1-2
2-1-3
2-13-1
行-针-次

前片
编入花样
编织方向

2-1-2
1-3-1
行-针-次

2-1-2
1-3-1
行-针-次

后片
编入花样
编织方向

2-1-2
1-3-1
行-针-次

2-1-2
2-1-3
2-3-1
行-针-次

前片
编入花样
编织方向

7cm（20行）

22cm（66行）

侧缝线　下摆线 88cm（挑199针）　侧缝线

15cm

38行一个单元花样
38行×5（个单元花样）=190行

编织方向　编织方向

38行一个单元花样
38行×5（个单元花样）=190行

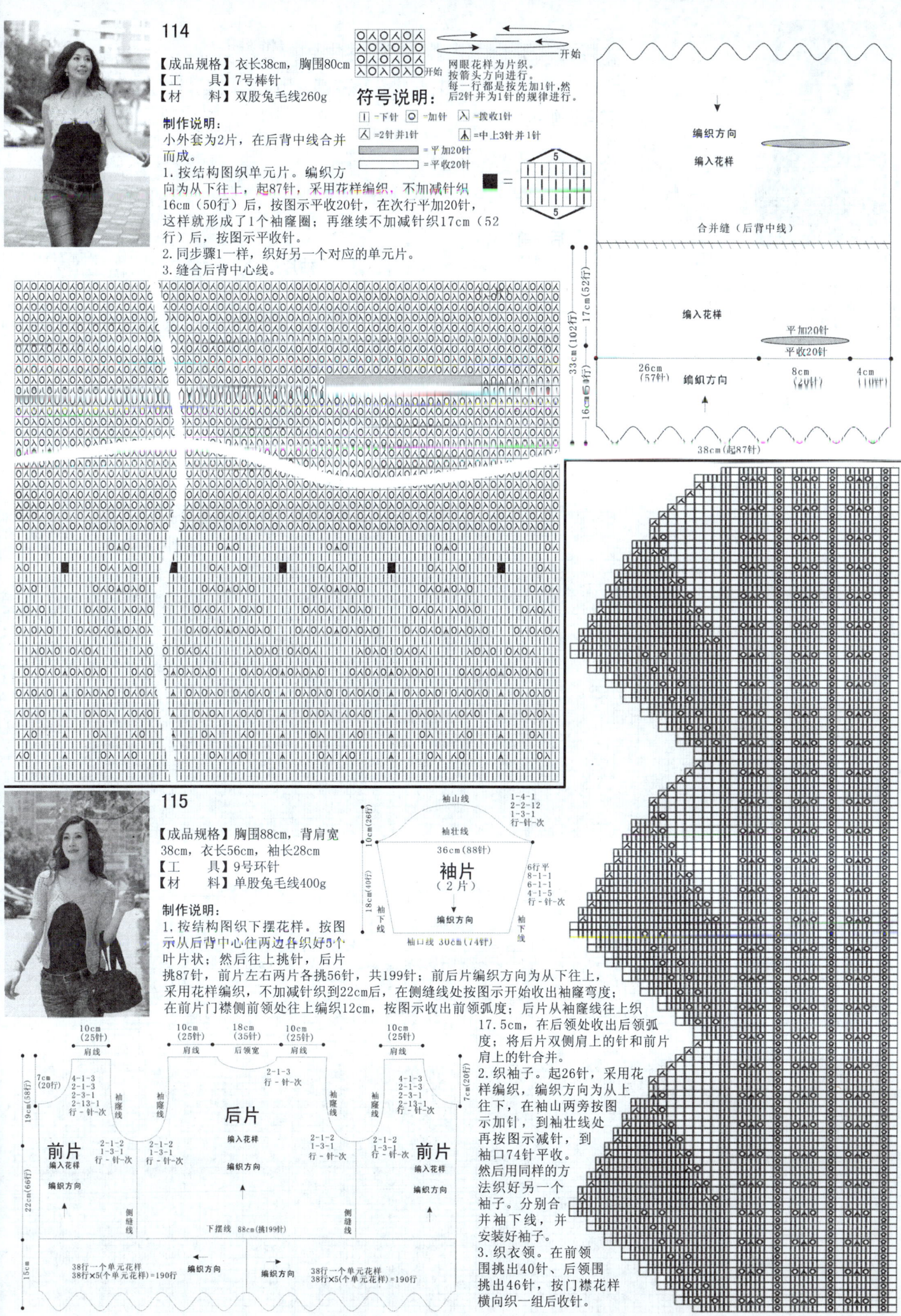

【成品规格】胸围74cm，衣长58cm，袖长50cm
【工　　具】9号环针
【材　　料】羊毛线500g

符号说明：

符号	说明
Ⅰ	=下针
人	=2针并1针
入	=拨收1针
—	=上针（空白）
O	=加针

衣领的编织方法：
144针−8针（8针为4条茎）=136针
先织4行单罗纹，再织6行平针最后
平收针。

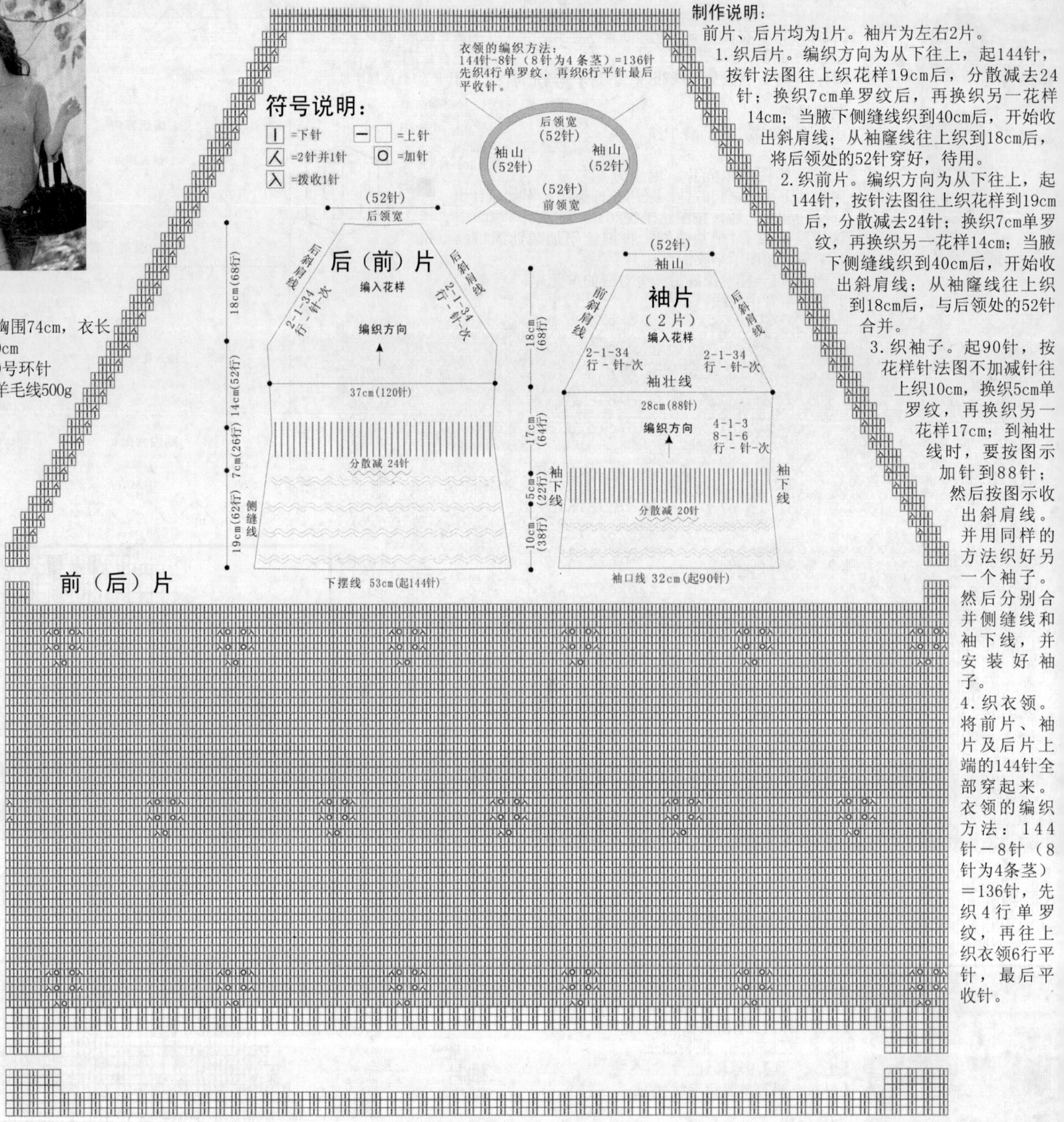

后领宽（52针）
袖山（52针）　袖山（52针）
（52针）
前领宽

（52针）
后领宽

后（前）片

编入花样
编织方向 ↑

斜肩线
2-1-34 行-针-次
后斜肩线
2-1-34 行-针-次

18cm（68行）
14cm（52行）
7cm（26行）
19cm（62行）

37cm（120针）

分散减24针

侧缝线

下摆线 53cm（起144针）

前（后）片

袖片（2片）

（52针）
袖山

编入花样
编织方向 ↑

前斜肩线
2-1-34 行-针-次
后斜肩线
2-1-34 行-针-次

袖壮线
28cm（88针）

4-1-3
8-1-6
行-针-次

分散减20针

袖下线

18cm（68行）
17cm（64行）
5cm（22行）
10cm（38行）

袖口线 32cm（起90针）

制作说明：

前片、后片均为1片。袖片为左右2片。

1. 织后片。编织方向为从下往上，起144针，按针法图往上织花样19cm后，分散减去24针；换织7cm单罗纹后，再换织另一花样14cm；当腋下侧缝线织到40cm时，开始收出斜肩线；从袖窿线往上织到18cm后，将后领处的52针穿好，待用。

2. 织前片。编织方向为从下往上，起144针，按针法图往上织花样到19cm后，分散减去24针；换织7cm单罗纹，再换织另一花样14cm；当腋下侧缝线织到40cm时，开始收出斜肩线；从袖窿线往上织到18cm后，与后领处的52针合并。

3. 织袖子。起90针，按花样针法图不加减针往上织10cm，换织5cm单罗纹，再换织另一花样17cm；到袖壮线时，要按图示加针到88针；然后后按图示收出斜肩线。并用同样的方法织好另一个袖子。然后分别合并侧缝线和袖下线，并安装好袖子。

4. 织衣领。将前片、袖片及后片上端的144针全部穿起来。衣领的编织方法：144针−8针（8针为4条茎）=136针，先织4行单罗纹，再往上织衣领6行平针，最后平收针。

分散减24针

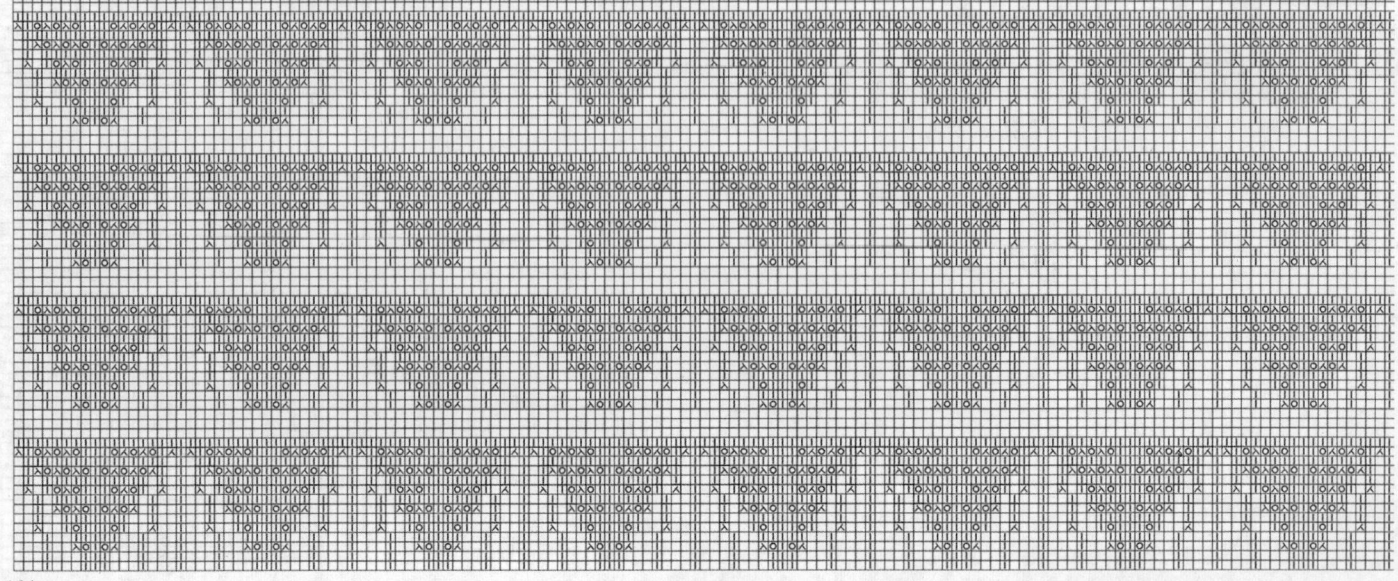

117

【成品规格】胸围108cm，背肩宽40cm，衣长58cm，袖长57cm
【工　具】4.5号环针
【材　料】兔毛线850g，纽扣3颗

制作说明：
1.织后片。编织方向为从下往上，起86针，采用双罗纹编织9cm后，分散加22针；往上织到25cm后，在侧缝线处按图示收出袖窿弯度；从袖窿线往上织22.5cm后，在后领处收出后领弧度。肩上留22针，穿好，待和前片合并用。
2.织前片。编织方向为从下往上，起44针，采用双罗纹编织9cm后分散加10针；往上织到25cm后，在侧缝线处按图示开始收出袖窿弯度；并同时在门襟侧按图示收前领，肩上留22针。然后再织好另一个对应的前片，将肩上的针和后片合并。
3.织袖子。起21针，从上往下编织，在袖山两旁按图示加针，到袖壮线时为69针；再按图示减针，织到袖长的长度后织袖口；袖口的最后3行，将2针下针加1针，使之成为3针下针，织2行后再收针。并用同样的方法织好另一个袖子。分别合并侧缝线和袖下线，并安装好袖子。
4.织衣领。起42针，往上编织双罗纹。在领的两侧，每2行加4针，加针10次；在后领的中间部分将2针下针加1针，使之成为3针下针；织4cm后按图示收出领角；然后将领角处的针挑起来，并连接挑好门襟上的针，横向编织双罗纹，在右侧门襟上要均匀留出3个扣眼。

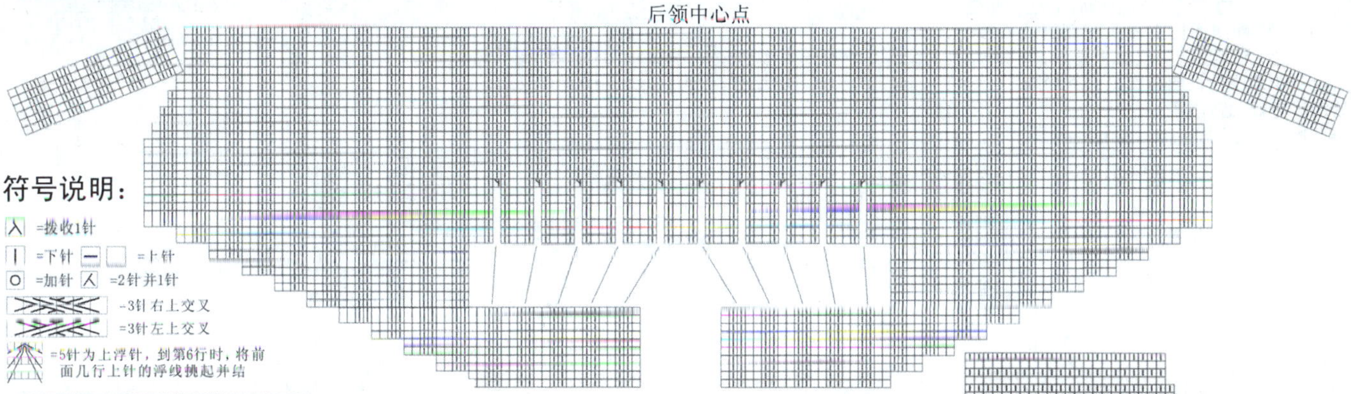

符号说明：
人 =拔收1针
| =下针
— =上针
□ =上针
O =加针　人 =2针并1针
=3针右上交叉
=3针左上交叉
=5针为上浮针，到第6行时，将前面几行上针的浮线挑起并结

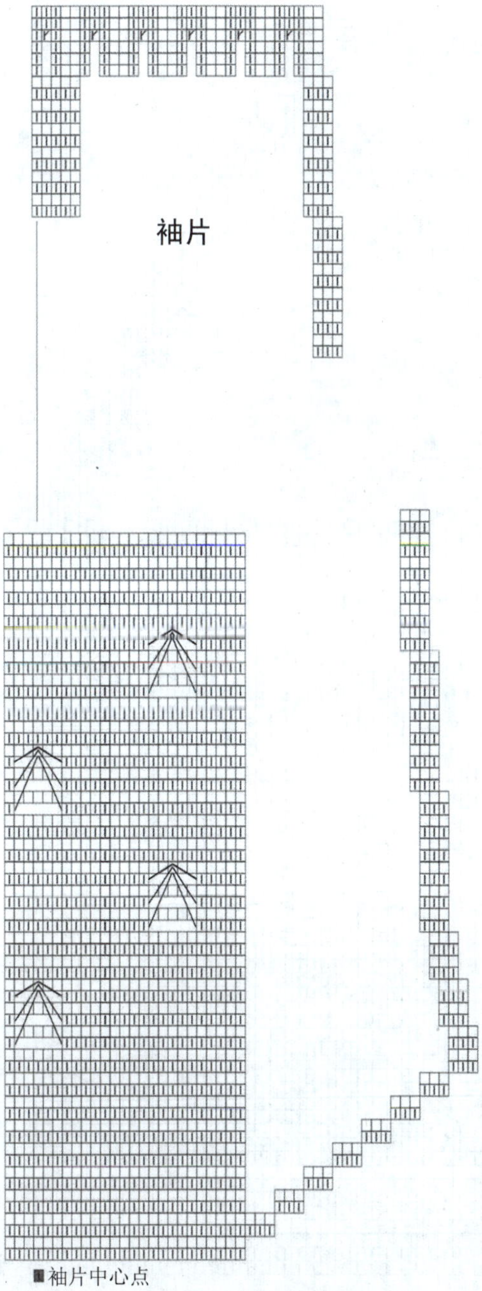

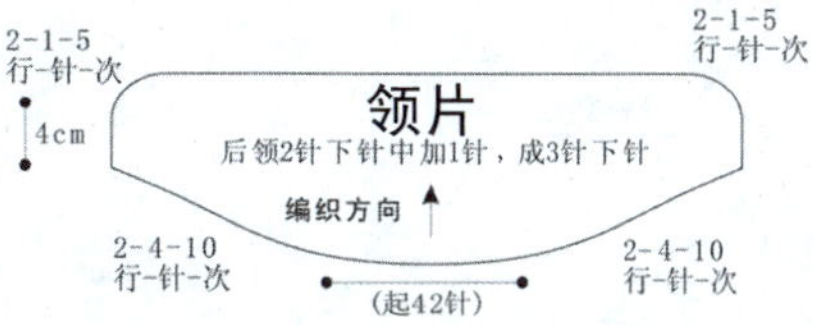

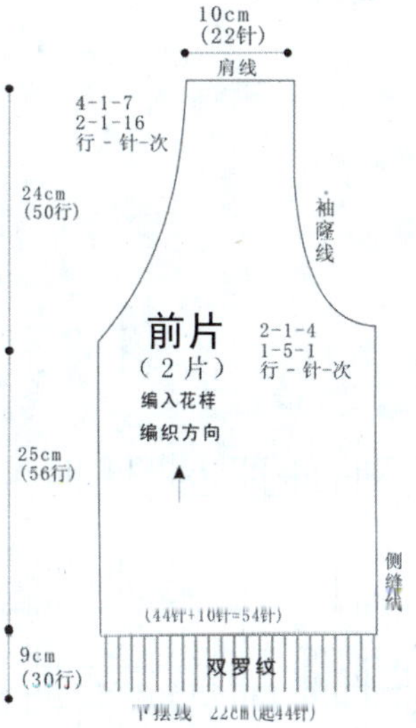

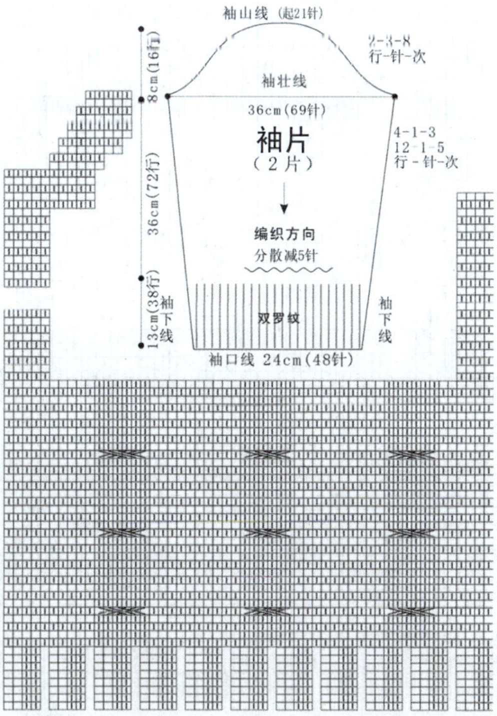

袖片

后领中心点

领片
后领2针下针中加1针，成3针下针
编织方向
（起42针）
2-1-5 行-针-次
4cm
2-4-10 行-针-次
2-4-10 行-针-次

前片

10cm（22针）
肩线
4-1-7
2-1-16 行-针-次
24cm（50行）
前片（2片）
编入花样
编织方向
25cm（56行）
2-1-4
1-5-1 行-针-次
袖窿线
（44针+10针=54针）
9cm（30行）
双罗纹
下摆线 22cm（起44针）

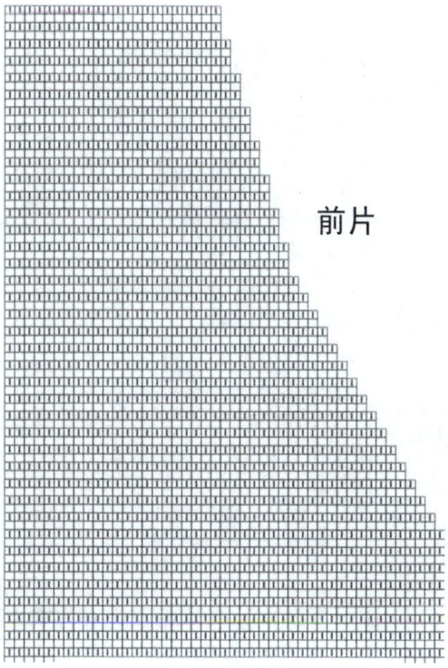

10cm（22针）肩线
20cm（44针）后领宽
10cm（22针）肩线
2-1-2 行-针-次
24cm（50行）
袖窿线
后片
编入花样
编织方向
25cm（56行）
侧缝线
（86针+22针=108针）
9cm（30行）
双罗纹
下摆线 88cm（起86针）

袖山线（起21针）
8cm（16行）
2-3-8 行-针-次
袖壮线
36cm（69针）
4-1-3
12-1-5 行-针-次
袖片（2片）
编织方向
分散减5针
13cm（38行）
36cm（72行）
双罗纹
袖下线
袖口线 24cm（48针）

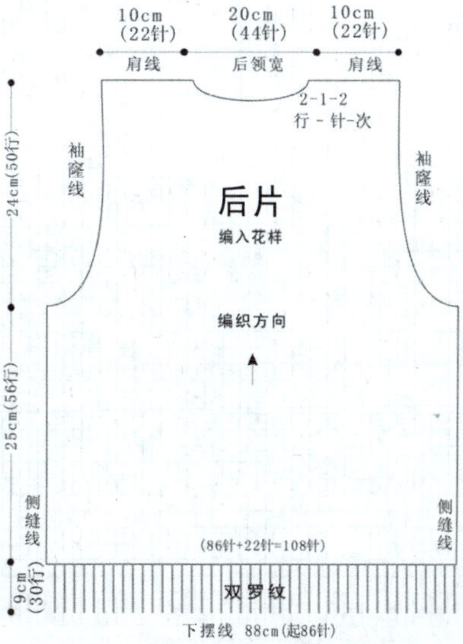

袖片中心点

118

【成品规格】胸围104cm，衣长50cm，袖长67cm
【工　　具】4.5号环针
【材　　料】高兔绒线950g，纽扣3颗

制作说明：

前片、袖片均为左右2片，后片为1片。

1.织后片。编织方向为从下往上，起92针，按照花样针法图往上织，织到27cm后，收出后斜肩线；从袖窿线往上织到23cm后，将后领处的针穿好，待用。

2.织前片。编织方向为从下往上，起58针，采用平针编织9行，然后和第1行合并，重复3次（后3次为折叠8行）；按花样针法图往上织，在侧缝线处按图示每6行收1针，收4次，收出下摆线；织到27cm后，在侧缝线处按图示收出前斜肩线。前领处的针穿好，待用。

3.织袖子。起41针，采用花样编织11cm，然后分散加10针；再按针法图织花样，在袖下线两旁按图示加针，到袖壮线时为75针；再按图示减针，袖山最后为19针。用同样的方法织好另一个袖子。分别合并侧缝线和袖下线，并安装好袖子。

4.织帽子。将门襟、前片、袖片及后片挑出104针，按针法图往上织，织到27cm后，在帽顶角上按图示收出圆角，最后合并帽后缝和帽顶缝。

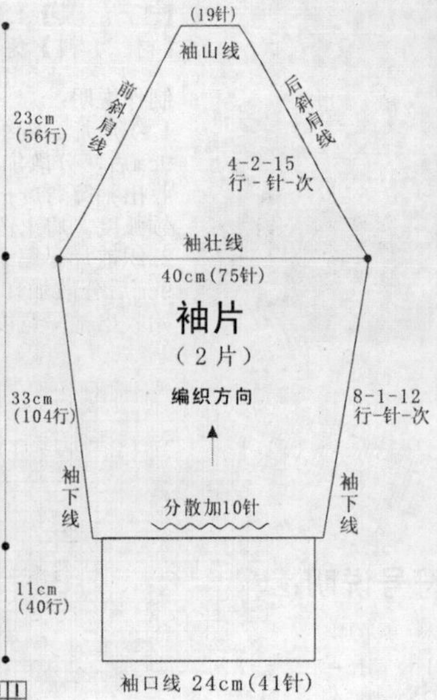

符号说明：

| =下针　　— =上针
人 =2针并1针　○ =加针
■ = [花样格子] 　入 =拨收1针

袖片（2片）
编织方向
（19针）
袖山线
23cm（56行）
前斜肩线　后斜肩线
4-2-15 行-针-次
袖壮线
40cm（75针）
33cm（104行）
8-1-12 行-针-次
袖下线
分散加10针
11cm（40行）
袖口线 24cm（41针）

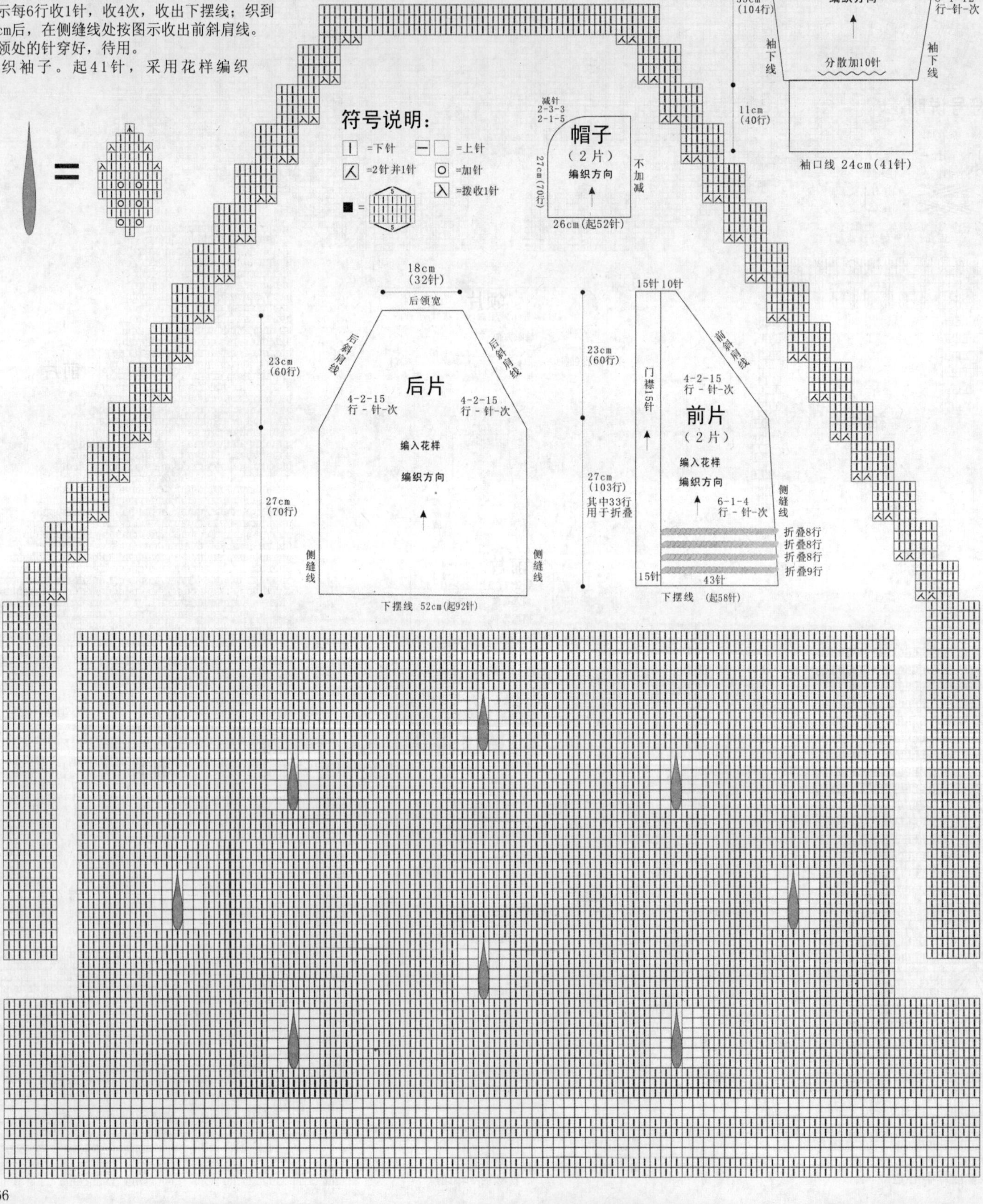

帽子（2片）
编织方向
减针
2-3-3
2-1-5
27cm（70行）
不加减
26cm（起52针）

后片
18cm（32针）后领宽
23cm（60行）
后斜肩线　后斜肩线
4-2-15 行-针-次　4-2-15 行-针-次
编入花样
编织方向
27cm（70行）
侧缝线　侧缝线
下摆线 52cm（起92针）

前片（2片）
15针 10针
门襟15针
23cm（60行）
前斜肩线
4-2-15 行-针-次
编入花样
编织方向
27cm（103行）其中33行用于折叠
6-1-4 行-针-次
侧缝线
折叠8行
折叠8行
折叠8行
折叠9行
15针　43针
下摆线（起58针）

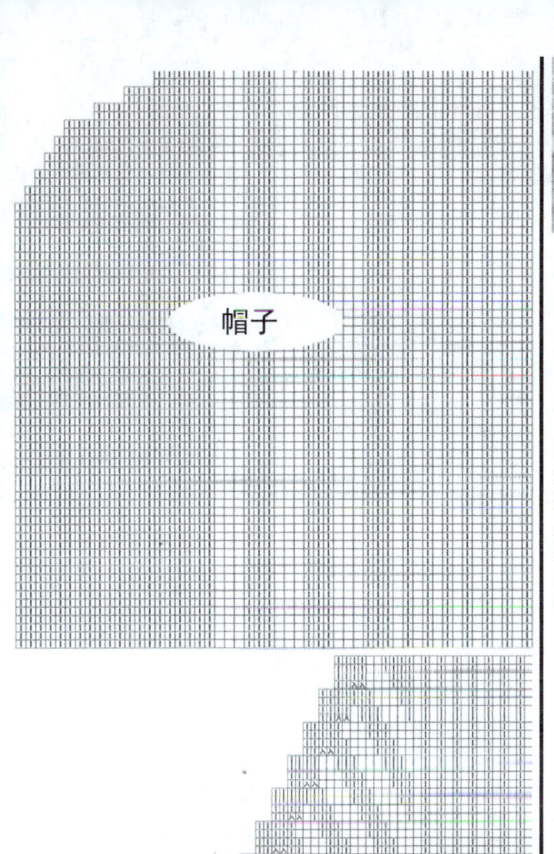

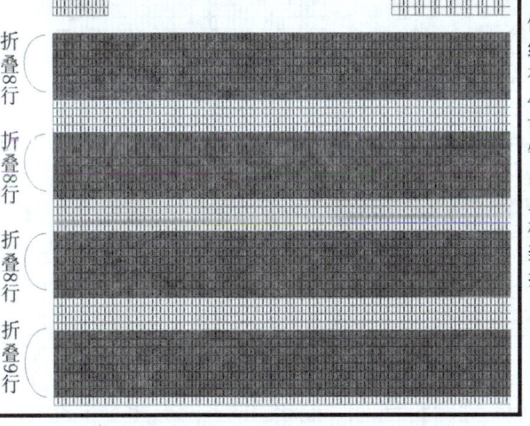

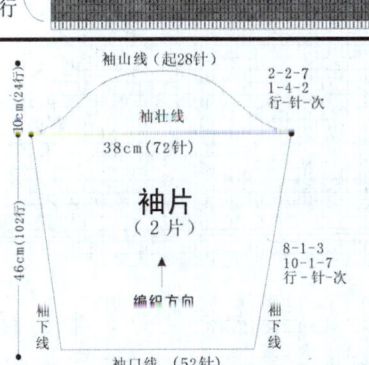

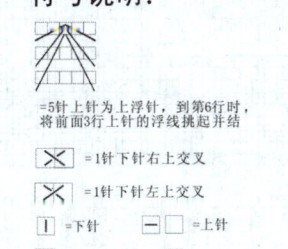

帽子

前片

折叠8行
折叠8行
折叠8行
折叠6行

袖片
（2片）

袖山线（起28针）

2-2-7
1-4-2
行-针-次

袖壮线
38cm（72针）

46cm（102行）

10cm（24行）

8-1-3
10-1-7
行-针-次

袖下线

编织方向

袖下线

袖口线（52针）

符号说明：

= 5针上针为上浮针，到第6行时，将前面3行上针的浮线挑起并结

⊠ = 1针下针右上交叉

⊠ = 1针下针左上交叉

丨 = 下针 — = 上针

人 = 拨收1针 人 = 2针并1针

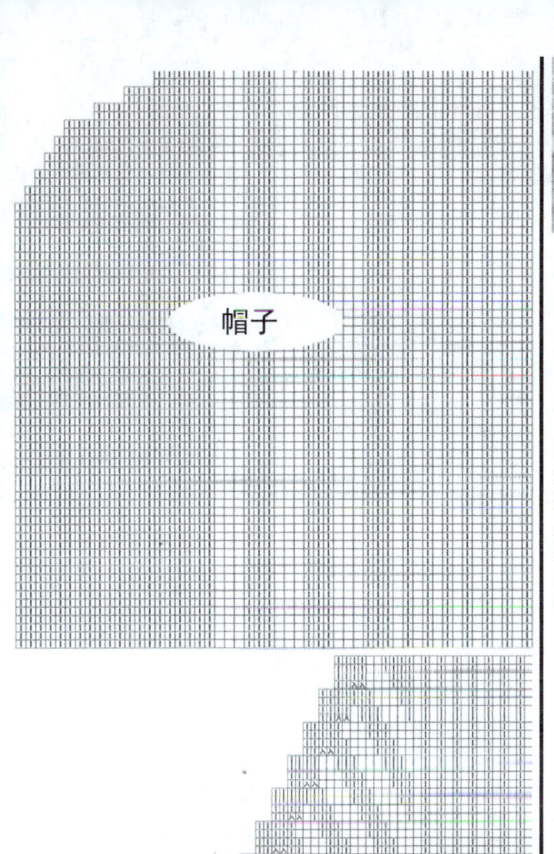

119

【成品规格】胸围105cm，背肩宽42cm，衣长66cm，袖长56cm
【工 具】4.5号环针
【材 料】单双股兔毛线950g，牛角扣4颗

制作说明：

1. 织后片。编织方向为从下往上，起101针，采用花样编织，不加减针织到18cm后，换另一花样继续织23cm；在侧缝线处按图示开始收出袖窿弯度；从袖窿线往上织23.5cm后，再在后领处收出后领弧度。将双侧肩上的针穿好，留下，待和前片合并时用。

2. 织前片。编织方向为从下往上，起55针，采用花样编织，不加减针织到18cm后，换另一花样继续织23cm；在侧缝线处按图示收出袖窿弯度；从袖窿线往上织18cm后，在门襟侧前领处，按图示收出前领弧度。织好另一个对应的前片。将双侧肩上的针和后片合并。

3. 织袖子。起52针，采用花样编织，在两旁袖下线处按图示加针，到袖壮线处再按图示减针。然后用同样的方法织好另一个袖子。分别合并侧缝线和袖下线，并安装好袖子。

4. 织衣领。在前领围挑出38针、后领围挑出48针，再往上织2个单元花样后收针。并装好4个牛角扣。

后片

12cm（22针） 18cm（31针） 12cm（22针）
肩线 后领宽 肩线

2-1-2

袖窿线

编入花样

编织方向

袖窿线

2-1-6
1-7-1

25cm（60行）

23cm（56行）

18cm（44行）

侧缝线

侧缝线

下摆线 59cm（起101针）

前片

12cm（22针）
肩线

2 1 0
2-2-1
2-4-1
2-8-1

7cm（18行）

袖缝线

2-1-6
1-7-1

编织方向

门襟12针

25cm（60行）

23cm（56行）

18cm（44行）

侧缝线

6cm 13cm 6cm

下摆线 24cm（起55针）

前片

167

120

【成品规格】胸围104cm，背肩宽39cm，衣长69cm，袖长55cm

【工　具】7号环针

【材　料】特粗兔毛线1250g，纽扣4颗

制作说明：

1. 织后片。编织方向为从下往上，起85针，采用单罗纹织8行；然后分散加23针，往上织，按"每10行收1针"的规律，收5次，待织到44cm后，在侧缝线处按图示收出袖隆弯度；从袖隆线往上织23.5cm后，在后领处收出后领弧度。

2. 织前片。编织方向为从下往上，起41针，采用单罗纹织8行；然后分散加11针，往上织，按每"10行收1针"的规律，收5次；待织到44cm后，在侧缝线处按图示开始收出袖隆弯度；继续往上编织，前领不用收针，针数直接上接帽子。然后再织好另一个对应的前片，将肩上的

针和后片合并。

3. 织袖子。起24针，从上往下编织，在袖山两旁按图示加针，到袖壮线时为72针后；再按图示减针，织到袖长度后织袖口，再收针。并用同样的方法织好另一个袖子。分别合并侧缝线和袖下线，并安装好袖子。

4. 织帽子。起108针，往上编织。织到27cm后，在后角处按图示收针。在帽顶线将两侧片合并好。

后片

袖片
（2片）

袖山线（起24针）

10cm（22行）

袖壮线
36cm（72针）

2-2-10
1-4-1
行－针－次

4-1-6
6-1-11
行－针－次

45cm（99行）

编织方向

袖下线　　袖下线

袖口线 19cm（38针）

后片

10cm（18针）肩线
19cm（34针）后领宽
10cm（18针）肩线

2-1-2
行－针－次

25cm（70行）

袖隆线　　袖隆线

编入花样

编织方向

2-1-7
1-7-1
行－针－次

2-1-7
1-7-1
行－针－次

44cm（102行）

10-1-5
行－针－次

侧缝线　　侧缝线

（85针+23针=108针）

下摆线 56cm（起85针）

前片
（2片）

17针 上接风帽

10cm（18针）肩线

25cm（70行）

袖隆线

编入花样

编织方向

2-1-7
1-7-1
行－针－次

44cm（102行）

10-1-5
行－针－次

侧缝线

（41针+11针=52针）

下摆线　28cm（起41针）

帽子

◀ 合并 ▶

减针
2-3-3
2-1-5

27cm（68针）

不加减

编入花样

编织方向

47cm（起108针）

符号说明：

Ｉ =下针	─ □ =上针	Ｑ =扭针
Ｏ =加针	人 =2针并1针	⅄ =拨收1针
⟩⟨ =3针右上交叉		
⟩⟨ =3针左上交叉		

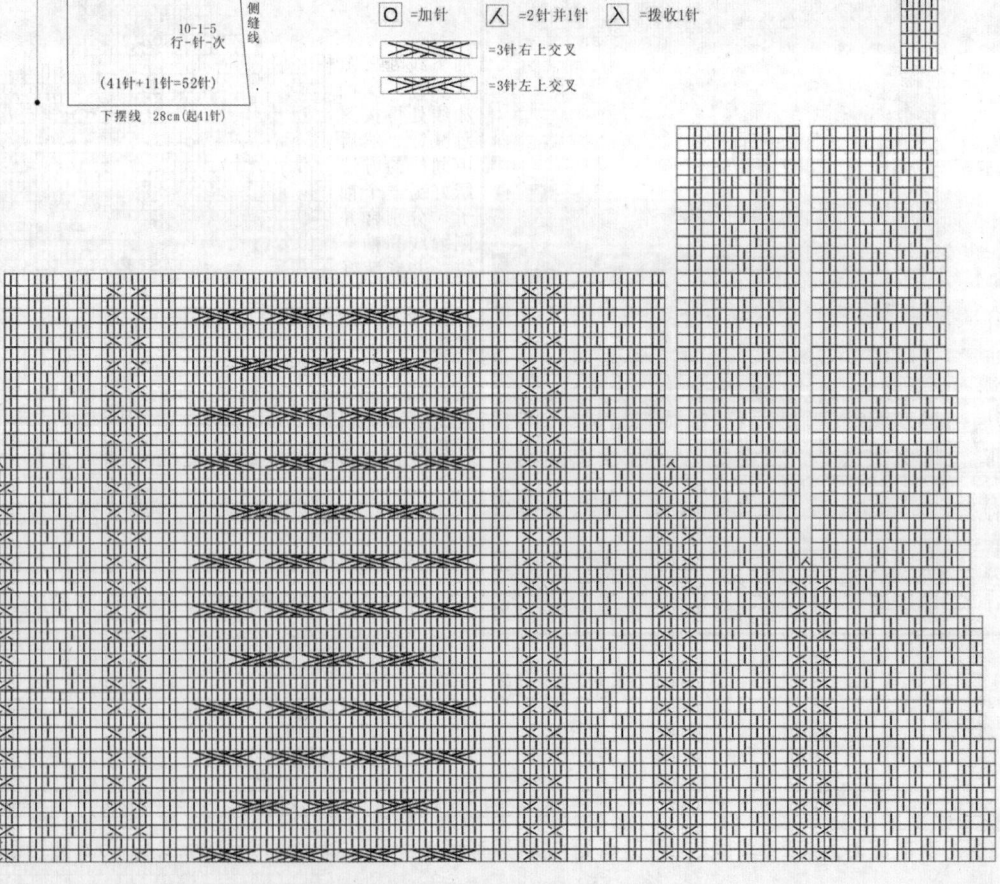

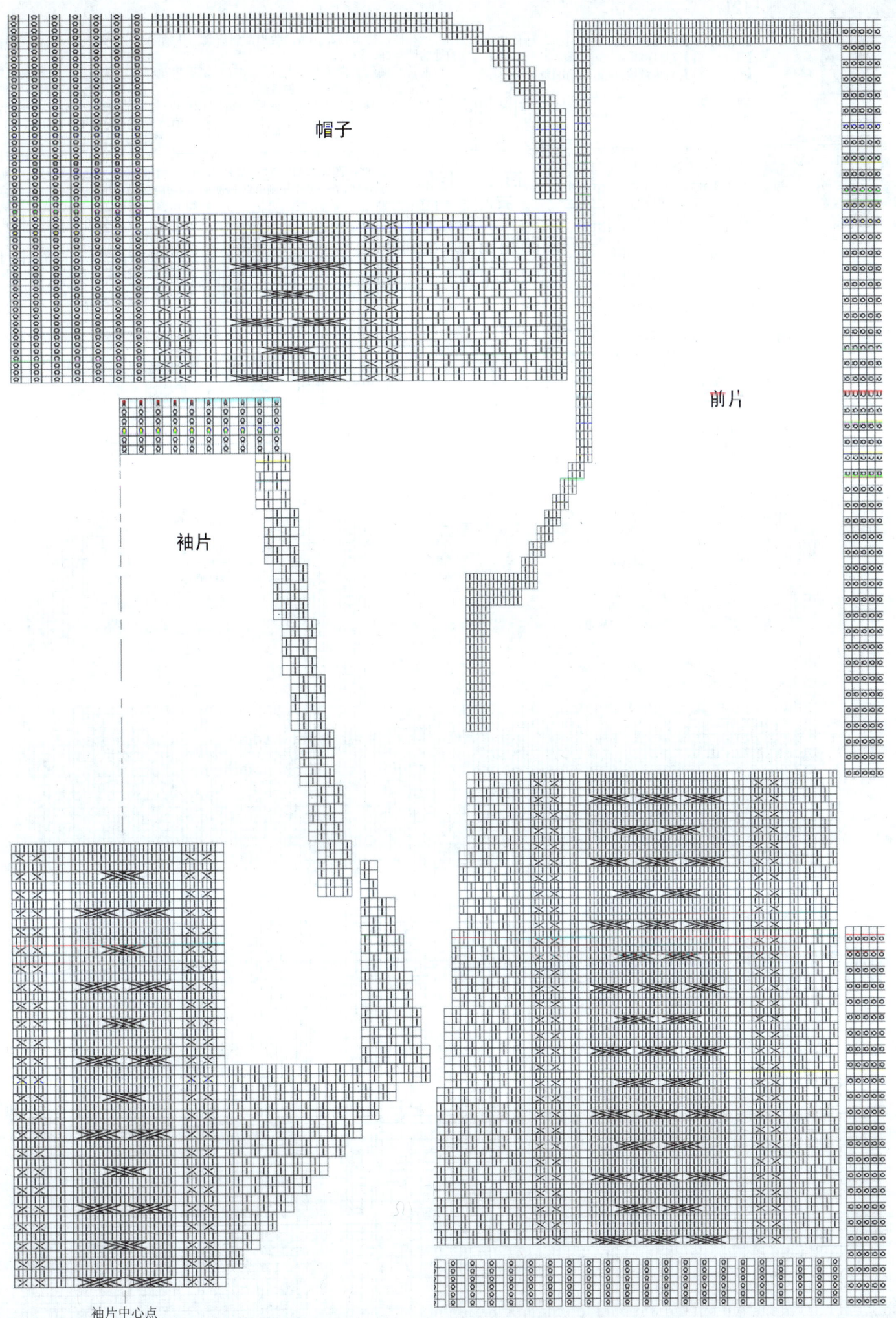

帽子

前片

袖片

袖片中心点

【成品规格】胸围100cm，衣长61cm，袖长65cm
【工　　具】7号环针
【材　　料】高兔绒线900g，纽扣4颗

制作说明：
前片、袖片均为左右2片，后片为1片。
1. 织后片。编织方向为从下往上，起110针，按照花样针法图往上织12cm后，分散减去17针；再往上

织另一花样，待织到25cm后，收出后斜肩线；从袖窿线往上织到24cm后，将后领处的针穿好，待用。
2. 织前片。编织方向为从下往上，起56针，采用花样针法织12cm，分散减去7针；再往上织另一花样，不加减针往上织到25cm；在侧缝线处按图示织收出前斜肩线；从袖窿线往上织12cm后，按"每2针收1针"的规律，收16次，收出前领斜线；最后3针穿好，待用。注意在右侧前片要平均预留4个扣眼。
3. 织袖子。起62针，按花样针法图往上织，织15cm后，分散减去10针；再往上织另一花样；在袖下线两旁按图示加针，织到袖壮线时是64针；再按图示减针，袖山最为16针。用同样的方法织好另一个袖子。然后分别合并侧缝线和袖下线。
4. 织衣领。在前片、袖片及后片挑出136针，按针法图往上织，织到15cm后平收针。
5. 织门襟。分别在前片两侧门襟位置和披领周围用钩针钩1圈枣针。

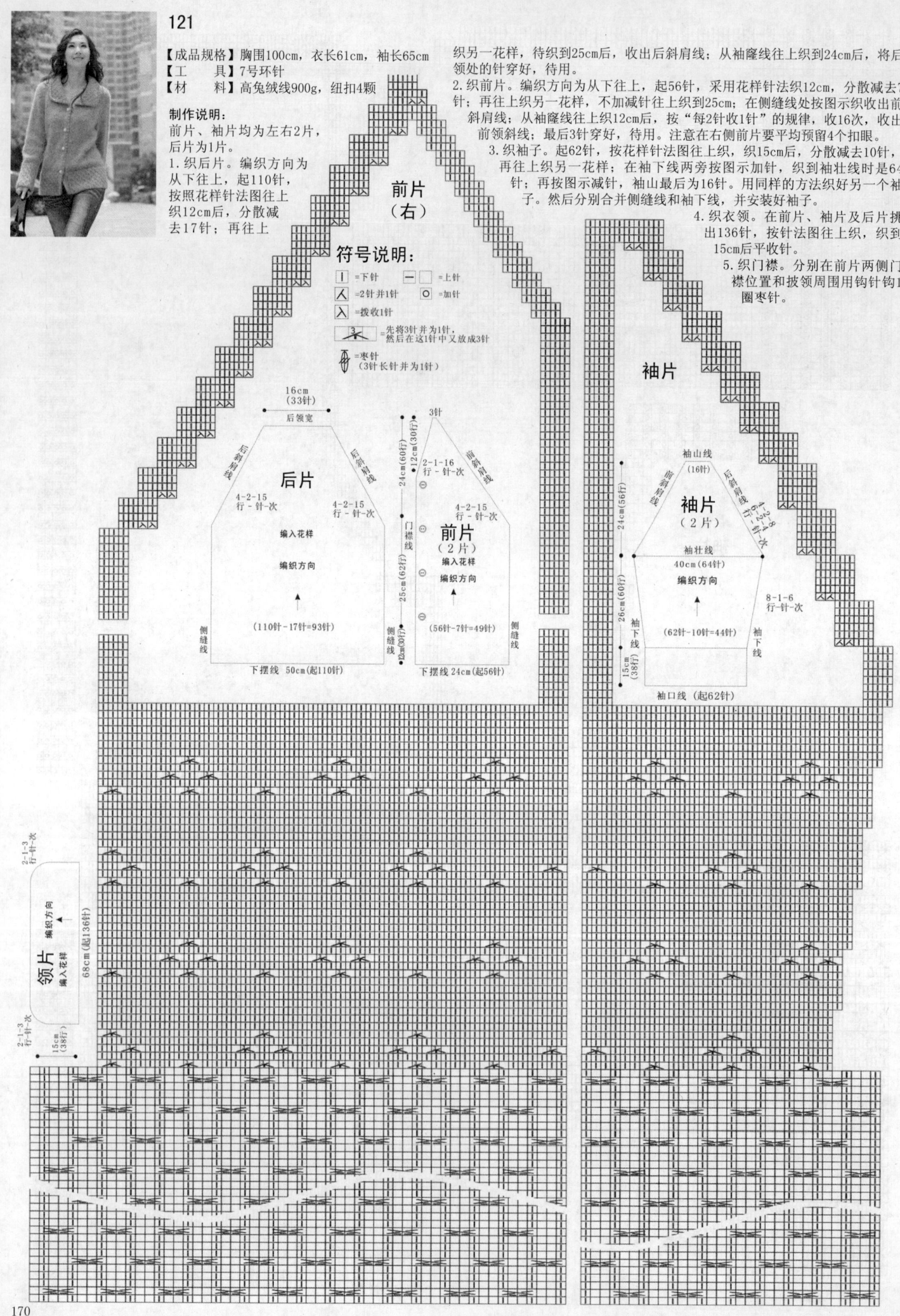

前片（右）

符号说明：
| = 下针　　— = 上针
人 = 2针并1针　　○ = 加针
入 = 拨收1针
3 = 先将3针并为1针，然后在这1针中又放成3针
= 枣针（3针长针并为1针）

后片
16cm（33针）后领宽
后斜肩线　　后斜肩线
4-2-15 行-针-次　　4-2-15 行-针-次
编入花样
编织方向
(110针-17针=93针)
侧缝线
下摆线 50cm（起110针）

前片（2片）
3针
24cm（60行）　2-1-16 行-针-次
门襟线
4-2-15 行-针-次
编入花样
编织方向
(56针-7针=49针)
侧缝线
25cm（62行）
12cm（30行）
下摆线 24cm（起56针）

袖片

袖片（2片）
袖山线（16针）
前斜肩线　　后斜肩线
4-2-8 6-1-1 行-针-次
袖壮线 40cm（64针）
编织方向
24cm（56行）
26cm（60行）
15cm（38行）
8-1-6 行-针-次
(62针-10针=44针)
袖下线
袖口线（起62针）

领片
2-1-3 行-针-次
编织方向
编入花样
68cm（起136针）
2-1-3 行-针-次
15cm（38行）

122

【成品规格】胸围96cm，
背肩宽36cm，衣长78cm，
袖长66cm
【工　　具】7号环针
【材　　料】高兔毛线
950g，牛角扣4颗
制作说明：
1.织后片。编织方向为
从下往上，起81针，
采用花样编织，在侧
缝线处按"每12针减1
针"的规律，减5次；

符号说明：

| =下针
— □ =上针
∩ =滑针（下针）

=5针为上浮针，到第6行时，
将前面几行的浮线挑起并结
下针

▶ 合并 ◀

帽子
编入花样
编织方向
减针
2-3-3
2-1-5
不加减
26cm(62行)
44cm(起76针)

前片
(2片)
编入花样
编织方向

装饰扣样制作图：

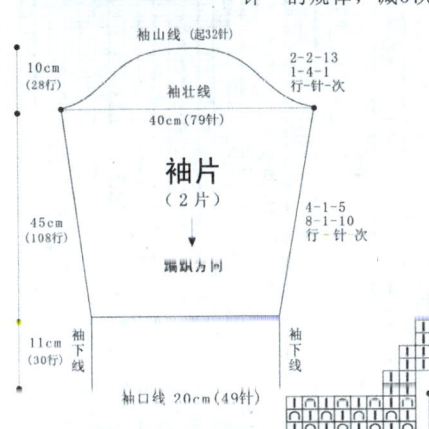

袖片
（2片）
编织方向
袖山线(起32针)
10cm
(28行)
袖壮线
40cm(79针)
2-2-13
1-4-1
行-针-次
45cm
(108行)
4-1-5
8-1-10
行-针-次
11cm
(30行)
袖下线
袖下线
袖口线 20cm(49针)

织54cm后，按图示收出袖窿弯
度；从袖窿线往上织22.5cm
后，在后领处收出后领弧度。
2.织前片。编织方向为从下往
上，起41针，采用花样编织，
在侧缝线处按"每12行
减1针"的规律，减5次；织
18cm后织12cm的口袋；织到
54cm后，在侧缝线处按图
示开始收出袖窿弯度；继
续往上编织，前领不用收
针，针数直接上接帽子。
然后再织好另一个对应的
前片，将肩上的针和后片
合并。
3.织袖子。起32针，从
上往下编织，在袖山两
旁按图示加针，到袖壮
线处再按图示减针；到
接近袖口时换织另一花
样，然后织袖口。并用
同样的方法织好另一个
袖子。分别合并侧缝线
和袖下线，并安装好袖
子。
4.织帽子。起76针，
采用花样往上编织，
织到帽子后角处按图
示收针。在帽顶线将
两侧片合并好。

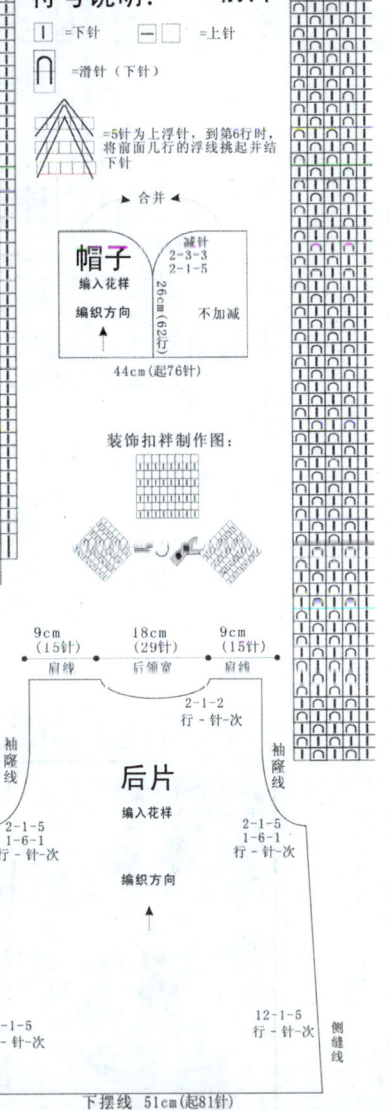

后片
编入花样
编织方向

9cm
(15针)
肩绊
18cm
(29针)
后领窝
9cm
(15针)
肩绊
2-1-2
行-针-次

24cm(58行)

袖窿线
袖窿线

2-1-5
1-6-1
行-针-次

2-1-5
1-6-1
行-针-次

54cm(132行)

侧缝线

12-1-5
行-针-次

12-1-5
行-针-次

侧缝线

下摆线 51cm(起81针)

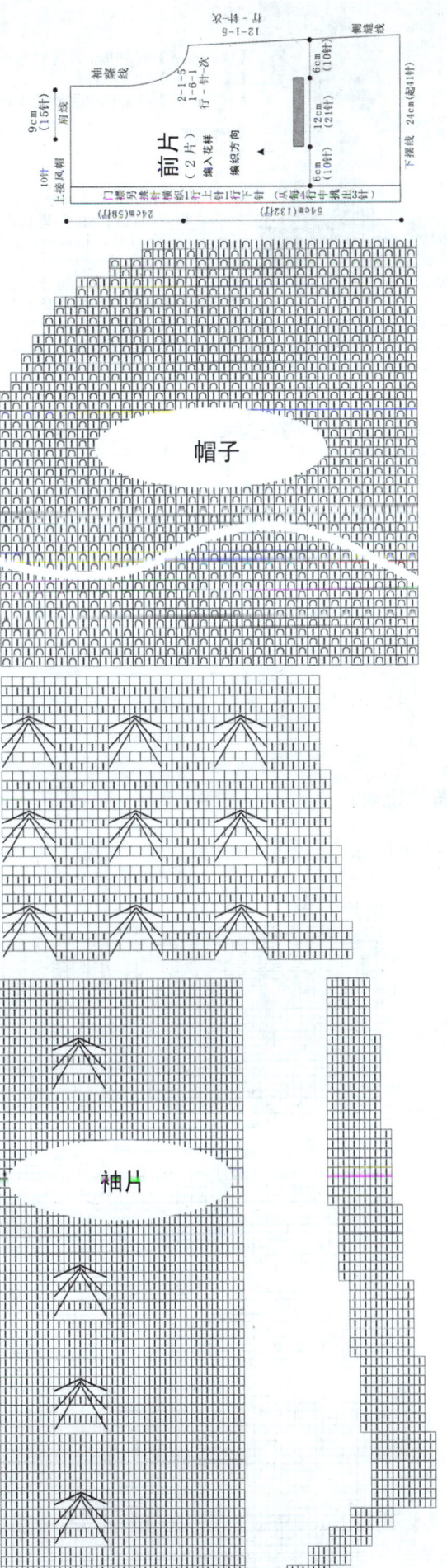

帽子

袖片

袖片中心点

171

123

【成品规格】胸围96cm，背肩宽36cm，衣长48cm，袖长33cm
【工　　具】10号环针
【材　　料】淡紫色兔毛单股线450g，纽扣5颗

制作说明：
前片、袖片均为左右2片，后片为1片。

1.织后片。编织方向为从下往上，起90针，采用单罗纹编织，待织到合适高度再分散加10针；然后按花样往上织28cm，再开始收袖隆；在离衣长1.5cm处，开始收后领。将两侧肩线的针穿好，待和前片合并时再用。

2.织前片。编织方向为从下往上，起46针，采用单罗纹编织，待织到合适高度后再分散加4针；按花样往上织28cm，再开始收袖隆；在门襟侧离衣长7cm处开始收前领。将两侧肩线的针穿好，和后片合并。然后织好相对应的另一个前片。

3.缝合两侧侧缝和肩线。在前片门襟及后领处挑针，横向织单罗纹12行。在右侧门襟处要平均预留5个扣眼。

4.织袖子。在袖山处起28针，由上往下织，先加出袖山，然后在袖下线处减针，在袖口处分散减10针。分别织好2片袖子。

前片

袖片
袖山线（起28针）
8cm（25行）
袖壮线
（76针）
袖片（2片）
编织方向
25cm（76行）
袖下线
袖口线（50针）

起28针
2行平
2-2-3
1-1-1
2-1-5
2-2-4
2-1-1
平加3针
1针-1次
4-1-4
12-1-4
行-1针-次

前领减针
2-1-6
2-2-1
2-1-4
2-6-1
1-1-3
行-1针-次

9.5cm（25针）　10cm（21针）
肩线　前领宽
前领深

20cm（60行）
袖隆线

2-1-5
1-5-1
行-1针-次
前片（2片）
织入花样
编织方向
门襟
织入单罗纹

28cm（84行）

侧缝线
下摆线（起46针）
（46针+4针=50针）

41cm

后片
8cm（19针）　20cm（42针）　8cm（19针）
肩线　后领宽　肩线
后领深（4针）

2行平
2-1-2
行-1针-次
40针停织
后领减针

20cm（60行）
袖隆线

2-1-5
1-5-1
行-1针-次

2-1-5
1-5-1
行-1针-次
后片（1片）
织入花样
编织方向

28cm（84行）

侧缝线　侧缝线
（90针+10针=100针）
下摆线（起90针）

符号说明：
□ =下针
⅄ =2针并1针
－ =上针
⅄ =拨收1针
Ｏ =加针

袖片

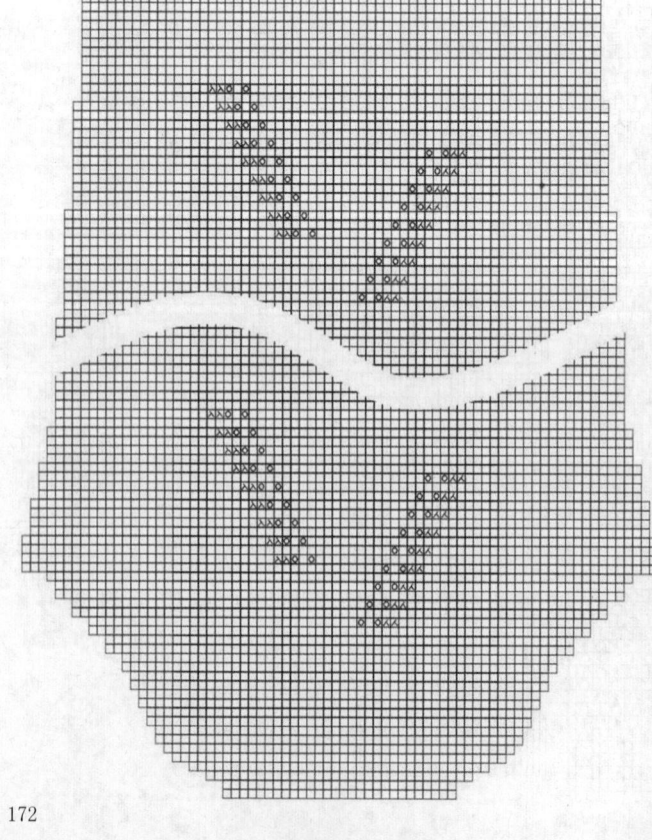

124

【成品规格】胸围112cm，背肩宽38cm，衣长66cm
【工　　具】9号环针
【材　　料】双股兔毛线500g

制作说明：

1.织后片。编织方向为从下往上，先起124针，采用花样编织，不加减针编织到44cm高度后，再织平针1cm，然后分散减去14针；在侧缝处按图示开始收出袖隆弯度；不加减针编织，从袖隆线往上织20cm后，再在后领处收出后领弧度。将双侧肩上的针穿好，留下，待和前片合并时用。

2.织前片。编织方向为从下往上，起62针，采用花样编织，不加减针编织到44cm高度后，再换针平针1cm，分散减掉7针；在侧缝线处按图示开始收出袖隆弯度；在门襟侧，前领不用收针。将肩上的针和后片合并。

3.织袖片。按图示起16针，往下编织，在两侧各按"2-2-12"规律加出24针，再在两侧各平加14针，织4行单罗纹后平收92针。

4.织帽子。起96针，往上不加减针织30cm，中间留20针继续往上织，旁边的按"2-2-1，2-1-5"的规律减针，然后将它们平收，中间20针织到合适高度后平收针，并和两侧片合并。

9cm（25针）　19cm（44针）　9cm（25针）
肩线　后领宽　肩线

2-1-2

21cm（60行）
袖隆线　后片　袖隆线
编织方向

1cm（3行）

2-1-5
1-5-1

44cm（124行）
侧缝线
织入花样
编织方向

下摆线56cm（起124针）

袖片
平加14针
2-2-12
编织方向
织入花样
平加14针
2-2-12
合并

9cm（25针）　10cm（22针）
肩线　前领宽

前片
袖隆线
编织方向

2-1-5
1-5-1

1cm（3行）

44cm（124行）
侧缝线
织入花样
编织方向

下摆线28cm（起62针）

帽子
帽顶后减针
余下的针平收
2-1-5
2-2-1
行-1针-次

20针
合并

帽檐高30cm（108行）
织入花样
编织方向
不加减

43cm（起96针）

符号说明：
Ｉ =下针
⅄ =拨收1针
⅄ =2针并为1针
－ =上针
Ｏ =加针

前片

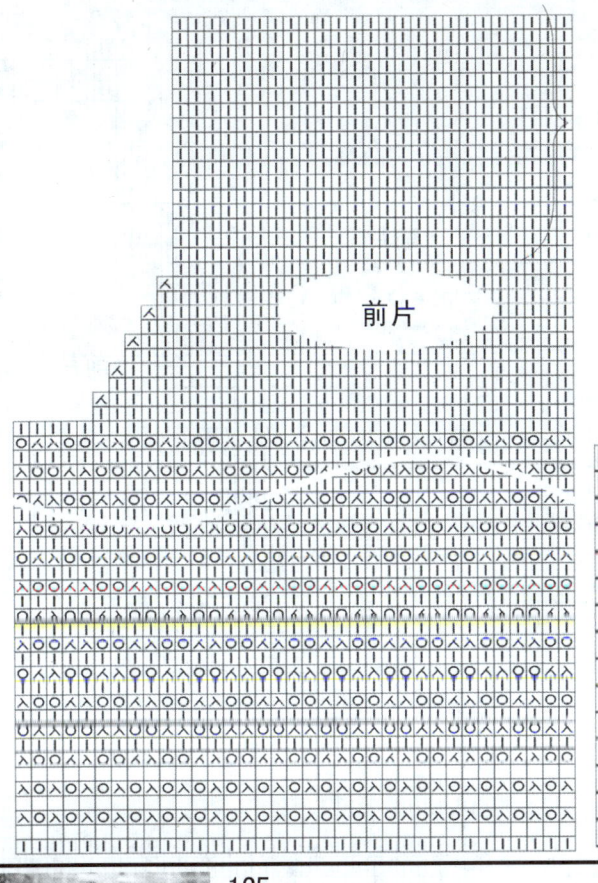

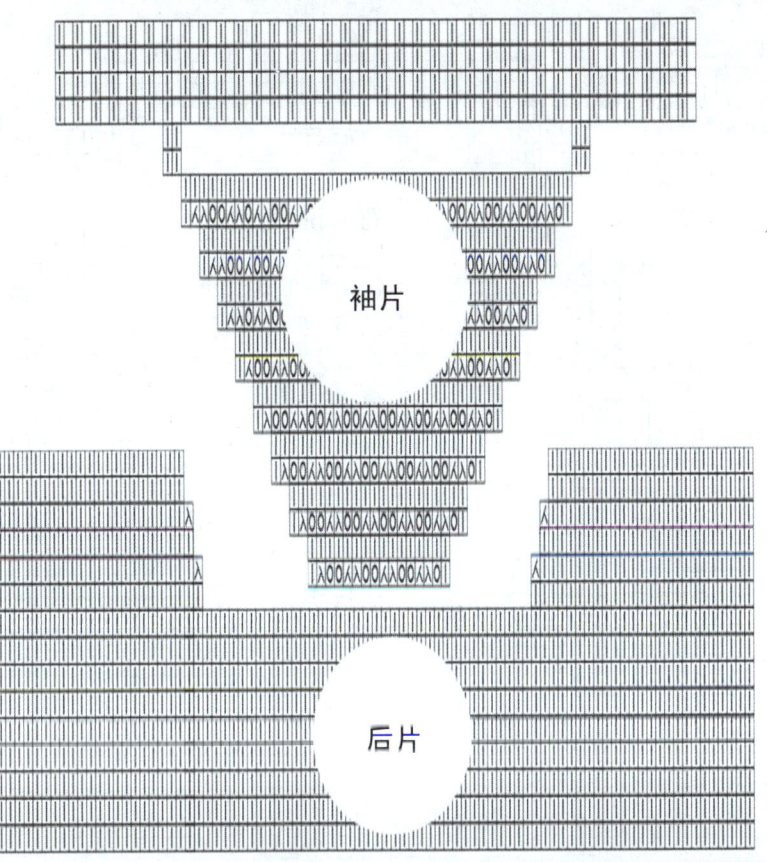

前片

袖片

后片

125

【成品规格】胸围85cm，衣长53cm，袖长54cm
【工　　具】9号棒针
【材　　料】高兔绒线950g，纽扣5颗

制作说明：

前片、袖片均为左右2片，后片为1片。

1. 织后片。编织方向为从下往上，起63针，采用双罗纹往上织6cm后，再按针法图织花样部分；不加减针往上织到35cm，收出后斜肩线；从袖隆线往上织18cm。将后领处的针穿好，待用。

2. 织前片。编织方向为从下往上，起32针，采用双罗纹往上织6cm，再按针法图织花样部分；不加减针往上织到35cm后，收出前斜肩线。将前领处的针穿好，待用。

3. 织袖子。起32针，采用双罗纹往上织6cm，在袖下线两旁按图示加针，织到袖壮线时为49针；再按图示减针，袖山最后为17针。织另一个袖子。

右袖花样

左袖花样

帽子

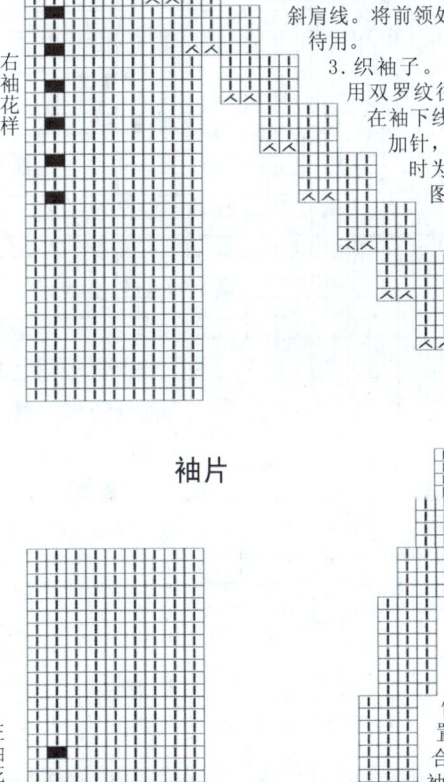

袖片

袖片中心点

时，要注意袖外侧的花样要颠倒过来，让小球的一侧在手臂位置，另一侧在袖口位置。然后分别合并侧缝线和袖下线，并安装好袖子。

4. 织门襟。分别在前片门襟位置各挑出70针，横向织5cm双罗纹后平收针。在右侧要预留出5个扣眼，另一侧为钉扣子用。

5. 织帽子。在前片、袖片及后片挑出92针，按针法图往上

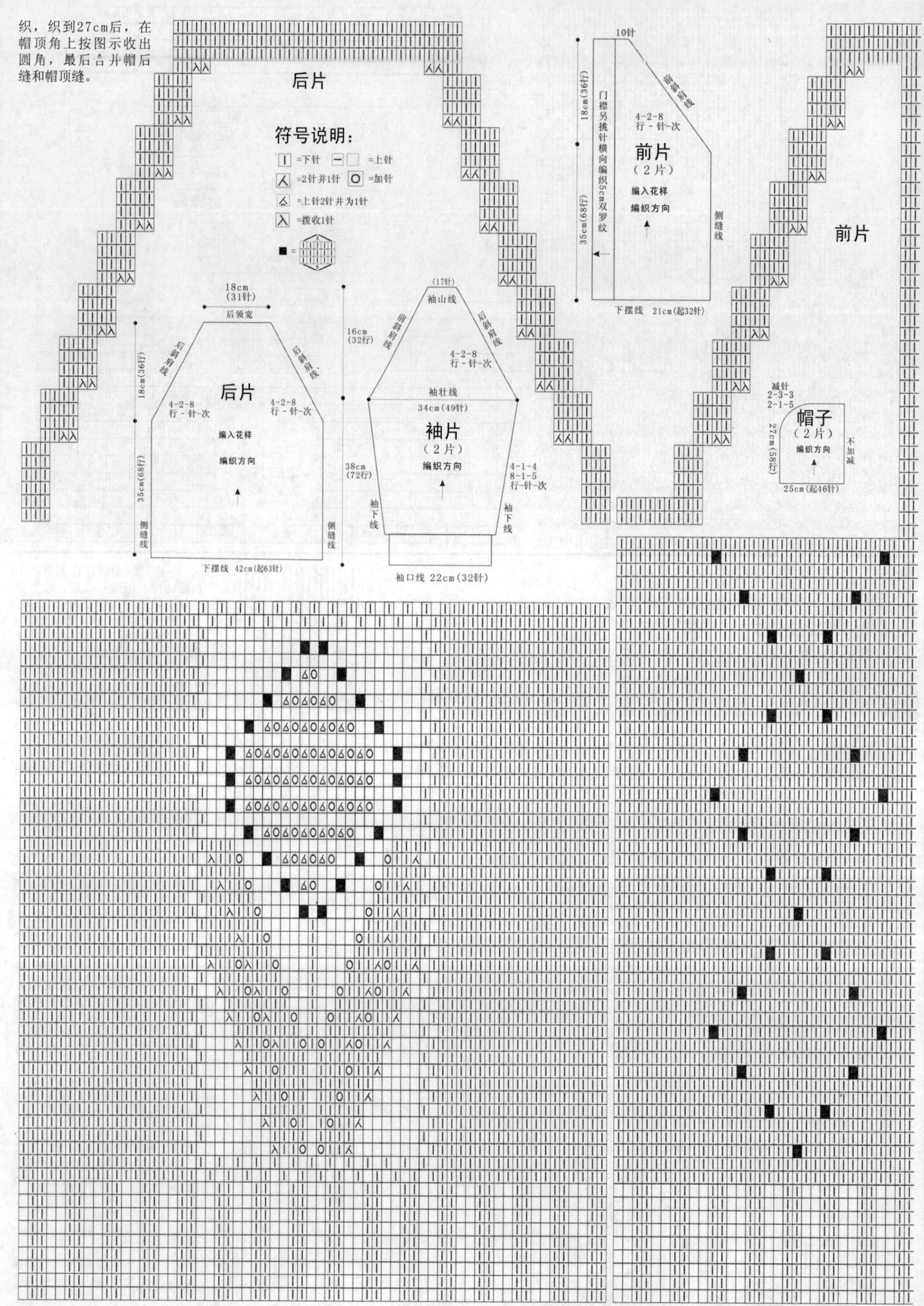

织，织到27cm后，在
帽顶角上按图示收出
圆角，最后合并帽后
缝和帽顶缝。

后片

符号说明：

| | =下针 　 — □ =上针
人 =2针并1针 　 O =加针
人 =上针2针 并为1针
人 =拨收1针

■ = 花样

18cm
（31针）
后领宽

前斜肩线　后斜肩线

18cm
（36行）

后片
编入花样
编织方向

4-2-8
行-针-次

4-2-8
行-针-次

35cm(68行)

侧缝线　侧缝线

下摆线 42cm(起63针)

（17针）
袖山线

16cm
（32行）

前斜肩线　后斜肩线

4-2-8
行-针-次

袖壮线
34cm（49针）

袖片
（2片）

编织方向

38cm
（72行）

4-1-4
8-1-5
行-针-次

袖下线　袖下线

袖口线 22cm（32针）

10针

前斜肩线

18cm（36行）

门襟另挑针横向编织5㎝里双罗纹

35cm（68行）

4-2-8
行-针-次

前片
（2片）

编入花样
编织方向

侧缝线

下摆线 21cm（起32针）

前片

减针
2-3-3
2-1-5

帽子
（2片）

编织方向

27cm
（58行）

不加减

25cm（起46针）

174

126

【成品规格】胸围88cm，背肩宽38cm，衣长48cm，袖长66cm
【工　具】10号环针
【材　料】单股羊毛线500g

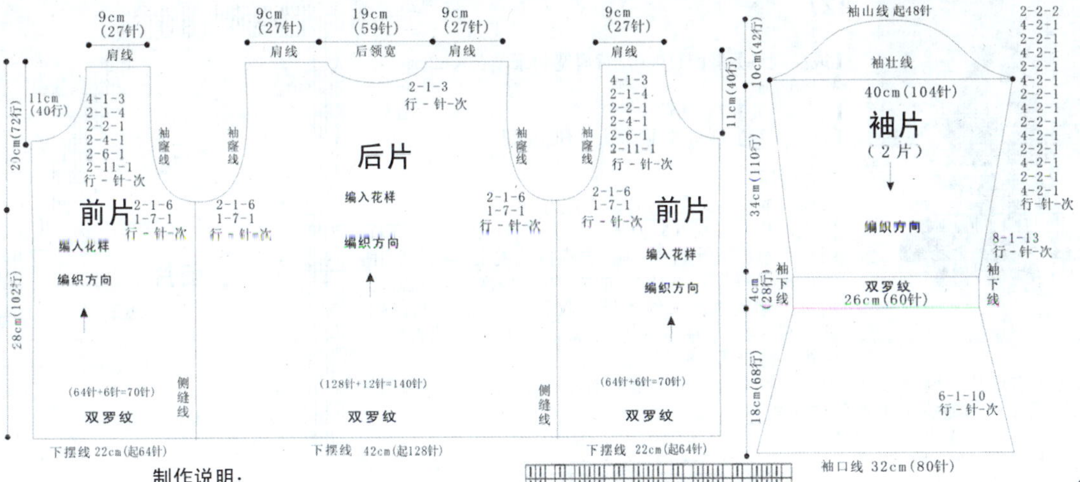

制作说明：

1. 织后片。起128针，编织方向为从下往上，织双罗纹，然后分散加12针；采用花样编织，不加减针织到28cm后，在侧缝线处按图示开始收出袖窿弯度；从袖窿线继续往上织18.5cm后，在后领处收出后领弧度。

2. 织前片。起64针，编织方向为从下往上，织双罗纹，分散加6针；采用花样编织。不加减针织到28cm后，在侧缝线处按图示开始收出袖窿弯度；继续往上织，从袖窿线往上织9cm，在前领处按图示收出前领弧度。将后片双侧肩上的针和前片肩上的针合并。

3. 织袖子。起48针，采用花样编织，编织方向为从上往下；在袖山两旁按图示加针，到袖壮线处再按图示减针；到袖肘时为60针；织双罗纹4cm，然后往下织另一款花样，并同时要每隔6行加1针，加10次；到袖长后平收针。然后用

同样的方法织好另一个袖子。分别合并袖下线，并安装好袖子。

4. 织门襟。横挑108针，织双罗纹，到合适高度后收针。

5. 织衣领。在前领围挑出72针、后领围挑出96针，往上织12cm后收针。

前片

后片

前片

袖片
（2片）

编织方向

双罗纹
26cm（60针）

袖山线 起48针
袖壮线
40cm（104针）

9cm（27针）　9cm（27针）　19cm（59针）　9cm（27针）　9cm（27针）

肩线　　肩线　后领宽　肩线　　肩线

2-1-3 行-针-次

编入花样
编织方向

4-1-3（40行）
4-1-4
2-2-1
2-4-1
2-6-1
2-11-1 行-针-次

编入化样
编织方向

2-1-6 1-7-1 行-针-次

2-1-6 1-7-1 行-针-次

2-1-6 1-7-1 行-针-次

4-1-2
2-1-4
2-2-1
2-4-1
2-6-1
2-11-1 行-针-次

2-1-6 1-7-1 行-针-次

编入化样
编织方向

2-2-2
4-2-1
2-2-1
2-2-1
2-2-1
2-2-1
4-2-1
4-2-1
4-2-1
4-2-1
4-2-1
4-2-1
4-2-1
行-针-次

8-1-13 行-针-次

6-1-10 行-针-次

（64针+6针=70针）　（128针+12针=140针）　（64针+6针=70针）

双罗纹　　双罗纹　　双罗纹

下摆线 22cm（起64针）　下摆线 42cm（起128针）　下摆线 22cm（起64针）

袖口线 32cm（80针）

11cm（40行）　2小（72行）　28cm（102行）

11cm（40行）

34cm（110行）　10cm（42行）

4cm（28行）　18cm（68行）

侧缝线　袖窿线　袖窿线　袖窿线　袖窿线　侧缝线

袖下线　袖下线

符号说明：

| 下针
∧ =拨收1针
一 =上针
人 =2针并为1针

袖片

前片

袖片

前片

袖中心线

110
100
95
90
85
80
75
70
65
60
55
50
45
40
35
30
25
20
15
10

175

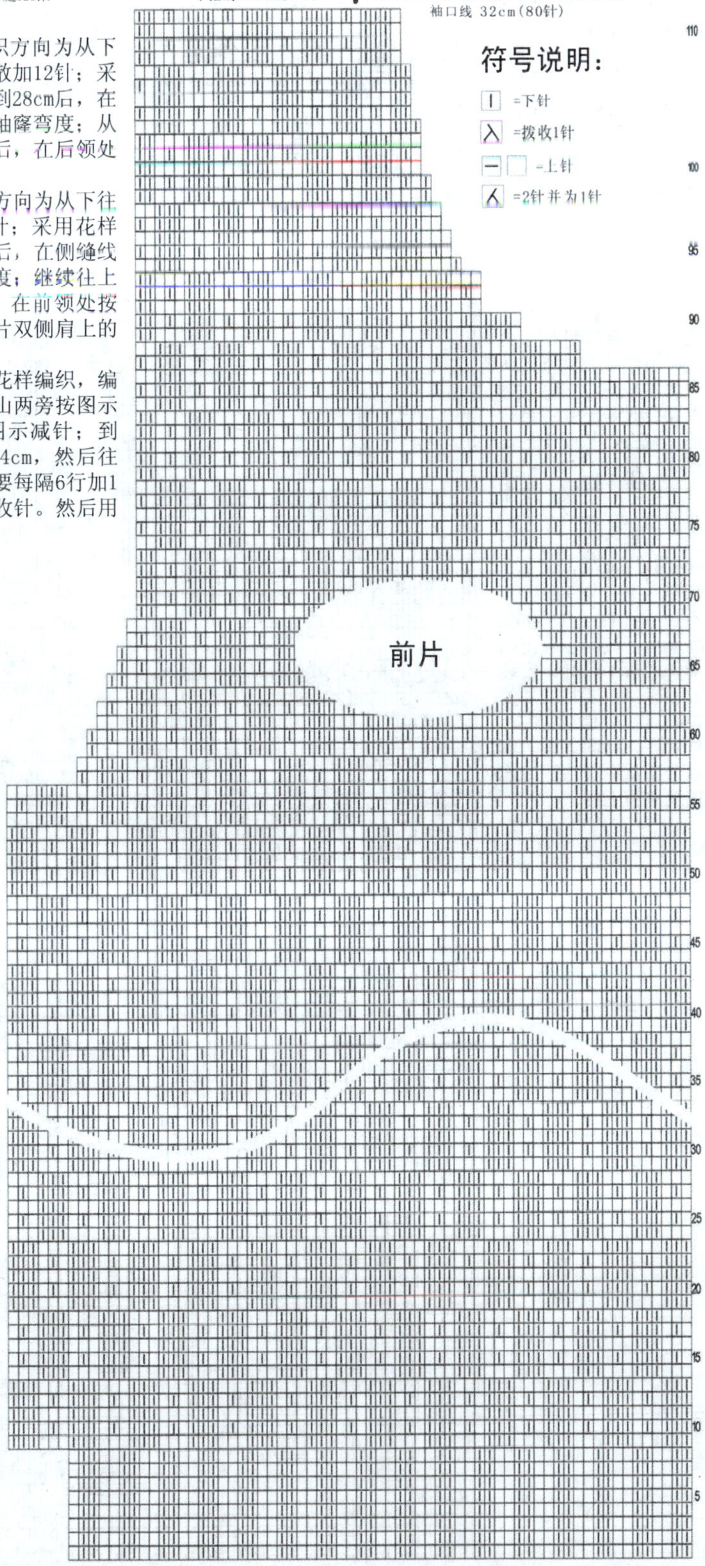

【成品规格】胸围110cm，背肩宽43cm，衣长82cm，
袖长58cm
【工　　具】7号环针
【材　　料】高兔绒线1350g，纽扣6颗

制作说明：
前片、袖片各为左右2片，后片为1片。
1.织后片。编织方向为从下往上，起112针，按花样图往上不加减针织到8cm；再在侧缝线上开始收腰围线，按"每12行收1针"的规律，收9次；织到57cm后，开始收袖窿弧线，先平收4针，然后每2行减1针，减4次；从袖窿线往上织23.5cm后，开始收后领弧线。将肩部的针穿好，待用。

2.先织右前片。编织方向为从下往上，起75针，按花样图往上织，门襟侧20针织桂花针；侧缝线上不加减针织到8cm，在侧缝线上开始收腰围线，按"每12行收1针"的规律，收9次；织到57cm后，开始收袖窿弧线，先平收4针，然后每2行减1针，减4次；在门襟侧，从袖窿线往上织11.5cm，收前领弧线。将肩上的针和后片合并。再织好对应的左前片。注意左前片在门襟要平均预留4个扣眼。

3.织袖子。按图示从下往上织，起50针，采用花样编织，在袖下线两旁仍然按图加针，到袖壮线时是68针；再按图示减针，从而使袖山形成，最后到袖长时袖山为20针，平收。用相同的方法织好另一个袖子。分别合并袖下线，并安装好袖子。

4.织衣领。起116针，不加减针往上织到8cm高度后，按图示收出弧形，最后平收针。安装衣领时，也要将领片的中心点和后片领的中心点对齐，并固定好。然后分别从中间往两边连接到衣服上面。

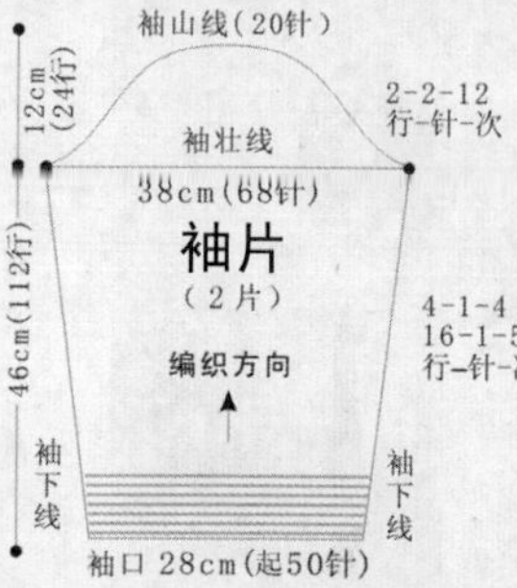

符号说明：
| ＝下针
□ － ＝上针
人 ＝2针并1针
人 ＝拨收1针
＝5针为上浮针，到第6行时，将前面几行上针的浮线挑起并结

领片针法图

领片
2-2-2 行-针-次
2-1-3 行-针-次
2-2-2 行-针-次
2-1-3 行-针-次
8cm(18行)
12cm(28行)
编织方向
60cm(起116针)

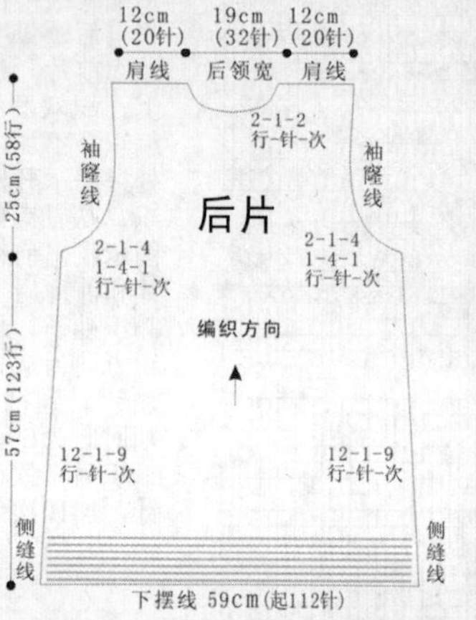

袖片

袖片
袖山线(20针)
12cm(24行)
2-2-12 行-针-次
袖壮线
38cm(68针)
46cm(112行)
编织方向
4-1-4 16-1-5 行-针-次
袖下线
袖口 28cm(起50针)

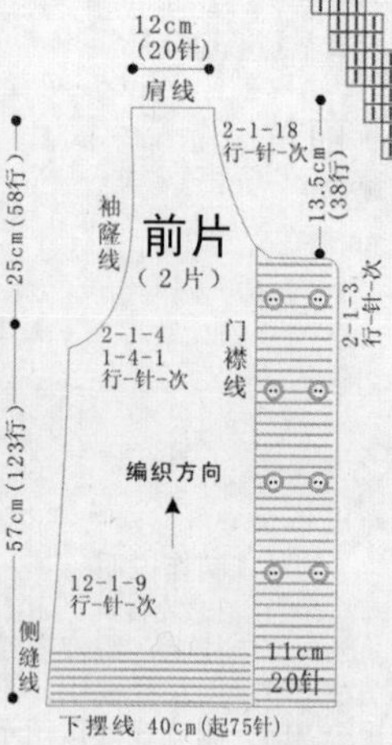

前片
(2片)
12cm(20针)
肩宽
2-1-18 行-针-次
13.5cm(38行)
25cm(58行)
袖窿线
门襟线
57cm(123行)
编织方向
2-1-4 1-4-1 行-针-次
2-1-3 行-针-次
侧缝线
12-1-9 行-针-次
11cm 20针
下摆线 40cm(起75针)

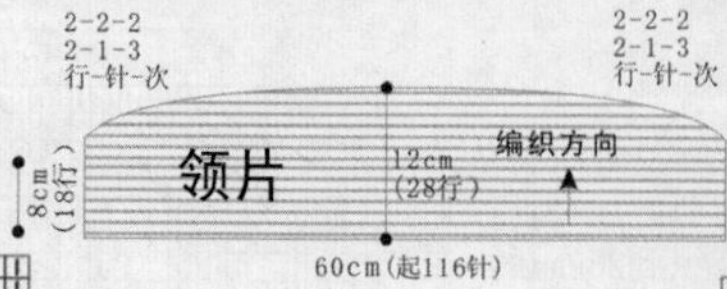

后片
12cm(20针) 19cm(32针) 12cm(20针)
肩线 后领宽 肩线
2-1-2 行-针-次
25cm(58行)
袖窿线
57cm(123行)
2-1-4 1-4-1 行-针-次
编织方向
2-1-4 1-4-1 行-针-次
侧缝线
12-1-9 行-针-次
12-1-9 行-针-次
侧缝线
下摆线 59cm(起112针)

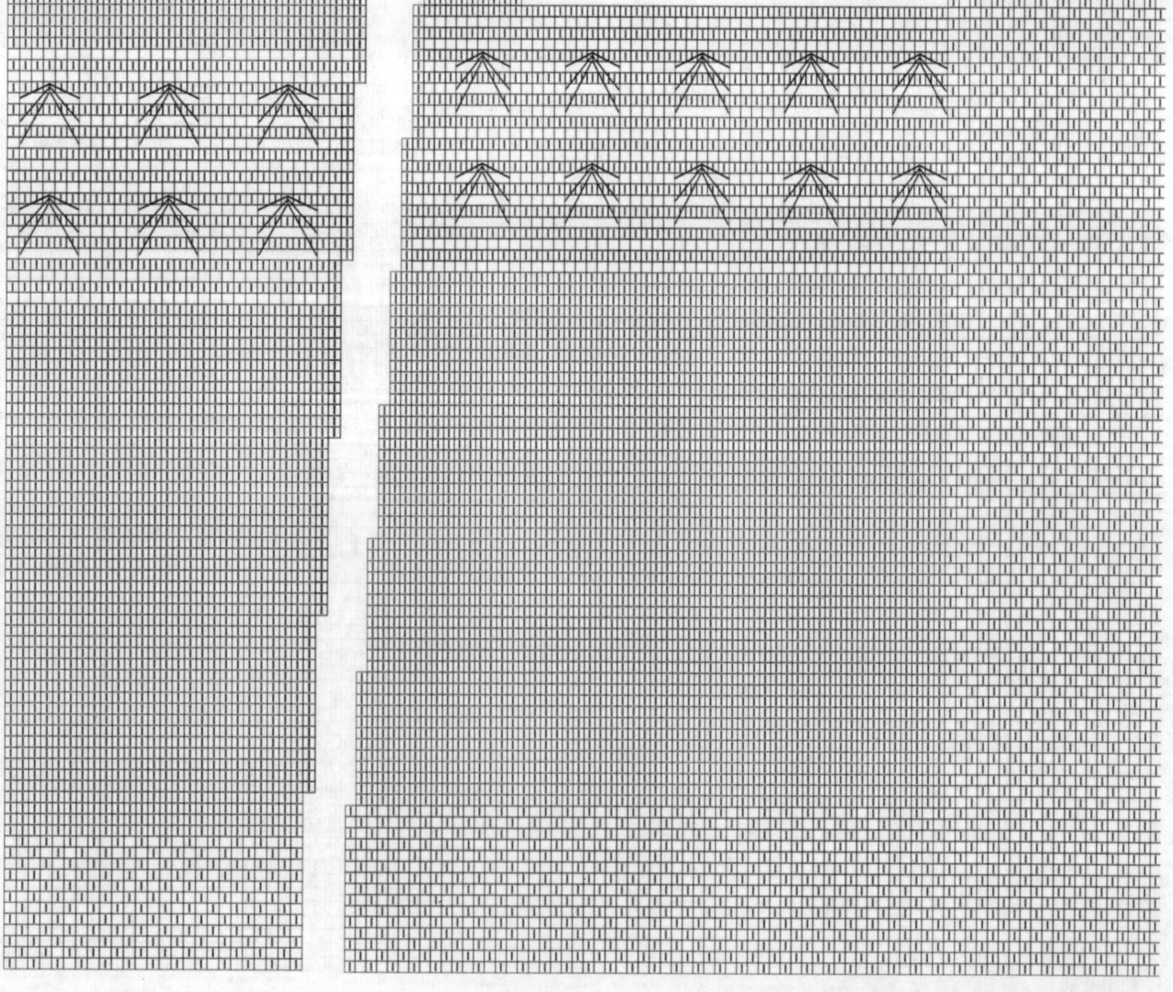

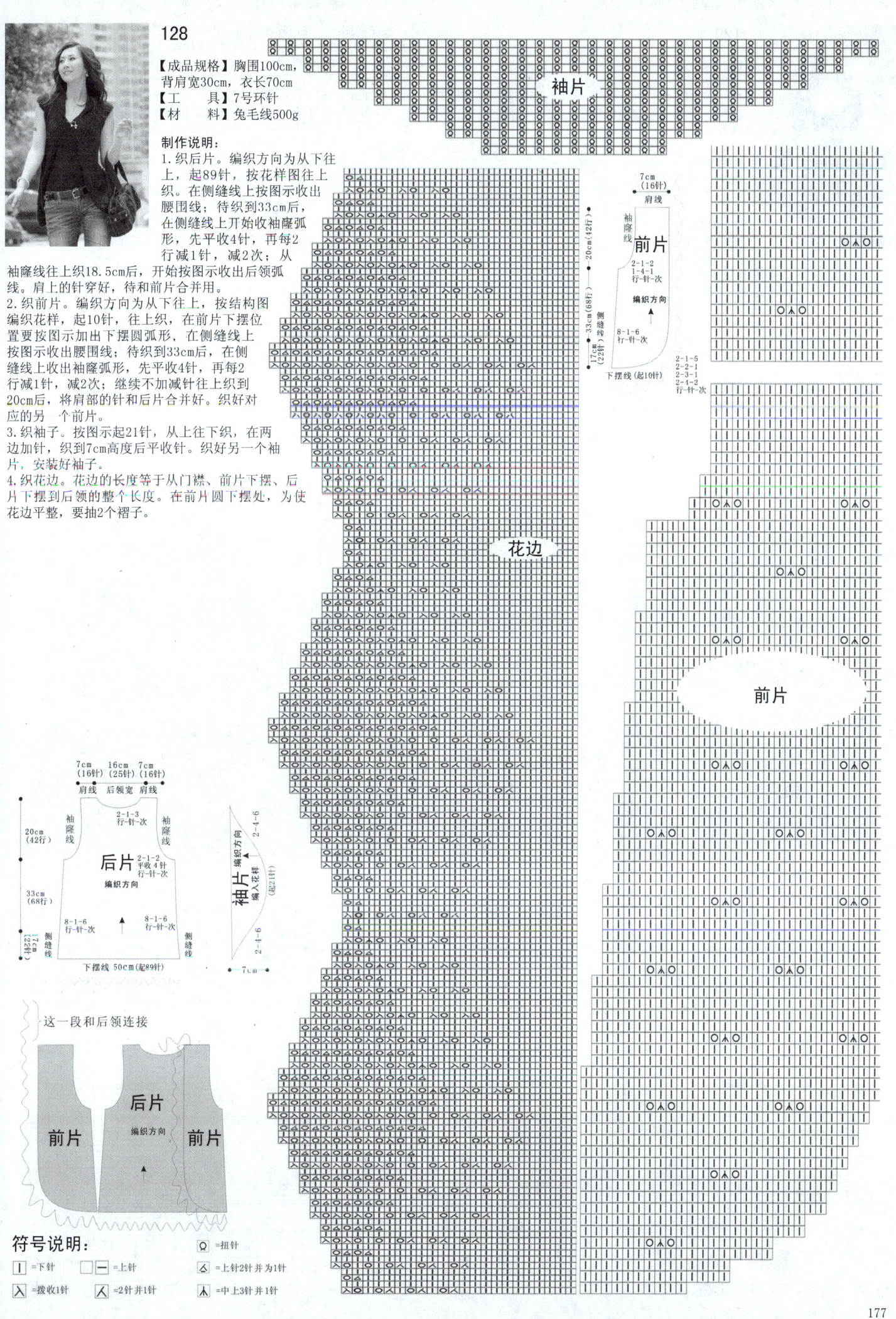

128

【成品规格】胸围100cm，背肩宽30cm，衣长70cm
【工　　具】7号环针
【材　　料】兔毛线500g

制作说明：

1. 织后片。编织方向为从下往上，起89针，按花样图往上织。在侧缝线上按图示收出腰围线；待织到33cm后，在侧缝线上开始收袖窿弧形，先平收4针，再每2行减1针，减2次；从袖窿线往上织18.5cm后，开始按图示收出后领弧线。肩上的针穿好，待和前片合用。

2. 织前片。编织方向为从下往上，按结构图编织花样，起10针，往上织，在前片下摆位置要按图示加出下摆圆弧形，在侧缝线上按图示收出腰围线；待织到33cm后，在侧缝线上收袖窿弧形，先平收4针，再每2行减1针，减2次；继续不加减针往上织到20cm后，将肩部的针和后片合并好。织好对应的另一个前片。

3. 织袖子。按图示起21针，从上往下织，在两边加针，织到7cm高度后平收针。织好另一个袖子，安装好袖子。

4. 织花边。花边的长度等于从门襟、前片下摆、后片下摆到后领的整个长度。在前片圆下摆处，为使花边平整，要抽2个褶子。

袖片

前片

花边

前片

后片

这一段和后领连接

前片　后片　前片

符号说明：
Ω =扭针
| =下针
□ = 上针
人 =上针2针并为1针
人 =拨收1针
人 =2针并1针
人 =中上3针并1针

【成品规格】胸围102cm，背肩宽43cm，衣长88cm，袖长62cm

【工　具】7号环针

【材　料】高兔绒线1300g，纽扣1颗

制作说明：

前片、袖片各为左右2片，后片为1片。

1.织后片。编织方向为从下往上，起91针，往上按花样图不加减针织到20cm；再在侧缝线上开始收腰围线，按"每8行收1针"的规律，收5次；织到57cm后开始收袖窿弧线，先平收4针，然后按每2行减1针，减4次；从袖窿线往上织23.5cm后，开始收后领弧线。将肩部的针穿好，待用。

2.织前片。编织方向为从下往上，

起31针，按花样图织，在门襟侧按图示加出圆下摆；侧缝线上不加减针织到20cm后，在侧缝线上收围围线，按"每8行收1针"的规律，收5次；织到57cm后，开始收袖窿弧线，先平收4针，然后每2行减1针，减4次。将肩上的针和后片合并。再织好对应的另一个前片。

3.织袖子。按图示从下往上织袖子，起9针，采用花样编织，袖口处按图示加针为47针；在袖下线两旁仍然按图示加针，到袖壮线时为63针；再按图示减针。从而使袖山形成，最后到袖长时袖山为19针，平收。用同样的方法织好另一个袖子。分别合并好袖下线，并安装好袖子。

4.织门襟和衣领。分别将前片、后片的针数挑起（注意：为使圆摆平整服帖，在圆摆位置要适当多挑3～4针），不加减针往上织到6cm高度后再平收针。织衣领：起140针，不加减针织6cm双罗纹，再按图示减出披领部分的圆弧形。将衣领后面翻折部分的2针上针加1针，成3针上针。

袖片

琵琶扣的制作方法：
分别将起始和结束处的带子头藏在相邻位置的下面

袖片

12cm（18针）
肩线

前片（2片）

袖窿线

6-1-6
2-1-11
行-针-次

2-1-4
1-4-1
行-针-次

8-1-5
行-针-次

门襟线

单罗纹

25cm（52行）

57cm（123行）

2-1-6
2-2-2
2-3-2
行-针-次

6cm（16行）

侧缝线

下摆线（起31针）

袖山线（19针）

2-2-11
行-针-次

袖壮线

40cm（63针）

袖片（2片）

编织方向

4-1-3
16-1-5
行-针-次

10cm（24行）

42cm（92行）

袖下线

30cm（47针）

袖下线

平加9针
2-1-5
行-针-次

平加9针
2-1-5
行-针-次

袖口（起9针）

符号说明：

Ｉ ＝下针

－ ＝上针

人 ＝2针并1针

人 ＝拨收1针

O ＝加针

■ ＝

＝1针下针左上和1针上针交叉

＝1针下针右上和1针上针交叉

＝2针下针右上交叉，中间的上针在下面

12cm（18针） 19cm（29针） 12cm（18针）
肩线　后领宽　肩线

2-1-2
行-针-次

后片

编织方向

袖窿线

2-1-4
1-4-1
行-针-次

袖窿线

2-1-4
1-4-1
行-针-次

8-1-5
行-针-次

8-1-5
行-针-次

25cm（52行）

57cm（123行）

6cm（16行）

侧缝线

侧缝线

下摆线 59cm（起91针）

单罗纹

下针填充

下针填充

2-3-3
2-2-3
2-1-3
行-针-次

在领片后面的2针上针中间加1针上针

领片
双罗纹

2-3-3
2-2-3
2-1-3
行-针-次

17cm（36针）

编织方向

6cm（14行）

84cm（起140针）

130

【成品规格】胸围94cm，衣长84cm，袖长68cm

【工　　具】7号环针

【材　　料】高兔绒线1000g，纽扣10颗

制作说明：

前片、袖片均为左右2片，后片为1片。

1.织后片。编织方向为从下往上，起89针，按花样针法往上织，按图织花样部分：在侧缝线处，每10行收1针，收5次，收出腰围线；再每8行加1针，加3次；待织到49cm后，收出后斜肩线；从袖窿线往上织24cm后，将后领处的针穿好，待用。

2.织前片。编织方向为从下往上，起39针，采用花样针法，在侧缝线处，每10行收1针，收5次，收出腰围线；再每8行加1针，加3次；待织到49cm后，再按针法图织收出前斜肩线。将前领处的10针穿好，待用。

3.织袖子。起90针，按花样针法图往上织，到在袖腕部是40针，在袖下线两旁按图示加针，织到袖壮线时为62针，再按图示减针，袖山最后为10针。用同样的方法织好另一个袖子。然后分别合并侧缝线和袖下线，并安装好袖子。

4.织门襟。分别在前片两侧门襟位置各挑出104针、前片下摆挑32针，后片下摆挑72针，横向织11cm双罗纹，后平收针。注意在右侧要预留出5个扣眼，另一侧钉扣子。

5.织帽子。在前片、袖片及后片挑出110针，按针法图往上织，织到27cm后在帽顶角上按图示收出圆角，合并帽顶缝。另织好帽檐，安装在帽子边缘上。

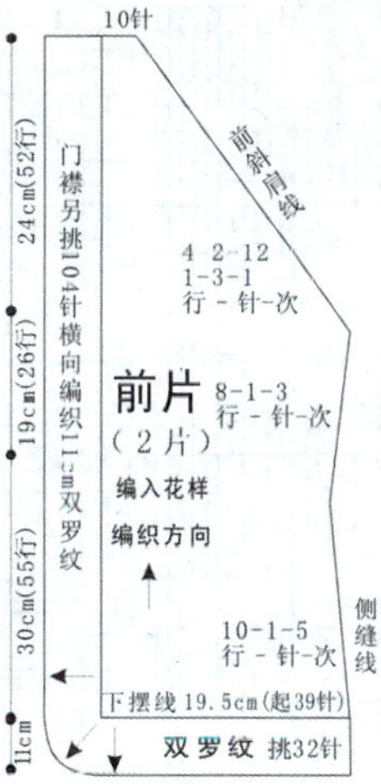

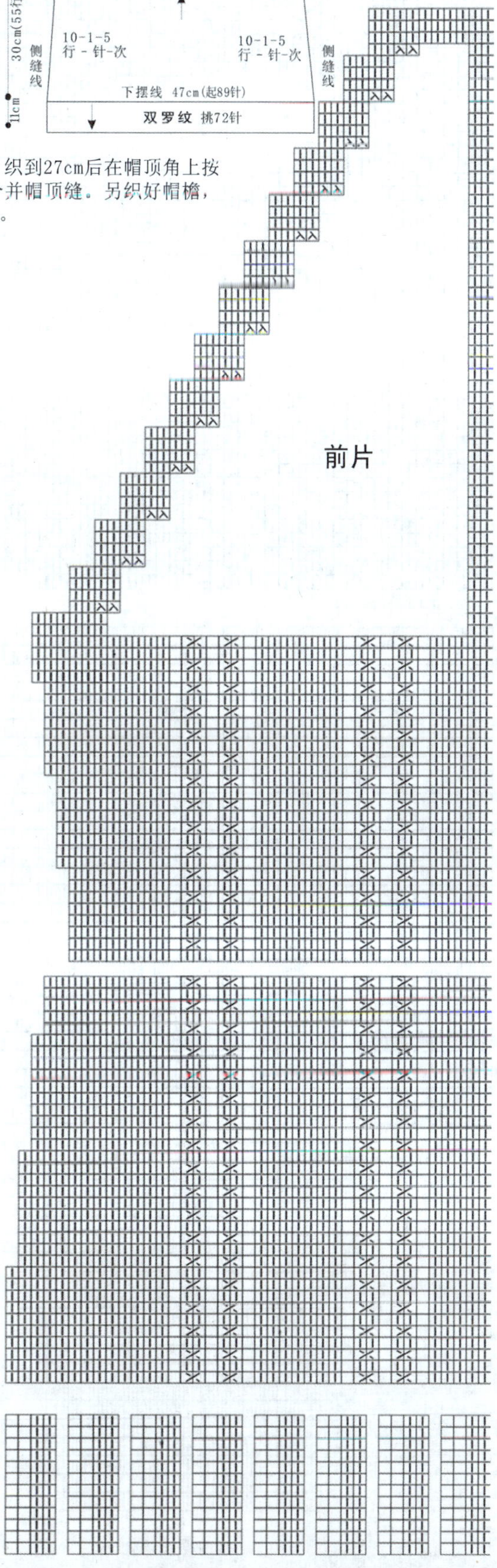

前片（2片）

10针

门襟另挑104针横向编织11cm双罗纹

前斜肩线

24cm（52行）

4　2　12
1　3　1
行－针－次

8　1　3
行－针－次

编入花样

编织方向

19cm（26行）

10　1　5
行－针－次

30cm（55行）

下摆线 19.5cm（起39针）

双罗纹 挑32针

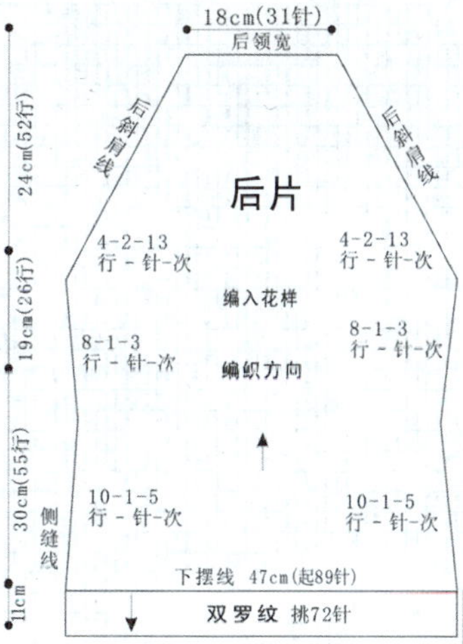

侧缝线

1cm

后片

18cm（31针）
后领宽

后斜肩线

4　2　13
行－针－次

8　1　3
行－针－次

编入花样

编织方向

10　1　5
行－针－次

后斜肩线

4　2　13
行－针－次

8　1　3
行－针－次

10　1　5
行－针－次

24cm（52行）

19cm（26行）

30cm（55行）

下摆线　47cm（起89针）

双罗纹 挑72针

侧缝线

1cm

后片

前片

179

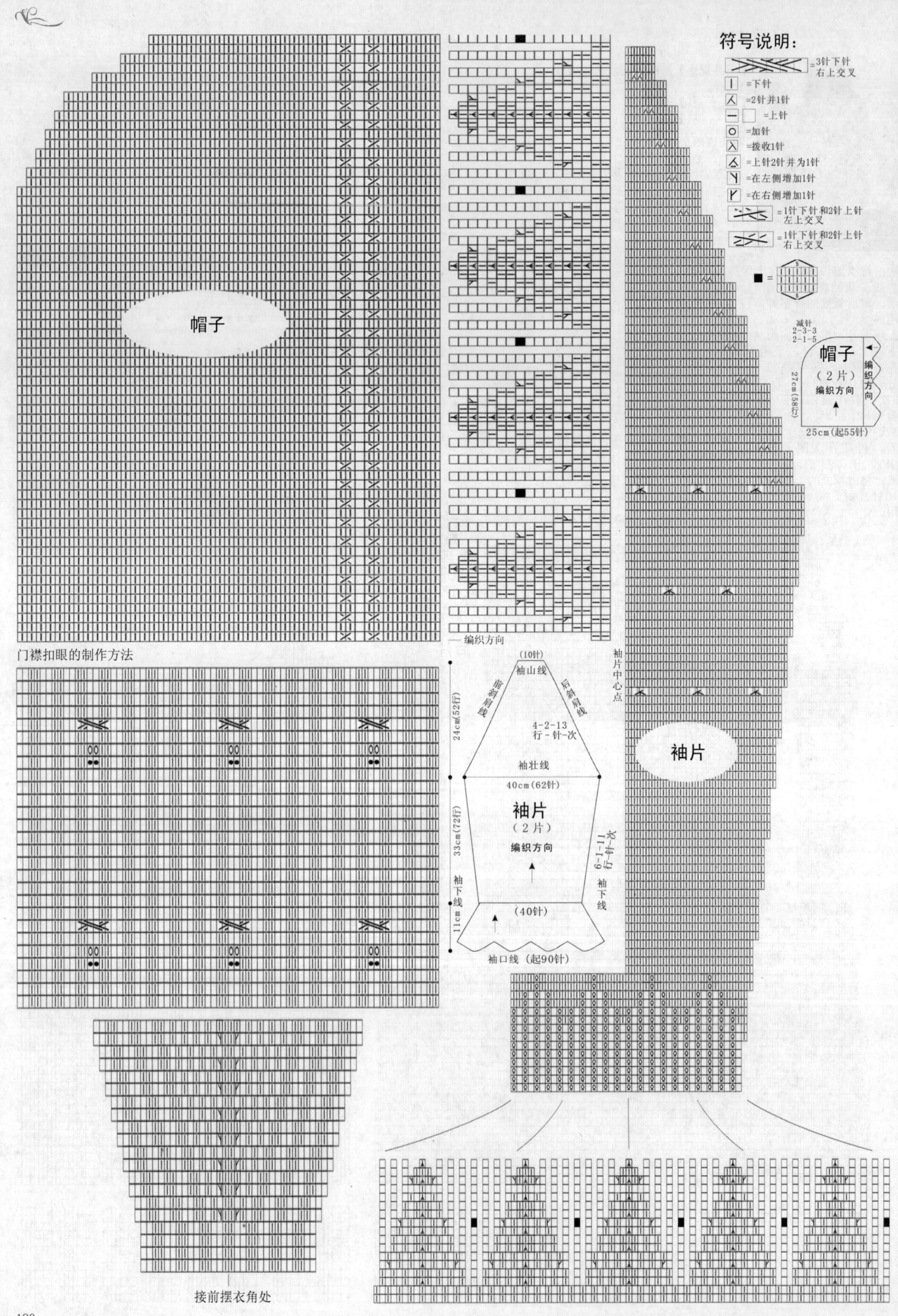

符号说明：

= 3针下针
右上交叉

| = 下针

人 = 2针并1针

一 □ = 上针

○ = 加针

入 = 拨收1针

入 = 上针2针并为1针

丫 = 在左侧增加1针

Y = 在右侧增加1针

= 1针下针和2针上针
左上交叉

= 1针下针和2针上针
右上交叉

■ =

减针
2-3-3
2-1-5

帽子
（2片）
编织方向
27cm（58行）
编织方向
25cm（起55针）

帽子

门襟扣眼的制作方法

接前摆衣角处

— 编织方向

（10针）
袖山线
前斜肩线
后斜肩线
24cm（52行）
4-2-13
行-针-次
袖壮线
40cm（62针）
袖片
（2片）
编织方向
33cm（72行）
6-1-11
行-针-次
袖下线
袖下线
11cm
（40针）
袖口线（起90针）

袖片

袖片中心点

180

131

【成品规格】见结构图
【工　　具】4.5号环针
【材　　料】高兔绒线400g

制作说明：
1. 按结构图织单元片。编织方向为从下往上，起160针，采用双罗纹编织，不加减针往上织18cm（30行），然后每2针并为1针，这时就成了单罗纹；继续不

符号说明：

人 =2针并1针
— =上针
｜ =下针
○ =加针
Ｑ =下针扭针
Ｑ =上针扭针
╳╳ =6针右上交叉

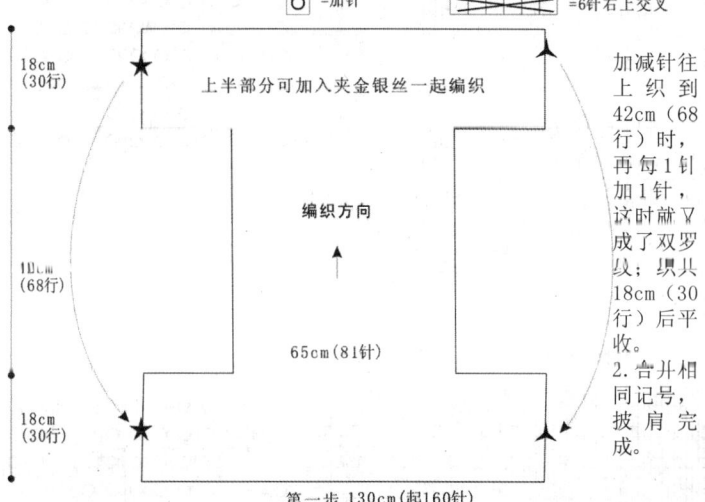

18cm（30行）

上半部分可加入夹金银丝一起编织

编织方向

65cm（81针）

18cm（30行）

第一步 130cm（起160针）

加减针往上织到42cm（68行）时，再每1针加1针，这时就成了双罗纹；织其18cm（30行）后平收。

2.合并相同记号，披肩完成。

132

【成品规格】见结构图
【工　　具】8号棒针
【材　　料】高兔绒线200g

制作说明：
1. 按结构图织单元片。编织方向为从下往上，起104针，采用花样编织，织56cm（156行），不加减针往上织。然后平收针。
2. 按图示；分别在步骤1中织好的单元片的两端，横向挑92针，织单罗纹8cm（22行），另一侧的只织4cm（11行）。
3. 将相同记号分别合并。披肩完成。

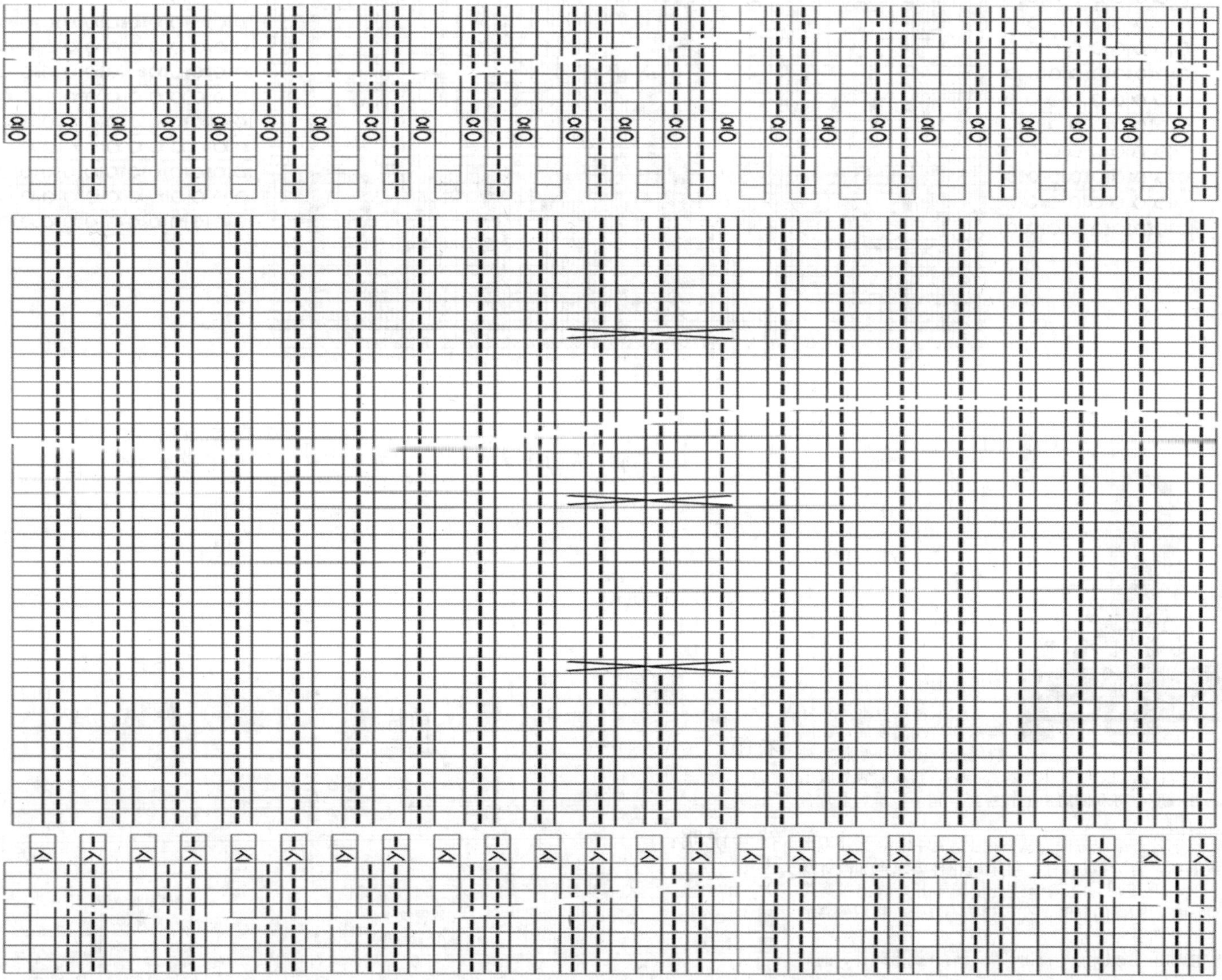

符号说明：

人 =2针并1针
人 =拨收1针
人 =上针2针并1针
Ｑ =下针扭针
Ｑ =上针扭针
■ =

｜ =下针
□ =上针
○ =加针

=先将第3针挑过第2和第1针，然后绕线加1针再织只1针

=扭针右上交叉
=扭针左上交叉

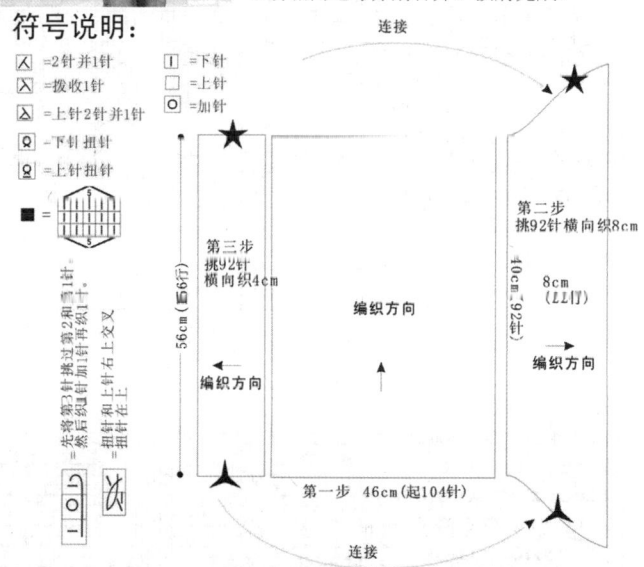

连接

第三步 挑92针 横向织4cm

第二步 挑92针横向织8cm

56cm（后6行）

编织方向

编织方向

8cm
40cm（92行）

编织方向

第一步 46cm（起104针）

连接

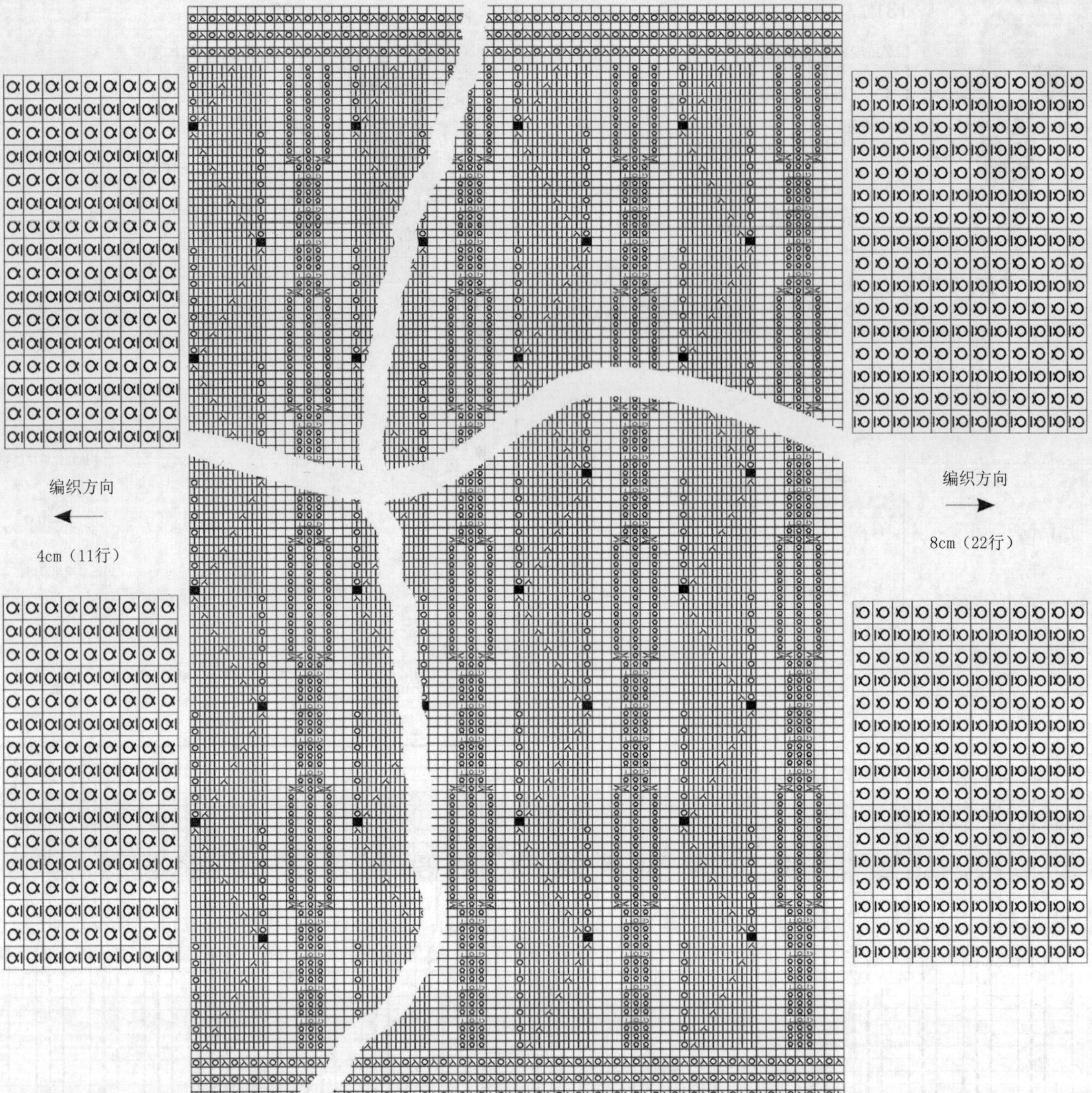

编织方向 →

4cm（11行）

← 编织方向

8cm（22行）

133

【成品规格】胸围98cm，背肩宽38cm，衣长54cm
【工　具】4.5号环针
【材　料】双股兔毛线600g，纽扣3颗

制作说明：

1. 织后片。编织方向为从下往上，先起84针，采用双罗纹编织，再分散加10针；不加减针再采用花样编织到31cm高度后，在侧缝线处按图示开始收出袖窿弯度；从袖窿线往上织21.5cm后，再在后领处收出后领弧度。将双侧肩上的针穿好，留下，待和前片合并时用。

2. 织前片。编织方向为从下往上，起42针，采用双罗纹编织，再分散加5针；再采用花样编织不加减针织到31cm高度后，在侧缝线处按图示开始收出袖窿弯度；在收袖窿的同时，在门襟侧不收针。将双侧将肩上的针和后片合并。

3. 按图示在领圈前片挑出17针、后片挑出60针、前片

17针（共94针），往上织10cm后平收。注意在左侧要平均预留3个扣眼。

4. 织袖圈，从前往后挑出86针，往上织4行平收。口袋按结构图示编织。

符号说明：

	=下针		—	=上针
⋀	=拨收1针		人	=2针并1针
■	=蓝色下针		O	=加针
■	=白色下针			=黑色下针

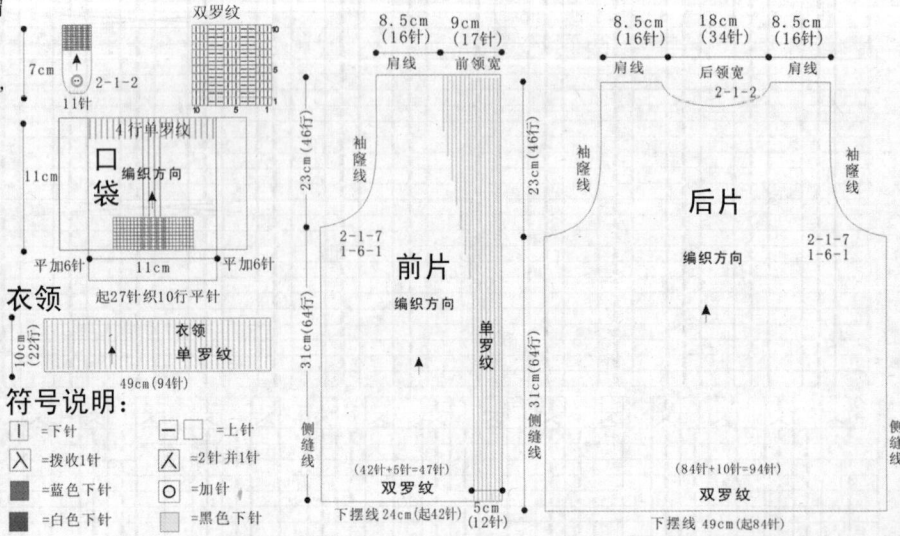

182

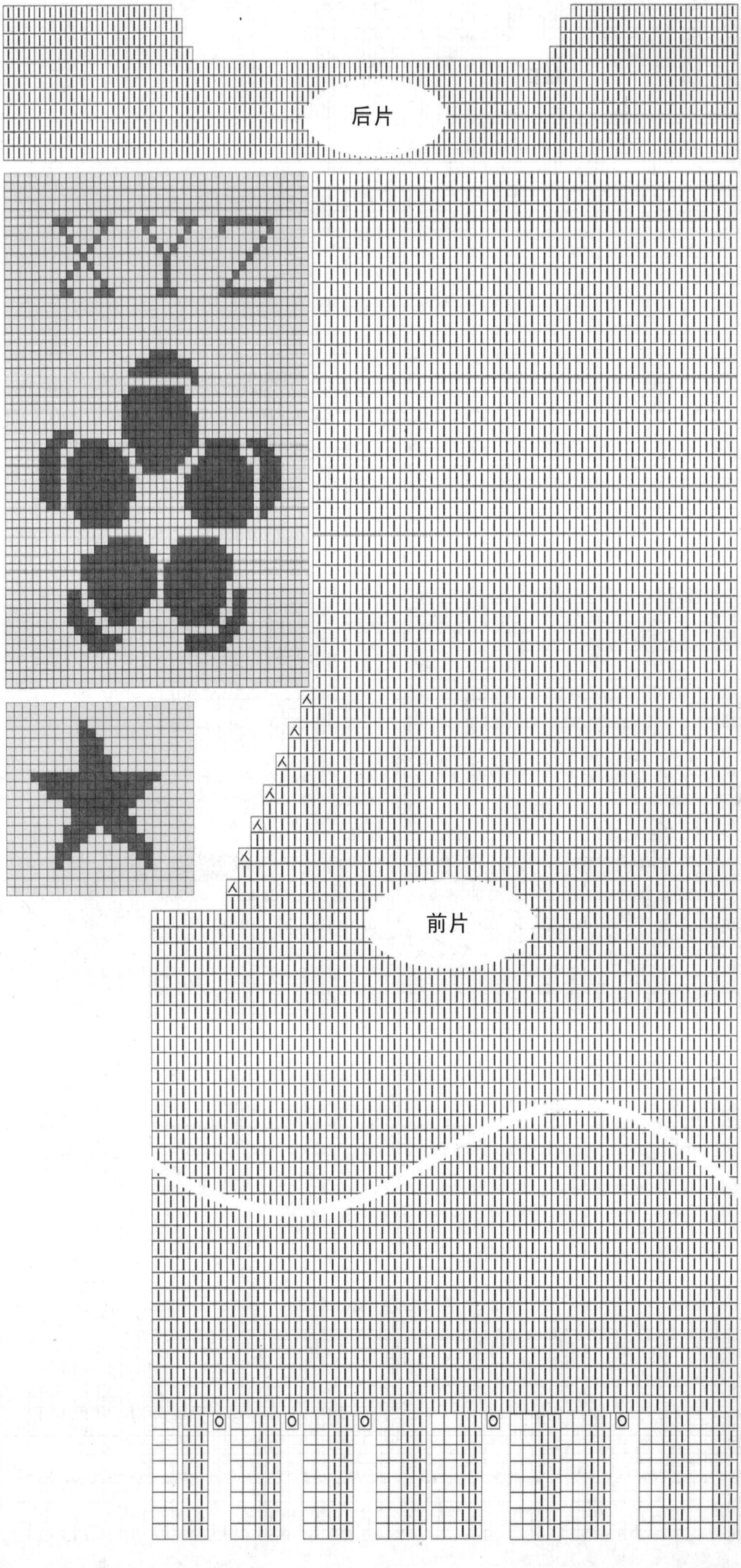

后片

XYZ

前片

【成品规格】衣长21cm,
袖长62cm
【工　　具】9号环针
【材　　料】高兔绒
线350g

制作说明:

前、后片各为1片,
袖子为左右2片。

1. 织后片。编织方
向为从下往上,起
93针,按花样图往
上织21cm;同时在
两侧分别按"每12行减1针"的规律,减4次;
待织21cm后,是85针,将它们平收针。

2. 织前片。按结构图是一长条围成的大圆。从
长条的一端开始编织。起64针,按花样图往上
织;按花样图不加减针织到154cm;找准前片的
上、下中心点,分别和后片的上、下中心点对
应固定好,然后用干针或钩针合并它们。

4. 织袖子。起84针,分别按针法从袖山往袖口
方向织。在两侧分别按图示减针,最后40针平
收。将袖子按相关的连接方位图和前、后片进
行合并。

各单元片连接方位图:

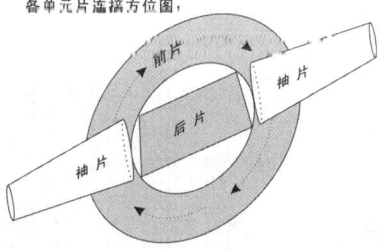

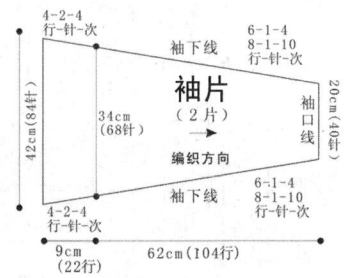

4-2-4
行-针-次　　　　　　　6-1-4
　　　　　　　袖下线　　8-1-10
　　　　　　　　　　　行-针-次

袖片
(2片)
→
编织方向

42cm(84针)　34cm
(68针)　　　　　　　20cm(40针)
　　　　　　　　　　　袖口线

4-2-4
行-针-次　　　　　　　6-1-4
　　　　　　　袖下线　　8-1-10
　　　　　　　　　　　行-针-次

9cm
(22行)　　62cm(104行)

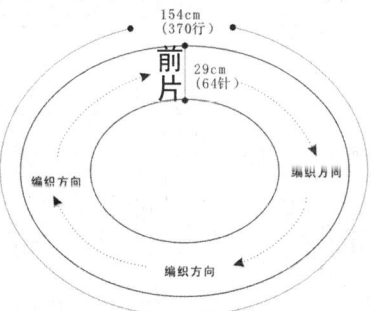

154cm
(370行)

前片
→

29cm
(64针)

编织方向　　　　　　　编织方向

编织方向

符号说明:

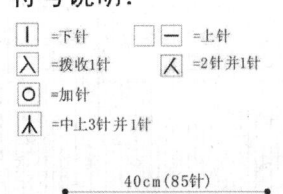

│=下针　　　━=上针

丿=拨收1针　　人=2针并1针

○=加针

木=中上3针并1针

40cm(85针)

后片
编织方向

袖　　　　　　　　　　袖
隆　　　　　　　　　　隆
线　　　　　　　　　　线

21cm(60行)

12-1-4　　　　　　　12-1-4
行-针-次　　　　　　行-针-次

下摆线49cm(起93针)

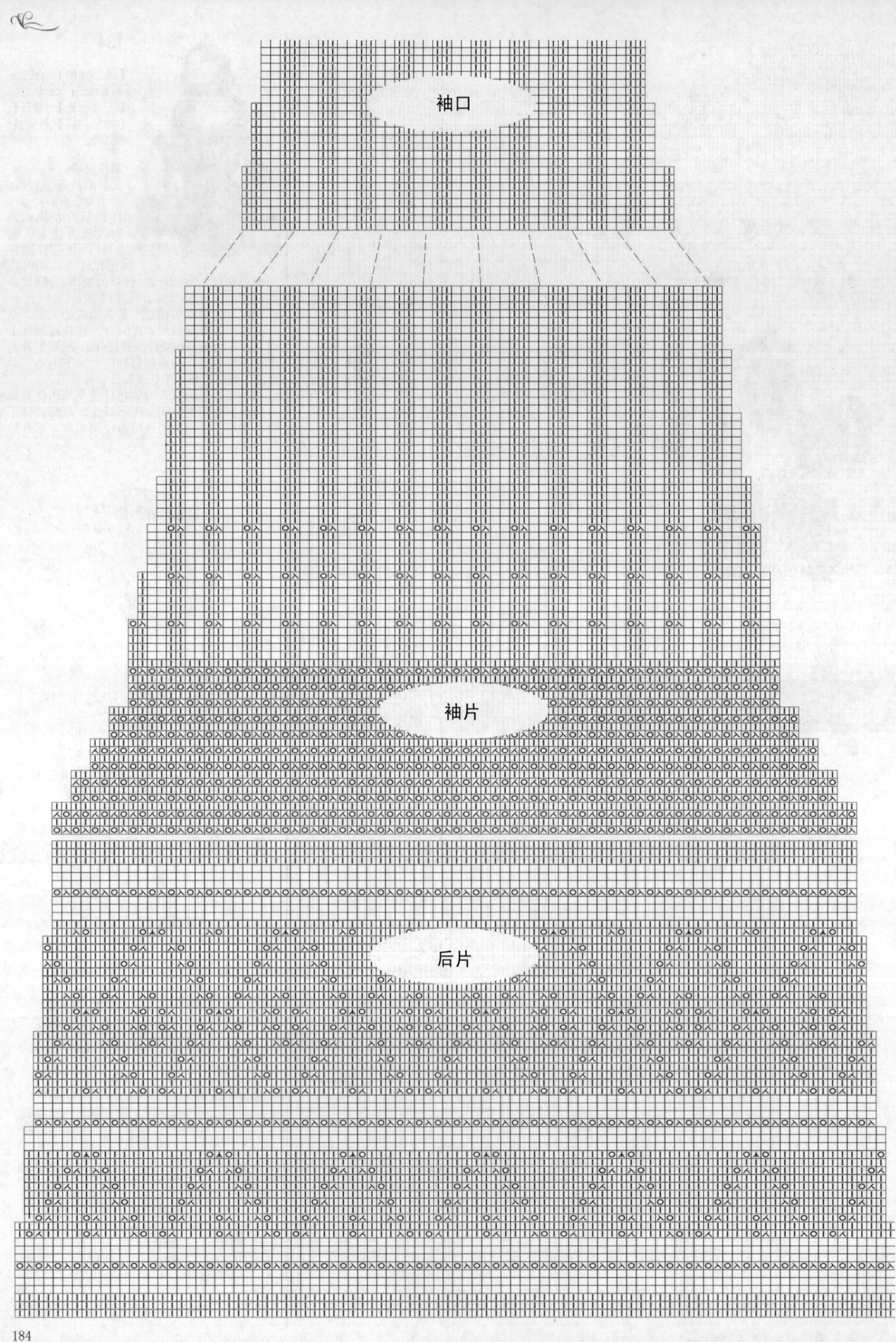

袖口

袖片

后片

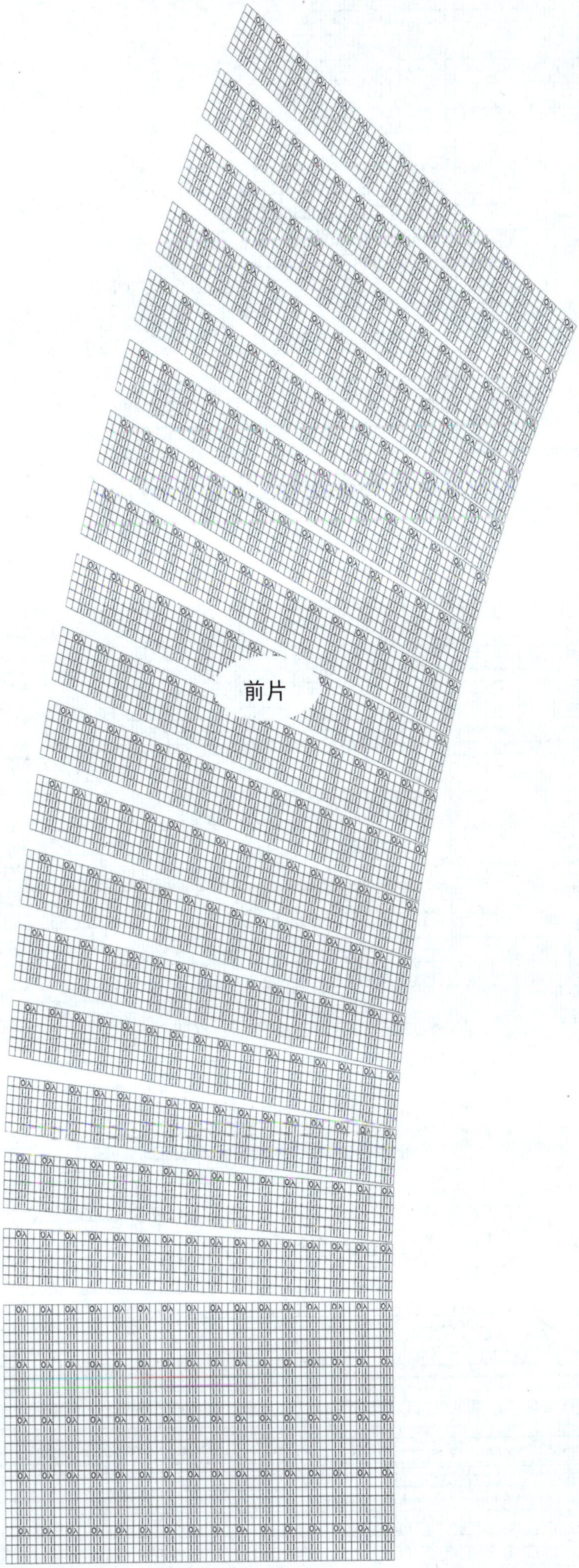

135

【成品规格】胸围86cm，背肩宽38cm，
衣长59cm，袖长60cm
【工　　具】11号棒针
【材　　料】单股兔毛线800g

制作说明：
1. 织后片。编织方向为从下往上，起145针，采用花样编织，不加减针织到37cm后，在侧缝线处按图示开始收出袖窿弯度；从袖窿线往上织21.5cm后，再在后领处收出后领弧度。将双侧肩上的针穿好，留下，待和前片合并时用。

2. 织前片。编织方向为从下往上，起78针，采用花样编织，不加减针织到37cm后，在侧缝线处按图示收出袖窿弯度；从袖窿线往上织10cm后，在门襟侧前领处，按图示收出前领弧度。织好另一个对应的前片。将双侧将肩上的针和后片合并。

3. 织袖子。起54针，采用花样编织，在两旁袖下线处按图示加针，到袖壮线处再按图示减针。然后用同样的方法织好另

一个袖子。分别合并侧缝线和袖下线，并安装好袖子。

4. 织衣领。在前领围挑出42针、后领围挑出58针，再往上织1个单元花样。

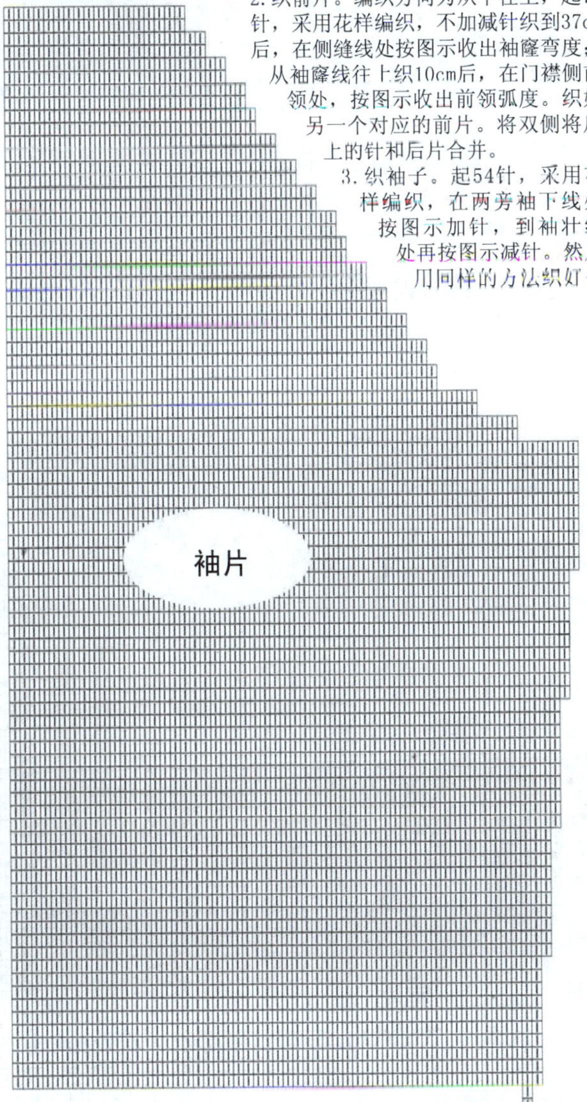

前片

袖片

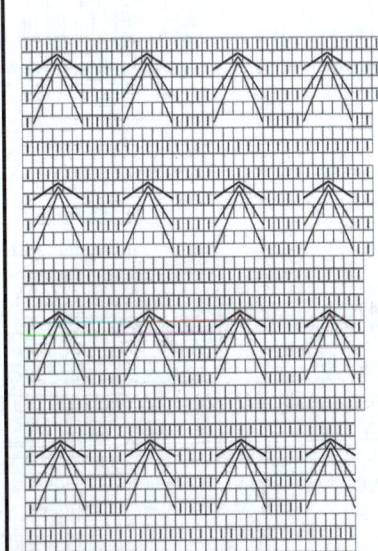

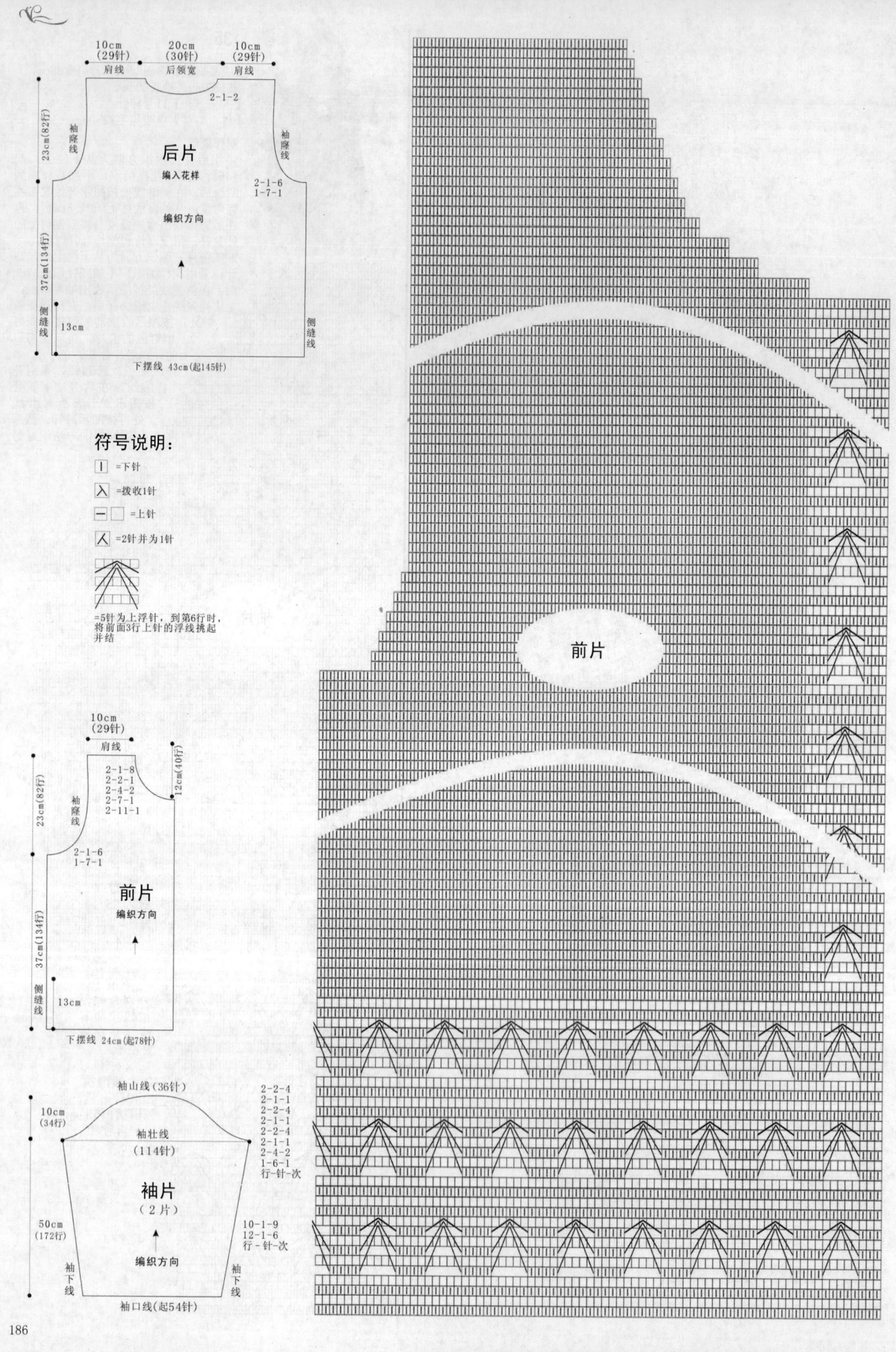

符号说明：

| = 下针

入 = 拨收1针

一 □ = 上针

人 = 2针并为1针

=5针为上浮针，到第6行时，将前面3行上针的浮线挑起并结

后片
编入花样
编织方向

10cm（29针）肩线
20cm（30针）后领宽
10cm（29针）肩线

2-1-2

23cm（82行）
袖隆线

2-1-6
1-7-1

37cm（134行）

13cm
侧缝线

下摆线 43cm（起145针）

前片
编织方向

10cm（29针）肩线

2-1-8
2-2-1
2-4-2
2-7-1
2-11-1

12cm（40行）

23cm（82行）
袖隆线

2-1-6
1-7-1

37cm（134行）
侧缝线

13cm

下摆线 24cm（起78针）

袖片
（2片）
编织方向

袖山线（36针）

2-2-4
2-1-1
2-2-4
2-1-1
2-2-4
2-4-2
1-6-1
行-针-次

袖壮线（114针）

10cm（34行）

50cm（172行）

10-1-9
12-1-6
行-针-次

袖下线

袖口线（起54针）

186

136

【成品规格】见结构图
【工　具】8号棒针
【材　料】高兔绒线200g

制作说明：
1. 按结构图织单元片。编织方向为从下往上，起52针，采用花样编织，织43cm（60行），不加减针往上织，然后平收。
2. 将相同记号分别合并。步骤1中织的单元片的两侧为袖窿圈。
3. 按图示分别在第一步中织好的单元片的两端横向挑130针，织网眼花样10cm（18行），然后收针，披肩完成。

波浪花针法图：

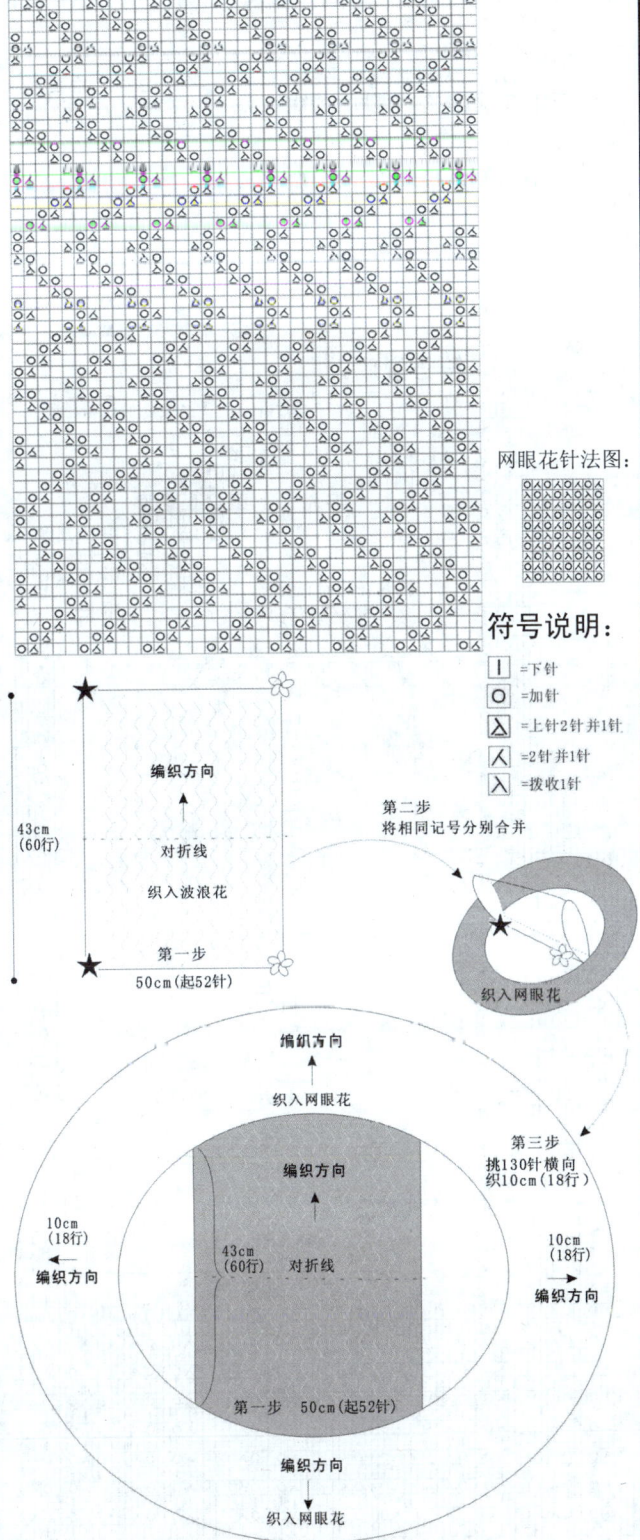

网眼花针法图：

符号说明：

符号	说明
I	=下针
O	=加针
入	=上针2针并1针
人	=2针并1针
入	=拨收1针

137

【成品规格】
胸围92cm，
背肩宽38cm，
衣长53cm，
袖长63cm
【工　具】
11号环针
【材　料】
单股兔毛线
500g

制作说明：
1. 织后片。编织方向为从下往上，起128针，采用双罗纹编织14cm；然后分散加16针，不加减针往上织19cm后，在侧缝线处按图示收出袖窿弯度；从袖窿线往上织18.5cm后，在后领处收出后领弧度。
2. 织前片。编织方向为从下往上，起76针，采用双罗纹编织14cm后，分散加8针；再不加减针往上织19cm后，在侧缝线处按图示开始收出袖窿弯度；继续往上编织，前领不用收针，针数直接上接风帽。然后再织好另一个对应的前片，将肩上的针和后片合并。
3. 织袖子。起42针，从上往下编织，在袖山两旁按图示加针，到袖壮线时为92针后，再按图示减针，到袖长高度后收针。并用同样的方法织好另一个袖子。分别合并侧缝线和袖下线，并安装好袖子。
4. 织风帽。起140针，采用平针往上编织，织到风帽后角处按图示收针。在帽顶线将两侧片合并好。

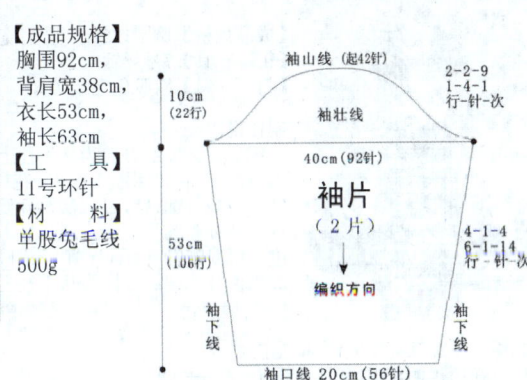

【成品规格】
10cm
（22行）

袖山线（起42针）
袖壮线

40cm（92针）

2-2-9
1-4-1
行—针—次

袖片
（2片）

53cm
（106行）

编织方向

4-1-4
6-1-14
行—针—次

袖下线　袖下线

袖口线 20cm（56针）

前片

符号说明：

符号	说明
I	=下针
一	=上针
O	=加针
入	=2针并1针
人	=拨收1针

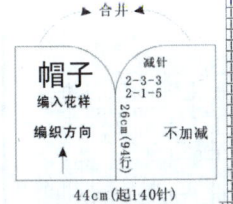

帽子
编入花样
编织方向
44cm（起140针）

合并
减针
2-3-3
2-1-5
26cm（94行）
不加减

42针
上接风帽

12cm
（32针）
肩线

20cm（60行）

袖窿线

19cm
（56行）

前片
（2片）
编入花样
编织方向

2-1-5
1-5-1
行—针—次

14cm
（48行）

（76针+8针=84针）

双罗纹

侧缝线

下摆线 23cm（起76针）

12cm
（32针）
肩线

20cm
（60针）
后领宽

12cm
（32针）
肩线

20cm
（60）

袖窿线

2-1-2
行—针—次

袖窿线

后片
编入花样
编织方向

19cm
（56行）

2-1-5
1-5-1
行—针—次

2-1-5
1-5-1
行—针—次

14cm
（48行）

（128针+16针=144针）

双罗纹

侧缝线

下摆线 46cm（起128针）

第二步
将相同记号分别合并

★

编织方向

43cm
（60行）

对折线
织入波浪花

第一步
50cm（起52针）

★

编织方向
织入网眼花

★

第三步
挑130针横向
织10cm（18行）

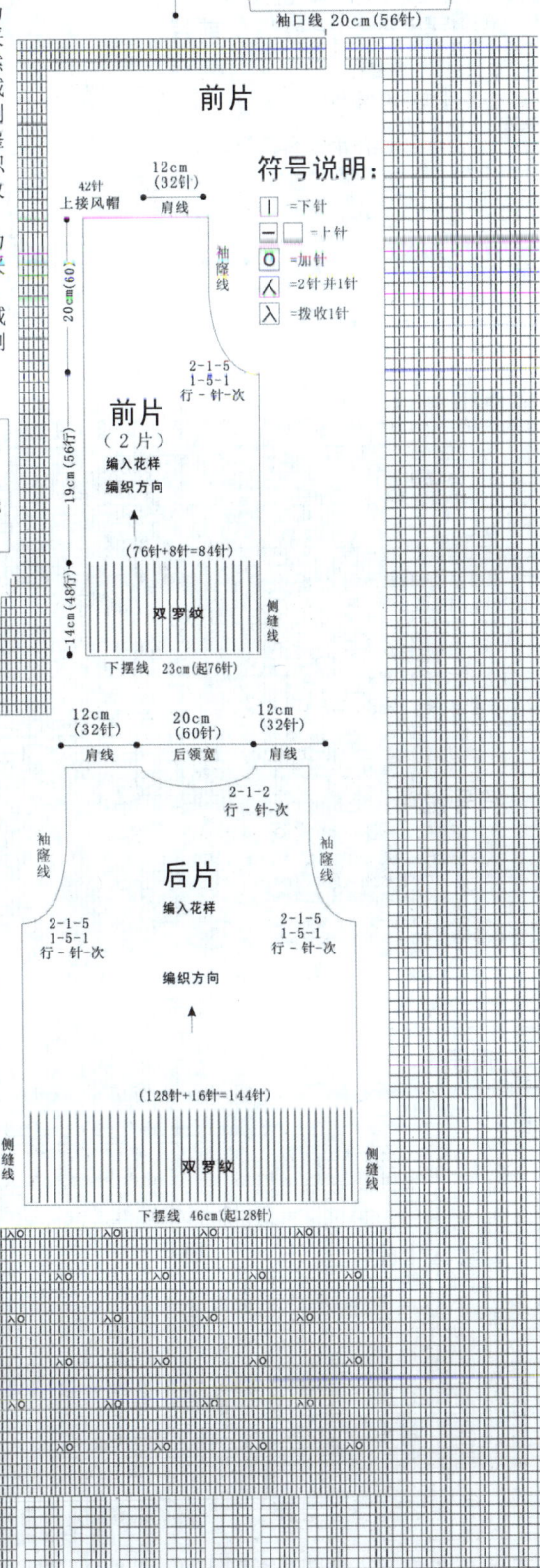

编织方向
织入网眼花

编织方向
织入网眼花

10cm
（18行）
编织方向

43cm
（60行）
对折线

10cm
（18行）
编织方向

第一步　50cm（起52针）

编织方向
织入网眼花

138

【成品规格】胸围122cm，背肩宽36cm，衣长43cm
【工　具】7号环针
【材　料】双股兔毛线400g
制作说明：
1.织后片。编织方向为从下往上，先起61针，采用花样编织，不加减针织完1个单元花样；在侧缝线处按图示加针，每12行加1针，加2次，开始收出袖窿弯度；不加减针，从袖窿往上织21.5cm后，再在后领处收出后领弧度。将双侧肩上的针穿好，留下，待和前片合并时用。
2.织前片。编织方向为从下往上，先起58针，采用花样

编织，不加减针织完1个单元花样；在门襟侧，按每2行多织10针，1个来回共5次，再按"每2行多织8针"的规律，织2次；在侧缝线处按图示减针，每14行减1针，减3次；在门襟侧织9针花样，作为门襟；在侧缝线处按图示开始收出袖窿弯度；在门襟侧前领不用收针。将双侧肩上的针和后片合并。
3.织风帽。按图示将前领和后领的针穿好，往上织风帽，起89针，往上不加减针织24cm，将其分为左右各44针，中间留1针，旁边的按"2-1-5，2-3-3"的规律减针，然后将两侧单元片合并好。
4.织口袋。起32针，往上不加减针织22针，中间22针织上针，旁边的5针织上针。然后在袋口处织5行单罗纹后平收，将口袋安装在相应位置上。

符号说明：

符号	说明
Ｉ	=下针
一	=上针
Ｏ	=加针
入	=拨收1针
人	=2针并1针
Ｏ ｜ Ｏ	=先将第3针挑过第2和第1针，然后织1针加1针再织1针。
∧	=5针为上浮针，到第6行时，将前面3行上针的浮线挑起打结。
	合并

139

【成品规格】胸围86cm，背肩宽36cm，衣长49cm
【工　具】9号环针
【材　料】兔毛线260g，2.0mm钩针
制作说明：
1.织后片。编织方向为从下往上，起91针，往上织，在侧缝线按"每6行减1针"的规律，减3次，收出腰围线，然后再按同样规律加出胸围线；待织到31cm后，在侧缝线上开始收袖窿，先平收4针，再每2行减1针，减4次；从袖窿线往上织10cm后，开始收后领弧线。将肩部的针穿好，待用。
2.织前片。编织方向为从下往上，起49针，往上织，在侧缝线按"每6行减1针"的规律，减3次，收出胸围线，然后再按同样规律加出胸围线；待织到31cm后，在侧缝线上开始收袖窿，先平收4针，再每2行减1针，减4次；从袖窿线往上织6cm后，开始收前领弧线。到肩部后，将针穿好和后片合并好。
3.缝合好两侧缝线。
4.按针法图在领圈处钩织花边。在门襟装好扣袢和扣子。

符号说明：

符号	说明
Ｉ	=下针
人	=2针并1针
入	=拨收1针
□	=上针
Ｏ	=加针
⌒	=锁针
×	=短针

领圈花边针法图：

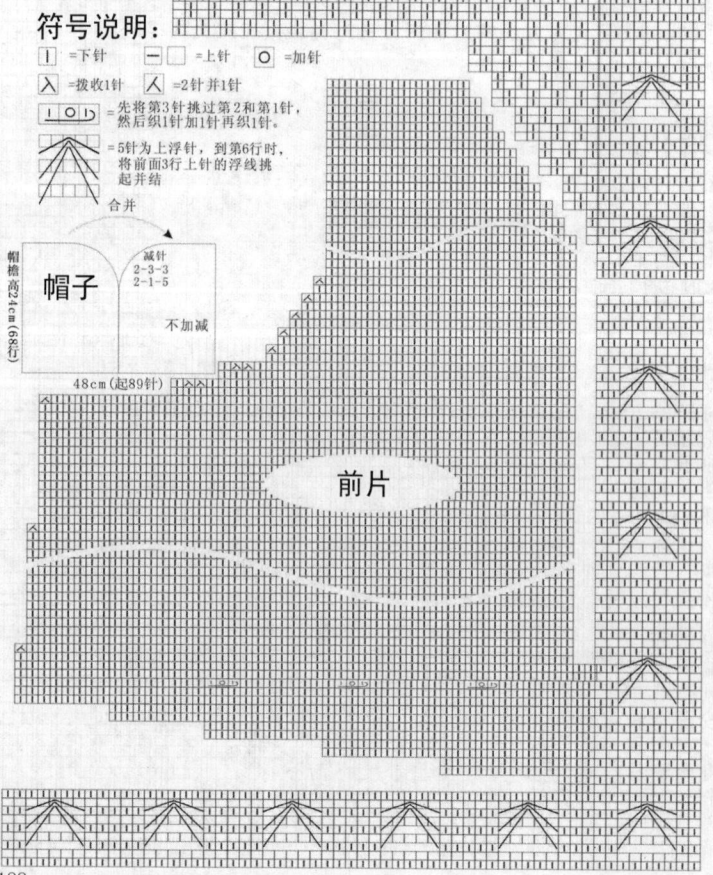

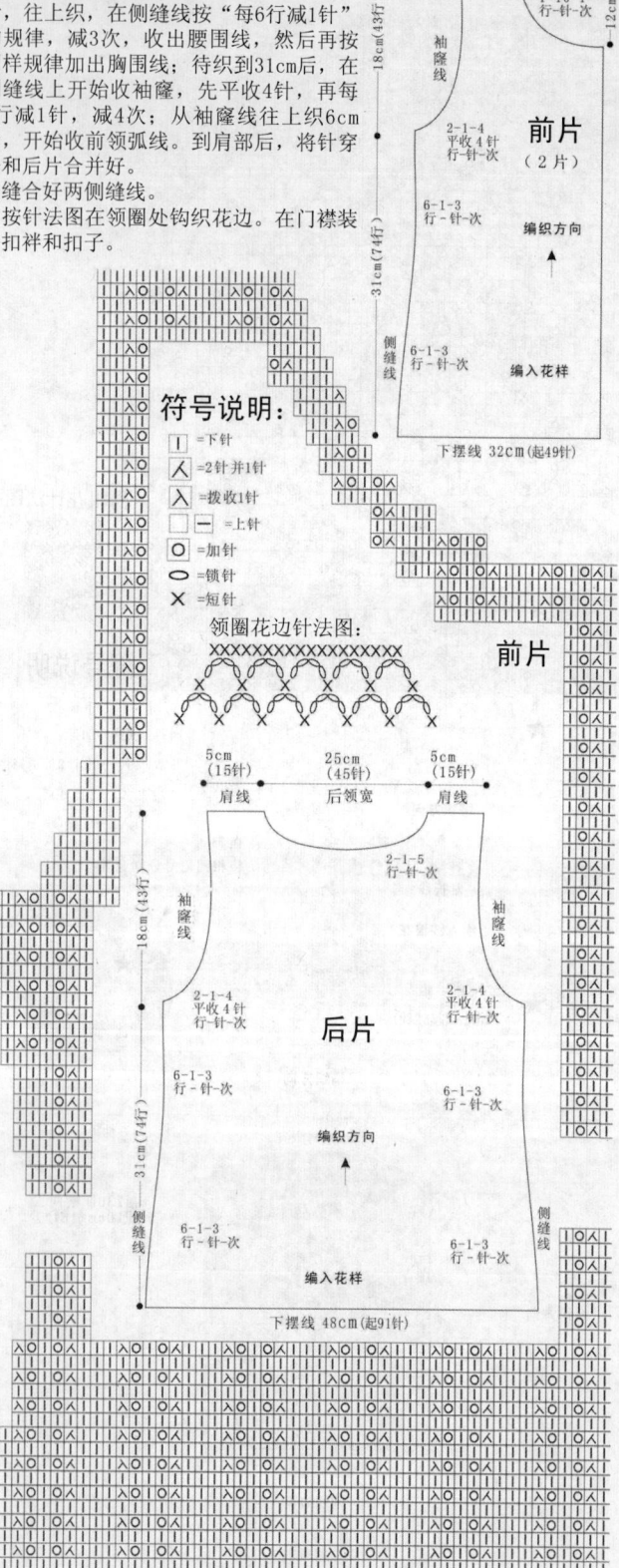

140

【成品规格】胸围92cm，背肩宽38cm，衣长65cm
【工　　具】10号棒针
【材　　料】纯羊毛线400g

制作说明：

1. 织后片。编织方向为从下往上，起155针，采用单罗纹编织，到合适高度后，再分散加17针；不加减针织到57cm高度后，在侧缝线处按图示开始收出袖窿弯度；再不加减针往上织到后领处，收出后领弧度。将双侧肩上的针穿好，留下，待和前片合并时用。

2. 织前片。编织方向为从下往上，起155针，采用单罗纹编织，到合适高度后，再分散加17针；不加减针织到57cm高度后，在侧缝线处按图示开始收出袖窿弯度；从袖窿线往上织3cm，开始收前领；每2行收1针，收15次；每4行收1针，收15次。双侧肩上的针与后片合并。

3. 按图示在领圈挑出90针，往上织10行单罗纹。在前领中央，每行3针并1针，中间针在上。

4. 在袖窿圈从前往后挑出96针，往上织10行单罗纹。

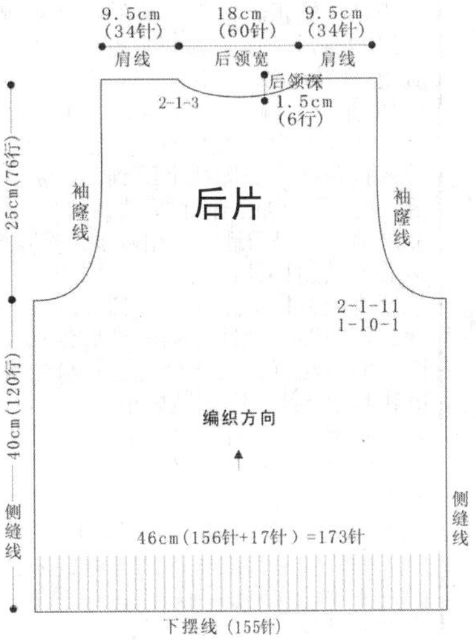

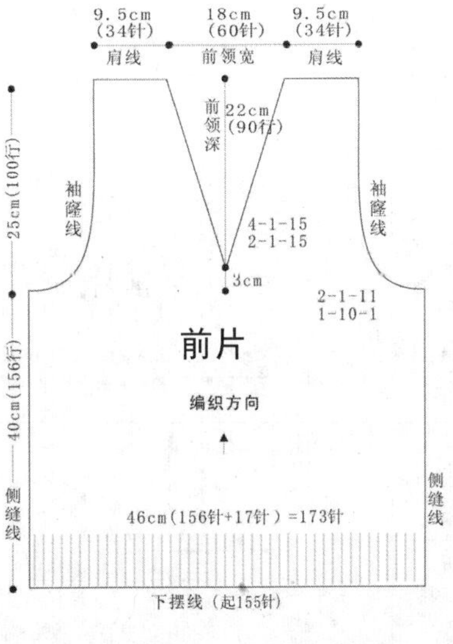

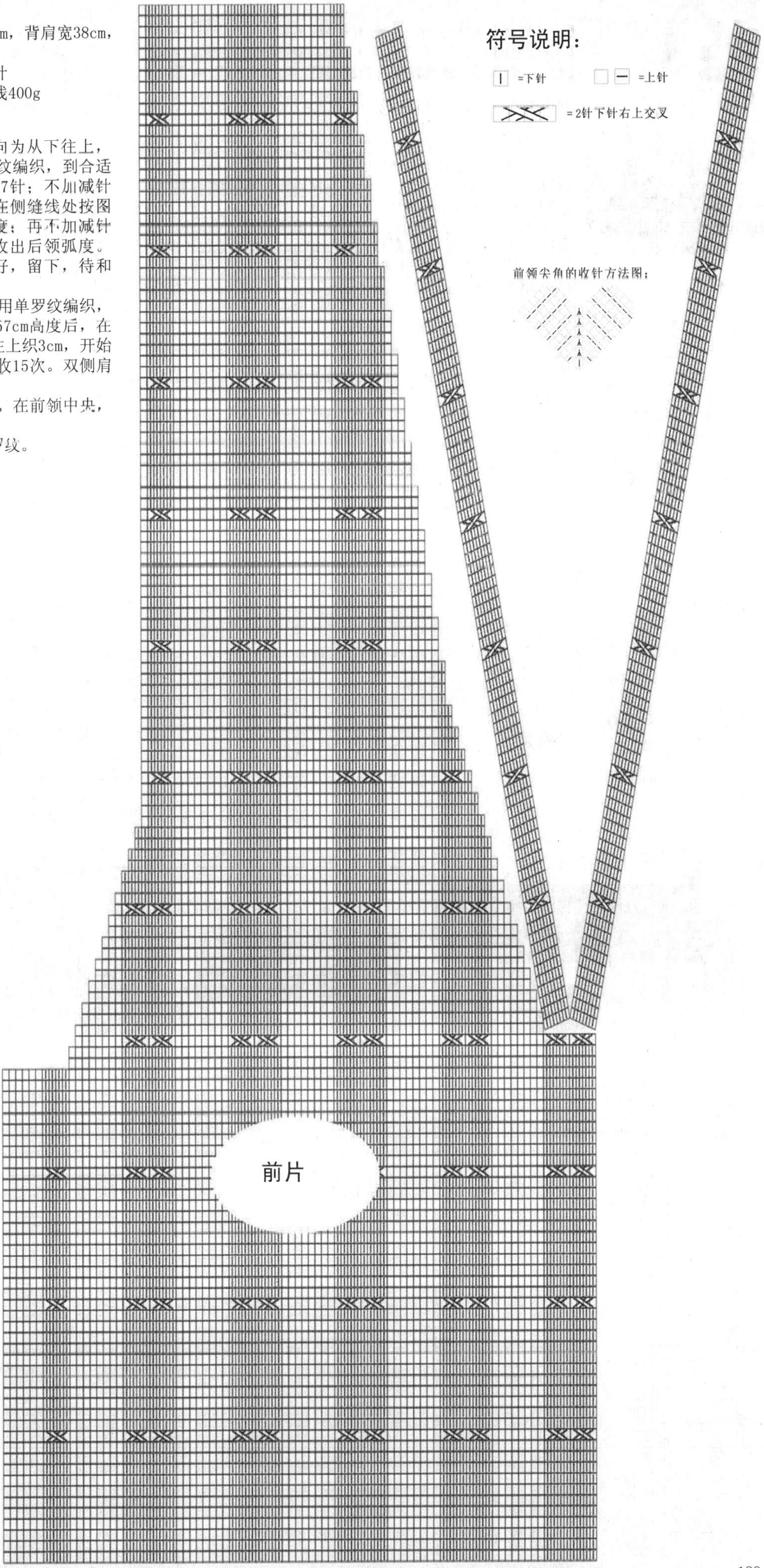

符号说明：

| I | =下针 | 一 | =上针 |

XX = 2针下针右上交叉

前领尖角的收针方法图：

后片

9.5cm (34针) 肩线　18cm (60针) 后领宽　9.5cm (34针) 肩线

后领深 1.5cm (6行)　2-1-3

25cm (76行)

40cm (120行)

袖窿线　袖窿线

2-1-11
1-10-1

编织方向

侧缝线　侧缝线

46cm (156针+17针) =173针

下摆线 (155针)

前片

9.5cm (34针) 肩线　18cm (60针) 前领宽　9.5cm (34针) 肩线

前领深 22cm (90行)

25cm (100行)

40cm (156行)

袖窿线　袖窿线

4-1-15
2-1-15

3cm

2-1-11
1-10-1

编织方向

侧缝线　侧缝线

46cm (156针+17针) =173针

下摆线 (起155针)

前片

141

【成品规格】胸围96cm，衣长54cm，袖长59cm
【工　　具】8号环针
【材　　料】高兔绒线750g，拉链1条

制作说明：

前片、袖片均为左右2片，后片为1片。

1. 织后片。编织方向为从下往上，起83针，按照花样针法图往上织6cm后，减去1针；再往上织平针，待织到33cm后，收出后斜肩线；从袖窿线往上织21cm后，将后领处的针穿好，待用。

2. 织前片。编织方向为从下往上，起42针，采用花样针法织6cm；再往上织平针，织到第12行时，在距侧缝线4cm处，要预留口袋的开口；再不加减针往上织到33cm，在侧缝线处按图示织收出前斜肩线。前领处的针穿好，待用。

3. 织袖子。起38针，按花样针法图往上织，在袖下线两旁按图示加针，织到袖壮线时为

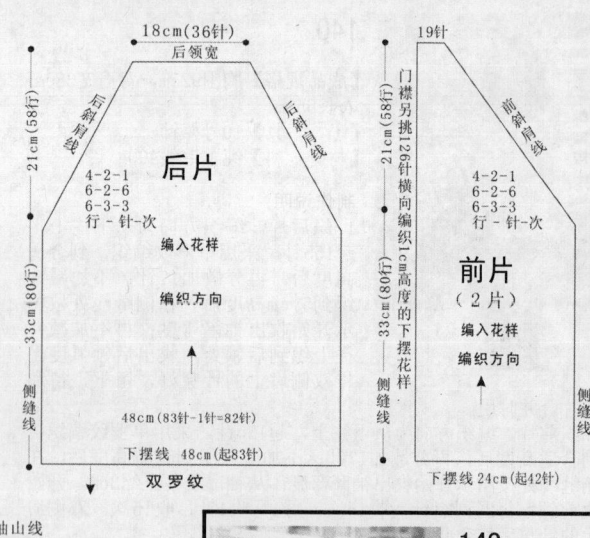

后片示意图：
18cm(36针) 后领宽
21cm(58行) 后斜肩线
4-2-1
6-2-6
6-3-3
行-针-次
编入花样
编织方向
33cm(180行)
侧缝线
48cm(83针-1针=82针)
下摆线 48cm(起83针)
双罗纹

前片示意图：
19针
门襟另挑126针横向编织1cm高度的下摆花样
前斜肩线
4-2-1
6-2-6
6-3-3
行-针-次
编入花样
编织方向
21cm(58行)
33cm(80行)
侧缝线
下摆线 24cm(起42针)

领片
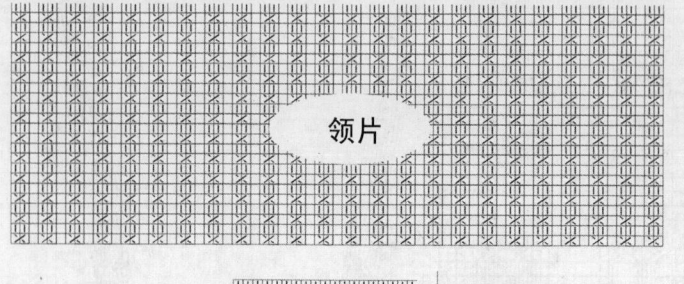

袖片示意图：
袖山线 (14针)
前斜肩线 后斜肩线
24cm(58行)
袖片（2片）
4-2-1
6-2-6
6-3-3
行-针-次
袖壮线
40cm(60针)
29cm(70行)
编织方向
4-1-4
8-1-4
行-针-次
袖下线
(38针+6针=44针)
6cm(20行)
袖口线 20cm(起38针)

60针；再按图示减针，袖山最后为14针。用同样的方法织好另一个袖子。然后分别合并侧缝线和袖下线，并安装好袖子。

4. 织衣领。在前片、袖片及后片挑出71针，按针法图往上织，织到14cm后平收针，然后对折，使衣领成双层。

5. 织门襟。分别在前片两侧门襟位置挑针。门襟另挑126针，横向编织1cm高度的下摆花样后平收针。最后用缝纫机装上拉链。

前片

袖片

袖片中心点

灰色为预留的口袋开口线

符号说明：

┃ =下针	─ □ =上针
人 =2针并1针	O =加针
人 =拨收1针	
╳ =1针下针左上交叉	
╳ =1针下针右上交叉	

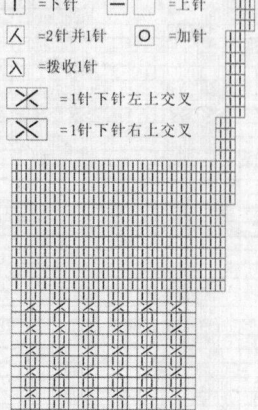

142

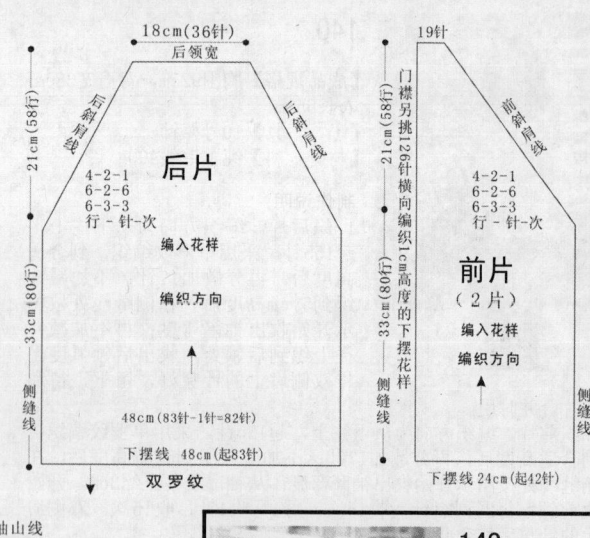

【成品规格】胸围94cm，衣长52cm，袖长56cm
【工　　具】7号环针
【材　　料】高兔绒850g，纽扣5颗

制作说明：

前片、袖片均为左右2片，后片为1片。

1. 织后片。编织方向为从下往上，起76针，采用双罗纹编织6cm，然后分散加10针；按花样针法图往上织到29cm后，在侧缝线处按图示收出后斜肩线；从袖窿线往上织23cm后，在后领处收出后领弧度。将后领处的针穿好，待用。

2. 织前片。编织方向为从下往上，起38针，采用双罗纹编织6cm，然后分散加12针；按花样针法图往上织到29cm后，在侧缝线处按图示收出前斜肩线。

3. 织袖子。起42针，采用双罗纹编织6cm，然后分散加10针；再按针法图织花样，在袖下线两旁按图示加针，到袖壮线时为68针；再按图示减针，袖山最后为16针。用同样的方法织好另一个袖子。分别合并侧缝线和袖下线，并安装好袖子。

4. 织门襟。分别在2个前片的门襟侧挑92针，横向织5cm双罗纹后收针。在右侧门襟要平均预留出5个扣眼，左侧门襟钉扣子。

5. 织风帽。在门襟的领端挑10针，在前片、袖片及后片的上端挑出84针，按针法图往上织，织到27cm后，在帽顶角上按图示收出圆角，最后合并帽后缝和帽顶缝。

后片示意图：
16cm(34针) 后领宽
后斜肩线
23cm(52行)
4-2-13
行-针-次
编入花样
编织方向
29cm(66行)
侧缝线
47cm(76针+10针=86针)
下摆线（起76针）
双罗纹

前片示意图：
15针
门襟另挑针横向编织5cm双罗纹
前斜肩线
23cm(52行)
平收9针
4-2-13
行-针-次
编入花样
编织方向
29cm(66行)
侧缝线
23.5cm(38针+12针=50针)
下摆线 22cm(38针)
双罗纹

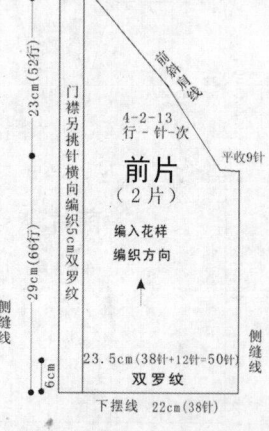

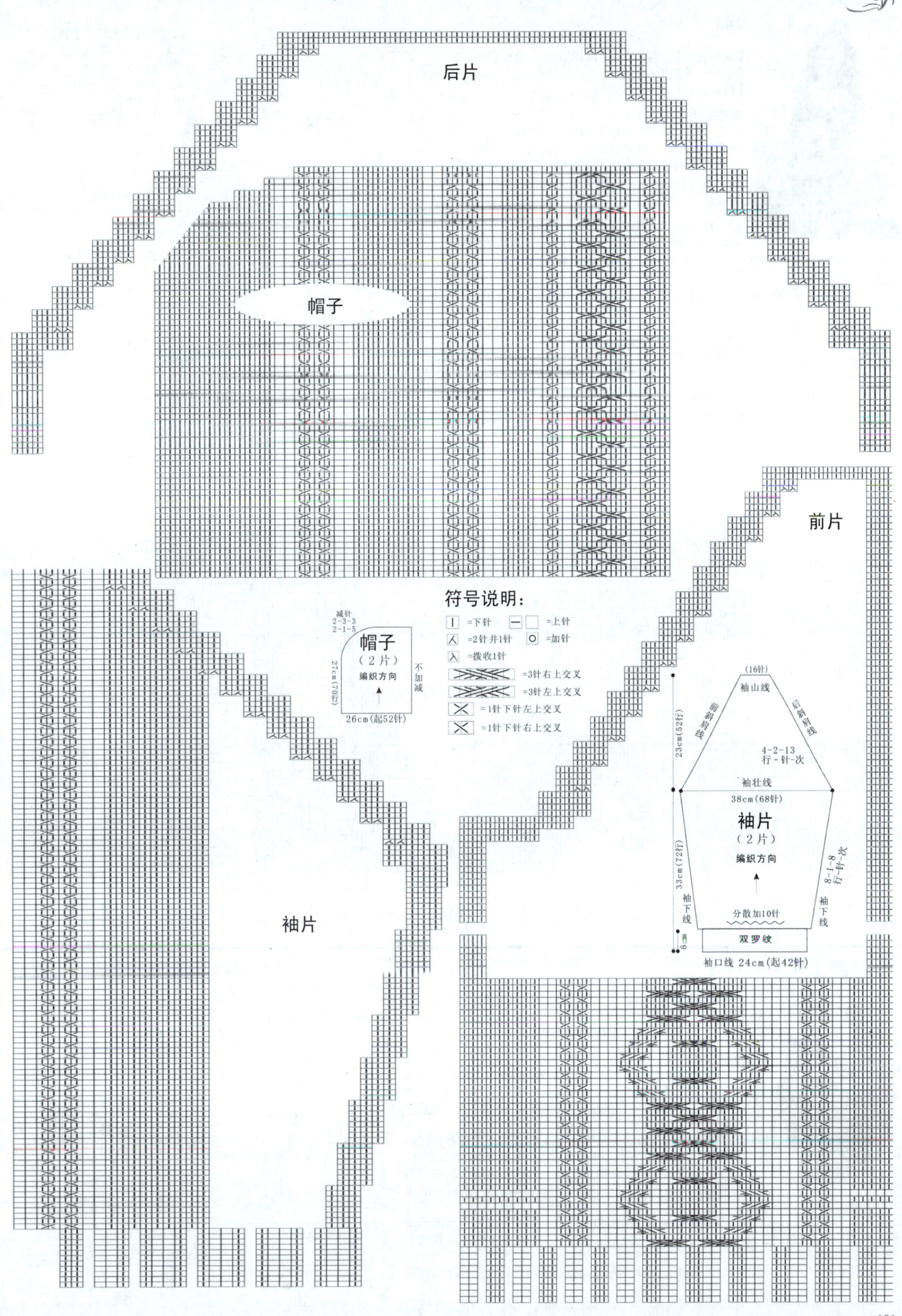

后片

帽子

前片

符号说明：

| | =下针 | — □ =上针
人 =2针并1针 | O =加针
入 =拨收1针
⨯⨯⨯ =3针右上交叉
⨯⨯⨯ =3针左上交叉
⨯ =1针下针左上交叉
⨯ =1针下针右上交叉

减针
2-3-3
2-1-5

帽子
（2片）

不
加
减

27cm（70行）

编织方向

26cm（起52针）

袖片

（16针）
袖山线

后
袖
斜
肩
线

前
袖
斜
肩
线

23cm（52行）

4-2-13
行-针-次

袖壮线
38cm（68针）

袖片
（2片）

33cm（72行）

编织方向

袖
下
线

8-1-8
行-针-次

袖
下
线

分散加10针

双罗纹

6

袖口线 24cm（起42针）

袖片

143

【成品规格】胸围82cm，背肩宽38cm，衣长55cm
【工　　具】10号棒针
【材　　料】纯羊毛线350g

制作说明：

1.织后片。编织方向为从下往上，起110针，采用花样编织，不加减针织到35cm高度后，在侧缝线处按图示开始收出袖窿弯度；再不加减针往上织到后领处，收出后领弧度。将双侧肩上的针穿好，留下，待和前片合并时用。

2.织前片。编织方向为从下往上，起110针，按花样编织，不加减针织到35cm高度后，在侧缝线处按图示开始收出袖窿弯度；并开始收出前领。

领：先在中间留1针，每2行收1针，收10次；再每4行收1针，收10次。将双侧将肩上的针和后片合并。

3.按图示在领圈挑出90针，往上织10行单罗纹。在前领中央处，每行3针并1针，形成尖领角。

4.在袖窿圈处，从前往后挑出96针，往上织10行单罗纹。

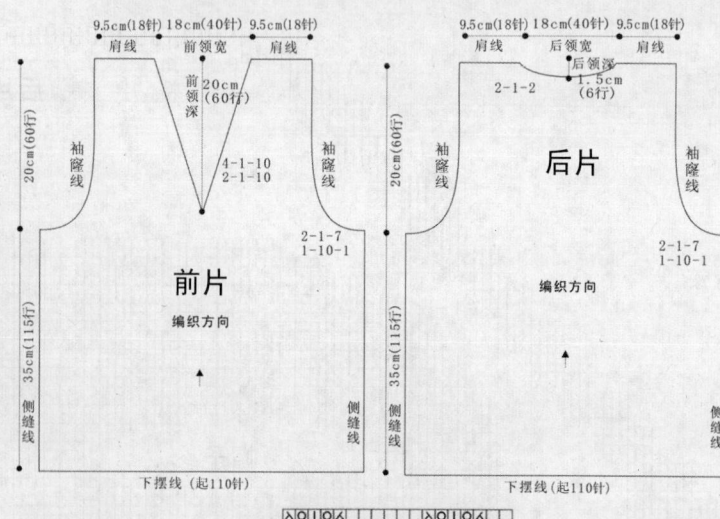

符号说明：

| | =下针
| − | =上针
| ○ | =加针
| 人 | =拨收1针
| 人 | =2针并1针

前片
编织方向

后片
编织方向

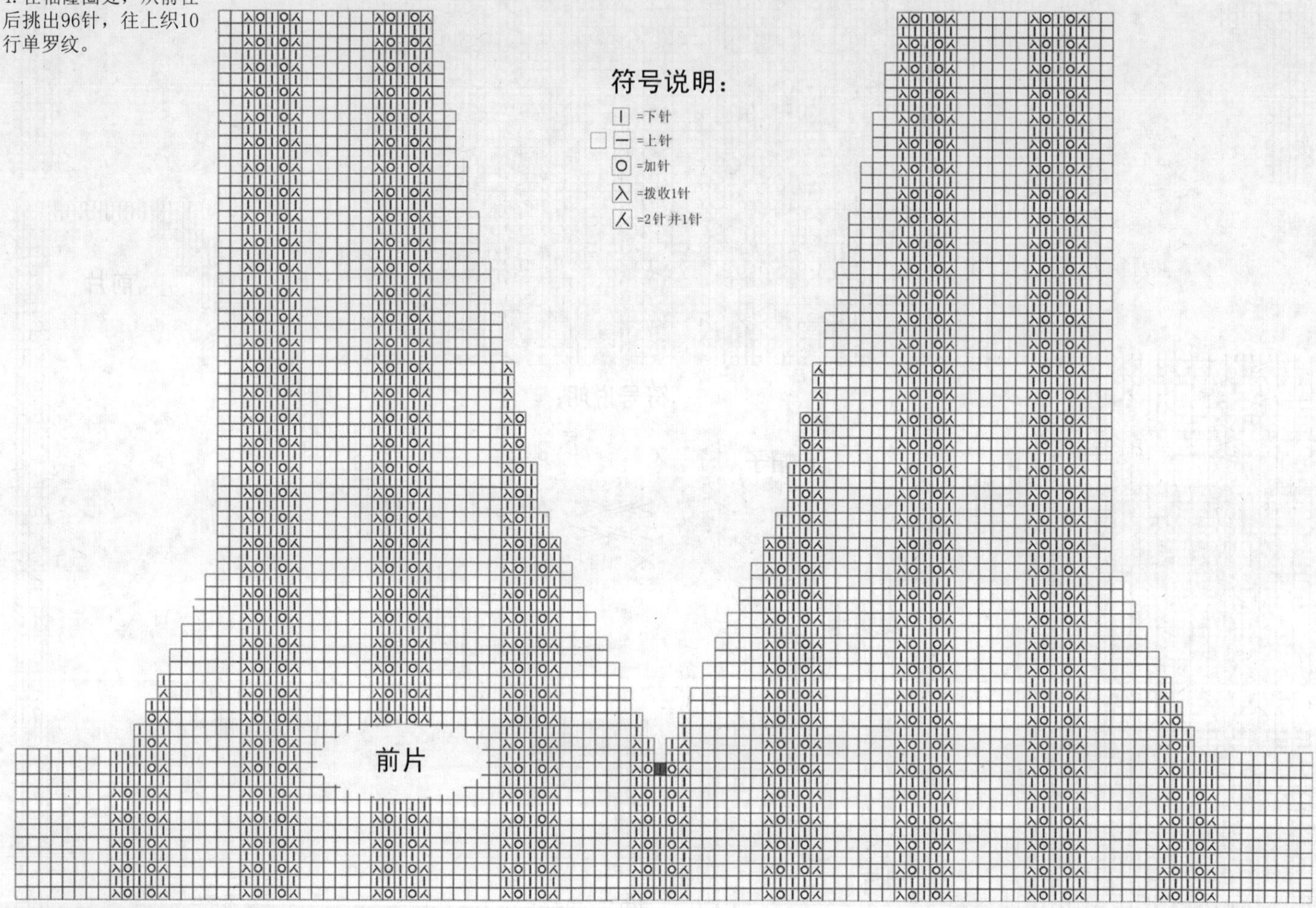

144

【成品规格】胸围120cm，背肩宽42cm，衣长66cm，袖长63cm
【工　　具】11号环针
【材　　料】单股高兔毛线750g，拉链一条

制作说明：

1.织后片。编织方向为从下往上，起150针，采用单罗纹编织3cm后，然后分散加20针；不加减针往上织到39cm后，在侧缝线处按图示收出袖窿弯度；从袖窿线往上织25.5cm后，在后领处收出后领弧度。

2.织前片。编织方向为从下往上，起75针，采用单罗纹编织3cm后，分散加10针；再不加减针往上织到39cm后，在侧缝线处按图示开始收出袖窿弯度；继续往上编织，前领不用收针，针数直接上接风帽。然后再织好另一个对应的前片，将肩上的针和后片合并。

3.织袖子。起24针，从上往下编织，在袖山两旁按图示加针，到袖壮线处再按图示减针，织到袖长高度后织袖口。用同样的方法织好另一个袖子。分别合并侧缝线和袖下线，并安装好袖子。

4.织风帽。起140针，采用平针往上编织。织到风帽后角处按图示收针。在帽顶线将两侧片合并好。

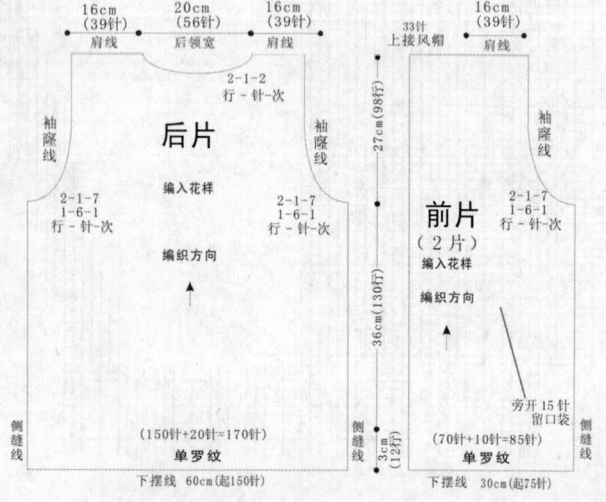

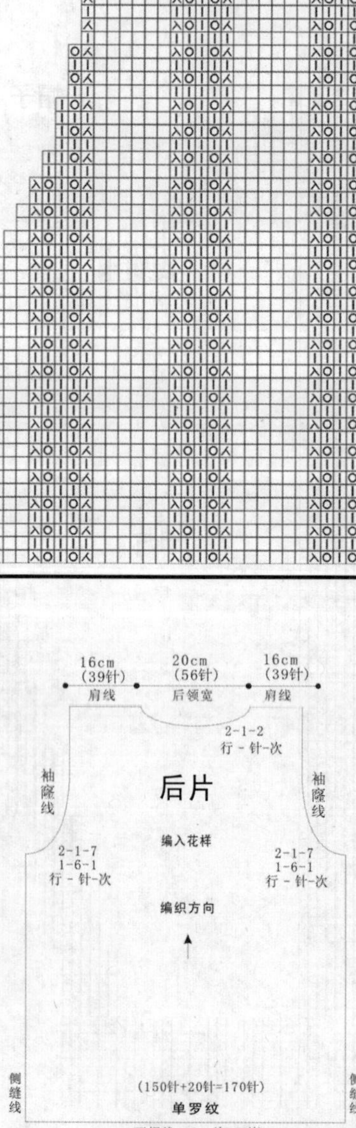

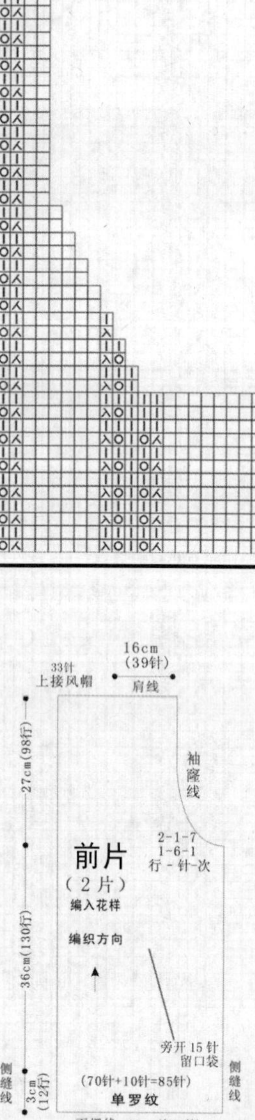

后片
编入花样
编织方向

前片
（2片）
编入花样
编织方向

145

【成品规格】胸围110cm，背肩宽44cm，衣长84cm
【工　　具】11号环针
【材　　料】兔毛线750g

制作说明：

1. 织后片。编织方向为从下往上，起140针，往上织双罗纹20行，然后换花样，同时要分散加20针；待织到57cm后，在侧缝线上开始收袖窿，先平收7针，再每2行减1针，减8次；从袖窿线往上织25cm后，开始收后领弧线。将肩部的针穿好，待用。

2. 织前片。编织方向为从下往上，起140针，往上织双罗纹20行。然后再换花样，同时要分散加20针；待织到57cm后，在侧缝线上开始收袖窿，先平收7针，再每2行减1针，减8次；从袖窿线往上织19cm后，开始按图示收出前领弧线。最后将肩部的针和后片合并好，缝合两侧缝线。

3. 织袖子。起56针，从上往下编织，在袖山两旁按图示加针，到袖壮线时是116针；再按图示减针，按结构图编织到适当长度后，在袖口换织20行双罗纹。并用同样的方法织好另一个袖子。分别合并袖下线，并安装好袖子。

4. 织衣领。在领圈挑针，在前片中间要抽4个细褶皱。前片挑60针，后片挑48针，织10行双罗纹后收针。

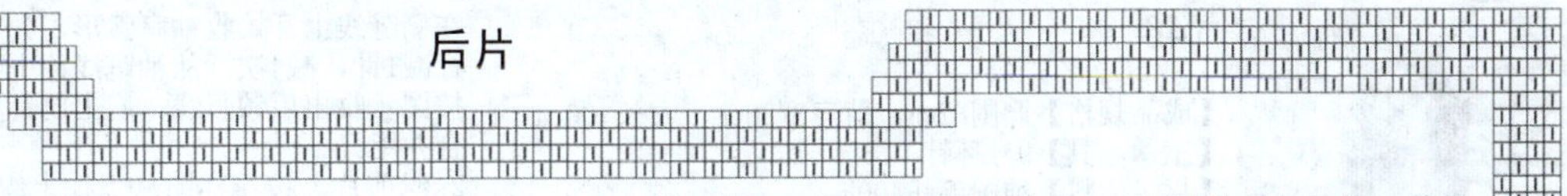

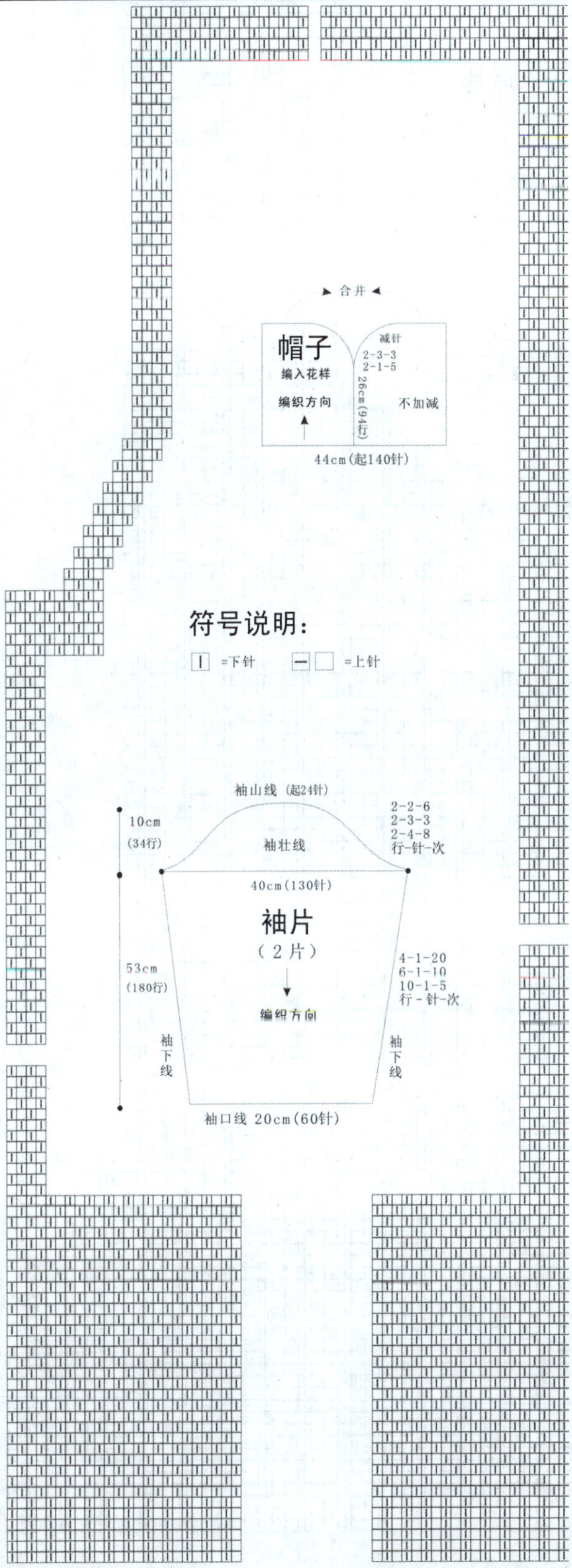

符号说明：

| =下针　　 | =上针

帽子
编入花样
编织方向

减针
2-3-3
2-1-5
26cm(94行)
不加减

44cm(起140针)

► 合并 ◄

符号说明：

| =下针　　 | =上针

袖片
（2片）
编织方向

袖山线（起24针）
袖壮线
40cm(130针)

2-2-6
2-3-3
2-4-8
行-针-次

10cm
(34行)

53cm
(180行)

4-1-20
6-1-10
10-1-5
行-针-次

袖下线
袖下线

袖口线 20cm（60针）

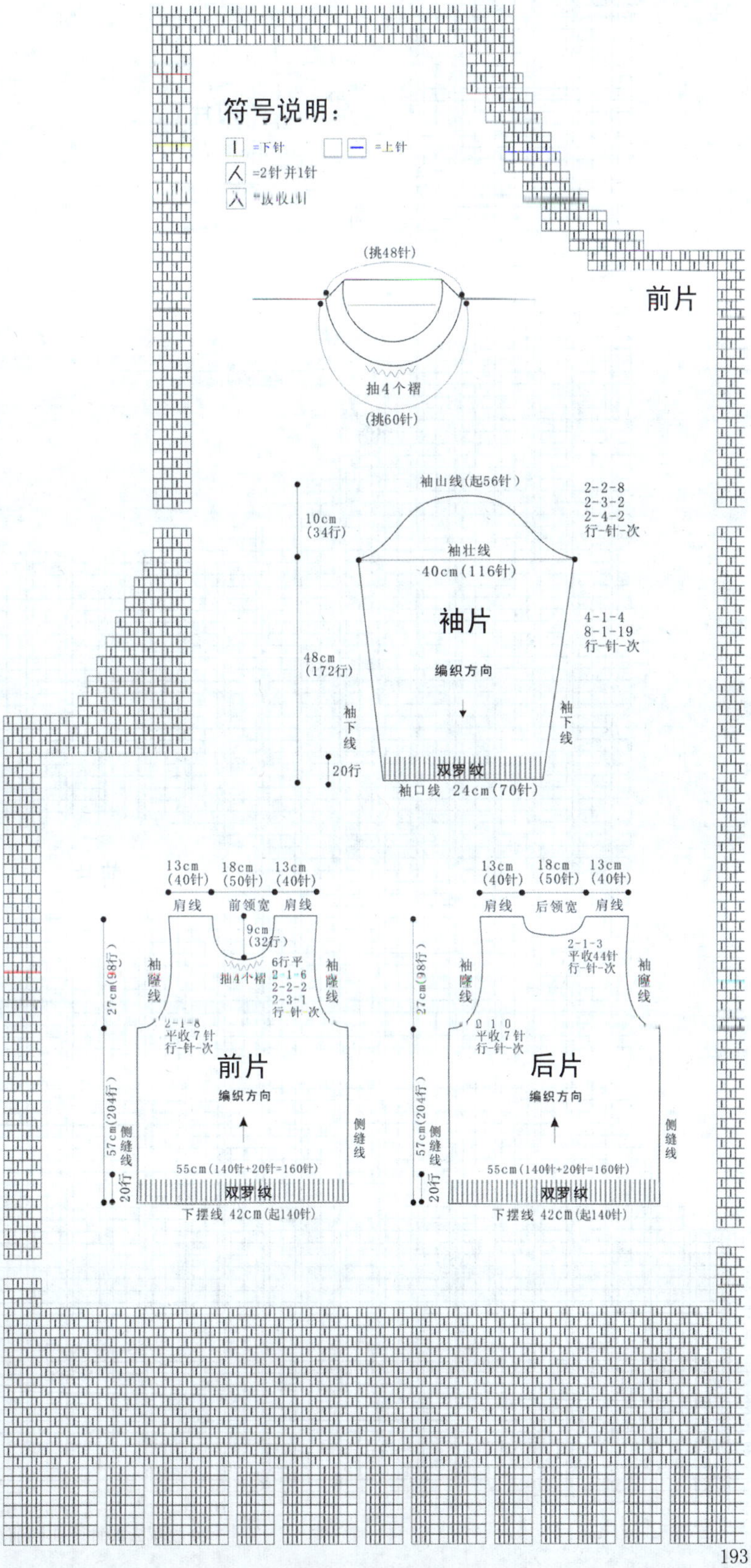

符号说明：

| =下针　　 | =上针
人 =2针并1针
人 =放收1针

（挑48针）

前片

抽4个褶
（挑60针）

袖片
编织方向

袖山线(起56针)
袖壮线
40cm(116针)

2-2-8
2-3-2
2-4-2
行-针-次

4-1-4
8-1-19
行-针-次

10cm
(34行)

48cm
(172行)

双罗纹
20行
袖下线

袖口线 24cm(70针)

13cm
(40针)
18cm
(50针)
13cm
(40针)
肩线　前领宽　肩线

9cm
(32行)
抽4个褶
2-1-6
2-2-2
2-3-1
行-针-次
6行平

袖窿线

前片
编织方向

2-1-8
平收7针
行-针-次

27cm(98行)

57cm(204行)
侧缝线
20行

下摆线 42cm(起140针)
55cm(140针+20针=160针)
双罗纹

13cm
(40针)
18cm
(50针)
13cm
(40针)
肩线　后领宽　肩线

2-1-3
平收44针
行-针-次

袖窿线

后片
编织方向

0-1-0
平收7针
行-针-次

27cm(98行)

57cm(204行)
侧缝线
20行

下摆线 42cm(起140针)
55cm(140针+20针=160针)
双罗纹

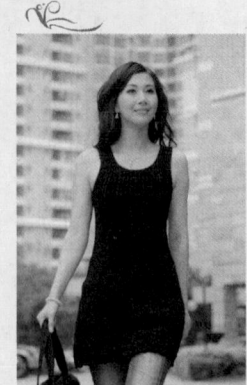

146

【成品规格】胸围82cm，背肩宽36cm，衣长100cm
【工　具】9号环针
【材　料】纯羊毛线400g

制作说明：

前、后片各为1片。

1. 织后片。编织方向为从下往上，起144针，按花样图往上织，在侧缝线上按图示收出腰围线，每12行收1针，共收12次，并在腰部分散减去20针；待织到72cm后，要改变花样；再织8cm后，在侧缝线上开始收袖窿弧形，先平收4针，再每2行减1针，减4次；从袖窿线往上织16cm后，开始按图示收出后领弧线。肩上的针穿好，待和前片合并用。

2. 织前片。按花样图从下往上织，起144针，往上织，在侧缝线上按图示收出腰围线，每12行收1针，共收12次，并在腰部分散减去20针；待织到72cm后，要改变花样；再织8cm后，在侧缝线上开始收袖窿弧形，先平收4针，再每2行减1针，减4次；从袖窿线往上织8cm后，按图示收出前领弧线。将肩部的针和后片合并好。

3. 合并好侧缝线及肩线。

符号说明：

- | =下针
- 入 =拨收1针
- O =加针
- 木 =中上3针并1针
- □ 一 =上针
- 人 =2针并1针

8cm 20cm 8cm
(17针) (50针) (17针)
肩线 前领宽 肩线
2-1-4
2-2-2
2-3-1
2-4-1
行-针-次
20cm
(52行)
8cm
(20行)
8cm
(20行)
袖窿线
前片
2-1-4
1-4-1
行-针-次
分散减去20针
编织方向
58cm
(156行)
12-1-12
行-针-次
侧缝线
14cm
(63行)
下摆线60cm(起144针)

8cm 20cm 8cm
(17针) (50针) (17针)
肩线 后领宽 肩线
2-1-5
行-针-次
20cm
(50行)
16cm
(42行)
袖窿线
后片
8cm
(20行)
2-1-4
1-4-1
行-针-次
分散减去20针
编织方向
58cm
(156行)
12-1-12
行-针-次
侧缝线
14cm
(63行)
下摆线60cm(起144针)

前片

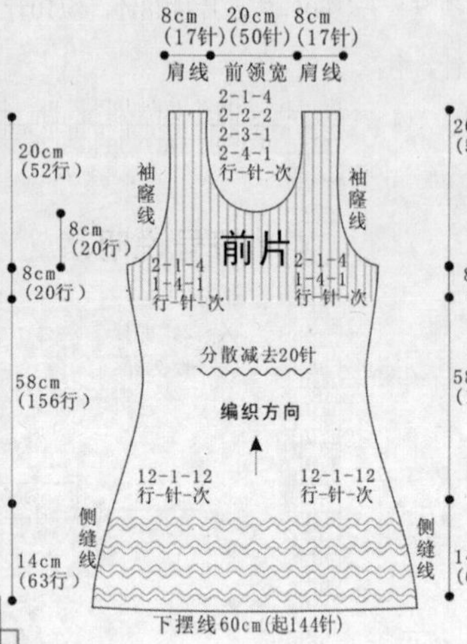

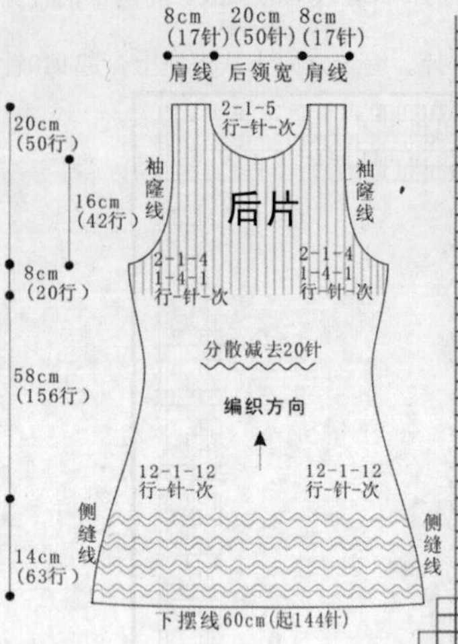

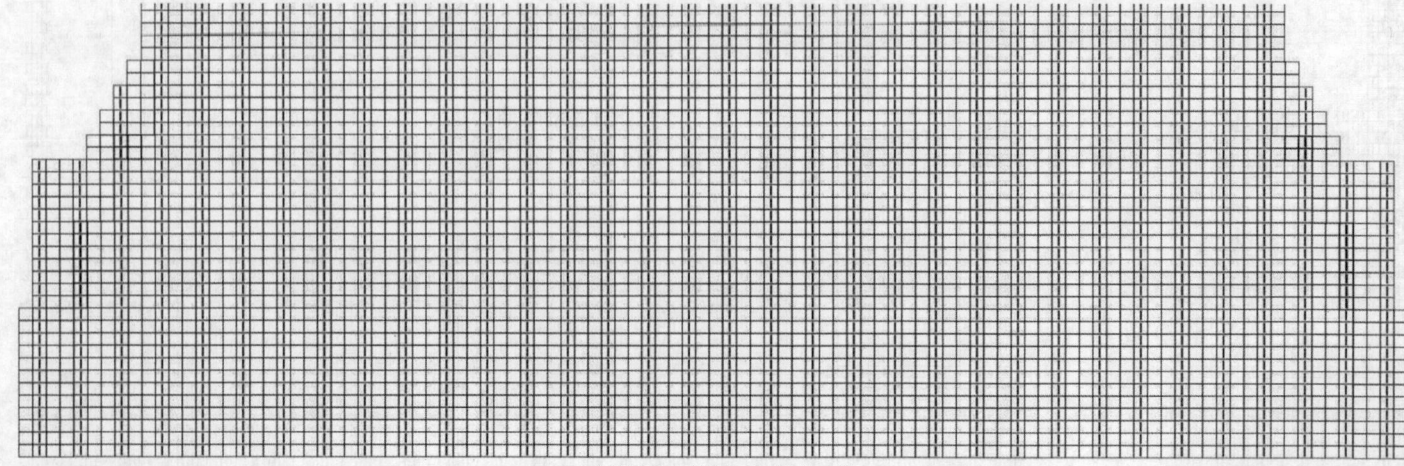

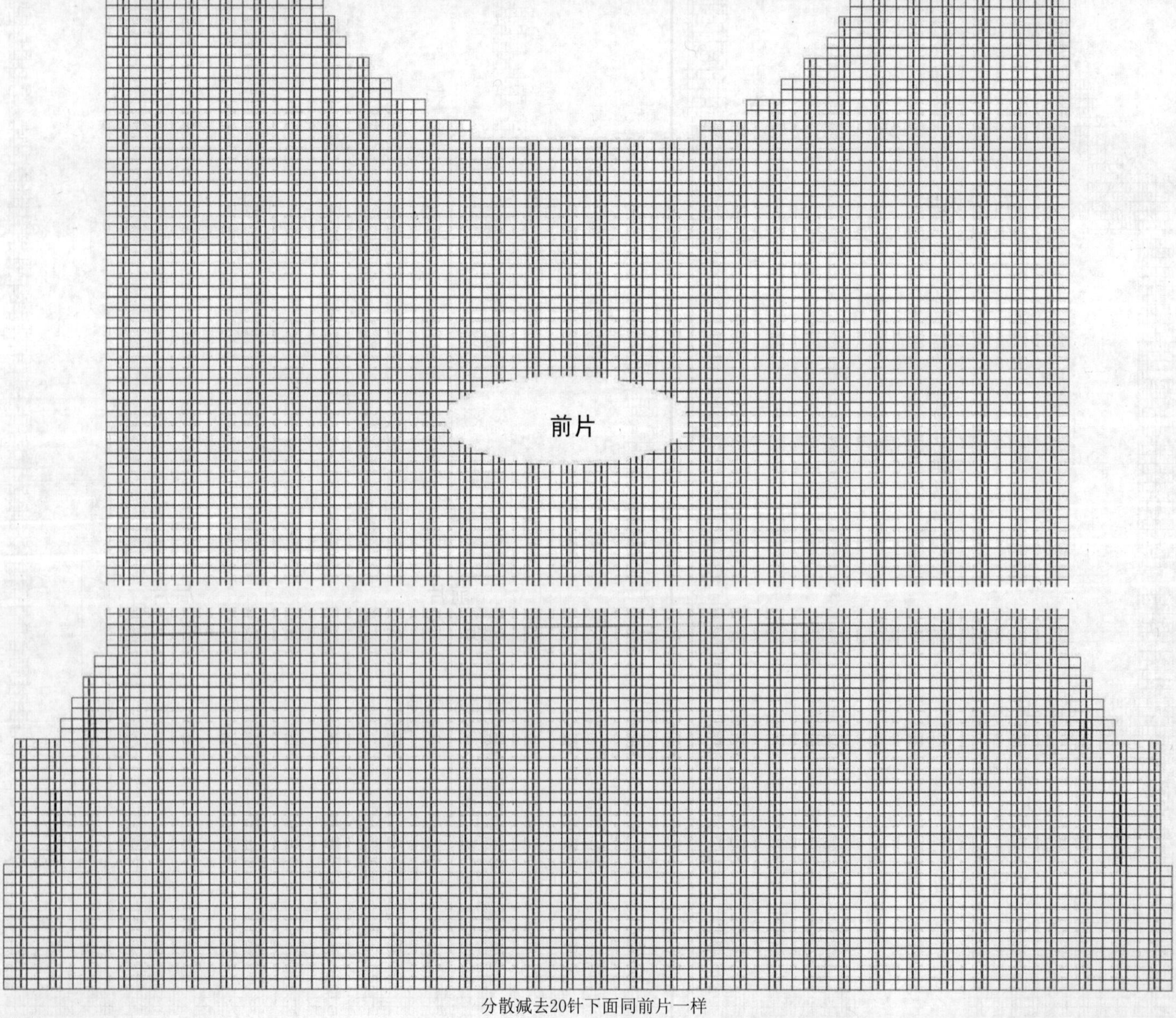

分散减去20针下面同前片一样

147

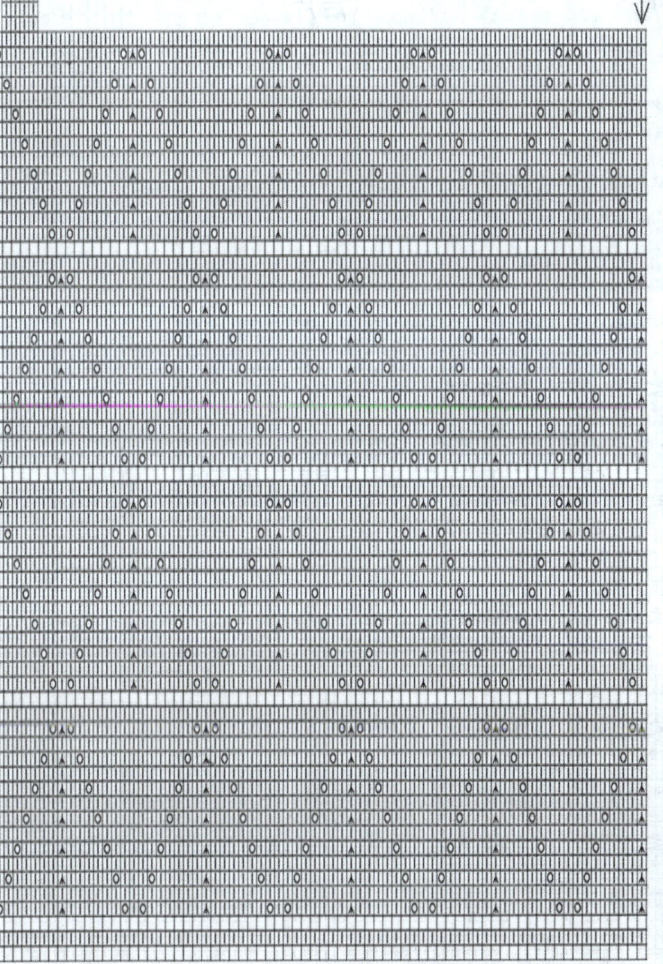

【成品规格】胸围91cm，背肩宽39cm，衣长49cm，袖长65cm

【工　具】7号环针

【材　料】单股羊毛线850g，纽扣3颗

制作说明：

1.织后片。起76针，编织方向为从下往上，织双罗纹；然后分散加3针，采用花样编织，不加减针织到27cm后，在侧缝线处按图示开始收出袖窿弯度；从袖窿线继续往上织20.5cm后，在后领处收出后领弧度。后片双侧肩上的针待和前片肩上的针合并。

2.织前片。起40针，编织方向为从下往上，织双罗纹；然后分散加7针，采用花样编织，再不加减针织到27cm后，在侧缝线处按图示开始收出袖窿弯度；在前片门襟侧前领处，按图示收出前领弧度。

3.织袖子。起20针，采用花样编织，编织方向为从上往下，在袖山两旁按图示加针，到袖壮线处再按图示减针，到袖口时为40针，织到袖长后平收针。然后用同样的方法织好另一个袖子。分别合并袖下线，并安装好袖子。

4.织门襟。由下往上织10针，规律为：1行上针1行下针，织到合适高度后按"每4行加1针"的规律，加4次；织好领驳头后，平收14针。留下12针和前领围挑出的36针、后领围挑出48针一起织衣领，往上织12cm后收针。

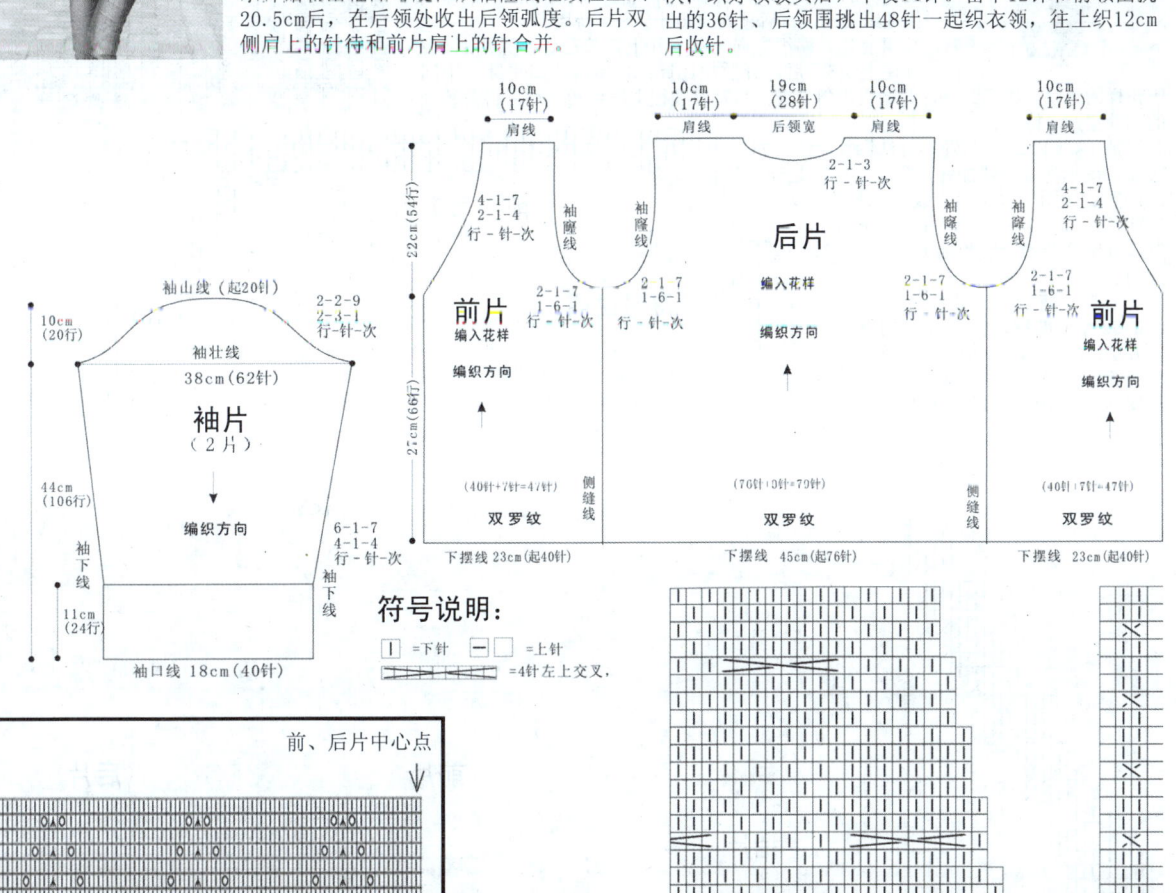

符号说明：

| | =下针　　| | =上针　　| | =4针左上交叉

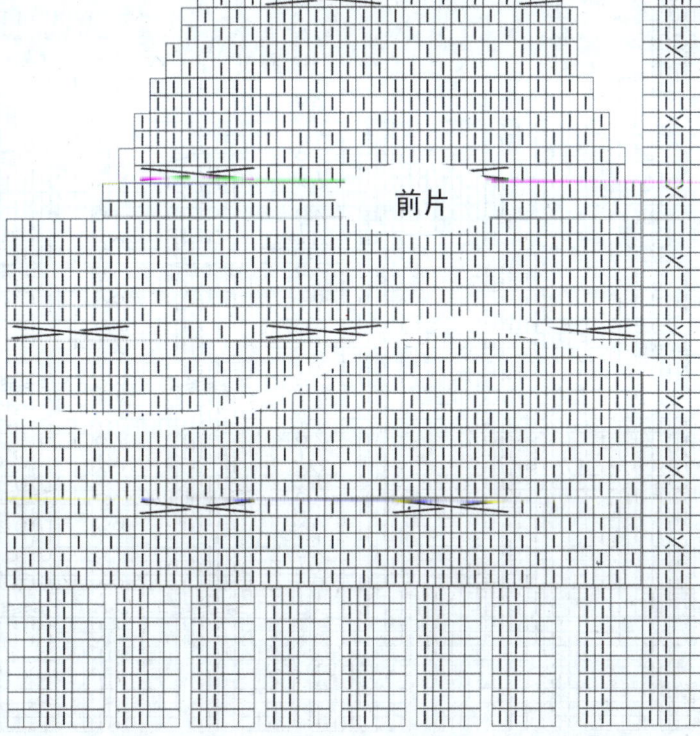

前片

148

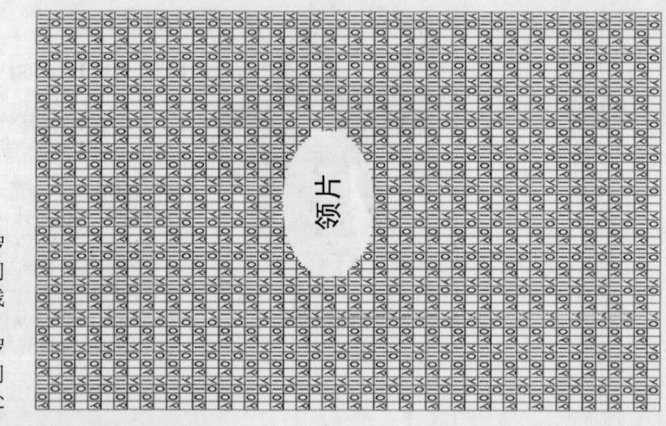

【成品规格】胸围84cm，衣长46cm，袖长68cm
【工　　具】7号环针
【材　　料】高兔毛线800g

制作说明：

前片、后片各为1片。袖片为左右2片。

1.织后片。编织方向为从下往上，起72针，采用3针罗纹往上织6行后，分散加10针；再换两边织平针、中间织花样的方法，织到26cm，开始收出斜肩线；从袖窿线往上织20cm，将后领处的30针穿好，待用。

2.织前片。编织方向为从下往上，起72针，采用3针罗纹往上织6行后，分散加10针；再换两边织平针、中间织花样的方法，织到26cm，开始收出斜肩线；从袖窿线往上织到20cm后，将前领处的30针穿好，待用。

3.织袖子。起32针，按花样针法图往上织，同时要按图示在袖下线加针，到袖壮线时是68针；然后按图示收出斜肩线，到袖山时为16针。并用同样的方法织好另一个袖子。然后分别合并侧缝线和袖下线，并安装好袖子。

4.织衣领。将前片、袖片及后片上端的92针全部穿起来。衣领的编织方法：92针+4针（4针为4条茎的位置）=96针，再按花样针法图往上织40cm，最后平收针。

符号说明：

I =下针	— □ =上针
人 =2针并1针	○ =加针
入 =拨收1针	人 =中上3针并1针

╳╳╳ =3针下针右上交叉

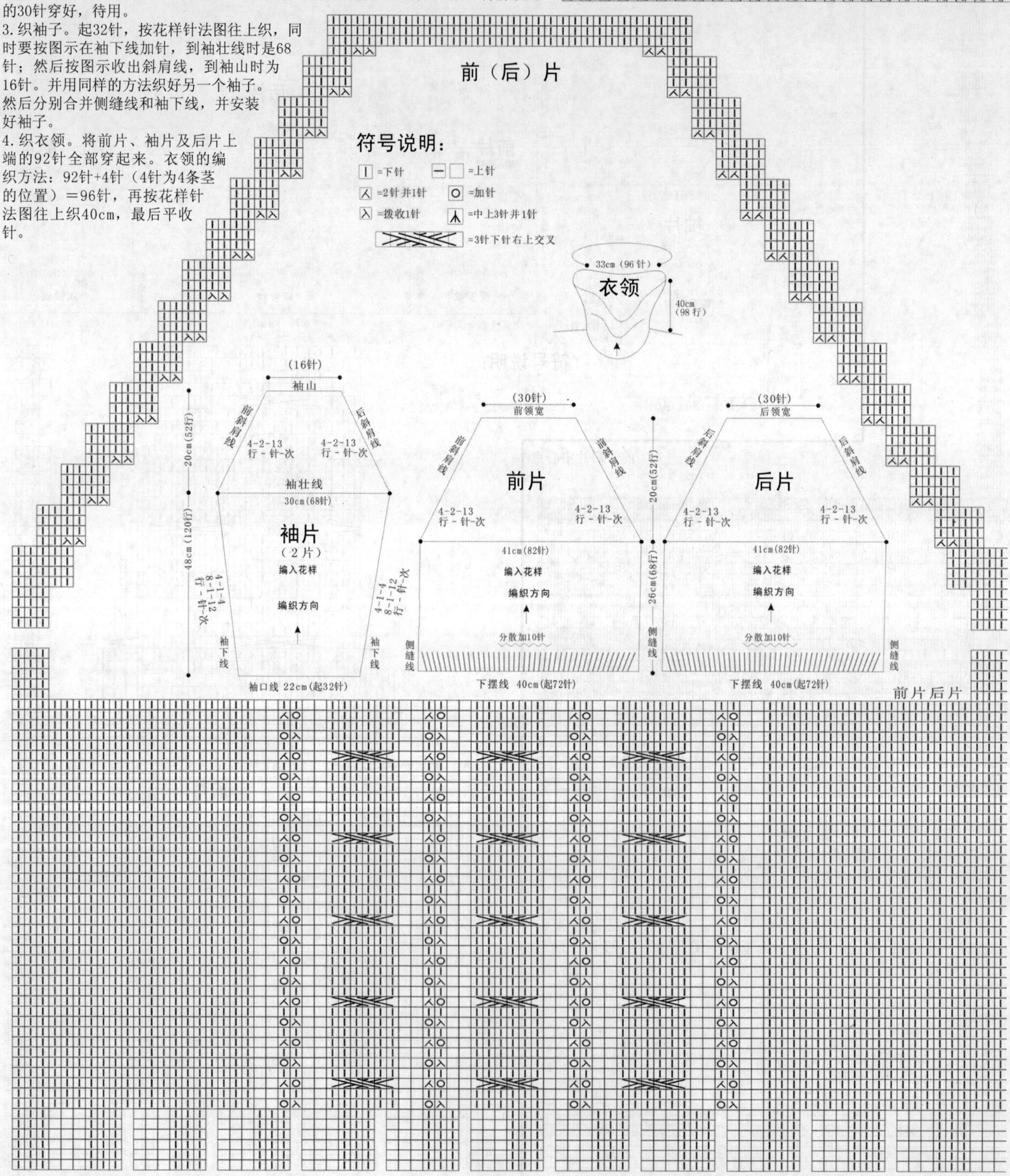

领片

前（后）片

衣领
- 33cm（96针）
- 40cm（98行）

袖片（2片）
编入花样
编织方向
- 袖山（16针）
- 袖壮线 30cm（68针）
- 袖口线 22cm（起32针）
- 20cm（52行）
- 48cm（120行）
- 前斜肩线 / 后斜肩线
- 4-2-13 行-针-次
- 4-1-4 8-1-1 行-针-次
- 4-1-4 8-1-12 行-针-次
- 袖下线

前片
编入花样
编织方向
- 前领宽（30针）
- 前斜肩线
- 4-2-13 行-针-次
- 41cm（82行）
- 20cm（52行）
- 26cm（68行）
- 分散加10针
- 下摆线 40cm（起72针）
- 侧缝线

后片
编入花样
编织方向
- 后领宽（30针）
- 后斜肩线
- 4-2-13 行-针-次
- 41cm（82行）
- 分散加10针
- 下摆线 40cm（起72针）
- 侧缝线

前片后片

149

【成品规格】衣长73cm,
胸围90cm,袖长56cm
【工　具】10号棒针,
3.3mm钩针
【材　料】咖啡色毛线
1250g,纽扣7颗
【编织密度】27针×33行
=10cm²

制作说明:

1. 后片。分两部分编织,起148织平针。收腰线,每8行收1针,收6次;每6行收1针,收2次。然后开始加针,每8行加1针,加6次;每10行加1针,加2次。

2. 开挂肩。先在两侧平收5针,再每2行收2针,收4次;每2行收1针,收4次;每4行收1针,收1次。平织至17cm。

3. 收斜肩。织引退针,每2行收10针,收3次。后片完成。

4. 织前片。前片分2片织,腰线及挂肩的织法与后片的相同。开领窝。

5. 口袋。另起针织口袋,织好后将其缝合在前片上。

6. 袖。起18针,按图示加针织出袖山,然后织袖筒。袖口为喇叭状。

7. 钩扣子,缝合各部位,完成。

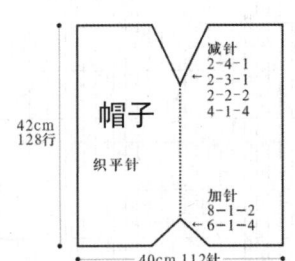

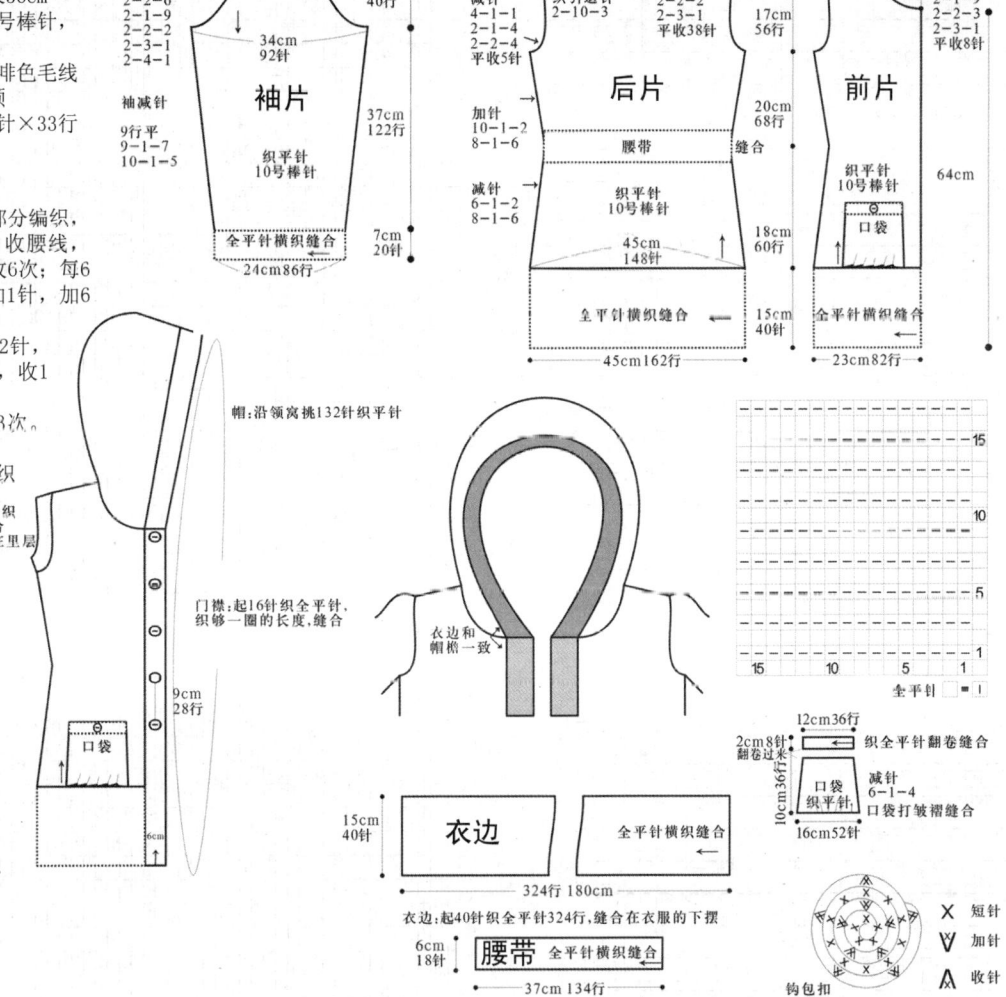

袖山加针
2-4-1
2-3-1
2-2-6
2-1-9
2-2-2
2-2-2
2-4-1
2-4-1

袖减针
9行平
9-1-7
10-1-5

6.6cm
18针

12cm
40行

34cm
92针

袖片

37cm
122行

织平针
10号棒针

7cm
20针

全平针横织缝合
24cm86针

9cm 16cm 9cm
30针 52针 30针

2cm
6行

减针
4-1-1
2-1-4
2-2-4
织引退针
2-10-3
减针
2-2-2
2-3-1
平收38针
平收5针

17cm
56行

后片

加针
10-1-2
8-1-6

腰带

20cm
68行

减针
6-1-2
8-1-6

织平针
10号棒针

45cm
148针

全平针横织缝合
45cm162行

15cm
40针

9cm 8cm
30针 26针

减针
平织4行
2-1-9
2-3-1
2-3-1
平收8针

前片

织平针
10号棒针

口袋

64cm

18cm
60行

全平针横织缝合
23cm82针

帽:沿领窝挑132针织平针

袖口:起8针织
全平针缝合
衣袖缝合在里层

门襟:起16针织全平针,
织够一圈的长度,缝合

口袋

9cm
28行

衣边和
帽檐一致

12cm36针

2cm8针
翻卷过来

口袋
织全平针翻卷缝合

减针
6-1-4
口袋打皱褶缝合

10cm36针

口袋
织平针

16cm52针

帽子

42cm
128行

减针
2-4-1
2-3-1
2-2-2
4-1-4

织平针

加针
8-1-2
6-1-4

40cm 112针

15cm
40针

衣边

全平针横织缝合

衣边:起40针织全平针324行,缝合在衣服的下摆
324行 180cm

6cm
18针

腰带 全平针横织缝合

腰带:起18针织全平针134行,缝合在后身的腰部
37cm 134行

X 短针
V 加针
A 收针

钩包扣
扣子可根据大小调节行数

全平针 =

150

【成品规格】衣长73cm,胸围90cm,袖长56cm
【工　具】10号棒针,12号棒针,3.3mm钩针
【材　料】中粗铁灰色毛线1100g,纽扣12颗
【编织密度】平针　27针×33行=10cm²
　　　　　　双罗纹　36针×33行=10cm²

制作说明:

1. 后片。起148针织15cm双罗纹,换针织平针。收腰线,平织6行,再每10行收1针,收3次;每6行收1针,收5次。然后开始加针,每8行加1针,加6次;每10行加1针,加2次。

2. 开挂肩。先在两侧平收5针,每2行收2针,收4次;每2行

收1针,收4次;每4行收1针,收1次。平织至17cm。

3. 收斜肩。织引退针,每2行收10针,收3次。后片完成。

4. 织前片。前片为双排扣样式开衫,将平针与双罗纹组合织;腰线及挂肩的织法与后片的织法相同,每片的宽度各增加4cm。

5. 口袋。另起针织全平针,织好后将其缝合。

6. 袖。起30针,织双罗纹,按图示加针织出袖山,然后织袖筒。织好后将其与衣身缝合。

7. 领。领织大翻领,按图示横织,然后缝合。

8. 用钩针钩饰扣,缝合所有部分,完成。

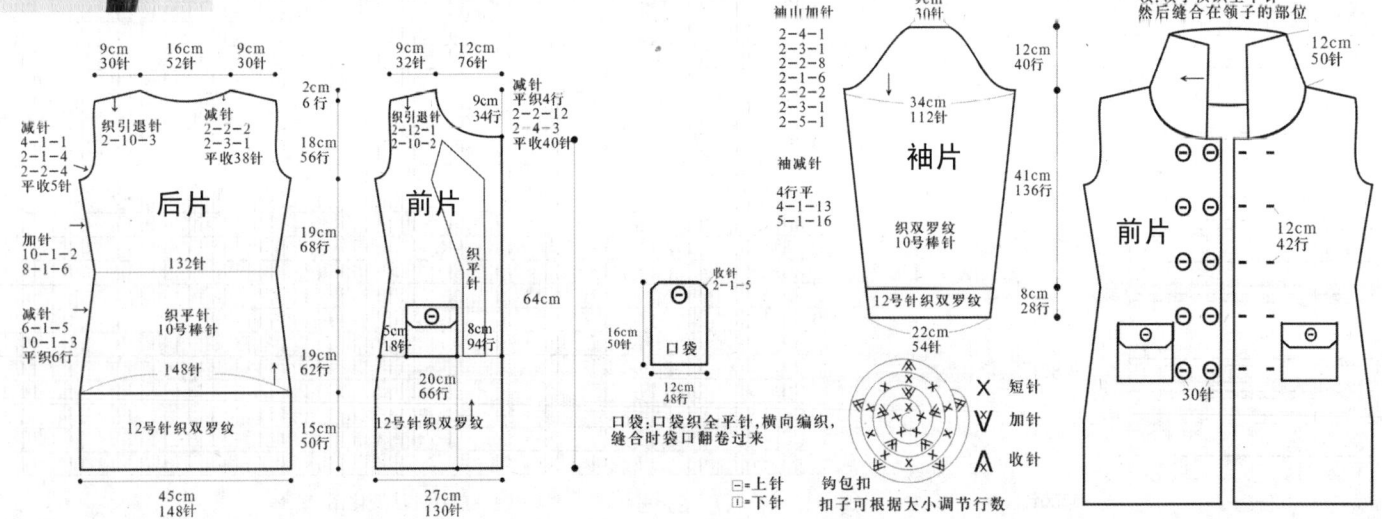

9cm 16cm 9cm
30针 52针 30针

2cm
6行

减针
4-1-1
2-1-4
2-2-4
织引退针
2-10-3
减针
2-2-2
2-3-1
平收38针
平收5针

18cm
56行

后片

加针
10-1-2
8-1-6

132针

减针
6-1-5
10-1-3
平织6行

织平针
10号棒针

148针

12号针织双罗纹

45cm
148针

19cm
68行

19cm
62行

15cm
50行

9cm 12cm
32针 76针

织引退针
2-12-1
2-10-2

减针
2-2-2
2-3-1
2-2-12
2-4-3
平收40针

9cm
34行

2cm
6行

前片

织平针

5cm 8cm
18针 94行

20cm
66行

27cm
130针

64cm

口袋:口袋织全平针,横向编织,
缝合时袋口翻卷过来

收针
2-1-5

16cm
50针

口袋

12cm
32针

袖山加针
2-4-1
2-3-1
2-2-8
2-1-6
2-2-2
2-2-3
2-3-1
2-5-1

袖减针
4行平
4-1-13
5-1-16

34cm
112针

袖片

织双罗纹
12号针织双罗纹

22cm
54针

12cm
40行

41cm
136行

8cm
28行

X 短针
V 加针
A 收针

钩包扣
扣子可根据大小调节行数

= 上针
| 下针

领:领子横织全平针
然后缝合在领子的部位

12cm
50针

前片

12cm
42行

30针

197

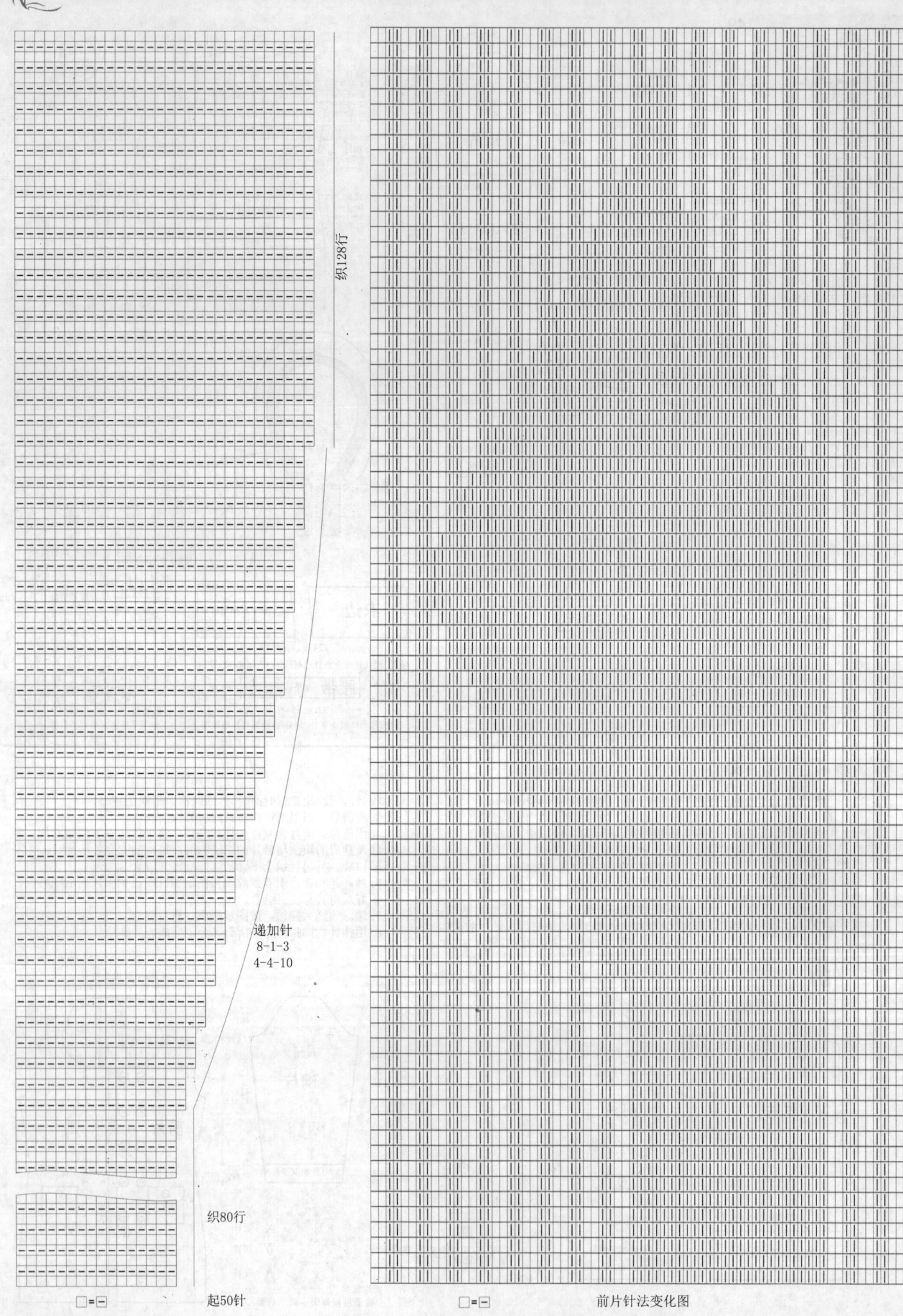

织128行

递加针
8-1-3
4-4-10

织80行

□=□   起50针

□=□   前片针法变化图

151

【成品规格】衣长73cm，胸围90cm，袖长56cm，内衣长44cm，胸围84cm
【工　　具】12号棒针，10号棒针，3.3mm钩针
【材　　料】中粗铁灰色毛线1350g，拉链2条，纽扣2颗
【编织密度】27针×33行＝10cm²

制作说明：
1. 后片。起148针织8cm单罗纹，换针织平针，平织10行。收腰线，每12行收1针，收3次；每8行收1针，收5次。然后开始加针，每8行加1针，加6次；每10行加1针，加2次。
2. 开挂肩。先在两侧平收5针，每2行收2针，收4次；每2行收1针，收4次；每4行收1针，收1次。平织至17cm。
3. 收斜肩。织引退针，每2行收10针，收3次。后片完成。
4. 织前片。前片分2片织，腰线及挂肩的织法与后片的织法相同。前片为破缝式样，破缝的一面织全平针，其余织平针，织斜插口袋，开领窝。
5. 内衬。内衬分2片织，织好后与前、后片缝合。
6. 袖。起30针，按图示加针织出袖山，然后织袖筒，织好后将其与衣身缝合。
7. 缝合所有部分，安拉链，完成。

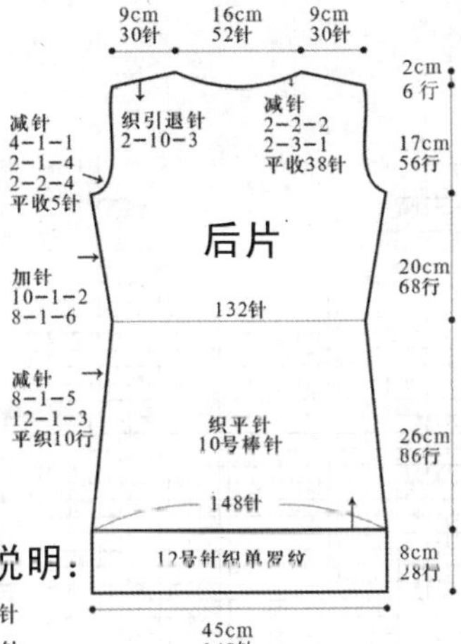

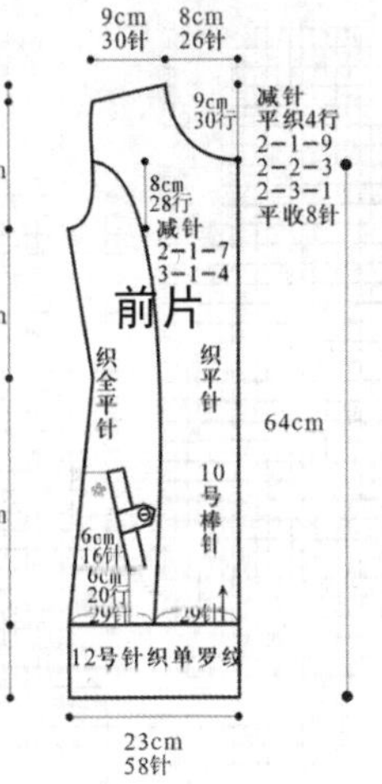

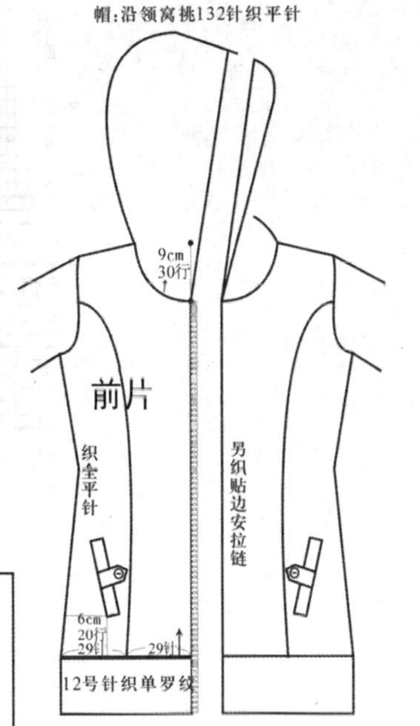

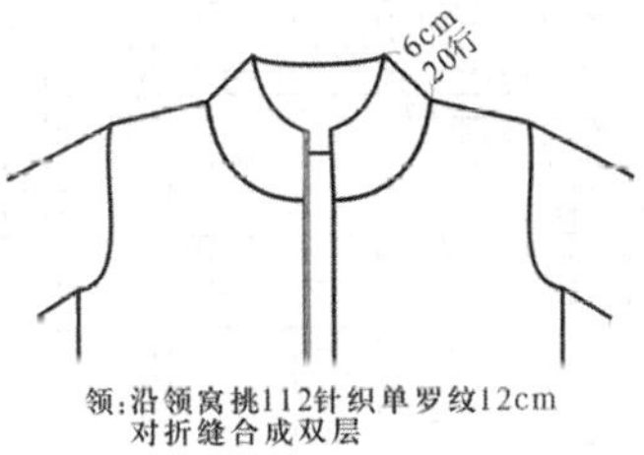

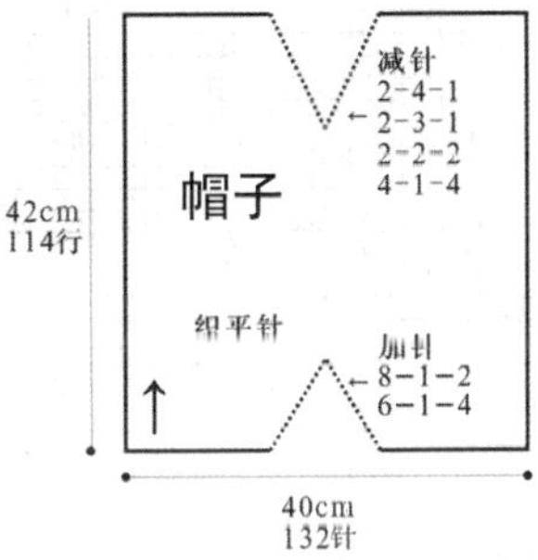

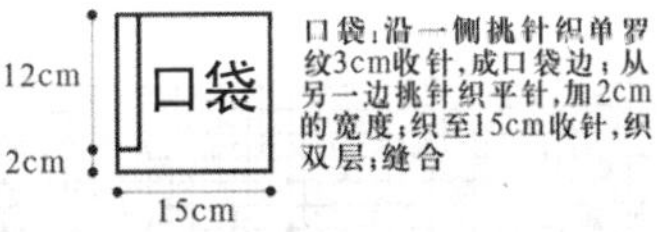

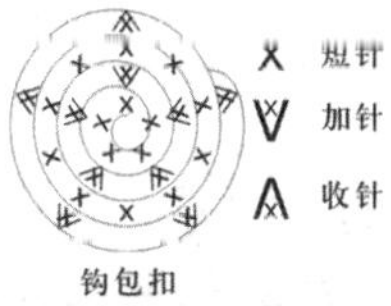

符号说明：
- I ＝下针
- 一 ＝上针

后片
前片
帽子
袖片
口袋

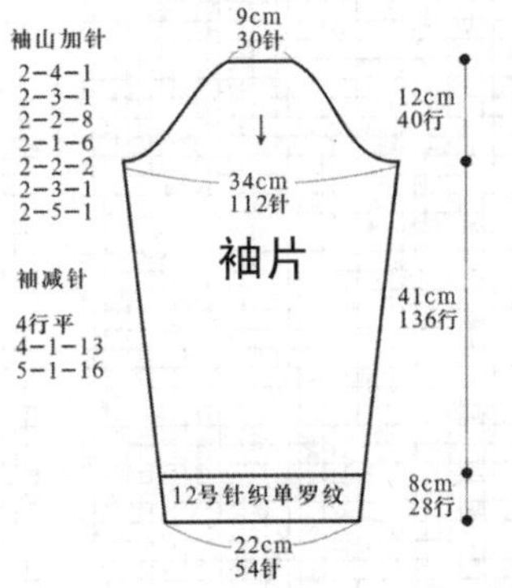

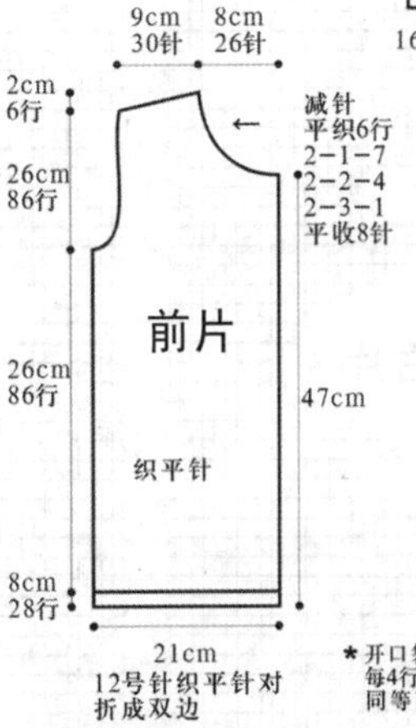

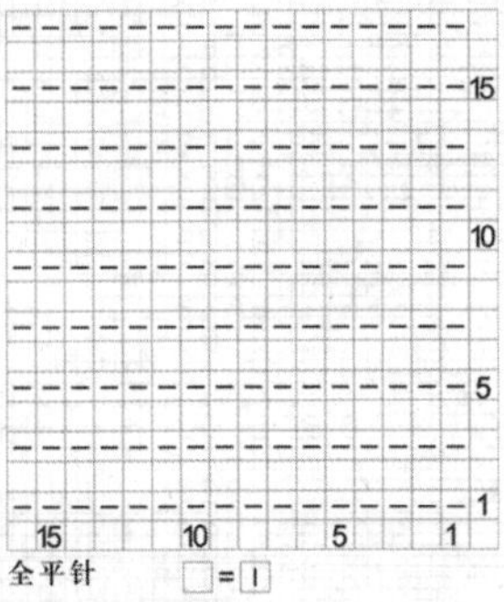

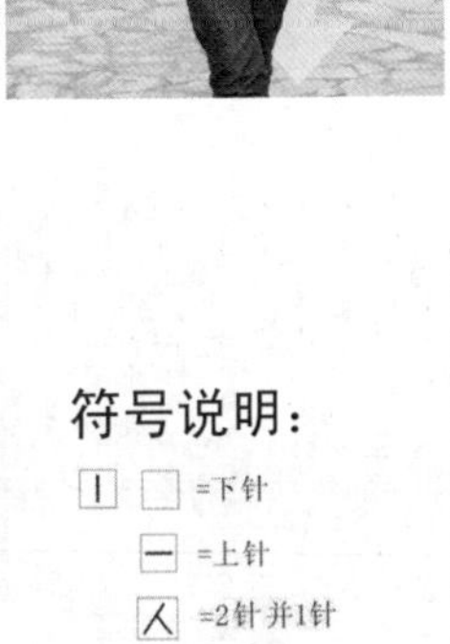

152

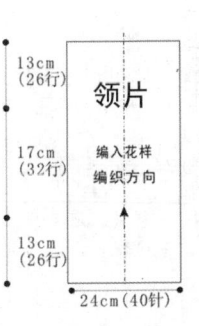

【成品规格】胸围97cm，背肩宽37cm，袖长35cm，衣长70cm
【工　　具】10号棒针
【材　　料】灰色开司米450g，3cm胶木纽扣2颗，40cm拉链1条
【编织密度】17针×20行＝10cm²

制作说明：
1. 织后片。按照针法图从下往上织。起80针，织到合适高度后，在腋下位置按结构图示加针，织到袖口高度后，在肩线处按结构图减针，然后将全部针平收。
2. 织前片。从下往上编织，起40针，按结构图在腋下位置加1针，织到袖口高度后，在肩线处按结构图减针，然后将全部针平收。注意：在前片要按结构图收出"公主线"；到合适长度后在门襟处要收出前领深。再用同样的方法织好对应的另1个前片。
3. 织公主线的袖侧片。起2针往上编织，按结构图在两侧加针，织到合适长度后在领侧处收针。再织好对应的另1个袖片。前、后袖片织好后，分别连接两侧缝缝及前、后片肩线。
4. 按结构图织好肩上的2个小袖尖。袖尖的下端要往里折进1.5cm，袖口同样往里折进3cm，并固定好。
5. 按相关图示织好衣领并对折线对折，衣领的中点和后领的中点对齐，将其安装在领口处。
6. 在衣领处钉好纽扣，并在另一侧做好两个扣袢。

符号说明：
- I ☐ ＝下针
- 一 ＝上针
- 人 ＝2针并1针
- 入 ＝拨收1针
- ○ ＝加针

领片
后片
前右片

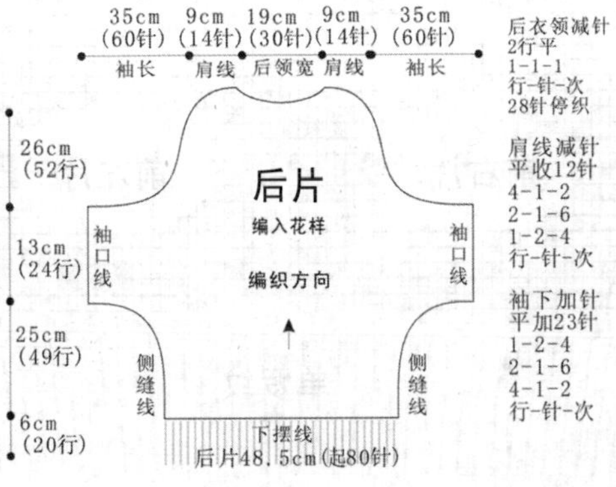

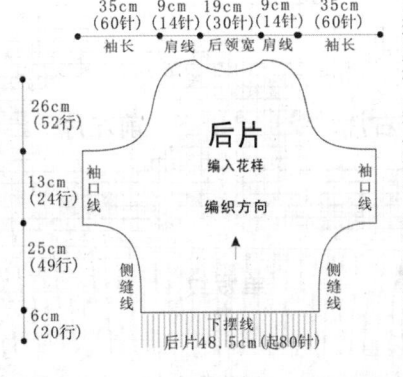
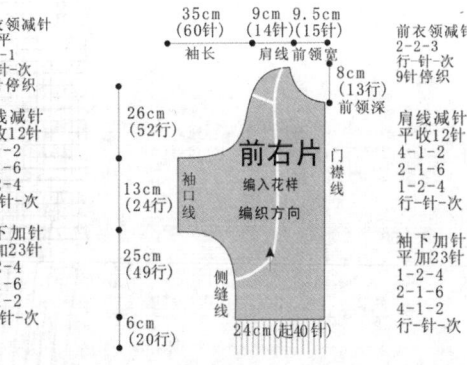

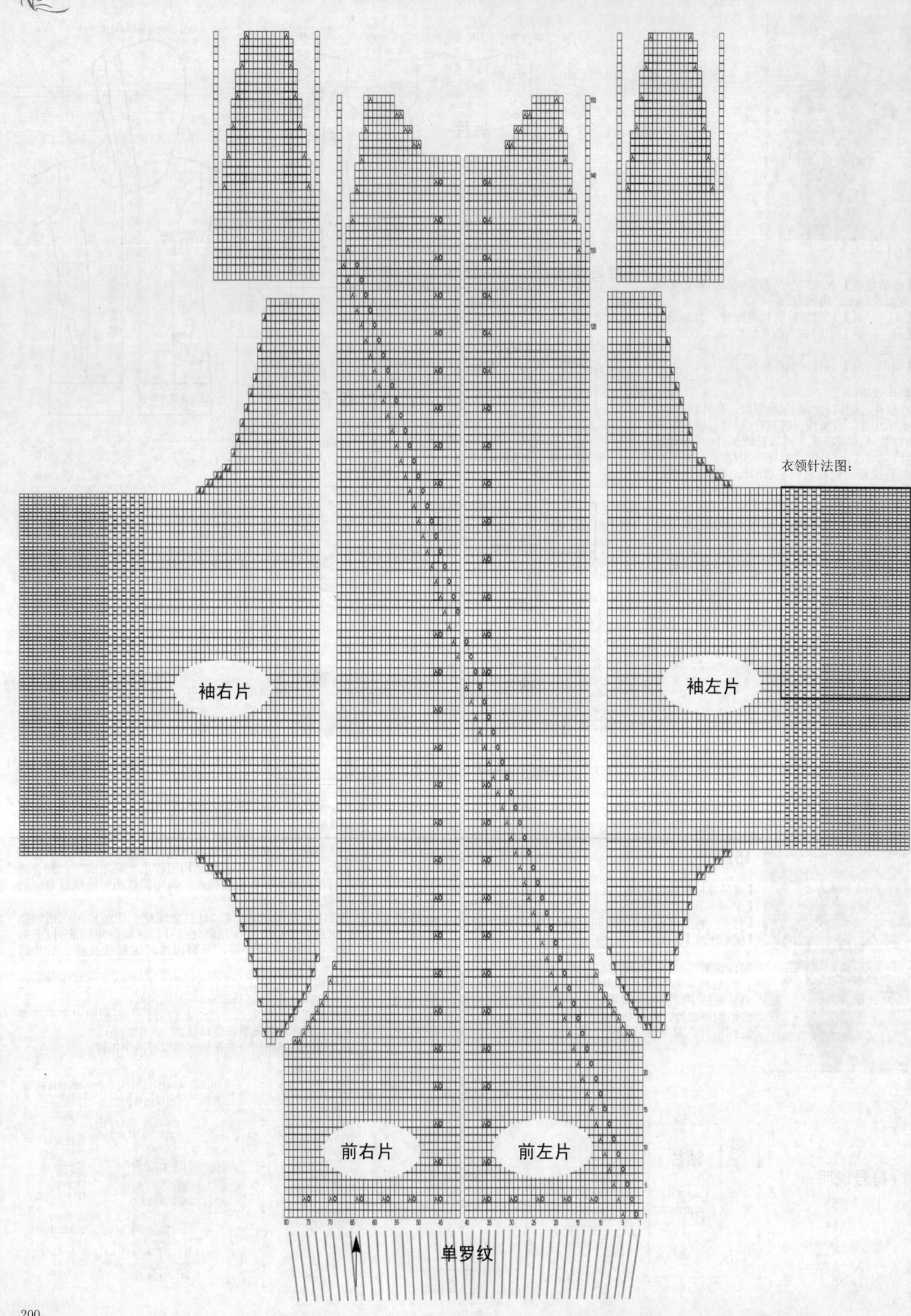

衣领针法图：

袖右片

袖左片

前右片

前左片

单罗纹

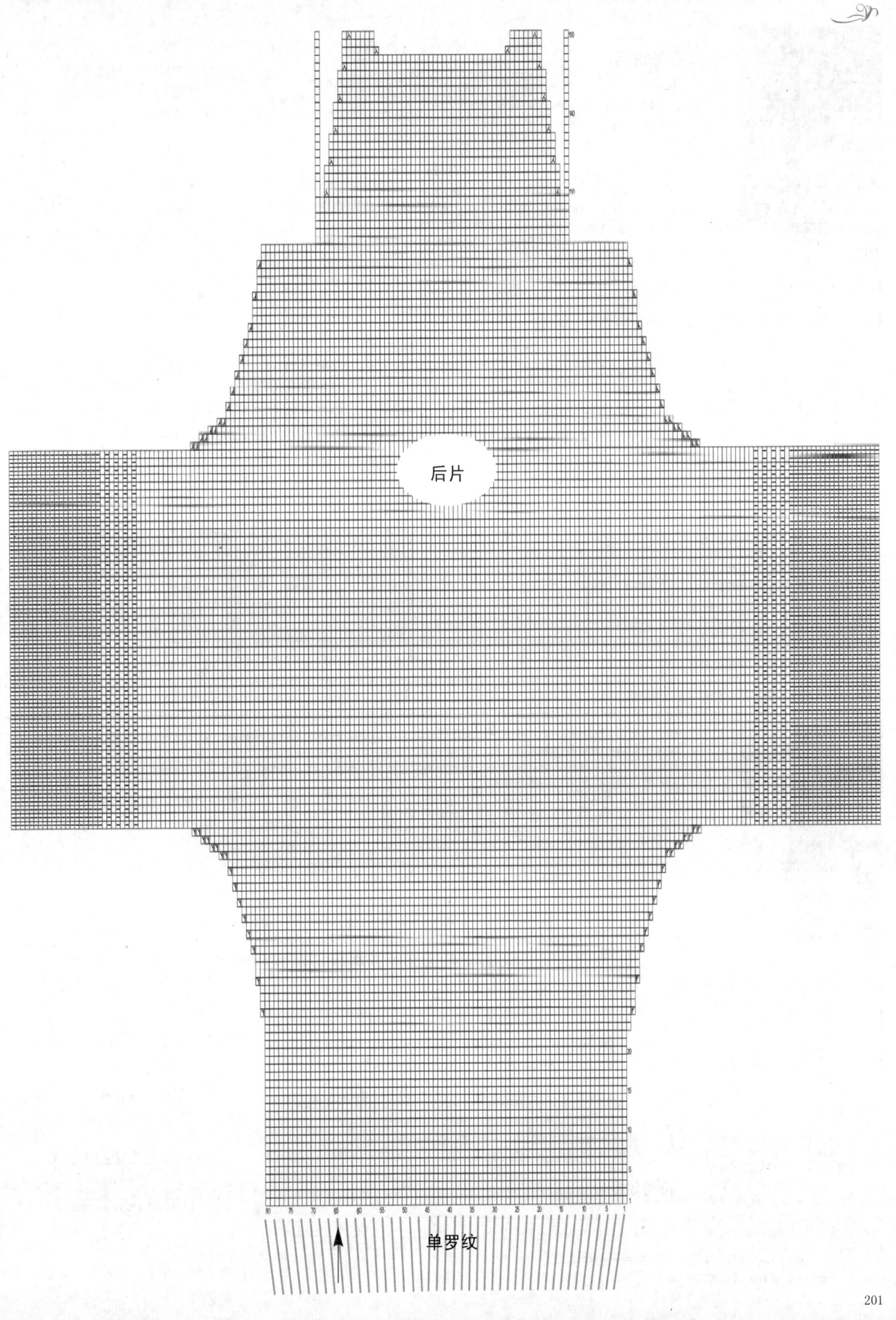

后片

单罗纹

153

符号说明：

	=下针	人 =拨收1针
	=上针	人 =2针并1针
O =加针	人 =3针并1针

单罗纹

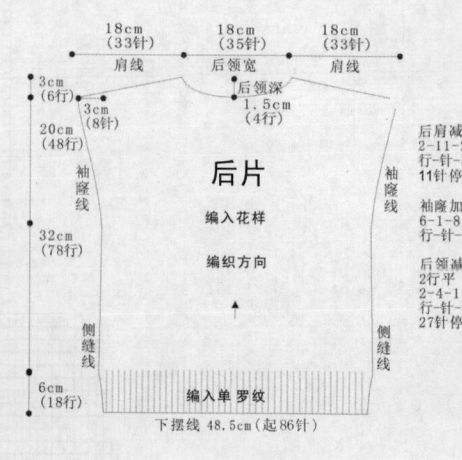

前肩减针
2-11-2
行-针-次
20cm 11针停织
（50行）

18cm（33针）　9cm（16针）
肩线　前领宽

3cm（6行）
前领深
20cm（48行）
袖隆线

前片
编入花样
编织方向

32cm（78行）

门襟线

袖隆加针
6-1-8
行-针-次
前领减针
4行平
4-1-1
3-1-14
行-针-次
1针停织

35cm（84行）

侧缝线

6cm（18行）

下摆线 24cm（起42针）
编入单罗纹

18cm（33针）　18cm（35针）　18cm（33针）
肩线　后领宽　肩线

3cm（6行）
3cm（8针）
后领深 1.5cm（4行）

20cm（48行）
袖隆线

后片
编入花样
编织方向

后肩减针
2-11-2
行-针-次
11针停织

袖隆加针
6-1-8
行-针-次

后领减针
2行平
2-4-1
27针停织

32cm（78行）

侧缝线

6cm（18行）
下摆线 48.5cm（起86针）
编入单罗纹

领片

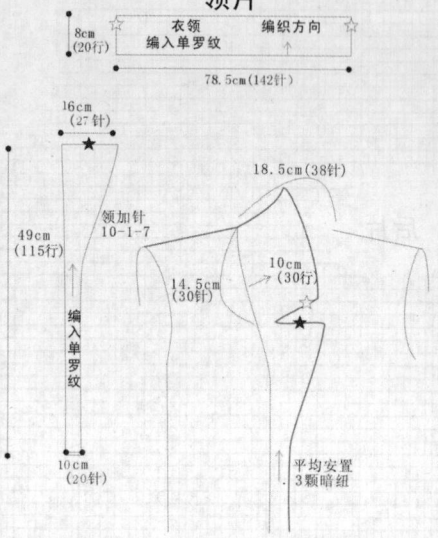

8cm（20行）
衣领
编入单罗纹　编织方向
78.5cm（142针）

16cm（27针）
领加针 10-1-7
49cm（115行）
编入单罗纹
14.5cm（30行）
18.5cm（38针）
10cm（30行）
平均安置3颗暗纽
10cm（20针）

成品规格 胸围97cm，背肩宽54cm，衣长61cm
工　具 10号棒针
材　料 黑色夹银丝安格拉羊毛线450g，纽扣3颗
编织密度 18针×22行=10cm²

制作说明：

前片为左右2片，后片为1片。

1. 按结构图先织后片。编织方向为从下往上，起86针，采用花样编织，织到袖隆线时，要注意按图上标示的针法加出肩宽。最后在离衣长3cm处开始按图示收出斜肩、后领。将两侧肩线的针穿好，待和前片合并时再用。

2. 织前片。起42针，和后面一样往上织，采用花样编织，织到袖隆线时，要注意按图上标示的针法加出肩宽。在另一侧收衣领，最后在离衣长3cm处开始按图示收出斜肩。将两侧肩线的针穿好，再和后片合并。

3. 织门襟。起20针，往上织单罗纹，同时要注意在一侧处按图示加针成领驳头。

4. 织衣领。起142针，不加减针往上织单罗纹。

5. 将门襟和衣领安装好。在门襟上钉3颗暗纽。

针法图：

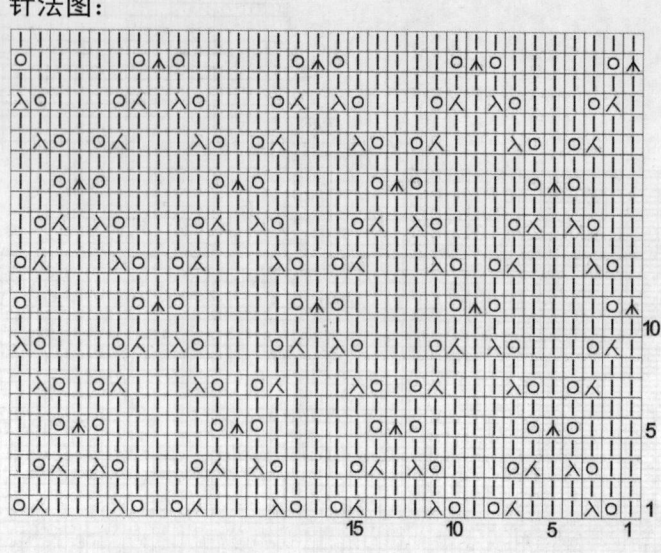

154

15cm，然后织8cm单罗纹，再按图示的花样针法往上织到合适高度后收出袖隆线，要注意在门襟这侧离衣长10cm处开始按图示收出前领。

3. 织袖子。起44针往上织，同时要注意在两侧袖下线处按图示加针，到袖壮线处开始按结构图收出袖山来。

4. 先缝合两侧缝和肩缝，然后装袖子。

5. 织门襟。起14针往上织单罗纹，到合适高度后，和门襟连接好。一侧门襟要预留5个扣眼，然后在领圈处挑针往上织衣领，到合适高度收针，并平均安置5颗纽扣。

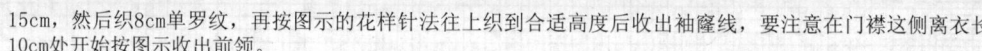

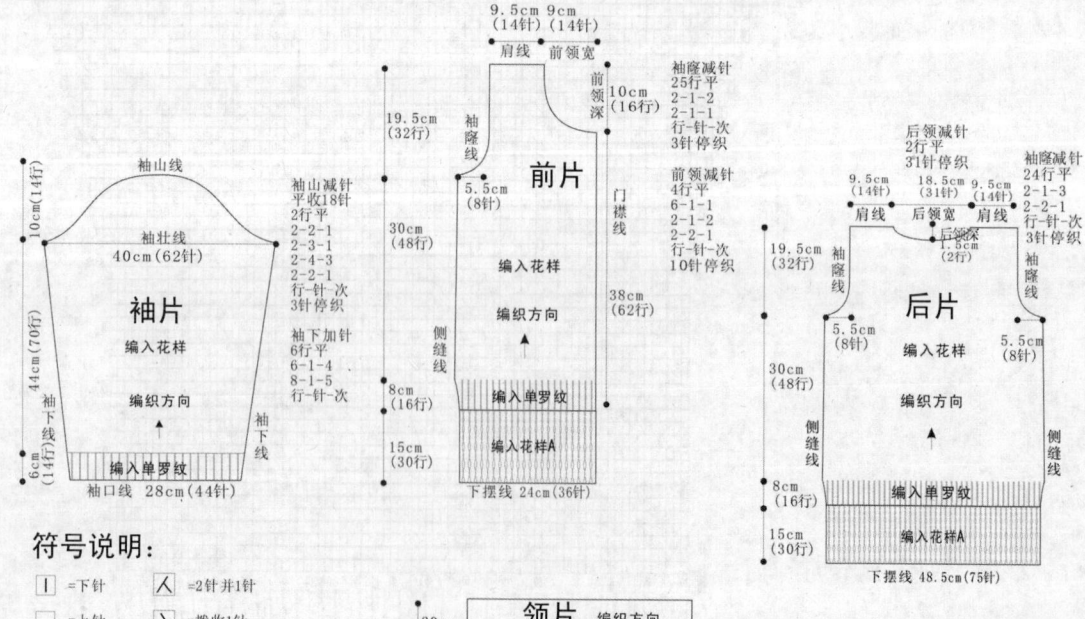

10cm（14行）
袖山线
袖壮线
40cm（62针）
袖片
编入花样
编织方向

44cm（70行）

袖下线

6cm（14行）
编入单罗纹
袖口线 28cm（44针）

袖山减针
平收18针
2行平
2-1-1
2-3-1
2-4-3
2-2-1
行-针-次
3针停织
袖下加针
6行平
6-1-14
8-1-5
行-针-次

9.5cm（14针）9cm（14针）
肩线　前领宽
19.5cm（32行）
袖隆线
5.5cm（8针）
30cm（48行）
前领深 10cm（16针）

前片
编入花样
编织方向

门襟线

袖隆减针
平收25针
2-1-2
2-1-1
行-针-次
3针停织
前领减针
4行平
6-1-1
2-1-2
2-2-1
行-针-次
10针停织

38cm（62行）

侧缝线

8cm（16行）
编入单罗纹
下摆线 24cm（36针）
15cm（30行）
编入花样A

9.5cm（14针）18.5cm（31针）9.5cm（14针）
肩线　后领宽　肩线
19.5cm（32行）
袖隆线
5.5cm（8针）
30cm（48行）
5.5cm（2行）

后片
编入花样
编织方向

后领减针
2行平
31针停织
袖隆减针
24行平
2-1-3
2-1-1
行-针-次
3针停织

侧缝线

8cm（16行）
编入单罗纹
15cm（30行）
编入花样A
下摆线 48.5cm（75针）

成品规格 胸围97cm，背肩宽37.5cm，衣长72.5cm，袖长60cm
工　具 10号棒针
材　料 蓝色羊毛线850g，2cm胶木纽扣5颗
编织密度 15针×16行=10cm²

制作说明：

前片、袖片为左右2片，后片为1片。

1. 按结构图先织后片。编织方向为从下往上，起75针，采用花样A编织15cm，然后织8cm单罗纹，再按图示的花样针法往上织到合适高度后收出袖隆线，最后在离衣长1.5cm处开始收后领。将两侧肩线的针穿好，待和前片合并时再用。

2. 织前片。起36针，和后面一样往上织，采用花样A编织

符号说明：

| | =下针 | 人 =2针并1针 |
| | =上针 | 人 =拨收1针 |

人人人人 =5针左上交叉

20cm（32行）
领片
编入花样A　编织方向
53.5cm（80针）

花样A

后领中心点↓

前片

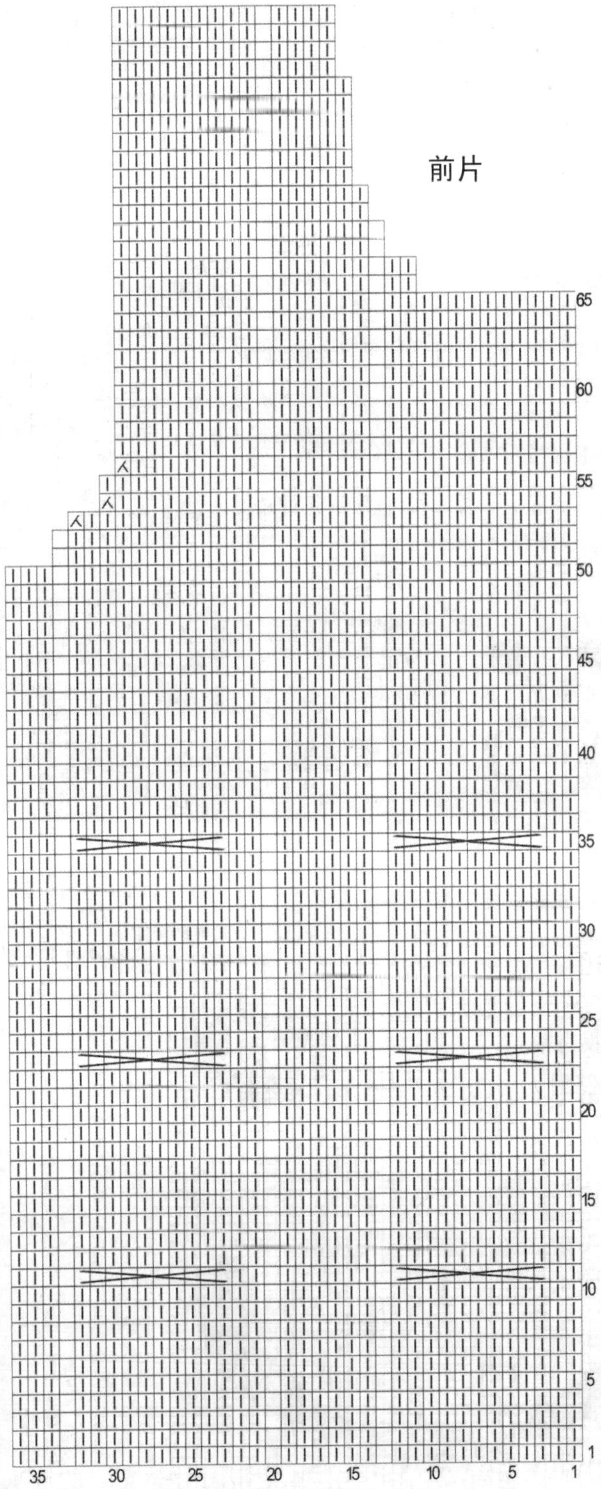

155

【成品规格】胸围88cm，衣长60cm，肩袖长26cm
【工　　具】7号棒针
【材　　料】粗羊毛线550g, 纽扣3颗
【编织密度】12针×15行=10cm²

制作说明：
1. 织后片。起52针，从下往上织。按结构图加针，不需要留领窝，均为1行上针1行下针。
2. 织前片。针法同后片的一样。到腋下注意要加出袖窿的针数，并要减出衣领来，同时织好对应的另1个前片。
3. 前、后片织好后在两侧侧缝和肩线位置缝合它们。
4. 将后领及前领的针数一起往上织风帽。风帽的针法为图2。
5. 按图2织好两个口袋，并安装在相应位置上。最后钩织1个

包扣钉在相应位置上。将袖口翻转3cm并钉1颗包扣以固定。

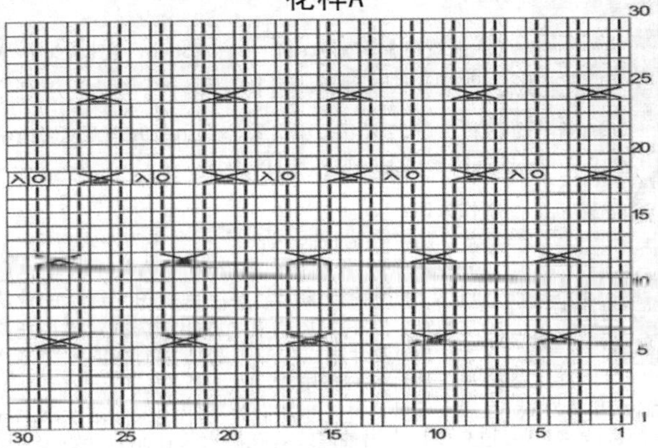

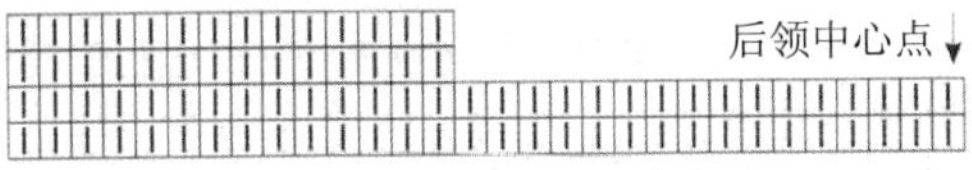

前片

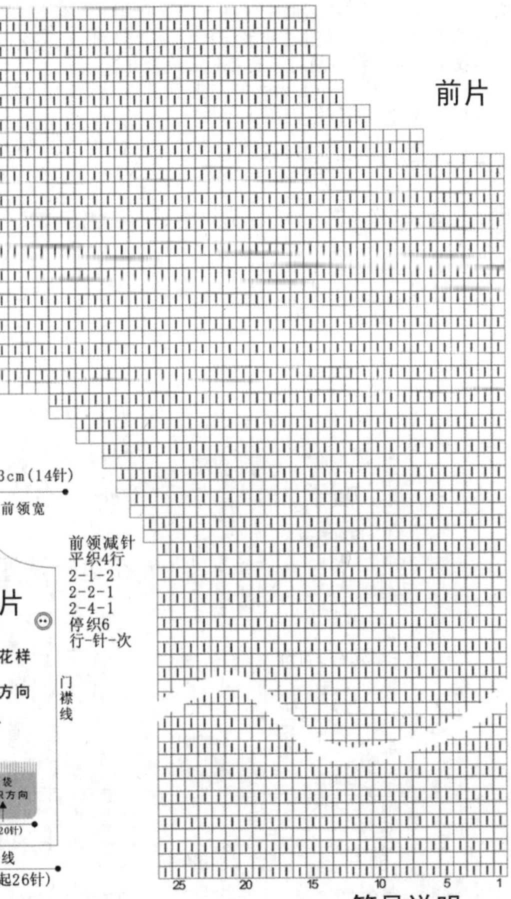

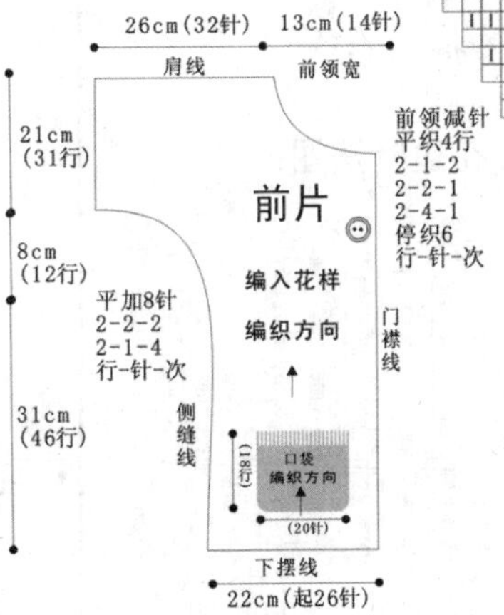

26cm(32针)   13cm(14针)
肩线   前领宽

21cm
(31行)

8cm
(12行)

31cm
(46行)

平加8针
2-2-2
2-1-4
行-针-次

侧缝线

前片 ◎
编入花样
编织方向

前领减针
平织4行
2-1-2
2-2-1
2-4-1
停织6
行-针-次

门襟线

口袋
编入方向
(20针)

下摆线
22cm(起26针)

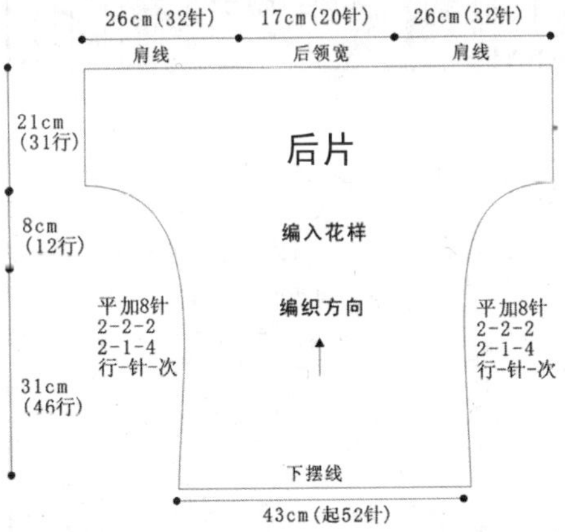

26cm(32针)   17cm(20针)   26cm(32针)
肩线   后领宽   肩线

21cm
(31行)

8cm
(12行)

31cm
(46行)

后片

编入花样

编织方向

平加8针
2-2-2
2-1-4
行-针-次

平加8针
2-2-2
2-1-4
行-针-次

帽檐高34cm(58行)

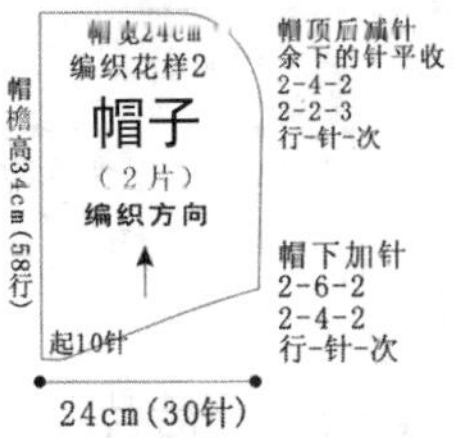

帽宽24cm
编织花样2
帽子
(2片)
编织方向

帽顶后减针
余下的针平收
2-4-2
2-2-3
行-针-次

帽下加针
2-6-2
2-4-2
行-针-次

起10针

下摆线
43cm(起52针)

24cm(30针)

提花针法图1：

提花针法图2：

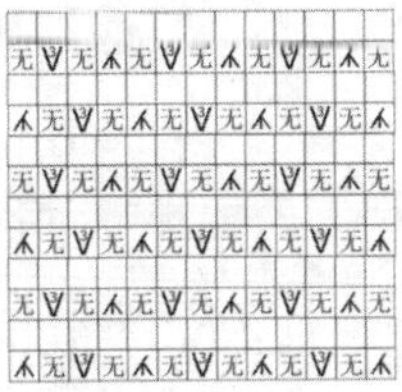

符号说明：

符号	说明
I	=下针
□	=上针
⋏	=3针并为1针
V	=在1针中加出3针
无	=无针

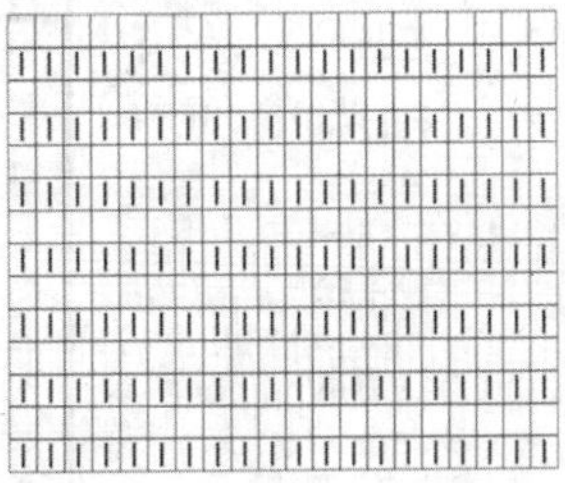

包扣的制作方法：

203

156

【成品规格】胸围96cm，背肩宽38cm，衣长63cm，袖长23cm

【工　具】3.50mm钩针，10号棒针

【材　料】米白色羊毛线350g，咖啡色羊毛线100g

【编织密度】18针×22行=10cm²

制作说明：

前片、后片各为1片，袖片为左右2片，风帽双层编织。

1. 按结构图先织后片。编织方向为从下往上，起86针，采用平针编织，要注意按图上标示的针法加减针，织到合适高度后收出袖隆线，最后在离衣长1.5cm处开始收后领。将两侧肩线的针穿好，待和前片合并时再用。

2. 织前片。起86针，和后面一样往上织，采用平针编织，要注意按图上标示的针法加减针，织到超过袖隆线10行时开前领，平收24针为前领开口。按图示收出前领。将两侧肩线的针和后片合并。

3. 织袖子。起70针，往上织，同时要注意在两侧袖下线处按图示不用加针，到袖壮线处开始按结构图收出袖山来。

4. 先缝合两侧缝和肩缝，然后装袖子。

5. 按相关图示织好风帽。合并帽后线和帽顶线，然后用手缝合并它们。

6. 按相关图示钩好帽子上用于装饰的耳朵，并织2cm平针包住边缘。最后按图示钩织小动物，安装在相应位置上。

7. 织口袋。用咖啡色线起70针，按图织好口袋，将其缝在相应位置。

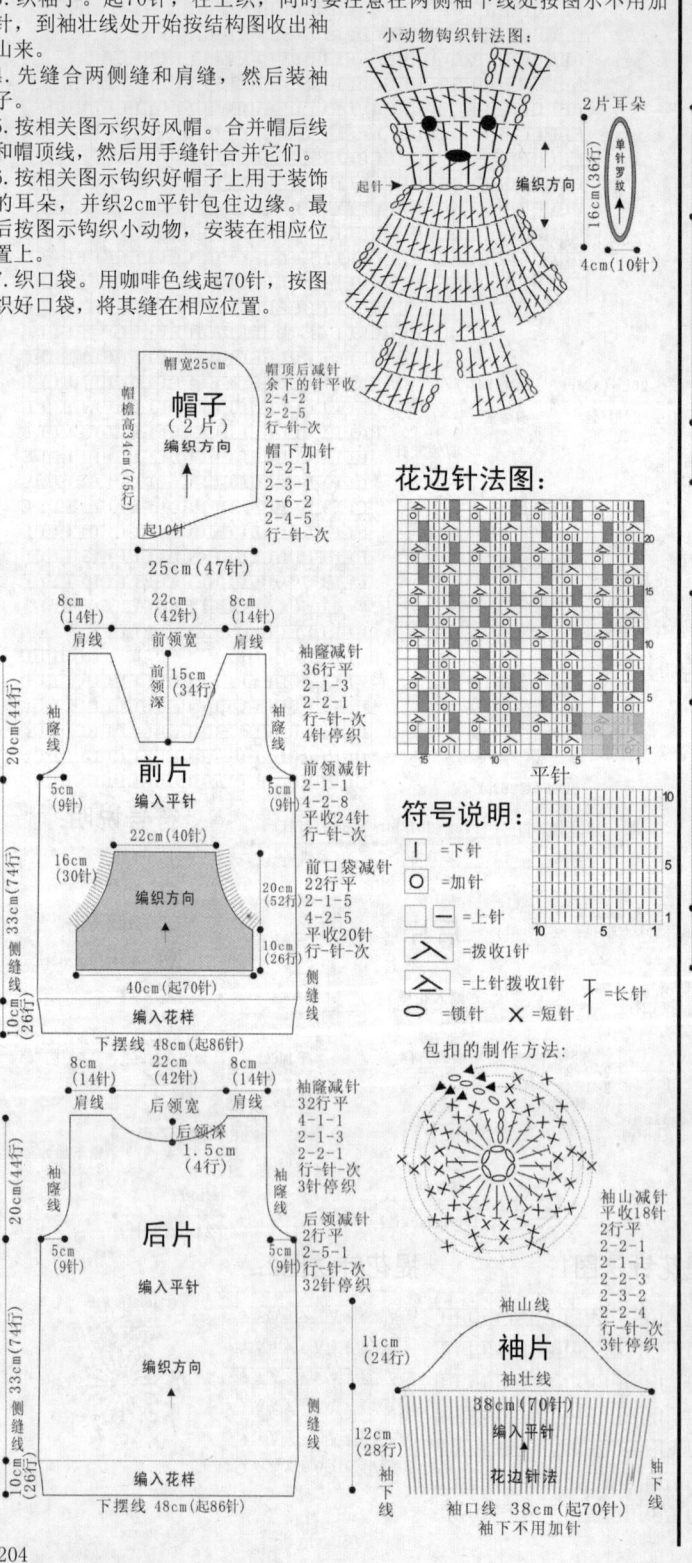

小动物钩织针法图：

2片耳朵

起针　编织方向

单针罗纹

16cm(36行)　4cm(10针)

帽子（2片）

帽宽25cm

帽顶后减针余下的针平收
2-4-2
2-2-5
行-针-次

帽下加针
2-2-1
2-3-1
2-6-2
2-4-5
行-针-次

帽檐高3cm(7行)　起10针

25cm(47针)

前片

8cm(14针)　22cm(42针)　8cm(14针)

肩线　前领宽　肩线

前领深　15cm(34行)

袖隆减针
36行平
2-1-3
2-2-1
行-针-一次
4行停织

袖隆线

20cm(44行)　袖隆线

5cm(9针)

编入平针

前领减针
2-1-1
5cm(9针)　平收24针
行-针-一次

前口袋减针
22行平
2-1-5
4-2-8
平收20针
行-针-一次

16cm(30针)　20cm(52针)　10cm(26针)

编织方向

22cm(40针)

40cm(起70针)

侧缝线　侧缝线

编入花样

10cm(26行)　下摆线 48cm(起86针)

后片

8cm(14针)　22cm(42针)　8cm(14针)

肩线　后领宽　肩线

后领深 1.5cm(4行)

袖隆减针
32行平
4-1-1
2-1-3
2-2-1
行-针-一次
3针停织

袖隆线

20cm(44行)　袖隆线

5cm(9针)

编入平针

后领减针
2行平
2-5-1
5cm(9针)　行-针-一次
32针停织

编织方向

侧缝线　侧缝线

33cm(74行)

10cm(26行)　下摆线 48cm(起86针)

花边针法图：

平针

符号说明：

符号	说明
I	=下针
O	=加针
□	=上针
⁻	=上针
＞	=拨收1针
＜	=上针拨收1针
○	=锁针
×	=短针
T	=长针

包扣的制作方法：

袖山减针
平收18针
2行平
2-1-1
2-2-1
2-3-2
2-4-2
行-针-一次
3针停织

11cm(24行)

袖片

袖壮线

38cm(70针)　编入平针

花边针法图

12cm(28行)

袖口线 38cm(起70针)　袖下不用加针

157

【成品规格】胸围91cm，背肩宽36cm，衣长62cm，袖长33cm，袖套长32cm

【工　具】10号棒针

【材　料】中国红中粗羊毛线450g，黑色羊毛线100g

【编织密度】24针×30行=10cm²

制作说明：

前片、后片各为1片，袖片、袖套各为左右2片。

1. 按结构图先织后片。编织方向为从下往上，起111针，采用花样编织，要注意按图上标示的针法进行减针，织到合适高度后收出袖隆线，最后在离衣长1.5cm处开始收后领。将两侧肩线的针穿好，待和前片合并时再用。

2. 织前片。编织方向为从下往上，起111针，采用花样编织，要注意按图上标示的针法进行减针，织到合适高度后收出袖隆线。在离衣长10cm处开始收出前领。

3. 织袖子。起76针，往上织，同时要注意在两侧袖下线处按图示加针，到袖壮线处开始按结构图收出袖山来。

4. 先缝合两侧缝和肩缝，然后装袖子。

5. 按图示织领片，织到合适高度收针。先将领片中心位置对准前、后片领中心位置并暂时固定，然后将其安装好。

6. 袖套按相关图示起72针，从上往下织，按图示加出大拇指的20针，织4行后平收。

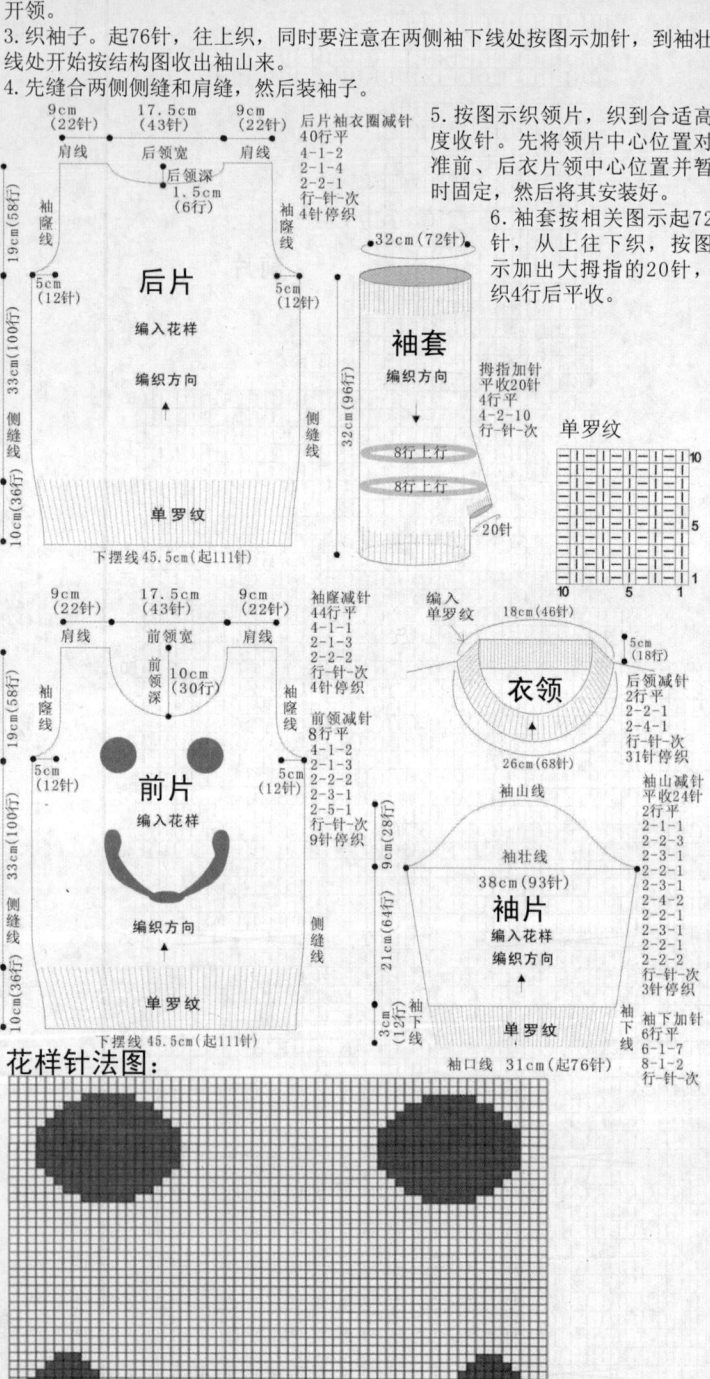

后片

9cm(22针)　17.5cm(43针)　9cm(22针)

肩线　后领宽　肩线

后片袖衣圈减针
40行平
4-1-2
2-1-4
2-2-1
行-针-一次
4行停织

后领深 1.5cm(6行)

袖隆线　袖隆线

19cm(58行)

5cm(12针)　5cm(12针)

33cm(100行)

编入花样

编织方向

侧缝线

10cm(36行)　下摆线 45.5cm(起111针)

单罗纹

袖套

32cm(72针)

编织方向

拇指加针
平收20针
4行平
4-2-10
行-针-一次

8行上下　8行上下

20针

单罗纹

前片

9cm(22针)　17.5cm(43针)　9cm(22针)

肩线　前领宽　肩线

袖隆减针
44行平
4-1-1
2-1-3
2-2-2
行-针-一次
4行停织

前领深 10cm(30行)

前领减针
8行平
4-1-2
2-1-2
2-2-3
2-5-1
行-针-一次
9针停织

袖隆线　袖隆线

19cm(58行)

5cm(12针)　5cm(12针)

33cm(100行)

编入花样

编织方向

侧缝线

10cm(36行)　下摆线 45.5cm(起111针)

单罗纹

衣领

18cm(46针)　编入单罗纹

5cm(18针)

后领减针
2行平
2-2-1
2-1-4
行-针-一次
31行停织

26cm(68针)

袖片

袖山减针
平收24针
2行平
2-1-1
2-3-1
2-1-2
2-2-1
2-4-2
2-3-1
2-2-2
行-针-一次
3针停织

袖山线

38cm(93针)

袖壮线

编入花样

编织方向

21cm(64行)

袖下加针
6行平
6-1-7
8-1-2
行-针-一次

3cm(12行)

袖口线 31cm(起76针)

花样针法图：

158

【成品规格】胸围110cm，衣长75cm，肩袖长36cm

【工　　具】10号棒针

【材　　料】浅咖啡色羊毛线650g，3cm胶木纽扣4颗，
深灰色貂毛皮75cm×5cm

【编织密度】18针×24行=10cm²

制作说明：

1. 按结构图先织后片。编织方向为从下往上，起140针，采用花样编织，要注意按图上标示的针法减针，织到合适高度后再往上织出袖窿线，最后在肩线处按图示收针，在离衣长1.5cm处收后领。将两侧肩线的针穿好，待和前片合并时再用。

2. 织前片。起70针（门襟边另织），和后面一样往上织，采用花样编织，要注意按图上标示的针法减针，织到合适高度后不加减针织出袖窿线，在肩线处按图示收针。在另一边门襟侧离衣长9cm时按图示收出前领。

3. 缝合两侧缝和肩缝。在袖窿线周围挑针织袖口。

4. 按相关图示织好风帽。

5. 按结构图挑针织好门襟，注意要平均预留4个扣眼，其长度见相关图示说明。

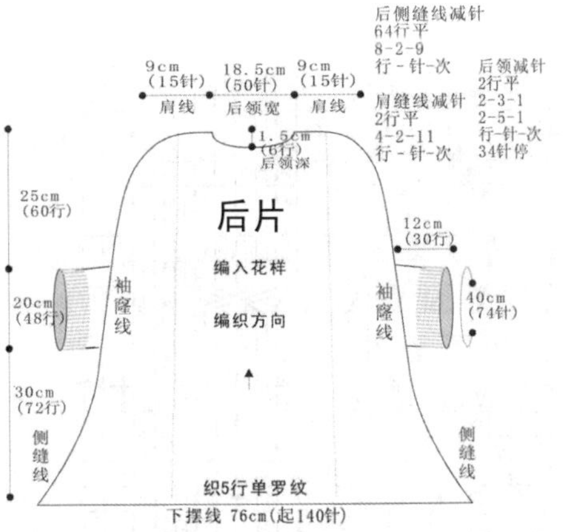

前片

肩缝线减针
平收15针
4-2-11
行-针-次

符号说明：

┃	=下针
□	=上针
人	=2针并1针
	=6针左上交叉
	=6针右上交叉

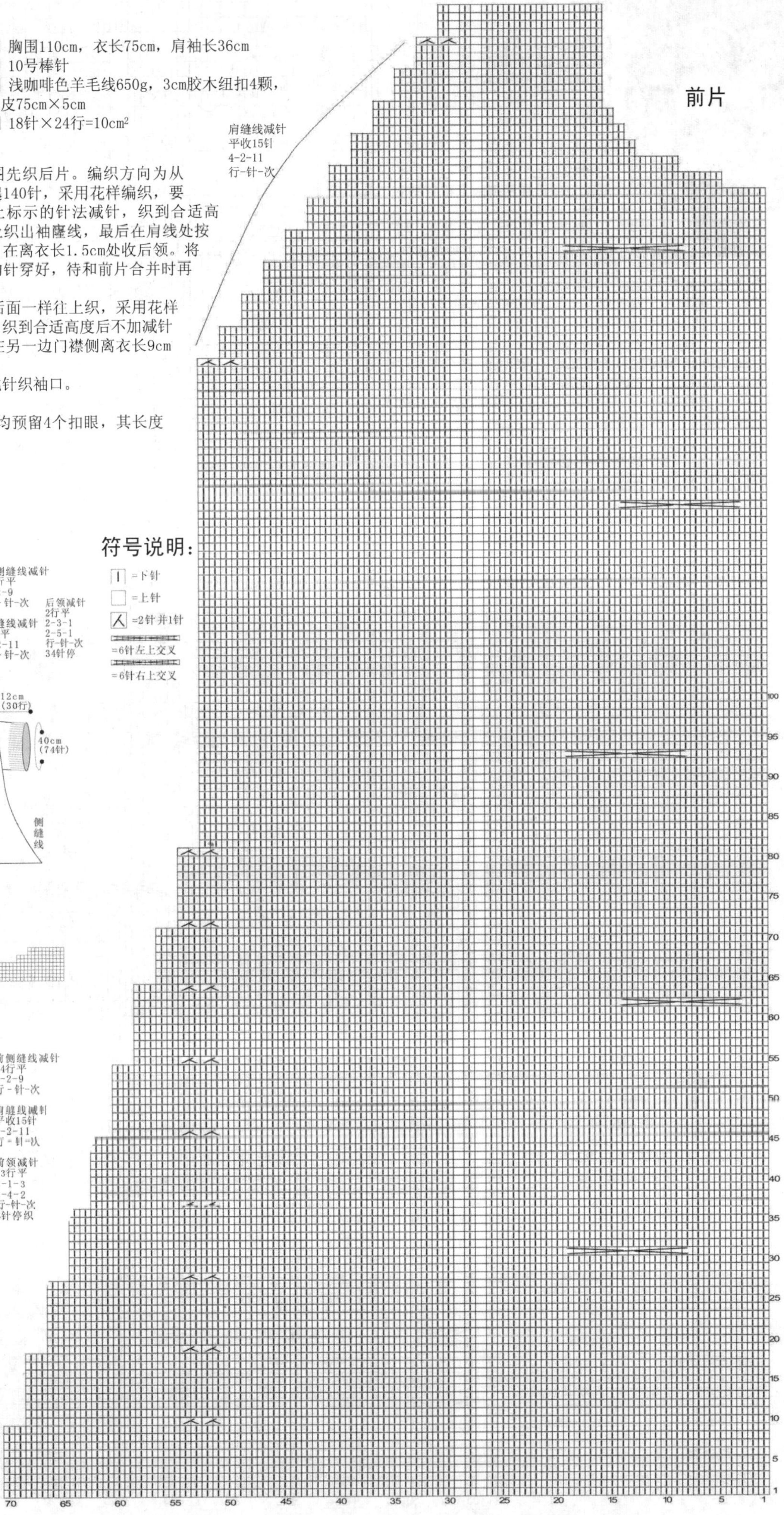

后侧缝线减针
64行平
8-2-9
行-针-次-

后领减针
2行平
2-3-1
2-5-1
行-针-次
34针停

肩缝线减针
2行平
4-2-11
行-针-次

9cm（15针）　18.5cm（50针）　9cm（15针）
肩线　后领宽　肩线
1.5cm（6行）
后领深

后片
编入花样
编织方向

25cm（60行）
20cm（48行）　袖窿线
30cm（72行）
侧缝线

12cm（30行）
袖窿线
40cm（74行）

织5行单罗纹
下摆线 76cm（起140针）

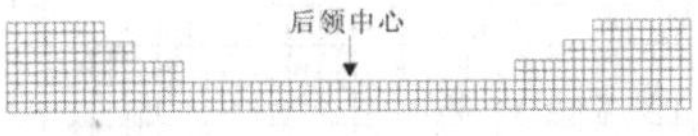

后领中心

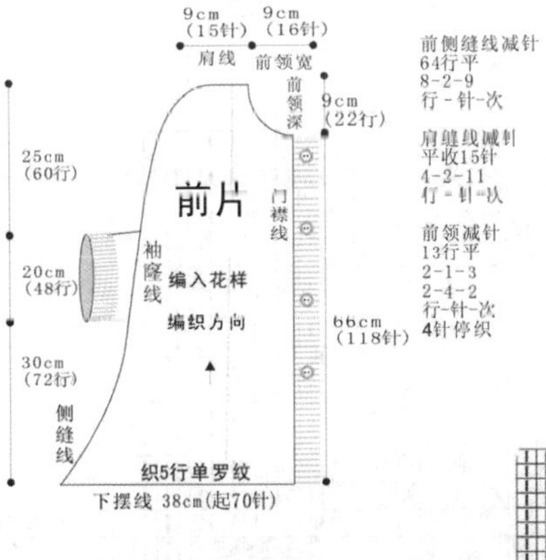

前侧缝线减针
64行平
8-2-9
行-针-次

肩缝线减针
平收15针
4-2-11
行-针-次

前领减针
13行平
2-1-3
2-4-2
行-针-次
4针停织

9cm（15针）　9cm（16针）
肩线　前领宽
9cm（22行）
前领深

前片
编入花样
编织方向

25cm（60行）
20cm（48行）　袖窿线
30cm（72行）
侧缝线
门襟线

66cm（118针）

织5行单罗纹
下摆线 38cm（起70针）

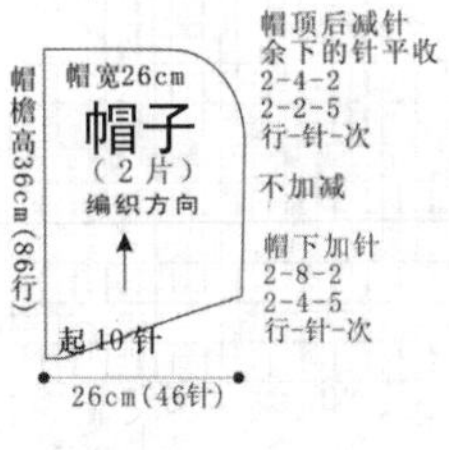

帽顶后减针
余下的针平收
2-4-2
2-2-5
行-针-次
不加减

帽下加针
2-8-2
2-4-5
行-针-次

帽宽26cm
帽檐高36cm（86行）
帽子
（2片）
编织方向
起10针
26cm（46针）

159

【成品规格】衣长58cm，胸围80cm，袖口宽14cm

【工　具】10号棒针

【材　料】4股三七羊毛线350g

【编织密度】14针×17行=10cm²

制作说明：

这件衣服为2个大的单元片，将它们合并在两侧腋下和肩线位置缝合而成。

1. 起57针，按针法图织花样，织到42行后，在一侧平加出22针（袖子），织4行双罗纹后再按图织花样。这只袖子织到24行后平收32针。

2. 在第一步的基础上继续往上织9行，再在另一侧平加4针，织2行上针、2行下针。织24行再平收针，1个单元片就完成了。

3. 用上面的方法再织好另1个单元片。将织好的两个单元片对齐后，在两侧腋下和肩线位置缝合好。

4. 在衣领位置挑100针织8行作为衣领。注意在前后尖角处每行都要织成：中上3针并为1针。

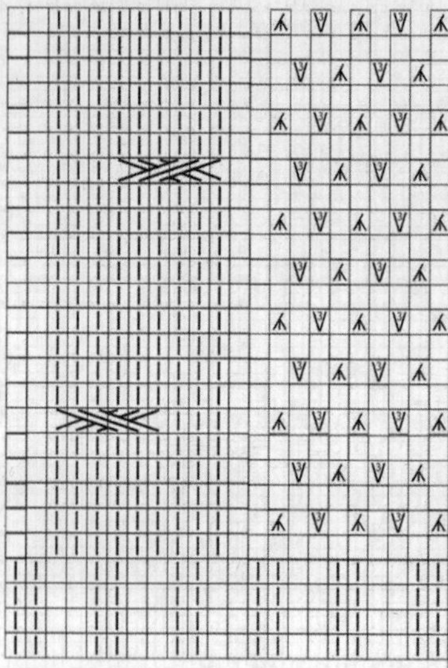

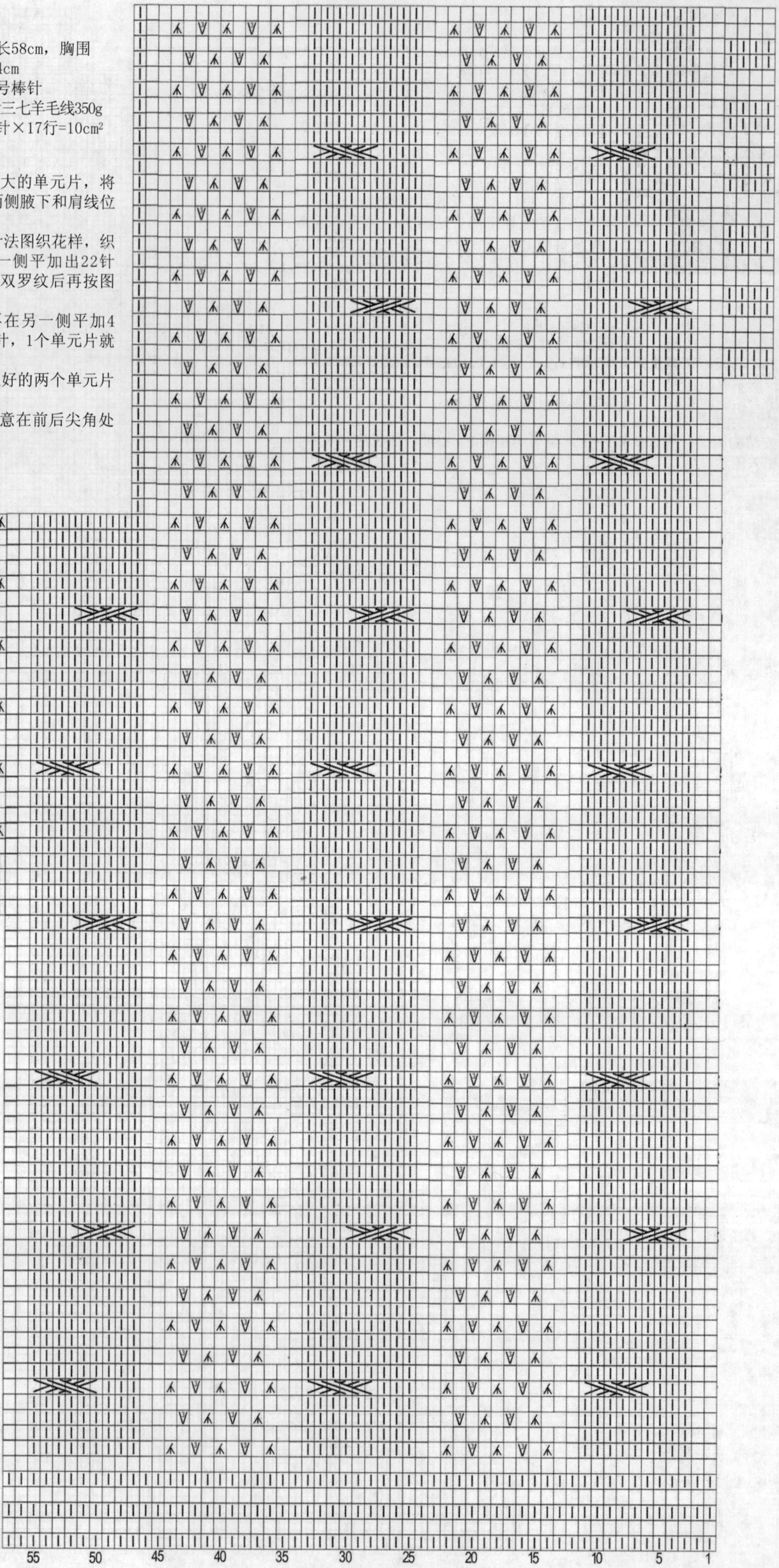

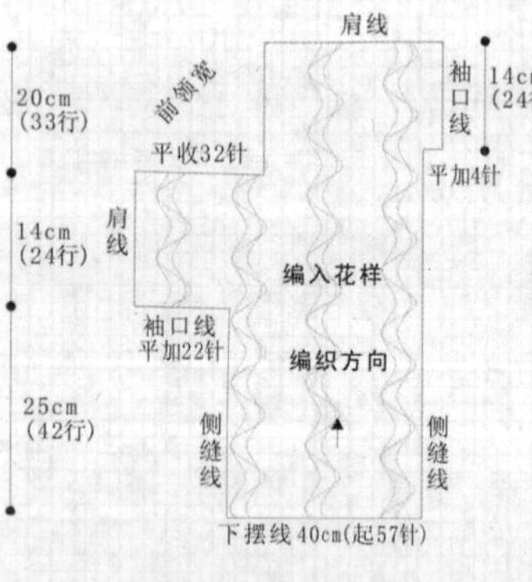

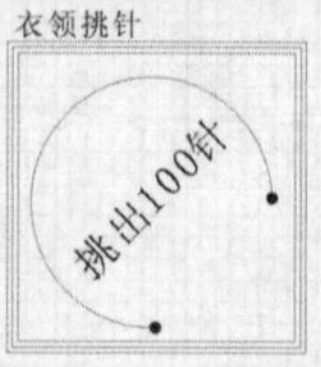

符号说明：

| | =下针

□ =上针

⋀ =3针并为1针

Ⅴ =在1针中加出3针

=3针右上交叉

=3针左上交叉

206

160

【成品规格】胸围97cm，背肩宽38cm，衣长68cm，袖长66.5cm
【工　　具】11号棒针
【材　　料】A、B、C、D、E五色粗羊毛线各150g，3cm胶木纽扣4颗
【编织密度】18针×22行＝10cm²

制作说明：
前片、袖片为左右2片，后片为1片。
1. 按结构图先织后片。编织方向为从下往上，起89针，采用花样编织，要注意按图上标示的针法收出袖隆线，最后在离衣长1.5cm处开始收后领。将两侧肩线的针穿好，待和前片合并时再用。
2. 织前片。起44针，和后片一样按花样图往上织，按图上标示的针法在合适高度收出袖隆线，最后在离衣长9cm处开始收前领。将两侧肩线的针和后片合并。
3. 织袖子。起52针，按花样图往上织，同时要注意在两侧袖下线处按图示加针，到袖壮线处开始按结构图收出袖山来。
4. 先缝合两侧侧缝和肩缝，然后装袖子。
5. 织帽子。按相关图示起10针，按图加到47针，再往上织花样，然后织到合

适高度收针。织2片，将其合并后安置在衣领位置上，然后将门襟边和帽檐一起按图示挑针横向织双罗纹，织到合适高度后收针。注意在一侧要预留出扣眼，并平均安置纽扣。最后在门襟、下摆及风帽边用红色线钩织1行短针和1行逆短针。

帽子
帽宽25cm
帽顶后减针　余下的针平收　2-4-2　2-2-5　2-1-3　帽下加针　2-2-1　2-3-1　2-6-2　2-4-5　行一针一次　行一针一次
帽檐高4cm(75行)
编织方向
起10针
25cm(47针)

符号说明：
| ＝对应颜色的下针
－＝对应颜色的上针
O＝锁针　T＝长针　X＝短针　＝逆短针

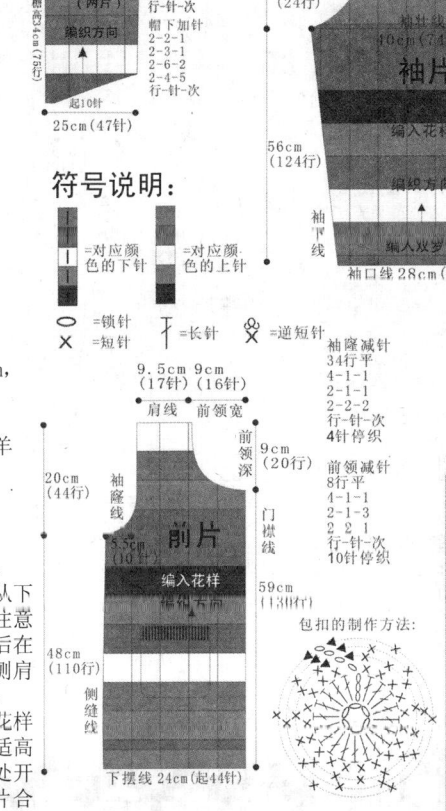

袖片
袖山线
10.5cm(24行)
袖壮线
40cm(74行)
编入花样
56cm(124行)
编织方向
编入双罗纹
袖下线
袖口线28cm(起52针)

袖山减针
18行平收
2行平
2-5-2
2-3-2
2-1-1
2-1-3
行一针一次
3针停织
袖下加针
16行平
8-1-6
10-1-5
行一针一次

前片
9.5cm(17针)　9cm(16针)
肩线　前领宽
20cm(44行)
袖隆线
9cm(20行)
前领深
5.5cm(10针)
编入花样
编入下针
门襟线
59cm(113行)
48cm(110行)
侧缝线
下摆线24cm(起44针)

袖隆减针
34行平
4-1-1
2-2-1
行一针一次
4针停织
前领减针
8-1-1
2-1-3
2　2　1
行一针一次
10针停织

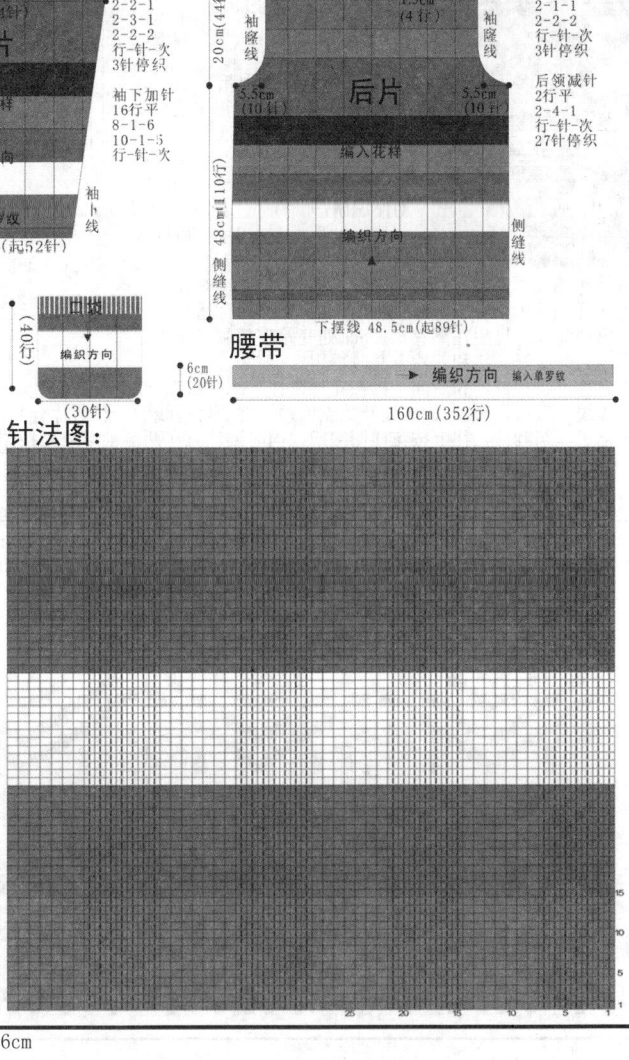

后片
9.5cm(17针)　18cm(35针)　9.5cm(17针)
肩线　后领宽　肩线
后领深
1.5cm(4行)
20cm(44行)
袖隆线
5.5cm(10针)
编入花样
编织方向
48cm(110行)
侧缝线
下摆线 48.5cm(起89针)

袖隆减针
30行平收
4-1-2
2-1-1
2-2-2
行一针一次
3针停织
后领减针
2行平
2-4-1
行一针一次
27针停织

口袋
(40行)
编织方向
(30针)

腰带
6cm(20行)
编织方向　编入单罗纹
160cm(352行)

针法图：

包扣的制作方法：

161

【成品规格】胸围97cm，背肩宽38cm，衣长85cm，袖长56cm
【工　　具】10号棒针
【材　　料】灰色羊毛线750g，3cm胶木纽扣5颗
【编织密度】26针×32行＝10cm²

制作说明：
前片、袖片为左右2片，后片为1片。
1. 按结构图先织后片。编织方向为从下往上，起126针，采用花样编织，要注意按图上标示的针法减针，织到合适高度后收出袖隆线，最后在离衣长1.5cm处开始收后领。将两侧肩线的针穿好，待和前片合并时再用。
2. 织前片。起62针（门襟边另织），同后片一样，采用花样编织，要注意按图上标示的针法减针，织到合适高度后收出袖隆线。要注意在另一边门襟侧按图示收出前领来。
3. 织袖子。起75针，往上织，同时要注意在两侧袖下线处按图示加针，到袖壮线处开始按结构图收出袖山来。袖口为横向编织单罗纹，织好后，用缝针固定在衣身下端。
4. 先缝合两侧侧缝和肩缝，然后装袖子。
5. 按结构图织好风帽，将风帽中心点对准后领中心，并安装好。另织门襟，其长度见相关图

袖片
袖山线
10.5cm(34行)
袖壮线
40cm(107针)
编入花样
编织方向
39.5cm(126行)
6cm(20行)
单罗纹
袖口线 30cm(96行)
28cm(75针)

袖山减针
平收25针
2-2-3
2-1-1
2-2-2
2-2-1
2-3-3
2-2-1
2-3-1
2-2-2
3针停织
袖下加针
8行平
8-1-13
10-1-3
行一针一次

前片
9.5cm(25针)　9cm(24针)
肩线　前领宽
20cm(64行)
袖隆线
5.5cm(14针)
前领深
22cm(70行)
编入花样
编织方向
门襟线
60cm(192行)
侧缝线
57cm(185行)
5cm(16行)
单罗纹
下摆线24cm(起62针)

袖隆减针
50行平
4-1-1
2-3-1
行一针一次
4针停织
前领减针
3-1-21
行一针一次
1针停织

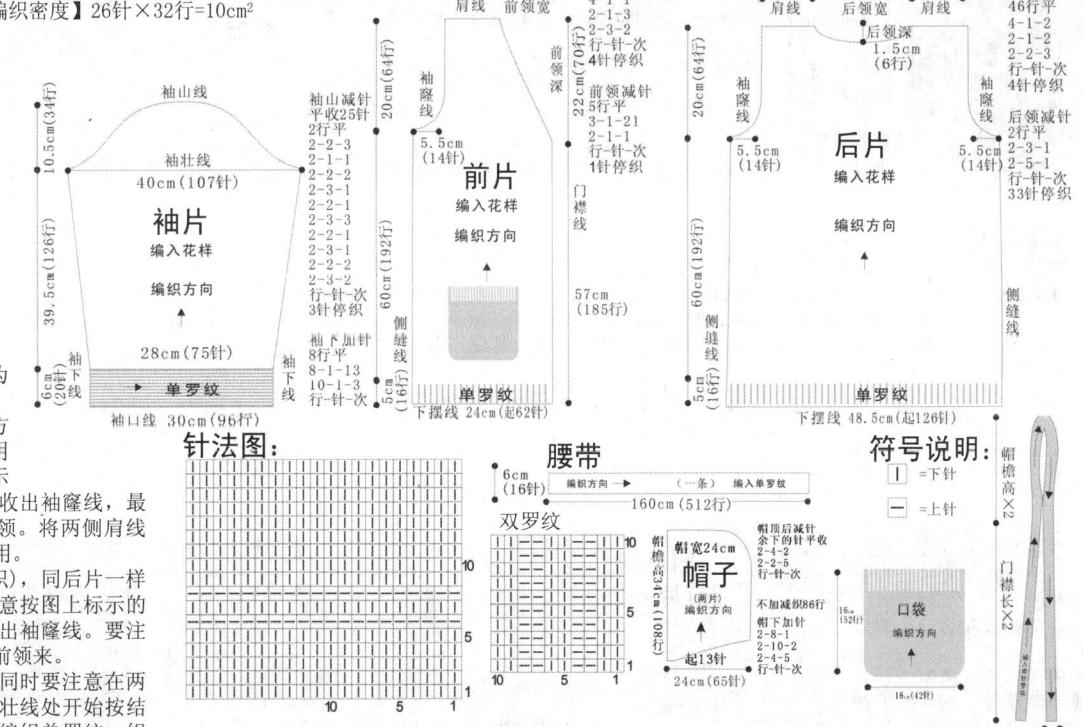

后片
9.5cm(25针)　18.5cm(49针)　9.5cm(25针)
肩线　后领宽　肩线
后领深
1.5cm(6行)
20cm(64行)
袖隆线
5.5cm(14针)
编入花样
编织方向
60cm(192行)
侧缝线
5cm(16行)
单罗纹
下摆线 48.5cm(起126针)

袖隆减针
46行平
4-1-2
2-2-3
行一针一次
4针停织
后领减针
2行平
2-3-1
2-5-1
行一针一次
33针停织

针法图：

腰带
6cm(16行)　编织方向　（一条）　编入单罗纹
160cm(512行)

双罗纹

帽子
帽宽24cm
帽檐高4cm(108行)
两片
编织方向
不加减织86行
帽下加针
2-8-1
2-10-2
行一针一次
起13针
24cm(65针)

口袋
16cm(52针)
编织方向
18cm(42针)
帽顶后减针　余下的针平收　2-4-2　2-2-5　2-1-3
6cm(20针)

符号说明：
| ＝下针
－＝上针
帽檐高×2
门襟长×2

示说明。将其缝合在前门襟和风帽的帽檐处。
6. 按结构图织好腰带和口袋，将其安置在合适位置上。

162

【成品规格】胸围97cm，背肩宽38cm，衣长58cm，袖长56.5cm
【工　具】10号棒针
【材　料】灰色中粗羊毛线600g，白、黑色中粗羊毛线各50g，胶木纽扣5颗
【编织密度】18针×22行=10cm²

制作说明：
前片、袖片为左右2片，后片为1片。

1. 按结构图先织后片。编织方向为从下往上，起89针，采用花样编织，要注意按图上标示的针法织到合适高度后收出袖窿线，最后在离衣长1.5cm处开始收后领。将两侧肩线的针穿好，待与前片合并时再用。
2. 织前片。起44针，和后面一样按花样图往上织，按图上标示的针法织到合适高度后收出袖窿线，最后在离衣长9cm处开始收前领。将两侧肩线的针和后片合并。
3. 织袖子。起52针，往上按花样图编织，同时要注意在两侧袖下线处按图示加针到袖壮线处，按结构图收出袖山来。
4. 先缝合两侧缝和肩缝，然后装袖子。
5. 织帽子。按相关图示起10针，按图加到47针，再往上织花样，织到合适高度收针。织好2片，将其合并后安置在衣领位置上，然后将门襟边和帽檐一起按图示挑针横向织双罗纹，织到合适高度后收针。注意在一侧要预留出扣眼，并平均安置纽扣。

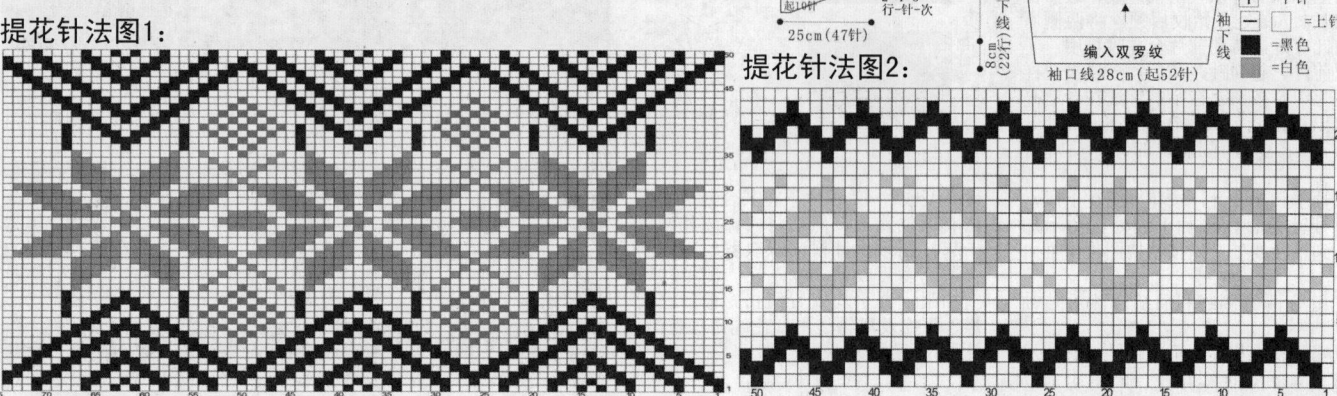

提花针法图1：

提花针法图2：

163

【成品规格】胸围96cm，背肩宽38cm，衣长65cm，袖长55cm
【工　具】10号棒针
【材　料】白色细羊毛线280g，黑色细羊毛线450g
【编织密度】18针×22行=10cm²

制作说明：
前片、后片各为1片。袖片为左右2片。前后及袖片采用黑白双股线编织。风帽用2股黑线编织。

1. 按结构图先织后片。编织方向为从下往上，起86针，先织双罗纹，然后采用平针编织，要注意按图上标示的针法收出腰围线。然后再按图示加针到合适高度后收出袖窿线。最后在离衣长1.5cm处开始收后领。将两侧肩线的针穿好，待与前片合并时再用。
2. 织前片。起86针，和后面一样往上织，先织双罗纹，然后采用平针编织，要注意按图上标示的针法收出腰围线，然后再按图示加针到合适高度，在距袖窿线8行时要开前领，平收1针为前领开口，按图示收出前领来。将两侧肩线的针和后片合并。
3. 织袖子。起62针往上织，同时要注意在两侧袖下线处按图示加针，到袖壮线处按结构图收出袖山来。
4. 先缝合两侧缝和肩缝，然后装袖子。
5. 按相关图示织好风帽，合并帽后线和帽顶线，然后用手针缝合。在帽檐处挑针60针，再平加80针，横织10cm平针，然后将其对折成双层，并用手针固定好。

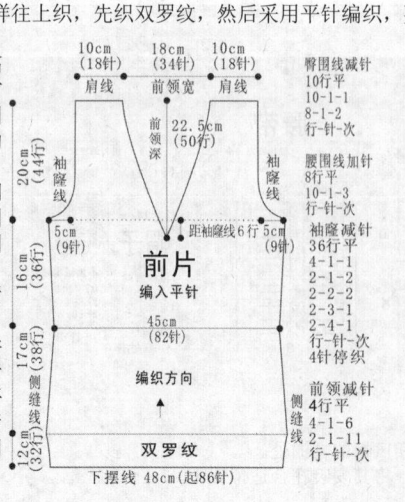

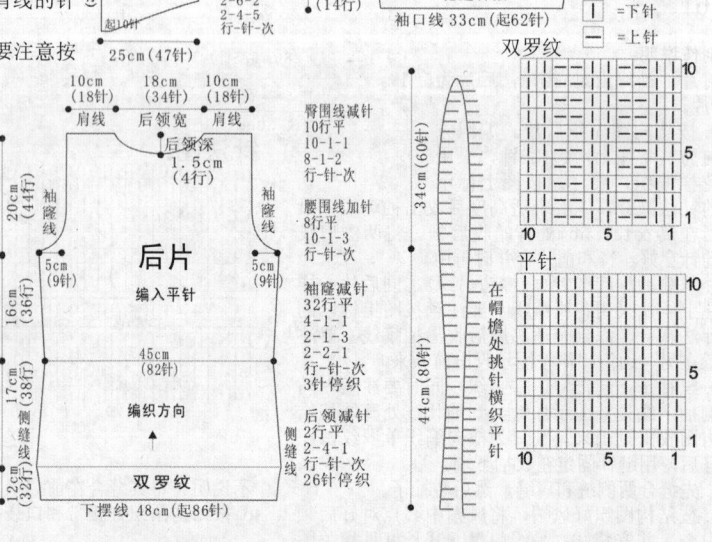

164

【成品规格】胸围98cm，背肩宽38cm，衣长59.5cm，袖长56cm
【工　具】10号棒针
【材　料】黑色中粗羊毛线750g，2cm胶木纽扣5颗
【编织密度】18针×22行=10cm²

制作说明：
前片、袖片为左右2片，后片为1片。
1. 按结构图先织后片。编织方向为从下往上，起86针，采用花样编织，要注意按图上标示的针法收出腰围线。并织32行双罗纹，然后再按图示加针到合适高度后收出袖窿线。最后在离衣长1.5cm处开始收后领。将两侧肩线的针穿好，待和前片合并时再用。
2. 织前片。起44针，和后面一样往上织，采用花样编织，要注意按图上标示的针法收出腰围线。并织32行双罗纹，然后再按图示加针到合适高度后收出袖窿线。要注意在离衣长9cm处开始按图示收出前领来。将两侧肩线的针和后片合并。
3. 织袖子。起52针往上织，同时要注意在两侧袖下线处按图示加针，到袖壮处开始按结构图收出袖山来。
4. 先缝合两侧缝和肩缝，然后装袖子。
5. 在两侧的门襟线上都挑出针来横向编织双罗纹，并平均安置5颗纽扣，然后在领圈上挑针往上织风帽到合适高度收针。合并帽后中线。
6. 织好口袋，并将其安装在相应位置上。

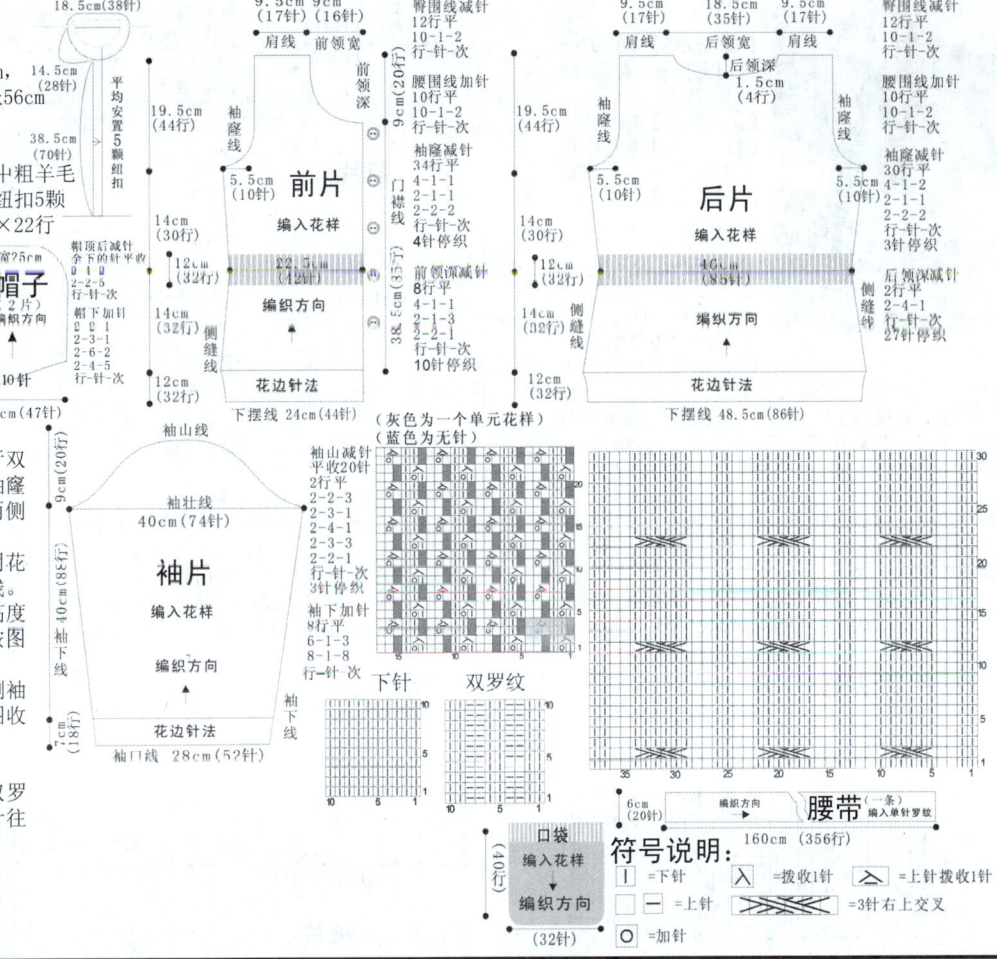

符号说明：
| = 下针　　\ = 拨收1针　　人 = 上针拨收1针
一 = 上针　　入 = 2针并1针　　╳ = 3针右上交叉
O = 加针

165

【成品规格】胸围98cm，背肩宽38cm，衣长59.5cm，袖长56cm
【工　具】10号棒针
【材　料】灰色安格拉羊毛750g，深灰色貂毛皮65cm×5cm，纽扣5颗
【编织密度】18针×22行=10cm²

制作说明：
前片、袖片为左右2片，后片为1片。
1. 按结构图先织后片。编织方法为从下往上，起86针，采用花样编织，要注意按图上标示的针法收出腰围线。并织32行双罗纹，然后再按图示加针到合适高度后收出袖窿线。最后在离衣长1.5cm处开始收后领。将两侧肩线的针穿好，待和前片合并时再用。
2. 织前片。起44针，和后片一样往上织，采用花样编织，要注意按图上标示的针法收出腰围线。并织32行双罗纹，然后再按图示加针到合适高度后收出袖窿线。要注意在离衣长9cm处开始按图示收出前领来。将两侧肩线的针和后片合并。
3. 织袖子。起52针往上织，同时要注意在两侧袖下线处按图示加针，到袖壮线处开始按结构图收出袖山来。
4. 先缝合两侧缝和肩缝，然后装袖子。
5. 在两侧的门襟线上都挑出针来横向编织双罗纹，并平均安置5颗纽扣，然后在领圈处挑针往上织风帽到合适高度收针。将貂毛皮缝在帽边上。
6. 织好口袋，并将其安装在相应位置上。

花样针法图：

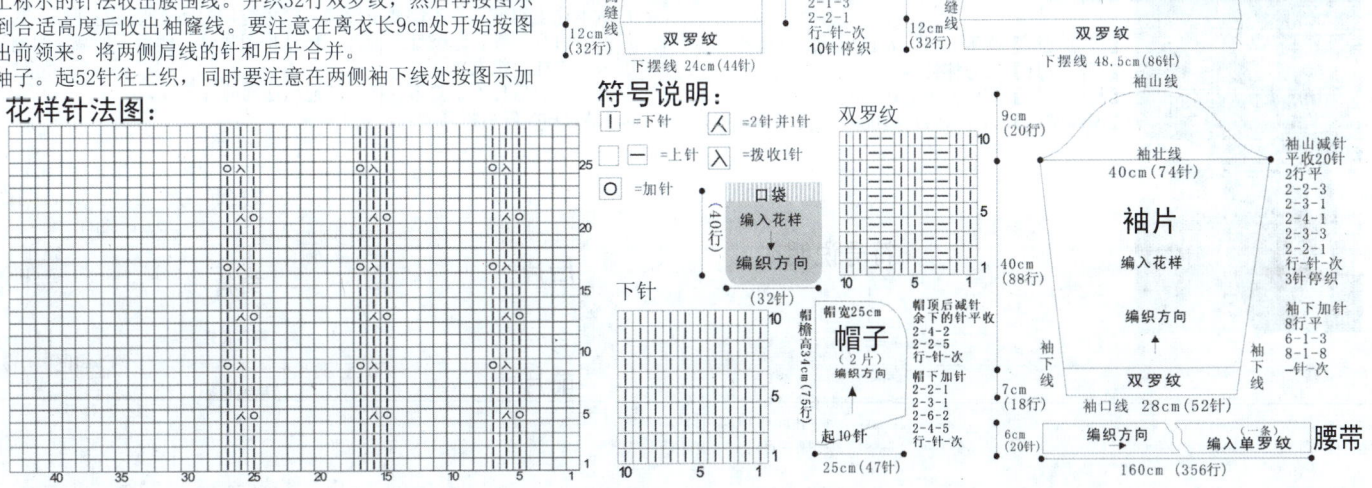

符号说明：
| = 下针　　人 = 2针并1针
一 = 上针　　\ = 拨收1针
O = 加针

166

【成品规格】胸围97cm，背肩宽38cm，衣长60cm，袖长57cm

【工　　具】10号棒针

【材　　料】灰色中粗羊毛线750g，纽扣6颗

【编织密度】18针×22行=10cm²

制作说明：

前片、袖片为左右2片，后片为1片。

1. 按结构图先织后片。编织方向为从下往上，起86针，先编入双罗纹，再采用平针编织，要注意按图上标示的针法织到合适高度后收出袖窿线，最后在离衣长1.5cm处开始收后领。将两侧肩线的针穿好，待和前片合并时再用。

2. 织前片。起44针，和后面一样，按花样图往上织，按图上标示的针法织到合适高度后收出袖窿线，最后在离衣长10cm处开始收前领。将两侧肩线的针和后片合并。

3. 织袖子。起52针往上织，同时要注意在两侧袖下线处按图示加针，到袖壮线处开始按结构图收出袖山来。

4. 先缝合两侧缝和肩缝，然后装袖子。

5. 织帽子。按相关图示起10针，按图加到45针，再往上织花样，织到合适高度收针。织2片，将其合并后安置在衣领位置上。将门襟边和帽檐一起按图示挑针横向织双罗纹，织到合适高度后收针，注意在一侧要预留出扣眼，并平均安置纽扣。

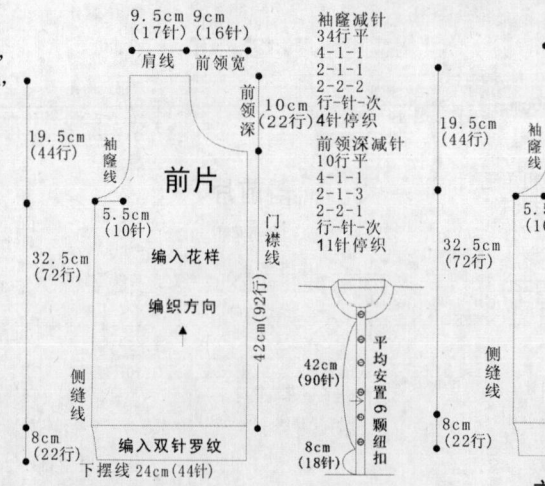

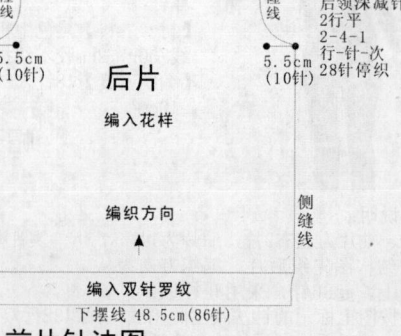

后片针法图：

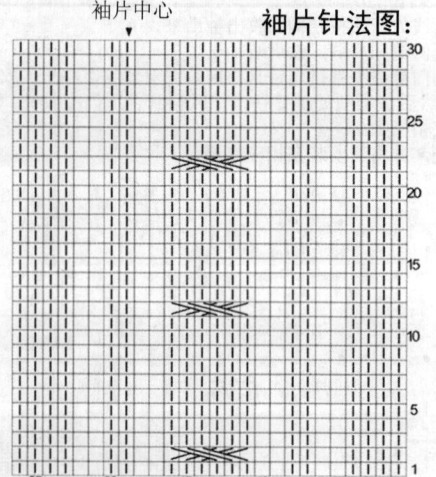

腰带

6cm（12行）　→ 编织方向
160cm（352行）

袖片针法图：

袖片中心

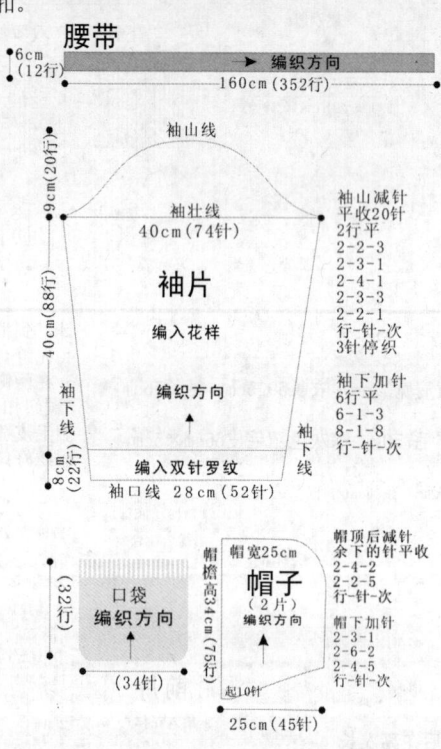

袖山线
袖壮线
40cm（74针）

袖片
编入花样
编织方向
编入双针罗纹
袖口线 28cm（52针）

袖山减针
平收20针
2行平
2-2-3
2-3-1
2-4-1
2-3-3
2-2-1
行-针-次
3针停织

袖下加针
6行平
6-1-3
8-1-8
行-针-次

9cm（20行）
40cm（88行）
袖下线
8cm（22行）

口袋
编织方向
（34针）
（32行）

帽檐高34cm
帽宽25cm
帽子（2片）
编织方向
起10针
25cm（45针）

帽顶后减针
余下的针平收
2-4-2
2-2-5
行-针-次

帽下加针
2-3-1
2-6-2
2-4-5
行-针-次

前片针法图：

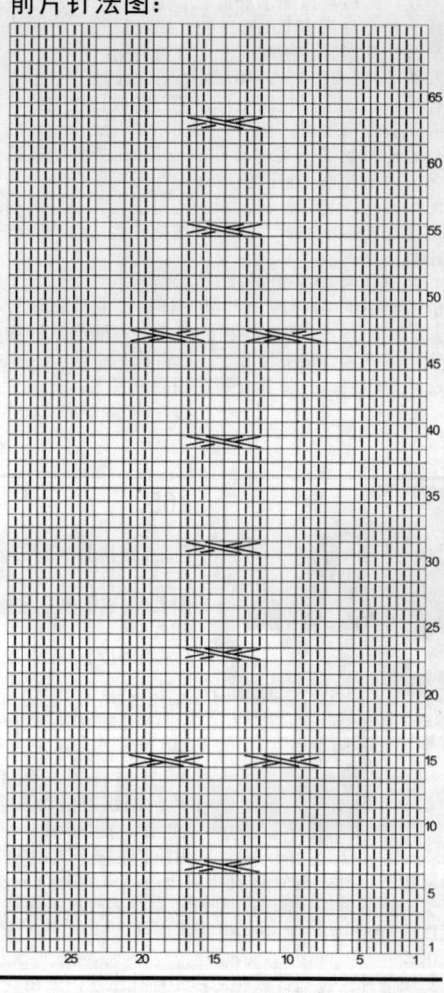

167

【成品规格】胸围96cm，衣长43cm，肩袖长20cm

【工　　具】12号棒针

【材　　料】蓝色粗羊毛线760g

【编织密度】16针×17行=10cm²

制作说明：

1. 从下往上织前片，不需要留领窝，除了前片中间菱形块花样外，其余均为1行上针1行下针。起68针织前片，按结构图加针，然后不加减针织到袖口高度后，再往上织衣领。

2. 织后片。后片不织菱形花样，其他织法同前片一样。

3. 前后2片织好后将其缝合，完工。

符号说明：

☐=下针
☐=上针

=3针右上交叉，
5针下针在下面一层
=3针左上交叉
=3针右上交叉
=3针下针和1针上针左上交叉
=3针下针和1针上针右上交叉

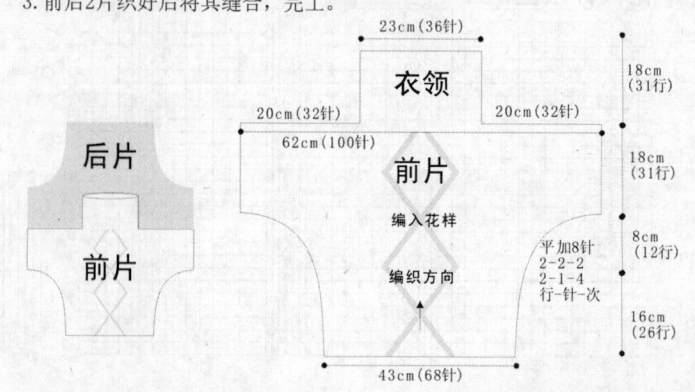

衣领
23cm（36针）
18cm（31行）

后片
前片

20cm（32针）
20cm（32针）

前片
62cm（100针）
编入花样
编织方向
18cm（31行）

平加8针
2-2-2
2-1-4
行-针-次

8cm（12行）

16cm（26行）

43cm（68针）

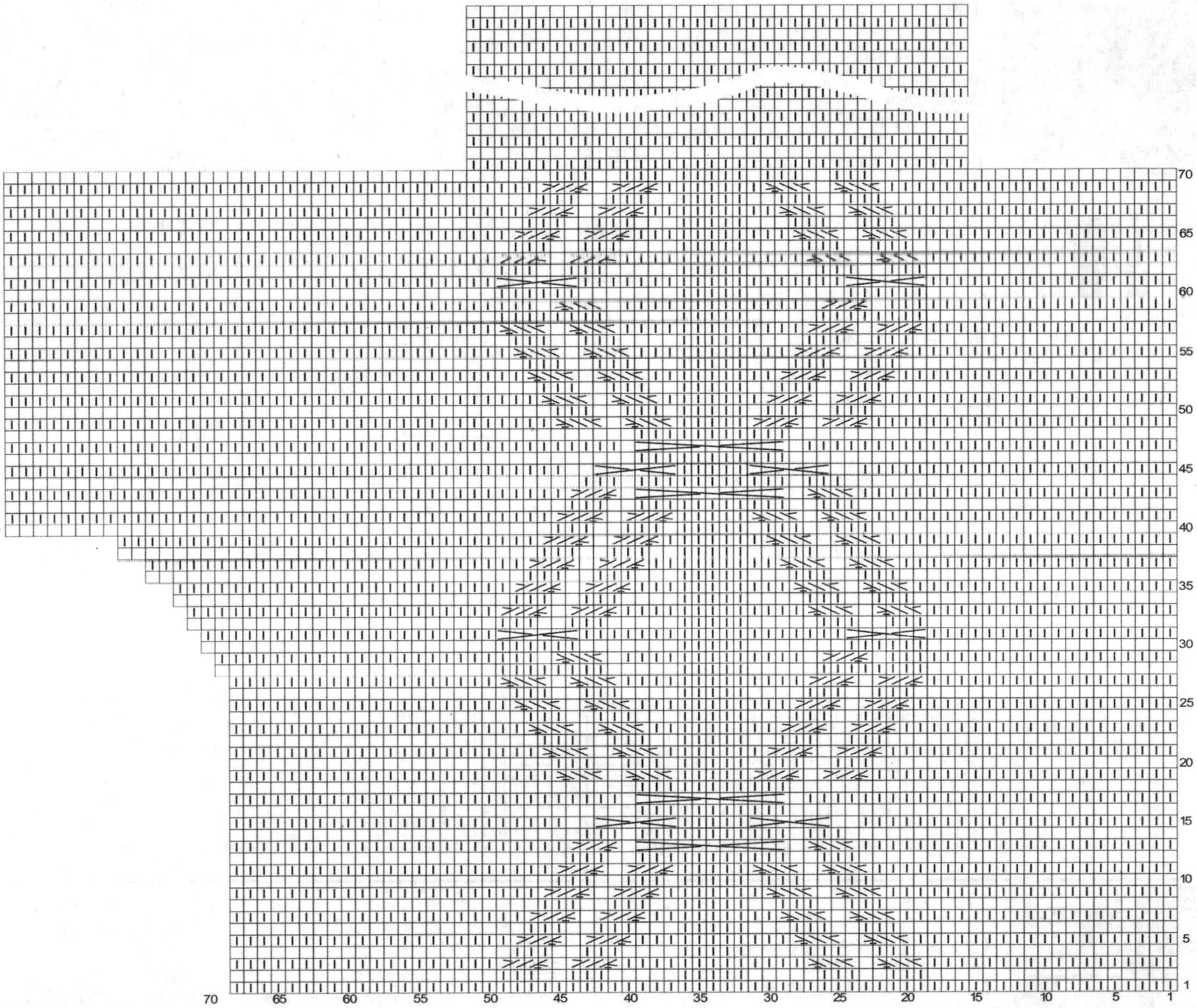

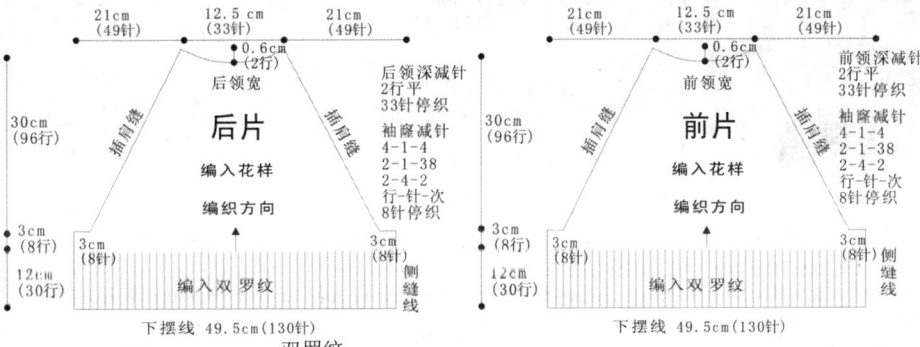

168

【成品规格】胸围99cm，
袖长(含单侧肩宽)
33.5cm
【工　　具】10号棒针，
9号棒针，12号棒针
【材　　料】段染羊毛线
550g
【编织密度】26针×32行
=10cm²

制作说明：
前片、后片各为1片，袖片为左右2片。都是采用同样的花样
编织方法。
1. 按结构图先织后片。编织方向为从下往上，用10号棒针起
130针，编织到合适高度后再按图示减针，按相关针法图收出
袖隆和后领。
2. 织前片。编织方向为从下往上，起130针，采用平针编织，
编织到合适高度后同样按图示减针，按相关针法图收出袖
隆，衣领处不收针。
3. 织袖子。起160针，从下往上织，要注意在两侧袖下线处不
用加针，到袖壮线处开始按结构图收出袖山来。
4. 缝合好两侧缝和插肩缝。
5. 织衣领。按结构图挑出针来先织单罗纹。需要说明的是：
为使衣领翻转后更加服帖，从下到上分别选用10号、9号棒针
各织3cm，然后换12号棒针织完衣领后收针。

后片
编入花样
编织方向

21cm(49针)　12.5cm(33针)　21cm(49针)
0.6cm(2行)
后领宽
后领深减针
2行平
33针停织
袖隆减针
4-1-4
2-1-38
2-4-2
行-针-次
8针停织
30cm(96行)
插肩缝
3cm(8针)
3cm(8针)
12cm(30行)
编入双罗纹
侧缝线
下摆线 49.5cm(130针)

前片
编入花样
编织方向

21cm(49针)　12.5cm(33针)　21cm(49针)
0.6cm(2行)
前领宽
前领深减针
2行平
33针停织
袖隆减针
4-1-4
2-1-38
2-4-2
行-针-次
8针停织
30cm(96行)
插肩缝
3cm(8针)
3cm(8针)
12cm(30行)
编入双罗纹
侧缝线
下摆线 49.5cm(130针)

平针

双罗纹

符号说明：
| =下针　— =上针

衣领
单罗纹
13cm(40针)
22cm(70行)
17cm(50针)

袖片
编入花样
编织方向
27.5cm(70针)　7cm(20针)　27.5cm(70针)
袖山减针
2-1-N
4-2-8
行-针-次
8针停织
袖山中央减针
2行平
20针停织
30.5cm(98行)
3cm(8针)
3cm(8针)
编入单罗纹
袖口线 62cm(160针)

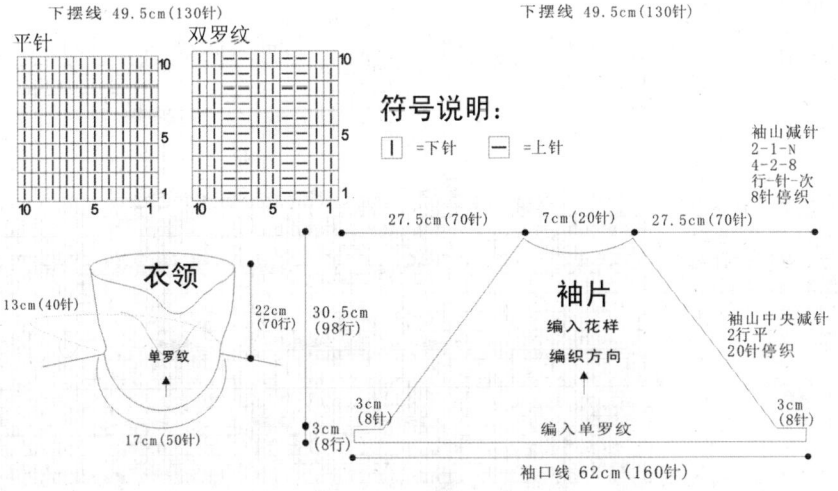

211

169

【成品规格】胸围99cm，衣长63cm，袖长(含单侧肩宽)35cm

【工　具】10号棒针，9号棒针，12号棒针

【材　料】羊毛线550g

【编织密度】26针×32行=10cm²

制作说明：

前片、后片各为1片，袖片为左右2片。都是采用同样的花样编织方法进行编织。

1. 按结构图先织后片。编织方向为从下往上，用10号棒针起130针，编织到合适高度后再按图示减针，按相关针法图收出袖窿和后领。

2. 织前片。编织方向为从下往上，起130针，采用平针编织，织到合适高度后同样按图示减针，按相关针法图收出袖窿和前领。

3. 织袖子。起160针从下往上织，要注意在两侧袖下线处不用加针，到袖壮线处开始按结构图收出袖山来。

4. 缝合好两侧缝和插肩缝。

5. 织衣领。按结构图挑出针来先织3cm单罗纹，再按花样针法图织。需要说明的是：为使衣领翻转后服帖，从下到上分别选用10号、9号棒针各织3cm，然后换12号棒针织完衣领后收针。

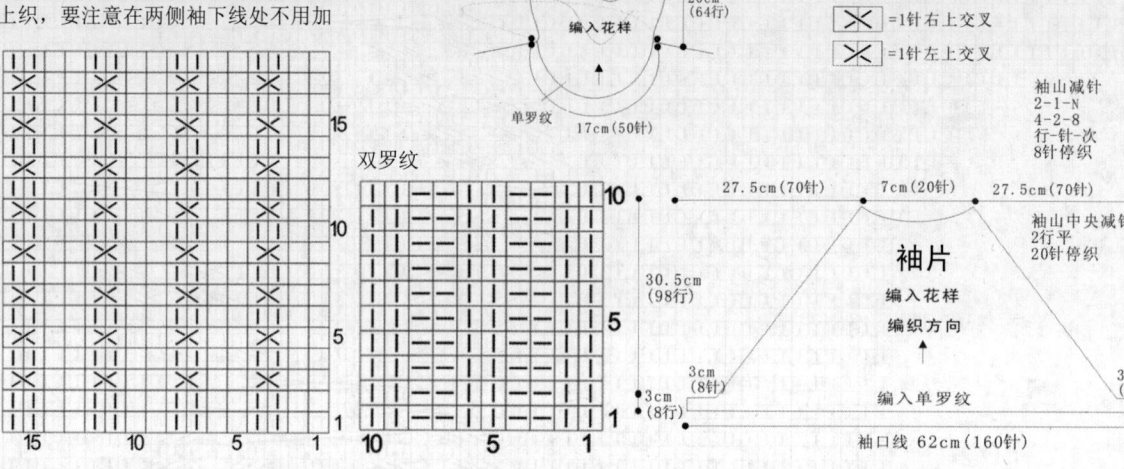

后片
21cm(49针)　12.5cm(33针)　21cm(49针)
0.6cm(2行)
后领宽
插肩缝
后领深减针 2行平 33针停织
袖窿减针 4-1-4 2-1-38 2-4-2 行-针-次 8针停织
30cm(96行)
插肩缝
编入花样
编织方向
3cm(8针)　　　　3cm(8针)
30cm(96行)
侧缝线　　　侧缝线
3cm(8行)
编入双罗纹
3cm(8行)
下摆线 49.5cm(130针)

前片
21cm(49针)　12.5cm(33针)　21cm(49针)
0.6cm(2行)
前领宽
前领深减针 2行平 33针停织
插肩缝
袖窿减针 4-1-4 2-1-38 2-4-2 行-针-次 8针停织
30cm(96行)
插肩缝
编入花样
编织方向
3cm(8针)　　　　3cm(8针)
30cm(96行)
侧缝线　　　侧缝线
3cm(8行)
编入双罗纹
3cm(8行)
下摆线 49.5cm(130针)

衣领
13cm(40针)　　　20cm(64行)
编入花样
单罗纹
17cm(50针)

双罗纹

符号说明：

| | =下针　　□ | － =上针

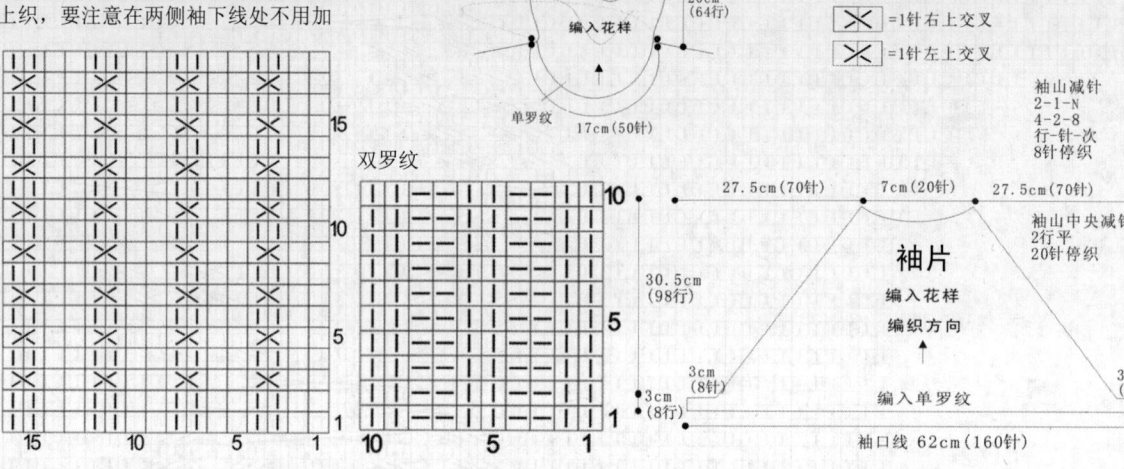 (symbols)
⊠ =1针右上交叉
⊠ =1针左上交叉

袖片
27.5cm(70针)　7cm(20针)　27.5cm(70针)
袖山减针 2-1-N 4-2-8 行-针-次 8针停织
袖山中央减针 2行平 20针停织
30.5cm(98行)
编入花样
编织方向
3cm(8针)　　　　3cm(8针)
编入单罗纹
袖口线 62cm(160针)

170

【成品规格】胸围99cm，衣长56cm，袖长(含单侧肩宽)70.5cm

【工　具】10号棒针，9号棒针，12号棒针

【材　料】段染羊毛线550g

【编织密度】26针×32行=10cm²

制作说明：

前片、后片各为1片，袖片为左右2片。都是采用同样的花样编织方法。

1. 按结构图先织后片。编织方向为从下往上编织，用10号棒针起146针，按结构图在每边减掉8针，编织到合适高度后再按图示减针，按相关图收出袖窿和后领。

2. 织前片。编织方向为从下往上，和后片一样，起146针织完20cm双罗纹后再采用花样编织，到合适高度后同样按图示减针，收出袖窿和前领。

3. 织袖子。起52针从下往上织，要注意在两侧袖下线处加针，每边各加54针，到袖壮线处开始按结构图收出袖山来。

4. 缝合好两侧缝和插肩缝。

5. 织衣领。按结构图挑出针来先织单罗纹。需要说明的是：为了使衣领翻转后更加服帖，从下到上分别选用10号、9号棒针各织3cm，然后换12号棒针织完衣领后收针。

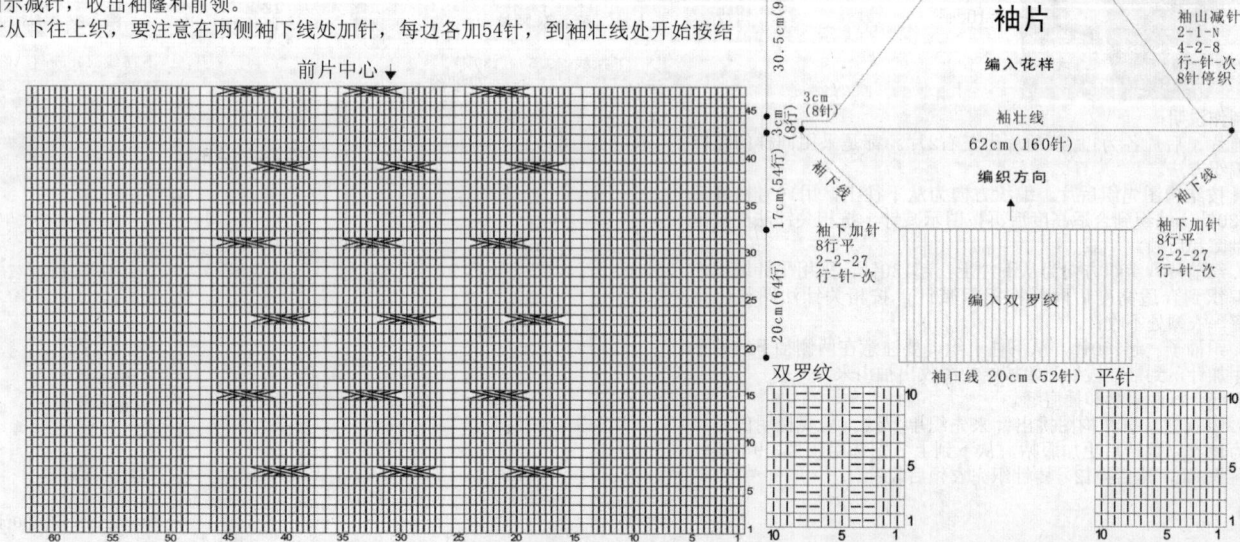

后片
21cm(49针)　12.5cm(33针)　21cm(49针)
0.6cm(2行)
后领宽
插肩缝
编入花样
编织方向
袖窿减针 4-1-4 2-1-38 2-4-2 行-针-次 8针停织
30cm(96行)
插肩缝
3cm(8针)　　胸围49.5cm(130针)　　3cm(8针)
3cm(8行)
编入双罗纹
20cm(64行)
侧缝线
下摆线 56cm(146针)

前片
21cm(49针)　12.5cm(33针)　21cm(49针)
0.6cm(2行)
前领宽
前领深减针 2行平 33针停织
袖窿减针 4-1-4 2-1-38 2-4-2 行-针-次 8针停织
30cm(96行)
插肩缝
编入花样
编织方向
3cm(8针)　胸围49.5cm(130针)　3cm(8针)
下摆减针 8-1-8 行-针-次
20cm(64行)
侧缝线
下摆线 56cm(146针)

袖片
27.5cm(70针)　7cm(20针)　27.5cm(70针)
袖山中央减针 2行平 20针停织
袖山减针 2-1-N 4-2-8 行-针-次 8针停织
30.5cm(98行)
编入花样
编织方向
3cm(8针)
袖壮线 62cm(160针)
17cm(54行)
袖下线　　　袖下线
袖下加针 8行平 2-2-27 行-针-次
20cm(64行)
编入双罗纹
袖口线 20cm(52针)

前片中心↓

双罗纹　　**平针**

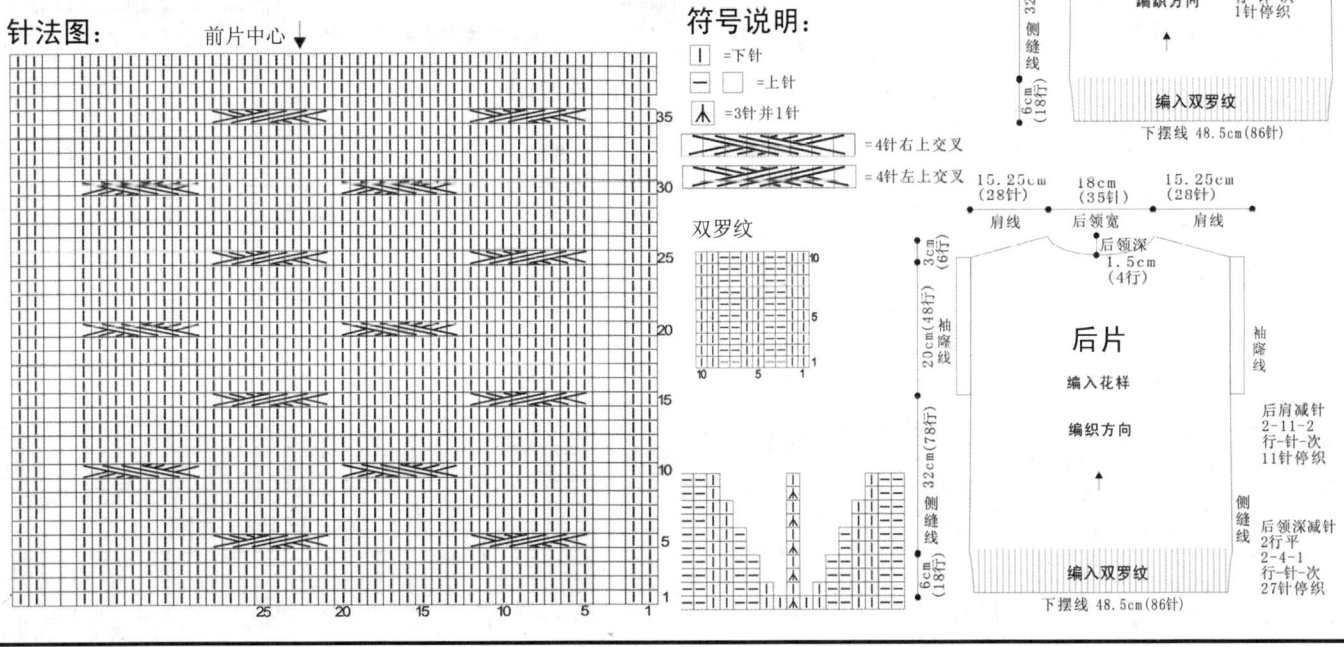

171

【成品规格】 胸围97cm，背肩宽54.5cm，衣长61cm

【工 具】 9号棒针

【材 料】 黑色夹银丝安格拉羊毛线400g

【编织密度】 18针×22行=10cm²

制作说明：

前片、后片各为1片。

1. 按结构图先织后片。编织方向为从下往上，起86针，采用花样编织，到袖窿线不加减针，最后在离衣长3cm处开始按图示收出肩斜、后领。将两侧肩线的针穿好，待和前片合并时再用。

2. 织前片。起86针，和后片一样往上织，到袖窿线不加减针，最后在离衣长3cm处开始按图示收出肩斜，要注意按图在另一侧收衣领。将

两侧肩线的针穿好，和后片合并。

3. 织领围。按相应图示挑针不加减针往上织双罗纹。

4. 织袖窿。按相应图示挑针织双罗纹。在前领中心位置要按相关图示并针，形成前领的尖角。

针法图：

前片中心↓

符号说明：

| =下针
— □ =上针
人 =3针并1针
=4针右上交叉
=4针左上交叉

双罗纹

18.5cm（36针）

领高 4cm（10行）

25cm（56针）

前领中心收针方法

Φ10cm（88针）

15.25cm（28针） 18cm（35针） 15.25cm（28针）

肩线 前领宽 肩线

3cm（6行）

前领深 20cm（50行）

前肩减针 2-11-2 行-针-次 11针停织

前片 编入花样 编织方向

前领深减针 4-1-1 3-1-14 行-针-次 1针停织

32cm（78行）

20cm（48行）袖窿线

侧缝线

6cm（18行）

编入双罗纹

下摆线 48.5cm（86针）

15.25cm（28针） 18cm（35针） 15.25cm（28针）

肩线 后领宽 肩线

3cm（6行）

后领深 1.5cm（4行）

后片 编入花样 编织方向

后肩减针 2-11-2 行-针-次 11针停织

后领深减针 2行平 2-4-1 行-针-次 27针停织

20cm（48行）袖窿线

32cm（78行）

侧缝线

袖窿线

6cm（18行）

编入双罗纹

下摆线 48.5cm（86针）

172

【成品规格】 胸围98cm，背肩宽33cm，衣长102cm

【工 具】 9号棒针

【材 料】 枣红色中粗羊毛线650g

【编织密度】 20针×28行=10cm²

制作说明：

前片为左右2片，后片为1片。

1. 按结构图先织后片。编织方向为从下往上，起100针，采用花样编织，要注意按图上标示的针法进行减针，织到合适高度后收出袖窿线，最后在离衣长1.5cm处开始收后领，将两侧肩线的针穿好，待和前片合并时再用。

2. 织前片。起49针，和后面一样往上织，采用花样编织，要注意按图上标示的针法减针，到合适高度后收出袖窿线。门襟织好后用手缝合在门襟上。在离衣长9cm处开始收出前开领。

3. 织前片。

4. 先缝合两侧侧缝和肩缝，然后另织门襟，并将其均匀地安装在两侧门襟上，最后再织衣领。

5. 按图示分别织出2个口袋，并将其安装在合适位置上。

6cm（12针） 10cm（21针）

肩线 前领宽

22cm（62针）

袖窿线

8cm（16针）

前片 编入花样 编织方向

80cm（224行）

侧缝线

门襟

双罗纹

下摆线 24cm（49针）

5cm（14行）

袖窿减针 48行平 4-1-1 2-1-2 2-3-1 行-针-次 5针停织

前领深

9cm（26行）

前领深减针 10行平 4-1-2 2-1-1 2-2-2 行-针-次 13针停织

93cm（260行）

16cm（46行）

口袋 编织方向

13cm（26针）

6cm（12针） 21cm（44针） 6cm（12针）

肩线 后领宽 肩线

22cm（62针）

袖窿线

8cm（16针）

后片 编入花样 编织方向

80cm（224行）

侧缝线

袖窿减针 44行平 4-1-1 2-1-4 2-2-2 2-3-1 行-针-次 4针停织

后领深 1.5cm（4行）

后领深减针 2行平 2-5-1 行-针-次 34针停织

符号说明：

| =下针
— =上针
∪ =滑针（上针）

双罗纹

花样针法图：

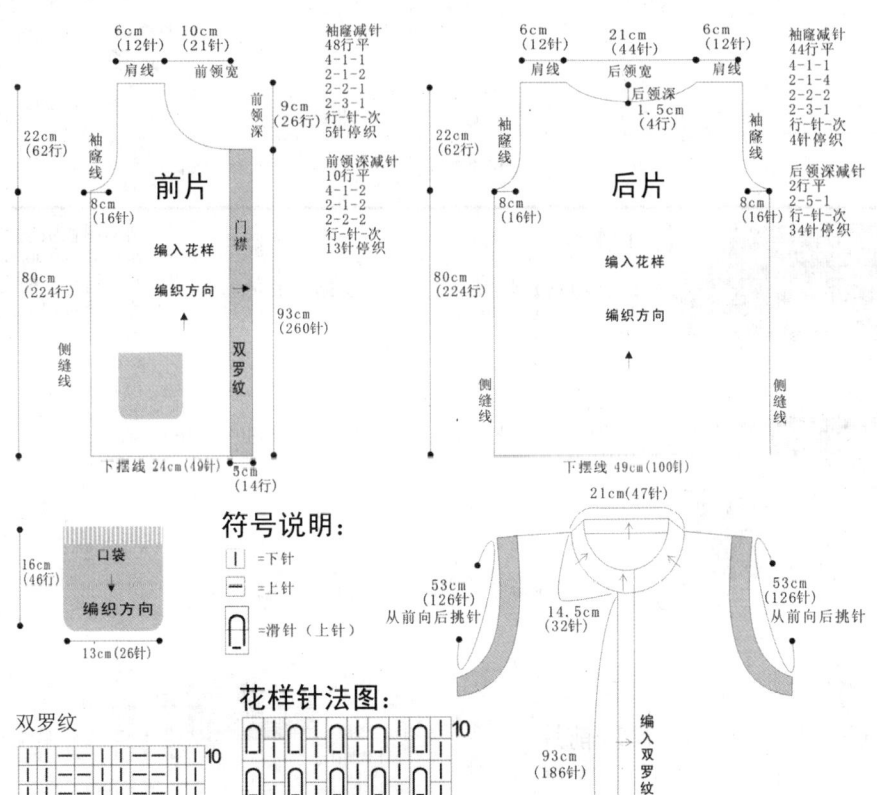

21cm（47针）

53cm（126针） 从前向后挑针

14.5cm（32针）

53cm（126针） 从前向后挑针

93cm（186针） 编入双罗纹

213

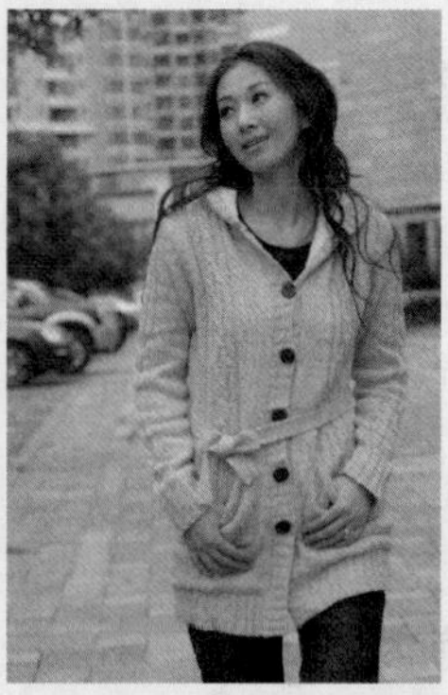

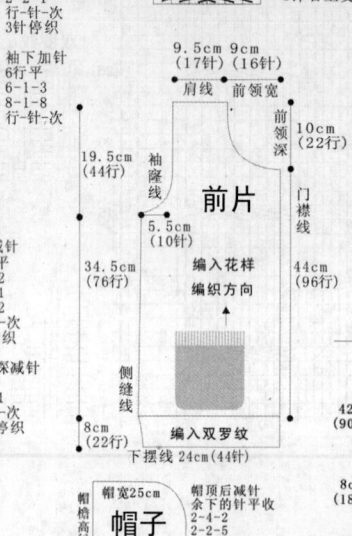

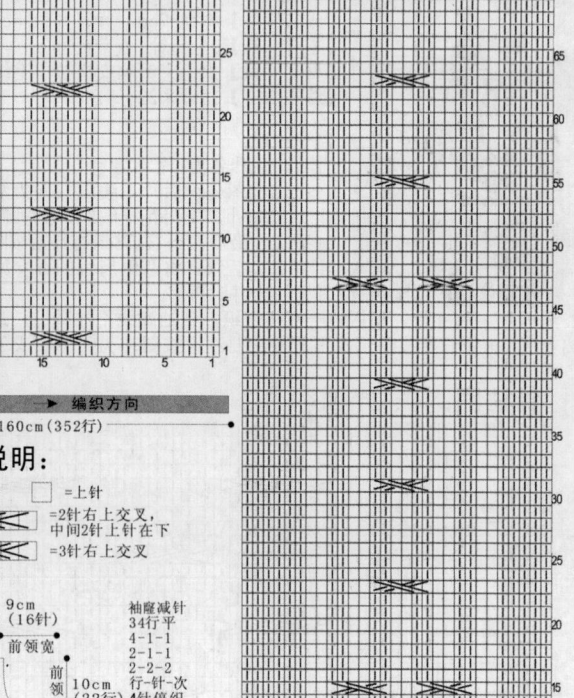

173

【成品规格】胸围97cm，背肩宽38cm，衣长62cm，袖长58cm
【工　　具】9号棒针
【材　　料】粉色中粗羊毛线780g，纽扣6颗
【编织密度】18针×22行=10cm²

制作说明：

前片、袖片为左右2片，后片为1片。

1. 按结构图先织后片。编织方向为从下往上。起86针，采用花样编织，要注意按图上标示的针法到合适高度后收出袖窿线，最后在离衣长1.5cm处开始收后领。将两侧肩线的针穿好，待和前片合并时再用。

2. 织前片。起44针，和后面一样往上按花样图编织，按图上标示的针法到合适高度后收出袖窿线，最后在离衣长10cm处开始收前领。将两侧肩线的针和后片合并。

3. 织袖子。起52针往上织，同时要注意在两侧袖下线处按图示加针，到袖壮线处开始按结构图收出袖山来。

4. 先缝合两侧缝和肩缝，然后装袖子。

5. 织帽子。同样按相关图示起10针，再按图加到45针后往上织花样，织到合适高度收针。织好2片帽子后合并，安置在衣领位置上。然后将门襟边和帽檐一起按图示挑针横向织双罗纹，到合适高度后收针。注意在一侧要预留出扣眼。并平均安置纽扣。

为抵御风寒，可在风帽及衣服里面安装长毛绒里子。

袖片针法图：

↓袖片中心
30
25
20
15
10
5
1
25
20
15
10
5
1

前片针法图：

65
60
55
50
45
40
35
30
25
20
15
10
5
1
25
20
15
10
5
1

后片针法图：

15
10
5
25
20
15
10
5
1

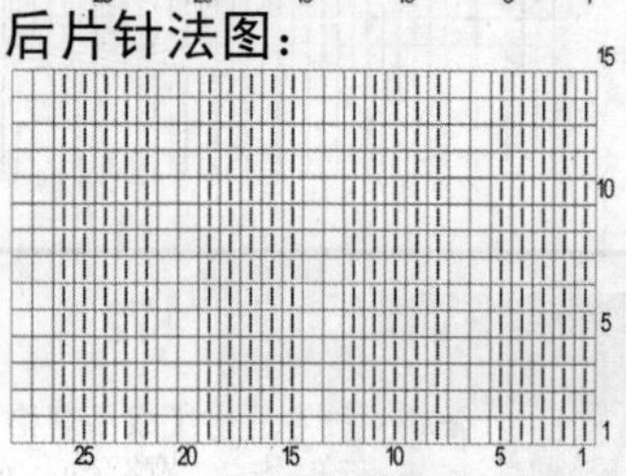

腰带

6cm
(12行)
编织方向
160cm（352行）

符号说明：

=下针
=上针
=2针右上交叉，中间2针上针在下
=3针右上交叉

袖山线
9cm
(20行)
袖山减针
平收20针
2行平
2-2-3
2-3-1
2-4-1
2-3-3
2-2-1
行-针-次
3针停织
袖壮线
40cm（74针）
袖片
编入花样
编织方向
40cm
(88行)
袖下加针
6行平
6-1-3
8-1-8
行-针-次
袖下线
袖下线
9cm
(24行)
编入双罗纹
袖口线 28cm（52针）

9.5cm
(17针)
18cm
(36针)
9.5cm
(17针)
肩线
后领宽
肩线
后领深
1.5cm
(4行)
袖窿减针
30行平
4-1-2
2-1-1
2-2-2
行-针-次
3针停织
后领深减针
2行平
2-4-1
行-针-次
28针停织
19.5cm
(44行)
袖窿线
袖窿线
5.5cm
(10针)
5.5cm
(10针)
后片
34.5cm
(76行)
编入花样
编织方向
侧缝线
侧缝线
8cm
(22行)
编入双罗纹
下摆线 48.5cm（86针）

9.5cm 9cm
(17针) (16针)
肩线
前领宽
前领深
10cm
(22行)
袖窿减针
34行平
4-1-1
2-1-1
2-2-2
行-针-次
4针停织
前领深减针
10行平
4-1-1
2-1-3
2-2-1
行-针-次
11针停织
19.5cm
(44行)
袖窿线
前片
门襟线
5.5cm
(10针)
34.5cm
(76行)
编入花样
编织方向
44cm
(96行)
侧缝线
8cm
(22行)
编入双罗纹
下摆线 24cm（44针）

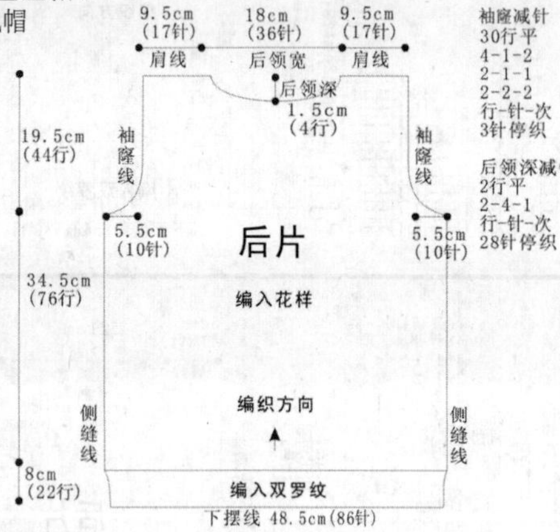

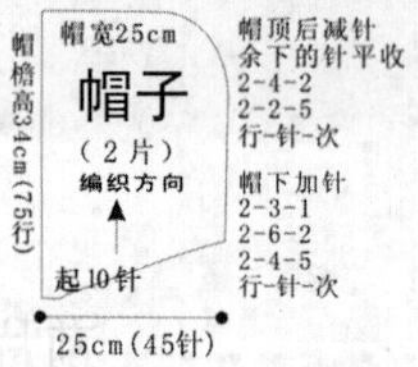

帽宽25cm
帽檐高34cm（75行）
帽顶后减针
余下的针平收
2-4-2
2-2-5
行-针-次
帽子
（2片）
编织方向
帽下加针
2-3-1
2-6-2
2-4-5
行-针-次
起10针
25cm（45针）

42cm
(90行)
平均安置6颗纽扣
8cm
(18行)

(32行)
口袋
编织方向
(34针)

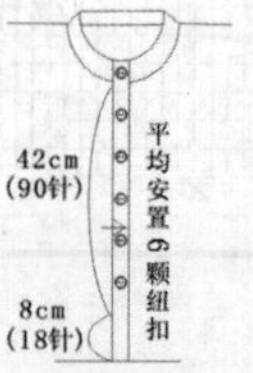

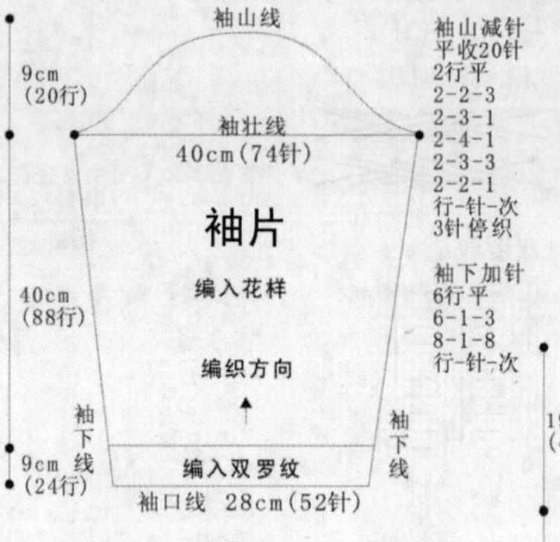

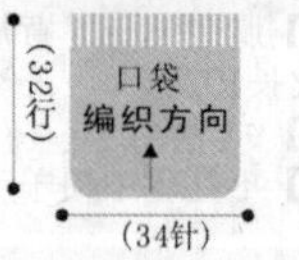

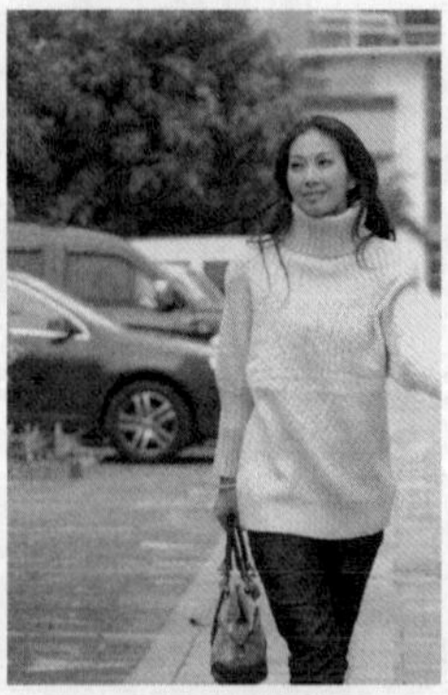

174

【成品规格】胸围104cm，肩袖长55cm，衣长60cm
【工　　具】9号棒针
【材　　料】白色中粗羊毛线750g
【编织密度】26针×32行=10cm²

制作说明：

1. 织后片。按花样针法图从下往上织，起140针，按结构图在腋下加针出袖片，至袖口的合适高度后再在肩线处减针，并注意在后领正中间要收针，留出后领。

2. 织前片。按花样针法图从下往上织，起140针，按结构图在腋下加针出袖片，至袖口的合适高度后再在肩线处减针，并注意在领正中间要收针，留出前领。

3. 织前、后片的上半部分。从前领下部起136针往上编织，注意按图示在前领肩线处的两侧减针，到合适高度后平收针结束。然后再织另1后片的上半部分。前、后片织好后，分别连接两侧侧缝，并和前、后片肩线位置合并。

4. 横向圈织左右袖口。并将其和衣服主体部分连接好。

针法图说明：

第1行：1针上（将前一行挑过的线圈一起并织），挑下1针不织（浮针），1针上。
第2行：1针下，第2针仍织1针下，同时将前一行浮针从正面经过的线挑到右手针上。
第3行：挑下1针不织（浮针），1针上（将前一行挑起的针圈一起并织）。
第4行：1针下，同时将前一行从正面通过的浮线挑到右针上，1针下。

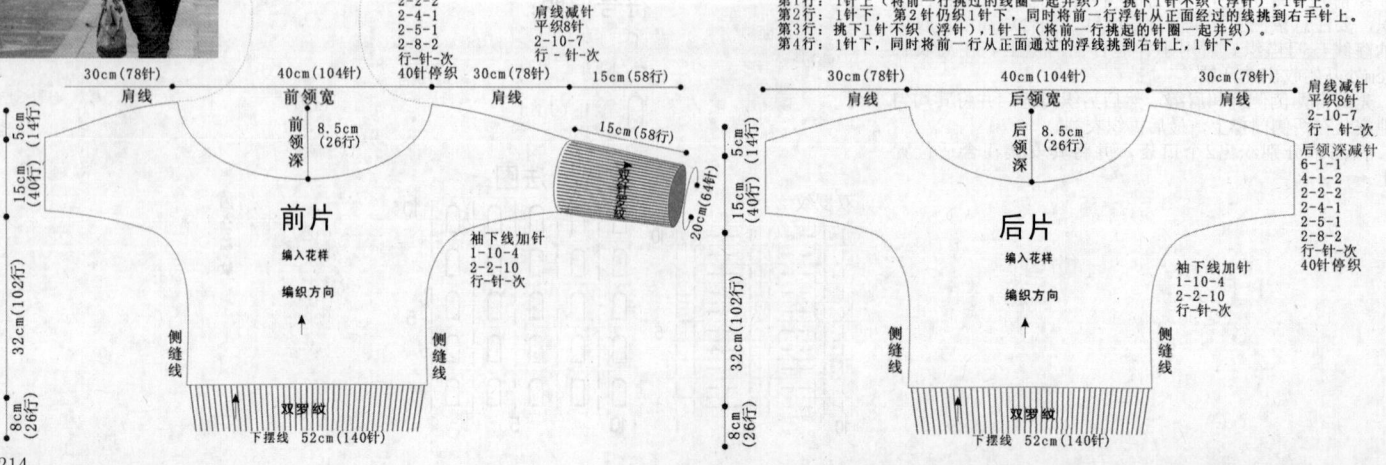

前领深减针
6-1-1
4-1-2
2-2-2
2-4-1
2-5-1
2-8-2
行-针-次
40针停织
肩线减针
平织8针
2-10-7
行-针-次
30cm（78针）
40cm（104针）
30cm（78针）
15cm（58针）
肩线
前领宽
肩线
5cm
(14行)
前领深
8.5cm
(26行)
15cm(58行)
15cm
(40行)
双针罗纹
20cm(64针)
前片
编入花样
编织方向
袖下线加针
1-10-4
2-2-10
行-针-次
32cm（102行）
侧缝线
侧缝线
8cm
(26行)
双罗纹
下摆线 52cm（140针）

30cm（78针）
40cm（104针）
30cm（78针）
肩线减针
平织8针
2-10-7
行-针-次
肩线
后领宽
肩线
5cm
(14行)
后领深
8.5cm
(26行)
后领深减针
6-1-1
4-1-2
2-2-2
2-4-1
2-5-1
2-8-2
行-针-次
40针停织
15cm
(40行)
后片
编入花样
编织方向
袖下线加针
1-10-4
2-2-10
行-针-次
32cm（102行）
侧缝线
侧缝线
8cm
(26行)
双罗纹
下摆线 52cm（140针）

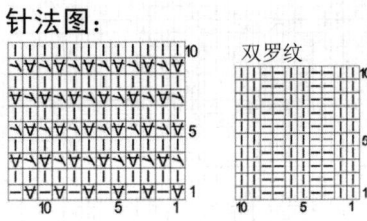

30cm(80针)
25cm (80行)
衣领
前后2片
双罗纹
编织方向
肩线减针
2-2-6
2-4-4
行-针-次
6.5cm (20行)
10cm(28针)
30cm(80针)
10cm(28针)

针法图:

双罗纹
10
5
1

41cm(102针)
3cm (7针)
3cm (7针)
前片
编入花样A
16cm (47行)
臀围线减针
8行平
8-1-9
行-针-次
38cm(94针)
腰围线加针
10行平
4-1-7
行-针-次
33cm (100行)
编织方向
侧缝线
侧缝线
3cm (8行)
双罗纹
下摆线 45cm(112针)

175

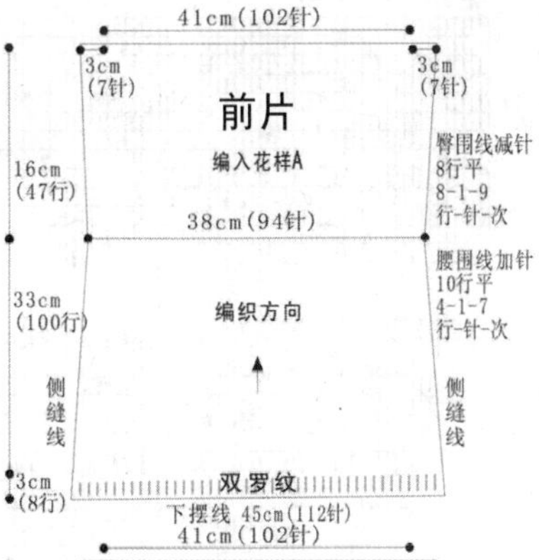

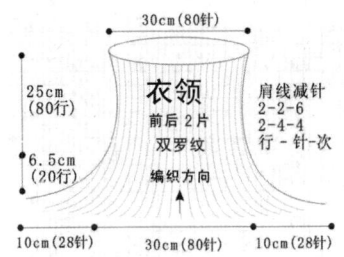

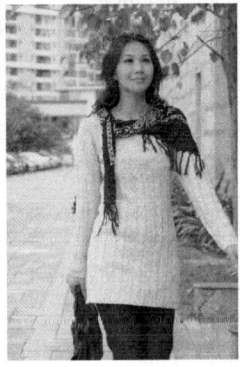

【成品规格】胸围90cm，衣长69cm，肩袖长62cm

【工　　具】9号棒针

【材　　料】羊毛线650g

【编织密度】25针×30行=10cm²

制作说明：

前片、后片各为1片。袖片为左右2片。

1.按结构图先编织后片，编织方向为从下往上，起112针，采用花样编织，按相关图示加、减出臀围线和腰围线。到合适高度将针全部穿好，待用。

2.织前片。起112针，和后面的织法一样，往上织，按相关图示加、减出臀围线和腰围线。到合适高度将针全部穿好，待用。

3.织袖子。起67针往上织，同时要注意在两侧袖下线处按图示加针。到袖壮线处将针全部穿好，待用。

4.先缝合两侧缝，然后将前片、后片和袖片腋下相邻的7针分别合并好。再将前、后片及2个袖片的364针往上织抵肩，具体针法见“抵肩花样针法图”。

5.将织完抵肩收针后的144针继续往上织衣领到合适高度收针。

6.将肘部贴布，用缝纫机缝在袖子的相应位置。

41cm(102针)
3cm (7针)
3cm (7针)
后片
编入花样A
16cm (47行)
臀围线减针
8行平
8-1-9
行-针-次
38cm(94针)
腰围线加针
10行平
4-1-7
行-针-次
33cm (100行)
编织方向
侧缝线
侧缝线
3cm (8行)
双罗纹
下摆线 45cm(112针)

6cm
肘部贴布
(2片)
12cm

袖壮线 32cm(80针)
3cm (7针)
3cm (7针)
袖片
编入花样
42cm(126行)
袖下加针
8行平
8-1-6
10-1-7
行-针-次
编织方向
袖下线
袖下线
3cm (8行)
袖口线 26cm(67针)

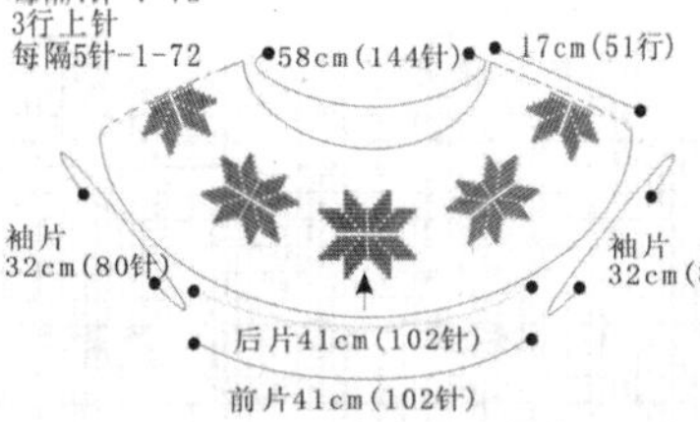

内圈58cm(144针)
外圈144cm(364针)
抵肩减针方法:
每隔3针-1-72
3行上针
每隔4针-1-72
3行上针
每隔5针-1-72
58cm(144针)
17cm(51行)
袖片 32cm(80针)
袖片 32cm(80针)
后片41cm(102针)
前片41cm(102针)

抵肩花样针法图:

50
45
40
35
30
25
20
15
10
5
1
75
70
65
60
55
50
45
40
35
30
25
20
15
10
5
1

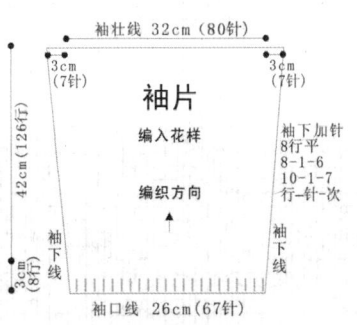

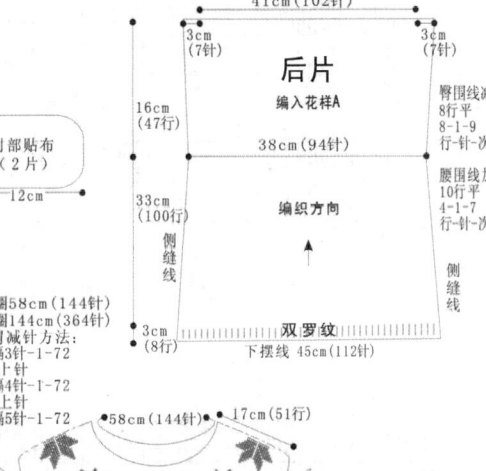

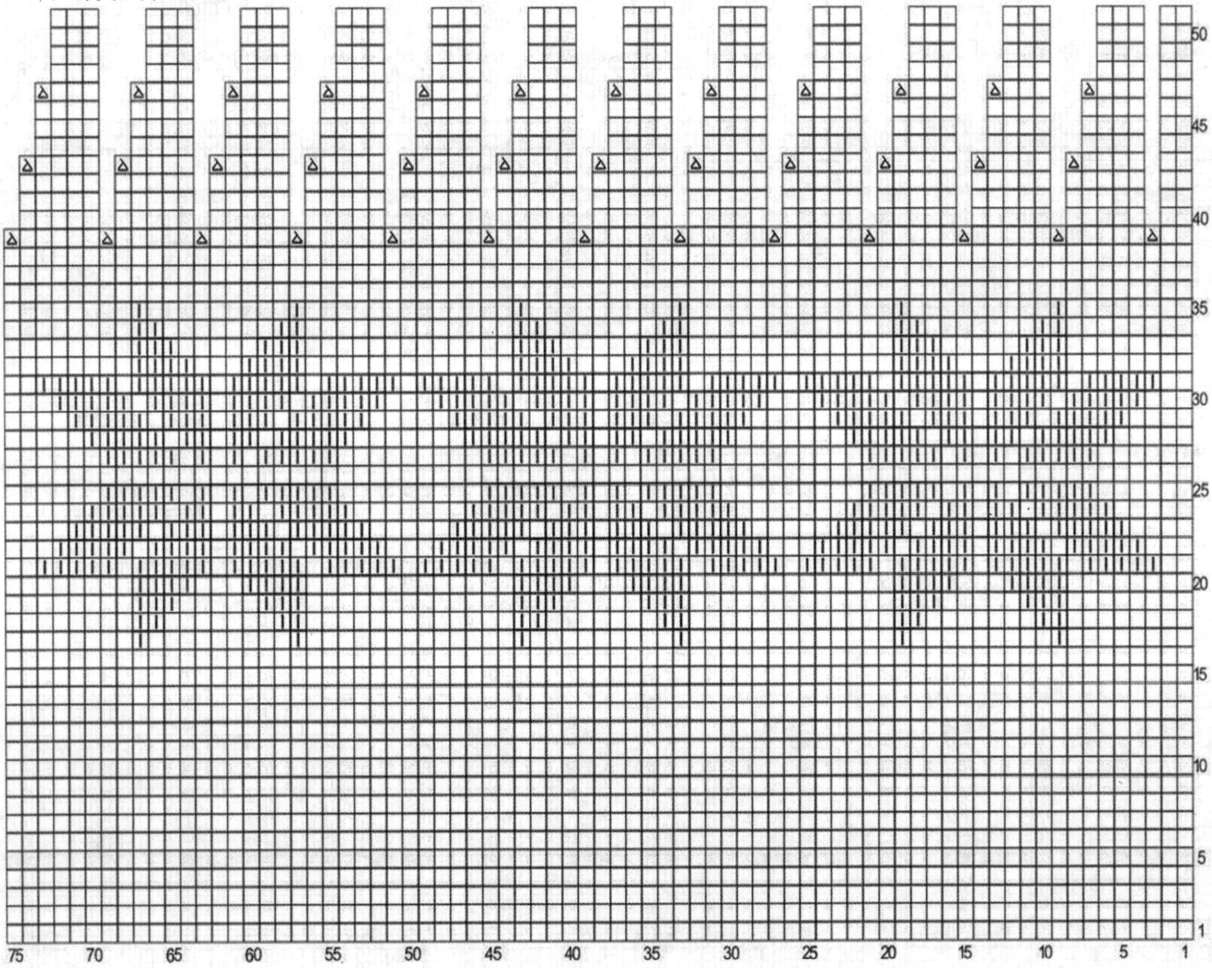

花样针法图：

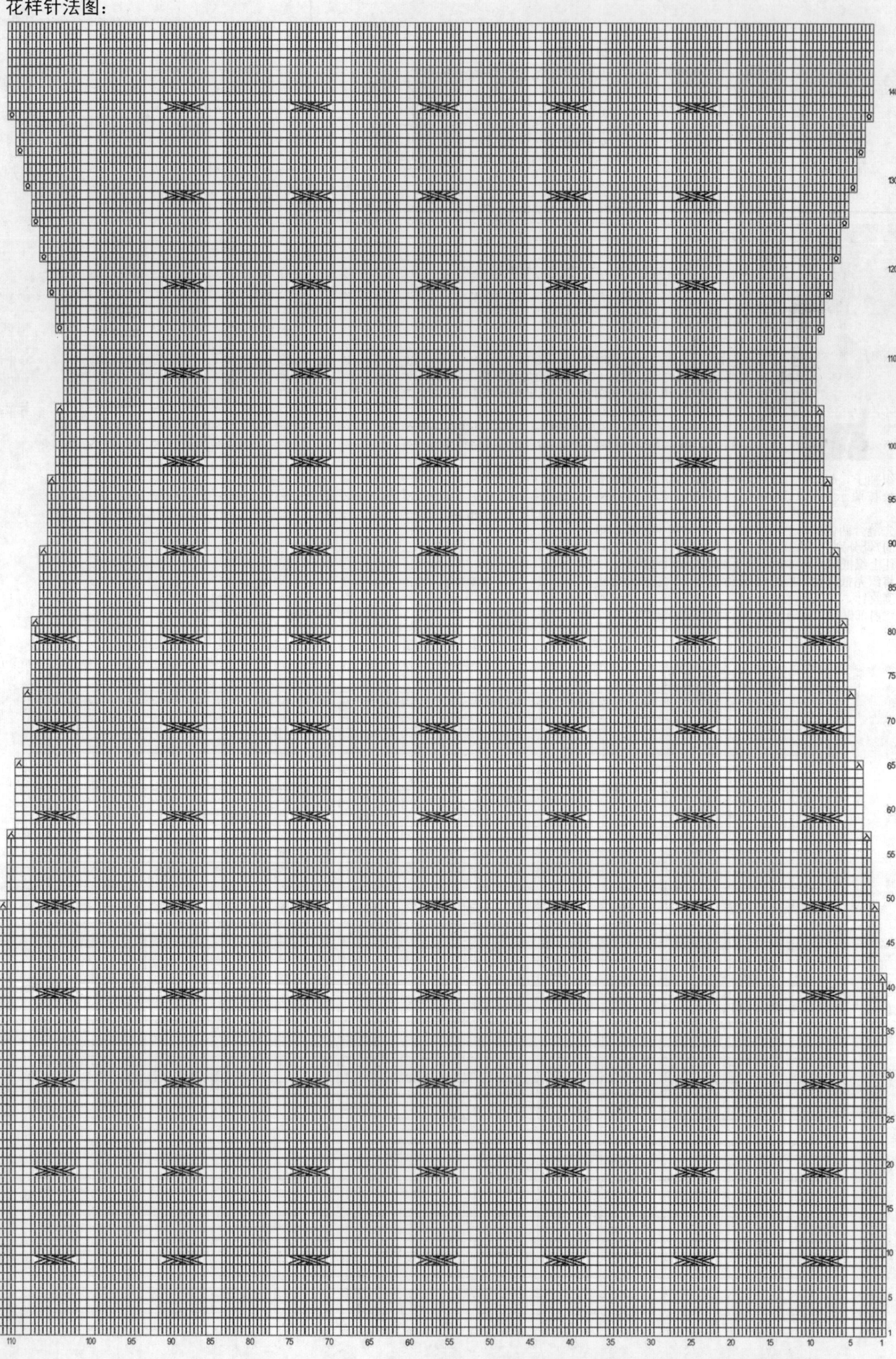

216

176

【成品规格】胸围108cm，肩袖长40cm，衣长63cm

【工　具】10号棒针

【材　料】米色中粗羊毛线650g，2cm胶木纽扣6颗

【编织密度】22针×22行=10cm²

制作说明：

1. 织后片。从一侧袖口处起针往另1个袖口编织。起10针，按结构图在袖下线处加针，到半胸围的合适长度后再减针，织另一袖口后平收针。后片上半部分仍然是按结构图编织，注意在正中间要织出后领。

2. 织前片。从门襟处起66针，往腋下方向编织，到1/4胸围的合适长度后再减针，直到袖口处平收针。同时织好对应的另1个前片。再织前片的上半部分，从前领下起26针往袖口方向编织，注意在前领处的加针和肩线上的减针，到袖口平收针结束。然后再织好另1个前片的上半部分。

3. 前、后片织好后，分别连接上各部分，在两侧侧缝和肩线位置合并。

4. 在领围处按相关图示挑针，往上织衣领；再织好下摆的双罗纹；最后织好门襟和袖口。在门襟的一侧要平均预留6个扣眼，另一侧钉好扣子。

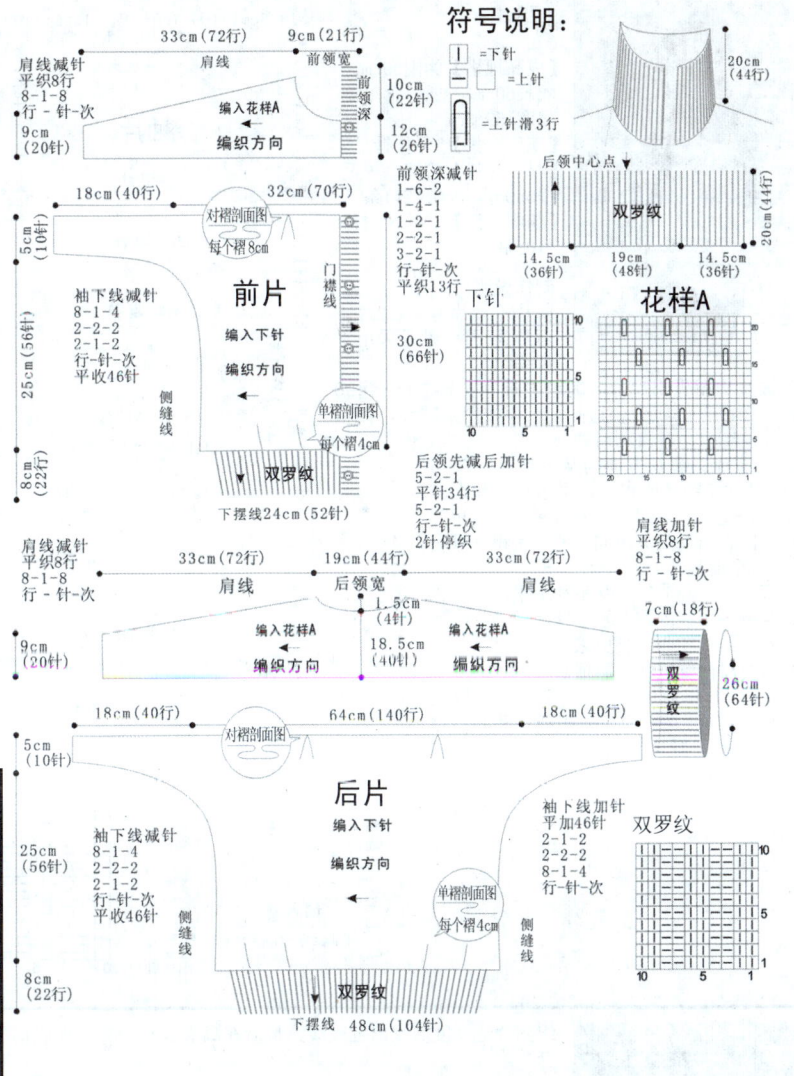

177

【成品规格】胸围97cm，背肩宽37.5cm，衣长82cm，袖长60cm

【工　具】9号棒针

【材　料】红色羊毛红750g

【编织密度】26针×32行=10cm²

制作说明：

前片、袖片为左右2片，后片为1片。

1. 按结构图先织后片。编织方向为从下往上，起126针，采用花样编织，要注意按图上标示的针法减针，到合适高度后收出袖窿线，最后在离衣长1.5cm处开始收后领。将两侧肩线的针穿好，待和前片合并时再用。

2. 织前片。起62针加8针（门襟边），往上织，采用花样编织，要注意按图上标示的针法减针，到合适高度后收出袖窿线，要注意在另一边门襟侧按图示收出前领来。

3. 织袖子。起75针，往上织，同时要注意在两侧袖下线处按图示加针，到袖壮线处按结构图收出袖山来。

4. 先缝合两侧缝和肩缝，然后装袖子。

5. 在前领片两侧的门襟上部按相关图示挑出针来横向编织双罗纹的衣领，到合适高度收针。

6. 按结构图织好腰带和口袋，装在合适位置上。

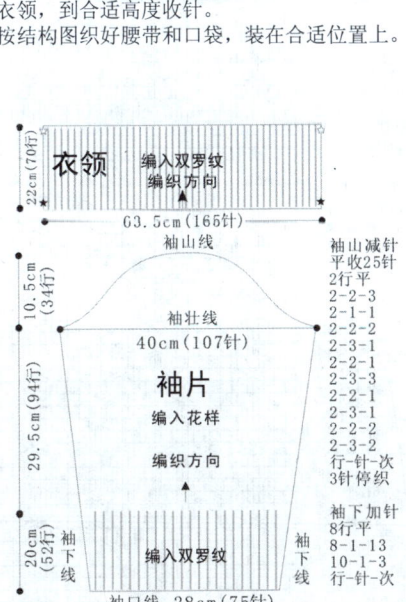

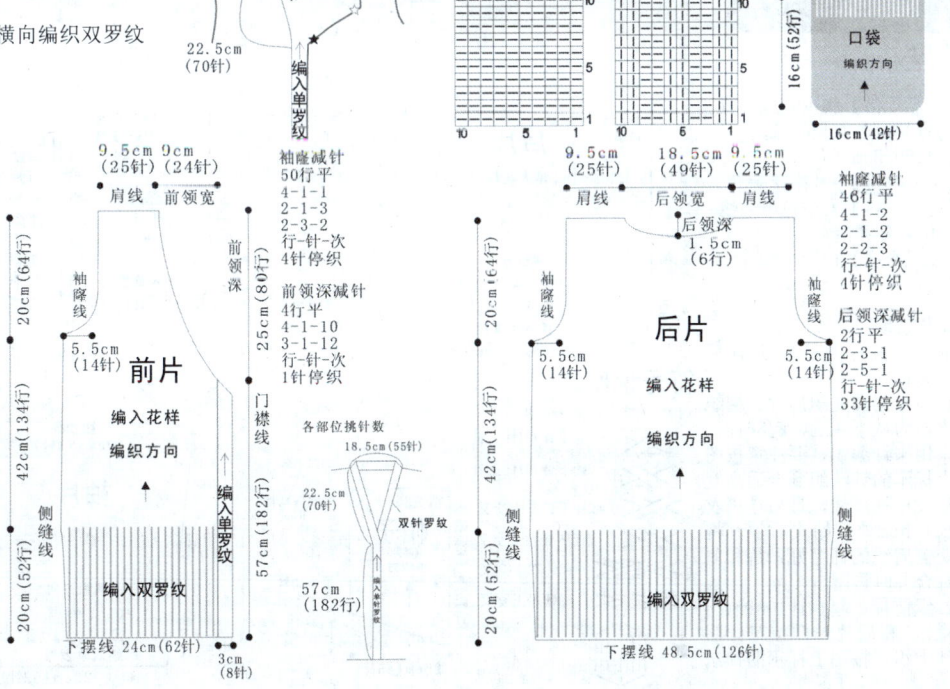

178

【成品规格】胸围99cm，衣长60cm，袖长(含单侧肩宽)59.5cm

【工　具】9号棒针

【材　料】粉红色羊毛线650g，40cm拉链1条

【编织密度】18针×24行=10cm²

制作说明：

前片、袖片为左右2片，后片为1片。都是采用平针编织。

1. 按结构图先织后片。编织方向为从下往上，起90针，以平针编织到合适高度后再按图示减针，按相关针法图收出袖隆和后领。

2. 织前片。编织方向为从下往上，起45针，另加5针（门襟），采用平针编织，织到合适高度后同样按图示减针，按相关针法图收出袖隆。用同样的方法织好对应的另1个前片。

3. 织袖子。起52针，从下往上织，要注意在两侧袖下线处按图示加针，到袖壮线处开始按结构图收出袖山来。

4. 缝合好两侧缝和插肩缝。

5. 在门襟和前衣片的领周围均匀折进1.5cm。安装拉链前可先用线将两侧门襟对齐并固定好，然后用缝纫机安装好拉链。注意不要把拉链暴露在外面。

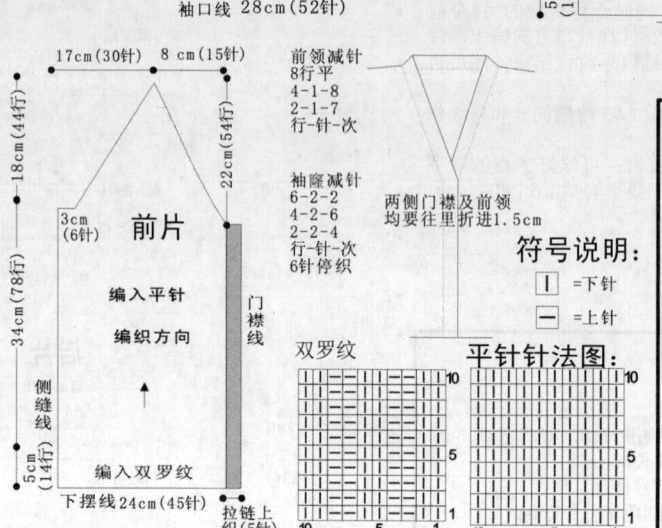

袖片

18.5cm(34针)　7cm(14针)　16cm(29针)
21.5cm(52行)
袖壮线
3cm(5针)　　　　　　3cm(5针)
编入平针
编织方向
35cm(84行)
编入双罗纹
3cm(8行)
袖口线 28cm(52针)
袖下线

袖山中央减针
2行平
2-2-3
行-针-次
10针停织

袖山右减针
6-2-1
4-2-12
2-3-1
行-针-次
5针停织

袖山左减针
4-2-11
2-1-1
行-针-次
5针停织

袖下加针
6行平
6-1-13
行-针-次

后片

19cm(35针)　12.5cm(23针)　19cm(35针)
0.6cm(2行)
21.5cm(52行)
3cm(5针)　　　　　　3cm(5针)
编入平针
编织方向
34cm(78行)
编入双罗纹
5cm(14行)
下摆线 49.5cm(90针)
侧缝线

后领减针
2行平
23针停织

袖隆减针
2行平各2次
4-2-12
2-3-2
行-针-次
5针停织

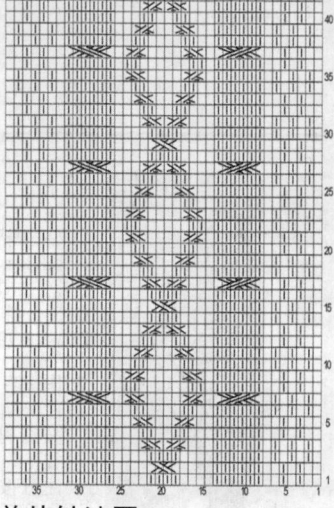

袖片针法图：

前片

17cm(30针)　8cm(15针)
18cm(44行)
3cm(6针)
编入平针
编织方向
34cm(78行)
编入双罗纹
5cm(14行)
下摆线24cm(45针)
拉链上织(5针)
22cm(54行)
门襟线
侧缝线

前领减针
8行平
4-1-8
2-1-7
行-针-次

袖隆减针
6-2-2
4-2-6
2-2-4
行-针-次
6针停织

两侧门襟及前领均要往里折进1.5cm

符号说明：
| = 下针
— = 上针

双罗纹

平针针法图：

织到合适高度后收出袖隆线，最后在离衣长10cm处开始收前领。将两侧肩线的针和后片合并。

3. 织袖子。起52针，往上织，同时要注意在两侧袖下线处按图示加针，到袖壮线处开始按结构图收出袖山来。

4. 先缝合两侧缝和肩缝，然后装袖子。

5. 织帽子。按相关图示起10针，按图加到45针，再往上织花样，织到合适高度收针。织2片，将其合并后安装在衣领位置上。在衣襟上平均安装5颗纽扣。

179

【成品规格】胸围97cm，背肩宽38cm，衣长60cm，袖长59.5cm

【工　具】9号棒针

【材　料】安格拉羊毛线750g，纽扣5颗

【编织密度】18针×22行=10cm²

制作说明：

前片、袖片为左右2片，后片为1片。

1. 按结构图先织后片。编织方向为从下往上，起86针，采用平针编织，要注意按图上标示的针法织到合适高度后收出袖隆线，最后在离衣长1.5cm处开始收后领。将两侧肩线的针穿好，待和前片合并时再用。

2. 织前片。起44针加8针（门襟），和后片一样按花样图往上织，按图上标示的针法

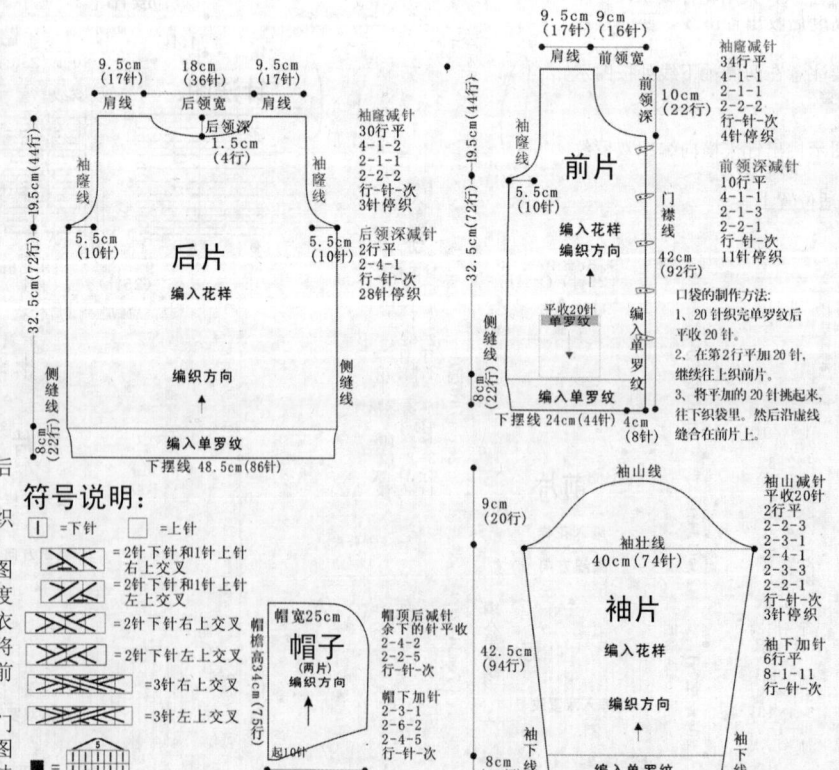

后片

9.5cm(17针)　18cm(36针)　9.5cm(17针)
肩线　　后领宽　　肩线
后领深1.5cm(4行)
19.5cm(44行)
袖隆线
5.5cm(10针)　　　　5.5cm(10针)
编入花样
编织方向
32.5cm(72行)
编入单罗纹
8cm(22行)
下摆线 48.5cm(86针)
侧缝线

袖隆减针
30行平
4-1-2
2-1-1
2-2-2
行-针-次
3针停织

后领深减针
2行平
2-4-1
行-针-次
28针停织

前片

9.5cm(17针)　9cm(16针)
肩线　前领宽
前领深10cm(22行)
19.5cm(44行)
袖隆线
5.5cm(10针)
编入花样
编织方向
门襟线
32.5cm(72行)
平收20针 单罗纹
编入单罗纹
8cm(22行)　42cm(92行)
下摆线24cm(44针)　4cm(8针)

袖隆减针
34行平
4-1-1
2-1-1
2-2-2
行-针-次
4针停织

前领深减针
10行平
4-1-1
2-1-3
2-2-1
行-针-次
11针停织

口袋的制作方法：
1、20针织完单罗纹后平收20针。
2、在第2行平收20针，继续往上织前片。
3、将平加的20针挑起来，往下织成口袋里。然后沿虚线缝合在前片上。

帽子

帽宽25cm
帽檐高34cm(75行)
帽子(两片)
编织方向
起10针
25cm(45针)

帽顶后减针
余外的针平收
2-4-2
2-2-2
行-针-次

帽下加针
2-1-3
2-2-2
2-6-2
行-针-次

袖片

袖山线
9cm(20行)
袖壮线
40cm(74针)
编入花样
编织方向
42.5cm(94行)
编入单罗纹
8cm(22行)
袖口线 28cm(52针)
袖下线

袖山减针
平收20针
2行平
2-2-3
2-3-1
2-4-1
2-1-1
行-针-次
3针停织

袖下加针
6行平
8-1-11
行-针-次

符号说明：
| = 下针　　□ = 上针

= 2针下针和1针上针右上交叉
= 2针下针和1针上针左上交叉
= 2针下针右上交叉
= 2针下针左上交叉
= 3针右上交叉
= 3针左上交叉

■ =

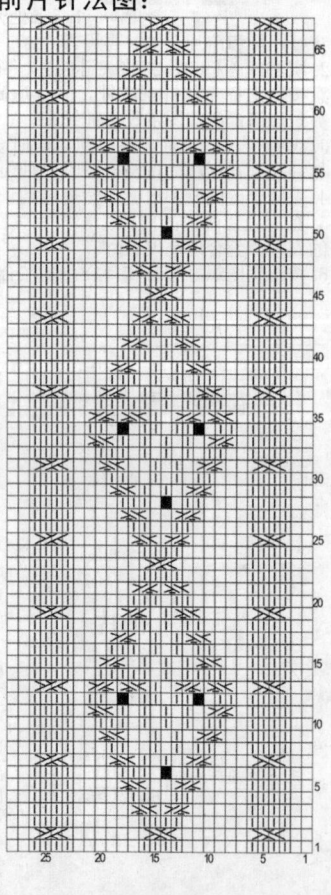

前片针法图：

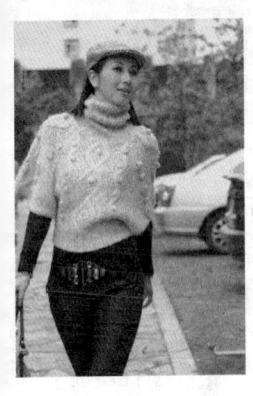

180

【成品规格】胸围85cm，衣长52.5cm，袖长(含单侧肩宽)35cm
【工　　具】10号棒针，12号棒针，14号棒针
【材　　料】粗羊毛线550g
【编织密度】14针×18行=10cm²

制作说明：

前片、后片各为1片，袖片为左右2片。前片采用花样编织方法，后片和袖子采用平针编织。

1. 按结构图先织后片。编织方向为从下往上平针编织，用12号棒针起62针，按结构图编织到合适高度后再按图示减针，按相关图示收出袖窿和后领。
2. 织前片。编织方向为从下往上，和后片一样，起62针织完双罗纹，再采用花样编织到合适高度后同样按图示减针，收出袖窿和衣领。
3. 织袖子。起101针从下往上织，要注意在两侧袖下线处收针，每边先各收20针，到袖壮线处开始按结构图收出袖山来。
4. 缝合好两侧缝和插肩缝。
5. 织衣领。按结构图挑出针来织双罗纹。需要说明的是：为使衣领翻转后更加服帖，从下到上分别选用10号、12号棒针各织3cm，然后换14号棒针织完衣领后收针。

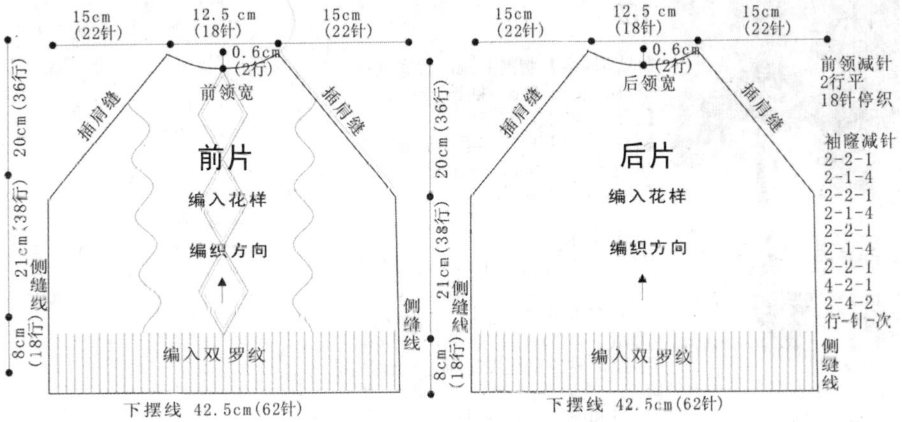

15cm (22针)
12.5cm (18针)
0.6cm (2行)
前领宽
插肩缝
前片
编入花样
编织方向
20cm (36行)
21cm (38行)
8cm (18行)
侧缝线
编入双罗纹
下摆线 42.5cm(62针)
后领宽
后片
前领减针
2行平
18针停织
袖窿减针
2-2-1
2-1-4
2-2-1
2-1-4
2-2-1
2-1-4
2-2-1
4-2-1
2-4-2
行-针-次

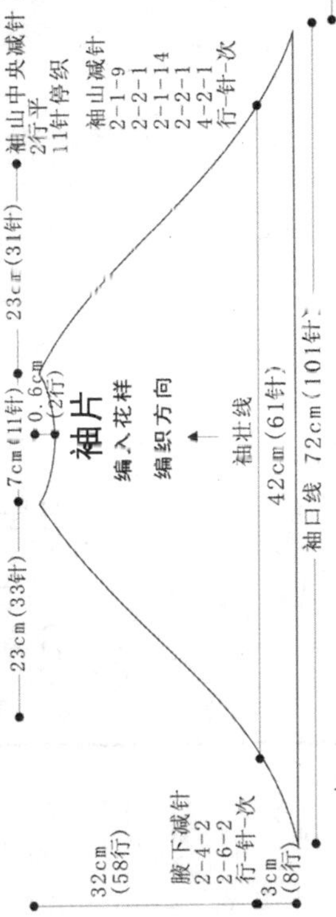

袖山中央减针
2行平
11针停织
袖山减针
2-1-9
2-2-1
2-1-14
2-2-1
4-2-1
行-针-次
23cm (31行)
0.6cm (2行)
7cm (11行)
23cm (33行)
袖片
编入花样
编织方向
袖壮线
42cm (61针)
袖口线 72cm (101针)
腋下减针
2-4-2
2-6-2
行-针-次
32cm (58行)
3cm (8行)

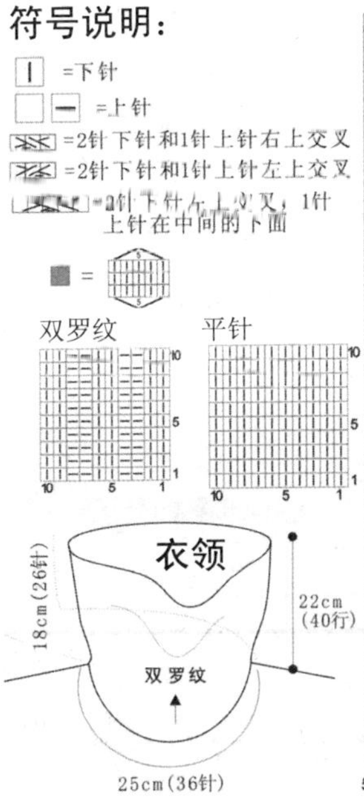

符号说明：
=下针
=上针
=2针下针和1针上针右上交叉
=2针下针和1针上针左上交叉
=2针下针左上交叉，1针上针在中间的下面
双罗纹
平针
衣领
18cm (26针)
22cm (40行)
双罗纹
25cm (36针)

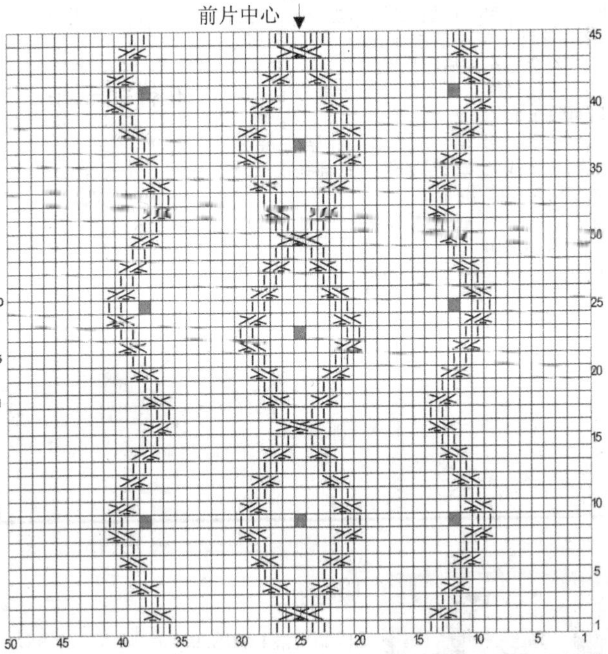

前片中心

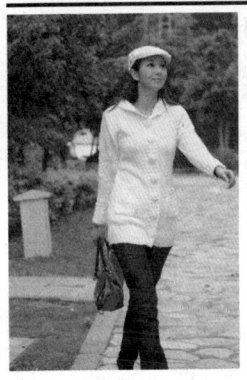

181

【成品规格】胸围97cm，背肩宽38cm，衣长68cm，袖长66.5cm
【工　　具】9号棒针
【材　　料】白灰色中粗羊毛线750g，3cm胶木纽扣7颗
【编织密度】18针×22行=10cm²

制作说明：

前片、袖片为左右2片，后片为1片。

1. 按结构图先织后片，编织方向为从下往上，起89针，采用花样编织，要注意按图上标示的针法到合适高度后收出袖窿线，最后在离衣长1.5cm处开始收后领。将两侧肩线的针穿好，待和前片合并时再用。
2. 织前片。起44针，和后面一样往上按花样图编织，按图上标示的针法到合适高度后收出袖窿线，最后在离衣长9cm处开始收前领。将两侧肩线的针和后片合并。
3. 织袖子。起52针往上按花样图编织，同时要注意在两侧袖下线处按图示加针，到袖壮线处开始按结构图收出袖山来。
4. 先缝合两侧缝和肩缝，然后装袖子。
5. 织帽子。同样按相关图示起10针，再按图加到47针后往上织花样，织到合适高度收针。织2片，将其合并后安装在衣领位置上。然后将门襟边和帽檐一起按图示挑针横向织双罗纹，到合适高度后收针。注意在一侧要预留出扣眼，并平均钉上纽扣。

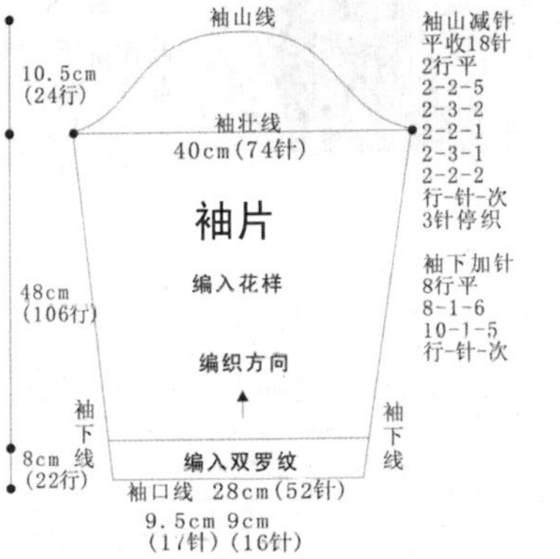

袖山线
10.5cm (24行)
袖壮线
40cm (74针)
袖片
编入花样
编织方向
48cm (106行)
8cm (22行)
编入双罗纹
袖口线 28cm (52针)
袖山减针
平收18针
2行平
2-2-5
2-3-2
2-2-1
2-3-1
2-2-2
行-针-次
3针停织
袖下加针
8行平
8-1-6
10-1-5
行-针-次

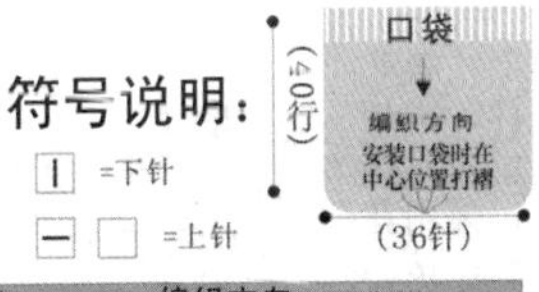

符号说明：
=下针
=上针
口袋
编织方向
安装口袋时在中心位置打褶
(36针)

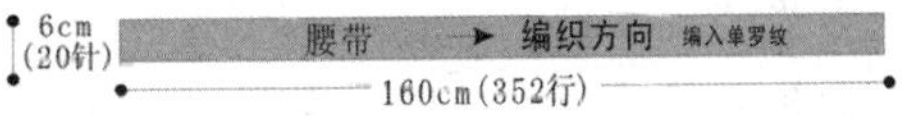

6cm (20针)
腰带
编织方向
编入单罗纹
160cm (352行)

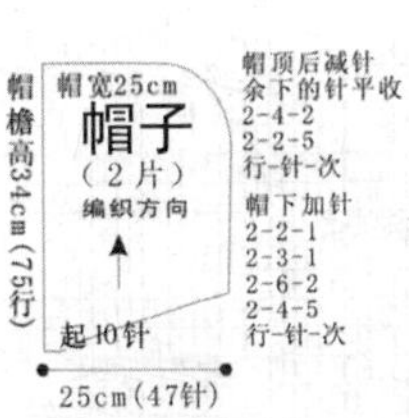

帽宽25cm
帽子
(2片)
编织方向
帽檐高34cm (75行)
帽顶后减针
余下的针平收
2-4-2
2-2-5
行-针-次
帽下加针
2-2-1
2-3-1
2-6-2
2-4-5
行-针-次
起10针
25cm (47针)

包扣的制作方法：

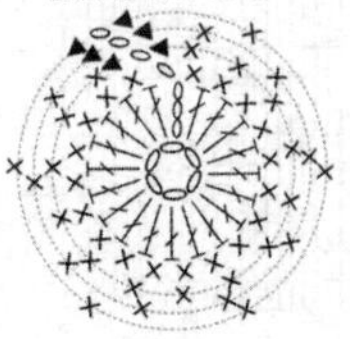

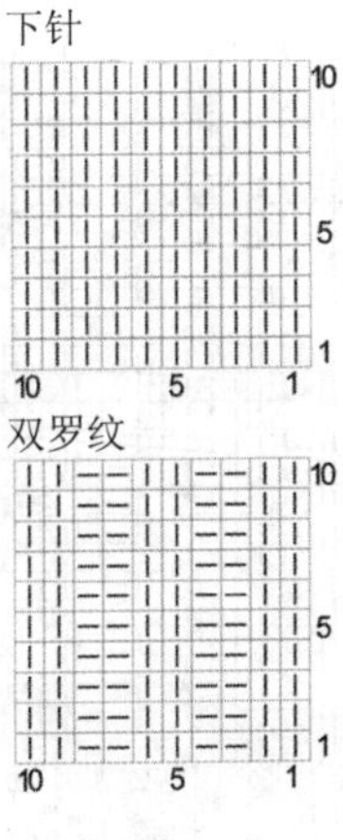

下针
双罗纹

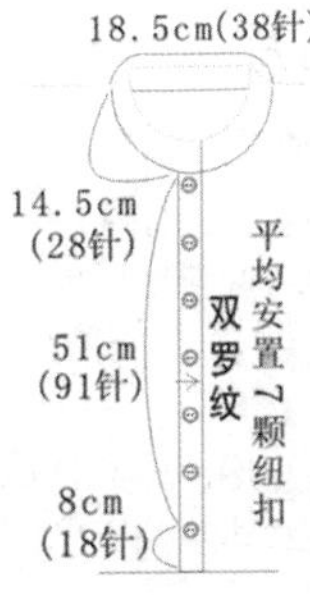

18.5cm (38针)
14.5cm (28针)
51cm (91针)
8cm (18针)
平均安置7颗纽扣
双罗纹

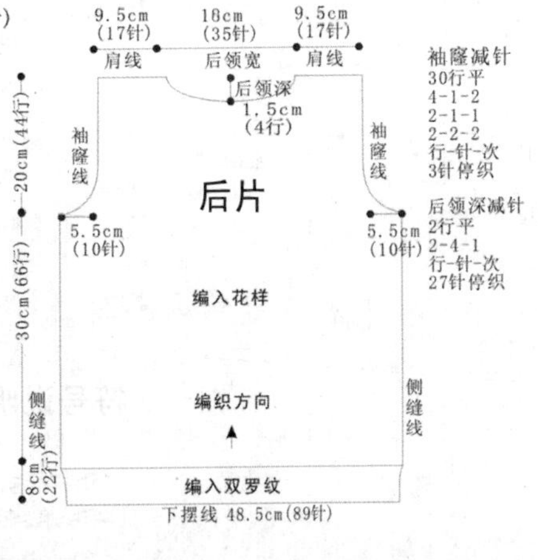

9.5cm (17针)
18cm (35针)
9.5cm (17针)
肩线
后领宽
后领深
1.5cm (4行)
袖窿线
20cm (44行)
5.5cm (10针)
后片
编入花样
编织方向
30cm (66行)
侧缝线
8cm (22行)
编入双罗纹
下摆线 48.5cm (89针)
袖窿减针
30行平
4-1-2
2-1-1
2-2-2
行-针-次
3针停织
后领深减针
2行平
2-4-1
行-针-次
27针停织

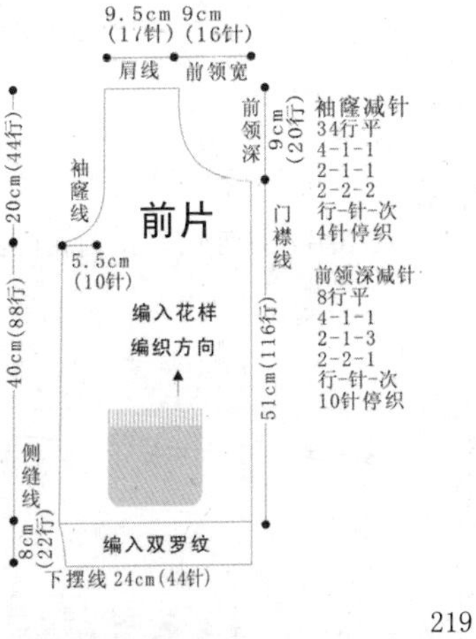

9.5cm (17针)
9cm (16针)
肩线
前领宽
前领深
9cm (20行)
袖窿线
20cm (44行)
5.5cm (10针)
前片
编入花样
编织方向
门襟线
40cm (88行)
51cm (116行)
侧缝线
8cm (22行)
编入双罗纹
下摆线 24cm (44针)
袖窿减针
34行平
4-1-1
2-1-1
2-2-2
行-针-次
4针停织
前领深减针
8行平
4-1-1
2-1-3
2-2-1
行-针-次
10针停织

182

【成品规格】胸围97cm，背肩宽38cm，衣长75cm，袖长58cm
【工　具】7号棒针
【材　料】白色羊毛线550g，黑色羊毛线100g，纽扣5颗
【编织密度】26针×32行=10cm²

制作说明：
前片、袖片为左右2片，后片为1片。
1. 按结构图先织后片。编织方向为从下往上。起126针，采用花样编织，要注意按图上标示的针法减针，到合适高度后收出袖窿线，最后在离衣长1.5cm处开始收后领。将两侧肩线的针穿好，待和前片合并时再用。
2. 织前片。起62针加10针（门襟边），和后面一样往上织，采用花样编织，要注意按图上标示的针法减针，到合适高度后收出袖窿线，要注意在另一边门襟侧按图示加针加出斜襟来，然后再收出前领。
3. 织袖子。起75针往上织，同时要注意在两侧袖下线处按图示加针，到袖壮线处开始按结构图收出袖山来。
4. 先缝合两侧缝和肩缝，然后装袖子。
5. 按图示织出领片。到合适高度收针。先将领片中心位置对准后片领中心位置并暂时固定，然后用手针缝合好。
6. 按结构图织好口袋，装在合适位置上。

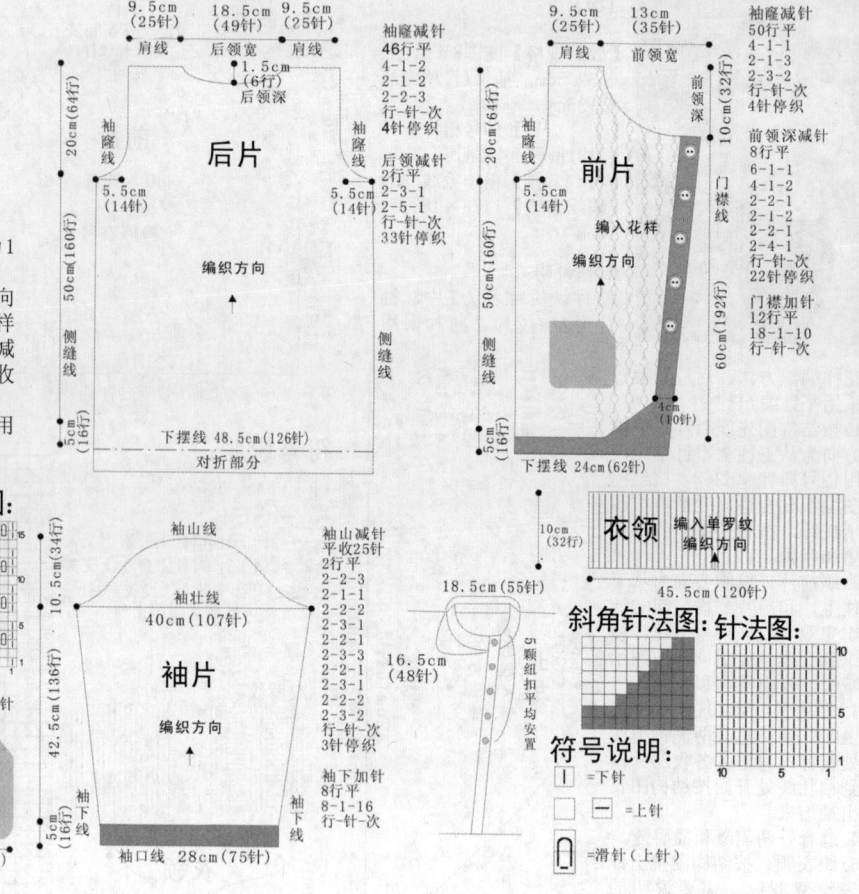

花样针法图：

183

【成品规格】胸围99cm，衣长60cm，袖长(含单侧肩宽)61.5cm
【工　具】10号棒针
【材　料】羊毛线700g，2cm胶木纽扣6颗
【编织密度】18针×24行=10cm²

制作说明：
前片、袖片为左右2片，后片为1片。前片和袖子都是采用同样的花样编织方法，后片采用平针编织。
1. 按结构图先织后片。编织方向为从下往上。起90针，以平针编织到合适高度后再按图示减针，按相关针法图收出袖窿和后领。
2. 织前片。编织方向为从下往上，起45针，采用花样编织，编织到合适高度后同样按图示减针，按相关针法图收出袖窿，然后织好对应的另1个前片。
3. 织袖子。起52针，从下往上织，要注意在两侧袖下线处按图示加针，到袖壮线处开始按结构图收出袖山来。
4. 缝合好两侧缝和插肩缝。
5. 在门襟和衣领周围按图示挑针，横向编织14针双罗纹。并同时平均预留出6个扣眼，在门襟另一侧钉扣子。
6. 按口袋图片织好两个口袋，缝在相应位置。

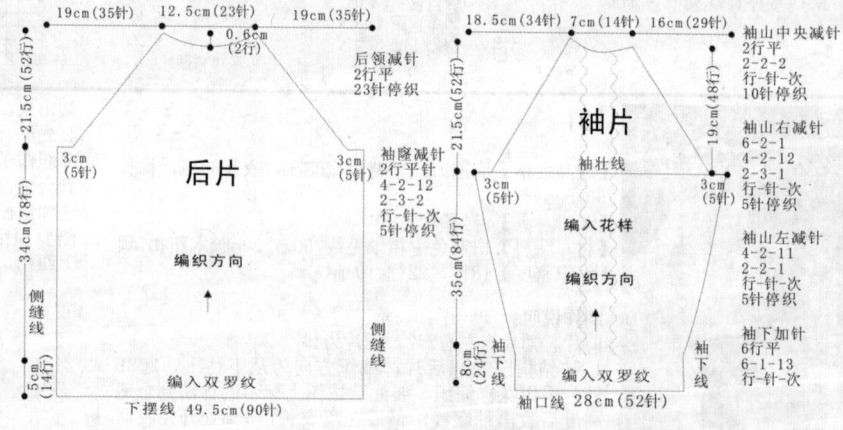

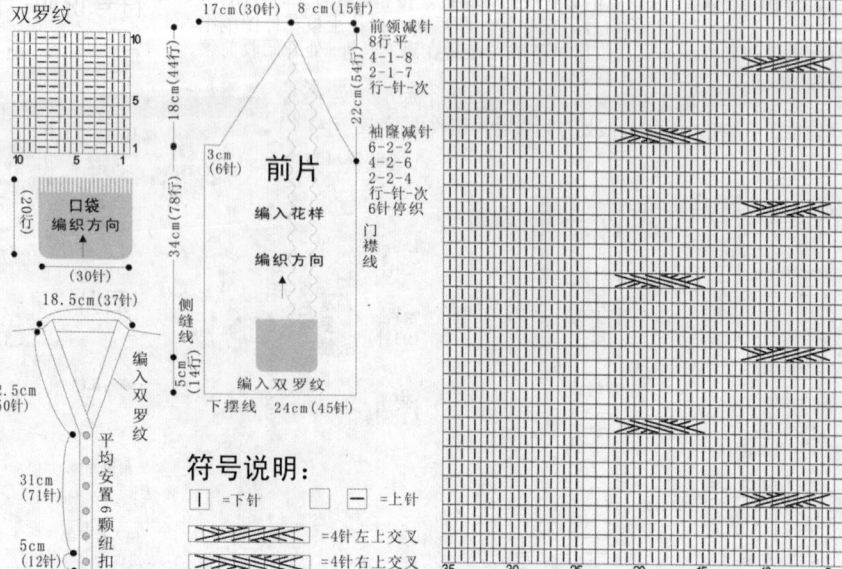

符号说明：

| =下针 | =上针
=4针左上交叉
=4针右上交叉

184

【成品规格】胸围90cm，肩宽38cm，衣长62cm，袖长52cm
【工　具】4.0mm钩针
【材　料】白色毛线500g

后片：
1. 用4.0mm钩针按照下半身图样钩衣服下半身40行。
2. 每4针锁针1针长针，钩3行。
3. 按照上半身图样钩25行分袖子，从第20行开始减针到第37行，减5cm。
4. 从第49行开始，钩后片衣领部位，一直钩到第52行，剪断毛线。

前片：
1. 用4.0mm钩针按照下半身图样钩衣服下半身40行。
2. 钩3行，每4针锁针1针长针。
3. 按照上半身图样钩25行分袖子，从第26行开始减针到第37行，减5cm。
4. 从第40行开始，钩前片衣领部位，一直钩到第52行，切断毛线。

整件衣服收尾：
1. 连接衣服左肩部和右肩部。
2. 连接衣服左侧缝和右侧缝。
3. 拼合衣服袖子，把袖子和衣身拼合。
4. 按照花边图样钩衣服领口。

符号说明：
+ = 短针
= = 锁针
T = 中长针
f = 长针

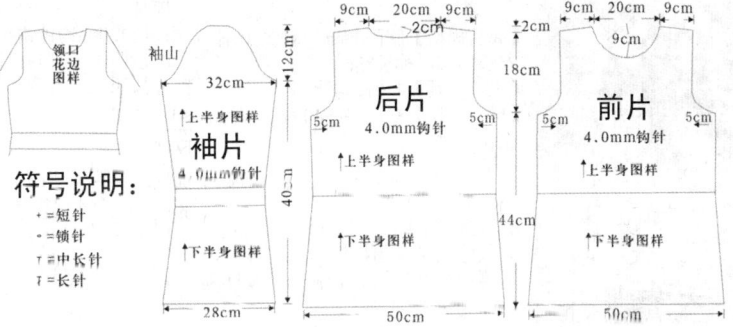

衣服花边
下半身图样

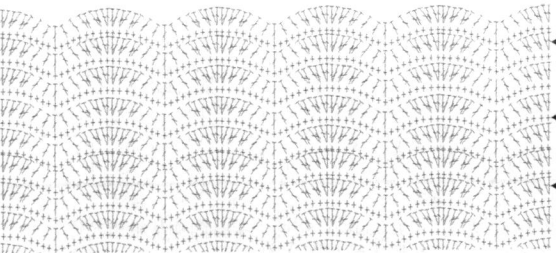

上半身图样

185

【成品规格】胸围88cm，肩宽37cm，衣长52cm，袖长48cm
【工　具】4.0mm钩针
【材　料】白色毛线400g

后片：
1. 用4.0mm钩针按照衣身图样起针，长度为44cm，钩后片。
2. 钩25行后分袖子。
3. 从第40行到第43行，袖窿缩减5cm。
4. 第40行到第43行钩后片衣领部位，并剪断毛线。
5. 在右侧衣领部位，第40行重新起针连接毛线钩到第43行。

前片：
1. 用4.0mm钩针按照衣身图样起针，长度为44cm，钩前片。
2. 钩12行后钩衣服腰部圆圈。
3. 钩11行后分袖子。
4. 从第11行到第16行，袖窿缩减5cm。
5. 第16行后钩衣服领子。

袖子：
1. 用4.0mm钩针按照衣身图样从袖口起针。
2. 钩24行后分袖窿。
3. 袖子长度钩35行。

整件衣服收尾：
1. 连接衣服左肩部和右肩部。
2. 连接衣服左侧缝和右侧缝。
3. 连接袖窿后，把衣身和袖子连接起来。
4. 钩衣服下摆和袖口、领口花边。

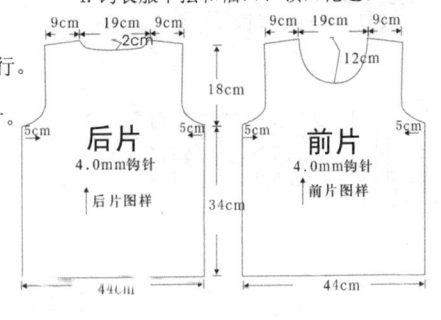

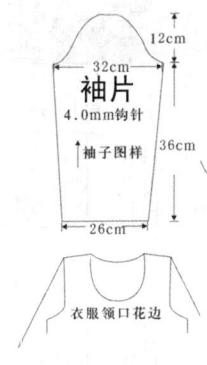

后片和袖子图样

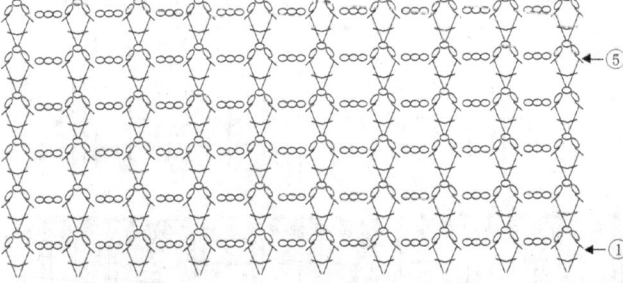

领口腰部图样

第1步　第2步　第3步　第4步

衣服花边

前片图样

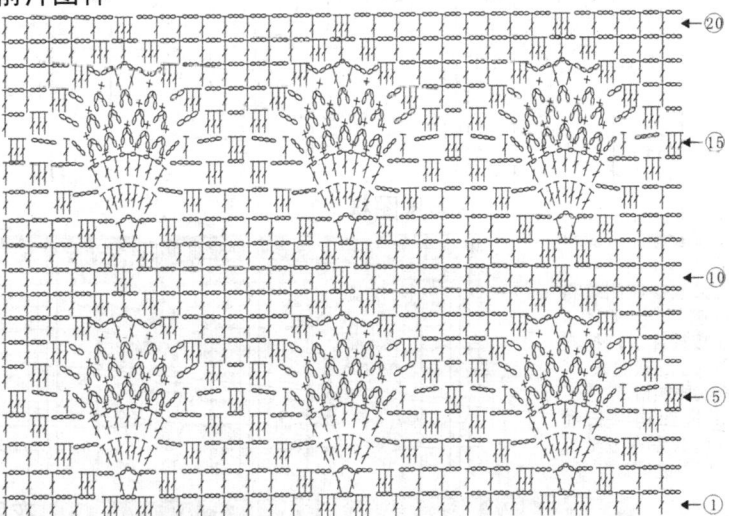

186

【成品规格】胸围88cm，肩宽30cm，衣长58cm，袖长35cm
【工　　具】4.0mm钩针
【材　　料】白色毛线400g

后片：
1. 用4.0mm钩针钩锁针，长度为48cm。
2. 按照下半身图样钩30行。
3. 按照上半身图样钩12行后分袖，从第32行开始钩衣服领子，减针到

28行剪断毛线。

整件衣服收尾：
1. 连接衣服左肩部和右肩部。
2. 连接衣服左侧缝和右侧缝。
3. 拼合衣服袖子，把袖子和衣身拼合。

第35行剪断毛线。
前片：
1. 用4.0mm钩针钩锁针，长度为48cm。
2. 按照下半身图样钩30行。
3. 按照上半身图样钩12行后分袖，从第24行

开始钩衣服领子，减针到第35行剪断毛线。
袖子：
1. 用4.0mm钩针钩锁针，长度为34cm。
2. 按照下半身图样钩18行。
3. 按照上半身图样钩10行后钩袖山，钩到第

符号说明：
+＝短针　T＝中长针
＝锁针　 ＝长针

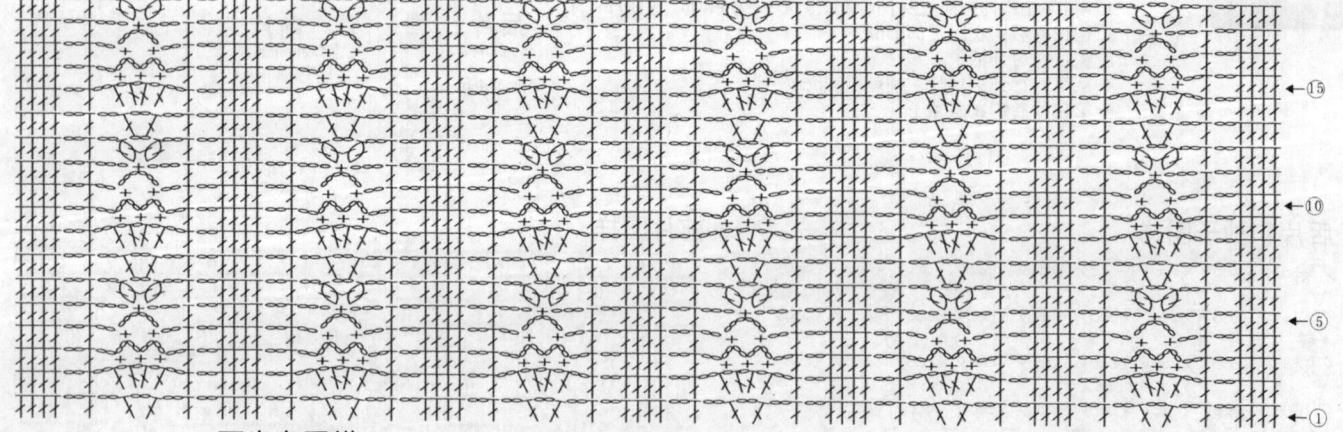

187

【成品规格】胸围88cm，肩宽38cm，衣长50cm，袖长52cm
【工　　具】4.0mm钩针
【材　　料】白色毛线400g

后片：
1. 用4.0mm钩针按照上半身图样从领口起针。
2. 第1行到第3行钩衣服后领。
3. 从第3行到第15行，袖窿缩减5cm，钩到第28行剪断毛线。
4. 按照下半身图样钩10行。

前片：
1. 用4.0mm钩针按照上半身图样从领口起针。
2. 从第3行到第12行钩衣服前领。
3. 从第3行到第15行，袖窿缩减5cm，钩到第28行剪断毛线。
4. 按照下半身图样钩10行。

袖子：
1. 用4.0mm钩针按照上半身图样从袖山起针。
2. 按照上半身图样钩36行。
3. 从袖口重新起针按照下半身图样钩10行。

符号说明：
+＝短针　T＝中长针
＝锁针　 ＝长针

上半身图样

整件衣服收尾：
1. 连接衣服左肩部和右肩部。
2. 连接衣服左侧缝和右侧缝。
3. 连接袖窿后，把衣身和袖子连接起来。
4. 钩衣服领口。
5. 用锁针钩一条绳子，将其系在上半身与下半身之间。

下半身图样

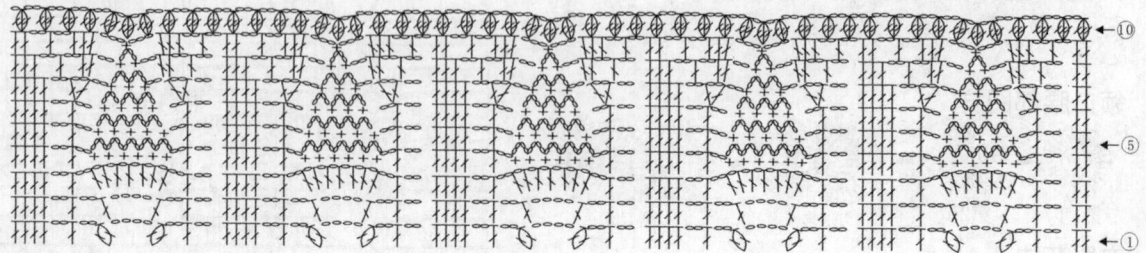

衣服领口花边

188

【成品规格】胸围84cm，肩宽37cm，衣长55cm，袖长52cm
【工　　具】5.0mm钩针
【材　　料】白色毛线400g

前片领口图样

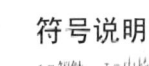
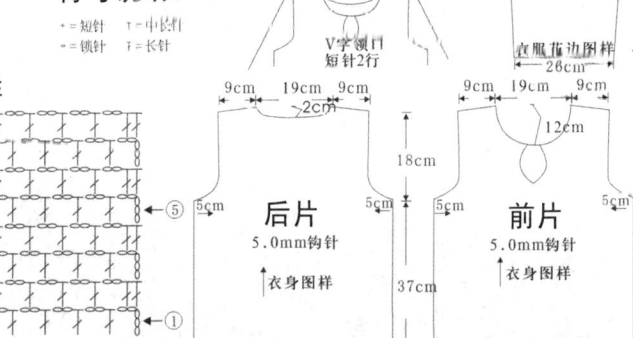

后片：
1. 用5.0mm钩针按照衣身图样起针，长度为45cm，钩后片。
2. 钩14行后分袖子。
3. 从第14行到第20行，袖窿缩减5cm。
4. 第23行到第26行钩后片衣领部位，并剪断毛线。
5. 在右侧衣领部位，第23行重新起针连接毛线钩到第26行。

前片：
1. 用5.0mm钩针按照领口图样钩前片。
2. 拼花2行。
3. 再钩9行衣身图样。

袖子：
1. 用5.0mm钩针按照衣身图样从袖口起针。
2. 袖子钩27行。
3. 从袖口重新起针按照袖片图样钩6行。

整件衣服收尾：
1. 连接衣服左肩部和右肩部。
2. 连接衣服左侧缝和右侧缝。
3. 连接袖窿后，把衣身和袖子连接起来。
4. 钩衣服下摆、袖口、领口花边。
5. V字领口钩短针2行。

符号说明：
+＝短针　ㅜ＝中长针
＝锁针　ㅜ＝长针

衣服下摆、袖口图样

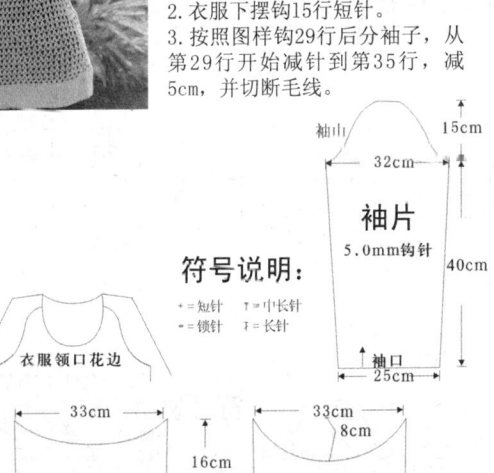

衣身、袖子图样

衣服领口、袖口、下摆花边

189

【成品规格】胸围88cm，肩宽38cm，衣长66cm，袖长55cm
【工　　具】5.0mm钩针
【材　　料】白色毛线400g

后片：
1. 用5.0mm钩针钩锁针，长度为50cm。
2. 衣服下摆钩15行短针。
3. 按照图样钩29行后分袖子，从第29行开始减针到第35行，减5cm，并切断毛线。

前片：
1. 用5.0mm钩针钩锁针，长度为50cm。
2. 衣服下摆钩15行短针。
3. 按照图样钩29行后分袖子，从第29行到第35行减针，减5cm，并剪断毛线。

整件衣服收尾：
1. 连接衣服左肩部和右肩部。
2. 连接衣服左侧缝和右侧缝。
3. 拼合衣服袖子，把袖子和衣身拼合。
4. 按照花边图样钩衣服领口短针5行。
5. 钩衣服袖口和下摆短针15行。

图样

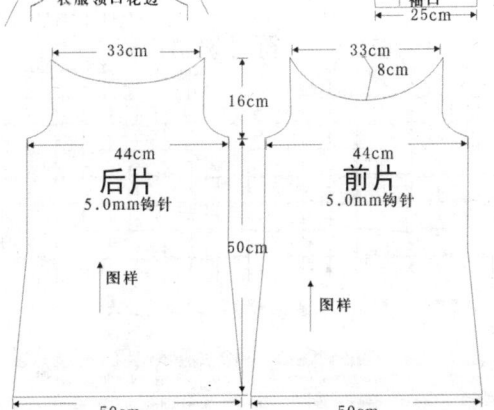

符号说明：
+＝短针　ㅜ＝中长针
＝锁针　ㅜ＝长针

衣服外围、领口、袖口花边图样

190

【成品规格】胸围88cm，肩宽37cm，衣长55cm，袖长35cm
【工 具】4.0mm钩针
【材 料】杏色毛线450g

后片：
1. 用4.0mm钩针按照衣身拼花图样拼16个花。
2. 钩13行后再拼12个花。
3. 钩7行后再拼12个花。
4. 钩6行后分袖子，从第21行到第26行钩后片衣领。
5. 拼花一行，并将其作为领口。

前片：
1. 用4.0mm钩针按照衣身拼花图样拼16个花。
2. 钩13行后再拼12个花。
3. 钩7行后再拼12个花。
4. 钩6行后分袖子，从第13行开始分领子，第26行剪断毛线。
5. 拼花一行作为领口。

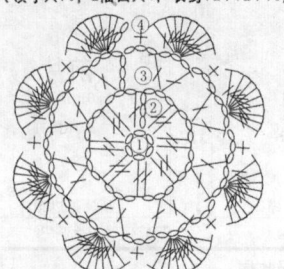

花×58个图样
（领子×10，2袖口×4，衣身12+12+16）

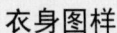

袖子：
1. 用4.0mm钩针按照衣身拼花图样拼成4个花。
2. 按照衣身图样钩20行后分袖，袖子长度为33行。

领子拼花

整件衣服收尾：
1. 连接衣服左肩部和右肩部。
2. 连接袖缝。
3. 把衣身和袖子连接起来。

符号说明：
+＝短针　T＝中长针
＝锁针　T＝长针

袖片 4.0mm钩针
衣身图样
12cm　32cm　23cm
9cm　19cm　9cm　2cm
28cm

后片 4.0mm钩针
衣身图样
5cm　5cm　18cm　37cm
44cm

前片 4.0mm钩针
衣身图样
9cm　19cm　9cm　10cm
5cm　5cm
44cm

衣身图样

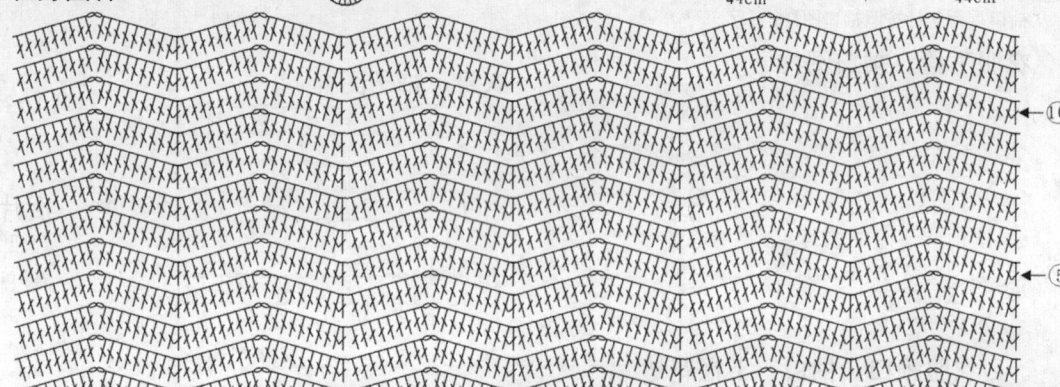

← 10
← 5
← 1

191

【成品规格】胸围88cm，肩宽38cm，衣长53cm，袖长52cm
【工 具】4.0mm钩针
【材 料】杏色毛线400g

后片：
1. 用4.0mm钩针按照衣身图样起针44cm。
2. 按照衣身图样钩后片。
3. 从第28行到第39行，袖窿缩减5cm。
4. 第48行到第50行钩后片衣领部位，并剪断毛线。
5. 在右侧衣领部位，第48行重新起针连接毛线钩到第50行。

前片：
1. 用4.0mm钩针按照衣身图样起针44cm。
2. 按照衣身图样钩前片。
3. 第32行到第50行钩前片衣领部位，并剪断毛线。
4. 在右侧衣领部位，第32行重新起针连接毛线钩到第50行。

袖子：
1. 用4.0mm钩针按照衣身图样从袖口起针。
2. 袖子钩48行。
3. 袖口钩下摆图样10行。

整件衣服收尾：
1. 连接衣服左肩部和右肩部。
2. 连接衣服左侧缝和右侧缝。
3. 连接袖缝后，把衣身和袖子连接起来。
4. 钩衣服领口两层。
5. 钩袖口和下摆。

袖片 4.0mm钩针
衣身图样
下摆图样
12cm　40cm　28cm

9cm　20cm　9cm　2cm
9cm　20cm　9cm　13cm
18cm　35cm
5cm　5cm　5cm　5cm

后片 4.0mm钩针
衣身图样
衣服下摆图样
44cm

前片 4.0mm钩针
衣身图样
衣服下摆图样
44cm

衣身图样

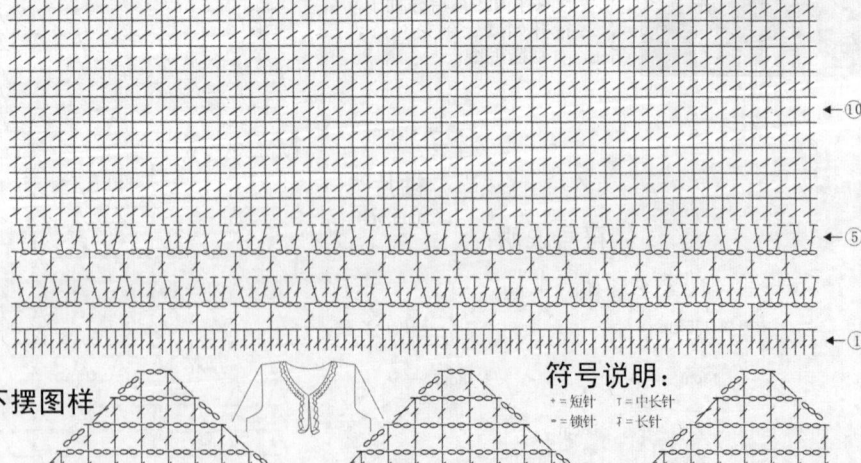

← 10
← 5
← 1

符号说明：
+＝短针　T＝中长针
＝锁针　T＝长针

下摆图样

← 5
← 1

领口图样　下摆花边

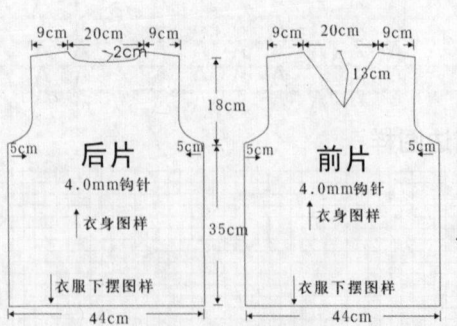

192

【成品规格】衣长50cm，胸围84cm，袖长55cm
【工　　具】2.0mm钩针，毛线缝合针
【材　　料】浅褐色毛线600g

制作说明：
如制作图所示，分片编织后缝合。然后沿结
构图所示虚线段位置钩锁针辫子，作为腰
带，用于装饰。

符号说明：
+＝短针　T＝长针
=＝锁针

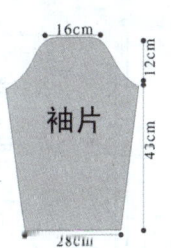

A型花样　　B型花样

□　　■

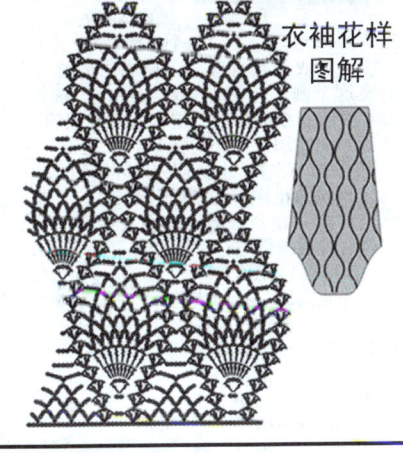

A型花样

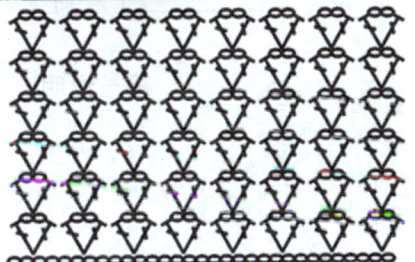

衣边花样图解

B型花样

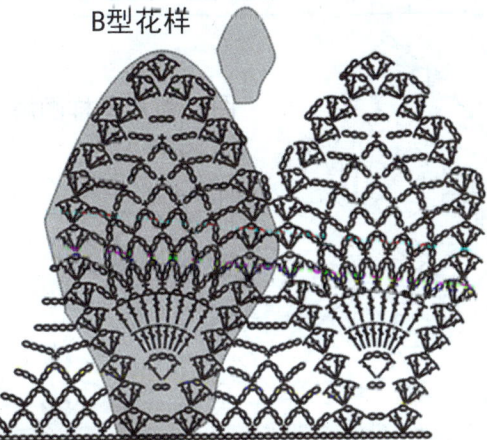

衣袖花样
图解

193

【成品规格】胸围84cm，肩宽38cm，
衣长53cm，袖长50cm
【工　　具】4.0mm钩针
【材　　料】杏色毛线400g

后片：
1.用4.0mm钩针按照图样1起
42cm长锁针。
2.按照图样1钩后片10行后
分袖，从第11行到第19行，
袖窿缩减5cm。
3.第26行到从第28行钩片后片
衣领部位，并剪断毛线。
4.在右侧衣领部位，第26行重新起针连接毛线钩到第28
行。
5.按照图样2从侧缝起针钩衣服下半身。

前片：
1.用4.0mm钩针按照图样1起42cm长锁针。
2.按照图样1钩后片10行后分袖，从第11行到
第19行，袖窿缩减5cm。
3.第16行到从第28行钩片前片衣领部位。
4.按照图样2从侧缝起针钩衣服。

袖子：
1.用4.0mm钩针按照图样2从袖中起针钩24行。
2.袖中到袖口钩图样1，长度16行。
3.袖中到袖山钩26行，如图样1。

整件衣服收尾：
1.连接衣服左肩部和右肩部。
2.连接衣服左侧缝和右侧缝。
3.连接袖窿后，把衣身和袖子连接起来。
4.钩衣服领口花边，袖口和下摆钩长针一
行。

符号说明：
+＝短针　T＝长针
=＝锁针

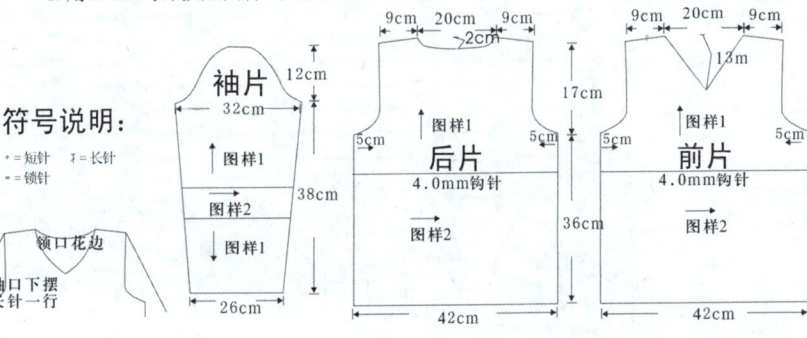

图样1

图样2

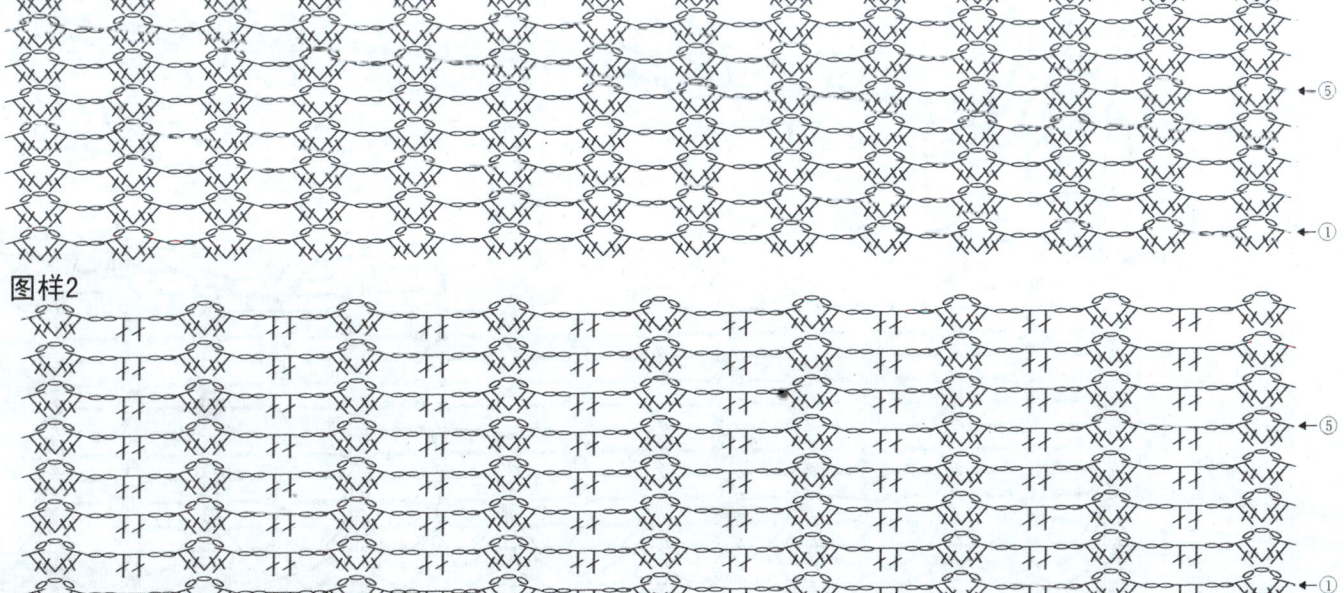

领口花边

194

【成品规格】胸围104cm，肩宽26cm，衣长60cm，袖长52cm

【工　具】2.5mm钩针

【材　料】浅棕色圆棉线600g

制作说明：

1. 钩针编织法。单元花与片钩组合，插肩款钩衣。

2. 先钩织单元花A，一共4个，将4个单元花首尾连接成钩衣的腰身部分，形成一个圆。然后围绕这个圆，向两端钩织衣身，一端钩织成衣服的衣摆部分，一端钩织成衣服的上身部分，钩织顺序不分先后。下摆部分共钩织15行花样；上身部分，环绕钩织18行相同的花样后，开始分片钩织菠萝花样，并在两侧减针钩织成袖隆。前后片的减针方法不同，详细钩法参照图1与图2。

3. 衣袖片的钩织。衣袖从袖口起钩，起20cm长的锁针起钩花样，两侧逐渐加针钩织，加至第30行，由10个花样组加成16个花样组。从31行开始，两侧减针钩织袖山部分，详细减针方法见图3，共减20行，最后剩余4个花样组。最后沿着袖口钩织一圈花边锁边。

4. 缝合。本款钩衣没有肩部的缝合，只有袖山与袖隆的缝合。

5. 缝合完成后，沿着领口边钩织图4花边，共4行花样。

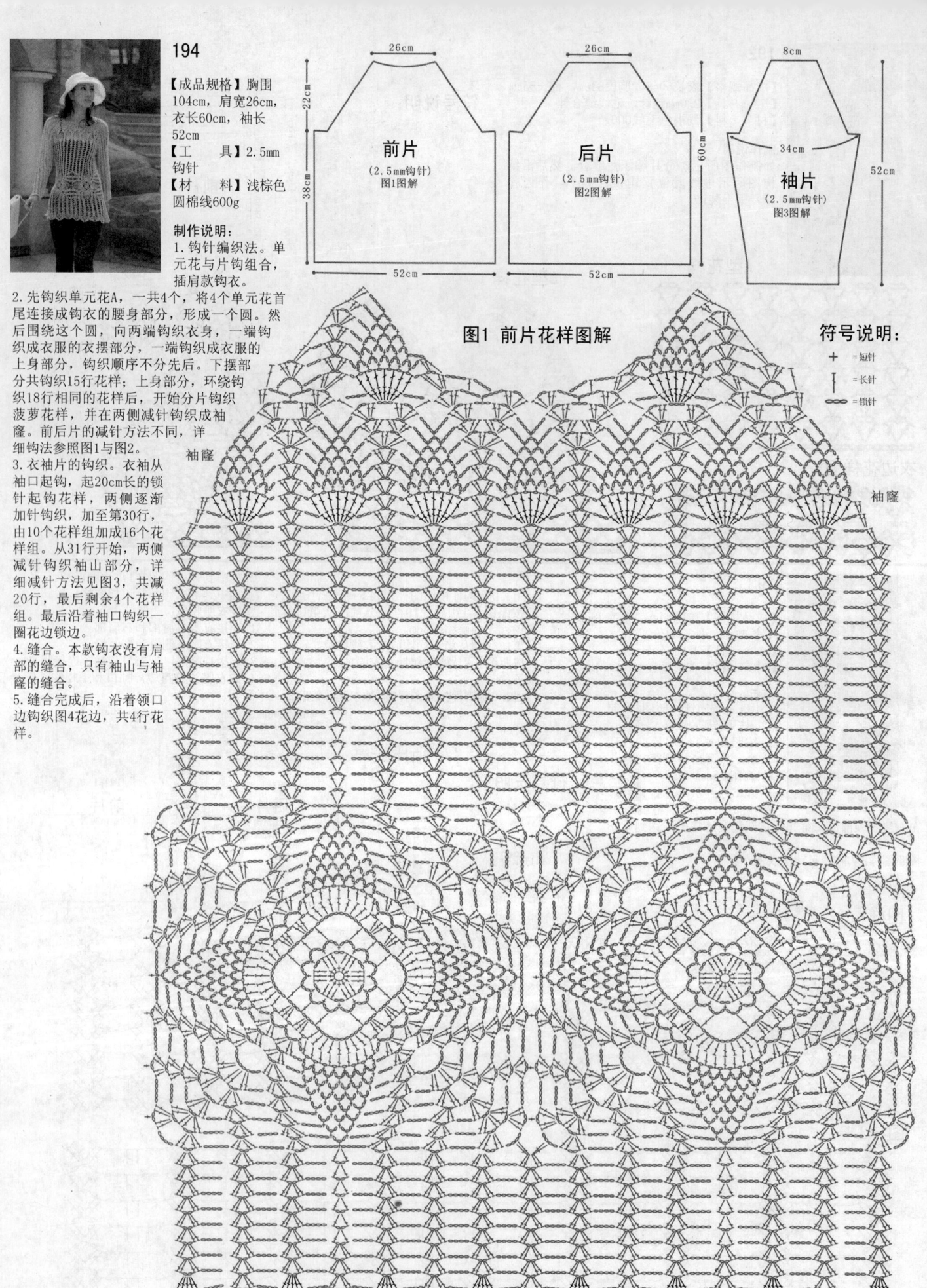

前片 (2.5mm钩针) 图1图解

后片 (2.5mm钩针) 图2图解

袖片 (2.5mm钩针) 图3图解

26cm　26cm　8cm

22cm　38cm　60cm　52cm

52cm　52cm　34cm

图1 前片花样图解

符号说明：
+ ＝短针
| ＝长针
∞ ＝锁针

袖隆

图2 后片花样图解

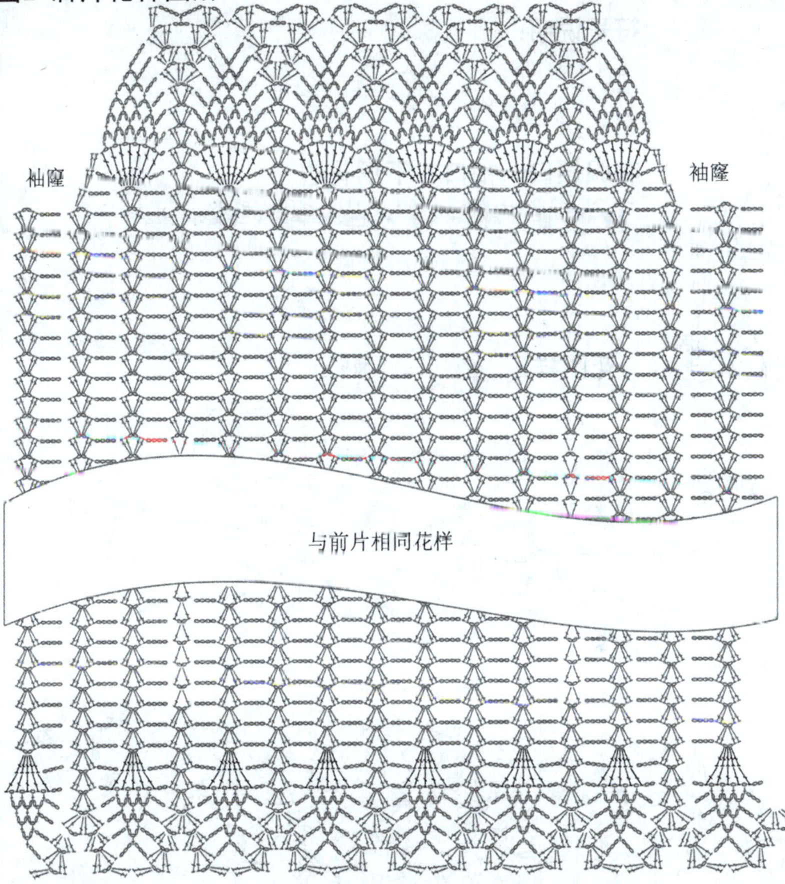

袖窿　　　　　　　　　　　　　　　　　　袖窿

与前片相同花样

单元花A

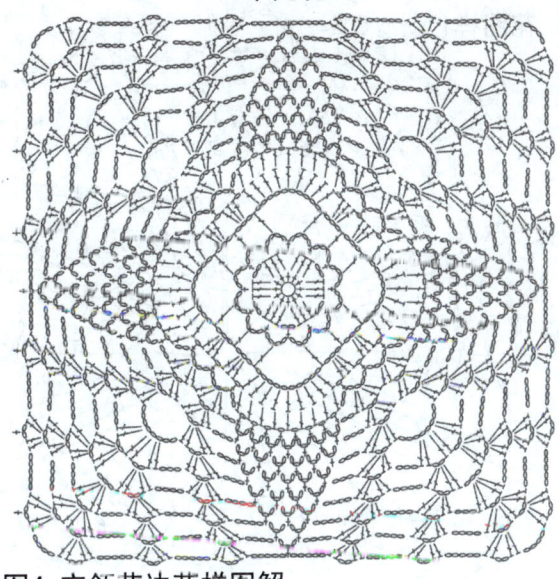

图4 衣领花边花样图解

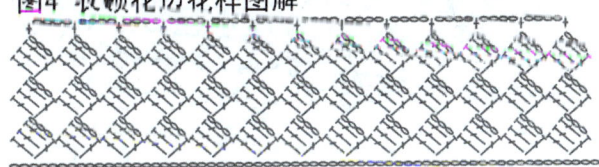

图3 衣袖花样图解

至袖窿30行

195

【成品规格】胸围88cm，肩宽37cm，
衣长55cm，袖长52cm
【工　　具】4.0mm钩针
【材　　料】褐色毛线450g

后片：
1. 用4.0mm钩针按照衣身图样起针，
长度为44cm，钩后片。
2. 钩拼花图样1和花图样2。
3. 袖窿缩减5cm。
4. 左右侧面钩图样1，往侧缝方向钩
花。
5. 下摆部分钩图样2。

前片：
1. 用4.0mm钩针按照衣身图样起针，长度为44cm，钩前片。
2. 钩花2个，拼花图样1和花图样2。
3. 袖窿缩减5cm。
4. 左右侧面钩图样1，往侧缝方向钩花。
5. 下摆部分钩图样2。

袖子：
1. 用4.0mm钩针按照衣身图样从袖口起针。
2. 袖子钩5行拼花。
3. 袖口钩花边1行。

整件衣服收尾：
1. 连接衣服左肩部和右肩部。
2. 连接衣服左侧缝和右侧缝。
3. 连接袖窿后，把衣身和袖子连接起来。
4. 钩衣服下摆、袖口和领口花边。

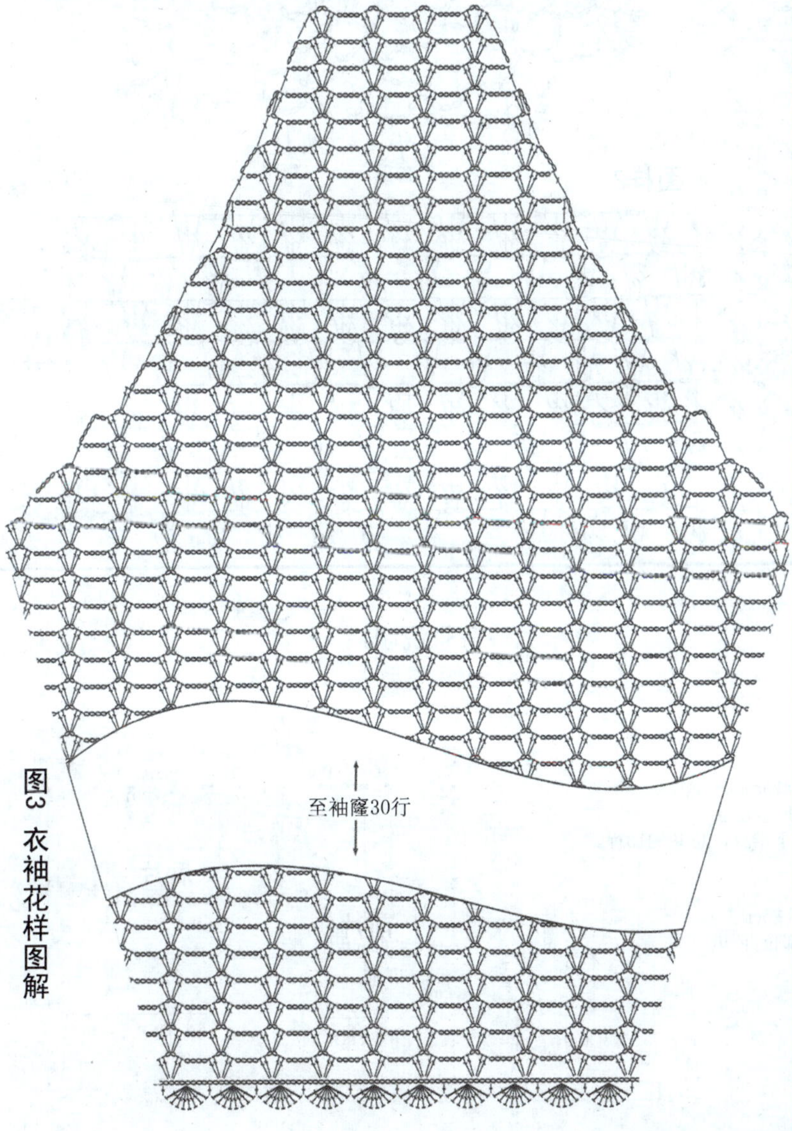

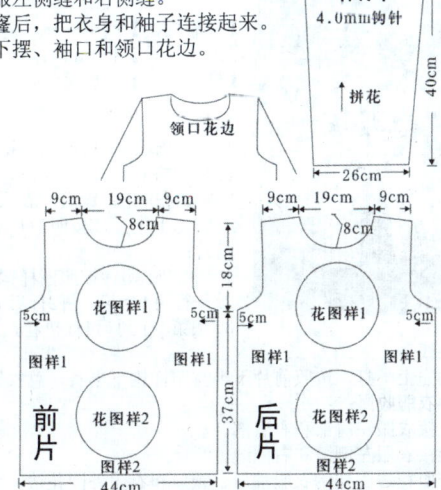

袖片
4.0mm钩针

拼花

2cm

40cm

26cm

领口花边

9cm 19cm 9cm　　　9cm 19cm 9cm

8cm　　　　　8cm

18cm

5cm 花图样1 5cm　5cm 花图样1 5cm

图样1　　图样1　　图样1　　图样1

前片 花图样2　　后片 花图样2

图样2　　　　图样2

44cm　　　　44cm

37cm

227

花图样1

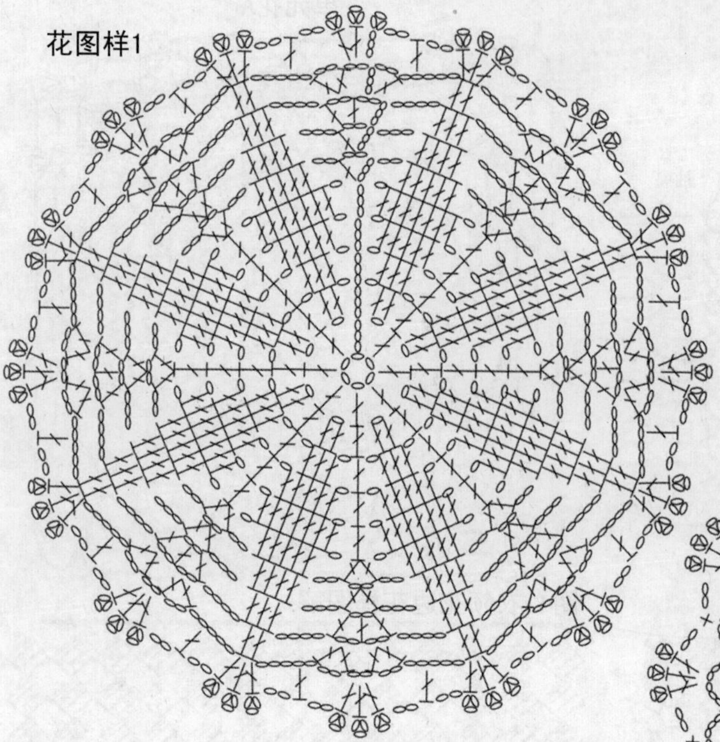

符号说明：
+=短针　T=中长针
=锁针　f=长针

衣服领口、袖口、下摆花边

花图样2

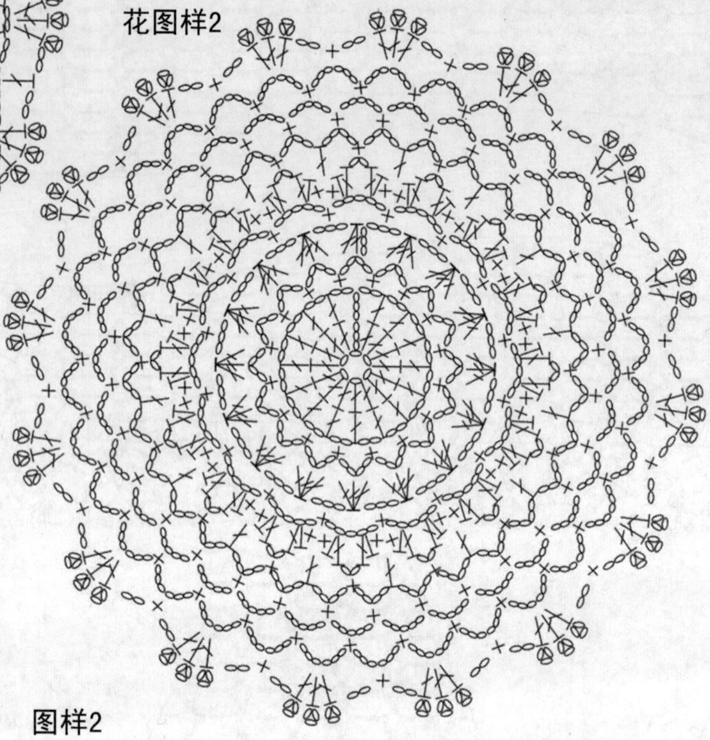

图样1

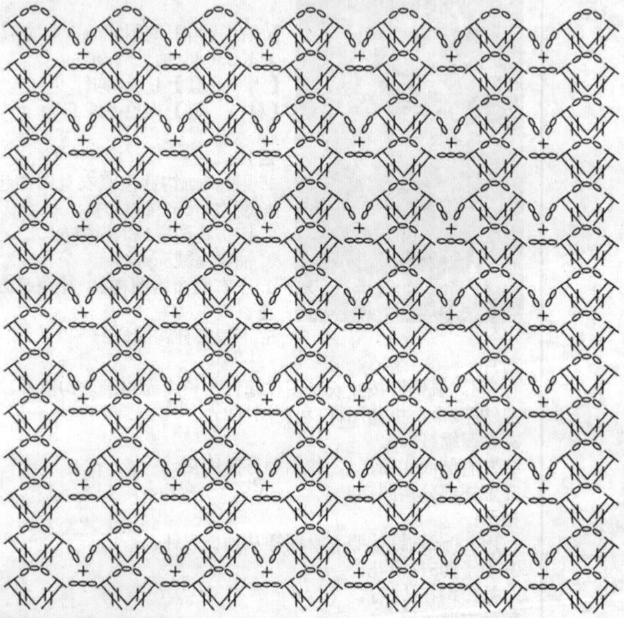

图样2

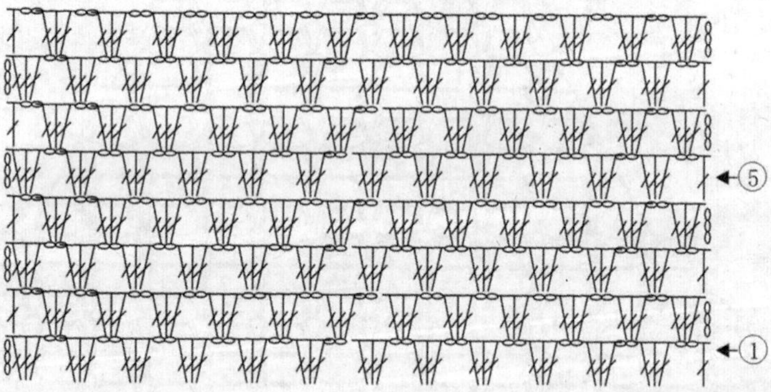

⑤

①

196

【成品规格】胸围86cm，肩宽38cm，衣长64cm
【工　　具】4.0mm钩针
【材　　料】白色毛线400g

后片：
1. 用4.0mm钩针按照图样钩花和半花。
2. 每行拼4个花，拼2行后分袖子，袖窿减5cm。
3. 第4行拼花，钩后片衣领部位，并切断毛线。
4. 钩完上半身，按照后片下半身图样钩下半身，总共钩13行。

前片：
1. 用4.0mm钩针按照图样钩花和半花。
2. 每行拼4个花，拼2行后分袖子，袖窿减5cm。
3. 从第3行到第4行拼花，钩前片衣领部位并切
断毛线。
4. 钩完上半身，按照前片下半身图样钩下半身，总共钩13行。

整件衣服收尾：
1. 连接衣服左肩部和右肩部。
2. 连接衣服左侧缝和右侧缝。
3. 按照花边图样钩衣服袖口、领口和衣服外围花边。
4. 把钩好的小花钩锁针系在衣服门襟上。

符号说明：
+=短针　T=中长针
=锁针　f=长针

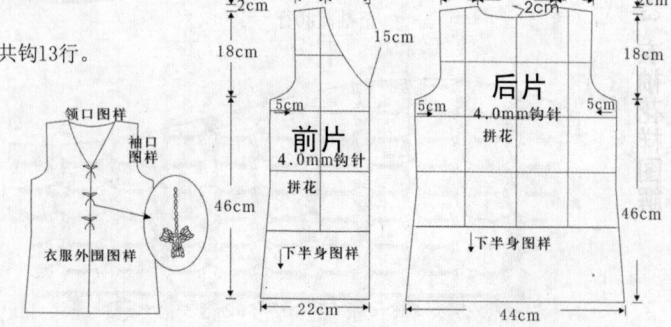

衣服上半身
花钩法：
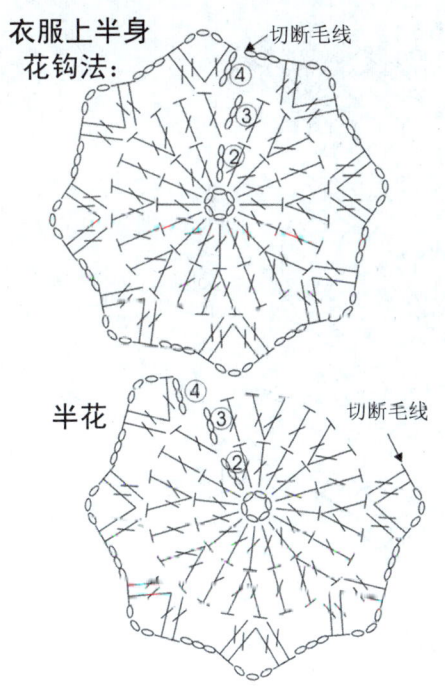

拼花：

半花

下半身图样
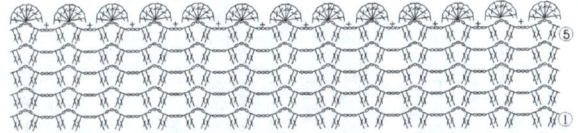

衣服领口、袖口花边图样

197

【成品规格】胸围88cm，肩宽38cm，衣长62cm，袖长40cm
【工　　具】4.0mm钩针
【材　　料】杏色毛线400g

制作说明：
1. 各完成2个前片、袖片和裙片及1个后片。
2. 分别合并前后肩缝、腋下缝及袖下线。
3. 将袖山中心点对准肩缝并固定好，腋下缝和袖下缝对准也固定好。
4. 用一圈引拨针将前、后衣片和袖子连接起来。
5. 最后在领圈按图钩织花边。

裙片（前后两片）

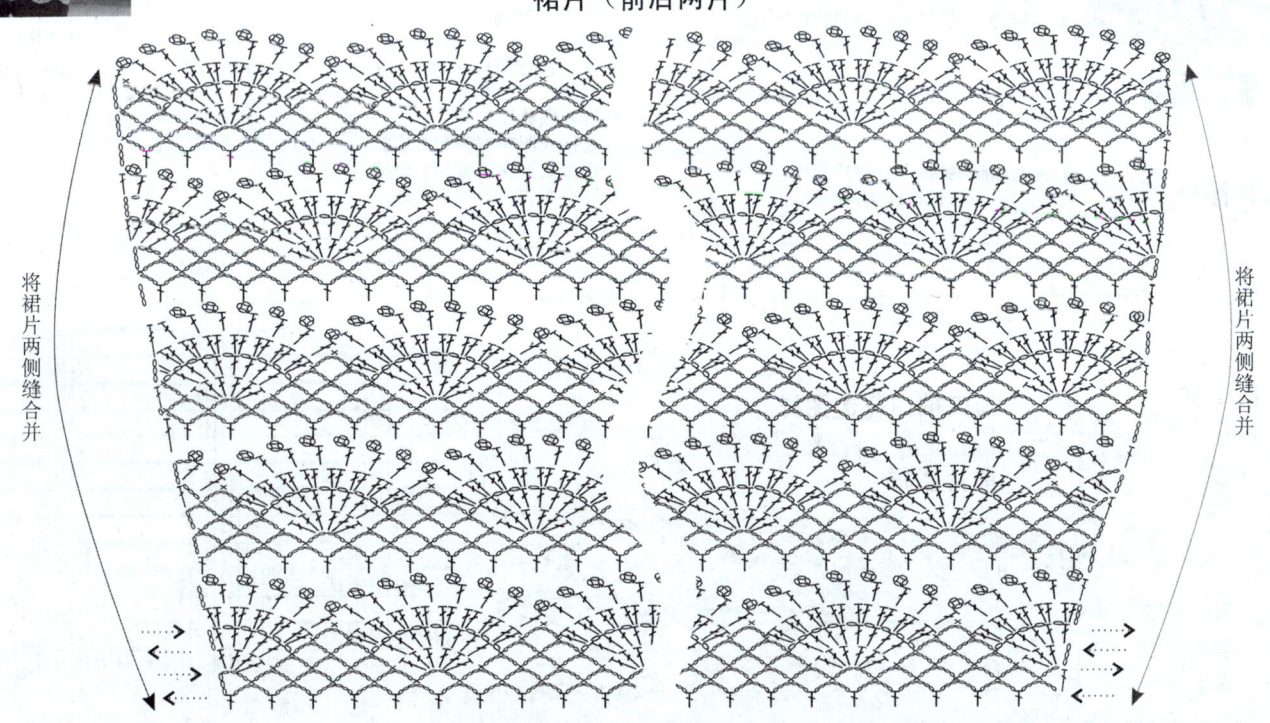

将裙片两侧缝合并

229

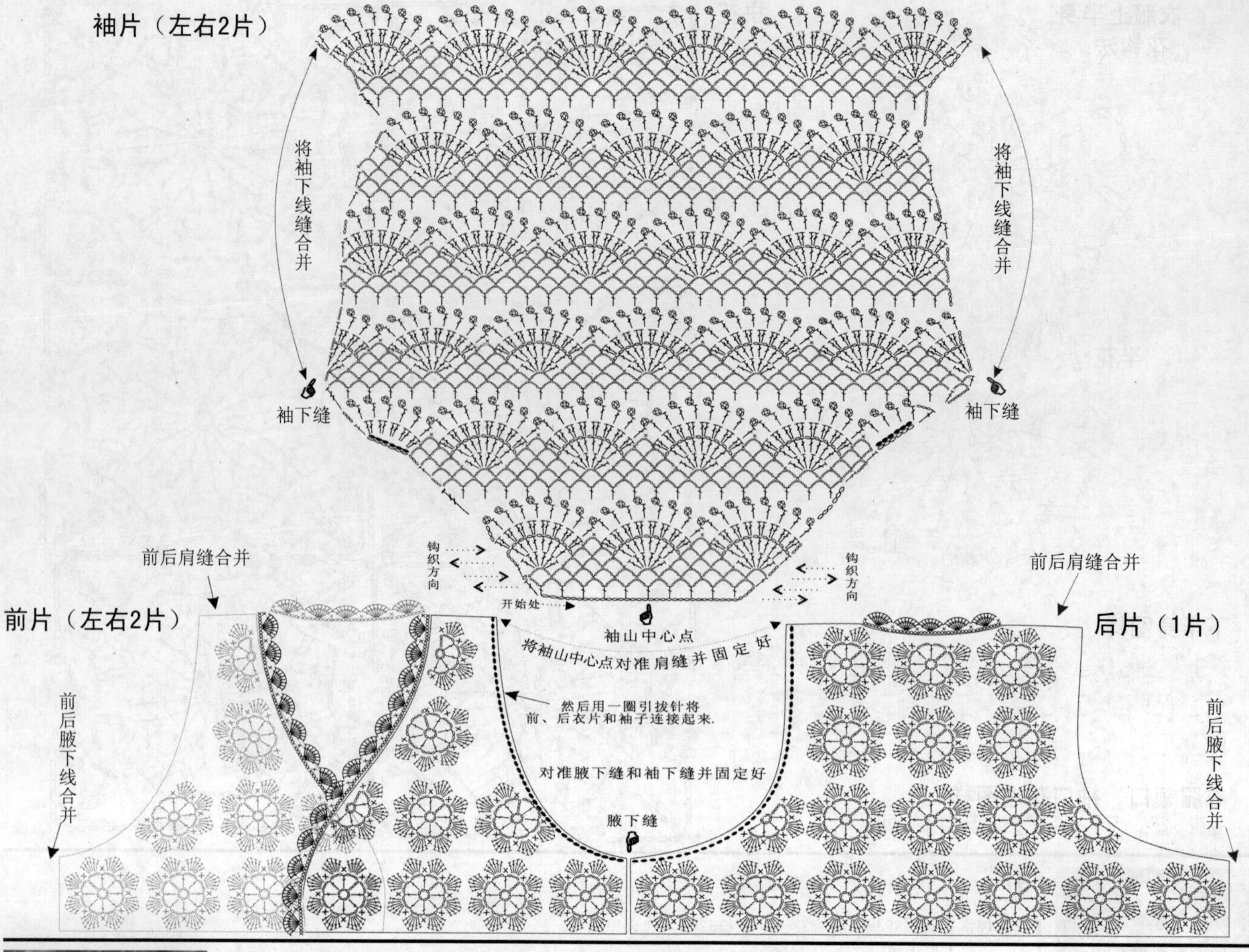

袖片（左右2片）
将袖下线缝合并
袖下缝
将袖下线缝合并
袖下缝
钩织方向
开始处
钩织方向
前后肩缝合并
前片（左右2片）
前后腋下线合并
袖山中心点
将袖山中心点对准肩缝并固定好
然后用一圈引拔针将前、后衣片和袖子连接起来.
对准腋下缝和袖下缝并固定好
腋下缝
前后肩缝合并
后片（1片）
前后腋下线合并

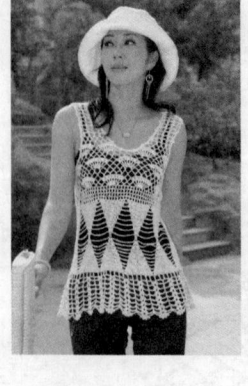

198

【成品规格】胸围88cm，肩宽39cm，衣长62cm
【工　　具】4.0mm钩针
【材　　料】白色毛线450g

后片：
1. 用4.0mm钩针按照衣身图样起针，长度为55cm，钩后片。
2. 钩25行后分袖子。
3. 从第26行到第34行，袖窿缩减5cm。
4. 第39行到从第41行，钩后片衣领部位，并切断毛线。
5. 在右侧衣领部位，第39行重新起针连接毛线钩到第41行。

前片：
1. 用4.0mm钩针钩18行前片图样。
2. 钩4行，每1针锁针钩1针长针。
3. 钩8行前片扇形图样。
4. 从第9行扇形开始钩袖窿。
5. 从第11行扇形开始钩领子，钩到第25行切断毛线。

整件衣服收尾：
1. 连接衣服左肩部和右肩部。
2. 连接衣服左侧缝和右侧缝。
3. 钩衣服领口和袖口花边。
4. 钩衣服下摆花边。

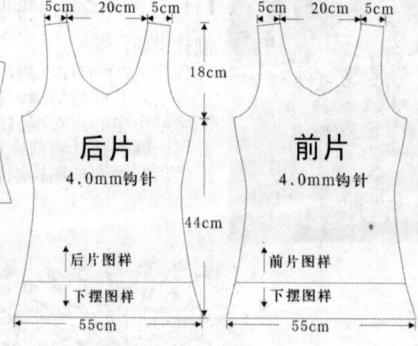

符号说明：
+ = 短针　T = 中长针
∘ = 锁针　‡ = 长针

袖口花边
领口花边
下摆花边
5cm
20cm
5cm
18cm
后片
4.0mm钩针
44cm
后片图样
下摆图样
55cm
5cm
20cm
5cm
前片
4.0mm钩针
前片图样
下摆图样
55cm

后片图样

⑥
①

⑰
⑩
⑤
①

下摆图样

⑧
⑤
①

领口袖口花边图样

前片图样

⑩
⑤
①

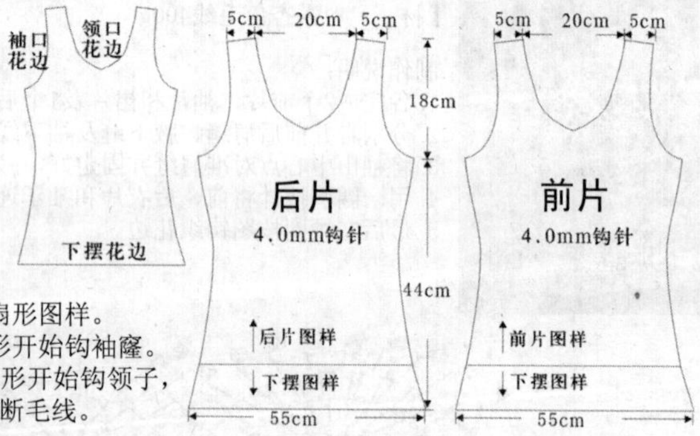

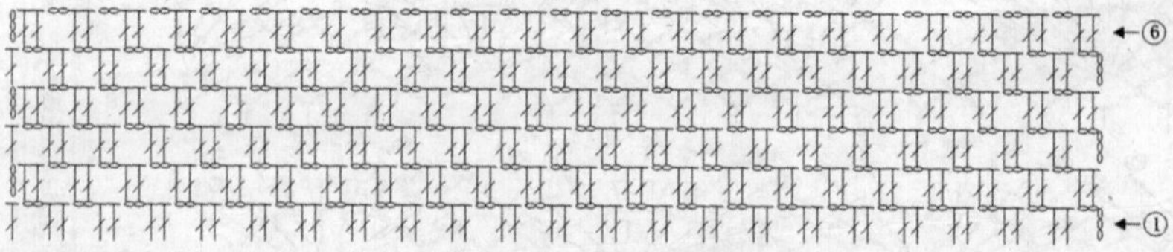

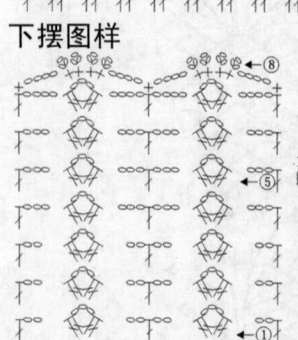

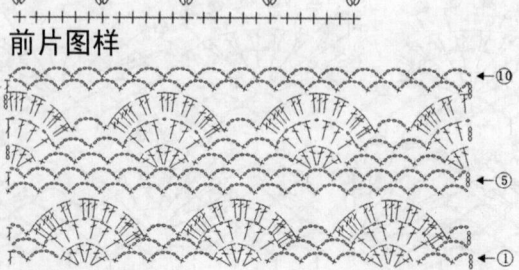

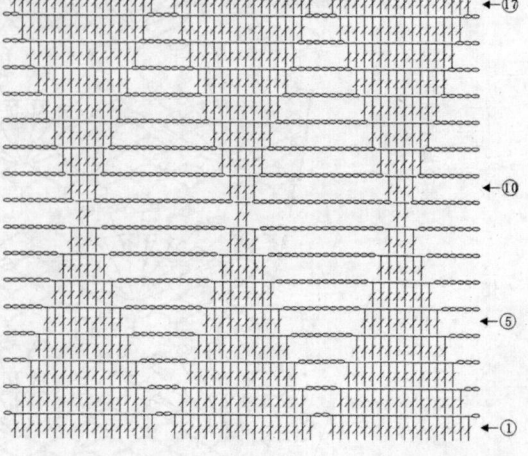

199

【成品规格】衣长64cm，肩宽40cm，无袖
【工　　具】2.5mm钩针
【材　　料】米黄色纯棉线300g

制作说明：

1. 钩针编织法。分为前片1片，后片1片，含单元花组合。衣身下摆圈钩1片。

2. 先钩织衣身下摆。花形为菠萝花形，采用圈钩的方法较易钩织，并且美观。从胸部往下钩织，起52cm长的锁针起钩，先钩织1层长针花样，一圈共244针，第2行开始钩织花形，按照图3的方法一圈一圈钩织，共钩织5层花形，最后直接收针断线，无花边。详细钩织方法见图3。

3. 前片的钩织。前片含有单元花2个。先将2个单元花钩织出来，单元花为方形，以其中3条边为方向，分别向袖窿、衣襟、肩部3个方向钩织花样扩展开。左右两片的钩织方法相同。最后将衣襟连接即可。详细钩织方法见图1。

4. 后片的钩织。后片的花样位置与前片相同，先钩织两个单元花，向袖窿扩展和向衣襟扩展的方法与前片相同，向肩部的扩展以1片钩织完成。详细钩织方法见图2。

5. 缝合。将前后片的肩部与侧缝对应缝合，再将下摆与单元花织片的上端连接。最后沿着前身衣领与袖窿边钩织一圈花边锁边，花边的图解见图4图解。

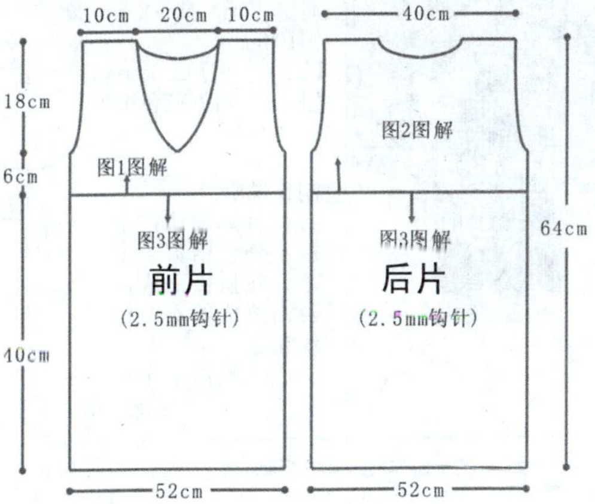

前片
（2.5mm钩针）

后片
（2.5mm钩针）

10cm　20cm　10cm　　　40cm

18cm　　6cm　　40cm　　64cm

52cm　　52cm

图1图解　　图2图解

图3图解　　图3图解

图1 前片花样图解

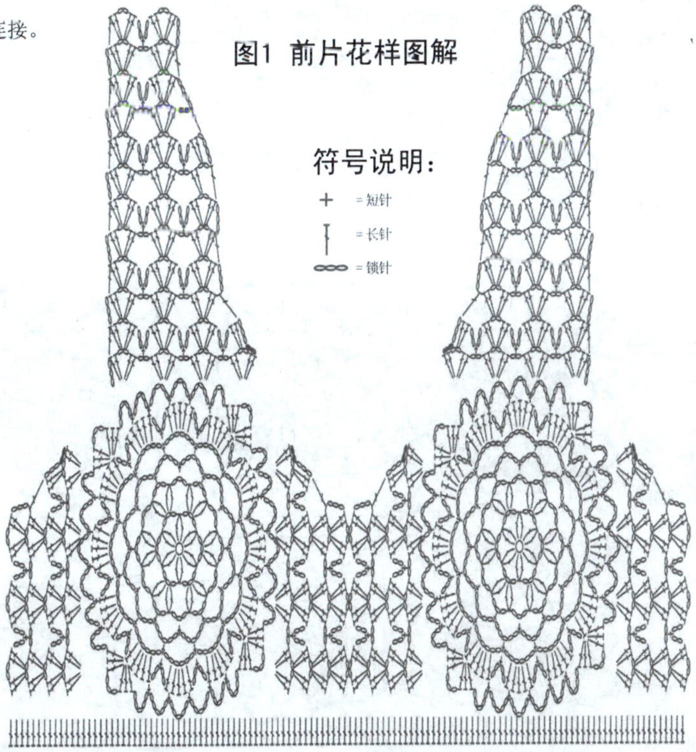

符号说明：

＋ ＝短针

｜ ＝长针

◦◦◦ ＝锁针

图3 衣摆花样图解

图2 后片花样图解

图4 花边花样图解

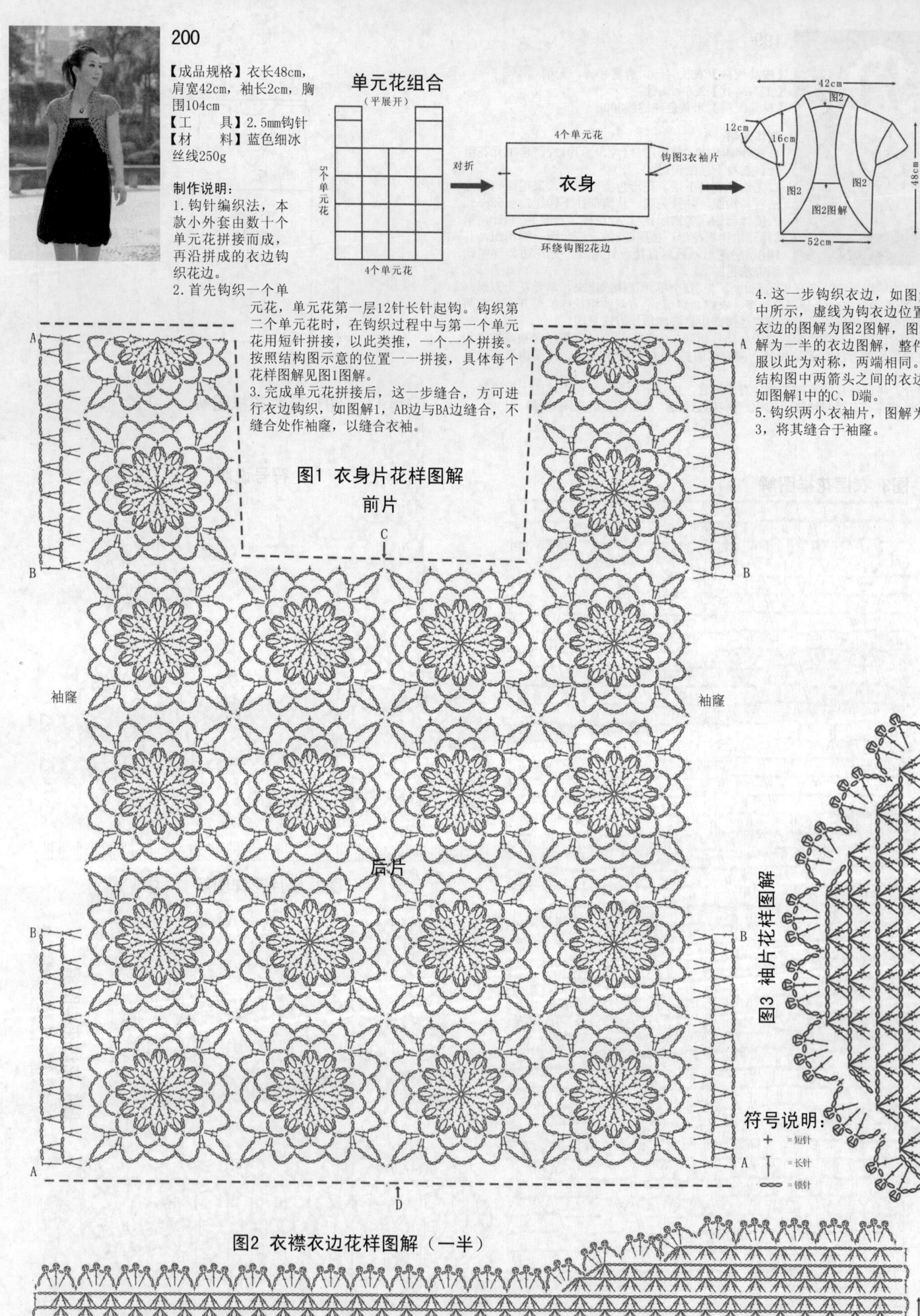

200

【成品规格】衣长48cm，肩宽42cm，袖长2cm，胸围104cm

【工　具】2.5mm钩针

【材　料】蓝色细冰丝线250g

制作说明：

1. 钩针编织法，本款小外套由数十个单元花拼接而成，再沿拼成的衣边钩织花边。

2. 首先钩织一个单元花，单元花第一层12针长针起钩。钩织第二个单元花时，在钩织过程中与第一个单元花用短针拼接，以此类推，一个一个拼接。按照结构图示意的位置一一拼接，具体每个花样图解见图1图解。

3. 完成单元花拼接后，这一步缝合，方可进行衣边钩织，如图1，AB边与BA边缝合，不缝合处作袖窿，以缝合衣袖。

4. 这一步钩织衣边，如图解1中所示，虚线为钩衣边位置，衣边的图解为图2图解，图2图解为一半的衣边图解，整件衣服以此为对称，两端相同。即结构图中两箭头之间的衣边。如图解1中的C、D端。

5. 钩织两小衣袖片，图解为图3，将其缝合于袖窿。

单元花组合 （平展开）

5个单元花 4个单元花

对折

4个单元花 衣身 钩图3衣袖片

环绕钩图2花边

42cm 图2 12cm 16cm 图2 图2 图2图解 52cm 48cm

图1 衣身片花样图解
前片

C

袖窿　　　　后片　　　　袖窿

A B B A

D

图3 袖片花样图解

符号说明：

+ =短针

| =长针

◦◦◦ =锁针

图2 衣襟衣边花样图解（一半）

C D

232

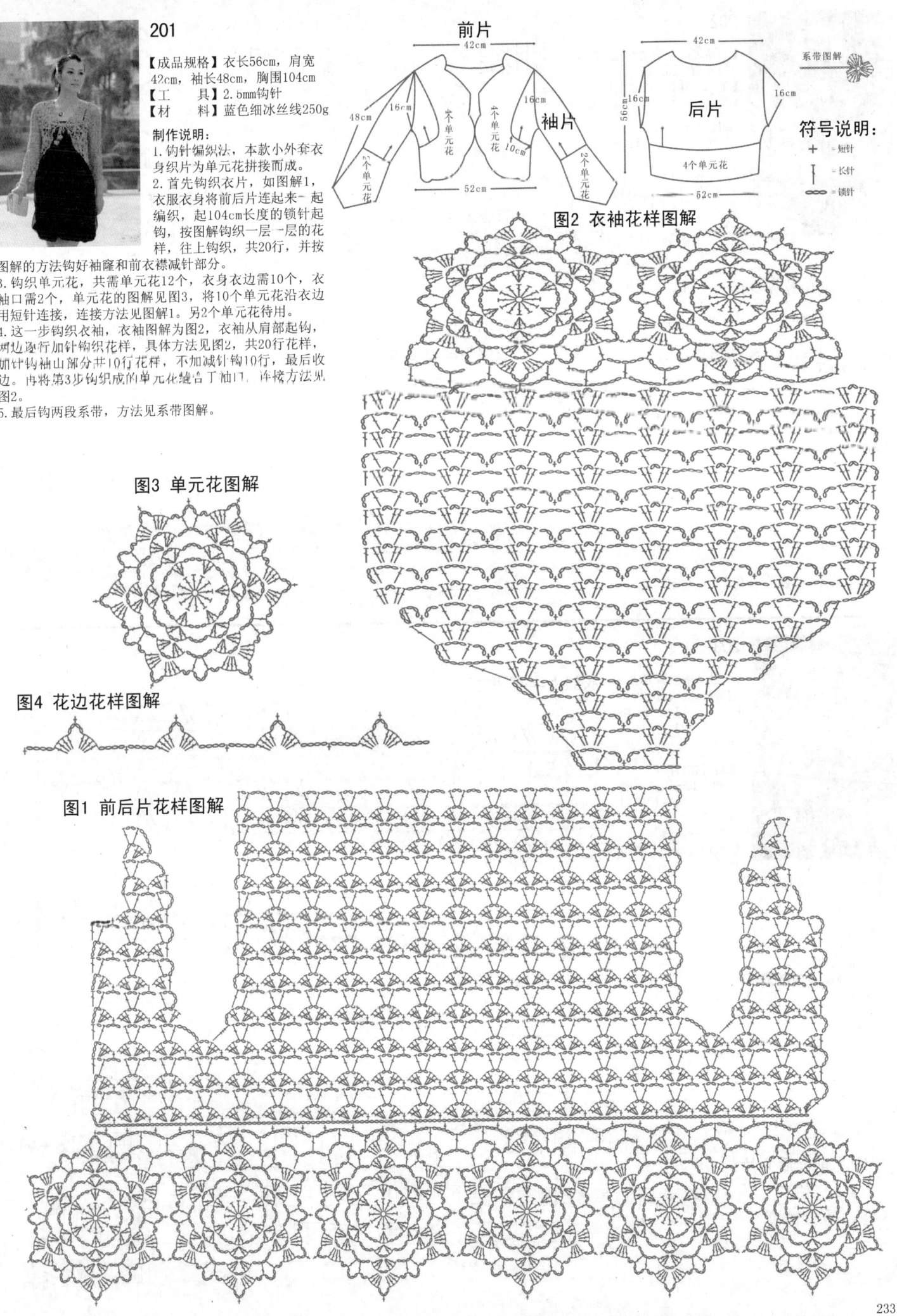

201

【成品规格】衣长56cm，肩宽42cm，袖长48cm，胸围104cm
【工　　具】2.5mm钩针
【材　　料】蓝色细冰丝线250g

制作说明：
1.钩针编织法，本款小外套衣身织片为单元花拼接而成。
2.首先钩织衣片，如图解1，衣服衣身将前后片连起来一起编织，起104cm长度的锁针起钩，按图解钩织一层一层的花样，往上钩织，共20行，并按图解的方法钩好袖隆和前衣襟减针部分。
3.钩织单元花，共需单元花12个，衣身衣边需10个，衣袖口需2个，单元花的图解见图3，将10个单元花沿衣边用短针连接，连接方法见图解1。另2个单元花待用。
4.这一步钩织衣袖，衣袖图解为图2，衣袖从肩部起钩，两边逐行加针钩织花样，具体方法见图2，共20行花样，加针钩袖山部分共10行花样，不加减针钩10行，最后收边。再将第3步钩织成的单元花缝合于袖口，连接方法见图2。
5.最后钩两段系带，方法见系带图解。

前片

袖片

后片

系带图解

符号说明：
+ ＝短针
| ＝长针
⌒ ＝锁针

图2 衣袖花样图解

图3 单元花图解

图4 花边花样图解

图1 前后片花样图解

233

202

【成品规格】胸围88cm，肩宽37cm，衣长62cm
【工 具】4.0mm钩针
【材 料】蓝色毛线500g

后片：
1. 用4.0mm钩针按照花图样钩花3个，然后拼花。
2. 钩衣服上半身11行，袖隆缩减5cm，第3行分衣服后领。
3. 钩衣服下半身21行，钩下摆花边1行。
4. 钩衣服袖子10行。

前片：
1. 用4.0mm钩针按照花图样钩花3个，然后拼花。
2. 钩衣服上半身11行，袖隆缩减5cm，第1行钩衣服前领。
3. 钩衣服下半身21行，钩下摆花边1行。

整件衣服收尾：
1. 连接衣服左肩部和右肩部。
2. 连接衣服左侧缝和右侧缝。
3. 拼合袖子和衣身。
4. 钩衣服袖口、领口花边1行。

袖口花边
领口花边

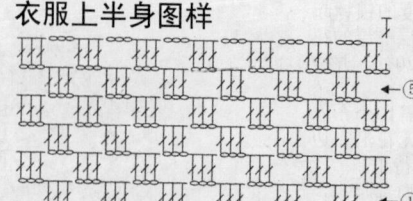

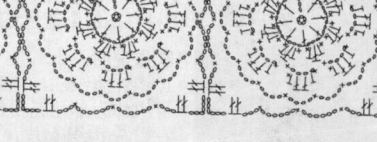

衣服袖子图样

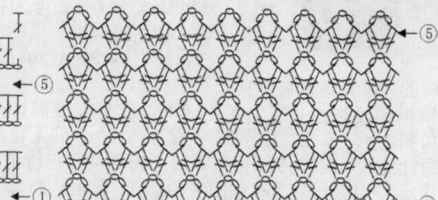

符号说明：
+=短针 T=中长针
=锁针 T=长针

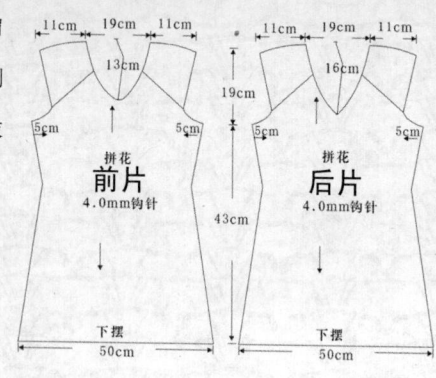

前片
4.0mm钩针

后片
4.0mm钩针

衣服上半身图样

衣服下半身图样

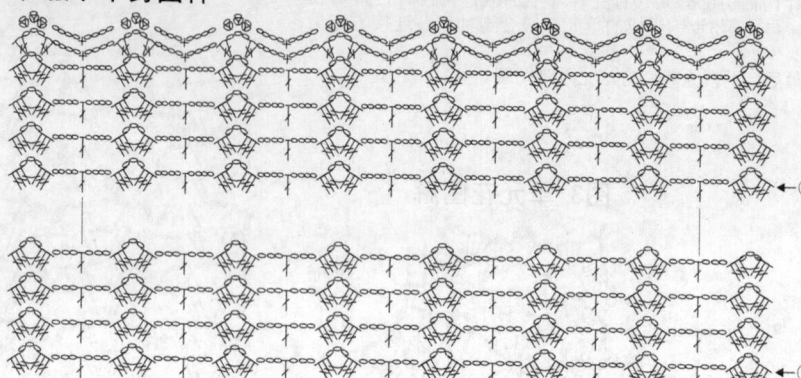

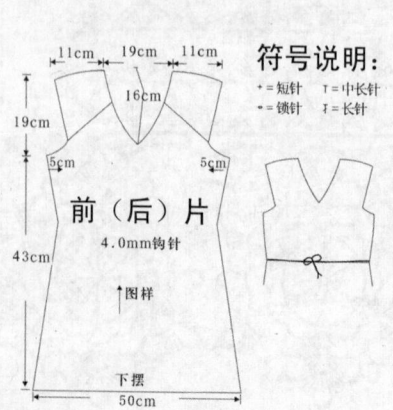

203

【成品规格】胸围88cm，肩宽37cm，衣长62cm
【工 具】4.0mm钩针
【材 料】蓝色毛线500g

前后片各1片：
1. 用4.0mm钩针按照衣服下半身图样钩33行。
2. 钩长针1行。
3. 按照衣服上半身图样钩8行后分袖子。
4. 再钩8行衣服上半身图样后切断毛线。
5. 钩衣服袖子10行。

整件衣服收尾：
1. 连接衣服左肩部和右肩部。
2. 连接衣服左侧缝和右侧缝。
3. 拼合袖子和衣身。
4. 钩衣服袖口、领口短针1行。
5. 钩锁针成一条绳，将其系在腰间。

符号说明：
+=短针 T=中长针
=锁针 T=长针

前（后）片
4.0mm钩针

图样
下摆

衣服上半身图样

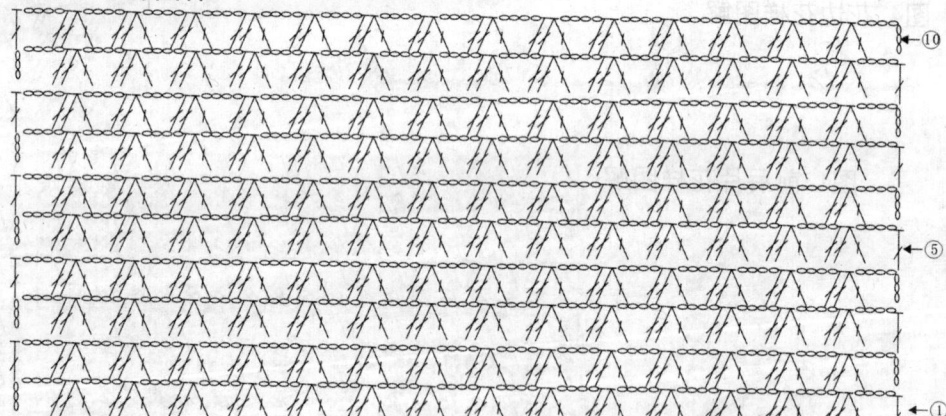

衣服下半身图样

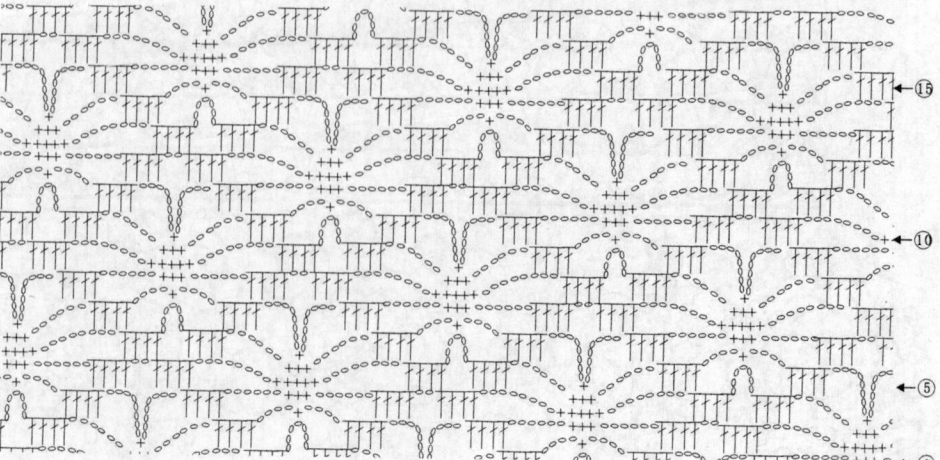

204

【成品规格】衣长73cm，肩宽42cm，袖长56cm
【工　　具】2.5mm钩针，12号棒针
【材　　料】草绿色中粗圆棉线600g

制作说明：

1. 钩针编织法与棒针编织法结合。后片用棒针编织法；衣袖袖身部分用棒针编织法，袖口用钩针编织法；前片用钩针编织法。
2. 先用棒针编织法编织后片。起204针起织花样，如图2所示，每20针、12行一个花样。在织第二层花样时，花样组与第一层花样相交错位置，不加减针编织144行，然后两侧减针织袖窿，按2-4 1，2-3-1，2-2-2，2-1-3的减针方法减针。后衣领中间减针，按照1-4-1，1-3-1，1-2-1，2-1-2的方法减针，往上共织60行，两端留20针编织肩部。
3. 前片的钩织。前片用钩针编织法，每片分为两部分钩织，一部分为上身片，一部分为衣摆片。先钩织上身片，上身片由小圆圈和网眼结构组成，先钩织11个小圆圈，并一个接一个套住，套住的方法为：起40针锁针，首尾连接成圆，沿着锁针圈钩1层长针，共36针，断线；接着钩第二个圈，起40针锁针，将锁针辫子穿过第一个圈再连接，再接着钩长针层，如此类推，共套10个圆圈。沿着这条圆圈长边的两端，钩织网眼结构，共钩13行，两端减针方法相同，一端用作衣领，一端用作袖窿。衣摆部分，钩织完成后呈喇叭状，是以锁针的针数不同形成的，如图1所示，沿着上身片下摆挑针

起钩花样，按照图解所示的锁针针数钩织，共钩织20行花样。

4. 衣袖片袖身用棒针编织，起64针起织花样，按结构图所示的针数编织，袖身加针织至124针，再两侧减针织袖山，共减36行，最后沿着袖口钩织8层图1中的衣摆花样，最后钩织一层图3花边锁边。

5. 缝合。将前后片的肩部与侧缝对应缝合，将两衣袖片的袖山与衣身的袖窿对应缝合。沿着衣身的前后衣领、衣襟、下摆边钩织一层图3花边锁边。

图2 后片花样图解

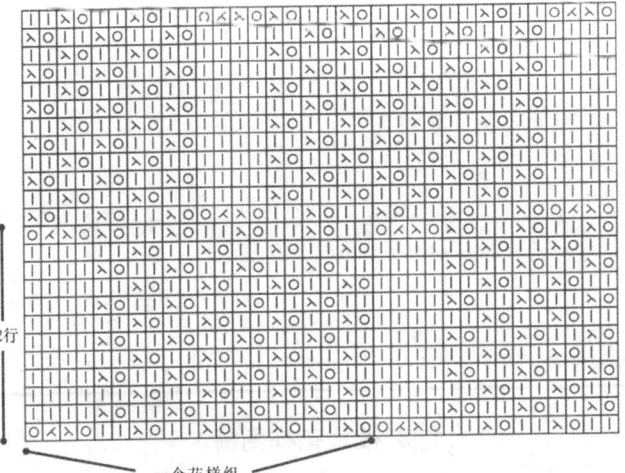

12行

一个花样组
（20针）

图3 花边花样图解

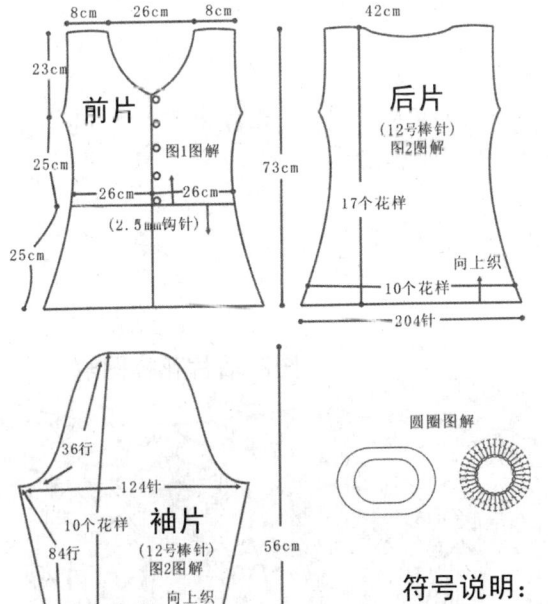

8cm　26cm　8cm　　　42cm

23cm

前片

图1图解

25cm

26cm　26cm

（2.5mm钩针）

25cm

后片

（12号棒针）
图2图解

73cm

17个花样

向上织

10个花样

204针

袖片

36行

124针

10个花样

（12号棒针）
图2图解

84行

56cm

（64针）　向上织

22cm

图1图解　向下钩

8行花样

30cm

圆圈图解

符号说明：

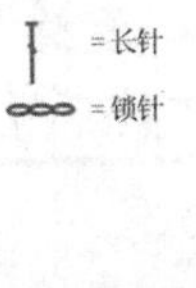

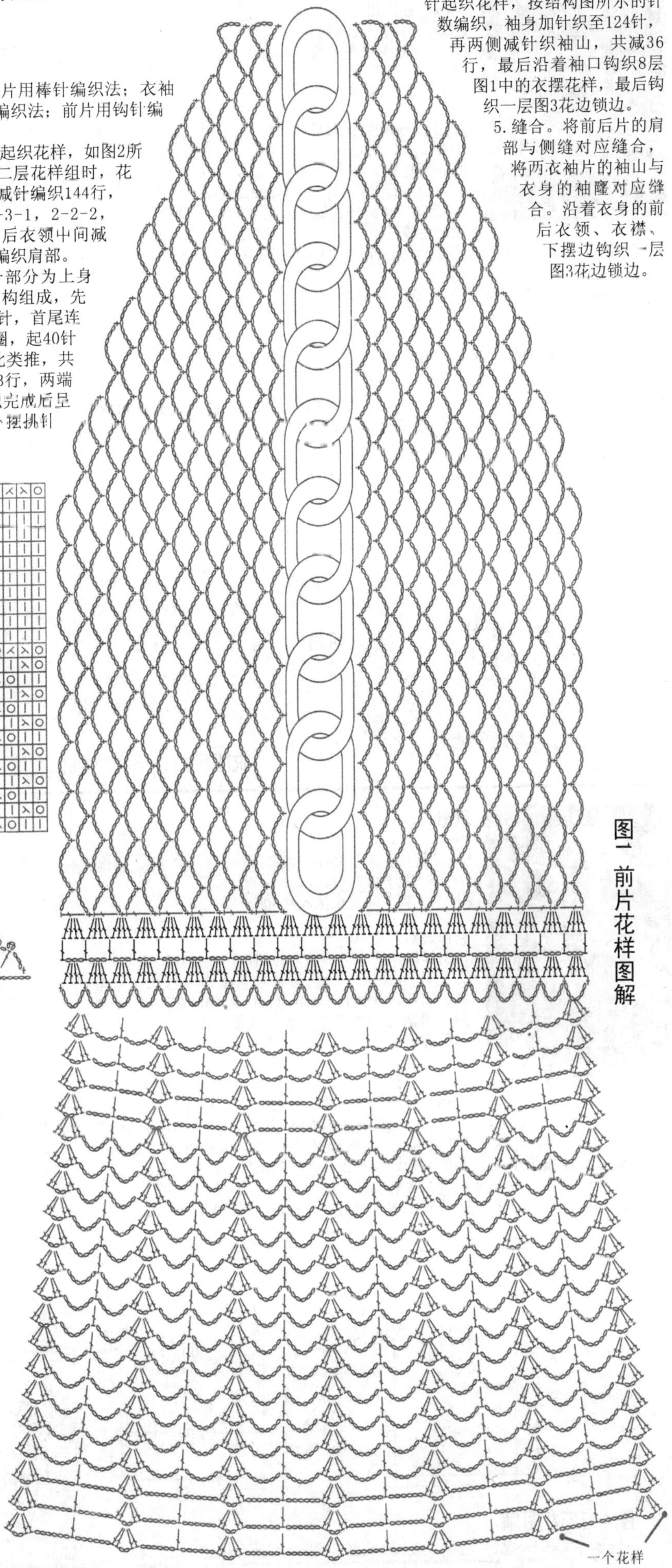

+ ＝ 短针

I ＝ 长针

∞ ＝ 锁针

图一 前片花样图解

一个花样

235

205

【成品规格】胸围84cm，肩宽37cm，衣长55cm，袖长49cm
【工　　具】4.0mm钩针
【材　　料】红色毛线250g，粉红色毛线250g

整件衣服收尾：
1. 连接衣服左肩部和右肩部。
2. 连接衣服左侧缝和右侧缝。
3. 连接袖缝后，把衣身和袖子连接起来。
4. 钩衣服下摆和袖口花边。
5. 按领口图样钩领口花边。

后片：
1. 用4.0mm钩针按照后片图样起针，长度为42mm，钩后片。
2. 钩27行后分袖子。
3. 从第27行到第35行，袖窿缩减5cm。
4. 第43行到第46行钩后片衣领部位，并切断毛线。
5. 在右侧衣领部位，第43行重新起针，连接毛线钩到第46行。

前片：
1. 用4.0mm钩针按照前片图样钩花块，并拼花。
2. 拼4行花后分袖子。
3. 第5行，袖窿缩减5cm。
4. 第6行到第7行钩前片衣领，并切断毛线。
5. 在右侧衣领部位，第6行重新起针连接毛线钩到第7行。

袖子：
1. 用4.0mm钩针按照袖子图样从袖口起针。
2. 袖子长度钩36行图样。

前片拼花图样

符号说明：
+＝短针　 ＝中长针
＝锁针　 ＝长针

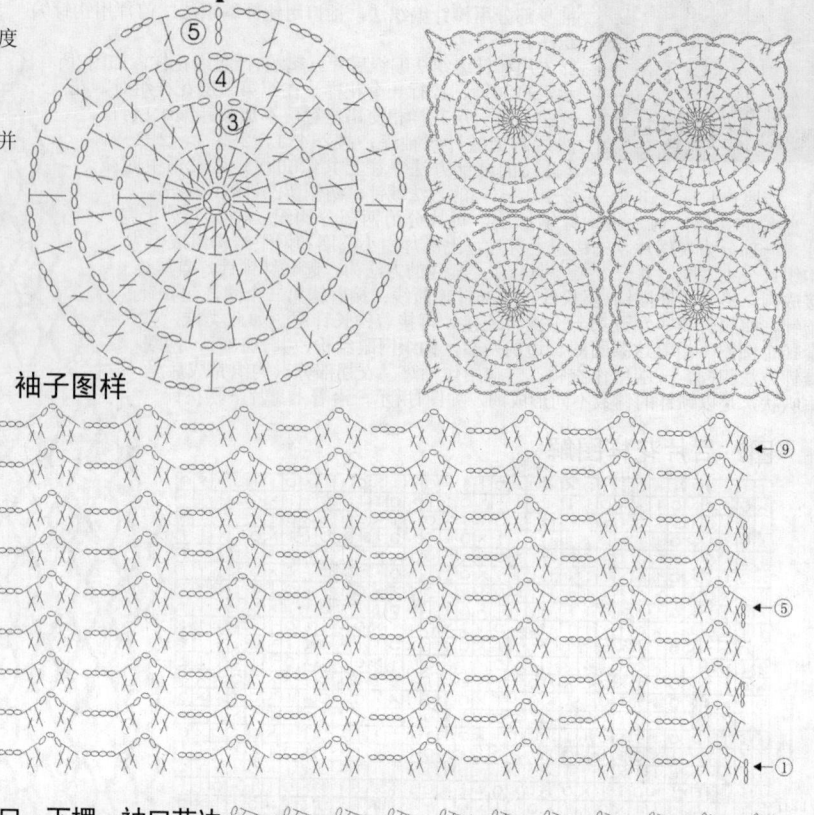

后片、袖子图样

袖片
4.0mm钩针
袖子图样

后片
4.0mm钩针
后片图样

前片
4.0mm钩针
拼花图样

衣服领口花边　　衣服花边图样

衣服领口、下摆、袖口花边

206

【成品规格】衣长55cm，袖长50cm，肩宽42cm，胸围104cm
【工　　具】2.5mm钩针
【材　　料】草绿色冰丝线500g

制作说明：
1. 钩针编织法。分为前后片圈钩，衣袖片钩织。
2. 先钩织衣片。本款钩采取圈钩的方法，比较美观、简单，如图1，一半的衣片是由6个花样组成，即一圈是由12个花样组合而成。起104cm长的锁针起钩花样，每13行为一个花样组，共圈钩3层花样组，即39花样。从40行开始，将衣片分为两半钩织，一半作为前片，一半作为后片，都钩织20行花样，这两部分都需要减针，具体减针方法参照图1与图2。
3. 衣袖片的钩织，衣袖的袖片部分，也采取圈钩的方法比较简单，至袖山再采取片钩的方法。袖身由4个花样组组成，共圈钩3层花样组，也是39行。从第40行开始，改为片钩的方法，两侧减针钩织袖山，详细的减针方法参照图3。
4. 缝合。将衣片的肩部对应缝合，再将衣袖的袖山与衣身的袖窿对应缝合。
5. 花边的钩织。沿着下摆边、各衣领边和袖口边，钩织一层图4花边锁边。

图3 袖片花样图解

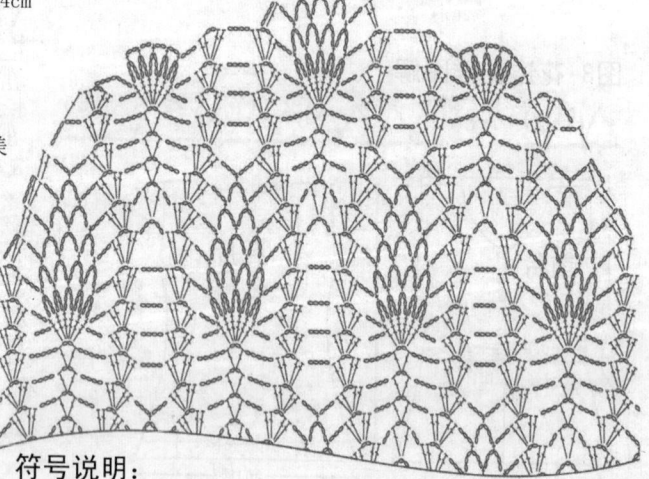

符号说明：
＋＝短针　 ＝长针　 ＝锁针

图2 后片花样图解

前片
(2.5mm钩针)
图1图解

袖片
图3

后片
(2.5mm钩针)
图2图解

图4 花边图解

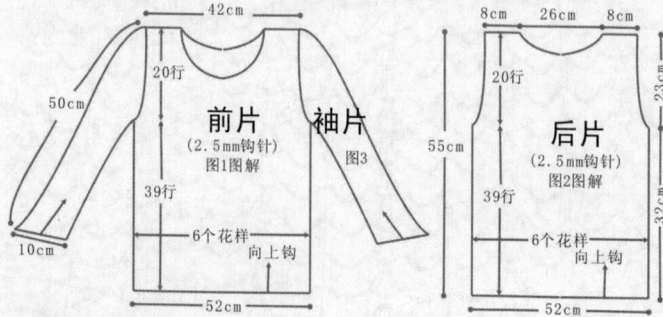

图1 前片花样图解

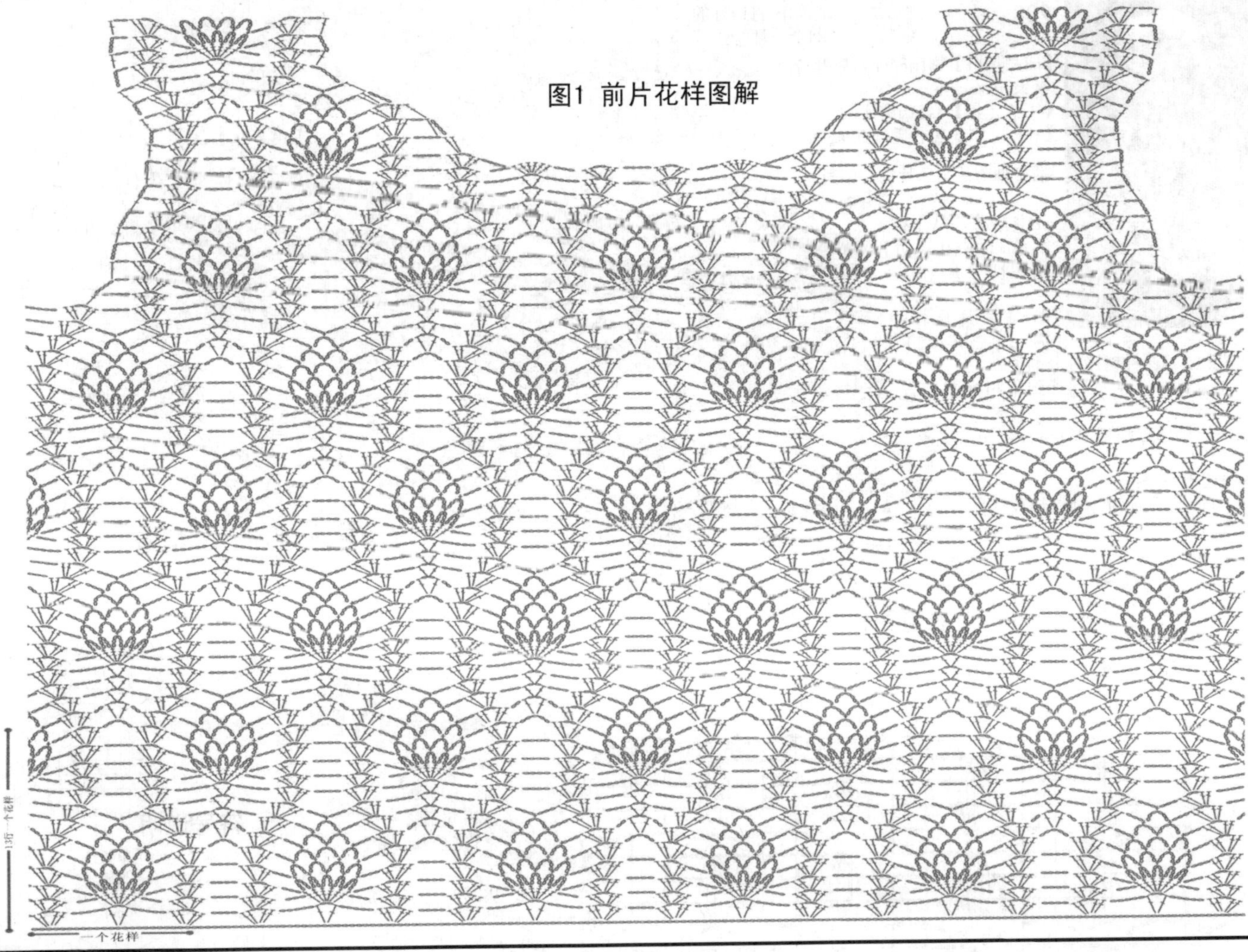

207

【成品规格】胸围88cm，
肩宽37cm，衣长55cm，
袖长42cm
【工　　具】4.0mm钩针
【材　　料】粉红色毛线450g

后片：

1. 用4.0mm钩针按照后片图样起
锁针，长度为45cm，钩后片。
2. 钩17行后分袖子。
3. 从第17行到第27行，袖窿缩
减5cm。
4. 第28行到第30行钩后片衣领
部位，并切断毛线。
5. 按照下摆图样钩衣服下摆11行。

前片：

1. 用4.0mm钩针按照前片图样钩花2个，
按照前片图样拼花。
2. 腰间钩两行长针。
3. 按照下摆图样钩衣服下摆11行。

袖子：

1. 用4.0mm钩针按照袖子图样从袖口起针。
2. 袖子长度钩26行袖子图样，袖口钩一行长针再
钩袖口图样。

整件衣服收尾：

1. 连接衣服左肩部和右肩部。
2. 连接衣服左侧缝和右侧缝。
3. 连接袖缝后，把衣身和袖子连接起来。
4. 钩衣服领口花边，长针一行锁针一行。

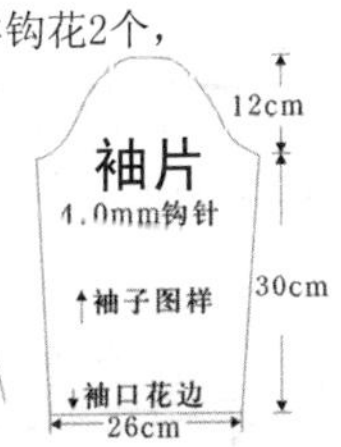

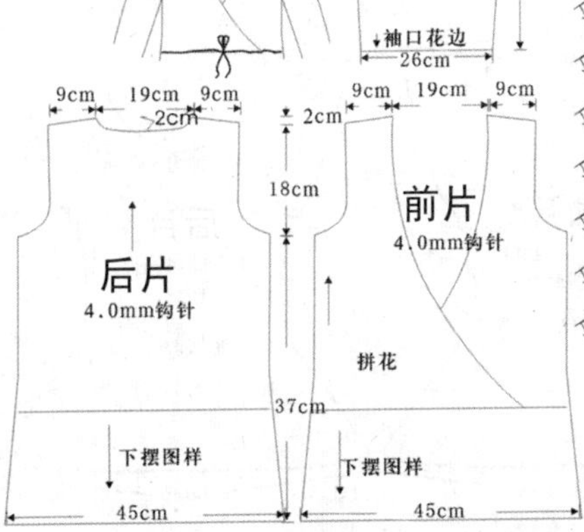

前片拼花图样
花×2

前片图样

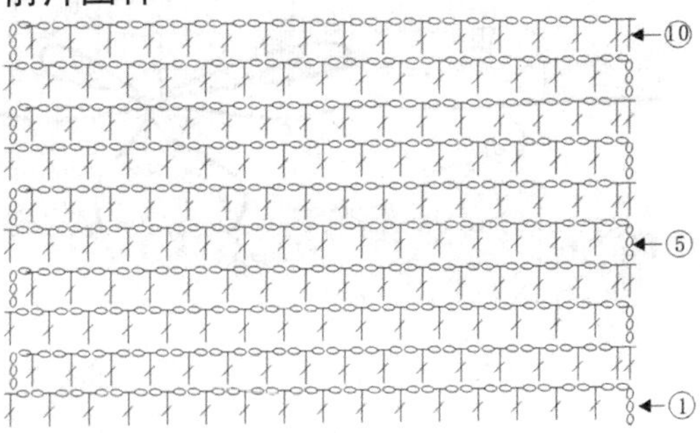

后片和袖子图样

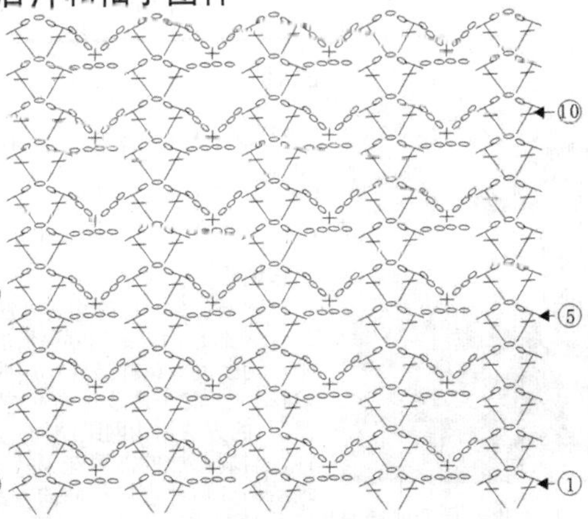

下摆图样

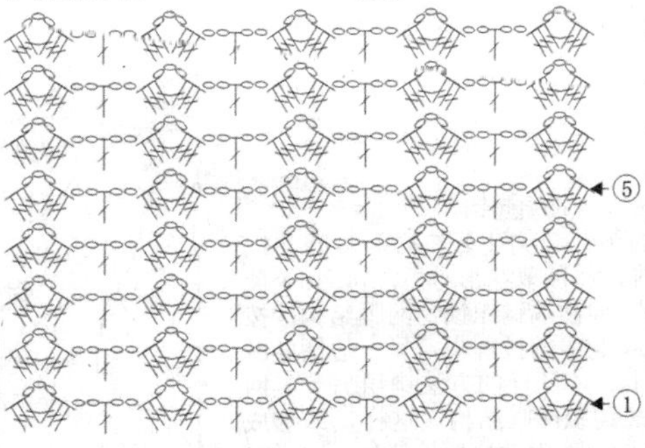

袖口
花边

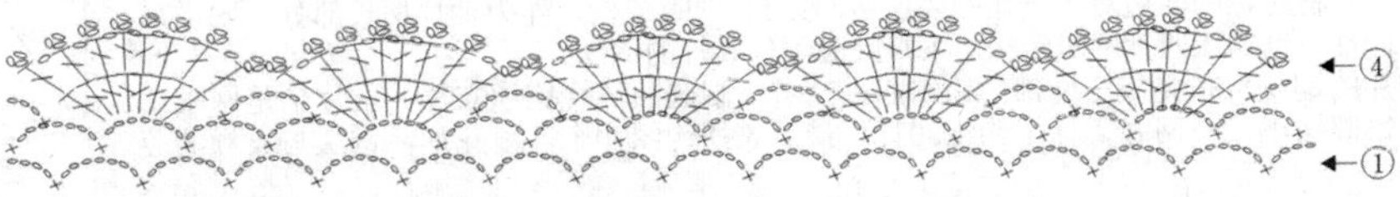

袖片
4.0mm钩针

袖子图样

袖口花边

12cm

30cm

26cm

9cm　19cm　9cm
2cm

9cm　19cm　9cm
2cm

18cm

后片
4.0mm钩针

前片
4.0mm钩针

拼花

37cm

下摆图样

下摆图样

45cm

45cm

237

208

【成品规格】胸围84cm，肩宽37cm，衣长60cm
【工　具】3.5mm钩针
【材　料】橙色毛线400g

插肩袖前片与后片钩法相同：
1. 用3.5mm钩针钩24个花并拼花，从下摆起分3行拼花，分别为10个花、8个花、6个花。
2. 前后片胸围下为一个整体，拼花后，按照衣身图样钩15行分袖子。
3. 在袖隆部分，从第16行到第24行减针。
4. 领口从第16行到第24行减针，切断毛线。

插肩袖上衣袖子：
1. 用3.5mm钩针起39针锁针钩12行袖子图样。

起始段将钩好的24个花环绕拼好

第1行6个花

领口
7cm
钩12行，袖口和领口为花边
14cm
2cm
袖口
32cm

袖子图样
花边图样

第2行8个花

第3行10个花

衣身图样
接袖山　接袖山
钩法与左边相同

领口一圈钩24个单位花边图样
花边图样 1个单位
插肩袖上衣
袖口一圈钩9个单位花边图样
用锁针钩法钩一条绳子穿在腰间，即拼花与衣身之间

切断毛线
钩法与右边相同
袖山
起39针

2. 从第3行到第12行减针。
3. 总共钩两片袖子。

整件衣服收尾：
1. 连接衣服左袖山和右袖山。
2. 连接衣服左侧缝和右侧缝。
3. 领口一圈钩24个花边图样。
4. 袖口一圈钩9个花边图样。
5. 用锁针钩一条长度约125cm的绳子穿在腰间。

接拼花

符号说明：
+ = 短针　　T = 中长针
⌒ = 锁针　　T = 长针

30cm
6cm
袖子为插肩袖
前后片皆为V领
5cm　　5cm
14cm

插肩袖上衣前片与后片（钩法相同）
钩24个花

前后片结构图
3.5mm钩针 30行
衣身图样
46cm

第1行：6个花
第2行：8个花
第3行：10个花
3行拼花

209

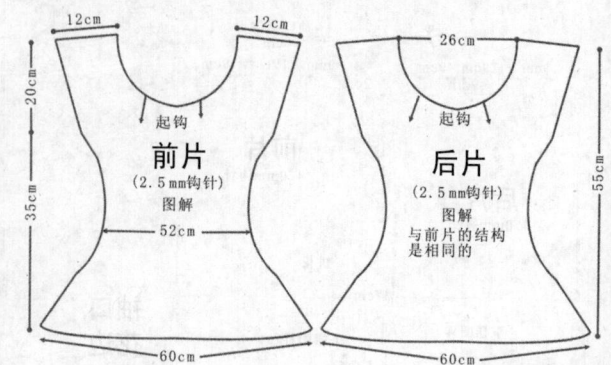

【成品规格】衣长55cm，腰身衣宽52cm，下摆衣宽60cm，肩宽40cm
【工　具】2.5mm钩针
【材　料】黑色纯棉线300g

制作说明：
1. 钩针编织法。以圈钩的方法，从衣领起钩。
2. 衣领部起钩。起120cm长的锁针起钩菠萝花样，一圈共12个，钩至菠萝花样最外一层时，将菠萝花对折，每面6个菠萝花。中间2个菠萝花形不钩，向两端钩织锁针网眼结构，按照图1的方法加钩网眼结构，在钩织的过程中，另一边倾向减针，与肩部边的菠萝花形持平。用同样的方法钩织另一半网眼结构。后片也以相同的方法钩织网眼结构。这样，即形成前后片，将对称的四边对折，作袖隆这边圈钩4行网眼结构，作为袖子加长部分，同样，另一边袖口也钩织四行网眼结构。下端圆圈用作衣片的钩织。
3. 衣片的钩织。在完成上胸部的钩织后，沿着下端圆圈环绕钩织衣片，衣片全是网眼结构。每圈钩织72个网眼，往下钩织30行。最后衣摆钩织10个菠萝花形，钩法与衣领的波

菠萝花形的钩法相同，详细的钩织方法见图解。
4. 钩织一段锁针辫子作系带，长度随意，穿过腰部作收紧衣身用。

12cm　　12cm
20cm
起钩
前片
(2.5mm钩针)
图解
35cm
52cm
60cm

26cm
起钩
后片
(2.5mm钩针)
图解
与前片的结构是相同的
55cm
60cm

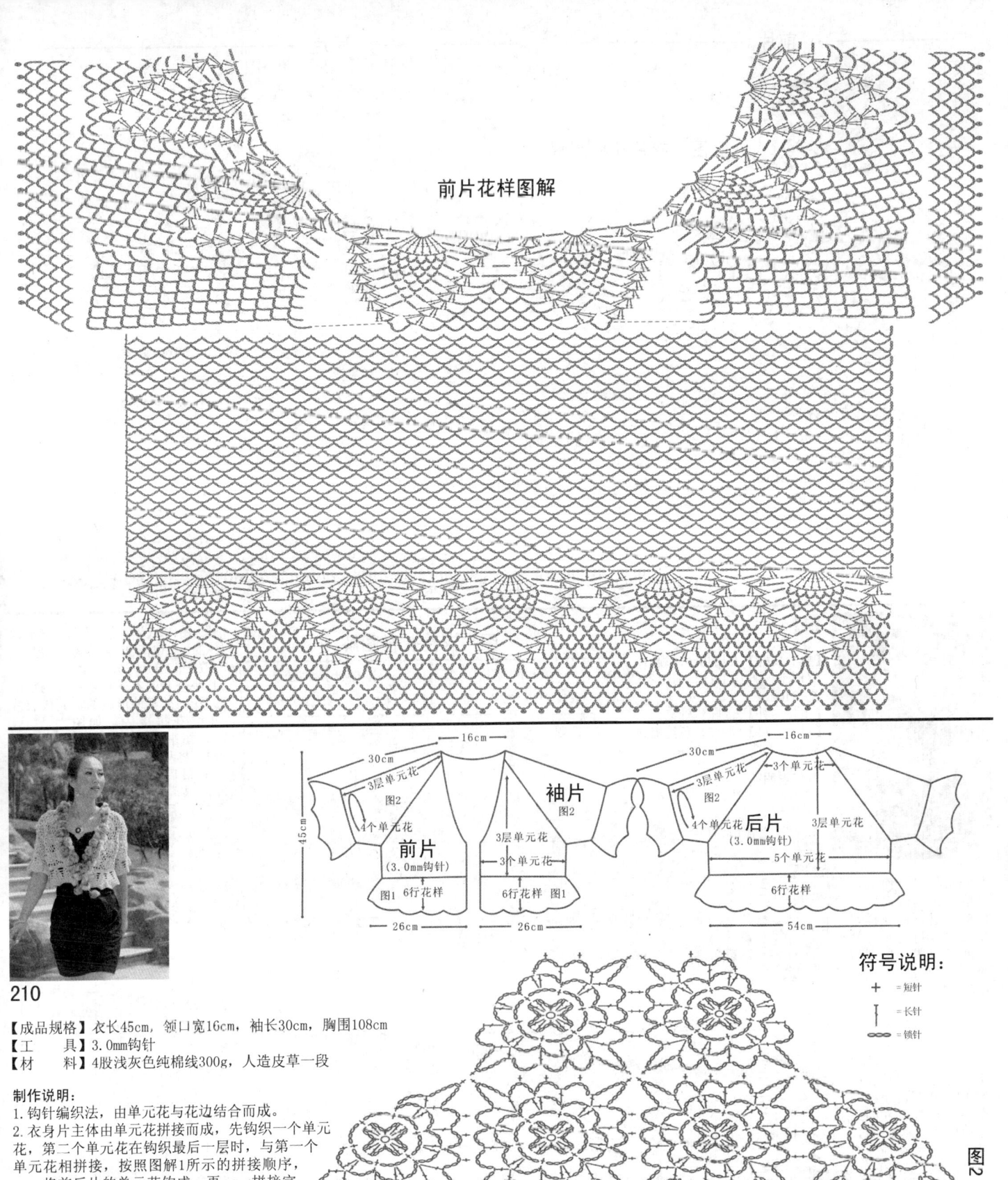

前片花样图解

袖片
图2

前片
(3.0mm钩针)

后片
(3.0mm钩针)

图2
衣袖花样图解

符号说明：
+ ＝ 短针
| ＝ 长针
∞ ＝ 锁针

210

【成品规格】衣长45cm，领口宽16cm，袖长30cm，胸围108cm
【工　　具】3.0mm钩针
【材　　料】4股浅灰色纯棉线300g，人造皮草一段

制作说明：
1. 钩针编织法，由单元花与花边结合而成。
2. 衣身片主体由单元花拼接而成，先钩织一个单元花，第二个单元花在钩织最后一层时，与第一个单元花相拼接，按照图解1所示的拼接顺序，一一将前后片的单元花钩成，再一一拼接完成。按图解的方法，钩织半个或者三分之一个单元花，以形成袖隆。将前后肩部对应缝合。
3. 这一步钩织衣片花边，沿拼接好的前后片的前后衣领边，衣片下摆边钩一层长针边锁边，再沿衣片下摆边钩织下摆花样，共6层，往返钩织。
4. 这步进行衣袖钩织，衣袖由横向4个单元花，纵向3层单元花组成。袖山边的单元花图解见图2图解，完成后沿袖口钩一层长针锁边，再往下钩织花样，共6层花样。同样的方法再钩织另一片衣袖，完成后将其缝合上衣片袖隆。
5. 沿着前后衣领边、前衣襟边，缝上人造皮草一段。

239

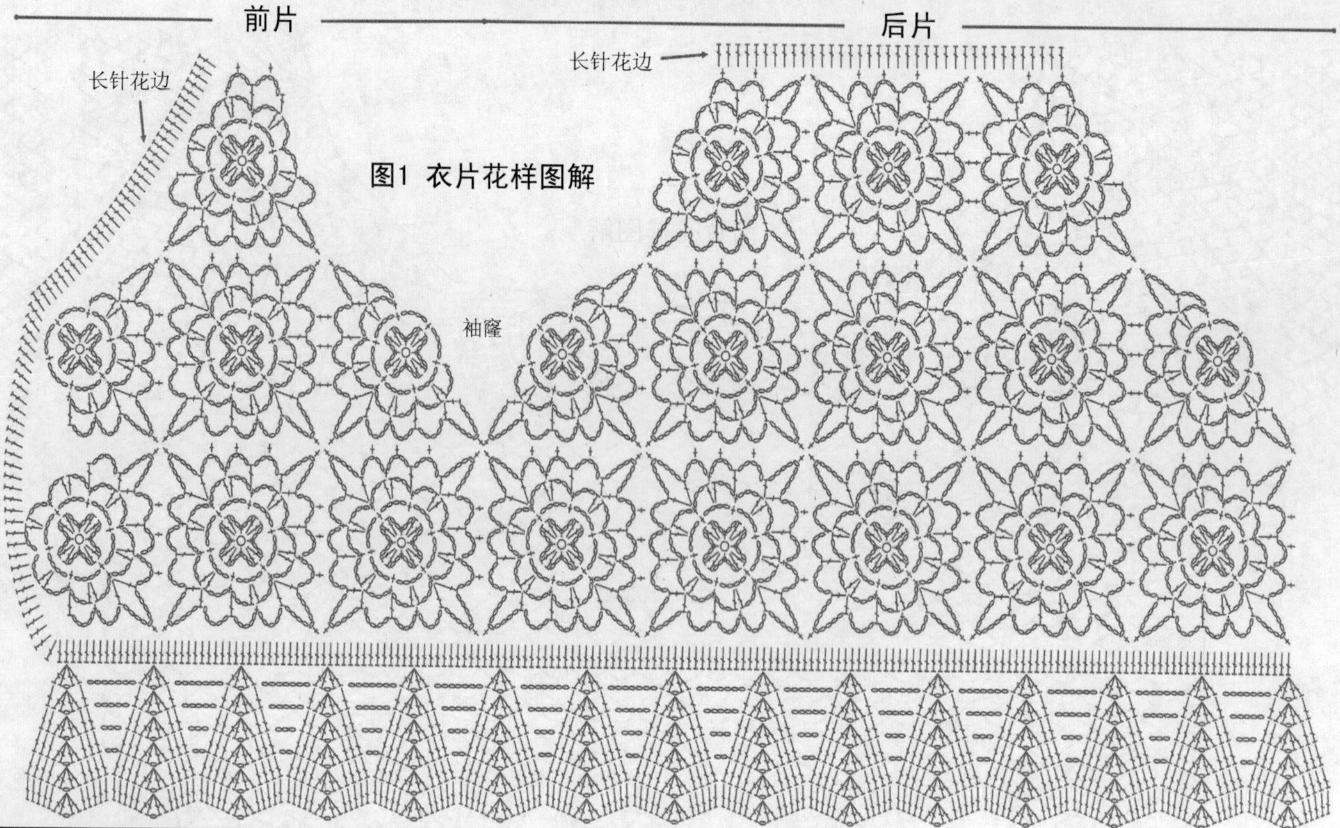

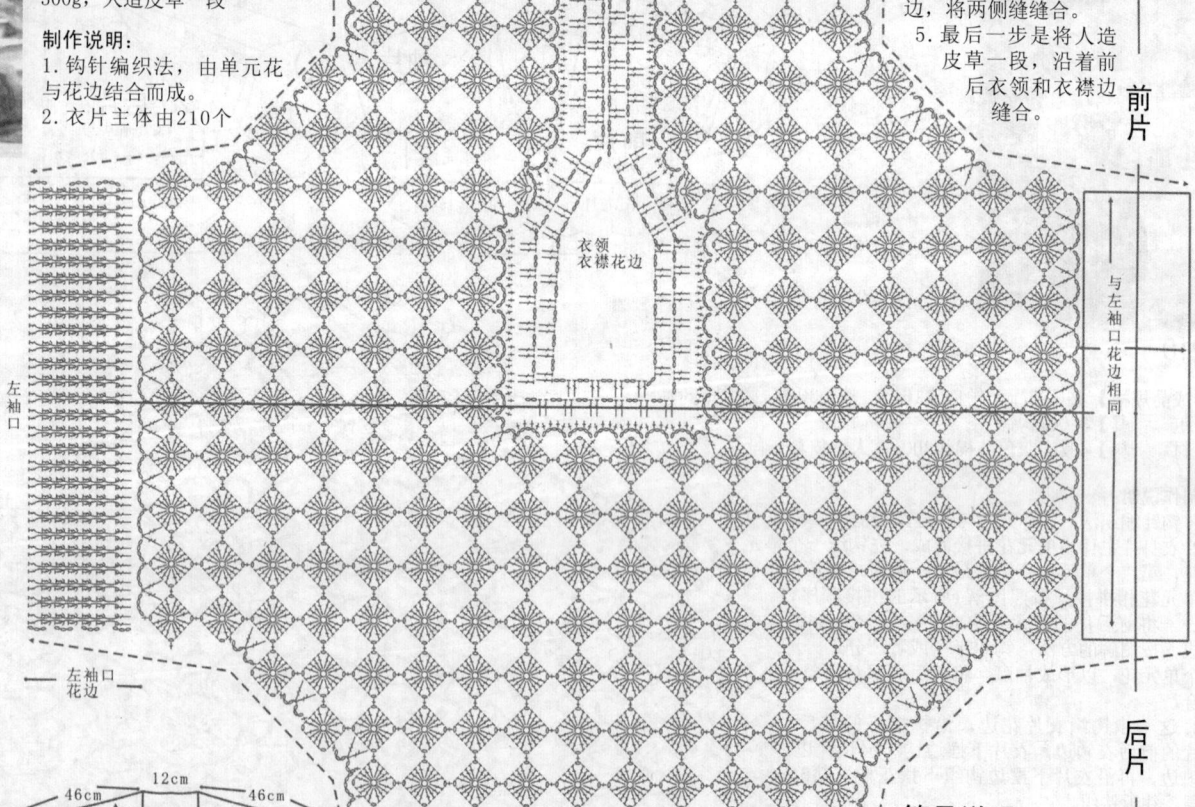

图1 衣片花样图解

前片 ——————— 后片

长针花边

长针花边

袖隆

211

【成品规格】衣长48cm，领口宽12cm，胸围114cm，肩部衣宽104cm

【工　　具】3.0mm钩针

【材　　料】4股浅黄色纯棉线300g，人造皮草一段

制作说明：

1. 钩针编织法，由单元花与花边结合而成。

2. 衣片主体由210个

小单元花组合而成，小单元花钩法简单，只有一层长针花样，如图1，图1为小外套平展示意图，按图解的拼接方法一一钩织，拼接。

3. 这一步钩织衣片花边，首先钩织衣片的下摆花边，花边为内外钩针形成的单罗纹花样变化，共7层，图解在图1中后片下摆花样，沿着前后片的下摆边钩织。收边后，再沿着前后衣领、衣襟边钩织三层花样，图

解为图1中衣领、衣襟花样。最后钩织的是袖口花边，同样为7层花样，左右袖口分别钩织。

4. 小外套的衣袖是以衣片钩织单元花向外延伸形成的，完成衣片单元花拼接后，如图1，图中虚线为缝合的边，将两侧缝缝合。

5. 最后一步是将人造皮草一段，沿着前后衣领和衣襟边缝合。

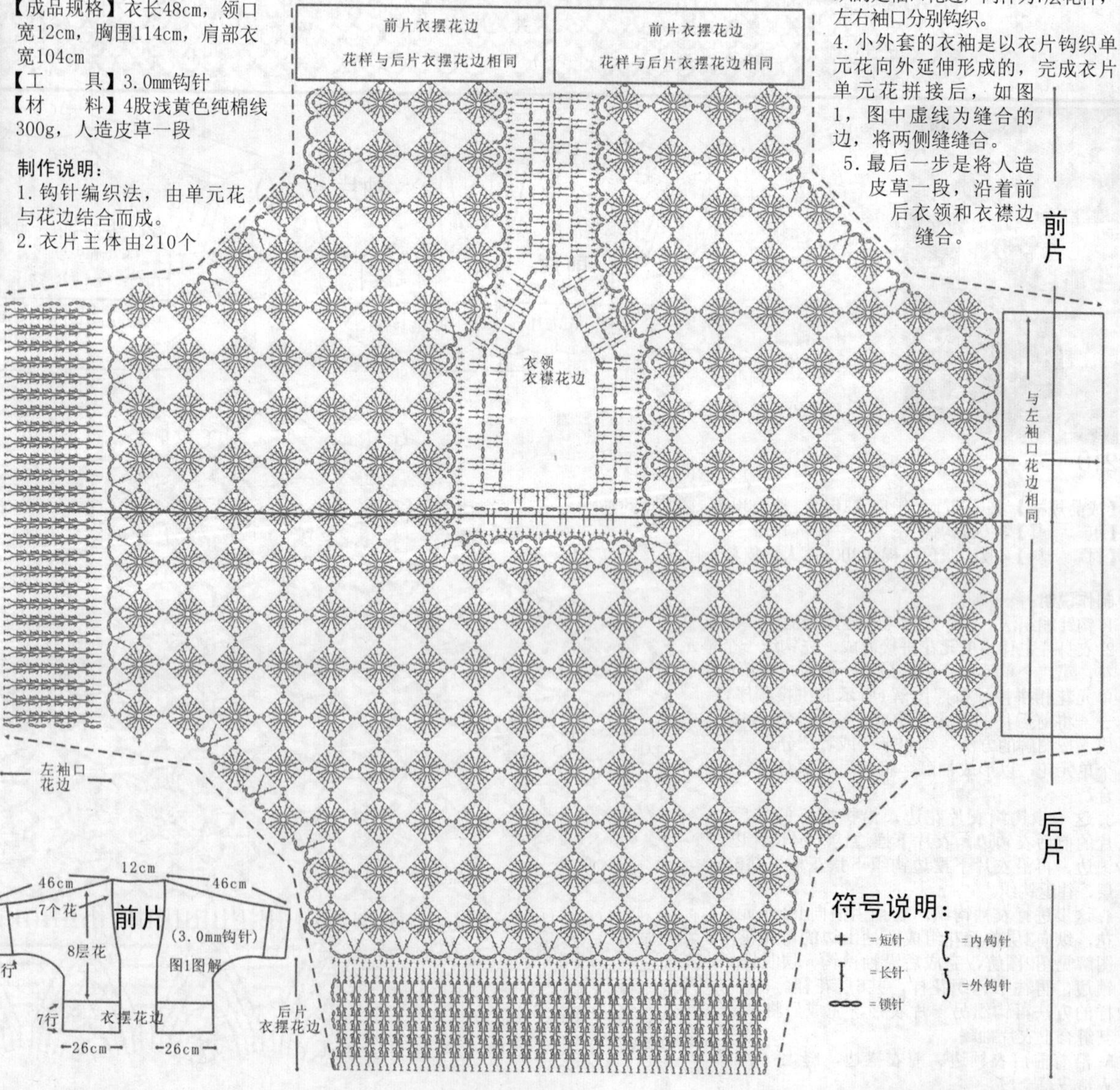

图1 衣片花样图解

前片衣摆花边
花样与后片衣摆花边相同

前片衣摆花边
花样与后片衣摆花边相同

衣领
衣襟花样

左袖口

前片

与左袖口花边相同

左袖口花边

后片

后片衣摆花边

48cm

46cm

12cm

后片

18个单元花

图1图解

8层花（3.0mm钩针）

衣摆花边

46cm

54cm

7行

46cm 46cm

12cm

7个花

前片

8层花

(3.0mm钩针)

图1图解

7行

衣摆花边

26cm 26cm

符号说明：

十 ＝短针

Ｉ ＝长针

◎◎◎ ＝锁针

） ＝内钩针

） ＝外钩针

240

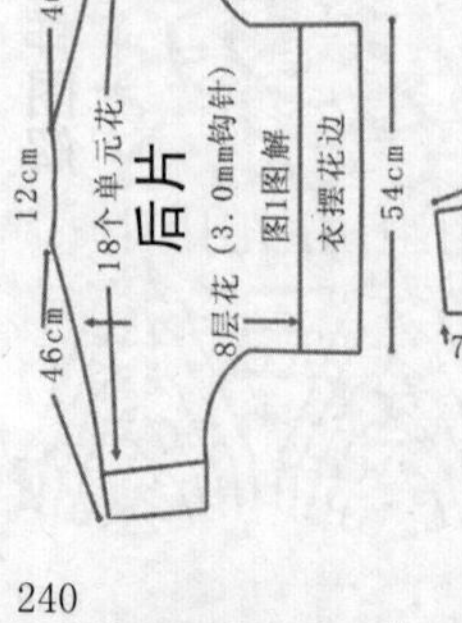

5行

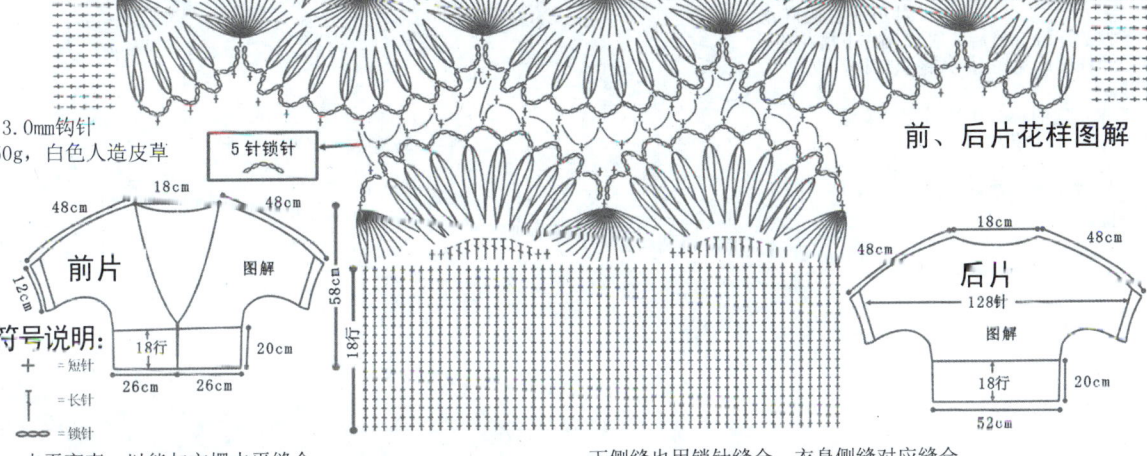

5针锁针

前、后片花样图解

212

【成品规格】衣长58cm，
肩至袖口长48cm
【工　　具】18cm宽的花叉，3.0mm钩针
【材　　料】米黄色圆棉线250g，白色人造皮草
一段

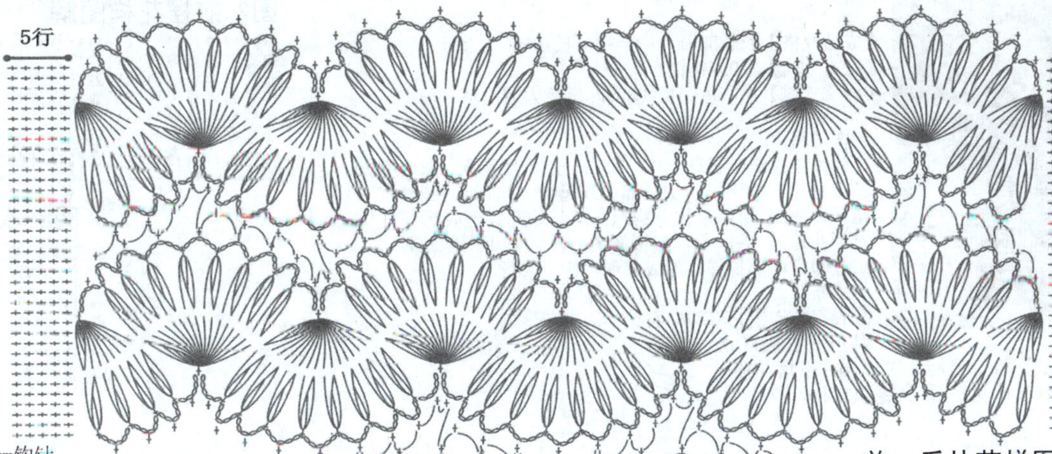

制作说明：
1. 花叉编织法，9段花型。
2. 后片。后片由3段花型拼接而成，用花叉钩好两段花型，每段花型共128针，衣摆那段花型钩64针，将这3段花型，按照图解1所示的方法，用钩针钩锁针连接。图解1中的实线为5针锁针，64针那段花型，只钩一侧，将线适当拉长，目的是拼接后，不用于拼接的一端能

符号说明：
+ = 短针
| = 长针
∞ = 锁针

前片　图解

48cm　18cm　48cm

12cm

18行

26cm　26cm

58cm　18行

20cm

后片　图解

18cm

48cm　48cm

128针

18行　20cm

52cm

水平变直，以能与衣摆水平缝合。
3. 前片的钩织。方法与后片相同，但前片得将128针的花型分为左右两段，64针的花型也分为左右两段。
4. 缝合。将前后花型缝合，同样是用锁针缝合。作衣袖的

下侧缝也用锁针缝合。衣身侧缝对应缝合。
5. 衣边的钩织。沿着缝合后的衣摆边钩短针，共18行，完成后断线。袖口钩5行，完成后断线。沿着后衣领、前衣领、衣襟将一段白色人造皮草缝合上。

213

【成品规格】胸围80cm
【工　　具】2.5mm钩针，10号棒针
【材　　料】4线1股白色细纯棉线
150g，珍珠粒绒线200g

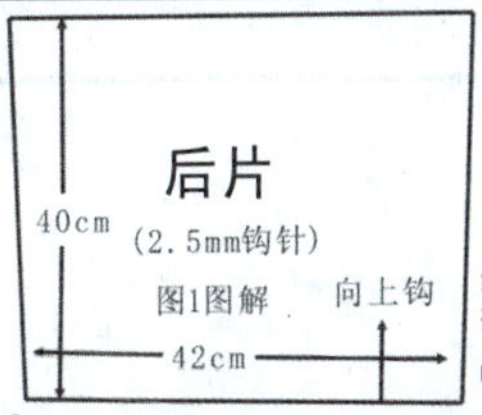

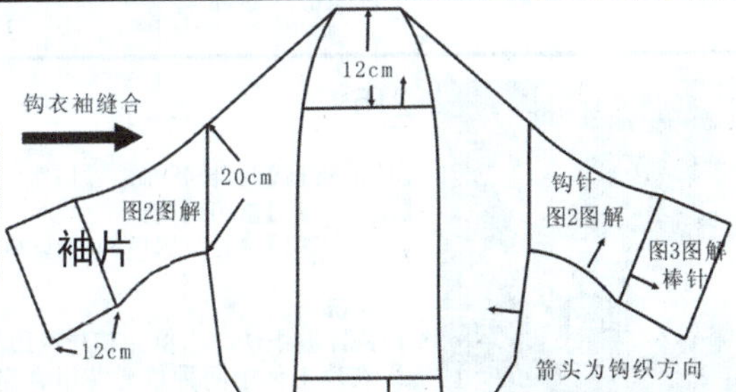

制作说明：
1. 钩针与棒针相结合。后片用钩针编织，衣袖片上半部分用钩针编织，下半部分用棒针编织，衣摆花边用棒针编织。
2. 首先用钩针编织法钩织后片，后片为一方形方块织片，大小与人的背部相适合，编织时可适当调整花样的数量，按图解1钩织这一方块。
3. 袖口编织。如图2图解，也是钩织一方块。按图解中所示的箭头方向卷成一筒状，将首尾缝合，一端用棒针编织法挑针织下针，如图3图解，共织32cm的长度，再折回袖内缝合，形成双层袖口。
4. 用棒针编织法，编织衣摆花边。如图1中所示，沿着箭头方向，用棒针沿线挑针织下针，图解为图3，编织长度与袖口的长度相同，方法也与袖口相同。
5. 缝合。用短针方法，将衣袖片与衣片缝合。

后片
40cm
(2.5mm钩针)
图1图解
向上钩
42cm

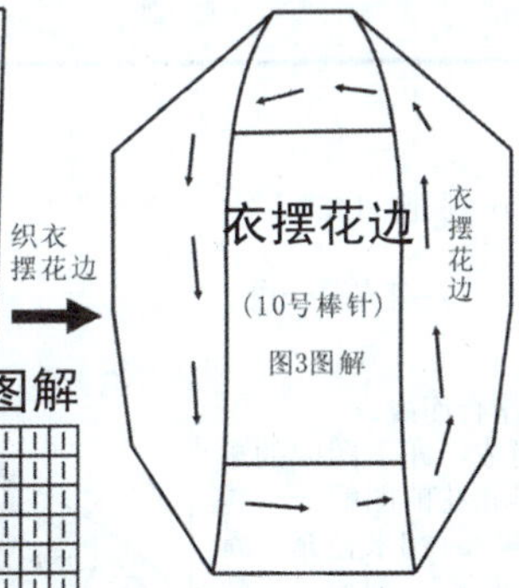

织衣摆花边
衣摆花边

衣摆花边
(10号棒针)
图3图解

钩衣袖缝合

12cm

20cm

袖片
图2图解

钩针
图2图解

12cm

图3图解
棒针

箭头为钩织方向

符号说明：
+ = 短针
| = 长针
∞ = 锁针

图3　衣摆图解

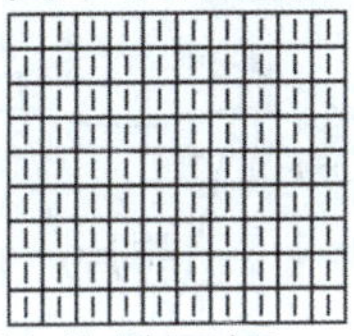

图2　衣袖花样图解

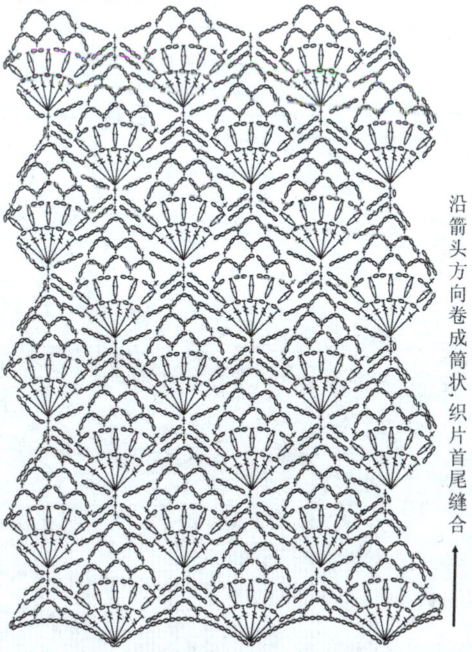

图1　后片花样图解　沿箭头方向用棒针挑针织衣摆花边

沿箭头方向卷成筒状 织片首尾缝合

一不花样

214

【成品规格】衣长58cm，肩至袖口长48cm
【工　　具】3.0mm钩针
【材　　料】黑灰色圆棉线300g,黑色人造皮草一段

制作说明：

1. 钩针编织法。衣身一片，衣摆一片，环状逐行加针钩法。
2. 衣身作一片钩织。从颈部衣领起钩，起16cm长的锁针起钩花样，如图1所示，往返钩织，从起始花样至收尾花样（不含衣袖花边），共26行，按图解的方法，利用间隙加针，织片即呈环形扩展，形成圆形，钩至26行后，断线。
3. 衣摆的钩织。将钩好衣身对折成衣服胚形，在作下摆的尾端，前后各取52cm作下摆花样长度，花样图解见图2，共钩织10行，收边断线。
4. 不作衣摆的部分作袖口，沿着这圈袖口钩织图3花样锁边。
5. 沿着前后衣领和衣襟边，将一段黑色人造皮草缝上，用于装饰。

图2 衣摆花样图解

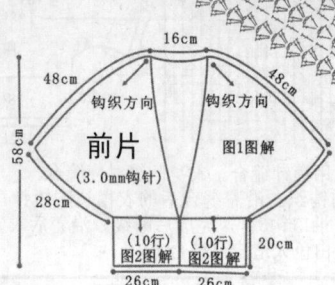

图3 衣袖花边图解

符号说明：

+ ＝短针
｜ ＝长针
○○○ ＝锁针
︶ ＝内钩针
︵ ＝外钩针

图1 后片花样图解

前片（3.0mm钩针）图1图解
58cm 48cm 48cm 16cm 28cm 20cm
钩织方向　钩织方向
（10行）图2图解（10行）图2图解
26cm 26cm

后片（3.0mm钩针）图1图解
48cm 16cm 48cm
钩织方向
（10行）图2图解
52cm

215

【成品规格】衣长48cm，领口宽6cm，胸围114cm
【工　　具】3.0mm钩针
【材　　料】4股灰黑色纯棉线300g，人造皮草一段

制作说明：

1. 钩针编织法。由单元花与花边结合而成。
2. 衣片主体由两种单元花组合而成，即下图中的单元花A与单元花B，按照这两个单元花的图解一一钩织，单元花A组合之间的空隙用单元花B来补充。首先从衣身下摆起钩，第一层钩单元花A，前后片总数为12个，再钩一层单元花A，两层连接后，钩单元花B，如此类推，按照图解的方法一一钩织，并拼接好，注意不完整单元花钩织部分。完成前后片单元花拼接后，将前后片的肩部对应缝合。
3. 这一步钩织衣片花边，首先钩织下摆花边，沿着拼接好的前后片的下摆钩织短针，共钩织20行短针，再沿拼接好的前后片的前后衣领边、衣身下摆边钩一层短针锁边，沿着这条边将一段人造皮草缝合上，作装饰。
4. 小外套的衣袖是以衣片向外延伸形成的，缝合好肩部后的衣身片自然形成袖口，沿这个袖口圈钩6层短针边。

单元花A　单元花B

符号说明：

+ ＝短针
｜ ＝长针
○○○ ＝锁针

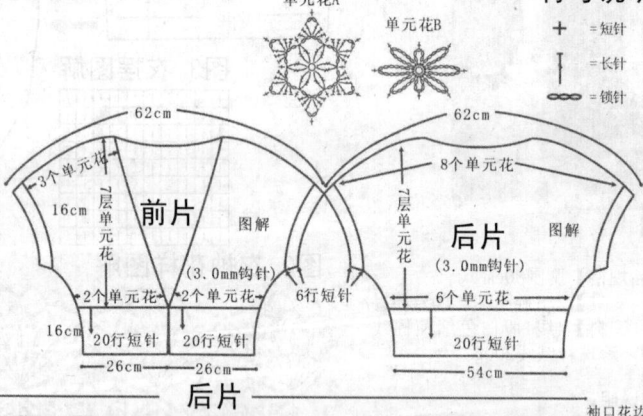

前片（3.0mm钩针）图解
62cm 16cm 48cm 16cm
3个单元花　7层单元花
2个单元花　2个单元花
20行短针　20行短针
26cm 26cm

后片（3.0mm钩针）图解
62cm 48cm
8个单元花　7层单元花
6行短针
6个单元花
20行短针
54cm

衣片花样图解

前片　　　后片

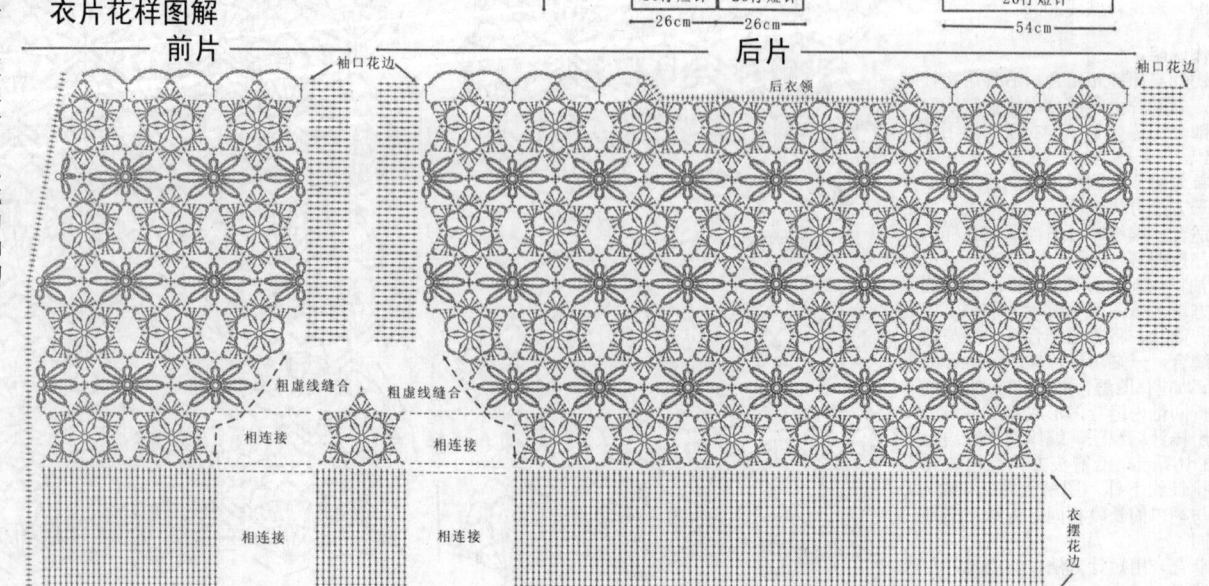

袖口花边　后衣领　袖口花边
粗虚线缝合　粗虚线缝合
相连接　相连接
相连接　相连接
衣摆花边

216

【成品规格】衣长52cm，宽94cm(从左衣袖至右衣袖宽)
【工　具】2.5mm钩针
【材　料】粉红色4线1股细纯棉线250g

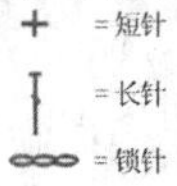

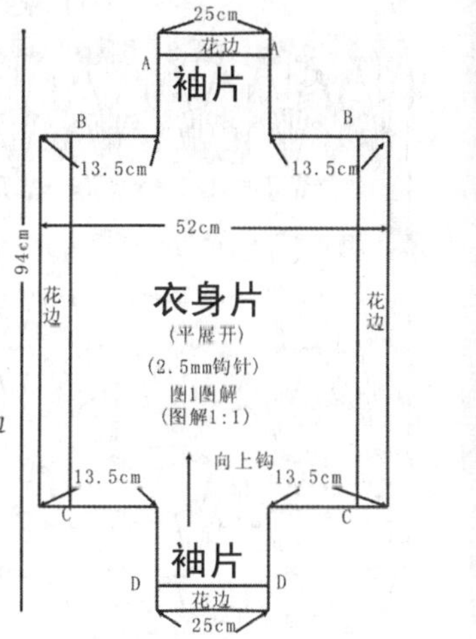

制作说明：

1. 钩针编织法。本款小外套衣身部分一片编织，花边分为3片编织。

2. 先钩织衣身部分。如图解1所示，本款小外套一片编织完成，起25cm长的锁针起钩衣身，按照图解1的加减针方法，钩好衣身。

图1 全身片花样图解

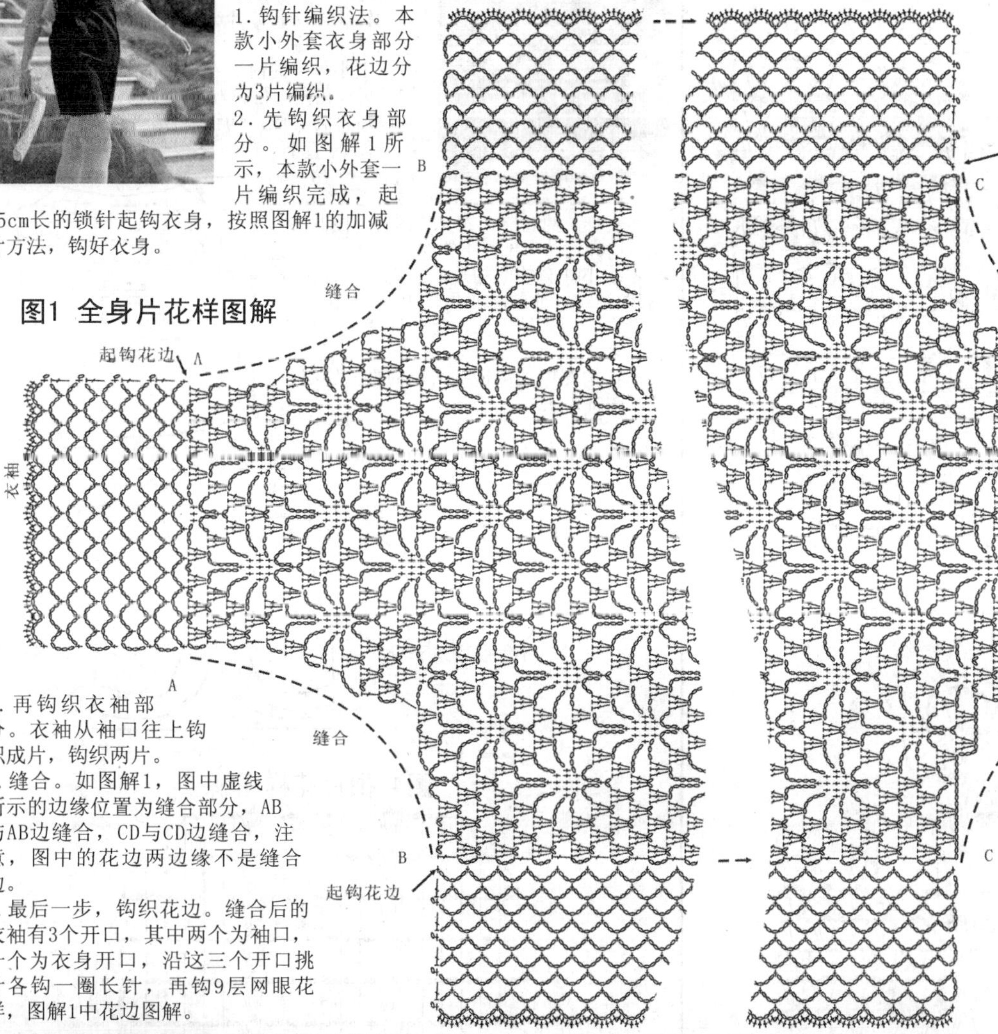

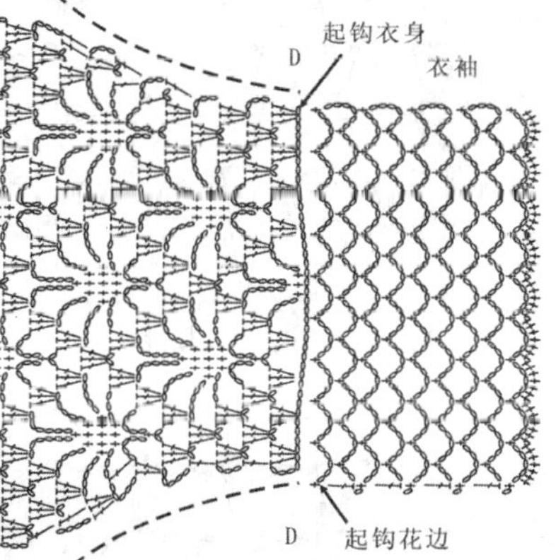

符号说明：
+ =短针
↑ =长针
◦◦◦ =锁针

3. 再钩织衣袖部分。衣袖从袖口往上钩织成片，钩织两片。

4. 缝合。如图解1，图中虚线所示的边缘位置为缝合部分，AB与AB边缝合，CD与CD边缝合，注意，图中的花边两边缘不是缝合边。

5. 最后一步，钩织花边。缝合后的衣袖有3个开口，其中两个为袖口，一个为衣身开口，沿这三个开口挑针各钩一圈长针，再钩9层网眼花样，图解1中花边图解。

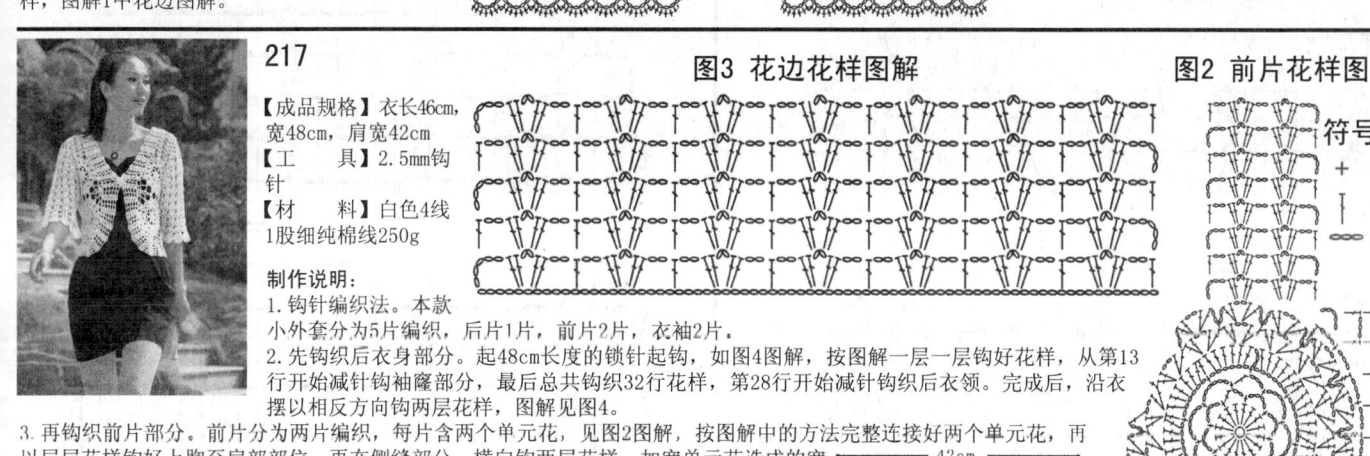

217

【成品规格】衣长46cm，宽48cm，肩宽42cm
【工　具】2.5mm钩针
【材　料】白色4线1股细纯棉线250g

制作说明：

1. 钩针编织法。本款小外套分为5片编织，后片1片，前片2片，衣袖2片。

2. 先钩织后身部分。起48cm长度的锁针起钩，如图4图解，按图解一层一层钩好花样，从第13行开始减针钩衣袖窿部分，最后总共钩织32行花样，第28行开始减针钩织后衣领。完成后，沿衣摆以相反方向钩两层花样，图解见图4。

3. 再钩织前片部分。前片分为两片编织，每片含有两个单元花，见图2图解，按图解中的方法完整连接好两个单元花，再以层层花样钩好上胸至肩部部位。再在侧缝部分，横向钩两层花样，加宽单元花造成的宽度不足问题。左右方法相同。

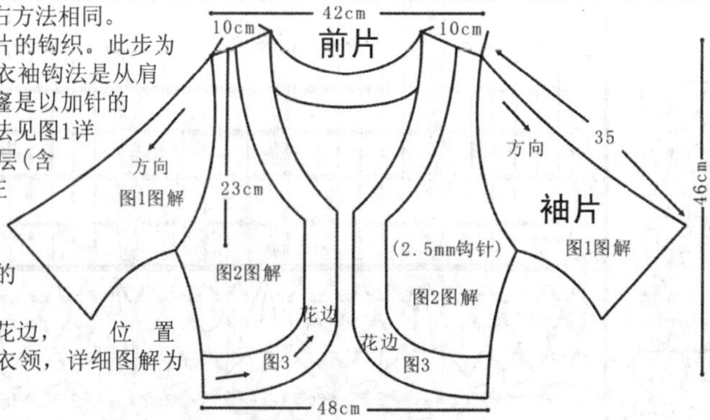

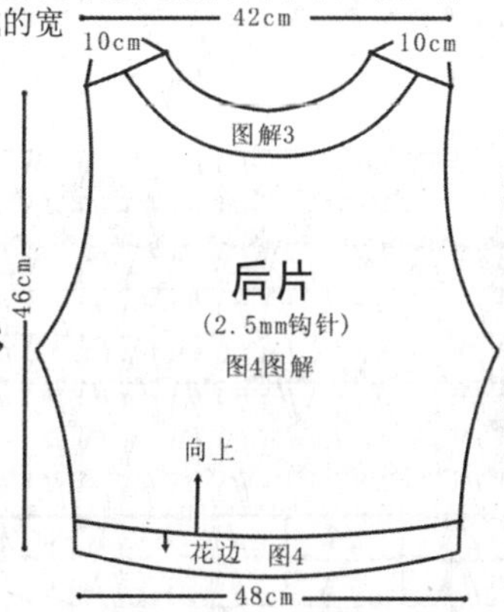

4. 完成后片与前片的钩织。此步为钩织衣袖部分。衣袖钩法是从肩部往下钩织，袖窿是以加针的方法形成的，钩法见图1详细图解，共钩24层(含花边)。衣袖为左右两片。

5. 此步为缝合，将各织片用短针的方法缝合。

6. 最后一步钩织花边，为左右衣襟和后衣领，详细图解为图3图解。

图3 花边花样图解

图2 前片花样图解

符号说明：
+ =短针
↑ =长针
◦◦◦ =锁针

图1 袖片花样图解

218

【成品规格】衣长48cm，胸围96cm
【工　　具】2.5mm钩针
【材　　料】4线1股250g白色细纯棉线

制作说明：

1.钩针编织法。分片编织前片2片，后片1片，衣袖2片，花边1片。

2.本款小外套的前后衣片为菠萝花花样，首先钩织后片花样，图解为图1。从肩部向下钩织。

3.以后片为对应，钩织前片，前片分为两片编织，前片含有花边，所以衣身要比后片短，衣身长约40cm，衣身片图解为图2。钩织方向亦为从肩部往下钩织。

4.本款小外套的两袖片单独钩织，首先按图4图解钩好袖身，再沿袖口钩一圈花边。

5.缝合。用短针方法，将前后片、袖片缝合起来。

6.沿结构图中连续箭头所示的方向钩织花边，图解为图3。

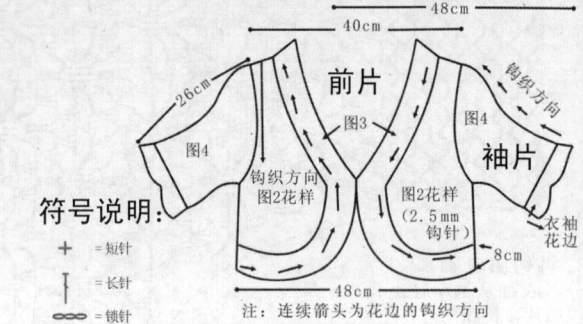

符号说明：

+ ＝短针

| ＝长针

∞ ＝锁针

图4 后片花样图解

图4 袖片花样图解

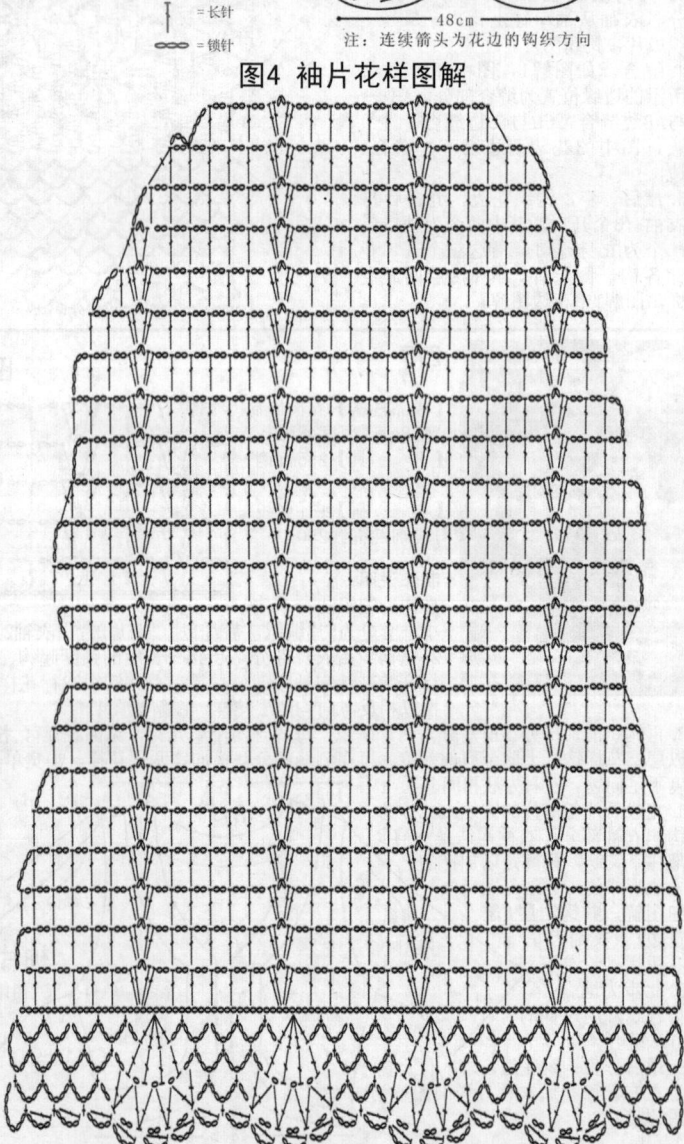

244

图3 衣片花边花样图解

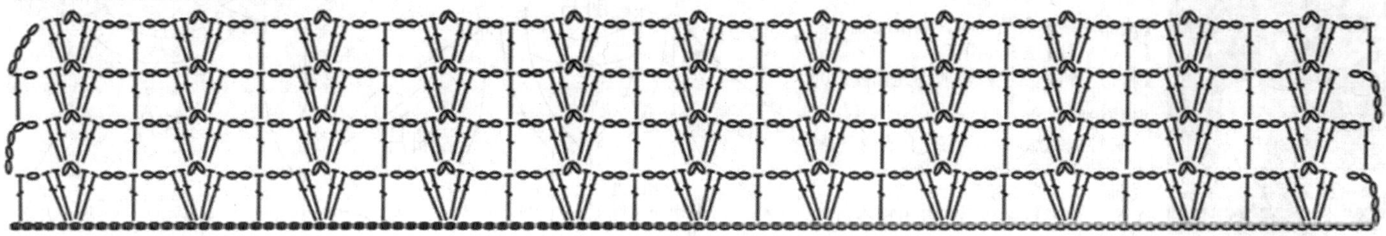

图2 前片花样图解

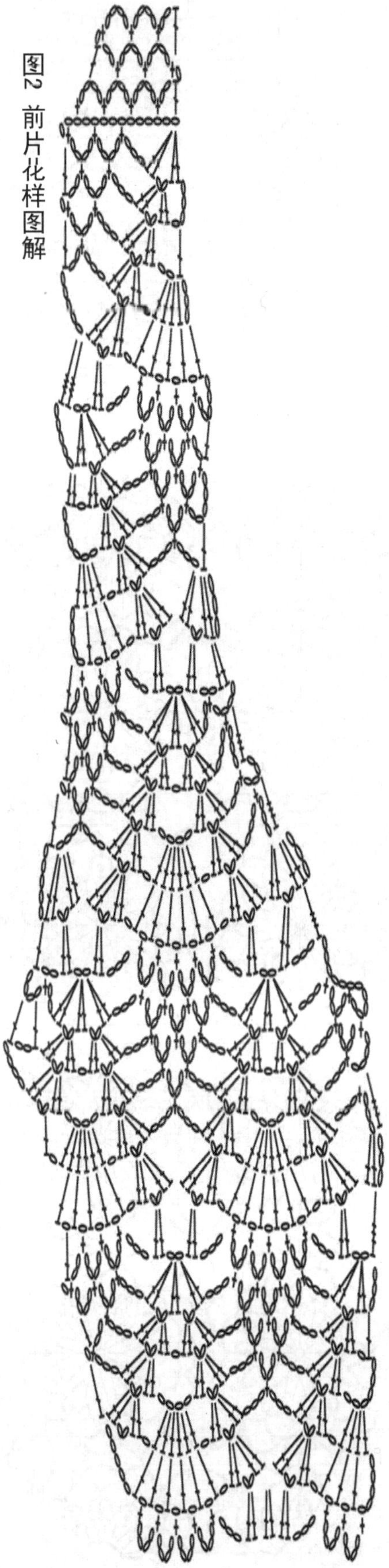

图1 后片花样图解

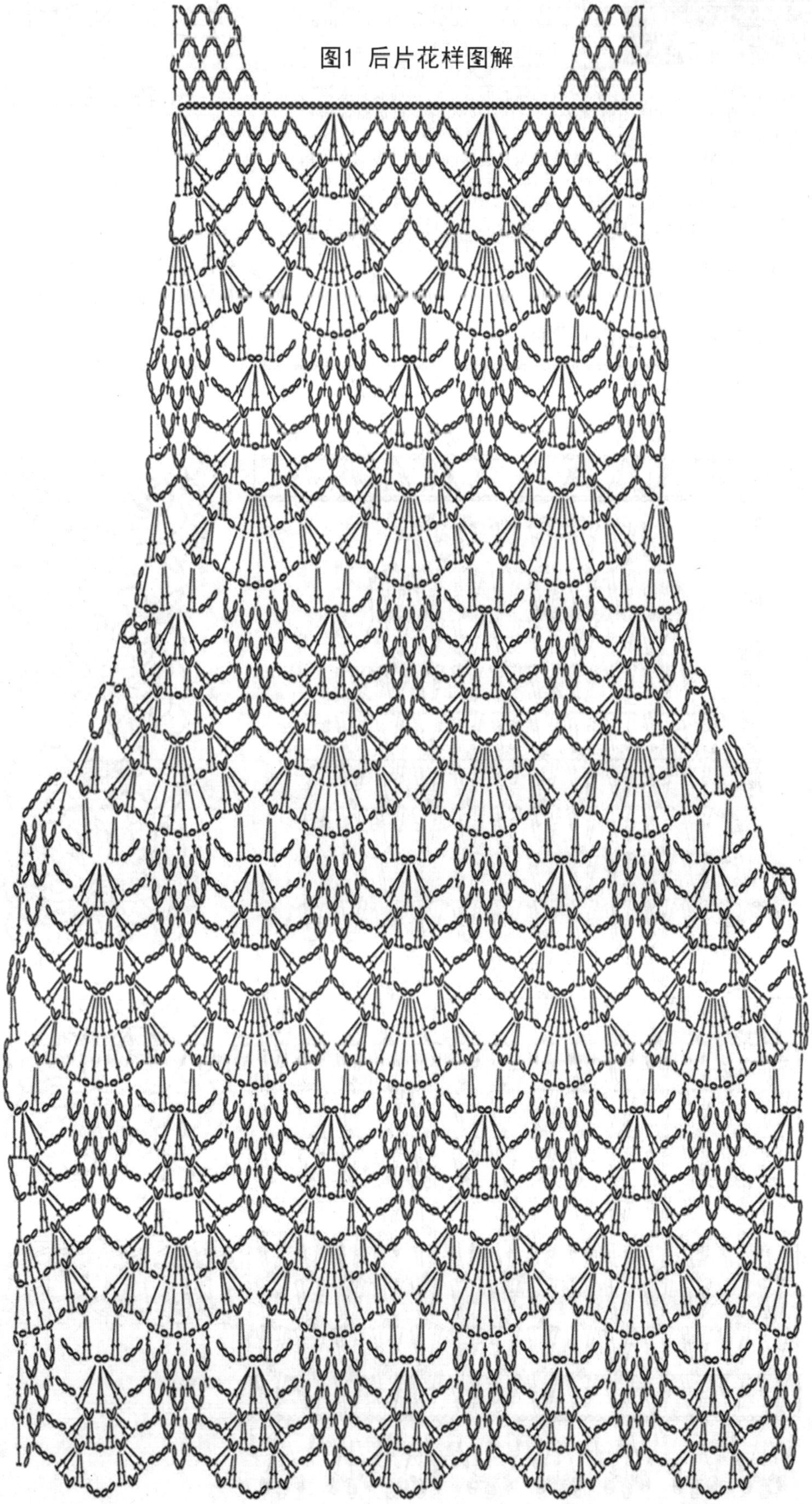

219

【成品规格】衣长40cm，胸围90cm
【工　　具】2.5mm钩针
【材　　料】白色4线1股细纯棉线250g

制作说明：
1. 钩针编织法。本款小外套衣身部分是由数个单元花拼接而成，衣袖分为两片编织。
2. 先钩织衣身部分，衣身由16个单元花组合而成，先将各个单元花按图解单独钩织好，钩至最后一层时，用短针与相邻的单元花连接。如图解1，首先钩好完整的单元花，最后再钩边缘含有减针部分的单元花，减针部分有袖隆的形成，以及前衣身衣襟的转角弧形的形成，按照图解1将各部分仔细钩织好。最后将前后肩部用短针缝合。
3. 完成衣身的钩织工作，可以先行钩织花边再进行下一步衣袖的钩织，沿着拼接好的衣身的衣襟、下摆、后衣领，以及后衣身的下摆，即结构图中的花边，按照图3图解进行钩织，花边共三层。
4. 最后一步钩织衣袖，分两片，起18cm长的锁针起钩，按图解的花样钩织，共钩9行无加减，余下减针，方法见图解2，减10行。完成两片编织后，将之与衣身缝合。

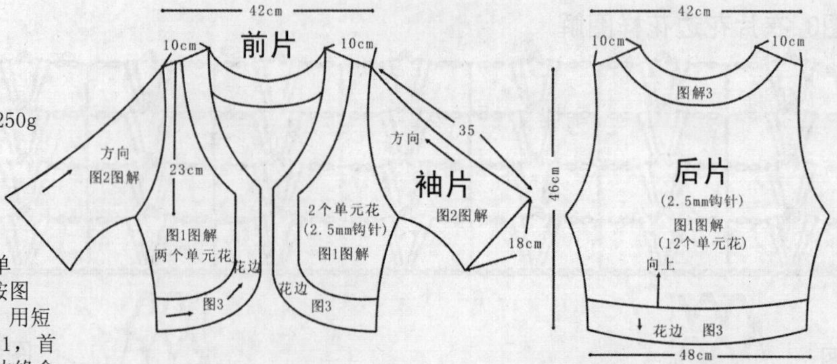

前片
42cm
10cm　10cm
方向
图2图解
23cm
图1图解
两个单元花
花边　图3

袖片
方向
图2图解
2个单元花
(2.5mm钩针)
图1图解
35
18cm
花边　图3

后片
42cm
10cm　10cm
图解3
(2.5mm钩针)
图1图解
(12个单元花)
向上
46cm
48cm
↓花边　图3

符号说明：
+ = 短针
| = 长针
∞ = 锁针

图3 衣襟花边花样图解

图2 袖片花样图解

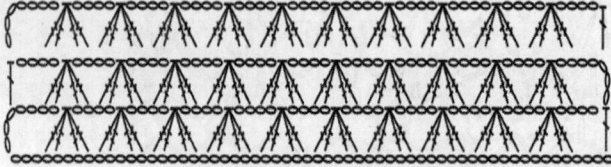

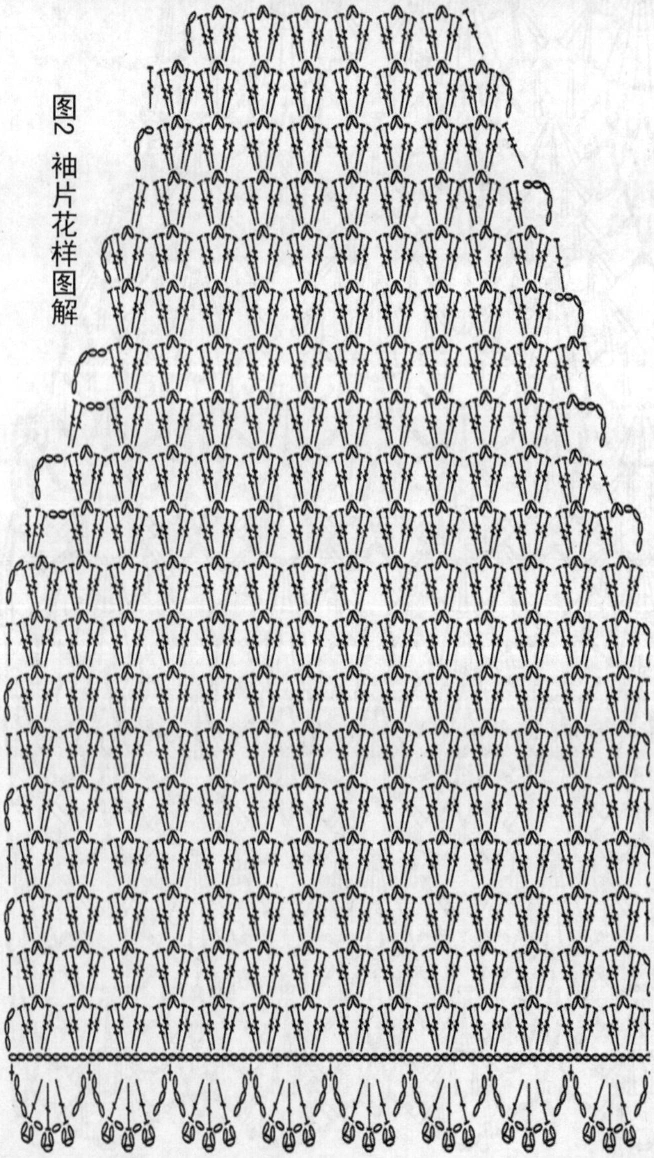

图1 衣片花样图解

220

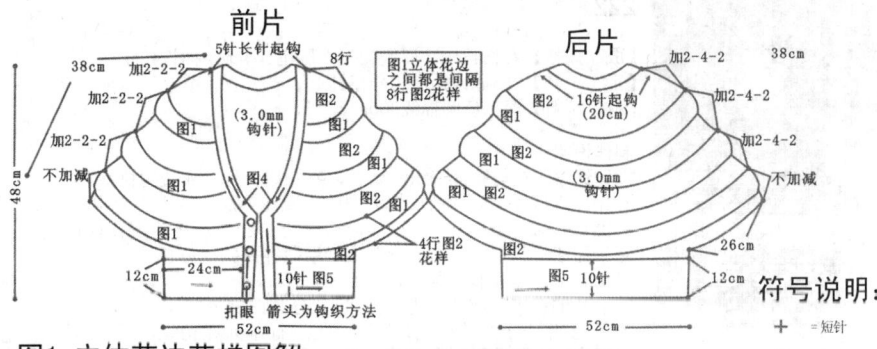

【成品规格】衣长48cm，胸围104cm，肩至袖口长38cm
【工　具】3.0mm钩针
【材　料】红色圆棉线300g，纽扣3颗

制作说明：

1. 钩针编织法，分为4片钩织，后片1片，前片2片，衣摆边1片。衣服整体钩法顺序为：先钩织衣身部分，再钩织立体花边，接着钩衣摆花边，最后钩衣领花边。

2. 先钩织后片，从颈部衣领起钩，起20cm长的锁针起钩花样，花样图解为图2，隔行加针，所在行所要加的针数见结构图所示，基本每两行加四针，这4针平均分散位置加，加针方法图解见图3，最后余下4行不加减针。

3. 前片的钩织，前片分为2片，以5针长针起钩花样，隔行加针，所在行所要加的针数见前片结构图所示，基本每次加2针，平均分散位置加针，加针方法图解见图3，最后余下4行不加减针，同样方法再钩织另一前片。

4. 立体花的钩织，先将前后片的袖肩线对应用短针缝合。在缝合好的衣身基础上，每隔0行花样即钩一圈立体花样，沿着每8针挑针钩织立体花样，详细图解为图1，总共三圈立体花边。

图1 立体花边花样图解

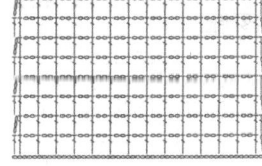

图5 衣摆花边图解

图4 衣领花边图解

图2 衣身花样图解

图3 衣身花样加针方法

符号说明：
+ ＝短针
｜ ＝长针
∞ ＝锁针

5. 在平服的衣身下摆，前片两边各取24cm，后片取52cm的长度作衣服的下摆边。起12cm长的锁针起钩图5，共10针长针，往返钩织，共绕至100cm的高度，收边。将一侧长边与衣服的下摆对应缝合。

6. 衣领花边，沿着后衣领、前衣领、前衣襟边钩织一层花边锁边。图解为图4，袖口同样钩一圈花边锁边。

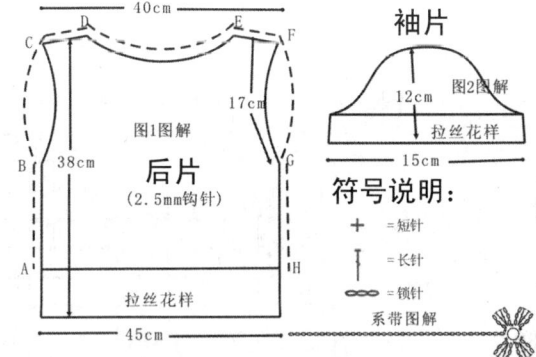

221

【成品规格】衣长38cm，胸围90cm
【工　具】2.5mm钩针
【材　料】粉红色一股粗丝线250g

制作说明：

1. 钩针编织法，本款小外套分为4片编织。后片1片，衣领衣摆边1片，衣袖2片。

2. 本款小外套须钩织好后片部分，再以后片为参照，钩织衣领衣摆边部分，按图1图解方法，钩织后片待用。

3. 以后片的周边长度为参照，见结构图所示，

合。最后沿着边缘钩拉丝花样，双层。

4. 按图2图解钩2片袖片。注意拉丝花样是与袖身方向相反的，先钩织好袖身，再钩织拉丝花样。

5. 将2片衣袖与衣身的袖窿缝合，用短针方法钩织。

6. 钩两段长条锁针辫子作系带。

图2 袖片花样图样

虚线部分为衣领衣摆花边的起钩长度，以及连接位置，即图中的A、B、C、D、E、F、G、H位段。其中BC段、FC段为袖片部分，这两段不缝合。图解中各段位置与结构图的位置相对应，以AH段长度起锁针起钩，按图解钩织好，将之与后片钩织短针缝

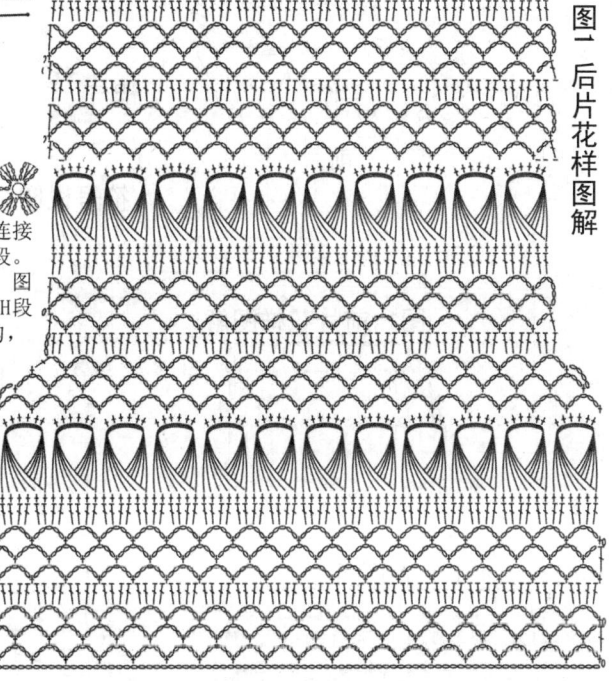

图一 后片花样图解

拉丝花样

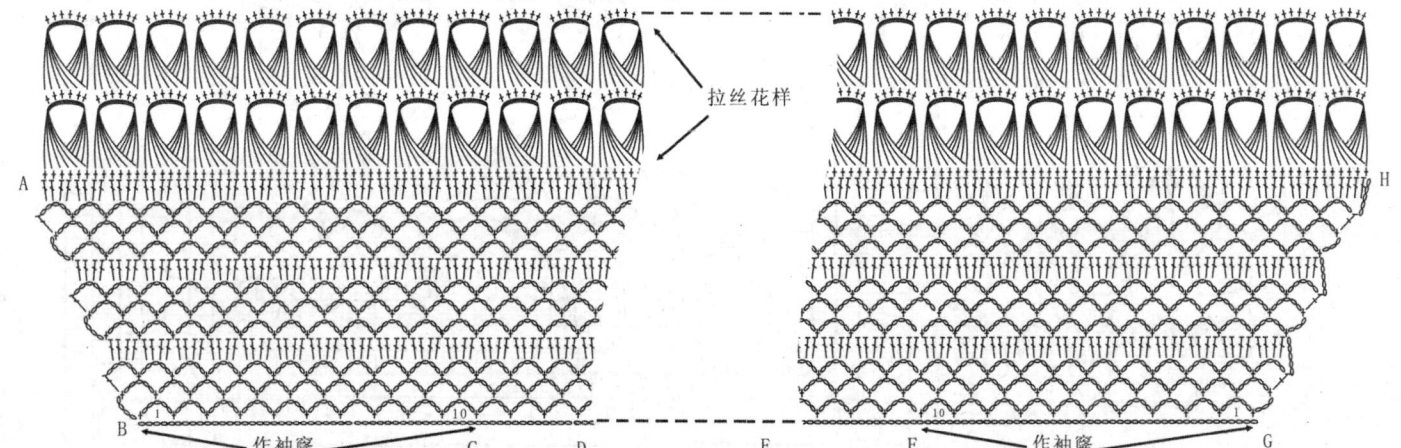

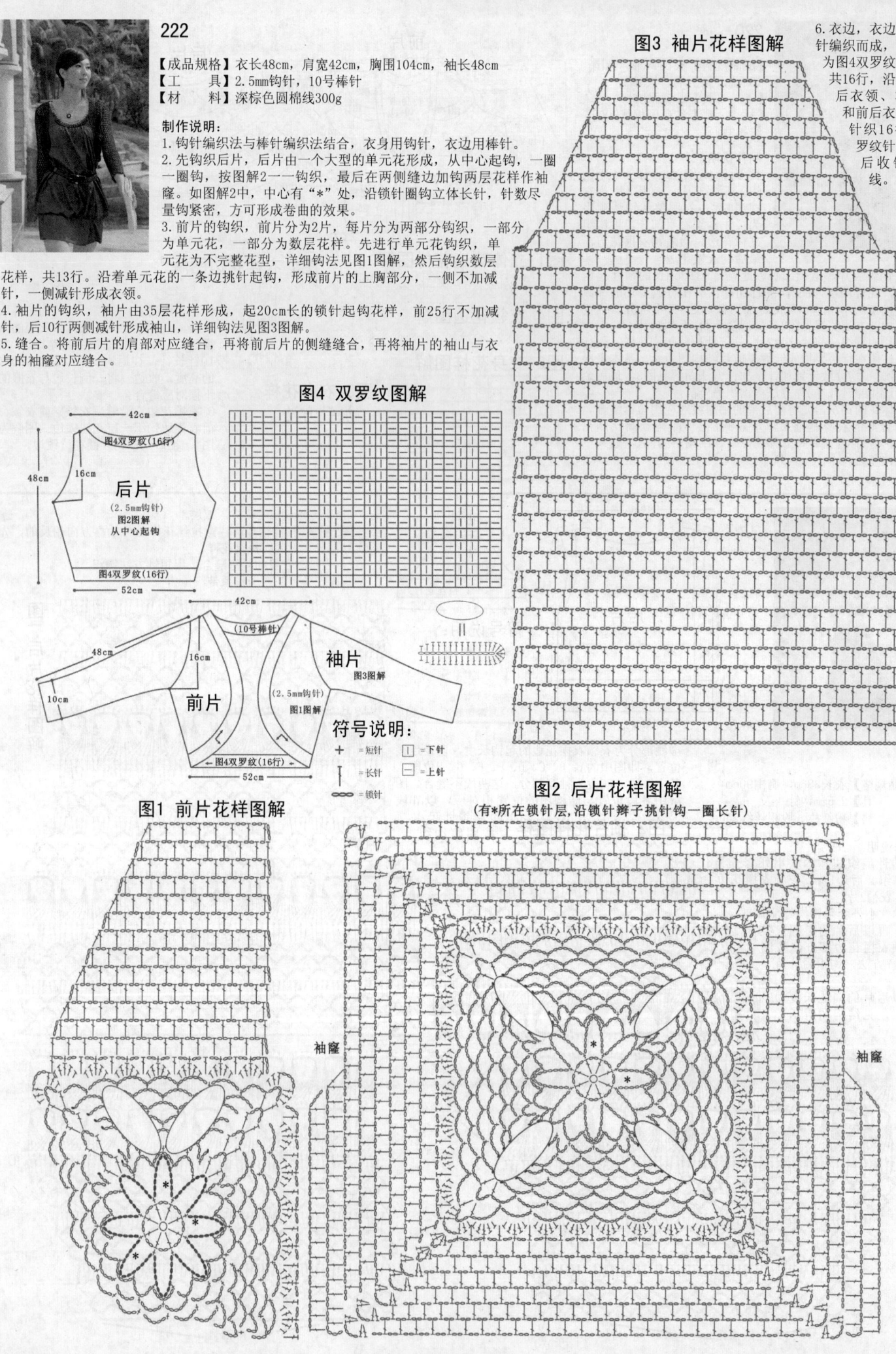

222

【成品规格】衣长48cm，肩宽42cm，胸围104cm，袖长48cm
【工　　具】2.5mm钩针，10号棒针
【材　　料】深棕色圆棉线300g

制作说明：

1.钩针编织法与棒针编织法结合，衣身用钩针，衣边用棒针。

2.先钩织后片，后片由一个大型的单元花形成，从中心起钩，一圈一圈钩，按图解2——钩织，最后在两侧缝边加钩两层花样作袖窿。如图解2中，中心有"*"处，沿锁针圈钩立体长针，针数尽量钩紧密，方可形成卷曲的效果。

3.前片的钩织，前片分为2片，每片分为两部分钩织，一部分为单元花，一部分为数层花样。先进行单元花钩织，单元花样为不完整花型，详细钩法见图1图解，共13行。沿着单元花的一条边挑针起钩，形成前片的上胸部分，一侧不加减针，一侧减针形成衣领。

4.袖片的钩织，袖片由35层花样形成，起20cm长的锁针起钩花样，前25行不加减针，后10行两侧减针形成袖山，详细钩法见图3图解。

5.缝合。将前后片的肩部对应缝合，再将前后片的侧缝缝合，再将袖片的袖山与衣身的袖窿对应缝合。

6.衣边，衣边由棒针编织而成，花样为图4双罗纹针，共16行，沿着前后衣领、衣襟和前后衣摆挑针编织16行双罗纹针，最后收针断线。

图3 袖片花样图解

图4 双罗纹图解

42cm
48cm
16cm
后片
（2.5mm钩针）
图2图解
从中心起钩
图4双罗纹（16行）
图4双罗纹（16行）
52cm

42cm
48cm
16cm
10cm
（10号棒针）
前片
图1图解
袖片
图3图解
（2.5mm钩针）
图4双罗纹（16行）
52cm

符号说明：
十 = 短针
⊥ = 长针
○○○ = 锁针
丨 = 下针
一 = 上针

图1 前片花样图解

袖窿

图2 后片花样图解
（有*所在锁针层，沿锁针针辫子挑针钩一圈长针）

袖窿

袖窿

223

【成品规格】衣长48cm，从左衣袖口到右衣袖口宽66cm
【工　　具】2.5mm钩针
【材　　料】黄色4线1股细纯棉线250g

制作说明：

1. 钩针编织法，分片编织，后片1片，前片2片。
2. 先钩织后片部分，后片为一个大型单元花形成，图解见图1图解，从中心起钩，钩至图1图解中A、B、C、D所示的边缘，为一个单元花组成。图中箭头所示的方向为延伸向外钩织衣袖部分，对称钩织两片。
3. 再钩织前片。前片为后片的一半花型，

图解参照图1图解，同样的方法钩织两片。

图2 衣领花样图解

4. 缝合。将三片衣片用短针连接起来。
5. 花边。如前片结构图所示，连续箭头为钩织花边的位置，沿这力方向钩图2花边图解，即拉丝花边，亦叫萝卜丝花。
6. 本款小外套另有一种钩法顺序，即先钩好后片单元花，未将延伸钩织衣袖部分，先将前片钩好两片，将这两片与后片单元花连接，作衣袖口部分不连接。连接后，沿留作袖口圈钩，钩9层花样，最后钩花边完成，同样方法再钩另一边衣袖。花边的方法同上。

右向 ← 后片
(2.5mm钩针)
图1图解（整片）
（从中间起钩）
→ 方向
48cm
圆圈为单元花

66cm
图1图解 前片 (2.5mm钩针)
方向 ← → 方向
沿箭头方向钩一圈拉丝花边（图2）

图1 后片花样图解

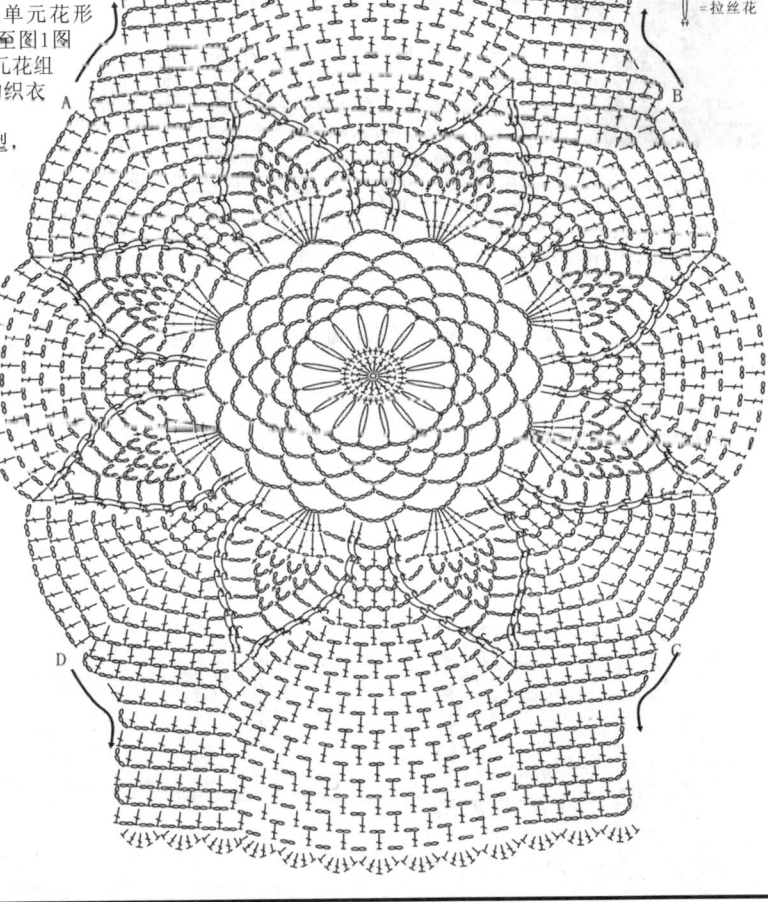

符号说明：
+ ＝短针
↑ ＝长针
∞ ＝锁针
Ⅱ ＝外钩针
↓ ＝拉丝花

224

【成品规格】衣长38cm，领口宽18cm，胸围108cm
【工　　具】2.5mm钩针
【材　　料】白色金丝线200g

制作说明：

1. 钩针编织法，分为三片钩织，后片1片，前片2片。
2. 先钩织后片。图1图解为花样的一半图解，左右两半的花样是相同的，起18cm的锁针起钩，从衣领口开始钩。衣服前后片均是从衣领口起钩的，按图解从上往下钩织，注意两肩线加针的方法。最后衣摆部分钩5行花样。
3. 前片的钩织。前片的图解为图1，起9cm的锁针起钩，与后片相同，从衣领口起钩，从上往下，一层一层花样钩织，最后钩织5行花样。
4. 缝合。如图1所示，图中虚线所对应的位置为缝合的部位。未缝合处作为衣袖口或衣襟口。
5. 花边。将衣片缝合好后，沿着各条边，钩一圈花样锁边。

图1 衣身片花样图解（一半）

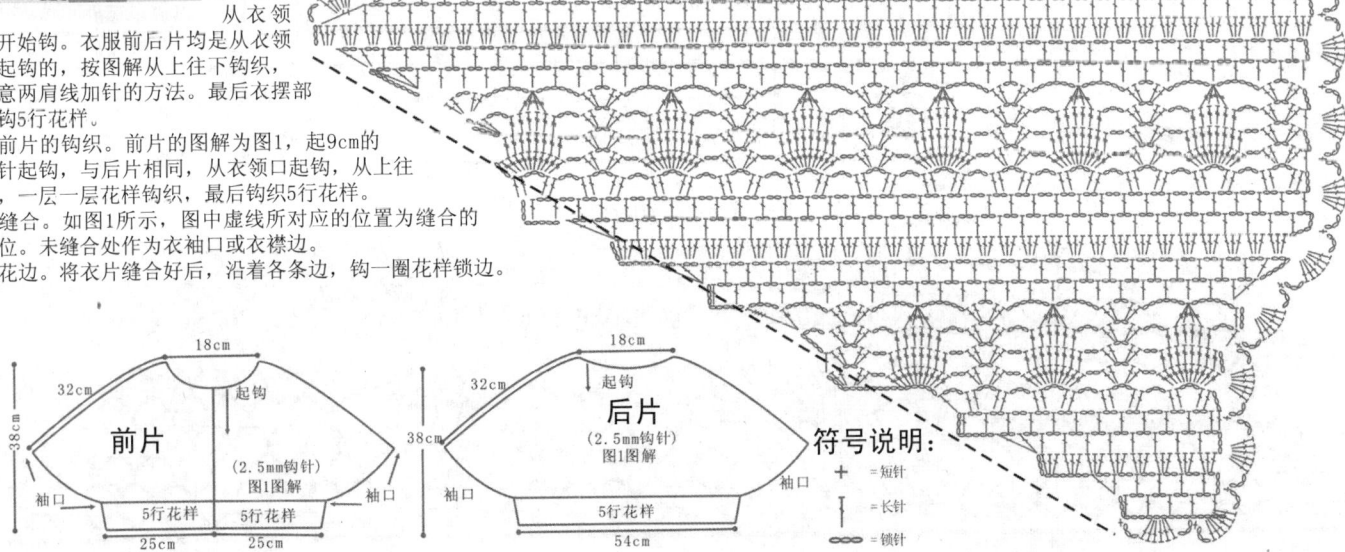

符号说明：
+ ＝短针
↑ ＝长针
∞ ＝锁针

18cm
32cm
前片
(2.5mm钩针)
图1图解
38cm
起钩
袖口
5行花样 5行花样
25cm 25cm
袖口

18cm
32cm
后片
(2.5mm钩针)
图1图解
38cm
起钩
袖口
5行花样
54cm

225

【成品规格】衣长60cm，肩宽42cm，
短袖长12cm，胸围108cm
【工　　具】3.0mm钩针
【材　　料】橘红色圆棉线300g

制作说明：
1. 钩针编织法，分片钩织，前片2片，
后片1片，袖片2片。
2. 首先钩织后片，起54cm长的锁针起
钩花样，一层一层钩织，共钩22行。
前8行无加减针，钩至第9行时开始
两侧减针，形成袖隆，后衣领无加减
针。详细图解见图2。
3. 再进行前片钩织，前片分为2片，每片的花样与后片相同，共钩22行，袖
隆减针与后片相同，前衣领减针，减针方法图解见图1。
4. 钩织两袖片，衣袖为短袖，从袖口起20cm长的锁针起钩花样，化
样图解见图3图解，共钩8行花样，按照图3的方法两端减针形成
袖山，最后沿着袖口钩一圈花边锁边。
5. 缝合。如图1、图2中，虚线所对应的部位为缝合的位
置，将它们用短针缝合，完成后，将两袖片沿着袖隆对
应缝合。
6. 最后一步钩织衣
领、衣摆花边，沿着
缝合好的衣身的各
边钩织图4花边。
10层花样。
7. 最后钩两段
系带，系带的
图解见下，系带
的长度随意。

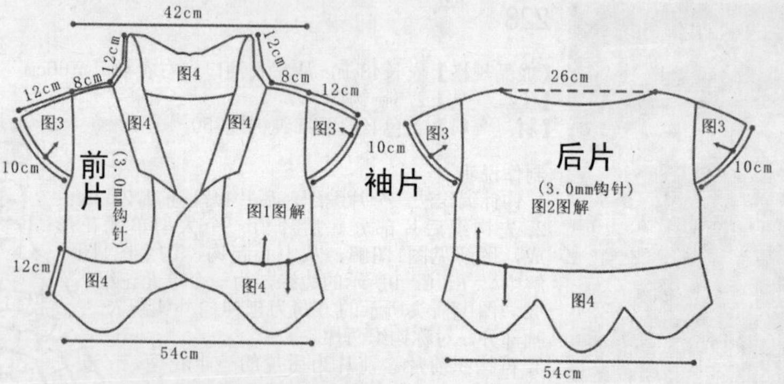

符号说明：

十 =短针

| =长针

∞ =锁针

系带图解

图3 袖片花样图解

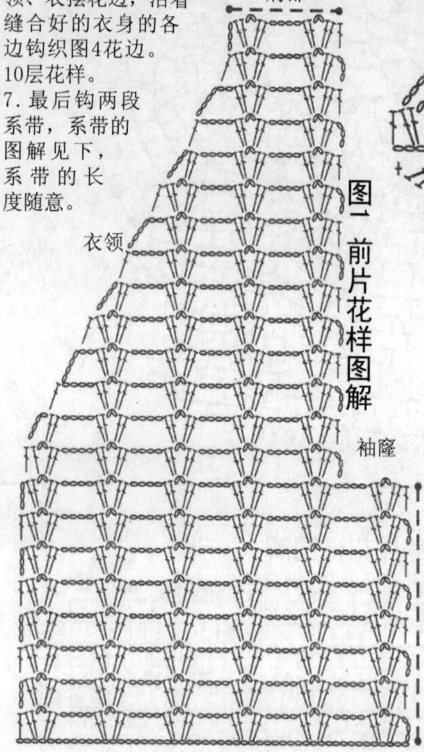

图一 前片花样图解

肩部

衣领

袖隆

前侧缝

图2 后片花样图解

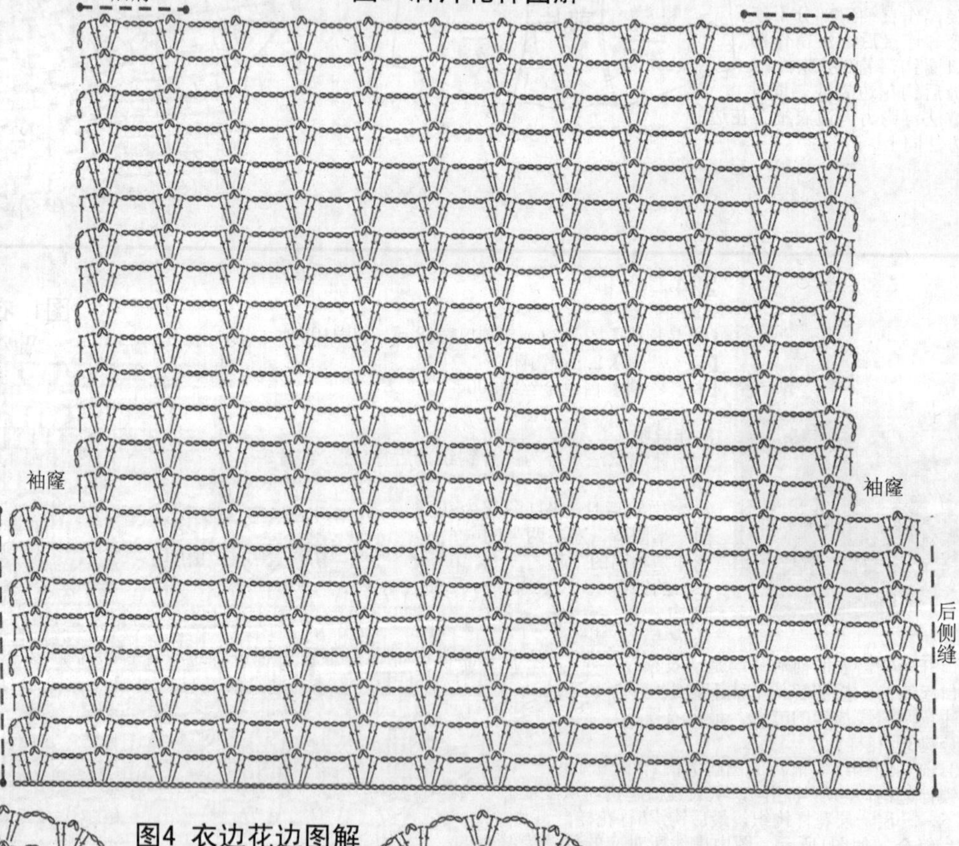

后肩

袖隆 后侧缝 袖隆 后侧缝

图4 衣边花边图解

前片
（3.0mm钩针）
图1图解

42cm
12cm 8cm 12cm
图3 图4
12cm
10cm
图3 图4 图4
图4 图4
60cm
12cm 图4 图4
54cm

袖片

后片
（3.0mm钩针）
图2图解

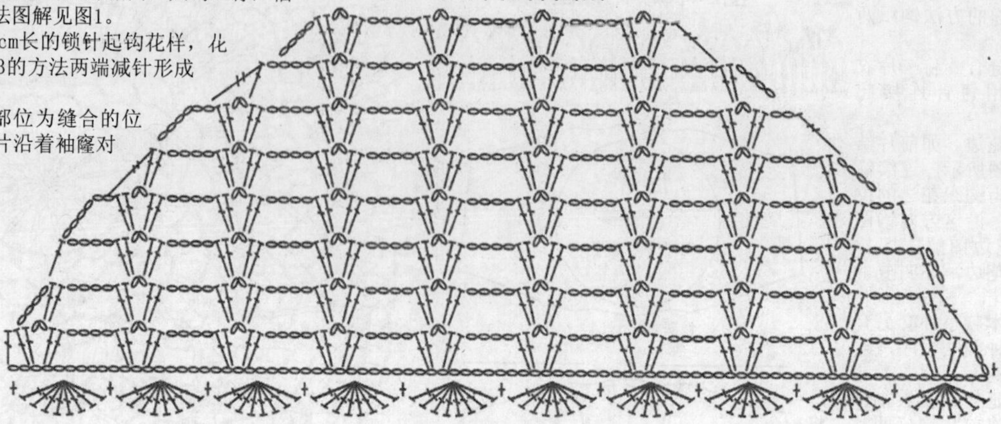

26cm
图3 图3
10cm 10cm
图4
54cm

250

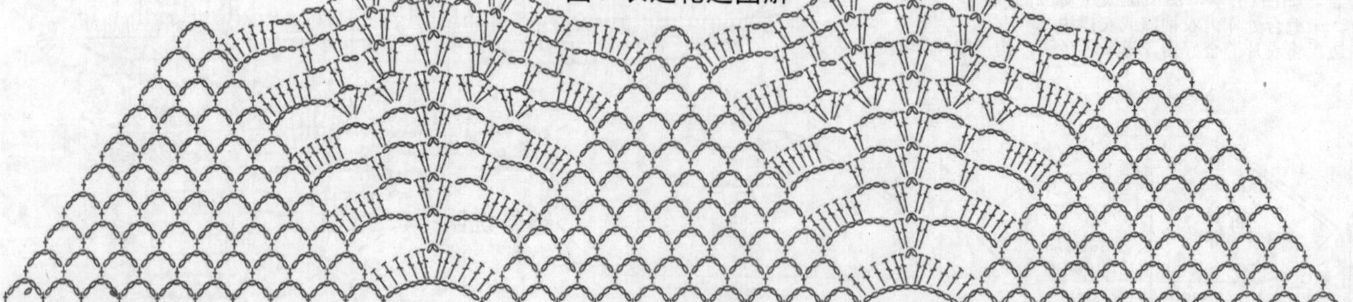

226

【成品规格】胸围88cm，肩宽37cm，衣长65cm，袖长52cm

【工　　具】4.0mm钩针

【材　　料】紫色毛线500g

后片：

1. 用4.0mm钩针钩衣服上半身腰间拼花两行。
2. 钩衣服上半身拼花5行。
3. 钩后片下半身。

前片：

1. 用4.0mm钩针钩衣服上半身腰间拼花两行。
2. 按照拼花图样钩衣服上半身拼花。
3. 钩衣服下半身。

整件衣服收尾：

1. 连接衣服左肩部和右肩部。
2. 连接衣服左侧缝和右侧缝。
3. 拼合衣服袖子，把袖子和衣身拼合。
4. 按照花边图样钩衣服袖口、领口花边。

领口做法

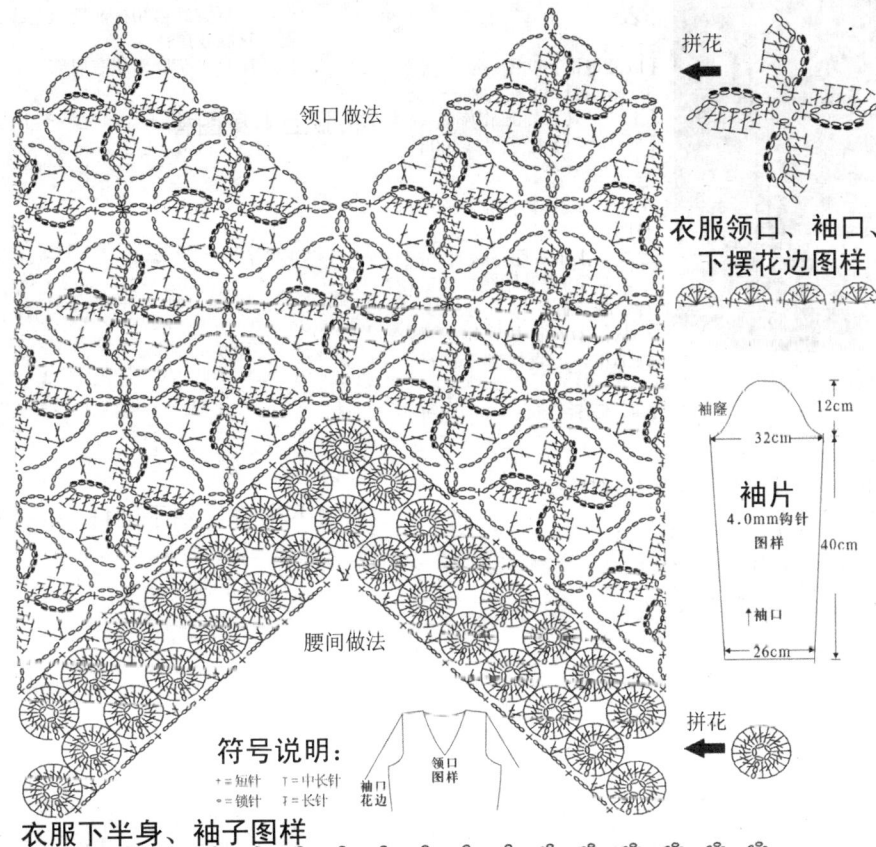

拼花

衣服领口、袖口、下摆花边图样

袖隆　12cm

32cm

袖片

4.0mm钩针

图样　40cm

袖口

26cm

拼花

腰间做法

符号说明：

+＝短针　T＝中长针

＝锁针　T＝长针

领口图样

领口花边

衣服下半身、袖子图样

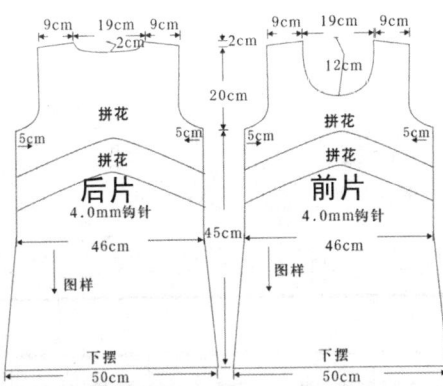

9cm　19cm　9cm　　　2cm　　9cm　19cm　9cm

2cm　　　　20cm　　12cm

拼花　　　　　　　　　拼花

拼花　　　　　　　　　拼花

5cm　　　　5cm　　5cm　　　　5cm

后片　　　　　　　　**前片**

4.0mm钩针　　　　　　4.0mm钩针

46cm　　45cm　　　　46cm

图样　　　　　　　　　图样

下摆　　　　　　　　　下摆

50cm　　　　　　　　　50cm

227

【成品规格】胸围88cm，肩宽38cm，衣长70cm，袖长60cm

【工　　具】4.0mm钩针

【材　　料】紫色毛线500g

后片：

1. 后片上半身为机织样。
2. 用4.0mm钩针钩花图样和半花图样。
3. 按照衣服下半身图样拼花4行。
4. 按照下摆图样钩花边1行。

前片：

1. 前片2片上半身为机织样。
2. 用4.0mm钩针钩花图样和半花图样。
3. 按照衣服下半身图样拼花4行。
4. 按照下摆图样钩花边1行。

袖子：

1. 从袖山起针，按照袖子图样钩23行。

2. 用4.0mm钩针钩花图样和半花图样。

3. 按照衣服下半身图样拼花3行。

4. 按照袖口图样钩花边1行。

整件衣服收尾：

1. 连接衣服左肩部和右肩部。
2. 连接衣服左侧缝和右侧缝。
3. 拼合衣服袖子，把袖子和衣身拼合。
4. 按照花边图样钩衣服袖口领口和衣服外围花边。

符号说明：

+＝短针　T＝中长针

＝锁针　T＝长针

领口花边

袖口花边

衣服下半身拼花图样

花图样

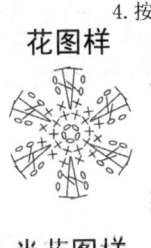

半花图样

袖子图样

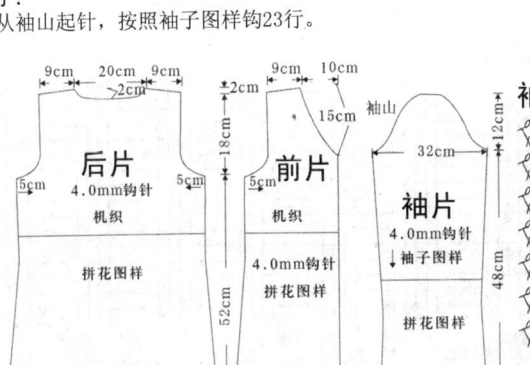

9cm　20cm　9cm　　　2cm　　9cm　10cm　　　袖山

2cm　　　　18cm　　15cm　　12cm

32cm

5cm　　　　5cm　　5cm

后片　　　　**前片**　　　　**袖片**

4.0mm钩针　　4.0mm钩针　　4.0mm钩针

机织　　　　　机织　　　　　袖子图样

52cm　　　　　　　　　48cm

拼花图样　　　拼花图样　　　拼花图样

50cm　　　25cm　　　30cm

衣服领口、袖口、下摆花边

251

228

【成品规格】胸围88cm，肩宽38cm，衣长62cm，袖长52cm
【工　　具】4.0mm钩针
【材　　料】橙色毛线400g
后片：
1. 用4.0mm钩针按照衣服下半身图样钩衣服下半身23行。
2. 按照上半身图样钩8行分袖子，从第9行开始减针到第18行，减5cm。
3. 从第27行开始，钩后片衣领部位，一直钩到第30行，切断毛线。
4. 在右侧衣领部位，第27行重新起针连接毛线钩到第30行。
前片：
1. 用4.0mm钩针按照衣服下半身图样钩衣服下半身23行。
2. 按照上半身图样钩8行分袖子，从第9行开始减针到第18行，减5cm。
3. 从第11行开始，钩前片衣领部

位，一直钩到第30行，切断毛线。
整件衣服收尾：
1. 连接衣服左肩部和右肩部。
2. 连接衣服左侧缝和右侧缝。
3. 拼合衣服袖子，把袖子和衣身拼合。
4. 按照花边图样钩衣服袖口、领口和衣服外围花边。
5. 把钩好的小花钩锁针系在衣服门襟上。

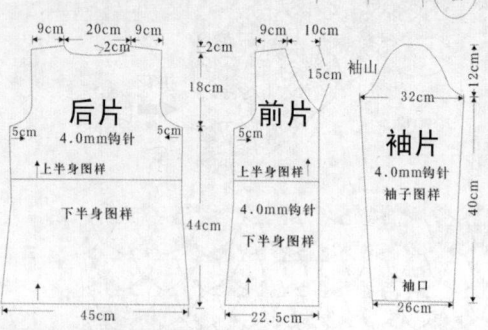

衣服上半身图样

衣服下半身、袖子图样

符号说明： +＝短针 T＝中长针 ＝锁针 ₮＝长针

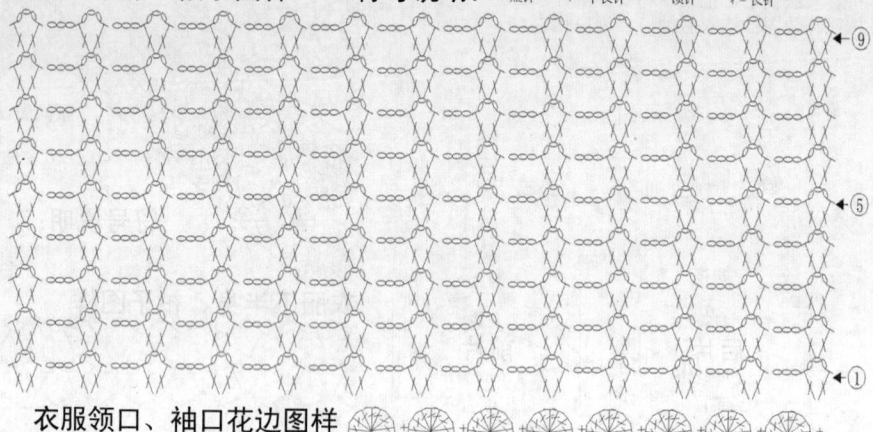

衣服领口、袖口花边图样

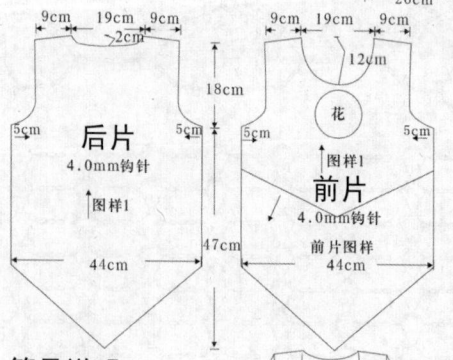

229

【成品规格】胸围84cm，肩宽37cm，衣长65cm，袖长52cm
【工　　具】4.0mm钩针
【材　　料】棕色毛线350g
后片：
1. 用4.0mm钩针按照图样1起针，长度为44cm，钩后片。
2. 钩38行后分袖子。
3. 从第38行到第48行，袖窿缩减5cm。
4. 第60行到第62行，钩后片衣领部位，并剪断毛线。
5. 在右侧衣领部位，第60行重新起针连接毛线，钩到第62行。
袖子：
1. 用4.0mm钩针按照后片图样从袖口起针。
2. 袖子长度42行，详细钩法见图样1。
3. 从袖口重新起针，按照袖口花边钩5行。

袖片
4.0mm钩针

图样1

下摆图样
26cm

图样1

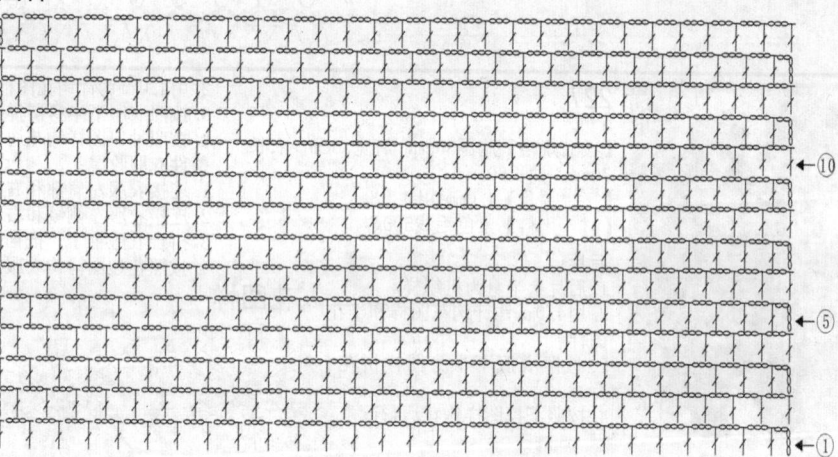

前片：
1. 用4.0mm钩针按照图样1起针，长度为44cm，钩前片。
2. 钩4行后分袖子。
3. 从第4行到第15行，袖窿缩减5cm。
4. 第26行到第35行，钩前片衣领部位，并剪断毛线。

5. 按照前片图样钩衣服下半身20行。
整件衣服收尾：
1. 连接衣服左肩部和右肩部。
2. 连接衣服左侧缝和右侧缝。
3. 连接袖窿后，把衣身和袖子连接起来。
4. 钩衣服下摆和袖口花边。

花

前片图样

衣服下摆、袖口花边

符号说明：
+＝短针 T＝中长针 ＝锁针 ₮＝长针

230

【成品规格】胸围88cm，肩宽38cm，衣长70cm，袖长54cm
【工　具】4.0mm钩针
【材　料】橙色毛线450g

后片：
1. 用4.0mm钩针钩衣服下半身。
2. 按照衣服图样钩30行分袖。从第31行开始减针到第40行，减5cm。
3. 从第48行开始，钩后片衣领部位，一直钩到第50行切断毛线。
4. 在右侧衣领部位，第48行重新起针连接毛线钩到第50行。

前片：
1. 用4.0mm钩针钩衣服前片花8个，按照图样拼花。
2. 按照图样钩30行分袖。从第31行减针到第40行，减5cm。
3. 钩衣服下摆6行。

整件衣服收尾：
1. 连接衣服左肩部和右肩部。
2. 连接衣服左侧缝和右侧缝。
3. 拼合衣服袖子，把袖子和衣服拼合。
4. 按照花边图样钩衣服袖口、领口和衣服外围花边。
5. 用锁针钩绳子穿在领间。

花x8做法：

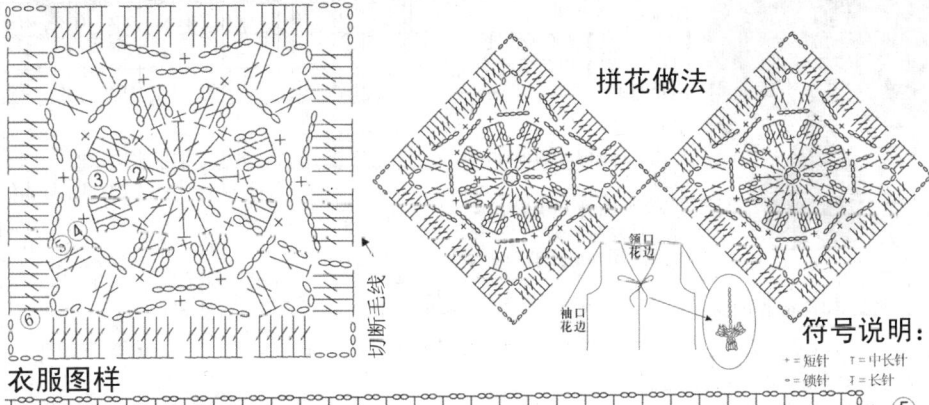

拼花做法

符号说明：
+ = 短针　T = 中长针
~ = 锁针　T = 长针

衣服图样

←⑤

←①

下摆、袖口图样

←⑤

←①

衣服领口、袖口花边图样

后片　4.0mm钩针
后片图样
下摆图样
48cm

前片　4.0mm钩针
拼花
下摆图样
24cm

袖片　4.0mm钩针
袖子图样
袖口
26cm

231

【成品规格】胸围88cm，肩宽38cm，衣长60cm，袖长52cm
【工　具】4.0mm钩针
【材　料】红色毛线400g

后片：
1. 用4.0mm钩针钩衣服下半身花12个，并拼花3行。
2. 按照上半身图样钩10行分袖。从第10行开始减针到第19行，减5cm。
3. 从第25行开始，钩后片衣领部位，一直钩到第28行，切断毛线。
4. 在右侧衣领部位，第25行重新起针连接毛线钩到第28行。

前片：
1. 用4.0mm钩针钩衣服下半身花12个，并拼花3行。
2. 按照上半身图样钩10行分袖。从第10行开始减针到第19行，减5cm。
3. 从第12行开始，钩前片衣领一直钩到第28行，切断毛线。

整件衣服收尾：
1. 连接衣服左肩部和右肩部。
2. 连接衣服左侧缝和右侧缝。
3. 拼合衣服袖子，把袖子和衣身拼合。
4. 按照花边图样钩衣服袖口、领口花边。
5. 用锁针钩绳子穿在腰间。

衣服下半身
花x24做法：

拼花：

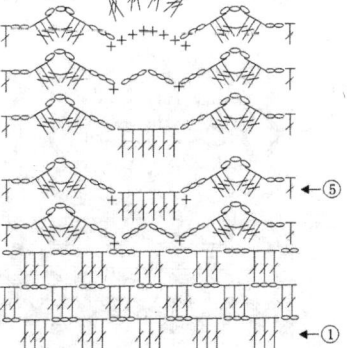

符号说明：
+ = 短针　T = 中长针
~ = 锁针　T = 长针

上半身图样

←⑩

←⑤

←①

衣服领口、袖口花边图样

袖子图样

←⑤

←①

后片　4.0mm钩针
上半身图样
下半身拼花
47cm

前片　4.0mm钩针
上半身图样
下半身拼花
47cm

袖片　4.0mm钩针
袖子图样
袖口
26cm

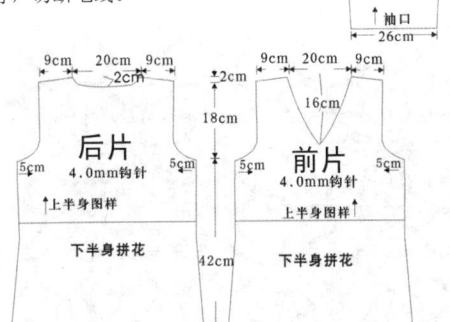
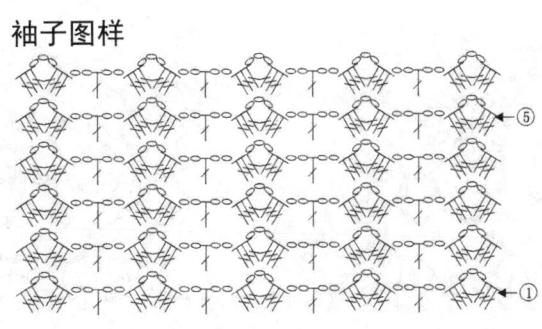

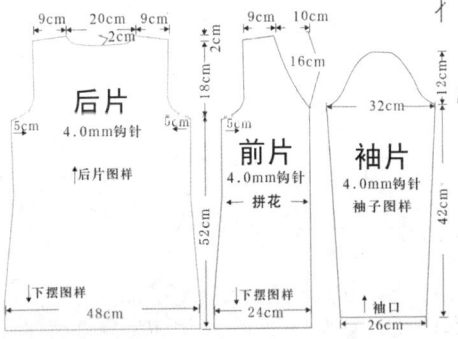

253

232

【成品规格】胸围88cm，肩宽38cm，衣长58cm，袖长50cm

【工　　具】4.0mm钩针

【材　　料】白色毛线300g，纽扣3颗

后片：
1. 用4.0mm钩针钩锁针，长度为44cm。
2. 按照图样1钩22行，袖窿减5cm。
3. 按照图样2先钩花心，再拼花。
4. 按照图样3钩衣服下摆。

前片：
1. 用4.0mm钩针钩锁针，长度为22cm。
2. 按照图样1钩前片，袖窿减5cm
3. 按照图样2先钩花心两个，左右片各一个。
4. 按照图样3钩衣服下摆。

整件衣服收尾：
1. 连接衣服左肩部和右肩部。
2. 连接衣服左侧缝和右侧缝。
3. 把袖子和衣身拼合。
4. 按照花边图样钩衣服花边。
5. 把纽扣钉在衣服左侧门襟。

图样1

图样2拼花

图样4

衣服外围花边

图样3

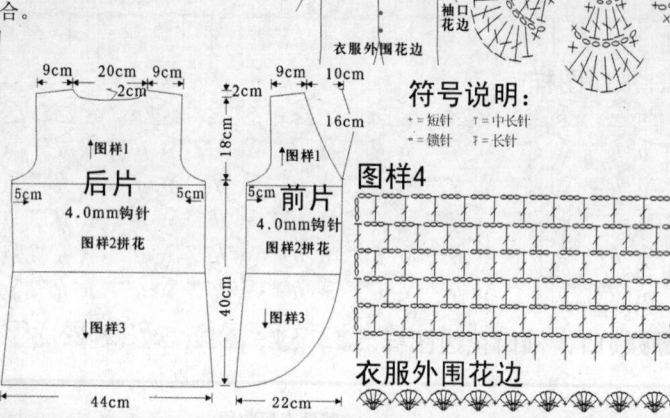

袖山　30cm　12cm
袖片
4.0mm钩针
↑图样4
38cm
↓图样3
袖口花边
衣服外围花边

符号说明：
+ = 短针　＝中长针
∞ = 锁针　T = 长针

9cm　20cm　9cm
2cm
↑图样1
后片
4.0mm钩针
图样2拼花
5cm　5cm
18cm
40cm
↓图样3
44cm

9cm　10cm
2cm
16cm
↑图样1
前片
4.0mm钩针
图样2拼花
5cm
↓图样3
22cm

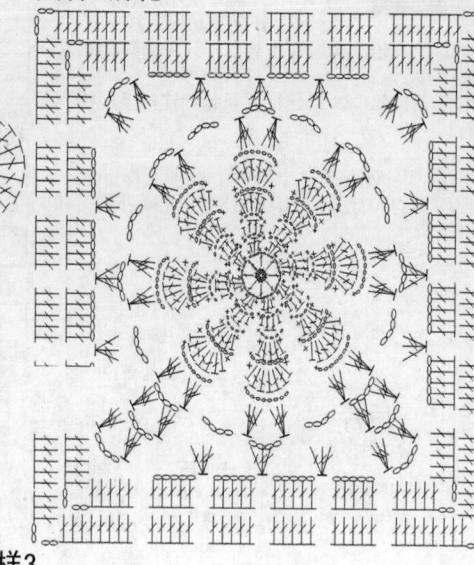

233

【成品规格】衣长82cm，肩宽40cm

【工　　具】2.5mm钩针

【材　　料】两股白色纯棉线300g

制作说明：
1. 钩针编织法。衣身分为两部分钩织，上身部分和下摆部分。
2. 先进行上身部分钩织。这部分由数十个单元花拼接而成，如图1，按图中的单元花图解一一钩织，并按图1的拼接顺序拼接，共6层单元花。按图1中的方法钩织好袖窿和前衣襟的不完整单元花。完成后，将前后片的肩部对应缝合，再沿着两袖窿钩一层花样锁边。同样，沿着前衣襟和后衣领边，钩一层花样锁边。
3. 再进行下摆部分的钩织。这部分也分为两部分钩织，一部分为内衬里；一部分为5层花样，即单元花长条。内衬里作连接单元花所用。先钩织内衬里，图解为图1中的内衬里图解，共钩织30行，5层花样各自单独钩织，每层的花样图不相同，从上往下算，第一层14个单元花，第二层15个单元花，第三层16个单元花，第四层16个单元花，第五层18个单元花，每层单元花的下摆边钩一层花样锁边，图解见图1图解。将每层单元花各自单独钩织后，以层叠的方式，将它们均匀连接上内衬里。

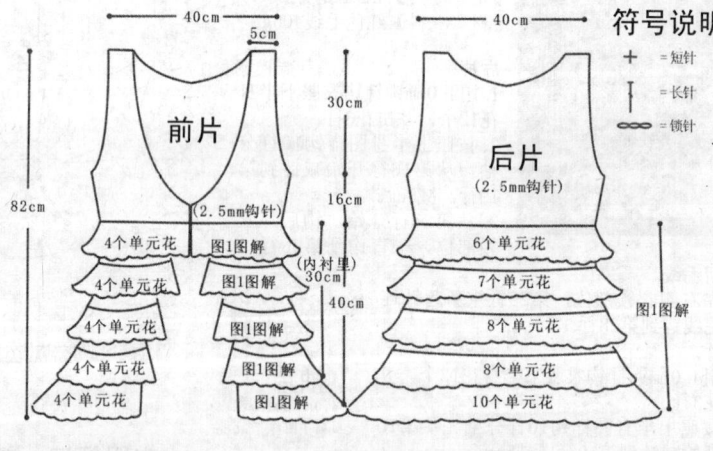

符号说明：
+ = 短针
T = 长针
∞ = 锁针

40cm　5cm
前片
(2.5mm钩针)
82cm
30cm
16cm
(内衬里)
30cm
40cm
4个单元花　图1图解
4个单元花　图1图解
4个单元花　图1图解
4个单元花　图1图解
4个单元花　图1图解

40cm
后片
(2.5mm钩针)
30cm
6个单元花
7个单元花
8个单元花
8个单元花
10个单元花
图1图解

图1　衣摆花样图解

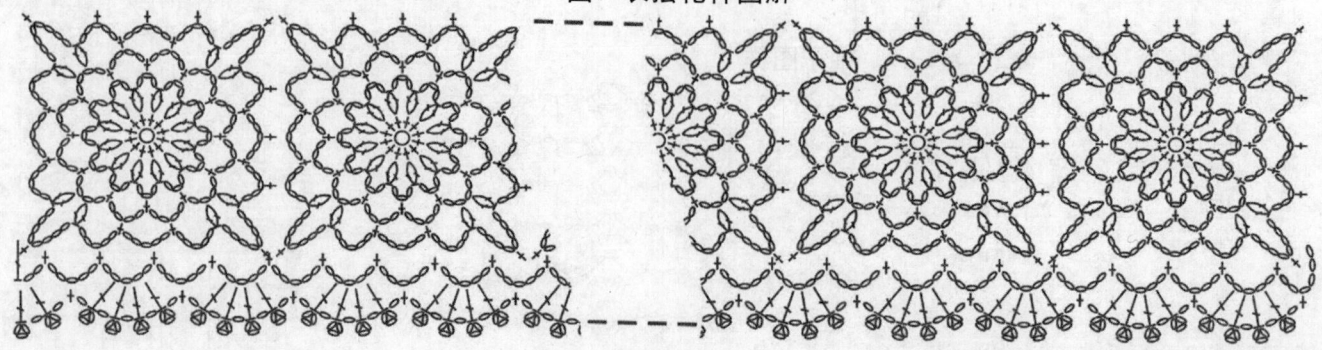

254

234

【成品规格】胸围88cm，肩宽38cm，
衣长54cm，袖长12cm
【工　　具】4.0mm钩针
【材　　料】白色毛线350g

后片：
1. 用4.0mm钩针钩锁针，长度为44cm。
2. 按照后片图样钩25行分袖子，从第
25行开始减针，到第35行减5cm。
3. 从第38行开始，钩后片衣领部位，
一直钩到第40行，切断毛线。
4. 在右侧衣领部位，第38行重新起针
连接毛线钩到第40行。

前片：
1. 用4.0mm钩针钩锁针，长度为22cm。
2. 钩花2个。
3. 按照前片图样钩前片2片。
4. 在袖窿部分减针5cm。

袖子：
1. 用4.0mm钩针从袖口到袖山钩9行。
2. 袖口花边一行。

整件衣服收尾：
1. 连接衣服左肩部和右肩部。
2. 连接衣服左侧缝和右侧缝。
3. 拼合衣服袖
子，把袖子和
衣身拼合。
4. 按照花边图
样钩衣服袖
口、领口和衣
服外围花边。
5. 把纽扣钉在
衣服右侧门
襟。

花x2

前片图样

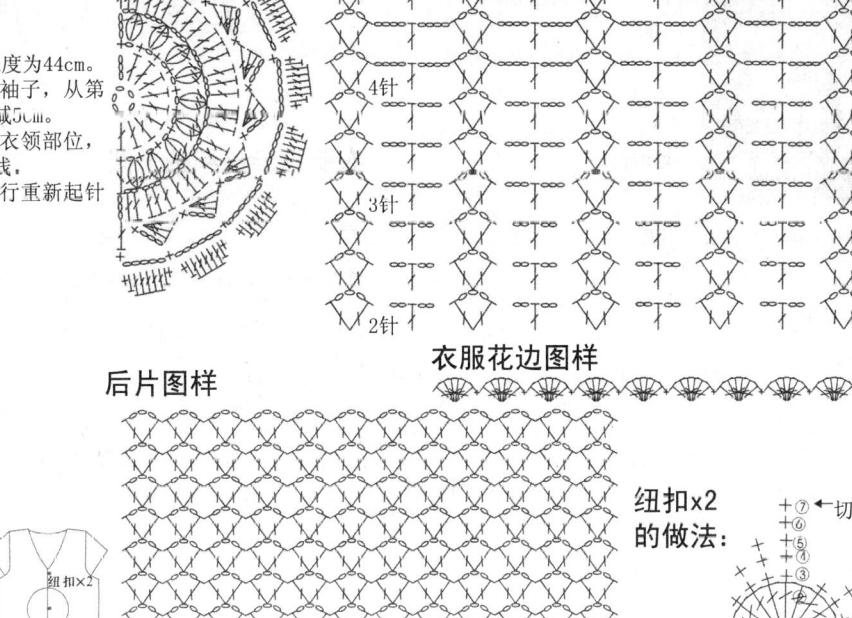

后片图样

衣服花边图样

纽扣x2
的做法：

符号说明：
+＝短针　T＝中长针
＝锁针　↑＝长针

235

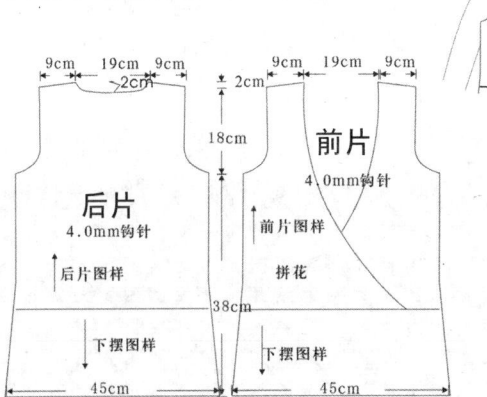

【成品规格】胸围88cm，肩宽37cm，衣长56cm，袖长52cm
【工　　具】4.0mm钩针
【材　　料】白色毛线450g

后片：
1. 用4.0mm钩针按照后片图样起锁针，
长度为45cm，钩后片。
2. 钩17行后分袖，从第17行到第27
行，袖窿缩减5cm。
3. 第28行到第30行钩后片衣领部位，
并切断毛线。
4. 腰间钩两行长
针。
5. 按照下摆图样钩衣服下摆10行。

前片：
1. 用4.0mm钩针按照前片花图样钩花2个，按照
前片图样拼花。
2. 腰间钩两行长针。
3. 按照下摆图样钩衣服下摆10行。

袖子：
1. 用4.0mm钩针按照袖子图样从袖口起针。
2. 袖子长度钩30行袖子图样，袖口钩下摆图样5行。

整件衣服收尾：
1. 连接衣服左肩部和右肩部。
2. 连接衣服左侧缝和右侧缝。
3. 连接袖侧缝后，把衣身和袖子连接起来。
4. 钩衣服领口花边，每4针锁针钩1针短针。

前片花x2

前后片图样

袖子图样

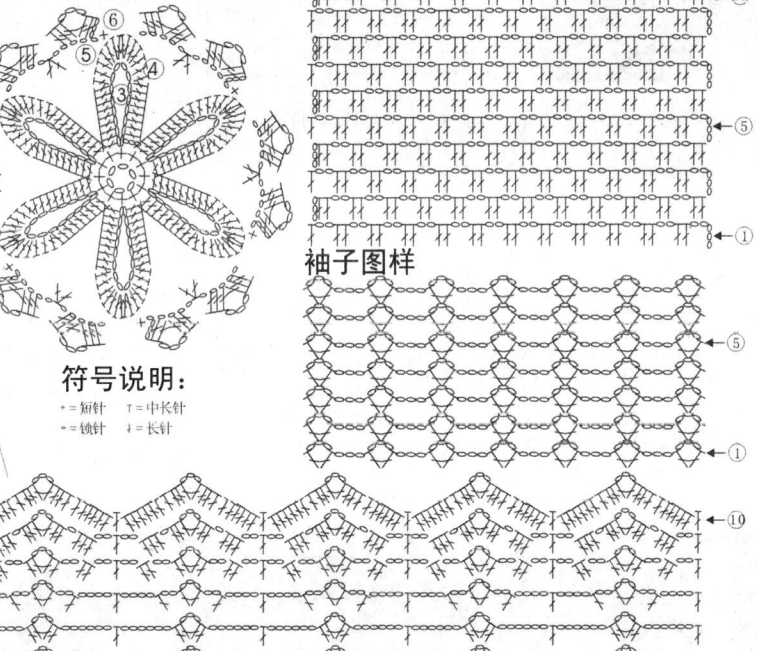

符号说明：
+＝短针　T＝中长针
＝锁针　↓＝长针

下摆图样

236

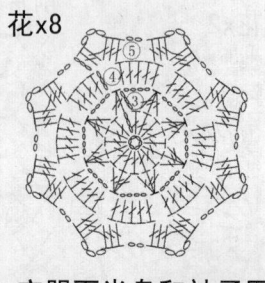
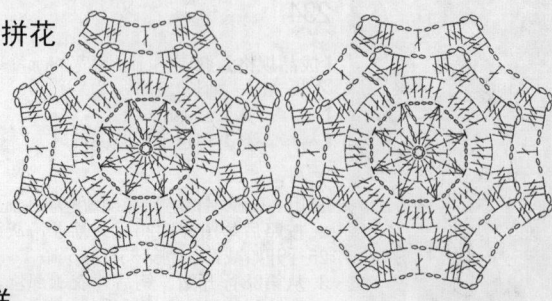

花x8　　拼花

【成品规格】胸围88cm，肩宽38cm，衣长68cm，袖长8cm
【工　具】5.0mm钩针
【材　料】白色毛线400g

袖子：
用5.0mm钩针按照袖子图样钩9行，长度为8cm。

后片：
1. 用5.0mm钩针钩后片上半身图样28行。
2. 从第11行开始钩袖窿，缩减5cm。

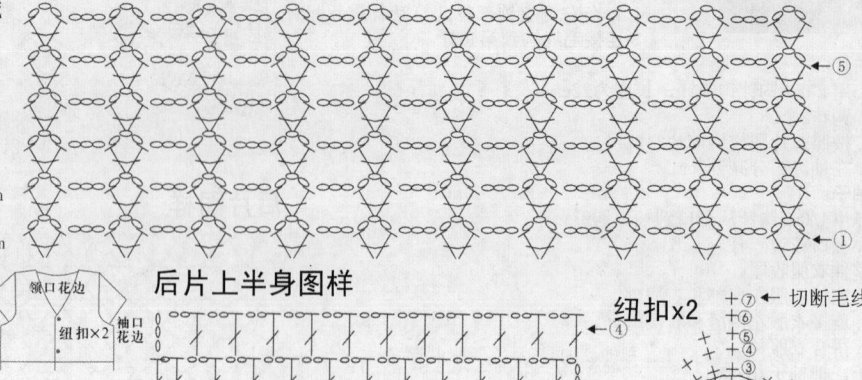

衣服下半身和袖子图样

3. 从第26行到第28行钩衣服后领。
4. 钩衣服下半身31行。

前片：
1. 用5.0mm钩针拼花衣服上半身。
2. 钩衣服下半身31行。

整件衣服收尾：
1. 连接衣服左肩部和右肩部。
2. 连接衣服左侧缝和右侧缝。
3. 拼合衣服袖子，把袖子和衣身拼合。
4. 按照花边图样钩衣服袖口、领口和衣服外围花边。
5. 把纽扣钉在衣服右侧门襟。

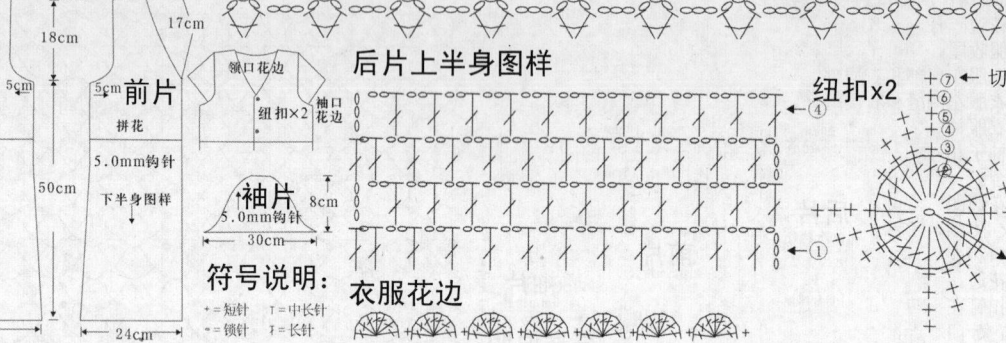

后片　5.0mm钩针　上半身图样　下半身图样

前片　拼花　5.0mm钩针　下半身图样

领口花边　纽扣x2　袖口花边

袖片　5.0mm钩针

后片上半身图样

纽扣x2　切断毛线　起针

衣服花边

符号说明：
+ = 短针　ㄒ = 中长针
= 锁针　ㄒ = 长针

237

【成品规格】衣长70cm，肩宽40cm
【工　具】2.5mm钩针，12号棒针
【材　料】白色圆棉线500g

制作说明：
1. 钩针编织法与棒针编织法结合。衣身用钩针编织法，前片表面花样用棒针编织法。
2. 首先将花样A与花样B制作出来，先制作花样B，共14行花样组，将之钩织出来，待用。花样A用棒针编织法，每个花型由5个花样A制成，用棒针编织5个花样A，按花样A图解中的缝合说明进行缝合：即将花样A从中间收缩，将虚线对应的两段对折缝合，这样即得1个花型的五分之一。同样方法再制作另1个花样A，将前1个花样与另1个花样的虚点线的对应边缝合，只缝合花样A的一半半边。依此类推，共制作5个花样A连接。花样A共制作7个。最后用棒针编织法制作3个小球，将之缝于花型的中间位置，小球的制作方法见"小球织法"。
3. 前片的制作。前片主体花样为网眼结构，利用网眼的锁针针数不同，形成

腰身的弧形变化。起52cm长的锁针起钩网眼花样，第1行至第12行，每个网眼6针针；从第13行开始至收针，每个网眼5针锁针。钩至第32行时，将花样从衣身中间分开两部分钩织，衣身中间用花样B连接，即往上钩织时，侧缝这端正常钩织，另一侧与花样B连接，往上钩织共24行网眼，此网眼全衣身构成56行花样，从第57行开始，两侧减针钩织前胸片，共减12行。同样的方法制作另一前片。完成前片的制作后，将7个花样A缝在适当的位置上。
4. 后片的制作。后片主体花样全是网眼，方法与前片的相同，不同处是没有花样B结构，从衣摆处直接往上钩织即可。钩至56行收针，再沿边钩一层狗牙针锁边。
5. 缝合。将前后片的侧缝对应缝合。
6. 花边的钩织。沿着衣摆边往下钩织6行网眼花样，每个网眼含7针锁针，最后再钩织一层花边装饰，详细钩法见图1。
7. 肩带的钩织。沿着前片的前衣领边钩织花样B，共钩织37cm的长度，尾端与后片连接。前片袖窿边，钩织花样C锁边。

符号说明：
+ = 短针
ㄒ = 长针
= 锁针
小球织法

前片（2.5mm钩针）56行
后片（2.5mm钩针）56行

向上钩　26个网眼　7行花样　图3

花样B　花样C　前片花样A

两虚线对应缝合　中间收缩　这侧点线与另一个花样缝合

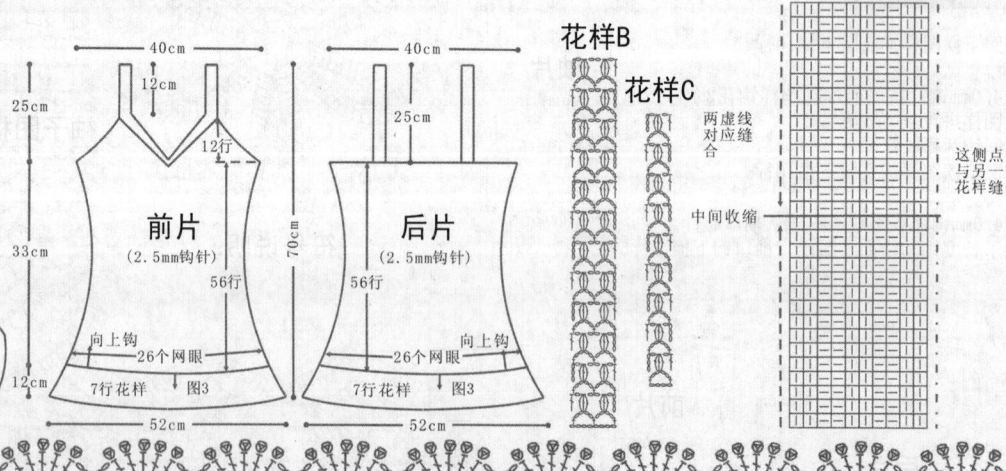

图一　衣摆花边花样图解

238

【成品规格】胸围90cm，肩宽37cm，衣长58cm，袖长50cm
【工　　具】4.0mm钩针
【材　　料】杏色毛线400g，棕色毛线100g，褐色毛线100g

后片：
1. 用4.0mm钩针起锁针45针。
2. 从下摆起针，按照后片图样钩42行。
3. 在袖窿部位缩减5cm。
4. 从第43行到第46行，钩后片衣领部位，后领窝深2cm。

前片：
1. 用4.0mm钩针按照花图样钩花。
2. 从下摆起针钩4行拼花。
3. 在袖窿部位缩减5cm。
4. 从第4行拼花到第6行拼花，钩前片领子。

袖子：
1. 用4.0mm钩针按照拼花图样从袖口起针。
2. 钩4行拼花为袖子长度。

整件衣服收尾：
1. 连接衣服左肩部和右肩部。
2. 连接衣服左侧缝和右侧缝。
3. 连接袖侧缝后，把衣身和袖子连接起来。
4. 钩衣服下摆、袖口和领口花边。

花图样　领口花边　拼花图样

符号说明：
• = 短针　　T = 中长针
= = 锁针　　T = 长针

后片图样

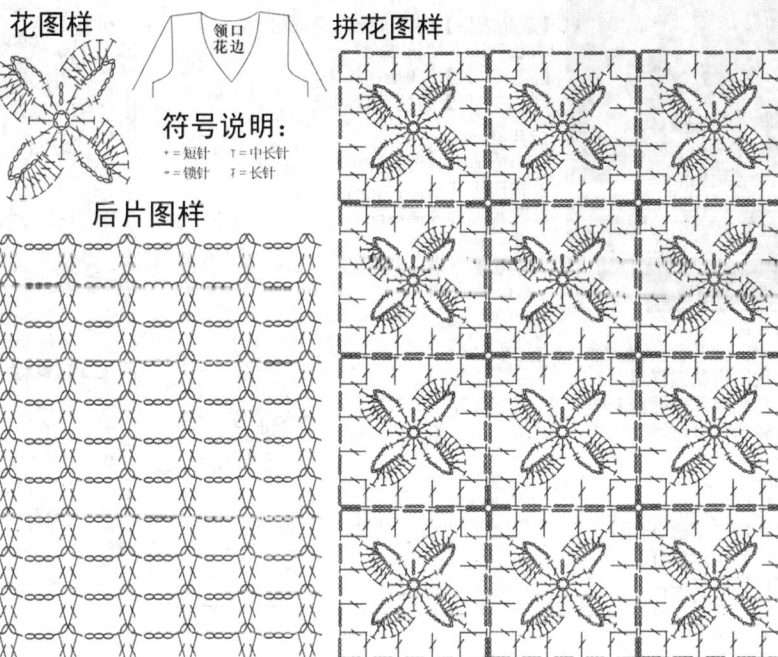

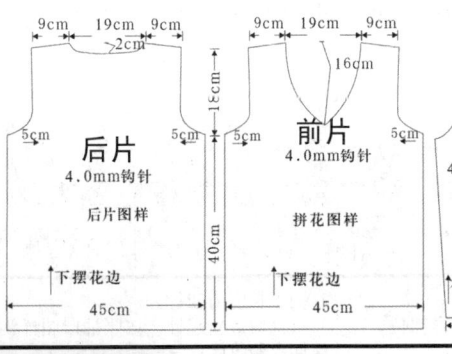

后片 4.0mm钩针 后片图样 下摆花边 45cm

前片 4.0mm钩针 拼花图样 下摆花边 45cm

袖片 4.0mm钩针 拼花图样 衣服花边图样 26cm

衣服领口、袖口、下摆花边

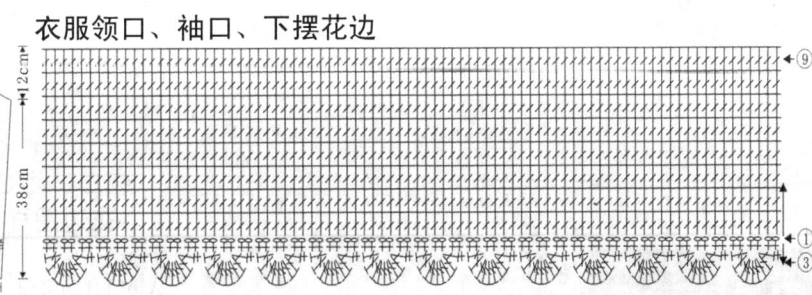

239

【成品规格】胸围84cm，肩宽37cm，衣长50cm，袖长50cm
【工　　具】4.0mm钩针
【材　　料】褐色毛线200g，白色毛线200g

后片：
1. 用4.0mm钩针钩花并拼花，前后片下半身为1个整体。
2. 拼花后，钩28行后分袖子。
3. 在袖窿部分缩减5cm。
4. 从第48行开始，钩后片衣领部位，一直钩到第50行切断毛线。
5. 在右侧衣领部位，重新起针连接毛线钩到第50行。

前片：
1. 用4.0mm钩针钩花并拼花，前、后片下半身为1个整体。
2. 拼花后，钩28行后分袖子。
3. 在袖窿部分缩减5cm。
4. 从第34行开始，钩前片衣领部位，一直钩到第50行，切断毛线。
5. 在右侧衣领部位，重新起针连接毛线钩到第50行。

袖子：
1. 用4.0mm钩针钩花3个，并拼花。
2. 拼花后，钩35行衣身图样。
3. 从第35行开始钩袖山，一直钩到第50行，切断毛线。

整件衣服收尾：
1. 连接衣服左肩部和右肩部。
2. 连接衣服左侧缝和右侧缝。
3. 按照花边图样钩领口。
4. V字部分钩短针。

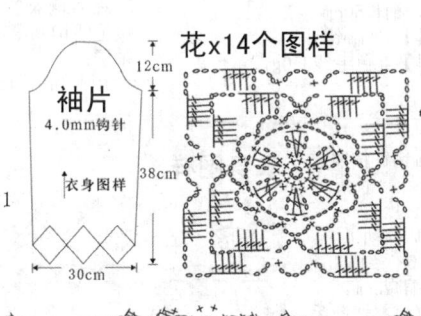

袖片 4.0mm钩针 衣身图样

花×14个图样

领口花边图样　半花图样

拼花图样

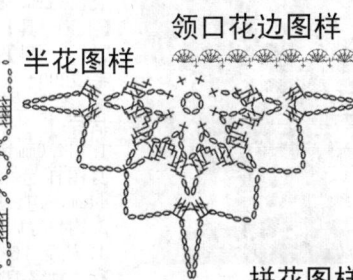

符号说明：
• = 短针　　T = 中长针
= = 锁针　　T = 长针

V字钩短针

衣身图样

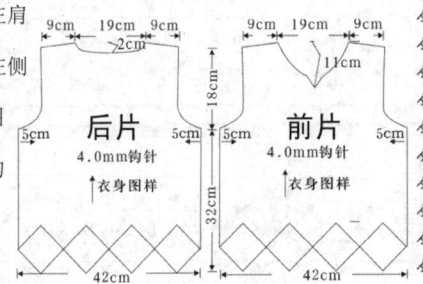

后片 4.0mm钩针 衣身图样 42cm

前片 4.0mm钩针 衣身图样 42cm

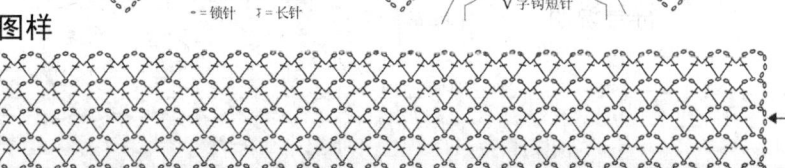

240

【成品规格】胸围88cm，肩宽38cm，
衣长58cm，袖长36cm
【工　具】5.0mm钩针
【材　料】粉色毛线400g

后片：
1. 用5.0mm钩针钩花6个、半花2个。
2. 按照拼花图样拼花3行。
3. 在袖窿部分缩减5cm。
4. 腰间钩5行长针。
5. 钩衣服下半身24行。

前片：
1. 用5.0mm钩针钩花6个、半花2个。
2. 按照拼花图样拼花3行。
3. 在袖窿部分缩减5cm。
4. 腰间钩5行长针。
5. 钩衣服下半身24行。

袖子：
1. 钩5行长针。
2. 钩袖子上部分10行。
3. 钩袖子下部分9行。

整件衣服收尾：
1. 连接衣服左肩部和右肩部。
2. 连接衣服左侧缝和
右侧缝。
3. 将袖子和衣身拼合。
4. 按照花边图样钩领
口、袖口花边。

花图样　　　　　拼花图样

符号说明：
+ =短针　T =中长针
= =锁针　T =长针

领子

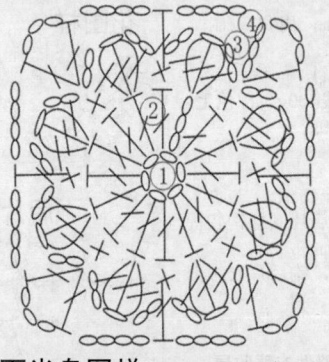

下半身图样

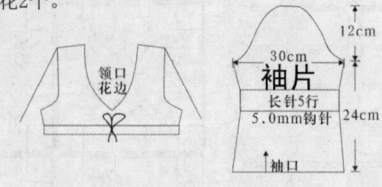

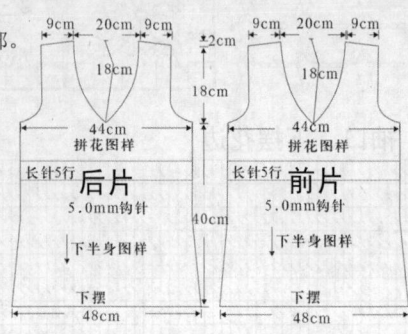

领口、袖口
花边图样

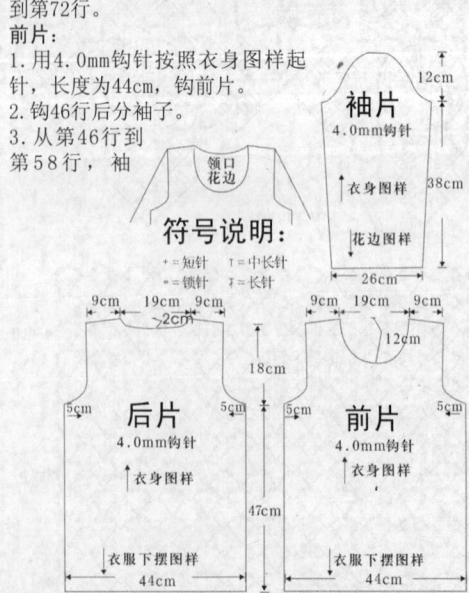

241

【成品规格】胸围88cm，肩宽37cm，
衣长65cm，袖长50cm
【工　具】4.0mm钩针
【材　料】红色毛线350g，黄色
毛线200g

后片：
1. 用4.0mm钩针按照衣
身图样起针，长度为
44cm，钩后片。
2. 钩46行后分袖子。
3. 从第46行到第58
行，袖窿缩减5cm。
4. 从第70行到第72行钩后片衣领部位，并切断毛
线。
5. 在右侧衣领部位，第70行重新起针连接毛线钩
到第72行。

前片：
1. 用4.0mm钩针按照衣身图样起
针，长度为44cm，钩前片。
2. 钩46行后分袖子。
3. 从第46行到
第58行，袖

符号说明：
+ =短针　T =中长针
= =锁针　T =长针

窿缩减5cm。
4. 从第61行到第72行钩前片衣领部位，
并切断毛线。
5. 在右侧衣领部位，第61行重新起针连
接毛线钩到第72行。

袖子：
1. 用4.0mm钩针按照衣身图样从袖口起
针。

2. 袖子长度为52行。
3. 从袖口重新起针，按照袖口图样钩3行。

整件衣服收尾：
1. 连接衣服左肩部和右肩部。
2. 连接衣服左侧缝和右侧缝。
3. 连接袖侧缝后，把衣身和袖子连接起来。
4. 钩衣服下摆、袖口、领口花边。

衣身图样

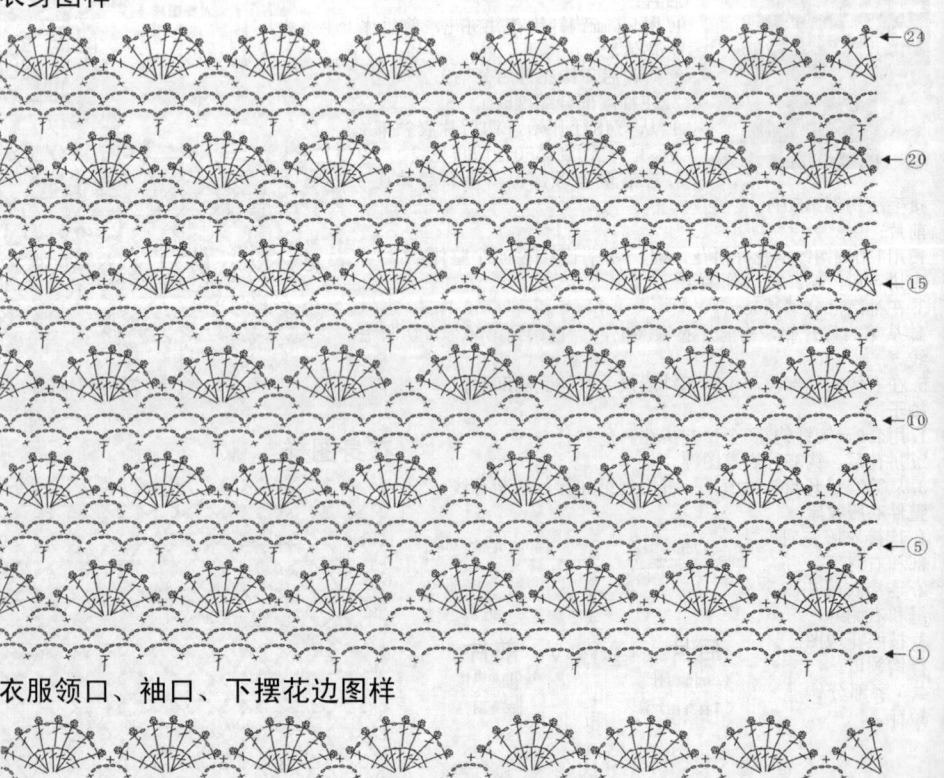

衣服领口、袖口、下摆花边图样

242

【成品规格】胸围88cm，肩宽38cm，衣长74cm，袖长6cm
【工　　具】5.5mm钩针
【材　　料】杏色毛线400g，纽扣3颗

后片：
1，用5.5mm钩针按照花图样钩后片，袖窿减针5cm，后领窝深2cm。
2，钩长针1行后，按图样1钩8行。
3，按图样2钩8行，再按图样1钩8行。
4，按图样2钩8行和花边1行。

前片：
1，用5.5mm钩针按照花图样钩前片，袖窿减针5cm，后领窝深2cm。
2，钩长针1行后按图样1钩8行。
3，按图样2钩8行，再按图样1钩8行。
4，按图样2钩8行和下摆花边1行。

整件衣服收尾：
1，连接衣服左肩部和右肩部。
2，连接衣服左侧缝和右侧缝。
3，按照花边图样钩衣服袖口、领口花边。

图样1

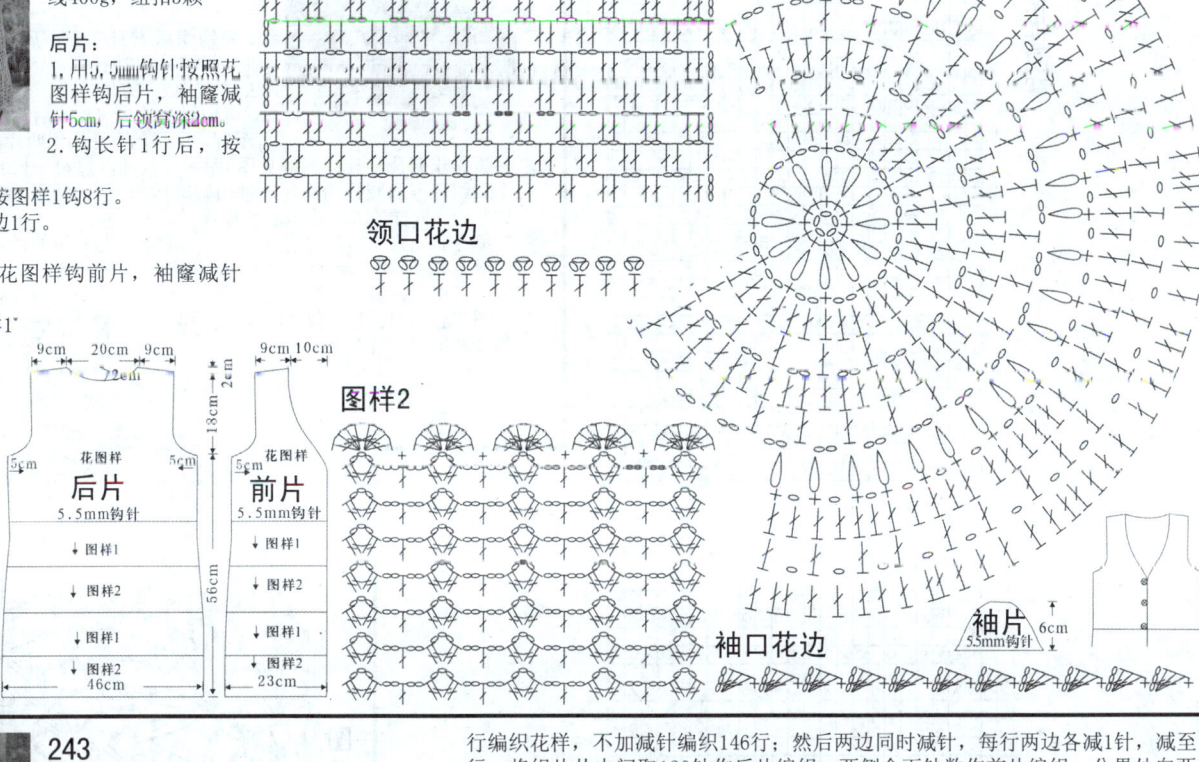

符号说明：
+ = 短针　T = 中长针
= 锁针　ͭ = 长针

花图样

领口花边

图样2

袖口花边

袖片　6cm
5.5mm钩针

后片 5.5mm钩针
花图样
↓图样1
↓图样2
↓图样1
↓图样2
46cm　56cm
9cm 20cm 9cm　72cm　18cm　2cm　5cm

前片 5.5mm钩针
花图样
↓图样1
↓图样2
↓图样1
↓图样2
23cm
9cm 10cm　5cm

243

【成品规格】衣长100cm，肩宽42cm
【工　　具】12号环形针，2.0mm钩针
【材　　料】单股白色圆棉线550g，纽扣5颗

制作说明：
1．棒针编织法与钩针编织法结合。衣身上半部分用棒针编织法，1片编织；下半部分用钩针编织法，单元花与片钩结合。
2．先编织上半部分。上半部分用棒针编织法，衣服为开襟衣服，可1片编织，前片为48针，2片；后片为120针，1片。整件衣服起针216针，按照图1的方法，一行行编织花样，不加减针编织146行；然后两边同时减针，每行两边各减1针，减至16行；将织片从中间取120针作后片编织，两侧余下针数作前片编织；分界处向两侧减针，减针方法为1-4-1，2-3-1，2-2-1，2-1-4；然后不加减针织至218行，前领共减12次针形成，最后余下29针编织至218行。后衣领的减针：织至210行时，从中间取39针不织，两侧减针，方法为2-2-2，2-1-1，减至两侧衣肩余下29针。
3．缝合。将前后衣肩对应缝合。
4．衣身下半部分的编织。这部分由单元花与片钩编织组成。单元花共编织8个，连接成片后，上下两侧钩织锁针连接衣身上半部分，然后向下钩织9行网眼花样和9行花样，最后钩织一层花边。最后沿着前后衣领和衣襟钩织一层图3花边，用于锁边。在左侧衣襟，钩织5个锁针网眼作扣眼。

图3 衣领花样图解

图2 衣摆花样图解

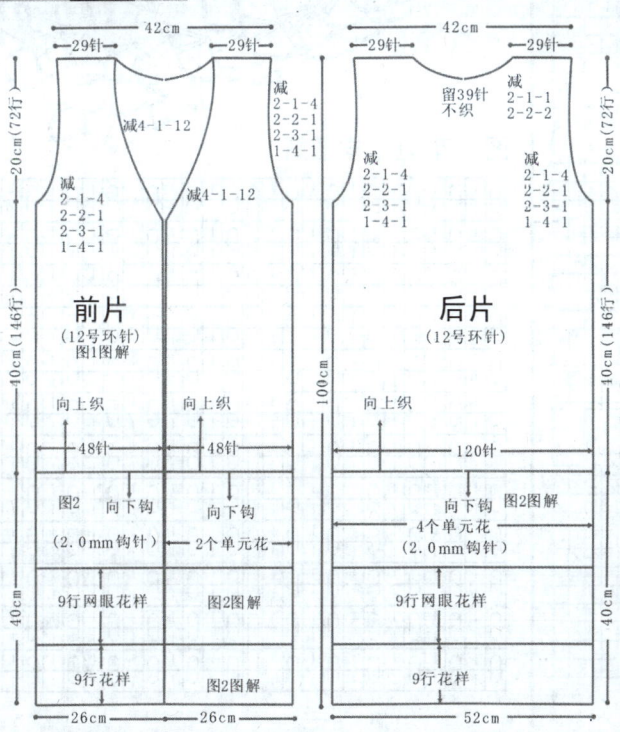

前片
(12号环针)
图1图解
向上织
48针
图2 向下钩
(2.0mm钩针)
2个单元花
9行网眼花样　图2图解
9行花样　图2图解
26cm

后片
(12号环针)
向上织
120针
向下钩 图2图解
4个单元花
(2.0mm钩针)
9行网眼花样
9行花样
52cm

29针 42cm 29针
减4-1-12
减2-1-4 2-2-1 2-3-1 1-4-1
20cm(72行)
40cm(146行)
40cm
26cm

29针 42cm 29针
留39针不织
减2-1-4 2-2-1 2-3-1 1-4-1
减2-1-1 2-2-2
100cm

259

图一 前片花样图解

244

【成品规格】衣长48cm，胸围100cm
【工　　具】2.5mm钩针，12号棒针
【材　　料】黄色4线1股细纯棉线300g，珠粒数颗

制作说明：
1. 钩针编织法与棒针编织法相结合，分片编织，后片1片，前片2片，衣袖2片，最后花边用棒针编织。
2. 先钩织后衣身部分，片为一个大型单元花形成，图解见图2图解，从中心起钩，按照图解的方法，钩织成一方块后片。
3. 再钩织前片。前片为后片的一半花型，图解见图1图解，同样的方法钩织两片。
4. 再钩织两片袖片。图解见图3图解。从袖口起24cm长的锁针起钩，从袖口往上钩织，不加针钩袖片，袖山减针钩织，方法见图3减针部分，最后沿袖口钩花边。同样的方法钩织两片袖片。
5. 缝合。先将前后片的肩部缝合，再将袖山与衣身的袖窿缝合，最后将衣袖的侧缝与衣身的侧缝缝合，缝合方法用钩针钩短针缝合。
6. 最后用棒针编织，沿缝合好的衣服的衣襟、衣摆边和后衣领边，用棒针挑针织图4花样。共织24行花样，收边后，将其对折回衣后缝合。

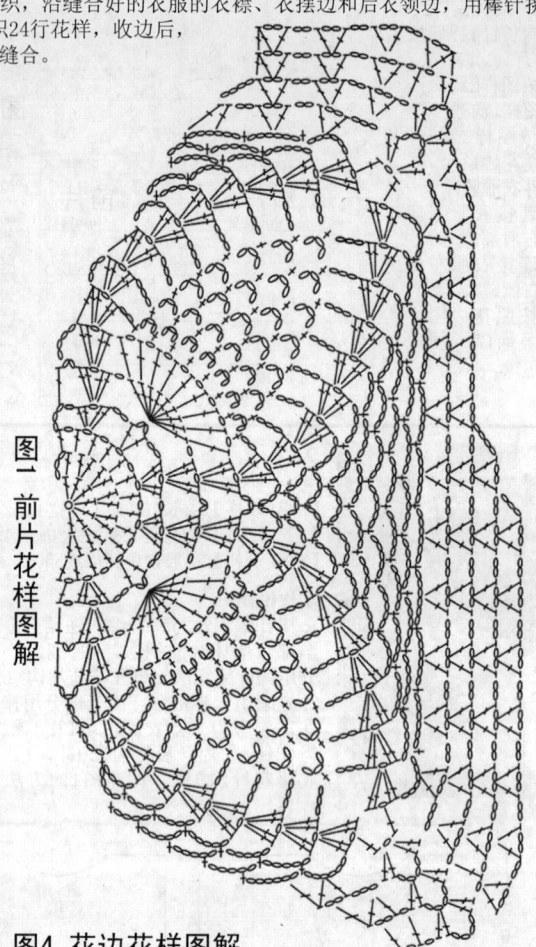

图一 前片花样图解

图4 花边花样图解

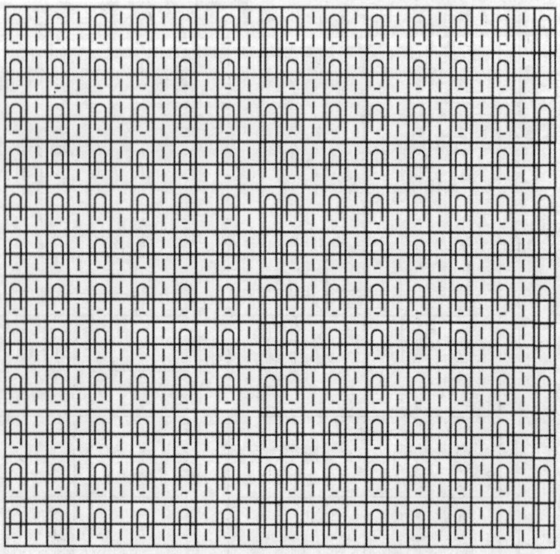

162

146

1

48

符号说明：
+ =短针
↑ =长针
⊝ =锁针

符号说明：
+ =短针
↑ =长针
⊝ =锁针

前片

42cm
52cm   52cm
图3图解   17cm   图1图解
钩针   钩针
图1
12cm
钩针
图1
（2.5mm钩针）
花边（棒针）   图4图解
50cm

后片

42cm
花边（棒针）
17cm   17cm
48cm   后片
（2.5mm钩针）
花边（棒针）
50cm

图3 袖片花样图解

图2 后片花样图解

245

【成品规格】衣长36cm，肩宽42cm，袖长12cm，胸围84cm
【工　　具】2.5mm钩针
【材　　料】蓝色细冰丝线200g，珠片数颗

制作说明：
1. 钩针编织法。本款小外套分片钩织，后片1片，前片2片，袖片2片。本款小外套着重注意花边的钩织顺序。
2. 先钩织后片。后片由6个单元花拼接组合而成，按照图2中单元花的图解钩织，再用短针连接，6个单元花拼接完成后，在作肩部的位置，钩一些锁针辫子形成肩部，图解见图2。
3. 接着钩织前片。前片分为两片编织，每片由两个单元花组合而成，单元花要比后片的单元花小些，图解见图1图解。同样，肩部也以锁针辫子形成。
4. 钩织两袖片。按图解3的方法钩织好两短袖。
5. 缝合。先将两前片的肩部缝合，再缝合侧缝，最后将两袖片缝合到袖窿上。
6. 最后一步钩织花边。花边的图解为图1中所示的花边图解，花边单独编织，按位置的不同长度收边。首先以后片下摆和前片两下摆边的总长度为花边的钩织高度，收边后，将之缝合于两前片和后片的下摆。接着就是前身衣襟的花边钩织。前衣襟的花边长度比前衣襟的长度要长三分之二，以长出的花边用作系带所用。以系带的远端起钩，方法如图解1中所示，前衣襟花边分为两段编织，同为由远端起钩至前衣领，可以后衣领中心点为终端收针点。

前片

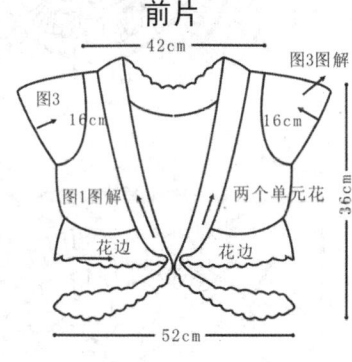

42cm
图3图解
图3   16cm   16cm
图1图解   两个单元花
花边   花边
52cm   36cm

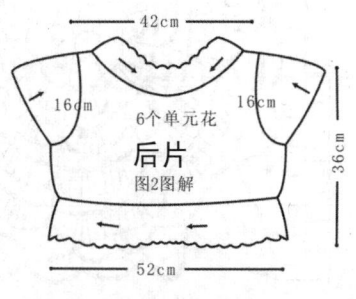

42cm
16cm   16cm
6个单元花
后片
图2图解
52cm   36cm

261

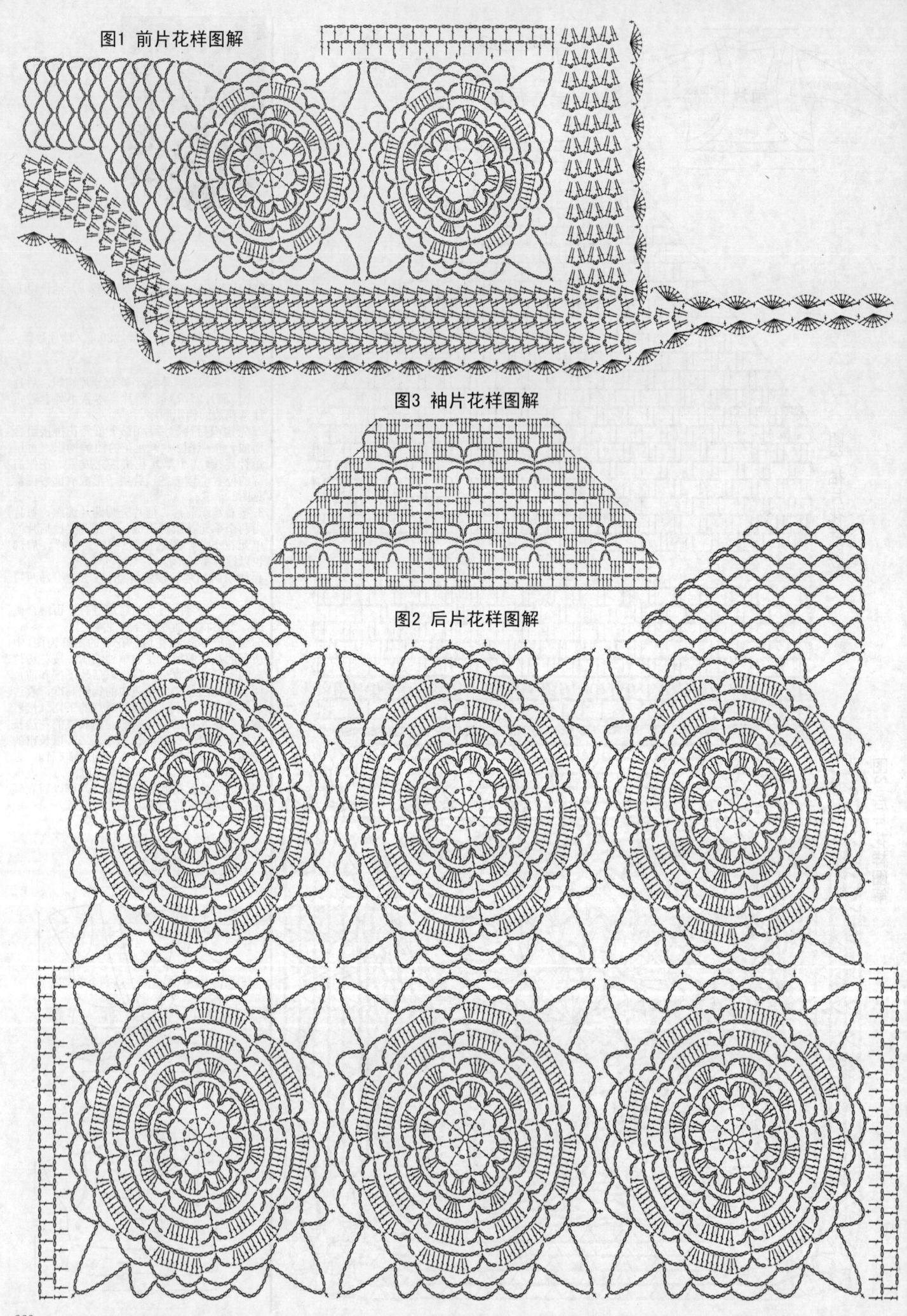

图1 前片花样图解

图3 袖片花样图解

图2 后片花样图解

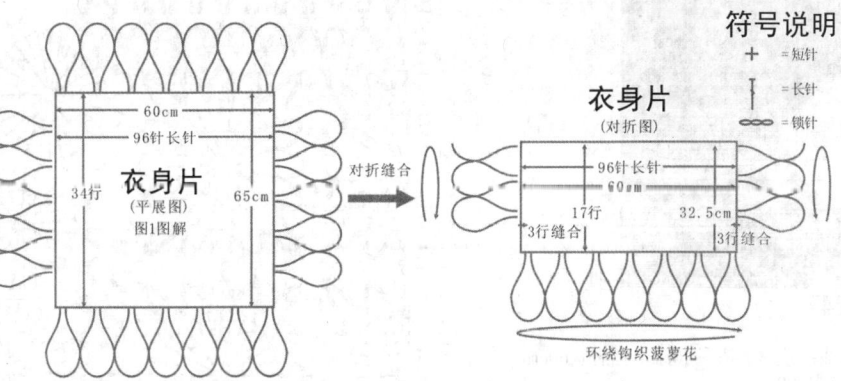

246

【成品规格】衣长(不含花边)65cm,
袖肩宽(不含花边)60cm
【工　具】2.5mm钩针
【材　料】草绿色丝光棉线300g

制作说明:

1.钩针编织法。一片钩织,加钩菠萝花装饰边。

2.先钩织衣身片。一片钩织,起60cm长的锁针起钩长针花样,每行96针,共钩34行,往返钩织,钩法简单。

衣身片
(平展图)
图1图解
60cm
96针长针
34行
65cm

对折缝合 →

衣身片
(对折图)
96针长针
60cm
17行　32.5cm
3行缝合　3行缝合

环绕钩织菠萝花

符号说明:

+ =短针
| =长针
∞ =锁针

3.对折缝合。将衣身片的起始端和收尾端对应对折,短边两侧各取3行长针的宽度缝合,作衣身的侧缝。不缝合处作袖口,不缝合的长边一端作衣领,一端作下摆,但两端相同,两者无分别。

4.这一步钩花边。花边为菠萝花型,共两层。沿着作衣领和下摆的那个圆圈的边,环绕圈钩菠萝花,同样,沿着袖口的边,也是环绕圈钩菠萝花。

图1 前片花样图解

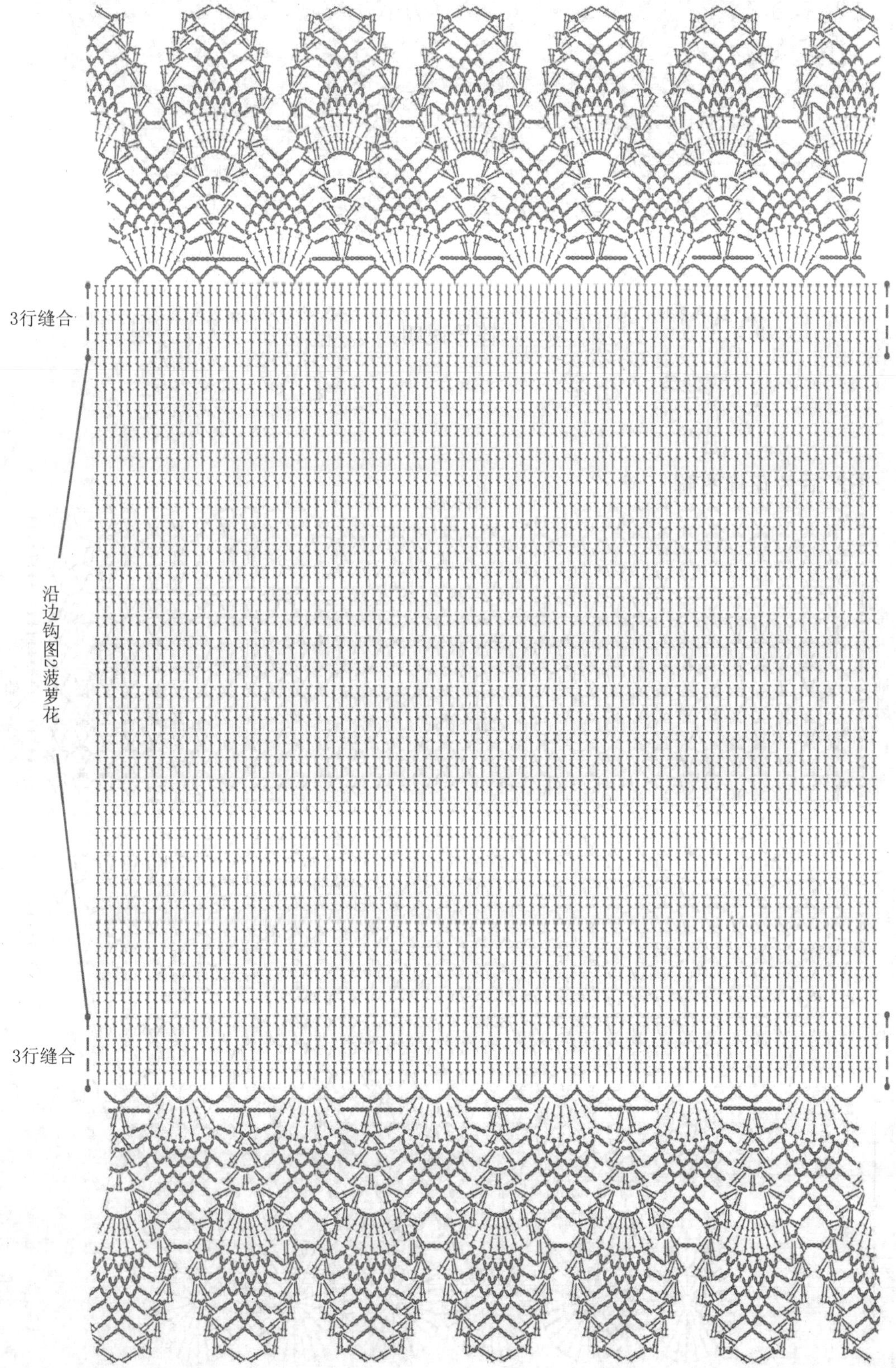

3行缝合

沿边钩图2菠萝花

3行缝合

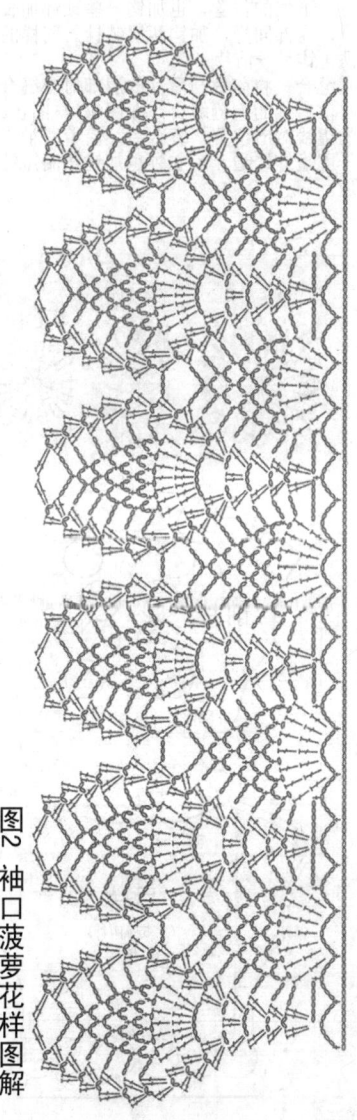

图2 袖口菠萝花样图解

247

【成品规格】衣长40cm，袖肩宽60cm，
胸围100cm
【工　　具】2.5mm钩针
【材　　料】绿色丝光棉线250g

制作说明：
1. 钩针编织法，片钩与单元花组合，分3
片：前片2片，后片1片，无袖片。
2. 先钩织后片，首先钩织单元花。如图解
2，共6个单元花C小圆圈，将这6个小圆圈
连接成线，沿着一长端起钩锁针花样，共
2行，第3行开始钩花样主体，共钩26行，
前10行两侧加针，后15行不加减针，最后
一行中间减针形成后衣领边。
3. 前片的钩织。如图解1所示，由3种单元
花A、B、C组合而成，首先钩织单元花A和
单元花B，将其按图解的顺序拼接，再钩
7个单元花C，将它们连接成串，同后片一
样，沿着一长端钩锁针与单元花A连接，
在前片中间位置，加钩一些锁针加宽衣
身，下摆的位置，也加钩一些锁针加长衣
身，肩部同样，加钩两层锁针。同样的
方法再钩另一前片。
4. 缝合。将前片与后片的肩部对应缝合，
将前后片的侧缝缝合，即图解1与图解2中
的虚线对应位置。缝合后，沿着两袖口钩
一圈短针锁边。后衣领也加钩一圈短针锁
边。

图1　前片花样图解

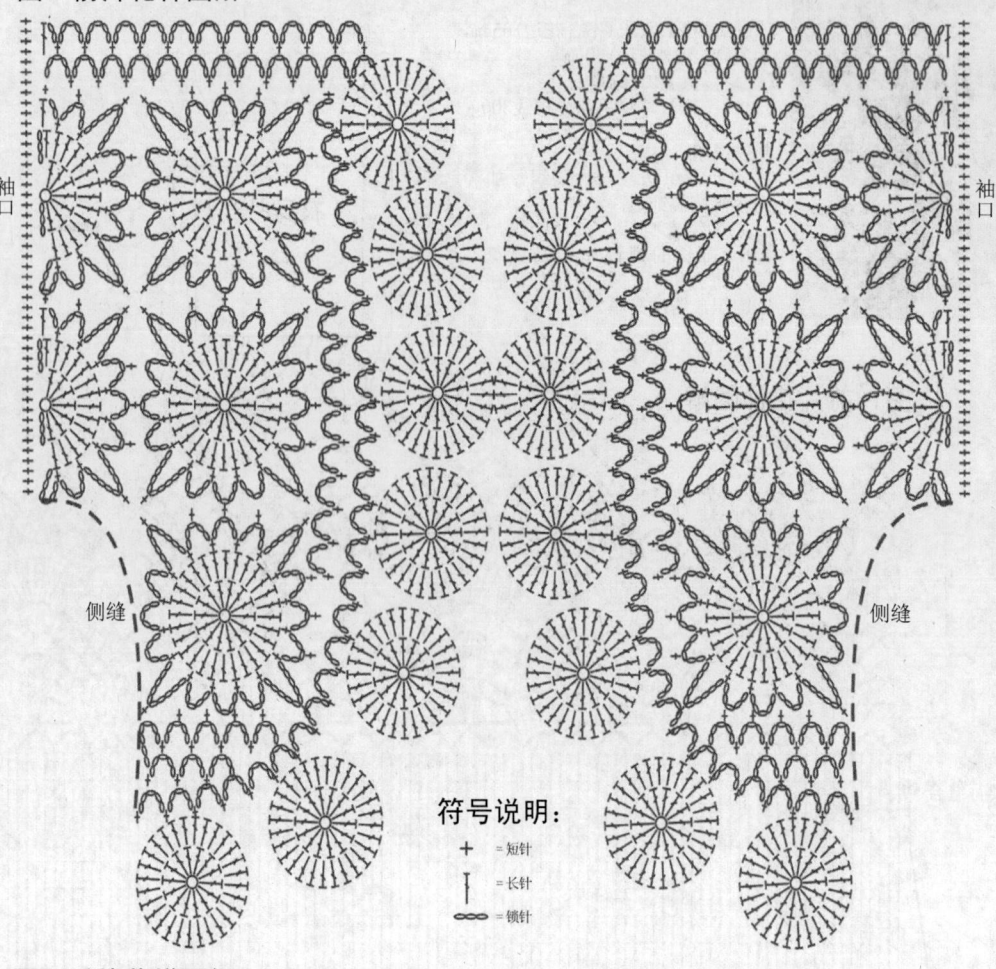

符号说明：

+ = 短针
│ = 长针
○○○ = 锁针

图2　后片花样图解

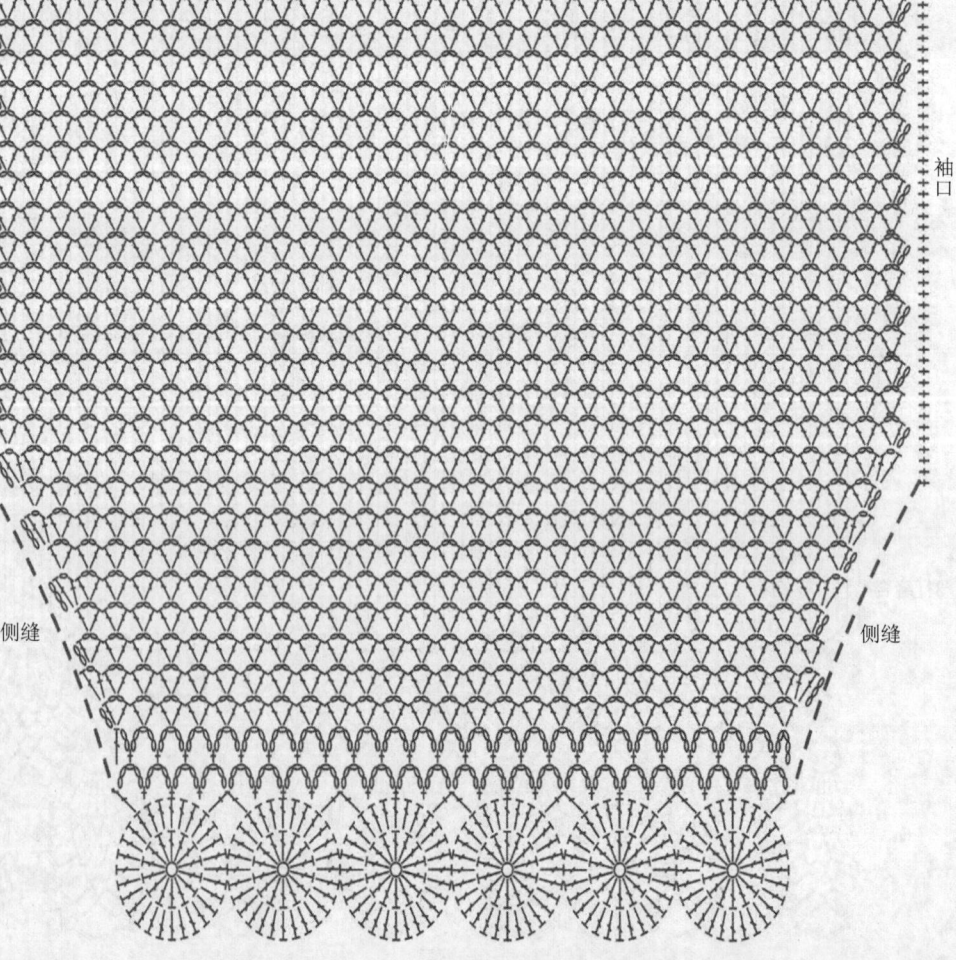

单元花A　单元花B　单元花C

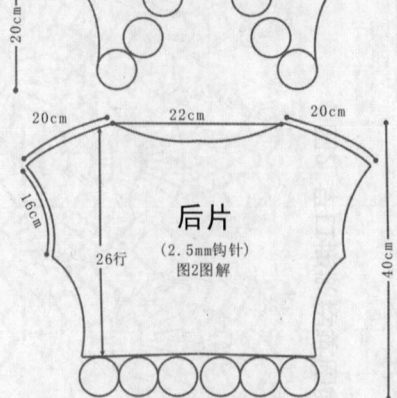

264

248

【成品规格】衣长42cm，
肩宽40cm，胸围100cm，
袖长8cm
【工　　具】2.5mm钩针
【材　　料】黄色圆棉
线250g

制作说明：

1. 钩针编织法。前片，后片，衣袖两片。

2. 先钩织后片。起48cm长的锁针起钩花样，共32行，钩至第17行两侧减针钩袖窿，共减5行，然后不加减针往上钩，钩至最后两行时，中间减针钩后衣领，详细钩法见图2图解。

3. 前片的钩织。起4cm长度的锁针起钩花样，一侧不加减针，一侧加针钩衣襟，呈弧形，共加针12行。然后一侧减针钩袖窿，一侧减针钩前衣领，详细钩法见图1图解。

4. 缝合。将前片与后片的肩部对应缝合，将前后片的侧缝缝合。

5. 袖片的钩织。袖片的花样与后片相同，起20cm长的锁针起钩花样，共钩织7行，两侧减针形成袖山，收针后，沿着袖口钩一层花边锁针。花边用深棕色圆棉线钩织，最后将这两袖片与缝合好的衣片的袖窿对应缝合。

6. 花边的钩织。本款衣服的花边为双层花边。花边有两层，两层的花样是相同的，不同的是有一层用网眼花样加高长度，加高长度的花边位于下层，短的花边位于上层。首先钩织下层花边，沿着后衣领边、前衣领边、前衣襟边、后片下摆边钩织花边，完成第一层钩织后，以同样的方向和位置，加钩上层花边。花边全程用深棕色线钩织。

7. 最后钩织两段系带，系带的图解见右上，长度随意，系带用米黄色圆棉线钩织。

图3 袖片花样图解

衣袖片

图1 前片花样图解

图2 后片花样图解

符号说明：

系带图解

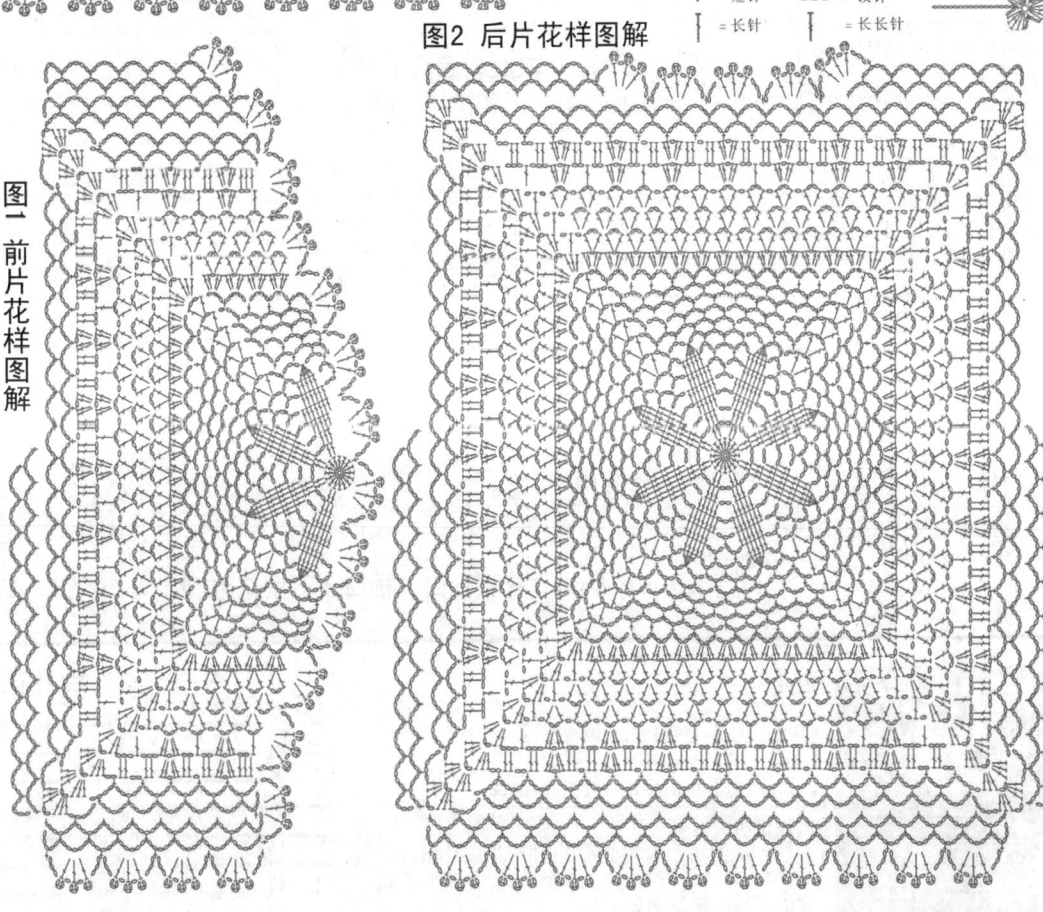

249

【成品规格】胸围88cm，肩宽38cm，披肩长50cm
【工　　具】6.0mm钩针
【材　　料】紫色毛线400g

制作说明：

1. 用6.0mm钩针按照花图样钩花。

2. 按照图样从下摆钩起，总共10行拼花。

3. 领口和下摆钩花边图样1行。

图样　　披肩花边图解

披肩

6.0mm钩针

花图样

符号说明：

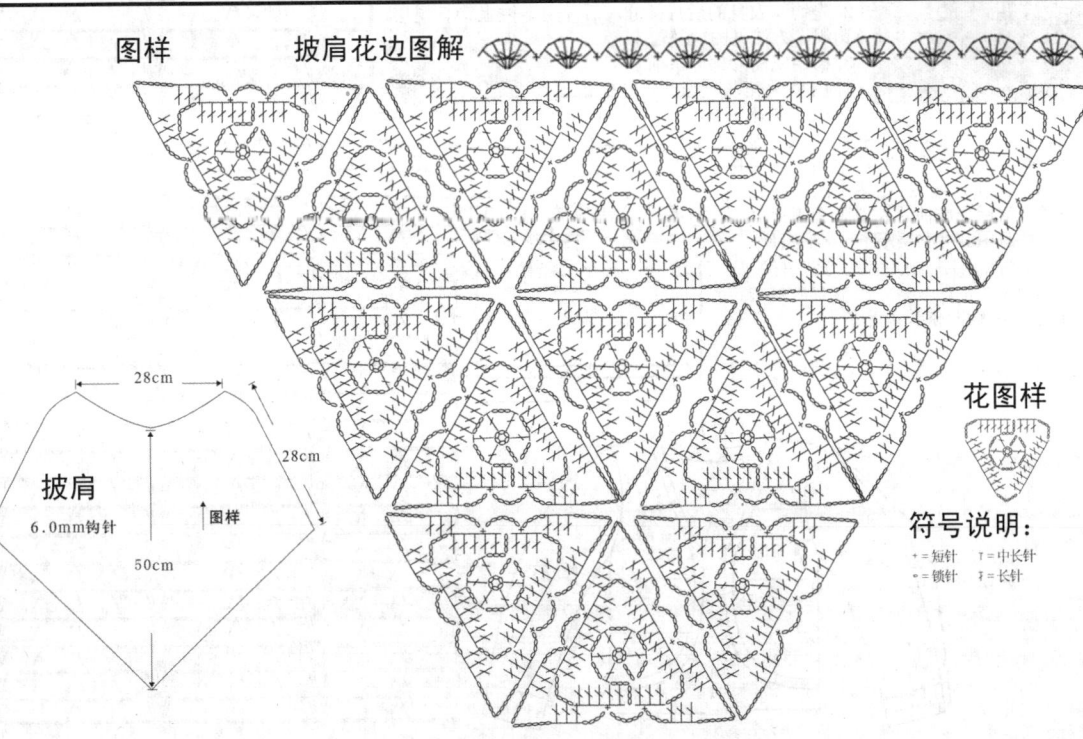

250

【成品规格】胸围88cm，肩宽38cm，衣长62cm，袖长52cm

【工　　具】4.5mm钩针

【材　　料】黄色毛线400g

后片：

1. 用4.5mm钩针钩锁针，长度为48cm。
2. 按照后片下半身图样钩16行。
3. 钩1行长针。
4. 按照后片上半身图样钩21行后分袖子，从第22行到第30行袖窿减减5cm。
5. 从第41行到第44行钩后领。

前片：

1. 用4.5mm钩针钩锁针，长度为24cm。
2. 按照前片下半身图样钩16行。
3. 钩1行长针。
4. 按照前片上半身图样钩21行后分袖子，从第22行到第30行袖窿缩减5cm。

整件衣服收尾：

1. 连接衣服左肩部和右肩部。
2. 连接衣服左侧缝和右侧缝。
3. 拼合衣服袖子，把袖子和衣身拼合。
4. 按照花边图样钩衣服袖口、领口和衣服外围花边。

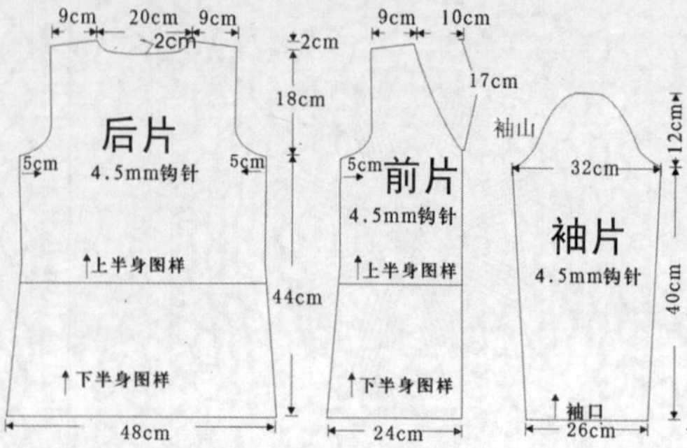

衣服前后片下半身图样 →

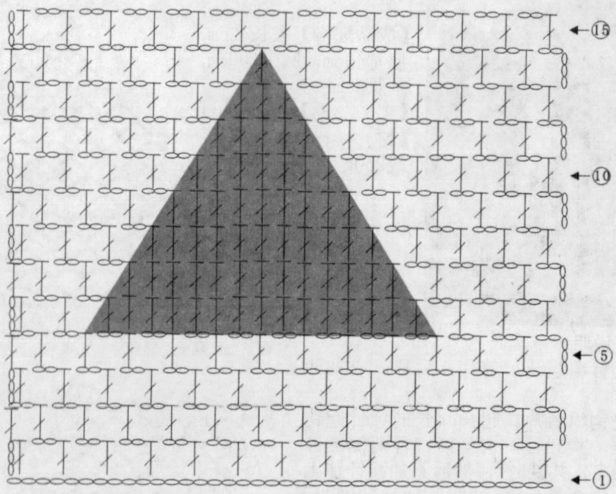

领口图样

衣服外围图样

袖口图样

符号说明：

+ =短针　T =中长针
= =锁针　F =长针

衣服前后片上半身和袖子图样

衣服领口、袖口、下摆花边

后片 4.5mm钩针
9cm 20cm 9cm
2cm
5cm 5cm
18cm
44cm
上半身图样
下半身图样
48cm

前片 4.5mm钩针
2cm
9cm 10cm
17cm
5cm
上半身图样
下半身图样
24cm

袖片 4.5mm钩针
袖山
32cm
12cm
40cm
袖口
26cm

251

【成品规格】衣长40cm，衣宽45cm

【工　　具】2.5mm钩针

【材　　料】黄褐色4线1股细纯棉线250g

制作说明：

1. 钩针编织法。本款小外套由5个钩织片组成，前片左右各1片，后片1片，前袖2片。各片单独钩织完成，最后缝合成成品。
2. 先钩织衣身的后片部分。后片由下往上钩，层层钩织，方法见图1图解。
3. 再钩织前片部分。前片由单元花与连续钩织的层花样组合而成。首先将单元花钩织拼接完成，转角部分的单元花，按图2图解中钩织，沿拼接好的单元花，按图2图解中的方法钩织层花样。最后形成前片左右两个织片。
4. 最后按图3图解钩织两个衣袖织片。
5. 缝合。将5个织片用短针的方法拼接。
6. 最后一步。沿后衣领、前衣襟衣摆边钩图4花边，再钩两条长条的系带。

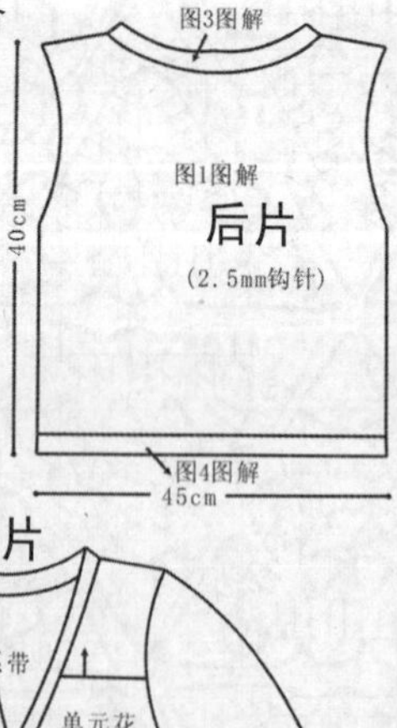

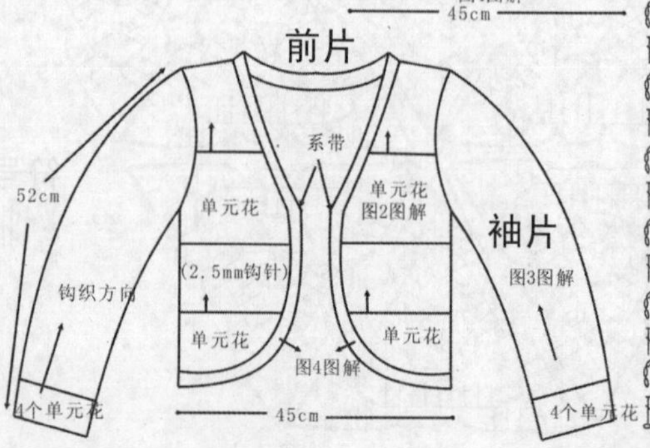

图1 后片花样图解

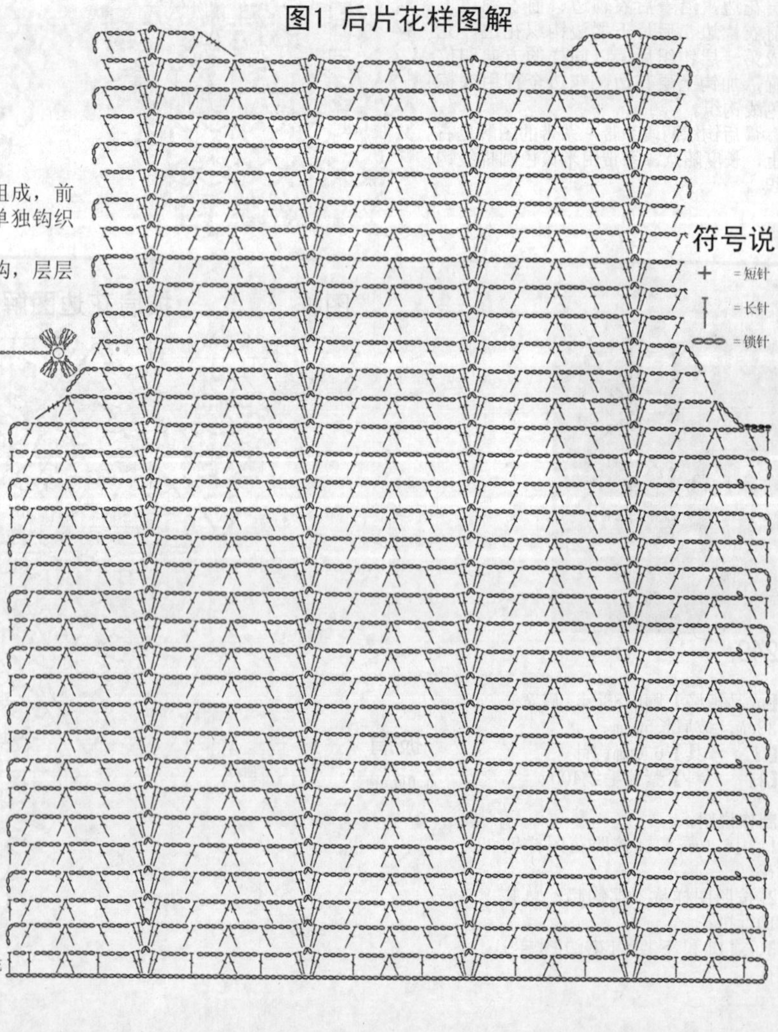

符号说明
+ =短针
‖ =长针
○○○ =锁针

系带图解

图3图解

图1图解
后片
(2.5mm钩针)
40cm

图4图解
45cm

前片
系带
单元花
单元花 图2图解
(2.5mm钩针)
钩织方格
单元花
单元花
图4图解
4个单元花
52cm
45cm

袖片
图3图解
4个单元花

266

图2 前片花样图解

图3 袖片花样图解

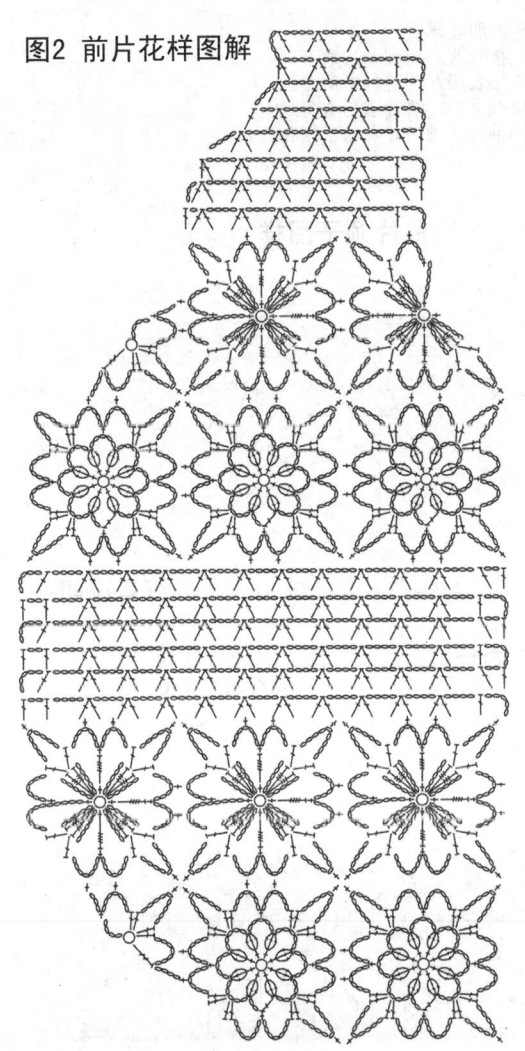

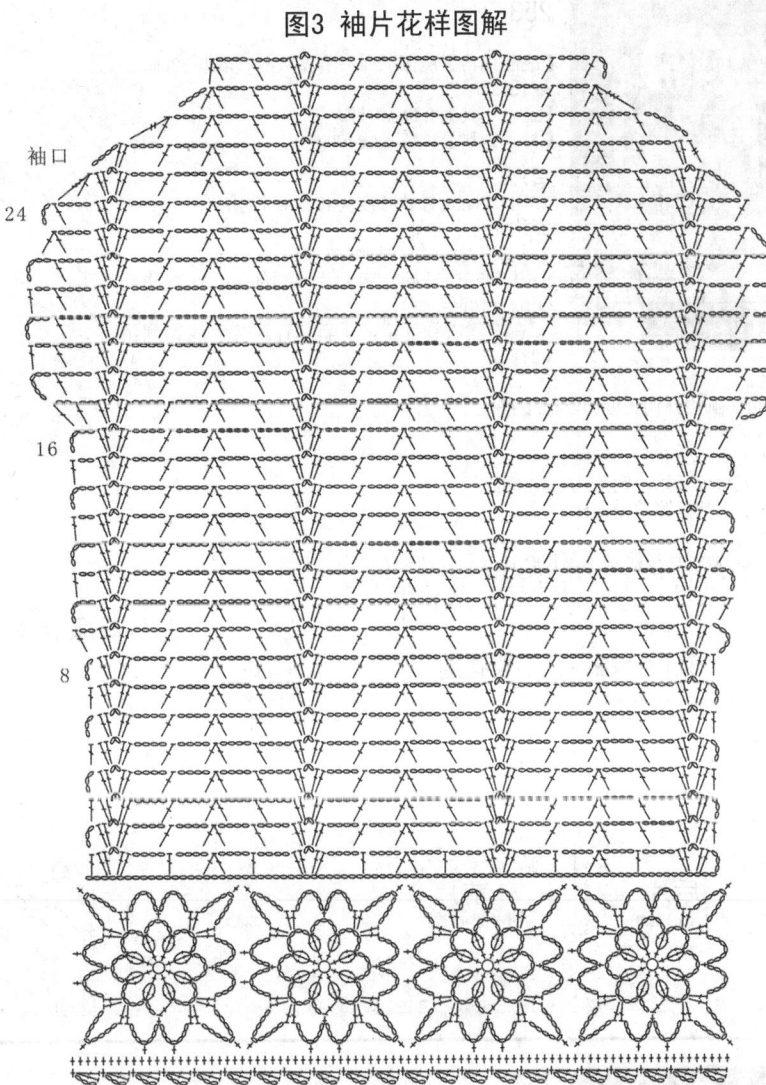

袖口

24

16

8

图4 衣襟花边花样图解

252

花边图解

袖片

【成品规格】衣长58cm，肩宽42cm，
衣宽52cm，袖长48cm
【工　　具】2.5mm钩针
【材　　料】灰色圆棉线共300g

制作说明：
1. 钩针编织法，由单元花拼接组合而成。
2. 先钩织后片。后片由花样B、C、D组合而
成。首先将花样B钩织并拼接好，再钩织花
样C，并拼接好，最后钩织花样D，将之在
两侧拼接。详细拼接图解见后片结构图。
花边暂时不钩。
3. 再钩织前片。前片分为两片，前片的钩织，
由B、C、D三种花样拼接而成，与后片钩织顺序相同，也是按B、C、D的顺序
钩织，并拼接。花边暂时不钩。
4. 袖片的钩织。袖片由A、D两种花样拼接而成，先钩织花样A，一边
钩一边拼，再钩织
花样D，并在两侧拼
接，完成拼接后，
沿袖口钩一圈花边
锁边。
5. 缝合。将拼接好
的各身片，肩与肩
部缝合，侧缝与侧
缝缝合，袖山与袖
窿缝合。
6. 沿着缝合好的各
衣边，即后衣领、
前衣领、衣襟、前
下摆和后下摆钩一
圈花边锁边。图解
见花边图解。

花样A

花样D

花样C

花型拼接方法

花样B

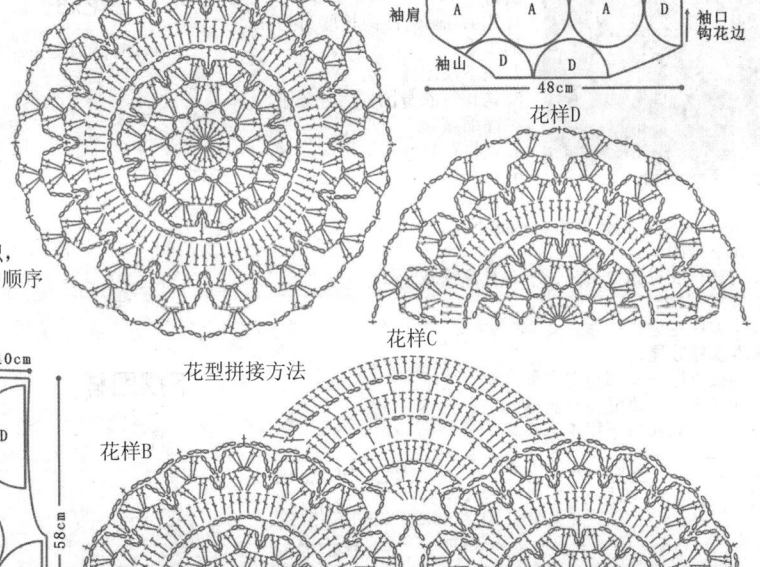

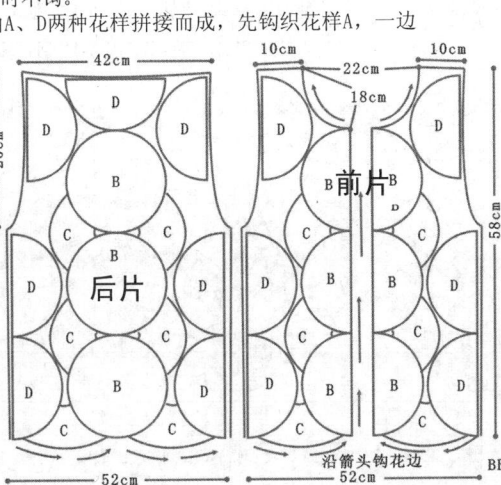

253

【成品规格】胸围84cm，肩宽37cm，衣长52cm，袖长22cm
【工　　具】4.0mm钩针
【材　　料】杏色毛线400g

后片：
1. 用4.0mm钩针钩长度为45cm的下摆。
2. 钩38行后分袖子。
3. 从第38行到第46行缩减4cm。
4. 从第59行开始，钩后片衣领部位，一直钩到第62行切断毛线。
5. 在右侧衣领部位，重新起针连接毛线钩到第62行。

前片：
1. 用4.0mm钩针钩长度为45cm下摆。
2. 钩38行后分袖子。
3. 从第38行到第46行，缩减4cm。
4. 从第42行开始，钩前片衣领部位。
5. 领子钩法参照领子图样。

袖子：
1. 用4.0mm钩针按照袖子图样钩16行后分袖窿。
2. 袖山从第16行开始，一直钩到第32行，切断毛线。

整件衣服收尾：
1. 连接衣服左肩部和右肩部。
2. 连接衣服左侧缝和右侧缝。
3. 拼袖子后，拼袖子与衣身。
4. 钩袖口、领口和衣服下摆花边。

衣服前片领子图样

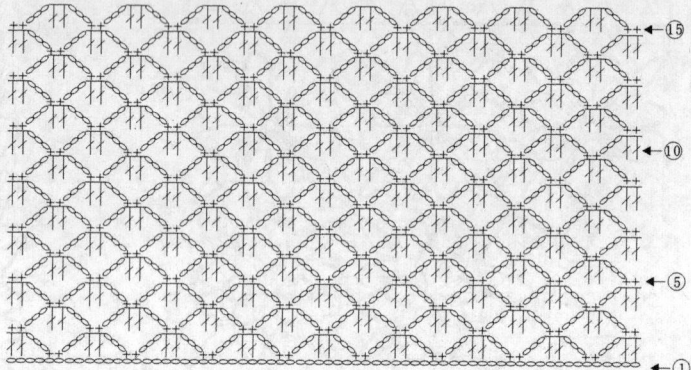

符号说明：
+＝短针　　T＝中长针
＝锁针　　＝长针

衣服衣身、袖子图样

领口、袖口、下摆花边

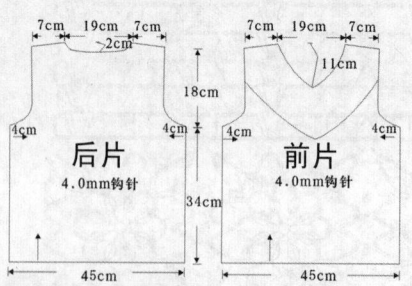

袖片
4.0mm钩针
22cm
30cm

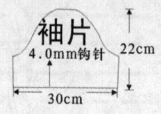
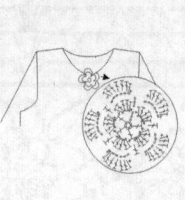

7cm 19cm 7cm
2cm
18cm
4cm　　　4cm
后片
4.0mm钩针
34cm
45cm

7cm 19cm 7cm
11cm
4cm　　　4cm
前片
4.0mm钩针
45cm

254

【成品规格】胸围88cm，肩宽37cm，衣长52cm
【工　　具】5.0mm钩针
【材　　料】杏色毛线400g

后片：
1. 用4.0mm钩针钩长度为44cm的下摆。
2. 钩下摆图样。
3. 钩16行衣身图样后分领子，袖窿缩减4cm。
4. 接拼花4个。
5. 钩领口花边。

前片：
1. 用4.0mm钩针钩长度为44cm的下摆。
2. 钩下摆图样。
3. 钩16行衣身图样后分领子，袖窿缩减4cm。
4. 接拼花4个。
5. 钩领口花边。

整件衣服收尾：
1. 连接衣服左肩部和右肩部。
2. 连接衣服左侧缝和右侧缝。
3. 钩袖口和衣服下摆花边。

符号说明：
+＝短针　　T＝中长针
＝锁针　　T＝长针

领口花边　袖口花边

领口花边

下摆花边

花×8

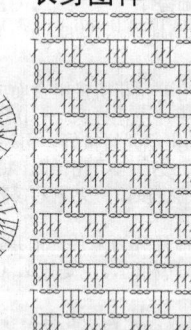

衣身图样

下摆图样

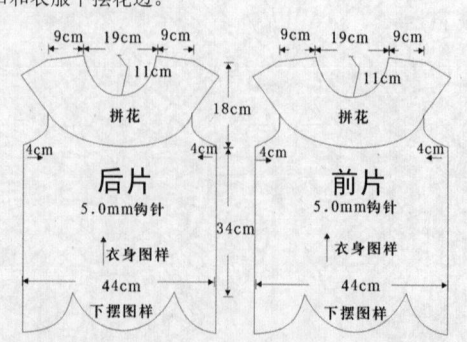

9cm 19cm 9cm
11cm
拼花
18cm
4cm　　　4cm
后片
5.0mm钩针
衣身图样
34cm
44cm
下摆图样

9cm 19cm 9cm
11cm
拼花
4cm　　　4cm
前片
5.0mm钩针
衣身图样
44cm
下摆图样

袖口花边

255

【成品规格】胸围88cm,
肩宽39cm,衣长52cm
【工　　具】4.0mm钩针
【材　　料】灰色毛线350g

后片：
1. 用4.0mm钩针按照衣服图样从领口钩起。
2. 从领口到袖窿位置钩8行图样。
3. 袖窿长度钩6行，缩减5cm。
4. 衣身位置钩24行后钩下摆并切断毛线。

花x3图样

整件衣服收尾：
1. 连接衣服左肩部和右肩部。
2. 连接衣服左侧缝和右侧缝。
3. 钩衣服袖口花边。

前片：
1. 用4.0mm钩针钩花3个并拼花作为领口。
2. 从领口到袖窿位置钩5行图样。
3. 按照图样钩24行后钩下摆一行并切断毛线。

衣身拼花

符号说明：
+ = 短针　　T = 中长针
┃ = 锁针　　千 = 长针

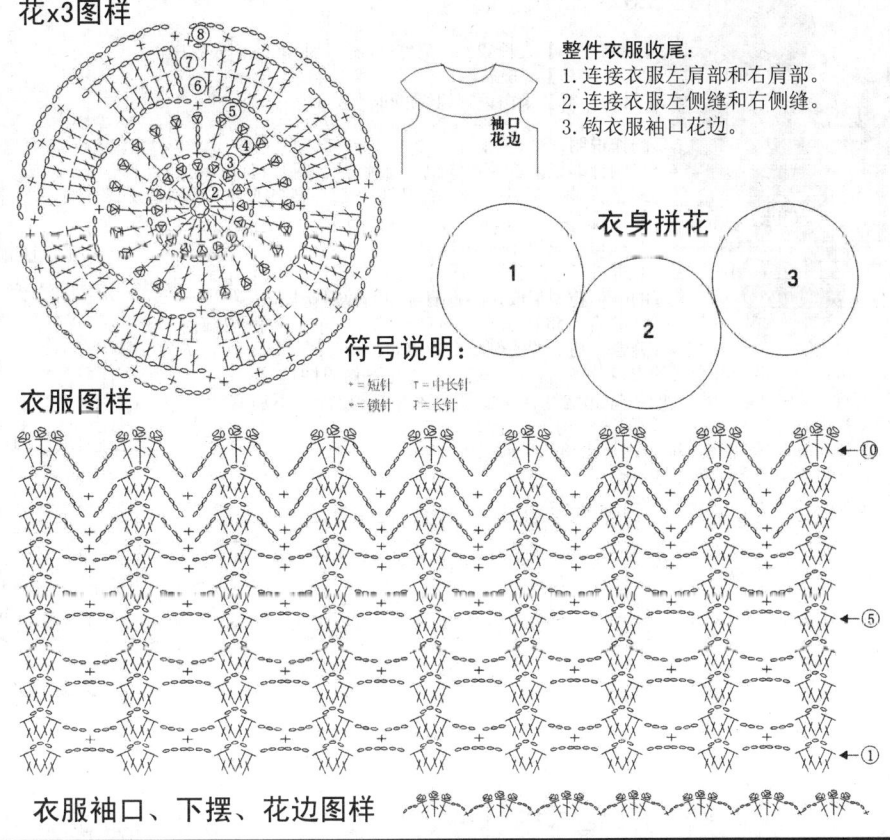

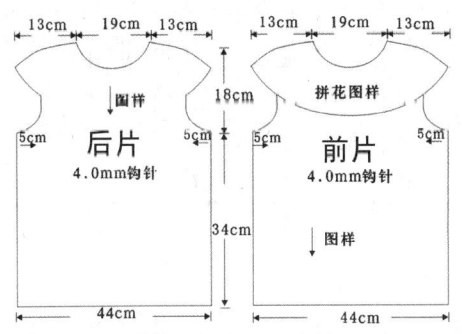

衣服图样

衣服袖口、下摆、花边图样

256

【成品规格】衣长50cm，肩宽42cm，袖长8cm，衣宽52cm
【工　　具】2.5mm钩针
【材　　料】白色4线1股细纯棉线250g

制作说明：
1. 钩针编织法。本款小外套由数个单元花组合而成，另衣袖分为两片编织。
2. 先钩织衣身单元花部分。全部衣身片由22个单元花拼接而成，单元花钩织最外一层时，形成四角单元花，即单元花分为四边作连接。首先钩好第1个单元花，再起钩第2个单元花，在进行第2个单元花最外一层钩织时，其中一条边与第1个单元花连接，用短针拼接。如此方法类推，按图1图解，一一钩完各个单元花，形成衣身的胚形。袖窿部位，按图解中用锁针辫子形成弧形。
3. 再钩织2片袖片。图解为图2。
4. 缝合。先将钩好的图1衣身织片中的肩部连接，再将2片袖片与图1织片缝合后形成的袖窿缝合。
5. 最后一步钩织花边。沿缝合后形成的后衣领、前衣领衣襟和后下摆钩织图3花边花样，如结构图中前片箭头所示的方向，共4层。

图1 衣身片花样图解

图2 袖片花样图解

图3 花边花样图解

袖片

前片
(2.5mm钩针)
图1图解

后片
(2.5mm钩针)
图1图解

花边（图3）

符号说明：
+ = 短针
┃ = 长针
◦ = 锁针

系带图解

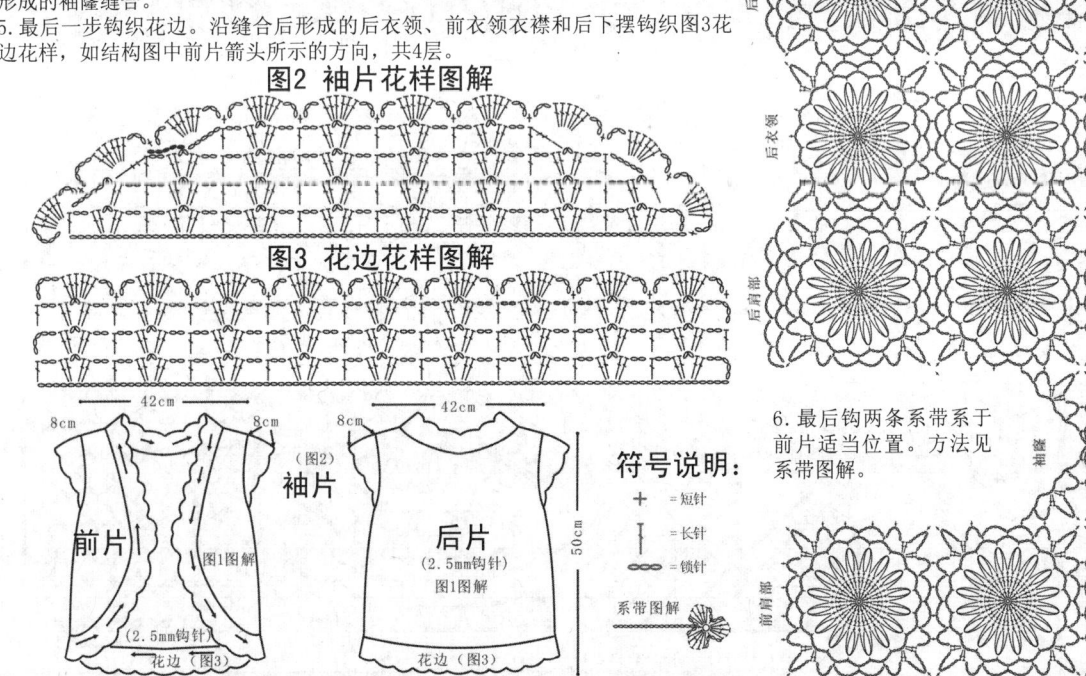

6. 最后钩两条系带系于前片适当位置。方法见系带图解。

269

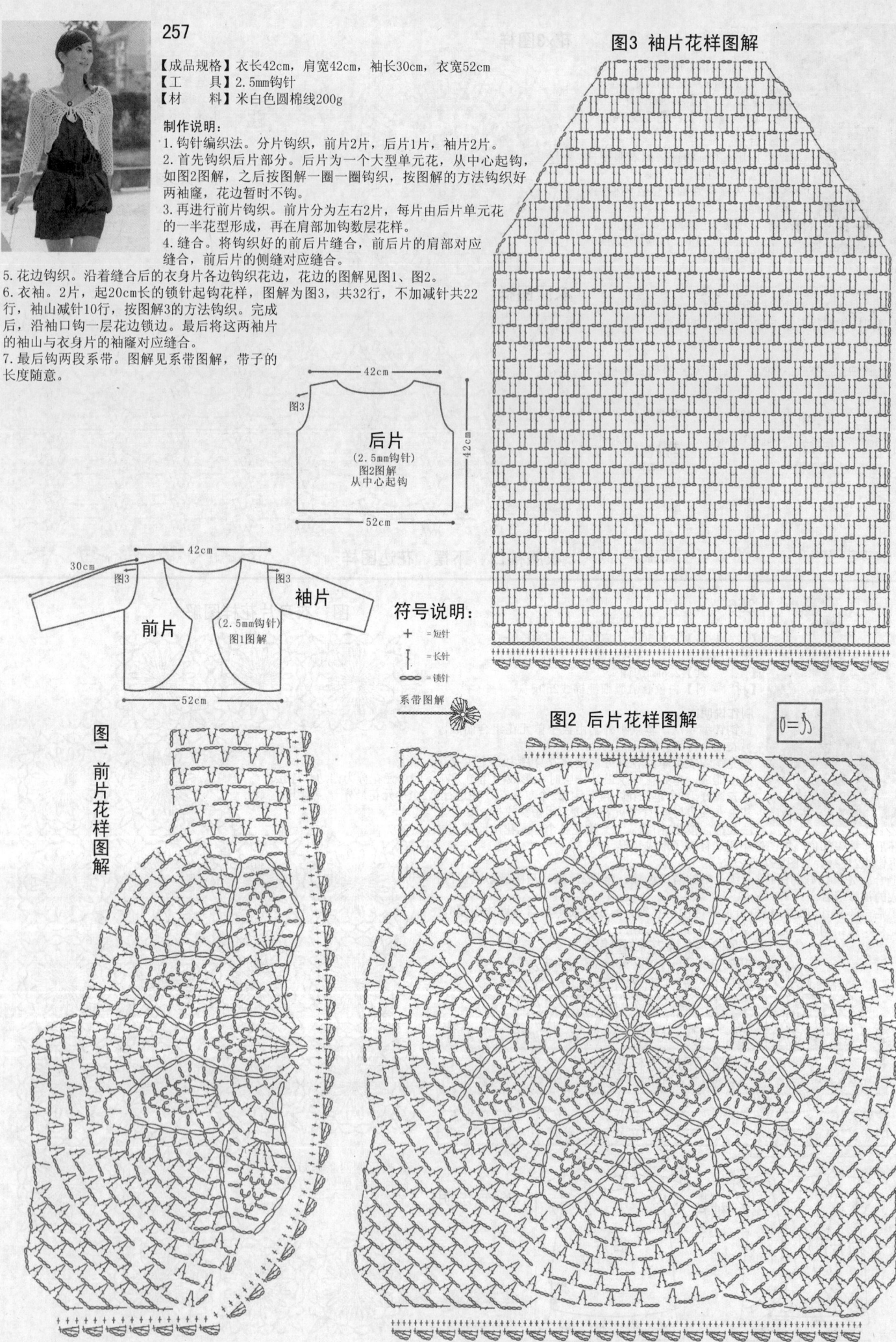

257

【成品规格】衣长42cm，肩宽42cm，袖长30cm，衣宽52cm
【工　具】2.5mm钩针
【材　料】米白色圆棉线200g

制作说明：
1.钩针编织法。分片钩织，前片2片，后片1片，袖片2片。
2.首先钩织后片部分。后片为一个大型单元花，从中心起钩，如图2图解，之后按图解一圈一圈钩织，按图解的方法钩织好两袖窿，花边暂时不钩。
3.再进行前片钩织。前片分为左右2片，每片由后片单元花的一半花型形成，再在肩部加钩数层花样。
4.缝合。将钩织好的前后片缝合，前后片的肩部对应缝合，前后片的侧缝对应缝合。
5.花边钩织。沿着缝合后的衣身片各边钩织花边，花边的图解见图1、图2。
6.衣袖。2片，起20cm长的锁针起钩花样，图解为图3，共32行，不加减针共22行，袖山减针10行，按图解3的方法钩织。完成后，沿袖口钩一层花边锁边。最后将这两袖片的袖山与衣身片的袖窿对应缝合。
7.最后钩两段系带。图解见系带图解，带子的长度随意。

图3 袖片花样图解

后片
(2.5mm钩针)
图2图解
从中心起钩

42cm
42cm
52cm
图3

30cm
42cm
图3
前片
(2.5mm钩针)
图1图解
袖片
图3
52cm

符号说明：
+ = 短针
| = 长针
◠ = 锁针

系带图解

图一 前片花样图解

图2 后片花样图解

0 = ♪

258

【成品规格】衣长30cm，肩宽42cm，袖长8cm，衣宽48cm
【工　　具】2.5mm钩针
【材　　料】灰色4线1股细纯棉线(含金线)200g

制作说明:
1. 钩针编织法。本款小外套分片钩织，后片1片，前片2片，袖片2片。
2. 先钩织后片部分。从下摆起钩起48cm长的锁针返回钩第一行花样，按图解2中的方法一层一层地钩织花样，按图解中所示的方法钩好袖窿和后衣领的减针部分。
3. 接着钩织前片。前片分为两片编织，亦是从下摆起钩。图解为图1，按图解的方法钩好衣领减针和衣襟加针部分。

4. 缝合。将钩好的前后片的肩部缝合，再将前后片的侧缝缝合，缝合方法为钩织短针缝合。
5. 最后一步钩织花边。沿缝合后形成的后衣领、前衣领衣襟和后下摆钩织图4花边花样，如结构图中前片箭头所示的方向。
6. 最后钩两条系带系于前片结构图所示的位置。方法见系带图解。

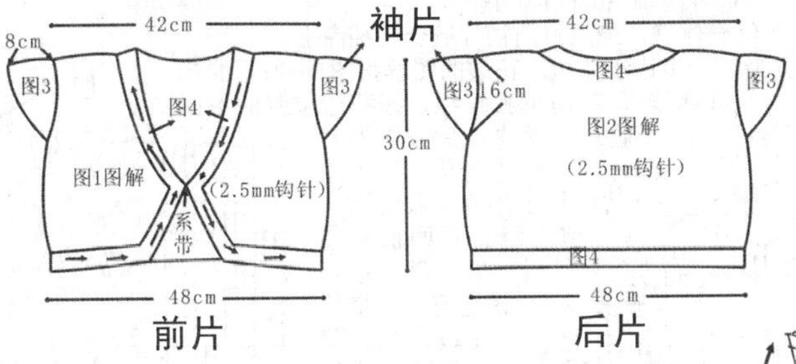

图1 前片花样图解

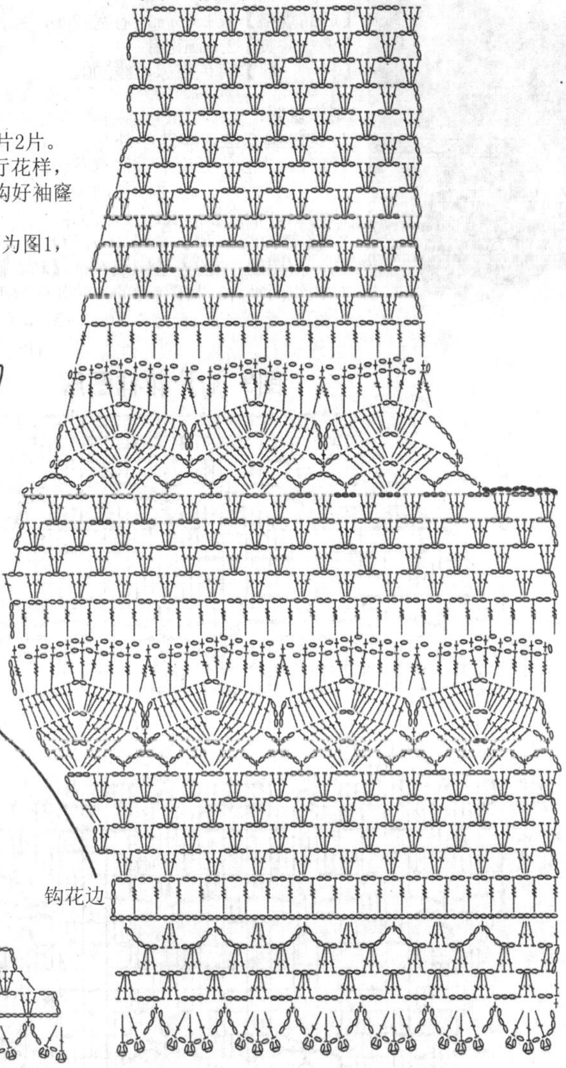

图4 花边花样图解

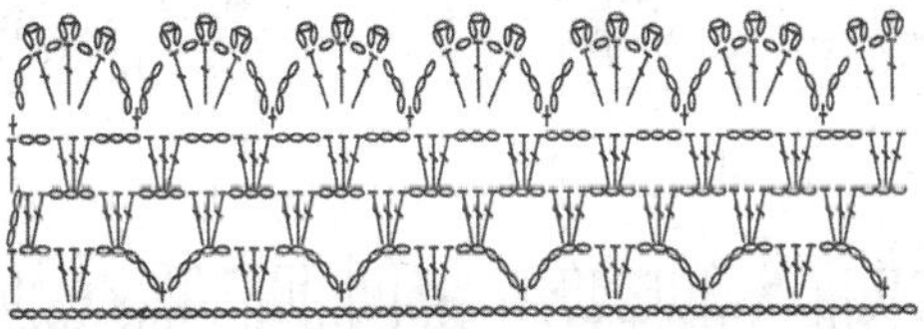

图3 袖片花样图解

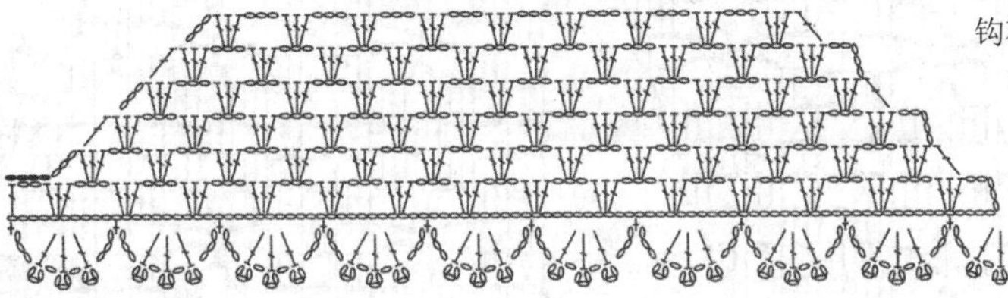

图2 后片花样图解

袖片

前片　42cm　8cm
图3　图4　图3
图1图解
(2.5mm钩针)
系带
48cm
前片

后片　42cm　16cm
图3　图4　图3
图2图解
(2.5mm钩针)
48cm
后片

30cm

钩花边

符号说明:
+ =短针
｜ =长针
◯◯◯ =锁针

系带图解

271

259

【成品规格】衣长35cm，肩宽42cm，袖长42cm，衣宽52cm
【工　　具】2.5mm钩针
【材　　料】黄色细冰丝线200g

制作说明：
1.钩针编织法。本款小外套分片钩织，后片1片，前片2片，袖片2片。本款小外套着重注意花边的钩织顺序。
2.先钩织后片。起52cm长的锁针起钩图2花样，按图解2中的方法钩织好袖窿和后衣领减针部分。
3.接着钩织前片。前片分为两片编织，钩织方法亦同后片相同，按图解1中的方法钩织好袖窿和衣襟减针部分。
4.钩织两袖片。按图解3的方法钩织好两短袖。
5.缝合。先将两前片的肩部缝合，再缝合侧缝，最后将两袖片缝合到袖窿上。
6.最后一步钩织花边。花边的图解为图1中所示的花边图解，花边单独编织，按花边位置的不同长度收边。首先以后片下摆和前片两下摆边的总长度为花边的钩织高度，收边后，将之缝合于两前片和后片的下摆。接着就是前片衣襟的花边钩织。前衣襟的花边长度比前衣

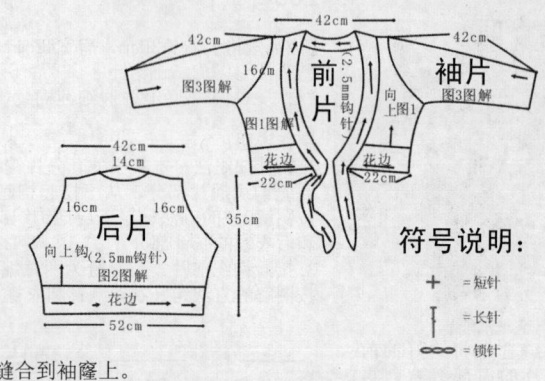

符号说明：

+ =短针
| =长针
∞ =锁针

襟的长度要长三分之二，以长出的花边用作系带所用。以系带的远端起钩，方法如图解1中所示，前衣襟花边分为两段编织，同为由远端起钩至后衣领，可以后衣领中心点为终端收针点。

图3 袖片花样图解

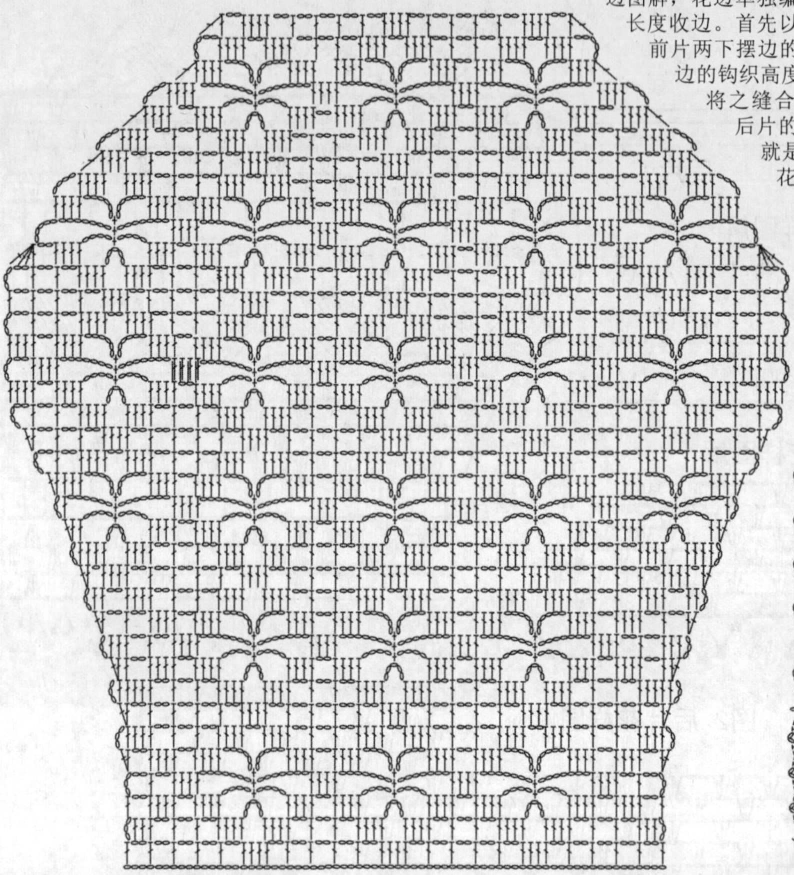

图1 前片花样图解

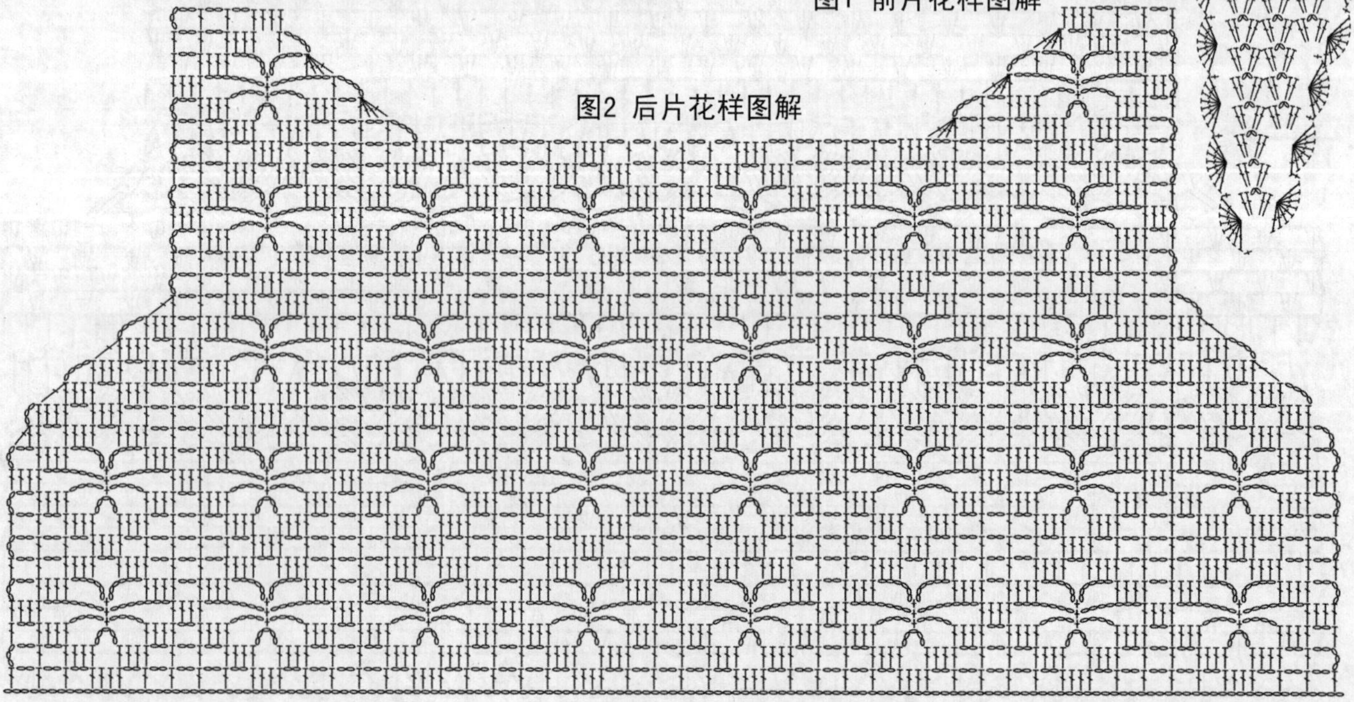

图2 后片花样图解

图1 前片花样图解

【成品规格】衣长48cm，肩宽56cm，衣服下摆52cm
【工　具】2.5mm钩针
【材　料】灰色细冰丝线250g

延长20cm
（作系带）

图2 后片花样图解

后衣领

钩花边

花边

制作说明：

1.钩针编织法，本款小外套分片钩织，后片1片，前片2片。

2.先钩织后片，本款小外套的主体花型为9针菠萝花型，如图解2，起52cm长的锁针起钩，从下摆起钩花型，按图解2的方法，两边加针钩织，形成衣袖。再按图解2的方法钩好后衣领减针部分。

3.接着钩织前片，前片分为两片编织，每片花样与后片相同，按图1图解的方法起针钩织，从衣摆起钩，衣襟边减针钩织，侧缝加针钩织形成衣袖，与后片相同。同样方法再钩织另一前片。

4.缝合，先将两前片的肩部缝合，再缝合侧缝。

5.最后一步钩织花边。首先钩织衣服下摆花边，花边图解见图1、图2花边图解，接着再钩织前后衣领、前衣襟边花边，这段花边要在原有衣服的长度上再延长20cm，以用作衣服系带。这些花边都是单独钩织，钩至适当长度后，再缝合上衣服。

6.最后沿两衣袖口钩一圈花边，图解见图2。

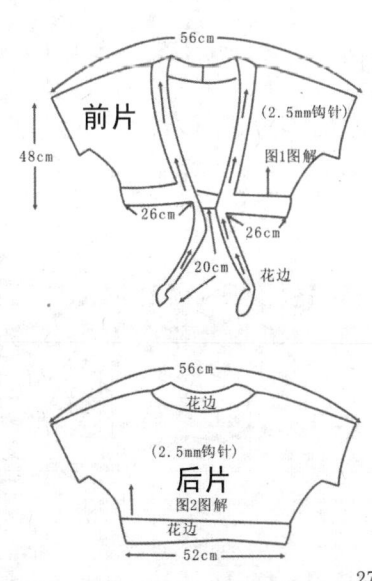

56cm

前片 (2.5mm钩针)

48cm 图1图解

26cm 26cm

20cm 花边

56cm

花边

后片 (2.5mm钩针)

图2图解

花边

52cm

261

【成品规格】衣长42cm，肩宽42cm，袖长12cm，衣宽52cm
【工　　具】2.5mm钩针
【材　　料】黄色金丝线200g

制作说明：
1. 钩针编织法。分片钩织，前片2片，后片1片，袖片2片。
2. 首先钩织后片部分。后片为一个大型单元花，从中心起钩，如图2图解，之后按图解一圈一圈钩织，按图解的方法钩织好两袖隆，花边暂时不钩。
3. 再进行前片钩织。前片分为左右两片，每片由单元花和数层花样组合，先钩织好单元花，再加钩8层花样形成前片上胸部。下摆加钩10层花样，注意减针形成弧形。
4. 缝合。将钩织好的前后片缝合，前后片的肩部对应缝合，前后片的侧缝对应缝合。
5. 花边钩织。沿着缝合后的衣身片各边钩织花边，花边的图解见图1、图2。
6. 衣袖。两片，起20cm长的锁针起钩花样，图解为图3，共8行，两端减针形成袖山，收针后，沿袖口钩一层花样锁边。将这两片衣袖与衣身的袖隆对应缝合。
7. 最后钩两段系带。图解见系带图解，带子的长度随意。

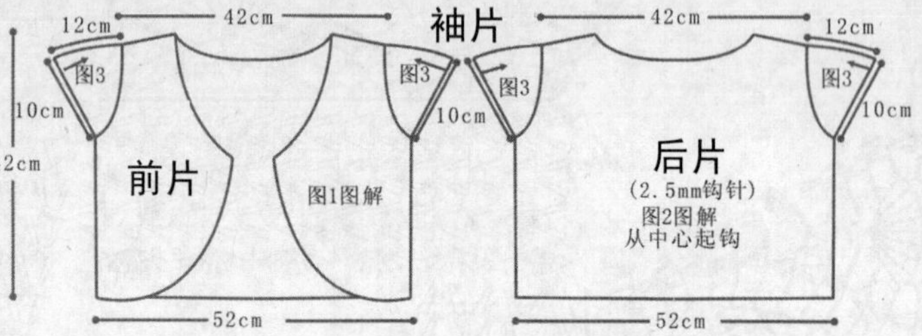

图1 前片花样图解

图2 后片花样图解

图3 袖片花样图解

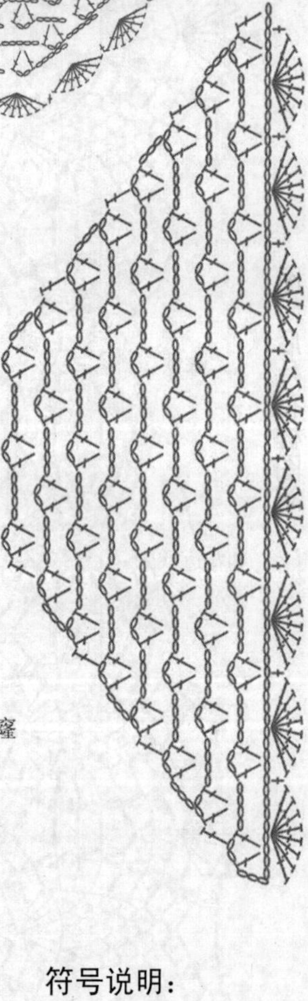

袖隆

袖隆

符号说明：

十 =短针

$|$ =长针

∞∞ =锁针

系带图解

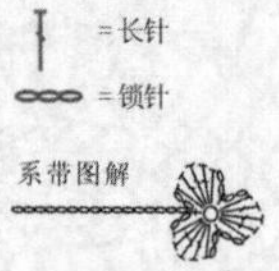

262

【成品规格】衣长72cm，领口宽18cm，
肩宽42cm，袖长20cm
【工　　具】2.5mm钩针
【材　　料】黄色金丝线300g

制作说明：

1. 钩针编织法。分为3片钩织，后片1
片，前片2片，衣袖2片。

2. 先钩织后片。起56cm长的锁针起钩
花样，从衣摆起钩，花样分为两部
分，下半部分20行花样，上半部分23
行花样，上半部分要钩织好袖窿，详
细图解见图2图解。

3. 前片的钩织。前片分为两部分：一部分为单元花，一部分为
数层花样作上胸部钩织。按照图解1的方法钩好这两部分，然后
连接在一起。

4. 衣袖钩织。衣袖分为两片，从肩部起钩，共14行花样，最后
钩一圈花边锁边。详见图3图解。

5. 缝合。如图1、图2、图3中，虚线所对应的部位为缝合边，将
它们一一对应缝合。

图3 袖片花样图解

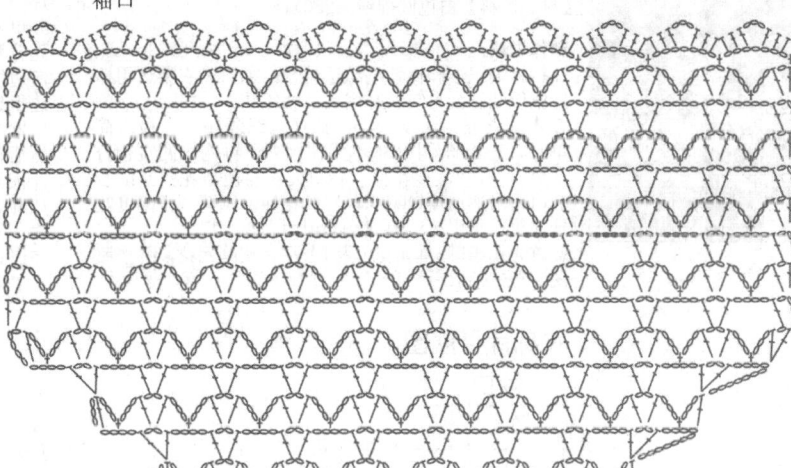

袖口

肩部

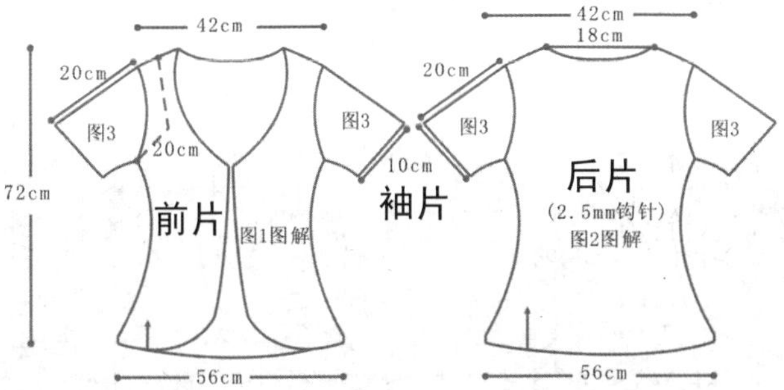

图2 后片花样图解

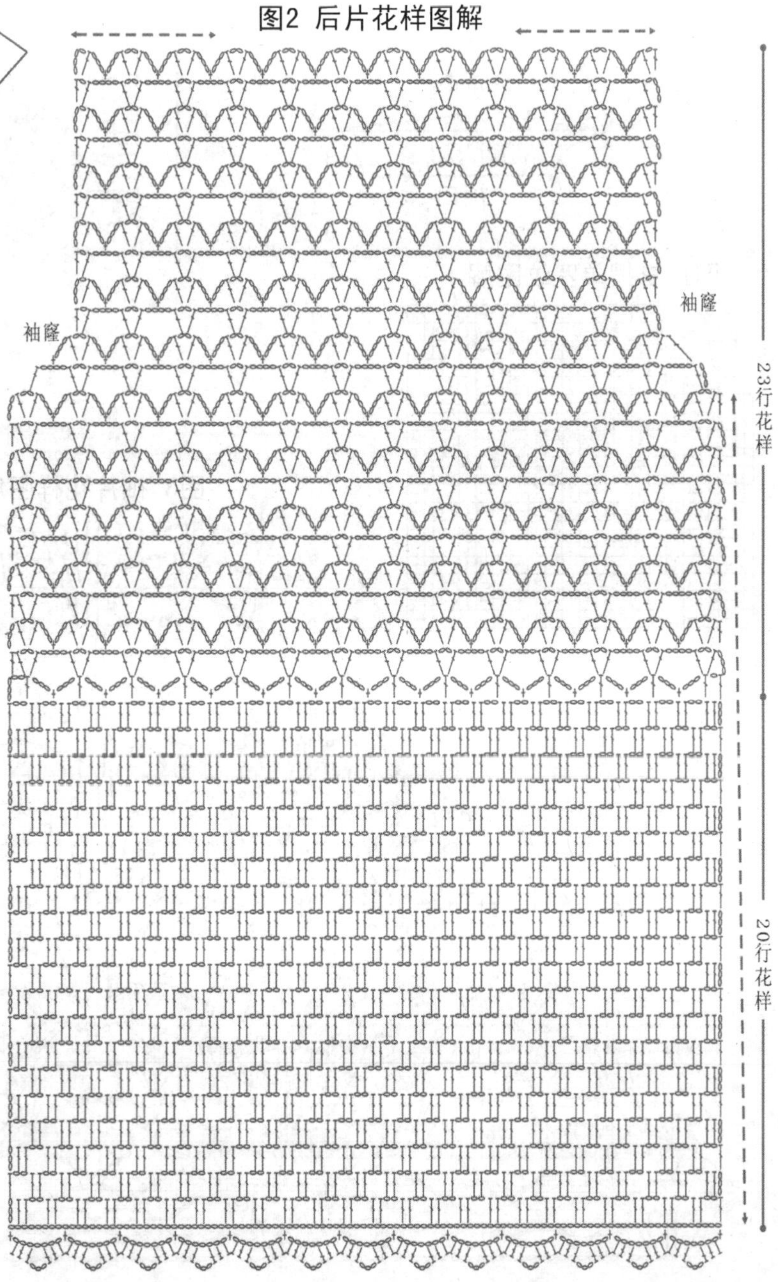

袖窿

袖窿

23行花样

20行花样

图一 前片花样图解

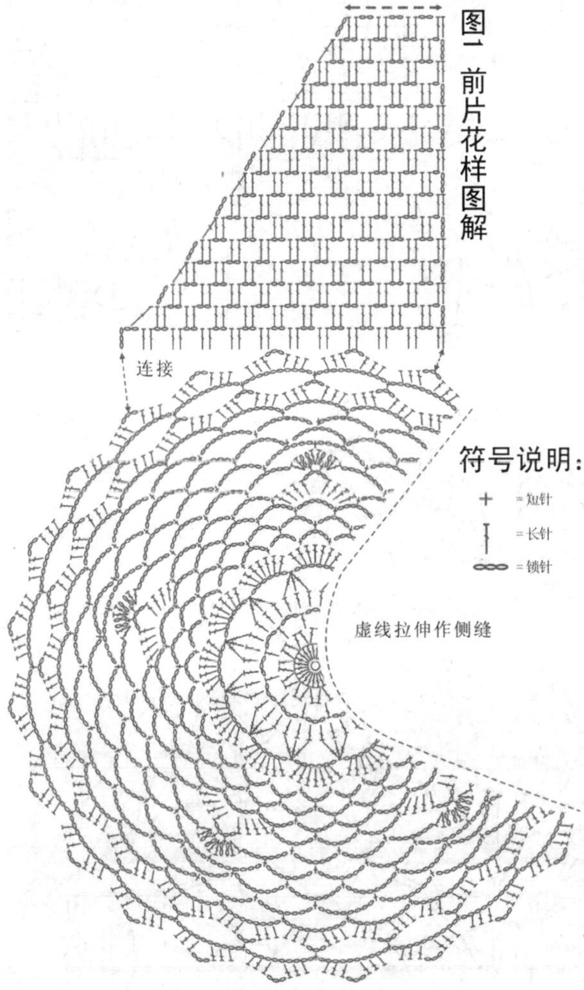

连接

符号说明：

+ ＝短针

│ ＝长针

∞ ＝锁针

虚线拉伸作侧缝

42cm
20cm
图3
图3
前片
图1图解
56cm

42cm
18cm
20cm
图3
图3
后片
(2.5mm钩针)
图2图解
10cm
袖片
56cm

72cm

275

263

【成品规格】外套两袖口间长108cm
【工　具】2.5mm钩针，14号棒针
【材　料】白色圆棉线共250g

制作说明：
1.钩针编织法和棒针编织法结合：袖口和衣摆边用棒针编织法，袖身与衣身用棒针编织法。
2.本款衣服钩法复杂，但抓住钩织顺序，也极为简单。首先钩织好图2中单元花排列，再钩织两端袖身部分，即图2菠萝花样，将单元花与菠萝花拼接缝合后，再沿边用棒针编织单罗纹花样，织至一定高度收针即可，再用棒针编织法编织两个小袖口。
3.首先钩织图2单元花以及4个不完整单元花，并按照图2方法排列待用。

4.再进行图3菠萝花袖片的编织。起20cm长的锁针起钩花样，按照图解的方法一层层钩织，两侧减针，钩完后收针断线。将图解3中虚线所对应的位置与图2中的虚线对应位置对应缝合。同样的方法再钩织另一袖片。
5.单罗纹的编织。如结构图所示，首先编织单元花那端的衣边，编织单罗纹增高至与袖口边缘平直。同样，单元花另一端也沿边挑针编织单罗纹针，向外扩展编织单罗纹增高至与袖口边缘平直。然后沿着两条平直线，用棒针圈织单罗纹针，高度12cm，完成后收针断线。小外套编织完成。

图2 衣片花样图解

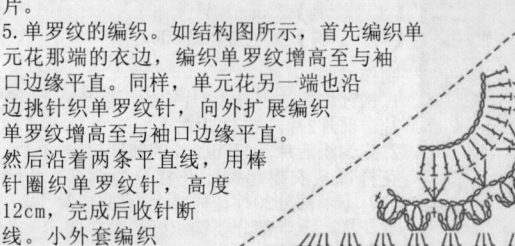

衣身片平展图

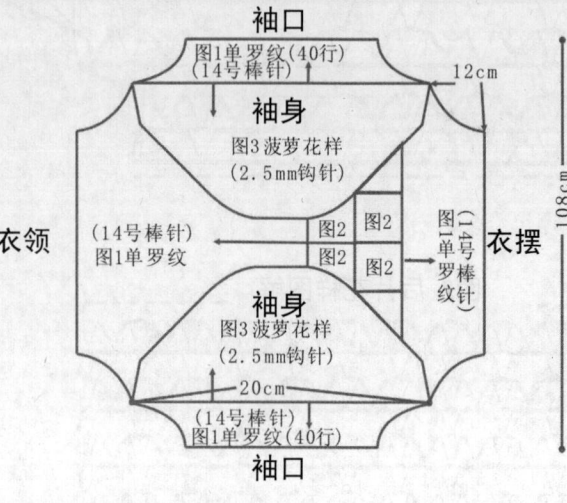

图1 衣摆单罗纹图解

图3 袖片花样图解

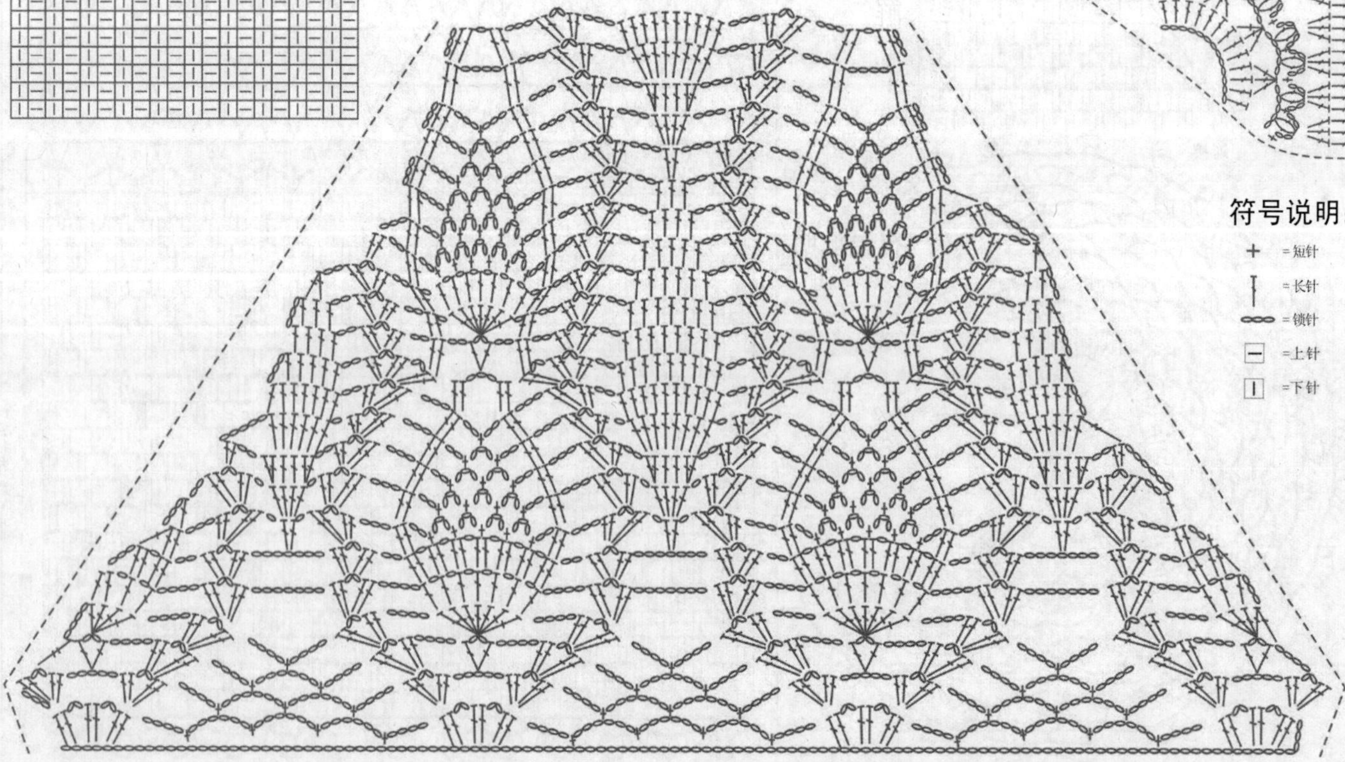

符号说明：

+ ＝短针
| ＝长针
∞ ＝锁针
— ＝上针
| ＝下针

276

264

图1 前片花样图解

【成品规格】衣长50cm，袖肩宽58cm
【工　　具】2.5mm钩针，10cm宽花叉，12号棒针
【材　　料】深棕色圆棉线350g

制作说明：

1. 钩针编织法与花叉编织法、棒针编织法结合，主体花样用花叉编织法和钩针编织法，衣边用棒针编织法。
2. 先钩织衣身主体花样，花样用花叉编织，共钩织10段花型，以后片中心分界，两侧至袖口的花型长度呈对称。从后中心分界花样起，5段花型的花叉针圈数分别为：84针，184针，120针，100针，100针。每段花型的编排用

图3 袖口花边花样图样

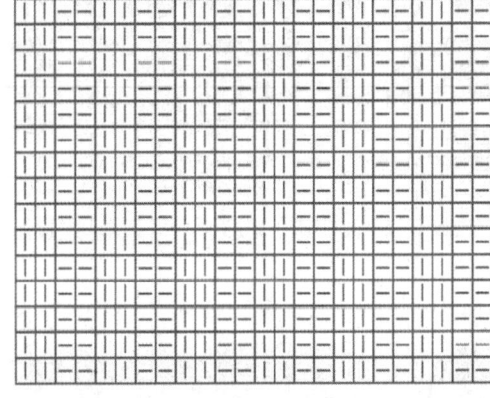

图2 双罗纹花样图样

锁针连接，连接方法见图1图解。花型形成的空洞部分，用一个小型锁针单元花补充。以同样的方法再制作另一边，将第2段花型与第3段花型不连接部分，作衣服的侧缝连接。将衣袖的各段首尾连接，最后一段连接后，作袖口的一端，沿边钩一圈图3花边锁边。

3. 棒针编织法，沿着第2步形成的衣服胚形各边，用12号棒针编织图2双罗纹花样，共25行，最后1行收针断线。

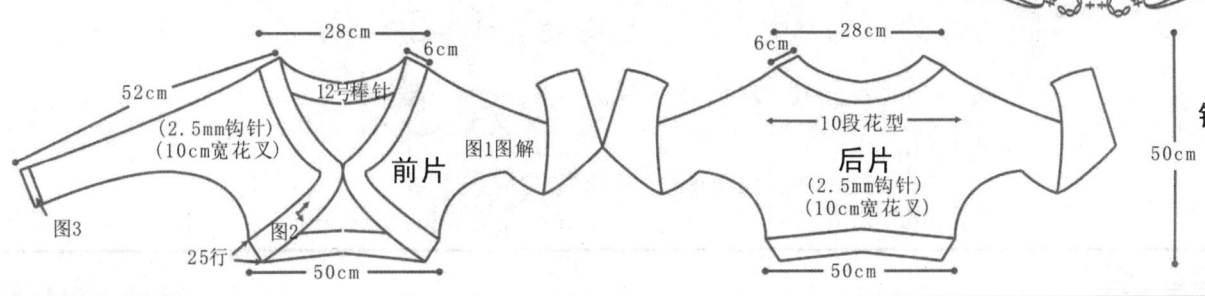

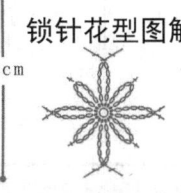

锁针花型图解

265

【成品规格】衣长48cm，袖肩宽96cm，衣宽52cm
【工　　具】2.5mm钩针
【材　　料】白色圆棉线300g

制作说明：

1. 钩针编织法。衣身由单元花组合而成，一片成形，加钩衣领和衣摆及袖口花边。
2. 衣身全部由一个个小圆圈单元花拼接而成，每行的个数如图解1所示，前后片各5行，按图解的顺序

——拼接成形。边缘空洞部分，用一些长针和锁针连接，将图解1中虚线所对应的边，前后对应缝合。

3. 花边的钩织。衣服的下摆和袖口由内钩针和外钩针组成，沿着缝合好的衣身下摆，钩织5层内外钩针花样，直接收针断线。同样，沿着袖口钩7层内外钩针花样，直接收针断线。

4. 衣领的钩织。衣领的图解见图2，位于前片前衣襟的部分，逐行减针，形成大翻领，共6行长针花样，最后在外层钩一层花边锁边装饰。

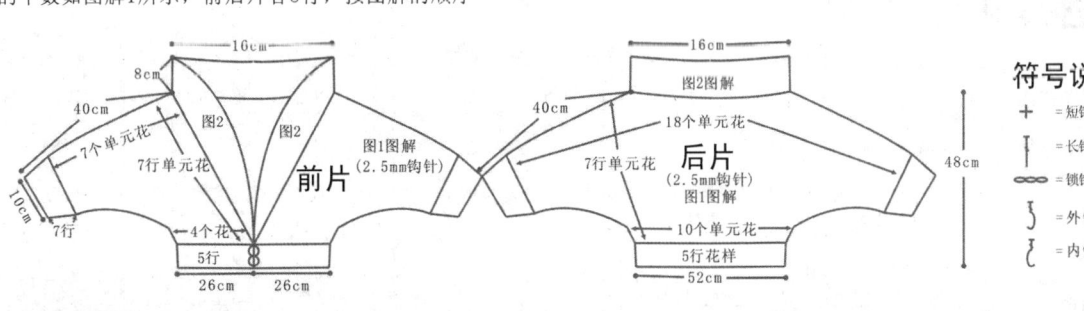

符号说明：

＋ ＝短针
｜ ＝长针
⌒ ＝锁针
} ＝外钩针
{ ＝内钩针

图2 衣领花样图解

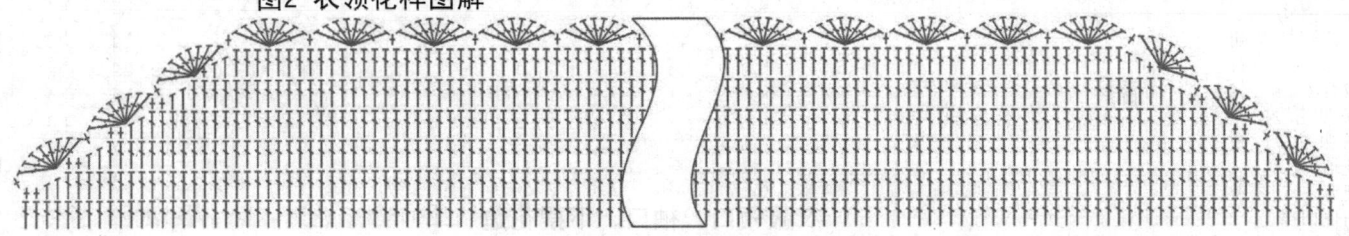

277

图1 衣片花样图解

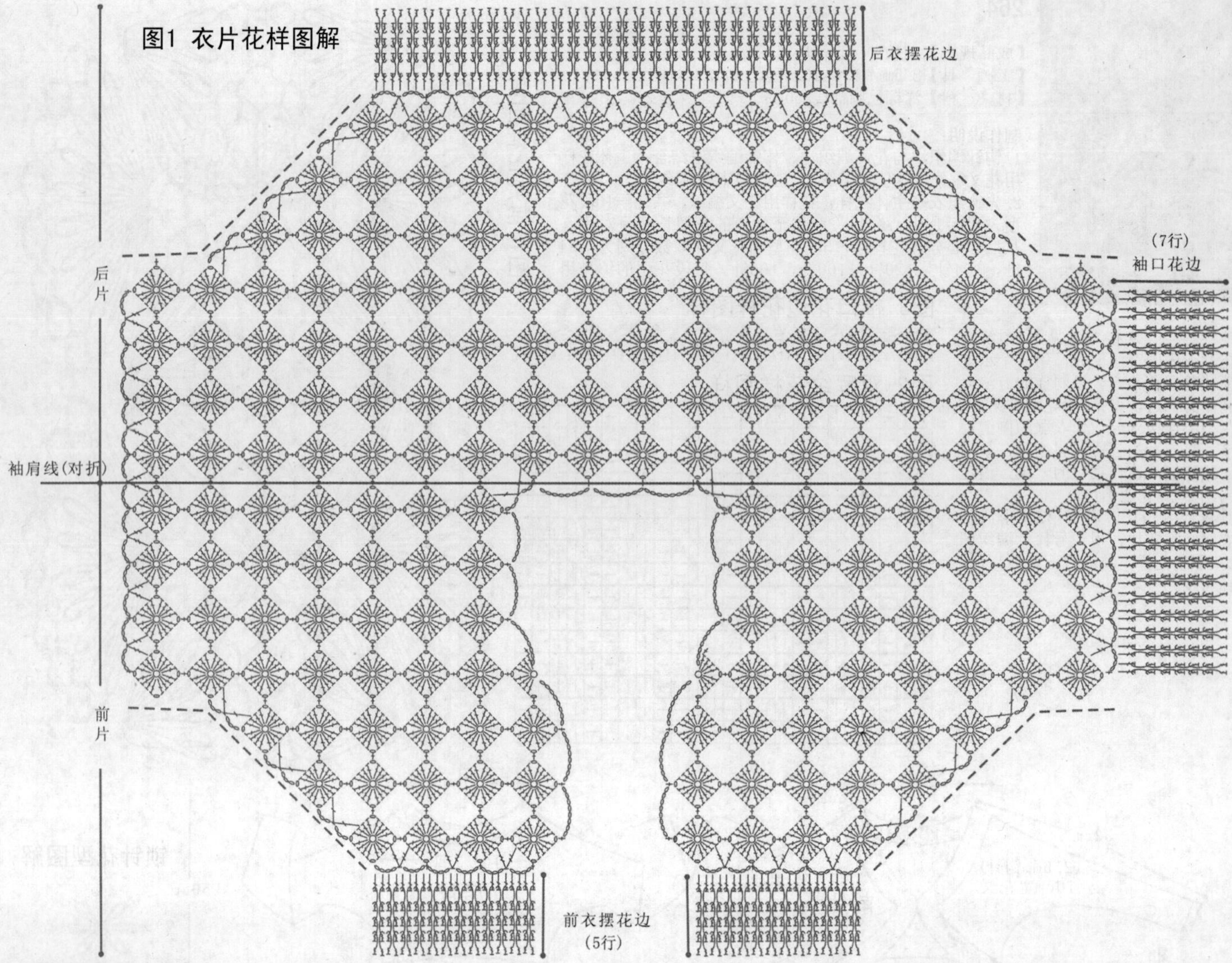

后衣摆花边

袖口花边
（7行）

后片

袖肩线(对折)

前片

前衣摆花边
（5行）

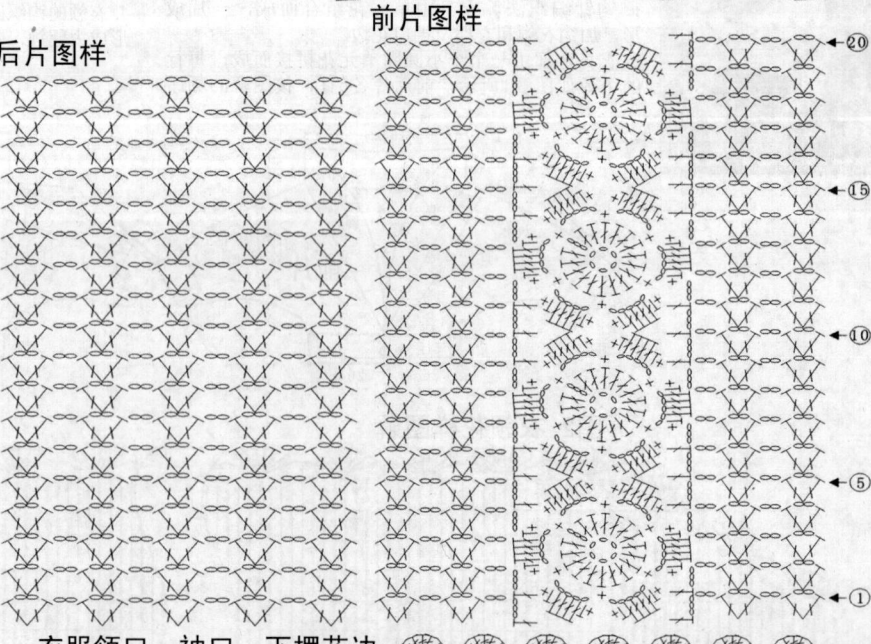

266

【成品规格】胸围88cm，肩宽38cm，衣长54cm，袖长20cm
【工　　具】4.0mm钩针
【材　　料】紫色毛线400g，纽扣6颗

后片：
1.用4.0mm钩针钩锁针，长度为44cm。
2.按照后片图样钩25行后分袖子，从第25行到第35行袖窿减针5cm。
3.从第42行起钩后片衣领，一直钩到第44行，切断毛线。
4.钩下摆花边1行。

前片：
1.用4.0mm钩针钩锁针，长度为20cm。
2.按照花图样钩花。
3.拼花，前片左右各2条。
4.钩25行后分袖子，袖窿减针5cm。
5.钩35行后分领子。
6.钩下摆花边1行。

整件衣服收尾：
1.连接衣服左肩部和右肩部。
2.连接衣服左侧缝和右侧缝。
3.拼合衣服袖子，把袖子和衣身拼合。
4.按照花边图样钩衣服袖口、领口花边。
5.把纽扣钉在衣服右侧门襟上。

符号说明：
－短针　Ｔ中长针
－锁针　　长针

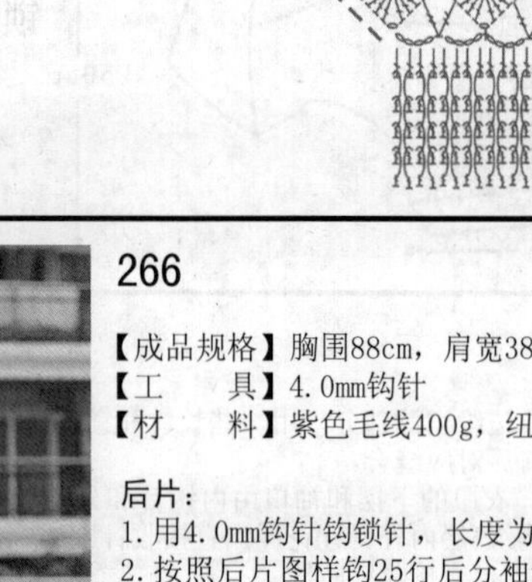

花图样　拼花图样

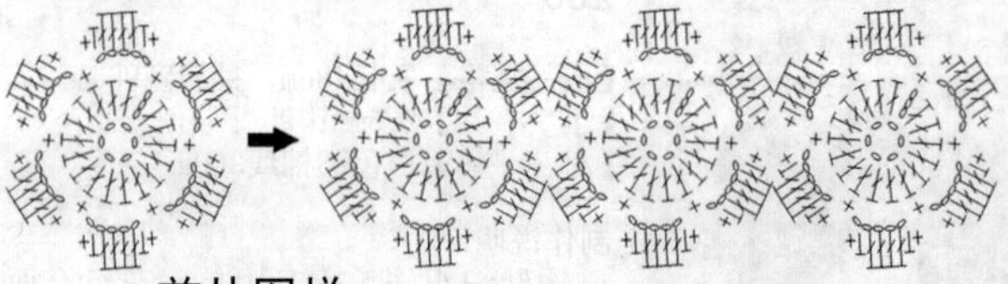

前片图样

后片图样

衣服领口、袖口、下摆花边

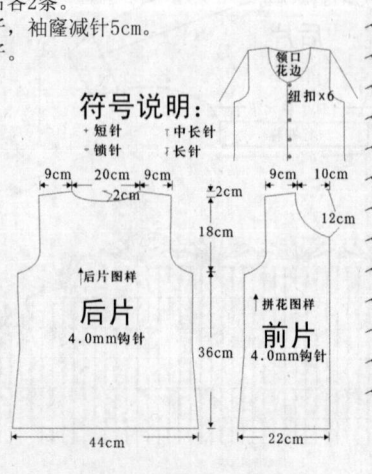

领口花边
纽扣×6

9cm　20cm　9cm
2cm
后片图样
4.0mm钩针
后片
44cm

2cm
18cm
36cm

9cm　10cm
12cm
拼花图样
前片
4.0mm钩针
22cm

278

267

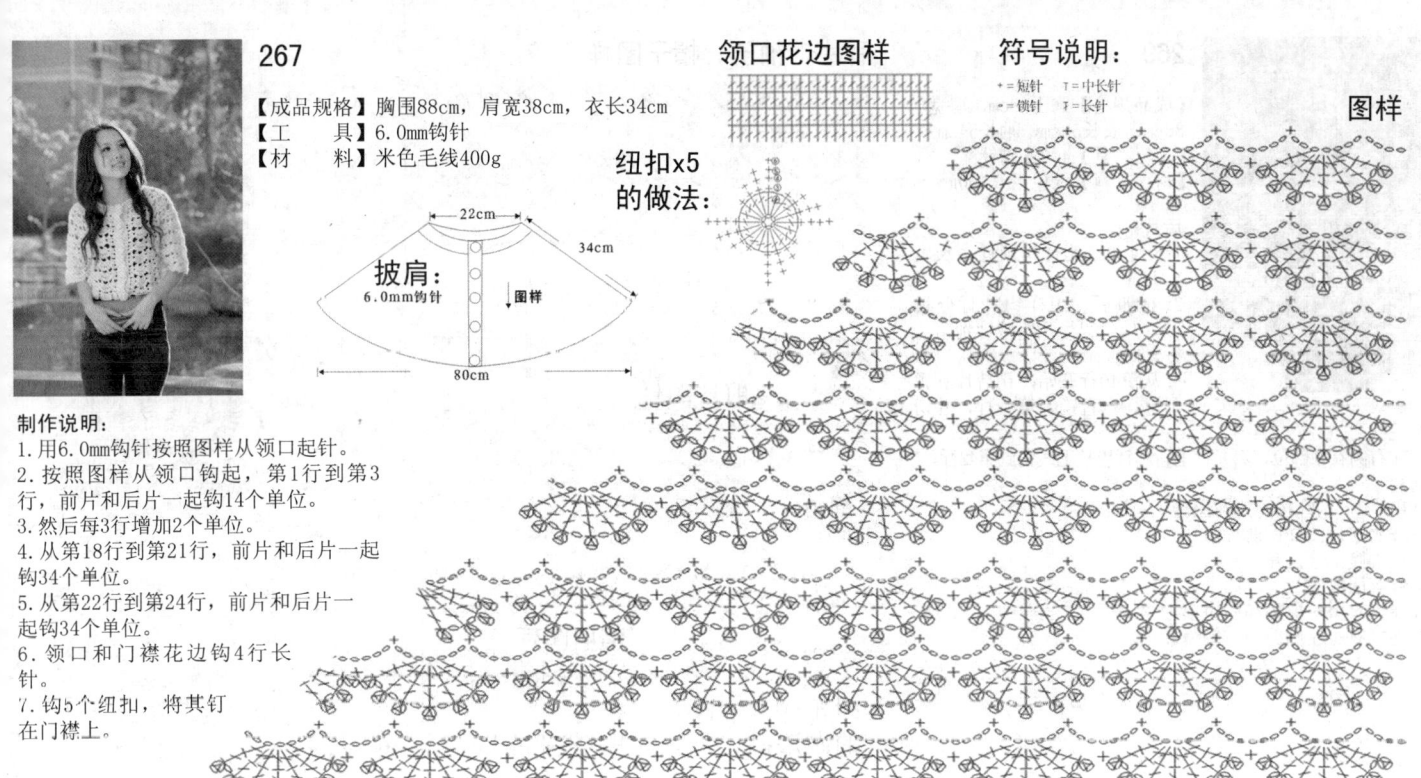

【成品规格】胸围88cm，肩宽38cm，衣长34cm
【工　　具】6.0mm钩针
【材　　料】米色毛线400g

领口花边图样

符号说明：
+＝短针　　T＝中长针
＝锁针　　T＝长针

图样

纽扣×5
的做法：

披肩
6.0mm钩针

22cm

34cm

80cm

图样

制作说明：
1. 用6.0mm钩针按照图样从领口起针。
2. 按照图样从领口钩起，第1行到第3行，前片和后片一起钩14个单位。
3. 然后每3行增加2个单位。
4. 从第18行到第21行，前片和后片一起钩34个单位。
5. 从第22行到第24行，前片和后片一起钩34个单位。
6. 领口和门襟花边钩4行长针。
7. 钩5个纽扣，将其钉在门襟上。

一个单位

268

【成品规格】胸围88cm，肩宽38cm，衣长64cm
【工　　具】4.0mm钩针
【材　　料】杏色毛线400g

后片：
1. 用4.0mm钩针钩锁针，长度为44cm。
2. 按照后片上半身图样钩12行分袖子，从第13行开始减针到第20行，减5cm。
3. 从第24行开始，钩后片衣领部位，一直钩到第27行，切断毛线。
4. 在右侧衣领部位，第24行重新起针连接毛线钩到第27行。
5. 钩完上半身，按照后片下半身图样钩下半身，总共钩24行。

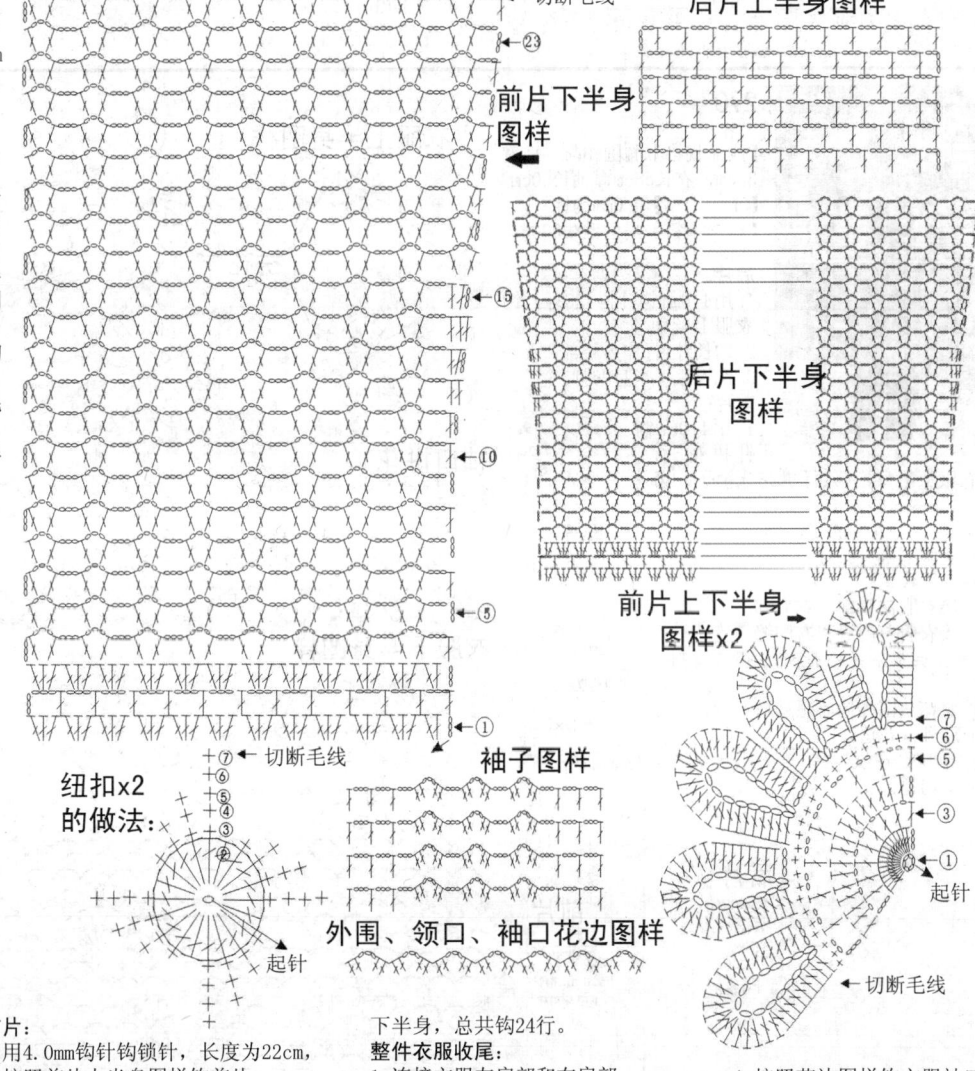

切断毛线

23

前片下半身图样

后片上半身图样

15

10

5

1

后片下半身图样

前片上下半身图样×2

纽扣×2
的做法：

⑦
⑥
⑤
④
③
②
①
起针

切断毛线

7
6
5
3
1
起针

袖子图样

外围、领口、袖口花边图样

切断毛线

领口图样

纽扣×2
袖口图样

衣服外围图样

袖山
12cm

30cm

袖片
4.0mm钩针

38cm

袖口

符号说明：
+＝短针　　＝中长针
＝锁针　　T＝长针

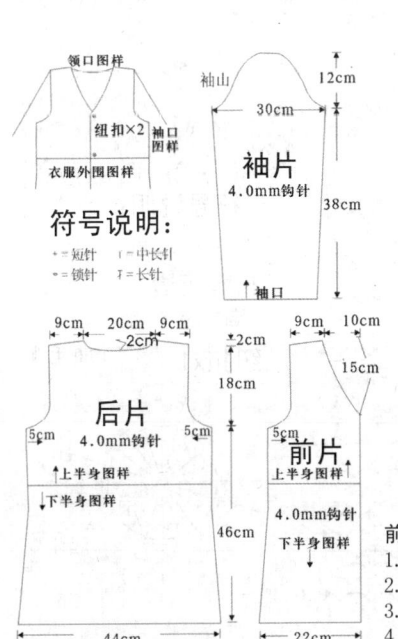

9cm　20cm　9cm
2cm

后片
4.0mm钩针

上半身图样
下半身图样

5cm　　5cm

44cm

9cm　10cm
2cm

18cm

15cm

前片
4.0mm钩针

上半身图样

5cm

4.0mm钩针
下半身图样

46cm

22cm

前片：
1. 用4.0mm钩针钩锁针，长度为22cm，
2. 按照前片上半身图样钩前片。
3. 在袖隆部分，减5cm。
4. 钩完上半身，按照前片下半身图样钩

下半身，总共钩24行。

整件衣服收尾：
1. 连接衣服左肩部和右肩部。
2. 连接衣服左侧缝和右侧缝。
3. 拼合衣服袖子，把袖子和衣身拼合。

4. 按照花边图样钩衣服袖口、领口和衣服外围花边。
5. 把纽扣钉在衣服右侧门襟。

279

269

【成品规格】胸围88cm，肩宽38cm，衣长52cm，袖长54cm
【工　　具】4.0mm钩针
【材　　料】绿色毛线400g

后片：
1. 用4.0mm钩针钩锁针，长度为44cm。
2. 按照后片图样钩22行分袖子，从第22行开始减针到第32行，减5cm。
3. 从第40行开始，钩后片衣领部位，一直钩到第42行，并切断毛线。
4. 在右侧衣领部位，第40行重新起针连接毛线钩到第42行。

前片：
1. 用4.0mm钩针按照拼花图样钩花6个，叶子2个。
2. 按照前片图样钩前片两片。
3. 在袖窿部分，减针5cm。

整件衣服收尾：
1. 连接衣服左肩部和右肩部。
2. 连接衣服左侧缝和右侧缝。

后片、袖子、帽子图样

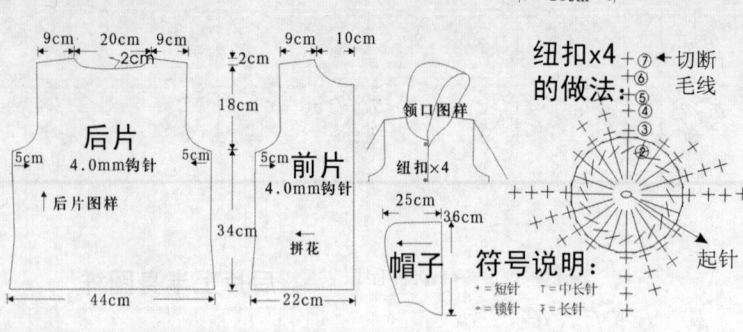

前片图样

袖片
4.0mm钩针
袖山　30cm　12cm　42cm
↑袖口　26cm

袖口图样

前片拼花图样

3. 拼合衣服袖子，把袖子和衣身拼合。
4. 按照花边图样钩衣服袖口、领口和衣服外围花边。
5. 把纽扣钉在衣服右侧门襟。

衣服外围花边图样

后片 4.0mm钩针 ↑后片图样
9cm　20cm　9cm　2cm
5cm　5cm
44cm

前片 4.0mm钩针 拼花
2cm　9cm　10cm
5cm
18cm　34cm
22cm

帽子
领口图样
纽扣×4
25cm　36cm

纽扣×4的做法：
①②③④⑤⑥⑦
切断毛线
起针

符号说明：
+ = 短针　T = 中长针
⊥ = 锁针　f = 长针

270

【成品规格】胸围88cm，肩宽38cm，衣长58cm，袖长50cm
【工　　具】5.0mm钩针
【材　　料】褐色毛线500g

后片：
1. 用4.0mm钩针拼花5行，钩衣服上半身。
2. 钩长针1行作为腰部。
3. 钩衣服下半身26行。

前片：
1. 用4.0mm钩针拼花5行钩衣服上半身，第1行拼花分袖子，第3行拼花钩衣服领子。
2. 钩长针1行作为腰部。
3. 钩衣服下半身26行。

整件衣服收尾：
1. 连接衣服左肩部和右肩部。
2. 连接衣服左侧缝和右侧缝。
3. 拼合衣服袖子，把袖子和衣身拼合。
4. 按照花边图样钩衣服袖口、领口和衣服外围花边。
5. 把纽扣钉在衣服右侧门襟。

衣服上半身图样

拼花

袖口拼花

衣服下半身图样

袖子图样

符号说明：
+ = 短针　T = 中长针
⊥ = 锁针　f = 长针

衣服花边

纽扣×1
①②③④⑤⑥⑦
切断毛线
起针

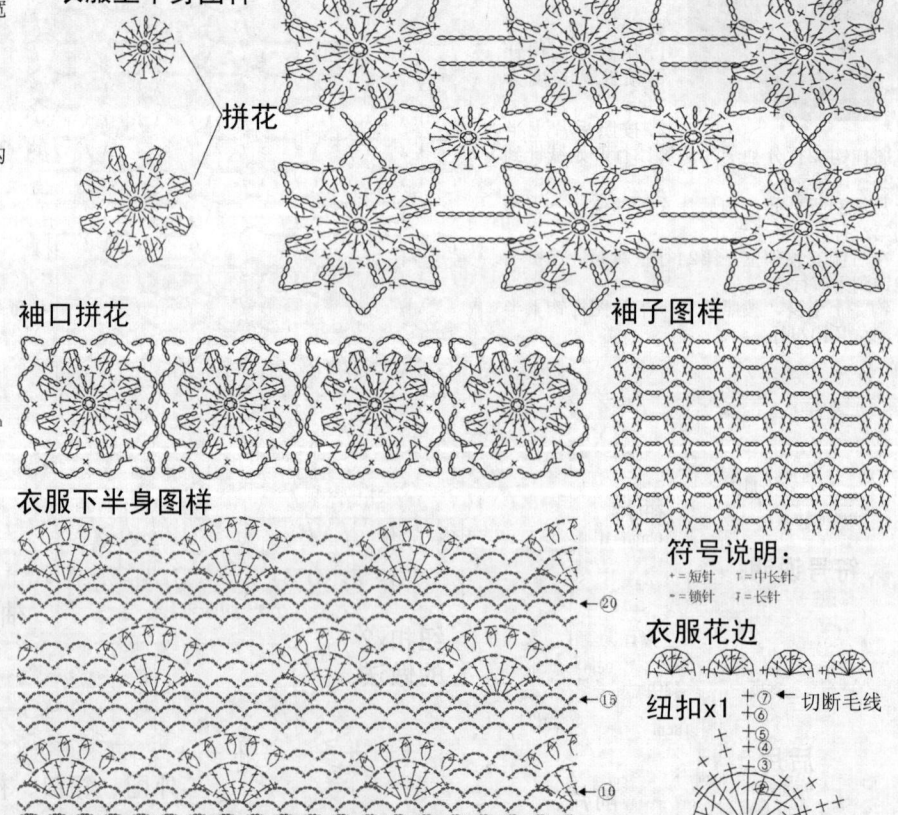

袖片
5.0mm钩针
30cm　12cm　38cm
↑袖口

领口花边图样
纽扣×1
袖口花边图样
衣服外围图样

后片 5.0mm钩针 拼花 长针一行 下半身图样
9cm　20cm　9cm　2cm
5cm　5cm
2cm　18cm　40cm
48cm

前片 5.0mm钩针 拼花 长针一行 下半身图样
2cm　9cm　10cm
5cm
15cm
24cm

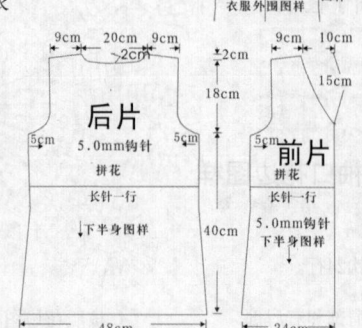

271

【成品规格】胸围88cm，肩宽
38cm，衣长60cm，袖长56cm
【工　　具】4.0mm钩针
【材　　料】灰色毛线400g

后片：
1. 用4.0mm钩针钩衣服下半身花块，并拼花3行。
2. 按照上半身图样钩13行分袖，从第13行开始减针到第19行，减5cm。
3. 从第25行开始，钩后片衣领部位，一直钩到第29行，切断毛线。
4. 在右侧衣领部位，第25行重新起针连接毛线钩到第29行。

前片：
1. 用4.0mm钩针钩衣服下半身花块，并拼花3行。
2. 按照上半身图样钩13行分袖，从第13行开始减针到第19行，减5cm。
3. 从第15行开始，钩前片衣领部位，一直钩到第29行切断毛线。

整件衣服收尾：
1. 连接衣服左肩部和右肩部。
2. 连接衣服左侧缝和右侧缝。
3. 拼合衣服袖子，把袖子和衣身拼合。
4. 按照花边图样钩衣服袖口、领口和衣服外围花边。
5. 把纽扣钉在衣服右侧门襟。

衣服下半身
花×35个
做法：

切断毛线

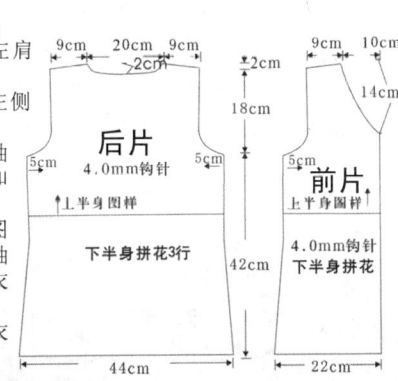

拼花：前片

3	2	1		10	9	8	
20	21	22	23	11	12	13	14
27	26	25	24	34	35	36	37

后片

	4	5	6	7	
19	18	17	16	15	
28	29	30	31	32	33

半花×2个

切断毛线

衣服外围、领口、袖口花边图样

◀ 袖子图样

纽扣×1

切断毛线

起针

符号说明：
+ = 短针 T = 中长针
T = 锁针 T = 长针

◀ 衣服上半身图样

领口花边图样
衣服外围花边图样
纽扣×1
袖口花边图样

袖山
30cm
13cm

袖片
4.0mm钩针
袖子图样

43cm

袖口

14cm

18cm
42cm

9cm 20cm 9cm
2cm
2cm
5cm 5cm

后片
4.0mm钩针
上半身图样
下半身拼花3行

44cm

9cm 10cm
2cm
5cm 5cm

前片
4.0mm钩针
上半身图样
下半身拼花

22cm

272

【成品规格】胸围88cm，肩宽37cm，衣长60cm
【工　　具】4.0mm钩针
【材　　料】白色毛线500g

后片：
1. 用4.0mm钩针钩后片上半身。
2. 钩2行长针后钩14行图样。
3. 钩1行长针（每个单位加1针长针）后钩14行图样。
4. 再钩1行长针（每个单位加1针长针）后钩14行图样。

前片：
1. 用4.0mm钩针钩前片上半身，左右2片。
2. 钩2行长针后钩14行图样。
3. 钩1行长针（每个单位加1针长针）后钩14行图样。
4. 再钩1行长针（每个单位加1针长针）后钩14行图样。

纽扣×3
的做法：

切断毛线

起针

整件衣服收尾：
1. 连接衣服左肩部和右肩部。
2. 连接衣服左侧缝和右侧缝。
3. 按照花边图样钩衣服袖口、领口下摆花边。

纽扣×3

符号说明：
+ = 短针 T = 中长针
T = 锁针 T = 长针

花边图样

图样

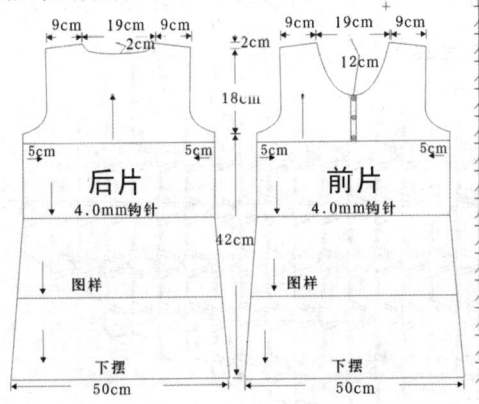

9cm 19cm 9cm
2cm
5cm 5cm

后片
4.0mm钩针

图样

下摆

50cm

2cm
12cm
18cm
42cm
5cm 5cm

前片
4.0mm钩针

图样

下摆

50cm

1个单位

281

273

【成品规格】胸围88cm,肩宽7cm,衣长50cm
【工　具】4.0mm钩针
【材　料】白色毛线400g

后片:
1. 用4.0mm钩针按照后片图样钩后片。
2. 第24行分袖子,袖弯缩减5cm。
3. 从第36行到第38行钩后片领子。

前片:
1. 用4.0mm钩针钩花12个。
2. 按照拼花图样拼花,左边6个,右边6个。

整件衣服收尾:
1. 连接衣服左肩部和右肩部。
2. 连接衣服左侧缝和右侧缝。
3. 按照花边图样钩衣服袖口、领口、下摆花边。

衣服前片图样　　符号说明: += 短针　T= 中长针　= 锁针　= 长针

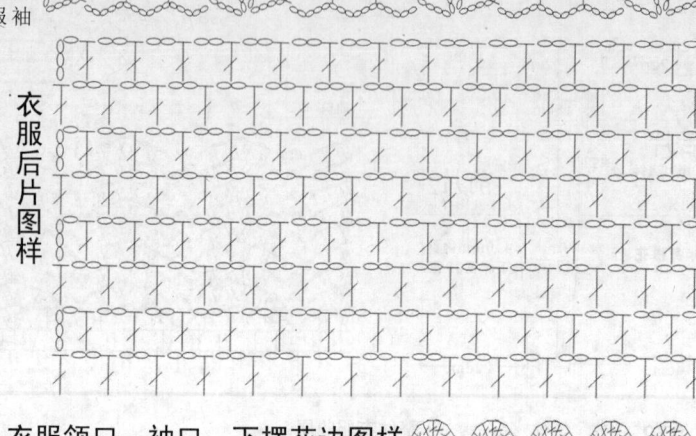

拼花

前片花×12

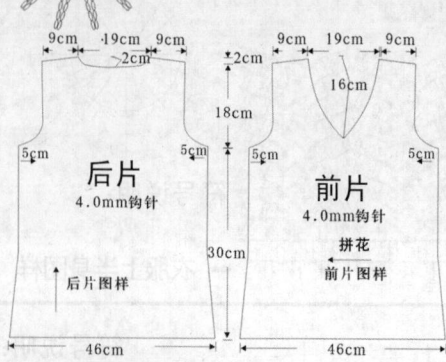

衣服后片图样

后片 4.0mm钩针 后片图样
46cm

前片 4.0mm钩针 拼花 前片图样
46cm

9cm 19cm 9cm 2cm 18cm 5cm 5cm 30cm

9cm 19cm 9cm 2cm 16cm 5cm 5cm

衣服领口、袖口、下摆花边图样

274

【成品规格】衣长40cm,衣宽45cm
【工　具】2.5mm钩针
【材　料】4线1股白色细纯棉线250g

制作说明:
1. 钩针编织法,本款小外套衣身部分是由数个单元花拼接而成,衣袖分为两片编织。
2. 先钩织衣身部分,衣身由48个完整的单元花和2个半单元花拼接组合而成,拼接方法见图1图解,要注意肩部的拼接方法。
3. 再钩织衣袖部分。衣袖从袖口往上钩织成片,按图解2编织,钩织两片。
4. 缝合。将钩织好的衣身片与袖片,用短针钩织连接。
5. 钩织花边。沿后衣领、前衣襟、衣摆钩织花边,图解为图3。
6. 钩两段长条锁针辫子作系带。

符号说明: += 短针　= 长针　= 锁针

图3图解
后片 图1图解 5层花样 (2.5mm钩针) 7个花样
40cm 45cm 图3图解

系带
前片 (2.5mm钩针) 图1图解 图3图解
袖片 图2图解
52cm 45cm 钩织方向
系带图解

图2 袖片花样图解

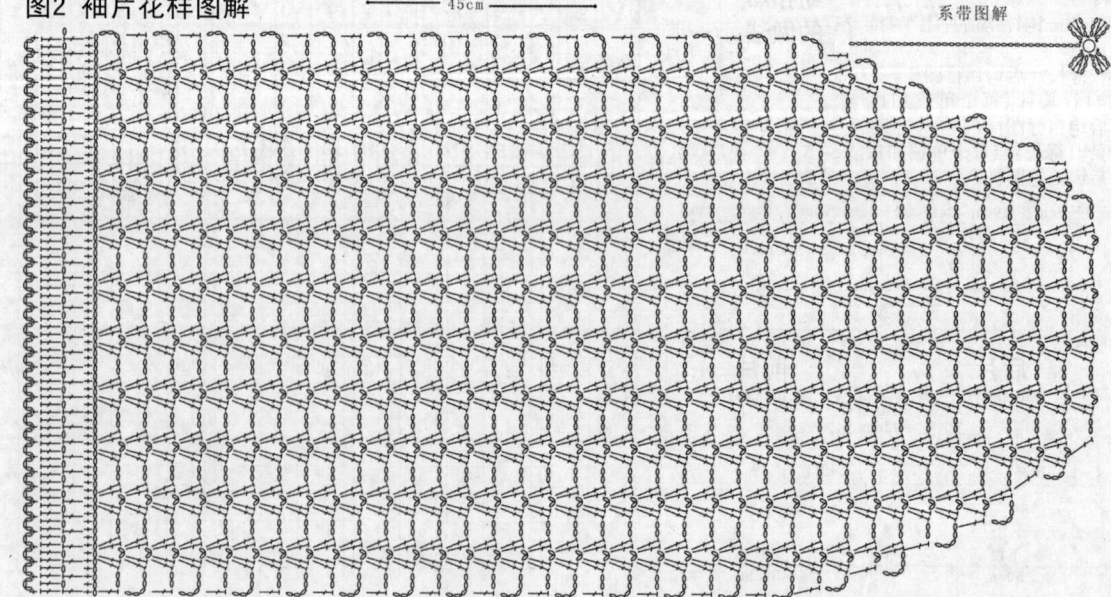

单元花图解

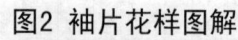

沿箭头向后弯回到第1针钩锁针

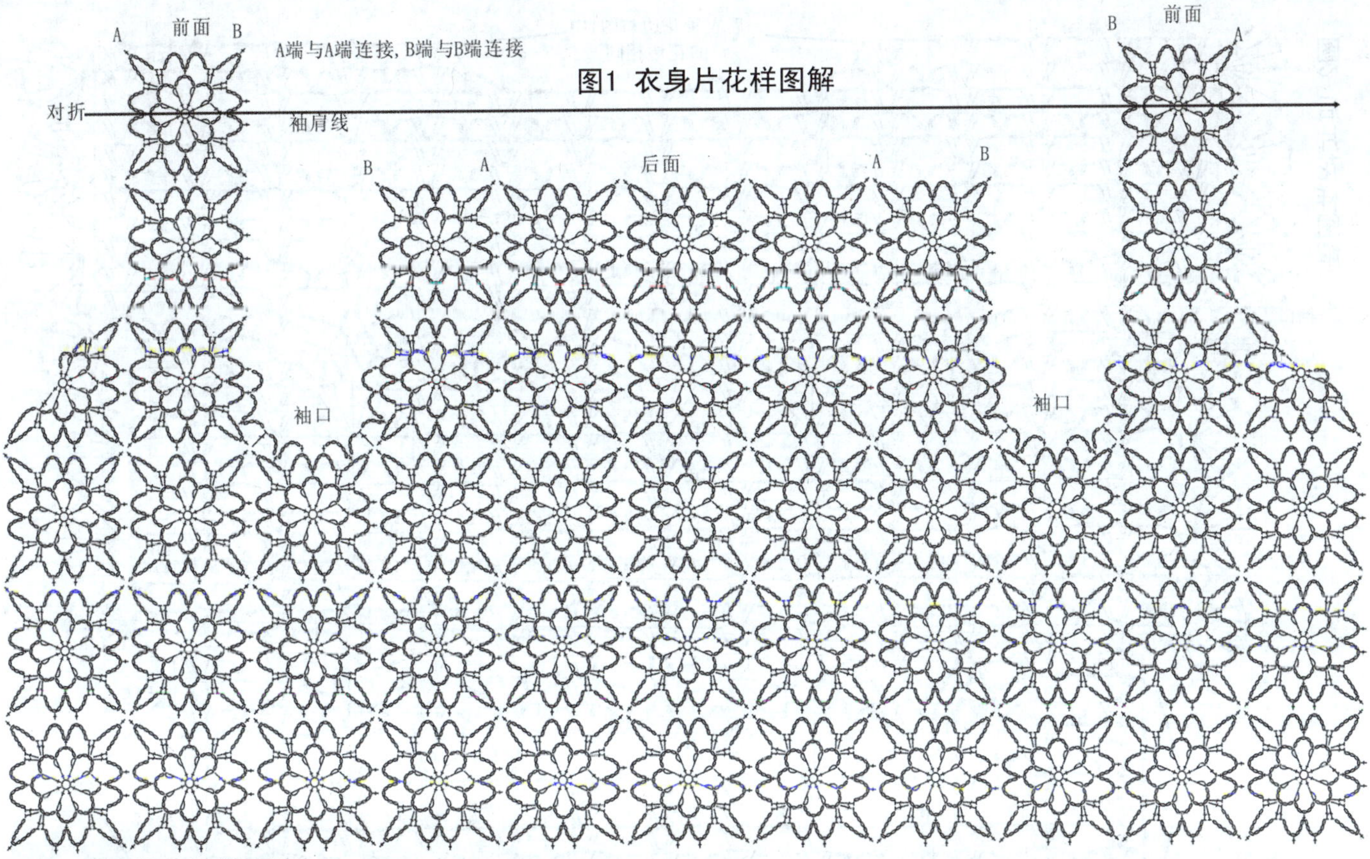

图1 衣身片花样图解

A端与A端连接,B端与B端连接

前面 B

A 前面 B

对折

袖肩线

B A 后面 A B

袖口

袖口

图3 衣襟花边花样图解

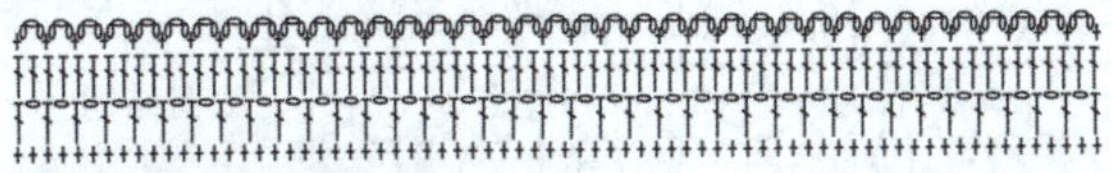

275

【成品规格】衣长45cm，衣宽45cm，肩宽55cm
【工　　具】2.5mm钩针
【材　　料】浅灰色4线1股细纯棉线250g

制作说明：

1. 钩针编织法，本款小外套分为前片2片、后片1片。
2. 首先钩织后片部分，见图2图解，起钩45cm长的锁针辫子，逆转起钩衣身花样主体，按图2图解一一钩织。共钩织35层花样。按照图解的方法，钩织袖口的加针部

分和后衣领的减针部分。

3. 再钩织前片部分，前片是从衣襟起往衣袖口的方向编织，即横向编织。起针45cm的锁针辫子，逆转起钩花样主体，共钩20行花样。按图解2中的方法，钩织袖口的加针部分。

4. 缝合。将钩织好的衣片与袖片，用短针方法钩织连接。连接部位为左右肩部和衣片左右下侧缝。

5. 钩织花边，钩织花边有先后顺序，首先钩织衣摆花边，沿与衣片相反方法起钩，图解为图1、图2中的衣摆部分；下一步钩织衣领花边，图解为图1、图2中的花边部分；最后钩织袖口花边，花边为两层，圈钩，图解为图1、图2中的袖口部分。

6. 钩两段长条锁针辫子作系带。

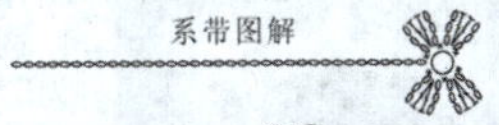

系带图解

符号说明：

十 =短针
↑ =长针
∞ =锁针

图1 前片花样图解

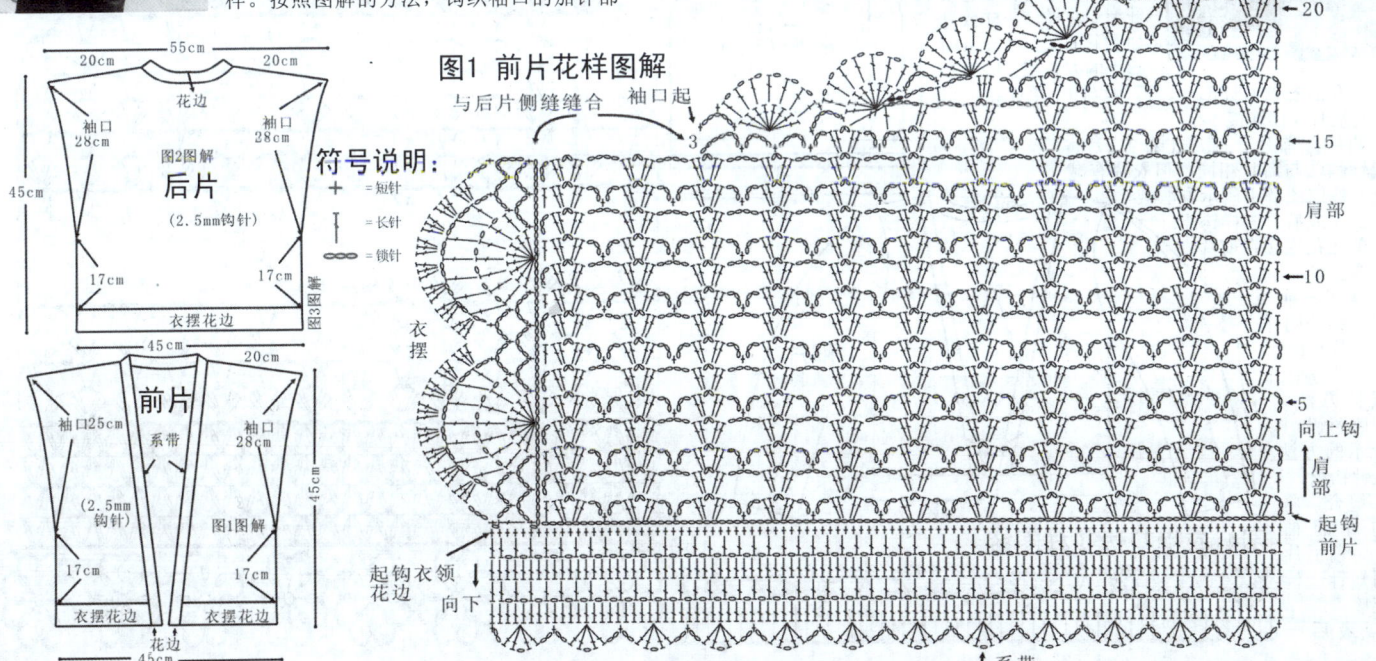

283

图2 后片花样图解

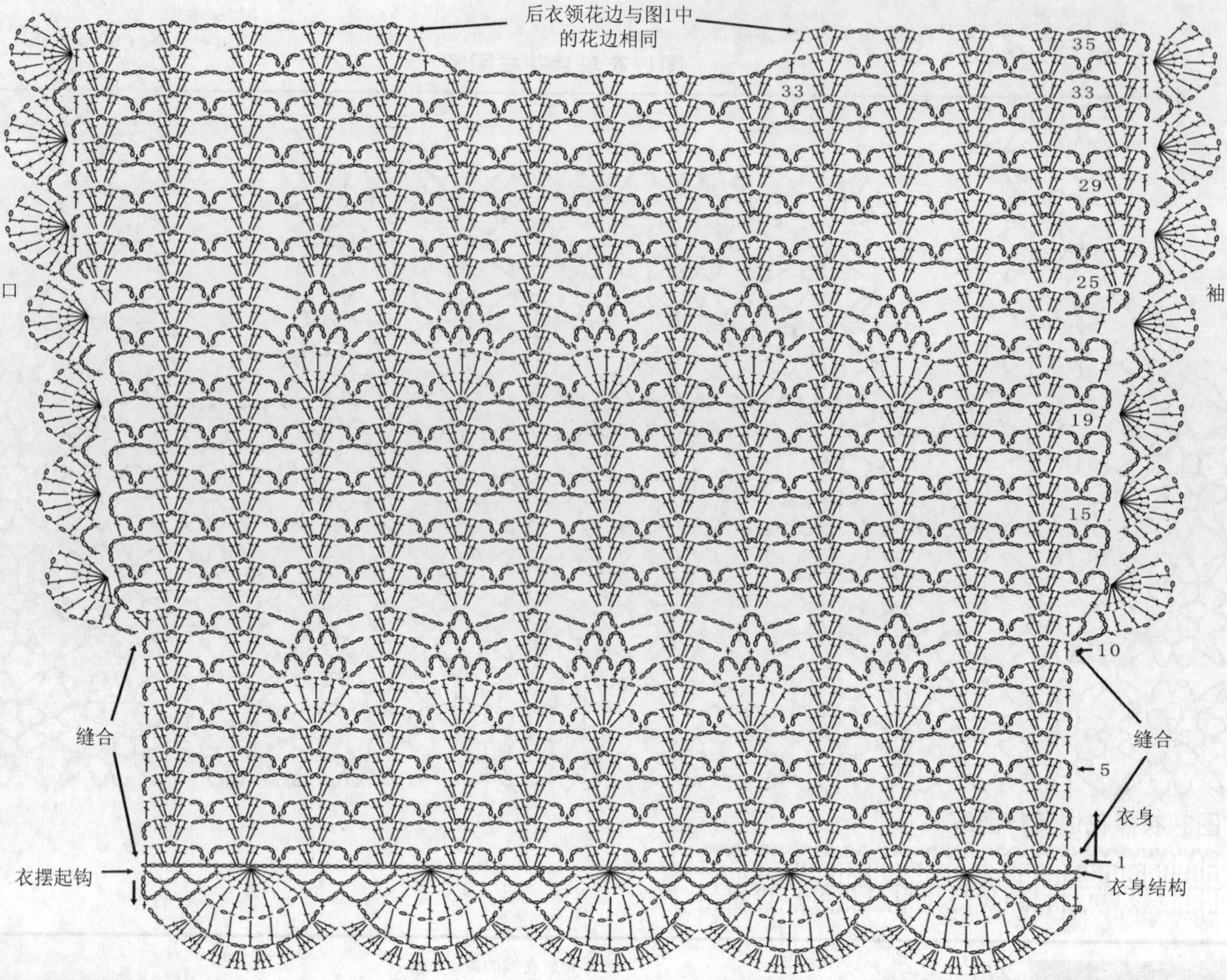

后衣领花边与图1中的花边相同

35
33 33
29
25
袖口 袖口
19
15
10
缝合 缝合
5
衣身
1
衣摆起钩 衣身结构
缝合

276

【成品规格】衣长40cm，衣宽45cm
【工 具】2.5mm钩针
【材 料】白色4线1股细纯棉线300g

制作说明：
1. 钩针编织法，衣服分为5片编织，前片2片，后片1片，衣袖2片。
2. 先钩织后片部分。按结构图所示的长度起锁针编织花样，花样数目如图解1所示，按照图解中的方法减针钩织好袖窿和后衣领减针部分。再钩织10个单元花，将其与后片衣摆连接。
3. 再钩织前片。前片左右各1片，起针钩法与后片相同，但衣襟有减针，按照图解中所示方法减针。完成后，同样钩织5个单元花连接在前片下摆位置。
4. 钩织衣袖，起针钩法同样与后片相同，不同的是袖山减针方法，按照图解3中所示的方法减针钩织。
5. 缝合。将钩好的袖片、前后片用短针一一连接。
6. 最后一

步，钩衣襟花边，按图解4的方法，沿衣襟与后衣领钩两层花样。

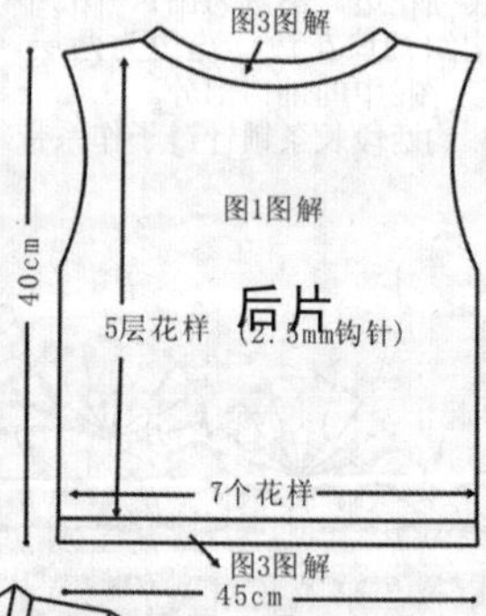

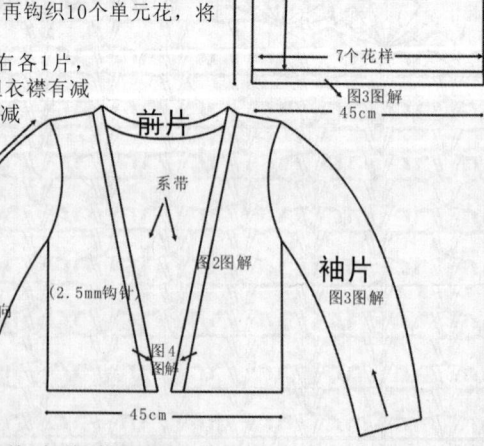

后片
图3图解
图1图解
5层花样 （2.5mm钩针）
40cm
7个花样
图3图解
45cm

前片
系带
图2图解
（2.5mm钩针）
图4图解
52cm
钩织方向
袖片
图3图解
45cm

图4 衣襟花边花样图解

图3 袖片花样图解

18花样

图2 前片花样图解

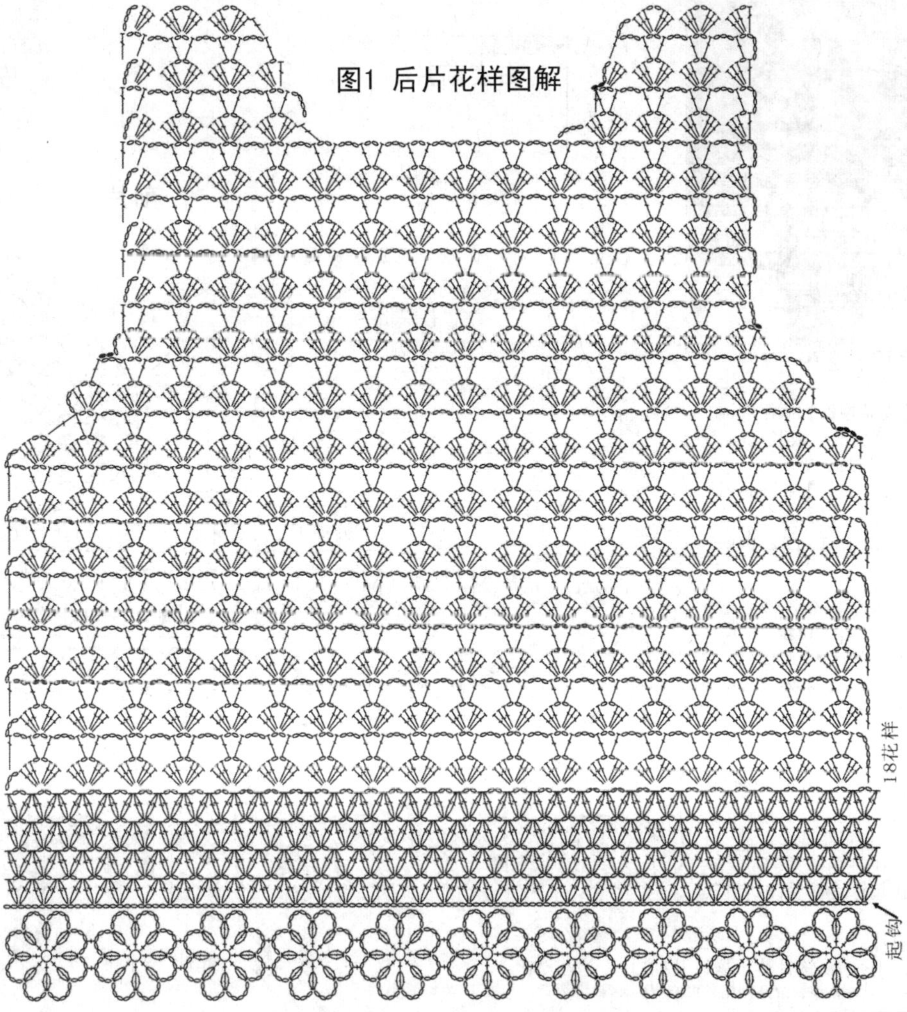

图1 后片花样图解

9花样

18花样

起钩

起钩

277

【成品规格】胸围88cm，肩宽38cm，衣长50cm，袖长40cm
【工　　具】5.0mm钩针
【材　　料】杏色毛线400g

后片：
1.用5.0mm钩针按照花图样钩6个花。
2.拼花3个，在袖窿位置缩减5cm。
3.按照图样1钩14行。
4.按照图样2钩13行。
5.按照拼花图样拼花3个。

前片：
1.用5.0mm钩针按照花图样钩5个花。
2.先钩左右侧花各1个，在袖窿位置缩减5cm。
3.按照图样1钩14行。
4.按照图样2钩13行。
5.按照拼花图样拼花3个。

袖子：
1.用5.0mm钩针按照图样2从袖口起针。
2.袖子长度为35行。

整件衣服收尾：
1.连接衣服左肩部和右肩部。
2.连接衣服左侧缝和右侧缝。
3.把衣身和袖子连接起来。
4.钩衣服下摆、袖口和领口花边。

花×11图样

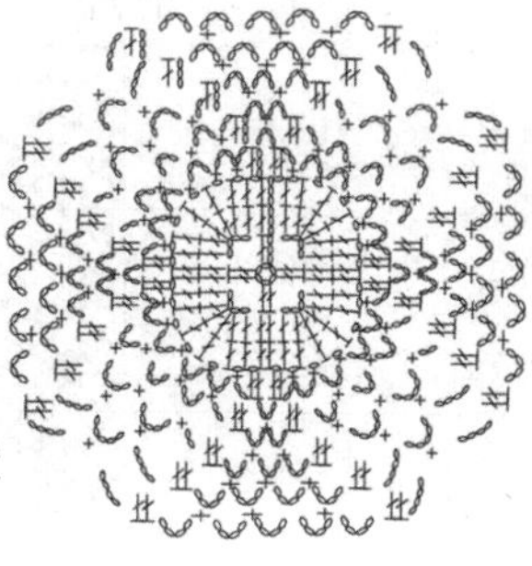

拼花图样

符号说明：
+ =短针　T=中长针
= =锁针　┬=长针

图样1

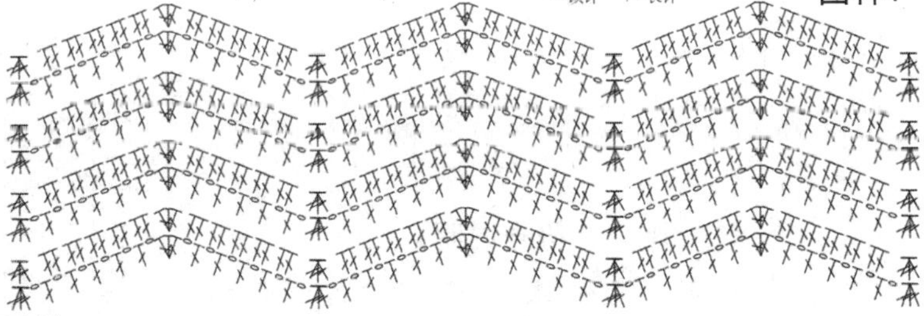

图样2

下摆图样

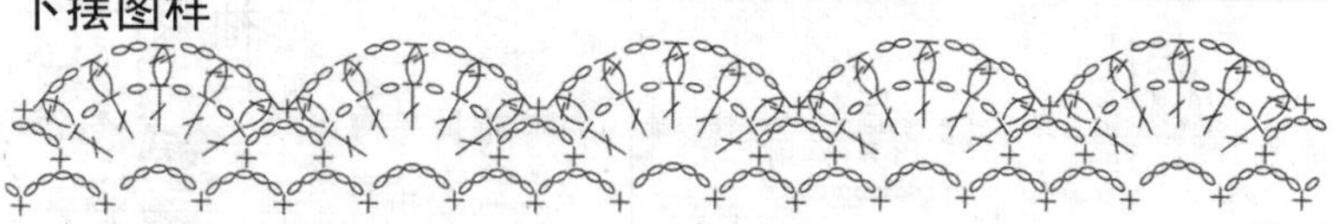

领口袖口图样

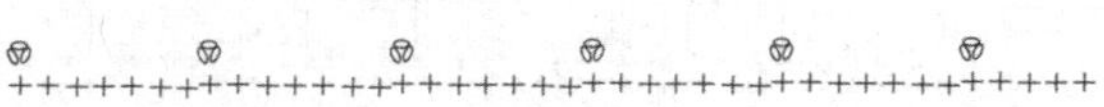

袖片
5.0mm钩针
↑图样2
12cm
28cm
26cm

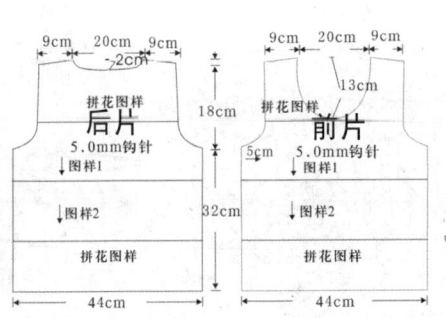

9cm　20cm　9cm
2cm
后片
5.0mm钩针
↓图样1
↓图样2
拼花图样
18cm
32cm
44cm

9cm　20cm　9cm
13cm
前片
5cm　5.0mm钩针
↓图样1
↓图样2
拼花图样
44cm

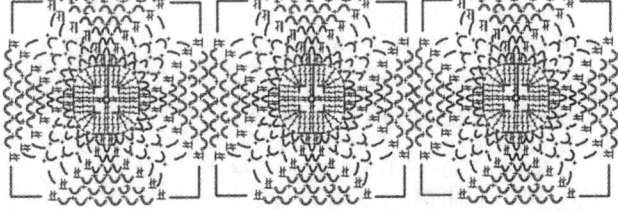

285

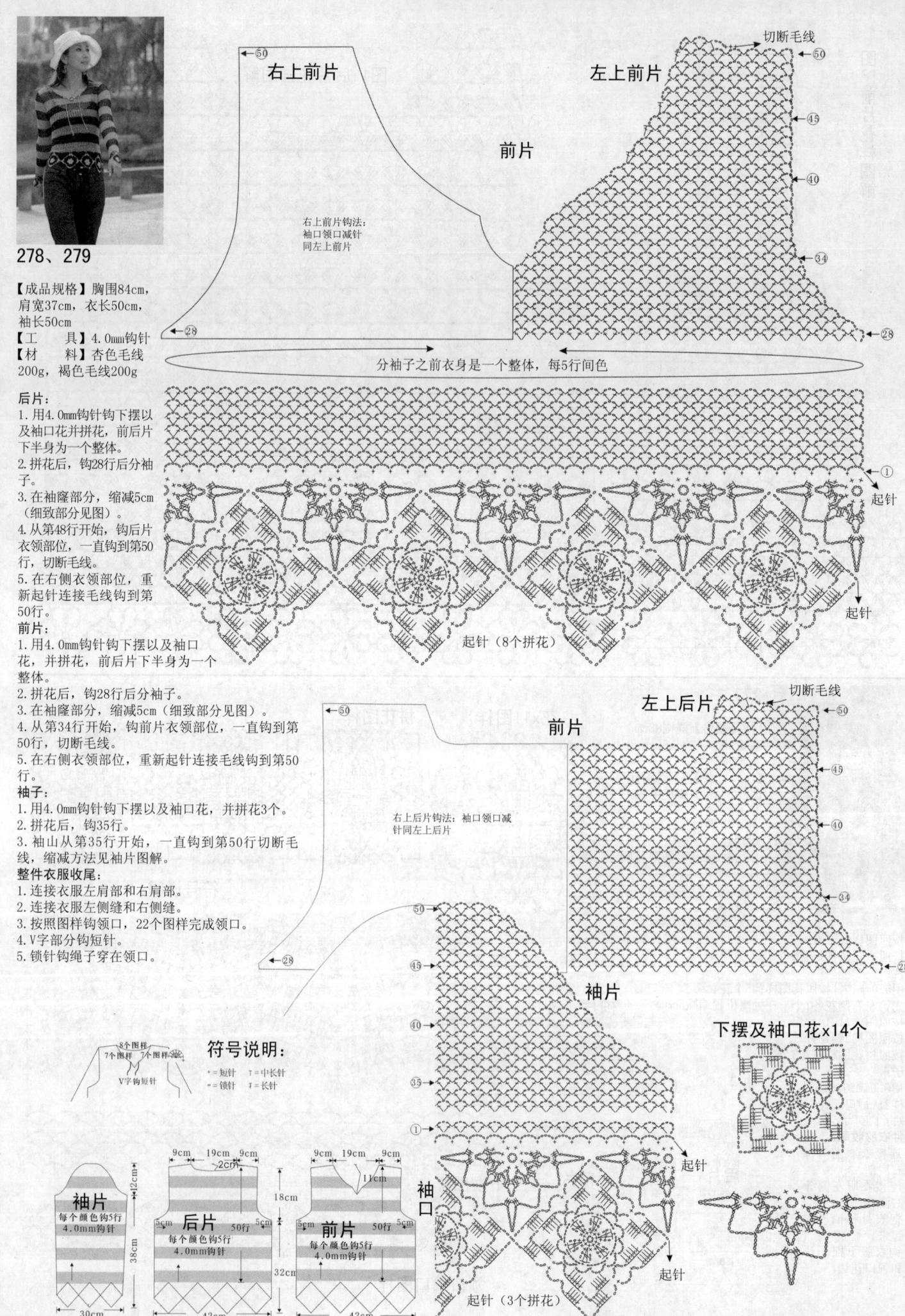

278、279

【成品规格】胸围84cm，
肩宽37cm，衣长50cm，
袖长50cm
【工　具】4.0mm钩针
【材　料】杏色毛线
200g，褐色毛线200g

后片：
1. 用4.0mm钩针钩下摆以
及袖口花并拼花，前后片
下半身为一个整体。
2. 拼花后，钩28行后分袖
子。
3. 在袖窿部分，缩减5cm
（细致部分见图）。
4. 从第48行开始，钩后片
衣领部位，一直钩到第50
行，切断毛线。
5. 在右侧衣领部位，重
新起针连接毛线钩到第
50行。

前片：
1. 用4.0mm钩针钩下摆以
及袖口花，并拼花，前后片下半身为一个
整体。
2. 拼花后，钩28行后分袖子。
3. 在袖窿部分，缩减5cm（细致部分见图）。
4. 从第34行开始，钩前片衣领部位，一直钩到第
50行，切断毛线。
5. 在右侧衣领部位，重新起针连接毛线钩到第50
行。

袖子：
1. 用4.0mm钩针钩下摆以及袖口花，并拼花3个。
2. 拼花后，钩35行。
3. 袖山从第35行开始，一直钩到第50行切断毛
线，缩减方法见袖片图解。

整件衣服收尾：
1. 连接衣服左肩部和右肩部。
2. 连接衣服左侧缝和右侧缝。
3. 按照图样钩领口，22个图样完成领口。
4. V字部分钩短针。
5. 锁针钩绳子穿在领口。

右上前片
左上前片
前片

切断毛线

右上前片钩法：
袖口领口减针
同左上前片

分袖子之前衣身是一个整体，每5行间色

起针
起针（8个拼花）
起针

前片
左上后片
切断毛线

右上后片钩法：袖口领口减
针同左上后片

袖片

下摆及袖口花x14个

符号说明：
+=短针　T=中长针
=锁针　〒=长针

8个图样
7个图样 7个图样
V字钩短针

袖口
起针（3个拼花）
起针

袖片
每个颜色钩5行
4.0mm钩针
30cm
12cm
38cm

后片
每个颜色钩5行
4.0mm钩针
9cm 19cm 9cm
2cm
42cm
50行 5cm 5cm

前片
每个颜色钩5行
4.0mm钩针
9cm 19cm 9cm
18cm
1cm
32cm
50行 5cm 5cm
42cm

280

【成品规格】胸围84cm，肩宽37cm，衣长55cm，袖长48cm
【工　　具】4.0mm钩针
【材　　料】玫红色毛线350g

后片：
1. 用4.0mm钩针按照衣身图样起针，长度为42cm，钩后片。
2. 钩20行后分袖子。
3. 从第21行到第28行，袖窿缩减5cm。
4. 第40行到第44行钩后片衣领部位，并切断毛线。
5. 在右侧衣领部位，第40行重新起针连接毛线钩到第44行。

前片：
1. 用4.0mm钩针按照衣身图样
起针，长度为42cm，钩前片。
2. 钩20行后分袖子。
3. 从第21行到第28行，袖窿缩减5cm。
4. 从第29行到第44行钩前片衣领部位，并切断毛线。
5. 在右侧衣领部位，第29行重新起针连接毛线钩到第44行。

袖子：
1. 用4.0mm钩针按照衣身图样从袖口起针。
2. 袖子长度钩29行。
3. 从袖口重新起针，按照袖口图样钩9行。

整件衣服收尾：
1. 连接衣服左肩部和右肩部。
2. 连接衣服左侧缝和右侧缝。
3. 连接袖侧缝后，把衣身和袖子连接起来。
4. 钩衣服下摆和袖口。
5. 按领口花边钩领口。

衣服领口花边

衣服下摆、袖口图样

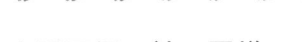

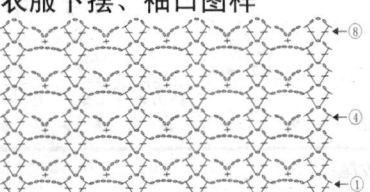

袖片
4.0mm钩针
衣服领口花边

12cm

36cm
衣身图样
衣服下摆图样
30cm

9cm 19cm 9cm
2cm
5cm 后片 5cm
4.0mm钩针
衣身图样
18cm
衣服下摆图样
42cm

9cm 19cm 9cm
12cm
5cm 前片 5cm
4.0mm钩针
衣身图样
37cm
衣服下摆图样
42cm

符号说明：
+=短针　T=中长针
=锁针　f=长针

衣身、袖子图样

281

【成品规格】胸围84cm，肩宽37cm，衣长52cm，袖长50cm
【工　　具】4.0mm钩针
【材　　料】白色毛线200g，紫色毛线200g，粉红色毛线200g

后片：
1. 用4.0mm钩针钩长为42cm下摆，按照后片图样每5行更换颜色。
2. 钩34行后分袖子。
3. 从第35行到第42行，缩减4cm。

4. 从第52行开始，钩后片衣领部位，一直钩到第55行，切断毛线。
5. 在右侧衣领部位，重新起针连接毛线钩到第55行。

前片：
1. 用4.0mm钩针钩长度为42cm的下摆，按照前片图样每5行更换颜色。
2. 钩34行后分袖子。
3. 从第35行到42行袖窿缩减4cm。
4. 从第41行开始，钩前片衣领部位，一直钩到第55行，切断毛线。
5. 在右侧衣领部位，重新起针连接毛线钩到第55行。

袖子：
1. 用4.0mm钩针按照袖子图样钩35行后钩袖山。
2. 袖山从第36行开始，一直钩到第50行切断毛线。

整件衣服收尾：
1. 连接衣服左肩部和右肩部。
2. 连接衣服左侧缝和右侧缝。
3. 拼袖子后，将袖子与衣身拼合。
4. 钩袖口和衣服下摆花边。
5. 钩领口，并锁针钩绳子穿于领口。

符号说明：
+=短针　T=中长针
=锁针　f=长针

袖片
每个颜色钩5行
4.0mm钩针

12cm

38cm

28cm

9cm 19cm 9cm
2cm
4cm 后片 4cm
每个颜色钩5行
4.0mm钩针
18cm
34cm
42cm

9cm 19cm 9cm
11cm
4cm 前片 4cm
每个颜色钩5行
4.0mm钩针
42cm

衣服前片、后片、袖子图样

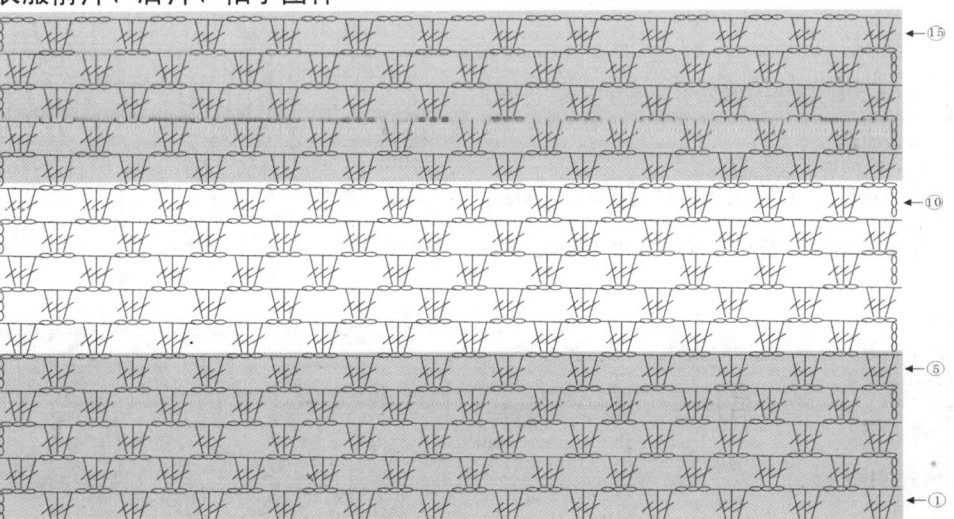

衣服下摆、袖口、领口花边

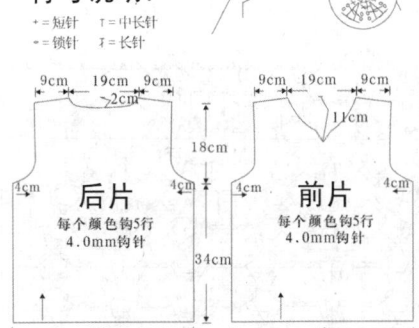

282

【成品规格】胸围88cm, 肩宽36cm, 衣长55cm, 袖长55cm
【工　　具】3.5mm钩针
【材　　料】白色毛线200g, 紫色毛线200g, 红色毛线200g

后片：
1. 用3.5mm钩针按照图样从下摆钩起。
2. 第1行到第10行如图样减针, 每5行更换颜色。
3. 钩45行后分袖子, 从第46行减针到第60行, 并切断毛线。

前片：
1. 用3.5mm钩针按照图样从下摆钩起。
2. 第1行到第10行如图样减针。
3. 钩45行后分袖子, 从第46行减针到第60行, 并切断毛线。

袖子：
1. 用3.5mm钩针按照图样从袖口钩起。
2. 钩35行后分袖山, 钩到第50行, 切断毛线。

整件衣服收尾：
1. 连接衣服左肩部和右肩部。
2. 连接衣服左侧缝和右侧缝。
3. 拼合衣服袖子, 把袖子和衣身拼合。
4. 按照花边图样, 钩领口花边、袖口花边和下摆花边。

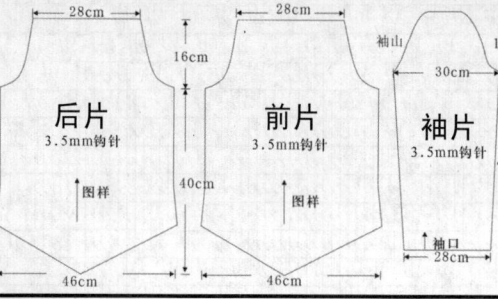

后片 3.5mm钩针 图样 46cm
前片 3.5mm钩针 图样 46cm
袖片 3.5mm钩针 28cm / 30cm / 袖山15cm / 40cm / 袖口28cm
28cm 16cm 40cm

符号说明：
+ = 短针　T = 中长针
= 锁针　f = 长针

领口花边

衣服外围、领口、袖口花边

283

整件衣服收尾：
1. 连接衣服左肩部和右肩部。
2. 连接衣服左侧缝和右侧缝。
3. 连接袖侧缝后, 把衣身和袖子连接起来。

【成品规格】胸围84cm, 肩宽37cm, 衣长55cm, 袖长50cm
【工　　具】4.0mm钩针
【材　　料】紫红色毛线200g, 蓝色毛线200g, 米色毛线200g

后片：
1. 用4.0mm钩针按照图样2起针, 长度为45cm, 钩10行图样2。
2. 钩10行图样1。
3. 钩9行图样2后袖窿缩减5cm。
4. 钩19行图样1, 从第16行到第19行钩后片衣领部位并切断毛线。
5. 在右侧衣领部位, 从第16行重新起针连接毛线钩到第19行。
6. 钩9行图样3。

前片：
1. 用4.0mm钩针按照图样2起针, 长度为45cm, 钩10行图样2。
2. 钩10行图样1。
3. 钩9行图样2后袖窿缩减5cm。
4. 钩19行图样1, 从第16行到第2行钩后片衣领部位并切断毛线。
5. 在右侧衣领部位, 第2行重新起针连接毛线钩到第19行。
6. 钩9行图样3。

袖子：
1. 用4.0mm钩针按照图样2起针。
2. 钩9行图样1。
3. 钩9行图样2后钩袖山。
4. 钩12行图样1。
5. 钩9行图样3。

穿珠子在领口

袖片 图样2 / 图样1 / 图样2 / 图样3
12cm 38cm 26cm

后片 4.0mm钩针 / 前片 4.0mm钩针
9cm 19cm 9cm / 9cm 19cm 9cm
2cm / 14cm
18cm
图样2 / 图样1 / 图样2 / 图样3
5cm 5cm / 5cm 5cm
37cm
45cm / 45cm

图样1
④
①

图样2
符号说明：
+ = 短针　T = 中长针
= 锁针　f = 长针
⑩
⑤
①

图样3
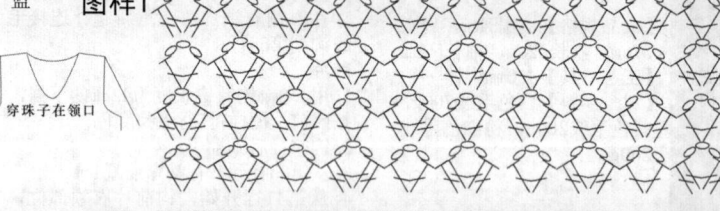
⑨
⑤
①

288

284

【成品规格】胸围88cm，肩宽37cm，衣长55cm，袖长50cm
【工　　具】4.0mm钩针
【材　　料】粉色毛线450g

后片：
1. 用4.0mm钩针按照后片图样起针，长度为44cm，钩后片。
2. 钩36行后分袖子。
3. 从第36行到第46行，袖窿缩减5cm。
4. 第54行到第56行钩后片衣领部位，并切断毛线。
5. 在右侧衣领部位，第54行重新起针连接毛线钩到第56行。

前片：
1. 用4.0mm钩针按照衣服下半身图样钩36行。
2. 按照衣服上半身图样钩6行后分袖子。
3. 从第7行到第18行，袖窿缩减5cm。
4. 第13行到第24行钩前片衣领部位，并切断毛线。
5. 在右侧衣领部位，第13行重新起针连接毛线钩到第24行。

袖子：
1. 用4.0mm钩针按照衣身图样从袖口起针。
2. 袖子长度钩50行。
3. 钩袖口花边。

后片、袖子图样

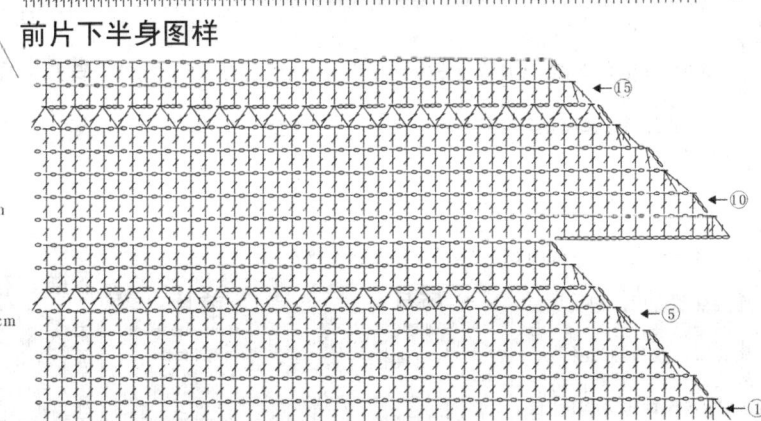

前片上半身图样

前片下半身图样

袖口领口花边

符号说明：
+＝短针　丅＝中长针
＝锁针　Ŧ＝长针

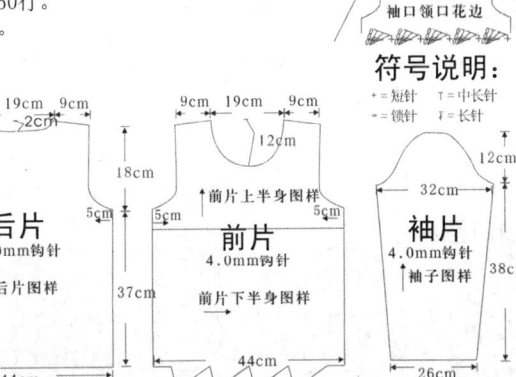

285

【成品规格】胸围88cm，肩宽38cm，衣长55cm，袖长14cm
【工　　具】4.0mm钩针
【材　　料】紫色毛线400g

后片：
1. 用4.0mm钩针按照图样钩花块和半花。
2. 按照拼花钩衣服后片。
3. 在第4行拼花，袖窿缩减5cm。
4. 第5行花块倒数4行钩后片领子并切断毛线。

前片：
1. 用4.0mm钩针按照图样钩花块和半花。
2. 按照拼花钩衣服前片。
3. 在第4行拼花，袖窿缩减5cm，钩前片领子。
4. 钩完第5行拼花后切断毛线。

整件衣服收尾：
1. 连接衣服左肩部和右肩部。
2. 连接衣服左侧缝和右侧缝。
3. 连接衣身和袖子。
4. 钩衣服领口、袖口花边。
5. 钩锁针绳子穿于领口。

花块钩法：

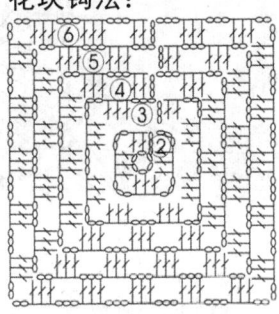

拼花钩法：

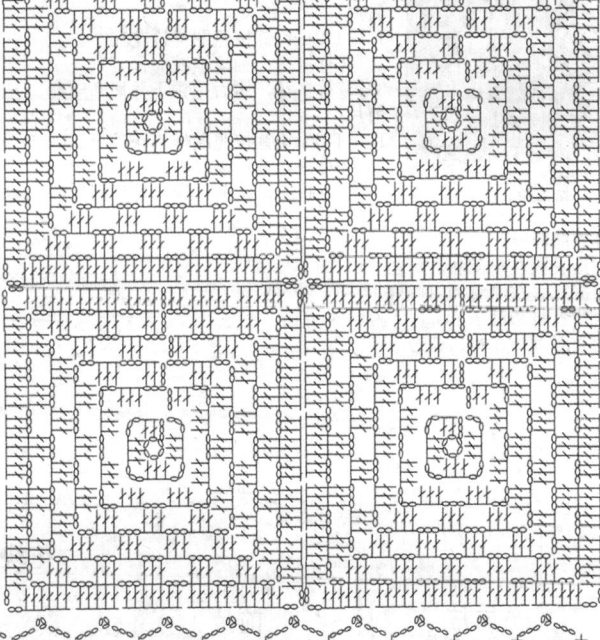

花块钩法

袖口领口花边 / 衣服领口花边

符号说明：
+＝短针　Ŧ＝长针
＝锁针

领口、袖口花边

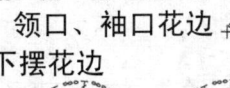

下摆花边

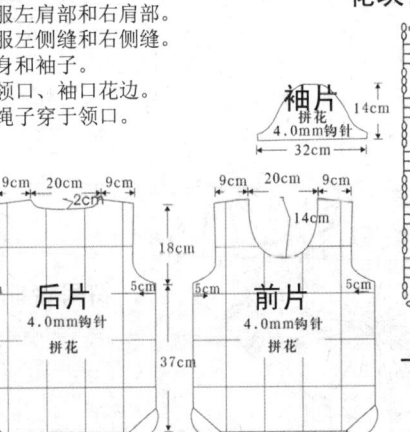

286

【成品规格】胸围86cm，肩宽37cm，衣长54cm，袖长50cm

【工　具】4.0mm钩针

【材　料】蓝色毛线450g

符号说明：

+=短针　T=中长针
=锁针　�|=长针

领口长针1行
短针1行花边

后片：

1.用4.0mm钩针按照后片图样起针，长度为43cm，钩后片。

2.钩25行后分袖子。

3.从第26行到第38行，袖窿缩减5cm。

4.从第42行到第45行，钩后片衣领部位，并切断毛线。

5.在右侧衣领部位，第42行重新起针连接毛线钩到第45行。

前片：

1.用4.0mm钩针按照前片图样起针，长度为43cm，钩前片。

2.钩25行后分袖子。

3.从第26行到第38行，袖窿缩减5cm。

4.从第32行到第45行，钩前片衣领部位，并切断毛线。

5.在右侧衣领部位，第32行重新起针连接毛线钩到第45行。

袖子：

1.用4.0mm钩针按照袖子图样从袖口起针。

2.袖子长度钩48行。

3.从袖口重新起针按照袖口图样钩8行。

整件衣服收尾：

1.连接衣服左肩部和右肩部。

2.连接衣服左侧缝和右侧缝。

3.连接袖侧缝后，把衣身和袖子连接起来。

4.钩衣服下摆和袖口8行。

5.领口钩长针一行后，钩一行短针，每5针短针钩1针长针。

前片图样

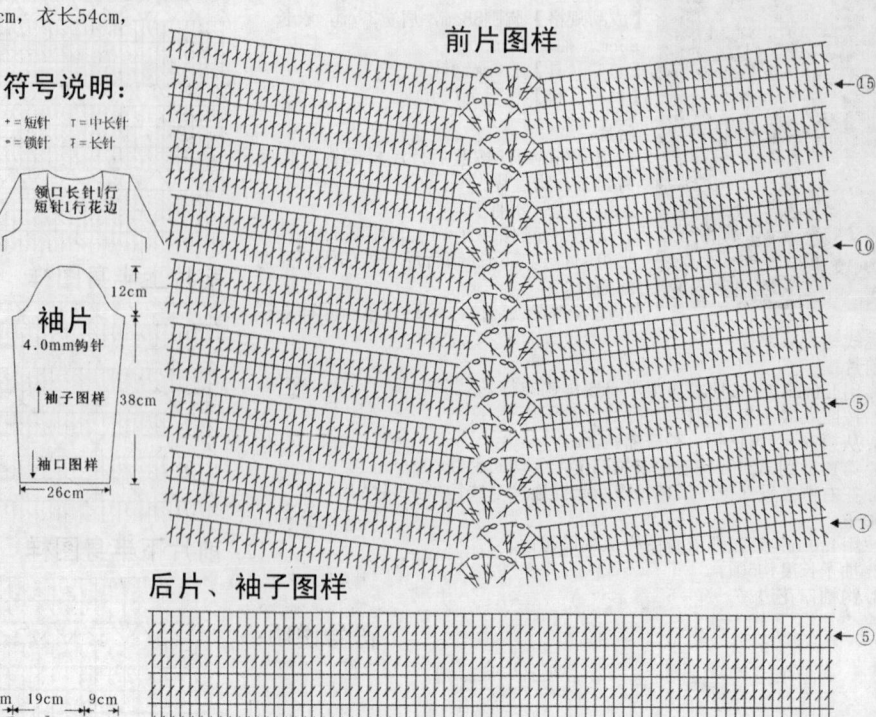

袖片
4.0mm钩针
12cm
袖子图样
38cm
袖口图样
26cm

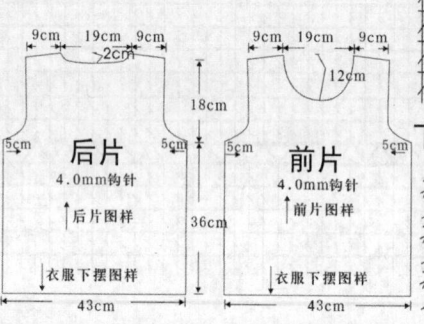

9cm 19cm 9cm　　9cm 19cm 9cm
2cm
18cm
12cm
5cm **后片** 5cm　　5cm **前片** 5cm
4.0mm钩针　　　4.0mm钩针
后片图样　　　前片图样
36cm
衣服下摆图样　　衣服下摆图样
43cm　　　　43cm

后片、袖子图样

下摆、袖口图样

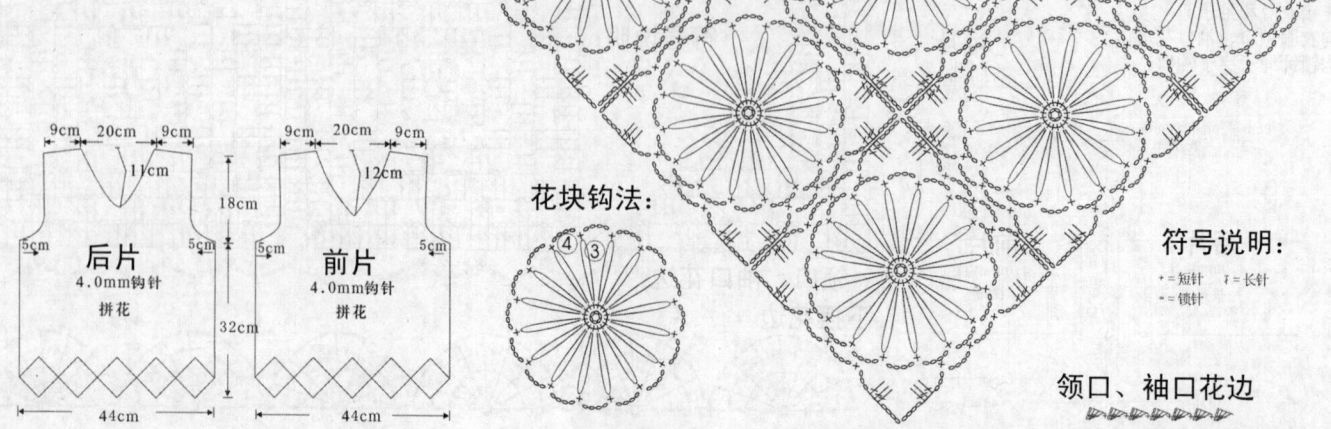

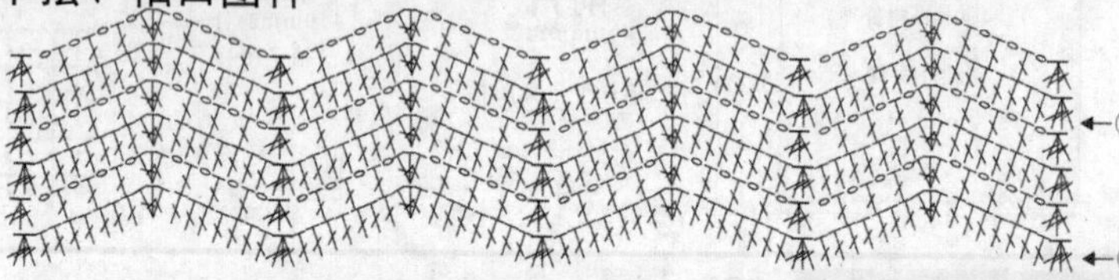

287

【成品规格】胸围88cm，肩宽38cm，衣长50cm，袖长15cm

【工　具】4.0mm钩针

【材　料】黑色毛线200g，蓝色毛线300g

后片：

1.用4.0mm钩针按照图样钩花53个。

2.第6行拼花，袖窿缩减5cm。

3.第7行拼花，钩后片领子并切断毛线。

前片：

1.用4.0mm钩针按照图样钩花53个。

2.第6行拼花，袖窿缩减5cm。

3.第7行拼花，钩前片领子并切断毛线。

整件衣服收尾：

1.连接衣服左肩部和右肩部。

2.连接衣服左侧缝和右侧缝。

3.连接衣身和袖子。

4.钩衣服领口、袖口花边。

拼花钩法：

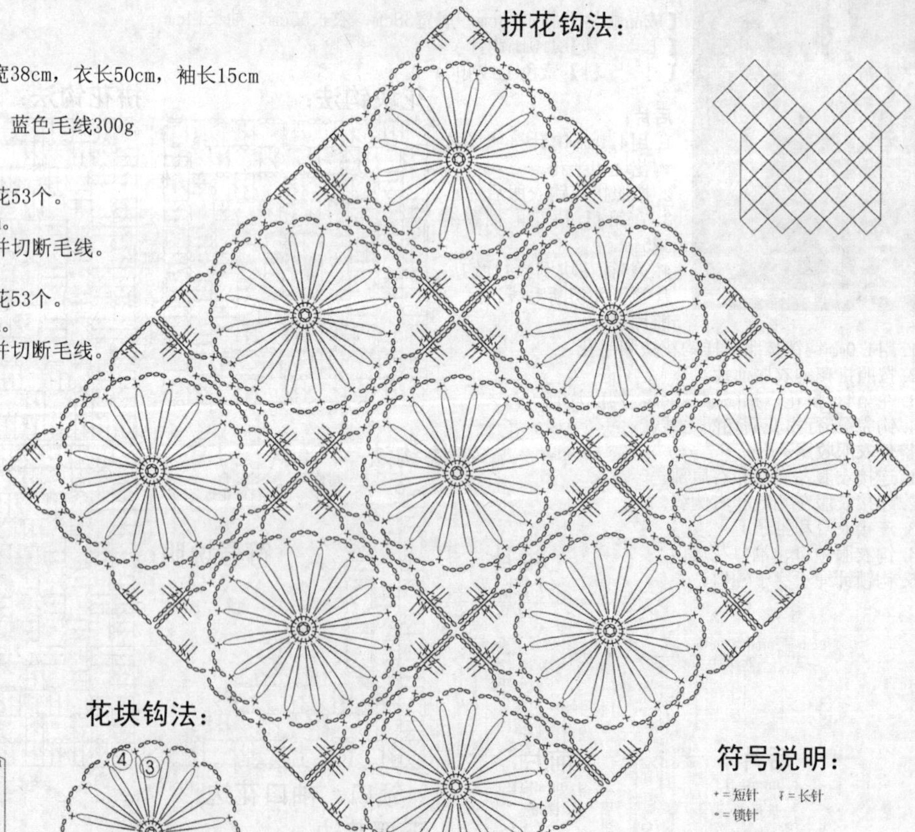

花块钩法：

符号说明：

+=短针　￮=长针
=锁针

领口、袖口花边

9cm 20cm 9cm　　9cm 20cm 9cm
11cm　　　12cm
18cm
5cm **后片** 5cm　　5cm **前片** 5cm
4.0mm钩针　　　4.0mm钩针
拼花　　　　　拼花
32cm
44cm　　　　44cm

288

【成品规格】胸围88cm，肩宽38cm，衣长56cm，袖长48cm
【工　具】4.0mm钩针
【材　料】红色毛线200g，绿色毛线200g，黑色毛线200g

后片：
1. 用4.0mm钩针按照图样钩花块。
2. 拼花4行后分袖了。
3. 在第5行拼花，袖窿缩减5cm。
4. 第6行花块倒数4行，钩后片领子，并切断毛线。

前片：
1. 用4.0mm钩针按照图样钩花块。
2. 拼花4行后分袖子。
3. 在第5行拼花，袖窿缩减5cm。
4. 在第5行拼花，钩前片领子，并切断毛线。

整件衣服收尾：
1. 连接衣服左肩部和右肩部。
2. 连接衣服左侧缝和右侧缝。
3. 连接衣身和袖子。
4. 钩衣服领口、袖口花边。
5. 钩衣服下摆花边。

花块钩法：

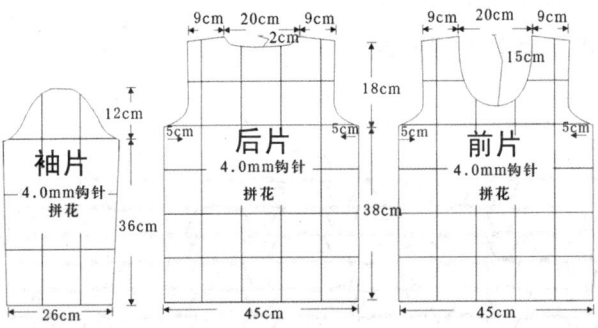

符号说明：
+ = 短针　　 = 长针
 = 锁针

拼花钩法：

第2行、第3行为红色
第4行、第5行为绿色
用黑色毛线拼花

领口、袖口花边图样

衣服领口花边
袖口花边

袖片
4.0mm钩针
拼花
12cm / 36cm / 26cm

后片
4.0mm钩针
拼花
9cm 20cm 9cm / 2cm / 5cm 5cm / 38cm / 45cm

前片
4.0mm钩针
拼花
9cm 20cm 9cm / 18cm / 15cm / 5cm 5cm / 45cm

289

【成品规格】胸围84cm，肩宽38cm，衣长55cm，袖长52cm
【工　具】3.0mm钩针
【材　料】紫色毛线200g，白色毛线200g，绿色毛线200g

后片：
1. 用3.0mm钩针按照衣身图样起180锁针。
2. 按照衣身图样钩后片。
3. 从第33行到第40行，袖窿缩减5cm。
4. 从第52行到第55行钩后片衣领部位，并切断毛线。
5. 在右侧衣领部位，第52行重新起针连接毛线钩到第55行。

前片：
1. 用3.0mm钩针按照衣身图样起180锁针。
2. 按照衣身图样钩前片。
3. 从第33行到第40行，袖窿缩减5cm。
4. 第38行到第55行钩前片衣领部位，并切断毛线。

袖子：
1. 用3.0mm钩针按照衣身图样从袖口起针。
2. 袖子钩47行。
3. 从袖口重新起针按照袖口图样钩，每个颜色钩5行。

符号说明：
 = 短针　 = 长针
 = 锁针

整件衣服收尾：
1. 连接衣服左肩部和右肩部。
2. 连接衣服左侧缝和右侧缝。
3. 连接袖侧缝后，把衣身和袖子连接起来。
4. 钩衣服领口、袖口、下摆花边。

衣身图样
24 / 20 / 15 / 10 / 5 / 1

袖片
3.0mm钩针
袖子图样
袖口花边 / 领口花边 / 袖山
32cm / 12cm / 40cm / 袖口 / 26cm

后片
3.0mm钩针
衣身图样
9cm 20cm 9cm / 2cm / 18cm / 5cm 5cm / 37cm / 下摆花边 / 45cm

前片
3.0mm钩针
衣身图样
9cm 20cm 9cm / 12cm / 5cm 5cm / 下摆花边 / 45cm

下摆、领口、袖口花边图样

290

【成品规格】衣长45cm，衣宽48cm，肩宽42cm，袖长10cm
【工　具】2.5mm钩针
【材　料】黄色4线1股细纯棉线250g

制作说明：

1. 钩针编织法，分片编织，后片1片，前片2片，衣袖2片。

2. 先钩织后片部分，后片从衣摆起钩，起48cm长的锁针折回起钩花样，共钩34行花样，图解为图2图解，按图解的方法，钩好袖窿和后衣领减针部分。

3. 再钩织前片，前片由多个单元花组合而成，先将花样A、花样B钩织，花样A钩织1个，花样B钩织4个，按照前片结构图示的方法，将花样B拼接成上胸片3个，花样A外层钩织花样C与花样B连接，花样C共8行。外层再钩一圈图3图解中的花边花样。同样的方法再钩织另一片前片。

4. 这一步钩衣袖，本款小外套的衣袖为短袖，从袖口起钩，图解方法为图3图解，同样钩织两片。

5. 缝合，先将前后片的肩部缝合，再将衣身片的左右侧缝缝合，最后将两衣袖片缝合到衣身片的袖窿上，缝合方法用短针钩连。

6. 最后钩两条系带系于前片结构图所示的位置。方法见系带图解。

图1　前片花样图解

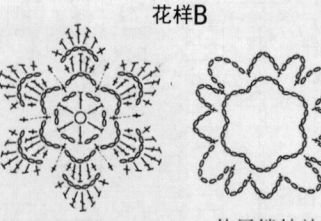

花样B

花样C

立体花　　外层锁针边

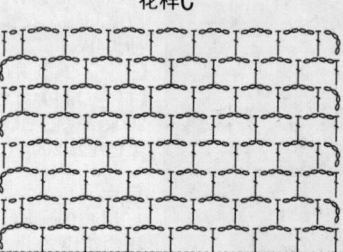

花样A

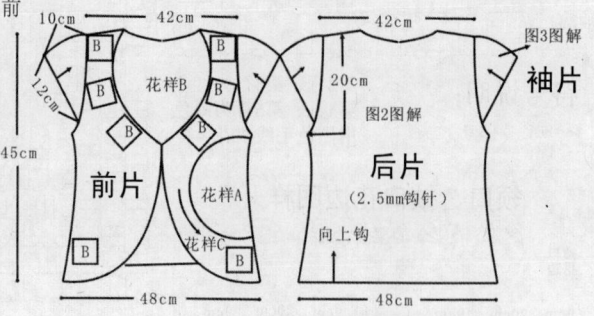

前片　　后片（2.5mm钩针）

向上钩

图3图解

20cm

袖片

图2图解

45cm

48cm　　48cm

10cm　42cm　　42cm

12cm

花样B

花样A

花样C

图3　袖片花样图解

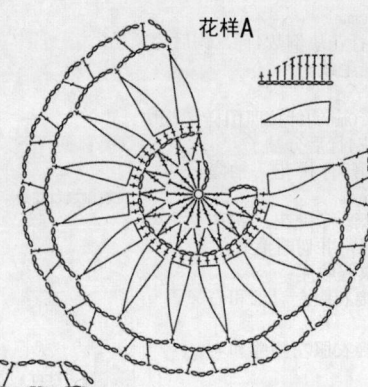

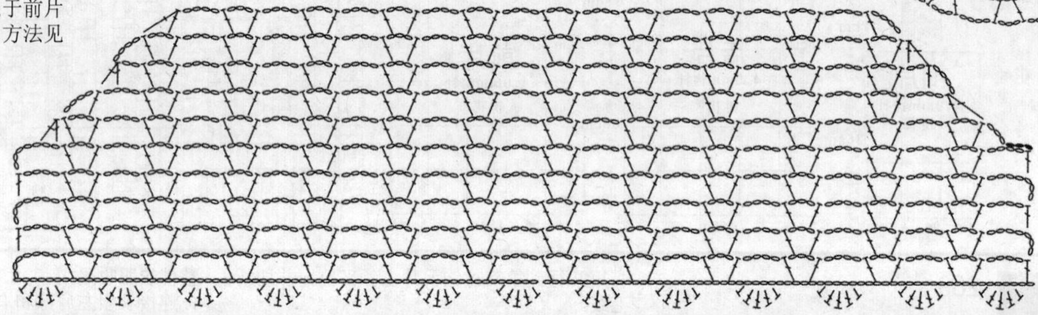

符号说明：

＋ ＝短针

｜ ＝长针

◦◦◦ ＝锁针

系带图解

图2　后片花样图解

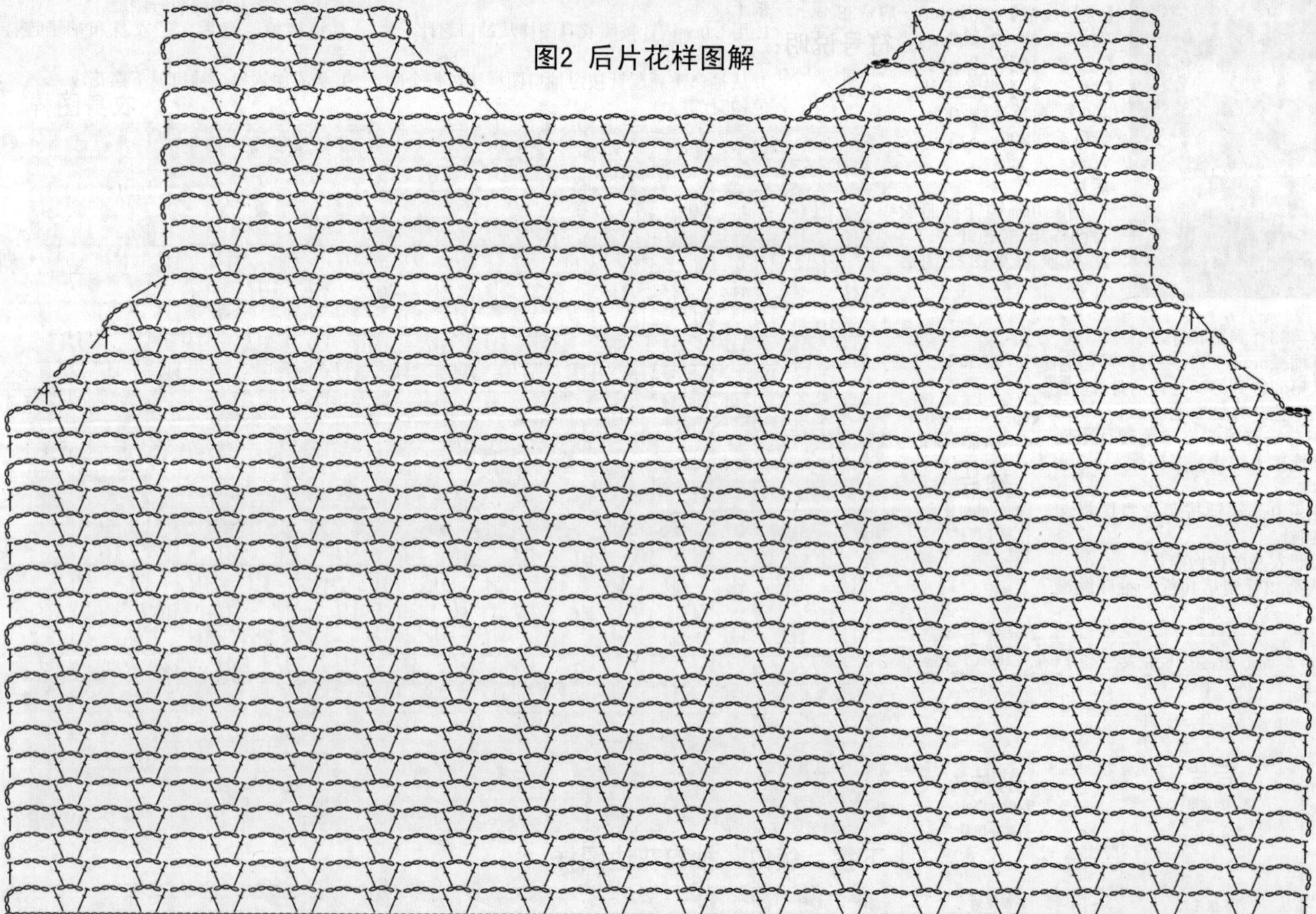

291

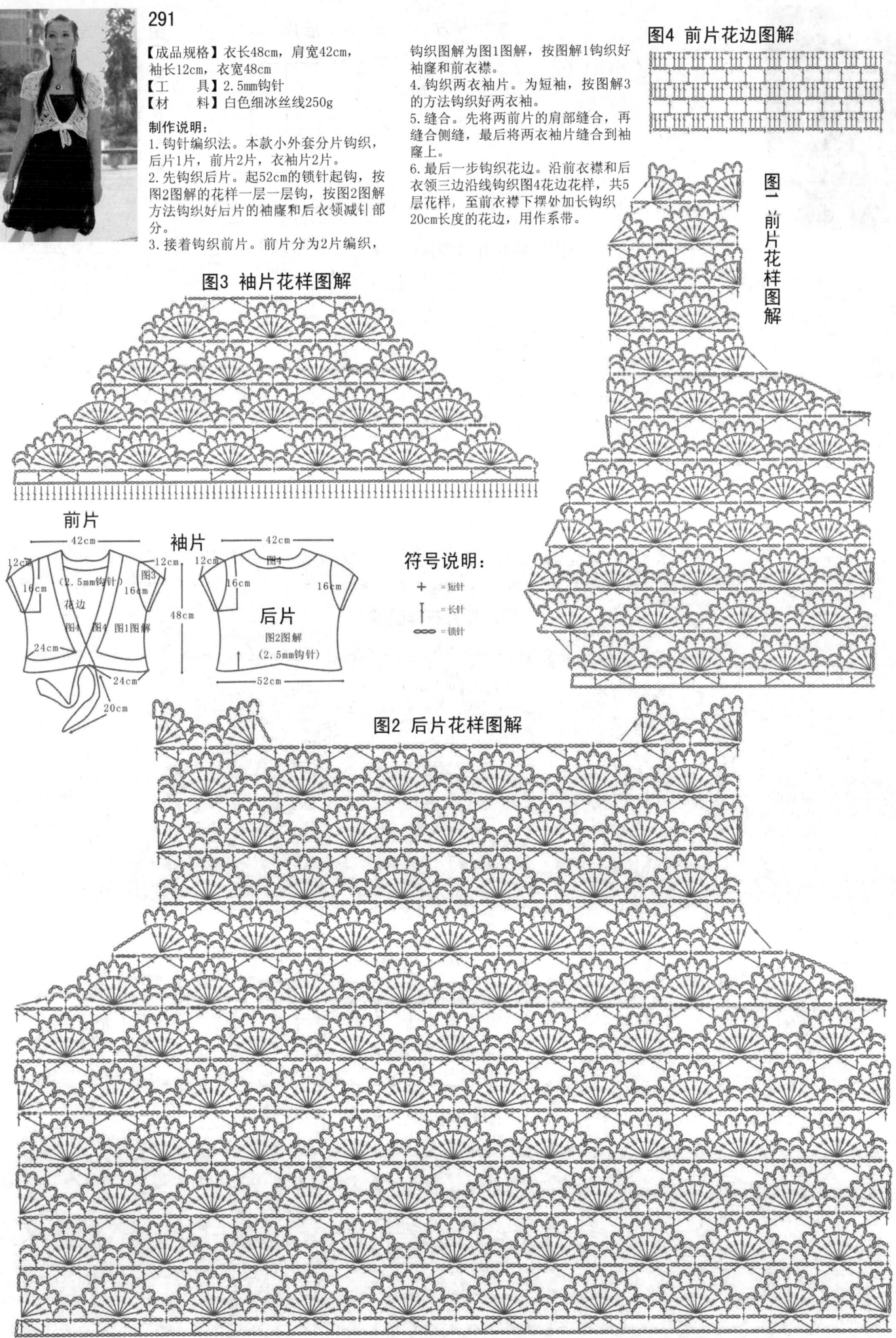

【成品规格】衣长48cm，肩宽42cm，袖长12cm，衣宽48cm
【工　具】2.5mm钩针
【材　料】白色细冰丝线250g

制作说明：
1. 钩针编织法。本款小外套分片钩织，后片1片，前片2片，衣袖片2片。
2. 先钩织后片。起52cm的锁针起钩，按图2图解的花样一层一层钩，按图2图解方法钩织好后片的袖窿和后衣领减针部分。
3. 接着钩织前片。前片分为2片编织，

钩织图解为图1图解，按图解1钩织好袖窿和前衣襟。
4. 钩织两衣袖片。为短袖，按图解3的方法钩织好两衣袖。
5. 缝合。先将两前片的肩部缝合，再缝合侧缝，最后将两衣袖片缝合到袖窿上。
6. 最后一步钩织花边。沿前衣襟和后衣领三边沿线钩织图4花边花样，共5层花样，至前衣襟下摆处加长钩织20cm长度的花边，用作系带。

图4 前片花边图解

图一 前片花样图解

图3 袖片花样图解

前片

袖片

符号说明：
+ =短针
| =长针
∞ =锁针

后片
图2图解
(2.5mm钩针)

图2 后片花样图解

293

292

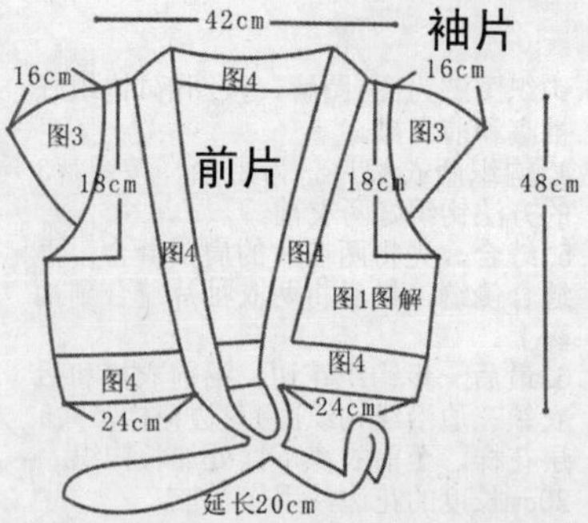

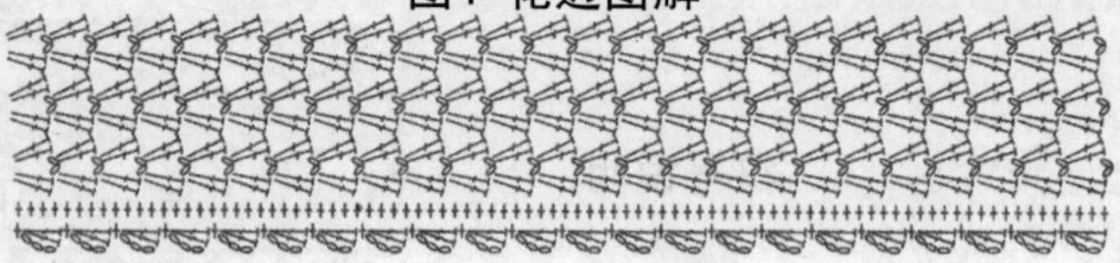

【成品规格】衣长48cm，肩宽42cm，
袖长16cm，衣宽52cm
【工　具】2.5mm钩针
【材　料】湖蓝绿色细冰丝线250g

制作说明：
1.钩针编织法。本款小外套分片钩织，后片1片，前片2片，衣袖片2片。
2.先钩织后片。后片由16个完整单元花和两个半单元组合而成，按图2图解方法连接组合，并钩好袖窿减针单元花部分，以锁针钩织网眼增高形成后衣领。
3.接着钩织前片。前片分为2片编织，每片由5个单元花组合而成，按图1方法拼接好，肩部部分由锁针钩织网眼增高形成。
4.钩织两衣袖片。为短袖，按图解3的方法钩织好两衣袖。
5.缝合。先将两前片的肩部缝合，再缝合侧缝，最后将两衣袖片缝合到袖窿上。
6.最后一步钩织花边。花边单独钩织，长度各有不同。首先以后衣片下摆的长度和前片下摆的长度为一段花边的高度，按图4图解钩出这个高度后，将其缝合至前后片下摆。接着钩织衣领衣襟部分的花边，以后衣领中心为起点，前衣襟下摆转角为终点长度，再延长20cm长度为一段花边的长度，这个20cm为用作系带的长度，钩成后将这段花边缝合至衣领衣襟边。同样的长度再钩织一段花边，将其缝合至另一边的衣领衣襟上。

袖片
42cm
16cm 16cm
图4   前片   图4
图3   图3
18cm   18cm
图4   图4
图1图解
图4   图4
24cm   24cm
延长20cm

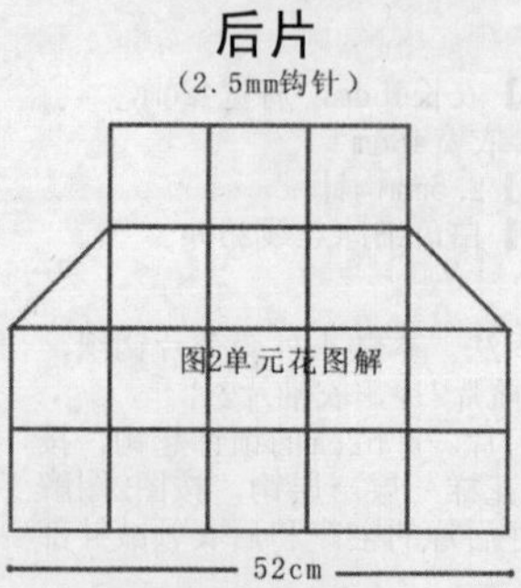

后片
16cm
48cm

后片
（2.5mm钩针）
图2单元花图解
52cm

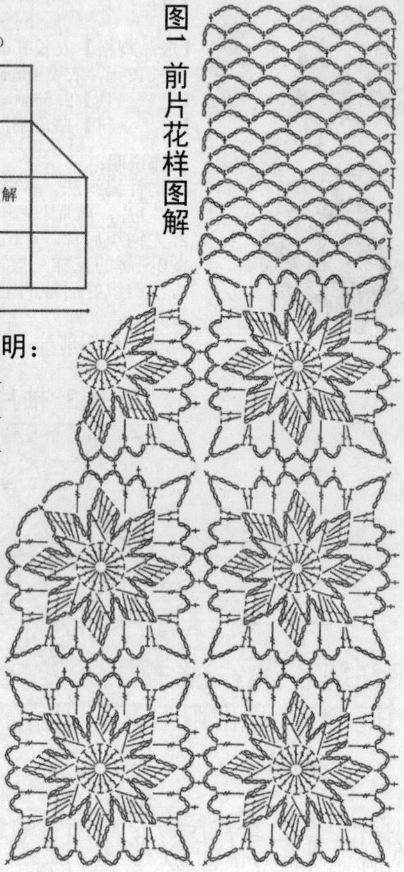

图一 前片花样图解

图3 袖片花样图解

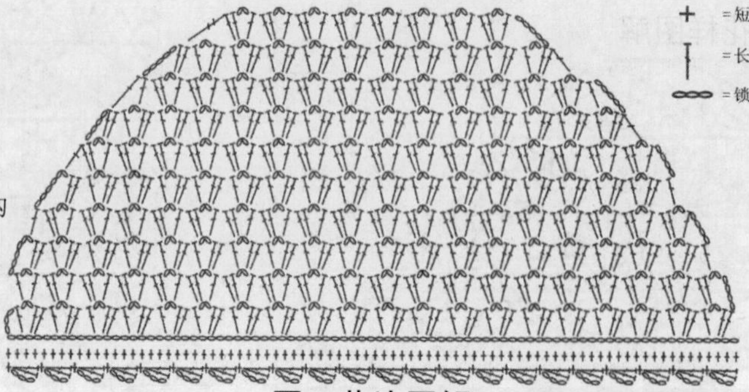

图4 花边图解

符号说明：
+ = 短针
| = 长针
∞ = 锁针

图2 后片花样图解

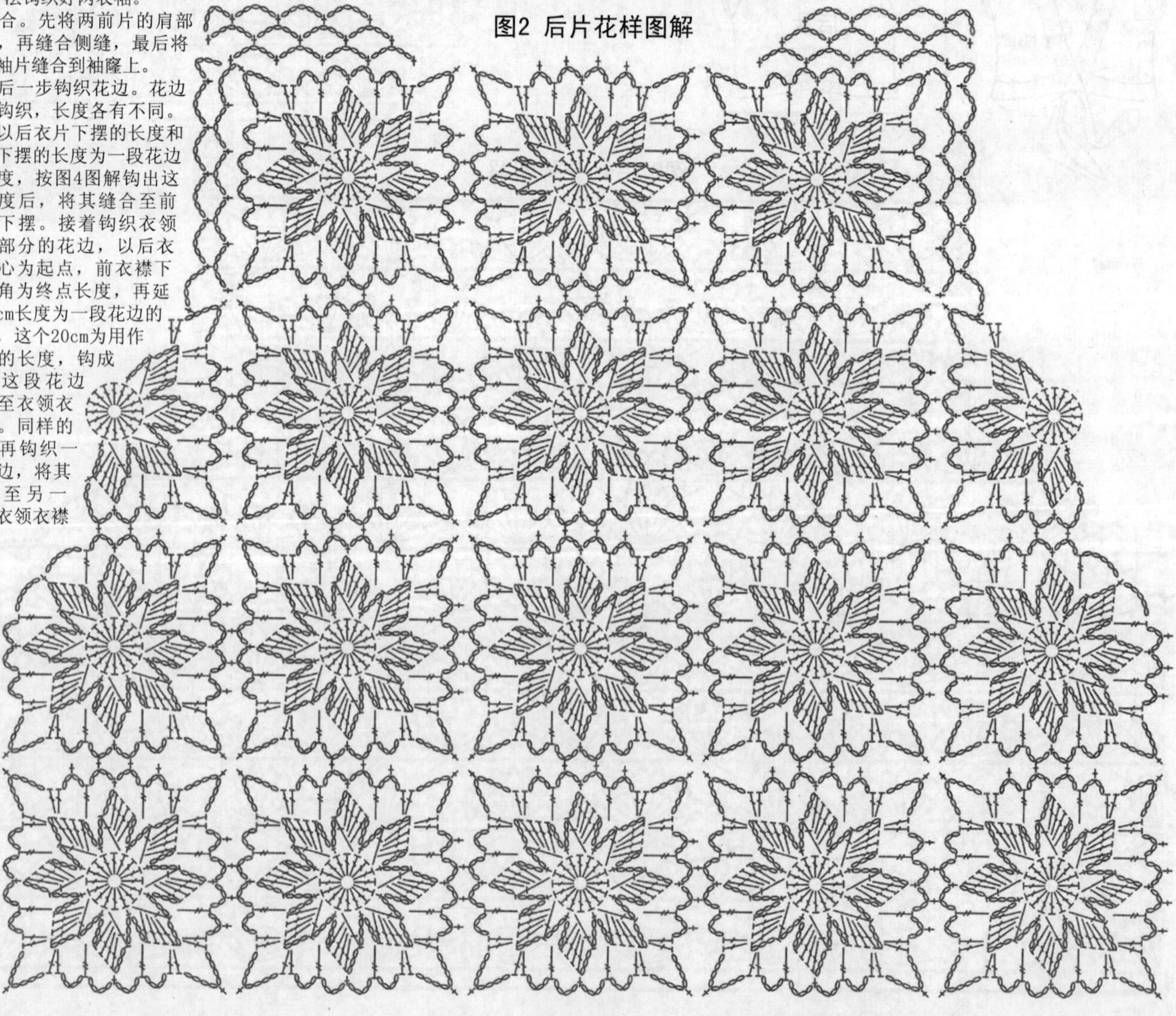

293

【成品规格】衣长35cm,
肩宽42cm,袖长42cm,
衣宽52cm
【工 具】2.5mm钩针
【材 料】湖蓝绿色
细冰丝线250g

制作说明:

1.钩针编织法。本款
小外套分片钩织,后
片1片,前片2片,衣
袖片2片。本款小外套
着重注意花边的钩织
顺序。

2.先钩织后片。后片由数个单元花组
合而成,大小不相同,具体单元
花数量和大小如图解2所示。将各
个单元花一一钩织出来,再用长
针连接,但这样完成的单元花不
能形成完整形状,即没有形成袖
窿和后衣领,解决办法是在周边
钩织图4图解连接形成。最后在后
衣领边钩图5花边。

3.接着钩织前片。前片分为两片
编织,每片由两个单元花组合而
成,单元花一大一小,图解如图1
所示。将这两个单元花先钩织出
来,用短针连接,与后片相同,
亦用图4花样图解钩织出袖窿和前
衣领,再按图1图解中肩部图解钩
织。

4.钩织两衣袖片。按图解3的方法钩织好
两短袖。

5.缝合。先将两前片的肩部缝合,再缝合
侧缝,最后将两衣袖片缝合到袖窿上。

6.最后一步钩织花边。花边的图解为图5
中所示的花边图解,花边单独编织,按花
边位置的不同长度收边。首先以后片下摆
和前片两下摆边的总长度为花边的钩织高
度,收边后,将之缝合于两前片和后片的
下摆。接着就是前片衣襟的花边钩织。前
衣襟的花边长度比前衣襟的
长度要长三分之二,以
长出的花边用作系带
所用。以系带的远

端起钩,方法如前片结构图中所示,前衣襟花
边分为两段编织,同为由远端起钩至后衣领,
可以后衣领中心点为终端收针点。

图2 后片单元花排列图解

—42cm—
14cm
16cm|单元花组合|16cm
后片
(2.5mm钩针)
图2图解
花边
—52cm—

—42cm—
16cm
图3图解
前片
(2.5mm钩针)
图1图解
单元花
花边
—22cm—

—42cm—
袖片
图3图解
图1

图3 袖片花样图解

图1 前片单元花排列图解

图4 单元花连接图解

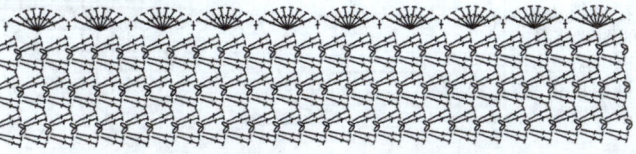

图5 花边图解

符号说明:

+ =短针

| =长针

◠◠◠ =锁针

295

294

【成品规格】衣长47cm(不含肩带)，衣宽50cm

【工　　具】2.0mm钩针

【材　　料】天蓝色冰丝线350g

制作说明：

1. 钩针编织法。小背心由数个单元花组合而成。分为前片1片，后片1片。

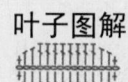

单元花图解

三瓣叶子　三瓣叶子

符号说明：

+=短针　T=长针　=锁针

两个单元花的连接

肩带图解　叶子图解

2. 先钩织前片。前片是由横向3个单元花、纵向3个单元花拼接而成。先按单元花图解钩织2行，每行3个单元花，上胸只含2个单元花连接，中间1个钩针不规则锁针填充。完成后，沿着单元花拼接成的织片中的左右侧缝、下摆边往返钩织网眼结构，每段锁针辫子9针锁针，共钩织4行。完成后断线。

3. 后片由横向3个单元花、纵向2个单元花拼接而成，钩织方法与前片的相同。

4. 缝合。将前后片的侧缝对应缝合。

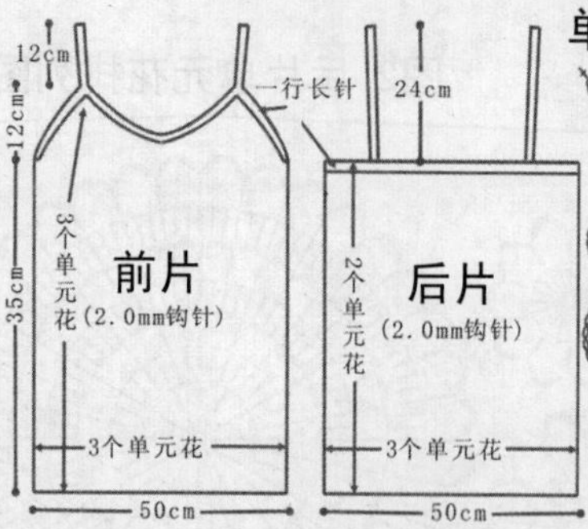

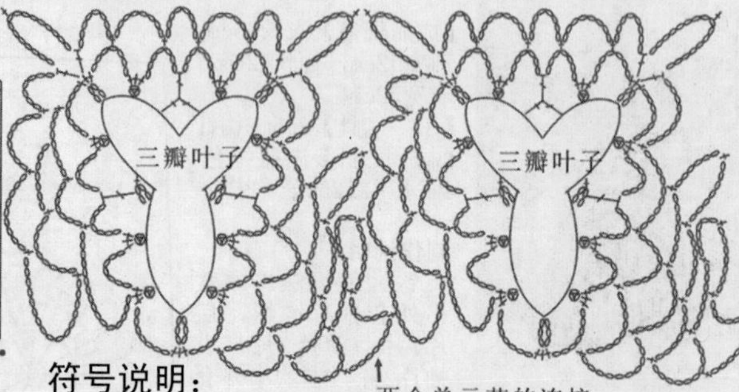

5. 沿着衣身的上端边缘，钩织一层长针锁边。再钩织两段肩带，共36cm长，肩带的钩织方法见肩带图解。

295

【成品规格】衣长83cm，肩宽40cm

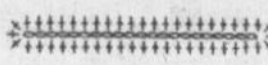

【工　　具】2.5mm钩针

【材　　料】天蓝色冰丝线400g

制作说明：

1. 钩针编织法。4片织合而成。

2. 首先钩织衣摆花样。衣摆呈梯形，由两侧加针钩织而成。先钩织前片的衣摆部分，起40cm长的锁针起钩长针花样，如图1中所示，长针部分有5行花样变化，不加减针，第6行开始，两侧加针钩织，共钩织24行。第25行开始，两侧减针钩织，共减7行。最后6行留12针长针继续钩织，两侧减针，减至最后剩2针长针。用同样的方法再钩织后片的衣摆花样。详细钩织方法见图1与图2。

3. 上身部分的钩织。在与衣摆相反的方向，挑针钩织花样，先钩织前片，不加减针钩织9行花样，再从中间分开两部分来钩织，每部分两侧减针钩织，共减16行，减至最后剩余1个花样。后片的钩织，不加减针钩织9行，最后在适当位置，两侧各留5个花样钩织，两侧减针钩织，减至最后只剩1个花样。

4. 缝合。将前后片的侧缝对应缝合。

5. 花边。沿着缝合后形成的各边开口衣边，钩织一层花边锁边。花边的图解见图1与图2中的花边图解。再按肩带图解和系带图解，

图1　前片花样图解

各钩织两段系带。肩带的长度要适当，可做个活扣用来伸缩；系带的长度随意，将之系于前片的中间，作装饰用。

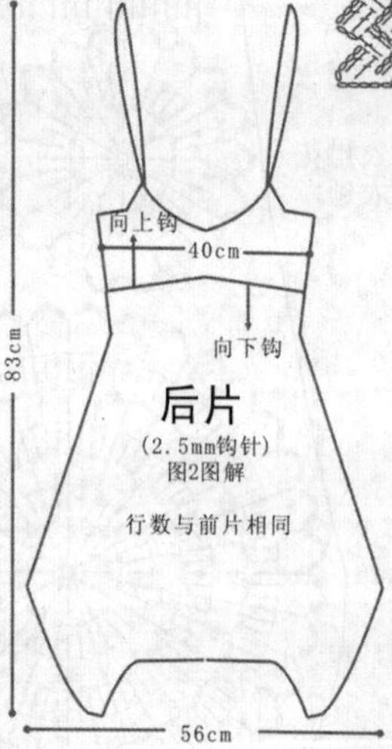

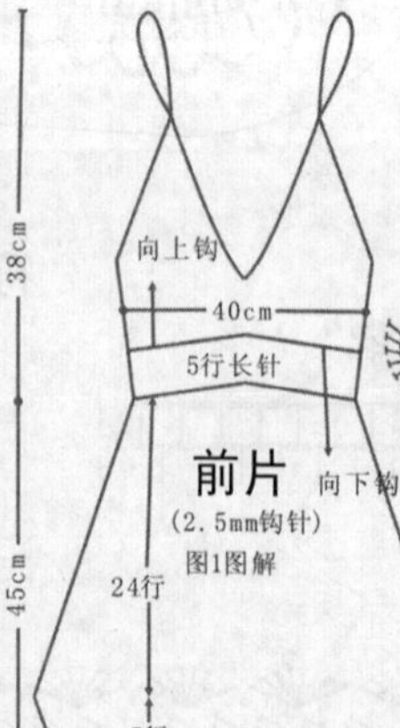

后片
(2.5mm钩针)
图2图解
行数与前片相同

向上钩　40cm　向下钩

83cm

56cm

前片
(2.5mm钩针)
图1图解

向上钩　40cm　向下钩

5行长针

38cm

45cm

24行

7行

6行

56cm

系带图解

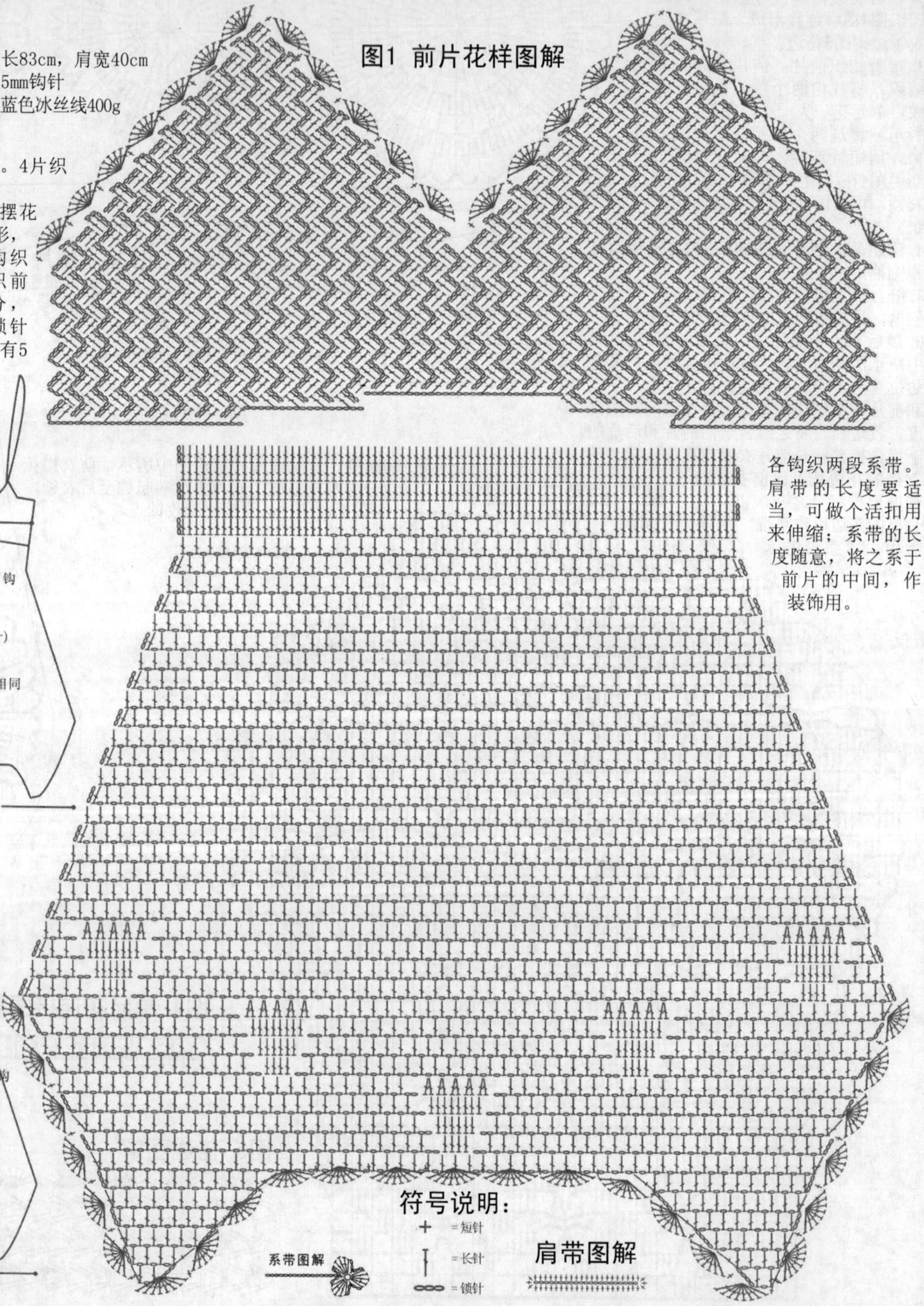

符号说明：

+＝短针　　丁＝长针　　∞＝锁针

肩带图解

图2 后片花样图解

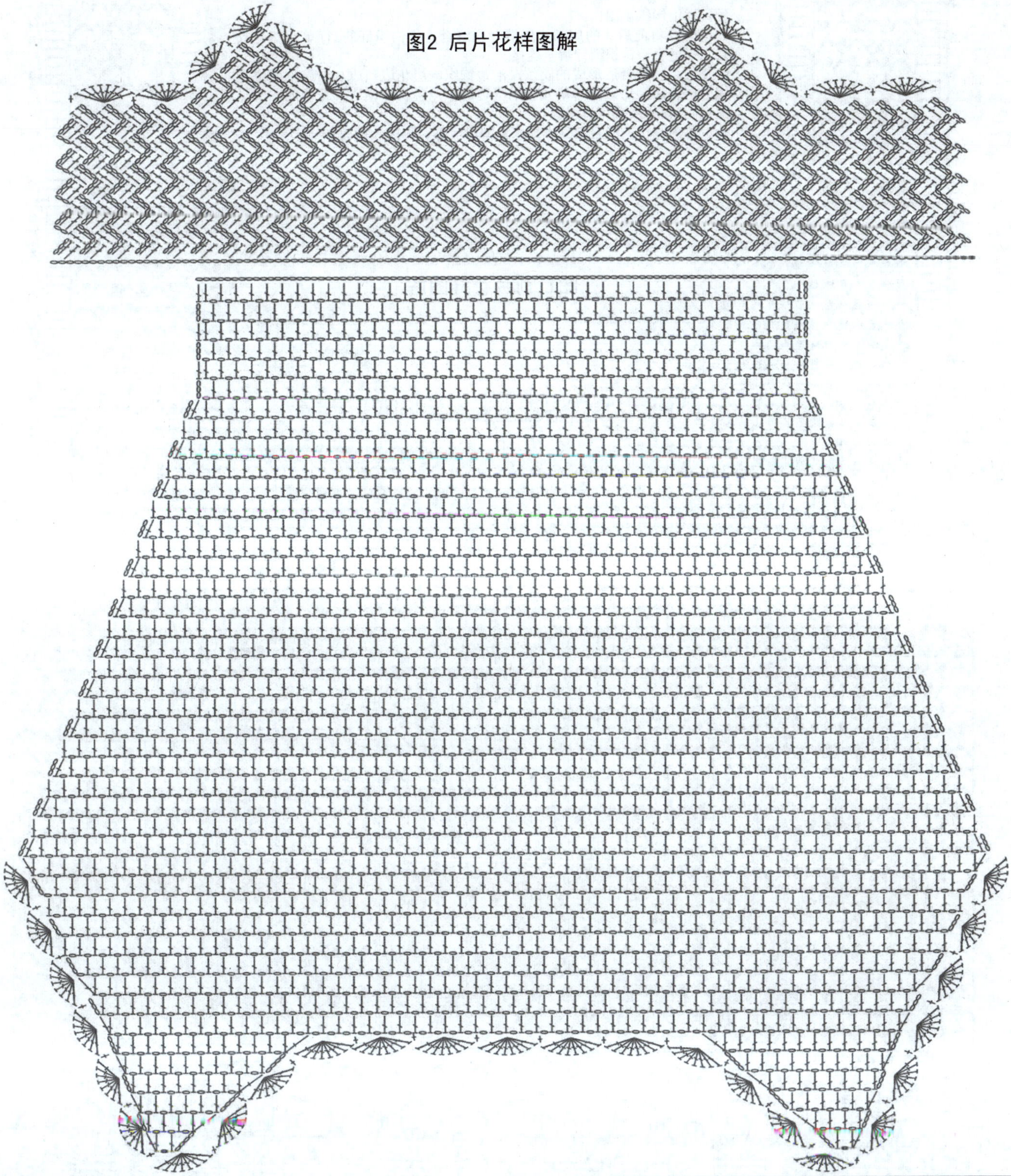

296

【成品规格】衣长90cm(含流苏),肩宽42cm
【工　　具】2.0mm钩针
【材　　料】天蓝色冰丝线400g

制作说明:

1.钩针编织法。单元花与片钩花样组合。

2.首先钩织单元花。单元花有单元花A与单元花B两种花样,小背心由2行单元花组成,每行两种单元花相间拼接,如结构图所示排列方法,前后片单元花的排列是相同的。

3.进行衣身的钩织制作。起50cm长的锁针起钩花样,花样为网眼结构。前片的钩织:不加减针钩织22行花样,再两侧减针钩织袖窿,共减4行,在钩至第6行时,中间向两边减针钩织前衣领,袖口这侧不加减针,往上钩织26行后,收针断线。后片的钩织:袖窿的减针与前片的相同,钩至最后3行时,中间减针钩织后衣

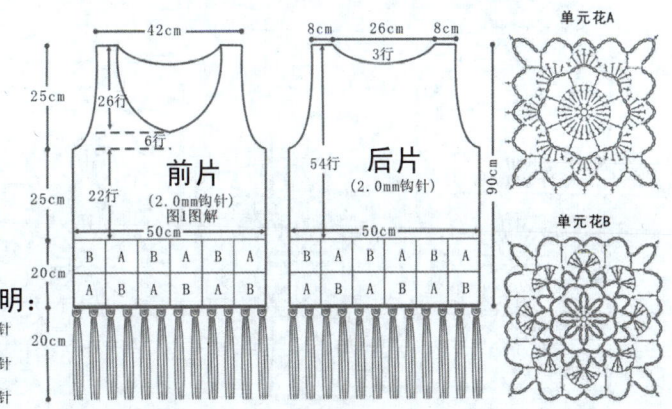

符号说明:

╪ =短针
│ =长针
◦◦◦ =锁针

297

领。详细钩织见图1。

4.缝合。将前后片的肩部、侧缝对应缝合，将钩织好的2行单元花与衣身下摆缝合，钩织锁针辫子连接。

5.花边。将缝合后形成的衣领，沿边钩织一层花边锁边，沿着袖窿也钩织一层花边锁边，沿着单元花下摆边钩织一层长针锁边。花边的图解见图1的衣领和袖窿花边图解。

6.流苏的制作。沿着衣身下摆系上24段流苏，每段长度为20cm。

图1 前片花样图解

297

【成品规格】衣长64cm，肩宽40cm，衣宽50cm
【工　　具】3.0mm钩针
【材　　料】湖蓝绿色圆棉线400g

制作说明：
1. 钩针编织法。片钩与单元花组合。
2. 本款小背心前后片的单元花排列结构相同。
3. 首先进行单元花的钩织。整件小背心是由24个单元花A拼接而成，先将1个单元花A钩织出来，再钩织第2个，按照结构图所示的位置一一拼接，从上往下算，第1层6个单元花，第2层8个单元花，第3层10个单元花。

4. 沿着单元花组合的上边，钩织一层花样起钩衣身主体花样，如图1中所示：往上钩织花样，至袖窿处共7行花样，再往上钩时，将1片衣身片分为两半钩织，一侧减针钩织袖窿，一侧减针钩织衣领，这部分共钩织6行。详细图解见图1。

5. 后片的钩织与前片的相同，不同的是：后片的上身片部分只需要钩至袖窿，共钩织7行花样即收针，最后加钩一层短针锁边即可。

6. 肩带的钩织。共钩织两段肩带，每段由25行长针组成，每行由4针长针组成。将这两段肩带连接前后片，沿着前片的上边边缘与肩带边缘，钩织一层短针锁边。

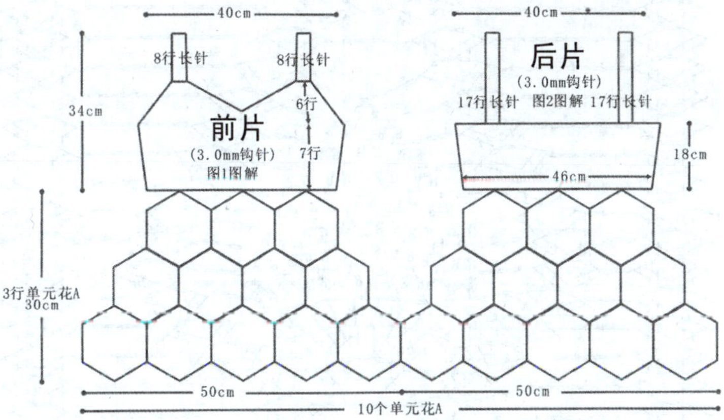

图1 前片花样图解

图2 后片花样图解

单元花A

前片
(3.0mm钩针)
图1图解

8行长针　8行长针
6行
7行

34cm

40cm

后片
(3.0mm钩针)
17行长针　图2图解　17行长针

18cm

46cm

3行单元花A
30cm

50cm　　50cm

10个单元花A

符号说明：
+ 短针
∣ 长针
⦿⦿⦿ 锁针

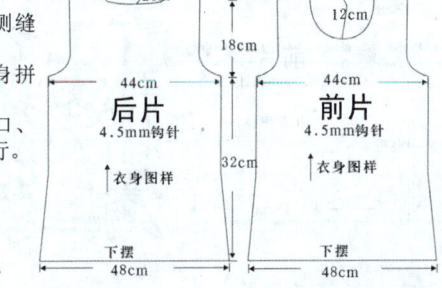
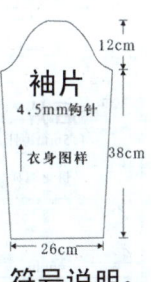

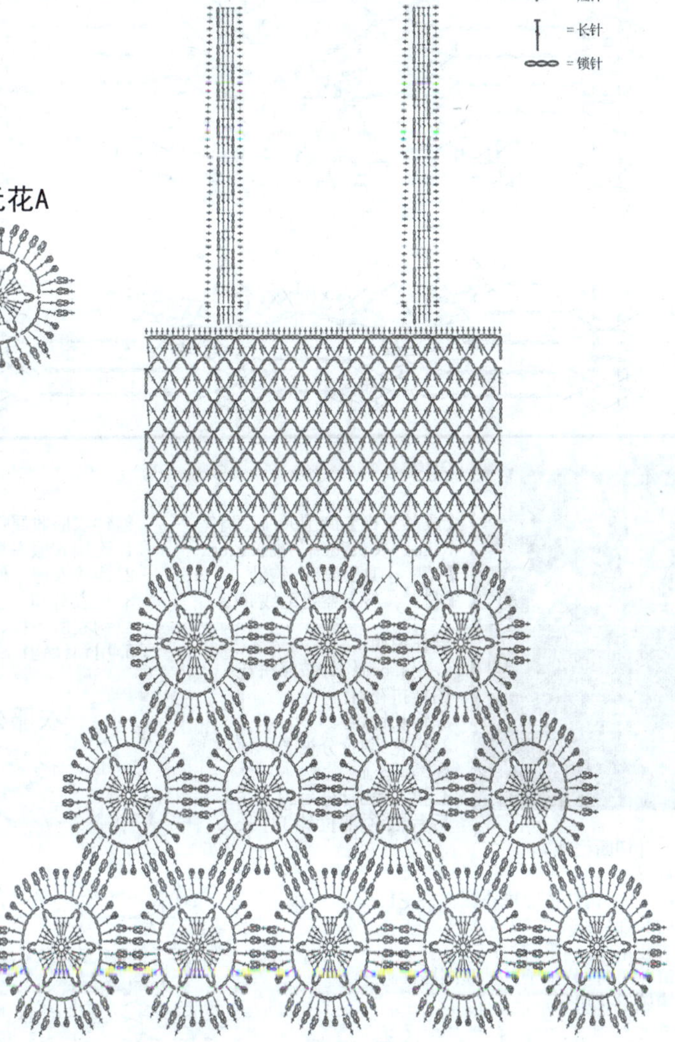

298

【成品规格】胸围88cm，肩宽37cm，
　　　　　　衣长50cm，袖长50cm
【工　　具】4.5mm钩针
【材　　料】白色毛线400g

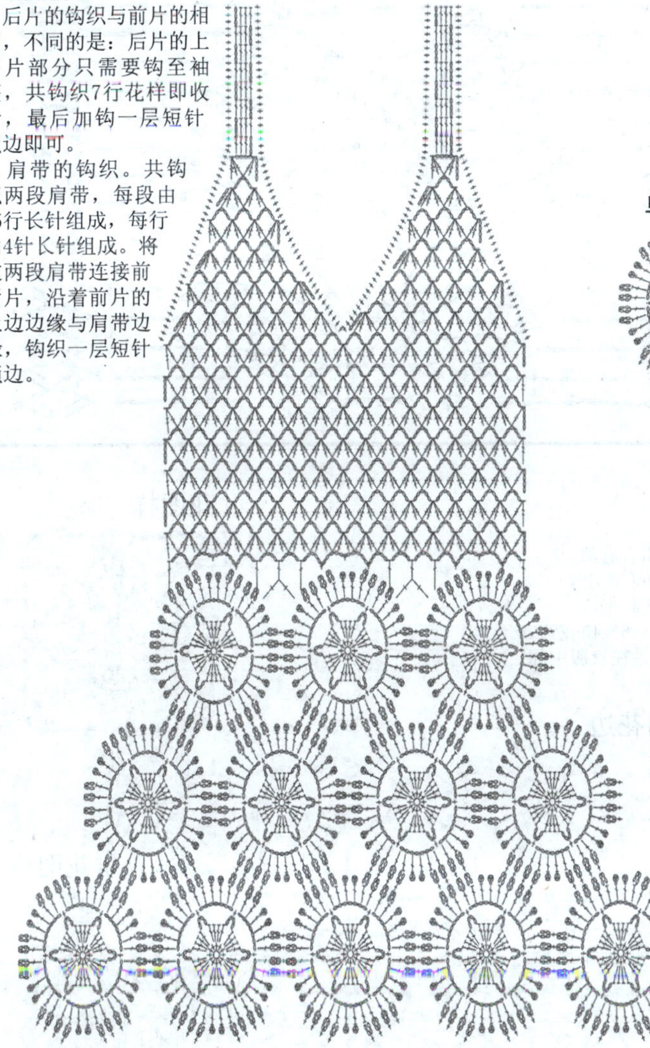

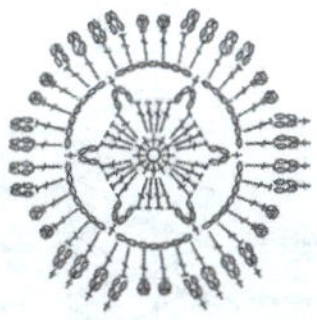

后片：
1. 用4.5mm钩针按照图样从下摆钩起。
2. 按照图样钩25行后分袖子。
3. 在袖窿部分缩减5cm。
4. 从第36到第38行，钩衣服后领窝。

前片：
1. 用4.5mm钩针按照图样从下摆钩起。
2. 按照图样钩25行后分袖子。
3. 在袖窿部分缩减5cm。
4. 从第32行到第38行，钩衣服前领窝。

袖子：
1. 用4.5mm钩针按照图样从袖口钩起。
2. 按照图样长度钩38行。

整件衣服收尾：
1. 连接衣服左肩部和右肩部。
2. 连接衣服左侧缝和右侧缝。
3. 将袖子和衣身拼合。
4. 钩领口、袖口、下摆花边长针1行。

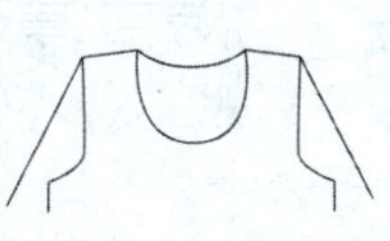

后片
4.5mm钩针
9cm 19cm 9cm
2cm
衣身图样
44cm
32cm
下摆
48cm

前片
4.5mm钩针
9cm 19cm 9cm
2cm
12cm
18cm
衣身图样
44cm
下摆
48cm

袖片
4.5mm钩针
12cm
衣身图样
38cm
26cm

符号说明：
+= 短针　T= 中长针
↑= 锁针　T= 长针

299

299

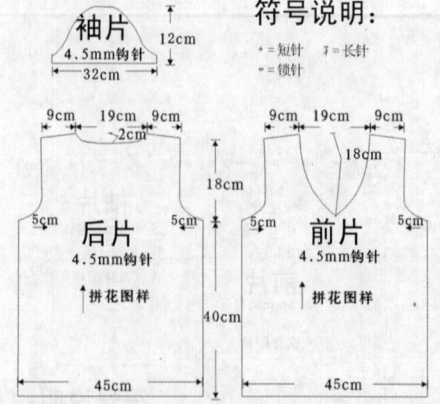

【成品规格】胸围90cm，肩宽37cm，衣长58cm，袖长12cm
【工　具】4.5mm钩针
【材　料】蓝色毛线400g

制作说明：
1. 用4.5mm钩针按照拼花图样拼花1行。
2. 钩长针1行。
3. 拼花第4行分袖子，袖隆缩减5cm。
4. 拼花第5行分后领，在后片衣领部位钩3行长针，并切断毛线。

前片：
1. 用4.5mm钩针按照拼花图样拼花1行。
2. 钩长针1行。
3. 拼花第3行到第5行分前领。
4. 拼花第4行分袖子，袖隆缩减5cm。
5. 钩领口花边1行。

符号说明：
+ = 短针　　▼ = 长针　　∞ = 锁针

整件衣服收尾：
1. 连接衣服左肩部和右肩部。
2. 连接衣服左侧缝和右侧缝。
3. 把衣身和袖子连接起来。
4. 钩衣服下摆、袖口和领口花边。
5. 用锁针钩1条绳子系在衣服中间。

花图样

衣服外围花边

拼花图样

袖片
4.5mm钩针
12cm
32cm

后片
4.5mm钩针
拼花图样
9cm 19cm 9cm
2cm
5cm 5cm
18cm
40cm
45cm

前片
4.5mm钩针
拼花图样
9cm 19cm 9cm
18cm
5cm 5cm
45cm

300

【成品规格】胸围84cm，肩宽38cm，衣长55cm
【工　　具】5.0mm钩针
【材　　料】绿色毛线250g

后片：
1. 用5.0mm钩针按照衣身图样从领口圆圈起针钩后片。
2. 从领口圆圈起钩13行。
3. 下摆延伸4行。
4. 接拼花。

前片：
1. 用5.0mm钩针按照衣身图样从领口圆圈起针钩前片。
2. 从领口圆圈起钩13行。
3. 下摆延伸4行。
4. 接拼花。

整件衣服收尾：
1. 钩吊带，连接衣服左肩部和右肩部。
2. 连接衣服左侧缝和右侧缝。

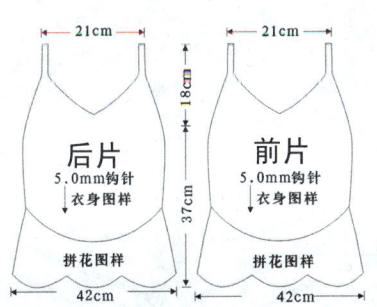

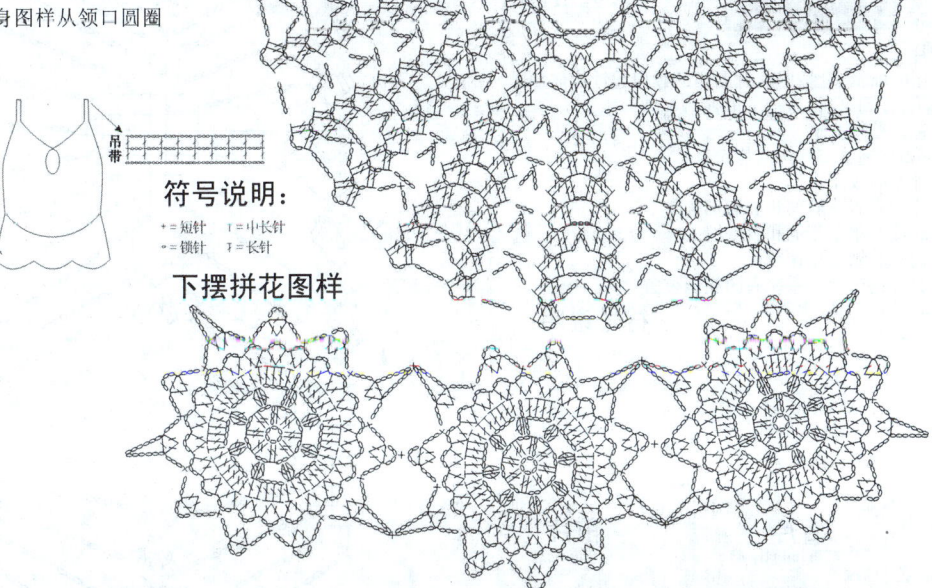

衣身图样

吊带

符号说明：
+ = 短针　T = 中长针
= 锁针　⊥ = 长针

下摆拼花图样

后片
5.0mm钩针
衣身图样
拼花图样

21cm

前片
5.0mm钩针
衣身图样
拼花图样

21cm

18cm

37cm

42cm　　42cm

301

【成品规格】胸围84cm，肩宽36cm，衣长48cm
【工　　具】3.0mm钩针
【材　　料】黄色毛线300g

后片：
1. 用3.0mm钩针起120针锁针。
2. 钩31行长针后分袖子。
3. 在袖窿部分，减针到第7行，减5cm。
4. 从第15行开始，钩后片衣领部位，一直钩到第18行，切断毛线。
5. 在右侧衣领部位，重新起针连接毛线钩到第18行。

前片：
1. 用3.0mm钩针起120针锁针。
2. 钩31行长针后分袖子。
3. 在袖窿部分，减针到第7行。
4. 从第12行开始，钩前片衣领部位，一直钩到第18行切断毛线。
5. 在右侧衣领部位，第13行重新起针连接毛线钩到第18行。

整件衣服收尾：
1. 连接衣服左肩部和右肩部。
2. 连接衣服左侧缝和

领口逆短针1行
袖口逆短针1行

无袖上衣

下摆短针1行
240针

5cm　20cm　5cm
6cm

前片
衣身钩长针
3.0mm钩针

5cm　　5cm

18cm
18行

30cm
31行

下摆短针1行
48cm（120针）

符号说明：
+ = 短针　⊤ = 逆短针
= 锁针　⊥ = 长针

5cm　20cm　5cm
3cm（4行）

后片
衣身钩长针
3.0mm钩针

5cm　　5cm

18cm
18行

30cm
31行

下摆短针1行
48cm（120针）

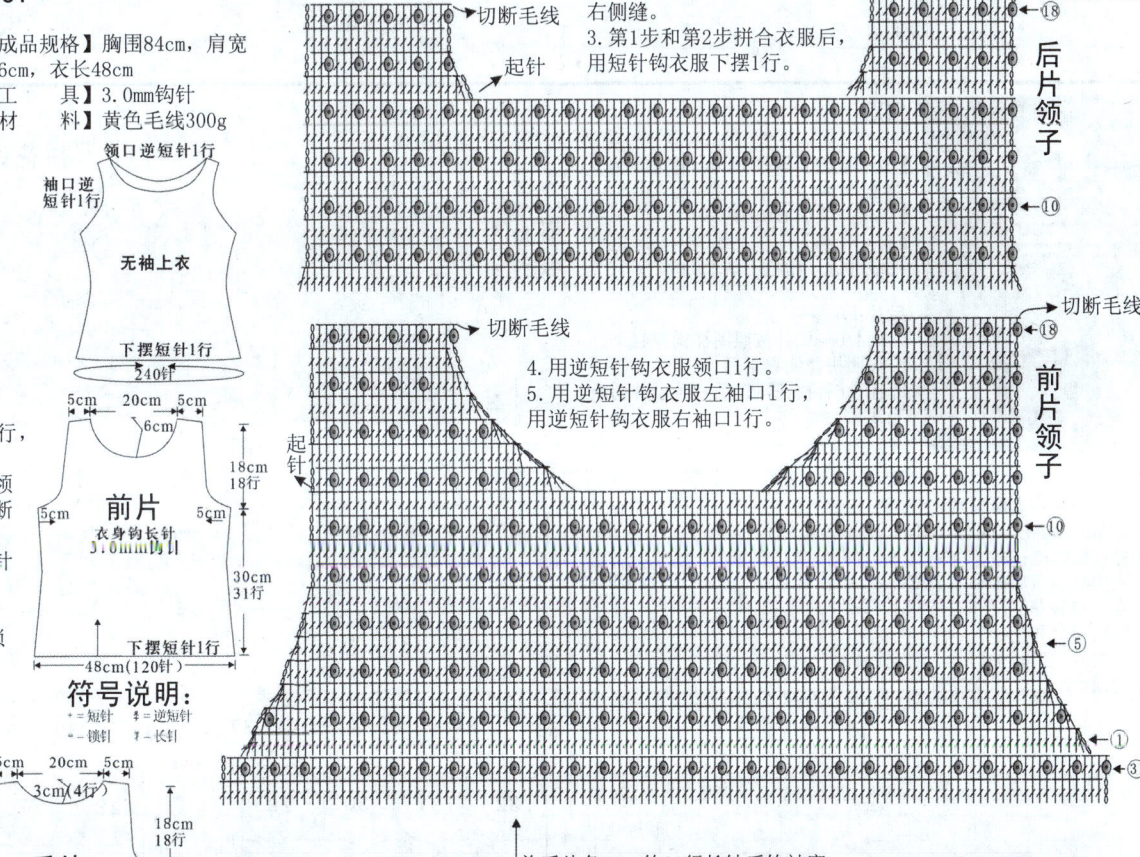

切断毛线
起针
右侧缝。
3. 第1步和第2步拼合衣服后，用短针钩衣服下摆1行。

后片领子

18
10

切断毛线
切断毛线
4. 用逆短针钩衣服领口1行。
5. 用逆短针钩衣服左袖口1行，用逆短针钩衣服右袖口1行。

前片领子

起针
18
10
5
1
31

前后片各x1，钩31行长针后钩袖窿

起针
5
1

起始段（120针）　　起针

301

302

【成品规格】胸围86cm，肩宽38cm，
衣长55cm
【工　　具】6.0mm钩针
【材　　料】褐色毛线250g

后片：
1. 用6.0mm钩针按照衣身图样从领口
起针钩后片。
2. 第1行到第8行为袖子位置。
3. 袖窿缩减4cm。
4. 第9行到第25行钩后片衣身。

前片：
1. 用6.0mm钩针按照衣身图样从领口起针钩前片。
2. 第1行到第8行为袖子位置。
3. 袖窿缩减4cm。
4. 第9行到第25行钩前片衣身。

整件衣服收尾：
1. 连接衣服左肩部和右肩部。
2. 连接衣服左侧缝和右侧缝。
3. 钩衣服领口短针1行。
4. 流苏钩锁针，系在右图相应位置。

符号说明：
+ =短针　　T =中长针
- =锁针　　f =长针

领口短针1行

衣身图样

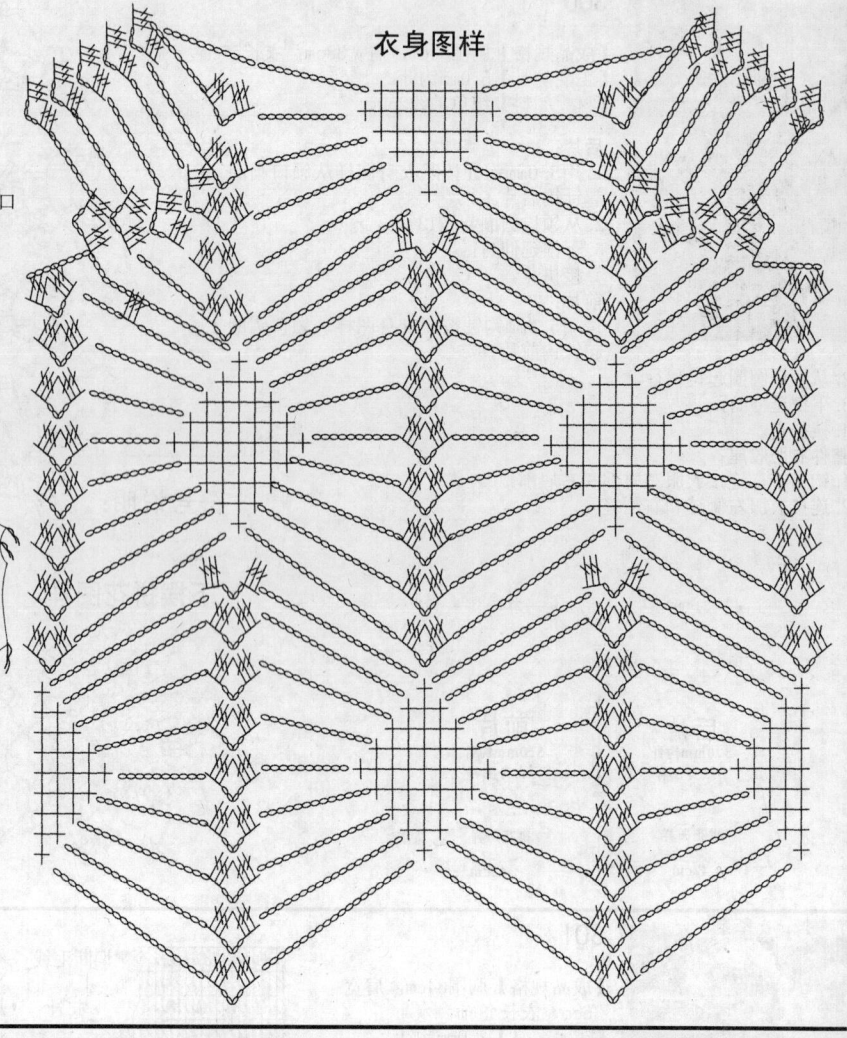

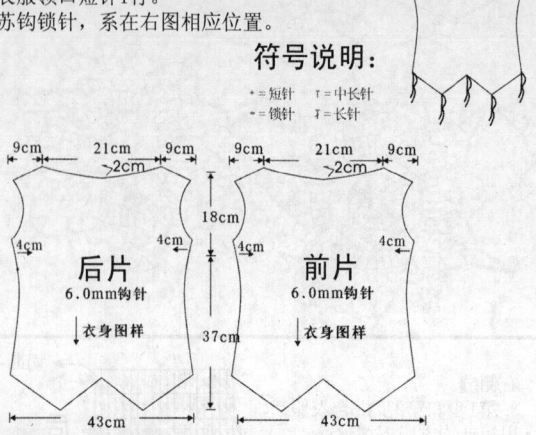

后片
6.0mm钩针
↓衣身图样

前片
6.0mm钩针
↓衣身图样

303

【成品规格】胸围88cm，肩宽38cm，
衣长50cm
【工　　具】4.0mm钩针
【材　　料】白色毛线200g，绿色
毛线200g，粉色毛线200g

后片：
1. 用4.0mm钩针按照图样钩花44个。
2. 按照拼花钩衣服后片。
3. 在第6行拼花，钩后片领子并切断
毛线。

前片：
1. 按照拼花钩衣服前片。
2. 在第5行拼花，钩前片领子。

整件衣服收尾：
1. 连接衣服左肩部和右肩部。
2. 连接衣服左侧缝和右侧缝。
3. 连接衣身和袖子。
4. 钩衣服领口、袖口、下摆花边。
5. 钩锁针绳子，用来穿领口。

花x44
钩法：

拼花钩法：

袖口
花边
衣服领口花边

符号说明：
+ =短针　　f =长针
- =锁针

拼花
4.0mm钩针

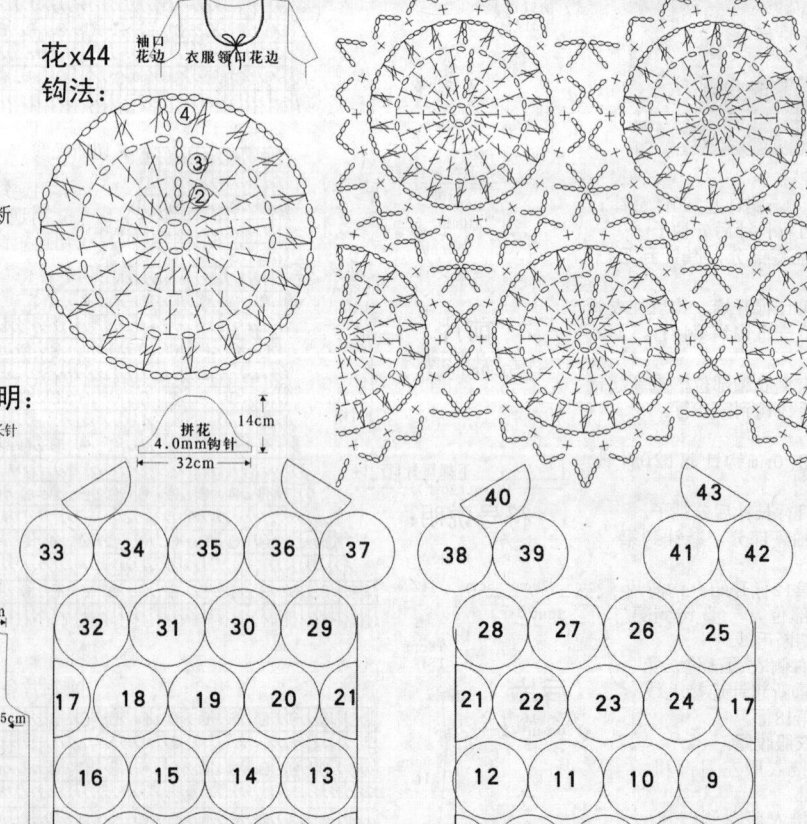

后片
4.0mm钩针
拼花

前片
4.0mm钩针
拼花

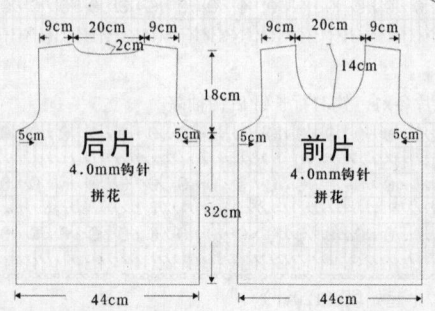

304

【成品规格】衣长50cm，衣宽50cm
【工　　具】3.0mm钩针
【材　　料】深棕色圆棉线100g，橘黄色圆棉线250g

制作说明：

1. 钩针编织法。多片钩织，含单元花组合。
2. 先钩织单元花组合。见单元花图解说明，花型由花瓣和叶子组合而成，花瓣为立体花，由3层花瓣组成，按图解钩织2朵立体花、4片叶子，全用深棕色毛线钩织。
3. 前片的钩织。前片分为三部分钩织，前两部分为上胸片，由单元花花型组成；第三部分为下摆衣片。围

绕单元花组合进行圈钩，钩织网状结构，按图解的方法钩织好单元花组合周边的花样，最后在下摆位置，钩一层密集的长针花样锁边。沿着这层长针，往下方向钩织下摆花样，共11行，最后第12行钩一层花边锁边，花边用深棕色毛线钩织。最后一部分为肩带部分，在单元花织片的上方钩织图解中的肩带花样，共18行，收边断线。用同样的方法再钩织另一前片，最后将肩宽的两边缘对应缝合，即完成前片的钩织。
4. 后片的钩织。后片比较短，高度与前片的袖窿高度相同，起50cm长的锁针起钩花样，每行12个花样组，共钩织18行花样，最后用深棕色毛线钩短针锁边。钩织两条肩带，长度为25cm，钩法见肩带图解，用深棕色毛线钩织，将这两段肩带与前片的肩带在后片的上边缘缝合。
5. 将前后片的侧缝对应缝合。
6. 花边的钩织。沿着下摆边、各衣领边和袖窿边，钩织图1与图2中对应位置的花边。另外，再前衣襟的右侧钩织3个扣眼，在左侧对应位置钉上3颗扣子，扣眼的形成：将3针长针用3针锁针取代。

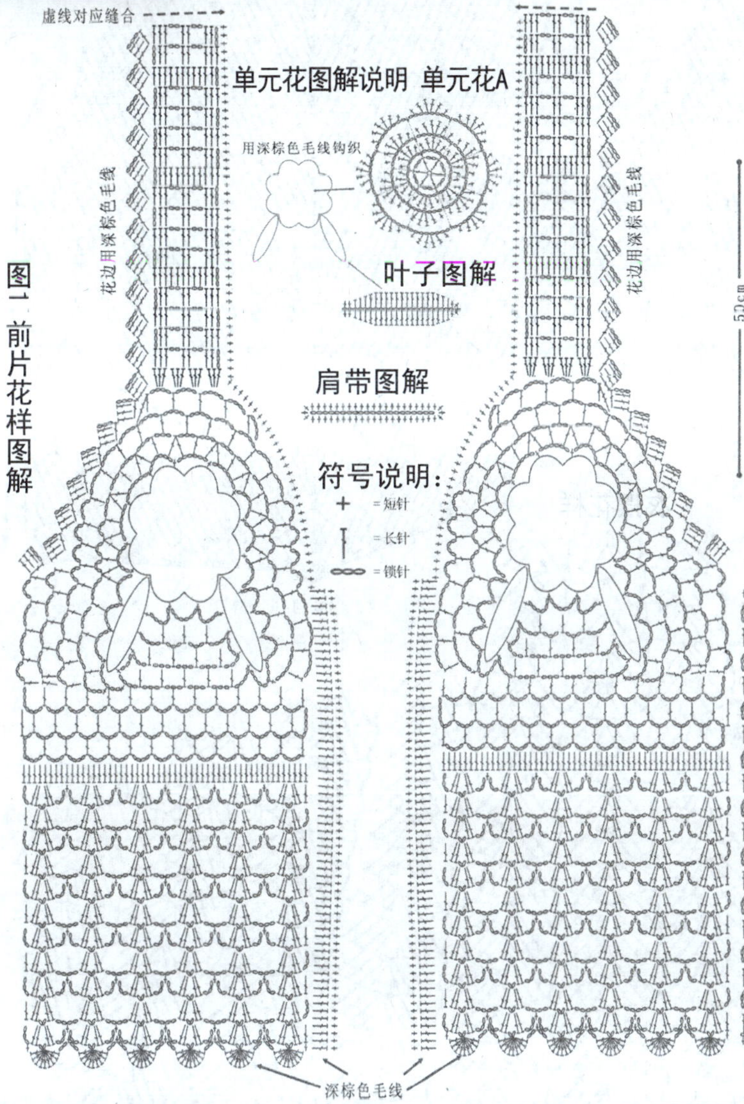

虚线对应缝合

花边用深棕色毛线

单元花图解说明 单元花A

用深棕色毛线钩织

叶子图解

花边用深棕色毛线

图1 前片花样图解

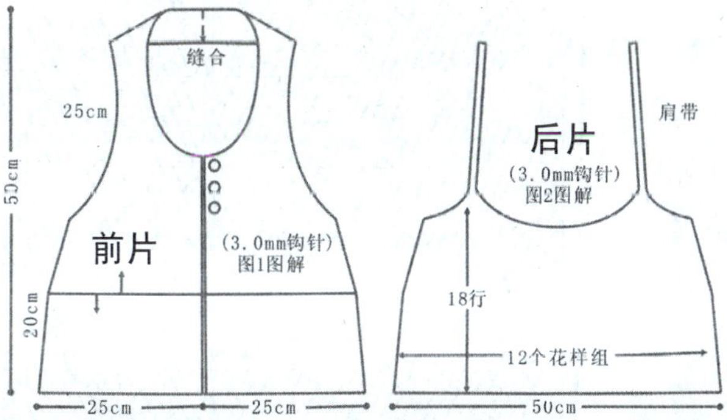

肩带图解

符号说明：

＋ ＝短针
↑ ＝长针
～ ＝锁针

深棕色毛线

缝合

25cm

53cm

20cm

前片

（3.0mm钩针）
图1图解

25cm　25cm

后片

（3.0mm钩针）
图2图解

肩带

18行

12个花样组

50cm

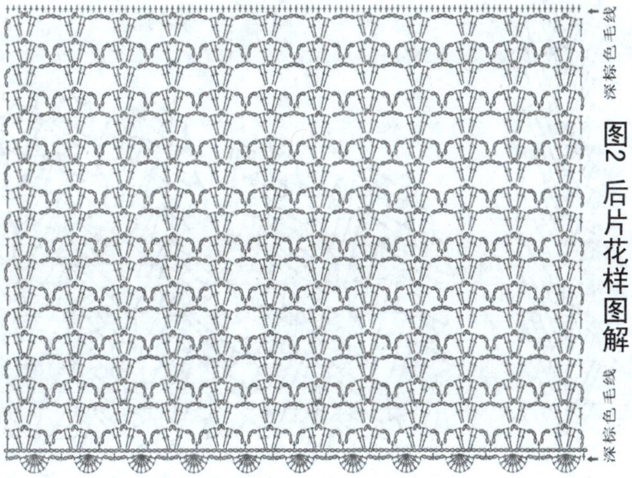

图2 后片花样图解

深棕色毛线

深棕色毛线

305

【成品规格】衣长35cm（不含肩带），衣宽52cm
【工　　具】2.5mm钩针
【材　　料】橘黄色冰丝线300g

制作说明：

1. 钩针编织法。多片钩织。前片分为三部分，胸片2片，衣摆1片；后片作1片钩织。
2. 先钩织前片。前片分为三部分，先钩织2个胸片，2个胸片单独钩织，再将中间连接，如图1，在图中起钩所示的位置开始钩织，两侧加针钩织，按图解的加针方法逐渐钩成如图的形状。用同样的钩织方法，钩织另一胸片。将2个胸片的中间连接，从中间起钩衣摆花样，按图1中的衣摆花样，加针钩织成片。详细钩织图解见图1。
3. 后片的钩织。后片由1片钩织而成。以前片的大小作为钩织高度的参照，起22cm长的锁针起钩花样组，共由16个花样组成，至衣摆边共有8个花样组，两侧减针钩织的花样每侧各有4个花样组，以前片为参照，将各花样组钩织至前片的侧缝，即减针并收针。
4. 如图1中，将虚线所对应的部位与后片结构图中虚线锁对应的部位缝合，两

肩带图解

符号说明：

＋ ＝短针
↑ ＝长针
○○ ＝锁针
} ＝外钩针
{ ＝内钩针

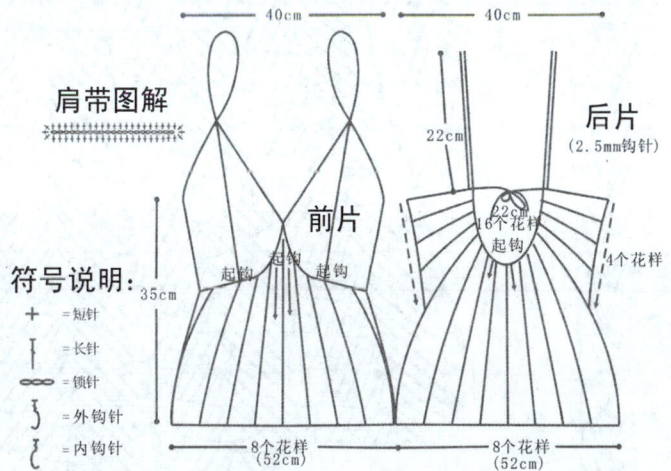

40cm　40cm

前片

起钩　起钩　起钩

35cm

8个花样
（52cm）

22cm

后片

（2.5mm钩针）

16个花样

起钩

4个花样

8个花样
（52cm）

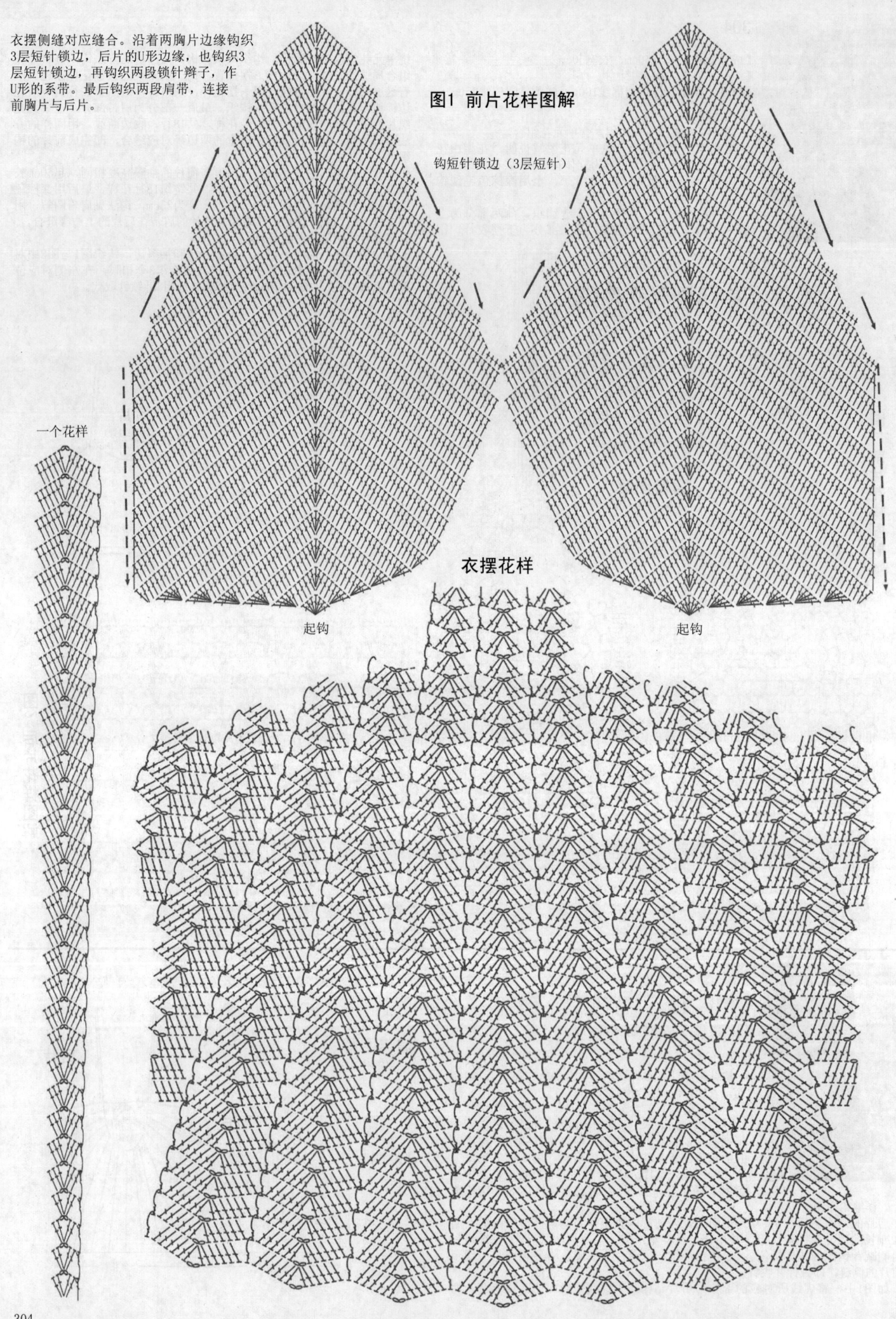

衣摆侧缝对应缝合。沿着两胸片边缘钩织3层短针锁边，后片的U形边缘，也钩织3层短针锁边，再钩织两段锁针辫子，作U形的系带。最后钩织两段肩带，连接前胸片与后片。

图1 前片花样图解

钩短针锁边（3层短针）

一个花样

衣摆花样

起钩

起钩

图1 前片花样图解

306

【成品规格】衣长57cm，胸围104cm，肩宽42cm
【工　　具】2.0mm钩针
【材　　料】橘黄色冰丝线200g，珠串198串

制作说明：

1.钩针编织法。前后衣片的结构是相同的，前后衣领的减针方法也是相同的，线与珠串相结合钩织。

2.本款钩衣的前后片结构相同，可以用圈钩的方法钩织。起104cm长的锁针起钩长针花样，每面96针，圈钩就是192针长针，共钩4行。在钩第4行时，每隔4针即与1个珠串连接，共连接50串珠串。完成后，钩锁针和短针连接珠串的另一端，每个珠串含24个珠子，连接平衡即每段12个珠子。往上重复长针花样组圈钩方法，共钩3个花样组。

3.分片钩织。从第4个花样组开始，将衣片分为两半钩织，即分为前片和后片，两侧长针花样组开始进行袖窿减针，共减4行，串一层珠串后，从珠串中间又分开两部钩织衣身肩部，详细减针方法见图1中所示。用同样的方法再钩织后片。

4.缝合。将前后衣身肩部缝合，沿着前后衣领开口边钩织两层短针锁边。同样，沿着袖窿边钩织两层短针锁边。

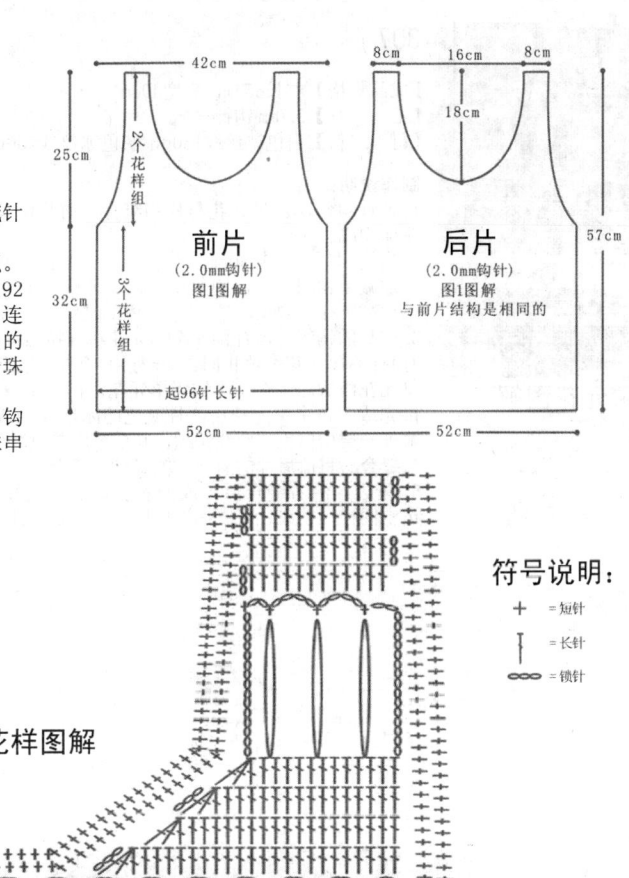

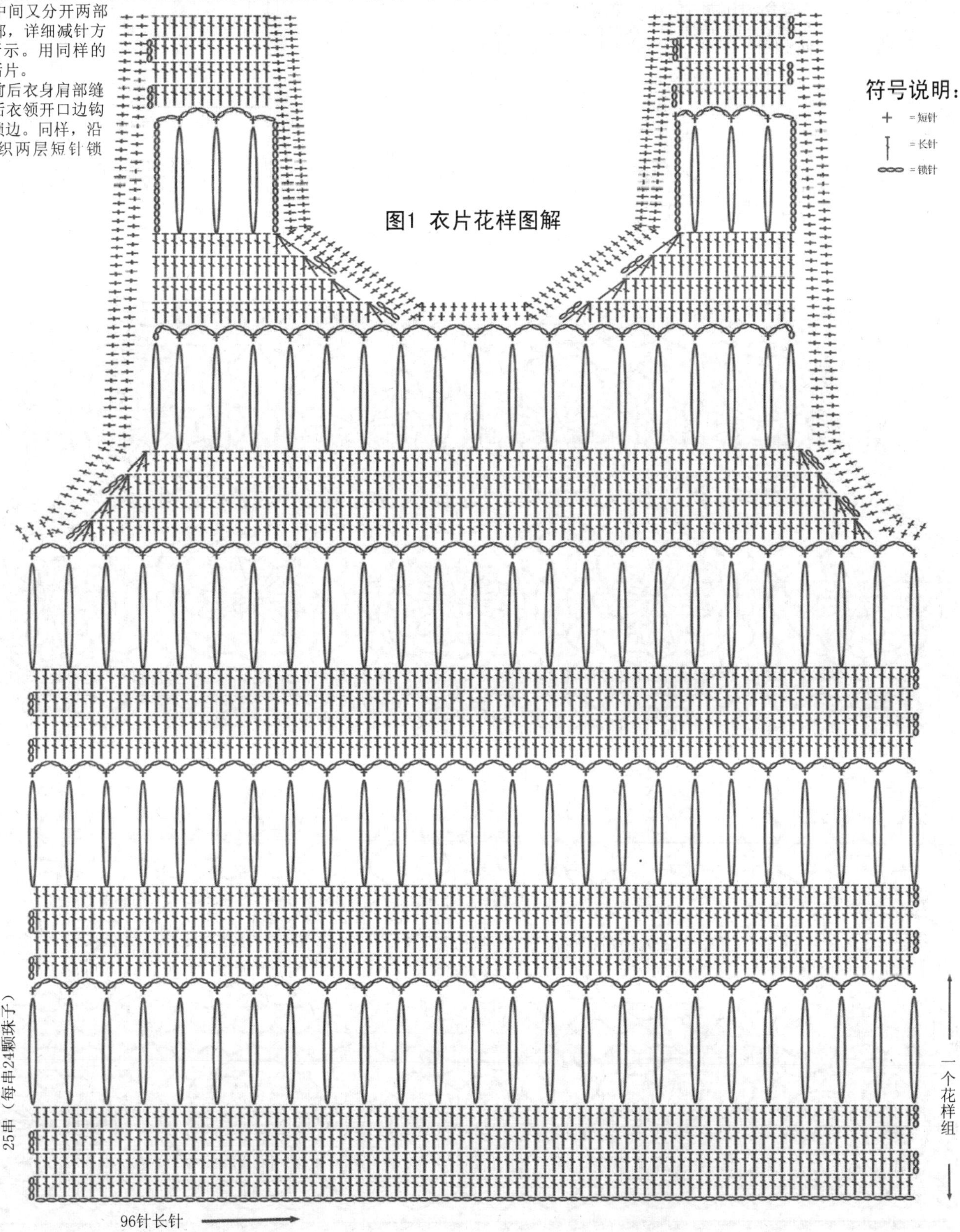

前片
（2.0mm钩针）
图1图解

后片
（2.0mm钩针）
图1图解
与前片结构是相同的

符号说明：

+ ＝短针
| ＝长针
∞ ＝锁针

图1 衣片花样图解

25串（每串24颗珠子）

一个花样组

96针长针 →

305

307

【成品规格】衣长65cm，肩宽40cm
【工　　具】2.0mm钩针
【材　　料】白色冰丝线180g，灰色冰丝线150g

制作说明：

1.钩针编织法。单元花与片钩组合。前片由单元花组成，后片由数层花样构成。

2.先钩织后片。起50cm长的锁针起钩花样，共钩织44行，往返钩织，不加减针钩织24行，钩至25行时，两侧减针钩织袖窿，共减4个花样，不加减针往上钩织，最后2行，中间减针钩成后衣领。

3.前片的钩织。前片由26个单元花组合拼接而成，每行5个单元花，共有4行的单元花个数相同。第5行由4个单元花组成，第6行由左右肩2个单元花组成。一个一个钩织单元花，再一个一个拼接，按图1的方法拼接完成。每个单元花由两种颜色的冰丝线钩成，如单元花图解说明，最外一层由白色冰丝线钩织，其余全用灰色冰丝线钩织。

4.缝合。将前后片的肩部、侧缝对应缝合。

5.花边。沿着缝合后形成的衣领边钩一层短针、一层花样，用于锁边。同样，袖口、下衣摆边也用相同的方法锁边。

单元花图解

最外一层锁针辫子用白色线织，
其余所有层全用灰色线钩织

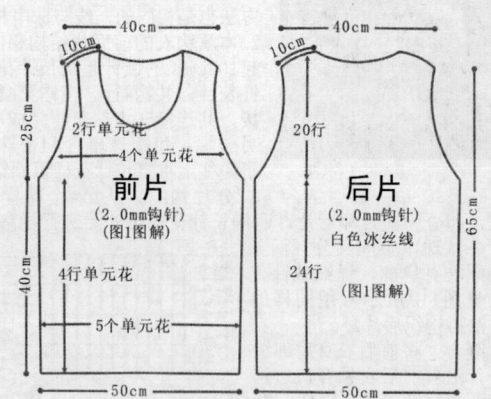

图1 前（后）片花样图解

符号说明：
+ =短针
| =长针
⬮ =锁针

308

【成品规格】衣长65cm，肩宽40cm
【工　　具】2.0mm钩针
【材　　料】粉紫色冰丝线200g，粉红色和紫色珠子一定数量

制作说明：
1. 钩针编织法。钩织花样与珠串结合。
2. 首先制作珠串。本款小背心有两种珠串，一种为粉红色珠串，用于制作衣身；一种为紫色珠串，用于装饰衣摆。粉红色珠串每串含18个珠子，紫色珠串每串含12个珠子。用一股冰丝穿起制作，粉红色所在的花样组，每组含28串珠串；紫色珠串所在的花样组，每组含26串珠串，这是1片衣片的珠串数量。将它们制作好，待用。
3. 进行衣片的钩织。本款小背心前后片是相同的，现以一半衣身片为图解说明：起50cm长的锁针起钩花样，每钩5针锁针即穿过一串紫色珠串，依此类推，共穿过26串紫色珠串。再往上钩织花样，每行26个花样，共钩织4行，在钩织第4行花样时，将锁针与一串粉红色珠串用短针连接，依此类推，共连接28串粉红色珠串。完成后，断线。在珠串的另一端用锁针连接固定。再往上钩织花样，最后2个花样组要钩织袖窿和衣领。以同样的方法再钩织1片衣片，详细钩法见图1。
4. 缝合。将前后片的肩部、侧缝对应缝合。
5. 花边。沿着缝合后形成的衣领边钩织一层花边锁边，沿着袖窿也钩织一层花边锁边。花边的图解见图1。

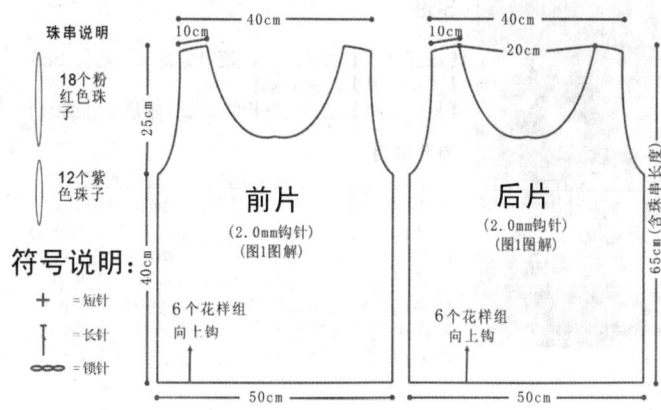

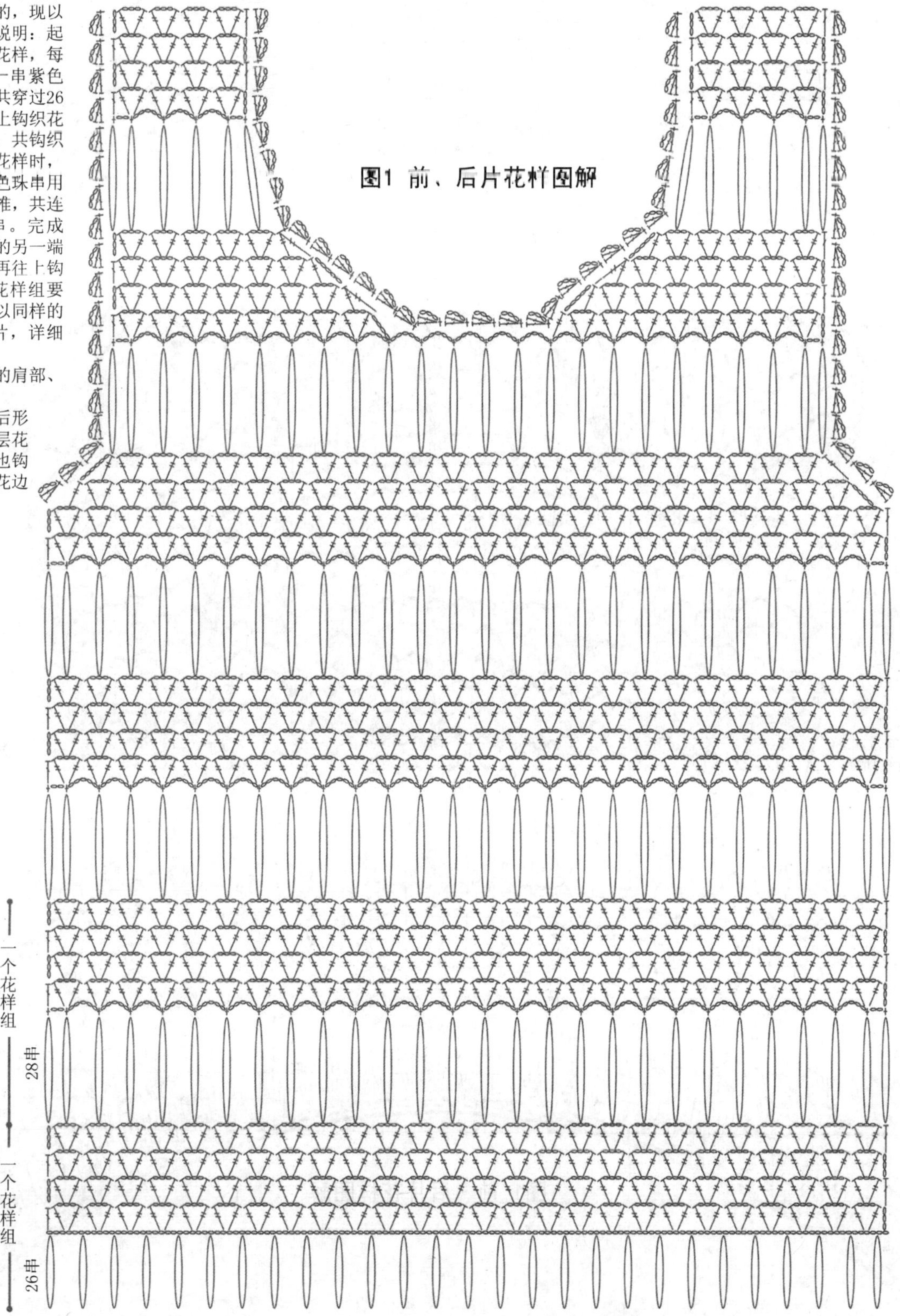

珠串说明

18个粉红色珠子

12个紫色珠子

符号说明：
+ ＝短针
┃ ＝长针
∞ ＝锁针

前片
(2.0mm钩针)
(图1图解)

6个花样组
向上钩

后片
(2.0mm钩针)
(图1图解)

6个花样组
向上钩

图1 前、后片花样图解

一个花样组
28串

一个花样组
26串

307

309

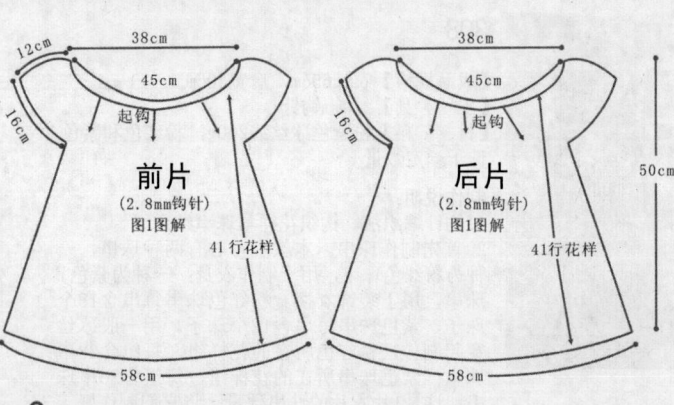

【成品规格】衣长50cm，领口宽38cm，袖长12cm
【工　　具】2.8mm钩针
【材　　料】土黄色圆棉线300g，木质小圆圈92个

制作说明：

1. 钩针编织法。从领口起钩，一线钩到底。
2. 本款小背心从领口起钩起90cm长的锁针，首尾连接，进行圈钩。如图1，图1为一半衣片的图解。前后衣身依照这个图解钩织：先钩织3行装饰花边，再继续钩织主体花样，主体花样利用锁针的不同针数形成扩大变化，每个花样组的锁针针数变化可见图1所示。先钩织9行花样，再将织片对称对折，取中间10

前片
（2.8mm钩针）
图1图解
41行花样

后片
（2.8mm钩针）
图1图解
41行花样

个花样组钩织衣身，即前后衣身由20个花样组组成，共钩织41行花样。详细钩法可见图1。

3. 木质小圆圈的缝合。如图1中小圆圈所示的位置，用一针锁针将小圆圈连接于这个位置上的花样，全部衣身片共需92个小圆圈。

4. 最后钩织一段系带，该系带于图1中虚线所示的位置穿过，长度随意，系带钩法见系带图解。

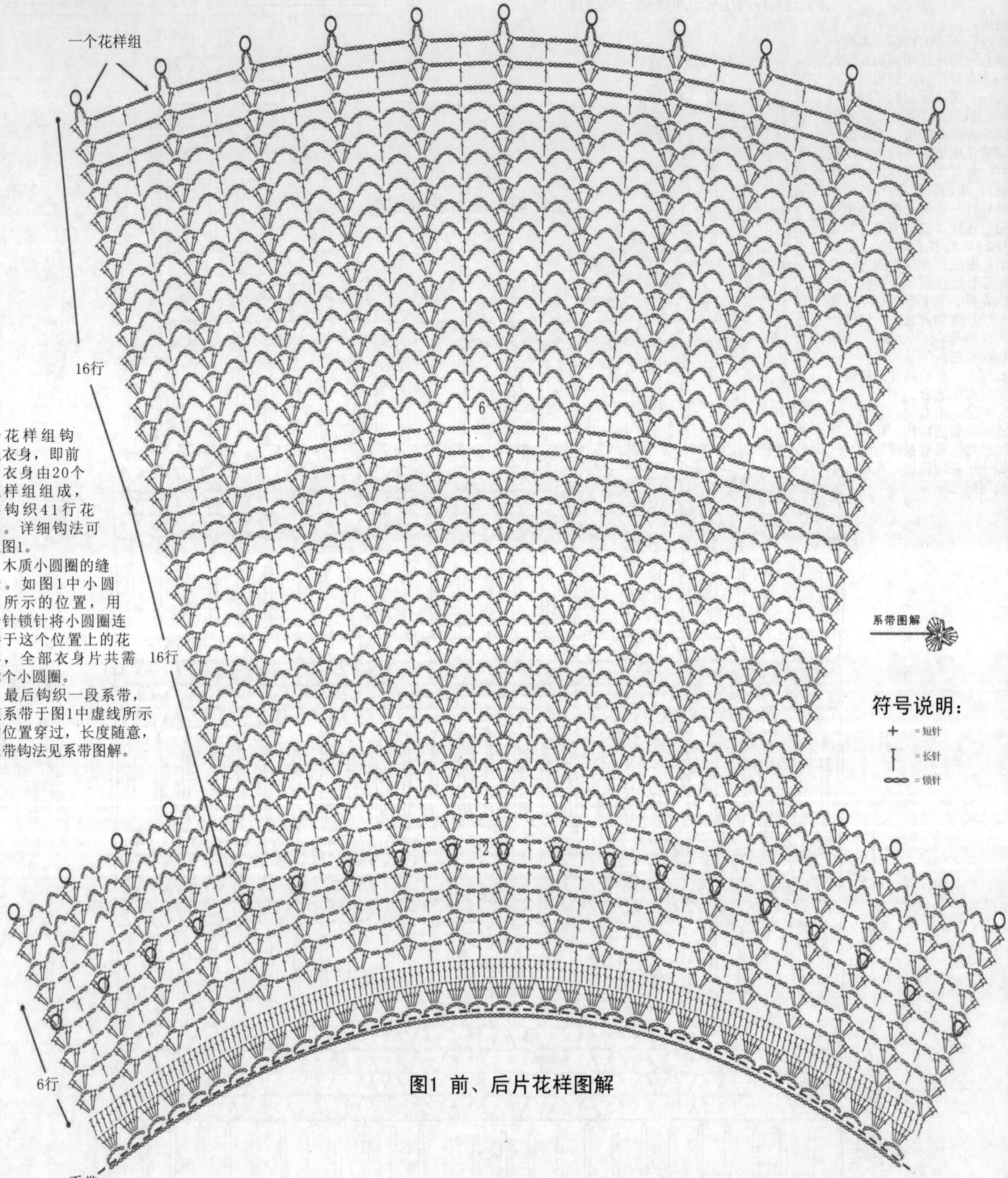

一个花样组

16行

16行

6行

系带

图1 前、后片花样图解

系带图解

符号说明：

+ ＝短针

| ＝长针

◠◠◠ ＝锁针

310

【成品规格】衣长55cm，肩宽39cm，胸围100cm
【工　　具】2.5mm钩针
【材　　料】粉紫色冰丝线300g，珠串数个

制作说明：
1.钩针编织法。圈钩或片钩均可。
2.本款小背心前后片的结构相同，所以可以圈钩。起100cm长的锁针起钩花样，按图1的方法起钩花样，前30行可以圈钩。从第31开始，将前后片分为两半钩织，每半共钩织22行，每半两侧减针钩织袖窿，共减8行。从第9行开始，将衣片从中间分开为两部分钩织，一侧不加减针钩织成袖窿，一侧减针钩织成衣领。详细减针方法见图1。
3.片钩的方法。起50cm长的锁针起钩花样，不加减针钩织30行花样，再往上钩织，钩织的方法与圈钩时钩织上部分的方法是相同的。将前后片的肩部与侧缝对应缝合。
4.花边的钩织。沿着缝合好的袖窿、衣领边钩织一层花边锁边。
5.沿着下衣摆边钩两层网眼花样，每个网眼含6针锁针，在第2层网眼时，每钩织3针锁针即与1个珠串用短针连接，每个珠串含10个珠子。另外，在衣身各个花样边散落地钉上珠粒，用作装饰。

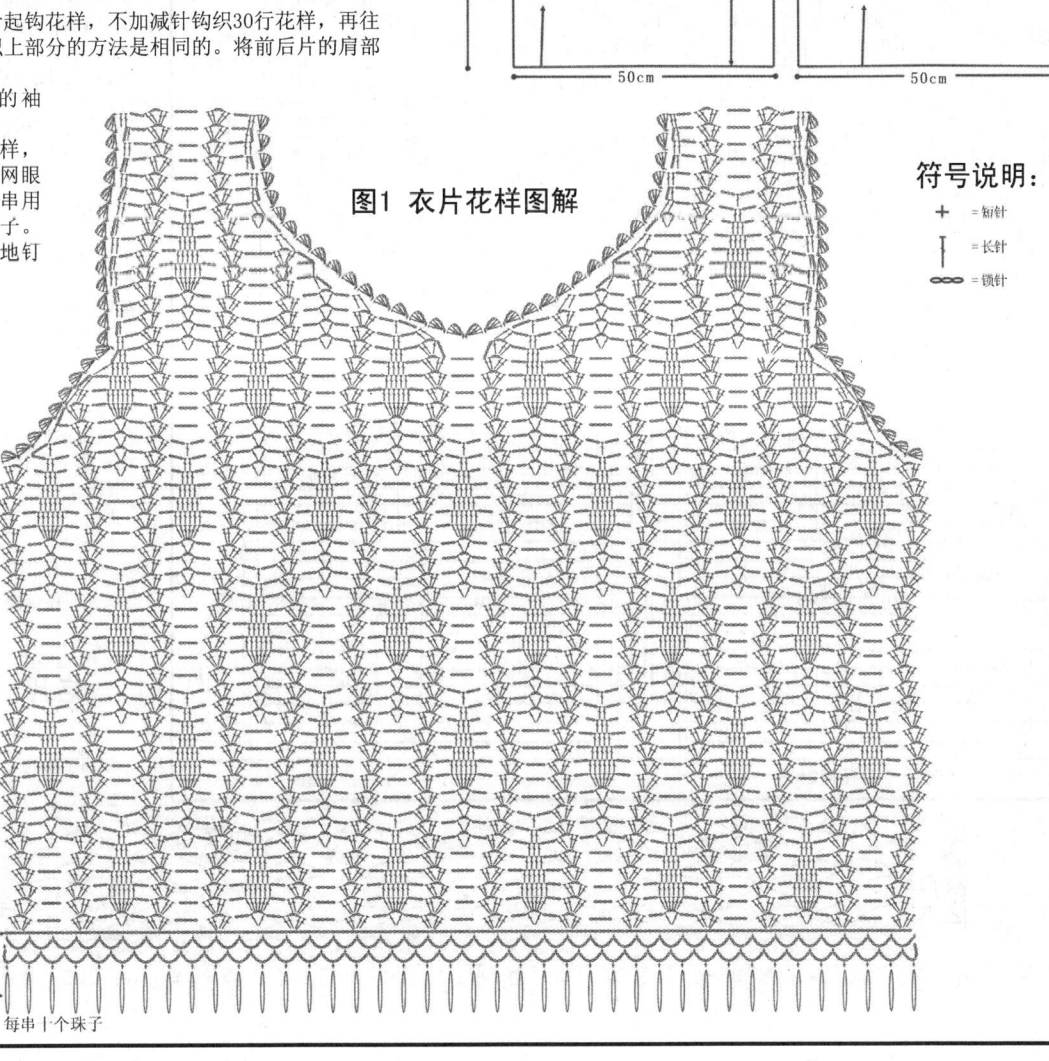

图1 衣片花样图解

前片
（2.5mm钩针）
图1图解

后片
（2.5mm钩针）
图1图解
与前片的结构是相同的

4cm　39cm　4cm　　4cm　　　4cm

14行

8行

18cm

22cm

55cm

30行

向上钩　　　　　向上钩

50cm　　　　　50cm

28cm

符号说明：
+ =短针
| =长针
∞ =锁针

每串1个珠子

311

【成品规格】衣长60cm，肩宽39cm，胸围104cm
【工　　具】2.0mm钩针
【材　　料】绿色冰丝线350g，珠子数个

制作说明：
1.钩针编织法。分为前片和后片钩织，前后片的钩法相同。
2.起52cm长的锁针起钩花样，如图1所示，先钩织花样组。花样组由3行花样组和每行2个花样组组成，按图解的行数和针数将这3行花样组钩织出来，注意两侧缝的减针部分的钩织。沿着花样组上边缘，挑针钩织长针花样组，衣身上半部分全由长针花样组形成，共3行长针，这部分有袖窿和肩带的减针变化。如图1，前7行由每行122针长针组成，这7行不加减针，从第8行开始，两侧减针钩织袖窿，减5行，往上侧不减针钩9行，最后是肩带长针花样，每行8针，共钩织10行。详细钩织方法和减针方法参照图1。
3.用相同的方法再钩织另一衣身片。将这2片的侧缝和肩部对应缝合。
4.沿着袖窿边和衣领边钩织一层花边锁边。花边图解见图1中对应位置。在花样组方块的四边钉上珠子；上半部分长针花样上，隔行、每隔5针钉上1个珠子。

符号说明：
+ =短针
| =长针
∞ =锁针

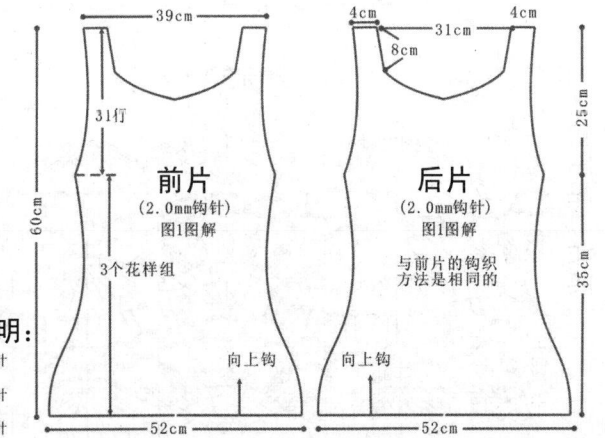

前片
（2.0mm钩针）
图1图解

3个花样组

后片
（2.0mm钩针）
图1图解
与前片的钩织方法是相同的

39cm　　　　　4cm　31cm　4cm

31行　　　　　8cm

60cm　　　　　25cm

35cm

向上钩　　　　向上钩

52cm　　　　　52cm

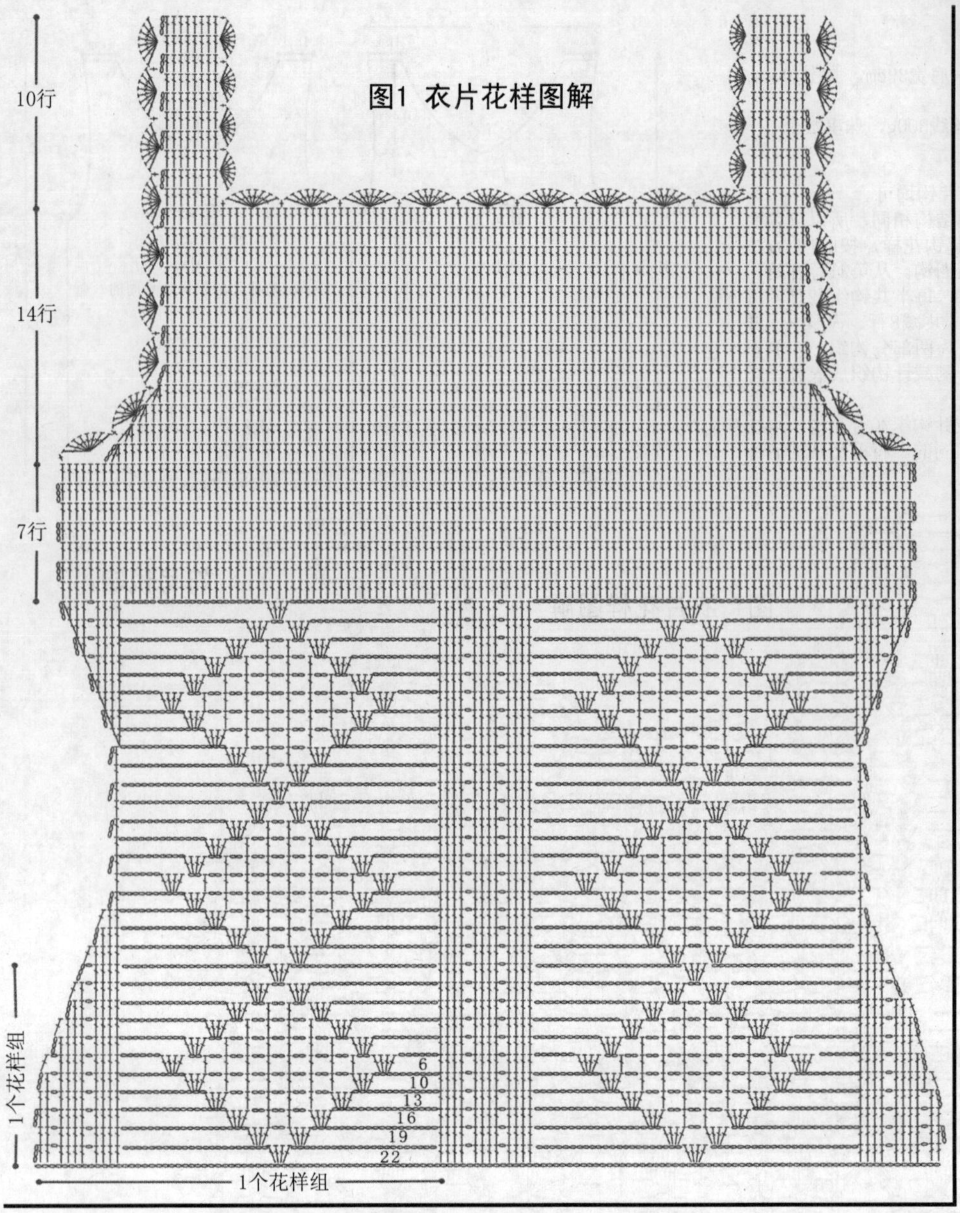

图1 衣片花样图解

10行

14行

7行

1个花样组

1个花样组

6
10
13
16
19
22

312

【成品规格】胸围88cm,
肩宽38cm,衣长60cm,
袖长14cm
【工　　具】5.0mm钩针
【材　　料】红色毛线
450g

后片:
1.用5.0mm钩针按照
后片图样起锁针,
长度为44cm,钩后
片。
2.钩31行后分袖子。
3.从第31行到第42行,袖窿缩减5cm。
4.从第48行到第50行,钩后片衣领部位,并切
断毛线。
5.按照下摆图样钩衣服下摆14行。
前片:
1.用5.0mm钩针按照前片图样从侧缝起针钩前片
两片。
2.按照下摆图样钩衣服下摆14行。
3.领口钩短针一行。
袖子:
1.用5.0mm钩针按照袖子图样从袖口起针。
2.袖子长度15行。
3.袖口钩短针一行。
整件衣服收尾:
1.连接衣服左肩部和右肩部。
2.连接衣服左侧缝和右侧缝。
3.连接袖侧缝后,把衣身和袖子连接起来。
4.在衣服领口、袖口处钩短针一行。
5.钩衣服下摆花边一行。

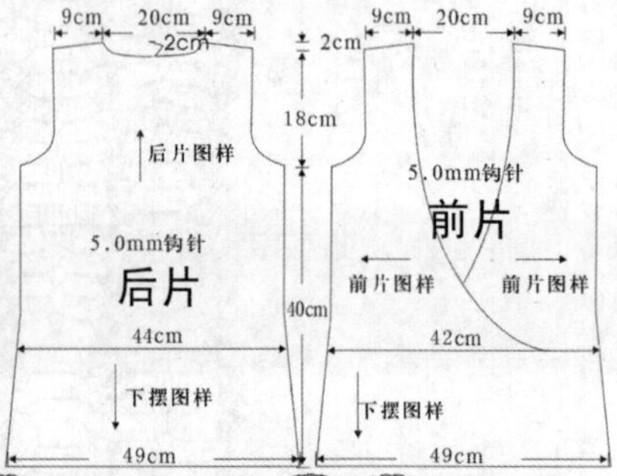

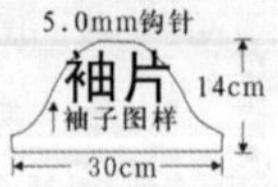

9cm　20cm　9cm　　9cm　20cm　9cm

2cm　　　　2cm

18cm

后片图样　　　　　前片图样

5.0mm钩针　　　5.0mm钩针

后片　　　　前片

前片图样　前片图样

44cm　40cm　　42cm

下摆图样　　　下摆图样

49cm　　　　49cm

前片、下摆图样

5.0mm钩针

袖片
袖子图样　14cm

30cm

符号说明:
+ = 短针　　T = 中长针
- = 锁针　　キ = 长针

30
25
20
15
5
1

下摆花边

15
10
5
1

后片、袖子图样

310

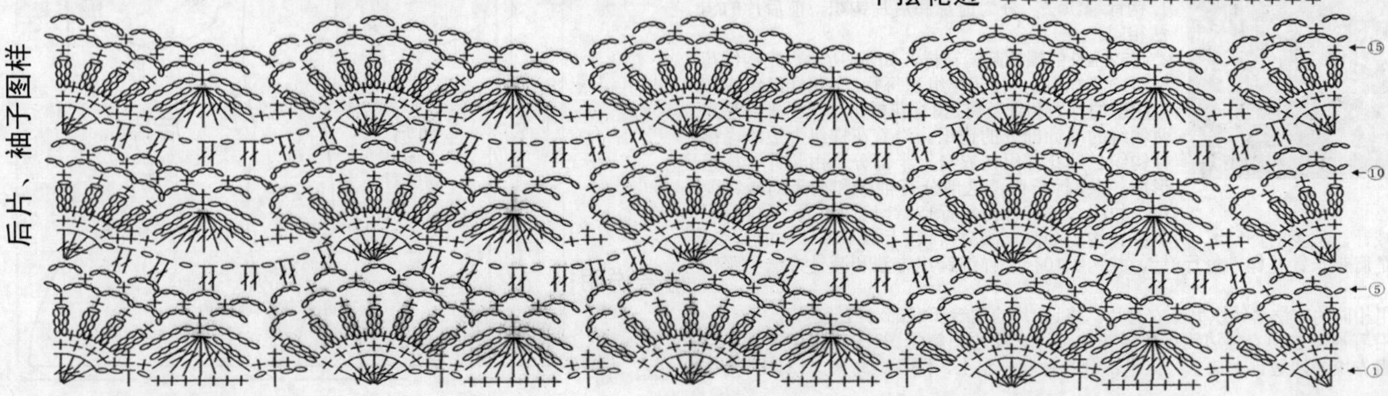

313

【成品规格】衣长72cm，肩宽42cm，袖长52cm，胸围108cm
【工　　具】2.5mm钩针
【材　　料】2股红色冰丝线300g

制作说明：

1.钩针编织法。分片钩织，前片2片，后片1片，袖片2片。

2.首先钩织后片部分。起54cm长的锁针起钩花样，共53层花样，每层22个花样，钩至第26行时开始减针钩袖窿，钩至第46行时，开始减针钩后领。钩织方法见图1。

3.再进行前片钩织。前片分为左右两片，钩织与后片相同，起14cm的锁针起钩，每层7个花样，同样为53行，详细钩织方法见图解1。同样的方法再钩织另一前片。

4.缝合。将钩织好的前后片缝合，前后片的肩部对应缝合，前后片的侧缝对应缝合。

5.衣边钩织。本款衣服的衣边钩织有一定的顺序，衣边单独钩织，首先以后片下摆和左前片下摆的长度为衣边的钩织高度，再以右前片下摆的长度为钩织高度，钩织另一段衣边。这样做的目的是可以让前片的下摆形成对称。将这两段衣边与衣身下摆缝合。接下来是后衣领与前衣襟的衣边钩织，如前片结构图，以后衣领中心为分界点，从这点至前片下摆的弯角为长度，钩织两段同样长度的衣边。将两段衣边以相反方向缝合分界边，再将其与衣领和衣襟缝合。

6.衣袖。衣袖的花样与前后片的花样相同，起20cm长的锁针起钩，钩40行，每行16个花样，按图3的方法钩织好袖山。以袖口的长度为高度，同样钩一段图4衣边，将之与袖口缝合。

图3 衣边花样图解

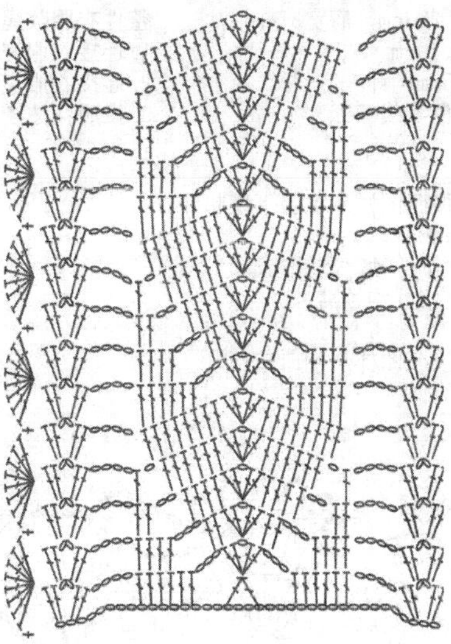

图一 前、后片花样图解

图2 袖片花样图解

袖片
图2图解40行
16个花样
图1图解
前片
图3
53行
7个花样
图3
12cm
42cm
衣边缝合（2.5mm钩针）
箭头为衣边的钩织方向
52cm
图2图解
14cm 12cm 12cm 14cm

后片
（2.5mm钩针）
图1图解
53行花样
22个花样
图3
图3
42cm
20cm
72cm
12cm
54cm

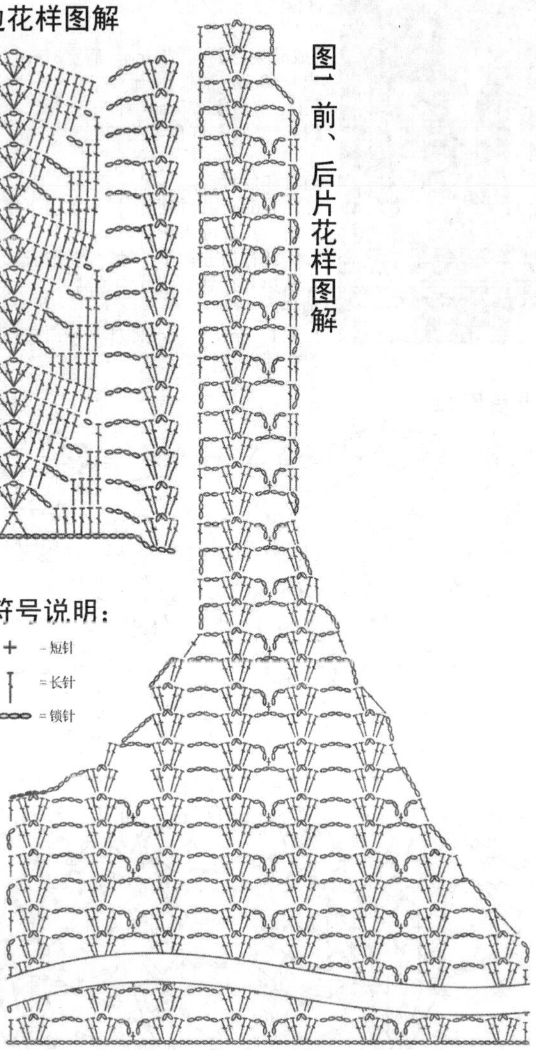

符号说明：

+ = 短针
┃ = 长针
○○○ = 锁针

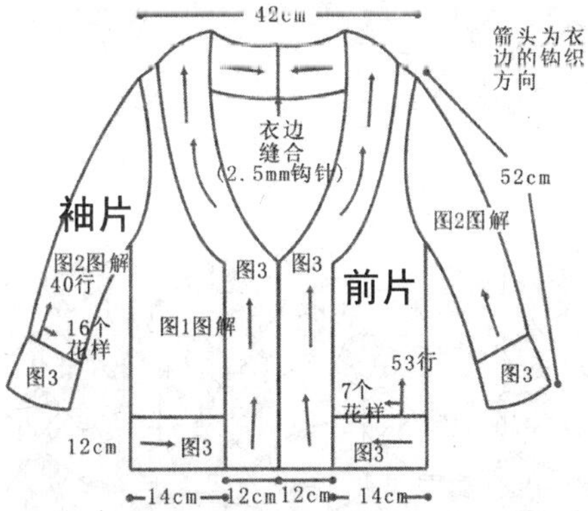

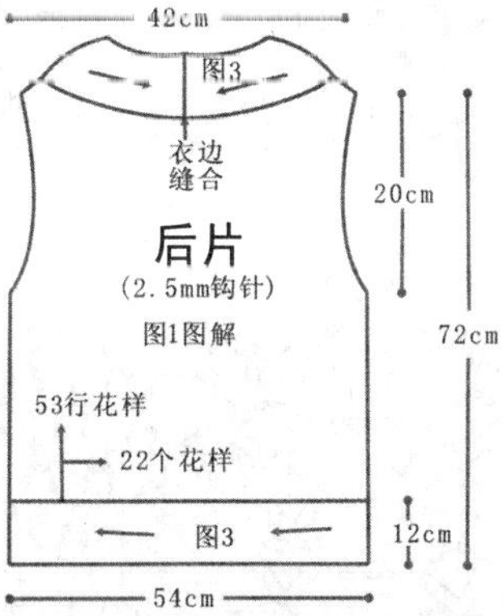

25行

311

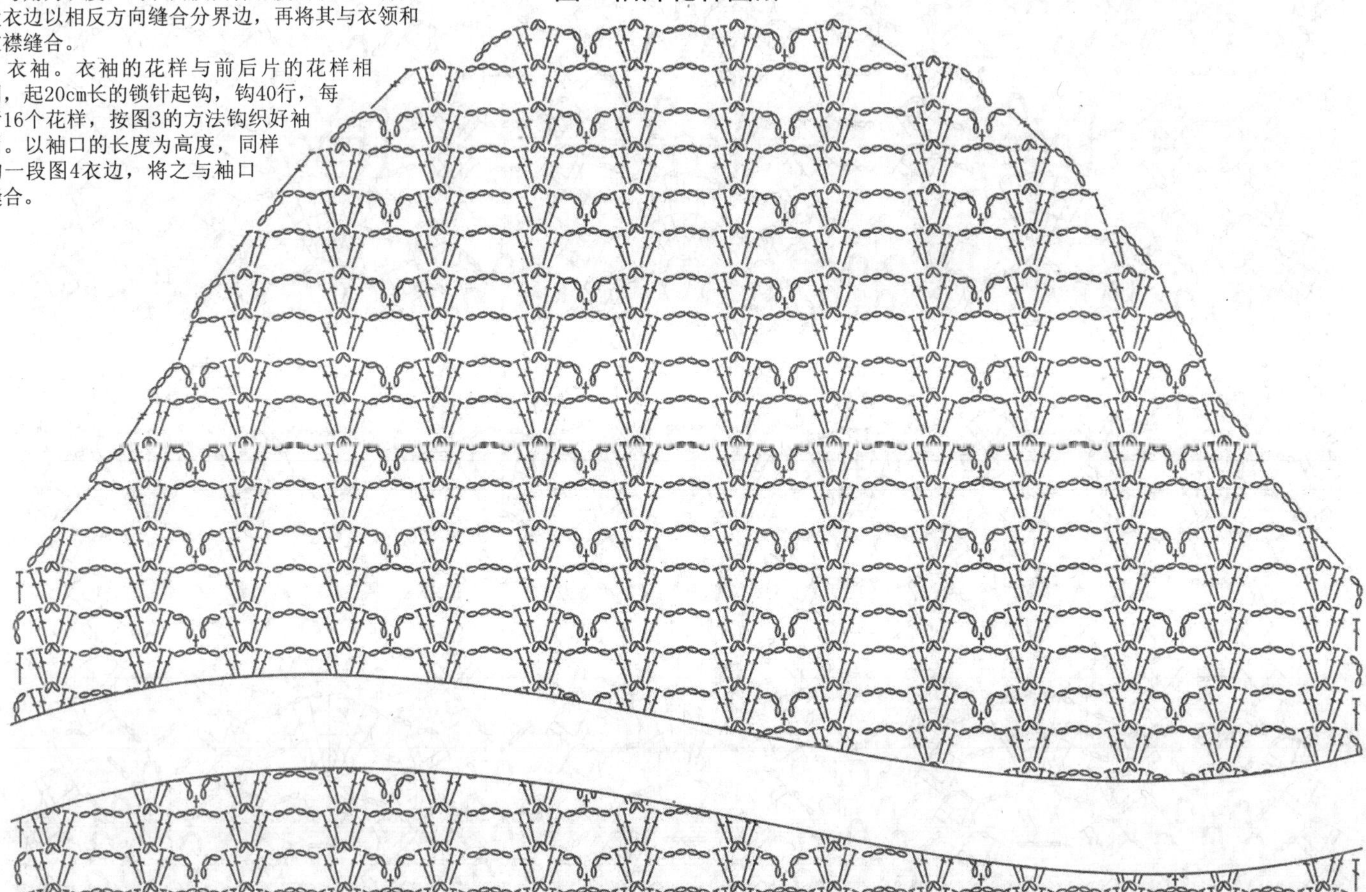

314

【成品规格】胸围88cm，肩宽37cm，
衣长50cm，袖长40cm
【工　　具】4.5mm钩针
【材　　料】红色毛线350g

前片和后片：
1. 用4.5mm钩针按照图样从衣服下摆起针。
2. 前后片长度为40行。
3. 钩28行后分袖子，袖窿减针5cm。
4. 从第40行到第42行钩领窝。

袖子：
1. 用4.5mm钩针按照图样从袖口起针。
2. 按照图样钩33行。

整件衣服收尾：
1. 连接衣服左袖山和右袖山。
2. 连接衣服左侧缝和右侧缝。
3. 按照花边图样钩衣服领口的花边。

符号说明：
+=短针　T=中长针
=锁针　F=长针

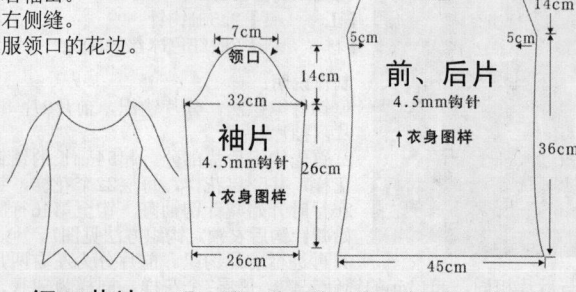

领口　7cm
32cm
袖片
4.5mm钩针
↑衣身图样
26cm
26cm

30cm　6cm
14cm
5cm　5cm
前、后片
4.5mm钩针
↑衣身图样
36cm
45cm

衣身图样

领口花边

315

【成品规格】胸围88cm，肩宽48cm，衣长56cm
【工　具】4.0mm钩针
【材　料】红色毛线450g，纽扣5颗

后片：
1. 用4.0mm钩针按照花图样钩花10个。
2. 按照拼花图样拼花4个，作为1行，再做袖子，在袖隆部分减针5cm。
3. 再拼花4个，作为1行，再做领子，再拼左右肩膀各1个。
4. 按照衣服下半身图样钩21行。

前片：
1. 用4.0mm钩针按照花图样钩花10个。
2. 按照拼花图样拼花2个，作为1行，再做袖子，在袖隆部分减针5cm。
3. 再拼花2个，作为1行，再做领子，再拼肩部1个。
4. 按照衣服下半身图样钩21行。

整件衣服收尾：
1. 连接衣服左肩部和右肩部。
2. 连接衣服左侧缝和右侧缝。
3. 拼合衣服袖子，把袖子和衣身拼合。
4. 按照花边图样钩衣服袖口、领口、下摆花边。
5. 把纽扣钉在衣服右侧门襟。

符号说明：
+ = 短针　T = 中长针
ᴜ = 锁针　ꓕ = 长针

拼花图样

花×20
图样

下半身图样

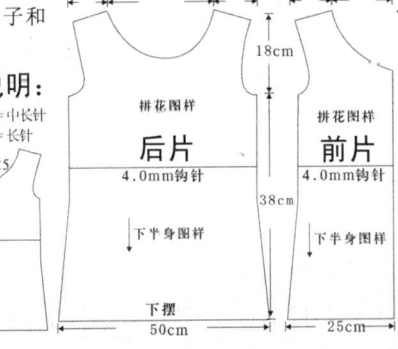

领口、袖口花边图样

后片　4.0mm钩针　下半身图样
前片　4.0mm钩针　下半身图样
纽扣×5
下摆　50cm
25cm
12cm　26cm　12cm　12cm　13cm
18cm　38cm

316

【成品规格】胸围84cm，肩宽37cm，衣长55cm
【工　具】5.5mm钩针
【材　料】红色毛线400g

后片和前片钩法：
1. 用5.5mm钩针钩24个花，并拼花。从下摆起，分3行拼花，分别为10个花、8个花、6个花。
2. 前后片胸围以下为1个整体。拼花后，按照衣身图样钩8行后分袖子。
3. 在袖隆部分，从第8行到第14行减针。
4. 领口部分，从第8行到第14行减针，切断毛线。

整件衣服收尾：
1. 连接衣服左袖山和右袖山。
2. 连接衣服左侧缝和右侧缝。
3. 钩领口、袖口花边。
4. 用锁针钩1条绳子穿在腰间。

衣服下半身
花×24做法：

切断毛线

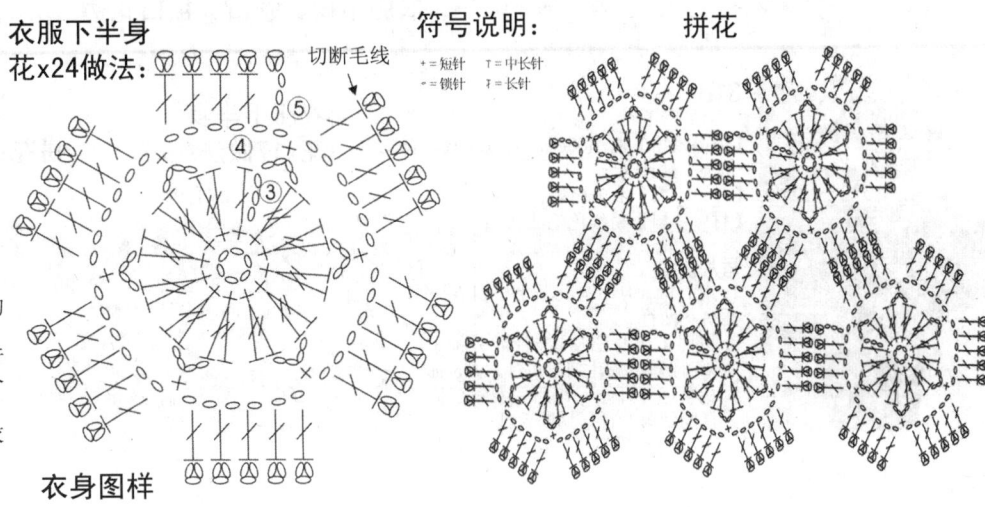

符号说明：
+ = 短针　T = 中长针
ᴜ = 锁针　ꓕ = 长针

拼花

衣身图样

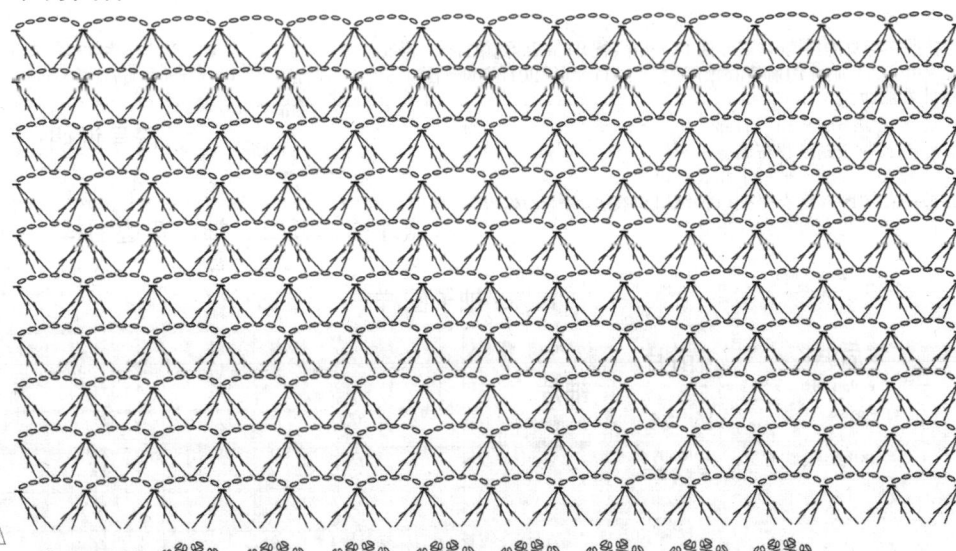

花边图样

袖子为插肩袖
前后片皆为V领
插肩袖上衣
前、后片
5.5mm钩针
衣身图样
拼花
领口
袖片
5.5mm钩针
30cm　6cm　14cm
5cm　5cm　41cm
7cm　12cm　32cm

313

317

【成品规格】胸围88cm，肩宽37cm，衣长42cm，袖长40cm
【工　　具】4.0mm钩针
【材　　料】红色毛线400g

后片
1. 用4.0mm钩针按照后片图样起针，长度为44cm，钩后片。
2. 钩23行后分袖子。
3. 从第24行到第35行，袖窿缩减5cm。
4. 从第44行到第46行，钩后片衣领部位，并切断毛线。
5. 在右侧衣领部位，第44行重新起针连接毛线钩到第46行。

前片：
1. 用4.0mm钩针按照前片图样钩23行后分袖子。
2. 袖窿位置缩减5cm。
3. 从第24行到第46行，钩前片领子，并切断毛线。
4. 在右侧衣领部位，第24行重新起针连接毛线钩到第46行。

袖子：
1. 用4.0mm钩针按照袖子图样从袖口起针。
2. 袖子长度为40行。

整件衣服收尾
1. 连接衣服和肩部和右肩部。
2. 连接衣服左侧缝和右侧缝。
3. 连接袖侧缝后，把衣身和袖子连接起来。
4. 钩衣服下摆、袖口和领口花边。

符号说明：
+＝短针　T＝中长针
＝锁针　T＝长针

后片、袖子图样

前片图样
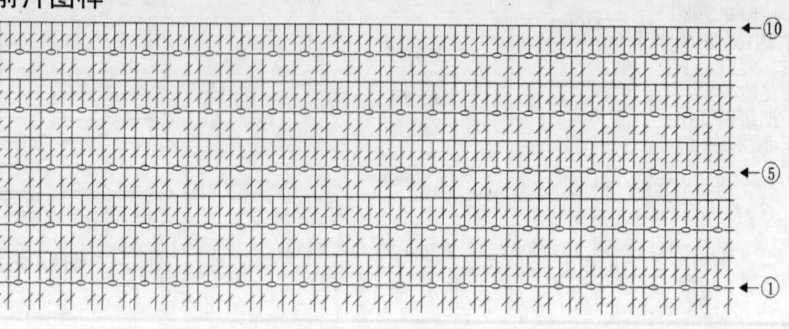

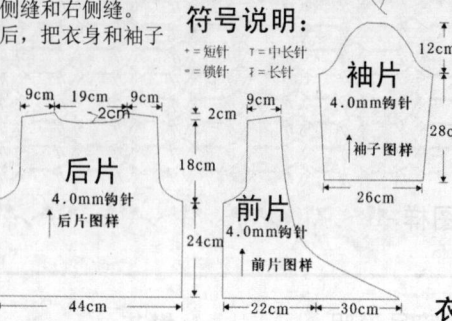

衣服下摆、领口、袖口花边

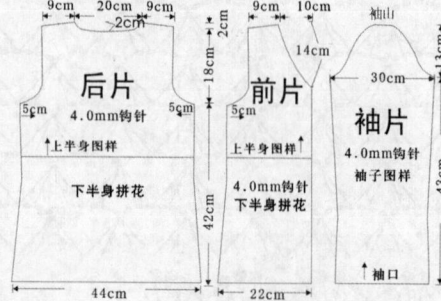

318

【成品规格】胸围88cm，肩宽38cm，衣长60cm，袖长56cm
【工　　具】4.0mm钩针
【材　　料】粉红色毛线400g

后片
1. 用4.0mm钩针钩衣服下半身花9个，并拼花两行。
2. 按照上半身图样钩6行后分袖子，从第7行开始减针到第11行，减5cm。
3. 从第18行开始，钩后片衣领部位，一直钩到第20行，切断毛线。
4. 在右侧衣领部位，第18行重新起针连接毛线钩到第20行。

前片：
1. 用4.0mm钩针钩衣服下半身花8个，并拼花两行。
2. 按照上半身图样钩6行后分袖子，从第7行开始减针到第11行，减5cm。
3. 从第9行开始，钩前片衣领部位，一直钩到第20行切断毛线。

整件衣服收尾
1. 连接衣服左肩部和右肩部。
2. 连接衣服左侧缝和右侧缝。
3. 拼合衣服袖子，把袖子和衣身拼合。
4. 按照花边图样钩衣服袖口、领口和衣服外围花边。
5. 把纽扣钉在衣服右侧门襟上。

衣服下半身
花x17做法：

拼花：
前片左右各4个

| 1 | 2 | | 5 | 6 |
| 3 | 4 | | 7 | 8 |

后片9个

| 9 | 10 | 11 | 12 |
| 13 | 14 | 15 | 16 | 17 |

上半身图样

衣服外围、领口、袖口花边图样

袖子图样

符号说明：
+＝短针　T＝中长针
＝锁针　T＝长针

纽扣x2
的做法：
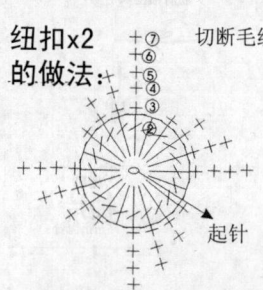
切断毛线
起针

319

【成品规格】胸围88cm，肩宽37cm，衣长52cm，
袖长50cm
【工　　具】4.0mm钩针
【材　　料】米色毛线250g，褐色毛线350g

后片：
1. 用4.0mm钩针按照后片图样起针，长度为44cm，钩后片。
2. 钩34行后分袖子。
3. 从第34行到第45行，袖隆缩减5cm。
4. 第56行到第60行钩后片衣领部位，并切断毛线。
5. 在右侧衣领部位，第56行重新起针连接毛线钩到第60行。

前片：
1. 用4.0mm钩针钩大花图样2个，小花图样4个。
2. 图样2钩27行，与大花相合并。
3. 钩图样1钩5行，拼花4个，再钩图样15行。
4. 左边图样2钩17行，右边大花一个，袖隆缩减5cm。

袖子：
1. 用4.0mm钩针按照袖子图样从袖口起针。
2. 袖子长度钩52行。

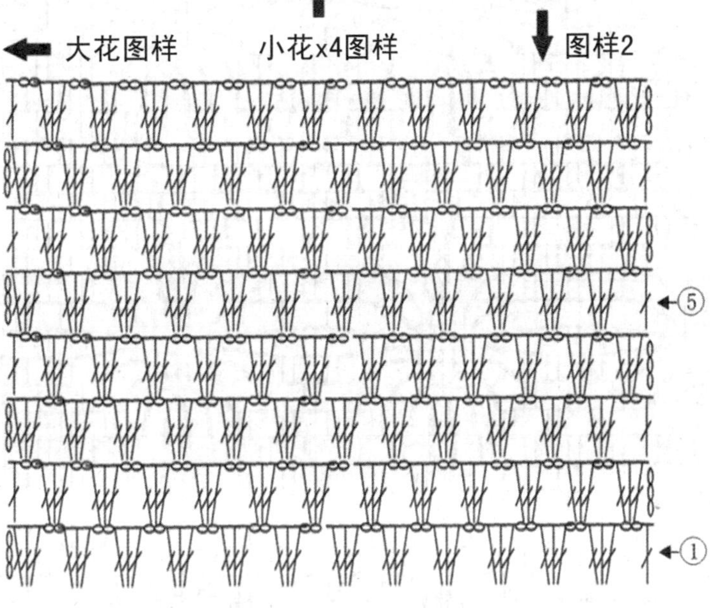

符号说明：

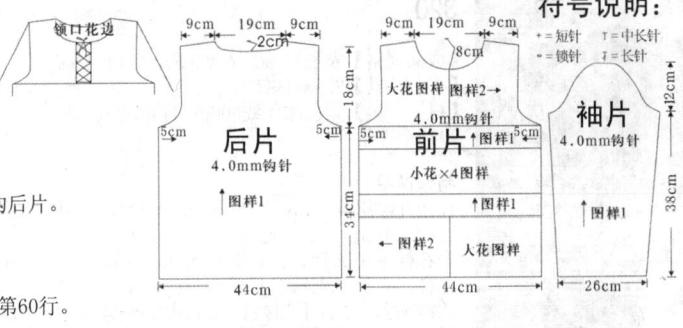

整件衣服收尾：
1. 连接衣服左肩部和右肩部。
2. 连接衣服左侧缝和右侧缝。
3. 连接袖侧缝后，把衣身和袖子连接起来。
4. 钩衣服下摆、袖口和领口花边。
5. 领口钩锁针带子系上。

大花图样　　　　小花x4图样　　　　图样2

前片、后片、袖子图样1

衣服领口、袖口、下摆花边

315

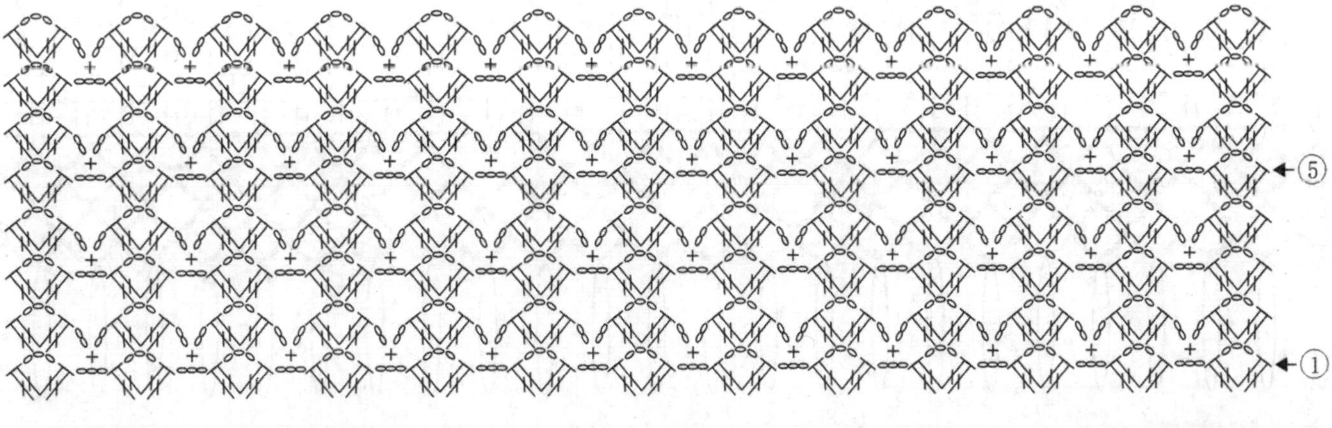

320

【成品规格】衣长57cm，衣宽52cm，肩宽42cm
【工　　具】2.5mm钩针
【材　　料】紫色冰丝线300g；珠串50串，每
串14个珠子

制作说明：
1.钩针编织法。以圈钩的方法，前后片的结构相同。
2.起104cm长的锁针起钩花样，如图1所示，每层花样由10个花样组组成，每个花样组由24针、12行花样组成。圈钩2层花样组，再加钩4层花样，共28层花样，之后将衣服对折成两半，每半分片往返钩织。两侧减针钩织袖窿边，共减5行，之后不加减针往上钩织至第38行，第39行将衣服两侧各留8个花样，继续钩织，内侧减针钩织成衣领；外侧不加减针，往上钩织至50行。用同样的方法再钩织另一边。用同样的方法再钩织另一身片。最后将肩部对应缝合，即完成衣身的钩织。沿着前、后衣领边与袖窿边，各钩织一层长针锁边。在这层长针上，钉上珠粒装饰。在衣身的方块花样锁针和短针上，也钉上珠粒装饰。详细钩织方法见图1。
3.衣摆的钩织。沿着衣身下摆往下钩织网眼结构，共4行，在第4行时，钩织锁针至中段时，连接一串珠串。

前片
(2.5mm钩针)
图1图解
向上钩

后片
(2.5mm钩针)
图1图解
与前片结构相同

42cm
12行
10行
22cm
35cm
28行
52cm

8cm　26cm　8cm
57cm
52cm

图1 前、后片花样图解

符号说明：

+ =短针

| =长针

∞ =锁针

50

42

39
38

33

28

321

【成品规格】胸围88cm，肩宽38cm，衣长54cm，袖长20cm
【工　　具】4.0mm钩针
【材　　料】褐色毛线300g，纽扣4颗

后片：
1. 用4.0mm钩针钩锁针，长度为40cm。
2. 按照后片上半身图样钩28行后，钩后片衣领，一直钩到第42行，切断毛线。
3. 在袖隆部分减针5cm。
4. 钩化6个，拼花1行。
5. 按照衣服下半身图样钩14行。

前片：
1. 用4.0mm钩针钩锁针，长度为20cm。
2. 按照前片上半身图样钩前片。
3. 在袖隆部分减针5cm。
4. 钩化6个，左右边各拼花3个。
5. 按照衣服下半身图样钩14行。

整件衣服收尾：
1. 连接衣服左肩部和右肩部。
2. 连接衣服左侧缝和右侧缝。
3. 拼合衣服袖子，把将袖子和衣身拼合。
4. 按照化边图样钩衣服袖口、领口花边。
5. 把纽扣钉在衣服右侧门襟上。

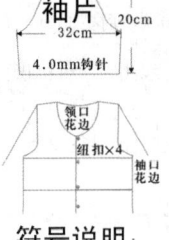

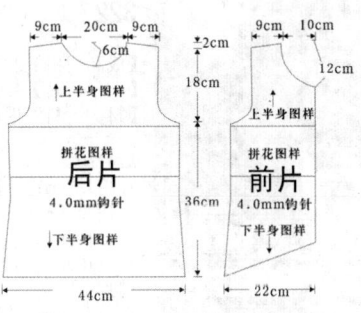

符号说明：
＋＝短针　　T＝中长针
＝锁针　　T＝长针

花x12图样

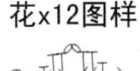
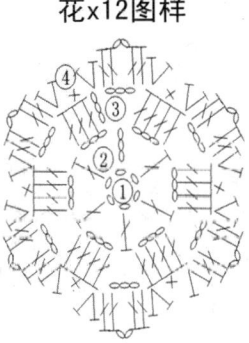
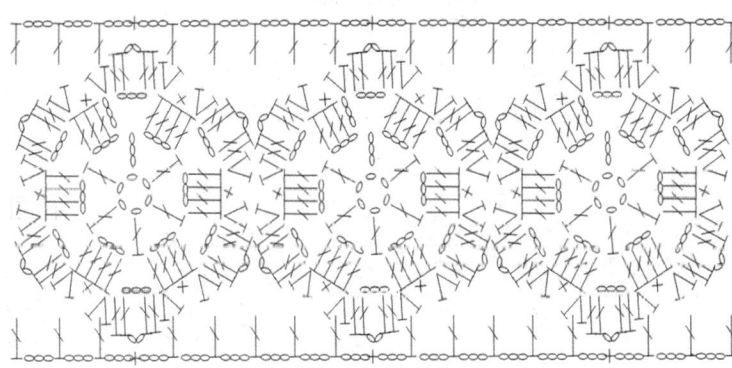

领口、袖口花边图样

上半身、袖子图样

下半身图样

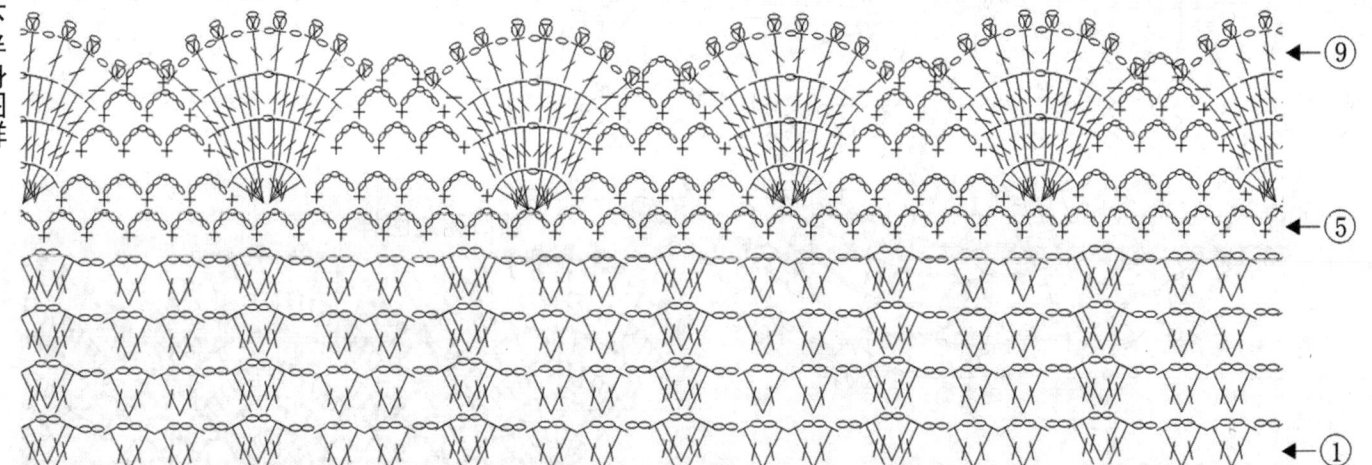

322

【成品规格】胸围90cm，肩宽38cm，衣长42cm，袖长20cm
【工　　具】4.0mm钩针
【材　　料】褐色毛线400g，纽扣4颗

后片：
1. 用4.0mm钩针钩花图样，拼花3个。
2. 按照图样钩12行。
3. 在袖隆部分减针5cm。
4. 拼花5个，后领窝深3cm。

前片：
1. 用4.0mm钩针钩花6个，左右前片各拼花3个。
2. 按照图样钩花边6行。
3. 在袖隆部分减针5cm。
4. 钩领口花边7行。

整件衣服收尾：
1. 连接衣服左肩部和右肩部。
2. 连接衣服左侧缝和右侧缝。
3. 钩衣服袖子18行，把袖子和衣身拼合。
4. 钩衣服袖口、领口和下摆花边。
5. 把纽扣钉在衣服右侧门襟。

符号说明：
+=短针　T=中长针
=锁针　F=长针

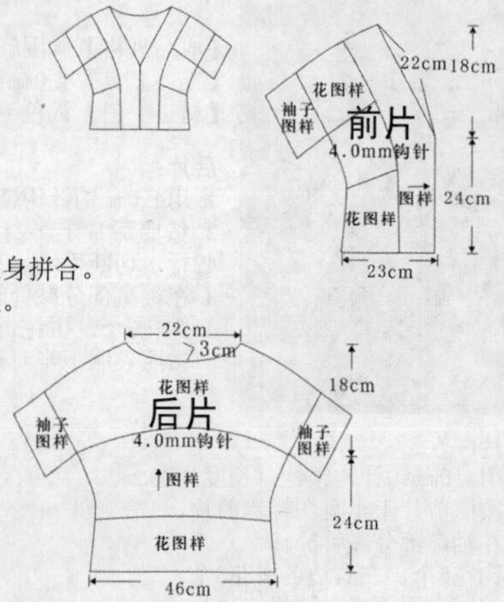

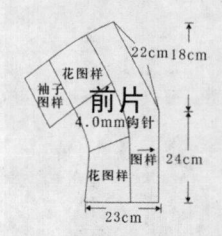

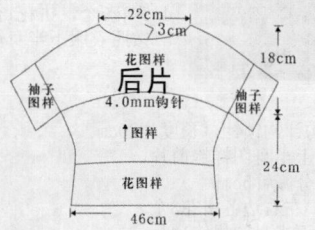

图样

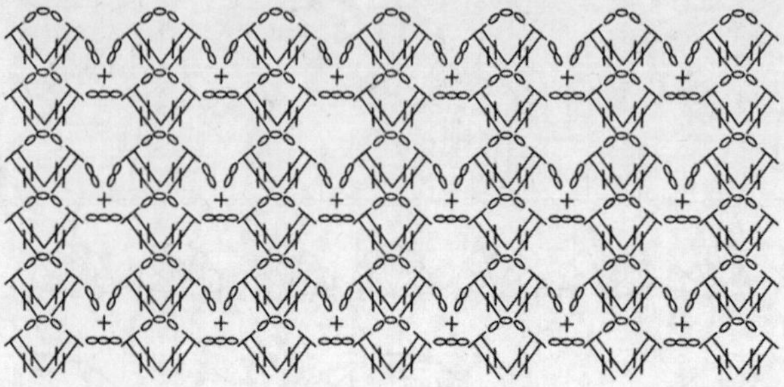

袖子图样

花图样

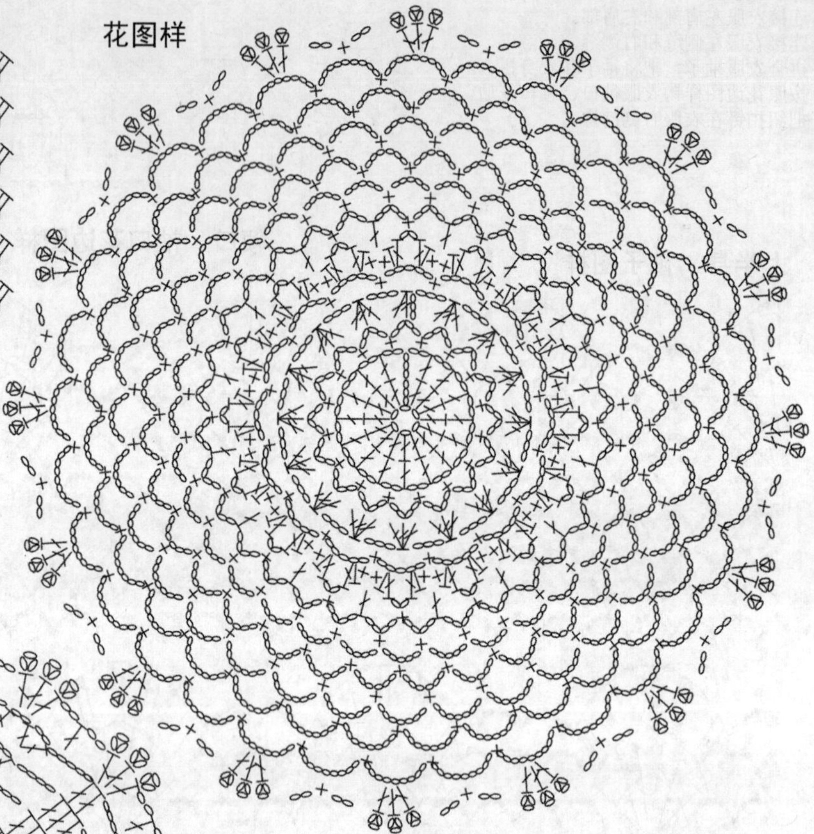

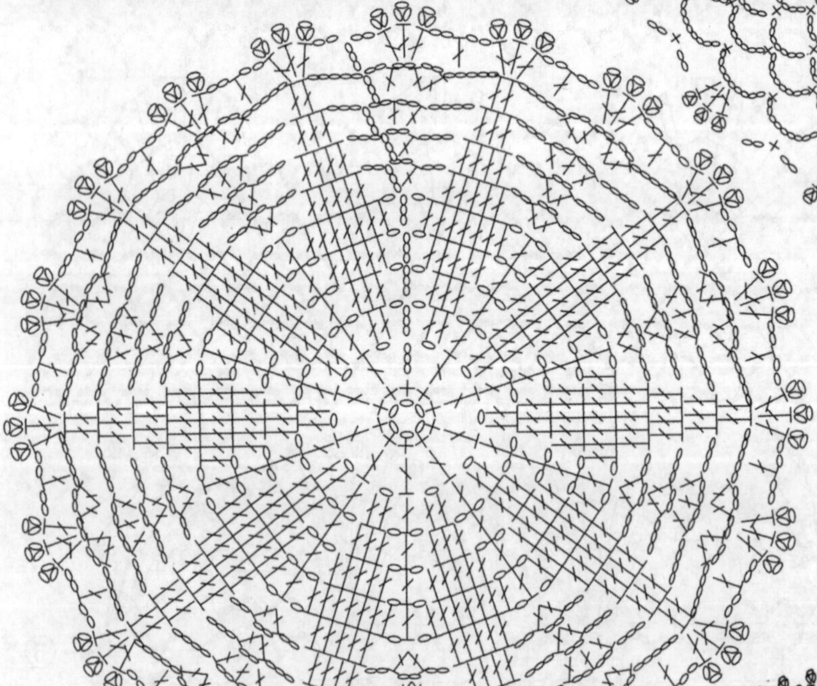

袖口、下摆图样

领口花边图样

323

【成品规格】胸围90cm，
肩宽37cm，衣长68cm，
袖长14cm
【工　　具】4.0mm钩针
【材　　料】褐色毛线
450g，白色毛线100g
后片：
1. 用4.0mm钩针按照
后片图样钩42行后分
袖子。
2. 在袖窿部位缩减5cm。
3. 从第56行到第58行，钩
后片衣领部位，后领窝深2cm。

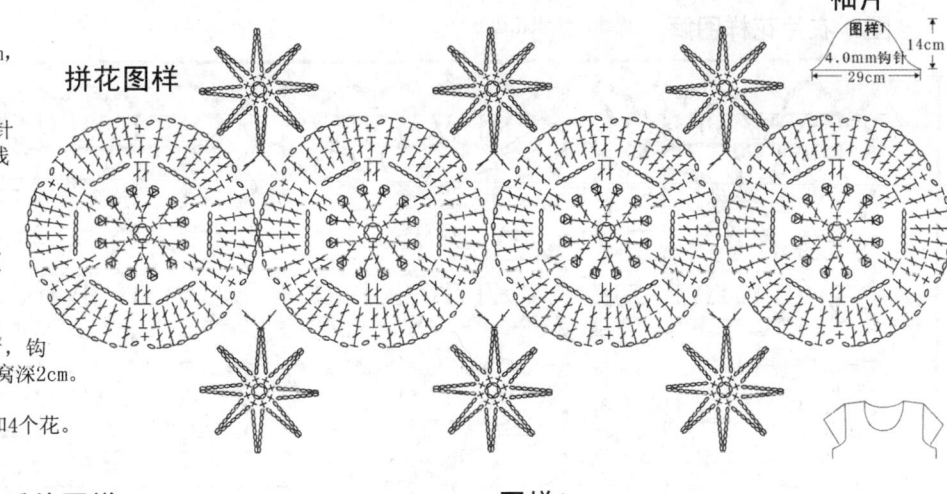

袖片

图样1

4.0mm钩针

14cm

29cm

拼花图样

前片：
1. 用4.0mm钩针钩花7个，按照拼花图样拼3个花和4个花。
2. 在拼3个花的基础上，按照图样1钩7行分
领子，再钩到22行，在袖窿部位缩减5cm。
3. 按图样2钩6行，按图样3钩5行。
4. 钩下摆花边。
5. 按照图样2钩领口花边。
袖子：
1. 用4.0mm钩针按照拼花图样从袖口起针。
2. 袖子长度为4行拼花。
整件衣服收尾：
1. 连接衣服左肩部和右肩部。
2. 连接衣服左侧缝和右侧缝。
3. 连接袖侧缝后，把衣身和袖子连接起来。
4. 钩衣服下摆、袖口及领口花边。

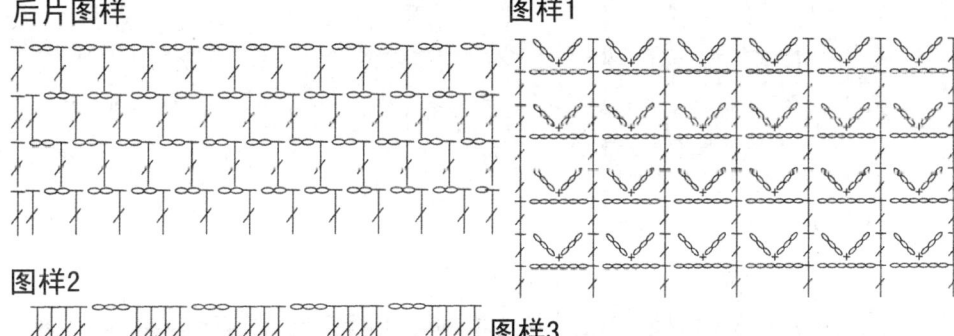

后片图样

图样1

图样2

图样3

下摆花边

后片
4.0mm钩针

9cm 19cm 9cm

18cm

45cm

5cm 5cm

50cm

后片图样↑

图样2↑

50cm

前片
4.0mm钩针

9cm 19cm 9cm

2cm

9cm

45cm

5cm 5cm

拼花图样

图样1↑

图样2↑

拼花图样

↓图样3

50cm

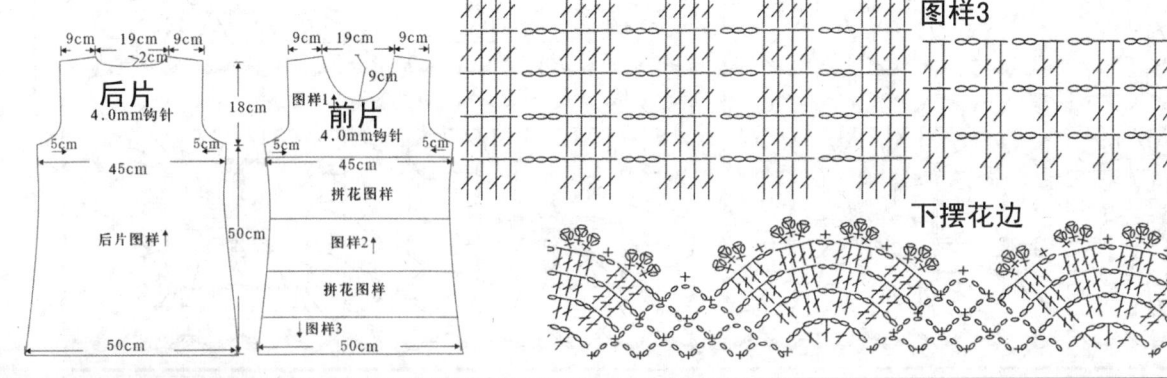

324

【成品规格】衣长48cm，肩宽42cm，
袖长52cm，衣宽52cm
【工　　具】3.0mm钩针
【材　　料】4股土黄色纯棉线250g

制作说明：
1. 钩针编织法，衣身
由单元花组合，两衣
袖由数层花样钩织，
衣袖行数与衣身对应
片由16个单元花组成，
横向4个，纵向4个，没
有不完整单元花，按图

1方法拼接。如图1所示，沿着图中对折线对折后，
两侧形成的孔为袖窿，将单元花的两个角对应连
接，即成袖孔，同样方法再连接另一端的两个角。
3. 完成衣身的拼接与连接后，这一步钩衣边，如图
1，图中虚线部分所示的边为钩织衣边的边，沿着
这些虚线所示的位置，钩织图2衣边花样。如图2，
中间2行花样为后衣领的花样，其他6行花样为前衣
襟、后衣下摆的花样，最后沿这些衣边钩一层花
样。
4. 小外套的衣袖从肩部起钩，起8cm长的锁针起钩
花边，图解为图3图解，袖山部分共6行花样，袖身
为14行花样，袖身每行有12个花样。最后在袖口钩
一层花边。
5. 将两衣袖片与衣身片的袖窿对应缝合。

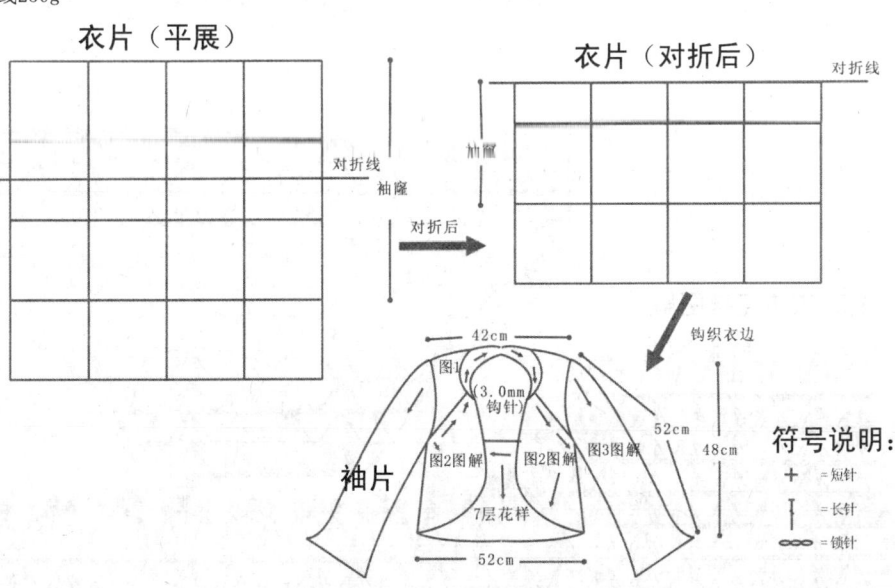

衣片（平展）

衣片（对折后）

对折线

对折线

袖窿

加宽

对折后

钩织衣边

袖片

42cm

图1

（3.0mm
钩针）

图2图解　图2图解　图3图解

7层花样

52cm

48cm

52cm

符号说明：

十　= 短针

｜　= 长针

∞∞∞ = 锁针

图1 衣片花样图解 （虚线：钩织花边）

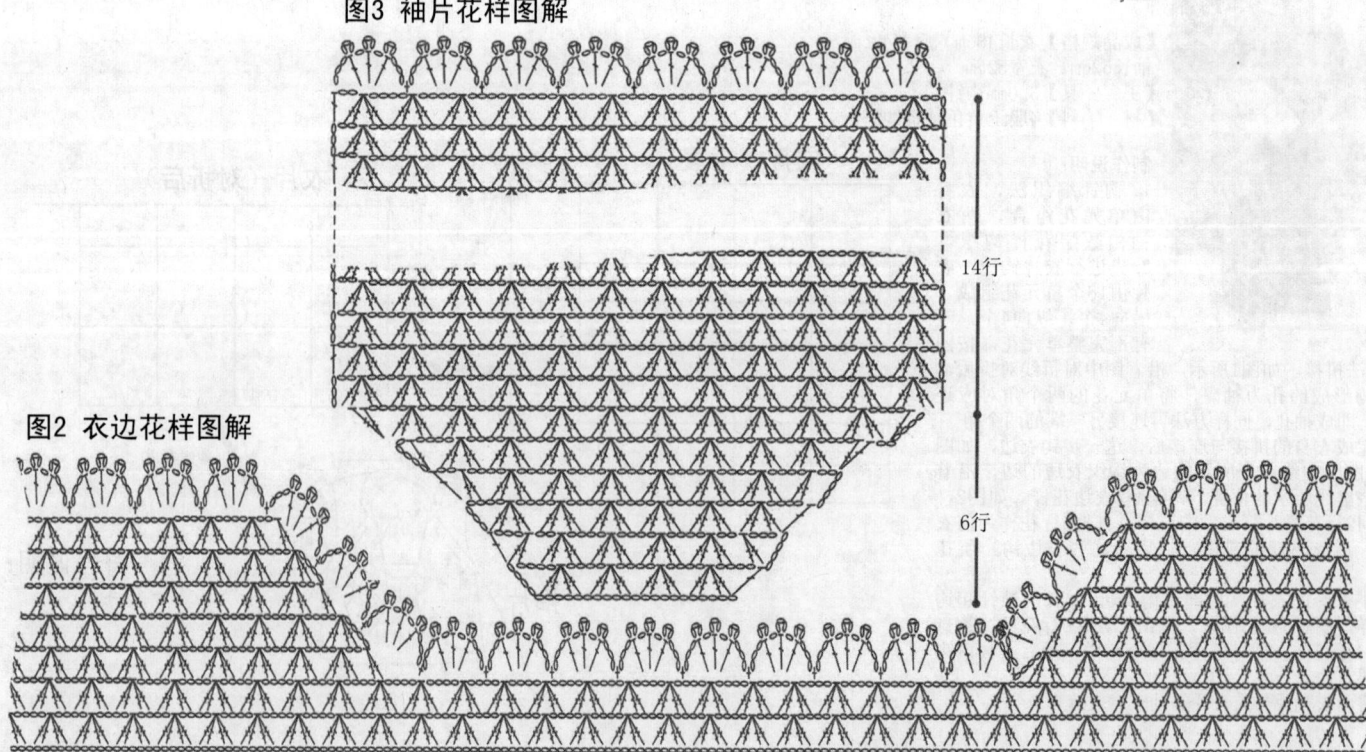

对折

袖窿

袖窿

（虚线：钩织花边）

图3 袖片花样图解

14行

6行

图2 衣边花样图解

325

【成品规格】衣长70cm，衣宽48cm

【工　　具】2.5mm钩针，10号棒针

【材　　料】普通细绒线2线1股400g

制作说明：

1. 棒针与钩针相结合编织，衣身用棒针编织法，衣袖与衣摆花边用钩针编织法。

2. 首先编织衣身部分。如结构图A所示，用棒针编织法，用下针起针法，起30针，拉丝部分，持针这边绕四圈就可以形成，按照图1图解，编织单罗纹针，下针为扭针。共编织94行，最后收针。

3. 缝合。将第2步织好的织片对折，如图C，从中心算起17cm，这部分不缝合，余下缝合至边缘，两侧方法相同。

4. 钩衣袖部分。就第3步中留出的17cm，一圈即34cm，按图3花样图解钩织。花样高度12cm。

5. 钩衣摆花边部分。如图D，环绕缝合成的下摆，按图2花样图解钩织，花样高度10cm。

织上针前，先缠绕棒针绕4圈再织上针，就可以得出拉丝的样式　　图1 花样图解

图2 花样图解

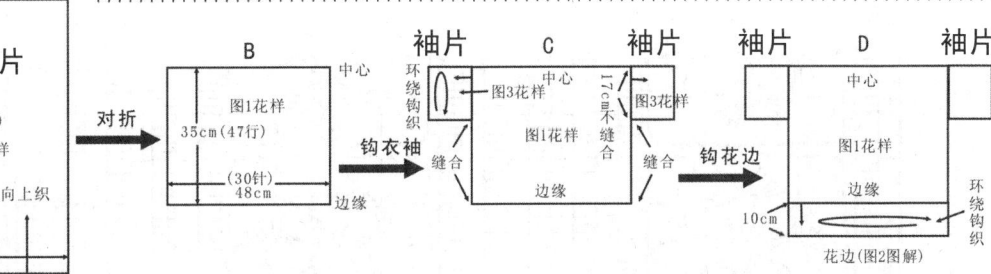

图3 花样图解

符号说明：

- ＋ ＝短针
- │ ＝长针
- ∞ ＝锁针
- ♀ ＝扭针
- ＝ ＝上针
- ▽ ＝狗牙针
- ⬯ ＝蜜枣针

A 衣片

70cm（94行）

图1花样

向上织

（30针）
48cm

对折 →

B

中心

35cm（47行）

图1花样

（30针）
48cm

边缘

钩衣袖 →

C 袖片　袖片

环绕钩织　图3花样　中心　图3花样

图1花样　17cm不缝合

缝合　边缘　缝合

钩花边 →

D 袖片　袖片

中心

图1花样

边缘

10cm　环绕钩织

花边（图2图解）

326

【成品规格】衣长48cm，肩宽42cm，袖长42cm，衣宽54cm

【工　　具】2.5mm钩针

【材　　料】黄色细冰丝线250g

制作说明：

1. 钩针编织法。本款小外套分5片钩织，后片1片，前片2片，衣袖片2片。

2. 先钩织后片。后片由单元花和数层花样组合而成。首先将单元花钩织出来，参考图2图解中的单元花图解。后片共由18个单元花组成，每6个单元花拼接成一列，每列之间由5层花样相间，详细图解见图2。按图解钩织好袖窿和后衣领减针部分。

3. 再钩织前片。前片分为2片编织，每片由一列单元花和数层花样组成。具体钩法见图1图解，按图解钩织好衣领和袖窿的减针部分。

4. 钩织两衣袖片。按图解3的方法钩织好两衣袖。

5. 缝合。先将两前片的肩部缝合，再缝合侧缝，最后将两衣袖片缝合到袖窿上。

6. 最后一步钩织花边。沿缝合好的衣服的各条边钩织花边，即前衣领、后衣领、前衣襟、衣摆边和后片衣摆边，花边的图解见图1、图2、图3中各花边图解。

图3 袖片花样图解

符号说明：

- ＋ ＝短针
- │ ＝长针
- ∞ ＝锁针

42cm

16cm　后片　16cm

（2.5mm钩针）
图2图解

54cm

42cm

42

图3　16cm

前片　图3图解

（2.5mm钩针）
图1　图3图解

54cm

袖片

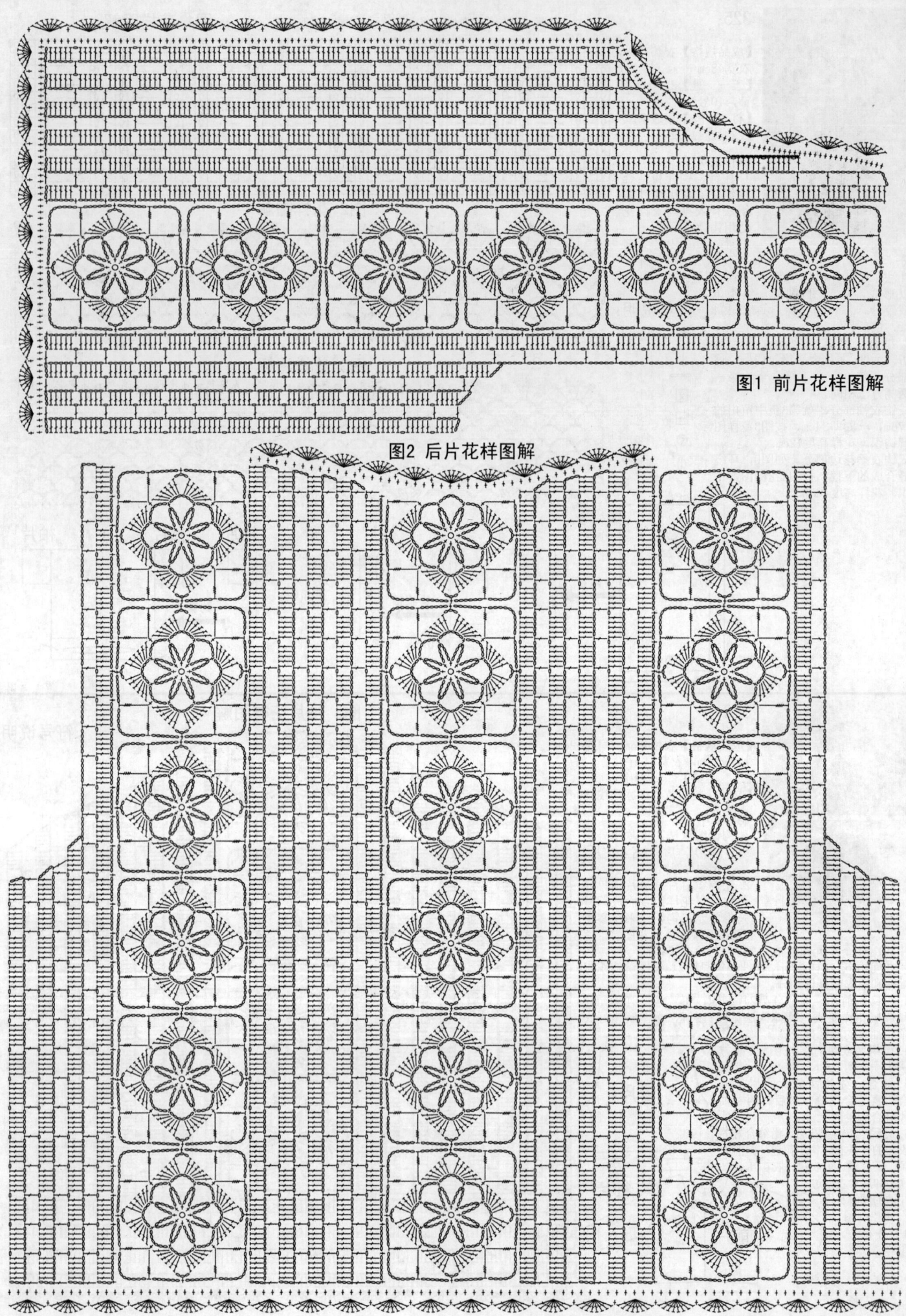

图1 前片花样图解

图2 后片花样图解

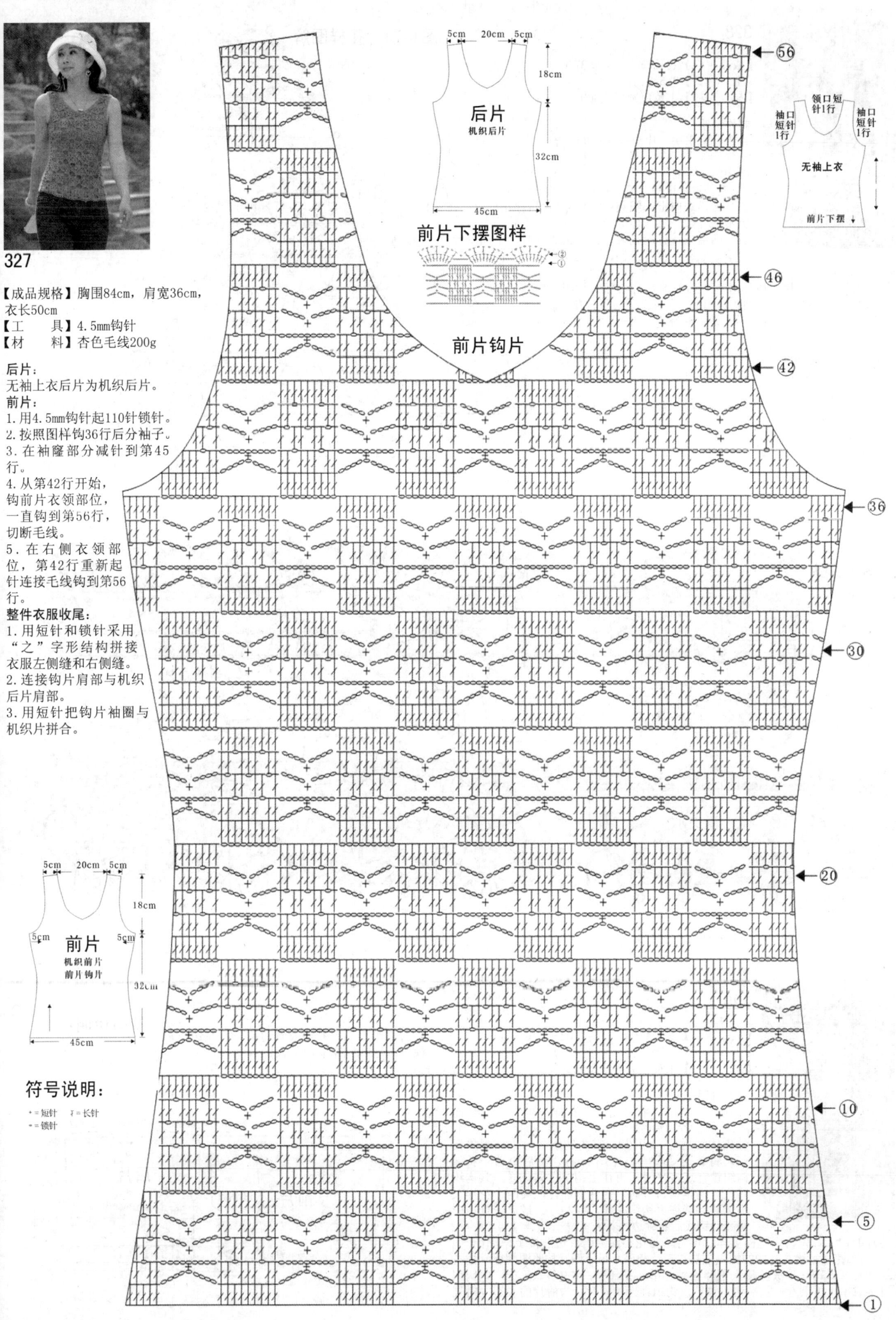

327

【成品规格】胸围84cm，肩宽36cm，衣长50cm
【工　　具】4.5mm钩针
【材　　料】杏色毛线200g

后片：
无袖上衣后片为机织后片。
前片：
1.用4.5mm钩针起110针锁针。
2.按照图样钩36行后分袖子。
3.在袖窿部分减针到第45行。
4.从第42行开始，钩前片衣领部位，一直钩到第56行，切断毛线。
5.在右侧衣领部位，第42行重新起针连接毛线钩到第56行。

整件衣服收尾：
1.用短针和锁针采用"之"字形结构拼接衣服左侧缝和右侧缝。
2.连接钩片肩部与机织后片肩部。
3.用短针把钩片袖圈与机织片拼合。

后片
机织后片

前片下摆图样

前片钩片

无袖上衣
领口短针1行
袖口短针1行　　袖口短针1行

前片下摆

前片
机织前片
前片钩片

符号说明：
+ = 短针　　ĺ = 长针
∘ = 锁针

323

328

【成品规格】衣长55cm，肩宽37cm
【工　　具】2.5mm钩针
【材　　料】土黄色圆棉线300g

制作说明：
1. 钩针编织法。片钩与单元花结合。
2. 先钩织单元花。不分前后片，将10个单元花一一拼接，按照结构图所示的位置拼接成串。在第2行单元花之前，钩织花样B填充平直，这样，单元花A与花样B的拼接就形成一方块长条，再沿边向上钩织数层花样，钩织4行花样B，按图1所示的针数，将花样分为前后片钩织。先钩织后片，后片两侧减针钩织袖窿，钩至第22行时，中间减针钩织后衣领；前片一侧减针钩织袖窿，一侧减针钩织衣领，详细钩法见图1。
3. 将钩织好的前后片的肩部缝合，沿着前后片衣领，钩织一层花边锁边，花边的详细钩法见图1的花边图解。单元花的边不钩花边。
4. 最后钩两段系带，系带的钩法见系带图解，长度随意。

图1 前片花样图解

符号说明：
+ =短针
| =长针
 =锁针
系带图解

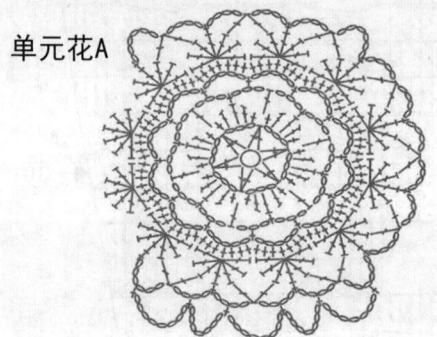

单元花A

花样B

前片
(2.5mm钩针)
图1图解

后片
(2.5mm钩针)
花样B

22cm
33cm
37cm
37cm
55cm

A A B
A A A A

A A A A

329

【成品规格】衣长44cm，袖肩宽62cm，衣宽50cm
【工　　具】2.5mm钩针
【材　　料】土黄色圆棉线250g

制作说明：
1. 钩针编织法。衣身由片织花样与单元花组合而成。前片2片，后片1片。
2. 先钩织后片。如图2，首先钩织一行小圆圈单元花，将其连接成串，共8个一行，然后沿着一长端钩织锁针连接平滑，再往上钩织主体花样，共钩织30行。钩至第11行时，向两侧加针，共两个花样大小，再接着往上钩织花样，共20行。最后一行，中间减针钩织成后衣领。
3. 前片的钩织。先钩织花样主体，再将单元花小圈沿着衣边连接上，如图1图解。以5个花样起钩，一侧的钩织方法与后片相同，另一侧，按照图解所示的方法加针及减针钩织形成弧形衣襟和衣领。单元花部分，共9个单元花，先钩织并拼接成串，再沿着一长端钩织锁针，钩织锁针的同时，与前片的衣边同时连接。

4. 最后沿着袖口和后衣领边钩一层花边锁边，花边的图解见图1及图2。

符号说明：
+ =短针
| =长针
 =锁针

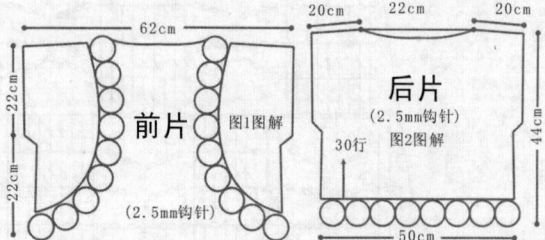

前片
(2.5mm钩针)
图1图解

后片
(2.5mm钩针)
图2图解

62cm
22cm
22cm
20cm
22cm
20cm
30行
44cm
50cm

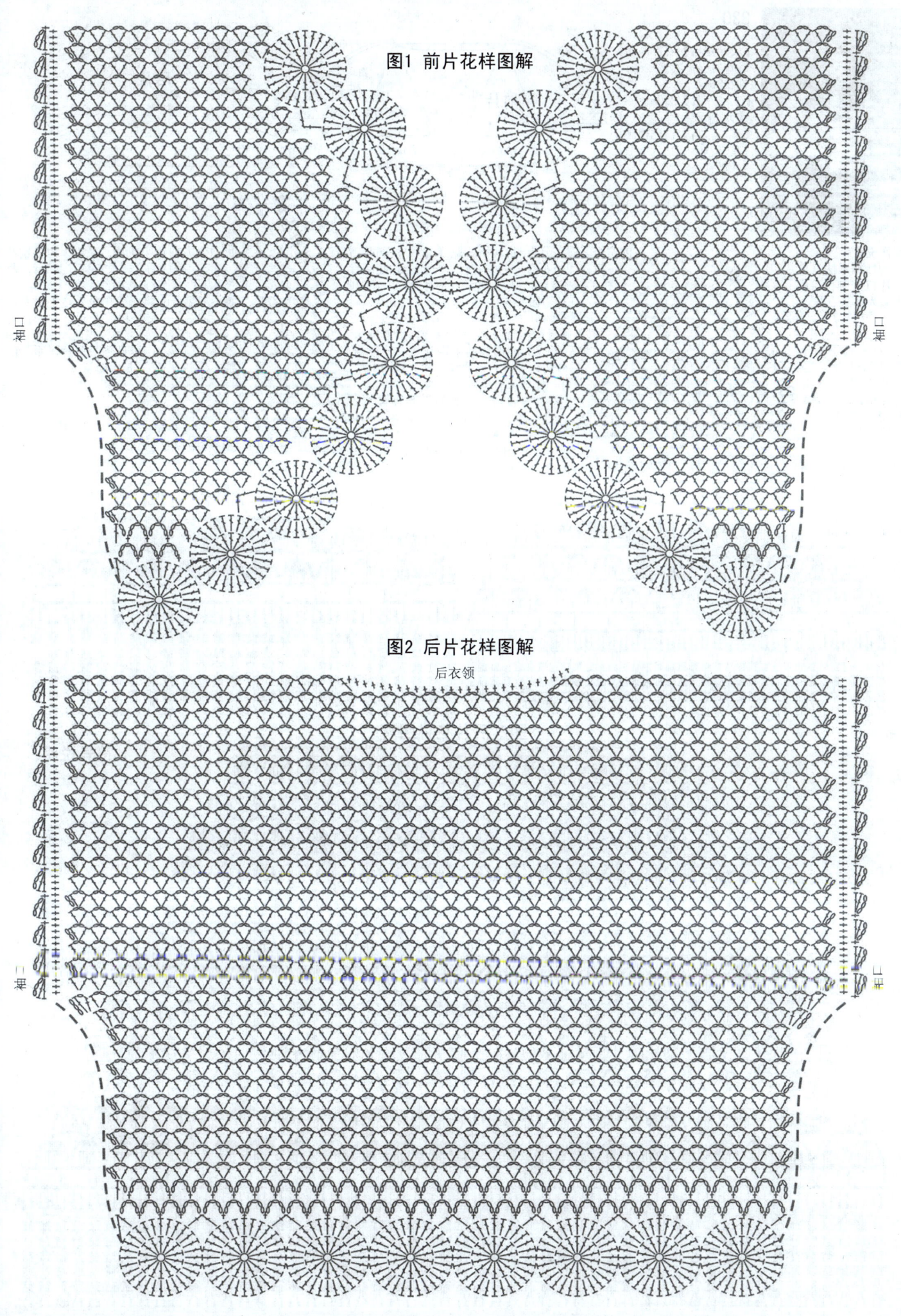

图1 前片花样图解

图2 后片花样图解

后衣领

袖口

325

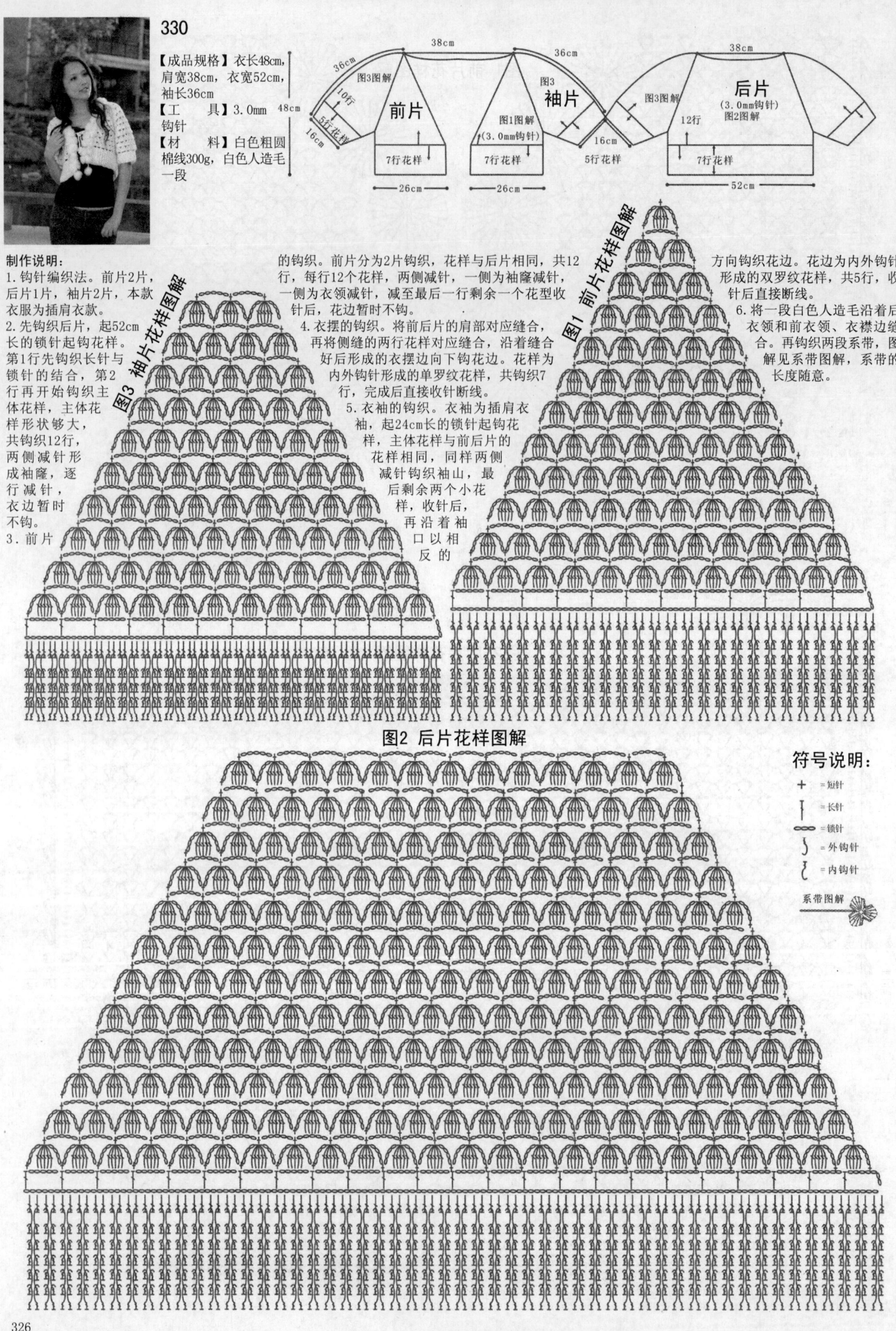

330

【成品规格】衣长48cm，肩宽38cm，衣宽52cm，袖长36cm
【工　具】3.0mm钩针
【材　料】白色粗圆棉线300g，白色人造毛一段

38cm
36cm
图3图解
前片
图3
袖片
图3图解
后片
(3.0mm钩针)
图2图解

48cm

图3图解
1.0行
5行花样
16cm

图1图解
(3.0mm钩针)
7行花样
26cm

图3图解
16cm
5行花样
7行花样
26cm

12行
7行花样
52cm

制作说明：

1.钩针编织法。前片2片，后片1片，袖片2片，本款衣服为插肩衣款。

2.先钩织后片，起52cm长的锁针起钩花样。第1行先钩织长针与锁针的结合，第2行再开始钩织主体花样，主体花样形状够大，共钩织12行，两侧减针形成袖窿，逐行减针，衣边暂时不钩。

3.前片

的钩织。前片分为2片钩织，花样与后片相同，共12行，每行12个花样，两侧减针，一侧为袖窿减针，一侧为衣领减针，减至最后一行剩余一个花型收针后，花边暂时不钩。

4.衣服的钩织。将前后片的肩部对应缝合，再将侧缝的两行花样对应缝合，沿着缝合好后形成的衣摆边向下钩花边。花样为内外钩针形成的单罗纹花样，共钩织7行，完成后直接收针断线。

5.衣袖的钩织。衣袖为插肩衣袖，起24cm长的锁针起钩花样，主体花样与前后片的花样相同，同样两侧减针钩织袖山，最后剩余两个小花样，收针后，再沿着袖口以相反的

方向钩织花边。花边为内外钩针形成的双罗纹花样，共5行，收针后直接断线。

6.将一段白色人造毛沿着后衣领和前衣领、衣襟边缝合。再钩织两段系带，图解见系带图解，系带的长度随意。

图3 袖片花样图解

图1 前片花样图解

图2 后片花样图解

符号说明：

+ = 短针
| = 长针
∽ = 锁针
⌐ = 外钩针
⌐ = 内钩针

系带图解

331

【成品规格】衣长48cm，领口宽26cm，袖肩长36cm
【工　　具】2.5mm钩针
【材　　料】鹅黄色圆棉线300g，纽扣4颗

制作说明：
1.钩针编织法，一片钩织，插肩钩法。
2.本款衣服从领口起钩，呈圆形起钩，向下钩织花样，逐渐加针，呈现肩形扩展，最后分隔两片，形成

衣袖、衣身部分，用系带收紧形成腰身。
3.如图解1，图解1为前片与一半的衣袖的详细图解，以此图解为基准，前后片的图解是相同的。起52cm长的锁针起钩花样，按照图解的花样一一钩织，共35行花样，最后8行，从图中所示的位置，中断4段，一边形成衣袖钩织，一边形成衣身的侧缝钩织。同样27行的位置，衣身部分钩织数个孔，作系带的穿孔所用。
4.钩完35行后，直接收针断线，沿着前片的一侧衣襟，用锁针钩4个孔，作扣眼所用，在另一侧衣襟，扣眼所对应的位置，钉上纽扣。
5.最后钩两段系带，系带的钩织方法见系带图解，长度随意。

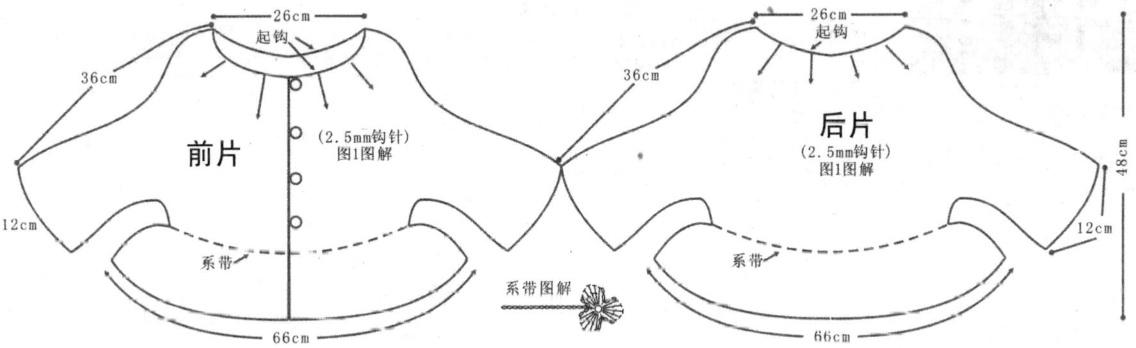

前片
（2.5mm钩针）
图1图解

后片
（2.5mm钩针）
图1图解

26cm
起钩
36cm
12cm
系带
66cm
48cm

系带图解

符号说明：
＋ ＝短针
｜ ＝长针
∞ ＝锁针

前片

袖片

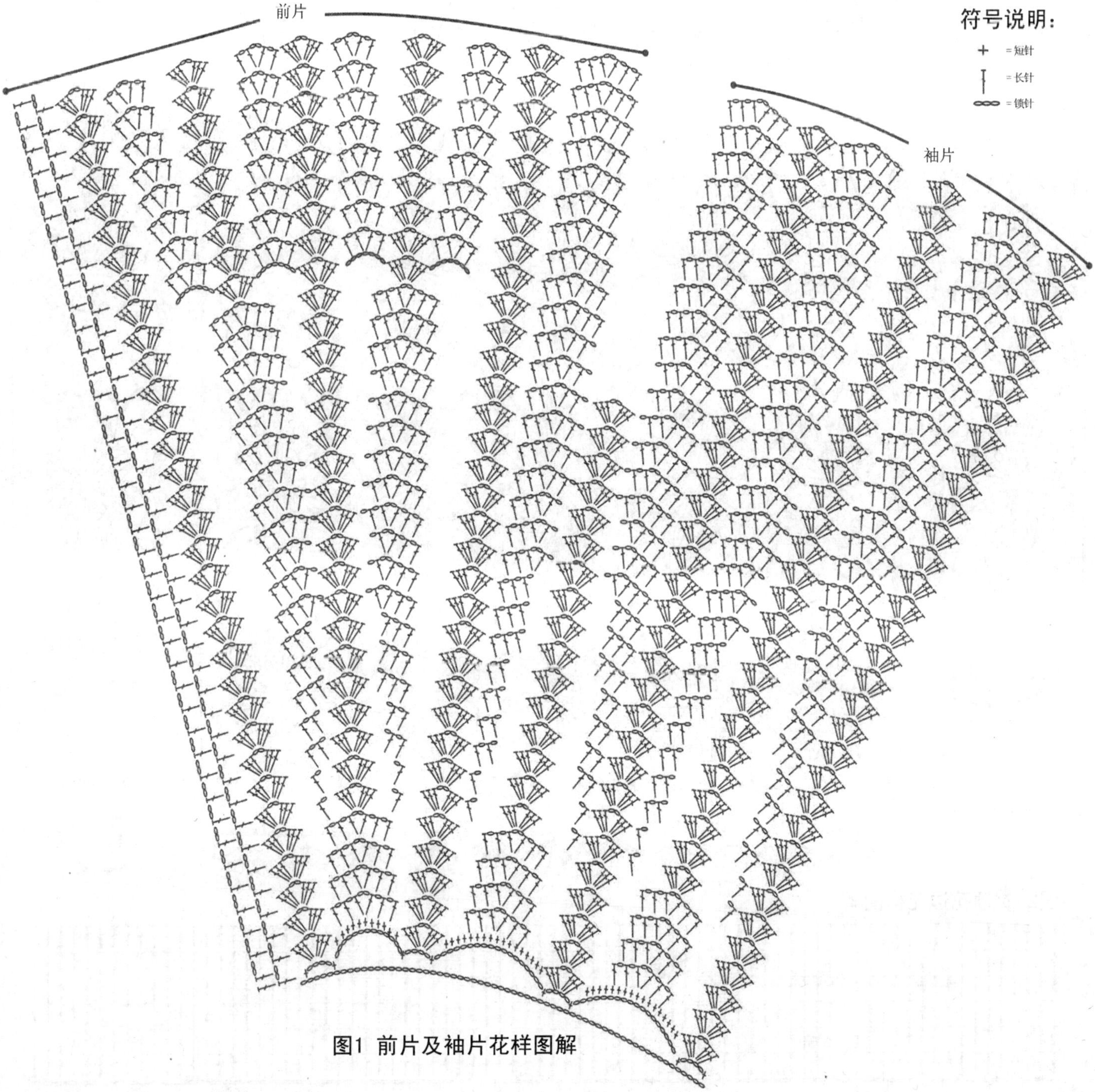

图1 前片及袖片花样图解

332

【成品规格】衣长40cm，肩宽40cm，衣宽42cm
【工　　具】3.0mm钩针
【材　　料】白色粗圆棉线300g，长毛珍珠粒绒线80g

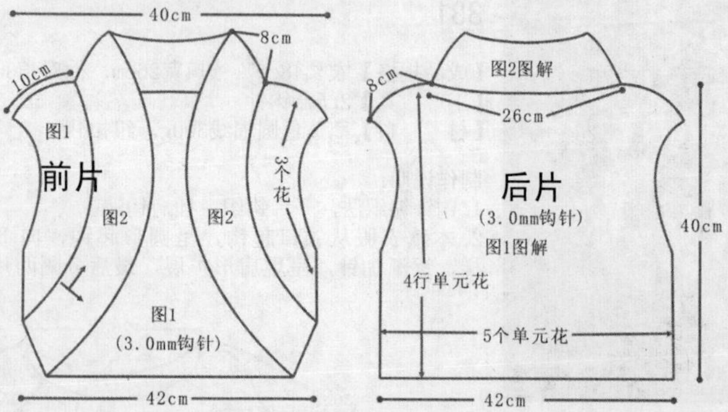

制作说明：

1. 钩针编织法。衣身全由单元花拼接而成，衣领由6行长针钩织而成。
2. 先钩织衣身单元花组合。后片由20个单元花组成，前片各由3个单元花组成，后片分4行单元花，每行5个，前片由3个单元花竖直形成。按照图解1中单元花的排列顺序一一钩织。后衣领位置有3个单元花为不完整花型，按照图解的方法钩织并拼接，沿着后片下摆钩边钩两层花边锁边。

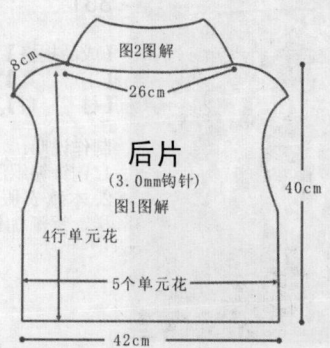

3. 前片的钩织。前片由3个单元花竖直排列而成，在下摆不足部分，用3层花样补充。
4. 缝合。如图解1，图中虚线所对应的位置，将它们一一对应缝合。
5. 衣领的钩织。衣领由6层长针钩织而成，如图解1，图中实线所对应的边即是钩

衣领的边，沿着这条边钩织6层长针，图解见图2图解。往返钩织，钩织至两端时，与后片的侧缝连接。衣领用长毛珍珠粒绒线钩织。
6. 沿着衣袖口钩织一层花边锁边，图解见图1。

图1 衣片花样图解

图2 衣领花边花样图解

符号说明：

+　=短针

|　=长针

∞　=锁针

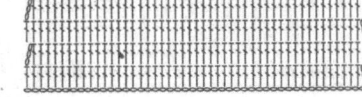

333

【成品规格】衣长55cm，领口宽24cm，袖肩长26cm
【工　　具】3.0mm钩针
【材　　料】白色中粗圆棉线300g，纽扣1颗

制作说明：
1. 钩针编织法。4片钩织。
2. 本款衣服的衣身，分4片钩织，前片2片，后片2片，后片2片作倾斜缝合，上下两端减针形成袖肩线和下衣摆边。
3. 如后片结构图，图中圆圈为图解1中的小单元花，按照结构图中排列的个数，一一将各列的单元花钩织出来，先以后身中界为界，钩织一半的后衣身片，每列单元花之间，用4行花样连接。按照图解的钩织，将一半后片钩织出来，再以同样的方法钩织另一后片。最后，以后身中界为缝合边，将两片缝合。
4. 前片的单元花排列见前片结构图，钩法与后片相同。将前后片的袖肩线对应缝合，侧缝对应缝合。
5. 花边的钩织，袖口花边为图3中第一层的花边图解，沿着袖口钩这圈花边锁针。衣摆的花边，分为上下两层，如图解3中，首先钩织第二层，再钩织第一层。
6. 沿着前后衣领边和前衣襟边钩织图2花边，针法是长针组合，共4层，完成后直接断线收针。另外扣眼的形成，是在纽扣对应的另一衣领边的位置，将第一行的两针长针改成钩织3针锁针形成。
7. 最后钩织两段系带，钩法见系带图解，长度随意。

图2 衣领花边花样图解

后片 (3.0mm钩针)

24cm
26cm
前片 (3.0mm钩针)
图3　图2　图3
图3　图3
8cm
5cm
26cm　26cm
55cm
50cm
后片中界

系带图解

符号说明：
+ = 短针
| = 长针
⌒⌒⌒ = 锁针

小圆圈单元花　　袖肩线

图1 后片花样图解（一半）

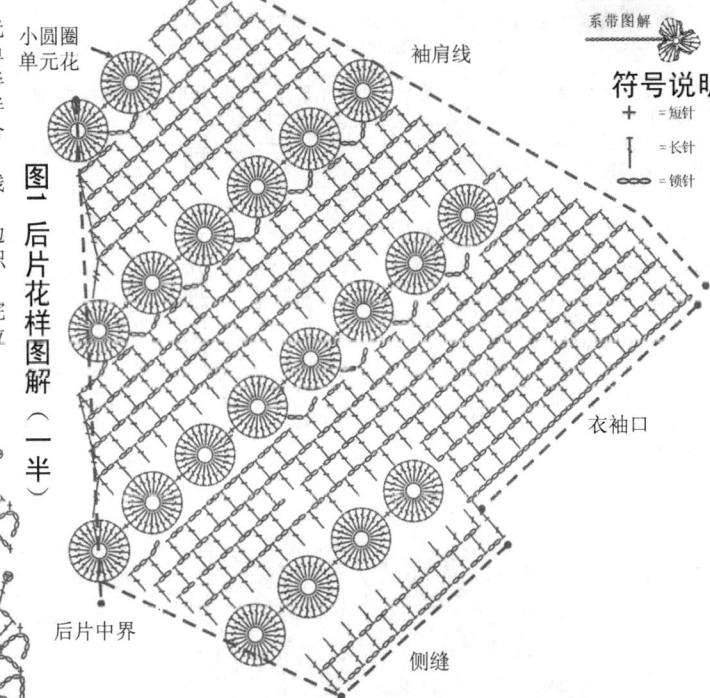

衣袖口
后片中界　　侧缝

图3 衣摆花边花样图解

第1层
第2层

334

【成品规格】衣长36cm，肩宽42cm，袖长12cm，衣宽52cm
【工　　具】2.5mm钩针
【材　　料】蓝色细冰丝线200g

制作说明：
1. 钩针编织法，本款小外套分片钩织，后片1片，前片2片，袖片2片。本款小外套着重注意花边的钩织顺序。
2. 先钩织后片，后片由6个单元花拼接组合而成，按照单元花的图解钩织，再用短针连接，6个单元花拼接完成后，在作肩部的位置，钩一些锁针辫子形成肩部。
3. 接着钩织前片，前片分为两片编织，每片由2个单元花组合而成，单元花要比后片的单元花小型，同样，肩部也以锁针辫子形成。
4. 钩织两袖片，按图解1的方法钩织好两短袖。
5. 缝合。先将两前片的肩部缝合，再缝合侧缝，最后将两袖片缝合到袖窿上。
6. 最后一步钩织花边。花边单独编织，按花边位置的不同长度收边。首先以后片下摆和前片两下摆边的总长度为花边编织高度，收边后，将之缝合于两前片和后片的下摆。接着就是前身衣襟的花边的钩织。前衣襟的花边长度比前衣襟的长度要长三分之二，长出的花边用作系带所用。以系带的远端起钩，前衣襟花边分为两段编织，同为由远端起钩至后衣领，可以后衣领中心点为终端收针点。

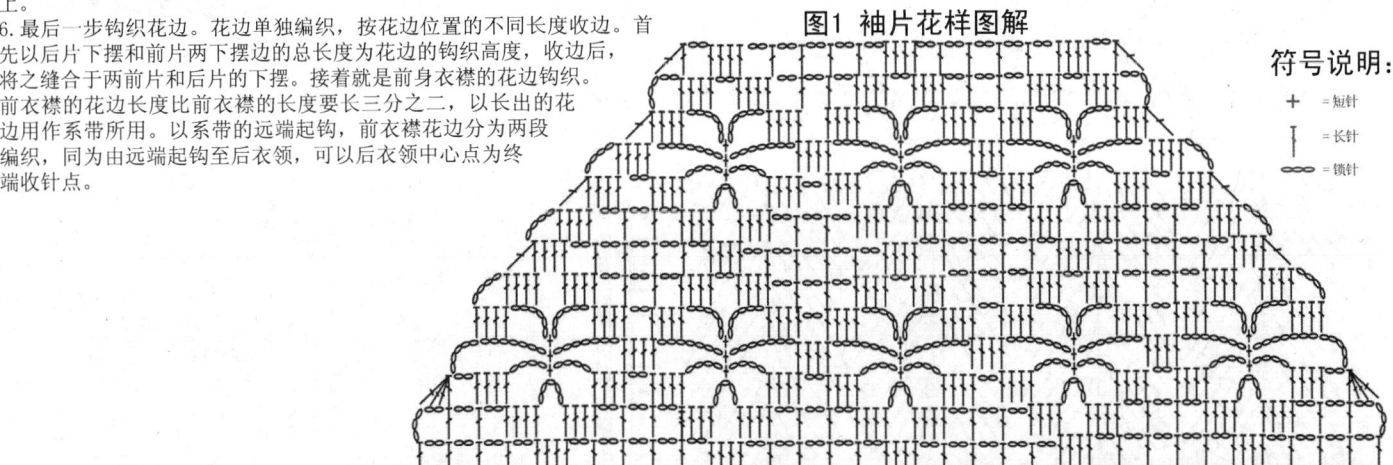

袖片
42cm
16cm　16cm
6个单元花
后片
36cm
52cm

前片
42cm
图1　图1
16cm　16cm
2个单元花
花边　花边
36cm
52cm

图1 袖片花样图解

符号说明：
+ = 短针
| = 长针
⌒⌒⌒ = 锁针

335

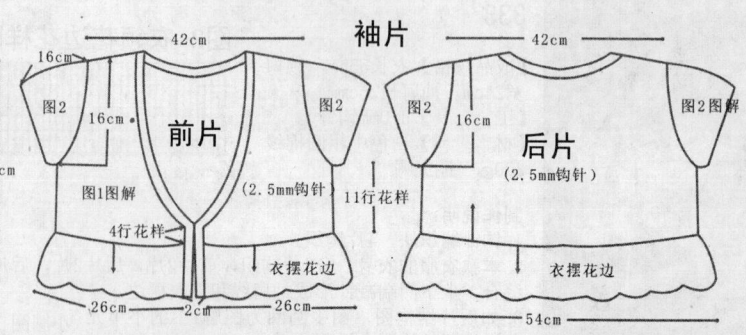

【成品规格】衣长52cm，肩宽42cm，袖长16cm，衣宽54cm

【工　具】2.5mm钩针

【材　料】白色细冰丝线250g，亮片数颗，纽扣3颗

制作说明：

1. 钩针编织法，本款小外套分片钩织，后片1片，前片2片，袖片2片。

2. 先钩织后片，后片由23行花样和下摆花边组成，起54cm长度的锁针起钩，按图1图解的方法起钩，一层一层钩织，钩至12

行开始减针钩织袖窿，减5行，钩至21行时按图解的方法减针钩织后衣领。

3. 接着钩织前片，前片分为两片编织，每片花样与后片相同，起26cm长度的锁针起钩花样，4行无加减针，第5行开始减针钩衣领，再钩完11行，从第12行开始减针钩袖窿，两者减针方法见图1图解。

4. 钩织两袖片，为短袖，按图解2的方法钩织好两衣袖。

5. 缝合。先将两前片的肩部缝合，再缝合侧缝，最后将两袖片缝合到袖窿上。

6. 最后一步钩织衣摆花边。沿着缝合好的衣身片的下摆，挑针钩织下摆花边。共8行，图解均见图1图解。最后沿着后衣领和前衣领、前衣襟钩织花边，花样共2行，花边图解见图1。

7. 收尾部分。钉上亮片，沿着前后衣领、衣襟花边的第一行，钉上亮片。

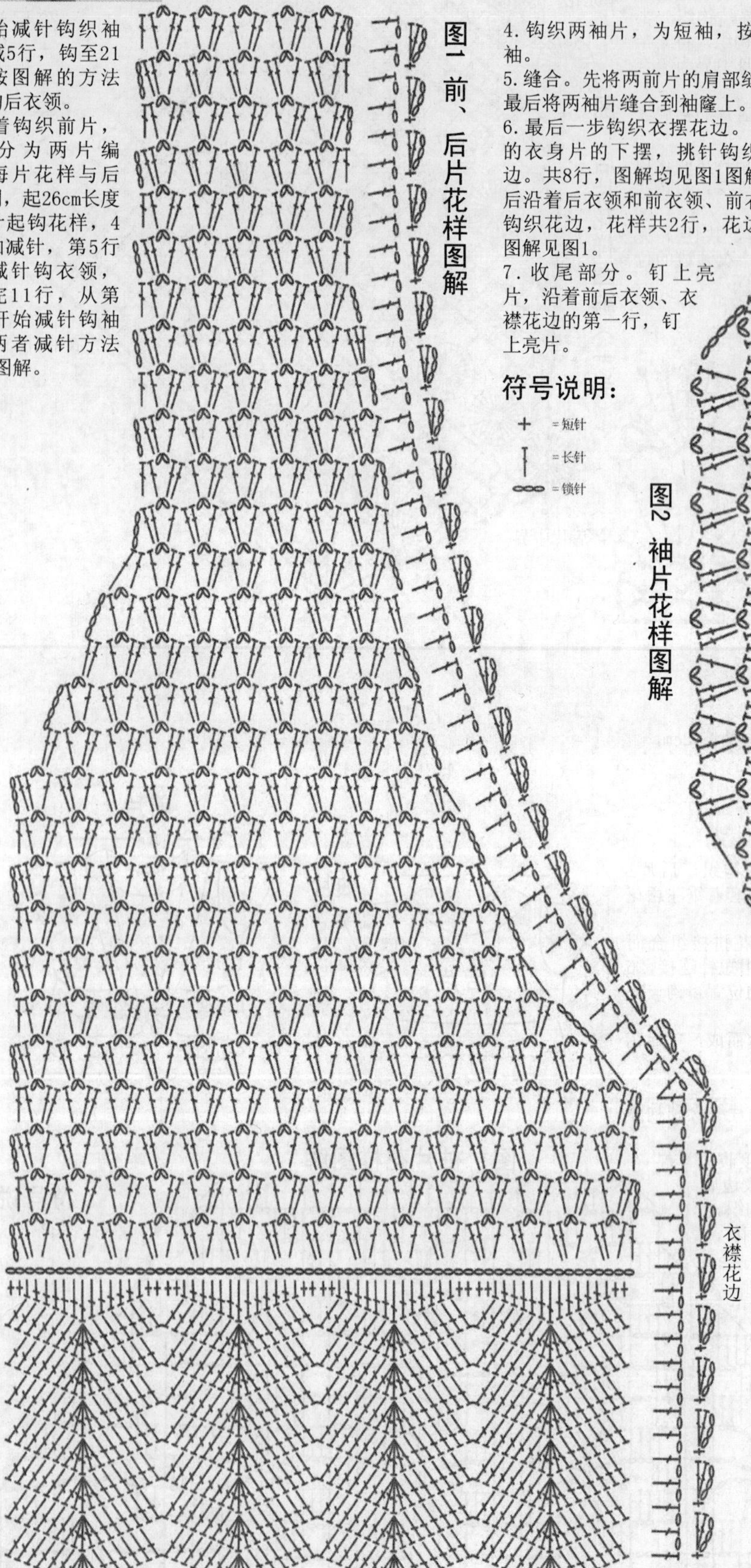

符号说明：

＋ =短针

┃ =长针

∞ =锁针

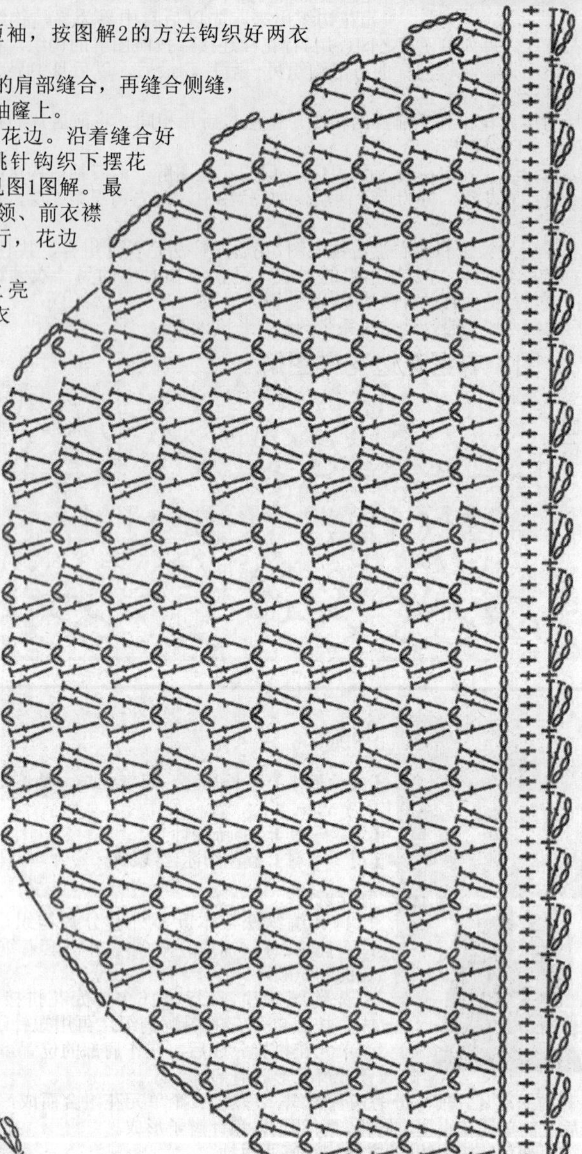

图一　前、后片花样图解

图2　袖片花样图解

衣摆花边

衣襟花边

336

【成品规格】衣长40cm，肩宽40cm，衣宽50cm，袖长8cm
【工　具】2.5mm钩针
【材　料】红色圆棉线200g
棕色圆棉线50g

制作说明：
1.钩针编织法。前片2片，后片1片，袖片2片。
2.先钩织后片。起48cm长的锁针起钩花样，第1行钩一层网眼花样，以此起钩花样主体，针法特殊，一层一层钩织，钩12行，无加减针。从第13行开始，两侧减针钩成袖窿，共减2行，最后钩至28行，最后在两肩部加钩两行网眼，中间不钩，形成后衣领。详细钩法见图2图解。
3.前片的钩织。前片的衣襟呈弧形，这需要加针形成。起8cm长的锁针起钩花样，一侧不加针，一侧加针钩织，共9针加针，接着不加减针钩11行，余下则减针钩成前衣领。前片的另一侧，钩至第18行时，开始减针钩袖窿，共减5行，余下不再减针钩织。详细图解见图1图解。
4.缝合。将前片与后片的肩部对应缝合，将前后片的侧缝缝合。沿着缝合好后的各条边，即后衣领、前衣领、衣襟、后长身下摆边，钩一层花样锁边，花边的图解见图1及图2图解。
5.袖片的钩织。袖片由后片的主体花样组成，共6层，内侧减针形成袖山，收针后，沿着袖口钩一层花边锁边。再将这两片袖片与衣身的袖窿对应缝合。
6.最后钩两段系带，图解见系带图解，带子的长度随意。

符号说明：
+ =短针
↑ =长针
∞ =锁针

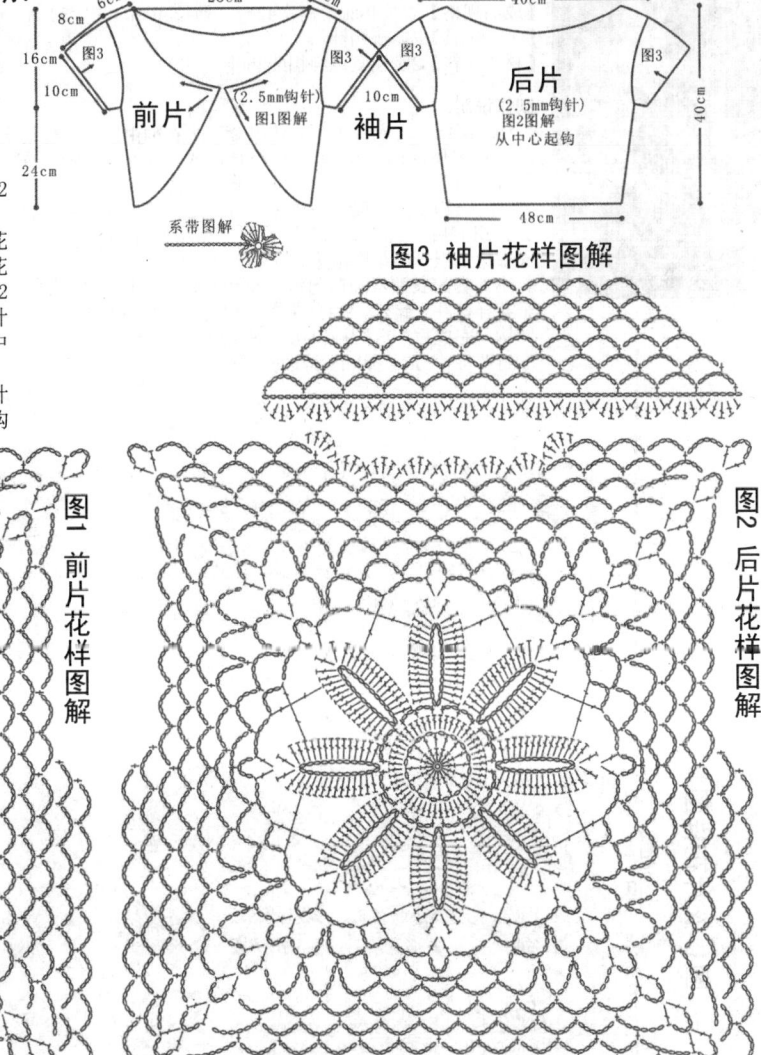

图3 袖片花样图解

图一 前片花样图解

图2 后片花样图解

系带图解

337

【成品规格】衣长45cm，肩宽40cm，衣宽50cm，袖长56cm
【工　具】2.5mm钩针
【材　料】深红色圆棉线350g

制作说明：
1.钩针编织法。前片2片，后片1片，衣袖2片。
2.先钩织后片。起50cm长的锁针起钩花样，共26行，钩至第11行两侧减针钩袖窿，共减3行，然后不加减针往上钩，钩至最后1行时，中间减针钩后衣领。
3.前片的钩织。起10cm长度的锁针起钩花样，一侧不加减针，一侧加针钩衣襟，呈弧形，另一侧减针钩袖窿，一侧减针钩前衣领。
4.缝合。将前片与后片的肩部对应缝合，将前后片的侧缝缝合。
5.袖片的钩织。袖片的花样与衣身片相同，起20cm长的锁针起钩花样，共钩50行，最后10行两侧减针钩袖山，收针后，沿着袖口钩图1花边花样。
6.花边的钩织。沿着缝合好的前后衣领、前衣襟和后衣身下摆，钩织图1衣边花样，完成后收针断线。
7.最后钩织两段系带，系带的钩织方法见系带图解，长度随意。

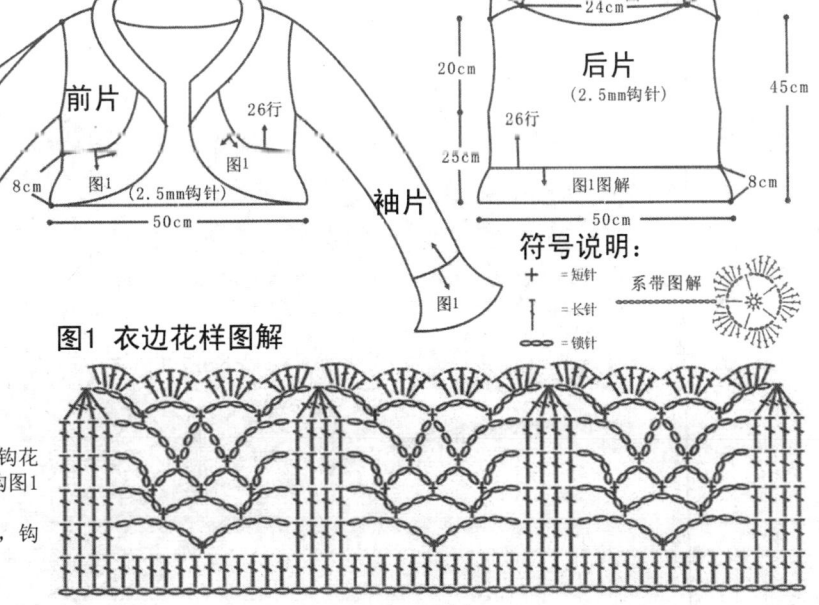

符号说明：
+ =短针
↑ =长针
∞ =锁针

系带图解

图1 衣边花样图解

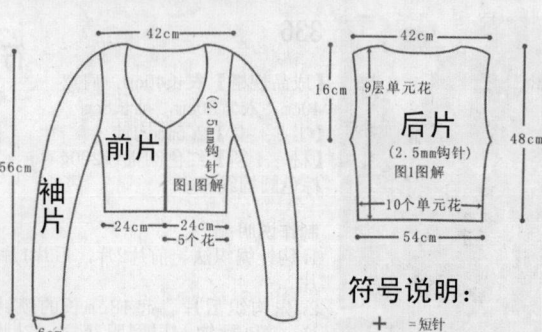

338

【成品规格】衣长48cm，肩宽42cm，袖长56cm，衣宽54cm
【工　　具】2.5mm钩针
【材　　料】2股浅蓝色纯棉线250g

制作说明：
1. 钩针编织法。衣身由单元花组合，两衣袖由数层花样钩织。
2. 衣片主体由156个小单元花组合而成，小单元花钩法简单，如图1，图1为小外套衣片平展示意图(右前片省略)，按图解的拼接方法一一钩织，拼接。完成后，将前后片的肩部对应缝合。
3. 钩织前后片的花边。花边的图解见图1，沿着前后片的衣领、衣襟边钩织一层花样锁边。
4. 小外套的衣袖从袖口起钩，起12cm长的锁针起钩花样，每层10个花样，往上钩织，袖身花样共40层，袖山花样共14层，袖山减针钩，完成后，再沿袖口钩一圈花边。
5. 将两袖片与衣身片的袖窿对应缝合。

42cm

16cm

(2.5mm钩针)
图1图解

前片

56cm

袖片

24cm 24cm
5个花

6cm

42cm

9层单元花

后片

(2.5mm钩针)
图1图解

10个单元花
54cm

48cm

符号说明：

+ ＝短针

| ＝长针

∞ ＝锁针

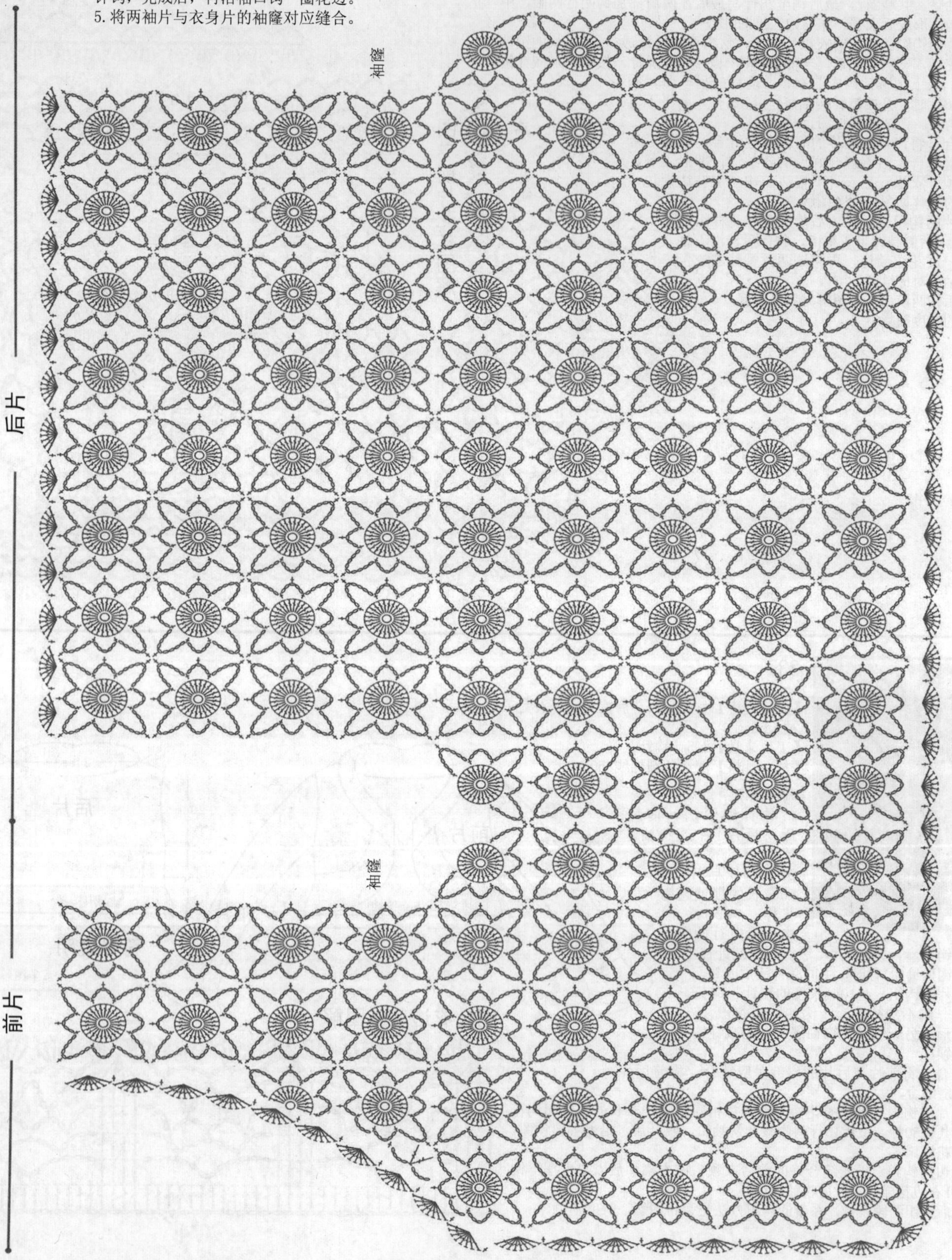

图1 衣片花样图解

后片

前片

袖窿

袖窿

339

【成品规格】外套衣长42cm，肩宽42cm，袖长12cm，衣宽52cm

【工　具】2.5mm钩针

【材　料】紫色圆棉线200g

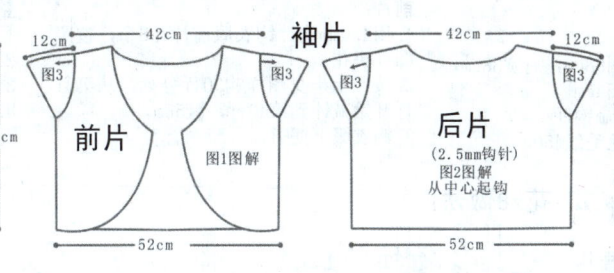

图1 前片花样图解

制作说明：

1. 钩针编织法。分片钩织，前片2片，后片1片，袖片2片。

2. 首先钩织后片部分。后片为一个大型单元花，从中心起钩，如图2图解，之后按图解一圈一圈钩织，按图解的方法钩织好两袖窿，花边暂时不钩。

3. 再进行前片钩织。前片分为左右2片，每片由单元花和网眼花样组合，先钩织好单元花，再加钩12层网眼花样形成前片上胸部。

4. 缝合。将钩织好的前后片缝合，前后片的肩部对应缝合，前后片的侧缝对应缝合。

5. 花边钩织。沿着缝合后的衣身片各边钩织花边，花边的图解见图1、图2。

6. 衣袖。两片，起20cm长的锁针起钩花样，图解为图3，共6行，两端减针形成袖山，收针后，沿袖口钩一层花样锁边。将这两片衣袖与衣身的袖窿对应缝合。

7. 最后钩两段系带，图解见系带图解，带子的长度随意。

图3 袖片花样图解

系带图解

符号说明：

┼ =短针

│ =长针

◠ =锁针

图2 后片花样图解

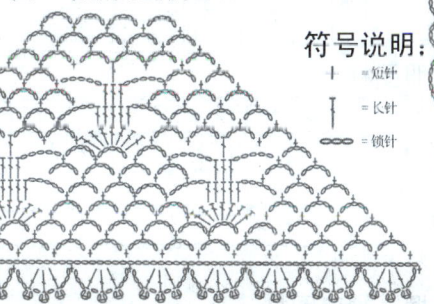

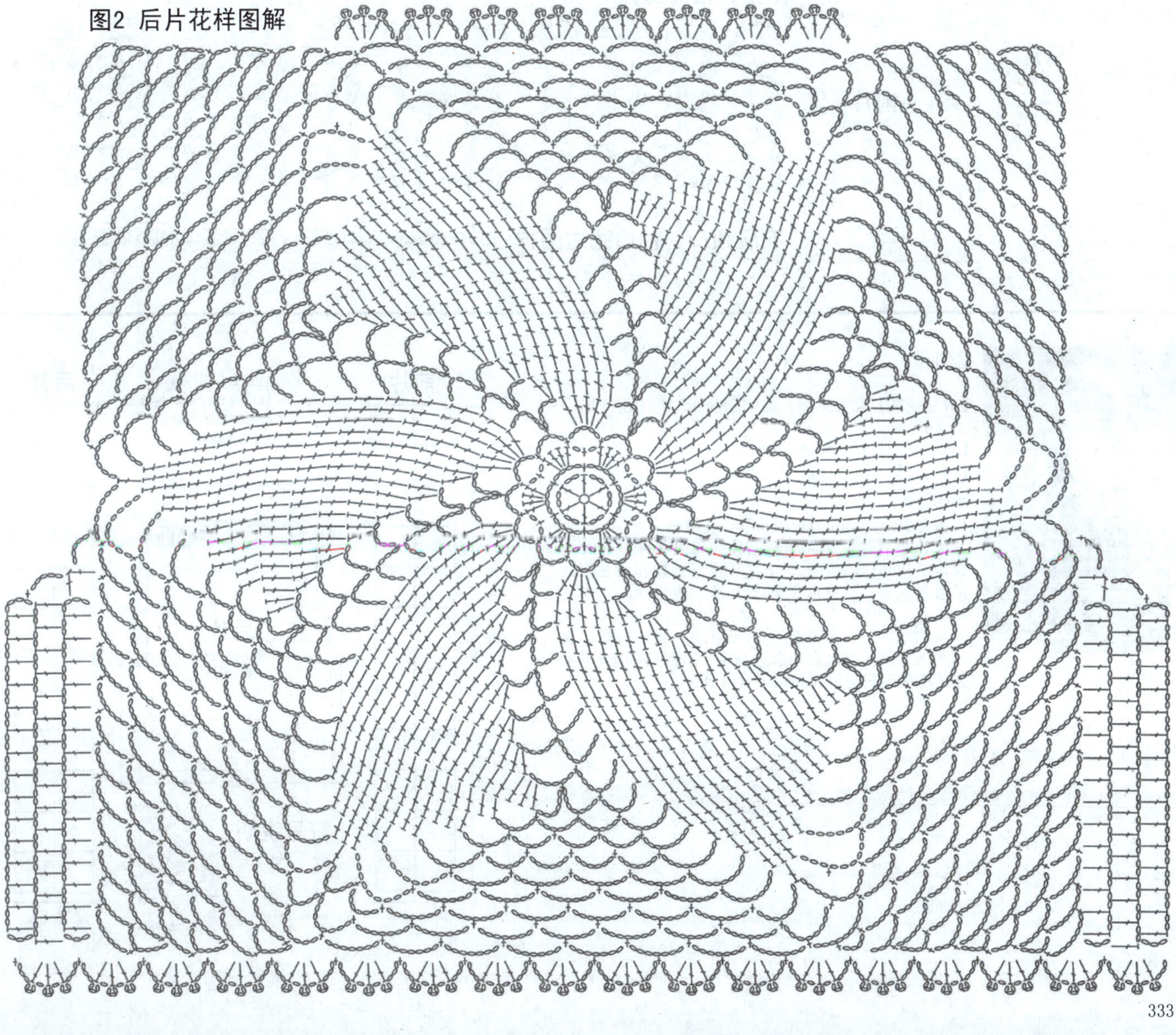

340

【成品规格】胸围88cm，肩宽38cm，衣长70cm，袖长54cm
【工　　具】4.0mm钩针
【材　　料】蓝色毛线450g

后片：
1.用4.0mm钩针钩衣服下半身。
2.按照衣服图样钩30行分袖。从第31行开始减针到第40行，减5cm。
3.从第48行开始，钩后片衣领部位，一直钩到第50行切断毛线。
4.在右侧衣领部位，第48行重新起针连接毛线钩到第50行。

前片：
1.用4.0mm钩针钩衣服前片花8个，按照图样拼花。
2.按照上半身图样钩30行分袖。从第31行开始减针到第40行，减5cm。
3.钩衣服下摆6行。

整件衣服收尾：
1.连接衣服左肩部和右肩部。
2.连接衣服左侧缝和右侧缝。
3.拼合衣服袖子，把袖子和衣身拼合。
4.按照花边图样钩衣服袖口、领口和衣服外围花边。
5.用锁针钩绳子穿在腰间。

花x8做法：

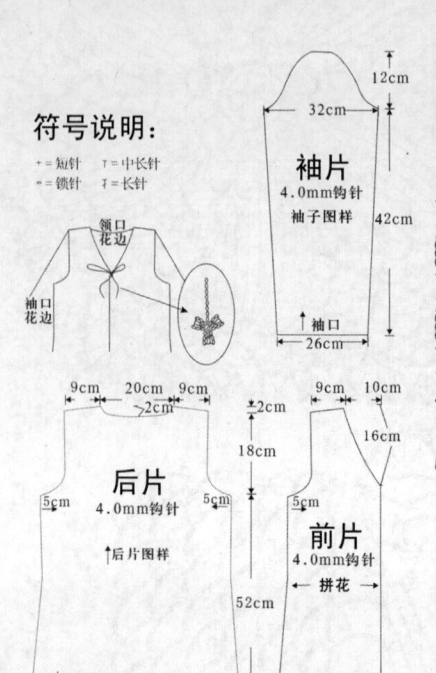

拼花做法

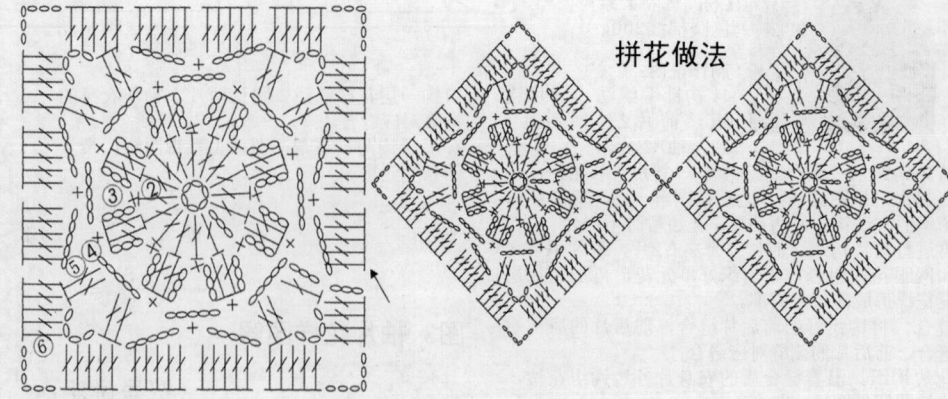

符号说明：
+ = 短针　　下 = 中长针
亅 = 锁针　　下 = 长针

袖片
4.0mm钩针
袖子图样

32cm　12cm
42cm
袖口　26cm

后片
4.0mm钩针
后片图样

9cm 20cm 9cm
2cm 18cm
5cm 52cm 5cm
下摆图样 48cm

前片
4.0mm钩针
拼花

9cm 10cm
2cm 16cm
5cm
下摆图样 24cm

领口花边
袖口花边

衣服图样

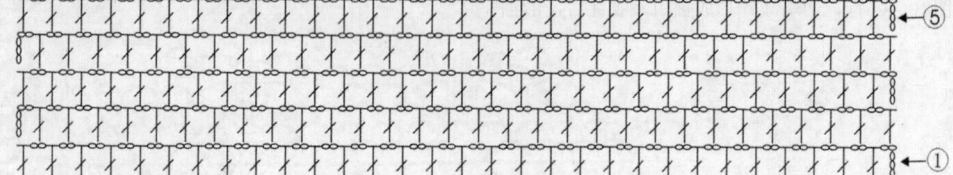

←⑤
←①

下摆、袖口图样

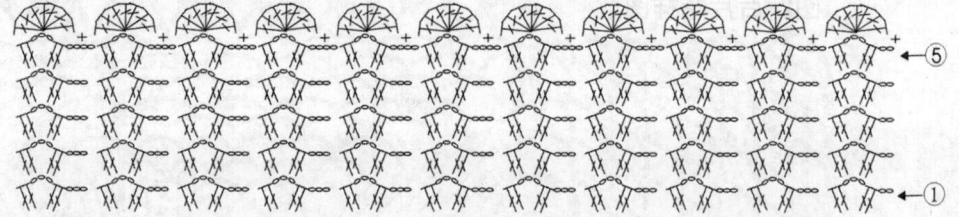

←⑤
←①

衣服领口、袖口花边图样

341

【成品规格】衣长58cm，前片长88cm，领口宽20cm，肩宽40cm
【工　　具】2.5mm钩针
【材　　料】深棕色圆棉线300g

制作说明：
1.钩针编织法。分为片织和单元花组合。
2.先钩织后片。起50cm长的锁针起钩花样，从衣摆起钩，共30行，按图2的方法钩织好袖隆和后衣领。沿着后衣领，挑针起钩帽子后衬，共20行，完成后断线。
3.再钩织前片。前片由单元花组成，如结构图，前片两纵列单元花组合，总共48个，按照结构图*所示方法将单元花与后片和帽子后衬缝合。

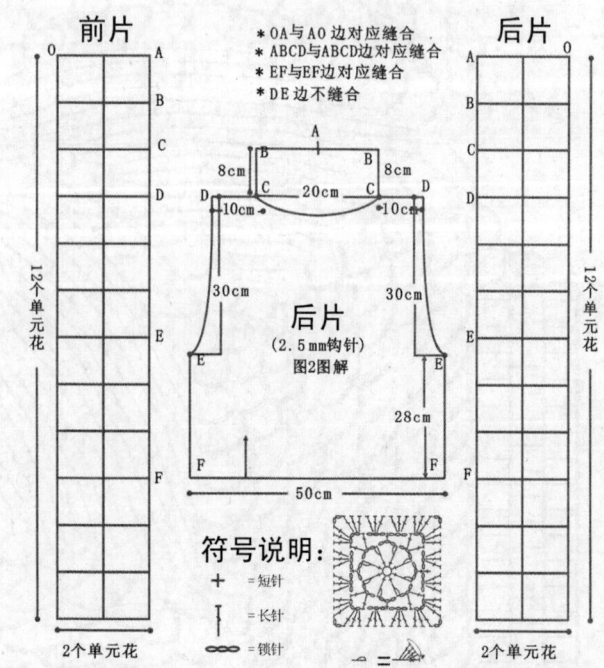

前片
0
A B C D E F
12个单元花
2个单元花

后片
0
A B C D E F
12个单元花
2个单元花

*OA与AO边对应缝合
*ABCD与ABCD边对应缝合
*EF与EF边对应缝合
*DE边不缝合

A
8cm B B 8cm
C 20cm C
D 10cm 10cm D
30cm 30cm

后片
(2.5mm钩针)
图2图解

E E
28cm
F F
50cm

符号说明：
+ = 短针
亅 = 长针
⊃⊃⊃ = 锁针

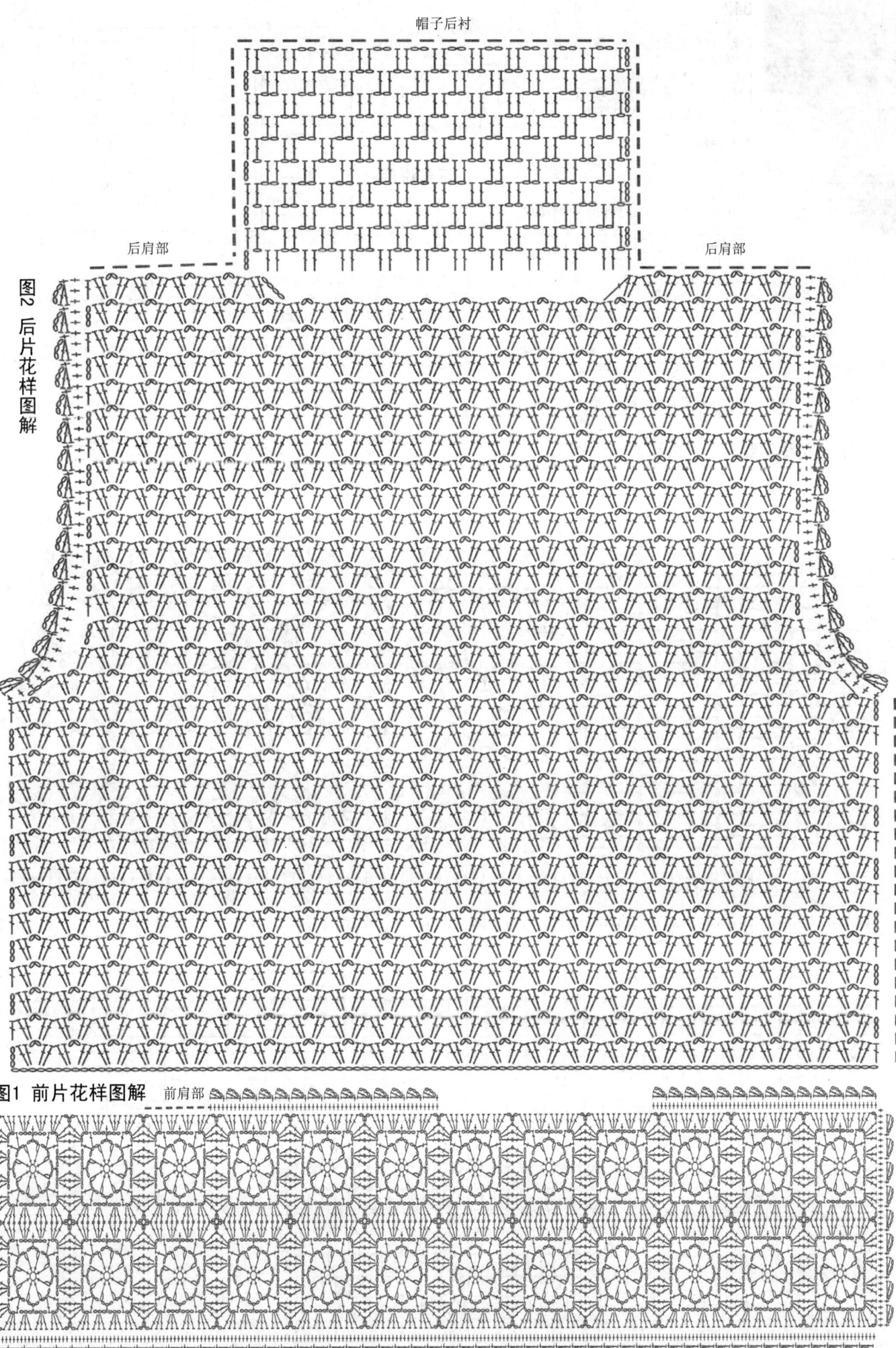

帽子后衬

后肩部　　　　　　　　　　　　　　　　后肩部

图2　后片花样图解

图1　前片花样图解　前肩部

335

342

【成品规格】衣长55cm，胸围104cm，肩宽40cm
【工　具】3.0mm钩针
【材　料】米色粗圆棉线350g，珍珠粒绒线100g，大扣子3颗

制作说明：

1. 钩针编织法。分4片钩织，前片2片，后片1片，帽子1片。单元花与片钩结合。

2. 单元花的钩织。本款钩衣由8个单元花组合而成，前片每片含2个单元花，后片有4个单元花。按图1中单元花的图解将各组单元花钩织拼接好。单元花用圆棉线钩织。

3. 后片的钩织。后片有4个单元花，先钩织下摆部分，沿着单元花一长边，向下钩织花样，共由6层花样组成，完成后收针断线，这部分用圆棉线钩织。沿单元向上钩织部分，这部分由长针与锁针组成，每2针长针相间1针锁针，共钩织13行花样，不加减针钩织3行，第4行开始两侧减针钩织袖隆。最后2行，两端留8针钩织，中间减针，形成后衣领，这部分用珍珠粒绒线钩织。

4. 前片的钩织。前片分为两片钩织，每片的花型与后片的相同，不同的是前衣领减针部分不相同，留最后5行减针，形成前衣领，

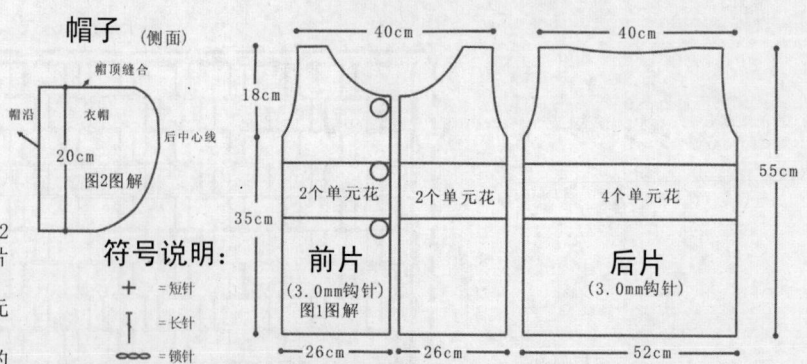

帽子 (侧面)
帽顶缝合
帽沿
衣帽
后中心线
20cm
18cm
35cm
55cm
40cm
40cm
26cm
26cm
52cm

符号说明：
+ =短针
| =长针
○○○ =锁针

2个单元花　2个单元花　4个单元花
前片　　　　**后片**
(3.0mm钩针)　(3.0mm钩针)
图1图解

各部分花型所用的线材与后片相对应，详细钩织方法见图1。

5. 帽子的钩织。如图2所示，帽子分为三部分钩织，先钩织帽子后衬，再钩织帽檐两部分，将帽檐与后衬缝合，图中虚线对应的两侧对应缝合。帽子用圆棉线钩织。

6. 缝合。将前后片的肩部与侧缝对应缝合，将帽子与前后衣领对应缝合。衣边的钩织，各条边用短针锁边。除了袖口是用棉线锁边外，其他边缘均用珍珠粒绒线锁边。在左前片的适当位置钉上3颗纽扣。

图1 前片花样图解

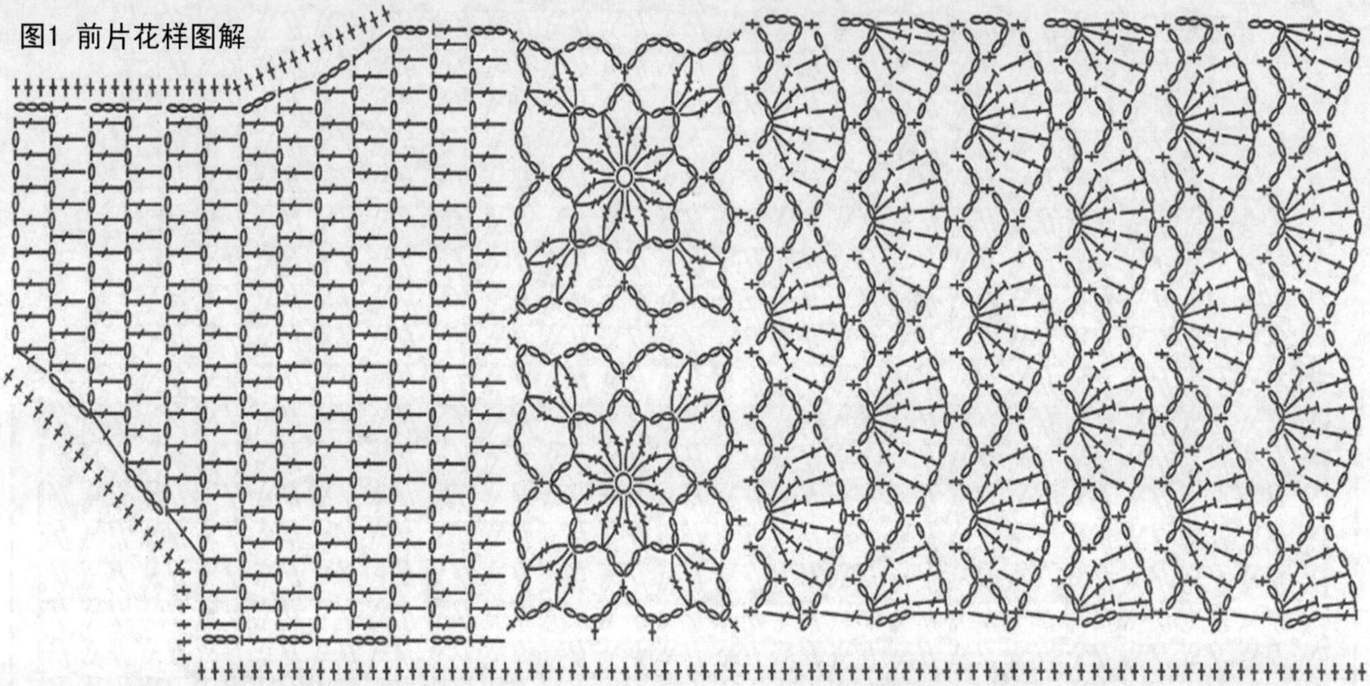

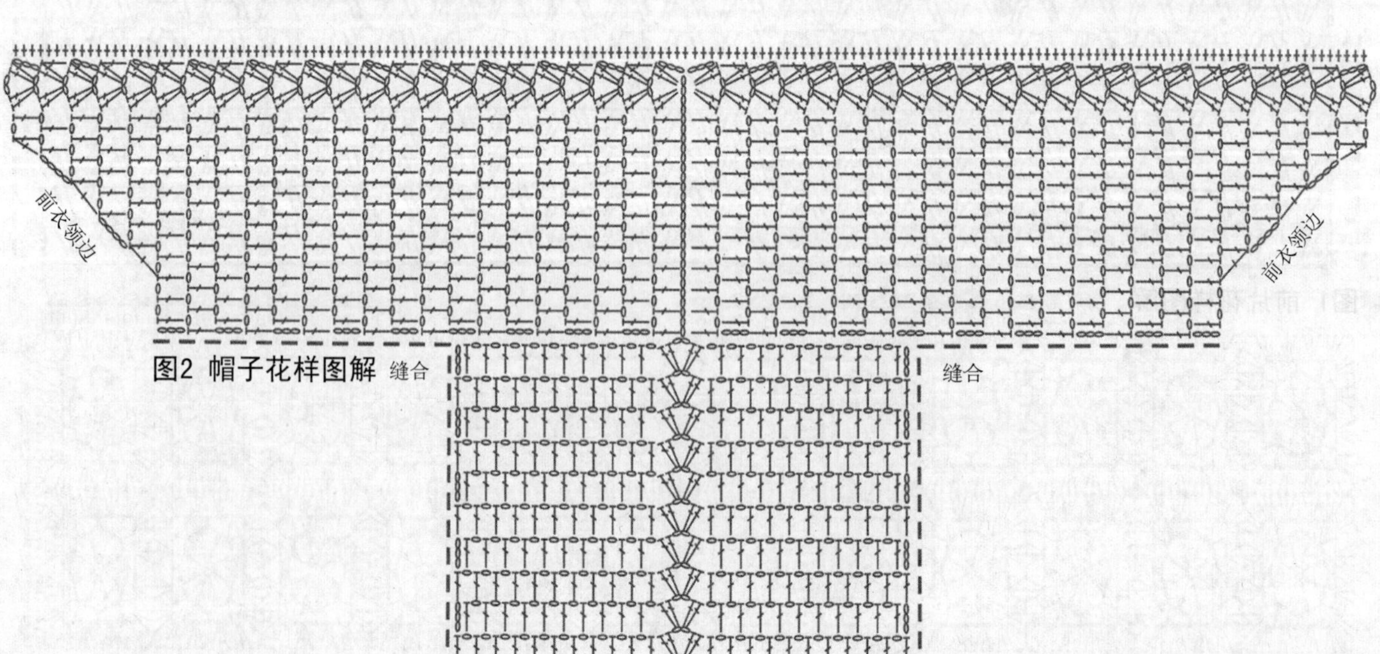

图2 帽子花样图解 缝合

缝合

前衣领边

前衣领边

后衬

343

图2 后片花样图解

【成品规格】衣长55cm，胸围104cm，肩宽40cm

【工　　具】2.5mm钩针

【材　　料】粉红色圆棉线300g

制作说明：

1. 钩针编织法。分前片1片，后片2片钩织。

2. 前片的钩织。本款钩衣的前片由单元花起钩，共有7个单元花，按照图1将这7个单元花钩织拼接成串，然后钩织长针和锁针将单元花上端边缘平整化，最后沿着这条边，往上钩织衣身主体花样。首先是3层菠萝花形，按照图解一层一层地钩织，最后钩织一层长针锁边，共有132针。接着往上钩织上胸片部分，这部分共钩织36行，不加减针钩织9行后，开始在两侧减针钩织袖窿，减

至13行时，从中间分开为两半钩织，两侧继续往上减针钩织，减至最后剩余1个花样，收针断线。用同样的方法再钩织一半上胸片。完成后，沿着上胸片上端边缘钩织一层短针锁边，沿着这层短针，钉上珠粒装饰。详细钩织方法见图1。

3. 后片的钩织。起52cm长的锁针起钩花样，共22层，往上钩织一层长针锁边，共132针。再往上钩织与前胸片相同的花样，钩织9行后，收针断线。沿着下摆边，再钩织如图中的花边锁边。详细钩织方法见图2。

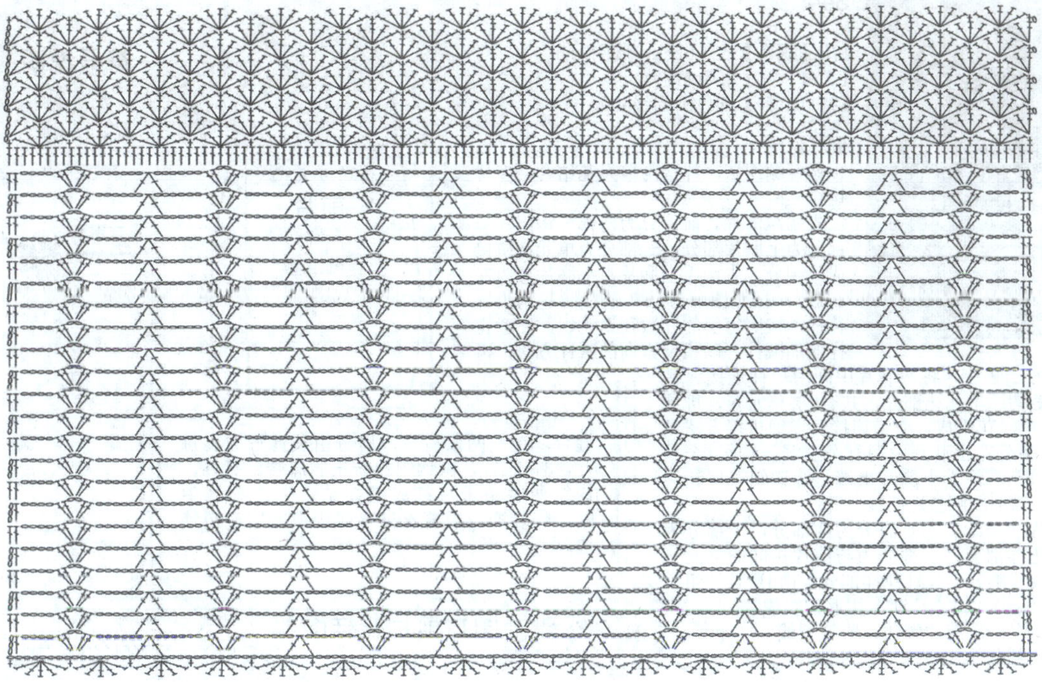

132

图1 前片花样图解

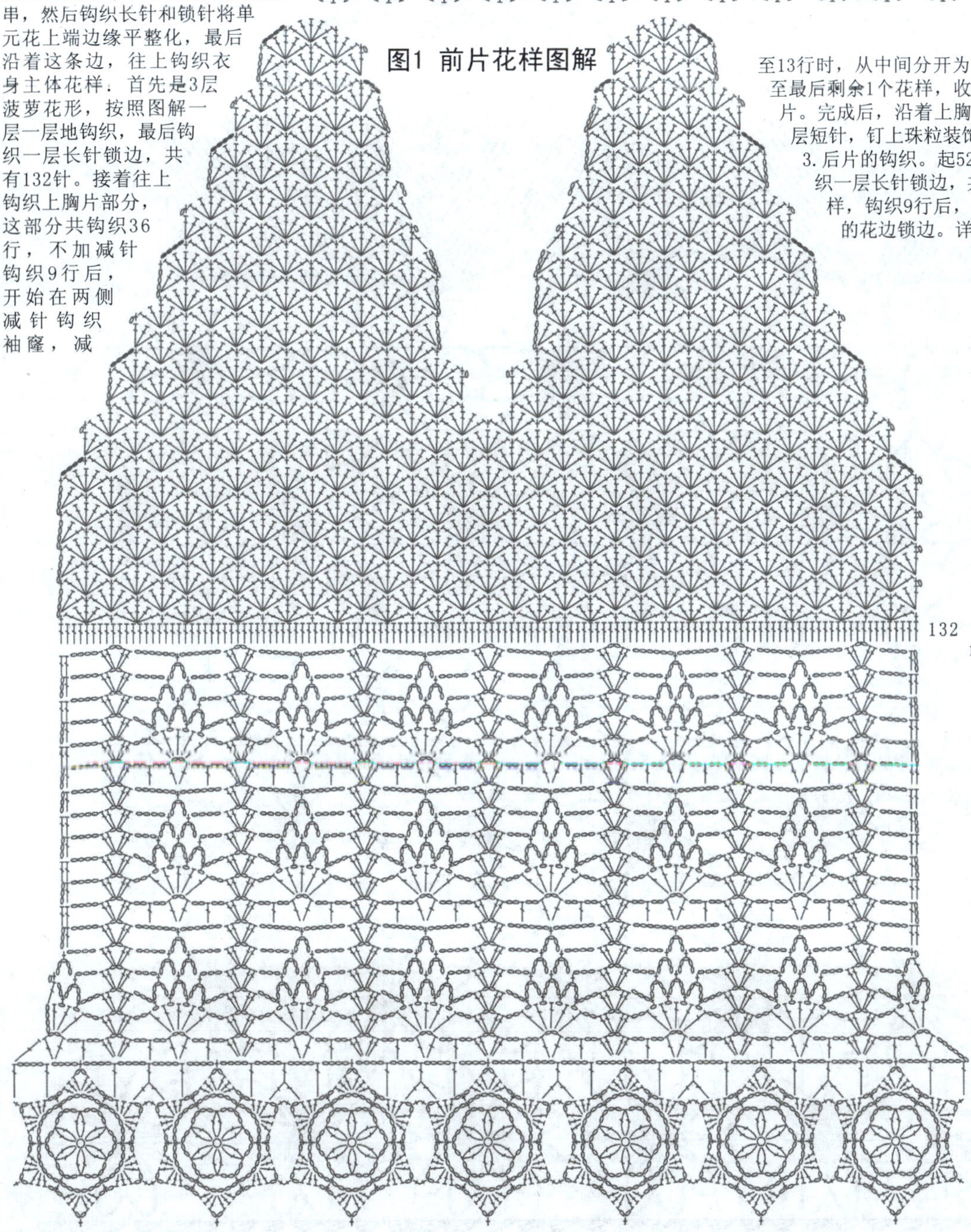

132

符号说明：

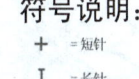

+ ＝短针

＝长针

＝锁针

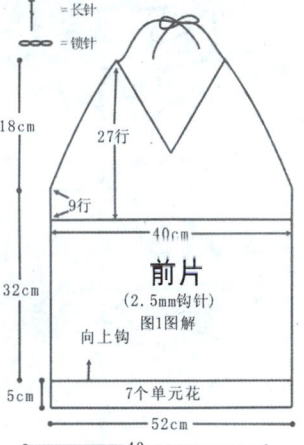

18cm

27行

9行

40cm

前片

(2.5mm钩针)

图1图解

32cm

向上钩

5cm

7个单元花

52cm

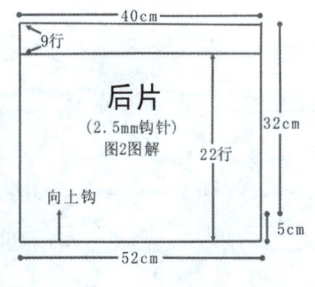

40cm

9行

后片

(2.5mm钩针)

图2图解

32cm

22行

向上钩

5cm

52cm

344

【成品规格】衣长62cm，胸围84cm
【工　　具】2.5mm钩针
【材　　料】褐色圆棉线500g

制作说明：
1.钩针编织法，片钩与单元花结合，多片钩织。
2.先钩织前片。前片分为两部分钩织，一部分为上胸片部分，一部分为单元花拼接成片部分。先钩织前片上胸片，上胸片分为左右2片，按照图解方法，从中间起钩长针花样，按照每层的针数往返钩织，注意花样的加减针。以相反方向的减针方法，再钩织另一胸片。将两胸片中间用短针连接。接下来是钩织单元花部分，共有6层单元花，每层有6个单元花组成，交错连接。详细拼接方法见图1。另外在上胸片中间有个空洞，钩织1个单元花填充。沿着上胸片上端边缘钩织一层花边锁边。详细图解参照图1。
3.后片的钩织。后片也分为两部分，一部分为长针花样部分，一部分为与前片相同的单元花拼接成片部分。长针花样部分，由5层长针组成，每层含130针长针，往返钩织成片，最后钩织一层花边锁边，收针断线。单元花部分钩织方法与前片的相同。
4.缝合。将前后片的侧缝

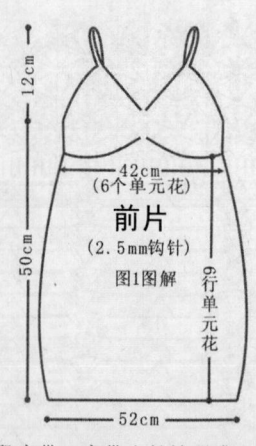

前片
（2.5mm钩针）
图1图解

符号说明：
＋ =短针
｜ =长针
∞ =锁针

系带图解

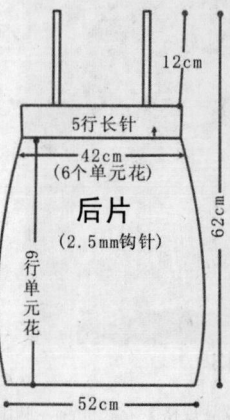

后片
（2.5mm钩针）

缝合。钩织两段肩带，肩带由长针形成，每行含3针长针，共钩织24cm长的肩带。另外，钩织两段系带，打成蝴蝶结，系于前胸中间，作装饰。沿着衣身下摆钩织一层花边锁边。

图1 前片花样图解

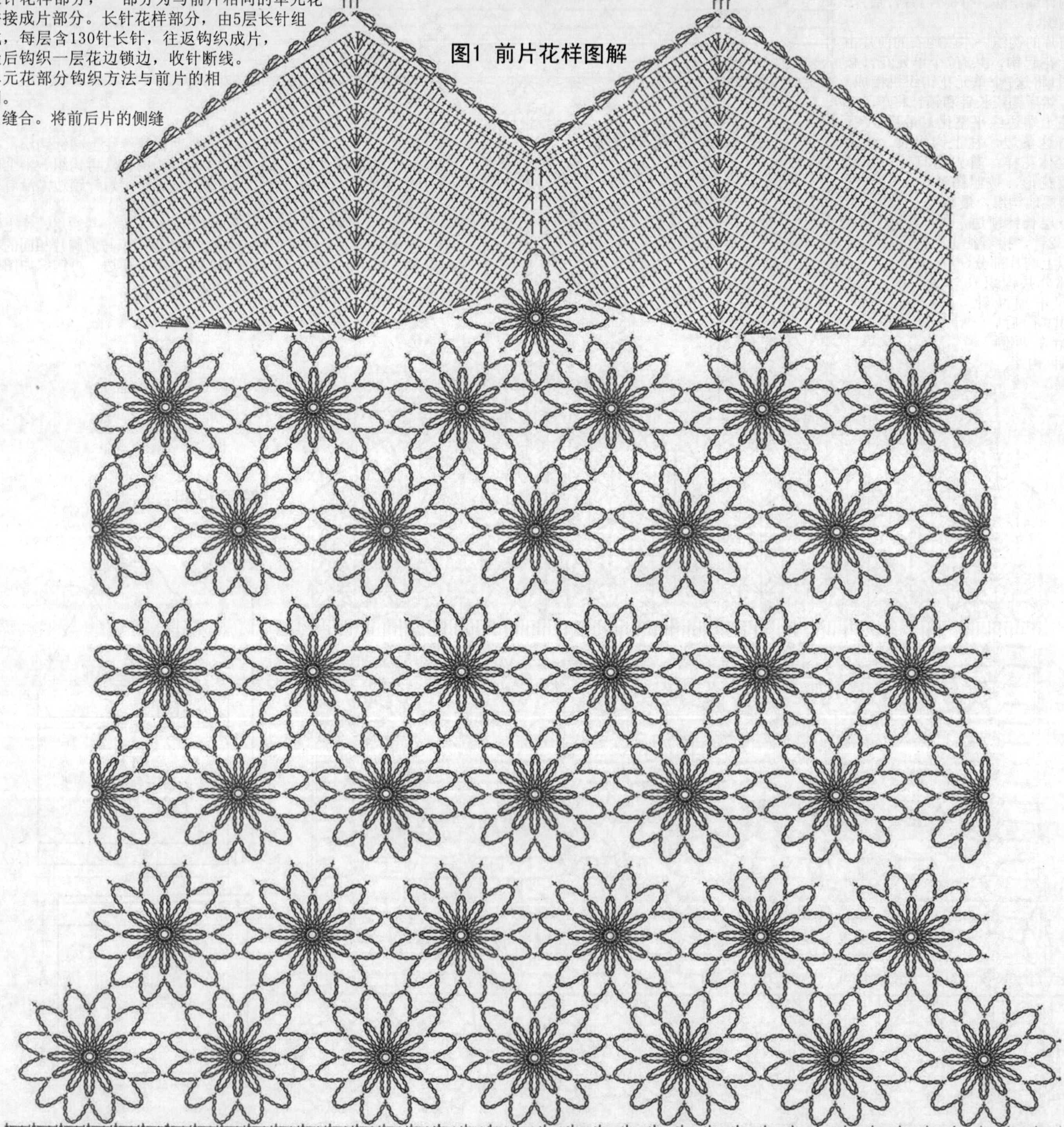

345

【成品规格】衣长50cm，衣宽52cm，肩宽40cm
【工　　具】2.5mm钩针
【材　　料】深褐色纯棉线300g

制作说明：
1.钩针编织法。以片钩的方法，分为前片2片，后片1片钩织。
2.前片的钩织。分为两半钩织，起1个花样起钩，两侧加针钩织，共加4行花样，从第5行开始，侧缝不加减针，衣襟仍然加针织，加至第6行花样。从第7行开始，两侧不加减针钩织至第12行，从第13行开始，侧缝减针钩织成袖窿，衣襟这边仍然不加减针，钩至14行。从第15行开始，两侧均减针钩织，直至减至最后剩余1个花样组。1个花样组继续钩织8层，详细钩织方法见图1。
3.后片的钩织。起52cm长的锁针起钩花

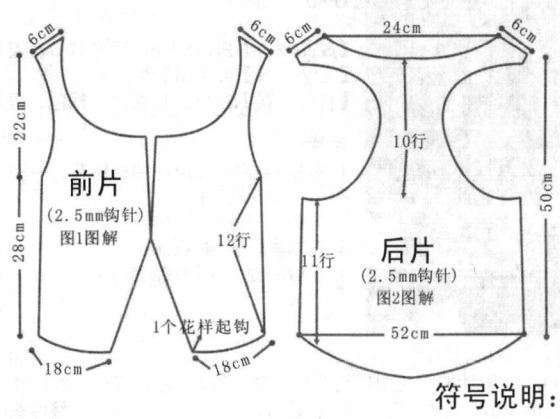

样，两侧不加减针钩织至11行，从第12行开始，从中间挑选6个花样组继续钩织，两侧减针，直至钩织至15行，最后往上不加减针钩织6行花样组。详细钩织方法见图2。
4.缝合。将前后片的侧缝对应缝合。肩部部分，按照图1与图2中虚线的箭头对应的位置对应缝合。
5.沿着衣身的袖窿边、衣领边和衣身下摆边钩一层图3花边锁边。

连接

图3 花边花样图解

符号说明：

+ =短针
| =长针
∞ =锁针

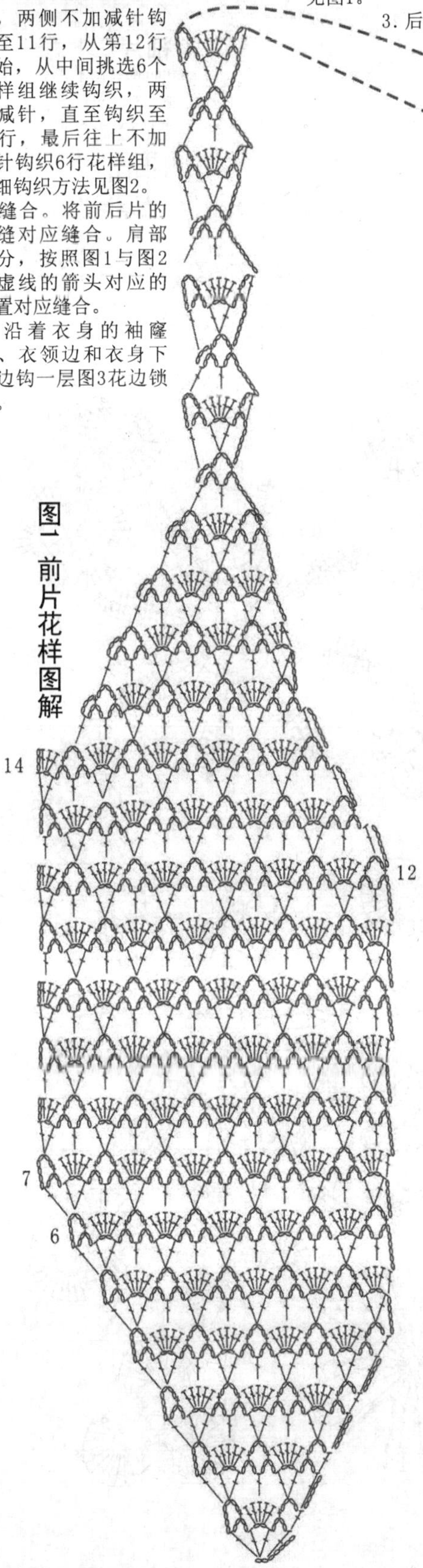

图一 前片花样图解

14
12
7
6

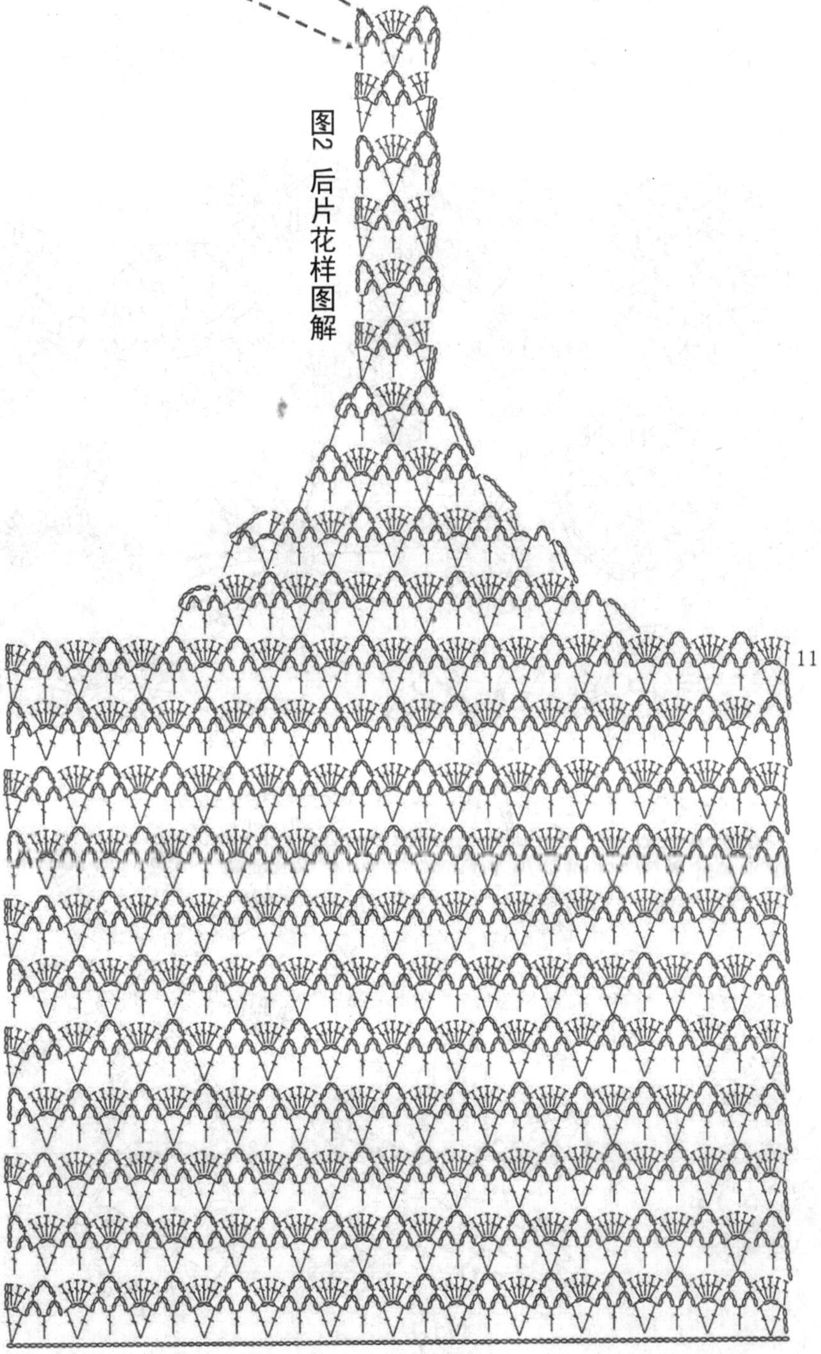

图2 后片花样图解

11

346

【成品规格】胸围88cm，肩宽37cm，衣长55cm，袖长50cm
【工　　具】4.0mm钩针
【材　　料】红色、粉红色、棕色、银色毛线各200g

后片：
1. 用4.0mm钩针按照花图样钩花1、花2、花3、花4、花5、花6、花7、花8、花9、花10、花11。
2. 钩锁针把各个花连接起来。
3. 在袖窿位置缩减5cm。
4. 在后领处，后领窝深2cm。

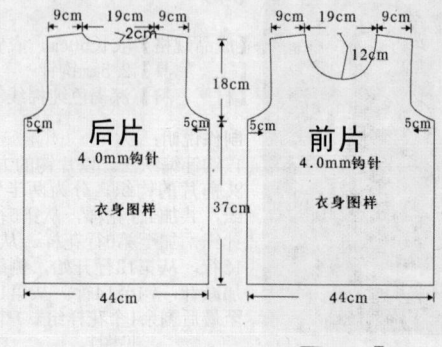

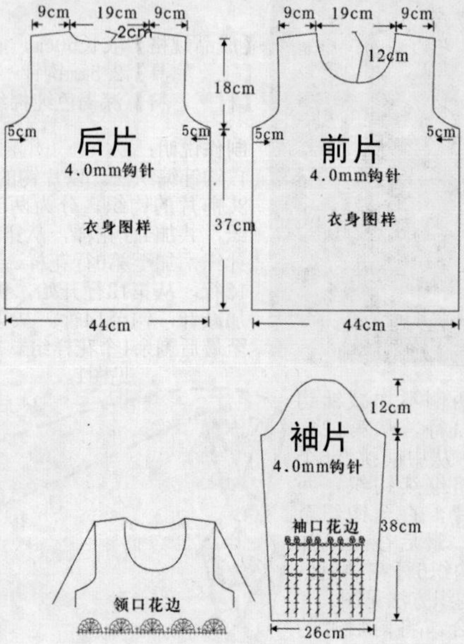

前片：
1. 用4.0mm钩针按照花图样钩花1、花2、花3、花4、花5、花6、花7、花8、花9、花1、花11。
2. 钩锁针把各个花连接起来。
3. 在袖窿位置缩减5cm。
4. 在前领处，前领窝深12cm。

袖子：
1. 用4.0mm钩针按照花图样钩花1、花2、花3、花4、花5、花6、花7、花8、花9、花10、花11。
2. 钩锁针把各个花连接起来。

整件衣服收尾：
1. 连接衣服左肩部和右肩部。
2. 连接衣服左侧缝和右侧缝。
3. 连接袖侧缝后，把衣身和袖子连接起来。
4. 钩衣服袖口、领口花边。

衣身图样

花1　花2　花3　花4　花5　花6　花7　花8　花9　花10　花11

347

【成品规格】胸围90cm，肩宽38cm，衣长56cm，袖长10cm

【工　　具】4.5mm钩针

【材　　料】米色毛线400g

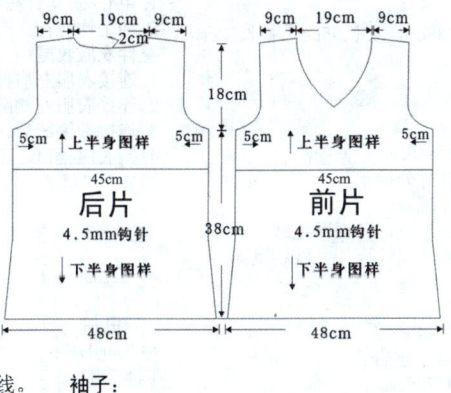

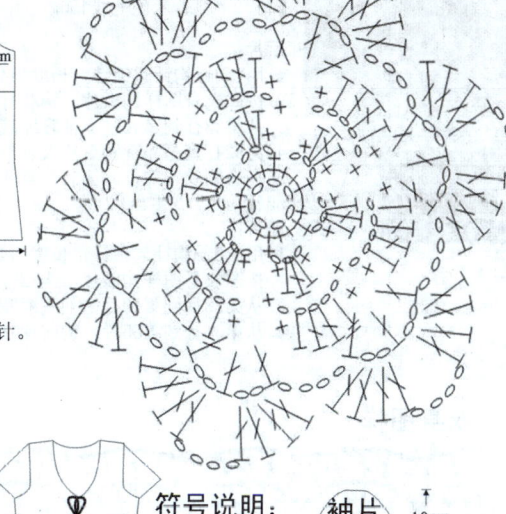

右前片的花

后片：
1. 用4.5mm钩针按照衣身图样起45cm。
2. 按上半身图样钩到第7行分袖子。
3. 从第7行到第17行，袖窿缩减5cm。
4. 从第20行到第23行，钩后片衣领部位，并切断毛线。
5. 钩2行长针。
6. 按照下半身图样钩23行。

前片：
1. 用4.5mm钩针按照衣身图样起45cm。
2. 按上半身图样钩到第7行分袖子。
3. 从第7行到第17行，袖窿缩减5cm，右前片拼花1个。
4. 从第7行到第23行，钩前片衣领部位，并切断毛线。
5. 钩2行长针。
6. 按照下半身图样钩23行。

袖子：
1. 用4.5mm钩针按照袖子图样从袖口起针。
2. 钩10行。

整件衣服收尾：
1. 连接衣服左肩部和右肩部。
2. 连接衣服左侧缝和右侧缝。
3. 把衣身和袖子连接起来。
4. 钩衣服领口长针1行短针1行。

符号说明：
+ = 短针　　丁 = 长针　　∘ = 锁针

袖片　4.5mm钩针　10cm　32cm

上半身图样

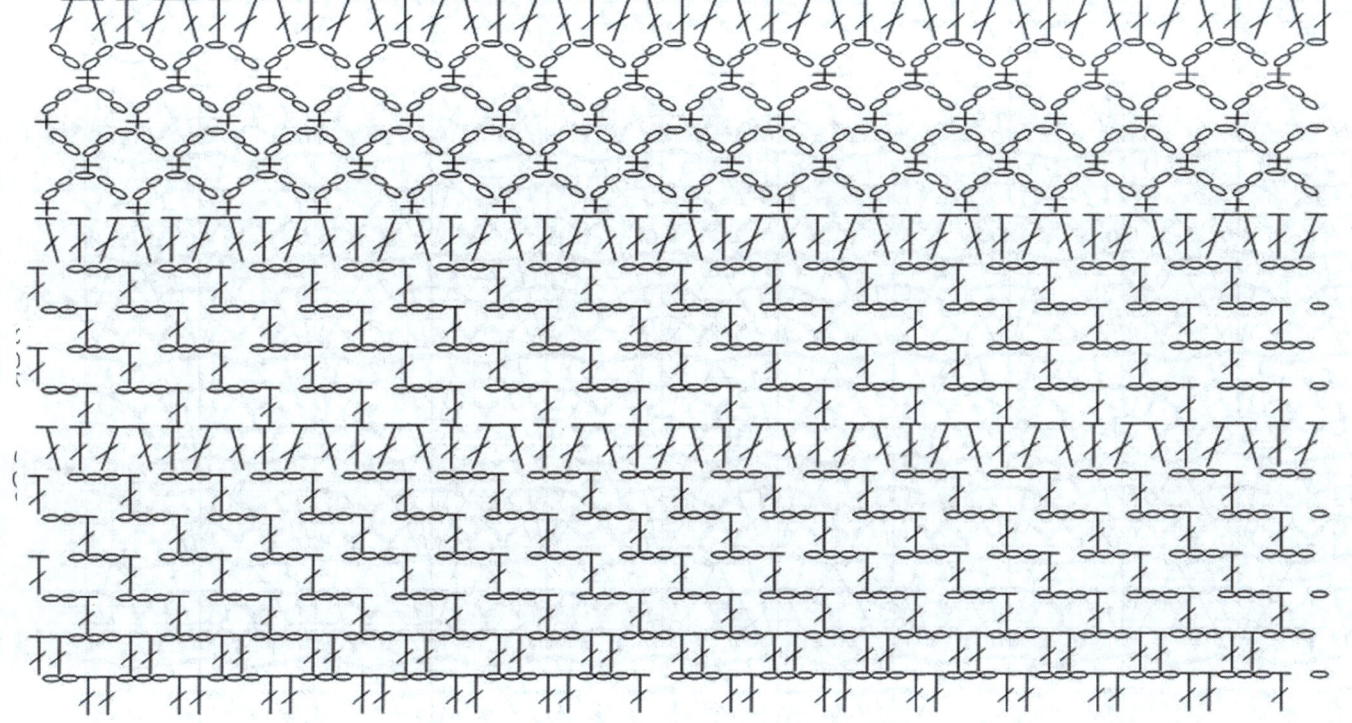

下半身图样

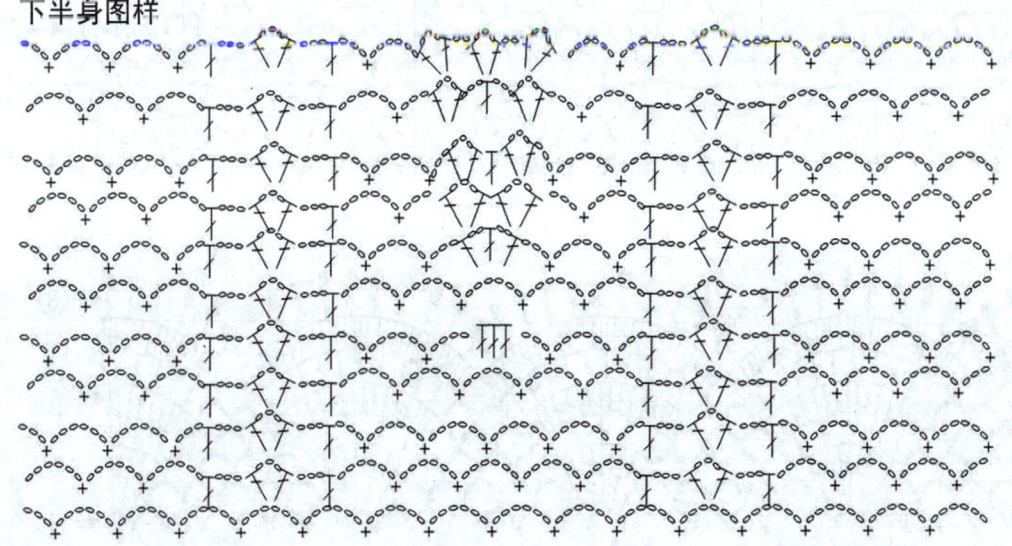

袖子图样

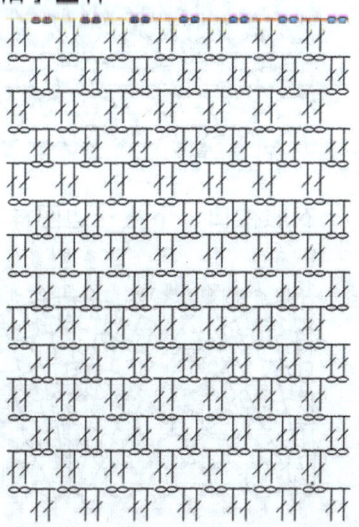

348

【成品规格】胸围84cm，肩宽38cm，衣长55cm，袖长52cm
【工　　具】4.0mm钩针
【材　　料】米色毛线450g

后片：
1. 用4.0mm钩针起锁针，长度为45cm。
2. 按照衣身图样钩后片，钩32行分袖子。
3. 从第33行到第40行，袖窿缩减5cm。
4. 第52行到第55行钩后片衣领部位，并切断毛线。
5. 在右侧衣领部位，第52行重新起针连接毛线钩到第55行。

前片：
1. 用4.0mm钩针起锁针，长度为45cm。
2. 按照衣身图样钩前片，钩32行分袖子。
3. 从第33行到第40行，袖窿缩减5cm。
4. 从第36行到第55行，钩前片衣领部位，并切断毛线。

袖子：
1. 用4.0mm钩针按照衣身图样从袖口起针。
2. 袖子钩57行。

整件衣服收尾：
1. 连接衣服左肩部和右肩部。
2. 连接衣服左侧缝和右侧缝。
3. 连接袖侧缝后，把衣身和袖子连接起来。
4. 钩衣服袖口、下摆扇形花边。

符号说明：
+ =短针　T =长针　○ =锁针

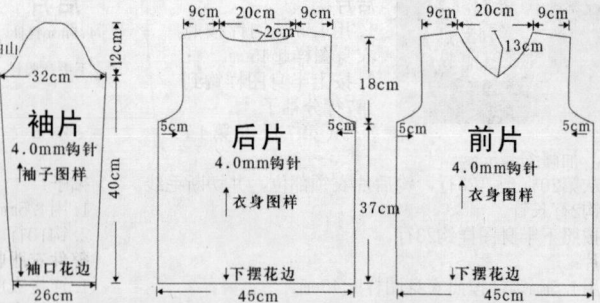

衣身图样

→30
→25
→20
→15
→10
→5
→1

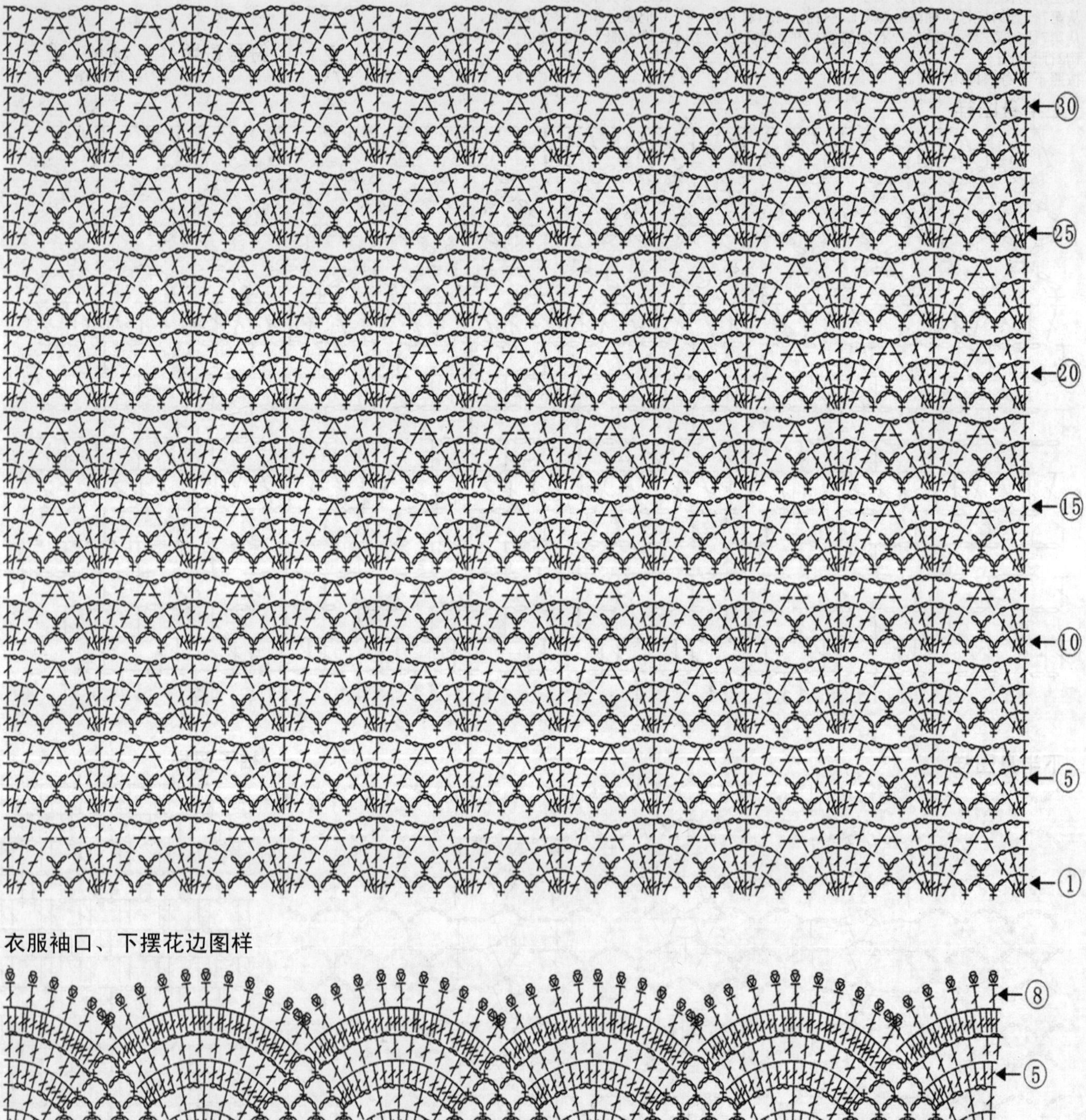

衣服袖口、下摆花边图样

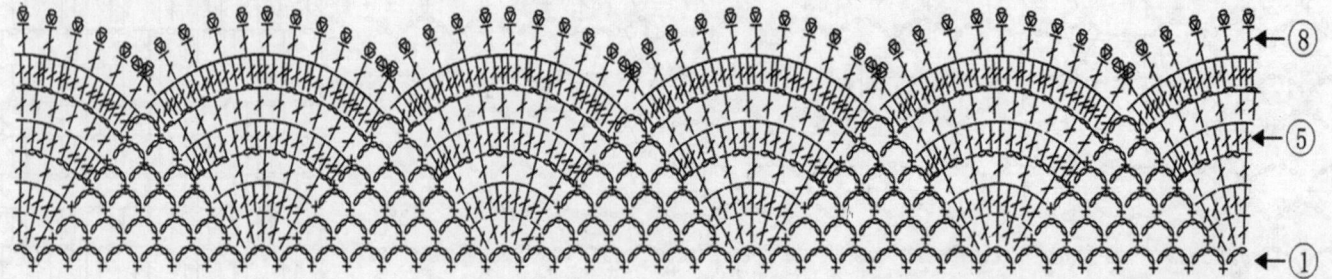

→8
→5
→1

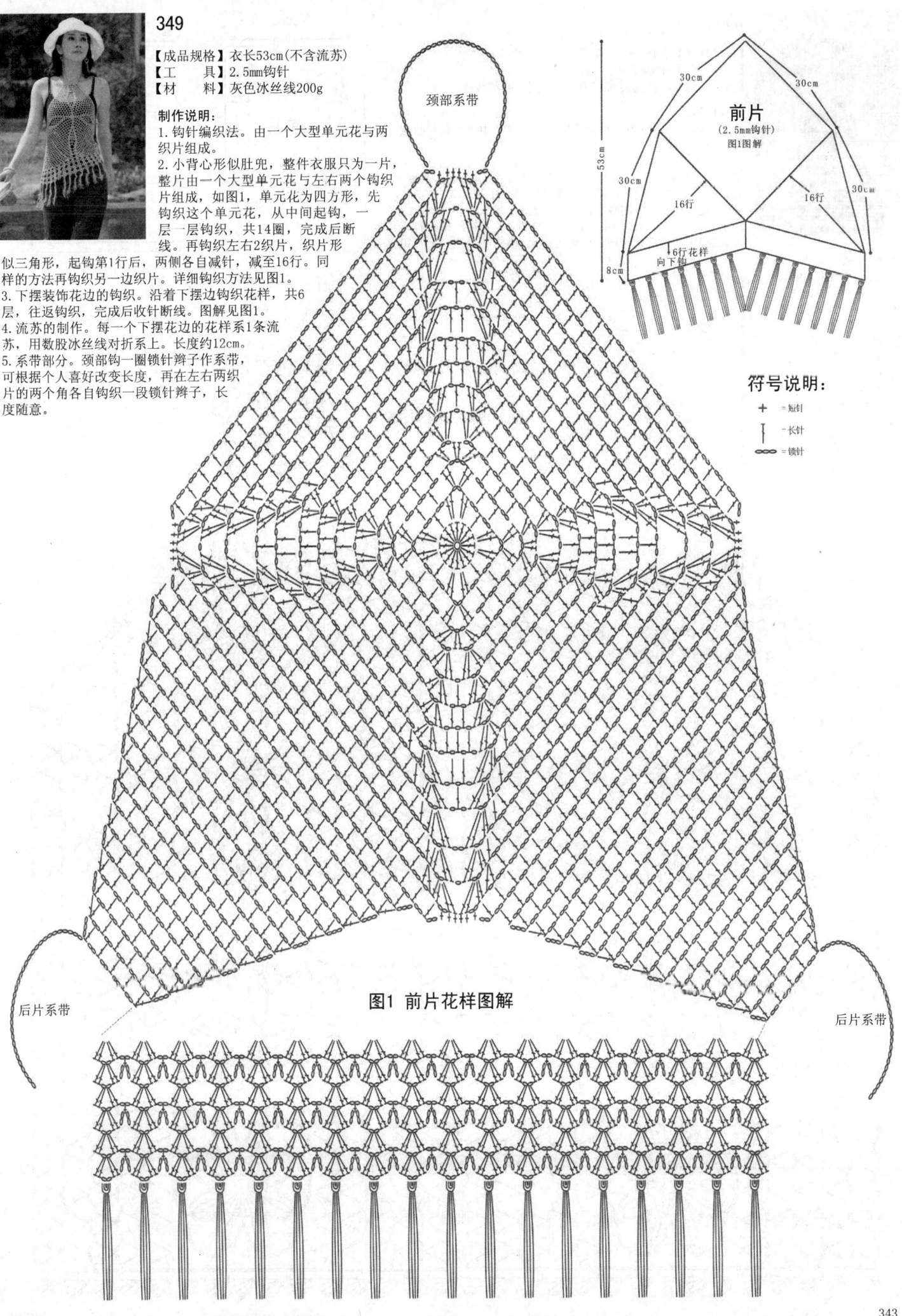

349

【成品规格】衣长53cm(不含流苏)
【工　　具】2.5mm钩针
【材　　料】灰色冰丝线200g

制作说明：

1. 钩针编织法。由一个大型单元花与两织片组成。

2. 小背心形似肚兜，整件衣服只为一片，整片由一个大型单元花与左右两个钩织片组成，如图1，单元化为四方形，先钩织这个单元花，从中间起钩，一层一层钩织，共14圈，完成后断线。再钩织左右2织片，织片形似三角形，起钩第1行后，两侧各自减针，减至16行。同样的方法再钩织另一边织片。详细钩织方法见图1。

3. 下摆装饰花边的钩织。沿着下摆边钩织花样，共6层，往返钩织，完成后收针断线。图解见图1。

4. 流苏的制作。每一个下摆花边的花样系1条流苏，用数股冰丝线对折系上。长度约12cm。

5. 系带部分。颈部钩一圈锁针辫子作系带，可根据个人喜好改变长度，再在左右两织片的两个角各自钩织一段锁针辫子，长度随意。

颈部系带

前片
(2.5mm钩针)
图1图解

53cm
30cm 30cm
30cm 30cm
16行 16行
6行花样
向下钩
8cm

符号说明：

+ = 短针
| = 长针
∞ = 锁针

后片系带

后片系带

图1 前片花样图解

350

【成品规格】衣长46cm，胸围96cm，肩宽39cm
【工　　具】3.0mm钩针
【材　　料】深棕色圆棉线300g，橘黄色圆棉线80g

制作说明：
1. 钩针编织法。分为前片和后片钩织。前片由单元花和数层花样组合而成。
2. 先钩织后片。起48cm长的锁针起钩花样，共钩织38行，不加减针钩织至21行，从22行开始，两侧减针钩织袖窿，共减5行，再不加减针钩织36行，第37至38行，在两侧取7个花样和6个花样钩织，内侧减针，形成后衣领。
3. 前片的钩织。前片由单元花与片织组成。先钩织单元花，单元花A由两色棉线构成，详细见单元花A图解说明。前片由

两列单元花组成，每列含7个单元花，沿着单元花两长边向两侧钩织花样，每侧共5行花样，同方向部分，一侧减针钩织成前衣领，一侧减针成袖窿。用同样的方法再钩织另一衣片，将这两片对应缝合，即成前片衣型。
4. 将前后片的肩部与侧缝对应缝合，沿着各缝边沿钩织如图解中的花边，用于锁边。

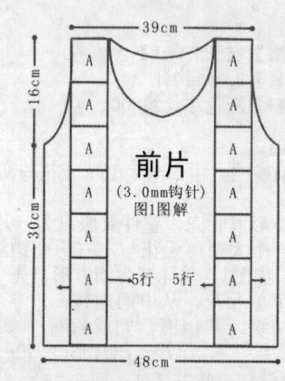

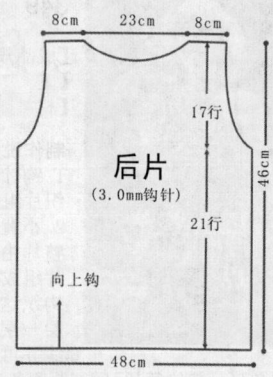

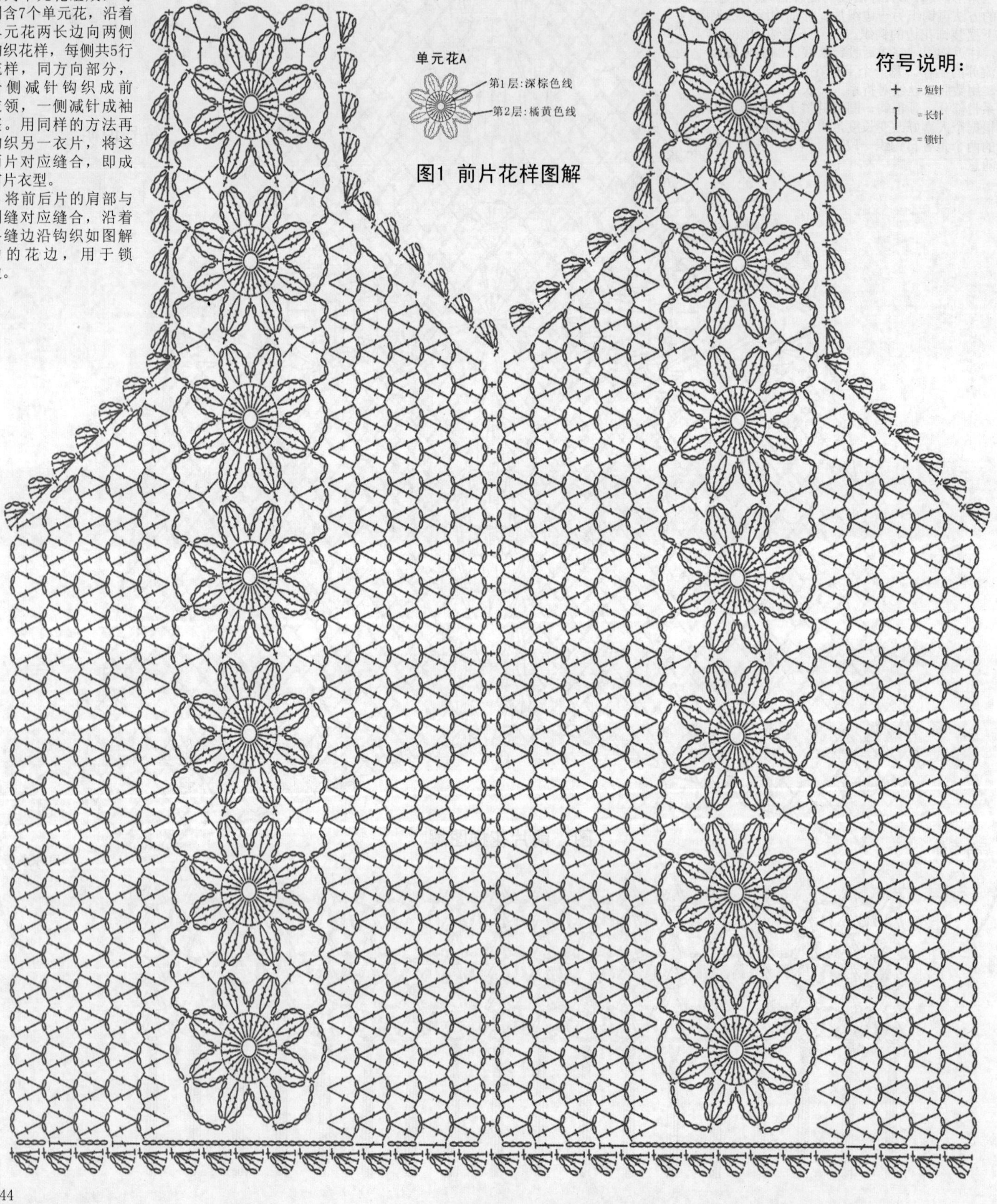

前片
（3.0mm钩针）
图1图解

后片
（3.0mm钩针）

向上钩

单元花A
第1层：深棕色线
第2层：橘黄色线

图1　前片花样图解

符号说明：
+ ＝短针
| ＝长针
∞ ＝锁针

351

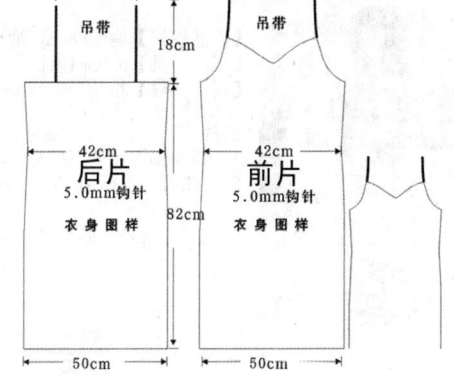

【成品规格】胸围88cm,肩宽38cm,衣长100cm
【工　　具】5.0mm钩针
【材　　料】蓝色毛线450g

后片:
1.用5.0mm钩针从下摆起针。
2.按照衣身图样钩69行后分袖子。
3.钩吊带长度23cm,每行6针长针。
4.钩领口花边1行。

前片:
1.用5.0mm钩针从下摆起针。
2.按照衣身图样钩69行后分袖子。

3.在袖窿位置减针5cm。
4.再钩8行后,钩前片衣领,前领窝深11cm。
5.钩领口花边1行。
6.接后片钩好的吊带。

符号说明:
+=短针　Т=中长针
=锁针　Ŧ=长针

衣身图样

花边图样

352

【成品规格】胸围88cm,肩宽38cm,衣长115cm
【工　　具】5.0mm钩针
【材　　料】白色毛线450g,红色、橙色、紫色、绿色、蓝色各少许

后片:
1.用5.0mm钩针钩图1。
2.从下摆起针,按照衣身图样拼花22行。
3.按照吊带图样钩吊带,长度23cm。
4.钩领口花边1行。
5.穿流苏1行。

前片:
1.用5.0mm钩针钩图1。
2.从下摆起针,按照衣身图样拼花22行。
3.在袖窿位置,减针5cm。
4.再钩1行拼花后钩前片衣领,前领窝钩3行拼花。
5.钩领口花边1行。
6.接后片钩好的吊带。
7.穿流苏1行。

衣身图样

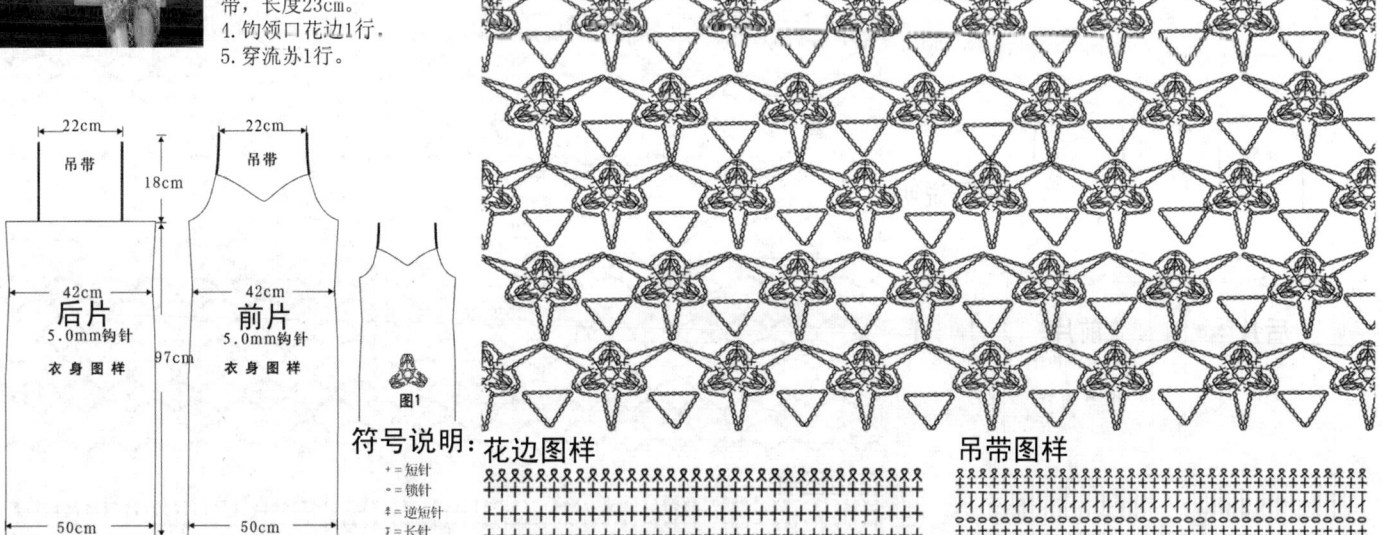

图1

符号说明:
+=短针
=锁针
₽=逆短针
Ŧ=长针

花边图样

吊带图样

353

【成品规格】胸围88cm，肩宽38cm，衣长100cm
【工　　具】5.0mm钩针
【材　　料】粉紫色毛线350g
后片：
1.用5.0mm钩针从下摆起针。
2.按照衣身图样钩82cm后分袖子。
3.在袖隆位置减针5cm。
4.钩后片衣领，后领窝深8cm。

5.钩领口花边和袖口1行。
6.按照吊带图样钩吊带。
前片：
1.用5.0mm钩针从下摆起针。
2.按照衣身图样钩82cm后分袖子。

3.在袖隆位置减针5cm。
4.钩前片衣领，前领窝深12cm。
5.钩领口花边和袖口1行。
6.按照吊带图样钩吊带。

花边图样

衣身图样

吊带图样

符号说明：
+=短针　　T=中长针
=锁针　　下=长针

25cm　吊带　　25cm　吊带

18cm

后片
5.0mm钩针
衣身图样

前片
5.0mm钩针
衣身图样

42cm　　42cm

82cm

50cm　　50cm

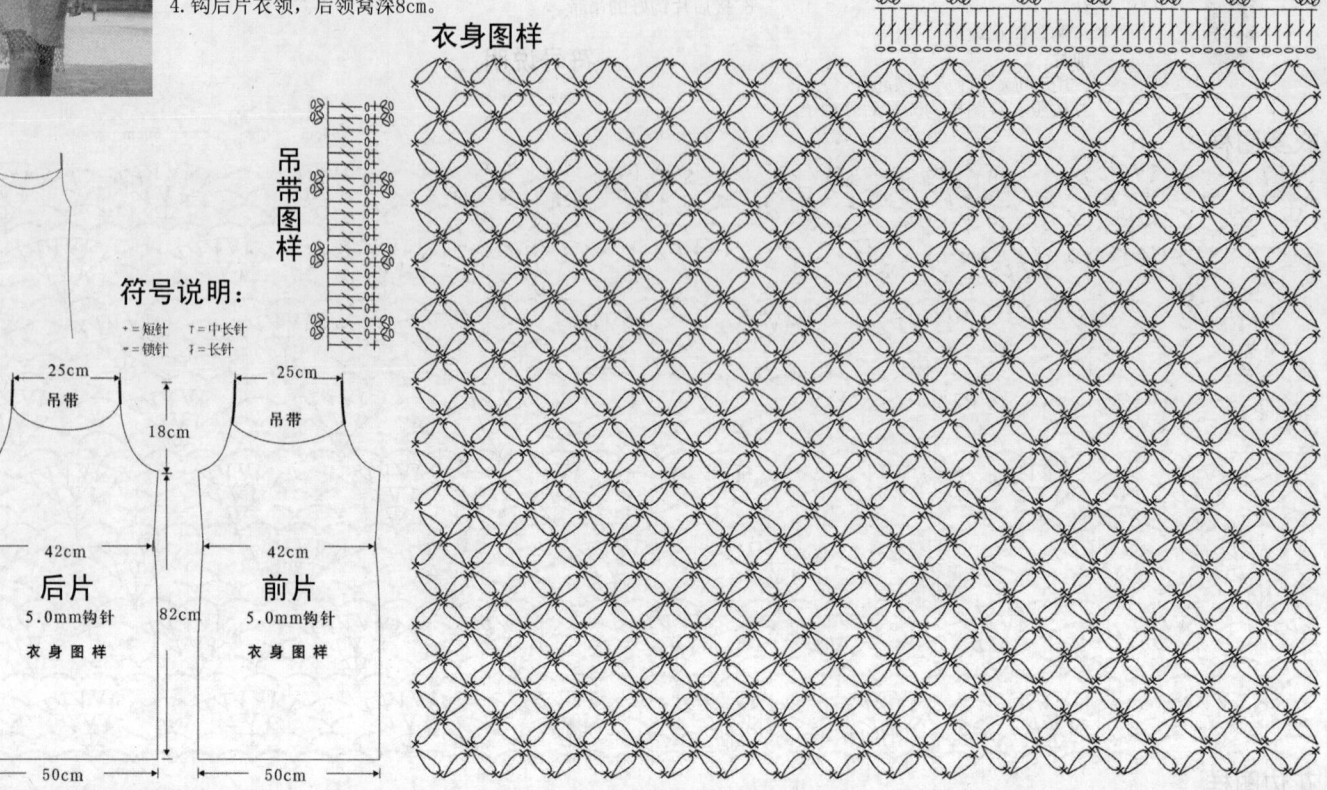

354

【成品规格】胸围88cm，肩宽38cm，衣长100cm
【工　　具】5.0mm钩针
【材　　料】白色毛线450g
后片：
1.用5.0mm钩针从下摆
起针。
2.按照衣身图样钩
64cm后分袖子。
3.钩吊带长度23cm，
每行4针长针。
4.钩领口花边1行。
5.穿流苏1行。

前片：
1.用5.0mm钩针从下摆起针。
2.按照衣身图样钩64cm后分袖子。
3.在袖隆位置减针5cm。
4.再钩14行后，钩前片衣领，前领窝

深11cm。
5.钩领口花边1行。
6.接后片钩好的吊带。
7.穿流苏1行。

衣身图样

符号说明：
+=短针
=锁针
\=逆短针
下=长针

22cm　吊带　　22cm　吊带

18cm

后片
5.0mm钩针
衣身图样

前片
5.0mm钩针
衣身图样

42cm　　42cm

82cm

50cm　　50cm

花边图样

| | =下针（又称为正针、低针或平针）

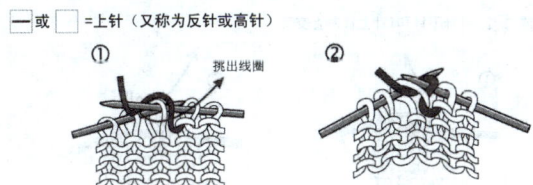

① 挑出线圈
②

1.将毛线放在织物外侧，右针尖端由前面穿入活结。
2.挑出挂在右针尖上的线圈，同时活结由左针滑脱。

一 或 □ =上针（又称为反针或高针）

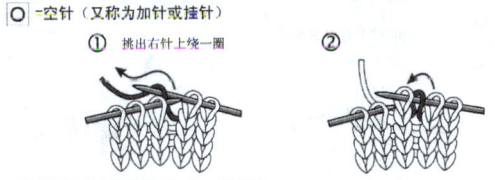

① 挑出线圈
②

1.将毛线放在织物前面，右针尖端由后面穿入活结。
2.挂上毛线并挑出挂在右针头上的线圈，同时此活结由左针滑脱。上针完成。

○ =空针（又称为加针或挂针）

① 挑出右针上绕一圈
②

1.将毛线在右针上从下到上绕 次，并带紧线。
2.继续编织下一个针圈。这次行时与其它针圈同样织。实际意义是增加了1针，所以又称为加针。

∏ =滑针

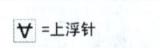

① 松开到上一行
② 挑出毛线
③

1.将左针上第一个针圈退出并松开并滑到上一行（根据花型的需要也可以滑出多行）。
退出的针圈和松开的上一行毛线用右针挑起。
2.右针从退出的针圈和松开的上一行毛线中挑出毛线使这形成一个针圈。
3.继续编织下一个针圈。

∧ =上浮针

① 线放到织物前面，针圈挑到右针上
② 毛线在前面横过再放到织物后面
③

1.将毛线放到织物前面，第一个针圈不织挑到右针上。
2.毛线在第一个针圈的前面横过后，再放到织物后面。
3.继续编织下一个针圈。

∨ =下浮针

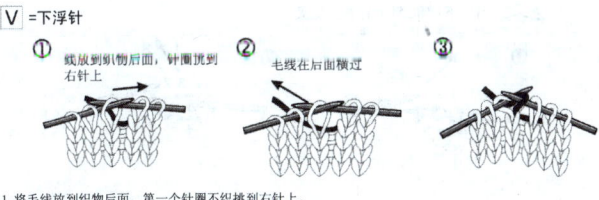

① 线放到织物后面，针圈挑到右针上
② 毛线在后面横过
③

1.将毛线放到织物后面，第一个针圈不织挑到右针上。
2.毛线在第二步的后面横过。
3.继续编织下一个针圈。

⅄ =左加针

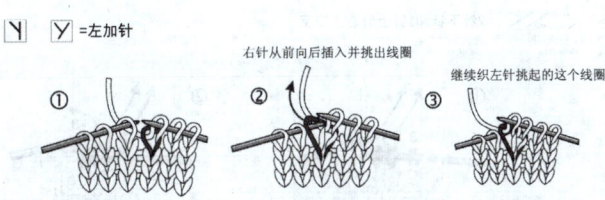

① 右针从前向后插入并挑出线圈
② 继续织左针挑起的这个线圈
③

1.左针第1针正常织。
2.左针尖端从这针的前一行的针圈中从后向前挑起针圈。针从前向后插入并挑出线圈。实际意义是在这针的左侧增加了1针。
3.继续织左针挑起的这个线圈。

Ω =扭针

右针从后到前插入针圈，将这针扭转方向后再织。

① ② 挑出线圈 ③

1.将右针从后到前插入第一个针圈（将待织的这1针扭转）。
2.在右针上挂线，然后从针圈中持线挑出米。
3.继续往下织，这是效果图。

Ω =上针扭针

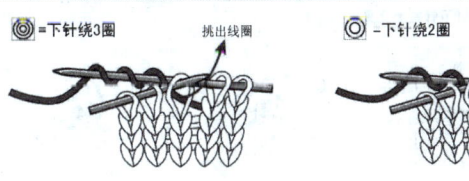

右针按图示方向插入针圈，将这针扭转方向后再织上针。

① ② 挑出线圈

1.将右针按图示方向插入第一个针圈（将待织的这1针扭转）。
2.在右针上挂线，然后从针圈中将线挑出来。

◎ =下针绕3圈   ◎ =下针绕2圈

挑出线圈

在正常织下针时，将毛线在右针上绕3圈后从针圈中带出，使线圈拉长。

在正常织下针时，将毛线在右针上绕2圈后从针圈中带出，使线圈拉长。

○ =锁针

① ② ③

1.先将线按箭头方向扭成一个圈，挂在钩针上。
2.在第1针的基础上将线在钩针上从上到下（按图示）绕一次并带出线圈。
3.继续操作第2步，钩织到需要的长度为止。

X =短针

① ② ③ ④

1.将钩针按箭头方向插入上一行的相应位置中。
2.在第1步的基础上将线在钩针上从上到下（按图示）绕一次并带出线圈。
3.继续操作第2步，钩针上从上到下再绕一次并带出线圈。
4.1针"短针"操作完成。

∮ =枣针（3针长针并为1针）

① ② ③ ④

1.线先在钩针上从上到下（按图示）绕一次，再将钩针按箭头方向插入上一行的相应位置中，并带出线圈。
2.在第1步的基础上将线在钩针上从上到下（按图示）绕一次并带出线圈。注意这时钩针上有两个针圈了。
3.继续操作第2步两次，这时钩针上就有4个针圈了。
4.将线在钩针上从上到下（按图示）绕一次并从这4个针圈中带出线圈。1个"枣针"操作完成。

λ ↗ =右上2针并为1针（又称拨收1针）

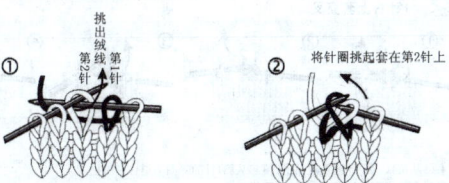

① 挑出线圈 第线第2针 第1针
② 将针圈挑起套在第2针上

1.第1针不织移到右针上，正常织第2针。
2.再将第1针用左针挑起套在刚才织的第2针上面。因为有这个拨针的动作，所以又称为"拨收针"。

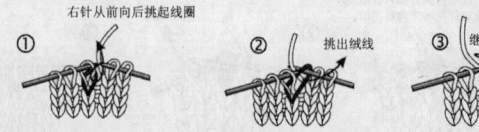 **Ⅴ 或 Ⅴ =右加针**

右针从前向后挑起线圈

① ② 挑出线线 ③ 继续织左针上的第1针

1. 在织左针第1针前，右针尖端先从这针的前一行的针圈中从前向后插入。
2. 将毛线在右针上从下到上绕一次，并挑出绒线，实际意义是在这针的右侧增加了1针。
3. 继续织左针上的第1针。然后此活结由左针滑脱。

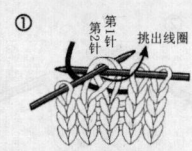 **Ⅴ 或 Ⅴ =左上2针并为1针**

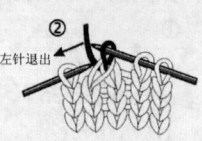 第2针 第1针 挑出线圈 ② 左针退出

1. 右针按箭头的方向从第2针、第1针插入两个针圈中，挑出线线。
2. 再将第2针和第1针这两个针圈从左针上退出，并针完成。

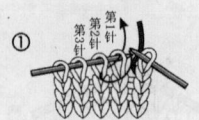 **Ⅹ =中上3针并为1针**

① 第1针 第2针 第3针 ②

1. 用右针尖从前往后插入左针的第2、第1针中。然后将左针退出。
2. 将绒线从织物的后面带过，正常织第3针。再用左针尖分别将第2针、第1针挑过套住第3针。

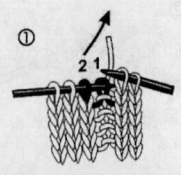 **Ⅹ 或 Ⅹ =1针下针和1针上针左上交叉**

① 2 1 ② 1 2

1. 先将第2针下针拉长从织物前面经过第1针上针。
2. 先织好第2针下针，再来织第1针上针。"1针下针和1针上针左上交叉"完成。

 **Ⅹ 或 Ⅹ =1针下针右上交叉**

① 第2针 挑出绒线 第1针 ② 第2针 ③ 第1针 第2针

1. 第1针不织移到曲针上，右针按箭头的方向从第2针针圈中挑出绒线。
2. 再正常织第1针（注意：第1针是在织物前面经过）。
3. 右上交叉针完成。

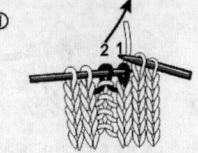 **Ⅹ 或 Ⅹ =1针下针和1针上针右上交叉**

① 2 1 ② 1 2

1. 先将第2针上针拉长从织物后面经过第1针下针。
2. 先织好第2针上针，再来织第1针下针。"1针下针和1针上针右上交叉"完成。

 **Ⅹ 或 Ⅹ =1针下针左上交叉**

① 第2针 挑出绒线 第1针 ② 第1针 ③ 第1针 第2针

1. 第1针不织移到曲针上，右针按箭头的方向从第2针针圈中挑出绒线。
2. 再正常织第1针（注意：第1针是在织物后面经过）。
3. 左上交叉针完成。

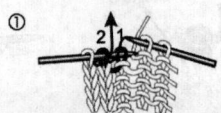 **Ⅹ =1针扭针和1针上针左上交叉**

① 2 1 ② 1 2

1. 第1针暂不织，右针按箭头方向插入第2针针圈中（这样操作后这个针圈是被扭转了方向的）。
2. 在第1步的第2针针圈中正常织下针。然后再在第1针针圈中织上针。

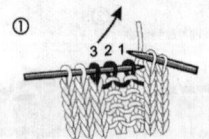 **Ⅹ =1针扭针和1针上针右上交叉**

① 2 1 ② 2 ③

1. 第1针暂不织，右针按箭头方向插入第2针针圈中。
2. 在第1步的第2针针圈中正常织上针。
3. 再将第1针扭转方向后，右针从上向下插入第1针的针圈中带出线圈（正常织下针）。

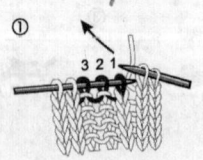 **Ⅹ =1针下针和2针上针左上交叉**

① 3 2 1 ②

1. 将第3针下针拉长从织物前面经过第2和第1针。
2. 先织好第3针下针，再来织第1和第2针上针。"1针下针和2针上针左上交叉"完成。

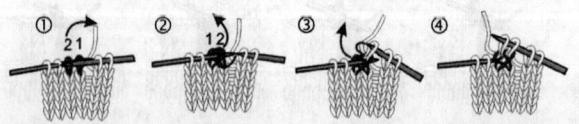 **Ⅹ =1针左上套交叉**

① 2 1 ② 1 2 ③ ④

1. 将第2针挑起套过第1针。
2. 再将右针由前向后插入第2针并挑出线圈。
3. 正常织第1针。
4. "1针左上套交叉"完成。

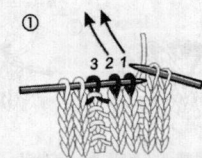 **Ⅹ =1针下针和2针上针右上交叉**

① 3 2 1 ② 1 3 2

1. 将第1针下针拉长从织物前面经过第2和第3针上针。
2. 先织好第2、第3针上针，再来织第1针下针。"1针下针和2针上针右上交叉"完成。

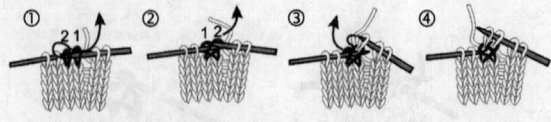 **Ⅹ =1针右上套交叉**

① 2 1 ② 1 2 ③ ④

1. 右针从第1、第2针插入将第2针挑起从第1针的针圈中通过并挑出。
2. 再将右针由前向后插入第2针并挑出线圈。
3. 正常织第1针。
4. "1针右上套交叉"完成。

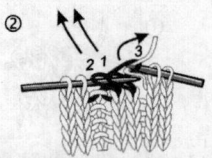 **Ⅹ =2针下针和1针上针右上交叉**

① 3 2 1 ② 2 1 3

1. 将第3针上针拉长从织物后面经过第2和第1针。
2. 先织好第3针上针，再来织第1和第2针下针。"2针下针和1针上针右上交叉"完成。

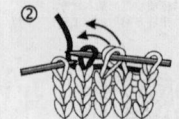 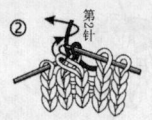  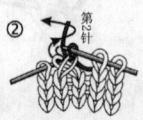  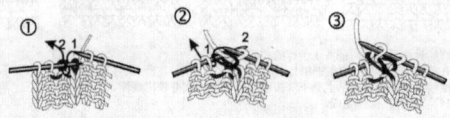 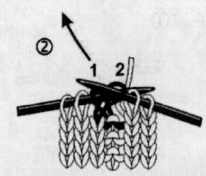 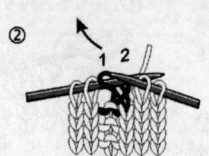 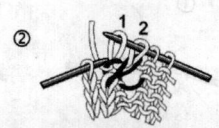 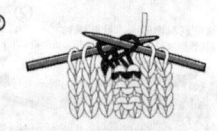 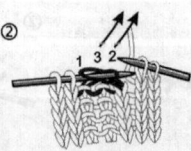

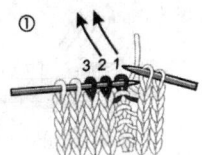 =2针下针和1针上针左上交叉

①
②

1.将第1针上针拉长从织物后面经过第2和第3针。
2.先织第2和第3针，再平织第1针上针。"2针下针和1针上针左上交叉"完成。

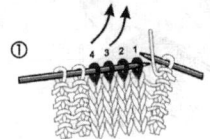 =2针下针右上交叉

①
②

1.先将第3、第4针从织物后面经过并分别织好它们，再将第1和第2针从织物前面经过并分别织好第1和第2针（在上面）。
2."2针下针右上交叉"完成。

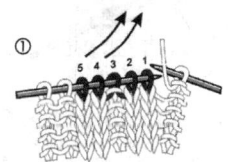 =2针下针右上交叉，中间1针上针在下面

①
②

1.先织第4、第5针，再织第3针上针（在下面），最后将第2、第1针拉长从织物的前面经过后再分别织第1和第2针。
2."2针下针右上交叉，中间1针上针在下面"完成。

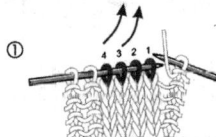 =2针下针左上交叉

①
②

1.先将第3、第4针从织物前面经过分别织好它们，再将第1和第2针从织物后面经过并分别织好第1和第2针（在下面）。
2."2针下针左上交叉"完成。

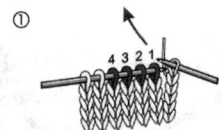 =3针下针和1针下针左上交叉

①
②

1.先将第1针拉长从织物后面经过第4、第3、第2针。
2.分别织好第2、第3和第4针，再织第1针。"3针下针和1针下针左上交叉"完成。

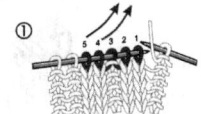 =2针下针左上交叉，中间1针上针在下面

①
②

1.先将第4、第5针从织物前面经过，再分别织好第4、第5针，再织第3上针（在下面），最后将第2、第1针拉长从上针的前面经过，并分别织好第1和第2针。
2."2针下针左上交叉，中间1针上针在下面"完成。

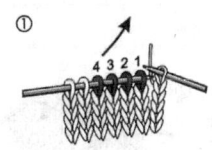 =3针下针和1针下针右上交叉

①
②

1.先将第4针拉长从织物后面经过第4、第3、第2针。
2.先织第4针，再分别织好第1、第2和第3针。"3针下针和1针下针右上交叉"完成。

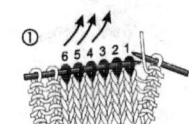 =3针下针右上交叉

①
②

1.先将第4、第5、第6针从织物后面经过并分别织好它们，再将第1、第2、第3针从织物前面经过并分别织好第3针（在上面）。
2."3针下针右上交叉"完成。

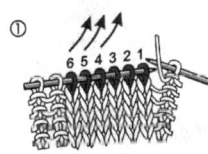 =3针左上套交叉针

①
②

1.先将第4、第5、第6针拉长并套过第1、第2、第3针。
2.再正常分别织好第4、第5、第6针和第1、第2、第3针"3针左上套交叉针"完成。

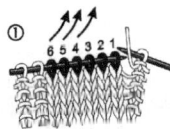 =3针下针左上交叉

①
②

1.先将第4、第5、第6针从织物前面经过并分别织好它们，再将第1、第2、第3针从织物后面经过并分别织好第1、第2和第3针（在下面）。
2."3针下针左上交叉"完成。

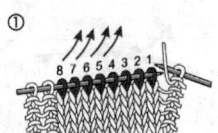
或
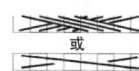 =4针下针左上交叉

①
②

1.先将第5、第6、第7、第8针从织物前面经过并分别织好它们，再将第1、第2、第3和第4针从织物后面经过并分别织好第1、第2、第3和第4针（在下面）。
2."4针下针左上交叉"完成。

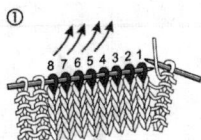
或
 =4针下针右上交叉

①
②

1.先将第5、第6、第7、第8针从织物后面经过并分别织好它们，再将第1、第2、第3和第4针从织物前面经过并分别织好第1、第2、第3和第4针（在上面）。
2."4针下针右上交叉"完成。

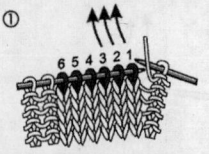 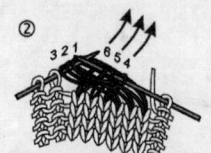

=3针下针右上套交叉针

①　②

6 5 4 3 2 1　　3 2 1　6 5 4

1. 先将第1、第2、第3针拉长并套过第4、第5、第6针。
2. 再正常分别织好第4、第5、第6针和第1、第2、第3针，"3针右上套交叉针"完成。

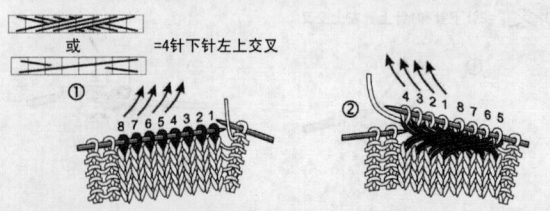

或　=4针下针左上交叉

①　②

8 7 6 5 4 3 2 1　　4 3 2 1 8 7 6 5

1. 先将第5、第6、第7、第8针从织物前面经过并分别织好它们，再将第1、第2、第3、第4针从织物后面经过并分别织好它们（在下面）。
2. "4针下针左上交叉"完成。

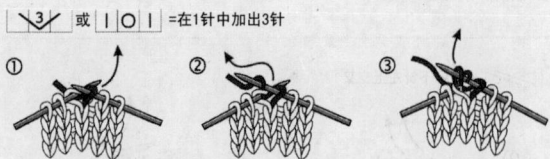

或 I O I =在1针中加出3针

①　②　③

1. 将毛线放在织物外侧，右针尖端由前面穿入活结，挑出挂在右针尖上的线圈，左针圈不要松掉。
2. 将毛线在右针上从下到上绕线1次，并带紧线，实际意义是又增加了1针，左针圈不要松脱。
3. 仍在这一个针圈中继续编织第1步一次。此时右针上形成了3个针圈。然后此活结由左针滑脱。

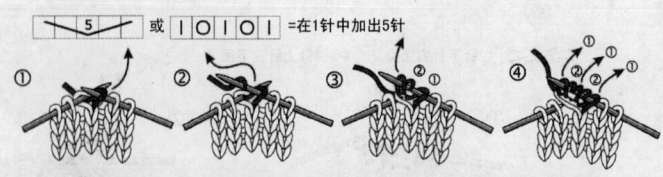

或 I O I O I =在1针中加出5针

①　②　③　④

1. 将毛线放在织物外侧，右针尖端由前面穿入活结，挑出挂在右针尖上的线圈，左针圈不要松掉。
2. 将毛线在右针上从下到上绕线一次，并带紧线，实际意义是又增加了1针，左针圈不要松掉。
3. 在这1个针圈中继续编织第1步一次，此时右针上形成了3个针圈。左针圈仍不要松掉。
4. 仍在这1个针圈中继续编织第2步和第1步一次，此时右针上形成了5个针圈。然后此活结由右针滑脱。

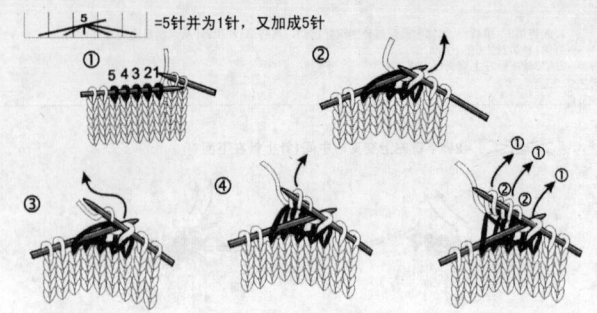

＝5针并为1针，又加成5针

① 5 4 3 2 1

②　③　④　⑤

1. 右针由前向后从第5、第4、第3、第2、第1针（5个针圈中）插入。
2. 将毛线在右针尖端从下往上绕过，并挑出挂在右针尖上的线圈。左针5个针圈不要松掉。
3. 将毛线在右针上从下到上再绕一针，并带紧线，左针圈仍不要松掉。
4. 仍在这5个针圈中继续编织第1步和第2步各一次。此时右针上形成了5个针圈。然后这5个针圈由左针滑脱。

=5针小球

①　②　③　④　⑤

1. 将毛线放在织物外侧，右针尖端由前面穿入活结，挑出挂在右针尖上的线圈，左针圈不要松掉。
2. 将毛线在右针上从下到上绕线一次，并带紧线，实际意义是又增加了1针，左针圈仍不要松掉。
3. 在这1个针圈中继续编织第1步一次，此时右针上形成了3个针圈。左针圈仍不要松掉。
4. 仍在这1个针圈中继续编织第2步和第1步一次。此时右针上形成了5个针圈。然后此活结由右针滑脱。
5. 将上一步形成的5个针圈按虚线箭头方向织3至5针。到第4行两侧各收1针，第5行下针，第6行织"中上3针并为1针"。小球完成后进入正常的编织状态。

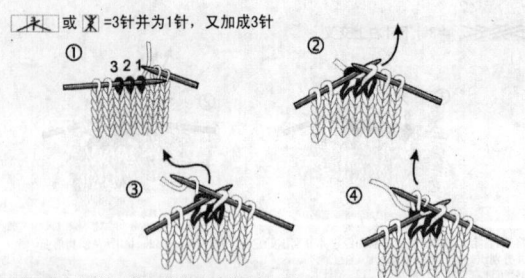

或 =3针并为1针，又加成3针

① 3 2 1

②　③　④

1. 右针由前向后从第3、第2、第1针（3个针圈中）插入。
2. 将毛线在右针尖端从下往上绕过，并挑出挂在右针尖上的线圈。左针3个针圈不要松掉。
3. 将毛线在右针上从下到上再绕一针，左针3个针圈不要松掉。
4. 继续在这3个针圈中编织第1步一次。此时右针上形成了3个针圈。然后这3个针圈才由左针滑脱。

=6针下针和1针下针右上交叉

① 7 6 5 4 3 2 1

② 6 5 4 3 2 1 7

1. 先将第7针拉长从织物后面经过第6、第5……第1针。
2. 先织好第7针，再分别织好第1、第2……第6针。"6针下针和1针下针右上交叉"完成。

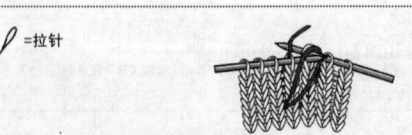

=6针下针和1针下针左上交叉

① 7 6 5 4 3 2 1

② 1 7 6 5 4 3 2

1. 先将第1针拉长从织物后面经过第6、第5……第1针。
2. 分别织好第2、第3……第7针，再织第1针。"6针下针和1针下针左上交叉"完成。

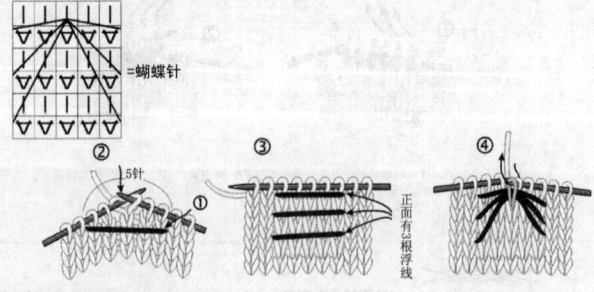

=蝴蝶针

①　②　③　④

5针

正面有6根浮线

1. 第1行将线置于正面，移动5针至右针上。
2. 第2行继续编织下针。
3. 第3、4、5、6行重复第1、第2行。到正面有6根浮线时织回到另一端。
4. 将第3和前6行浮起的3根浮线一起编织下针。

=拉针

1. 先将右针从织物正面的任一位置（根据花型来确定）插入，挑出1个线圈来。
2. 然后和左针上的第1针同时编织为1针。

=长针

①　②

1. 将线先在钩针上从上到下（按图示）绕一次，再将钩针按箭头方向插入上一行的相应位置中，并带出线圈。
2. 在第1步的基础上将线在钩针上从上到下（按图示）绕一次并带出线圈。注意这时钩针上只有1个针圈了。

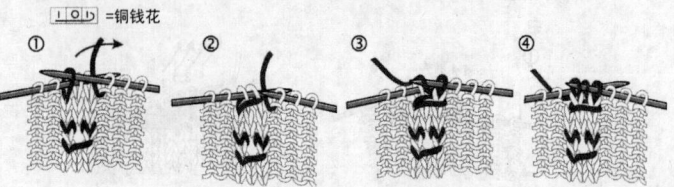

I O I =铜钱花

①　②　③　④

1. 先将第3针挑过第2和第1针（用针圈套住它们）。
2. 继续编织第1针。
3. 加1针（空针），实际意义是增加了1针，弥补第1步中所挑过的那1针。
4. 继续编织第3针。

350

本书钩针作品使用针法

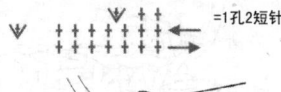

=1孔2短针

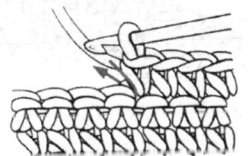

1. 在同一个地方，用2针短针钩线。

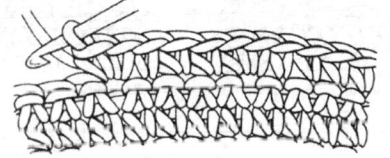

2. 完成的形状。

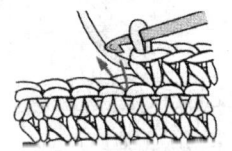 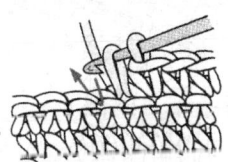

=2短针并1针

1. 依箭头方向插入钩针。

2. 钩出1针，然后从侧面的孔插入钩针。

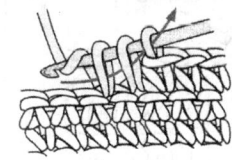 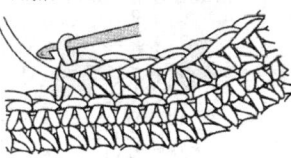

3. 挂线后1次钩3针。

4. 完成的形状。

=长长针

4针立起锁针

1. 钩出起针段。绕两圈线，将钩针插入第6针的洞，并钩出线圈。

2. 向钩针挂线，依箭头方向钩出线圈。

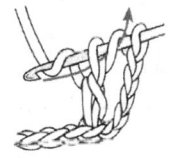

3. 再挂线，依箭头方向钩出线圈。

4. 挂线后依箭头方向钩出线圈。

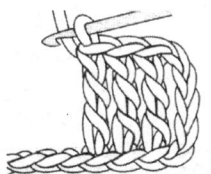

5. 完成的形状。

=长针

3针立起锁针

1. 钩出起针段。挂线后将钩针插入第5针的洞，并拉出一个圈。

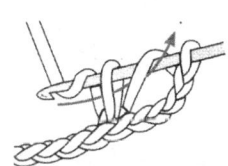

2. 钩出毛线后，再挂线，依箭头方向钩出线圈。

3. 再挂线，依箭头方向钩出线圈。

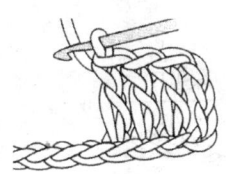

4. 完成的形状。

 =长针5针的枣针

1. 用长针钩法钩线。

2. 用长针钩法钩线5次。

3. 挂线后依箭头方向钩线。

4. 重新挂线，然后再钩线。

5. 完成的形状。

=长针3针的枣针

1. 挂线，然后只钩2针。

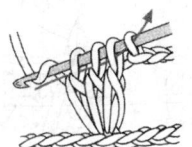

2. 在一个地方重复3次，然后1次钩出所有的针。

3. 完成的形状。

=长针的内钩针

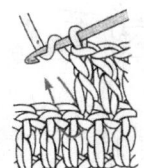

1. 挂线，依箭头方向插入钩针。

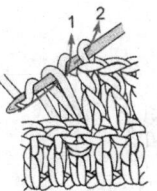

2. 挂线后钩2针，再钩2针。

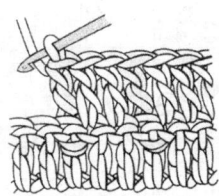

3. 完成的形状。

=长针的交叉针

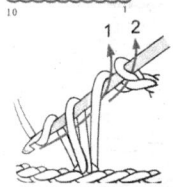

1. 用长针的钩法钩线。

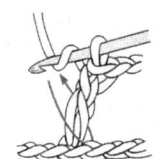

2. 挂线后向前1针插入钩针。

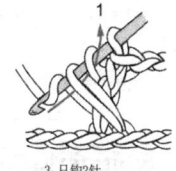

3. 只钩2针。

4. 再次钩2针。

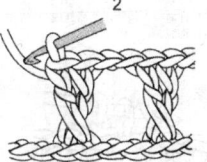

5. 完成的形状。

㇔ =长针的外钩针

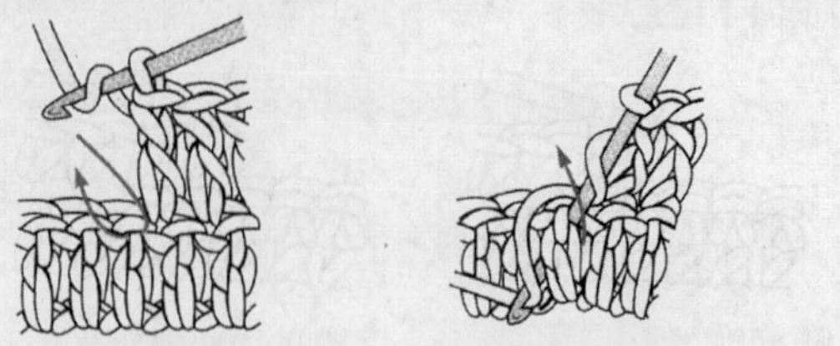

1. 挂线，依箭头方向插入钩针。

2. 沿着箭头方向钩线。

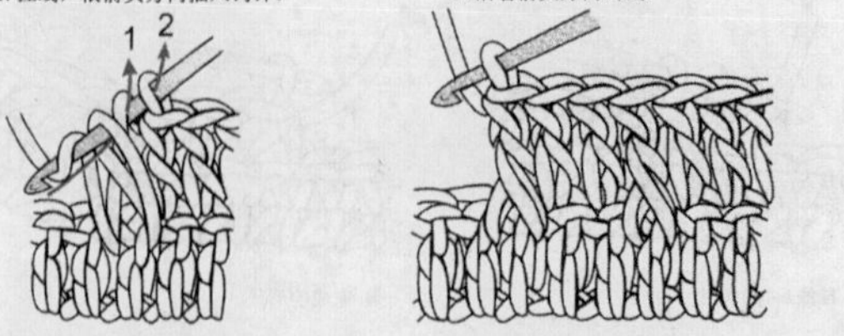

3. 每次钩2针，并连续钩2次。

4. 完成的形状。

㇉ =逆长针的交叉针

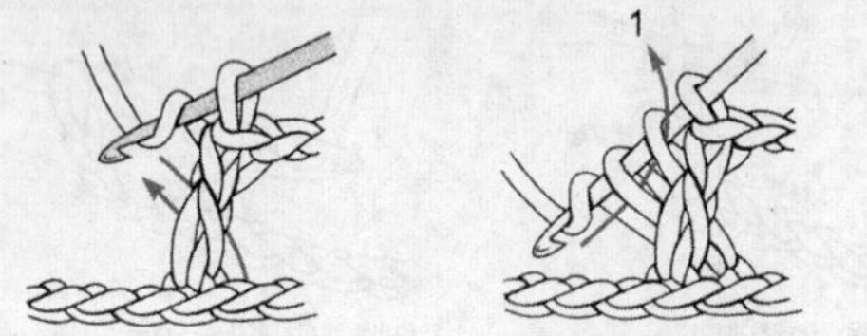

1. 用长针钩法钩线。

2. 从背面向前1针插入钩针。

3. 接着第2步，用长针钩法钩线。

4. 完成的形状。

㇉ =逆短针

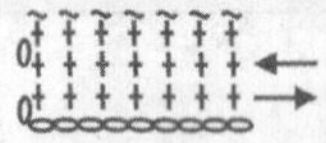

1. 依箭头方向插入钩针。

2. 挂线后依箭头方向钩出毛线。

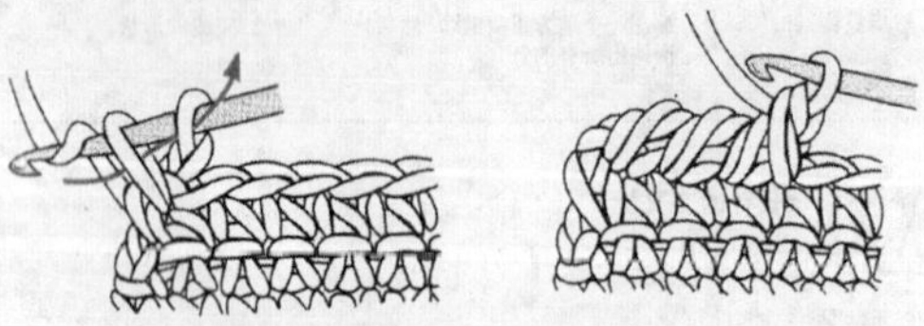

3. 再挂线，依箭头方向钩出线圈。

4. 完成的形状。

╳ =圆筒钩法

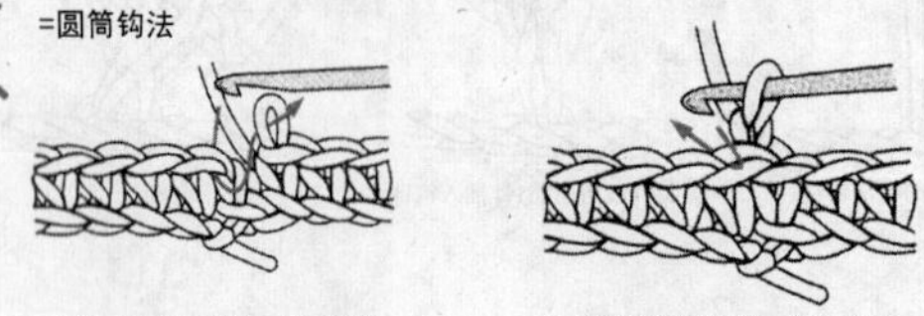

1. 在第1针内插入钩针，然后挂线从第1针钩线。

2. 用锁针钩法钩1次，然后向锁针孔内插入钩针。

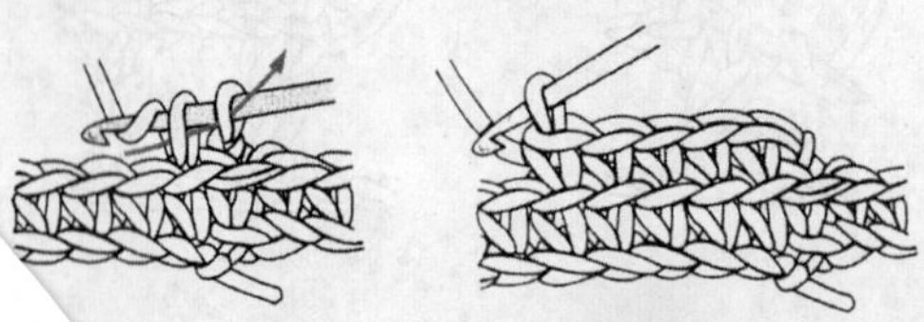

3. ......钩线。

4. 完成的形状。

㇇ =短钩向后钩法

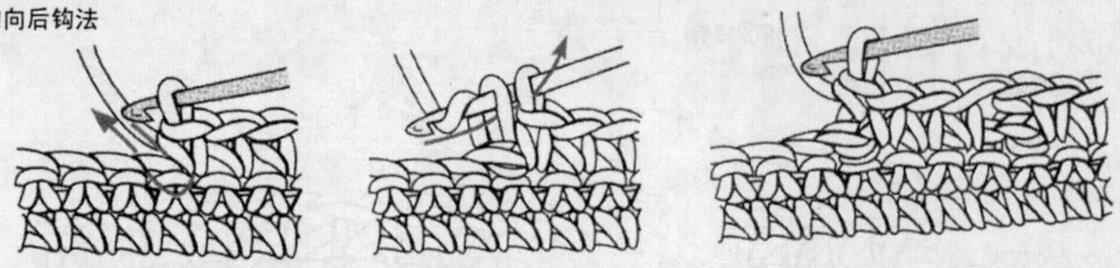

1. 从正面沿着箭头方向插入钩针。

2. 用短针钩线。

3. 完成的形状。

+ ╫ + =短针

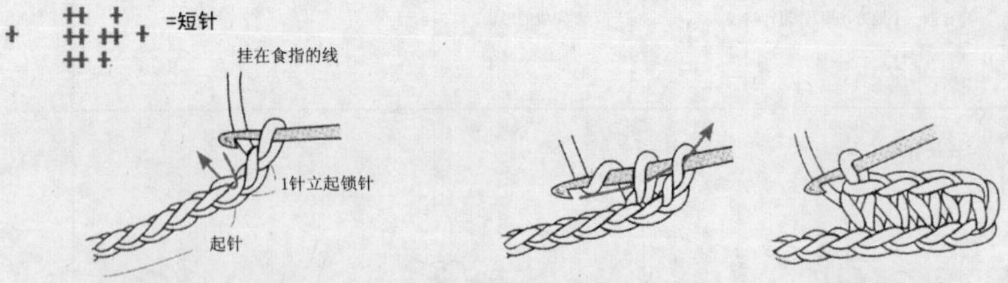

挂在食指的线

1针立起锁针

起针

1. 依箭头方向穿过第1针的洞，将线往后钩。

2. 钩出1针后再挂线，并依箭头方向钩出第2针。

3. 完成的形状。

‡ =平面针法

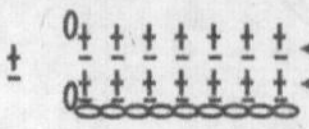

1. 翻转针织品。

2. 向锁针孔内插入钩针。

3. 挂线后钩线。

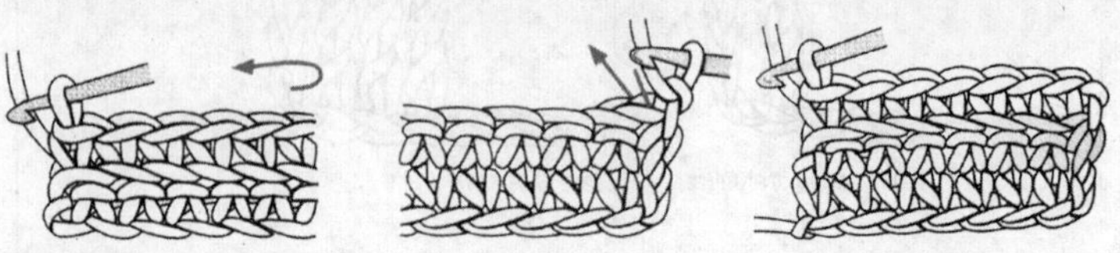

4. 再翻转针织品。

5. 用短针手法钩线。

6. 完成的形状。

●●●●●● =引拨针

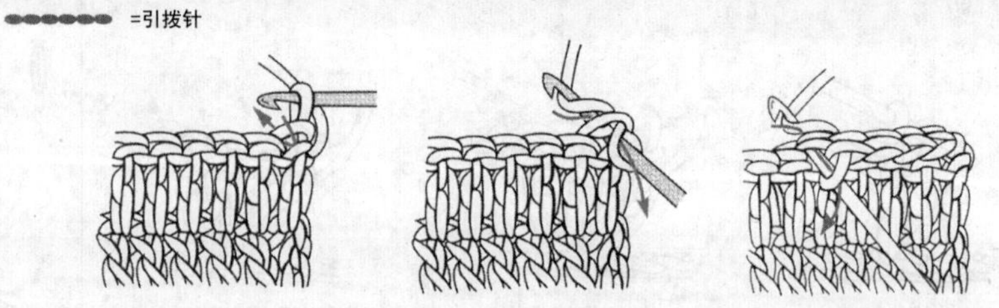

1. 依箭头方向插入钩针。

2. 挂线后依箭头方向钩出线圈。

3. 完成的形状。

T =中长针

2针立起锁针

起针

1. 先绕一圈线再依箭头方向穿过第3针的洞，将线往后钩出。

2. 挂线，依箭头方向钩出线圈。

3. 完成的形状。

○○○○○ =锁针

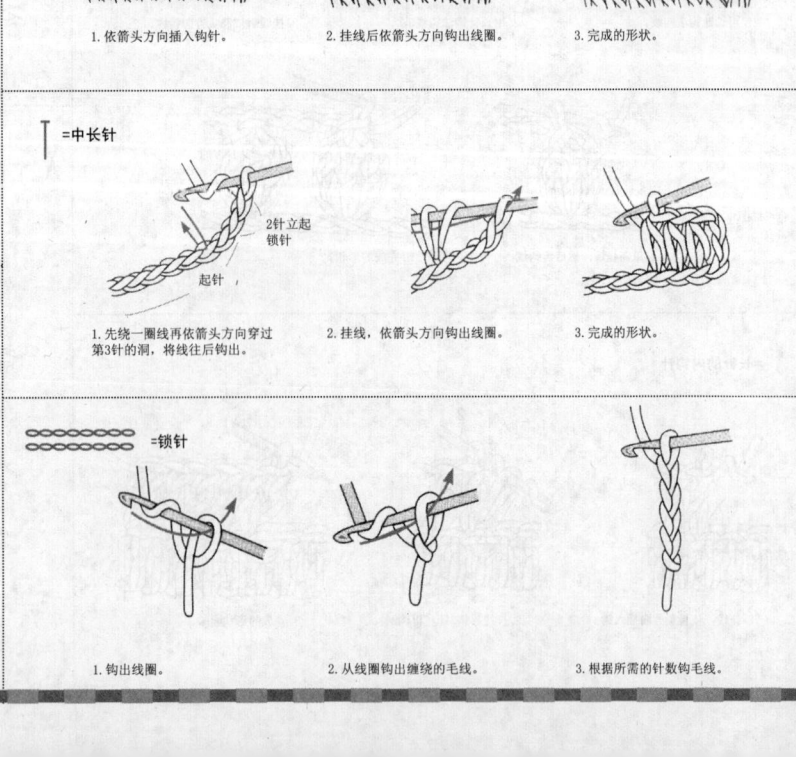

1. 钩出线圈。

2. 从线圈钩出缠绕的毛线。

3. 根据所需的针数钩毛线。